上教心理学教材系列

The Person: An Introduction to the Science of Personality Psychology

（Fifth Edition）

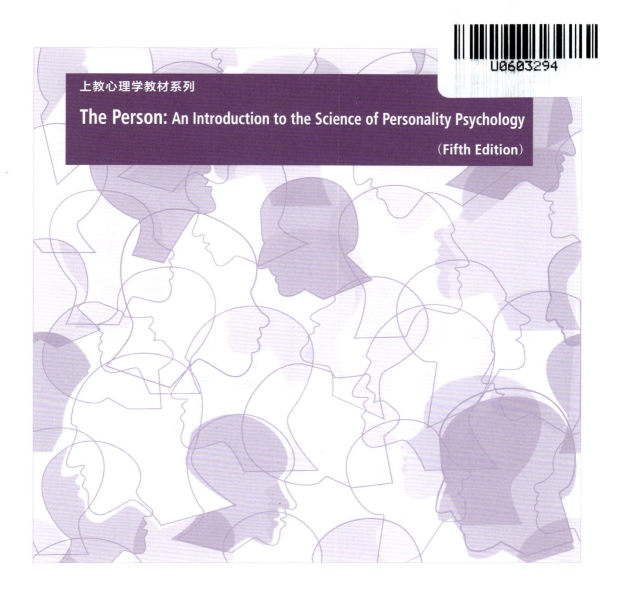

人格心理学：

人的科学导论 （第五版）

[美] 麦克亚当斯（Dan P. McAdams）/ 著

郭永玉 / 主译

上海教育出版社

SHANGHAI EDUCATIONAL
PUBLISHING HOUSE

以本书纪念我的两位老师

戈塞尔斯（George W. Goethals，1920—1995）

麦克莱兰（David C. McClelland，1917—1998）

作者简介

1979 年，麦克亚当斯（Dan P. McAdams）在哈佛大学取得人格与发展心理学方向博士学位。目前在美国西北大学（Northwestern University）担任心理学、人类发展与社会政策方向教授，兼弗利生命研究中心（Foley Center for the Study of Lives）主任。麦克亚当斯博士在西北大学获得很多教学荣誉，包括麦考密克（Charles Deering McCormick）教学卓越讲席教授。作为顶尖的人格研究者，他撰写了 150 多篇论文和书稿章节，撰写或主编了 13 本著作，涉及亲密的本质、人类生活中的同一性、成人繁殖性的发展、美国人人生故事中的救赎等主题，还有一些主题

涉及人格结构和发展过程，如个体的动机、心理的全程发展。2006 年，麦克亚当斯的《救赎自己：美国人的人生故事》（*The Redemptive Self：Stories Americans Live By*）一书获得美国心理学会针对所有分支的"威廉·詹姆斯最佳心理学大众读物奖"，以及 2007 年美国出版家协会颁发的心理学和认知科学出版物最高奖等。1989 年，麦克亚当斯博士因其对人格研究和生命研究作出的杰出贡献，获得"亨利·默里奖"。2006 年，麦克亚当斯博士因其对理论心理学和哲学心理学的贡献，获得"西奥多·萨宾奖"。《纽约时报》（*The New York Times*）、《华尔街日报》（*The Wall Street Journal*）、《今日心理学》（*Psychology Today*）、《新闻周刊》（*Newsweek*）、《悦己》（*Self*）杂志和《早安美国》（*Good Morning America*）等媒体报道了他的研究。

郭永玉译序:人格研究的三种范式①

自 1937 年奥尔波特(Gordon W. Allport)将人格心理学界定为对个人(person)的科学研究,人格心理学家一直将整体的个人作为研究对象;人格心理学关心的是人性问题,既关心人的共同性(human nature),也关心个体差异(individual differences)。在对人性的分析过程中,先后出现过三种不同的研究范式:人格特质研究、人格动机研究和人格叙事研究。分别回答人格的"所有"(having)、"所为"(doing)与"所成"(becoming)的问题。人格特质研究对应人格的"所有",回答人格"是"什么的问题。人格动机研究对应人格的"所为",回答人格"做"什么的问题。麦克亚当斯(Dan P. McAdams)认为,20 世纪 90 年代之后,随着人格心理学的发展,人格叙事研究成为研究人格的一种重要范式。该研究范式从人生故事的角度对人格进行研究,试图回答人格是如何形成的,即人格的发展过程问题,并试图整合这三种范式。

人格特质研究

奥尔波特认为,特质(trait)是人格的基本单元,是一个宽泛的、聚焦的神经生理系统;它使许多刺激在机能上等值,能够激发和引导形式一致的适应性行为和表现性行为。卡特尔(Raymond B. Cattell)与奥尔波特一样,视特质为人格的基本元素,认为特质决定个体在给定情境下将作出何种反应,使个体行为具有跨时间的稳定性和跨情境的一致性,能对行为起决定和预测作用。第一种定义强调特质存在生物基础,第二种定义指出特质的倾向性(dispositional)②性质。当代大多数人格心理学家都倾向于认同作为描述人格基本结构的单元,特质标识的是那些一致的、相互关联的行为模式和可辨别的、稳定的个体差异。这表明,人格首先是一种结构化的系统,个体以此来组织自身,并适应周围的世界。这一系统是个人内部的,而不是环境塑造或者强加的。其次,人格具有跨时间的稳定性。在人的一生中,人格可能有很多"改变",但是有些发展线索似乎始终保持稳定,比如,一个人的童年和青年以至老年是连贯的。最后,个体具有跨情境的一致性。尽管具体的行为可能会因不同的情境而发生改变,然而"我是谁"以及"我知

---

① 这是一本以研究主题而不是以我们熟悉的大理论为框架来编写的人格心理学教科书。为了介绍本书的背景和逻辑,我们以此文作为译序:郭永玉,胡小勇. (2015). 特质、动机、叙事:人格研究的三种范式及其整合. 心理科学,38(6),1489—1495. 因此严格讲,这是一篇代译序,只是这里删去了文献注释并对个别文字进行了修改,以便读起来更顺畅。

② dispositional 可理解为本性、先天性、气质性,作为特质研究寻求的最基本的特质,也可以用"disposition"来指称。

觉这个世界的方式"则保持一致。

自奥尔波特提出人格结构的初步构想，特质理论家有一个共同的目标就是确定普遍的人格结构。那么到底有多少特质存在呢？研究者翻阅英语大词典，找出 17 953 个与人格相关的词语，并尝试对这些词语进行分类，试图找出描述人格的单元，并最终确定 4 500 个与相对稳定的持久特质有关的词语。随后，众多研究者以此为资料或者沿袭奥尔波特的思路，就基本特质的数量、本质、组织方式展开探索。例如，卡特尔提出了16 种根源特质，艾森克（Hans J. Eysenck）确定了三个人格维度，其他研究者也各自提出自己的人格结构。但是，他们始终没有达成共识，人格特质研究也因此陷入困境。直到"大五"结构和五因素模型出现，特质心理学才得以复苏。研究者发现，有五个独立的因素反复出现在不同的研究中，许多不同的倾向性特质可以被划分到五个类别中。这五个因素是开放性、尽责性、外向性、随和性和神经质。至此，一个高度稳定的人格结构得以确立。人格心理学家在五因素人格模型上达成一致。它为描述人格提供了一个整合性的参考框架，并很快被人格心理学领域内外接受。对大部分人格心理学家而言，特质就是人格的主要元素，甚至是唯一的元素。

特质理论家的一个主要任务是在标准化情境中，通过比较受测者和其他人的得分，来确定受测者在一个或者多个维度（如焦虑）上的位置。特质研究者不注重查明行为机制，而是关注描述人格和预测行为，尤其是预测那些得分处在特质连续体上某一点的人一般会表现出什么行为。因此，特质主要回答人格"是"什么这一问题，即人格的"所有"面。这是分类学上的一个重要进步，我们可以在一些稳定和重要的维度上说人是不同的。很长一段时间里，特质心理学成为人格心理学中的优势取向，但特质理论有其自身的局限性。首先，特质心理学未能提供一个完整的人格理论。戈德伯格（L. R. Goldberg）认为，五因素人格模型并没有力图成为一个全面的人格理论，它更多关注的是描述个体差异。更为重要的是，虽然今天大部分特质理论家承认情境对人的行为具有重要的影响作用，但人格特质研究并没有很好地把情境因素纳入自己的研究过程。缺少了情境因素的特质评定，似乎更适合用来了解陌生人。戈德伯格指出，通过确定一个人在一些线性维度上的相对位置，特质评定能够可信而有效地提供对此人的第一解读。特质描述具有可描述性、非情境性和可比较性三个重要优点，不过这三个优点也是其局限性。因为当人们相互熟悉的时候，他们就开始寻找高度情境性的、非比较性的和背景性（解释而不止于描述）的信息。要在第一解读的基础上进一步了解一个人，必须深入解释性、功能性、动力性的层面，而不能停留在描述性、结构性、特质性的层面。由此可见，特质单元不足以完整揭示全部的人格现象，人格研究的另一取向——人格动机研究的力量日益彰显出来。

人格动机研究

动机是指促使个体去从事某种活动的内在原因。人格动机（personality motivation）

是个体长期起作用的、概括性的从事某种活动的内在原因。它不限于某一特定目标,通常不随情境的改变而改变,与一个人的人生目标和价值取向密切相关,如求知动机、审美动机、成就动机、权力动机、亲密动机等。人格动机是与由诱因和驱力激发的情境动机(situational motivation)相区别的,是比特质更深层的东西。如果特质构成人格的第一层次,那么动机则处于人格的第二层次;如果特质研究考察的是人格的结构,那么动机研究考察的是人格的功能;如果特质研究回答的是人格"是"什么这一问题,那么动机研究回答的是人格"做"什么的问题;如果特质研究处于描述人的层面,那么动机研究处于解释人的层面。动机是人格心理学的核心概念,动力学关注的是人格心理学的标志性特征。特质概念对人格的理解是初步的、表面的,要深入理解人格,就要深入人的动力层面。

虽然动机研究有着深远的历史渊源,但心理学家关注动机是20世纪初期的事。20世纪初,本能论者试图通过对动物本能行为或人的潜意识行为的分析来解释人类行为。而后,驱力论者提出个体的行为源于驱力,如果行为结果导致驱力降低,那么之后同样的驱力就会引起同样的行为反应。该理论掀起了20世纪30—50年代动机研究的第一次高潮,同样也引起人们在动机问题上更多的争论。心理学家逐渐认识到,只依靠驱力无法对人类行为作出充分合理的解释,因为它对人类行为的动力解释是从消极方面(即缓解紧张)着手的。需要理论的解释力相对而言更强,该理论从需要的角度来具体阐明人类行为的源泉和动力,包括默里(Henry A. Murray)的需要—压力理论和马斯洛(Abraham H. Maslow)的需要层次理论。由默里开创而后由麦克莱兰(David C. McClelland)发展起来的动机研究,深入探讨了成就动机、权力动机和亲密动机这三种重要的社会性动机。这些动机在个体身上存在明显差异,因此我们可以将它们视为人格性动机。通过分析人们在主题统觉测验(Thematic Apperception Test,TAT)中想象出的故事内容,可以测量这三种动机存在的个体差异。研究结果得到这三种动机与个人社交行为特征、事业奋斗、领导能力、人际关系、自我建构、心理调节和健康等之间的稳定关系。

20世纪60年代以来,随着认知心理学的兴起,认知观点逐步介入动机研究,先后形成期待价值理论、归因理论、自我效能理论等有关动机的认知理论。这些理论尽管各有侧重,但它们有一个共同点,即动机是不同于特质的且可度量的概念,动机的强度或数量决定了个体行为的可能性和结果。在这种框架下,动机越强,个体越有可能采取行动并达到预期结果。随后,一种新的动机认知理论——自我决定理论认为,预测个体行为的结果时,动机的性质或类型才是更为关键的。自我决定理论关注动机的来源和性质,认为不同性质的动机对行为的影响是不同的。例如,一个人可能因为内在的兴趣和满足感(自主动机)而从事某项活动,也可能因为外部的奖励或压力(受控动机)而行动。自我决定理论认为,相对于受控动机来说,自主动机与更积极的行为结果和个人福祉相关联。可见,自我决定理论强调的不是动机的强度,而是动机的性质,认为动机的类型(自主/受控动机)才是决定行为的持久性和效果的重要因素。

到了 20 世纪 80 年代,认知革命在不断地演进,从知觉、注意、思维等"冷"认知发展到关注认知与动机、情感之间关系的"热"认知。动机目标理论悄然兴起,并逐渐成为动机研究领域中一股强劲势力。从定义上讲,动机是行为的原因,目标是行为的结果。但人是有意识的,意识到的目标实际上就是动机。如果将动机区分为"推"(push)的动机和"拉"(pull)的动机,目标就属于"拉"的动机。建立在詹姆斯(William James)、麦独孤(William McDougall)、德国意志心理学家以及行为主义者提出的目标理论基础上,当代目标研究者提出了不同的关于目标以及目标定向行为的理论。一是目标内容理论。该理论尝试用个体设定的具体目标来解释为什么不同的目标定向行为会导致不同的结果,研究者假设目标内容的差异能显著影响个体的行为。二是目标追求过程中的自我调节理论。该理论关注人们如何解决目标实施过程中遇到的问题,尝试解释自我调节策略在目标对行为的影响过程中的作用。前者致力于回答人们追求什么样的目标,后者致力于回答人们如何有效地追求目标。三是目标单元,包括当前关注、个人计划、生活任务、个人奋斗等。尽管意义上各有侧重,但它们拥有最基本的共同之处,即都注重目标导向的行为,认为个体行为是围绕着对目标的追求组织起来的。目标单元被视为个人特征与情境交互作用的结果,它在对行为的评价中兼顾了评估情境影响的作用,并为人格的测量与评价提供了新的方法与标准。目标单元的研究包含行为的时间、地点、角色等情境因素,即"情境中的个人",可以用来理解个体不一致的行为。目标内容决定追求的方向,目标追求影响单元的形成,而有效的目标单元又能促进目标内容的实现。

目标理论把动机概念置于人格心理学家关注领域的中心地位。它认为,要了解人类行为,特别是要理解其模式化的、组织的、有指向性的性质,就必须考察其动机。目标理论以独特的视角,将引发行为的情感因素、动机力量与认知过程有机结合起来,成为动机研究领域的一股强劲势力。该理论关注目的性的、目标指向的行为,认为个体的行为是围绕着目标追求组织起来的,人是一个组织化的目标系统。目标概念的出现令人欣喜,因为目标具有将认知、情感、动机和行为联系起来的功能,具有整合人格并使行为组织化、模式化的功能。目标理论明确地突显出动机的意志功能,使我们更有理由认为人格心理学中的动机研究也可以被视为对人格意志功能的研究,这一当代的人格心理学体系又与传统心理学的知、情、意三分法不谋而合。对动机的探索是心理学为人性研究所作的重要贡献之一。不同的动机理论从不同的层面加深了人们对人性的了解。一般说来,动机被认为是人格连续性的来源,赋予行为以有意义的力量。与特质取向相比,动机取向将人格"做"什么作为研究的出发点,并致力于解释和功能分析。也就是说,它试图阐述人格的"所有"凭借何种机制转换为不同情境和时间下的具体行为,并用交互作用的观点来考察人与情境的关系。但是,动机的来源何在? 为什么面对相同的情境,人与人之间动机和目标不同? 这就要深入个人的生命历程——人生叙事:人格研究的第三种范式。

人格叙事研究

　　人格叙事研究范式认为,人们通过故事来筛选和理解自身的经验,就像小说家用情节、场景和人物来描述和解释人的行为和经历。这种途径可以更好地理解人的意图和欲望如何转变成行为,以及这些行为长期以来又是如何得以表现的。人生故事充满个体对生活经验的体验、表达和理解,具有建构自我和让他人认识的双重作用。当人们建构人生故事并把它叙述出来时,也就是在体验个体的生命历程和表达个体的内心世界。因此,对讲述人生故事的人来说,这是一种人格的重构过程。在这个过程中,个人重整自身的经验,把片段的情节组织成完整的故事,从而使隐藏在情节背后的意义显现出来。由此,我们就不难理解研究人生故事为什么会对我们了解个体的人格有如此重要的意义。

　　叙事心理学家发展出不同的人格叙事理论,包括汤姆金斯(Silvan S. Tomkins)的剧本理论、麦克亚当斯的同一性人格模型理论、赫尔曼斯(Hubert J. M. Hermans)的对话自我理论等,试图从不同角度来说明人们如何用故事讲述人生,进而探析人格。用叙事范式探讨人格的先驱是汤姆金斯,其剧本理论将叙事置于人格的中心地位,认为通过心理放大这一过程,人们把情感主宰的各个场景组织成人生剧本,从而为自己的人生寻求一种叙事秩序,将以往纷乱复杂的事件融合到一个连贯的有意义的人生故事当中。人格叙事研究的集大成者麦克亚当斯则建构了以人生故事为核心的同一性人生故事模型,认为人们从少年期和成年早期开始会面临一个重大的挑战,即需要建构一个能赋予自身生活一贯性、目的性和意义性的自我。而后,赫尔曼斯提出叙事研究的对话自我理论,认为自我就好像是一部“多声部的小说”,它不止一个作者,而是有许多不同作者的声音表达不同观点,每一种声音也都代表了它自己统一的世界。麦克亚当斯看到的是一个故事讲述者,他讲述了一个具有不同侧面的人生经历,也可以说拥有许多潜意识意象。赫尔曼斯则看到多个故事讲述者,而且每一个都对应故事本身的一个特征。

　　如何通过人生故事来了解一个人的人格呢? 尽管每一个人生故事都是独一无二的,但仍然有一些共同的维度可以用来研究和比较个体的人生故事,进而从人生故事中去了解一个人的人格。关于人生故事的分析,无外乎就是考察叙说者讲述了什么(what)——故事的内容,以及如何讲述(how)——故事的形式。关于故事内容的分析,研究者大多从故事的主题和讲述时所用的语言种类或者频次来考察人格;关于故事形式的分析,则可以对叙事语调、叙事结构的复杂性、叙事故事的类型进行研究。例如,研究者利用人生故事的中心主题线索(thematic lines)展开对人格的分析。中心主题线索是指，人生故事中的人物一直想要得到的、渴望得到的或者避免得到的东西。例如，在许多人生故事里，人物不断尝试追求各种形式的权力和爱。麦克亚当斯认为，中心主题线索在很大程度上反映了所有生命过程中都存在的两种基本形态——能动性（agency）和共生性（communion，可理解为亲和性）。能动性涉及权力、成就、竞争、独立和自我扩展等主题，包括个体为扩展、维护、完善和保护自我作出的努力，以及为将自我与他人区分开来，并控制自我所处的环境等付出的一切努力。从人格特质角度来看，能动性更多表现了支配性和外向性，从动机角度则反映了成就动机和权力动机。共生性则体现了个体想要与他人融合，与他人建立爱、亲密、友情及沟通合作等各种联系付出的努力。共生性表现了随和性，并反映了人的亲密动机。

　　叙事研究者发展出编码人生故事的主题的方法。他们将能动性和共生性这两个主题各自进一步分成四个子主题，每一个子主题又可以用人生故事中关键片段的叙事进行编码。对于能动性这一主题，人生故事片段可分为自我掌控、地位/胜利、成就/责任、赋权四个子主题；共生性这一主题在人生故事片段中则可分为爱/友谊、对话、关怀/帮助、统一/归属四个子主题。因此，个体的人生故事就可以通过这两种主题线索的强度和显著性方面的差异进行比较。例如，在一个强调能动性主题的人生故事中，人物奋斗的目标是权力、成就、独立、控制等，而在一个共生性主题占支配地位的人生故事里，人物会为了友谊、爱、亲密和沟通不断努力。有些人生故事在能动性和共生性两个主题线索上都显示出较高的水平，有些人生故事则在这两方面都处于较低的水平。因而，通过分析人生故事可以揭示不同的生命样态。

三种范式的整合

　　如果说特质对人格作出宽泛的、可比较的和非情境的描述，那么人格动机取向通过包容情境性，将陌生人的心理学转变为有血有肉的心理学。1996年，麦克亚当斯从人格的叙事研究视角，进一步融合特质论和动机论的观点，为特质、动机以及其他元素提供了一个序列，使之整合成一个连续的、不断发展的整体。为此，麦克亚当斯提出"人格房子"模型，从人格特质、动机与目标以及人生叙事三个层次来揭示人格（见下图）。

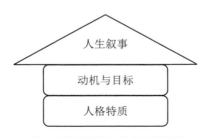

麦克亚当斯的"人格房子"模型

　　第一层次是人格特质,由去情境化的和可比较的人格维度即特质组成,可以用来描述人的行为模式中一般性的、可观察的部分。人格的这些基本成分具有普遍性和持久性特点。第二层次是动机与目标,由能促使一个人去完成各种任务,实现个人重要生活目标的策略、计划和关注点组成,可以用来阐明人们在人生某一特定时期和特定行为领域想要做什么,以及用什么样的方式(策略、计划、防御等)来得到想要的和回避不想要的。它与人格特质最根本的区别在于其情境性,个人关注有具体的时间、地点和角色。人格特质为研究者理解人格提供了最初的概况,人格动机使研究者看到生活在具体时空中的个体。但是,无论是第一层次的人格特质,还是第二层次的人格动机研究,都无法展现出个体生活的全部意义和目的,无法让我们真正了解一个人。要想全面理解个体,还需要一个能够把两者统一起来的时空框架,这就是第三层次:人生叙事(personal narrative)。一个鲜活生动的人格需要用说故事的方式来描述,这种描述呈现出人生的统一性和目的性。统一性体现在个人为实现生命意义和生活目标而建构的生活故事里。故事为自我提供了连续性,一个完整的故事可以告诉我们昨天的你如何成为今天的你、明天的你。在故事中,人们可以建构过去,体验现在,期待将来。故事是自我统一与整合的表征。故事还展示了特质与情境相互作用的过程:行为最初由情境激发,不同的情境激发出不同的行为,相似的情境中会出现相似的行为。情境的重复导致个体形成习惯性的行为模式,这种行为模式最终成为一个人自我的一部分,即特质。但由于特质是从过去情境中抽象出来的,也就是去情境化的,对于未来,特质只是一种行为的可能性。自我的连续性只能在故事的水平上才能体现出来,而故事中某一个片段(即情境)的目标、任务则需在第二层次上予以分析。第一层次和第二层次分别属于人格的静态结构和动力机制,而人生叙事则为特质和目标提供了一种时空坐标系,使它们整合成一个连续的、不断发展的整体。人生叙事是融合了重构的过去、感知的现在和期盼的未来的一种连续的自我历程。

　　与麦克亚当斯的"人格房子"模型相似,克洛宁格(C. R. Cloninger)提出了"3D"模型,认为人格心理学的知识结构包括人格描述(description)、人格动力(dynamics)和人格发展(development);西尔斯(R. R. Sears)则认为人格心理学由人格结构、人格动力和人格发展三个部分构成;梅耶(J. D. Mayer)也认为人格成分、人格组织和人格发展是构成人格知识结构的三个部分。显然,这四个模型之间有很强的一致性。回顾更早的弗洛伊德(Sigmund Freud)的人格理论,它主要解决的也是人格的结构、动力和发展问题。麦克亚当斯和帕斯(J. L. Pals)认为,人格理论的整合应建立在以下五个原则的基础上:进化、特质、适应、人生叙事、文化。但应注意到,进化和文化分别从生物学和文化学来解释人格,而人格本身还是特质、适应(动机、功能)和叙事,因此还是可以在三个层面的框架内进行整合。下表清晰地呈现了人格研究三种范式的整合框架。

人格研究三种范式的整合框架

特质的描述	结构	人格特质 (disposition)	所有 (having)	因素 (what)	相关法
动力的解释	功能	人格动力 (dynamics)	所为 (doing)	机制 (why)	实验法
叙事的整合	发展	人格发展 (development)	所成 (becoming)	过程 (how)	叙事法

具体来说，对特质的描述研究考察人格结构，属于人格"3D"模型中的人格描述部分，回答的是人格的"所有"问题，即人格由哪些因素构成，通常采用相关法；对动力的解释研究考察人格的功能，属于人格"3D"模型中的人格动力部分，回答的是人格的"所为"问题，即人格的机制是怎样的，通常采用实验法；对叙事的整合研究考察人格发展问题，属于人格"3D"模型中的人格发展部分，回答的是人格的"所成"问题，即人格的发展过程是怎样的，通常采用叙事法。

麦克亚当斯指出，这三个层次在功能上基本互不相关，并以不同的方式进入意识。但在具体生活中，不同层次之间应该存在相当大的交互作用。例如，一个人可能根据自己的外向性(第一层次)特点选择一项工作作为个人目标(第二层次)，然后来讲述其人生故事(第三层次)。特质、动机和叙事可以被视为一个包含三个层次的框架，也可以被视为人格研究的三种范式，也就是说不同的人格心理学家在这三个层次上各有侧重，也可能有不同的价值认同。只有整合来自这三个层次或范式的知识才能实现对人格较为全面的描述和解释，同时也可能较为有效地预测人的行为并控制其朝着有利于个人与社会健康的方向发展。

回顾与展望

20世纪30年代诞生的人格心理学，在走出由情境论者的攻击带来的低迷后，于20世纪80年代逐渐复苏。人格特质论再次产生广泛影响，许多人格心理学家在五因素人格模型上达成一致。但与此同时，研究者也逐渐意识到，特质单元并不足以揭示全部的人格现象，因此人格的动机领域日益受到重视。动机研究者关注对个体具有独特意义的生活目标，通过评价个体目标的各项属性来理解人格。人格动机研究包含人格研究中的时间、地点、角色等情境因素。如果说特质对人格所作的描述是一种宽泛的、可比较的、不受情境约束的陌生人心理学，那么人格动机研究则将陌生人心理学转变为有血有肉的心理学，它为人格研究提供了新思路，并促进了人格知识的整合。麦克亚当斯在此基础上提出人格叙事研究范式，并提出一个包含三个层次的框架。他认为特质属于人格的静态结构，考察人格是由哪些因素构成的，回答了人格的"所有"问题；动机属于人格的动力机制，考察人格的功能，回答了人格的"所为"问题；叙事属于人格的发展，考察人格的发展或过程，回答了人格的"所成"问题，综合这些知识就可以实现对人格较为完整的理解。

　　自从 1937 年奥尔波特将人格心理学界定为对整体的人的科学研究，人格心理学家一直在努力寻找一个概念框架来整合关于人格的知识，并试图从中找出规律来指导人们寻求关于人的未知知识。特质研究和动机研究的发现能否被整合以及如何整合，曾是人格心理学研究者面临的一个重要课题。以上所述反映了这一领域寻求整合的进展历程。麦克亚当斯的模型为我们提供了颇具启发意义的思路。人们之所以期待并致力于整合，是因为分裂或分歧的现状过于严重。看待人的角度如此之多，研究变量如此之细，研究结论还相互矛盾，那么机能完整的活生生的人在哪里？人格心理学要把握的整体的人在哪里？必须将现有的理论、研究和测量加以整合，才能形成整体的架构。但是，这一工作十分艰巨，过程漫长，它取决于学科基本范式的形成。人格叙事研究范式似乎能够将人格特质范式和人格动机范式结合起来以理解人格，而且它倾向于从当事人的角度看待问题，重视研究者个人与被研究者之间的互动，这种研究方法使得研究与"人"的日常生活更加接近。在叙述人生故事的过程中，人们重整了自身的经验，把片段的情节组织成完整的故事，从而使隐藏在情节背后的意义能够显现出来。此外，他人也可以通过倾听人生故事，进入故事叙述者的内心世界，从而更全面地了解这个人。人格心理学创建之初，奥尔波特就提出通则研究（nomothetic research）与特则研究（idiographic research）结合，而特质包括共同特质（common traits）和个人特质（personal traits）。人格研究终究要落脚到活生生的个人，但人格心理学家长期以来优先关注通则研究或共同特质研究，奥尔波特的设想经过很长时间才得以初步实现，这里面当然包含科学本身的发展逻辑。叙事心理学作为特则研究的新范式能够为人格心理学贡献多少新知，它为人格心理学知识结构提供的整合框架能在多大范围和多长时间得到学界认可，都值得我们进一步关注。

　　这本书从开始翻译到今天，已经超过十年了！其间，有很多研究生同学参与翻译或修改工作。初译稿分工如下：第 1 章、第 9 章，芦学璋；第 2 章，周宗泽；第 3 章、第 8 章，杨沈龙；第 4 章，石可；第 5 章，姚胜男；第 6 章，李小新；第 7 章，陈真珍；第 10 章，周寅庆；第 11 章、第 12 章，白洁。然后，这些译者相互交换初译稿并进行修改。白洁、芦学璋、芈静、徐步霄等对初译稿的修改稿进一步作出修改。中文版序由于泽坤和张跃翻译。最后由郭永玉、陈建文、白洁、徐前统稿和定稿。

　　感谢麦克亚当斯教授专门为此书中文版写序。

　　感谢上海教育出版社谢冬华先生和徐凤娇女士的辛勤劳动。

　　欢迎读者对译文提出批评意见。

郭永玉

2024 年 7 月 5 日

于金陵随心斋

中文版序言[①]

欢迎《人格心理学：人的科学导论》(*The Person：An Introduction to the Science of Personality Psychology*)的新读者！这本大学教科书的中文版为广大读者展现了人格心理学这一领域。我非常希望学生和老师喜欢这本书，无论你是学者还是普通读者，我都希望本书内容对你有所帮助。

背景

你面前的这本书是《人格心理学：人的科学导论》第五版，于 2009 年在美国出版。不过，这本书的缘起可以追溯到 20 世纪 80 年代，当时我还是芝加哥罗耀拉大学 (Loyola University Chicago)一名年轻的助理教授。那时，我想讲授人格心理学，但找不到一本符合自己观点的教科书。我认为，人格心理学应该是关于整体的人 (the whole person)的科学研究。因此，人格心理学应该关注是什么使得某个特定的个体成为一个独一无二的人，个体又是如何区别于其他人的。

20 世纪 80 年代，人格领域的教科书往往采用两种不同的体系，但我对它们都不太感兴趣。其中，一种体系是对重要人格理论的历史回顾，每章介绍一位 20 世纪上半叶以来伟大的人格理论家(如弗洛伊德、荣格等)；另一种体系则以专题形式呈现，每章介绍一个研究领域。从历史或哲学的角度来看，前一种体系可能非常生动有趣，但未能介绍人格心理学领域的当前研究。后一种体系用碎片化的方式来解读人，未能将人作为一个整体来理解。

因此，我决定自己写一本人格心理学教科书。然而，我很快就意识到这是一个疯狂的想法，因为需要学习和做的事情太多了——当时我非常忙碌，在罗耀拉大学要开展新的工作，在家里还要照顾两个刚出生的女儿。不过，我那时精力充沛，同事们也都很支持我，所以我成功地在 3～4 年里完成了本书的第一版，于 1990 年正式出版。第一版介绍了当时最前沿的思想和主题，这在人格心理学的本科教材中是史无前例的。例如，我用大量篇幅介绍了传记心理学、人格心理学个案研究的运用、人格研究的思想体系、特质论取向与情境论取向之间的争论、人格心理学的社会生物学和进化论取向、罗夏墨迹测验和主题统觉测验等投射测验的使用，关于"大五"人格特质、个人目标和奋斗的最新研究，以及关于人生故事和人生叙事的新兴学术研究。

1990 年，我提出可以从四种不同的甚至互相冲突的范式或视角来理解人格心理

---

① 此序言英文原版可参见 http://www.personpsy.org/Info/Details/3022。——译者注

学。第一种视角将人看作心灵内部的奥秘(intrapsychic mystery)，激励我们发掘隐藏在日常生活表象背后的意义。第二种视角关注互动情节(interaction episodes)，将人格构想为生活中的一系列事件，其中内在倾向(如各种人格特质)与外部世界相互作用。第三种视角考察人际故事(interpersonal stories)，或者说是每个人为自己的生活创建叙事的方式，以及心理学家如何建构人生故事。第四种视角关注解释结构(interpretive structures)，即我认为的理解生命和世界的认知图式或框架。我当时认为，这四种视角都是独一无二的，而且彼此范畴清晰。你需要选择一种吸引你的视角，然后坚持。

然而，后来我改变了这个观点。在接下来的二十年里，人格心理学在许多重要方面得到了发展，实证研究取得了新的突破，也出现了一些创造性的理论取向。我逐渐看到，人格心理学的不同视角如何真正融合为一个广泛的综合体。科学是不断积累、综合的，它旨在提供真实、有用的广泛解释。对于我观察到的四种不同视角，人格心理学这门学科能够提供一个思想空间来整合它们吗？我在 1990 年时对此持怀疑态度，但后来我不再那么怀疑了。如今我相信，在这个关于人的广泛的模型中，很多人格理论和研究可以得到调和，我将它们呈现在本书第五版中，也就是你现在读到的版本。

从一种广义的整合视角来理解整体的人，关键是要理解人格的层次(layers)。随着时间的推移，出现了人格的三个层次。人格的第一层次把人看作社会角色扮演者(social actor)。人类逐渐演变为在复杂的社会群体中生活，像演员一样在他人面前扮演自己的角色。我们每个人都以自己独特的风格扮演着自己的角色，这些风格差异体现了基本的人格特质，对此我在本书第4～6章进行描述。诸如外向性和尽责性等基本的人格特质，则勾勒出人的广义的心理轮廓。

为了深入了解人格的细节，你需要将注意力转移到人格的第二层次，也就是将人看作自我激励代理人(motivated agent)。所谓生活中的"代理人"，是指个体制定计划并设定有价值的目标，然后努力实现这些计划和目标。这一层次关注人的意志、欲望、选择和展望等精神生活。作为自我激励代理人，我们着眼于未来，因为我们要实现长远目标。人格特质描述我们是如何互动的，动机和目标则告诉我们在生活中想要什么，以及为什么努力争取想要的，并避免不想要的。在第 7～9 章，我讲述了与此相关的理论和研究，并用"个性化适应"一词来指代人们在生命历程中发展出的许多不同种类的动机、目标和价值观。

人格的第三层次将人看作自传作者(autobiographical author)。当进入青春期和青年期时，许多人会试图探索和构想更广阔的生命意义。精神分析理论家埃里克森(Erik Erikson)将这一过程称为对同一性(identity)的探索。人们开始问自己这样的问题：我是谁？我该如何融入成人世界？是什么为我的生命赋予了意义和方向？为了回答这些问题，人们为自己的生活创造了不同的故事，第 10～12 章对此进行了介绍。这里的核心思想是叙事同一性(narrative identity)，我将叙事同一性定义为关于自我的内化的、不断发展的故事,这种故事解释了人们如何成为独一无二的人,以及他们未来可能成为什么样的人。叙事同一性将个体有关自传式经历的选择性重构(记忆中作为一段故事的过往经历是怎样的)和对畅想未来的期待(畅想未来故事如何发展)联系起来。

　　总之,人格是一种动态的结构,它包含:(1)人格特质(社会角色扮演者);(2)独特的目标和价值观(自我激励代理人);(3)综合的人生故事(自传作者)。它随着时间的推移而发展,并根植于文化和历史。我们每个人都是特质、目标和人生故事的独特融合。

现在和未来

　　自本书第五版出版以来,人格心理学领域一直关注我在本书中提出的主题和挑战。有关基本人格特质(作为社会角色扮演者的人)的研究一直在蓬勃发展。在基本人格特质的个体差异方面,第 6 章讲述了来自遗传决定论的有力证据。毫无疑问,基因很重要,但环境也很重要。近年来,许多研究在努力探索环境对特质的影响。一些最有前景的研究探讨了成年早期标志性事件(如结婚、生育、获得工作等)对基本人格特质(如责任心、尽责性等)的发展可能产生的重要影响。特质研究者考察了这种情境效应,另一些研究者则深入大脑内部,考察人格的神经学基础。近年来,神经科学家开始重点关注特定脑回路以及多巴胺对外向性特质的作用。

　　在过去的十几年里,人生故事领域(作为自传作者的人)也取得了大量研究成果。人格心理学家对人们为了理解自己的生活而建构的叙事产生新的兴趣。这一系列研究倾向于将文化主题纳入讨论。每种文化都有自己的民间故事、历史逸事、宗教神话,以及渗透在流行话语中的思想和主题,它们表明了一个出色的或有价值的人生叙事的情节、主题、人物和形象应该是怎样的。我们每个人都借助文化来塑造自己的自我同一性。例如,有理论认为,在个人主义的文化规范(传统上与北美和某些欧洲社会相关)下建立起来的自我同一性,会鼓励个体在生活中培养自主性和独立性,并在生活的痛苦中找到救赎的意义。相比之下,在集体主义的文化规范(传统上与中国、日本和韩国等东亚社会相关)下建立起来的自我同一性,则会鼓励个体在自我发展中重视社会团结与和谐,并坚持渡过与生活相伴的不可避免的苦难。此外,与人格特质一样,神经科学家也开始关注人生故事,并对一些脑区进行探索,这些脑区经常参与加工与自我相关的信息,并参与建构与自我相关的故事。

　　如果要写新的版本(第六版),我会进一步详细阐述上文提到的社会角色扮演者/自我激励代理人/自传作者这一框架。现在我坚信,这一框架蕴含着清晰的人格发展顺序(McAdams, 2013, 2015; McAdams & Olson, 2010; McAdams, Shiner, & Tackett, 2018)。

　　特质是最先开始发展的。当婴儿 1 个月大时,你可以观察到基本气质倾向的一致性差异,这种差异在一生中会不断变化,最终形成成熟的人格特质。接着,我们作为新生的社会角色扮演者进入这个世界。在童年时期,我们成长为自我激励代理人。在3~9岁,儿童发展出建构目标和价值观所需的认知和心理基础。在十几岁和二十几岁时,伴随大脑的进一步发育和社会环境的变化,作为自传作者的自我出现了。可见,在个体成长的过程中,人格变得更加复杂(thicken)。我们从人格的第一层次(即社会角色扮演者)开始;随着这一层次的发展,增加了人格的第二层次(即自我激励代理人),最终增加了人格的第三层次(即自传作者)。作为成年人,我们拥有人格的这三个层次:按照符合自己人格特质的方式扮演社会角色;作为自我激励代理人,我们坚持不懈地努力实现有价值的目标,并着眼于未来;我们在脑海中建构故事来理解这一切,解释我们为什么做所做的事情,追求哪些目标,以人生叙事的方式理解记忆中的过去、经验丰富的当下和畅想的未来。

中国读者

你们是这本书中文版的第一批读者。我很想知道你们对这本书有什么看法。在撰写本书时,我依据的主要是来自北美(如美国、加拿大)和欧洲的人格心理学理论和研究。作为一个美国人,我自己的文化背景无疑会影响我对人类人格的构想。因此,我很确定本书流露出许多文化差异,其中一些你可能很容易识别。不过,我确实阅读了大量关于人格跨文化研究的文献。本书第 3 章和第 10 章的部分内容对此有明确阐述。

跨文化人格研究的一个核心问题是:人格的哪些特征具有普适性? 哪些特征在很大程度上由文化塑造? 当然,这个问题过于简单化了,因为人格的每个特征都可能与文化有某种关系,毕竟,人类不断进化并创造了文化。我们生活在文化之中,因此,如果完全脱离文化的影响,对人类心理任何方面的构想就几乎没有意义了。尽管如此,在某种程度和方式上,人格和文化既相互联系又相互区别。例如,研究表明,在许多不同的社会中,人们倾向于用少数几个宽泛的类别解释人格特质(一般是五个左右)。基于此,一些人格心理学家认为,这些基本的特质类型(通常被称为"大五")是人性的普遍特征。在经典的结构中,"大五"包含:(1)外向性;(2)神经质;(3)随和性;(4)尽责性;(5)开放性。尽管在不同文化中,每种特质都以不同的方式呈现,但大多数文化仍然表现出这五种特质。也就是说,在全球范围内的许多社会中,"大五"人格特质(或它们的变体)都被表达为有意义的个体差异。在这种情况下,你可能会说,在决定不同社会中呈现的特质类型时,文化差异的影响并不是很强。

相比之下,目标、价值观(作为自我激励代理人)和人生叙事(作为自传作者)似乎会更强烈、更深刻地受到文化差异的影响。前面我已经提到集体主义和个人主义文化导致的一般差异。大量人格研究表明,在人们的独特目标和价值观层面,这些差异表现得尤为突出。在个人主义社会,自主性的自我表现可能被视为一种很有价值的目标;在集体主义社会,社会团结与人际和谐则可能更受重视。值得注意的是,太过宽泛地阐述这些文化差异其实是不利的。集体主义社会和个人主义社会都会提倡以上两种价值观和目标,但由于文化的作用,上述两种价值观和目标的广泛差异仍然会以细微而显著的人格差异表现出来。

文化对人生叙事的影响可能最为强烈。在《救赎自己:美国人的人生故事》(*The Redemptive Self:Stories Americans Live By*,2006)一书中,我将心理学研究与历史及文化分析结合起来,认为美国人特别欣赏救赎自己的人生故事。在这些人生故事中,主人公忍受着苦难,但最终凭借新的洞见和积极正向的结果摆脱了苦难。在美国社会中,有许多文化模式可以用于维持一个高度救赎的人生故事——这些文化模式根植于美国的历史、政治、文学、电影和流行文化。其他社会可能也会重视我在书中提到的这种救赎故事,但在一些重要的人生故事中,不同文化之间可能存在很大差异。考虑到这一点,你可能想问自己:我所在的社会中最有价值的故事是什么? 围绕那些故事,我熟悉的人是如何努力塑造自己的生活的?

世界正在变小,这可能是一件好事。在越来越频繁的贸易和旅行中,移民和国际交流日益增加,来自不同社会和文化的人越来越多地互相了解。本书在美国主要针对美国学生编写,如今翻译成中文,这也体现了一个正在缩小的、互联互通的世界。本着这种精神,在这本来自世界另一端的有关人格的教科书中,希望你能有所收获!

麦克亚当斯(Dan P. McAdams)

伊利诺伊州芝加哥

2018 年 8 月 8 日

参考文献

McAdams,D. P.(1990). *The person:An introduction to personality psychology*. San Diego,CA: Harcourt Brace Jovanovich.

McAdams,D. P.(2006/2013). *The redemptive self:Stories Americans live by*. New York:Oxford University Press.

McAdams,D. P.(2013). The psychological self as actor,agent,and author. *Perspectives on Psychological Science*,8,272—295.

McAdams,D. P.(2015). *The art and science of personality development*. New York:Guilford Press.

McAdams,D. P.,& Olson,B. D.(2010). Personality development:Continuity and change. In S. Fiske,D. Schacter & R. Sternberg (Eds.),*Annual review of psychology* (Vol.61,pp.517—542). Palo Alto,CA:Annual Reviews,Inc.

McAdams,D. P.,Shiner,R. L.,& Tackett,J.(Eds.). (2018). *Handbook of personality development*. New York:Guilford Press.

要 目

细　目

第一部分　背景：人、人性和文化

第二部分　描绘轮廓：基本特质及其对行为的预测作用

第三部分　填充细节:对人生任务的个性化适应

第四部分　建构生活：我们的人生故事

自 序

　　人格心理学不再是过去的样子了。起初,弗洛伊德主义者和荣格主义者针锋相对,行为主义者和人本主义者相互对立,每个人都会选择并至死维护一种大的人格理论。过去,人们并不看重人格研究,主要原因是人格研究者给人们贴上一些不太可靠的标签,用这些标签预测人们的行为,但效果往往不尽如人意。如今,人格心理学的面貌已经发生巨大变化。在过去的 20 年,人格心理学已经成为科学研究中一个至关重要且极具吸引力的领域,涌现出新的理论视角和重要的研究发现,而这些都试图回答作为一个人在当今世界意味着什么。通过与社会心理学、临床心理学、毕生发展研究,以及与认知和情绪神经科学的结合,人格心理学成为当今首要的、针对全人的科学研究。对人来说,没有什么比研究人更有趣、更重要了。

　　这本教材打破了原有的模式。大多数现有的本科生的人格心理学教材遵循的是两种在 20 世纪 60 年代发展出的体系。第一种体系中,每章围绕 20 世纪上半叶产生的大的人格理论展开。第一章通常是弗洛伊德,然后是荣格,等等。虽然以历史发展脉络来介绍人格理论的组织方式非常有趣,但是缺乏对当今人格心理学研究领域的介绍。第二种体系围绕研究主题展开。虽然这类教材充分反映了人格心理学家实际开展的科学研究,但是它不能回答根本性的问题是什么。我相信,人格心理学领域应该产生一种新的教材,一种既能反映过去 25 年这个领域的重大变化,又能提供关于人格心理学是什么的一种整合视角的新教材。这种视角既要能得到学生的欣赏,也要能结合他们自身的生活和深层的关切。

　　《人格心理学:人的科学导论(第五版)》提供了一个整合的视角,将人格心理学是什么与人格心理学在 21 世纪应该是什么面貌这两个问题结合起来,再次整合了当代研究和经典理论,将所有内容与几乎每个学生都感兴趣的一个核心问题——当我们了解一个人的时候,我们到底在了解什么——相联结。我相信,人格心理学领域最巧妙、最新颖的想法都与这个问题相关。为了从科学和日常生活两个方面了解一个人,我们首先要有这样一种疑问:人类因人性而共有的是什么,以及社会环境和文化如何塑造每个人的生活。我们一旦对人性和文化环境有了这样的疑问,接着就需要进一步考虑在三个连续层面上的心理个性。水平一是基本特质:个体的总体倾向是什么?(他友好吗? 她有竞争性吗? 他倾向于冒险吗?)水平二是个性化适应:她期望什么? 他相信什么? 她怎么应对? 这些天他主要关心什么? 水平三是人生故事:她的人生意味着什么? 是什么给予他的人生一种统一性和目的性? 简单来说,基本特质描绘了人的主要框架,个性化适应填充了细节,整合的人生故事告诉你人的一生总体上意味着什么。换言之,特质描绘了人总体上会做什么,个性化适应解释了人想要什么和怎么得到自己想要的(避免自己不想要的),人生故事描述了人想创造哪一种人生。

人格是一种由人性和文化塑造的模式,包括基本特质、个性化适应和整合的人生故事(Hooker & McAdams,2003;McAdams,1994,1995;McAdams & Pals,2006;Sheldon,2004)。当你以这种视角看待人格时,你就可以很容易地将当今人格心理学最高水平的研究与过去经典理论中最好的理论观点统一起来。同样重要的是,学生从这一角度可以很容易地看出,与其他心理学分支相比,人格心理学的独特和强大之处就在于按照心理个性(psychological individuality)的三个水平,来建构自己对这个领域的理解。你能了解如何从这三个水平来建构关于个体的科学的、可信的解释,从人类的本性和社会环境到基本特质,再到更具体的适应性,最后到广泛的、由文化塑造的人生故事。而且,这一体系有一个独有的优势。很多人格心理学的教材只提供一系列术语和观点,我希望这一体系能有一些有趣的改变。在本书每一章中,我尽力提出一种论点,试图通过讲述一个更大的故事,将人格心理学的不同观点有意义地组织起来。

我根据这一视角建构了《人格心理学:人的科学导论(第五版)》的框架,教材的第一部分(第1~3章)以进化如何塑造人类的本性和社会环境如何塑造个体的生活为框架。第二部分(第4~6章)讲述了人格心理学中的基本特质,集中于测量、生理机制、跨时间的一致性,以及预测广泛的人类行为的效力的实证研究等方面。第三部分(第7~9章)讨论了许多不同的个性化适应,它们填充了心理个性的细节,从动机、目标到社会认知变量,如图式和自我指导,再到发展阶段和任务。第四部分(第10~12章)探索了故事在人类生活中的角色,人们如何组织故事,赋予它们生活的意义,故事如何赋予现代生活以认同和目标,以及自弗洛伊德时代以来,人格心理学家是如何努力解读人们所讲的人生故事中的内在难题的。

大理论在哪里呢?弗洛伊德理论在哪里呢?行为主义者的理论呢?大理论仍然在教材中,但是我从整合的视角将这些理论和研究组织起来。这实际上非常容易做到,因为不同的理论强调了人性、文化环境和心理个性的不同方面。比如,鲍尔比的依恋理论是从进化角度来解读人类的本性,这非常适合第2章。行为主义和社会学习理论主要是关于社会环境和学习如何塑造个体,这与第3章一致。第4章和第5章介绍了奥尔波特、艾森克、格雷和卡特尔的特质理论以及"大五"结构。第6章描述了特质的全程发展,探讨了一些基本的问题,如特质的来源、跨时间的强稳定性、全程的改变程度。第4~6章新加入了人格特质的神经科学研究,以及基因和环境在特质发展中的交互作用,这反映了在过去几年里学者对这些前沿领域研究兴趣的激增。这一版还新加入了人格特质与人格障碍之间关系的讨论。

第7章从弗洛伊德、马斯洛、罗杰斯、默里和当代自我决定理论的著作中提取出不同的动机理论(Deci & Ryan,1991),也介绍了麦克莱兰和许多当代研究者的研究——

动机、目标和追求如何填充人格的细节。凯利提出最早的人格认知理论之一,该理论很好地整合了第 8 章更加现代的认知理论和研究——探讨了社会认知适应性。在第 9 章中,具有深刻影响力的自我发展的阶段理论为发展适应性的提出作了铺垫,比如埃里克森和洛文杰的理论。第 10~12 章介绍了一些经典的、现代的研究人格的方法和以人类意义为中心的人生故事研究。第 10 章讲述了布鲁纳的一些基本观点,汤姆金斯的影响力日益增强的剧本理论,以及我本人提出的同一性人生故事理论。在过去的 10 年,人生故事的研究,或者现在常常被称作叙事同一性(narrative identity)的科学研究立足于人格科学,成为一个新兴的、强大的舞台。其实,人生故事的研究由来已久,弗洛伊德、荣格和阿德勒对人生故事都有很多研究,第 11 章会详细介绍他们的观点,同样也会介绍一些当代的来自后现代和女性主义对人类生活的解释方法。第 12 章介绍了人格心理学家与其他科学家及学者如何整合叙事个案研究。人们建构人生故事,有时人格心理学家会尽力描绘出关于这些人生故事的完整版,就像心理传记学、人生故事和其他个案具体分析一样。

　　你可以看到,本书不仅仅是换了一个好看的新封面。使用过前四版的人肯定会发现本书中有很多相似的内容,我希望将好的内容保留下来。我以前四版为基础来编写一本涵盖当今最有趣、最重要、最前沿的人格科学发展的教材。就像之前一样,本书始终是以人为中心的。

　　和以前一样,我用经典的和当代的文献、神话、传记和媒体来解释观点和概念,我列举一些逸闻趣事,也尽力把最新的研究发现囊括其中,使学生能够理解当今人格科学领域正在发生什么。我也曾简化内容,而且采用对话的方式。在我的课堂上,我可以享受与学生交流的这种奢侈,他们听我说,我听他们说。虽然在我撰写教材的时候并没有这种奢侈的条件,但是我尽力想象作为读者的你可能正在想什么,如果我们有幸交流什么是人和人格心理学,你可能会对我说什么。

　　我教授人格心理学超过 25 年,几乎每天都和同事、朋友以及家人讨论人格心理学,有很多人影响了我如何理解自己对知识的痴迷。因此,我不能提供一份完整、准确的感谢名单,感谢他们对这本教材直接或间接的投入。那些和我一起工作以及听过我课程的本科生和研究生,甚至是不喜欢这门课的人,都对本书有着巨大而积极的影响。我想感谢他们及其父母给了我教授这门课程的机会,使我有幸短暂地参与到他们的发展中。西北大学曾经共事和现在一起工作的同事也深刻地影响了我,特别要感谢亚当(Emma Adam)、鲍曼(Phil Bowman)、西特兰鲍姆(Sonny Cytrynbaum)、恩格恩-马多克斯(Renee Engeln-Maddox)、芬克尔(Eli Finkel)、弗罗因德(Alexandra Freund)、哈格斯塔德(Gunhild Hagestad)、赫希(Bart Hirsch)、莫尔登(Dan Molden)、奥托尼(Andrew Ortony)、平索夫(Bill Pinsof)、泽尔多(Peter Zeldow),以及每月一次的人格午餐会的正式成员(过去的和现在的):贝利(Mike Bailey)、鲍尔(Jack Bauer)、德宾(Emily

Durbin)、希尔(Win Hill)、利根达尔(Jen Pals Lilgendahl)、雷维尔(Bill Revelle)、唐(Tony Tang)和金巴格(Rick Zinbarg)。还有一些我非常珍惜的人格学学会(Society for Personology)的同事，其中对我关于人格的思想有着巨大积极影响的是亚历山大(Irv Alexander)、安德森(Jim Anderson)、科勒(Bert Cohler)、奥宾(Ed de St.Aubin)、德莫雷斯特(Amy Demorest)、格雷格(Gary Gregg)、赫尔森(Ravenna Helson)、赫尔曼斯(Bert Hermans)、约翰(Olver John)、乔塞尔森(Ruthellen Josselson)、金(Laura King)、洛文杰(Jane Loevinger)、鲁尼恩(Mac Runyan)、辛格(Jefferson Singer)、史密斯(Brewster Smith)、索恩(Avril Thorne)、温克(Paul Wink)和沃克(Barabara Woike)。

最后，我要感谢我的妻子帕尔梅耶(Rebecca Pallmeyer)。她是我的灵魂，而这本书无论好坏都是我的延伸，所以她是撰写这本教材最重要、最积极的一股动力。

麦克亚当斯(Dan P. McAdams)

于西北大学

第一部分

背景：人、人性和文化

人的研究

如果你正在阅读本书,那么你(很可能)是一个活生生的人!人格心理学是关于整体的人的科学研究。因此,人格心理学和本书的内容基本上就是关于你的。

当你开始学习心理学时,你很可能期待所有课程都与自己或人类有关,事实上,整个心理学领域也确实如此。毕竟,无关乎人类,那又怎么是心理学呢?但是,如果你学习过"心理学导论"课程,你很可能了解到心理学包罗万象,比如知觉和注意,认知和记忆,神经和大脑,变态行为,社会行为,治疗方法,鸟类、猩猩和小白鼠的行为,等等。尽管心理学中的很多领域都是从某些特定部分和视角考察人类,但只有一个领域是研究整体的人。在人格心理学中,我们试着将不同的部分和视角整合起来。我们试着将个体的人作为一个复杂的整体来理解。欢迎进入人格心理学!非常高兴我们终于在这里相遇了。

人格心理学的最终目的是给人的心理个性(psychological individuality)建构出一种科学、可信的解释。这种解释将人置于生物学和文化的背景之中,同时会阐明一个人如何与他人既相似又有所不同。人格心理学家常常关注人与人之间的差异,他们提出了各种各样的分类和组织个体心理的方法,而且试图寻找这些差异背后的生物学和环境因素。人格心理学家是如何做到这些的呢?他们又是怎样努力为人类生活作出科学解释的呢?

事实上,人格心理学家使用的方式与我们普通人试图去了解自身和他人的方式是相似的。在这一过程中,我们每个人都会投入大量精力来谈论和思考特定的人群,可以说,我们每个人在某种程度上都是业余的人格心理学家。人格心理学家只是将一般人作出的努力进行了正规化和系统化。我们每个人都积累了大量有关如何了解他人的经验。但当我们想要认识某个人时,我们能知道些什么? 我们又是如何谈论我们已经了解到的东西的?

当我们想要认识一个人时,我们能够了解什么

想象一下你现在是一名大学新生。你希望结交一些新朋友。你同样渴望追求个人的专业兴趣,包括写作和新闻工作。因此,你去参加了一个有关学生报纸的规划会议,你期望成为这份报纸的记者。这是一次很好的机会,你了解到许多关于该报纸及其员工的信息。你得知为这份报纸工作将会十分有趣,但是平衡工作和学习又十分困难,例如按时上课。最后,一名高年级记者邀请你和一些编辑去她的公寓喝咖啡,你欣然前往。

晚会看起来一切正常。在聚会中,你有很多机会观察那位向你发出邀请的年轻女士。让我们称呼她阿曼达(Amanda)。阿曼达和别的那些友善的人看起来不太一样。每个人都在公寓里闲逛、自由交谈、喝东西,享受着这样的时光。不过,晚会开始时,阿曼达看起来有些紧张。你原本以为在邀请大家来到她的公寓后,她应该感觉很好,她理应表现出欢迎和舒适的状态。可是她远离人们的热烈交谈,没有谈论任何她自己的故事,甚至在一位编辑让她谈一谈对教授的看法时,她都没有作声。她几乎从来不笑,不过她的朋友似乎并没有为她的这种状态而烦恼,就好像她总是如此。尽管这样,你仍然觉得奇怪,更奇怪的是,随后你发现她在自己的房间里打字,看起来她好像正在发邮件。回到客厅后,你跟她开了个小玩笑,说她相比于现实世界人们的陪伴,更喜欢因特网。"不,"报纸的体育版编辑说,"阿曼达喜欢每一个人。她只不过是有点情绪化和不可预测。我们并不担心她。"

其他人都证实了那位编辑的说法,至少关于他称阿曼达不可预测这一点是对的。当阿曼达从电脑旁返回的时候,她明显变得不那么冷淡。她虽然不是晚会的主角,但现在她的脸上露出更多笑容,对周围的一切也更加关心。后来,她和你单独聊起来,并询问你的过去,音乐上的爱好,你可能学过的课程,为什么你会从风和日丽的加利福尼亚来到多雨的此处上大学,你最近下载了哪些东西,你有没有在学校遇到过令人讨厌的人,等等,都是些刚认识的朋友之间会谈及的话题。她也告诉你关于她自己的事。通过这半小时的谈话,你了解到她的如下信息:

（1）阿曼达曾经和两名室友合租这一公寓，但是后来室友都搬出去了，因为她们不喜欢阿曼达的男朋友，他来得过于频繁。阿曼达也不再喜欢他，他们上个月分手了。

（2）为了抽出更多时间上课，阿曼达去年就离开了该报社的编辑岗位。如果没有离开，今年她可能已经成了总编，但这样的话她的某些课程可能会不及格。现在她又成了一名记者，她感到更开心，但她失去了以前位置上的权力。

（3）公寓里堆放着各种心理学、哲学和宗教的书籍。然而，阿曼达的专业是政治学。她最想去法学院，不过她对法律和政治了解并不多。

（4）阿曼达曾经练习过瑜伽，她几乎每天都要去健身房。她喜欢垃圾食品，而且在晚上课程结束后会吃大量的垃圾食品。她个子高、身材苗条。她宣称自己从来没有节过食。

（5）尽管阿曼达有很多关于宗教的书，但她宣称自己是个无神论者。她两年前去世的父亲是一名浸礼会牧师。她父亲年轻时曾经沉迷于酒精和毒品，但不久就经历了宗教上的转变。他总是说被"拯救"的那天是他这一生中最快乐的时光。在这之后不久，他就和阿曼达的母亲结婚了，不过在他去世的三年前，他们离婚了。"我爱他，也恨他。"阿曼达说。

（6）阿曼达不喜欢流行音乐。她喜欢爵士乐和70年代流行的那些乐队。

大约在晚上11点的时候，晚会结束了，人们各自散去。你和阿曼达约好明日共进午餐，一同聊聊报社和大学生活。你也已经感受到这晚她的变化。一开始，她紧张且忧郁，而现在她正在和人们道别。她和那位体育版编辑吻别的时间比你想象的要长一些。之前你还没有注意到他们之间的关系有什么特别，但是现在你开始有所怀疑了。

勾勒轮廓：基本特质

你是怎样了解阿曼达的呢？在和她的朋友、同事们相处了一晚，并和她单独交谈了一会儿后，你开始对这位女士形成了一些印象。你会怎样描述她呢？

关于阿曼达，你首先想说的是，她有一点情绪化且不可预测。当然，你只是在这一种场合看见她，很难就此推论她在其他场合也如此。但你确实看到她一开始是如何地忧郁和紧张，而最终变得十分自在，对此你应当觉得惊讶。整个晚上，阿曼达对大家都算随和且善解人意。那位体育编辑说阿曼达喜欢所有人，据你观察所有人也同样喜欢她。在晚会的后半段，她开始对你格外友好。她问了一些关于你个人生活的问题，她很专心地听你讲述，她看起来真心对你感兴趣，她邀请你明日共进午餐。这些都意味着什么？总的来讲，你可能认为阿曼达有些情绪化，但还是十分热情，关心他人。她的温和气质在她的言谈和行为中可见一斑。她也不是一个盛气凌人的人。

在假设阿曼达情绪化、温和且不盛气凌人时，你已经开始勾勒出她的人格肖像。你开始将了解到的关于阿曼达的信息进行组织，将它们纳入对阿曼达的思想、行为、情感等性格类型（characteristic patterns）的一般描述中。当然，你只是根据微乎其微的证据

5

来判断,这些证据并不足以使你对自己的初步判断有完全的自信。换言之,你并不清楚自己正在讨论的事!你对她的判断有可能完全是错的。毕竟你只是在这一个场合观察过她的行为。可能她很少情绪化,也可能在其他社交场合表现得游刃有余。有可能她对像你这样的陌生人比较温和友好,当你更多地了解她之后会发现她并不温和,甚至有点冷酷。也许她那天心情还算不错,或者那天心情很糟糕。你对这些了解得并不多。但是,你应该从某处着手,而且我觉得你应该从她的基本特质(dispositional traits)①开始了解她。

当我们尝试将他人划分成不同的类型时,或者打算解释为何会预期他人的行为在不同的情境/时间中保持一致时,我们常常会说他们具有某种一般性的、内在的、相对的行为倾向(dispositions)。这些行为倾向就是所谓的人格特质(personality traits)。你可能还不了解阿曼达,但基于你的观察,你可以开始假定,总体而言,她比较情绪化,对大多数人都比较温和友善,也并不那么专横。这些特质归因将会指导你和阿曼达未来的交往,而且会给你提供关于她行为期望的线索。

人格心理学家已经掌握对许多基本特质的个体差异进行量化的方法。最为普遍的就是采用自陈量表(如表1.1所示)。这种方法的基本理念是,大多数人可能了解自己的基本特质。比如,人们知道相比于其他人自己有多么友好。他们能够认识到自己多么有良知,多么喜怒无常,多么专横,多么豁达或者多么会轻信,等等。因此,给他们呈现一些简单的问题或者如表1.1所示的项目,让他们诚实地回答就很有意义。你可以回答表1.1中的20个项目,来看看你在该特质上得分多少。你如何看待这种方法呢?

人格心理学家充分利用特质概念来描绘一个人的个体特征。一些在人格心理学历史上很有影响力的理论,如艾森克(Eysenck,1952)和卡特尔(Cattell,1943)提出的理论,都是围绕人格特质这一概念建构起来的。人格心理学最为独特的贡献之一便是,建构和验证了对人格特质个体差异的科学实用的测量方法(Ozer & Benet-Martinez,2006;Wiggins,1973)。好的测量方法具有跨时间和跨情境的一致性(Epstein,1979)。他们也一直在努力洞悉人类行为的生物学基础(Zuckerman,1995,2005)。

那么,到底有多少基本特质呢?多年以前,两位心理学家翻阅英语大词典,找出了超过18 000个用来描述心理状态、特质和评价的词语(Allport & Odbert,1936)。当然,只有4 500个词语与相对稳定和持久的特质有关。从那时起,心理学研究者不断缩减这份单子上的特质数量。到现在,许多人格心理学家假设,数量众多的基本特质被划分为五个类别就足以描述个体了(Costa & McCrae,1985;Goldberg,1990;John & Srivastava,1999;Wiggins & Trapnell,1997)。表1.2列出"大五"特质,它们通常被称为:开放性(O);尽责性(C);外向性(E);随和性(A)和神经质(N)。这五个统合性的

---

① 亦可译为倾向性特质、气质性特质、先天性特质。——译者注

特质非常好记,因为它们的首字母组成"OCEAN"(海洋)这个词。"大五"特质为人类心理品质的基本变化维度及其相应的社会行为提供了一个全面的描述——一个用来描述个体一般心理差异的浩瀚的概念"海洋"。"大五"特质能够勾勒出一个人的大致轮廓。但是,如果你想要完善细节,就必须超越基本特质。

表 1.1　特质问卷

6

对于下面 20 个问题,请用"是"或"否"作答。
(1) 你经常渴望刺激的体验吗?
(2) 你通常无忧无虑吗?
(3) 在做事之前,你会停下来反复思考吗?
(4) 你敢于挑战任何事情吗?
(5) 你会凭借一时冲动做事吗?
(6) 总体来说,相比于去见一些人,你更愿意阅读吗?
(7) 你更愿意拥有数量更少但特别的朋友吗?
(8) 当有人对你大喊大叫,你会回击他吗?
(9) 他人认为你很活泼吗?
(10) 和他人在一起时,你通常很安静吗?
(11) 当你想要了解一些事情,相比于从他人那里获得信息,你更愿意通过书籍来获得吗?
(12) 你喜欢那种需要你投入大量注意力的工作吗?
(13) 你讨厌和一群喜欢拿他人开玩笑的人在一起吗?
(14) 你喜欢做那些你必须迅速采取行动的事情吗?
(15) 你的一举一动都是不紧不慢的吗?
(16) 你喜欢和别人聊天,而且从不错过任何一个和陌生人聊天的机会吗?
(17) 如果在大部分时间不能看见很多人,你会感到不快乐吗?
(18) 你发觉在一个气氛活跃的聚会中,你很难玩得开心吗?
(19) 你是相当自信的吗?
(20) 你喜欢对别人恶作剧吗?

对于你的回答,1、2、4、5、8、9、14、16、17、19、20 这些题项回答"是"得 1 分,3、6、7、10、11、12、13、15、18 这些题项回答"否"得 1 分。两者相加得到总分,你的总分会在 0 到 20 之间。

正如你可能猜测到的,该问卷测量的是外向性,得分越高,你的外向性水平就越高(同时你的内向性水平就越低)。因此,高分表示你是偏外向的,低分则说明你是偏内向的,大多数人的得分都在中间的某个位置。

来源:E. O. Wilson (1978,p.219).

充实细节:个性化适应

与阿曼达相处的那个晚上,你了解到许多信息并形成对她的看法,其中的一些并不能划归于特质领域。例如,你知道她喜欢垃圾食品和爵士乐,她经常去健身房,想成为一名律师但是对法律知之甚少,曾经想成为一名新闻记者但因学业上的困难而不得不放弃,她对大众心理学和神秘主义相当感兴趣,可她是个无神论者,她可能与那名体育编辑有着浪漫的关系,而且最近她刚从另一段恋情中脱身,尽管主持着聚会却偷偷回到卧室发邮件。所有这些细节都会帮助你更多地了解阿曼达的心理个性。当你与阿曼达相处更长时间时,你将会得到更多信息。

表 1.2 "大五"：描述五个基本特质的形容词项目

外向性(E)	随和性(A)
乐群	信任
自信	坦率
活跃	利他
兴奋寻求	顺从
积极情绪	谦逊
热心	温和
神经质(N)	**尽责性(C)**
焦虑	能力
敌意	秩序
抑郁	责任感
自我意识	上进心
冲动	自律
脆弱	深思熟虑
开放性(O)	
思想	
幻想	
审美	
行动	
情感	
价值	

来源：McCrae & Costa(1987，p.85).

当你想要进一步而不只是通过基本特质来评价阿曼达的个性时,你会想办法来组织这些细节信息。人格心理学家提供了大量的方法。在人格研究中,有很大一个领域详细探讨和思考了心理个性的细节。在阿曼达的例子中,我们可以探讨她相对较强的权力需要,因为她表达了想做学生报社总编的意愿,但满足这一需要的途径与她生活中的其他需要相冲突。我们应该考虑她的兴趣和价值模式。我们可能会猜想,她用神秘主义和新时代心理学取代了她童年时的浸礼会信仰。她的灵性促使她更加关注内心发展而不是外部世界。自我完善对她而言很重要,这反映在她的阅读兴趣以及对健身的坚持上。虽然她是一个温和的、关心他人的人,她想成为一名律师并喜欢保持对他人的影响力,但相比于外部世界,她更重视内心感受。在美国当下的社会中,作为一名年轻的未婚女士,阿曼达关注自己的恋爱关系,这并不奇怪。她经历过对爱的失望。她怎样看待爱情和亲密关系的前景呢? 由于她的父母离婚,她是否担心自己不能维持长久的恋爱关系呢?

特质归因是有用的,因为它能告诉我们跨时间和跨情境的行为倾向。在讨论阿曼达的心理个性细节时,我们已经超越了她的一般特质归因,而去考虑具体时间、地点和

（或）角色中的人格方面。以时间为主线，阿曼达具有的个性细节包括：小时候她是一名浸礼会信徒，而现在她是一名无神论者；如今在她的生活中，她很关注恋爱关系；将来她想成为一名律师。另外，阿曼达的人格中还有一些部分潜藏在特定的地点和情境之中：在聚会上，她很难进入状态；而一对一交谈时，她可以变得很亲密。最后，我们鉴别出她在某些特定的社会角色上的人格特征：作为一名学生，她学习非常努力，如果有足够的时间，她会非常成功；作为一名公民，她对政治不太关心，几乎不了解时事。

借用麦克雷和科斯塔（McCrae & Costa，1996）的术语，我们用个性化适应来表示在时间、地点和角色上情境化的人格的各个方面。个性化适应（characteristic adaptations）主要指心理个性中那些情境化的方面，包含人格的动机、认知和发展方面。正如我们将会在第7~9章中看到的，个性化适应将会解决人格心理学中大部分的重要问题：人们需要什么？人们怎样寻求他们想要的，怎样逃避他们担心的事物？人们在一生中怎样发展计划和目标？人们怎样面对社会生活中的挑战？在特殊的人生时段，有怎样的心理与社会任务在等着人们？

在人格心理学历史上，许多重要的理论都探讨过与个性化适应有关的问题。我们将这些理论分为三大类。第一类是动机理论，这些理论本质上阐明了人的基本需要。弗洛伊德（Freud，1900/1953）认为，人类行为的动机是强烈的性和攻击。罗杰斯（Rogers，1951）和其他人本主义心理学家（例如，Deci & Ryan，1991；Maslow，1968）则将自我实现的需要和其他促进成长的倾向放到最重要的位置。默里（Murray，1938）列举了一份超过20种基本心理需求和动机的清单。麦克莱兰（McClelland，1985）终其一生致力于探讨其中3种需求和动机——成就动机、权力动机和归属/亲密动机。第二类是社会认知理论，强调人类个性中认知因素的作用，如价值观、信仰、预期、图式、计划、个人建构、认知风格。历史上，这类理论中最重要的是凯利（Kelly，1955）的个人建构理论，许多当代的人格理论取向也重视认知或社会认知的因素及过程（例如，Cantor & Kihlstrom，1987；Mischel & Shoda，1995）。第三类是自我发展理论，关注从出生至死亡自我的发展以及自我与他人的关系。埃里克森（Erikson，1963）的心理发展理论和洛文杰（Loevinger，1976）的自我发展理论是这类理论中最有影响力的也是影响最为深远的理论。

表1.3列出了个性化适应这个主题下各种重要思想和理论的要点。在动机理论中，个性化适应被具体化为人类的需要、动机、目标和奋斗等。社会认知理论则将个性化适应具体化为个人建构、信念、价值、期望、图式和认知风格。自我发展理论强调个性心理的发展阶段、途径和发展任务等问题。表1.3中不同的理念和取向包含了大部分内容。表中的不同条目强调个性心理的不同方面，但是它们有一个共同点，即它们勾勒出的许多细节能够被填充到一个整体的气质轮廓体系中。当你的研究由基本特质转向个性化适应方面时，你会从关注人格结构转向强调人格动力、人格过程和人格变化

(Cantor & Zirkel，1990；Cervone，Shadel，& Jencius，2001）。在考虑这些细节时，你开始探究个性心理的各个方面，发现它是如此地可变、可塑造，而不仅仅是你起初设想的那样，是纯粹不变的特质结构。

表 1.3 个性化适应和相关经典理论

动机理论及其概念：驱力、需要、动机、目标、奋斗、个人计划和当前关注	
弗洛伊德（Freud，1900/1953）	潜意识驱力/性和攻击需求
默里（Murray，1938）	超过 20 种心理需求，比如成就动机、权力动机和归属/亲密动机
罗杰斯（Rogers，1951）	基本的自我实现需要激发健康的、促进成长的行为
马斯洛（Maslow，1968）	需要层次理论，从生理和安全的需要到尊重和自我实现的需要
德西和瑞安（Deci & Ryan，1991）	3 种基本的成长需要：自主、胜任和关系
社会认知理论及其概念：个人建构、信念、价值、期望、图式和认知风格	
凯利（Kelly，1955）	个人建构心理学：诠释主观经验的基本类别
坎托等人（Cantor & Kihlstrom，1987）	社会智力：图式和技能
自我发展理论及其概念：阶段、途径和发展任务	
埃里克森（Erikson，1963）	心理发展的八个阶段
洛文杰（Loevinger，1976）	自我发展阶段理论

建构故事：整合的人生叙事

现在你已经用特质勾勒出阿曼达的个性，而且用动机、社会认知以及自我发展等个性化适应的内容充实了细节，那么接下来该做些什么呢？有什么被遗漏了吗？关于阿曼达的人生意义我们似乎遗漏了些什么。具体而言，她的整个生活对于她意味着什么？在某种意义上她是否将自己组织为一个统一且有意义的整体？这些关于个人的问题就是同一性问题（Erikson，1959；McAdams，1985c）。同一性是人生整合与目的的难题，它将是那些从青少年时期进入成年早期的人们，尤其是现代社会的人们首先遭遇的难题。阿曼达是一个年轻人，她的同一性是什么？什么给她的生活提供了整合、目的和意义感？

同一性问题指出了第三种思考心理个性的方法。除了特质和适应，许多人寻求他们自身生活的整合性结构或模型，它能给人们提供一种融合的、合理的整合意义。特别有趣的是，许多人渴望整合不同时间段的生活。今天我是谁？我与过去的我和将来可能成为的我又有什么样的相似之处和不同之处？是什么联系着我记忆中的过去、理解的现在和期望的将来？现代同一性的挑战是提出一种理解和谈论自我的方式，这样尽管有许多不同部分的我，但我仍然是协调一致的整体；尽管随着时间的推移会有许多变化，但过去自我仍然会影响或塑造现在的自我，转而又会影响或塑造将来的自我。根据众多理论家的观点，这种自我整合的同一性是通过建构和修订人生故事来完成的（Bruner，1990；

Hermans, Kempen, & van Loon, 1992；Josselson & Lieblich, 1993；McAdams, 1985c, 1996b,2001b, 2008；Singer, 2005；Singer & Salovey, 1993；Thorne, 2000；Tomkins, 1979）。第三层次的人格即作为人生故事的同一性层次。

人生故事(life story)是一种内化的、发展的自我叙事,它能将重建的过去、感知的现在和预期的未来加以整合,给生活提供统一性和目的感。进入青少年晚期后,现代社会的许多人开始思考他们的人生,并将其当成一个统一的和有目的的故事。随着时间的推移,经过成年期,由于生命随着时间和环境改变,他们在工作中各方面的故事就会得到重写和修订(McAdams,1993,1996a)。该故事就是同一性,因此随着同一性改变,故事也会改变。让我们进一步探讨阿曼达的个性:阿曼达的同一性是一个内在故事,是一种对自我的叙述,她作为故事的作者不断地修订故事以使它对于自己、他人以及自己的生活都是有意义的。这是一个故事,或者可能是一个故事集,阿曼达将继续指明她是谁,以及她将会以怎样的方式融入成人世界。结合开端、过程和结局,阿曼达的故事叙述了她曾经在何处,将要去向何方,以及将成为什么样的人。在成年期,随着阿曼达就合适的职业、居住地、机会和最终存在的意义与这个变化的世界进行交涉,她将继续修订故事。

阿曼达的故事是怎么样的? 你一点也不了解阿曼达,但是你能从最初的那次会面中得到一些启示。阿曼达间接告诉你有关她父亲的一个故事。曾几何时,她的父亲是一名酗酒和放荡不羁的年轻人。后来他信了基督教,这一做法彻底改变了他的人生轨迹。他结了婚并成为一名浸礼会牧师,但最后他的婚姻以失败告终。阿曼达告诉过你她对父亲既爱又恨。而且,她告诉你她是个无神论者。很明显,她回避了关于父亲的叙事中的重要部分——她似乎在暗示,她的人生故事与父亲的人生故事在某些重要方面是截然不同的。就像她目前所看到的那样,在她的生活中什么是高潮,什么是低谷,什么又是转折点? 谁是她的英雄? 谁是她的梦魇? 她对未来的生活有什么期待? 她如何看待之前的生活经历? 从出生到现在她过得怎么样? 如果你非常了解她,你可能会得到这些问题的答案,也许在进一步建构自己的身份后,作为一名至交好友,你甚至可以参与这些人生故事。事实上,她甚至可以影响你自己的人生故事的建构。在分享自己的故事时,人们才知道彼此特别亲密。同样,致力于了解一个人全部个性特点的人格心理学家最终需要深入私人的故事中——叙事、人物、情节、背景和图像的宝库,通过这些,人们会弄清楚自己是谁,将来又会如何。

人格心理学家会如何解释人们的人生故事呢? 一些解释取向假设,人们会积极主动地、或多或少有意识地通过他们文化中流传的故事赋予自己的生活以意义(Bruner, 1990；McAdams,1985c)。人们在自身文化提供的不同故事中挑选那些能给自己提供统一性和目的感的故事。其他取向的解释则认为,人们很少能够掌控自己的人生故事,所以他们的叙事是零碎的,往往也是虚假的,而且人们通常不知道他们生活的真正含义。一百多年前，弗洛伊德就向世界介绍了一种解释人们生活和人生叙事的方法，这种方法强调深藏在黑暗之中的潜意识力量。从弗洛伊德及其开创的精神分析传统视角来看，解释总是要透过表面的叙述来深究内部的问题。把生活比作一篇文章，生活的含义隐藏在字里行间，被并不知道他们正做着什么的作者巧妙地伪装起来，通过多重的和冲突的含义，矛盾的故事、情节和反情节来误导你，使你不能准确地了解关于你是谁的真相。相似的观点贯穿于当下的某些研究取向，比如有时候被描述为后现代的（Gergen，1991）、话语性的（Harre & Gillett，1994）和对话性的研究取向（Oles & Hermans，2005）。弗洛伊德的理念深入人性，后现代的研究取向则强调在文化和社会中寻求故事的交汇。根据后现代主义的观点，人们通过每一个新的对话，通过讲述和表演新的故事，从而不断更新自己讲述者的身份。然而，从来不曾有真正深入的故事，因为在今天这个社会，生活节奏太快，有太多的事情要去做。

11

表 1.4　人格的三个层次

层　次	定　义	举　例
基本特质	较为广泛的人格维度，它能够描述人们在思想、行为、情感方面内部的、全面的、稳定的个体差异；它能够解释个体机能在跨时间和跨情境上的一致性。	支配、抑郁倾向、守时
个性化适应	更为具体的人格层面，它描述了在面临动机的、认知的、发展的挑战和任务时个体的适应。个性化适应通常是情境化到具体的时间、地点和社会角色中的。	目标、动机和生活计划 宗教价值观和信仰 认知图式 心理阶段 发展任务
人生故事	为人生提供统一性、目的感和意义感而将过去、现在和未来整合起来，建构一个内化的、发展的自我叙事。人生故事处理人格的认同和整合问题，尤其是现代成年期的特征。	早期经验 重构童年期 未来自我的预期 "白手起家"故事

　　如表 1.4 所示，全面了解一个人的人生需要从三个方面着手。当我们试着认识一个人的时候，我们能了解些什么？如果我们非常了解这个人，我们应该会知道：（1）他/她的基本特质是怎样的，基本特质能够解释跨时间和跨情境一致的行为；（2）他/她如何面对并适应动机、认知和发展任务，这些任务已经情境化到具体的地点、时间以及角色中；（3）他/她通过故事建构阐明了怎样的身份认同。因此，通过特质、适应和故事，心理个性得以传达。

人与科学

　　到目前为止，我提出在某些方面人格心理学家几乎和普通人一样。我们每个人都对了解他人有浓厚的兴趣，即使我们真正想了解的只有自己。如果你或者我曾经遇到诸如我描述过的阿曼达的例子，那么我们有可能得出一些关于她的特质、适应和故事的结论，随后可以进一步了解她。人格心理学家也旨在描述和理解人。但是和普通人不同，人格心理学家的目的是要用科学的方法来研究人。现在，是时候用科学来考虑这一切了。

科学家尝试解读日常经验中的困惑。通过科学，我们制定对现实的陈述，而后通过严谨和可重复的测试来评估它们的真实性。我们这样做是为了创造一个有序和可预测的、关于宇宙及其运行的模型。科学家这样做的目的是多方面的，包括控制我们所处的环境以避免自然界的危险（疾病、自然灾害）或者由他人带来的威胁（战争时期的敌人、我们不喜欢的人）。我们进行科学评估的目的还包括通过更好地理解这个世界，制造能够提高我们生活质量的东西，以改善我们与后代的生活。当然，最基本的目的是了解世界，这也是好奇的需要。科学依赖人类追寻知识的愿望。尽管人格心理学家出于各种各样的原因来研究人，包括在诊所提供诊断，帮助筛选求职者，或者制定一个适当的治疗策略，但其根本目的当然还是了解人。

科学过程包括如下三个步骤：(1)非系统性观察；(2)建构理论；(3)评价命题。这三个步骤是科学家探索新问题时常用的方法，也是很多科学领域——包括有机化学、经济学、植物学和人格心理学——在它们从原始科学演化到更加成熟的科学的过程中正在使用或者使用过的方法。因为人格心理学相对较年轻，所以它仍然是一门相当初级的科学。不过，今天的人格心理学家在进行研究的过程中，显然也是遵照这三个科学步骤的。让我来为你详细描述这些步骤。

步骤 1：非系统性观察

科学地了解事物的第一步，就是要去看、去听、去感受、去嗅和去品尝我们想要了解的对象。为此，我们可以借助特殊的仪器，如望远镜和大脑扫描仪，或者我们可能仅仅依靠我们的五种感官（这也是最常用的方式）。但是无论怎样做，我们都必须在很长一段时间内仔细观察这些有趣的现象。早期的观察相对而言是无章可循的。我们刚开始探索一些现象时很少能够得到什么。我们在现象中找寻模式和规律，是为了能够对观察对象进行分类。这一过程要求科学家以一种玩乐而近乎质朴的方式来接近他们经历过的现实世界。伟大的物理学家牛顿（Isaac Newton，1643—1727）去世前不久写下的这段话，恰好流露出这种态度。

> 我不知道我呈献给这个世界的是什么，但是对我自身而言，我就像一个在海边玩耍嬉戏的男孩，经常捡一些光滑的鹅卵石或者漂亮的贝壳自娱自乐，然而伟大的真理海洋就在我的面前未被发现。(Judson，1980，p.114)

我们通常会告诫自己别被这些思考糊弄了，但是科学家的好奇心促使他们收集对这个世界的天然印象。提到物理科学,汉森(Hanson,1972)指出,敏锐的观察者"并不是能观察到和报告所有人观察到并报告的东西,而是能在熟悉的事物中看到他人未曾看到的东西"(p.30)。因此,非系统性观察并不是被动和随意的事情,它更多是一种在那些看上去杂乱无序的现象中去识别和描述机制、模式、设计和结构的积极尝试。这种高度描述性的科学探索阶段是至关重要的,因为它给科学家及其团体提供了一种关于这个世界如何运作的一般或者抽象理论的描述模式。

13   科学研究的步骤 1 的本质竟然是主观的努力,得知这一点可能会令人惊讶。我们倾向于认为科学是一种理性、客观和冷静的工作。这种观点对科学的某些方面来讲是正确的,但对这里的步骤 1 而言,是一种误导。现实生活中具有创造性的观察者可能会采取一种不同于他人的视角进行观察,但并不一定是客观的。相反,具有创造性的观察者以一种高度主观的方式来研究现象,在某些情况下,这种观察反而会改变现象本身(Hanson,1972;Zukav,1979)。科学家在步骤 1 中要去探索(Reichenbach,1938),力求找出揭示现实的新方法,并以高度主观的方式形成新分类、新术语来描述自己的观察。随着科学家开始将观察组织分类,并从那些具体和特殊的事物中抽象出一般性的表征,该过程被哲学家称为归纳法(induction)。归纳的最终结果就是结合步骤 1 中的主观观察,在步骤 2 中创造抽象和一般性的理论(Glaser & Strauss,1967)。

    在心理学中,有大量通过对人类高度主观的观察得出新观点和理论的实例。瑞士发展心理学家皮亚杰(Piaget,1970)的认知发展理论基于他对自己三个孩子早年细致的观察而得到。弗洛伊德许多有影响力的人格观点,都源自他对神经症患者、同事甚至他自己的梦的报告、自发言论和行为症状的主观观察。皮亚杰和弗洛伊德都通过个案研究来组织他们的观察。个案研究(case studies)是对单一个体的深入调查,有时候会持续相当长的时间。个案研究会给人格心理学家提供大量的关于单一个体的信息。尽管个案研究能通过不同方式进行,但人格心理学仍旧采取传统的方式,用它们来组织关于单个个体的复杂观察,以求建立更具一般意义的、关于一些人或所有人的理论(Barenbaum & Winter,2003;Elms,2007;McAdams & West,1997)。在后面的章节中,我们将会遇到人格心理学中的几个个案实例,它们将会作为步骤 1 中对单一个体的系统观察和步骤 2 中建立一般性理论这两者之间的桥梁。

步骤 2:建构理论

    科学研究的步骤 2 是建构理论。科学家将步骤 1 中的大量观察组织成一个更为连贯的体系来解释他们感兴趣的现象。关于科学家是如何做到这一切的则是一个巨大的谜。尽管理论源于观察,但它们并不完全通过有逻辑的和系统的方式来达到这一目标。一些高度创造性的科学家更强调那些看似非理性和无意识的方式。

    关于 19 世纪德国的化学家克库勒(Friedrich Kekule),有一个著名的故事。该故

事讲述,他是在睡前和梦境中发现了有机分子的结构。白天的时候,他研究了大量不同
的包含碳、氢、氧和其他一些元素的化合物,但是他发现很难通过一个有具体结构规则
的抽象理论将这些观察联系起来。克库勒已经彻底沉浸于对化合物结构的思考之中,
有时在他的幻觉中,原子会出现在他面前跳舞。一个夏日的傍晚,他陷入半梦半醒之中
(他后来写道):"哈! 原子在我面前嬉戏。我频繁地看见两个原子连起来成为一对;大
的原子拥抱较小的那两个;较大的那个又套住较小的三个或者四个原子;整个结构在不
停地旋转,使人眼花缭乱。我看到它们又形成了较大的链状结构。"(Judson,1980,
p.115)还有一次,当克库勒坐在椅子上打瞌睡时,他似乎看到在火光前,原子又开始跳
舞。"它们缠绕在一起,像蛇形运动那样扭曲在一起。但看哪! 那是什么? 其中一条蛇
咬住了自己的尾巴,一会儿又在我眼前转变了结构,仿佛在逗我玩。"(Judson,1980,
p.115)这些他想象出来的链条和圆环结构成为有机分子的基本结构模型和图片,直到
今天仍是有机化学的基础理论部分。

　　我并不想表达科学理论总是或者经常来自梦境和遐想,但是它们有时候的确会以
一些奇怪的方式发展出来。当然,建构理论的方式的怪异程度并不一定是理论好坏程
度的反映。这一点对人格心理学来说尤为重要(在后面的章节我们将会看到),许多人
格理论是通过不同的方式创造出来的,其中一些方式非常奇怪。科学界并没有就步骤
2 中建立科学理论的最佳流程达成共识。

　　但关于什么是理论和它能做些什么,还是有很多一致性意见的。理论就是基于对
现实的观察而提出的解释性陈述。理论永远是暂定的且有预测性质的抽象物。一个理
论如果和观察到的现象相一致,那么该理论将会被科学界广泛接受。一旦有不一致的
观察出现,理论则需要更新。

　　理论至少提供了四种增进科学理解的工具(Millon,1973):(1)一个能让理论易于
理解的抽象模型或图形;(2)一组能够理清理论中主要思路的概念术语或名称;(3)一套
能够描述不同元素之间特定关系的相应规则;(4)假设,或者说可验证的预测,它们源自
相应的规则。换句话说,理论展现了一幅描绘现实的画卷,并提供了能够命名画卷中主
要成分的术语体系,阐明这些成分之间是何种关系,以及我们如何以实证的方式来验证
我们对这些关系作出的特定假设。

　　通过这四个方面,科学家能够以一种清晰和精确的方式解释一系列现象。许多
心理学家都感慨,他们的理论并不如期望的那样具有解释力,但他们都认同理论在科
学中的核心地位。进一步说,他们都认为有些理论比其他理论更好,尽管他们在究竟哪
些理论更好上存在广泛的争议。是什么使得一个理论更好? 评价一个好的理论的标准
是什么? 以下列出了评判科学理论的七大标准(Epstein,1973;Gergen,1982)。

　　(1)综合性(comprehensiveness):理论的解释范围越广则越好。当其他方面大致
相同时,我们会倾向于选择解释范围更广的理论。

（2）简约性（parsimony）：科学是简化和节约的游戏。理论总是试图用最少的概念来解释最多的观察现象。因此，相比于复杂的理论，简单、直观的解释总是更受青睐。

（3）一致性（coherence）：理论应该具有逻辑且内部一致。各种陈述应该以一种合理的方式结合在一起。

（4）可检验性（testability）：科学家应该能够从理论中得出各种很容易通过实证研究评估（或检验）的假设。

（5）实证效度（empirical validity）：对理论假说的检验应该能够支持该理论的主要观点。换句话说，研究的检验结果要与理论一致。

（6）实用性（usefulness）：当其他方面差不多的时候，在某种程度上能够解决人类重大问题的理论更具有吸引力。

（7）生成性（generativity）：一个好理论应该能够生成新的研究和理论，它能够让科学家和外行人都产生大量创造性的活动。就社会科学而言，生成理论能够挑战文化中的指导性假设，提出关于当代社会生活的根本问题，促进对"理所当然"事物的重新评估，并由此为社会行为带来新的替代方案（Gergen，1982，p.109）。

步骤3：评价命题

区别于其他认识世界的方式，科学的特点在于坚持通过实证方法来评价命题。由步骤1中的观察得到的步骤2中的理论，必须在步骤3中得到实证检验，而科学家将会从探索的工作情境进入验证的工作情境（Reichenbach，1938）。在步骤3中，科学家试图评价或"证明"从一个特定理论中作出的特定陈述。科学家将会对理论的一部分进行严谨而客观的检验。这就是科学家的形象，他们没有废话，他们是头脑清醒、冷静、不偏不倚的考官，对现实世界的起源和有效性进行检验。没有幻想与胡乱推测的余地，也不允许以非系统、主观的方式来探索现象。相反，科学家会仔细地确定理论命题的真实性和实用性，而这些命题是从更为随心所欲的步骤1和步骤2中得出的。

不过，虽然相比于步骤3，步骤1和步骤2更为自如一些，但它们也并不是毫无界限的绝对的自如。事实上，科学家对步骤3的预期——自身关于理论最终需要被验证的知识——影响了科学家探索感兴趣现象的方式（步骤1）和最终产生的各种理论（步骤2）。换句话说，科学过程中对步骤3的预期将会反过来影响科学家在步骤1和步骤2中所做的工作。因此，提出理论的科学家会被敦促用科学的逻辑去探究这些能派生出可检验假设的理论。用科学哲学家波普尔（Popper，1959）的话来说就是，一个理论应该由一些可证伪的命题构成。从一个理论推导出来的结论在逻辑上或原则上要有与一个或一组观察和陈述发生冲突的可能。

波普尔的证伪标准是一个更为具体和哲学化且真正"吓人"的标准，因为它对各种理论陈述予以限制。例如，提出人性本善的人格理论，其本身就是不可证伪的，因为任何不好的行为都可以被解释为只是本质上善良的人们的表面行为。我们没办法设计一套观察方法来证明这个陈述是错误的，即证明人性非善。因此，作为一个科学命题，所有关于人性本善（或者人性本恶，人性无善无不善，甚至人都是有智慧的）之类的陈述都不满足可证伪性的条件。甚至今天人格理论中的基本假设，仍有许多类似的陈述。尽管如此，人格理论也包含一些可证伪的命题，例如阿德勒（Adler，1927）声称的第一个出生的孩子往往比其他孩子更保守（第 6 章和第 11 章），或者埃里克森（Erikson，1963）提出的命题——健康心理发展应该是在建立亲密关系之前就形成同一性（第 9 章）。类似这样的陈述命题都可以通过标准的人格研究方法来检验。现在，让我们来考虑一般情况下该如何做。后面章节将列举许多通过人格研究来检验和评价理论命题的具体实例。

实证研究

试想一下，我们希望评价阿德勒人格理论中的一个子命题（第 11 章），即第一个出生的孩子往往比后面出生的孩子更为保守。我们该如何开始？事实上，我们已经开始了！像上面那样从阿德勒的理论中提出一个可检验的假设，这说明我们已经对其理论有了一定的认识。科学假说应立足于理论，浏览关于该命题的理论和实证文献，是假设检验研究中一项必需的早期工作。所以，我们最初的任务就是重回阿德勒的著作，去审视他的观点。在这一过程中，我们认识到可能无法一次性对阿德勒的所有观点进行实证检验。更合适的做法是，我们一次只检验一个假设。阿德勒指出，相比于后出生的孩子，第一个出生的孩子有优势，因为他/她得到父母充分的关注和喜爱，而且那时候他/她是家里唯一的孩子。对第一个孩子来说，早期的生活是一个理想的世界，随后却被其他孩子的出生扰乱。有生之年，第一个出生的孩子对于早期现实趋于保守。他们不太信任变化的事物。我们将继续阅读各种背景材料，包括其他关于出生次序和保守主义的理论。例如，政治心理学家写了大量关于保守主义在家庭生活中的来源的文献。我们最终会转向实证文献，其中大部分能在科学期刊上找到，关于出生次序和保守主义，我们会考虑这些想法如何被前人检验（科学家们运用了什么样的方法），以及已经获得的实证结果是什么。背景性阅读为我们提供了重要的思想，这些思想往往引导着我们对自己研究的看法，以及如何设计出科学准确的研究来检验我们的假设。

在回顾关于出生次序与保守主义之间关系的文献后，接下来应当选择一个合适的人群样本来进行检验。所有人格心理学研究都涉及取样问题。没有哪一个样本是完美的。一位研究者可能会在 2008 年的夏天选择伊利诺伊大学 100 名二年级学生作为样本来检验阿德勒的假说；另一位研究者可能更倾向于选择亚拉巴马州一所幼儿园的 60 名女孩作为样本。又或者，更雄心勃勃的研究者会从 30 年前建立的国家档案中选择全国范围内的中年男性和女性作为样本。

就样本选择而言,研究者很容易受到批评,例如样本不能代表所有人,或者样本在某种程度上都是有偏差的。问题是所有样本都在某种程度上存在偏差,虽然有些偏差肯定要比另一些偏差严重得多。在一般情况下,我们应当努力获得适合我们研究的样本,以便有效评价我们的命题。因此,如果我们正在检验一个有关成年人抑郁症的假设,那么对大学生进行随机抽样是不合适的。如果我们要检验40岁左右人士的正常人格发展变化,我们就要从那些没有精神障碍史的中年男女中选择样本。要确定或驳斥一个特定的假设,不同的研究者会选取不同种类的样本,但不论样本如何,随着时间的推移,应该会产生类似的结果。因此,没有哪个单一的研究能够立即建立真正具有价值的科学命题,无论这个研究选取多么大或者多么具有代表性的样本。

选好合适的样本来检验我们的假设,下一步就是操纵变量。一个变量可以是任何值,可以假定变量有两个或者多个水平。在我们检验阿德勒的假设的过程中,出生次序和保守主义都是变量,因为它们都拥有至少两个不同的值或者水平。例如,我们研究的被试可以是第一个出生的孩子,也可以是第二个出生的孩子,以此类推。他/她可以是"非常保守""轻度保守""不是很保守",等等。

对一个变量进行操作化其实就是决定如何测量它,也就是说,通过对变量的评估来进行具体化"操作"。在我们的例子中,出生次序是比较容易测量的。只要被试说出他们的出生次序就可以了。保守主义则是一个棘手的变量。我们不妨通过建立一个政治价值观测验来评估保守主义,或者我们可能希望通过采访被试来确定其保守程度,又或者我们希望在标准化实验室中观察"保守行为"。在前面对第一层次的人格特质进行讨论的启发下,我们可能会考虑保守主义也许是一群人格特质的集合,如开放性体验。萨洛韦(Sulloway,1996)研究了许多著名科学家和政治家的历史记录,发现第一个出生的孩子的开放性体验水平要比后出生的低得多。萨洛韦认为,后出生者会"反叛"以父母和哥哥姐姐为代表的保守权威。因此,我们可以要求被试回答开放性体验的标准问卷。无论采用何种测量方法,我们都会尽量将我们对保守性或开放性体验的观察转化为数字,以检验我们的假设。换句话说,在人格研究中,大部分变量的操作化都要求能够将观测转化为量化数据。人格心理学家已经制定了一些不同的程序来量化变量。在随后的章节中,我们将有机会看到一些具体的方法。

当人格心理学家对变量进行操作化以评价理论命题时,他们也会设计两种非常简单而又基本的研究,有时研究者只采取其中一种,有时也会将两种结合使用。这两种检验假设的一般模式就是相关研究和实验研究。

相关研究

评估两个不同变量相关程度的实证研究称为相关研究(correlational design)。在相关研究中,科学家提出一个简单的问题:当一个变量的值发生变化时,其他变量会发生怎样的变化呢？如果一个变量的值增大使得另一个变量的值也增大，那么这两个变量是正相关关系。举一个正相关的例子，200 名美国成年人随机样本中身高和体重的关系。大体上，随着身高的增长，体重也会增长，尽管也会有例外的情况。样本中身高和体重的正相关关系说明，总体上高的人会比矮的人更重。因此，在研究中得知一个被试的其中一个变量的信息，会提示你关于他另一个变量的相关信息：如果你知道约翰很高，你可能就会猜测——有较大的概率会是正确的——他相对来说会重些（相比于个子较矮的人）。

负相关则表明当一个变量增大时，另一个变量会减小。能够说明这种关系的实例是，在 12 周到 12 岁年龄范围内随机抽取的 500 名美国儿童中，年龄与吮吸手指这两个变量之间的关系。总体上来说，随着年龄的增长，吮吸手指的行为会减少，也就是说，平均来看年龄较大的孩子比年龄较小的孩子吮吸手指的频率要小。

当两个变量之间没有任何关联时，我们就会说它们相关性很小或没有相关。一个可能的例子是，随机抽取 1 000 名美国成年人，然后看他们的体重与智力之间的关系。一般情况下，相比于体重轻的成年人，体重重的成年人既没有更聪明也没有更不聪明。因此，体重与智力没有相关。仅仅知道一个成年人的体重，你不会知道他/她的智力究竟如何。

两个变量相关程度的数值化表示就是相关系数。相关系数很容易用计算器或电脑算出。相关系数的范围从 -1.00（完全负相关）到 0.00（没有相关）再到 $+1.00$（完全正相关）。图 1.1 说明两个变量数值的分布会产生五种不同的相关系数数值。在人格研究中，相关一般处于"中等"的范围。例如，两个人格变量间较强的正相关可能为 $+0.50$（$r=0.50$），两个人格变量间较强的负相关可能为 -0.50（$r=-0.50$）。

类似于人格心理学家使用的大部分统计方法，相关系数往往通过统计显著性来评价。统计显著性是一种尺度，它衡量结果在多大程度上是由偶然因素所致。作为惯例，人格心理学家认为当某种效应、关系或差异由偶然因素所致的概率小于 5％时，该效应、关系或差异在统计上是显著的。在这种情况下，我们说该发现"在 0.05 水平上显著"，意味着研究结果由偶然因素所致的概率小于 5％（或者说，我们的发现有超过 95％的可能性不是由偶然因素所致）。对于相关系数，统计显著性是由相关系数的绝对值和被试数量决定的。因此，相对较大的负相关系数 -0.57，如果是 100 人的样本，则统计上是显著的，但如果仅仅是 10 人的样本，则统计上不显著。

尽管相关研究能够揭示不同变量之间自然的相关关系，但相关关系并不意味着因果关系。我们不能仅仅因为变量 A 和 B 的相关在统计上显著，就得出结论：A 导致 B 或 B 导致 A。例如，丝绸罩衫的拥有量（变量 A）与抽取的 50 名商业女主管办公室大小（变量 B）之间的相关系数为 $+0.45$，在统计上是显著的，但这并不意味着拥有更多丝绸罩衫会使女主管拥有更大的办公室，或者更大的办公室会使她们拥有更多丝绸罩衫。

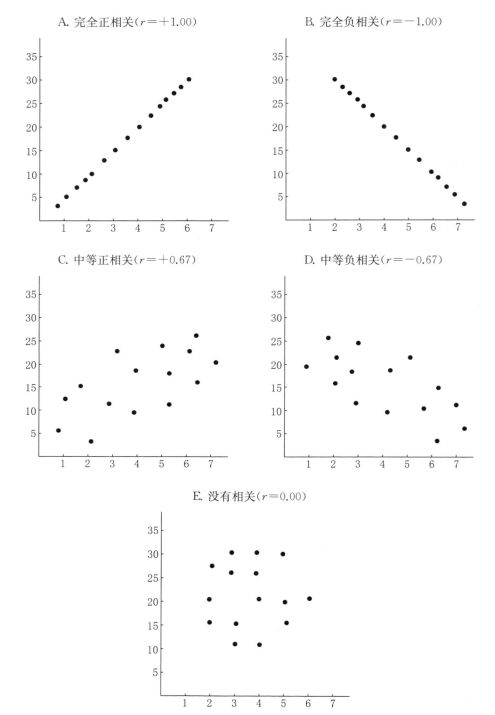

图 1.1   表明两个变量间不同相关水平的散点图

注:图中每个点都表示研究被试在变量 1 和变量 2 上相应得分的位置。

我们不妨推测存在第三个变量,如行政地位可能会起作用,正是它能够解释其他两个变量之间的关系。女主管有着更高的地位,正是由于她们地位较高,才占据了更大的办公室,并相比于地位较低者享有更强的购买能力(买丝绸罩衫)。

实验研究

人格心理学家能够通过实验来检验不同变量间的因果关系。在实验中,科学家可以操纵或改变某个感兴趣的变量,然后观察它对另一个变量的影响。第一个变量——那个被操纵的变量——被称为自变量,第二个变量则被称为因变量。因变量通常是实验中操纵或改变自变量后个体的反应。因此,因变量是自变量的结果:它依赖自变量。在因果关系方面,对自变量的实验控制被视作因变量改变的原因。

如果说实验就是要提供有效的因果信息,那么实验者必须确保自变量是引起系统性变化的唯一因素。因此,实验者必须保证在研究中,除了自变量之外其他变量均不改变,然后才能够得出结论:被试的反应变化(因变量)是而且仅是自变量变化的结果。其他无关变量可能会混淆结果,因此必须最大限度地控制这些无关变量。这就是为什么实验通常都在高度受控的环境中进行,如在实验室或计算机模拟中进行。在这种环境中,实验者能够控制影响被试的各种刺激,并仔细观察被试的反应。

让我用一个很简单的例子来说明实验的基本原则。想象一下你要设计一个实验,来验证一个人在与一个微笑的人交流时要比与一个不怎么笑的人交流时笑得更多。有100名大学生来参加你的研究。研究要求每一个人到实验室中参与一个一对一的录像采访。参与者被随机分配到两个不同的组:实验组和对照组。这意味着,100人中有50人会被随机选出来(如通过抛硬币或抽签)加入其中一组。在实验组中,面试官会和被试交谈20分钟,交谈过程中会定时对被试微笑。对照组也接受同样的会谈,只不过有个关键的区别:面试官不会示以微笑。至关重要的是,除了这个重要的变量(面试官是否微笑)之外,对照组和实验组的其他条件基本一致,因变量则是被试露出笑容的次数,该因变量可以通过录像来判断。如果相比于对照组,实验组被试笑的次数更多且在统计上显著,那么该假设得到了实验支持。实验中,两组结果统计学上的显著差异表明,实验操纵的自变量影响了因变量的变化。换句话说,面试官的微笑水平影响了被试的微笑水平。

由于实验能够在标准化条件下通过精心操纵和控制变量弄清楚因果关系,因此一些心理学家认为在检验假设时,实验研究优于相关研究。例如,有研究者将实验研究称为"科学的基本方法"(Mischel,1986,p.15),有研究者将它视为"首选的"(Byrne & Kelley,1981)或"最有影响力的"(Singer,1984)方法。也有人格心理学家则对实验研究提出批评,认为它是做作的、人为的、琐碎的(Carlson,1971,1984;Gergen,1982)。事实上,很多人格心理学上的实证问题不能采用实验研究,因为这些问题关注的自变量无法被系统地改变,如个体的性别、年龄、种族、出生顺序、身高、大脑化学物质或他们的

21

人格特质。在某些情况下,即使自变量能够被改变,这样的操作也有可能是不可行或不道德的。例如,科学家希望研究虐待儿童对其人格发展产生的影响,他们不可能将一半被试放到受虐待的条件下(实验组),另一半放到非虐待的条件下(对照组),然后观察操纵产生的影响。这样做既不合法,也不合乎道德。因此,虐待儿童问题只能在现实世界中开展一些基本的相关研究。

人格心理学中存在大量的、丰富的研究,它们通过实验和相关的方法检验假设(Duke,1986)。因此,本书各章节都介绍了具体的人格研究,既包括相关研究,也包括实验研究,也有两者的综合。两种方法都是灵活的,在研究人的过程中都极有价值。当谈到人格心理学时,认为一种方法要比另一种方法更为基础的观点是不可取的。

这三个基本的科学研究步骤——非系统性观察、建构理论和评价命题——给我们展示了一个完整的循环过程。我们从步骤1的观察开始,然后到步骤2,对我们观察范围内的事物进行理论抽象;再到步骤3的观察,也就是更为系统的观察,尝试通过实证研究检验假设。我们在步骤3中得到的实验研究和相关研究的结果又会反馈之前的步骤,帮助我们修改最初提出的理论。因此,步骤3中的观察在某种方式上与步骤1中缺乏系统性的观察功能类似:它们影响了理论的建构和重构。科学通过观察与理论之间持续的对话而进步。观察最终会产生理论,理论又产生新的观察结果来评价理论命题。新的观察反馈并影响我们得出的理论,甚至会激发下一个全新的理论出现,如此不断地循环。整个过程的潜在假设是,在长期的观察之后,科学能够找到认识世界的更好的方法,经过多年的努力,越来越接近真理。

人格心理学

人格心理学与心理学的其他分支,以及其他社会科学的不同之处在于,它更关心心理个性。它将个体置于所有研究的中心位置,并认为人的个性因其重要性和统合性而足以成为研究分析的主要单位。现代人格心理学继承了心理历史学家鲁宾逊(Daniel Robinson)所称的"文艺复兴时期的人文主义"。这种16世纪的世界观维护"人的尊严,坚持认为世界是为人而创设的"(Robinson,1981,p.171)。鲁宾逊指出,现代科学具备冷静的客观性,催生了还原倾向,基本上都拒绝文艺复兴时期的人文主义。但是,人格心理学家在对抗这股潮流。对人格心理学家来说,科学研究是为人服务的。在坚定不移地专注于研究个人时,人格心理学已经在科学界占据独特且至关重要的一席之地。

过去和现在

人格心理学诞生于20世纪30年代美国众多大学的心理学系。人格理论家如弗洛伊德、荣格和阿德勒虽然已经撰写人格心理学书籍 30 多年，但直到 20 世纪 30 年代，大量独立的研究才汇聚到一起，最终形成一门新的学科。第一份有关人格的杂志《性格与人格》(*Character and Personality*，即现在的 *Journal of Personality*)于 1932 年开始发行。该杂志旨在结合德国、美国和英国有关个体差异研究的成果，研究方法包括案例研究、相关研究、实验研究以及理论探讨。1937 年，奥尔波特(Gordon Allport)出版了第一本人格教科书——《人格：一种心理学的解释》(*Personality：A Psychological Interpretation*)。尽管当时已经有许多关于心理卫生、变态心理学、性格以及人格的教科书出版，但奥尔波特是第一个展现人格领域的宏大视野，并将它纳入人文与科学学术体系的学者。奥尔波特将人格心理学视作对人类个体的研究，他将人格定义为"个体的心理物理系统中决定他对环境独特适应的动力组织"(Allport，1937，p.48)。

从一开始，人格心理学就在美国心理学界独树一帜(Hall & Lindzey，1957)。20 世纪 30 年代，美国心理学界倾向于关注习惯、反射、刺激和具体反应，即微观水平的有机体行为。相比之下，人格是整体性的，将整个人作为主要的研究单位，这表明统一性、连贯性和整体性是人类的属性。20 世纪 30 年代，美国心理学家曾痴迷于动物学习，关注外部刺激与老鼠或鸽子的外显行为之间的关系。相反，人格则关注人类的动机问题，理解不可观察的内部激励。即使在奥尔波特之前编写的教科书中，这种倾向也是显而易见的。加尼特写道："这肯定就是人类行为的源泉，无论在何处，人格的关键将会被找到。"(Garnett，1928，p.14)20 世纪 30 年代，美国心理学界力图探寻适用于所有有机体的普遍规律。与此相反，人格则强调人们如何彼此不同又有所相似。奥尔波特甚至还建议，科学家应该探究每个独特个体的人格。他提倡人格研究的特则(idiographic)取向，认为通则(nomothetic)取向会忽略特定生命的个人模式。虽然奥尔波特对特则取向的强调受到诸多质疑，且一些声音来自人格心理学领域(例如，Holt，1962)，但传统上人格心理学家比大多数其他心理学家对个案的复杂性更感兴趣。

现代人格心理学历史可以分为三个时期(McAdams，1997b)。大约从 1930 年到 1950 年是人格心理学的建立期和大量一般原则的发展期。20 世纪 30 年代和 40 年代，人格心理学家提出要全面理解人的综合概念系统。一些大的人格理论直到今天仍然具有影响力，我们将在随后的章节中讨论。这一时期提出的较有影响力的人格理论是：奥尔波特(Allport，1937)的个人心理学(参见专栏 1.A)，默里的人格学系统(第 7 章和第 12 章)，卡特尔(Cattell，1947)和艾森克(Eysenck，1952)的特质理论(第 4 章和第 5 章)，罗杰斯(Rogers，1942)的人本主义理论(第 7 章)，凯利的个人建构认知理论(第 8 章)，埃里克森(Erikson，1950)的人格发展的心理社会理论(第 9 章)，美国行为主义和社会学习理论(第 3 章)。

20 世纪 30 年代，弗洛伊德(第 7 章和第 11 章)、荣格(第 11 章)和阿德勒(第 11 章)都已经从临床观察和欧洲精神分析的传统中发展出全面的人格理论。这些精神分析理论被适当纳入人格心理学，并开始对人格心理学家如何思考、研究人的个性产生了深远影响。始于霍尔等人(Hall & Lindzey，1957)，人格教科书根据这些大系统将人格心理学区分为精神分析和心理社会理论、气质和特质模型、强调需要和动机的取向、人本主义的自我理论、有机体论、学习理论和认知/社会认知理论。高等学校的人格理论教科书有时会列出多达 20 个伟大的理论家。从来没有其他心理学分支有这么多理论。

1950 年到 1970 年是人格心理学发展的第二个历史阶段。第二次世界大战结束后，随着高等教育的激烈扩张，心理学系也迅速发展并更为专业化，而且在临床咨询和工业组织心理学领域产生了大量与人格有关的职业。与此同时，美国也从实验室研究与田野工作两个方向为人格心理研究提供大量资金支持。人格心理学家关注建构和验证特定的人格概念，如外向性(Eysenck，1952)、焦虑(Taylor，1953)、成就需要(Mc-Clelland，1961)和其他主要的特质、需要、动机，等等。这些概念都是可靠的、能有效测量的，并能直接观察其对行为的影响。总体来说，人格心理学的关注点从 20 世纪 30 年代和 40 年代的大理论取向，转移到人格测量的相关问题与争议上。什么是人格结构的有效测量措施(Cronbach & Meehl，1955；Loevinger，1957)？对人格的客观测量是否要优于临床判断(Meehl，1954；Sawyer，1966)？人格量表测量到的是否就是研究者想要测量的，还是仅仅检验了一个人对测验本身的反应方式(Block，1965；Edwards，1957；Jackson & Messick，1958)？

20 世纪 60 年代末至 70 年代初，心理学家发起了一系列针对人格心理学的毁灭性的批评，使得该领域陷入一场危机。卡尔森(Carlson，1971)严厉批评人格心理学家忽略了早年的大理论，研究偏离了现实生活，且缺乏对整个人的深入研究。菲斯克(Fiske，1974)提出，由于人们的口头报告常常不准确，因而依赖这种方法进行研究的人格心理学可能已经走到尽头。有研究者(Shweder，1975)质疑是否需要基于人格差异的心理学。然而，最有影响力的还是米歇尔(Mischel，1968，1973)的批评，他反对从内部人格特质来解释人类行为，而提倡关注情境和认知/社会学习因素对行为的影响。在第 4 章我们将会看到，米歇尔的批评将会引发人格心理学领域关于特质—情境取向预测和理解社会行为的辩论。在人格心理学领域，特质—情境之争持续了整个 20 世纪 70 年代，甚至到 80 年代初，争论依然在继续。

因此，现代人格心理学发展的第三个阶段始于 1970 年左右，并持续至今。该时期刚开始是对人格研究的合理性及价值的批评和普遍质疑，到 80 年代中期则演变为广泛意义上的重建与振兴(Buss & Cantor，1989；Hogan，Johnson，& Briggs，1997；Maddi，1984；McAdams，1990，1994；Pervin，1990；West，1983)。随着特质与情境之争的偃旗息鼓，当代人格领域的研究更关注预测行为的内部人格变量和外部情境因素的复杂交互作用(Kenrick & Funder，1988)。人格特质模型已经重获它们在心理学中的地位和影响，特别是在"大五"因素模型出现后(McCrae & Costa，1990；Wiggins，1996）。在解决或抛开一些测量争议后，人格心理学家改进了研究方法（Robins，Fraley，& Krueger，2007）。近些年，人们的兴趣转向整合性的人格理论（McAdams & Pals，2006；Mischel & Shoda，1995）和整个生命过程的人格发展（Mroczek & Little，2006），以及致力于在完整的人生历程（life course）中研究个体（Franz & Stewart，1994；Nasby & Read，1997；Schultz，2005）。

当代人格研究的复兴证实了我对这个特殊领域的看法：作为一个整体，人格心理学是心理学的核心。对个体来说，许多心理学上的重要理论、发现和应用都源于人格领域。人格心理学领域最为普遍和基本的问题是：什么是人性？什么是一个人？我们该如何理解人？在我看来，这是最基本和最迷人的心理学领域，因为它直接反映了我们每个人，包括我们自己。其他心理学分支提供了许多审视人类行为和经验的重要见解，但是只有人格心理学才会坚定不移地专注于人的特殊个性。事实上，我们会进一步表明，在广泛的教育中，人格心理学应该是任何系统研究和计划的核心。通识教育（liberal arts education）的目标之一是认真地审视我们自己和我们所处的世界，反思我们的文化、历史和宇宙。这就是人格心理学的初衷，也是任何心理学领域的宗旨所在。人格心理学已经开始这样的征程。

人格心理学在对人的研究中借鉴了不同领域的方法，如脑科学、分子遗传学、进化生物学、认知科学、社会学、文化人类学甚至文学研究。因此，人格心理学处在各学科的交叉路口。在心理学范围内，人格心理学又与发展心理学、社会心理学、变态心理学和临床/咨询心理学有一些关联。人格研究与工业组织心理学也有很强的联系（例如，Roberts & Hogan，2001）。尽管如此，这些领域和人格心理学之间的差异仍然是显而易见的。

与大部分发展心理学家不同，人格心理学家虽然关注人从出生到死亡的发展，但他们的研究更多聚焦于成年阶段。此外，发展心理学家更关注随着时间的推移而发生的有意义的变化和过渡，人格心理学家则倾向于研究在一定时间内稳定和连续的方面。当然，这些侧重点之间的区别是模糊的。例如，许多人格心理学家也会对人格的改变感兴趣，因此有时他们的研究与发展心理学的研究相重叠（例如，Mroczek & Little，2006）。

人格心理学与社会心理学存在千丝万缕的联系。人格心理学家与社会心理学家常常在一些相同的期刊上发表论文，他们属于相同的团体，有共同的学术兴趣。不过，这两门学科的核心还是有着根本的不同：社会心理学家专注于人的社会性，而人格心理学家专注于人的个性。话虽如此，可我依旧要模糊这点区别，因为人的社会性必须始终考虑人的个性作用，人的个性也必须纳入社会情境。因此，正如很多当代社会心理学教材所描述的那样，在研究社会行为时，社会心理学家可能会慎重考虑自我的角色；同样，在本书中我们将会看到，在研究人的个性时，人格心理学家还必须慎重考虑社会情境。尽管如此，普遍的事实仍然是，人格心理学家和社会心理学家在各自强调的重点上存在差异(Smith，2005)。为了把事情归结到简单的行为层面,人格心理学家往往更为关注人为何对同样的情境产生不同的反应,而社会心理学家强调人们在不同的情境中会如何作出不同的反应。但是,你总能找到这种倾向的例外,因为人格心理学家同样经常考察情境的功效,而社会心理学家也有可能考虑个体差异。

25

　　── 专栏 1.A ──

奥尔波特与人格心理学的起源

　　奥尔波特(Gordon W. Allport，1897—1967)没有首创人格心理学,但他推动了人格心理学领域的蓬勃发展。奥尔波特最大的贡献是 1937 年出版了教科书——《人格:一种心理学的解释》。在这本被视为第一本人格心理学的权威著作中,奥尔波特为人格心理学领域建构了综合性的发展蓝图,他也预见到随之而来的许多问题和争议。

　　奥尔波特于 1897 年出生在印第安纳州的一个小镇,其父是一名医生,除奥尔波特外还生育了三个儿子。奥尔波特在俄亥俄州的克利夫兰长大,在哈佛大学完成学业,随后又到欧洲游历学习。他深受德国心理学家施特恩(William Stern)和斯普兰格(Eduard Spranger)的影响(Nicholson，2002)。1930 年至 1967 年,奥尔波特在哈佛大学任教,在那里他帮助建立了跨学科的社会关系学院。早年,他将人格心理学视为对行为主义的人文替代,以及对弗洛伊德有关人类生存状况的坦率观点的"乐观解药"。在自传中,奥尔波特(Allport，1968)表示他希望能创建一个专注于个人的研究领域,"使得我们能够尽可能民主和人道地测试出个体可能拥有的潜力"(p.394)。在经济大萧条时期和第二次世界大战前夜,奥尔波特怀着对社会改革和美好世界的期盼,写下了《人格:一种心理学的解释》一书。奥尔波特的著作是世界性的、内容丰富的,并饱含旧时代欧洲的学术底蕴,但它在乐观和平等的基调上又十分美国化。

　　在该书中,奥尔波特提出一系列折中的概念和假设,这些概念和假设都围绕着一个主题:人是一个独特的整体。奥尔波特的统合(proprium)概念精准地抓住了人的整体性。在奥尔波特看来,"统合包括人格的所有方面并使其内部一致"(Allport，1955，p.40)。个体的独特性通过人格特质得以表达。对奥尔波特来说,特质是人格的主要结构单元。他将特质定义为"能够使许多刺激在功能上等效并引发和指导相同适应形式和表达行为(有意义的一致)的神经心理结构"(Allport，1961，p.347)。他认为,特质不仅是对功能相同行为的描述性分类,而且是真实存在的因果实体,能对应具体的神经生理结构。奥尔波特拒绝区分动机和特质,他坚持认为特质拥有动机功能,能够激发、指导并选择行为。虽然特质具有跨情境和跨时间的

26

一致性，但是奥尔波特承认人的行为也会受到情境的影响（Zuroff，1986）。此外，个体可以具有矛盾的特质。因此，"特质变化的本性以及特质与环境密切的、动态的关系，使得任何人格概念都不能过于简单、刻板"（Allport，1937，p.312）。

奥尔波特的特质心理学在内容和风格上更趋向于文学。虽然他鼓励在共同特质上做通则研究（nomothetic research），但他十分不信赖对数据的统计分析，认为这样做会忽视个体的独特性。虽然大规模的特质研究对于推断行为的一般规律是有用的，但奥尔波特相信这类研究只是辅助性的，还是要以对个案中独特性和共同特质的具体、深入研究为主（Barenbaum，1997）。其中，最好的例子是奥尔波特的个案研究——《珍妮的来信》（1965），在研究中，他在很长一段时间内分析了一名女士的私人信件，以确定她人格中的关键特质。此外，奥尔波特在对个案的深入分析中，也遭遇了人格研究的各种困难与可能性。在他的职业生涯中，奥尔波特不仅提倡个案研究，而且建议在人格研究中对诸如信件、采访报告和自传等个人文件的充分利用（Allport，1942；Allport，Bruner，& Jandorf，1941）。他相信，心理学家仅仅通过个案分析就可以展现一个人的个性全貌。

除了在人格、自我、特质和个案研究上的开创性工作，奥尔波特在表达性运动心理学（psychology of expressive movements）（Allport & Vernon，1933）、谣言心理学（Allport & Postman，1947）、宗教心理学（Allport，1950）、态度和价值观（Allport & Vernon，1933），以及偏见的本质（Allport，1954）等领域都作出重大贡献。通过广泛的工作以及个性科学（science of individuality）的人文视角（humanistic vision），奥尔波特发展了人格心理学的潜力和可能性。他的工作和职业生涯激励了几代心理学家，他们把对整个人的科学研究作为知识兴趣，不断地探索。

人格心理学有很强的临床传统，这可以追溯到 20 世纪初弗洛伊德的精神分析传统。变态心理学（abnormal psychology）和临床/咨询心理学（clinical/counseling psychology）会探究诸如精神病、心理疾病和行为功能障碍等人类生活中的难题。许多临床医师也会关心各种各样的人格障碍。此外，许多人格理论包含改变异常行为和促进心理健康的具体技术（例如，精神分析疗法和罗杰斯的咨询法）。尽管如此，人格心理学往往更关注大致适应良好人群的心理个性的广泛种类和相对正常的功能。作为对整个人的科学研究，人格心理学不会过分将精力放在心理治疗和其他临床实践上。然而，对人格心理学理论和研究的充分理解依然是有效心理疗法的重要背景。同时，我也希望你们能够从中得到一些改善自己生活的启发。

本书的组织架构

《人格心理学:人的科学导论(第五版)》包括四个部分。第一部分(第1~3章)关注人格心理学领域的基本问题和心理个性的基本背景。在探讨人格定义的三个层次之前,我们需要了解人的生命是如何存在于时间和空间之中的。这方面的最终背景就是人类的进化。第2章探讨人性如何由进化塑造。近年来,我们目睹了学界对进化人格心理学兴趣的高涨。我认为,任何理解人的科学尝试,都应该考虑人类个性的宏观背景:进化的作用。进化的概念源于达尔文(Darwin,1859),它实在太重要了,以至于不能被排除在任何人格理论之外,但进化本身若作为单独的人格理论又过于笼统。因此,在我看来,可以将进化视为人类行为和经验的基本背景,从进化的角度研究人类生命是研究人类的第一步,但也仅仅是第一步。

第二个基本背景是文化。第3章汇集了许多来自行为主义、社会学习理论、社会化理论、人类生态和环境理论,以及跨文化心理学的开创性思想,这些思想都涉及人类社会和文化情境。20世纪中期主导美国心理学界的行为主义理论,如赫尔(Hull,1943)和斯金纳(Skinner,1938)等人的行为主义理论从来都不是人格理论。但是,他们关于学习和环境的基本理念是科学理解人类个性的基石。行为主义强调有机体如何通过与环境的交互作用来学习。对人类来说,这些环境包括直接的机体环境、社会状况、家庭、邻里、阶层和文化的大背景。

本书余下的三个部分将构成我曾经介绍的人格概念的三个层次。第二部分(第4~6章)主要研究人格的第一层次:基本特质。第4章探讨特质心理学的基本问题,包括特质的定义和测量,特质评估中的信度和效度问题,行为预测中特质与情境的交互作用。第5章主要关注人格心理学家研究过的特定特质,将会按照"大五"分类结构来组织。我们会探讨这些特质是如何被定义的,它们是什么意思,它们如何影响社会行为,以及它们如何与人类生理和脑活动关联起来。第6章关注特质在人一生中的连续性和变化,并会回答以下问题:特质在多大程度上是基因的产物? 特质起源于婴儿期明显的气质差异吗? 特质在成年期可以改变吗?

本书的第三部分(第7~9章)着力研究人格的第二层次:个性化适应。第7章的主题是动机适应,我们将考察人类个性中的需要、目标、动机、驱力以及人类其他愿望表达的重要思想和研究结论。我们可以看到一些极具启发意义的观点,如弗洛伊德的潜意识性驱力和攻击驱力,默里和麦克莱兰的心理需要和社会动机,动机的人本主义理论(如罗杰斯的理论),近期贡献颇多的自我决定理论,以及对个人奋斗、任务和计划的研究。第8章把重心转向认知适应,关注凯利的个人建构心理学,以及影响力逐渐增强的人格的社会认知取向,主要聚焦于社会智力、认知图式、行为的认知管理等。第9章考察不同发展阶段和任务时间进程中的个性化适应,围绕两个极具影响力的自我发展理论,即洛文杰的自我发展理论和埃里克森的心理社会发展理论。前者关注自我的结构,后者主要考虑社会生活的内容。

　　本书的第四部分(第 10～12 章)主要侧重于研究人格的第三层次:人生故事。第 28 10 章介绍了人生故事的概念,即叙事理论,这些理论阐述了人们如何建构有意义的人生故事。第 11 章提出了理解人生故事的基本问题:心理学家该如何解释人生故事? 在这里,弗洛伊德、荣格和更多后来的精神分析理论家(如科胡特)对解释梦境、幻想、记忆提出了一些有趣且存在争议的观点。他们强调潜意识的含义和人格中心灵内部的奥秘,与后现代主义人格取向形成鲜明对比,后现代主义人格取向往往强调生活的社会建构性。不过,精神分析和后现代主义人格取向都认同,人们讲述的关于自己的人生故事并不是它们表面看起来的那样。最后,第 12 章讲述了人格心理学家如何重构人们的人生故事,赋予人们亲历后讲述的这些故事以意义感。探讨了心理传记、个案研究和人类生命过程的概念化,第 12 章会将我们拉回本书开始时的问题:我们该如何将个人的生活作为一个整体来阐释?

　　当我们认识一个人的时候,我们会了解什么? 我们如何才能理解人类个体的生活? 我相信对个体生活的科学理解始于人类行为在进化和文化背景上的牢固基础,并会随着对基本特质、动机、社会认知和发展的个性化适应,以及整合的人生故事的系统考虑而深化。我相信,通过这种有意义的综合方式去思考心理个性将是人格心理学最好的方式。而且我也坚信,以这种方式去思考你是谁,能够帮助你更好且更充分地理解自己的生命,以及你在世界中的位置。

本章小结

1. 人格心理学是关于整体的人的科学研究。

2. 当我们认识一个人的时候,我们会了解什么? 日常社会交往中的观察会表明,人们倾向于将对人的理解分为至少三种不同的归因。以下三种归因说明了一个人的心理个性:(1)基本特质;(2)个性化适应;(3)整合的人生叙事。这三种不同的归因与人格的三个层次相关。对人类个体生命的全面理解始于进化论的坚实基础,以及人类行为和经验的文化背景,随着对特质、适应和人生故事的系统考虑而深化。

3. 在第一层次,人格特质是一般的、内部的和倾向性的,在已知和预期的行为中有较好的跨情境和跨时间一致性。它通常通过自评式问卷来评估。特质勾勒出心理个性的轮廓。

4. 在第二层次,个性化适应是关于人格中动机、认知和发展问题的心理个性的情境化方面。在具体的时间、地点和社会角色背景下,个性化适应充实了心理个性的细节。在人格心理学史中,最具影响力的理论都强调关于人生中动机、社会认知和发展适应的基本问题。

5. 在第三层次,人生故事是一种内化的、发展的自我叙事,它能将重建的过去、感知的现在和预期的未来加以整合,为生活提供统一性和目的感。纵观整个人格心理学史,学者和科学家都在争论人们讲述的人生故事的不同解释取向的优点和局限。如果说特质勾勒出轮廓,个性化适应充实了心理个性的细节,那么人生故事则在整体上说明人的生命意味着什么。

6. 对整个人的科学研究,人格心理学提供了类似于大部分科学的三步式研究法:(1)非系统性观察;(2)建构理论;(3)评价命题。

7. 在第三步,科学家从理论中得出假设,然后检验研究是否充分。其中,一种假设检验研究为相关研究,它能使心理学家了解两个或多个变量在多大程度上彼此相关。另一种为实验研究,心理学家操纵自变量来研究其对因变量的影响。

8. 人格心理学诞生于20世纪30年代的大学心理学系。第一本该领域的权威著作是奥尔波特的《人格:一种心理学的解释》(1937)。奥尔波特对人格研究中的通则取向和特则取向作了区分,前者在于发现和检验许多个体行为的一般规律,后者则将焦点放在对单个个体生活的具体研究上。

9. 现代人格心理学的历史可以分为三个阶段:(1)1930年到1950年,是人格心理学的建立期和大量一般原则的发展期;(2)1950年到1970年,是改进测量技术和阐述人格结构的时期;(3)1970年至今,该时期始于人格研究合理性的危机,并由此发展为人格心理学领域的重建和振兴。

10. 人格心理学与其他很多心理学分支相关,而它同时也处在认知与社会科学领域中许多学科的交汇处。然而,它区别于其他学科的地方在于,它把重点放在心理个性上;倾向于考察相对持久的人的特点,而非稍纵即逝或瞬间产生的事物;对成年期的个体差异感兴趣;关注相对正常和健康的心理功能。

进化与人性

　　每个人都是独特的。没有哪两个人具有完全相同的生活、对世界的经验和人格。然而,人与人之间也有很多相似之处。无论我们生活在加利福尼亚州南部、印度农村,还是生活在布加勒斯特(Bucharest),我们都有一个共同点——我们都是人类。这个观点听起来似乎没有多大意义,或者说,这一说法听起来可能是陈词滥调。但是,除非我们凭借同种同源的共同身份来理解人类的共同性,否则我们无法理解和鉴别人类的多样性和独特性。因此,对人的研究必须始于对人性的探索。那么,人性的本质是什么呢?

　　纵观历史,哲学家和诗人对于人性有诸多思考。基督教教会按照惯例用原罪来教导我们:尽管我们可以赎罪,但我们在本质上是恶的。《创世记》这部书告诉我们亚当和夏娃原罪的故事,而且原罪在一代代人之间传递。事实上,世界上所有的伟大宗教——印度教、佛教、犹太教、基督教和伊斯兰教——都认为男性和女性的天性状态从某种意义而言是存在根本缺陷的,同时人类需要从有缺陷的天性状态中解脱出来(James,1902/1958)。18 世纪的法国哲学家卢梭(Jean-Jacques Rousseau),以及 19 世纪的浪漫主义诗人,譬如雪莱(Percy Bysshe Shelley)和济慈(John Keats)提出了更为乐观的见解,将人性描述为无罪的和良好的。卢梭认为,尽管我们一出生就会受到社会的腐化,但是我们生而高贵且纯洁。17 世纪的英国哲学家洛克(John Locke)认为,人性就如同空白的石板(拉丁文称为"白板")。出生之后,人们就要作好准备,接受环境的改造。

然而,当代科学对人性的认识关注人类进化。尽管论点相对简单,但它的优雅和深奥令人敬畏。和其他生物体一样,人类通过生存和繁衍而不断进化。根据已有事实,人类本性基本上是那些的确能够促进生存和繁衍的人类适应性特征。因此,进化和人类本性为理解人类个性提供了最为根本的背景。无论我们彼此间是多么不同,但相同的是我们都是人类进化的产物。倘若不是如此,我们就不会在这里探讨它。

关于人性:我们的进化遗产

进化原则

生物的一个重要特征就是繁衍。所有动物和植物用某种方式产生与自己相似的个体,使得生命能够从上一代延续到下一代。生命的起源属于地球上物质复制的第一个实例,很久以前,一个物理化学现象中通过某种方式进行的自我复制,为生命进化的开始提供了助力。认知科学家平克(Pinker,1997)在《心智探奇》(*How the Mind Works*)一书中告诉我们,进化学家是如何确定地球上生命的起源的。

> 起初是一种复制。这种分子或结晶体并不是自然选择的结果,而是遵循物理和化学的法则……成倍地增加,倍增且不受抑制的单独个体会凭借其巨大的复本而覆盖整个宇宙。但是,复制因子耗尽了制造复本的材料和供给复制的能量。世界是有限的,所以复制者将为了资源而竞争。因为复制过程并不是百分百完美,所以差错就会出现,并不是所有的后代都会被精确复制。大部分复制错误将会产生有害的变化,造成能量吸收和材料摄取的低效,复制的效率较低。但是,部分差错会幸运地产生有益的变化,同时这些变化将会扩及后代。后代将会累积任何产生有益变化的差错,包括那些装备保护层和支持结构、操纵器、化学反应的催化剂,以及其他我们称之为身体特征的方面。具有良好躯体的最终复制者就是我们所说的有机体。(Pinker,1997,pp.157—158)

平克想象的关于地球上生命起源的情景包含达尔文(Darwin,1859)洞悉的生命进化的本质,这更新了当下人们对遗传学的认识。生命个体是一系列进化事件的产物,在这一过程中许多复制系统争夺有限的资源,而部分系统证明自身比其他系统能够运行更长的时间。较为"成功的"系统可以为下一代产生更加可行的自我复制。为此,系统必须满足其居住地环境的要求,包括有限的资源和其他复制因子带来的挑战(如其他生物)。随着时间的推移,有机体的设计发生变化,在特定环境中有些设计比其他设计更有利于复制。当环境变化时,有机体的设计也随之改变,这并不是对环境变化的直接反应,而仅仅是有机体的部分设计比其他设计更能够促进复制。在进化时期,正如研究者(Tooby & Cosmides,1992)所描述的那样,进化"表现为连续的设计,每一个变型都优于前一个。一代又一代,一步又一步,所有不同生物延续至今的设计——从红杉和鳐鱼到人类和酵母菌——通过一系列极长的连续变型更改了初始的非常简单的单细胞祖先的设计"(p.52)。正如达尔文所阐述的那样,伴随着自身与环境长时间交互作用的反应,所有现存的生命形式逐步形成。面对生存和繁衍有限的环境资源,生物体之间展开相互竞争,最终最具"适宜性"的设计获得胜利。

进化的关键归根结底是自然选择(natural selection),在这一过程中,大自然逐步选择那些能够促进生存和成功繁衍的物种特征。达尔文观察到,一个物种内部的有机体在身体和行为特征上表现出很大的差异。环境中某些特征或许可以促进个体的生存,与不具有这些优势特征的个体相比,具有这些优势特征的个体存活的时间应该更长,产生的后代更多。那些具有优势特征的个体的后代同样应该具有这样的优势特征,从而使他们存活的时间更长,产生更多具有同样特征的后代。就这样,大自然选择了物种中最具适应性的特征,并使物种延续下去。

虽然达尔文并不明白从父母到后代的特征生物传播的具体机制,但他承认这种传播的确发生了。今天,我们知道特征继承的关键是基因。基因是存在于人体每个细胞中的染色体片段,由脱氧核糖核酸(DNA)组成,脱氧核糖核酸是一种特别适合传递遗传信息的长线状分子。

由于有性繁殖涉及父母基因的混合,单个生物体从其父母那里各得到一半的基因,从而继承双方的特点。通过有性繁殖,基因便从上一代传递到下一代。但是,在基因传递过程中,奇怪的事情偶有发生。由于意外,基因可能会发生变化。大多数变化对个体生命的影响很小甚至几乎没有影响,但这些变化可能降低个体的适应性。然而,当基因转变诱发促进生存和繁衍的特征时,基因转变就能够产生意外优势(平克称之为偶然运气)。人类基因组的近期研究提供了持续进化能力能够塑造人类适应性的显著证据。例如,科学家已经确定那些能够在环境中利用牛奶加工乳糖(牛奶中的主要糖类)的个体,更易于产生具有选择优势的基因突变(Wade,2006)。纵观人类历史,断奶之后消化乳糖的能力就会逐渐消失。婴儿一旦较长时间没有接受哺乳,分解乳糖的乳糖酶就不再被需要了。但是,当牛被首次驯化后,人们就开始食用牛奶,自然选择有利于基因产生突变的人,有利于那些断奶之后乳糖分解基因仍旧运行的人。这样的变异最早出现在 5 000 年前欧洲中北部的养牛人身上。通过繁衍,负责乳糖耐受性的基因突变就会在该群落从上一代传递到下一代,最终经过连续的繁衍蔓延至欧洲其他地区。今天,大部分荷兰人和瑞典人都具有乳糖耐受性,但随着居住地与基因突变初现区域距离的增加,欧洲人的基因突变现象逐步减少。与乳糖相关的类似突变在世界其他区域也已经得到证实,包括驯牛文化千百年来蓬勃发展的肯尼亚和坦桑尼亚的族群。遗传证据表明,乳糖耐受性的基因突变赋予个体巨大的优势,有利于个体的健康和生存,与那些没有这种基因突变的人相比,他们留下的后代多了近 9 倍。

无论你谈论的是乳糖耐受性、骨骼结构，还是根深蒂固的行为适应，基因作为进化过程中的推动者和调节者，最终产生生物在环境中为资源而竞争的设计。准确地讲，复制的是基因而不是生物自身。举一个简单的例子，我的亲生子女并不是我自身的精确复制，而是包含我和我的妻子基因的复制。通过进化，生物按照这样的设计不断繁衍，以至于隐藏在这些设计背后的基因在后代身上得以复制。进化的规则就是基因复制。现在，如果基因是一个人，当然它并不是（它只是带有遗传信息的 DNA 片段），那么我们可以说他是一个很自私的人。道金斯（Richard Dawkins）在《自私的基因》（*The Selfish Gene*）（1976）一书中阐述了这样的观点：基因唯一的目的就是自我复制。基因并不考虑别的事情，它们只想进行复制。当然，基因没有能力去关心什么或需要什么，只有人会关心什么或需要什么。因而，可以说基因是自私的，但不能说那些被动接受基因设计的人（像其他生物一样）是自私的，或者人自身想要复制他们自己的基因。自私基因的想法是相当隐喻的，同时道金斯的观点更加微妙和深刻：人被设计去执行行为，但行为最终使得决定他们设计的基因得以复制。平克很好地记录了该观点。

> 许多人认为，自私基因的理论就是"动物尽可能地复制它们的基因"。这是对事实的歪曲和理论的曲解。动物以及大多数人，对遗传学知之甚少甚至毫不关注。人们喜爱自己的孩子并不是因为他们想要复制自己的基因（有意或无意地），而是因为他们情不自禁。爱使得他们尽最大的努力给孩子提供温暖、食物和安全。自私并不是人的真实动机，而是构成个体的基因的隐含动机。通过联通（wiring）动物大脑，动物关爱自己的亲属且尽量给予它们温暖、食物和安全，通过这种方式基因"努力"地复制自我。（Pinker，1997，pp.400—401）

人类至少存在两种截然不同的方式，能够在下一代身上提高复制那些负责设计的基因的可能性。第一种方式是生育自己的生物后代，这也是最为明显的方式。生育六个孩子的女性传递给后代的基因是生育三个孩子的女性的两倍，而其他事情都是一样的。第二种方式是促进那些与自己共享基因的个体的生存和繁衍，这也是不太明显的方式。比起自己生育两个孩子而唯一的姐妹没有孩子的女性，自己没有生育孩子但姐妹生育了六个孩子（也许是无意的）的女性给后代传递了更多基因。这样，后一个女性就与她的姐妹（和所有的亲兄弟姐妹一样）分享了她一半的基因，姐妹的六个孩子在基因上等同于她自己的三个孩子。如果仅仅考虑关于自私基因进化的计算，与生育两个孩子而姐妹没有孩子的女性相比，没有生育孩子而姐妹生育了六个孩子的女性传递了更多基因。上述例子向我们证明生物可以通过两种方式参与设计自身的基因复制：直接方式（通过个体的后代）和间接方式（通过亲属的后代）。间接方式可以通过提高与自身有血缘关系的个体繁衍的成功率，来增加将"自我"基因传递给下一代的机会，这样许多"自我"基因就会存在于自己的亲属中。

　　由于在达尔文时代,科学界还没有发现基因在繁衍和遗传上的作用,达尔文对生物通过直接和间接的方式进行自我复制并没有清晰的认识。因此,当时对行为进化的认识会被动物王国常见的利他主义和自我牺牲现象困扰。对于为什么有些生物会为了帮助另一生物而作出危及自己生存甚至成功繁衍的行为,达尔文并不能给出一个满意的答案。直到汉密尔顿(Hamilton,1964)详细阐述了包容性适应(inclusive fitness)概念,对该谜题的解答才开始出现。包容性适应是指将设计自身的基因最大化复制的整体(总体、包容)能力。它既包括有机体自身的成功繁衍,也包括那些可以共享基因的近亲的成功繁衍。因此,部分生物不仅倾向于(基于它们的基因组成)帮助它们的亲属,甚至会在特定环境中为了它们亲属的利益而作出自我牺牲。这具有很强的进化意义,如果有必要采取行动来保护自己的后代甚至亲属的后代,父母可能会放弃自己的生命。对于人类和其他许多社会性物种,特定关怀和利他主义倾向是自然选择的结果,因为这种倾向可能已经对提高包容性适应发挥了作用。

进化适应性环境

　　当前的科学评估认为,地球生命出现在 35 亿多年前。在这 30 亿年后(5 亿年以前),生命从单细胞生物进化为多细胞生物。哺乳动物——我们属于其中一员——大约在 2 亿年前出现。恐龙灭绝于 6 000 万年前,此后不久(即 500 万年后),灵长类动物——我们也属于其中一员——在地球上出现。200 万~400 万年前,人类终于进入历史画面,隶属于哺乳动物的特定灵长类动物有可能出现于非洲的中心。人类逐渐向不同的方向迁移,最终占据了地球大部分生态系统。人类出现并进化到当今这个样子,这个时期至少跨越 200 万年,大致相当于地质学家划分的地球历史的更新世时期(从 160 万年前到 1 万年前),这也是最后一个冰川时代结束的标志。虽然进化从没有结束过,但在更新世时期人类为了适应生存,产生了许多与众不同的进化。

　　进化心理学家将更新世时期的地球环境称为人类生存和发展的进化适应性环境(environment of evolutionary adaptedness,EEA)。在进化适应性环境中,人类是怎样生活的? 古人类学家和其他研究人类生命起源的学者的结论是,更新世时期我们的祖先像一个"抢劫者",他们为了生存而采集水果、蔬菜并进行狩猎,以满足身体所需要的能量和营养。在进化适应性环境中,为了追寻猎物和寻找最佳的食物采集地域,我们的祖先常常需要从一个采集—狩猎区转移到另一个采集—狩猎区。人类是群居生活的。事实上,参与小型协作群体的日常运作可能是早期人类的主要生存策略(Brewer & Caporael,1990)。在进化适应性环境中,群体生活具有诸多优势。通过抱团的集体生活,在危险时刻相互照顾,聚集资源、技能和力量以应对随时可能出现的挑战,包括来自其他群体的威胁,人类可以更好地抵御天敌和其他威胁(deWaal,1996)。孩子可以在群体中被养育直至成人,孩子的父母也依赖其他成员的帮助来关心、保护和教育自己的后代。毫不意外,大多数情况下,那些受到帮助的人反过来会帮助其他人。狩猎也是群体工作,而且一旦完成大规模的猎杀,肉可以在群体内分配和共享。这种合作将使整体受益,除此之外,也可能会提高单个猎人的包容适应性,因为狩猎中的合作有助于建立各种社会关系和联盟,以帮助个体自身的生存和最终的成功繁衍。平克指出:

> 如果猎杀的动物超出猎人的食量,且即将腐烂,这时猎人就面临着一个独特的机会。狩猎在较大程度上取决于运气。在缺乏制冷的情况下,将过剩的食物分给其他猎人,那么当自身有困难时,其他猎人反过来也会将食物分给自己。这就是在觅食社会普遍存在的男性联盟和广泛的互惠方式。(Pinker,1997,p.196)

在进化适应性环境中,生存和成功繁衍所必需的大多数人类活动,都被设置在个体诞生的特定人群的参数之中。人类在本质上是社会性动物,因为在进化适应性环境中社会生活被证明是生存和成功繁衍的最有利策略。人类已被自然选择设计为想要在群体中生活,彼此寻求紧密依恋、友谊、伙伴关系和其他各种联盟。跟灵长类动物和其他特定社会物种(例如,狗、大象和海豚)一样,人类深深地渴望和享受由他人组成的团体。少数没有分享这种社会意义的个体(如隐士和自闭症儿童)被认为是古怪的,常让他人感到恐惧、遗憾或困惑。

进化适应性环境中的群体生活是不容易的。当人类进化为社会性动物,社会生活引起的竞争和冲突与合作和关爱一样多。正如研究者(deWaal,1996)指出的:"群体生活的最大缺点是,为了寻找相同的食物和吸引相同的交配对象,个体会受到其他个体连续不断的包围。群体作为冲突和竞争的温床,也孕育着对自身存在的最大威胁。"(p.170)攻击行为在部分群体背景中常会获得丰厚的回报,就如同最强和最残酷的个体有时为所欲为,夺得生存和成功繁衍所需资源(例如,食物、住房和配偶)的最大份额。在人类群体中,统治地位同样可以通过各种方式来建立。人类群体常常通过分层方式组织起来。部分个体统治其他个体,而且一个人在社会等级中所处的位置与其能获得的生存、成功繁衍所需的资源紧密相关(Buss,1995)。此外,群体之间将会出现竞争,有时是与其他群体的残酷争斗。部落间的战争并不是近期才有,化石记录表明,在整个更新世时期,人类敌对性团体常常彼此争斗,而且手段相当残忍。据我们所知,还没有和平相处的人类远古时代。

在进化期间,人类通过磨炼一系列特征来应对进化适应性环境的挑战,这些特征合起来便促使人类与地球上其他物种分离开来。人类使用两只脚直立行走,将手指解放出来并发展出对生拇指以应对大量复杂和精细的操作任务,制造并使用相当多的工具,比其他猿类存活得更长且生育出需要多年照顾才能达到性成熟的婴儿。通过协商交配关系,群体间往往会交换性成熟的女儿以建立新的家庭,并阻止亲兄弟姐妹间的交配。对女性(就像许多哺乳动物一样)而言,性交并不限定在每月的特定时间,而是可以在任

专栏 2.A

宗教的演变

世界各地都有人信奉宗教。盖洛普民意调查显示,大约 95% 的美国人信奉上帝,三分之二的人宣称自己是宗教组织成员,而且接近 50% 的人至少每月一次参加宗教活动(Goodstein, 2001; Sherkat & Ellison, 1999)。虽然参加教堂活动的人在西欧明显减少,但是大多数欧洲人仍旧信奉上帝。宗教仪式和信仰在世界各地盛行,几乎所有文化都支持某种宗教传统。作为一个物种,人类对宗教信仰和宗教行为似乎有特殊的亲近感,以至于可以毫不夸张地说,宗教是人性的一部分。这是为什么呢?

对那些虔诚的宗教信徒来讲,答案是显而易见的:因为上帝是真实存在的,或者是"因为上帝让我这样"。但是,用这些答案说服数百万人,从科学的角度来讲,并不是满意的答案。近年来,心理学家和进化生物学家开始考虑为什么宗教信仰和宗教行为在全世界如此普遍。许多人认为,人类大脑的结构表现出易于接受上帝、神、来生、不朽的灵魂、祈祷的力量和超越宇宙的意义(Honig, 2007)。部分学者和科学家认为,宗教本身就是一种进化适应,人类在进化中变得信奉宗教,因为宗教具有包容性适应的优势。另一种观点则认为,宗教本身未必是进化适应的,而是人类历史进程中其他有益适应的副产品。

著名进化生物学家 E.O.威尔逊(Edward O. Wilson)支持第一种观点——宗教是一种适应。在《人性》(*On Human Nature*)一书中,E.O.威尔逊(E. O. Wilson, 1978)写道:"宗教信仰倾向在人类信念中是最为复杂和强大的力量,多半也是人性中最不可磨灭的部分。"(p.169)威尔逊认为,当今宗教的力量在于它赐予我们进化祖先的强大优势。宗教可能在促使狩猎者和采集者以团体和部落的形式住在一起的进程中起到了至关重要的作用。宗教带来的共同信仰和亲属情感可能说服个体为了集体利益而放弃直接的私利(Irons, 2001)。这样的从属关系可以促进资源获取和抵御外敌方面的合作行为,这就增强了部落成员间的包容性适应,因为他们能够更好地繁衍和照顾后代。那些视宗教为进化适应的人们倾向于重视这样的策略,即宗教创造团结和融合,宗教也支持那些最终对他们有利的长期投资承诺(养育子女、保卫群体、建立联盟和创造文化)。该观点可在 D.S.威尔逊(David Sloan Wilson)的著作《达尔文教堂》(*Darwin's Cathedral*)(2002)中找到清晰的相应表述。

另一种观点先作出一定妥协:当然,宗教可以促进群体团结。但是,对群体有益的东西并不一定有益于那些基因被传递给后代的个体,而且自然选择通常被认为在单个生物体水平发挥作用。此外,很多因素会促进群体团结。大自然为何会把这样一系列奇特的现象归在宗教的名义下(具有一定的非理性方面,譬如魔鬼、神迹、祖先崇拜和其他诸如此类的东西)? 宗教涵盖了如此广泛的信仰和仪式——从来世的信仰到饮食和洗澡的规则——以至于部分理论家认为,宗教作为解决某个特殊进化难题的简单设计进化而来是不太可能的。相反,他们认为,宗教可能是为解决广泛的其他适应性问题(往往是世俗的)而进化的诸多领域特殊性的心理机制的意外副产品。

在人格心理学中,副产品观点的主要倡导者是柯克帕特里克(Lee Kirkpatrick)。柯克帕特里克(Kirkpatrick, 1999, 2005)认为,宗教的许多方面与人性的基本特征是一致的,这些特征进化而来是为了掌控特殊的人类关系,也掌控人类是如何思考自身和世界的。例如,在许多文化中,信徒把上帝看作保护和养育他们的父母。柯克帕特里克认为,这种许多人面对上帝时体验到的依恋情感来源于婴儿在看顾者面前体验到的基本依恋情结,它是进化而来的,是为了保护婴儿在进化适应性环境中不受威胁和天敌伤害(本章稍后介绍)。宗教通常强调等级系统,意味着对看不见的上级的依赖和服从。人类的心智通过进化变得对社会群体中的等级序列特别敏感,这就为某种直观想法作出铺垫——在层级顶端的上帝虽未被看见,却是万能的。柯克帕特里克认为,完美状态下人与人之间的社会交换需要一种公正和互惠的默契。在一些宗教传统中,最为著名的是旧约故事,上帝制定本国子民社会交换的协定和契约。柯克帕特里克认为,人类群体中不可避免地存在着复杂的社会关系,协调这些关系的世俗事务能够被宗教认可强化。

宗教也可能是人们考虑大自然和其他人的基本方式的偶然产物。研究表明,幼儿能够有效地区分自然界中的生命体和非生命体。当非生命体移动时,孩子们常认为有一种无形的外力促使物体移动。如果这种促使移动的力源于物体内部,那么我们可以认为这个物体在某种意义上是活着的——一个有着移动目的的活体。如果这种力被认为源于物体之外,那么我们就会诉诸上帝或者其他某种外部能动力(agent),其目的是促使物体移动。人类进化而来的大脑主要用于探测自然界中的能动力,因为这种进化趋势可以保护个体免于可能出现的危险。个体对能动力的探测促使思维更加警觉,正如今天所看到的,这种警觉性有益于社会性动物适应进化过程中的环境。

与之相关,人类已经进化到能将其他人理解为遵照他们的信念和愿望而采取行动的个体。几乎所有4岁大的孩子都形成了心理学家所称的心理理论(theory of mind),能意识到其他人具有愿望和信念,而且能意识到人们为了这些愿望和信念而努力。没有心理理论,人在与社会团体交往过程中将会非常困难。如果你不能深入地理解其他人与你一样有着愿望和信念,而且这些愿望和信念推动了人的行为,那么交朋友、发展爱情,以及与当地商人交易将会多么地困难。许多理论家认为,这种有关上帝意志的信念最初被设计出来,正如其本来的情况,就是为了促进有效的社会交流(Bloom,2005;Boyer,2002)。在宗教中,人们把自己内心的心理理论投射到代理人身上——神灵、天使、魔鬼和死去的祖先。对于大多数人,这种行为趋势似乎是直观正确和深度真实的。

何时间发生。男性则倾向于为了获得跟女性发生性关系的机会而去竞争。男性倾向于在他们的孩子身上投资,与孩子的母亲形成或多或少稳定的关系纽带,在保护与培养孩子中提供援助。他们照顾自己的孩子,保护孩子不受动物和他人的伤害,同时给孩子提供食物。女性为了家族而共同照顾孩子和采集果蔬,男性则合作保护群体和狩猎,因为肉是人类饮食中的重要主食。人类长距离地搬运食物,并将其用火烹调和深加工,进而储存和分享。他们长期交换物品和互相帮助,建立联盟或伙伴关系,巩固友谊,并对互惠互利和公平竞争达成共同理解和一致预期。他们通过语言和其他符号系统彼此沟通,进而传播信息、继承传统、积累知识和适应性的智慧并创造文化。

不同的人类群体发展出不同的文化,但文化可能具有许多反映进化适应性环境中适应性挑战的共同特征。如果这些共同特征确实存在,那么人们或许可以从当下跨文化领域普遍存在的行为模式和社会风俗中看出相应的痕迹。人类学调查已经列出许多这样的普遍现象。这些现象包括体育运动、着装、劳务合作、求爱、舞蹈、教育系统、礼仪、家庭宴会、民俗、饮食禁忌、丧葬仪式、游戏、赠送礼物、乱伦禁忌、法律、婚姻、医疗、刑事裁定、个人姓名、财产权利、青春期习惯、宗教仪式、灵魂概念、工具制造、纺织、天气控制的尝试。E.O.威尔逊(E.O.Wilson,1978)认为,每一种共同模式都可以追溯到采集和狩猎社会,它们促进个体生存和种族延续:"现代社会所有普遍特征很有可能是采集狩猎团体和早期部落联盟中具有生物学意义的机制的变式。"(p.92)鉴于这些模式已经被证实适应了数千年甚至数百万年,因此每一种都已成为人性的一部分,并被编码到人类的基因中。

适应的心智

当考虑进化时,我们发现自己更容易理解那些显而易见的方面,即身体为了适应环境的压力而逐步作出的改变。举例而言,如果拥有长长的脖子能够让有机体(比如长颈鹿)获得地面上的食物,促进它们的生存和有效繁衍,那么它们的后代最终会在整体水平上拥有更长的脖子。原因是那些幸运地获得长脖子的个体较平均水平个体来说更容易繁衍,并将该适应性特征传递给后代。由于该特征被证明有益于包容性适应,因此它最终会变成有机体设计的普遍特征,正如我们在长颈鹿这个例子中看到的一样。对人类而言,我们可以清晰地看到类似的过程——进化适应促使人类骨骼结构和身姿发生变化以至于人类最终使用两脚行走,从事各种精细的动作任务,进而开发工具。人类骨骼的重塑确实是不小的进化壮举,但人类进化的伟大结果是人脑的进化,这产生了动物王国无法比拟的复杂行为模式和心理程式。让我们将人类心智看成大脑的主要活动,例如我们的思想、计划、希望、感觉等(Pinker,1997)。与长颈鹿脖子的进化相比,人类心智的进化可能更加微妙,更加难以辨别,但是也更加令人感叹,而且它是使人类独特地成为人类的首要原因。

人类在进化适应性环境中幸运地生存和繁衍并不是因为他们更大、更强、更残酷,或者更关注他们的竞争对手,而是他们更加聪明。所有动物都必须应对进化带来的各种挑战,就人类而言,最强大的底牌始终是人类心智。凭借以智取胜来参与竞争,凭借联合起来以保卫群体;凭借分配群体成员中的劳动力,凭借设计合理的攻防策略,凭借学习和反馈来改善这些策略;凭借语言与小组其他成员和后代交流这些改善过的策略;凭借想象那些从没有发生但是可能发生的情景,凭借把想象的情景变成现实的计划……通过所有这些心理活动,甚至更多的心理活动,人类已经在进化图景中为自己雕刻出平克(Pinker,1997)所说的认知壁龛(cognitive niche)。我们适应进化适应性环境挑战的主要模式是,而且将一直是人类心智中非凡认知能力的应用。

人类心智逐步发展以适应不同的威胁、挑战和机遇。虽然适应的总体目标是成功繁衍,但是进化适应性环境给人类提供了一系列更为特别的任务——如果想要达成总体目标,那么这些任务必须完成。作为结果,适应性心智被组织成许多不同的功能模块,独特设计的每一模块都在与世界互动的舞台上表现非凡(Kenrick,Keefe,Bryan,Barr,& Brown,1995;Pinker,1997;Tooby & Cosmides,1992)。因此,当代进化心理学家并不是将心智看作通用的信息处理器,而是倾向于遵循福多尔(Fodor,1983)和其他人的哲学著作中的观点,即认为心智更像是专业化的子系统或模块的集合,每个子系统旨在完成人类在进化适应性环境中面对的独特任务。协调工作的许多不同模块为心智提供了灵活性和适应能力。为了传达这一想法,巴斯将人类心智类比为一个木匠的工具箱。

> 木匠的灵活性并不是来源于拥有一个单一的,适用于一般领域的(domain-general),能用于切割、旋拧、扭转、扳动、刨平、平衡和捶打的"万能工具",而是拥有许多表现出特定功能的专业工具。工具箱的多样性和专业性,而不是高度合成的单一工具,给予木匠很大的灵活性。(Buss,1997,p.325)

因此,人类的心智包括进化了的认知、情感和动机机制,这些机制都是为了有针对性地解决人类自更新世时期以来面对的适应性问题。这些问题是什么?简而言之,就是生存问题和繁衍问题。达尔文(Darwin,1859)在"敌对的自然力量"这一标题下确定了许多生存难题。这些生存难题包括食物短缺、气候恶劣、疾病、寄生虫、天敌和自然灾害。繁衍难题在本质上更趋向于社会化,因此也就更加主要地与人格相关。巴斯(Buss,1991b)列出八类繁衍难题。

(1)成功的同性竞争:个体必须战胜竞争者以获取理想的异性成员,从而保证繁衍发生的可能性。

(2)择偶:个体必须选择那些拥有最大繁衍价值的配偶,最大可能地将自己的基因传递给下一代。

(3)成功受孕:个体必须参与必要的社会行为和性行为,确保配偶受孕或者自己成为受孕者。

(4)性关系保持:个体必须保留配偶,并防止同性竞争者的侵占和配偶的背叛或遗弃。该难题对追求"长期交配策略"的物种和个体来说更加严重,对追求巴斯(Buss,1991b,p.465)所说的"短暂、伺机交配策略"的物种和个体来说,则不存在该难题。

(5)互惠配对联盟的形成:个体必须通过一定程度的合作和互惠而与配偶发展关系。

(6)联盟的建设和保持:个体必须同那些与自我利益一致的个体合作,以建设能够与其他团体成功竞争的联盟。

(7)亲代的关怀和社会化:个体必须从事确保自己后代成功生存和繁衍的行为。

(8)亲代外的亲属投资(extraparental kin investment):个体必须牺牲自身利益以促进非直系亲属的生存和繁衍。亲属的成功繁衍很重要,因为他们与个体具有部分相同的基因。

人类如何解决这些难题?通过发展内部机制,我们制定旨在最终保证我们成功生存和繁衍的目标导向战略和策略。然而,我们必须记住,在人类的行为和经验中,成功生存和繁衍的目标和意向并不是有意识的,甚至是无意识的。总体而言,进化已经设计了人类心智从而发展了能够产生目标导向行为的战略和策略,这些行为整体而言趋向于促进进化适应性环境中的包容性适应。举一个显而易见的例子,性活动比非性活动孕育更多的孩子。但人们不只是为了生育子女才进行性活动,尽管有时是这样。通常情况下,人们发生性活动是因为性活动令人愉快。进化将性活动塑造得令人愉快以致人们经常发生性活动,确保了后代最终被生育。这是一个很睿智的策略!在现代避孕措施出现以前,与其让人们自己决定是否要孩子,自私的基因已经暗中策划通过给人类提供如此令人愉快且几乎不可抗拒的活动而确保无论人们想不想要孩子,他们一定会生育孩子。

人类性活动的远端(进化)原因是基因复制,但参与性活动的近端(个体)原因是感觉愉悦。对人格心理学而言,远端原因和近端原因的区别对于理解人类进化的意义至关重要(Archer,1988;Wright,1994)。从近端原因解释行为则需借助决定个体行为产生的那些直接的环境、心理和认知机制。相对地,远端解释则考虑在根本上涉及进化和包容性适应的行为模式的重要性。部分近端原因或许是远端影响的衍生物,但远端因素对近端因素的影响是非常微妙和间接的,而且通常可以从广义上进行解释,例如那些适用于整体人性而不适用于任何个体具体行为的适应性。

近端原因和远端原因的区别对于理解男性和女性为了性繁衍而发展的不同战略和策略非常重要。大多数情况下,男性和女性在进化适应性环境中面对很多相同的选择压力。从进化的角度看,我们不期望在人类行为和经验的大多数领域中找到巨大的性别差异。然而,在男性和女性面临完全不同的选择压力和适应性挑战的任何领域,进化理论都会引导我们预测性别差异。在进化适应性环境中,就繁衍而言上述说法是十分正确的。这方面无可争议的事实是女性怀孕,而不是男性,怀孕大约需要 9 个月,孕期结束后孕妇产下婴儿并用母乳喂养。从进化角度来看,这些事实表明,当涉及性繁衍的相关活动(例如人类交配)时,男性和女性在平均水平上遵循着某些不同的策略,并表达着某些不同的目标。

交配/繁衍

从进化的角度来看,以繁衍后代为首要目的的男性和女性配偶会将基因传递给下一代。然而,男性和女性为实现这一目的的战略和策略在根本上是不同的。对于男性,让尽可能多的女性受孕是他的优势(从严格意义上讲,是男性基因的优势),因为这是他能够确保传递基因的主要方式。从理论上讲,一个男性具有数百个后代是可能的。男性比女性更可能滥交。此外,当孩子出生后,女性必须投入大量的时间和精力,而且只能拥有数量很有限的后代。当涉及性交时,"挑剔"是女性的优势(从严格意义上讲,是女性基因的优势),确保一个男性帮助她保护和养育后代,进而最大化地将自己的基因传递给下一代。

为了表明一个观点,在将交配中的这些性别差异应用到人类的进化时,我对它们的特性描述有所夸大。但该观点是极其微妙的,它需要在多重条件限制下才成立。第一,人类性交策略中性别差异的进化解释并不必然与该现象的文化和环境解释互相矛盾或对立,后者趋向于更加近端(而不是远端)的表达。阻止女性滥交的近端因素可以罗列一堆,例如,从大多数美国人都熟悉的文化的双重标准(年轻女性都应该自重,而年轻男性或许会自我放纵),到压制性的法律和仪式,再到限制女性寻找婚外的性满足。社会规范、价值观念、法律、制裁,以及其他不同文化习俗深刻地塑造了性行为。

第二,自然选择往往作用于行为背后的情感和动机机制,而不是行为本身。行为策略往往是人类欲望的表现。根据进化观点,与女性相比,男性通常在更大程度上想要与更多的异性伙伴发生性关系;男性可以更容易地运用心思与更多的女性性交。他们的性幻想指向滥交,即便他们的行为常常不是这样的。

　　第三，交配策略差异的进化心理学解释，就像文化解释一样，并不是对性行为性别差异的道德辩护或合理化。寻找行为模式的科学解释并不是为该模式寻找一个道德或法律上的正当理由。如果男性滥交的远端策略提高了男性在进化适应性环境中的包容性适应，我们依然需要决定这样的行为模式在今天是好的还是坏的，应该被提倡还是被制裁。指望在进化适应性环境中找到当今世界的道德指导，这若不是完全错误的，也是非常危险的。

　　第四，我们应该更加仔细地考虑交配策略中性别差异的进化逻辑性。当涉及生殖时，包括人类在内的大多数动物，在速度上表现出很大的性别差异——男性较快，女性较慢（Bailey，Gaulin，Agyei，& Gladue，1994）。这就意味着，任何男性的单个生育投资机会是相对短暂的，包括简单的交配。相反，任何女性的单个生育投资至少必须包括交配、怀孕和哺乳。这些都要花费很长的时间。在这么长的时间内，考虑到包容性适应，不利于女性与其他男性性交。她已经怀孕，而且必须耐心等待这个缓慢的过程逐步展开，以生育一个能够生长发育的后代（然后给予其某些照顾）。从理论上讲，男性配偶在此期间能够拥有更多的生育投资机会（交配），每一次性交都提供了复制其基因的可能性，进而提高了他的包容性适应。当然，女性的数量是有限的，大约是 1∶1 的性别比例。因此，男性生育效果受到女性的可得性和同性间获得女性的竞争的限制。换句话说，快速型性别（男性）受到源于缓慢型性别（女性）生育机会供应的限制。因此，男性必须为获得女性而竞争，女性则享受着在众多热切的男性中挑选的愉悦。按照这个逻辑，男性应该倾向于最大化后代的数量。这样，性活动就是达成该目标的手段，男性确实更可能滥交，或者至少有这样的意愿。

　　事实上，男性在许多记载中表现得更加滥交。在大多数社会中，与女性相比，男性会与更多的伙伴发生性关系，当比较男同性恋者和女同性恋者时，该差异更加显著（Bailey et al.，1994；Cunningham，1981）。毫无疑问，男性比女性渴望与更多的伙伴发生性行为。研究者询问男性和女性，他们希望一生中有多少性伙伴。在包括 52 个国家超过 16 000 人的大规模调查中，男性平均报告他们一生中想要 13 个性伙伴。相对地，女性则平均报告想要 2.5 个性伙伴（Schmitt et al.，2003）。换句话说，当被要求在心里设想完美的性世界时，男性想象的性伙伴大约是女性的 5 倍。

　　此外，男性在性伙伴选择中表现得更不挑剔。在一项研究中，研究者（Kenrick，1989）要求男大学生考虑潜在的性伙伴需要什么样的个人素质。在考虑发生性关系之前，除了身体吸引力方面，女性在要求性伙伴具有的特征方面往往比男性更挑剔。在许多情况下，男性报告他们愿意与一个不聪明或者让人厌恶的女性发生性关系，但是他们不会考虑和她约会。换句话说，与性生活相比，男性对约会有更严格的标准。

　　如果男性和女性已经演化到采取明显不同的生殖策略和战略，那么我们可以预期这些分歧将会在两性间引发很多冲突，进而导致愤怒和不安。从进化的角度看，我们可以预期男性在女性拒绝与其发生性关系（性拒绝行为）时表现得尤为愤怒和烦恼。相对地，女性在面对男性过分坚持的性活动（性侵犯行为）时体验到更多的愤怒和烦恼。巴斯（Buss，1989a）给大学生和新婚夫妇呈现一系列可能引起愤怒和烦恼的行为，而且要求他们评定自己的约会对象或配偶在过去的一年中是否有这样的行为。该研究结果支持性拒绝行为的进化预测（男性报告女性更经常如此），但是并不支持性侵犯行为的进化预测（女性报告的水平并不高于男性）。正如表 2.1 所示，研究中的受访者认同性伙伴可能诱发愤怒和烦恼的许多行为，但其中很多行为本身似乎与性关系并不相关。与男性的报告相比，女性更多地抱怨性伙伴的高傲、忽视和侮辱行为。相对地，男性报告他们的性伙伴有更高水平的喜怒无常和自恋。

　　除了进化形成的生殖策略的性别差异，男性和女性同样期待未来性伙伴的不同特性。进化理论认为，挑剔的女性应该喜欢与拥有高社会地位和更多物质资源的男性交配，因为这更可能提高她们的包容性适应。相对地，男性应该喜欢与更能生育的女性交配，因为她们更可能通过生育后代来传递男性的基因。因此，该观点认为，年长的男性（拥有更多必备资源）趋向于与年轻的女性（拥有更长的育龄）结婚。

表 2.1　什么会使浪漫关系中的男女感到不安

诱发不安的行为	男性	女性	p
高傲的	14%	8%	0.000
忽视的、拒绝的、不可靠的	16%	11%	0.000
不体贴的	23%	9%	0.000
滥用酒精、情绪抑制的	16%	13%	0.033
侮辱外表的	4%	2%	0.021
身体上自恋的	7%	14%	0.000
喜怒无常的	19%	30%	0.000
性拒绝的	6%	14%	0.000
占有的、忌妒的、依赖的	17%	19%	ns
虐待的	5%	6%	ns
不忠诚的	6%	7%	ns
用性眼光看他人的（sexualizes others）	12%	15%	ns
不整洁的	7%	5%	ns
性侵犯的	3%	2%	ns
自我中心的	21%	18%	ns
总计	12%	11%	ns

　　注：$N=528$。表中的数值是赞同各项目的人数百分比。例如，男性在"高傲的"这一项目上的数值 14% 意为，该研究中 14% 的个体表示其男性伴侣在过去一年中有过让自己感到不安的高傲行为。"p"是指差异源自偶然因素的概率。p 值小于 0.05 则被认为在统计上是显著的。"ns"是指男女之间的差异在统计上并不显著。

　　来源：Conflict between the Sexes：Strategic Interference and the Evocation of Anger and Upset，by D.M.Buss，1989，*Journal of Personality and Social Psychology*，*56*，740.

多项研究的数据与上述预测相一致（例如，Kenrick et al.，1995；Sprecher，Sullivan，& Hatfield，1994）。例如，有研究（Buss & Barnes，1986）调查了 92 对已婚夫妇和 100 名未婚大学生的配偶选择倾向。发现在选择配偶方面，男性主要关注女性的形体美（常与年轻相关），而女性主要关注男性的收入潜力。然而，有人可能会争论，当代美国社会中，大多数男性和女性在收入潜力上的不平等导致女性的这种择偶倾向。因此，女性选择配偶的务实态度可能既与要求最大化包容性适应的生物指令有很大关系，也与当前的各种文化限制和规范有很大关系。然而，有趣的是，研究者（Buss & Barnes，1986）在美国发现的差异同样存在于其他一些文化中。一项涉及 37 种不同文化的研究（Buss，1989b）发现，男性趋向于选择年轻、具有身体吸引力的配偶，而女性更偏爱有野心、勤奋特质和良好经济前景的年龄稍大的配偶。

达尔文理论的核心原则是，生物为了有限的繁殖资源而竞争。达尔文对动物王国存在的某些特征感兴趣，它们看起来不利于生存，但是通过给有机体提供竞争优势而有利于成功繁衍。精美的羽毛、沉重的牛角，以及许多物种的耀眼外观看起来是耗费生存资源的。然而，这些特征有利于成功交配，因此得以进化，尽管代价不小。当涉及人类时，进化理论预测男性和女性会使用截然不同的方法竞争繁殖资源。假设进化价值在于女性的青春和美丽，那么女性在吸引男性时就应该努力提升自己身体外形的吸引力来与其他女性竞争。假设进化价值在于男性的主导地位，那么男性在吸引女性时就应该通过显示社会主导地位，使用吹嘘自己成就和未来经济潜力的策略来与其他男性竞争。

为了验证这些假设，巴斯（Buss，1988）进行了一系列研究，以大学生和新婚夫妇为研究对象证实最吸引异性的共同策略。正如预测的那样，女性趋向于使用提升她们身体吸引力的策略，诸如"化妆""穿时髦的衣服""保持干净和整洁""佩戴首饰"这样的行为。相比而言，男性趋向于使用诸如"显示资源"和"吹嘘资源"的策略。男性比女性更可能显示丰厚的财产并吹嘘自己的成就。然而，研究中最值得注意的是，男性和女性一致地将可以获得生殖资源的行为策略视为最成功的策略。在男性和女性中都常见的，并被认为最有效的行为策略包括表现同情、善良、礼貌、助人为乐和幽默。一项相关研究（Jensen-Campbell，Graziano，& West，1995）发现，女性认为那些表现出亲社会倾向（善良、体贴、利他）的男性是有吸引力的和可取的。因此，不考虑已有的性别差异，男性和女性在他们用以吸引配偶的战略和策略上仍具有显著的相似性。

男性和女性共有的、吸引浪漫伴侣的动机策略可能是创造性表达。有些进化理论家认为，就像孔雀开屏的羽毛一样，人类创造性能力的表现可能有助于吸引配偶。尤其是具有创造性的那类人——例如艺术家和科学家——有时描述他们如何通过浪漫的憧憬或者与爱和性相关联的内在动力得到启发和灵感。在古希腊神话中，不朽的缪斯激发了歌手、说书人和艺术家的创新精神。在一组有趣的实验中，研究者发现大学生接受

刺激而想象浪漫的交配时,他们的创造力显著地提升了(Griskevicius,Cialdini,&
Kenrick,2006)。例如,与控制组学生完成的故事(想象与朋友进行一次不浪漫的互
动)相比,当被要求想象一个理想的配偶,并与他或她共度美妙下午的时候,大学生根据
标准故事线索而完成的故事被认为更具有创新性、更新颖、更迷人。男性和女性都存在
这样的效应。然而,如图 2.1 所示,一个特别有趣的性别差异出现了。无论是短期还是
长期浪漫关系,男性往往对设计出的刺激表现出较高水平的创造力,而女性仅对长期
的、忠诚的交配情景表现出较高水平的创造力。与进化心理学的预测相一致,对长期
的、忠诚的浪漫关系的展望在本研究中更吸引女性,并激发女性产生较高水平的创造
力。相对地,与短期交配相关的刺激并没有提高女性的创造力。男性则并不这样挑剔。
与进化预测相一致,男大学生对诱发短期交配机会和长期交配机会的刺激反应都表现
出创造性的增强。

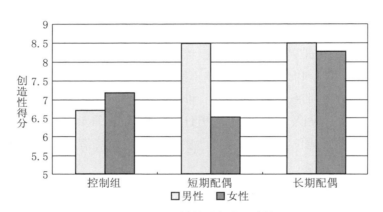

图 2.1 交配刺激引发的创造性

注:与控制组相比,面对诱发长期或短期浪漫关系的刺激时,男大学生都表现出更强的创造性
表达,而女大学生仅仅对那些诱发长期、忠诚的浪漫关系的刺激表现出更强的创造性表达。来源:
"Peacocks, Picasso, and Parental Investment: The Effects of Romantic Motives on Creativity," by V.
Griskevicius, R.B.Cialdini, and D.T.Kenrick, 2006, *Journal of Personality and Social Psychology*,
91, 70.

总之,进化理论认为,当男性和女性在进化适应性环境中面对那些选择压力根本
不同的领域时,整体水平的性别差异才会得以进化。因此,这些不同选择最有可能发
生的一个领域就是性生殖。男性和女性可能为了吸引和保持配偶而发展出不同的策略
和战略,这些差异可能以不同的期望模式为基础。赖特(Wright,1994)概括了这些源
于性别间竞争的差异。男性和女性已经在古老的两性战斗中建立不同的"军械库"(ar-
senals)。对于引诱、吸引、排斥、欺骗、维护和利用配偶,两者经过几千年选择的积累和
完善都拥有可控的强大武器。许多流行歌曲对此进行了很好的诠释:浪漫的爱情不
适合脆弱的心灵。尽管选择压力可能充当了人类交配模式中性别差异的远端起源,但

是许多导致这种差异的近端原因仍可以在文化规范、宗教和政治价值观,以及不同的社会形态中被观察到。此外,尽管交配策略中明显的性别差异已经被发现,但是研究表明在涉及交配时男性和女性仍旧具有很多共同点。例如,都看重诚实、同情心、善良、工作努力程度等特性,从而促使配偶更加忠诚。对男性和女性而言,包容性适应取决于可存活后代的成熟。如果一个男性有 10 个孩子但都没有存活(比如由于缺少资源),那么进化记分牌就会将他的包容性适应记录为零分。在所有社会中,人类男性和女性都要建立长期的关系纽带。与在进化适应性环境中一样,男性和女性如今在确保基因的传递者(下一代)能够生存、蓬勃发展和最终自我复制的过程中有着共同的既定利益。那么,即使在交配中,他们也拥有很多相似点,正如拥有许多不同点一样。

和睦相处还是出人头地?

　　无论是采集食物、交配竞争、养育后代,还是与敌人斗争,人类都在群居生活中得以进化。在大多数情况下,人的生活是社会生活。社会生活的需求塑造了人性。人格心理学家霍根(Robert Hogan)将有关人的进化理解与弗洛伊德的观点以及社会角色理论相融合,发展出一个更为广阔的人格理论。霍根称之为社会分析理论(socioanalytic theory)(Hogan,1982,1987;Hogan,Jones,& Cheek,1985;Jones,Couch,& Scott,1997)。社会分析理论主张,人类在生物学层面上倾向于生活在由不同的等级地位构成的社会群体中。群体生活为我们进化的祖先提供了合作活动的优势,例如对抗天敌。与此同时,在群体中拥有较高的地位会给个体带来明确的优势——优先选择食物、配偶、生活空间和其他任何值得拥有的物品,以及群体内的特权,最终促进成功的繁殖。因此,人类的本性要求人类寻求关注和地位,寻求被喜欢和变得强大。正如霍根等人所说的,"和睦相处与出人头地(getting along and getting ahead)是每个人在生活中必须解决的两大难题"(Hogan et al.,1985,p.178)。

专栏 2.B

部分女性(男性)比其他人更挑剔:社会性行为

　　自然选择给我们提出一个严峻的问题:我们如何最大化地将我们的基因传递给后代? 性繁殖的生物学给了我们两种不同的答案:对于男性,假定至少会有部分孕育的后代得以生存和成熟,进而生育孩子并将基因继续传递下去,那么最好的办法就是尽可能使更多的女性怀孕。对于女性,最好的办法就是谨慎地作出选择,选择能够提供可靠关怀和帮助的配偶,这样就可以最大限度地使女性有限的后代成长起来,并最终繁衍后代。自然选择赋予男性和女性的不同挑战或许有助于解释交配策略的一般性的性别差异,女性确实比男性更挑剔。但是我们都意识到,不管是在男性之间还是在女性之间,个体在性态度和性行为方面都有着很大的差异。例如,为什么部分女性比其他女性更挑剔?为什么并不是所有男性都试图引诱他们遇到的每一位女性?

在一系列极具争议的文章中,辛普森(Jeffry Simpson)和甘格斯塔德(Steven Gangestad)认为,考虑到包容性适应和人类进化,不挑剔是一部分女性的优势。同样地,一部分男性本能地采用挑剔的方式对待性关系(Gangestad,1989;Gangestad & Simpson,1990;Gangestad,Simpson,DiGeronimo,& Biek,1992;Simpson & Gangestad,1991,1992;Simpson,Gangestad,& Biek,1993)。辛普森和甘格斯塔德企图为社会性行为(sociosexuality)的差异提供一个进化的解释。在连续体的一端,在与浪漫伴侣发生性关系之前,表现出受限的社会性行为的个体将会在关系中坚持承诺和亲密。就像挑剔的典型女性那样,伴有受限的社会性行为的男性和女性在对性关系感到舒适之前,都会要求情感亲密。他们几乎没有性伙伴,但是他们的性关系往往可以保持很长一段时间。在连续体的另一端,表现出非受限的社会性行为的个体则趋向于对不需要承诺或亲密的性行为感到舒适。就像典型的支配型男性一样,伴有非受限的社会性行为的男性和女性都拥有几个不同的性伙伴,每段性关系都只会保持较短的时间。

为了评估社会性行为的个体差异,研究者(Simpson & Gangestad,1991)编制了一种问卷,要求受访者(通常是大学生)报告最近 6 个月发生性关系的频率、一生中性伙伴的数量、过去一年中性伙伴的数量、期望的性伙伴的数量、预测未来 5 年内性伙伴的数量、"一夜情"的频率、性幻想的频率,以及与不是性伙伴的人发生性关系的频率。该研究表明,得分处于量表上非受限性行为一端的大学生趋向于:(a)在关系的较早阶段发生性行为;(b)在特定时间内与多人发生性行为;(c)喜欢特别有吸引力和社会声望的性伙伴;(d)形成一些较少需要投入、承诺、爱情和依赖的性关系(Simpson & Gangestad,1991)。此外,男性的非受限社会性行为与自恋倾向(Reise & Wright,1996)和对女性的歧视态度(Walker,Tokar,& Fischer,2000)相关联。

辛普森和甘格斯塔德认为,对于特定男性和女性,自然选择可能同时青睐受限的社会性行为和非受限的社会性行为。虽然非受限的社会性行为对部分支配型男性的优势很容易被理解,但可以肯定的是并不是每个人都是唐璜(Don Juan,传说中过着浪荡生活的西班牙贵族)。值得注意的是,我们身边的女性资源并不充足,在达尔文描述的赤裸裸的不平等世界中,拥有支配地位的男性将会吸引更多的配偶,留给许多无支配地位的男性的选择就会更少。然而,通过展现可靠特质以及在关系中投资的意愿,这些无支配地位的男性的竞争力可能得以提高(Simpson,Gangestad,

Christensen，& Leek，1999）。因此，"进化史中那些为配偶和后代投入大量资源的男性应该渴求在性关系上排他的长期伙伴，正如坚定的忠诚和承诺所揭示的那样"（Simpson & Gangestad，1992，p.34）。受限的社会性行为可以被证明对部分男性是具有适应性的，使其尤为吸引那些强烈关注关系投入的特定女性。

对许多女性而言，受限的社会性行为的优势是非常清晰的。挑剔的女性通过选择最为可靠的配偶而提高她们的包容性适应。正如先前研究所表述的那样，她或许确实会与一个社会性取向同样是受限的配偶"成家"。但是，辛普森和甘格斯塔德指出，男性需要给女性提供比关系投入更多的东西。男性同样可以提供"好基因"。对女性而言，相对非受限的社会性关系更能够促使她们与最具吸引力和统治地位的男性交配。尽管从长远来看有些最具吸引力的男性可能被证明并不是可靠的配偶，但是他们仍旧提供倾向于支配和吸引的基因资质。如果远端（进化）目标是通过后代传递自己的基因，那么与具有吸引力和统治地位的男性交配的非受限女性享受潜在的优势，即可以看到那些吸引力和支配性特质在自己后代身上得到复制。这些后代一旦存活并长大成熟，他们自身就会在交配市场上具有优势。这一点应该在男性后代身上尤为明显，辛普森和甘格斯塔德称之为"性感的儿子"。如果一个女性的儿子长大之后具有非凡的吸引力和统治地位，那么他就处于能与更多不同女性交配的相对有利的位置，因而潜在地将自己（和母亲）的基因传递给下一代。

如果上述推理是正确的，那么表现出非受限社会性行为的女性就应该通过生育儿子达到最大化的基因适应，因为"性感的儿子"有可能比最多产（和最具吸引力）的女儿产生更多的后代。因此，人们将会预测，自然选择应该安排非受限女性比受限女性生育更多的儿子。辛普森和甘格斯塔德为这一假设提供了一些有限却诱人的支持，并基于金西（Alfred Kinsey）从 20 世纪 40 年代至 50 年代收集的数据绘制了美国人的性态度和性行为的图表（Gangestad，1989；Gangestad & Simpson，1990）。以报告的婚前性伙伴的数量为女性社会性行为的粗略指标，辛普森和甘格斯塔德发现，婚前性伙伴的数量与生育男孩倾向之间存在中等程度的相关。与那些处在分布图底端的女性（婚前性伙伴的数量最少）生育男孩的概率（50%）相比，在社会性行为上得分处于前 5% 的女性（婚前性伙伴的数量最多）生育男孩的概率接近 60%。

研究者认为，"非受限和受限的女性策略在我们进化的历史中或许都是潜在可行的，受限策略提高了亲代的投资，非受限策略则提高了使男性后代存活的生殖能力"（Gangestad & Simpson，1990，p.81）。辛普森等人的研究表明，人性允许在繁衍策略上存在有进化基础的个体差异。这些差异可能与在特定环境状况和选择压力下特别具有适应性的人格特质（例如支配、抚养和可靠性）相关。

　　霍根认为,这两个难题总是在仪式化的社会互动背景下被处理和解决。正如社会学家米德(Mead,1934)和戈夫曼(Goffman, 1959)所主张的,社会行为就像一个精心设计的游戏,被规则和公约限制,被编入角色和日程,被我们中最熟练的游戏玩家掌控。霍根认为,这种情况在进化适应性环境中是真实存在的,今天的情形也一样。这也适用于生活中最不正式(早上喝咖啡)和最正式(总统就职)的方面,以及最琐碎(走廊上路过的陌生人)和最具个人意义(求婚)的社会交往。就像舞台上的演员,他们必须按照剧本扮演好自己的角色,这样才能够得到"观众"的认同和奖励。当然,在社会舞台上,所谓的观众也是演员。那些在特定社会中最成功的人——最受欢迎和最有权力的人——知道如何以及在何时发挥最有效的作用,运用最适当的社会礼仪。他们能够很好地表现自己,给他人留下积极和深刻的印象。这并不是将社会行为琐碎化,也不是表明人们天生就是虚伪的。相反,角色扮演和印象管理对所有人来说都是无意识的、重要的、遗传性的倾向。霍根等人写道:

> 　　自我展示(self-presentation)和印象管理(impression management)并不是琐碎的派对游戏。它们是基本的过程,根植于我们作为群居动物的历史中。它们是古老的、强大的、强迫性的倾向,与我们生存和成功繁衍后代的机会紧密相关。(Hogan et al.,1985,p.181)

　　此外,角色扮演(role playing)和印象管理是我们将自己定义为社会人的主要机制。生命远端的进化目标是生育后代,从而使个体的基因能够传递给下一代。然而,为了达到这一目标,个体必须首先找到并扮演某一角色,即社群中某个职位应具有的公认的社会身份。一旦找到这样的身份,个体就必须使用角色扮演和印象管理去维持这一身份。

　　霍根认为,个体自我展示行为的预期观众会随着时间发生变化。童年时代,家庭成员(尤其是父母)是最重要的观众。我们向他们表现自我的方式构成了我们的性格结构(character structure)。成年以后,观众拓展到我们的同事、朋友、同行、孩子甚至整个社会。我们向这个更大的观众群体表现自我的独特方式变成我们的角色结构(role structure)。但是,早期的性格结构并没有消失,相反,霍根认为它变成社会交往中的无意识规则继续存在。成年时期的身份冲突可能会激起无意识性格结构与角色结构间的冲突,例如当一个普通工薪阶层的男孩进入成人社会的专业精英阶层时,他可能会发现自己很难适应精英的角色结构,因其与自己童年时的小聪明,以及随意、粗放的姿态是互相矛盾的。

　　总之,进化塑造人的思维以适应进化适应性环境中的群体生活。虽然你(很可能)并没有在一个狩猎和采集的游牧社会中长大,但由于人类祖先如此生活了数千年,人性中已具有这种属性。在进化适应性环境中,如同今日,和睦相处还是出人头地是社会生活中占主导地位的事情。这两个领域的失败可能会导致生存和繁衍的严重后果。正如在进化适应性环境中一样,我们首先在家庭中学习如何和睦相处或者出人头地。根据社会分析理论,这些早期经验塑造一个人的性格结构,进而影响个体的人格发展和以后的生活。家庭之外,我们在同龄人和更大的社会团体中学习和睦相处或者出人头地,进而影响角色结构的发展。因此,我们至少可以从个人性格和社会角色这两个层面理解社会生活。虽然我们的性格结构可能告诉我们特定情境下的一种情况,但是我们的角色结构可能要求另一种情况。无论你谈及进化适应性环境还是昨天的事情,社会生活中许多具有挑战性的难题,源于我们在家庭、同行以及更广阔世界中的和睦相处与出人头地。

伤害、帮助和依恋:人性的三个方面

当我对人性产生疑问时,我发现自己的想法常常受到报纸和网站头条的影响。当头条是触目惊心的战争和谋杀时,我可能会对世间的黑暗面感到担心。我们最终会杀死自己吗?攻击势力会压倒人类的理智和善良吗?但正当这一切看起来极其无望时,我可能又碰巧看到一些极为勇敢和仁慈的故事。一个医生放弃了很好的事业,去非洲村庄与艾滋病作斗争。一位母亲牺牲了自己的生命来拯救她的孩子。伤害、帮助和依恋的故事在当代社会中最为引人注目,我猜想这些故事在进化适应性环境中一样受到关注。这些故事描述了人性的三个不同方面,它们是人格心理学最感兴趣的三个话题:人类攻击、利他主义和依恋。对人类进化的认识会在这三个方面教给我们些什么呢?

侵略/攻击

古希腊人留给我们最古老的史诗故事就是一个关于战争的故事。从公元前 8 世纪开始,荷马(Homer)以阿喀琉斯(Achilles)的愤怒撰写《伊利亚特》(*Iliad*):

> 女神啊,请歌唱佩琉斯之子阿喀琉斯的
>
> 致命的愤怒,那一怒给阿开奥斯人带来
>
> 无数的苦难,把战士的许多健壮英魂
>
> 送往冥府,使他们的尸体成为野狗
>
> 和各种飞禽的肉食,从阿特柔斯之子、
>
> 人民的国王同神样的阿喀琉斯最初在争吵中
>
> 分离时开始吧,就这样实现了宙斯的意愿。
>
> 是哪位天神使他们两人争执起来?①

(Fagles,1990,p.77)

---

① 译文来源:罗念生.罗念生全集(第五卷)·荷马史诗(伊利亚特).上海:上海人民出版社,2004.

　　荷马想要知道是什么促使特洛伊战争的主角们如此愤怒地开始争斗,他认为是神。但是,今天我们可以推测,战争中促使人们争斗的大部分原因是直接的侮辱、挫折和剥夺。同时,我们可以推测人类进化的远端遗产,进化适应性环境中野蛮攻击的适应性功能。鉴于人类不同文化和不同历史时期战争的普遍性,鉴于进化适应性环境中化石证据表明有组织的群体杀戮是非常普遍的社会现象,我们很容易得出这样的结论:战争是人类尤其是男性基于天性的自然选择,是人类进化的副产品。这并不是表明战争是好的或是必然的,似乎只有人类倾向于从事这样的活动,而且通常产生致命的后果。根据进化论,E.O.威尔逊(E.O.Wilson,1978)推测战争通常源于社会群体中奉行的错综复杂且强大的领土禁忌结构的崩塌。作为人类社会性的产物,领土性是通过个体与亲属、同胞和具有相同思想信仰的人的亲属关系和亲密感得以强化的。许多战争背后的主要力量是种族中心主义——人类将自己与所属的团体相关联且非常不信任非自己所属团体的倾向。在战争中,国家、州、部落和其他社会团体的统帅组织并推进攻击行为,从而保护或扩大他们各自的地理、文化、种族或意识形态的地盘。

　　人类战争是人类攻击性最致命和最引人注目的表现形式。我们通过阅读得知的,在电视上看到的,以及现实生活中目睹的大量人类暴力和残酷的事件,都属于攻击的范畴。例如,美国涉入的两场战争(一场在伊拉克,一场在阿富汗)中,每天都有死亡和破坏。伊拉克当地时间 2021 年 1 月 21 日上午,两名自杀式爆炸袭击者在巴格达市区的航空广场附近引爆了炸弹,夺走了大量民众的生命。第二个炸弹袭击者设置了定时爆炸,杀死冲进第一次爆炸现场试图抢救伤者的人。E.O.威尔逊(E.O.Wilson,1978)写道,我们人类就本性而言是一个有中等程度攻击性的种族,该主张给我以保守陈述的印象。被间接编码到人类基因中的本能攻击倾向很可能已经被证明在人类进化的长期历程中具有适应性,它促使更具攻击性的个体生存更长时间,成功生育更多后代。然而,E.O.威尔逊主张人类攻击性是极其灵活的和具有可塑性的,它受制于社会、学习、背景等因素,也由这些因素提供机会。

　　在整个动物王国中,种族攻击往往都是仪式化的,仅仅是威胁而不是真正的战斗。当战斗爆发时,它往往本能地受到抑制机制的指导,该机制阻止殊死争斗和严重的损伤。例如,在战斗中失败的狗可能会将其未受保护的脖子呈现在获胜的狗的嘴边,或是滚倒在地而暴露它脆弱的腹部(Lorenz,1969)。这样的示弱姿势标志着战斗的结束和胜利者的主导地位。有些观察者认为,这种仪式化的争斗和模拟攻击是为在某些高级动物的团体中建立稳定的优势等级服务的。反过来,在特定的群体栖息地中优势等级可能促进更有效的资源和空间使用(Wynne-Edwards,1963/1978)。通过建立和肯定群体中领导和被领导成员的地位,本能的仪式化攻击可能有助于减少实际的种族内部的暴力冲突。

　　尽管动物王国中这种温和攻击的观点有一些优点,但是鬣狗、狮子、猴子、黑猩猩和其他物种的研究描绘出一幅种内暴力的图景。致命争斗、自相残杀和群体战争也存在于非人类的物种中。最为可怕的例子之一就是印度猴、哈努曼叶猴（Hanuman langurs）的竞争杀婴行为（Konner，1983）。叶猴的社会群体包括拥有后代的雌性叶猴和附属于该群体 1 年或 1 年以上的少量雄性叶猴。有时，新的雄性叶猴出现在群体中，赶走年老的雄性叶猴并取代它们的位置。在几天之内，它们会杀死所有 6 个月以下的幼小叶猴，然后使幼猴的母亲重新怀孕。我们可以从包容性适应方面来解释这样的暴行。通过扼杀竞争基因的拥有者（先前的雄性叶猴养育的后代）和产生新的后代，新的雄性叶猴便将自己基因传递下去的机会最大化了。杀婴行为对人类社会而言并不是完全不存在的（参见 Bakan，1971），但是我们很难找到如叶猴那样怪诞的实例。尽管如此，令人害怕的人类暴力的生动例子比比皆是。康纳（Konner，1983）认为，挑选出最具攻击性的人类社会是证明人类天生具有攻击性这一观点最为容易的方法。他坚持认为，更具启示性和更有意思的是研究暴力最少的社会。一个典型的例子就是马来西亚的 Semai，一个被描述为社会和平与安宁之典范的非常简单的社会。有研究者（Dentan，1968）报告，20 世纪 50 年代以前，Semai 人对战争、谋杀和暴力一无所知，社会中几乎不存在任何形式的工具性攻击和敌意性攻击。然而，当英国在当地招募军人去平定该地区的战争时，一切都发生了改变。温和的 Semai 人最初被高工资和漂亮衣服诱惑入伍，随后被证明是令人惊叹的战士：

> 　　许多了解 Semai 人的人都坚持认为这种不好战的人不可能变成优秀的战士，但他们错了。一旦走出非暴力社会并被命令去杀戮，他们就好像产生了一种被称为"血醉"（blood drunkenness）的精神错乱。一个典型的老兵故事这样展开："我们杀戮、杀戮、杀戮。人们会停下来将别人的手表和钱从口袋里取出。我们只想着杀人。哇，我们真的沉醉于血液。"有个人甚至说他喝了所杀之人的血。（Konner，1983，p.205）

　　尽管仅凭一个案例研究并不能证明任何一般化的情况，但 Semai 的例子是具有煽动性的，且能够支持部分关于人性的不同见解。那些透过黑色眼镜看人类本性的人趋向于将 Semai 人的攻击行为看作环境学习中本能潜质的戏剧性胜利。即使这些最为温和的人——出生就接受远离暴力的训练——也是有能力在战争中表现出令人惊奇的残暴行为的。而同时，那些喜欢用学习和文化影响这类术语来解释人类攻击性的人们可以说，初出茅庐的 Semai 人仅仅是以骇人的热情遵守了外来文化强加给他们的战争标准。Semai 人在战争之后最终回到和平的生活方式中，而且许多人似乎对他们在战争中的异端行为感到困惑，这或许证明文化控制攻击的力量。但它仍旧留给我们疑惑：一个被训练生活在和平环境中的人怎么会突然转变成嗜血的战士？

　　无论我们认为人类种族是否具有强烈的攻击性，有一个经验事实在所有人类文化中都很明显：男性比女性更具攻击性。一直以来，主要是男性而不是女性走向战场，男性在战争中歼灭男性。在战争之外,谋杀和严重袭击的案件中,男性凶手的数量远远超过女性——在所有文化的研究中都是这样的。选取芝加哥 1965 年到 1980 年发生的凶杀案作为样本,86% 的罪犯是男性(Daly & Wilson,1988)。当然,80% 的受害者也是男性。将攻击行为的范围扩展至诸如搏斗甚至野蛮比赛这类身体暴力行为,男性明显比女性表现出更高水平的攻击行为。攻击行为稳定的性别差异早在学前班就有所表现。

　　为什么男性那么具有攻击性? 对此已经存在多种解释。男性身体更强壮,因此能够发挥出更大的力量。父母可能会奖励,至少不会惩罚男孩身上表现出比女孩更强的攻击性。社会倾向于鼓励男性更具攻击性,并倾向于阻止女性身上的攻击性表达。进化学家补充,人类男性的攻击性从根本上源于种族内竞争(Trivers,1972)。在许多物种中,包括人类,男性为了获得与女性交配的机会而竞争。在一个物种中,由于雌性在性活动中需要很大的投资(例如,怀孕、哺乳、抚养),因此雌性通常都是挑剔的,而雄性发现对每一个体而言并没有足够的交配机会。争夺雌性的竞争可能较为容易地变成暴力。对这些物种而言,这种选择压力可能最终导致攻击行为和其他旨在获得交配机会的冒险行为。在有些物种中,少部分最具攻击性的雄性得到最多的交配机会。例如,在北加利福尼亚海岸,5% 的雄性象海豹在繁殖季节生育了所有后代中的 85%(Le Boeuf & Reiter,1988)。不仅雄性象海豹特别具有攻击性,而且该物种中的雄性身体平均而言比雌性身体大 4 倍,这表明进化更青睐体格较大(也更强壮)的雄性,让它们在激烈的配偶竞争中获得成功。在人类世界中,男性身体在平均水平上比女性大 12% 左右。

　　将男性中的同性竞争与男性表现出的许多不同形式的攻击行为(从战争到职业足球比赛)直接联系在一起比较困难。许多不同形式的身体攻击和暴力根本上与男性在进化适应性环境中为了接近女性的竞争相关,这样说有道理吗? 这看起来是一种曲解。然而,好莱坞电影和部分经典故事一遍又一遍地告诉我们,将男性暴力与女性情欲(战争与欲望)结合在一起,这并不是一种巧合。荷马用诗叙述,战争因美丽的海伦遭到抢夺而被点燃。纵观历史,战争的胜利者享受他们获胜带来的战利品,包括被杀者的女儿和妻子。此外,无论是角斗士、单身人士还是体育明星,富于攻击性的年轻男性——英俊、有激情和勇敢——经常被描述为性感的象征。例如,电影《特洛伊》(*Troy*)或者《搏击俱乐部》(*Fight Club*)的主演皮特(Brad Pitt)。不难发现,最具性吸引力的男性在攻击的竞争性炫耀中也是胜利者。

利他主义

　　2007 年 1 月 3 日,纽约市电影专业的一名学生霍洛佩特(Cameron Hollopeter)突然癫痫发作并倒在 137 号大街地铁站的轨道上。50 岁的哈林区(Harlem)建筑工人奥特里(Wesley Autrey)目睹了这个陌生人突然摔倒在轨道上,他将自己 4 岁和 6 岁的年幼女儿留在站台上，试图去救霍洛佩特。奥特里最开始想把霍洛佩特拉回站台，但是这个年轻人太重了，同时由于癫痫发作，他在剧烈地抽搐。当即将到来的列车的灯光在隧道中出现时，奥特里将霍洛佩特推离第三活动铁轨，并把他推进轨道下的一个肮脏的排水槽中。然后，奥特里将自己的身体压在霍洛佩特身上，同时尽力地向下压，使这个年轻人的身体不乱动，疾驰的列车驶过他们时，只剩下两英寸的间隙。奥特里后来向记者展示其羊毛帽上的大块油渍，而它来自那辆列车的底架。

在目睹奥特里的壮举时，地铁乘客感到非常震惊。同时，那些知道地铁英雄怎样救助学生生命的数百万报纸和网络新闻读者及电视观众也都感到很震惊。感谢信、感谢金和电视采访从世界各地涌向奥特里。霍洛佩特所在的学院表示，当奥特里的两个女儿长大后，将会给她们提供全额奖学金。在《大卫深夜秀》(*Late Show with David Letterman*)和多个网络新闻采访中，奥特里再次轻描淡写他的努力。"我只不过是尝试去做正确的事，"他说，"我并不是要成为英雄，而只是正好在那里，并帮助了身边的一个人，这就是我所做的事情。"但大多数人并不是这么认为的。霍洛佩特所在的电影学院主任说："全世界的人都被这种无私、英勇的行为打动。在这充满邪恶的世界里，它给人以希望。"(Hampson，2007，p.1)

如果自然选择促使人性倾向于攻击，那么我们如何解释地铁英雄的行为？我们如何理解在我们人类身上可以看到的许多不同的案例呢？在这些案例中，有人表现出同情和关爱，作出令人惊叹的利他行为，甚至有时为了他人利益而牺牲自己的生命。一种可能的解释就是，人类攻击性和人类利他性是同一枚硬币的两面。它们都来源于进化适应性环境中人类生活的基本特征：我们演化得要在群体中生活。群体生活到处是竞争与合作——出人头地，但也要和睦相处。像许多灵长类动物一样，人类社会也是有层级结构的(deWaal，1996)。群体成员用手段来图谋位置或地位，而且那些通过竞争处于高层级的个体有权力命令那些不具有攻击性和能力的个体。"支配他人行为的欲求是一个永恒和普遍的属性，它应该与性驱力、母性本能、生存意志一样，是我们生物遗产的一部分。"(deWaal，1996，p.98)尤其在男性中间，攻击行为是谋求社会统治地位的强大工具。但是，统治阶层也会为了群体中合作、分享和社会支持的建立而创造一种必要的稳定秩序。"没有对等级的协定和对权威的特定尊重，就没有社会规则的敏感性。"(deWaal，1996，p.92)"尽管层级结构是以竞争为基础的，但它也是合作与社会互动的有效工具。"(deWaal，1996，p.123)

人类已经同时发展出攻击性和利他性，因为两者被证明在进化适应性环境中有利于适应群体生活(deWaal，1996；McAndrew，2002；E. O. Wilson，1978)。事实上，缺少两者的群体生活会是无法想象的：在某种程度上，优势等级是通过个体的攻击行为建立的，这种攻击倾向通过最终建立公共活动所需的社会稳定性和结构，间接地支持了合作、关怀和利他行为。当然，攻击性同样能够把社会弄得混乱不堪，因此自然机制必须

55

进化,而且文化规范必须建立以保证反社会的攻击行为或多或少得到控制。因为我们在本质上是一个优秀的社会物种,所以人类已经进化到"道德动物"的程度(Wright,1994)。"总的来说,人类社会是道德社会,对我们来说,道德中立是不可能存在的,正如一个完全孤立的个体不可能存在一样。"(deWaal,1996,p.10)

　　人类道德的起源可以追溯到更新世时期群体生活的三个条件(deWaal,1996)。第一个条件是群体价值:个体依靠群体寻找食物并保护自己不受天敌和食肉动物的伤害。第二个条件是互助:个体在群体活动中与他人合作、互惠。第三个条件是内部冲突:个体成员有彼此不同的利益,因此会为了资源、地位和其他东西与他人竞争。鉴于这三个条件,群体内部冲突需要通过平衡个体与群体的利益来解决(deWaal,1996)。这种冲突化解模式可以在社会结构的二元水平和更高水平上实现。在二元水平上,个体参与一对一的社会互动,例如直接的互惠援助与争斗之后的和解。在更高水平上,社会群体对个体间良好关系的关注表现为:对冲突的和平仲裁、对群体中利他行为的赞赏,以及对为整体社会环境质量作出贡献者的群体鼓励。

　　什么样的人性特征促使人类有效地生活在群体中并有助于人类道德雏形的形成?德瓦尔(deWaal,1996)列举了人类朝向同情、互惠、制定规则以及追求和平的内在生物性倾向(见表2.2)。和许多灵长类动物一样,人类在本质上趋向于与他人形成亲密关系并共享情感经历。此外,我们被赋予了换位思考的能力,这使得我们能够对另一个人的主观经验感同身受,从而有力地促进了利他行为的产生(Hoffman,1981)。人类思维

表 2.2　人类道德和利他主义的起源

与同情相关的倾向
人与人之间的情感联结
对残疾者和受伤者的特别对待和习得性调节(learned adjustment)
认知上的共情:从他人的观点看待这个世界的能力
与规范相关的特征
发展社会规则的倾向
内化规则和预期奖赏和惩罚的倾向
互惠
给予、交易和报复的概念
对违反互惠规则者的道德性攻击
和睦相处
调解与避免冲突
通过协商调和互相冲突的利益
社会关怀和对维持良好关系的渴望

来源:*Good Natured：The Origins of Right and Wrong in Humans and Other Animals*,by F. deWaal,1996,Cambridge,MA：Harvard University Press.

固有的给予、交易和报复等概念,说明人类对社会生活中的公平问题特别敏感(deWaal,1996)。事实上,当公平的规则被破坏后,我们可能自然而然地感觉到一种对道德性攻击的强烈渴望,这也揭示了帮助与伤害之间深刻而又复杂的关系。同时,灵长类动物和人类群体会根据旨在使各种破坏组织和谐的冲突最小化的原则和实践行事。如果社会性动物自己要生存下来并将其基因传递给下一代,那么它们就需要稳定的群体结构。

　　具有血缘关系的动物之间会共享部分基因,因此部分物种易于作出有益于自身亲属(主要是父母、子女、兄弟姐妹和孙辈)的助人行为。通过亲缘选择(kin selection),父母可能牺牲自己的利益而使其孩子获益,进而提高通过子女将自身基因传递给子孙后代的可能性。兄弟姐妹倾向于相互帮助,促进兄弟姐妹中某个人成功生存和繁衍后代就是提高与兄弟姐妹共享的基因传递下去的概率。总体而言,血缘关系越亲近,出现利他行为的可能性就越大(Barrett, Dunbar, & Lycett, 2002)。因此,从生物学角度来讲,与表兄弟姐妹、叔叔或阿姨相比,我们更倾向于去帮助自己的孩子、亲兄弟姐妹。总体而言,基于亲缘选择的利他行为常发生于:(a)近亲个体而不是远亲个体间;(b)生活在联系紧密且地理上受限的社会中的个体间,他们可能共享亲属关系;(c)有能力识别出亲属并能够将亲属与非亲属区分开来的物种。如果互助能够产生有利于双方的选择性优势,那么甚至生物学上不相关的同物种成员也可能被激发而互相帮助(Trivers,1971)。由于这样的交易最终提高了自身的繁衍成功率,因此特定物种的个体间可能本能地倾向于进行隐形交易(implicit bargains)。例如,人们熟知的恒河猴、狒狒和类人猿都以互助为基础建立联盟,而黑猩猩、长臂猿、非洲野狗和狼相互向对方祈求食物(Wilson,1978)。这样的互惠利他主义(reciprocal altruism)在下列情况中更容易出现:(a)互助的低风险;(b)互助的高收益;(c)未来极有可能出现相反的情况。因此,从进化观点来看,利他行为也极有可能出现在:(a)近亲个体之间(亲缘选择);(b)成本收益对于助人者最终有利的时候(互惠利他主义)。E.O.威尔逊(E.O.Wilson,1978)认为,在人类中这两种形式都存在,但是对人类社会的生存和成功而言第二种更加重要,因为它具有很大的灵活性,而且能够在完全不相关的个体间产生强烈的情感联结。人类各种各样的互助行为有很多原因,但是 E.O.威尔逊认为,大多数助人行为的动力来自一个内隐期望,即自己将会在某一天得到回报。这一内隐期望激发我们有时会为了他人的利益而放弃自身的利益。

　　在社会性动物中,对利他行为的奖励可能会很多。例如,帮助他人可以提高个人在群体中的声望,促进自身和睦相处和出人头地的内隐努力。研究者(Hardy & Van Vugt,2006)开展三个实验以探讨高中生和大学生利他行为与群体地位之间的关系。结果发现,当被试的贡献是公共的且能够被群体其他成员知道时,他们有更多的利他行为。最具利他行为的学生通常在群体中享有最高地位,同时也是合作互动伙伴的首选。

此外，当利他行为的成本增加时，群体中的地位回报也会相应增加。在合作与互助具有很大价值的特定群体背景中，互惠利他行为能够逐渐变为行善者之间的竞争。研究者(Hardy & Van Vugt，2006，p.1402)为某些"好人拿第一"的情况提供了很好的进化解释。

依恋

人类婴儿在生命的第一年会"爱上"他们的母亲和其他看顾者，这是一个普遍的事实。在所有已知的人类文化中，婴儿在第一次过生日时，都已经与他们的看顾者建立起亲情关系。对于这一规则，特别罕见的例外可能是极度残疾的孩子(例如，脑部严重损伤)和患有自闭症的孩子。婴儿与看顾者之间在人类生命的第一年应该且将会(should and will)发展出爱的联结，这是人性的重要特征，就如婴儿生下来就有两只眼睛，儿童用两条腿走路，逐渐学会说话，或者进入青春期后就产生性欲一样。偕同人类视觉、直立姿势、语言和性欲，儿童和看顾者之间爱的联结在更新世时期或更早时期就已经进化为人性的一部分，用以解决我们祖先在群体生活及狩猎采集中面对的适应性难题。该联结怎样发挥作用？它是如何发展的？同时它又能解决什么问题？

当今最有影响的心理学理论之一就是鲍尔比(John Bowlby)和安斯沃思(Mary Ainsworth)提出的依恋理论。在经典三卷本著作《依恋和缺失》(*Attachment and Loss*)(Bowlby，1969，1973，1980)和最后一本书《安全基地》(*A Secure Base*)(Bowlby，1988)中，鲍尔比系统阐述了一个关于人类生活中情感联结动力的伟大理论。该理论用自然选择的严肃语言表达了人类之爱的崇高经验，同时也表明了人与人之间的依恋如何被证明在人类进化的漫长历程中极具适应性。安斯沃思开创了对依恋情结中个体差异的评估和理解，表明看顾者与婴儿早期互动的质量如何对人格产生长期的影响(Ainsworth，1967，1969，1989；Ainsworth，Blehar，Waters，& Wall，1978；Ainsworth & Bowlby，1991)。近些年，依恋理论也产生了很多聚焦于婴儿和儿童的研究。该理论也已经被有效地扩展以理解成人间的依恋(Mikulincer & Shaver，2007)，正如第8章讲到的那样。

几乎没有任何其他的人类经验像我们对孩子的爱那样使人感到"自然"。看顾者(母亲、父亲或者照顾孩子的其他人)和婴儿间的依恋联结在婴儿生命的第一年里有一系列明确的发展阶段。它始于新生儿对社会刺激既模糊又无区分性的定向，接着通过提高社会性这一阶段继续发展(其间，2～7个月的婴儿会微笑并向人们表现出多种多样的依恋行为)，最后以婴儿与少数被明确区分和偏爱的看顾者之间形成情感联结而告终。尽管存在许多文化上的差异，但是在所有已知的人类社会中，看顾者与婴儿的依恋联结都是以大致相同的方式发展的(Bowlby，1969；Konner，1983)。依恋经验可能是很自然的，因为它确实是人性中不可或缺的一部分。

在行为方面,依恋是指寻求和维持与另一个人的亲近。看顾者和婴儿寻求身体上的彼此亲近,并进行温柔的身体接触。动物行为学家对灵长类动物(例如猿和恒河猴)的依恋行为进行了定期观察。这些行为模式通常被认为具有牢固的本能基础。例如,在生命最初的几周内,新生的恒河猴一直与母亲保持接触,花费几乎所有的时间用它们的手、脚和嘴紧紧贴着母亲,而且在睡眠时也保持不变。当它们长大一些时,便开始冒着风险离开母亲,作出短距离的初步考察,然后回到母亲身边以检查是否一切仍然安好。在生命第一年的大部分时间里,恒河猴将母亲作为探索世界的安全基地,以及恐惧和焦虑时的安慰来源。

鲍尔比(Bowlby,1969,1973,1980)认为,看顾者与婴儿的依恋关系是由本能引导的复杂行为系统,在人类进化历程中起到保护婴儿远离天敌的作用。在我们祖先狩猎—采集的生活方式中,依恋通过提高个体基因生存和传递的可能性来增强有机体的包容性适应。通过确保母亲和婴儿将会寻求彼此的接触和身体亲密感,依恋系统使得年长和强壮的看顾者更易于保护依赖他们且无防卫能力的婴儿,使其远离那些影响生存及最后成功繁衍的威胁。

鲍尔比将依恋视作一种目标导向系统,这一系统是为了确保整个过程中看顾者和婴儿之间都是紧密联系的。该系统由一些被称为依恋行为(attachment behaviors)的子系统构成,包括吮吸、抓握、跟随、发声和微笑。婴儿通过表现出依恋行为以召唤看顾者寻求和维持身体上的亲密接触。尽管每种依恋行为在人生的最初几个月内都是独立发展的,但是在六个月之后,依恋行为就逐渐变得有组织性和完整性。因此,新生儿会哭泣和抓握,但是直到 2 个月大,他们才会对社会刺激表现出真正的微笑反应;直到第一次微笑后几个月,他们才能够爬着跟随母亲。然而,哭泣、抓握、微笑、跟随以及其他分离的依恋行为在六七个月之后就开始协调作用,以维持母亲与婴儿间的亲密性。在这段时间内,婴儿开始表现出对母亲、父亲及环境中其他依赖对象的明显偏爱,伴随着从事一系列行为组合以促进与依恋对象(attachment objects)的亲密关系。这些行为组合是与他人相关联的细微和灵活的本能性策略,显著地受到学习和经验的影响,但是也有深厚的人类生物学基础。

婴儿与其看顾者的依恋有生物学的基础。近期,生物学家和神经学家已经开始探索依恋行为的皮质和激素基础。在依恋关系发展的过程中,许多不同的机制和过程必定牵涉在内。催产素(oxytocin)就是其中之一,它是哺乳动物大脑中起神经递质作用的激素。逐渐累积的证据表明,催产素可能与哺乳动物亲密社会关系的发展相关,包括依恋关系(Carter,1998;Cozolino,2006)。在草原田鼠中,性活动期间雌鼠的大脑中会自然地释放催产素,而且它似乎对形成雌鼠与性伙伴之间的配对关系具有重要价值。这种激素既促进鼠类的筑巢和呵护幼崽的行为,也有利于小羊羔被羊群接受。实验室研究表明,给某些哺乳动物注射催产素会增加它们的母性行为、照料行为和亲密寻求行为(Panksepp,1998)。对人类来说,催产素的释放伴随着女性在分娩时的子宫颈和阴道扩张,另外在母乳喂养的过程中乳头受到刺激也会促进催产素的分泌。

催产素在人类依恋中的作用可能与依恋关系最主要且具有进化意义的功能——保护婴儿不受伤害相联系。社会心理学家泰勒(Taylor,2006;Taylor et al.,2006)认为,在人类应对威胁的诸多方法中,最重要的一种就是形成社会联结,或如泰勒所说的一种照料及帮助他人的倾向。大量研究表明,在遇到压力和危险时,人们与他人交往的倾向会增强。泰勒认为,催产素可能会增加人们,特别是女性在面对压力时的照料、帮助行为。在依恋中,特别是婴儿出生的头几个月,催产素能使母亲作好照料孩子的准备,并激发母亲保护和照看孩子的动机。就是这样一种激素,在激励母亲去照料孩子的同时,也有助于减轻母亲自身的压力。研究表明,催产素的释放能够降低皮质醇(一种主要的应激激素)的水平、降低血压、提高疼痛容忍度和缓解焦虑。

关于情绪发展,依恋系统则组织着人类爱和恐惧的最早经验(Bowlby,1969,1973;Sroufe & Waters,1977)。在第一年快要结束时,婴儿开始经历陌生人焦虑和分离焦虑,这是心理正常发展的两个标准。此时,在面对新奇事物和对象,以及遭遇陌生人时,婴儿开始表现出谨慎和恐惧。鲍尔比认为,对陌生人的恐惧具有进化的意义,这是因为在进化的历程中,不熟悉的事物往往与危险有关。然而,依恋对象在场能够有效地减轻婴儿在面对陌生人和新奇事物时体验到的恐惧。当人类婴儿在看顾者身边时,他们在依恋关系中体验到的安全感使得新奇事物好像不那么具有威胁性和危险性。

当离开了他们主要的看顾者,即使只是很短暂的分离,8个月和更大点的婴儿都可能会陷入相当大的困扰之中,并表现出极度的警惕和哭闹。日常生活中不可避免的短暂分离对婴儿来说是无害的,但是长期分离就会产生问题。鲍尔比认为,被抛弃的感觉是人类已知情感中最令人痛苦的经历。这种痛苦深深地根植于这样的进化事实——被父母遗弃就意味着死亡。这便是为什么当父母恐吓将要遗弃他们时儿童会相当害怕,当父母不断地这样恐吓儿童时,会对儿童健康人格的发展产生负面影响。这也是为什么长期分离的经验可能会启动悲哀过程,该过程中婴儿或儿童需要几周或者几个月的时间来调整以适应看顾者的消失。而且,在这一过程中,婴儿会依次经历愤怒抗议阶段、绝望阶段和悲伤阶段,最终走向分离阶段(Bowlby,1973)。分离标志着对依恋关系的防御性隔离。作为分离的悲惨例子之一,在战争年代,那些长时间离开他们看顾者的婴儿即使最终与看顾者团聚,也无法再认看顾者(Bowlby,1973)。在这种情况下,就情感来说,依恋关系已经破灭。

在正常情况下,经过生命的第一个2~3年,儿童会建立一系列关于自身与他人关系的性质的期望。这种期望最终构成一种内化的工作模型(working model)。鲍尔比(Bowlby,1973)指出,"在每个人建立的有关世界的工作模型中,一个关键的特征是人们关于依恋人物是谁,这些人能在哪里被找到,以及他们将如何反应的观念"(p.203)。

工作模型可以作为依恋情感的心理模板。当依恋关系安全时，婴儿会体验到一种对周围环境的基本信任，这能够给婴儿提供自信，使其能够带着热情和安全感去探索世界（Erikson，1963；Sroufe & Waters，1977）。在最佳的依恋关系中，人类婴儿就像先前提及的恒河猴，将依恋对象视为探索世界的安全基地。然而，当依恋关系整体上不安全时，婴儿可能会认为这个世界是一个具有威胁和危险的地方。出于这种早期对生活的悲观看法，孩子形成了一个强调不确定性和拒绝的关于依恋对象的工作模型。一种不协调的和拒绝依恋对象的工作模型可能会导致随后的自尊缺陷，以及对于孤独的持久的易感性（Bowlby，1980）。

　　几乎所有的孩子在生命的第一年都会依恋其看顾者。然而，依恋关系的质量存在显著的、可被测量的个体差异。婴儿 1 岁大时，依恋关系质量的个体差异就很明显了。在评估这些 1 岁大的孩子的个体差异的方法当中，最流行的实验室方法是陌生情境（strange situation）法，它由安斯沃思及其同事（Ainsworth，Blehar，Waters，& Wall，1978）创立。陌生情境涉及一系列简短的实验室片段，通过这些片段，婴儿、看顾者（通常是母亲，有时是父亲）和"陌生人"（通常是在实验室工作的女性）在一个舒适的情境中互动，同时观察婴儿的行为（见表 2.3）。其基本程序如下：婴儿和看顾者到达实验室后找到舒适的位置；陌生人进来；看顾者暂时离开一会儿；看顾者回来，同时陌生人离开；看顾者再次离开，留下婴儿自己；陌生人回来；最后，看顾者再次回来。研究者分析婴儿在所有陌生情境片段中的行为，并重点关注看顾者在暂时离开之后回来的两个"重聚片段"。

表 2.3　用于评估依恋类型个体差异而使用的陌生情境法中的片段

片段	参与者	情　　境
1	看顾者，婴儿	婴儿及其看顾者（父亲或母亲）进入一个有很多玩具的房间，然后看顾者坐下并开始阅读杂志，婴儿则对房间里的东西进行自由探索。
2	陌生人，看顾者，婴儿	一个婴儿从未见过的陌生女性进入房间，并问候看顾者。静坐一分钟后又与看顾者进行对话。最后，陌生人与婴儿进行互动。
3	陌生人，婴儿	看顾者安静地离开。如果此时婴儿陷入极度的痛苦之中，则此片段结束。
4	看顾者，婴儿	看顾者回到房间，陌生人离开房间。这是第一个"重聚片段"。看顾者使用各种玩具来逗孩子玩。
5	婴儿	当婴儿再次表现出舒适状态时，看顾者离开。
6	陌生人，婴儿	陌生人再次进入房间，并开始与婴儿进行互动。如果婴儿更愿意一个人玩耍，陌生人则回到座椅上阅读杂志。
7	看顾者，婴儿	看顾者回到房间，陌生人离开房间。这是第二个"重聚片段"。

　　注：每个片段的时长都在 3 分钟左右。所有过程都能够被站在单向透视玻璃后的研究者观察到。对实验片段进行录像，然后用多种方法分析录像。

对陌生情境中婴儿行为的观察使研究者得到三种不同的一般依恋模式,婴儿分别被命名为 A 型婴儿(A-babies)、B 型婴儿(B-babies)和 C 型婴儿(C-babies)。二分之一到三分之二的母婴依恋关系是安全型依恋。这种关系中的婴儿被称为 B 型婴儿。和研究中的大多数婴儿一样,安全型依恋的婴儿发现看顾者短暂地离开后,会表现出轻微的沮丧。这种不信任的表现几乎在所有婴儿中都存在,即几乎所有 8 个月大或者更大点的婴儿,无论他们的依恋关系是什么类型,分离焦虑和陌生人焦虑都会自然而然地出现。然而,当看顾者在场时,B 型婴儿将其视为安全基地,因而在探索环境时感到更加容易和舒适。当看顾者离开时,他们表现出的探索会少很多,但是与看顾者重聚后,他们会以极大的热情迎接看顾者,并继续他们对环境的探索。

61 　　A 型婴儿和 C 型婴儿都表现出不安全的依恋模式。A 型婴儿的模式被称为逃避型。A 型婴儿最值得注意的是他们在重聚时会表现出躲避看顾者的倾向,就好像在说:"嘿,你抛弃了我,那一段时间内我也这么对你。"C 型婴儿的不安全依恋模式被称为抵抗型。C 型婴儿在陌生情境的重聚片段中表现出一种既亲近又逃避的复杂行为。当看顾者离开一小段时间再回来时,C 型婴儿可能以一种友好的方式接近看顾者,但是接着又会生气地拒绝被抱起。尽管他们偶尔表现出如 A 型婴儿一样的消极行为反应,但 C 型婴儿最显著的表现是他们对看顾者的愤怒反应。

　　在婴儿大约 20 个月大的时候,陌生情境法就不再是测量依恋安全的有效方法了。因此,发展心理学家开发了许多针对儿童和青少年依恋类型的替代性测试,例如,等级评定量表被设计用来评估人们在最亲密的人际关系当中感觉到的安全水平的个体差异。依恋关系质量的个体差异在生命的早些年表现出一定程度的稳定性。换句话说,1 岁大的安全型依恋的婴儿尽管会有一些变化,但在整体水平上趋向于几年后依然保持安全型依恋。不安全型依恋的婴儿趋向于仍旧保持不安全型依恋,尽管也有一些例外。一个对 22 项关于依恋模式的纵向研究的综述显示,在生命的头 20 年里,尽管个体在依恋类型上确实表现出相当大的变化,但是从 1 岁到青少年后期,个体差异仍旧表现出中等水平的稳定性(Fraley,2002)。

　　发展心理学家已经开展大量调查,以确定在生命的第一年里哪些因素会引发依恋类型的不同。看顾者和婴儿之间早期关系的质量可能起很大的作用。在这方面,有研究(Main,1981)表明,与那些不安全型依恋婴儿的母亲相比,安全型依恋婴儿的母亲在婴儿早期往往更加小心温和地、长时间地怀抱她们的孩子。还有研究表明,母亲的敏感性同样是依恋的稳定预测因素(Ainsworth et al.,1978;Egeland & Farber,1984;NICHD Early Child Care Research Network,2001;Sroufe,1985)。一个对孩子尤为敏感的母亲"警觉地关注孩子的信号,准确地解读这些信号,并对信号作出准确和及时的反应"(Ainsworth et al.,1978,p.142)。婴儿出生后三个月,在家和实验室对母亲和婴儿进行观察,结果显示,那些被划分为安全型依恋婴儿的母亲对婴儿哭泣的反应更加频繁,怀抱婴儿时表现出更多的关爱,进入婴儿房间时通过面带微笑或者对话交流而表现出更多的认可,并且由于注意婴儿的信号从而能更好地哺乳。在另一项有关母亲和 12 个月大的婴儿的研究中,两个研究者在婴儿家中进行了观察,结果发现,安全型依恋与母亲的敏感性高度相关(Pederson et al.,1990)。与那些非安全型依恋婴儿的母亲相比,安全型依恋婴儿的母亲更加频繁地注意孩子的信号,并使用这些信号指导自己的行为;她们更加了解自己的孩子且更加享受与孩子在一起的时光。

　　部分研究表明,社会阶层与依恋质量相关(Moss,Cyr,& Dubis-Comtois,2004;vanIJzendoorn,Schuengel,& Bakermans-Kranenburg,1999)。贫穷和失业的压力可能会妨碍安全型依恋关系的发展。儿童虐待和儿童忽视同样具有危害性。研究表明,受到父母虐待的孩子确实易于产生不安全型依恋(Egeland & Sroufe,1981)。例如,有研究(Lyons-Ruth,Connell,Zoll,& Stahl,1987)发现,与未受到虐待的儿童相比,受虐待儿童在陌生情境中更多地躲避他们的母亲。其他研究显示,长期虐待婴儿可能会导致一种"混乱"的依恋模式的产生——D 型婴儿(Carlson,Cicchetti,Barnett,& Braun-wald,1989)。D 型婴儿在他们母亲面前感到困惑和迷茫。在这种令人不安的依恋模式中,婴儿在母亲在场时几乎没有作出探索行为,同时当婴儿陷入痛苦时母亲也不能安抚他们。就好像婴儿认为母亲与周遭的环境一样具有威胁性,甚至比周遭的环境更具威胁性。回顾已有关于儿童依恋和问题行为的研究,可以发现,与那些被划分为 A 型依恋、B 型依恋和 C 型依恋的儿童相比较,混乱型依恋模式的儿童(D 型儿童)在他们上小学时趋向于表现出更高水平的攻击行为(Lyons-Ruth,1996)。

　　有研究支持了心理学家关于依恋的一般假设,即婴儿期的安全型依恋使得儿童在幼儿园和小学时期拥有更高水平的掌控性和胜任力(Schneider,Atkinson,& Rardif,2001)。在这方面具有代表性的一项研究(Hazen & Durrett,1982)中,30～34 个月大的孩子在母亲陪伴的情况下对一个大型的儿童游戏室进行探索,他们在 12 个月大时被认为是安全型依恋的婴儿。研究者根据孩子从一个地方移动到另一个地方表现出的不同动作的数量,来测量他们有多少探索行为,同时测量探索的"积极"程度(孩子领着母亲)或"消极"程度(母亲领着孩子)。结果表明,与那些被认为是不安全型依恋的孩子相比,那些在 2 岁前被认为是安全型依恋的孩子有着更多的探索行为,而且其中更多的是积极的探索而非消极的探索。

　　其他研究探讨了婴儿 1 岁时的依恋质量与 2 岁和 3 岁时控制力和独立性等指标之间的关系,发现与安全型依恋呈正相关的有:(a)高质量的探索行为(Main,1983);(b)高水平的假装游戏(Slade,1987);(c)问题解决任务中高水平的能力(Matas,Arend,& Sroufe,1978);(d)对陌生人更加快速和平稳的顺应(Lutkenhaus,Grossmann,& Grossmann,1985)。研究还调查了小学儿童,结果发现,与那些在婴儿期被评定为较低安全型依恋的儿童相比较,那些被认为是安全型依恋的儿童在挑战任务中表现出更多的毅力和机智（Arend，Gove，& Sroufe，1979；Sroufe，1983）。研究者（LaFreniere & Sroufe，1985)将依恋史与儿童一系列关于同辈能力（peer competence）的评估联系起来。在该研究中,主试观察了课堂上正与他人互动的 40 个年龄为 4～7 岁的儿童。研究者进行了以下五个方面的测量:(1)老师对其社交能力的评定;(2)同伴对其受欢迎程度的评定;(3)对儿童社会参与质量的观察;(4)在玩的时候,依据儿童对谁的注视更多确定每个儿童获得其他儿童关注度的多少;(5)社会地位的评定。如图 2.2 所示,与那些被认为是非安全型依恋的儿童相比较,安全型依恋的儿童在五项社会能力评定上的得分都较高。

63

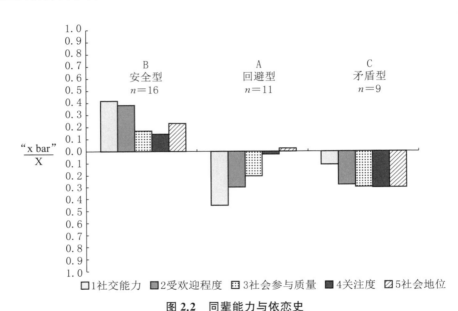

图 2.2　同辈能力与依恋史

相比于不安全型依恋的儿童,安全型依恋的 5 岁儿童在学校中表现出更高水平的同辈能力。

来源:"Profiles of peer competence in the preschool: Interrelations between measures influence of social ecology, and relation to attachment history," by P.J.LaFreniere and L.A.Sroufe, 1985, *Developmental Psychology*, 21, 63.

相比于婴儿时被认为是非安全型依恋的儿童,那些被认为是安全型依恋的儿童似乎与同龄人有着更为亲密、和谐的关系。例如,在初学走路时以及学龄前,安全型依恋的儿童在一定程度上更易于管理、更好交际且在同伴中更具社会胜任力（Vondra，Shaw，Swearingen，Cohen，& Owens，2001)。他们还能够更好地理解他人的情绪（Ontai & Thompson，2002),具有更低水平的攻击性和反社会性（vanIJzendoorn，Vereijken，Bakermans-Kranenburg，& Riksen-Warlraven，2004),更加乐于助人,愿意分享和更多地关注他人（Iannotti，Cummings，Pierrehumbert，Milano，& Zahn-Waxler，1992)。婴儿时期的安全型依恋甚至能够预测青少年时期的积极同伴交往、浪漫关系和情绪健康(Carlson，Sroufe，& Egeland，2004)。统计显示，安全型依恋的儿童更易于成长为健康和有社会影响力的青年。这种人格发展中的连续性是安全型依恋的直接结果，还是持续多年的积极家庭环境的反映，现在还不清楚。但有一点是清楚的，即早期的安全型依恋似乎是随后社会和情绪能力发展的征兆。

有研究者(Simpson，Collins，Tranh，& Haydon，2007)考察了婴儿依恋类型与成年早期/青年时期社会关系发展之间的关联。为进行一项关于浪漫关系的研究，研究者联系了一些在婴儿时期就参与过关于依恋类型的纵向研究的 20～23 岁的年轻男女。作为参加研究的前提条件，年轻男女需要有一段至少持续了 4 个月的既有意义又比较确定的浪漫关系。他们与伴侣一起完成一系列调查问卷以测量他们情感关系的质量。在实验室中，对这些情侣进行录像，并以此作为评估他们在讨论浪漫关系中的问题时如何互动的依据。把这一批被试的早期研究结果与当前的研究发现结合起来，研究人员记录了发展模式的历史进程(如图 2.3 所示)。婴儿期的依恋类型对成年早期浪漫爱情的直接效应并不强烈。然而，依恋的影响可以通过童年期和青春期而被间接地发现。总体结果显示，12 个月时的安全型依恋能够预测基于教师评价的小学阶段的社交能力。接着，小学阶段的社交能力又可以预测 16 岁时与亲密朋友的安全关系，这种安全关系随后又可以预测成年早期浪漫关系中更为积极的日常情感体验和较少的冲突。该纵向研究的结果表明，婴儿期的安全型依恋有助于为随后二十年温暖而有意义的人际关系铺平道路。与看顾者的安全关系是在学校中与同伴建立良好关系的先兆，它会在青少年时期带来更为亲密的友谊，同时青少年时期更为亲密的友谊能够预测成年早期浪漫恋爱中的积极体验。相反，不安全型依恋则预测了较不成功的同伴交往，从而导致青少年时期数量较少、质量较差的友谊，而这又可以预测他们成年早期冲突较多和更不满意的恋爱关系。

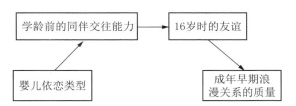

图 2.3　婴儿期的依恋类型与成年早期浪漫关系的质量

源于该纵向研究的数据表明，12 个月时的安全型依恋可以预测学龄前的同伴交往能力，接着这种交往能力又可以预测青少年时期的亲密友谊，这种友谊进而可以预测成年早期浪漫关系中更为积极的情感体验和较少的冲突。

来源："Attachment and the Experience and Expression of Emotions in Romantic Relationships: A Developmental Perspective," by J. A. Simpson，W. A. Collins，S. S. Tran，and K. C. Haydon，2007，*Journal of Personality and Social Psychology*，92，p.362.

这一系列关于母婴依恋长期影响的研究将我们远远带离了本章的开头。我们从人的本性开始，然后探讨进化如何塑造人类的共同遗产。本章的主题是，进化已经使我们彼此之间的相似多于差异。不过，差异仍旧是明显的，因而在接下来的各章中我们会将更多的注意力放在这些差异上面。几乎所有婴儿都在生命的第一年里依恋看顾者，这是从进化适应性环境中遗传下来的，作为人类进化性适应蓝图的一部分。然而，安全型依恋的个体差异也出现了，而且从长远来看这些差异相当重要。相比于人性中共有的背景，我们开始重点关注那些最终使得每个人与众不同的个体差异。进化为理解心理个性提供了最终的背景。当我们忽略个体之间的许多差异而首先关注人类的共同之处时，我们在人格特质、个性化适应和个人人生故事中看到的许多有趣的个体差异便以它们最有意义的形式表现出来。

本章小结

1. 心理个性的科学研究始于对人性的思考，通过人类进化，人性已经被锻造几百万年。进化是理解人类的最终背景，因为它为解释人类有机体是如何被设计的，以及人类共同拥有的是什么提供了最为系统和科学的框架。人格的进化取向有助于明确说明人类整体行为的远端和最终决定因素，并可以与任何特定个体行为的近端和直接决定因素相结合，为心理个性提供充分的解释。

2. 在进化过程中，有机体通过自然选择被设计去从事最终促进基因复制的行为，反过来，这些基因又决定了有机体的设计。有机体的包容性适应是指将设计自身的基因最大化复制的整体（总体、包容）能力。包容性适应通过各种机制得以提高，只要该机制比其他机制更有可能促进个体的基因，或者个体与生物学上的亲属共享的基因成功地通过后代传递下去。

3. 作为生活在小规模迁徙团体中的狩猎者和采集者，人类已经演化了200万年至400万年的时间。处于进化适应性环境的漫长时期，人类在一般进化背景下产生了认知壁龛。人类最大的适应性优势主要来源于计算能力，也就是说，来源于人类的心智能力。相比于其他动物，人类天生具有的认知优势促使人类能够使用工具，发展合作关系，最终形成复杂的社会以应对进化适应性环境的挑战。人类的心智逐渐演化，以应对许多不同的进化挑战，使得心智的进化朝向一个由子系统和模块构成的松散联合体，每一个模块都被设计用来解决一个重要的进化问题。

4. 在进化过程中，人类面临与生存和繁衍相关的挑战。繁衍挑战包括寻求和保持配偶，并照顾子孙后代。进化理论能为在人类交配和繁衍方面可被观察到的显著的性别差异提供远端的解释。总之，人类男性可能已经进化到要采取使后代数量最大化的交配策略和目标，这使得男性有滥交的倾向。相对地，人类女性可能已经进化到要采取使后代质量最优化的交配策略和目标，这是为了确保她们较少的后代能够生存得足够长久以产生自己的后代。女性必须在妊娠期、哺乳期以及婴儿照料期投入远比男性多得多的精力和时间。因此,进化理论预测,相对来说女性对择偶应该更加挑剔,同时拥有较少的性伴侣。

5. 正如霍根的社会分析理论所描述的那样,人类在进化过程中发展出群居的生活方式。在群居生活中,主要的社会目标是和睦相处与出人头地。通过角色扮演、印象管理、对复杂社会仪式的有效参与,人类寻求群体的认可和地位。群体的认可和地位的提高有助于增强包容性适应。

6. 从本质上讲,人类是一个具有中等程度攻击性的物种。进化理论为人类参与多种攻击行为的趋势提供了远端解释,包括最为极端和最具组织性的攻击形式——人类战争。但是,与诉诸更为直接的攻击诱因(如文化、学习)的其他解释一样,进化理论既不能为人类攻击行为提供正当的理由,也不能用来澄清有关攻击的道德观点。

7. 从本质上讲,人类同样是一个相当利他的物种。利他性和攻击性是进化适应性环境中人类生命基本属性的自然结果:人类是逐渐进化到群居生活的。人类群体中存在等级结构,它是攻击性和优势行为的差别效应的间接结果,至少在部分群体成员中是这样的。占主导地位的等级结构为合作和利他提供了稳定的基础。人类已经进化出一套心理系统,用以发展情感上的依恋、共情、内化的社会规范、有关给予和交易的规范、自我实现、谈判、群体关心,以及其他亲社会倾向。这些方面在其他灵长类动物身上也会以这样或那样的方式表现出来,只不过在人类身上它们是以更加复杂的方式发展成熟的。这种进化适应性旨在控制攻击性和加强社会合作,而合作本身就提高了合作者的包容性适应。利他行为是亲缘选择和互惠利他的机能,而这两者又能够促进个体的包容性适应。

8. 人性最显著的特征之一就是看顾者和婴儿间的依恋关系。鲍尔比和安斯沃思清晰阐述的依恋理论表明,看顾者和婴儿间发展出的依恋关系是一个复杂的基于本能的行为系统,它在人类进化过程中起作用以确保母婴的亲近,从而保护婴儿免受天敌和其他危险的伤害。当依恋关系在生命最初几年里逐步发展时,婴儿建立起一系列关于人类关系的预期,并最终构成一种内化的工作模型。

9. 利用陌生情境法,研究者已经确定四种婴儿依恋关系类型:安全型(B 型婴儿)、逃避型(A 型婴儿)、反抗型(C 型婴儿)和混乱型(D 型婴儿)。安全型依恋是观察到的最为普遍的形式,其他三种是不安全型依恋的变式。安全型依恋的结果包含许多积极的指标,比如在学前时期和小学时期的独立性、控制性,以及在同龄人中受欢迎的程度。

10. 纵向研究同样表明了婴儿期依恋类型的个体差异如何为一系列发展以及成年早期的浪漫关系模式铺平道路。作为人性发展蓝图的一部分,几乎所有人都会在生命的第一年里对看顾者产生依恋。然而,依恋类型的个体差异从长远来看确实很重要,这就是在人性的共同背景下,如何观察个体差异的一个例子。

66

第 3 章
社会学习和文化

　　第二次世界大战结束后不久,著名心理学家斯金纳(Burrhus Frederic Skinner)写了一部小说,在这部小说里,他设想了一个建立在行为主义原则上的乌托邦社会。在这部名为《沃尔登第二》(*Walden Two*,又译《桃源二村》)的小说中,斯金纳(Skinner,1948/1962)描绘了一个居住着 1 000 户人家的公社,"他们住在一起,没有争吵,这里充满信任而不是怀疑,友爱而不是忌妒,合作而不是竞争"(Skinner,1979,p.346)。在斯金纳虚构的社会中,人们从出生开始就被纳入一个精巧的教育项目中,这个项目会系统性地强化正性行为。孩子们会被训练去修正负性情绪,练习自我控制,而且会在没有忌妒、对立、斗争和自负的情况下照顾自己和他人。所有的训练都是通过正强化(positive reinforcement)而不是惩罚来完成的。通过奖励社会期望的行为,《沃尔登第二》中的教育系统会温和地、逐渐地塑造那些有利于人们美好生活的行为。

　　斯金纳写这部小说的原动力源于一种强烈的冲动,它从一开始就贯穿美国心理学界。美国人愿意相信人生而平等。只要给予合适的环境,任何人都可以到达顶峰,或者至少可以获得个人感受到的比较体面的地位。如果一个人的行为是坏的或者有问题的,我们可以修正它,改善它,可以通过改变我们所处的环境来改变自己或者他人。在 20 世纪的大部分时间里,美国主流心理学倾向于贬低个人内部的或者生理上的固有差异,而更加重视社会环境塑造行为的力量。在斯金纳的大力拥护下,行为主义者的传统显示,美国心理学家如何试图了解社会背景和学习在人格发展中扮演的角色。你是怎么变成现在这个样子的? 用什么可以解释你的行为? 在《沃尔登第二》和现实世界里,也就是在我们居住的地方,斯金纳认为,从根本上来说,人们的行为和生活是社会文化学习的产物。

如果人类的天性是了解个性的第一个基本背景,那么社会环境和它所有的产物——家庭、邻居、社区、文化和历史是第二个基本背景。从斯金纳的行为主义观点开始,本章将把注意转向社会学习和社会文化在塑造个体中的作用。我们首先介绍行为主义传统对学习行为中特定机制的清晰表述。由于社会学习对人格有影响,因此接下来我们介绍有广泛影响的社会学习理论。我们仔细考虑了人们日常行为的多元生态系统,我们的行为、思想和感觉总是位于多种重叠的背景下。从最小的背景到包罗万象的背景,我们考虑了社会情境、社会结构和社会性别,最后又考虑了决定人们行为和塑造人们生活的文化和历史。本章的中心主题是社会环境。我们的关注点在我们身体之外的因素和力量上,既包括我们生活的社会环境,也包括随着时间和情境变化的人际和文化环境。我们的目标是鉴别这种决定我们是谁的巨大环境力量,以及让我们生活的每一方面都定位于一个复杂的社会和文化背景中的错综复杂的方式。

行为主义和社会学习理论

美国的环境主义:行为主义传统

行为主义(behaviorism)是心理学的一大学派,这个学派旨在探索人的可观察的行为是怎样习得的,以及怎样被环境塑造的。斯金纳无疑是行为主义最热心的支持者和最能言善辩的代言人。1913 年,华生(John Watson)在美国出版了《行为主义者眼中的心理学》(*Psychology as the Behaviorist Views It*)一书,从而发起了行为主义运动。20世纪 20—50 年代,行为主义是美国学术心理学的主流力量,而且其原理到今天依然很有影响力。直到 20 世纪 50 年代,许多不同的行为主义理论得到发展,例如赫尔(Hull,1943)的生物驱动理论和托尔曼(Tolman,1948)的认知取向的目的行为主义。

作为行为主义的奠基者,华生可不是一个谦虚的人。在他的一个著名论断中,他曾经吹嘘,他可以把随机挑选来的任何一个婴儿养育成你能够想象的任何一类人。华生认为,只要创造一种恰当的环境,就可以创造你想要的任何一类人。

> 请给我一打健康而没有缺陷的婴儿,一个由我支配的特殊环境,让我在这个环境里养育他们,那么我可以担保,在这一打婴儿中,我任意选择一个,都可以训练他成为任何类型的专家,不论他父母的才干、倾向、爱好如何,他父母的职业及种族如

何，我都能任意训练他成为一个医生，或一个律师，或一个艺术家，或一个商界领袖，也可以训练他成为一个乞丐或窃贼。并不存在什么遗传潜能，比如天赋、气质、心理素质和行为特征。（Watson，1924，p.104）

这听上去很夸张，但华生对人的论断至少可以追溯到英国哲学家洛克（John Locke），这位哲学家于 1690 年提出"白板说"。洛克认为，人从出生开始，心灵就像一块白板或者一张干净的纸。这张纸上什么都没有，完完全全是干净和空白的。随着时间的流逝，经验会在纸上写下东西，给予心灵独特的内容。洛克否认天赋观念的观点，认为是环境塑造了人。如果人的心灵天生是一块白板，那么所有人在心理上是生而平等的。从这个观点出发，人格的差异是暴露在不同环境中的结果。人格是由环境塑造的而不是天生的。就像斯金纳（Skinner，1971）所说的："是世界影响了你而不是你影响了世界。"（p.211）因此，如果环境塑造了个人，那么一个公正和幸福的社会就应该造就公正和幸福的公民。

环境怎样塑造行为呢？行为主义者认为，通过学习我们变成自己。行为主义者认为，我们生活的环境塑造了我们，促使我们成为努力想成为的人。但是，为什么我们要去学习成为什么人呢？是什么促使我们去学习？行为主义的回答是为了获得快乐和避免痛苦。

行为的最终决定因素来源于快乐和痛苦，这个观点至少可以追溯到亚里士多德（Aristotle），而它最早兴盛于古老的伊壁鸠鲁学说。伊壁鸠鲁（Epicurus，公元前 341—公元前 270）是古希腊哲学家，他宣扬免遭痛苦以及追求享乐和心灵的宁静是美好生活的特点。对伊壁鸠鲁来说，最大的快乐和最小的痛苦不仅使人幸福，而且是伦理行为的基础。一般来说，在这个世界上，从伦理和道德方面来看，好东西是那些最终给人带来快乐和宁静的事物，而坏东西是那些最终给人带来悲伤和痛苦的事物。经过这么多年，这个原则已经被很多不同的哲学系统吸纳为中心论点，包括洛克的学说。

到了 18 世纪和 19 世纪，实用主义哲学则把这个观点阐述为，好社会应该为最多人创造最大的幸福和快乐。边沁（Jeremy Bentham）和穆勒（John Stuart Mill）等实用主义者认为，建立更加平等的社会可以达到此目标。因此，实用主义者提倡所有人平等，如保护妇女的选举权，取消对宗教和种族的歧视，以及重新分配社会财富（Russell，1945）。他们不相信国王和教会的权威，而是颂扬民主的教育，将其视为解决生活中许多问题的办法。在伦理上，实用主义者是务实的和非教条主义的，他们坚持认为规则应该是灵活的，以适应不断改变的伦理环境。行为主义的各种形式都沉浸在实用主义的意识形态之中。和实用主义哲学的先行者们一样，行为主义者主张平等、务实，而且对通过教育来改善人们的生活感到极度乐观，他们所说的教育是指在社会背景中进行训练和学习。从根本上来说，快乐和痛苦造就了学习，而学习反过来使人们得到最多的快乐以及最少的痛苦。

穆勒和其他一些实用主义者认为,学习是通过与积极的事件(快乐)或消极的事件(痛苦)产生联结而发生的。联想主义(associationism)的观点认为,各种在时间和空间上接近的事物和观念能够彼此联结成有意义的单位。各种简单的学习形式是通过联想进行的。

经典条件反射(classical conditioning)代表了简单学习的一种形式。在巴甫洛夫(Ivan Pavlov)著名的经典条件反射实验中,一条饥饿的狗学习了对一个中性刺激(一个音调)作出分泌唾液的反应,因为这个中性刺激与可以自然引起唾液分泌的刺激(肉)进行了联结。在经典条件反射实验的术语中,肉是可以引起无条件反应——唾液分泌——的无条件刺激。在一系列实验中,在这条狗听到中性刺激即一个音调之后马上给它呈现肉,狗学会了对该音调(条件刺激)分泌唾液的反应(条件反射),即使已经不呈现肉。这个音调(条件刺激)和肉(无条件刺激)由于在时间上接近,此时已经联结在一起。图 3.1 展示了这个过程。

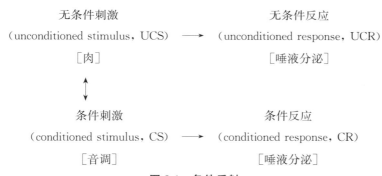

图 3.1　条件反射

一个中性刺激通过与无条件刺激的联结变成条件刺激,因此条件刺激最终引起与无条件刺激相同的反应。在巴甫洛夫的狗的实验中,这个音调引起唾液分泌是因为它总与肉一同出现。

华生相信经典条件反射是人类学习的基石。在著名的小阿尔伯特研究中,华生和雷纳(Watson & Raynor,1920)展示了他们如何使一个 11 个月大的婴儿对白鼠产生恐惧。由于反复接触一个小白鼠(预期的中性条件刺激)时会听到一个巨大的、令人害怕的噪声(无条件刺激),因此这个 11 个月大的婴儿产生了对白鼠的条件性恐惧。一个巨大的噪声自然会引起无条件的恐惧反应(小阿尔伯特会哭、躲避刺激),但是在反复地和无条件刺激进行联结以后,前面作为中性刺激的白鼠也会引起恐惧(条件反应)。尽管研究结果有些可疑,但有证据表明,随着时间的推移,小阿尔伯特对白鼠的恐惧已经扩展到其他白色毛绒物体上,这也成为行为主义者所说的刺激泛化(stimulus generalization)的例子。

经典条件反射也许与某些神经性症状的发展有关,特别是恐惧症,而且它也许在某些复杂的态度和行为系统的形成中起作用。在其他一些例子中,很多复杂的联结是通过高级条件反射（higher-order conditioning）来实现的。在高级条件反射中，与无条件刺激联结能够诱发反应的条件刺激再与其他中性刺激联结，使得其他中性刺激也因为这种联结而变成条件刺激。因此，一个年轻人可能会讨厌一款香水，因为这款香水是他与女朋友分手的那个夏天他妈妈身上的味道。换句话说，这种厌恶是对原本是中性刺激后又成为条件刺激的香水的高级条件反射，因为该香水与"那个夏天妈妈身上的味道"联系起来，而"那个夏天妈妈身上的味道"因为与"那段爱情的结束"这种令人厌恶的无条件刺激联结起来而变成条件刺激。高级条件反射也可以产生积极的情感联结，就像一个男生可能喜欢他妹妹身上的一款香水，因为那天他的高中学校宣布他是优秀学生。

一直以来，经典条件反射被看作极度简单、初级的学习形式，是两个刺激仅仅因为同时出现而互相联结。然而，研究表明一种更复杂和高级的过程可能存在。雷斯科拉（Rescorla，1988）认为，时空的邻近并不是条件反射的原因，经典条件反射是让有机体对世界形成一种准确的解释。在巴甫洛夫的经典实验案例中，音调与铃声相联结并不是因为两者在同一时空中出现，而是因为一个刺激（音调）提供了关于另一个刺激（肉）的信息。雷斯科拉总结了他对经典条件反射的认知性理解：

> 巴甫洛夫的经典条件反射并不是一个有机体把两个一起出现的刺激胡乱联结在一起的愚蠢过程。相反，这个有机体更应该被看成一个信息搜集者，利用事物之间的逻辑和知觉联系，以及自己已有的概念对世界形成了一个明智的解释。（Rescorla，1988，p.154）

自巴甫洛夫的实验以来，在人格心理学的发展中，心理学家一直在积累支持经典条件反射重要性的实验研究。例如，有证据表明，人们通过经典条件反射获得了对某些人和群体的特定态度和感觉（Petty & Cacioppo，1981；Zimbardo & Leippe，1991）。又如，一个实验表明，当向被试呈现他们从来没有听过的某群体的名字时，被试倾向于喜欢与正性词（如"幸福"）配对的名字，而不喜欢与负性词（如"聋哑"）配对的名字（Lohr & Staats，1973）。还有研究表明，某些对特定刺激的恐惧症也与经典条件反射有关（Comer，1995）。行为主义取向的咨询师经常运用经典条件反射的原理来帮助有恐惧症的来访者应对他们的恐惧。咨询师的逻辑是，如果恐惧症是习得的反应，那么通过与以前习得恐惧相同的程序也可以消除恐惧。

第二种学习形式是工具性条件反射（instrumental conditioning），它来源于斯金纳的操作性条件反射（operant conditioning），表3.1列出了操作性条件反射过程中的核心概念。在操作性条件反射中，行为是被行为的结果塑造而成的。一个行为的积极结果提高了该行为再次发生的概率，强化了行为发生时环境中呈现的各种刺激与行为的联结。消极结果则降低了行为发生的概率，即削弱了刺激与反应的联结。

表 3.1　操作性条件反射过程中的核心概念　　　　　　　　72

概　念	定　义	举　例
正强化物	在一个行为反应之后呈现能够提高该反应发生概率的刺激物,事实上,有机体因为这个反应而受到奖赏。	一年级的教师对孩子们服从行为的表扬使得孩子们未来服从行为增加。
负强化物	在一个行为反应之后撤销能够提高该反应发生概率的刺激物,事实上,有机体在反应后得到放松。	当一个人戒烟时,他的岳母对他吸烟的唠叨和批评停止了。批评的撤销是对戒烟的奖励。
正惩罚	在一个行为反应之后呈现能够降低该行为发生概率的任何刺激物。正惩罚是减少人们相应行为的令人厌恶或痛苦的刺激物。	一个超速的摩托车手在他去印第安纳波利斯比赛的路上被一个巡警赶到路边并被开了 200 美元罚单。罚单就是迫使摩托车手将来少超速的惩罚。
负惩罚	在一个行为反应之后撤销能够降低该行为发生概率的任何刺激物。负惩罚是减少了令人愉快的刺激。	一个总是不按时回家的青少年被父母命令一个星期内禁止出门,正强化物(和朋友一起出去玩)被撤销。在接下来的几个星期这个青少年会按时回家。
消　退	以前被强化的行为没有再被强化,最终这个行为逐渐减少到基线水平。	一个孩子再也没有在餐桌上说"请"和"谢谢"是因为父母再也没有用微笑和表扬来强化这些行为。
塑　造	强化一系列组成复杂行为的简单行为以使有机体表现出一种复杂的反应。最终的复杂反应可能是由于奖赏有机体作出组成该复杂反应的简单反应而形成的。	一个小社团的教练通过表扬一些简单的动作来教一个孩子打球。首先,这个孩子因为正确的站姿被表扬,接着是标准的挥拍姿势,然后是用拍子打到球。最后,只有当孩子表现出完全正确的挥拍姿势和动作而且实实在在地打到球时才会受到表扬。
连续强化	在每一个特定的反应后都实施强化。处在一个连续强化日程表中的行为将会被快速习得。	每当小伙子告诉他女朋友他爱她时,就会得到一个吻。
间歇强化	并不是强化每一个特定行为,而是根据一个特定安排来给予强化。定时强化是在一段特定的时间后给予强化。定比强化是在出现特定次数的反应后再给予强化,无论是定时强化还是定比强化下形成的行为都比在连续强化下形成的行为更难消退。	定时强化:一个办公室员工每两周领一次薪水。 定比强化:一个电脑销售员每卖出 100 台电脑就会得到一份红利。

　　斯金纳开展了有关操作性条件反射的著名实验。在这些实验室研究中,他利用基本的强化和惩罚原则来教动物如老鼠和鸽子学习复杂的行为。一般来说,这些动物会被放在一个坚固的受到控制的实验装置中,它们可以做想做的任何事情。当这些动物的随机动作大致上就是实验者想要它们学会的动作时,它们就会获得一点食物作为奖赏。实验者有选择性地强化了想要的行为,随着时间的增长,动物们会越来越多地表现出这样的行为。以表现出某种行为为目标,强化与期待的行为越来越相似的行为的过程叫作塑造。塑造是《沃尔登第二》教育系统中的核心实践。

　　操作性条件反射不仅仅是通过强化来提高某种行为发生的概率,以及通过惩罚或减少强化来降低某种行为发生的概率。有机体必须学会何时何地去表现或克制某些行为。保持安静只会在课堂上而不会在操场上被强化。学校里的孩子要学会区分这两种不同的环境背景,而且学会表现出相应的合适的行为。因此,课桌和老师对孩子来说就是差异刺激:当这些刺激在环境中出现时,某些行为(保持安静,读和写)可能会被强化,而其他行为(跑步和打球)可能就不会被强化甚至会被惩罚。但是,某些反应模式可能在各种环境背景下都会被强化。这时,泛化就发生了。例如,一个孩子可能在家中,在学校里,在操场上都因为说实话而被表扬。从理论上来说,他会懂得这样的行为总是合适的,因此不管出现什么刺激都应该这样表现。

　　直观来看,强化和惩罚的概念似乎是很清晰的,但很多时候又是似是而非的。大多数人都知道赏罚分明可以塑造行为。事实上,父母在孩子的日常照顾和训练上经常利用操作性条件反射的基本原理。然而,斯金纳认为他们经常做错。例如,很多父母过度依赖惩罚。斯金纳认为,惩罚仅仅是警告这个人不应该做什么,但是没有给他提供其他可选择的具有建设性的学习方案,惩罚是一个相当低水平的行为控制模式。实际上,惩罚在《沃尔登第二》的教育项目里没有什么表现机会。

　　父母总是低估了间歇强化(partial reinforcement)的作用。在间歇强化中,一个特定的行为反应间歇性被强化,而在连续强化(continuous reinforcement)中,一个特定的行为每次发生后都会受到强化。当行为没有被强化时,消退最终会发生:这种行为在频率上逐渐降低直至最终消失。与连续强化形成的行为相比,间歇强化形成的行为更加难以消退。因此,偶然对孩子乱发脾气的行为给予奖赏的父母可能在不经意间建立了一个对乱发脾气行为的间歇强化,使这种坏行为很难消退。当很多不好的行为——例如乱发脾气、身体攻击、不成熟的依赖——有时被强化,有时被惩罚,有时被忽视时,更多棘手的问题就会产生。

　　强化物有许多不同的形式,尽管动物实验一般使用食物和水等基本强化物,但是人类通常可以接受塑造行为的大量强化物。一些最有用的强化物叫作条件性泛化强化物(conditioned generalized reinforcers),即与其他强化物联结而获得效力的强化物。条件性泛化强化物最好的例子就是金钱,金钱可以使人买到各种其他的强化物。人类很多的强化物都是社会性的。巴斯(Arnold Buss)将社会性强化物分为刺激奖赏和情感奖赏两大类(Buss,1986)。刺激奖赏包括受到他人关注,情感奖赏包括得到尊重、奖励和爱。情感奖赏是由他人的情感反应组成的,刺激奖赏仅仅表明他人对行为表现者作出了反应。

　　尽管美国心理学已经不再以行为主义视角为主导,然而这个由华生发起,由斯金纳在《沃尔登第二》中阐述的激进科学还是给我们留下了一笔丰厚的遗产。行为主义中一些最显著的特点已经被美国主流心理学吸收,例如它的务实精神和功能主义的精神,它对严谨的实证和量化的强调。行为主义对临床实践也有重大影响,在其影响下出现大量改变问题行为的实践技术,粗略分类,有行为矫正(behavior modification)、行为疗法(behavior therapy)、认知行为疗法(cognitive behavior therapy)。对人格理论来说,行为主义也以社会学习理论的名义引发了一系列有影响的研究途径。这些途径保留了行为主义对环境和学习的重视,同时把不可直接观察的但很重要的认知因素纳入其中,采取了更宽广的视角来研究人类行为。

期望和价值

罗特(Julian Rotter)是最早把认知纳入行为主义以解释人格的心理学家之一。罗特折中的观点拓宽了传统行为主义的边界,解释了人类独有的学习的某些方面。罗特(Rotter,1954,1972)认为,人会主动建构自己的世界,而不是简单对外界作出反应。而且,大多数人都在特定的社会背景下学习,人们学会预测他人将会怎样做,然后根据自己的预测表现出相应的行为。

罗特社会学习理论的关键概念是期望(expectancy),即个体主观认为一个行为出现后,特定强化物作为奖励出现的概率。经过长时间以及在各种情境下的学习,我们每个人都学会了期待我们的某种行为在一个特定的而不是其他的一些情境中被强化。例如,一方面,一个大学生会期望她在心理学课上努力学习能让她得到很好的成绩;另一方面,她也会预期努力提升自己和男朋友的关系不太可能使她很满意。在这个例子中,这个女生对在不同的情境下"努力去做某事"将会带来什么结果,持有非常不同的主观期望。而且,随着长时间的学习,人们对世界上大多数强化物的性质都发展出一般性期望。罗特用控制点(locus of control)这个术语将这些一般性期望进行分类。内控的人期望强化和奖赏受他们自己行动的影响。换句话说,他们相信自己的行为控制着结果,即接下来的强化事件是由他们的行为引发的。相比之下,外控的人觉得他们的行为对应的强化结果是不可预测的。强化是由外部力量控制的,例如有权力的人、机遇、运气,等等。强化事件与他们的行为并不具有一致性。

研究者们设计了很多自陈量表来测量控制点(Phares,1978)。其中,最著名的是内外控量表(I-E Scale)(Rotter,1966),该量表有 29 个题目让人们作出内部或外部选择,它假设控制点是一个广泛的、普遍的、牵涉很多不同领域的因素,而且人们自己的期望可以在其中得到揭示。在过去的 20 年里,心理学家又设计了很多量表来测量某个具体领域中关于控制的信念。这些量表测量人们婚姻观念中的控制点(Miller,Lefcourt,Holmes,Ware,& Saleh,1986)、附属关系中的控制点(Lefcourt,Martin,Fick,& Saleh,1985)、智力活动中的控制点(Lachman,1986),以及关于健康的控制点(Wallston & Wallston,1981)。

内外控量表已经被成千上万的研究使用过,这些研究结果表明控制点是人格中一个非常重要的社会认知变量。研究表明,一般来说,内控与生活中很多积极的结果相关联,从更好的学业成就到更好的人际关系。例如,与外控的人相比,内控的人倾向于表现出更少的顺从,更不墨守成规,有更强的竞争性和独立性,更努力地从环境中获得信息,拥有更多关于自己的健康和疾病的知识,对于运动和锻炼有更积极的态度,更少抽烟,更少患心脏病和高血压,有更好的心理调适能力(Lachman,1986;Phares,1978)。

75 内控的人更可能是健康的,他们是独立性强的信息搜寻者,会更好地面对生活中的各种挑战。但内控并不永远是一笔财富。在不敏感的环境中,即寻求个人控制的努力频频受挫,与外控的人相比,内控的人可能会遭遇更多的困难,幸福感水平更低(Janoff-Bulman & Brickman,1980;Rotter,1975)。在一个不重视个人力量和进取的环境中,相信自己的努力会带来奖励只会给自己设置前进的障碍。

罗特的另一个关键概念是强化值(reinforcement value)。强化值是指一个特定强化物对人的主观吸引力。对前面我提到的那个大学生来说,修复与男朋友关系的价值可能大于心理学课上得到高分的价值。因此,她可能会努力修复关系而忽视心理学课程学习,尽管她的期望告诉她反过来选择会让她更加"成功"。要预测人的行为,心理学家必须综合考虑个人期望和特定情境下特定目标行为的强化值。在罗特的术语中,行为潜力(BP)即特定的人将会表现出特定行为的概率,等于期望(E)加上该行为为这个人带来的强化效价(RV):BP =E+RV。当期望会获得奖赏(E 值高)且奖赏价值很高(RV 值高)时,人们总是会努力去达成某种目标;当知道不会获得奖赏(E 值低)或者即使有奖赏,奖赏价值也不高(RV 值低)时,人们就不太可能去达成某种目标。

米歇尔(Mischel,1973,1979)引进认知—社会学习—个人变量,扩展了罗特的人格的社会学习概念。它们是情境下的个人行为策略或者个人风格,被认为来源于个人早期经验中的情境和强化。除了期望和价值,米歇尔还描述了其他的认知—社会学习变量,例如胜任力、编码策略、自我调节系统和计划。胜任力是指一个人知道什么和可以做什么。每个人都有自己面对各种情境的一套技能。有的人可能很善于向别人表达共情,有的人非常善于冷静地分析社会问题,有的人有谈话的天赋。每种技能都可能影响一个人在特定情境下的实际行为。

编码策略与人们解释信息的方式有关。每个人都从不同的角度看待同一个情境。想象这样一个情境:一个教授在开学两周后向他的学生发怒了,在课堂上指责他们所有人书面作业做得很糟糕。他说前两周他对学生太纵容了,从现在开始课程要变得更繁重。对一个学生来说,这个教授再也不是"好相处的先生",这种合理的威胁可能激发他更加努力地学习(或者也有可能马上退掉这门课再去找一个更少施加压力的老师)。另外一个学生可能认为这次发怒只是虚张声势吓唬学生的,也就是说教授不会真的那样做。第三个学生可能觉得当时教授可能真的是那样想的,不过这只是因为他那天心情不好,因此没必要担心。人们会按照自己的解释或者"编码"信息的方式去行动,这个主题我们会在第 8 章详细阐述。

自我调节系统和计划是指,我们按照自愿接受的目标和标准调节和指导我们的行为方式。莫妮莎计划要读法律学校并希望能够在纽约一个大型的法律公司工作,这个计划显然会影响她在各种情境下的表现。这样的计划表示她会花大量时间学习以获得好的成绩,她要选修相应的大学课程来为进入法律学校作最充分的准备,她要与想成为心理学教授的未婚夫商量怎样融合彼此的职业和生活。计划为我们的生活提供指导和时间表,它详细地说明了我们怎样才能达到重要的目标,以及帮我们决定在特定时间和特定情境下什么值得做,什么不值得做。

76

班杜拉的社会学习理论

当今,有着最广泛影响力的社会学习理论家是班杜拉(Albert Bandura)。作为艾奥瓦大学(University of Iowa)的毕业生,班杜拉深受著名行为主义学者斯彭斯(Kenneth Spence)的影响。他在堪萨斯威奇托(Wichita)指导中心接受临床心理学的训练,并在斯坦福大学得到一个教学职位。班杜拉提出一个包容性较强的社会学习观点,大大拓展了包含观察学习和认知过程学习的领域,关注个人变量、环境变量,以及行为者自身影响他人的复杂的方式。

观察学习

源于行为主义的传统学习原理——例如强化和惩罚的规律——更多地与行为表现有关而不是与学习本身有关。班杜拉认为,奖励和惩罚直接塑造人做什么,但是这可能并不表明人们学习了什么。行为主义理论不能解释为什么人们在没有强化物或者无法满足生物需要的时候仍会学习。考虑到伊壁鸠鲁主义思想,班杜拉认为有一些特定的学习发生在快乐和痛苦的边界之外。学习并不一定需要奖励。人们仅仅通过观察他人的行为,阅读相关的书籍,观察这个世界就学习了很多。这个看上去简单的过程叫作观察学习(observational learning)。人们每天都通过观察而学习,经常模仿他们所看到的。

图 3.2 列出班杜拉观察学习的过程。班杜拉认为,这个过程由四个连续的步骤组成,一个人通过这个过程来观察其他人(榜样)的行为,然后模仿其他人的行为。第一步,在观察榜样时引出注意过程。榜样身上特定的特征可能提高了一个人注意或关注榜样在做什么的概率。例如,一个特别引人注意的榜样,或一个特别有吸引力的人比一个不引人注意的人更能抓住观察者的注意力。反过来,注意过程也依赖观察者自身的特点。一个人必须有观察榜样的能力。一个盲人不可能模仿他看不见的东西,但是可以依靠其他感官形式进行观察学习。一个人也必须要有动机去观察。当观察者实在是太累而不能去注意榜样时,无论榜样多么与众不同和吸引人,观察学习都不可能发生。

77

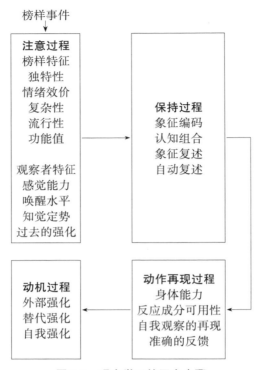

图3.2　观察学习的四个步骤

从观察学习到成功模仿,一个人要经历注意过程、保持过程、动作再现过程和动机过程。

来源:*Social Learning Theory*(p.23),by A. Bandura,1977,Englewood Cliffs,NJ:Prentice-Hall.

　　观察学习的第二步是保持过程。如果学习发生了,那么这个人必须编码、记忆、理解观察到的事情。不管你向一个婴儿呈现多少次加减法的卡片,他也学不会算术,因为他不会对象征性信息进行编码。

　　观察学习的第三步是动作再现过程,涉及观察者能够表现出观察到的行为的能力和这种表现的可行性。我哥哥和我从小就一直在仔细观察班克斯(Ernie Banks)是怎样为芝加哥俱乐部打棒球的。在他的巅峰时代,班克斯击中512个本垒打,我想我在电视上观赏了其中的大部分。我和我哥哥发疯地、反复地追随他(班杜拉的第一步),而且我们两个都无比清晰地记得班克斯优美的摆动(第二步)。然而,我们俩在少年棒球联合会的比赛中只击中了两个本垒打。

　　观察学习的第四步是动机过程。如果想要模仿发生,观察者就必须去模仿别人。在这一点上,奖励和惩罚起了很重要的作用。假设一个人已经关注榜样的行为,也进行了编码,还有能力再现这样的行为,现在如果这个人被奖励去这样做,这个行为很可能就会发生。这种情况下的强化物可能直接来自外界环境,来自观察者自身(自我强化),或者看见或想象他人被强化的行为(替代强化)。

　　观察学习存在于生活中的方方面面。试想一下你自己特有的行事方式的某些重要方面,有哪些不受到观察对象的影响。很难想到吧。研究者对语言发展、冲动控制、友谊、竞争与合作、说服以及利他行为的研究表明了观察学习的力量。一个很有影响的研究思路检验了观察暴力行为与作出攻击行为之间的关系(例如,Anderson & Bushman,2002;Anderson,Carnagey,& Eubanks,2003;Bandura,Ross,& Ross,1961;Berkowitz & Powers,1979;Eron,1982,1987;Geen,1997;Huesmann & Miller,1994)。研究者考察了媒体中的暴力因素,特别是电视节目、电影和歌词中的暴力因素。这些研究得出的结论有两部分:第一,人们通过对各种具有攻击性的榜样的模仿而变得具有攻击性;第二,人们观察到的暴力行为越多,变得具有攻击性的可能性就越大,就越可能对他人表现出更加具有残酷性和破坏性的暴力行为。同时,有证据表明,本身就具有攻击性的人更倾向于观看具有暴力因素的内容。例如,本身具有较强攻击倾向的人倾向于看更多的暴力电视,这些暴力内容反过来又增强了人的攻击性。换句话说,媒体的暴力内容与攻击性之间可能是以循环往复的方式相关联的,它们彼此互为因果。

班杜拉观察学习的观点强调了人类学习和表现的深刻的社会性。观察学习总是发生在一个特定的人际背景之中。观察者与榜样之间存在一种复杂的人际关系,这种关系可以深刻地影响学习的发生和模仿的程度。关于儿童模仿的实证研究发现,榜样的个人特征,榜样与儿童之间的关系都可能促进或阻碍儿童模仿行为的发生。一般来说,儿童更可能模仿同性别的人(Bandura,Ross,& Ross,1961),那些被感知为有权力的人(Bandura et al.,1963),以及那些行为受到奖赏的人(Bandura,1965;Parke & Walters,1967)。

自我效能

班杜拉社会学习理论的一个中心概念是自我效能(self-efficacy)(Bandura,1989)。自我效能是一种个人信念,持有这种信念的人相信自己可以成功地采取行动,"在充满模糊性、不确定性和压力的情境中,完成一些复杂的任务"(Bandura & Schunk,1981,p.587)。换句话说,自我效能是我们对自己在某种情境下胜任力的信念。高自我效能来源于认为自己能够作出某种行为的信念,低自我效能来源于认为自己不能够作出某种行为的信念(如表 3.2 所示)。

自我效能与结果期待(outcome expectancies)并不相同,后者是一个人关于在给定情境中一个特定的行为可能带来什么样的结果的信念。一个积极的结果期待意味着相信某种行为将会带来想要的结果,一个消极的结果期待意味着怀疑某种行为是否能够带来想要的结果。因此,从理论上来说,我可能在一个情境中有高的自我效能和低的结果期待。例如,我可能很肯定自己能够合理地、清晰地向好朋友解释为什么我认为他应该跟妻子离婚(高自我效能),但是我也可能很肯定类似的解释不会起到什么好的作用(低结果期待)。

表 3.2　自我效能的四种来源

表现成就(performance accomplishments)	在追求目标时,过去成功和失败的经历是自我效能最重要的影响因素。
替代经验(vicarious experience)	目睹他人的成功和失败给一个人提供了预估自己在相同情境中胜任力的基本参照。
言语说服(verbal persuasion)	被告知自己可以或者不可以胜任一个任务也许同样可以提高或降低自我效能,尽管这种劝说的效果通常很微弱。
情绪唤起(emotional arousal)	在一个给定情境中,一个人的自我效能受到他当时感受到的情绪唤起的程度和性质的影响。感受到的焦虑程度表明了对任务的复杂性、压力大小和持续性的觉知程度。高水平的焦虑表明这个人对任务不是很有把握。

　　研究表明,对自我效能的判断能帮助我们决定是否作出某种目标导向的行为,我们将会付出多少努力,以及我们在某种情境下为了某种目标会坚持多长时间。有研究者(Manning & Wright,1983)开展了一个关于自我效能的判断与行为之间关系的有代表性的实证研究。研究被试为 52 名孕妇,她们正在参加不借用药物而战胜分娩痛苦的课程。这些妇女在分娩前和分娩时都完成了自我效能的问卷,这些问卷让她们评估自己能够在多大程度上不借用药物而成功地战胜分娩痛苦。结果期待也在分娩前和分娩时用问卷进行了测量,让这些妇女评定她们在多大程度上相信分娩课堂上学到的控制痛苦的技术对她们不借用药物而战胜痛苦有帮助。在孩子出生以后,采访所有的妇女,评估她们在分娩过程中使用药物的剂量和时间。研究结果显示,表现出高自我效能的妇女比低自我效能的妇女最终更好地战胜了分娩的痛苦,抵制了药物的使用。

　　自我效能是人们练习控制威胁事件的关键机制。班杜拉认为,威胁是感知到的应对能力与环境中潜在危险之间的关联属性(Ozer & Bandura,1990,p.473)。当一个人认为手中掌握的个人资源不足以应对环境强烈的需求时,他就认为这个处境是危险的。在这种情境下,这个人会感到非常焦虑,还可能经历非常多的关于情境中的最大困境和他处理这个困境的不足方面的负性思考。提高自我效能能够减轻焦虑,将人们的思考过程转到有效地与环境互动的方向上去。通过这种方式,自我效能产生了自我增强的效果(Ozer & Bandura,1990)。

　　关于自我效能的研究显示了它对临床应用的价值和对健康可能的益处。班杜拉及其同事设计了干预策略来提高人们面对威胁情境时的自我效能。例如,他们记载了一群妇女自我效能的提高过程(Ozer & Bandura,1990)。这群妇女参加了抵制性骚扰的项目,掌握了在抵制过程中保护自己的身体技能。这个项目提高了自我效能,降低了对感知到的骚扰的无力感,以及面对男性时产生负性思考和焦虑唤起的概率。

　　另外一群关注自我效能的研究者执行了一个减轻对蛇的恐惧的项目,参与者有 20人,他们对蛇具有非常严重的恐惧以致不能参加露营、骑车、整理庭院、游泳,以及去乡

村地区旅游(Wiedenfeld et al.，1990)。在这个研究中，提高自我效能与提高身体免疫
系统的功能具有相关关系，免疫系统的功能以血液中淋巴细胞和 T 细胞的浓度来衡
量。被试参加"指导掌控"(guided mastery)项目，该项目会引导被试逐渐掌控各种与蛇
互动的危险行为。他们在刚开始接触这些行为时产生了很大的焦虑感，但是在获得掌
控能力的过程中压力得到激发，进而提高了自我效能，由此证明了免疫增强而非抑制。
换句话说，尽管压力经常弱化了身体对疾病的抵抗力，但在建立控制和自我效能的过程
中压力可能事实上增强了身体的免疫系统。简单来说，增强了免疫系统的功能就能更
健康，这是与高自我效能相联系的，但是自我效能训练的好处可能在自我效能提高之前
就已经显现出来。面对威胁时因为压力而提高自我效能的过程可能有助于增强身体的
抵抗力，提高自我效能时的这种压力是一种值得拥有的压力。

人类行为的社会生态学

　　行为主义者和社会学习理论家习惯根据环境对人的影响来解释人的行为。我们通
过与周围世界的相互作用来学习各种行为。这个世界用特定的方式教会我们怎样行
动。通过经典条件反射、操作性条件反射和观察学习，我们累积了或多或少能反映我们
学习经历的行为技能。不论是学会具有破坏性和攻击性的行为方式，还是学会符合社
会标准的高尚的行为方式，我们都学会去做什么，怎么做，什么时候去做，为什么去做，
以及我们是谁。我们这样表现是依据我们所处的环境设定的方式，包括我们经历的奖
赏和惩罚，我们在不同环境中得到强化物的一致性，因我们对环境刺激的知觉而建立的
联结，我们模仿的榜样，我们从父母、老师和同伴那里得到的经验，等等。行为主义者和
社会学习理论家强调我们受环境影响的程度——我们的行为和生活是怎样被我们所处
的环境塑造的。

　　环境的本质是什么？那些影响我们行为和塑造我们自身的环境背景到底是什么？
初步想来，这个问题似乎很简单。我们可以说，在任何一个给定的时刻，环境就是我们
所处的情境。当我写这部分内容的时候，我正坐在芝加哥城郊一栋老房子的三层楼上
自家的办公室里。现在正好是早上——我写作的最好时间。我可以听见我的妻子在楼
下，听起来她正要去洗澡。我的小女儿正在睡觉，但是她应该快要起来以便按时完成她
在夏天的工作。这些事情都是我现在所处情境的一部分。当你读这一章的时候，你可
能正坐在寝室或者图书馆。你可能和朋友在一起学习。可能已经是深夜，或者是一个
面临考试的清晨。这些都可能是你所处情境的一部分。

　　但是，当我们多加思考各自所处的情境时，我们很快就会意识到，自己现在的行为
都囿于或伴随着那些定义我们所处环境的不同的情境和背景。对这个时候的我来说，

现在是 2007 年 6 月 13 日，我已经答应出版商会在夏季结束前完成这本书的修订工作，也就是说在三个月内完成工作。坦率地说，我认为我不能完成任务。我现在所处的部分情境是我已经 53 岁，已婚并有两个孩子，白种人，男性，在浸礼会教堂长大，20 世纪 70 年代初在瓦尔帕莱索(Valparaiso)大学读书。我不认识你，但是我很肯定你能说出有关你生活的相似的信息——关于正在发生什么，你来自哪里，以及简单的人口统计学信息。在某种意义上，这些信息就是你现在情境背景的一部分。所有这些造就了你的环境。

81 ── 专栏 3.A ──

父母应该怎样养育子女

因为我们所有人都曾经是孩子，而且我们中的很多人将会有孩子，所以我们都倾向于去构想自己钟爱的关于父母怎样教育孩子的理论，例如，怎样强调规则，怎样执行规则，在什么时候以什么方式表达感情，怎样解决孩子之间的争端，不要犯什么错误，等等。作为深受洛克的经验主义传统影响的乐观的美国人，我们对孩子的发展倾向于持坚定的环境论：我们真诚地相信，我们为孩子做的都会对孩子发挥作用，抚养孩子的方式会对孩子对环境的最终适应产生影响。就像行为主义者和社会学习理论家一样，我们相信父母为孩子创造了环境使得重要的学习发生以及人格形成，因此我们怀着极大的兴趣阅读由儿童心理学家、儿科医生和其他我们认为比自己高明的专家写的儿童抚养手册。

在过去的 60 年里，儿童心理学家和其他的研究者积累了大量的关于抚养方式及其对人格发展作用的有影响力的文章，但是任何书籍都不可能准确地、综合地、详细地总结这方面的研究，即使一本发展心理学的课本也只能叙述一些皮毛。然而，我们有把握从这些研究中抽取出一些非常普遍化的结论。

一个一般性结论是，专家提供的大多数有见识的建议——不论这个建议是不是来自科学的证据——都反映了一种文化观点，即在特定文化中一个好(健康的、快乐的)孩子和一个好(健康的、快乐的)成人意味着什么。在美国和很多其他的西方个人主义国家，这种文化观点强调个人主义、自由和自治。要想健康、快乐、适应良好，我们相信孩子和成人应该要自立，要能够独自面对挑战。因此，我们把这种人格特质理想化为"胜任力""控制力""独立性"，我们努力在我们的孩子身上培养这种个性。

因此，你要记住，基于我们对抚养方式非常有限的科学理解和对个人主义的文化偏见，我们可以转向第二个关于抚养孩子和人格发展的一般性结论。关于家庭教养方式的广泛和持续的研究指出存在四种基本的教养方式：权威互惠型(authoritative-reciprocal)、权威主义型(authoritarian)、纵容放任型(indulgent-permissive)和忽视型(neglecting)。这四种方式是根据两个基本维度划分而来的，即"命令/非命令""接受/拒绝"(Baumrind，1971；Maccoby & Martin，1983)。图 3.A.1 展现了这四种方式和两个维度。权威互惠型得到持续的研究,因为这种类型的方式最容易提升孩子的胜任力和控制力。

	接受(有反应、以孩子为中心)	拒绝(无反应、以父母为中心)
命令 (控制)	权威互惠型	权威主义型
非命令 (低程度控制)	纵容放任型	忽视型

图 3.A.1　二维分类的教养模型

来源："Socialization in the Context of the Family：Parent-Child Interaction"(p.39)，by E. E. Maccoby & J. A. Martin，1983. In P.H. Mussen(Ed.)，*Handbook of Child Psychology*(4th ed.，Vol.4，pp.1—102). New York：John Wiley & Sons.

在权威互惠型的教养方式中,"孩子要对父母的要求有所反应,反过来父母也要相应地承担尽可能地对孩子合理的要求和观点更敏感的责任"(Maccoby & Martin，1983，p.46)。在权威互惠型的教养方式中,父母为家庭中合适的行为设立了明确的标准,但他们也开放地接纳孩子的观点。这样,父母在和孩子的关系中有高度的控制感和责任感。一系列的研究显示,权威互惠型的教养方式与孩子在认知和社会领域的独立性和自主性、控制攻击行为的能力、社会责任感和自尊水平呈正相关,尽管这种相关在统计上只是中等水平(Maccoby & Martin，1983；Steinberg，Darling，& Fletcher，1995)。

权威主义型的教养方式呈现高要求低责任的特点。权威主义的父母可能是独裁的和顽固的。严格的规则就如同神圣的法令一样被强制执行,而规则背后的原因从来没有被解释和讨论过。这样的父母高度看重服从,不鼓励孩子和长辈之间的协商。研究显示,权威主义父母的孩子与同伴相比缺少竞争力,他们比较孤僻,缺少主动性;倾向于具有相对较低的自尊。一些研究还表明,权威主义型的教养方式可能减缓孩子内在良知的发展。权威主义父母的孩子更有可能基于外界权威的压力而遵守道德,其他孩子则更加依赖自己内在的标准。

纵容放任型的教养方式是权威主义型教养方式的反面。在这种情况下,父母没有为孩子设立行为的高标准反而对孩子有求必应。溺爱孩子的父母对孩子的各种冲动持宽容和接受的态度,包括性冲动和攻击冲动。他们很少对孩子施加惩罚,而且尽可能避免树立权威、施加控制和抑制,也不要求孩子有成熟的行为。在过于自由和平等的家庭中长大的孩子相对而言更有冲动性、攻击性,缺少自立性,而且不能为自己的行为负责任。虽然高度放任的教养方式被证实有一些好处，但"从总体来看消极影响大于积极影响"(Maccoby & Martin, 1983, pp.45—46)。

最糟糕的教养方式是忽视型，这种父母既不对孩子提出要求也不回应孩子的要求。忽视型的教养方式有各种形式，从消极性的忽视和情感冷漠到虐待孩子。在这种家庭中长大的孩子可能会表现出一系列的消极性格特点——从低自尊到难以控制冲动再到高度的攻击性。

当我们研究生物科学中的环境时，我们学会了思考自然世界中复杂的生态环境。构成这种生态环境的是大量的互相联系的环境系统，它们在特定的时间和地点定义了自然世界。同样地，我们可以依据社会生态(social ecology)来思考人类行为所处的环境(Bronfenbrenner, 1979；Moen, Elder, & Luscher, 1995)。社会生态环境包含很多不同的影响人们行为和塑造人们生活的环境背景，包括那些即时的和关系密切的背景，例如，某个人在特定时间点发现自己所处的特定的社会情境。受到行为主义和社会学习理论强烈影响的人格心理学家，对那些在特定的时间和地点塑造行为的即时情境因素特别感兴趣。社会情境构成了社会生态环境的微观背景(microcontexts)——即时环境对行为的影响。

除了这些即时情境之外，还有更大的和更远端的行为背景，例如，我们的家庭、邻居、学校和教堂。以家庭为例，家庭至少从两种意义上来说是行为的背景。从第一种意义上来说，一个人在家里的表现和在其他场合的表现经常是不一样的。研究家庭系统的心理学家发现，一个家庭成员的行为通常与他在家庭中承担的特定角色一致(例如，Minuchin, 1974)。在我的家庭里，我总是一种权威的形象，我应该知道所有问题的答案，而且要为我的妈妈、兄弟和姐妹提供指导(但是在其他的情境下我不太可能扮演这种角色)。从第二种意义上来说，家庭是学习各种行为方式和价值的一个背景，在这里学到的东西很可能会泛化到生活的其他方面。事实上，这个美妙的早晨我正在写这一章的内容而不是睡觉，部分原因就是我在家庭中学会了做一个勤恳认真的学生和努力工作的劳动者。因此，我的家庭给予我的这一财富就是我现在所处环境的一部分。当你思考你的家庭、你的社区、你曾经待过的学校和教堂时，你会对自己的生活有同样的看法。

最大的和最远端的行为背景就是宏观背景(macrocontexts)，包括社会阶层、种族、文化，以及我们所处的历史背景。在任何一个时刻，一个人的生活处于一套背景之中，从即时的社会情境这样的微观背景到阶层、文化和历史这样的宏观背景。要想充分理解某种行为和表现某种行为的人，我们需要将这种行为和这个人的生活放在一系列从微观到宏观重叠的背景中考察。然而，定义行为的环境是一项很艰巨的工作，因为这个环境是在同一时间运行的很多不同水平的不同事物。那么，让我们简单地梳理一下人类行为的社会生态环境的一些方面，从即时的社会情境开始，一直到阶层、性别、文化和历史的宏观背景。

微观背景：社会情境

　　什么是情境？很多年前穆斯（Moos，1973，1974，1976）在考虑这个困难得令人称奇的问题时提供了一个有价值的起点。穆斯构造了人类环境的六个部分的分类系统，给出在界定一个特定环境时可以考虑的各种特征。穆斯定义的人类环境的六个大类包括：(1)物理生态学的各种维度；(2)行为背景或片段；(3)组织结构；(4)情境中人的个性特征；(5)组织氛围；(6)功能和强化特性。表 3.3 概述了这个体系并提供了例子。

　　克拉厄（Krahe，1992）提出另一个框架，把情境特征纳入一个嵌套的层级结构中。这个层级结构的最低层是情境刺激（situational stimuli），即情境内在的具有自身意义的物体和行为。例如，在期末考试的情境中，情境刺激包括桌椅的特别排列，纸和笔，教室中坐着一同考试的学生，等等。第二层是情境事件（situational events）或片段。同样是考试的例子，它包括"被告知要开始考试了"和"在考试的最后回答论文问题"。在第三层，事件结合成一个完整的画面，或者说是完整的情境（total situation）。完整的情境的特点是它在特定的时间和空间出现。这个考试可能是这个学生进大学以来的第一次考试，或者是心理学课的唯一一次考试。在第四层，情境以一般化的术语来定义，例如"一般的考试"。尽管一场考试可能是特别的，但大多数考试都共享着一些特点，这些特点也就是所有考试的本质。最后，在第五层，也是包含最广的一层，我们可能要谈谈生命情境（life situations）。根据克拉厄的说法，它是"影响个人的和被个人在特定发展阶段的行为影响的社会和心理因素的总和"（p.196）。关于这个考试的例子，生命情境可以定义为"在大学作为学生的第一年"，包含与生命中这个点有关的所有特定情境。

表 3.3　人类环境的六大种类

种　　类	示　　例
物理生态学的各种维度	气候、地理、居所的建筑类型、设施的物理特征
行为背景或片段	教堂、球赛、厨房、教室
组织结构	组织的人口密度、组织的场所、线性化程度、学校的师生
情境中人的个性特征	这一情境中人们的性别、年龄、能力、地位、资质等
组织氛围	社会风气、人际关系的本质和紧密度
功能和强化特性	某行为在这一情境中的强化结果，比如攻击行为是否受到鼓励

来源："Conceptualization of Human Environments，" by R. H. Moos，1973，*American Psychologist*，28，652—665.

　　你可能认为既然情境是处于外部环境中的,那么我们可以用自身属性之外的客观属性对它们进行分类,例如,气温、空间大小和当前人数。但是,当心理学家让人们区分社会情境时,他们发现人们一般不关注这些客观的外部特征,而是倾向于用自己的主观标准去知觉情境,依据情境能够为自己带来什么东西去区分情境。人们倾向于从心理的角度而不是从物理的角度去知觉情境(Krahe,1992),因此情境既存在于外部环境本身也存在于观察者心中。鲍尔(Ball,1972)指出,"情境可以被定义为所有意识到的信息的总和,从行动者的视角来看,它与自身及他人的定位有关,这样他才能对自己的行为和互动作出决定"(p.63)。

　　人们经常根据自己的心理契合度(psychological affordances)来描述特定情境的特征——情境到底为参与者的行为和经验提供了什么样的机会(Dworkin & Goldfinger,1985)。例如,马格努森(Magnusson,1971)让人们评估 36 种不同的情境,他发现人们对情境进行排序时依据的关键性维度包括这个情境能给予怎样的回报,这个情境引发的负性情绪有多大,一个人在这种情境下会有多被动,这个情境能够提供多少社会互动和活动。福加斯(Forgas,1978)定义了四个维度,这四个维度又可组成十五种不同的人际情境。这四个维度是:情境引发的焦虑值,人们感受到的对情境的卷入程度,情境中全部的好事和坏事的比例,以及情境中包含的任务和社会情绪互动。其他的研究则得到不同的结构。很多维度都可以用来与我们的即时情境进行对比,但大家对于哪一个维度是最重要的还没能达成共识。

　　如果以人们主观的心理契合度来定义情境的好坏,那么从人们的主观情境中区分出现实情境就非常困难。再深入一步,如果人格塑造观念,那么同样困难的是从外部情境中区分出内在人格变量,因为人格特征可能决定着人们怎样解释外部情境。福加斯(Forgas,1983)的研究支持了这个观点,他发现内向的人倾向于依据自信心维度组织关于环境的信息。与此相反,外向的人倾向于依据情境有多欢乐,能提供多少人际卷入对情境进行归类。简单来说,内向的人和外向的人经常处在不同情境中(依据他们的主观观点),即使在外人看来他们处在同一情境中时也是如此。

　　然而,不论是内向的人还是外向的人,一般都拥有"有关情境的大量的、多样化的专业知识",这种专业知识可以被用作和称作行为指导(Cantor,Mischel,& Schwartz,1982,p.70)。根据一个人对情境的理解方式,人们可能会习惯性地构造出精巧的情境原型(situational prototypes)(Cantor et al.,1982;Schutte,Kenrick,& Sadalla,1985)。一个情境原型是关于一类情境的一系列抽象的特点。它就像一个人的工作模型,告诉人们在某一类情境中去期望什么和怎样表现。一个情境原型可能包括自然背景的信息,如情境中人物的外在特征和人们表现出来的一般行为。

　　例如,派对情境可能暗示一系列与派对有关的典型的特征。也许这个派对原型一般都发生在晚上,有大量的人聚集在一个圆形的空间中,大家穿着正式的衣服,边吃边喝,热情地谈话说笑,还有音乐和舞蹈以及大量的噪声。当然,各种派对会有不同,而每种派对都有它自己主题的一系列特点。然而,我们从自己的经验中抽取出"派对"的核心,这个核心代表了派对的"最佳例子"或"完美案例"。接下来,我们依据这个内在的分类系统评价我们遇到的每个派对。女子联谊会里举行的大型舞会对我们来说可能是一个典型的派对,因为它具有所有派对共同的特点。此外,在大学英语老师家里举行的诗歌朗诵会可能不太典型,因为它与最典型的派对情境相差太远。

宏观背景:社会结构

世界上没有完美的绝对平等的社会。在所有的社会和现实的人类群体中,权力和资源都是不平等分配的。我们可以争辩为什么会这样或者是不是一直以来都这样,但可以肯定的是,现在一些人比另一些人更有机会得到社会上最有价值的资源。在美国社会,这样的资源包括金钱和教育,它们中的每一项都直接或间接地赋予人名誉、地位和权力。资源的不平等分配造就了复杂的人际关系,对人们怎样发展、为什么而努力,以及怎样理解自己和世界产生深远的影响。因此,"社会结构"(social structure)这个术语,指的是那些从权力和资源维度上将人们区分开的社会条件。社会结构提供了人类行为的广阔的宏观背景(Pettigrew,1997)。当我们关注到人格与社会阶层的关系时就会发现,宏观背景对人格的影响是明显的。

在一份经典的对不同国家的社会阶层的研究报告中,英克尔斯(Inkeles,1960)发现,社会阶层较高的人(那些有着高收入、专业的工作和高等教育背景的人)与社会阶层较低的人相比,显示了不同的态度和行为模式。例如,英克尔斯发现高阶层的人倾向于报告更高的工作满意度。社会阶层与有关工作和人类本性的态度相关。处在高社会阶层的人倾向于表示他们的工作是有趣的和令人满足的,而不仅仅是稳定的收入来源,而且他们倾向于相信改善人类本性的可能性。与此相对,低阶层的人在工作中最先考虑并且最重视的是安全,他们对人性更加倾向于宿命论和悲观主义。

在过去的 35 年间,科恩(Melvin Kohn)及其同事开展了一系列影响深远的关于社会结构与人格的研究(Kohn,1969;Kohn,Naoi,Schoenbach,Schooler,& Slomczynski,1990;Kohn & Schooler,1969,1973)。科恩认为,社会阶层对人格的影响在工作场合的需求之中和家庭动力之中都可以表现出来,专业的和高社会地位的职业使工作者有高度的认知需求。相较于蓝领工人和其他低地位的工作者,教师、医生、律师和其他白领专业人员在自己的工作中要作出更多自发的、独立的判断。因此,高地位的工作者在工作中享受和培养出高水平的"自我引导"。与此相反,低地位的工作者在工作中几乎没有认知挑战,没有机会作出自主的决定而必须机械地服从上级的命令。结果是,低地位的工作者在社会中更加重视服从权威。科恩等人(Kohn et al.,1990)发现,美国、日本和波兰的高社会阶层的人与低社会阶层的人相比更有一种自我引导的取向,包括高度的内控和高度的信任。高社会阶层还与低从众性、低焦虑和更高的思维自由度相关。

有趣的是,关于高阶层的自我引导和低阶层的权威服从之间的差别有着向家庭领域扩展的倾向。科恩(Kohn,1969)表明在美国和意大利,中产阶级的父母经常重视目的和自我引导,而低阶层和工人阶层的父母经常重视服从家庭中的权威。享受专业化和高地位工作的群体,他们的孩子被鼓励自我引导,而这本身对孩子长大后追求职业成就是很有利的。与此相反,当父母是低地位的工作者时,孩子被教育尊重权威。尽管这样的社会化模式适合低地位的工作需求和家庭生活,但是对孩子今后准备追求进入高阶层社会是不利的。发展心理学家卡根(Jerome Kagan)强调,低阶层和工人阶层家庭在工作中最先考虑和最重视的是安全,而且试图在孩子身上培养这种思维——这种思维方式和行为强化了职业领域的稳定性和停滞。卡根(Kagan,1984)写道:

> 那些没有上过大学的父母,把自己和孩子看作工人阶层的父母,总是生活在持续经济危机中的他们把自己个人化的焦虑和不安归因于经济压力,这种经济压力在他们看来是无法完全控制的。这些家庭把工作的安全性放在第一位,在对孩子的教育中,一个主要的目的就是要保证孩子具有足够的品质以保住一份工作。他们只接受两种关键的品质:被同伴接受以及抵制被更有权势的人剥削。(Kagan,1984,p.249)

相反,中产阶级的家庭更有可能接受良好的教育并有宽松的经济环境。父母可能有更专业化的职位,孩子可能在教育中接受不一样的价值、信念、世界观系统:

> 接受过大学教育特别是有着专业化职位的父母,认为自主的选择、智力上的挑战和工作的社会地位比工作的安全性更重要。他们认为,同伴拒绝或不支持带来的焦虑会阻止他们达到目标,因此他们试图给孩子的同伴焦虑打预防针,教孩子更重视自主选择和竞争力。(Kagan,1984,p.249)

87　在美国和英国的研究表明,中产阶级的青年和成年人与低阶层相比使用更复杂的和更少刻板印象的语言,即使当他们的智商测验分数一样的时候也是如此(Kagan,1984,p.249)。伯恩斯坦(Bernstein,1970)认为,低阶层的父母在与他们的孩子交流时使用了一种有限制的语言编码,这意味着他们的语言交流只限于直接具体的陈述和要求的表达。中产阶级的父母倾向于使用开放的语言编码,包括复杂的句法、条件性的陈述和抽象观点的表达。拉波夫(Labov,1972)对这种观点提出了批评,他认为中产阶级的心理学家对低阶层者对话中的细微差别和广泛的意义根本就不敏感。然而,伯恩斯坦和拉波夫都同意语言反映着背景,高阶层和低阶层语言行为中的差别反映了在世界上存在着不同的创造意义的系统,因此在不同的背景中同样的行为有不同的解释。

尽管心理学家早就对社会阶层和人格特征之间的关系感兴趣,但他们最近才开始深入研究极度贫穷对人格和人的发展的影响。在极度贫穷家庭中成长的孩子面对着各种环境的劣势,很多问题不是中产阶级的人可以理解的(Evans,2004)。与富裕家庭的孩子相比,贫穷家庭的孩子暴露在家庭焦虑、暴力、与家人分离、不稳定以及杂乱的家务中。他们从父母那里获得的社会支持很少,更少被关心,更少接触到书和电脑,更长时间看电视。低阶层的父母更少参与孩子的学校活动。另外,他们呼吸的空气和饮用的水受到更多的污染,住所更加吵闹和拥挤,他们的邻居更加危险和不友好,他们的日托中心条件更差,他们更少享受到市政服务。贫穷是一种令人害怕和悲哀的宏观背景的一部分,它对人格的影响既广泛又微妙。

作为宏观背景的性别

如果社会结构是指那些沿着资源和权力的线索来区分人们的社会条件,那么区分人类生活的另一大结构就是性别。性别包括所有的社会和个人特征、构造,以及典型地与人类生理性别相联系的角色。作为社会学习的产物,我们期待男性和女性在很多重要方面有所不同。更极端地说,我们形成性别刻板印象,即对于男性和女性应该做什么和怎么做的刻板观念。例如,我们一般会期望男性应该比女性更加果断和进取,而女性应该更加深情和温柔(Spence,1985)。社会心理学家已经证明性别角色刻板印象在美国和其他国家的普遍性,而且说明刻板印象怎样根植于性别歧视中。

就像社会阶层一样,性别也有很深刻的权力和特权的意味。在很多社会中(包括现在的美国社会),男性比女性更有机会获得社会和经济权力。男性控制更多的公共资源,能作出更多影响整个社会的决策,享受更多的自由和自主。尽管在过去的 30 年间男女平等的进程已经加快,但美国男性(特别是白人)依然占据最多的社会权力和最高的特权地位。例如,他们占据公司高管和政府领导职位的人数远远超过女性,而且他们仍然比女性赚更多的钱,即使他们的专业职位与女性的职位相当。在家庭内部,男性还是占据着最有统治力的角色,在很多美国家庭中,当作出重要的生活决策时,女性和孩子都被期望遵从家庭中的男性,特别是关于家庭金钱使用的问题。在一个更为残酷和潜在的层面,男性骚扰、强奸和杀害女性的比例远远高于女性对男性这样做的比例。这样的行为可能来自失意和愤怒,但实际上是来自社会支配,身体侵犯构成了一个机制,通过这个机制,男性可以对女性施加权力和控制。

性别角色刻板印象通常会强化男女之间权力的差异。男性的刻板属性如"支配性""武断的"和"控制欲强的"强化了男性在社会上是有权力的这种观点,而典型的女性刻板属性如"附属型的""养育"和"温柔"意味着女性处于从属地位。在很小的时候,孩子们就了解到这些特点作为生理性别的功能是分别适用于不同的人的。女孩可能会因为合作和友好而得到奖赏,然而男孩粗暴喧闹的行为可能会得到强化(工具性条件反射)。男孩和女孩都会看见女性在社会上扮演着照料者的角色,而男性既是养家糊口的人又是行动上的英雄(观察学习)。性别社会化在现在的美国社会普遍存在——不管是以明显的方式还是以微妙的方式，不管是出于善意还是出于恶意。通过奖赏、惩罚和观察学习，男性和女性都对社会期望的合适的性别行为方式非常熟悉（Brody，1999）。当然，不是每个人都会遵守刻板的行为路径。但事实上每个人都意识到了社会期望，尽管这些社会期望也在不断地改变，尽管男性和女性都在努力地改变这些期望。

有研究者（Eagly & Wood，1991，1999）认为，社会化过程中形成的性别角色可以解释很多已经在人类社会行为中被观察到的性别差异。例如，回顾一些实证研究可以发现，很多社会行为都表现出性别差异，例如攻击性、助人行为、非言语行为和群体互动（Eagly，1987）。从小的时候开始，男性就比女性更有攻击性（Eagly & Steffen，1986；Maccoby & Jacklin，1974），这种差异在青少年时期就已经表现得特别明显，男孩会表现出显著高水平的反社会行为，包括暴力犯罪。此外，男性也表现出与陌生人短期交往时更高水平的利他和帮助行为，例如当陌生人需要帮助时（Eagly & Crowley，1986）。然而，女性表现出相当高水平的日常的帮助行为，例如关心他人的需要，这样的行为一般发生在亲密和长期关系中。在一个关于英雄主义和性别的有趣的研究中，研究者（Becker & Eagly，2004）指出，男性在那些威胁到生命安全的情境中作出非凡的英勇举动从而获得卡内基奖章的人数更多，但是女性倾向于在危险较少的情境下表现出同等或者更高水平的英雄主义，这些情境包括肾脏捐献，为和平工作队、世界医生等组织做志愿服务。

相比于男性，女性对社交中的非言语线索更加敏感。在社交中，女性会比男性表现出更多的微笑，更善于利用面部和身体语言，对他人的行为表现出更多的关注，更多地触碰他人和靠近他人（Hall，1984；Stier & Hall，1984）。女性也报告，她们会体验到更多的对他人情绪上的共情（Eisenberg & Lennon，1983）。这些性别差异一般都与社会中普遍的观念一致，即女性比男性更有社交技巧，更情绪化而敏感，更会表达，更关注人际关系。以群体为单位的研究发现，女性比男性对外群体的人更加友善、随和（Anderson & Blanchard，1982）。相反，男性更多地将行为直接指向完成组织安排的任务。作为领导，女性会采取更加民主的风格，男性则会采取更加独裁的方式（Eagly & Johnson，1990）。

尽管被记录下来的社会行为的性别差异并不是很多，但它们还是与社会期望的性别角色相一致。在一般层面上，可以用能动性（agency）和共生性（communion）来概括这些社会期望（Bakan，1966）。能动性指的是个体习惯用强大和扩张的方式维护自己的一种倾向，与这种倾向相关联的个性特征是强烈的进取心、独立、掌控力和竞争力等。共生性指的是个体与他人联合的一种倾向，与这种倾向相关联的个性特征是友好、无私、关心他人和积极的情绪表达等。简而言之，性别角色意味着男性应该更有力量而女性应该更加注重合作。对社会行为的实证研究为这些期望提供了支持。换句话说，男性和女性的行为确实与性别角色期望相一致，尽管这种倾向是中等程度的。有研究者（Eagly & Wood，1991）认为，在能动性和共生性方面的性别差异可能主要是生活中社会学习的结果。社会化的联系和不同的文化准则反映了男性和女性在不同社会角色中的不平等分布。在这一问题中需要特别指出的是，女性扮演着养育孩子和做家务的传统角色，而且在一个男女分隔的经济社会中，男性和女性也从事着不同类型的职业。

现在，至少有两种不同的观点能够解释社会行为的性别差异及其与性别角色和性别社会化的关系。更乐观和合理的解释是，性别角色反映着那些由自然和选择综合作用而形成的有益的性别差异。类似于这种观点的另外一种解释是，因为女性在生理上更适合照顾孩子，而男性一般比女性高大和强壮，所以男性和女性适合扮演社会上不同的但是有同样价值的角色。也就是在某种意义上，男女性别角色虽不同但平等。第二种不那么乐观的解释强调霸权，或者说是一个群体对另一个群体施加的权力。根据第二种观点，性别角色是两性之间权力分配不平等的产物。在一些特定的社会，男性占据了更多的支配权。通过意识到的或者没意识到的方式和公开或者非公开的方法，男性通过权力使女性屈居于更低的地位，扮演着拥有较小的影响力的角色。那么，为什么女性比男性更有合群性？根据重视权力和霸权的观点，女性更具有融合的倾向性，而且发展出更好的人际交往技巧是一种为了在从属角色中更好地生存和获得成功的策略。对女性来说，锻炼人际关系技能是她们不得不做的事情，她们这样做只是为了让自己能在男权社会中发挥出一点点影响力。与此相反，男性不需要人际敏感和合作的倾向，因为他们可以通过直接的、强有力的方式达到自己的目标。

无论你希望用哪种方式解释男女在社会行为中的差异，以及这些差异与性别角色和性别角色刻板印象之间是怎样联系的，你可能都会得出一个结论，即性别是人类行为的一个普遍的宏观背景。我们在对一个人所有的认识中首先就有关于这个人是男是女这件事。我们的知识塑造着我们的期望，我们会预期一个人应该怎样表现他的行为，这个人是谁，以及我们应该怎样与这个人进行互动。性别角色告诉我们在各种社会情境中应该怎样做，从我们第一次约会到怎样做一个群体的领导，几乎包含所有的事。即使我们的行为违背了性别角色，即使我们想超越它，我们依然知道性别角色是存在的。因此，就算性别角色可能并不控制我们的生活，也不一定会在我们作出违背性别角色的行为时使我们变得无助，但它仍然是人类生活中不可避免的力量。换句话说，性别是人类经验中无所不在的分类。人格就是有性别的，人类的生活在某种程度上是一个性别的建构，我们每个人都生活在一个性别化了的世界。

文化

2006—2007 学年度，在芝加哥的尼古拉斯·森（Nicholas Senn）中学上学的 1 500 名学生中，有 227 人来自墨西哥，44 人来自巴基斯坦，33 人来自埃塞俄比亚，25 人来自加纳,18 人来自越南,来自波斯尼亚和菲律宾群岛的各有 13 人,8 人来自德国,还有 53 人来自其他国家,其中有 819 人出生于美国(Brotman,2007)。在这里上学的学生总共说着 46 种不同的语言。阿曼汗(Amna Khan),19 岁,2007 年以班级前几名的成绩毕业,她 9 岁以前在巴基斯坦本土学习《古兰经》,在移民美国之前她从未上过学。即使在这所学校上学,她也错过许多课程(都通过夜校和周末课程补回来了),因为她的父母经常带她回巴基斯坦参加家庭的葬礼和婚礼。她已经确定要嫁给一个从未见过的男人。她说自己很高兴要嫁给他,但是她计划先上大学和完成医学教育。她的同学默茜(Mercy Akomaa)来自加纳,加纳的学校比美国的更加严格,那里的学生从来不与老师交谈。默茜喜欢这所中学,但是她讨厌她的非洲朋友喜欢美国流行音乐和美国式的行为方式。"我不喜欢非洲人试图去做美国人,"她说,"他们忘记了自己的传统。"(Brotman,2007,p.23)

　　这段时间文化的汇合和撞击是尼古拉斯·森中学的中心和首要议题,而且逐渐成为美国和世界其他地方的议题。像阿曼汗和默茜这样的学生,她们面临的挑战就是怎样在不同的文化中为自己创造一种有意义的生活。像今天美国所有聪明的和有天赋的年轻女孩一样,阿曼汗梦想当一名内科医生,但是她也接受了一个被安排的婚姻。默茜对自己在美国的体验很矛盾:她很想充分利用她在美国受到的教育,但是她又不想自己变得"太美国化"。她不想忘记自己的文化。

　　在考虑人格时,我们也不要忘记了文化。然而,它又是如此容易被忘记。对那部分很少接触其他文化的群体,以及虽然接触过其他文化但仍然认为其他人和自己是一样的美国人来说,文化的问题根本就不是个问题。每个人在生活中想要的都是大致相同的东西——幸福、成功、爱、兴奋、挑战,等等。就像我们在第 2 章中说到的,这种论断在很大程度上是正确的。进化使人们面对某些普遍的挑战,全世界的人们必须面对这样的挑战,不管他们有怎样特定的风俗、观念和信仰等。进化使得人们的心灵以这样的方式运作,从而能够以大量不同的方式面对他们自己的挑战和过自己的生活。你可能不用在尼古拉斯·森中学上学,但你需要明白世界各地的文化有多么不同,明白各种文化彼此竞争以赢得影响力,明白每一个社会都有不同的文化共存,明白现在世界上有很多人像阿曼汗和默茜一样努力去调和她们生活中不同文化的竞争。

　　人类行为最广泛、最深远的宏观背景是文化。社会学家对文化有着许多不同的界定。有研究者认为,文化是特定社会中的人们接受的一种传统的规则(LeVine,1982)。根据这种观点,文化

　　　　是由一系列规则组成的有组织的结构,它涉及作为群体中的个体,人们应该怎样与其他人交流,怎样思考自身和自身所处的环境,以及怎样与环境中的人和物进行互动。这些规则虽然不是普遍的,不是一直都被遵守着,但是会被所有人意识到,而且它们限定了群体中的交流方式、信仰方式和社会行为的方式。(p.4)

当我们认为文化是将社会中的人们维系起来、组织起来的由规则组成的结构时，我们可能假设文化是存在于人之外的一个连贯和包容的整体。20 世纪 30—40 年代，研究文化与人格关系的社会科学家倾向于表现出这个重点（LeVine，2001）。他们的工作基于这样一个假设，即人们依照他们文化的规则而生活。因此，特定的文化可能创造出自己独特的个性风格或者"可能的人格"（例如，Benedict，1934）。但是，人类学家和其他社会科学家近些年的研究考察了文化和个人生活的交汇，他们提出要重视任何一种特定文化中的多样性和矛盾之处，以及个人生活和文化中不可避免的不匹配和不协调之处。例如，有研究者（Geertz，1973）认为，文化不应该被看作一个紧密的建构，一个由规则主导的系统。文化包含许多不同的元素，很多元素彼此之间都有冲突（Gjerde，2004；Holland，1997）。更重要的是，人们不是严格地遵守他们所在地区的文化，而是最充分地利用可以利用到的文化资源。每一种文化都提供"一整套习惯、技巧、方式、观点、规则、角色和价值，使每一个个体都可以建构自己潜在的独特的行为方式"（Triandis，1997，p.443）。人们在特定文化内有选择、有策略地行动和思考。"作为经验的建构者，人们有能力在各种文化元素中进行选择，作出声明，详尽阐述，将可以收集到的资源个人化，这样他们在忽视、抵制、质疑和改造其他文化元素时，既保持了个性，又拥有共性。"（Markus，Kitayama，& Heiman，1998，p.859）

从根本上说，文化不仅存在于人们周围，而且存在于人们内心。文化提供了一种方式去了解和建构自己、他人和世界（Bruner，1990）。文化"不是一块覆盖全人类的布，它融入人们的心中，从根本上塑造人类自身，以及人们怎样知觉自己和这个世界，怎样看待他人，怎样投入相互承担责任的结构之中"（Cushman，1990，p.31）。还有研究者（Shweder & Sullivan，1993）认为，文化概念的中心论点是文化浇筑人类生活的意义。他们指出，文化是"可能的或可用的意义的子集，通过文化适应——可以是正式的或者非正式的，内隐的或者外显的，有意的或者无意的——文化在塑造社会中人们的心理过程上已经变得如此活跃，以至于这些意义对个体来说与经验本身区分不开了"（p.29）。作为人类行为的一个复杂的宏观背景，文化提供了一个塑造个人生活的包含意义、实践以及论述的复杂混合体（Holland，1997）。但人们不是消极地遵守文化，相反，像阿曼汗和默茜一样，我们每个人都在适应一定的文化意义而忽略其他的文化意义，我们都与自己不赞同的或者厌恶的文化的某些方面作着斗争。文化给我们灌输意义，但是作为拥有主动性的个体，我们参与到文化之中并在这些意义上留下自己的印记，为文化和我们之间创造一个动态的、不断发展的互动过程（Gjerde，2004；Holland，1997）。

个人主义和集体主义

跨文化心理学的一个主题就是，当一些文化强调个人的自主性时，其他的文化提供了有关组织内的人们互相依存的意义。在文化层面，个人主义（individualism）是一个有意义的系统，这个系统把个体的自主性提到了最高的地位，而且反对群体之间的互相依存。拥有个人主义文化背景的人一般把自己的个人目标放在最优先的位置，即使这个目标与家庭、集体或国家的目标相冲突(Greenfield, Keller, Fuligni, & Maynard, 2003; Triandis, 1997; Triandis & Suh, 2002)。与此相反，集体主义(collectivism)文化给予组织和集体最高的优先权并反对个人主义。拥有集体主义文化背景的人通常把组织(例如家庭、社区、国家)的价值和利益放在个人价值和利益的前面(Triandis, 1997)。在一个测量集体主义的自我报告量表上，生活在集体主义文化中的人们倾向于赞同这样的条目，"即使需要历经困难我还是会跟我的群体站在一起""我随时随地地准备好为我的群体做事，即使我要牺牲一些我个人的利益"(Kashima et al., 1995)。

最具个人主义文化特点的国家有美国、加拿大、澳大利亚以及北欧、西欧的一些国家(例如英国)。对竞争、自主、个人主义和自我的重视被视为西方文化的标志，而且历史性地根植于西方的宗教、哲学、经济和政治体制(Bellah, Madsen, Sullivan, Swidler, & Tipton, 1985, 1991; Bloom, 1987)。这种普遍的意识形态意味着，西方人倾向于认为人有潜在的自给自足的力量，这是由不可剥夺的、基本的个人权利所赋予的，例如人有"生活、自由、追求幸福"的权利，自由说话的权利，集会的权利。我们将社会视为自主的机构，在这些机构中我们能够自由选择自己的行为。这种观点与生活在传统的印度小镇上的人们的观点形成了鲜明的对比。米勒(Miller, 1984)的研究显示，美国社会的小孩倾向于用个人状态的词来解释日常事件，而印度的小孩倾向于用环境的压力和社会中其他人的影响来解释日常事件。

亚洲、太平洋群岛和非洲的许多社会对集体主义尤其重视(Triandis, 1997)。集体主义价值(collectivist values)是东亚宗教和传统文化的核心，例如佛教和儒家传统文化。佛教认为，自我牺牲是人生的一个目标，只有通过自我牺牲，人才能跨越自我的限制找到自我与他人以及宇宙的联系。孔子把家庭和社会责任视为社会的准则。在儒家传统中，社会秩序比个人表达更重要，一个人必须知道自己在社会等级秩序中的位置，而且特别强调父母和孩子的关系，孩子有责任侍奉父母以体现孝心，同时对于国家也应该承担相应的责任。马库斯等人写到，在一些亚洲文化中，了解一个人在社会层级中的位置是非常普遍和重要的，以至于这种观念塑造了语言。萨摩亚的孩子最早学习的语言包括一系列关于权威的重要设想——谁可以说话，什么时候谁可以表达某种观点。孩子们被教导去寻找话语背后隐含的意思，这样他们就可以不用问很多可能会挑战父母和老师权威的问题。在日本，据说在问问题之前，有必要以儒家的方式问自己"这是一个需要问的问题吗?"如果是，那么"我是应该问这个问题的人吗?"(Markus et al., 1998, p.876)。谈论到人格和社会生活，日本人经常引用"娇宠"①(amae)这个概念

---

① 类似于儿童对母亲撒娇的一种特殊的依赖情感或行为。——译者注

(Doi，1962)。娇宠可直译为"依靠或假想他人的仁慈"，这在个人主义的观点看来可能是一个不成熟的儿童的特点，但日本人眼中的整个人生以"娇宠"这个词来贯穿。日本的成人和儿童都认为，在社会层级中自己和他人互相依靠彼此的仁慈联系起来。

个人主义和集体主义的差别不应该被视为两个极端，而应该被视为程度上的差别。任何一种文化都不全是集体主义或者个人主义的，相反，每种文化都有个人主义或集体主义的价值。不管生活在哪里，大多数人都能以有关独立(independent)或互依(inter-dependent)的术语来描述自己(Oyserman，Coon，& Kemmelmeir，2002)。例如，美国人能轻松地谈论自主的自我发展(个人主义)，也能谈论他们对群体和家庭的责任与承诺(集体主义)。因此，文化只是通过个人主义和集体主义的相对重要性来区分彼此。可以用个人主义和集体主义的四种定义属性——目标、关系、社会行为的决定因素和对自我的建构来进一步阐述它们之间的差别(Triandis & Gelfand，1998)。

第一个属性与目标相关。在个人主义者眼中，个人目标比集体(例如家庭、社区、国家)目标更重要，然而从集体主义者的观点来看集体目标更重要。重要的是，必须明确集体主义者认为他们是与某个特定集体相关联而不是与整个人类相关联。在集体主义者看来，一个人要对自己的群体忠诚，而且这种忠诚可能会将他们置于其他群体的对立面。第二个属性与关系相关。个人主义者认为，关系中的通则是合理的交换，独立和自主的个体聚到一起交换资源(例如金钱、帮助、爱)，在某种层面上社会生活就像一个交易市场。集体主义者认为，人们是被相互的责任和忠诚的纽带联系起来的。第三个属性与社会行为的决定因素相关。个人主义的观点认为，在激发和引导行为时，个体的态度高于群体的规范。个人主义的文化强调"坚持你认为正确的"和"真诚地对待自己的信念"。与此相反，集体主义的价值系统认为社会规范高于个人的观点和态度。人们被鼓励去遵守群体的准则。第四个属性与对自我的建构相关，个人主义文化和集体主义文化对自我的建构非常不同。个人主义文化的自我建构认为，自我作为一个自主和独立的个体高于他人而且与他人相对立。集体主义文化的自我建构则认为，自我与他人相互依赖而且融入群体之中。

研究者(Markus & Kitayama，1991)详细描述了具备个人主义文化特点的独立自我(independent self)建构与集体主义文化中普遍存在的互依自我(interdependent self)建构的差别。如表 3.4 所示，研究者认为在西方，尤其是北美洲，中产阶级文化中有一种不依赖他人的独立自我的强烈信念。这个自我用各种内在属性的词来定义自身，例如动机、能力、天赋或者个性，而且文化的主要任务是去发现、实现或确定自我的这些个人属性。成为独立的个人的方式来源于文化熏陶，例如重视个人选择的谈话方式，高于且对立于社会规范的自我满足，以及存在于这种文化中的绩效工资制度。相反，很多非西方文化，特别是亚洲文化(重要的是还有很多在美国的非欧裔群体的文化)并不重视这种严格的区分或者说这种个人的独立。这些文化更崇尚群体内人们基本的联系和相互的依赖。自我是相互关系中自己处于哪一部分的一种参照，其主要的文化任务就是融入、适应关系，要强迫、驯服自己或者调整自己内在的渴望以促使自己达成人际和谐与团结的最高目标。这也来源于很多文化的熏陶，如强调与他人共情的谈话方式，对他人友好，以及存在于这种文化中的论资排辈制度。

94

表 3.4　独立与互依自我建构的主要区别

特　征	独　立	互　依
定　义	与社会背景相脱离	与社会背景相联系
结　构	有界限的、单一的、稳定的	灵活的、可变的
特　点	内部、私人（能力、想法、关联）	外部、公共（地位、角色、感受）
任　务	成为独一无二的个体	归属、适应
	表达自我	占据合适的位置
	实现内部归因	采取合适的行动
	提升个人目标	提升他人目标
	直来直去"说出你的想法"	较为间接"读懂他人想法"
他人的角色	自我价值：他人对于社会比较和反应评估很重要	自我界定：在特定情境下与他人的关系定义了自己
自尊的基础	自我表达的能力，有效的内部归因	适应的能力，自控，与社会背景保持和谐

来源："Culture and the Self: Implication for Cognition, Emotion, and Motivation," by H. R. Markus & S. Kitayama, 1991, *Psychological Review*, 98, 230.

心理学家对独立自我和互依自我区别的阐释刚好与个人主义文化和集体主义文化的区别相符，而且这两种区别共有我们在前面讨论性别时提到的概念——能动性和共生性的区别（Bakan，1966）。回想前面对性别的讨论，在许多关注心理过程的性别差异的实证研究中，男性被描述为更具有能动性（权力导向、争取自主），而女性被描述为更具有共生性（亲密关系导向、寻求联系）。然而，也有不同观点，一项重要研究反对将文化差异与性别差异等同。研究者检验了五种文化——澳大利亚文化、美国本土文化、夏威夷本土传统文化、日本文化和韩国文化——中的自我建构，结果发现，这些文化的差异确实可以通过测量个人主义和集体主义显示出来，但是同样的测量检验不出性别差异。测量对他人的共情（一个与集体主义没有关系的概念）水平能够显示出性别差异，女性在这项测量上的得分比男性高。个人主义文化（例如美国本土文化和澳大利亚文化）中的男性和女性倾向于认为他们的行为和态度是自我奋斗的表达，而集体主义文化（例如夏威夷本土传统文化、日本文化和韩国文化）中的男性和女性倾向于认为他们的行为和态度是他们与家庭以及社会群体相联系的表达。再考虑性别，两种文化中的女性都报告了比男性更高水平的与他人的共情和情感联系。个人主义/集体主义维度更适用于文化差异而不是性别差异。换句话说，亚洲人比美国人持更多的集体主义的观点并不表示亚洲人比美国人更能与他人保持情感联结。如果这一发现是对的，就说明情感联结与性别有关,而不是与文化有关。

　　近些年,心理学家开展了许多实证研究以检验个人主义文化和集体主义文化可能在多大程度上造成了人格差异。结果发现,在很多方面个人主义文化与独立的自我建构相联系,集体主义文化与互依的自我建构相联系,这与马库斯等人(Markus & Kitayama,1991)早期的声明是一致的。在回顾大量的文献后,研究者(Oyserman et al.,2002)发现,欧裔美国人比其他文化背景的人更重视独立而不是互相依赖,尽管这种差异在统计上并不显著。

　　个人主义和集体主义的文化差异可能与情绪相联系,而这也支持了独立自我和互依自我之间的差别。例如,有研究(Kitayama,Mesquita,& Karasawa,2006)发现,日本的男性和女性表现出一种普遍的倾向,即愿意报告与社会参与有关的情绪体验,例如友好的感觉和内疚感。这些社会情绪标志着一个人在多大程度上感觉自己与群体保持着有意义的联系。相比而言,美国人报告出更多的非社会参与的情绪,例如骄傲和愤怒,这些情绪标志着个体在表达自我时的成功和挫折体验。另外,日本被试的心理幸福感与他们体验积极的、社会参与性的情绪联系更加紧密,例如友好的感觉;美国被试的心理幸福感与他们体验积极的、非社会参与性的情绪联系更加紧密,例如自豪感。另一项关于情绪的研究发现,与欧裔美国人相比,中国人更重视低唤醒,象征着社会和谐的积极的情绪(例如宁静的感觉)。欧裔美国人则更重视高唤醒,象征着个人自我表达的积极的情绪(例如兴奋)。有趣的是,对两个群体而言,不同的文化重视的情绪(例如,中国人的宁静和美国人的兴奋)和人们在日常生活中体验到的真正的情绪之间的差异与压抑紧密相关。换句话说,压抑的中国人报告更少的宁静的体验(与非压抑的中国人比较),压抑的美国人则报告更少的兴奋的体验(与非压抑的美国人比较)。

　　社会心理学家尼斯比特(Nisbett,2003)及其同事开展了一系列研究,发现个人主义文化和集体主义文化可能影响人们感知和解释事件的方式。尼斯比特认为,美国人一般以分析型的(analytic)思维加工信息,把事物从背景中分离出来然后分析事物之间的差异。日本人通常以整体型的(holistic)思维加工信息,仔细地关注事物之间的关系以及事物是怎样整合进背景中去的。当观察在水中游动的鱼时,美国人倾向于关注鱼的动作和特点,而日本人侧重于观察鱼和周围环境的关系(Masuda & Nisbett,2001)。人们加工情境信息的简单差异可能预示着不同的文化价值和教育模式。尼斯比特认为,当美国孩子被教导去关注个体事物及将它们从环境中区分出来时,日本孩子则被教导去察觉事物是怎样与集体大背景相联系的。另外,美国人和日本人生活的不同的物理环境可能也有其影响。为了检验物理环境对知觉的影响,研究者为美国和日本的大中小城市的典型场景拍了照片,发现日本的场景被观察者评定为更模棱两可和有更多细节(Miyamoto,Nisbett,& Masuda,2006)。研究者认为,有更多细节的场景会使观察者的眼睛关注画面的背景以及部分是怎样与整体相联系的。为了支持这种论断,他们还发现当美国被试和日本被试快速看一眼这些场景时,典型的日本场景比典型的美国场景更能激起被试对背景的关注。换句话说,当呈现典型的日本场景时,参与这个研究的日本被试和美国被试都会使用整体性的加工方式,然而当对典型的美国场景进行反应时,两组被试都表现出低水平的整体性的信息加工方式(Miyamoto et al., 2006)。

96
###　现代性

另外一个关于个人主义和集体主义差别的文化概念就是现代性(modernity)。现代性一般是指 19 世纪和 20 世纪因工业革命而产生的经济、政治和文化系统,资本主义的发展和市场贸易的激增,科学和技术支配性地位的提升,民族独立国家权力的提升,特别是民主的提升,始于西欧和美国并最终扩展到亚洲的很多地方(例如日本)。尽管这些被现代性影响的社会还有很多文化差异,但现代社会仍然共享某些特征和观点。例如,现代性被认为会鼓励用一种理性和科学的方式来接触这个世界(Gergen,1991)。现代性的发展伴随着人们对宗教和各种形式的权威(例如君主制)的怀疑的增长,而且人们会持有一种信念,即认为人类的进步依赖科学、技术的进步以及经济、政治的发展(Harvey,1990)。盛行于现代社会的文化倾向于重视推理性、客观性、理性的演说,依据科学法则的发展,以及其他被普遍证实的知识和信念。随着社会变得越来越现代化,人们的价值观也在相应地改变。在对六个发展中国家进行的研究中,研究者(Inkeles & Smith,1974)发现,现代化的进程伴随着人格和社会生活以下七个方面的开展:(1)对新经验的开放性;(2)从传统权威中主张独立;(3)信仰科学的功效而不是持有宿命论;(4)为自己制定奋发向上的职业计划和为孩子确定积极的教育目标;(5)对守时和计划的关注;(6)对当地政策的兴趣和参与性;(7)对国内和国际新闻的兴趣。

文化的现代性提升个人主义。这个价值体系促进了科学和民主,科学和民主反过来又促进了这个价值体系,自由贸易倾向于促进自我的主动性、自我表达和独立。但现代性和个人主义不是同一个概念。例如,不同的现代社会对个人主义的重视程度是非常不同的,一些现代社会,例如日本和韩国,更重视集体主义而不是个人主义。所以,更合理的说法是,传统的集体主义社会在朝着个人主义文化方向发展的过程中变得更现代化了。现代性在自我的发展过程中也表现出它特定的问题和机遇(Baumeister,1986;Giddens,1991;Langbaum,1982;McAdams,1996b;Taylor,1989)。在现代社会,人们倾向于将自我视为他们从事、发展、提升直至力求完美的一项事业。例如,现在的美国社会,关于如何提升自己这个话题永远不会缺少建议和指导——电视脱口秀上的课程,流行的自助书籍和网站,治疗师、咨询师、顾问,事实上,很多人都想去指导别人怎样充分利用生活和开发潜力,以达到自我满足和自我实现。在很多现代国家,塑造自我是名副其实的产业,人们为自我建构这个工程投入了大量的精力和金钱。关于自我的现代观点倾向于认为自我是复杂的和多层次的,甚至在弗洛伊德宣称潜意识的力量之前,19 世纪的欧洲人就已经很热衷并沉迷于公我(public self)和私我(private self)

之间的差异。欧洲工业化的来临使得男性和女性都离开家庭农场到工厂里去,于是新的工作的公共场合就形成,现代工作的公共经历与家庭生活的私人经历区分开来,一个人可以有与私我非常不同的公我。进一步来说,一个人发展出的多种自我中的每一种自我都拥有相当的深度和复杂度。现代性带来了一个观点,即关于自我还有很多东西被掩藏起来,甚至被扭曲了。在现代社会,对自我的深层的、内在的部分进行探索已经成为特别吸引人的心理冒险(Gay,1984;Taylor,1989)。对很多现代人来说,这样的内在旅程会给人们提供揭示个人真理和道德信念的一些形式。现代性教会我们做真实的自己是非常重要的。

专栏 3.B

美国的种族和人格

自从欧洲殖民者将非洲人贩卖到新大陆充当奴隶,种族就将美国整体分成了不同的经济和文化阵营。美国的奴隶制早在一百多年前就被废除了,然而非裔美国人和欧裔美国人还是一直生活在不同的文化世界中。非裔美国人始终代表着更低的经济阶层。因此,种族和阶层是无法被轻易分开的。然而,很多社会学家和其他学者坚持认为,不论社会阶层如何,一个人的种族背景都会对他的发展以及与其他人的关系产生明显的影响。在一项比较非裔美国人和美国白人的令人懊悔的带有煽动性的心理学研究中,琼斯宣称:

> 在过去的几十年里,对种族的心理分析已经鉴别出非裔美国人一直遭受无休止的功能紊乱、适应不良、社会组织的缺乏、不佳的智力表现、动机不足、自我设限、怀疑、压抑和恐惧。按照这些文献的说法,有人会怀疑非裔美国人是怎样成功地生存下来的。这些消极论调的基因分析版本都立足于这样一个假设,即有缺陷的基因能够解释非裔美国人在美国社会较差的适应。然而环境版本指出,其原因是贫穷和种族压迫。当环境主义者经常声讨遗传学家的种族主义倾向时,心理学家不禁注意到,这两种角度都没有提及非裔美国人身上积极的、令人满意的或值得保留的特质、能力或贡献。研究非裔美国人心理学的根本目标是,超越那些反对非裔美国人的历史的概念,发展一种文化—进化的观点,正视非洲人的起源和在美国(以及其他国家)的新近发展,以及受压迫的深远影响。这个新观点应该包括,在非裔美国人的经历中什么是好的和有用的。(Jones,1983,p.142)

琼斯认为,美国社会科学家没有理解非裔美国人的文化这个大背景。科尔(Cole,1976)定义了非裔美国人文化的三个主要部分:(1)与美国白人共享的"美国主流文化"部分,而且信奉个人主义和物质主义价值;(2)与美国社会其他少数弱势群体共享的"少数派的意识"部分,加强了作为非裔美国人更可能是一个被歧视的个体的感觉；(3)独特的"非裔美国人"部分，包括特定的非洲人和非裔美国人的价值、特殊习惯和风格。这个"非裔美国人"部分包括科尔的术语"灵魂"(soul，人们作为一个充满活力和生命力的群体共同面对困难的意识)和"风格"(style，指说话、行走、着装和思考的个性特点)。

很多学者对欧裔美国人的哲学取向(为美国白人文化提供了基础)和非裔美国人的哲学取向(在非裔美国人文化中更重要)作了比较(例如，Akbar，1991；Dixon，1976；White & Parham，1990)。这些差异表明，非裔美国人的传统是高度社会性的而不是个人主义的，他们更重视现在而不是将来，关注主观情绪体验而不是客观理性。这都是文化的差异而不是个人的差异，代表了行为背后的内在哲学背景而不是行为本身的差异。我们再一次看到，不同的哲学背景通过不同的价值取向影响人的行为。

社会心理学家鲍曼(Bowman，1989，1990)是少数(但是数量在增长)试图理解种族大背景对人格复杂影响的研究者之一。根据鲍曼的研究，非裔美国家庭至少表现出四种作为适应性文化资源(adaptive cultural resources)的突出品质。第一，与绝大多数欧裔美国人相比，非裔美国家庭倾向于组成大的亲属网络。很多叔叔、阿姨、祖父母以及其他亲戚都住得很近，创造了一个支持性社区，尤其是为孩子的抚育提供了支持。第二，在非裔美国人群体中，家庭角色特别有弹性。例如，非裔美国人中的男性和女性在家庭中都倾向于扮演既能动又合群的角色，而不是特别遵守各自的性别角色(Boyd-Franklin，1989)。第三，宗教和灵性在非裔美国人中扮演着重要角色。非裔美国人比美国白人更频繁地参加教堂活动，而且会报告更多的宗教体验。教堂一直是非裔美国人社区传统的整合和维系力量，它发挥着精神指导的作用，对社会服务和社会变革都起了很大的作用。第四，非裔美国人的种族观念可以被视为一种适应性文化资源。非裔美国儿童用区别于他人的文化传统来促进自我认同，他们最终吸收这些传统以塑造自己的身份，创造一种富有成效的和完满的生活。

鲍曼吸收跨文化心理学的框架(例如，Triandis，1997)，认为不同的文化群体有很多相似的地方。例如，非裔美国人与美国白人想要同样的成功和满足。对于社会和政治问题，他们也倾向于持相似的观点，这些相同点组成人类学家所说的跨文化的非本位的维度，或者说是不同文化共享的相似的价值和目标。然而，每种文化都有它自己的本位维度或者说是那些区别于其他文化的特点。要想敏感和富有成效地理解美国种族的宏观背景，就必须既关注所有美国人共享的文化的非本位的维度，又关注那些对特定群体来说独特的本位维度，尤其是适应性文化资源。

从现代的观点来看,自我不仅拥有显著的深度和复杂度,而且会随着时间而改变。现代人经常使用发展的眼光和比喻来使生活变得有意义(Bellah et al.,1985)。由于现代医药的发展已经大大延长人类的寿命,现代人越来越希望自己活得长久而充实,在生命的旅程中,人们在成长、改变并经历各个阶段。因此,现代人越来越希望能够不断进步,向前发展,达到一个更高或更好的阶段和水平。在持续的改变和成长中,现代人也试图去创造自我中的某种连续性。怎样使一个深层的持续改变的自我——每天都在不断完善的自我——在我的生活中合而为一以提供一种统合、目标和连续性? 这可能是现代社会自我的创造中最有挑战性的问题。本书第 10 章讨论现代人是怎样为了创造叙事身份,完成自我而形成自己的人生故事时,我们会重新回到这个问题。

21 世纪的现代社会变得越来越具有文化多元性。当人们从一个国家移民到另一个国家,当越来越多的人见识到更多的生活方式、宗教、风俗和世界观,很多现代社会经历着多元文化的混合,当不同文化背景的人试着生活在一起时,冲突会不可避免地增多。美国现在是很多来自墨西哥和其他拉丁美洲国家的移民,华裔和韩裔美国人共同的家,最近还有世界很多其他地方的人来到美国,他们的第一语言不是英语,他们的文化与大多数欧裔美国人的文化大不相同。文化多元性为现代社会带来了很多挑战。例如,在美国不同种族的人是应该依照自己的文化来生活呢,还是应该试着融入美国这个"大熔炉"呢?

从心理学层面来说,多元文化也带来了同一性问题。许多人在确定自己二元文化身份(bicultural identity)时会感觉被两种不同的文化牵扯。如果我的父母都是墨西哥移民,但是现在我进了一所洛杉矶的英语学校,那么我是谁? 调查显示,很多二元文化中的个体感觉他们有两种不同的人格——每一种对应他们生活中的一种文化。在一项研究中,双语的墨西哥裔美国人在用英语和西班牙语思考自己时采取了不同的人格特质来描述自己(Ramirez-Esparza,Gosling,Benet-Martfnez,Potter,& Pennebaker,2006)。然而,其他的一些双语个体用一种更加整合的方式来看待自己的身份。有研究者对二元文化认同整合(bicultural identity integration,BII)进行了一系列研究,二元文化认同整合就是双文化的个体在多大程度上能够将他们受到的不同文化的影响整合到一个统一的单独的身份中(Benet-Martinez & Haritatos,2005;Benet-Martinez,Leu,Lee,& Morris,2002)。在二元文化认同整合上得分高的双文化个体融合了两种文化的传统、价值和训练方式,认为自己是一种整合的或者融合的文化的一员——既不是美国人也不是墨西哥人,而是墨西哥裔美国人。相反,在二元文化认同整合上得分低的人倾向于认为这两种文化是彼此冲突的,而且他们会因为这种冲突承受巨大的压力。

文化影响人格的每一个方面。我们将会在接下来的各章中看到文化与我们对人格特质的理解有关(第 4 章),与信念和价值有关(第 8 章),与我们叙说的关于我们自己的故事有关（第 10 章和第 11 章）。由于现代社会越来越是多元文化的,因此人格本身会有更多的文化上的细微差别。不管是以普通的还是深刻的方式,可以说文化是理解人们是谁以及人们行为的最重要也是最普遍的背景。

历史

当我们注意到人们之间的差异时,宏观背景在人类行为中扮演的角色是显而易见的。例如,一旦我们遇到来自不同文化的人,我们可能会开始思考文化的价值和规范是怎样把我们塑造成现在这个样子的。当我们看到现代社会经济资源非常不均衡时,我们不禁对阶层这个社会结构,以及同一国家不同的人是怎样在差异巨大的物质条件下成长起来的感到震惊。注意到一个社会中文化和社会结构的差异,我们可能会设想,如果我们生长在一个完全不同的宏观背景中我们的生活会怎样,我们的人格会是什么样的——如果我是非裔美国人而不是白人,我是富人而不是穷人,或者我是男性而不是女性,等等。还有一个不同的宏观背景同样影响着我们的生命,但我们很少思考它,这个宏观背景就是历史。考虑到阅读这本书的人都在这同一历史时刻活着,我们不太可能去思考活在今天的我们——活在 21 世纪初这个简单的事实是怎样深刻地塑造着我们的生活。如果现在是 1901 年、1776 年或者公元前 200 年,事情会不会有所不同呢?

历史这个大背景把我们的生活置于时间之中。年老时,人们会对历史怎样塑造生命有更多认识。你的祖父母可能会告诉你很多故事,在他们还是孩子时好的或者不好的日子,那时的日子是怎样与现在不同,那时没有电脑,没有很多电视频道,美国人还在残酷的战争中与日本人战斗。在与其他年代的人交流时,或者在历史课堂上,我们可能会意识到过去的生活与现在的生活不同,而且很可能与将来的生活也不同。社会学家曼海姆（Mannheim，1928/1952）认为,不同年代的人们因为其不同的历史经历会发展出不同的路径。对曼海姆来说,在同一个历史时间点出生的一代人会产生一个共享的世界观,相似的信念和目标,以及一代人共享的风格。曼海姆认为,在一个人的青少年晚期和成年早期发生的社会和历史事件对这个人将来的人格会产生重要的影响（参见 Rogler，2002）。

斯图尔特和希利（Stewart & Healy，1989）发展了一个理论来解释历史和社会事件是怎样被纳入人格中的。表 3.5 简要地介绍了这个理论。与曼海姆一样,斯图尔特和希利也认为,历史对人的影响强烈地依赖于当时人们的年龄和所处的地点。一个主要的历史事件,例如世界大战,对一个 10 岁孩子的影响与对一个中年人的影响是完全不同的。根据斯图尔特和希利的说法,发生在孩子童年时代的历史事件会塑造他对这个世界是怎样运作的基本预期。例如,由于严重的经济衰退（例如 20 世纪 20 年代末和 30 年代初的大萧条）而陷入贫困的家庭中的孩子内心可能会认为贫乏状态在生活中是正常的,世界永远不会为每个人提供足够的东西。青少年晚期和成年早期经历的历史事件则可能塑造生活的机遇和选择,特别是会对职业产生影响。如 20 世纪 70 年代早期,由于"水门事件",美国调查记者声名鹊起。那时候披露总统尼克松(Richard Nixon)丑闻的新闻使记者这一职业充满荣耀,这使记者这个职业对青少年和年轻人甚至包括我自己都具有非常大的吸引力。我这一代的很多大学生很快拿定主意要当一名调查记者。

斯图尔特和希利认为,中年早期发生的历史事件不太可能塑造基本的价值观和职业身份,因为 30 多岁到 40 多岁的成年人已经有很稳定的世界观。但是,历史事件仍然对人们的行为有重大的影响。世界大战的爆发可能会戏剧性地改变一个 35 岁家庭主妇的生活方式,战争中年轻人被抽调去打仗,因此她可能会因为劳动力短缺而要去工作。基本上她不会改变自己的价值观和身份,但是她的日常生活将会与战前非常不同。最后,中年后期发生的事件可能会为人的身份提供新的机会和带来巨大的改变。孩子们已经长大并建立自己的家庭,父母会感觉被解放了,可以去探索新的生活方式、职业甚至个人意识形态。主要的历史事件或者社会运动正好迎合了这种准备改变的心态。20 世纪 60 年代和 70 年代的妇女运动为女性的生命历程提供了新的机会(Duncan & Agronick,1995)。对已经带大自己孩子的成熟女性来说,妇女运动给她们提供了一个表达自己和思考自己的新方式。

表 3.5　个人发展与社会历史事件的联系

经历事件时的年龄	事件影响的焦点
童年期与青少年早期	基本的价值和期待(例如家庭的价值、假设的框架)
青少年晚期/成年早期	机会和生活选择;同一性(例如职业身份)
成年早期到成年中期	行为(例如劳动参与率)
中年以及中年之后	新的机会和选择;自我同一性的改变

来源:改编自"Linking Individual Development and Social Changes," by A. J. Stewart & M. J. Healy, Jr., 1989, *American Psychologist*, 44, 32; and "The Intersection of Life Stage and Social Events: Personality and Life Outcomes," by L. E. Duncan & G. S. Agronick, 1995, *Journal of Personality and Social Psychology*, 69, 559.

历史性时刻可能是人类行为最复杂和最微妙的大背景。很明显,历史会对人们的生活产生影响。然而,就像斯图尔特和希利的理论所显示的,这些影响部分依赖于生命中一些特定的时刻。因此,历史时刻(历史)和个人时刻(传记)有一个非常复杂的交互作用(Elder,1995;Mills,1959)。进一步来说,历史的影响是通过种族、阶层、性别和文化这些大背景发挥作用的。例如,很多经历了 20 世纪 20 年代末和 30 年代初经济大萧条的非裔美国人报告,那时经历的经济困难与他们过去经历的困难相比也不是那么严重(Angelou,1970)。经济萧条对中、高阶层的白人打击特别大,因为他们失去了很多东西，他们也不能习惯大多数非裔美国人从出生起就遭受的经济上的贫乏。再举一个例子，战争对男性和女性的影响也不一样：男性一般会上战场打仗，女性则要维护好坚固的大后方。另外，不同的文化群体对同一个历史事件可能有不同的解释。20 世纪 60 年代晚期，震动美国大学校园的反战主义者塑造了很多政治上自由的和激进的年轻人的观念。但是，20 世纪 80 年代和 90 年代，美国的政治保守势力又将政治舞台偏向政治保守主义。

除了这些复杂的因素，历史事件对人的作用在很大程度上还受到个人对这些事件的独特的、个性化的解释的影响。例如，有研究者（Duncan & Agronick，1995）发现，20 世纪 60 年代和 70 年代早期的妇女运动确实对当时处在大学阶段的女生的一生有很大的影响，但是这种影响取决于她们认为这种历史运动有多大意义。认为妇女运动特别有价值和对自己的生活特别重要的女生，最终都收获更高的教育水平、工作地位和收入水平，中年的时候拥有了具备上升潜力的职业，在大学毕业之后报告出显著增长的自信和果断。对于那些没有将妇女运动视为有价值的事件的同时代女生，这些转变都没有发生。

第 6 章讨论人格在多大程度上是稳定的，以及是否会随着人类生命历程而改变的时候，我们会回到历史事件和生命历程这个话题上来。现在我们可以肯定的一点是，历史事件是人类行为的一个特别复杂和广阔的宏观背景。人类的生命是由时间构成的，具有历史的连续性。就像社会阶层、性别、种族和文化一样，历史将人类的生命置于一系列复杂和重合的环境之中。人类行为的社会生态环境包含很多背景，在这些背景中我们了解了自己。从情境的微观背景到文化和历史的宏观背景，人格一直处在背景之中。你不能将人带离环境，你不能脱离人所处的环境而谈论一个人的人格。个人是环境的产物。只有当我们理解自身所处的这个世界时，我们才能完全领会我们如何成长为自己。

本章小结

1. 作为 20 世纪前半叶美国心理学的主流，行为主义关注的是环境如何塑造了人们可以观察到的行为。尽管近几十年行为主义已经淡出舞台，但它的基本观点仍然活跃在人格的社会学习理论之中，而且现在人们普遍认为对个体的理解必须依据他们生存的环境背景。

2. 根据行为主义的观点，行为是在环境中习得的。两种基本的学习方式是经典条件反射和工具性（操作性）条件反射。在经典条件反射中，有机体在两个时间相近的刺激之间形成联结。在工具性条件反射中，人们通过对发生的学习进行奖赏和惩罚来塑造行为。从操作的角度来看,人格特征基本是由关于奖赏和惩罚的学习塑造而成的,奖赏和惩罚发生在特定情境和时间中。因此,某种行为的决定因素既可以在当前的情境中找到,也可以在过去的相似情境中找到,在这个相似的情境中个体也学习到相似的反应。

3. 行为主义产生了大量不同的至今在人格心理学领域很有影响力的社会学习理论。社会学习理论包括认知变量,例如期望和价值、胜任力、编码策略、自我调节系统和计划。这些变量有助于确定一个人在特定情境中有怎样的倾向和反应。

4. 班杜拉的社会学习理论具有很大影响力。班杜拉重视人类行为中的观察学习和自我效能的作用。行为表现中强化和需要的满足可能是有帮助的,但班杜拉揭示学习不一定需要强化,可能只需要简单的观察和模仿。随着时间的推移,人们观察和学习了新的反应,当在这些反应中获得经验时,他们发展了对自己能在特定情境下作出某种行为的信念,产生了自我效能的独特水平。自我效能的发展是人们在面对环境中的威胁事件时实施控制的关键机制。

5. 社会学习是人们生活中的普遍现象,心理学家已经在人类功能的许多领域证实社会学习的力量。一个特别令人兴奋的领域是对攻击性的考察,研究证实观察在形成和表现攻击性反应中的作用。

6. 人们在社会生态环境中学习和表现行为。社会生态环境包含许多不同的影响人类行为和塑造人们生活的环境背景。它包括从即时的社会情境这种微观背景到家庭、邻居、社区这种更大的背景,再到最大的、最末端的和最广阔的社会阶层、性别、种族、文化和历史背景。在微观背景的层面,心理学家试图定义人们在日常生活中遇见的各种情境。研究表明,依据个人主观心理契合度来定义情境最好,或者说是人们在特定情境中感知到的行动和表达的机会。人们会对特定情境形成情境原型或脚本,例如"党派""教室"和"运动会"的原型。

7. 社会结构是人类行为的一个重要的大背景。研究证实社会阶层变量与人格以及社会生活之间有着显著的关系。处在较低社会经济阶层的人们与中、高阶层者相比,工作满意度更低,更多地关注安全和稳定,持有宿命论以及对人类本性悲观的看法。高度专业化和高地位的职业会使工作者有显著的认知需求,会鼓励他们更加积极主动,在工作中更善于自我引导。低阶层的工作者则有很少的认知挑战,积极主动做事的机会更少,并被强烈要求遵从主管的命令。研究显示在工作和家庭领域,高社会阶层与高度的自我引导以及内控相关,而低社会阶层与权威主义以及顺从相关。

8. 与社会阶层一样,性别也是一个有影响的宏观背景,这在一定程度上是因为它也倾向于在社会影响力和社会资源方面把人区分开来。在很多社会中,男性控制了更多的公共资源,能作出更多的影响整个社会的决策,比女性享受更多的自由和自主。性别角色刻板印象强化了权力的差异,男性被期望更有支配性和独断性,女性则被期望更具有关怀和养育的品质。性别社会化可能能够解释很多在人类社会行为中被观察到的性别差异。根据可靠的发现,男性比女性更具有攻击性,在领导行为和群体行为中更具有指挥能力,在公共帮助行为中更能发挥作用;对比而言,女性报告更高水平的共情和人际亲密,表现出更好的对人际关系中非言语行为的编码和解码,在领导行为和群体内的角色中表现出更高水平的友好和关爱。在最一般的水平上与性别相一致的行为是与能动性(男性)维度以及合群性(女性)维度相一致的。不管男性和女性之间差异的来源是什么,很清楚的是人类的社会环境和社会生活都是高度性别化的。

9. 文化是一个社会或群体之中把人们联系在一起的规则和规范的系统,提供了一整套关于习惯、技能、风格、观念、角色和价值的工具以便人们建构生活。它通过价值渗入人们的生活。对不同的文化进行区分的两个主要的维度就是个人主义和集体主义。个人主义认为个人目标、个人态度和观点、关系的交换、自主和独立的自我是优先的。集体主义则认为团体的目标和规范、交互的关系、互依自我的发展是优先的。一些国家表现出个人主义文化(如北美洲),其他一些国家表现出集体主义文化(如亚洲),个人主义和集体主义文化的不同只是相对而言的,所有的社会都有关于个体支配性与集体和谐的概念和观点。一个与文化相关的概念是现代性,指的是由于工业革命到来以及19世纪和20世纪民主和资本主义的发展而建立起来的经济、政治和文化系统。现代文化倾向于是个人主义的(当然也有例外),它倾向于认为自我是复杂的和不断发展的,人们可以随着时间对它进行发展、扩展和提高。

10. 历史将人类置于时间之中。不同时代的人有不同的历史经验,这些经验会影响人格。一个关于历史事件和个人发展的理论认为,事件发生在人类生命的不同阶段,它带来的影响是不同的。孩童时代发生的历史事件(如战争、经济衰退和社会运动)会塑造一个人基本的价值观和关于这个世界是怎样运行的基本假设。青少年晚期和成年早期发生的事件则可能影响一个人的职业和重大的生活选择。成年早期和中期发生的事件不太可能给一个人的价值观和身份带来长远的影响,但仍然有可能影响人的行为。最后,成年中期和后期的历史事件为身份和自我的改变提供了潜在的可能。任何历史事件对人的影响都在很大程度上由个人对历史事件的主观看法决定。

第二部分

描绘轮廓：基本特质及其对行为的预测作用

第 4 章

人格特质:基本概念及其议题

特质流派认为,我们一直在做这样一件事。我先描述一下我妻子的家庭:我的大舅子德怀特(Dwight)是一个冲动但很友好的人,他会在杂货店排队付账时与陌生人聊天。他的双胞胎姐姐萨拉(Sara)却是一个十分严肃并且小心谨慎的人。萨拉的丈夫杰克(Jack)也是一个小心谨慎的人。与大多数我认识的成年人相比,萨拉和杰克两个人总是希望在生活中作出正确的选择,在意是否对社会作出了积极的贡献。同时我承认,与我一样,杰克也是一个求胜心切的人。任何涉及手眼协调能力的比赛他都可以获胜,但是我在跑步方面要比他表现得好一些。我妻子的大哥汤姆(Tom)善于分析且极富幽默感。我妻子的大姐巴布(Barb)是一个极其有条理的人,她非常细腻且富有同情心,很少苛刻地评判他人。她的丈夫比尔(Bill),在家庭中是一个十分乐观的人,对于任何事情他都可以看到积极的一面。当我的孩子们抱怨生活太艰难时,我告诉他们要向比尔学习。洛伊丝(Lois)是最小的妹妹,她拥有许多其兄弟姐妹和亲戚的特质,但是她的这些特质似乎都很适度而不太明显,我无法用一两个词语来形容她。我的妻子,当然,她是一个完美的人,我想她是唯一一个在读了这段话之后还会和我说话的人。

实际上，我想他们都会继续和我说话。他们可能不会对我的描述感到生气，因为我关注的主要是他们身上积极或中性的特质（我没有说任何人是神经质的、专横跋扈的、令人厌烦的或是浅薄无知的）。他们都知道，你也知道，人们一直都在以这种方式谈论他人或者自己。而且，这也并不一定是一件坏事（虽然可能是）。你们都知道，日常生活中谈论某个人的特质是很普遍的事。相对而言，人格一般可以是真实的或有用的，但它不能解释人们所有的行为。因此，如果我告诉你虽然比尔是一个积极主义者，但他偶尔也会陷入消极的情绪之中。对此你不必吃惊。如果我告诉你即使巴布是一个非常有条理的人，她的工作台有时也会乱糟糟，你也不要怀疑我的特质描述理论。或者说我很少与我的妻子争论，虽然我是一个好竞争的人。你和我都知道特质归因是相对的、粗略的，而且十分笼统。假设他们并不像我描绘的那样！假设人们每时每刻都像人格特质描绘的那样表现自己。想象一下，如果德怀特和杂货店里排队的每个人都讲话，而且每次都这样。想象一下，如果你认识的最有责任心的人不管在什么情况下——在家里、上班时、度假时、和他妈妈说话时、和他妻子吵架时、在餐厅选择甜点时、上网时、睡觉时、2008 年 1 月 4 日下午 5 点时、同一天的下午 5 点 10 分时，以及 20 年前都十分尽责，努力工作，富有正义感。想象一下，如果人们都可以这样被预测，那么生活该是多么枯燥无味啊！

我们很难想象这样的生活，因为我们都知道人们并非如此。人不是机器，不会无止境地重复同样的一件事。不论一种特质有多么强大，没有人的行为是完全属于这一种特质的。任何人都不能被单一的特质描绘。生活给予人们太多不同的情境，使得他们不可能在每一种情境中都做着相同的事情。很显然，让你们看到这章的开头使我很尴尬，但是我必须这样做，这是为了让你们明白，正因为特质论是相对的、不精确且概括性的，所以每天的日常谈话中它的出现也就无法避免。在人格心理学中，特质论也是不可或缺的。正如我们发现自己每天与人们谈话时都在使用特质归因（当我们这样做时，这种归因不仅十分具有预测力而且非常接近事实），人格心理学家也这样引用特质来解释个体心理。在日常的谈话和个体心理学研究中，我们都使用概括性的描述语来描绘人们之间不同的个体特征。在形容某人时，我们会说他比较友好、善于言辞、心眼坏、很苛刻、善于思考、傲慢、谦逊、有支配欲、体贴或者诚实。特质论是不可阻挡的。尽管特质论存在着很大的局限性，但它仍然是一种解释人类个性的简单有效的方法。

和许多其他事物一样，特质论也是一把双刃剑。在本章的开篇就指明这一点是很重要的。使用几个精选的、仔细考虑过的特质形容词来描述某人的特点可以为这个人勾勒出一幅简洁而又准确的肖像。在向他人描述这个人时，这幅肖像会起到很大的作用。它帮助我们记住这个人大致是什么样子，预测他在未来会有什么样的行为，或是你下次遇见他时这个人会怎么样。但是特质论也充满着危险，特质有可能会变成使人们客体化的标签或者是刻板印象，即在他人的头脑中把人们当作客观的物体。特质描述会过分简化,掩盖人格特征中许多重要的细节,这不利于人的描述。对那些想快速了解别人,但是又缺乏足够的动机与兴趣去更深入地认识他人的人来说,采用特质论是最简捷的做法。特质归因带来的最大问题是变相带来了压迫与偏见。对陌生人和外群体成员的刻板印象是人类普遍的倾向之一,它们与其他倾向一样造成许多悲剧。一个团体可能会认为其他团体的成员非常愚蠢、懒惰、傲慢、罪恶、野蛮、贪婪、虚伪,你可以想到的几乎所有的消极特质都会被他们用上。最温和的形式是我们在笑谈中听到的特质论,以及其他普通形式的群体刻板印象。但这种说法是没有戏谑意味的。对于外群体成员和陌生人有着刻板印象意味着特质论可能会引起仇恨,增强歧视的合理性,造成战争、奴隶制,甚至导致种族灭绝。

在本章和接下来的两章,我探讨了在致力于为行为科学和理解人类服务的过程中,人格心理学家是怎样探寻和完善特质论的。目前,为了研究个体心理,我们已经考虑人类的本性和文化这些基本的背景。是时候关注个体差异的第一层也是最一般的水平:基本特质(dispositional traits)。在过去的 60 年间,人格心理学家已对特质有了大量的了解。他们发展了重要的特质概念,创立并验证了测量个体特质差异的工具。他们将特质与行为倾向联系起来并探寻了特质与情境在预测人类行为时的交互作用。他们研究了贯穿人始终的人格特质的稳定性与可变性。他们发现某种特质的形成是基因差异和环境影响的产物。他们开始研究人类的心理生理特质,而且他们开始严肃地看待有关特质论的争议,无论是存在于日常生活中的争论,还是在科学研究过程中出现的分歧。

就像特质论是日常对话中不可避免的方面,特质也是理解人格不可或缺的一部分(Johnson,1997)。事实上,抛开特质论来解释个体心理几乎是不可能的。就像我在第一章中说的,特质为描述一个人的个性特征提供了一个大致的框架。人格心理学家最早提出了特质论,它能够比较准确地勾画出一个人的外在特征。从一个较为准确的特质描述中,我们可以意识到一个人不同于其他人的一般特点或与众不同的气质。然而,最终我们还是想要了解一个人一般倾向性之外的东西。我们最终想要补全那些特质论不能体现的细节。关于个体心理的其他科学论述将在本书第 7~12 章着重阐述。现在,我们要来看看特质论究竟能走多远。事实证明它已走了很远很远……

特质的概念

特质是什么

人格特质的概念来源于常识和日常观察。当我们观察并尝试理解他人的行为时,我们会发现个体行为的一致性以及不同个体间的差异。例如,我们注意到雷切尔(Ra-

109 chel)在很多不同的情境下，如在教室里、在体育馆里、吃午饭或在图书馆学习时，都会对他人友好地微笑，同他人交谈。玛丽亚(Maria)则似乎很少对人们微笑或是友好地同他人交流。雷切尔似乎始终是温暖随和的、外向的，而玛丽亚似乎总是冷漠的、与人隔离的。当然，雷切尔也有冷酷的时候，玛丽亚在某些情境下也会热情地对待他人。但是，一般来说雷切尔要比玛丽亚友好。

人格心理学家研究了人格特质的许多方面，例如友好。首先，他们将人格特质看作一种内部心理，具有跨时间和跨情境的稳定性。如果我们假设萨拉具有很强的责任心，那么我们必须找出证据证明她在各种情境中(她为"人类家园组织"工作时，在志愿者活动中，在家庭生活中)和各个时间段(青少年时、大学时、中年时)都表现出一致的责任心。

其次，特质是一个典型的双极词汇。"友好"可以被理解为一个连续体，这个连续体的一端是十分友好，另一端是十分不友好(等同于"低友好度")。因此，特质总是以一种对立的语言形式出现：友好的和不友好的，外向的和内向的，支配性的和服从性的。人们通常处在特质连续体正态分布的某个位置上，许多人都处在这个连续体的中间部分(例如，比较友好或比较不友好)，处于两极的人较少。

再次，不同的特质通常被认为是相互独立的。巴布是一个十分随和的人，具有很强的组织性，相对来说没有什么偏见，而且冒险倾向很低。这四个特质是巴布人格中的独立成分。适度地综合考虑这四个特质，在连续预测巴布的行为时你就有了参照，同时也可以描述她为何与众不同。这就是不同的特质描述。

最后，人格特质通常指个体在社会情感功能方面存在的广泛差异。康利(Conley，1985b)认为，"人格特质构成了应对情感趋向的非常广泛的行为模式"(p.94)。因此，人格特质不同于那些认知变量，如价值观、世界观、态度和图式，它包含更多的社会情感(Conley，1985b；McClelland，1951)。实际上，包含社会情感的人格特质变量和认知变量的区分至少可以追溯至哲学家康德(Immanuel Kant)的观点，他对"气质"(temperament)和"性格"(character)作了区分(Conley，1985a)。同样，单纯智力范围内的概念通常不被认为是人格的一部分，当然也有少部分人格心理学家持相反的观点(例如，Revelle，1995)。从本章与本书的目的出发，我们将智力排除在人格领域之外。我们与普遍的观点保持一致，将人格特质看作与社会情感功能有关的概念。

总而言之，人格特质指人们在思想、情感和行为特征方面的个体差异(McCrae & Costa，1995)。心理学家使用特质概念来解释从一个情境到另一个情境中个体行为的一致性。例如，雷切尔从这个情境到另一个情境中都是友好的(当然尽管不是一直友好)，而玛丽亚则一直不怎么友好。特质是相对整体的、概括性的、稳定的。特质连续体是由一个极端到另一个极端构成的正态分布，且大多数人处在这一连续分布的中间部分。针对某一方面的特质，可以进行个体间差异的比较。因此，特质几乎可以被看作相对的维度,即某个人在特质维度上的位置是相对于他人而言的。从特质观点出发,每个人的特点都可以通过他在一系列相对独立的特质维度上的位置勾勒出来,而将这些特质综合起来便形成个体的大致轮廓。和智力不同,人格特质是指与社会互动以及社会情感相关的较为稳定的思维、情感和行为。

即使你从没有好好思考过这一章的主题,我提供给你的关于人格特质的描述也可能与你在读这章之前自己印象中的特质概念大体是一致的。因此,当你了解到心理学家为了证明特质概念的意义和作用进行了长期的、艰难的斗争时,你可能会感到惊讶。在过去的几十年里,心理学家至少提出四种不同的定义(表 4.1 总结了这四种不同的定义)。第一种定义认为特质存在于中枢神经系统,奥尔波特(Allport, 1961)将它称作神经心理结构(neuropsychic structures)(p.347)。这一假定的生理心理学模型认为,特定的大脑回路或神经递质是行为产生的原因,能够解释行为跨时间和跨情境的一致性。第二种定义尽管也涉及生理心理学基础,但对此持开放的态度,它坚持认为特质是一种对行为有着重要影响的气质倾向。因此,这两种定义都将特质视为人类行为的机制。特质,无论是作为神经心理结构还是作为行为倾向,对于引发行为以及解释行为跨时间和跨情境的一致性都有很大的作用。

110

表 4.1　特质的四种定义

特质是什么	说　明	理论家
神经生理学基础	特质是促使行为发生的中枢神经系统的生物模型,它可以解释行为在社会情感方面跨时间和跨情境的一致性。	奥尔波特(Allport, 1937) 艾森克(Eysenck, 1967) 格雷(Gray, 1982) 克洛宁格(Cloninger, 1987) 朱克曼(Zuckerman, 2005)
行为倾向	特质是行动、思维、感觉的一致性倾向,其倾向性与外部影响相联系,例如文化规范和情境变量,它们一起对人的行为产生影响,特质归因既可以用来描述行为,也可以用来解释行为的原因和生成机制。	卡特尔(Cattell, 1957) 威金斯(Wiggins, 1973) 霍根(Hogan, 1986) 麦克雷和科斯塔(McCrae & Costa, 1990)
行为频率	特质是对行为动作的描述汇总分类。具有相同功能特性的行为可以被组合成一个单元,这些行为比其他的行为更典型、更具有代表性。	巴斯和克雷克(Buss & Craik, 1983)
语言类别	特质是人们虚构出来的,人们通过它对各种行为和经历进行分类、解释。特质不存在于观察者的思维之外,因此它不可能产生因果影响。通过社会互动和交流,人们为特质词语创建了意义。	米歇尔(Mischel, 1968) 史威德(Shweder, 1975) 汉普森(Hampson, 1988) 阿尔和吉勒特(Harre & Gillett, 1994)

相比之下,第三种和第四种定义则认为特质并不是行为产生的真正原因,它只是作为一种简易的方法用来描述人们表现出来的行为。第三种定义是由巴斯和克雷克

(Buss & Craik,1983,1984)在人格的行为频率(act-frequency)研究中提出来的。它认为,特质仅仅是一种将离散的行为动作组织起来的语言分类。因此,特质并不会影响行为,它本身就是行为。根据这种观点,外向性特质是由一系列行为组成的,例如"我在众人面前跳舞""我参与一群陌生人的谈话"。一些行为被划分在某一特质群体之下,在特定的特质分类中,某些行为可能比另一些行为更具有代表性。

第四种定义主张特质不存在于任何客观意义中,即使在行为分类意义中也不存在。特质仅仅是虚构的,它是人们(以及人格心理学家)为了理解社会生活而努力创造出来的(Shweder,1975)。根据第四种定义,我们使用"友好的""有责任心的"这样的特质词汇来简化和组织现实。但这些词汇仅仅是词语,脱离我们共享的社会建构它们就没有任何意义。因此,从第四种定义出发,用特质解释行为是没有任何意义的。例如,说雷切尔经常面带笑容是因为她是一个十分友好的人,这就相当于说因为雷切尔很友好,所以说她很友好。这不能解释任何事情。甚至,雷切尔微笑的原因与微笑的对象无关,而与其所处的环境有关。那些将特质视为便捷的心理虚构而加以摒弃的心理学家通常倾向于在环境中寻找行为一致性的原因(例如,Mischel,1968)。

有关特质的四种定义存在着很大的分歧。每一种定义都强调了特质的一个重要方面。第一种定义认为特质存在生物基础,第二种定义指出了特质在本质上是一种行为倾向,第三种定义认为特质与功能相似的行为相联系,第四种定义则认为特质只是一种有用的日常社会知觉的标签。同时,这四种定义之间又是相互矛盾的。其中,第一种与第四种定义之间的分歧最大。逻辑学告诉我们,如果特质仅仅是由观察者虚构的(第四种定义),那么它不可能同时是引起人们行为的神经心理结构(第一种定义),我们无法解决这两种不同定义之间的矛盾。在本章的后面,我们会看到,人格心理学领域对于特质是什么或者应该是什么的不同理解是一系列重要争议的核心。

然而,当谈及特质的本质时,许多现代人格心理学家似乎倾向于采用一种模糊但是合理的折中观点。这种观点可能比较接近第二种定义。大多数当代人格心理学家似乎都将特质视为一种对行为存在影响的倾向(第二种定义)。当然,这种影响是非常复杂的,而且与情境因素存在交互作用。他们往往将特质视为对行为种类进行的描述性总结,但是他们认为特质与某种预测性的行为系统相联系(第三种定义)。另外,越来越多的人格心理学家认为特质倾向反映了大脑结构和功能的复杂差异(神经生理学基础,第一种定义)。与此同时,他们也承认这种倾向性是一种有着社会含义的语言类别(与第四种定义一致)。一种特质的含义部分是由它所处的社会文化背景决定的。因此,对于友好性的表达,从一种文化到另一种文化的理解会有所不同。不同的文化会有不同的规则与惯例来表示其友好性。在一种文化中,微笑或以某种方式触碰他人是表示友好的行为,但在另一种文化中,这可能就是一种粗鲁的行为。

特质流派历史简介

对人格特质的描述甚至可以追溯到古代文献中(Winter,1996)。在《创世记》中,利百加生育了一对双胞胎。他们在母腹中彼此相争时就表现出明显的差异。以扫的毛发比较多,他长成了一个积极的、富有冒险精神的男人,他很擅长打猎。他的兄弟雅各则喜欢安静的家庭生活,他在家里待的时间很长,更受母亲的喜爱,最终以长子的名义骗取了父亲本来准备授予以扫的祝福。

公元前 4 世纪,提奥夫拉斯图斯(Theophrastus)首次在西方文化中引入特质分类法。从一个植物学家到亚里士多德的学生,提奥夫拉斯图斯设计了一系列半幽默式的人物形象,描述了一个人在雅典的社会生活中可能遇到的不同类型的人。每种形象都被赋予了一个人格化的特质(Anderson,1970),产生了一幅能被辨认出来但稍显夸张的漫画。在每一种形象中,这个假定的人物只拥有一种特质,在他的生活中,这个特质影响了他所做的每一件事。下面是提奥夫拉斯图斯描绘的一种类型的人,直到今天我们身边依然存在这种人,即"悭吝人":

112

> 悭吝人对一切事物都采取经济上的管制,他会在月底前去向自己的债务人索要利息。吃饭时如果是 AA 制,他会记录每一个人喝水的杯数,在祭奠阿耳忒弥斯(Artemis)时他比任何人用酒都要少。当他的仆人打破一个罐子或是盘子的时候,他会从食物中扣除相应的价值作为补偿。如果他的妻子弄掉了一枚铜币,他会挪动柜子、床、箱子,甚至在窗帘里面寻找。如果他想卖什么东西,他会定一个购买者得不到任何好处的价位。他禁止任何人在他的花园里捡东西,哪怕是毫无价值的东西。不许别人在他的土地上散步,捡一条橄榄枝或是一个椰枣核也不行。每天,他都会去他的农场边界查看是否有人挪动过他的财产。他不允许他的妻子借任何东西给别人,即使是盐、灯具、肉桂,或是坏掉的蛋糕。"所有的琐碎的事物,"他说,"一年加起来就会有很多了。"(Allport,1961,p.43)

古代最著名的人格特质系统当属古罗马时期医学家盖伦的气质学说。盖伦发展了四种体液说(bodily fluids),体液是身体内流动的液体,它与某种特定的行为特质相联系,四种主要的体液分别是血液、黑胆汁、黄胆汁和黏液。血液和多血质人格相对应。如果一个人的血液在体液中占主导,那么他会是一个大胆、自信、精力充沛的人。黑胆汁与抑郁质人格相对应。身体中有太多的黑胆汁,人就会比较压抑、焦虑、悲观与敏感。黄胆汁与胆汁质人格相对应,胆汁质的人很焦躁,容易发脾气。黏液与黏液质人格相对应,这样的人很不幸身体中有太多黏液,因此比较冷漠,对事物缺乏兴趣,反应迟钝,他们的快乐可能比抑郁质的人多不到哪儿去。虽然多血质的人格特质看起来是最好的,但盖伦认为平衡的、理想的气质最好是四种体液协调地混合在一起。最优的混合特质会产生这样的人:"在他的灵魂中……处于大胆与怯懦、疏忽与无礼、同情与忌妒之间。他性格开朗、深情、善良和审慎。"(Stelmack & Stalikas,1991,p.259)

　　中世纪时,学者们驳斥了这种体液与人格特质有直接联系的观点。但是,直到今天人们仍然在引用这四种气质来描述生活中的行为。18 世纪,康德根据活动和情感维度重新划分了这四种气质类型:胆汁质的人活动较强,黏液质的人活动较弱,多血质的人情感较强,抑郁质的人情感较弱。19 世纪,冯特(Wilhelm Wundt)认为,这四种气质类型在情感强度和情感变化上有所区别。到了 20 世纪中期,我们又看到艾森克(Hans Eysenck)根据两个高级主导特质——外向性和神经质重新划分了四种气质类型。艾森克也主张寻找这些特质的生物基础,但他研究的是大脑结构和功能,而不是体液,他期望找到个体特质差异的深层次原因。

　　人们体态的差异是与人格特质相联系的,这种古代的观点备受克雷奇默(Kretschmer,1921)和谢尔登(Sheldon,1940)推崇,他们由此提出体格心理学理论,现在很少有心理学家会使用该理论(他们的许多假设都是不可信的),但是在 20 世纪早期,克雷奇默和谢尔登的理论使众多研究者产生了兴趣。克雷奇默和谢尔登认为,身体结构与特定的人格特征相联系。谢尔登进行了很多研究,他通过男性的裸体照片对他们的身体类型进行评定,并把他们的身体类型与观察者的人格评定联系起来。他的研究划分出三种身体类型和三种相应的特质类型。拥有圆形和柔软身体的人脂肪过多,他们的肌肉和骨骼不发达,属于内胚叶型。根据谢尔登的观点,这样的人比较随和、友善,非常期望得到社会支持,喜欢舒适和轻松。身体瘦削,脂肪较少,肌肉不发达的人属于外胚叶型。外胚叶型与克制、隐私、内向和自我意识相联系。中胚叶型是指身体肌肉相对发达,这样的身材既不胖,也不瘦,展现了较强的身体活力和耐久力。与中胚叶型相应的人格特质是积极进取、多才多艺、爱冒险、勇敢,但是有时候对他人的情感反应比较迟钝。需要注意的是,每一种身体类型及相应的特质描绘仅仅适用于男性。体格心理学从来不关注女性(Hall & Lindzey,1957)。

　　19 世纪后期,人们才第一次对特质进行了科学性的研究。高尔顿(Galton,1894)是第一批以科学的思维关注个体差异并进行实证研究的心理学家之一。高尔顿还指出,人格上重要的个体差异可能来源于语言。所有语言都包含着许多描写个体差异的形容词,高尔顿认为,如果对这些词汇进行检测也许可以找出特质的文化线索。研究者根据人们自己评定的特质等级,以及观察者评定的特质等级收集人格特质的相关数据。统计学的进步,包括相关系数的使用,以及因素分析的发展,为定量分析大量人群的人格特质奠定了基础。到第二次世界大战开始的时候,大量的现代特质理论得到了发展,每一种理论都开创了一种特殊的研究取向。

奥尔波特

　　在《人格:一种心理学的解释》(1937)一书中,奥尔波特(Gordon Allport)奠定了人格心理学作为一门合法的知识学科的地位(正如我在第 1 章描述的那样),而且创造了一种现代特质理论。奥尔波特声称,在日常生活中,每一个人,即使不是心理学家,都认为特质或者性格倾向潜藏在成人的行为之下。特质是人格的主要结构单元，正因为如此，它解释了人类行为的一致性和连续性。奥尔波特将特质定义为"一种神经心理结构，这种结构可以使许多刺激在功能上等同，并引发具有等同（一致）形式的适应性或表达性行为"（Allport，1961，p.347）。关于这个定义我们应该注意两点。第一点，特质标签不只是一种便捷的语言分类。特质是真实存在的，它是作为一种无法被观察到的神经心理结构存在的。作为真实的生理存在，特质是人类行为十分重要的影响因素。因此，我们可以通过可观察到的行为来推断特质的存在。第二点，通过将不同的刺激功能等同化，特质解释了人类行为的一致性。因为特质的存在，行为就变得有规律性和可预测性。在一个人的生活中，某种特质的存在至少可以从三种证据中推断出来：频率、情境范围、强度。例如，如果一个人一直十分固执，在许多情境中都这样，固执起来很难改变，我们就可以从这个人身上揭示出他十分固执的特质。

　　奥尔波特对描绘个人的特质十分感兴趣，这会使得个人与其他人区别开来。为了达到这个目的，他区分了两种特质概念。我在这一章采用的概念是一种更为典型的特质观，奥尔波特称其为共同特质（common trait），共同特质是区分不同人的不同机能的维度。因此，在像友好性（friendliness）和尽责性这样的共同特质上，我们可以对不同的人进行比较。特质的第二层含义与奥尔波特个人特质（personal disposition）的概念不谋而合。个人特质是个体独有的个性特征，因此它对于描述个人的独特性非常有用。两种特质的区分有一些模糊。因为同一种特质，例如友好性，根据参照点的不同，既可以是共同特质，也可以是个人特质。如果参照点是对不同人加以比较的研究（奥尔波特称之为通则研究，参见第 1 章），那么研究者可以比较不同被试在友好性这个共同特质量表上的相应得分。但是，在进一步对单独个体的研究（奥尔波特的特则研究，参见第 1 章）中发现，友好性特质或其他特质，在用于描述某个人的个性时可能是一种更为重要或显著的特质。如此看来，友好性特质又可以被看作个人特质，当我们想到这个人时，这一特质就会进入我们的脑海。

　　同时，个人特质本身又可以被分解为不同的层次。对某个特定的人来说，首要特质（cardinal dispositions）是一种普遍的具有弥散性的特质。这个特质无处不在，似乎对个人的一系列活动都产生着直接或间接的影响。许多人可能不会拥有首要特质。一个人可能最多拥有一个或者两个首要特质，例如，在特蕾莎修女的晚年生活中，我们会说慷慨是她的首要特质，因为这个特质在她的生活中表现得十分明显。首要特质可以作为个人人格肖像的标志性特点。核心特质（central dispositions）是更为普遍的一种特质，这种特质包括能够代表个体主要特征的一系列特质倾向。奥尔波特认为，人们一般具有 5～10 个核心特质。在一个著名的研究案例中，奥尔波特分析了一位叫作珍妮（Jenny）的妇女写给她儿子朋友的信件，得出关于珍妮的一套人格特征描述。奥尔波特认为，珍妮的人格可以通过 8 个核心特质得到很好的描绘，包括"好争辩""多疑""文艺"

114

"自我中心"。最后是次要特质(secondary dispositions),次要特质的影响范围有限,对于整体的人格描述不是十分重要。一个人可能会拥有许多次要特质,每一个次要特质只会在相对有限的情境中出现。因此,次要特质不同于核心特质(和首要特质),它的影响范围较狭窄,依赖特殊的情境线索,更具有偶然性,对定义一个人的个性来说不是很重要。

奥尔波特当时已经预料到在接下来的一段时间内,围绕着特质心理学会出现一些争论。例如,奥尔波特曾对特质只是行为观察者心里的语言类别而并非行为的原因这一观点进行了探讨,但最终他还是拒绝了这一观点。奥尔波特还讨论了特质的跨情境一致性问题。他承认从一个情境到另一个情境中人类的行为是十分多变的,但我们必须在不断变化的情境中来理解特质。奥尔波特认为,如果长时间在广泛变化的情境中对一个人的特质相关行为进行观察,我们依然可以观察到相应特质行为的一致性。最后,奥尔波特也意识到共同特质描述力和解释力的局限性。但是他认为,除非我们能够完全探明一个人的个人特质,否则我们永远弄不明白究竟是什么让一个人如此独特,因此比较人们在共同特质上的得分还是有用的。奥尔波特坚持认为,人格心理学家应通过个案研究法来研究人的独特性,而这一坚持使他对共同的可比较的特质的理解永远处于矛盾状态。他比较喜欢研究独特的个人特质。但是,大多数特质研究和继承奥尔波特思想的其他特质理论几乎都关注共同特质,即检测那些可以用一致的和重要的方法将不同的人区分开来的特质倾向。

卡特尔

20 世纪 40 年代初期,卡特尔(Raymond B. Cattell)提倡特质心理学研究应该强调严格的量化和统计分析,以期达到提高科学家行为预测能力的最终目的。对卡特尔来说,人格本身就是根据行为的预测而被定义的。他将人格定义为,"通过它可以预测某人在特定情境中的行为"(Cattell,1950,p.2)。卡特尔认为,在所有可以用来预测行为的变量中,特质变量尤其重要。但是,卡特尔认为某些特质对于某个个体是独特的(奥尔波特称之为个人特质,卡特尔只是简单地称之为独有特质),他将研究重点放在奥尔波特所谓的共同特质上面,这种特质说明了不同人之间的个体差异。

研究者怎样获取一个人的特质信息呢? 如表 4.2 所示,卡特尔认为特质资料有三种不同的来源。L 资料(life data,生活资料)基本由一个人的真实生活信息构成。L 资料包含一些公共资料如大学成绩单、推荐信,个人记录如日记,以及由他人作出的特质评定。Q 资料(questionnaire data,问卷资料)包括自我评定的人格特质,以及在各种自陈人格问卷上的得分,我将在这章中介绍这些问卷。T 资料(test data,测验资料)既包括在严格控制的情境下个人行为的观察资料,也包括实验研究的行为数据。这些不同来源的资料——公共评定、自我报告、行为测验——对一个人的人格给出不同的解读。将这三种来源的资料结合起来分析,研究者可以对人格特质作出更精确的描述,并加强其行为预测能力。

表 4.2　卡特尔对人格数据资料的三种分类

资料类型	描　述	例　子
L 资料	来源于自然环境中观察者对个体进行评估而产生的信息	教师对幼儿园孩子的评价,父母对孩子气质的评价,来自同伴的人格评价,心理学家对家庭互动的评价
Q 资料	来源于个体对自己的行为、感觉和人格特征的自我观察和评估的信息	各种自陈式量表和标准化的人格问卷:形容词检核表,明尼苏达多相人格问卷(MMPI),外向性、神经质和开放性的特质测量
T 资料	来源于在严格控制的条件下得到的行为观察的信息,例如在实验室内	在一系列控制条件下进行攻击行为、利他行为或服从行为的观察实验

　　卡特尔进行了一项长达 50 年的研究,并采用因素分析(factor analysis)的统计方法,为特质建构了一个复杂的分类系统。在因素分析中,研究者探讨了对不同问题作出反应的方式,并进行了群体测量。因素分析使研究者可以将大量的变量缩减至一组较少的更为基本的维度,即"因子"。卡特尔的研究找出许多表面特质(surface trait),这些特质与行为元素相关,当对它们进行实证测量和相关分析时,这些特质会发生群聚。正如其名称所示,表面特质在行为中很容易被观察到。然而,进一步的因素分析表明,许多能够被直接观察到的表面特质可以简化为少量的根源特质(source trait)。因此,三四个容易被观察到的表面特质——友好性、随和性、主动性、愉悦性——可能归结于单一的潜在的根源特质,即社交性。通过将许多表面特质归结于较少的根源特质,卡特尔建立了一个特质组织的层级模型。按照其功能属性,特质又可以进一步分为三类:动力特质(dynamic traits),决定了个体行为的动力;能力特质(ability traits),影响个体达成目标的效力;气质特质(temperament traits),与个体的反应倾向有关,如反应速度、反应强度和情绪反应。卡特尔的分析研究使他确信心理个性(psychological individuality)可以通过 16 种根源特质而被很好地描述,例如聪慧性(intelligence)。个体在根源特质上的差异可通过卡特尔的 16 种人格因素问卷(Sixteen Personality Factors Questionnaire,16PF)测得。16PF 包含 187 个问题,每一个问题要求受测者只能选择一个选项。例如,其中的一个问题是,在一个典型的社交场合,你是愿意积极参与讨论,还是希望安静地当观众。受测者回答的结果被计算成单独的 16 个分数,每一个分数都对应一个根源特质。卡特尔给其中的一些根源特质赋予了特殊的名字,以使它们与日常通用的语言区别开来。例如,乐群性(affectia-sizia)测量的是热心、随和这样的个性特征。表 4.3 以大写字母的形式列出了除聪慧性之外的 15 种根源特质。对于每一种根源特质,表 4.3 还简单描述了得分高和得分低的人,并相应地举出一些名人作为具体的例子。

116

117

表 4.3 16PF 中的 15 种根源特质

特质	特质描述		著名人物	
	高	低	高	低
A	外向的 热心的	冷淡的 分离的	温弗里 (Oprah Winfrey)	休斯 (Howard Hughes)
C	不易动感情的 冷静的	情绪化的 善变的	华盛顿 (George Washington)	哈姆雷特 (Hamlet)
E	自信的 支配性的	谦虚的 合作性的	拿破仑 (Napoléon)	甘地 (Gandhi)
F	开朗的 活泼的	严肃的 沉默寡言的	莱诺 (Jay Leno)	伊斯特伍德 (Clint Eastwood)
G	尽责的 固执的	敷衍的 无纪律的	特蕾莎 (Mother Teresa)	希尔顿 (Paris Hilton)
H	冒险的 社会性的	害羞的 隐居的	哥伦布 (Columbus)	普拉思 (Sylvia Plath)
I	意志坚强的 自力更生的	内心柔软的 敏感的	惠特曼 (Walt Whitman)	狄更生 (Emily Dickinson)
L	多疑的 不信任的	信任的 接受的	邦兹 (Barry Bonds)	波莉安娜 (Pollyanna)
M	富有想象力的 放荡不羁的	实际的 传统的	毕加索 (Pablo Picasso)	富兰克林 (Benjamin Franklin)
N	精明的 谨慎的	直率的 直截了当的	马基雅维利 (Machiavelli)	杜鲁门 (Harry Truman)
O	易于内疚的 忧虑的	灵活的 自我坚定的	艾伦 (Woody Allen)	布什 (George W. Bush)
Q1	激进的 实证的	保守的 传统的	马尔科姆 (Malcolm X)	伊丽莎白 (Queen Elizabeth)
Q2	自我满足 机智的	群体依赖 有亲和力的	哥白尼 (Copernicus)	戴安娜 (Princess Diana)
Q3	克制的 强迫性的	无纪律的 松懈的	伯特 (Bert, on *Sesame Street*)	辛普森 (Homer Simpson)
Q4	紧张的 有紧迫感的	放松的 安静的	麦克白 (Macbeth)	佛陀 (Buddha)

注：维度 B(聪慧性)上文已有论及。

来源：*Personality Traits* (p. 22)，by G. Matthews & I. Deary, 1998, Cambridge, UK：Cambridge University Press(作者在此更改了一些名人的例子).

对卡特尔来说,特质测量的价值在于它能够预测个体的行为。为了提高其行为预测力,卡特尔将不同的特质得分按照标准方程组合起来,根据特质与特定行为、情境的相关程度赋予权重。例如,卡特尔(Cattell,1990)认为,通过下面这个根源特质方程,他可以很好地预测一个售货员的年收入:收入＝0.21 外向性＋0.10 情绪稳定性＋0.10

支配性+0.21 随和性+0.10 尽责性-0.10 疑心-0.31 幻想性+0.21 精明度。为了提高在某些情境中对行为结果的预测力,标准方程还包含非特质变量,包括短暂的状态(例如疲劳和暂时的情绪)和因情境而产生的特殊变量。因此,为了提高行为预测的精确度,卡特尔认为,人格心理学家应该对一系列内部和外部变量进行精确测量,如人格特质、暂时的状态和变量、情境因素。

艾森克

与卡特尔同时代的艾森克(Hans Eysenck),是特质史上的又一位先锋人物,他的著作及提出的概念都对人格心理学产生了重大影响。和卡特尔一样,艾森克采用因素分析的统计程序将通过问卷测量的特质简化成一些基本的维度。艾森克和卡特尔本是互不影响的,但后来他们在因素分析方法使用问题上产生了分歧,即在因素分析中如何对因子进行旋转。简单地说,艾森克和另一位特质心理学家吉尔福特(J. P. Guilford)认为,从因素分析中得到的特质因素在统计学上应该是相互独立的,也就是说,应该采用正交(orthogonal)旋转的方法。卡特尔则认为并非如此,他选择了产生相关因素的统计方法,即斜交(oblique)旋转。由于这一分歧,以及他们对基本特质应具有的概括程度的看法也大为不同,因此他们最终得到的基本特质的数量有很大差别。卡特尔坚信有 16 种根源特质,而艾森克则总结出三种基本特质。

艾森克的三种基本特质(有时被称为类型)分别是内外向(extraversion-introversion)、神经质(neuroticism)、精神质(psychoticism)。前两个因子针对的是人格特征中相对正常的功能,精神质则涉及与精神病和心理变态行为相关联的功能维度,例如妄想症、极度残忍、反社会行为。如图 4.1 所示,艾森克的前两个因子,即内外向和神经质复原了古代的体液类型说。我们可以看到,个体可以被划分到由两种特质交叉构成的两维度四类型的空间中,这种方式让我们联想到古老的气质类型说。外向而高神经质(情绪不稳定)的人性格开朗、易怒、焦躁不安、容易兴奋,对应着胆汁质。外向而低神经质(情绪稳定)的人性格开朗、情绪稳定、愉悦,与多血质的人很像。内向而高神经质的人,他们喜怒无常、压抑而焦虑,对应着抑郁质。最后是黏液质,它对应的是内向而低神经质(情绪稳定)的人,他们通常是安静的、稳重的、坚韧的。

正如我们随后看到的,艾森克的前两个特质维度,即内外向和神经质已经得到大量研究的关注。这些研究有力地证明,个体在这两个维度上的差异能够预测相关的行为。此外,纵向研究表明个体在内外向和神经质上的差异具有跨时间的稳定性,特别是在成年期尤其稳定。双生子研究表明,个体这两个特质的差异在某种程度上(即便不是本质上)是由基因决定的。事实表明,这两个特质存在生物基础,特别是与中枢神经系统有联系。艾森克(Eysenck,1967)认为个体内外向的差异与大脑网状激活系统的活动有关,大脑网状激活系统本身能够调节唤醒水平。他进一步指出,神经质的个体差异可能是由大脑边缘系统的活动引起的。大脑边缘系统与情绪活动有关。艾森克将大脑与特质联系起来的大胆假设引起长达 40 年的研究。关于此,我们将在第 5 章进行介绍。

119

118

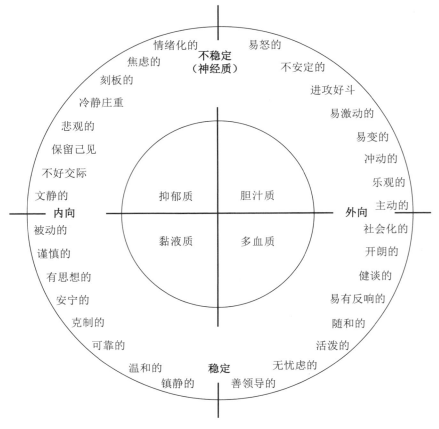

图 4.1　四种古老的人格类型

古老的类型说可以被重新组合成外向、内向、神经质和稳定性的特质。

来源：*Eysenck on Extraversion*（p.18），by H. Eysenck，1973，New York：John Wiley & Sons.

"大五"人格及其相关模型

到底存在多少种特质？2 000 多年以前，提奥夫拉斯图斯描述了 20 多种不同的人格类型，然而盖伦古老的类型说只列出 4 种。在现代，卡特尔的因素分析过程使他确信16 种根源特质可以解释许多个体心理。然而，艾森克运用相似的程序得出 3 种基本特质。19 世纪，高尔顿首次提出词汇学假说（lexical hypothesis）。这个假说认为，通过检索一种语言中的词汇或者字典里面的词语就可以很容易地找出有关人格的描述。所有语言都包含许多用来描述特质的词语。以英语为例，和蔼可亲的（affable）、好战的（belligerent）、冷酷的（callous）、顺从的（dutiful）、充满活力的（energetic）、友好的（friendly）、合群的（gregarious）、热情好客的（hospitable）、易怒的（irritable）、愉快的（jolly）、知识渊博的（knowledgeable）、懒惰的（lazy）、宽宏大量的（magnanimous）、神经质的（neurotic）、可憎的（obnoxious）、爱玩的（playful）、好争吵的（quarrelsome）、正义的

(righteous)、悲伤的(sorrowful)、顽强的(tenacious)、油腔滑调的(unctuous)、活泼的(vivacious)、古怪的(wacky)、排外的(xenophobic)、生产的(yielding)、热心的(zealous),这些都是描述特质的词语。

以上我只是想出首字母为 A 到 Z 的形容词,当然从 K 到 Y 的形容词我也借助查字典来获得。但是在 1963 年,奥尔波特所做的工作比我刚刚讲到的要系统得多,追随高尔顿的建议以及克拉格斯(Klages,1926/1932)和鲍姆加腾(Baumgarten,1933)在德国开展的工作,奥尔波特等人(Allport & Odbert,1936)仔细翻阅了一本未经删减的包含 550 000 个词条的英文字典,编制了一份包含所有描述个体心理差异的英文单词的词表,该词表共包含 18 000 个有关心理、状态、特质和评价的词语。他们估算在这些词语中大概有 4 500 个词汇描述了相对稳定、持久的人格特质。

卡特尔继续从事奥尔波特未完成的工作。他通过将相似的词语归类,并删掉那些不常见的词语,将原来的 4 500 多个词缩减至 171 个。在对其相关性进行评定的基础上,卡特尔进一步发展出 35～40 个类别,而且用它们建构了自我评价和同伴评价的等级量表。在这一时期,因素分析统计方法得到普遍使用,而且随后计算机的出现使得这个复杂的统计过程变得相对简单。卡特尔及其同事当时采用手算的方式来分析这项数据,并最终得到颇具盛名的 16 种根源特质。但是,其他人采用卡特尔的聚类方法进行因素分析并没有得到相同的结果。第一个实践者是菲斯克(Fiske,1949),他采用了卡特尔的 22 个评定量表,经过一年的计算,认为只需要 5 个因子就可以解释特质之间的关联。此后几年,又有人用相似的方法得出相似的结论,其中最著名的是突普斯和克里斯特(Tupes & Christal,1961)以及诺曼(Norman,1963)的研究。

因此,到了 20 世纪 60 年代中期,已经有一批设计精巧的研究表明人格特质的评定被分成大约 5 个类别就行。到了 20 世纪 80 年代,这一有意义的发现开始被广泛传播。20 世纪 80—90 年代,越来越多的研究者对人格特质的五因素模型达成一致意见,或者可以被简单地称为"大五"人格(Angleitner & Ostendorf,1994;Goldberg,1993;John,1989;McCrae & Costa,1995)。在此过程中,许多研究者对这些发展作出了重要贡献(Goldberg,1990;Costa & McCrae,1985;McCrae & Costa,1987,1990,1995;Wiggins,1996;John & Srivastava,1999)。不同研究者对这五个因子的命名不同,而且在概念上也有略微差别,但大多数研究者都同意其中的两个因子与艾森克的内外向和神经质因子相似。采用科斯塔和麦克雷的命名,五因子中的其他三个因子被称作随和性(agreeableness)、尽责性(conscientiousness)和开放性(openness to experience)。

21 世纪最初的十年,"大五"已经确立其在人格心理学词汇学假说中的主导地位。与菲斯克(Fiske,1949)、突普斯和克里斯特(Tupes & Christal,1961),以及诺曼(Norman,1963)最初的研究结果类似,现今的研究者对人格量表和形容词评级表进行因素

120

分析时也发现五因素结构。德国和荷兰心理学家已提出相对应的五因素结构,而在日语、汉语、塔加洛语(菲律宾)、现代希伯来语、爱沙尼亚语、匈牙利语、印度语等语言背景下编制的特质问卷也得到了相似的因素结构,尽管不完全一致(Allick & Realo,1997;Church,2000;Church & Katigbak,1989;Church,Reyes,Katigbak,& Grimm,1997;DeRaad & Szirmak,1994;John & Srivastava,1999;McCrae & Costa,1997b;McCrae,Terraciano,& 78 Members of the Personality Profiles of Culture Project,2005;Narayanan,Mensa,& Levine,1995)。当然,并不是所有研究都得出完全相同的结论。例如,以菲律宾的高中生和大学生作为研究样本,发现五因素中的四个因子都已获得,但是对于情绪稳定性(神经质),在菲律宾学生的语言中没有发现明显与之相匹配的因子(Church & Katigbak,1989)。其他以这 7 种语言作为语言背景的研究则发现了六因素模型(Ashton & Lee,2007;Ashton et al.,2004),该模型增加诚实性或谦卑性(honesty/humility)这一因素。但是,也有一些研究者反对使用因素分析的方法得出基本的人格特质(Block,1995)。

其他研究者坚信,五因素特质结构遗漏或者忽视了其他重要的特质维度(Paunonen & Jackson,2000)。五因素结构被越来越多的研究者广泛使用,因而关于如何命名和定义这五个因子的争议也更加激烈。例如,其中一个因子就有很多叫法,包括文化(culture)(Norman,1963)、智慧(intellectance)(Hogan,1986)和开放性(McCrae & Costa,1985a),尽管观点不同,但在这一点上人们还是保持着普遍一致的看法,即成千上万的人格特质可以被缩减为五个或者几个基本的类别或维度。为了对这些维度进行命名,我借用了科斯塔和麦克雷影响较大且易于记住的命名方式。在这本书中,我将五个因素分别称为外向性(E,extraversion)、神经质(N,neuroticism)、开放性(O,openness to experience)、随和性(A,agreeableness)、尽责性(C,conscientiousness)。每一个因素下又包含六个小因子,或称为次级特质,例如,神经质下面的六个次级特质分别是焦虑、敌意、抑郁、自我意识、冲动和脆弱。虽然不是所有的研究者都赞同科斯塔和麦克雷的这一观点,但是我会在书中经常提到这几个小因子,因为我认为这些小因子传达了五个大因素许多有意义的信息和可能的组成部分。表 4.4 列出科斯塔和麦克雷的五因素及其相关的小因子。

科斯塔和麦克雷(Costa & McCrae,1992)设计了一个很长的问卷——"大五"人格量表修订版(Revised NEO Personality Inventory,NEO-PI-R),用来评估五因素模型里的 30 个特质。也有许多其他的测量工具被开发,包括著名的在线国际人格题库(International Personality Item Pool)。也有研究者编制了简版"大五"人格量表(例如,Gosling,Rentfrow,& Swann,2003;John & Srivastava,1999)以对特质得分进行粗略估计,例如图 4.2 列出的 10 项目问卷(10-item Inventory)。

表 4.4　五因素及其次级特质

E:外向性	N:神经质	O:开放性	A:随和性	C:尽责性
温　暖	焦　虑	富于幻想	信　任	能　力
乐　群	愤怒和敌意	审　美	直　率	秩　序
自　信	抑　郁	情　感	利　他	责任感
活　跃	自我意识	行　动	顺从性	追求成就
兴奋寻求	冲　动	思　想	谦　虚	自　律
积极情绪	脆　弱	价值观	脾气温和	深思熟虑

注:此版本的"大五"来自科斯塔和麦克雷(Costa & McCrae, 1992),他们的问卷(the NEO-PI-R)具有良好的效度。五个因素中的每一个都可以被划分为六个小因子,如表所示。

请根据你对每个陈述同意或者不同意的程度在横线上写出答案。

综合这一对特征与你相符的程度进行评定,即使其中一个特征可能比另一个更相符。

1 表示完全不同意

2 表示十分不同意

3 表示有一点不同意

4 表示拿不准

5 表示有一点同意

6 表示十分同意

7 表示完全同意

我认为自己是:

1. 外向的、热情的　　_____

2. 批评的、爱争吵的　　_____

3. 可信赖的、自律的　　_____

4. 焦虑的、易怒的　　_____

5. 乐于接受新经验的、复杂的　　_____

6. 缄默的、安静的　　_____

7. 富有同情心的、温暖的　　_____

8. 无组织的、粗心的　　_____

9. 冷静的、情绪稳定的　　_____

10. 传统的、缺乏创造力的　　_____

外向性得分＝第 1 题的分数＋第 6 题反向计分后的分数。

随和性得分＝第 2 题反向计分后的分数＋第 7 题的分数。

尽责性得分＝第 3 题的分数＋第 8 题反向计分后的分数。

神经质得分＝第 4 题的分数＋第 9 题反向计分后的分数。

开放性得分＝第 5 题的分数＋第 10 题反向计分后的分数。

(在反向计分中,自我评定等级"1"＝7 分;"2"＝6 分;"3"＝5 分;"4"＝4 分;"5"＝3 分;"6"＝2 分;"7"＝1 分。)

图 4.2　简版"大五"人格量表

来源:"A Very Brief Measure of the Big-Five Personality Domains," by S. D. Gosling, P. J. Rentfrow, & W. B. Swann, Jr., 2003, *Journal of Research in Personality*, 37, 525.

　　五因素结构的一大弊端是,它没有交代这五个因素中每个因素包含的特质是如何与其他特质相关联的。例如,外向性包含的不同特质之间有什么关系? 外向性下的小因子与随和性下的小因子又有着怎样的关系? 描绘它们之间关系的一种方法就是将这些特质置于一个环形中。回到 20 世纪 50 年代以及利里(Leary,1957)所做的工作,许多心理学家发现这种方法尤其适用于描绘人际领域的特征。人际关系导向的特质和行为可以通过人际环形模型(interpersonal circumplex)显示出来。正如古特曼(Gurtman,1992)描述的那样,它是由人际倾向(例如动机、需要、定向、问题以及特质)构成的复杂模型,它描述了一个由支配性(dominance)和亲和性(love)两个轴组成的人际空间(p.105)。图 4.3 展示了古特曼(Gurtman,1991)的环形模型,模型中任何一点(特质)都与其对立的一端(特质)具有相反的意义,例如,支配的(dominant)和顺从的(submissive),友好的(friendly)和敌对的(hostile),爱表现的(exhibitionistic)和压抑的(inhibited),信任的(trusting)和不信任的(mistrusting)。处于垂直位置的两点是没有关联的,例如,支配的(dominant)和友好的(friendly),敌对的(hostile)和顺从的(submissive),压抑的(inhibited)和信任的(trusting),爱表现的(exhibitionistic)和不信任的(mistrusting)。大量心理学及社会关系的研究证实了人际环形模型能够有力地组织和解释人际现象(Horowitz et al.,2006;Wiggins,1982)。

123

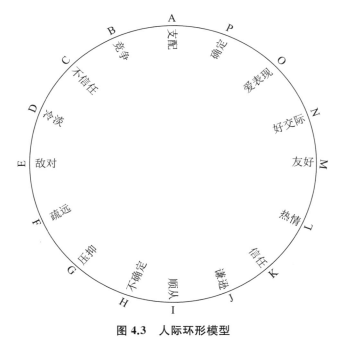

图 4.3　人际环形模型

　　来源:"Evaluating the Interpersonalness of personality scales," by M. B. Gurtman, 1991, *Personality and Social Psychology Bulletin*,17,p.670.

研究者(Wiggins，1979；Wiggins & Broughton，1985；Wiggins & Trapnell，1996)在对大量人格测量的自我报告的数据进行分析之后,找到了支持以环形方式组织人际定向特质效用的证据。威金斯的特质环形模型(circumplex model of traits)由能动性和共生性两个轴构成,其中能动性与力量(power)或控制(dominance)对应,而共生性与爱(love)或温暖(warmth)对应。继巴坎(Bakan，1966；见本书第 3 章)之后,威金斯认为,这两个维度的主导地位不只存在统计上的显著性。纵观民间传说、神话、历史,人际行为大都围绕着能动性和共生性这两个主题展开。实际上,许多特质之外的人格理论也采用了这种二分法,就拿本书中出现的例子来说,霍根(见第 2 章)将人类的进化过程区分为出人头地(getting ahead)与和睦相处(getting along),弗洛伊德(见第 7 章)将动机区分为死本能(能动性)和生本能(共生性),阿德勒(见第 11 章)则将人格发展的动力区分为追求优越(striving for superiority)和社会兴趣(social interest)。我自己在人生叙事中也将叙事主题区分为能动性/力量和共生性/亲密。除此之外,能动性和共生性还出现在许多社会学和人类学理论中,而且显示出跨文化差异,关于此,我们在第 3 章——个人主义和集体主义文化中已有所阐述。

乍看起来,人际环形模型似乎比"大五"人格模型更有效。然而,威金斯和其他人认为,人际环形模型只是描述了外向性和随和性相互重叠的部分(McCrae & Costa，1989；Trapnell & Wiggins，1990；Wiggins，1992)。巴坎的共生性概念整合了爱、关心、温暖,因此我们很容易看出随和性与共生性之间的联系。外向性和支配性之间的联系似乎存在一些疑问,但是在外向性的概念范围内也关注能量(energy)和灵活性(surgency),那就与我们通常理解的支配性有重叠之处。

威金斯和特拉普内尔(Wiggins & Trapnell，1996)认为,外向性/灵活性/支配性以及随和性/养育性在"大五"人格结构中具有一些概念上的优先性,因为它们与心理功能有着广泛的相关性。能动性和共生性这对概念蕴藏在从人际行为到社会结构的方方面面。人类是高度社会化的动物,因而关乎社会功能的特质领域对于理解心理个性至关重要。如果外向性和随和性的概念可以用环形图的能动性和共生性来描述,那么神经质、尽责性和开放性呢? 威金斯和特拉普内尔认为,能动性和共生性可能是跨领域的主题,它们与其他三种特质也是有联系的。神经质、尽责性和开放性可能都存在着能动性和共生性因素。换言之,这三种特质的每一种都同时包含着能动性和共生性因素,一个有着高神经质的个体在人际交往中可能会作出关心与照顾他人的行为,而另一个同样高神经质的人可能完全是能动的、自我决定的、自主的。通过对尽责性特质的研究,威金斯和特拉普内尔发现尽责性具有同等的共生性和能动性。能动性的责任心通常被描述为"有效率的""有纪律的",而共生性的责任心总是被描述为"尽责的""可靠的"。

┌───┐

专栏 4.A

你属于哪种类型？迈尔斯—布里格斯人格类型测验的科学地位

如今，人格科学展示的内容和大多数人相信的测验之间存在着分歧，其中遭受质疑最多的是迈尔斯—布里格斯人格类型测验（Myers-Briggs Type Indicator，MBTI）（Myers, 1962; Myers, McCauley, Quenck, & Hammer, 1988）。除非接触过人格心理学的课程，否则绝大多数受过良好教育的人都没有听说过奥尔波特、艾森克或"大五"（the Big Five）。但是，成千上万的美国人通过迈尔斯—布里格斯人格类型测验了解了自己的人格类型。这个测验在商界很流行，人们通常用它来测量个人领导风格的差异。该测验是母女俩——布里格斯（Katherin Briggs）和迈尔斯（Isabel Myers）根据荣格的概念设计的。这个测验已经席卷全世界，人们把它作为识别他人深层心理结构的关键工具。

迈尔斯—布里格斯人格类型测验根据四个维度（外向的 vs. 内向的，感觉的 vs.直觉的，思维的 vs.情感的，知觉的 vs.判断的），把人划分为 16 种不同的类型。例如，如果一个人是 INTJ 类型，那么他是内向的、直觉的、思维的和判断的。另一个类型是 ESFP，这样的人是外向的、感觉的、情感的、知觉的。INFP 是指内向的、直觉的、情感的、知觉的。INTJ 类型的人是谨慎的、有条理的、勤勉的、思维清晰的。ESFP 类型的人是随和的、情绪化的，对环境的感知性很强。INFP 的人是敏感的、反应性强的、富有创造力的。迈尔斯—布里格斯人格类型测验之所以如此备受瞩目，是因为它提供了一种灵活的分类方法，并且每一种类型下的描述都是非常积极，甚至是非常奉承的词语。

我有朋友很喜欢迈尔斯—布里格斯人格类型测验，他们认为这个测验抓住了人们独特的人格特征。我不想简单地说我的朋友错了。但是，它背后的科学理论实在是太贫乏了。除了少数研究之外（例如，Thome & Gough, 1991），研究者发现，由该测验提供的人格类型在人格功能上不具有区分性。与此相关的问题是，这个测验是否有逻辑性。人格研究者一般将特质视为连续的且呈正态分布的变量。虽然我们经常会说某人是外向的或内向的，但实际上人们处在由一个极端到另一个极端的正态分布上，且大多数人处于这一正态分布的中间位置。然而，迈尔斯—布里格斯人格类型测验将人们强制性地归为某种类型，这种做法违背（或过分简化）了心理学的真实性。

在该测验的四个维度中，只有内外向这个维度和传统的有良好信效度的问卷有联系。在下一章中我们会看到，内外向这个维度最初是由艾森克提出来的，它在"大五"人格结构中也存在，个体在内外向这个连续维度上的差异是很重要的，也是被广泛认可的。因此，即使大多数科学研究都否认迈尔斯—布里格斯人格类型测

└───┘

验,但该测验中内外向这个维度似乎与科学研究有着积极的、有意义的联系。但是,对于其他三个维度,感觉的 vs.直觉的,思维的 vs.情感的,知觉的 vs.判断的,就不能这样说了。这三个维度究竟是测量个体哪方面的差异性,关于此尚未有研究予以回答。此外,该测验的信度和效度存在问题,隔一段时间对同一批被试进行两次测量,会得到不一样的结果,而且这个量表测量的似乎不是他们想要测量的东西。即便缺乏科学依据,商界、教育机构,以及大多数咨询机构依然使用这个测验,而且会收取一定的费用。就这一点而言,该测验是一个典型的例子,它说明了灵活的市场和直觉吸引力是如何击败心理学的。

　　最终,迪格曼(Digman,1997)以另一种视角解读了"大五"与共生性及能动性这对概念的关系(也见 DeYoung,2006)。迪格曼以支持五因素人格模型的 14 项研究为蓝本进行因素分析,其中 5 项研究的被试是儿童和青少年,而另外 9 项研究的被试均为成人样本,结果得到更具有概括性的两个因子,第一个因子下面包含"大五"人格模型中的随和性、尽责性和神经质。迪格曼将这个因子界定为社会化(socialization)。随和性、尽责性和神经质在某种程度上都能说明一个人在其所处文化中的社会化程度,高随和性、高尽责性且情绪稳定(低神经质)的个体通常能够很好地适应社会。他们能够去爱、去工作,能够面对生活中形形色色的挑战与压力。他们在群体中适应得很好,在某种意义上,我们可以说他们的共生性很好。而且,在随和性、尽责性和神经质上的问题很可能会成为共生性的问题。一个随和性低、不可靠且情绪不稳定的人可能在人际交往领域——爱情、友情、家庭生活、人际合作、社会融合和群体归属感方面会遇到各种各样的问题。

　　与此相对应,迪格曼发现外向性和开放性构成了第二个因子,这一因子似乎与自我成长有关。高外向性、高开放性的人是一个充满活力的经验寻求者。他们自信、积极,对经验的开放性高,是自我实现者的典范。他们扩展自我体验,从生活中获取一切可能获取的体验。就这一点而言,他们是十分具有能动性的。而且,在外向性与开放性上的问题很可能会显露在能动性领域中。迪格曼认为,一个过度内向、刻板的人是无法体会到人类能动性的完整潜能的。他们被限制,与许多潜在的丰富经验隔离开来。因此,低外向性和低开放性阻碍了自我的心理成长。

　　我们在许多不同的人格发展理论中都可以找到迪格曼"大二"因素的影子。为了描绘成熟又适应良好的个体,理论家们试图在朝向自我实现的能动性倾向和朝向社会化的共生性倾向之间寻找平衡点。在一个社会中,如果一个成人能正常去爱、去工作,如果他能以这种方式在他生活的社会中与人友好相处并获得进步,那么这个人便会实现能动性自我中的潜能,同时能够内化所在群体的标准,因此对这个人来说,相互合作的、

125

有意义的社会生活是可能的。"大五"因素的五个因子都是为了实现这两个目标。迪格曼认为，外向性和开放性会更多地服务于第一个目标，即实现自身的能动性，随和性、尽责性和神经质则更多地服务于第二个目标，即与群体中的他人融洽相处。

特质测量

建构一个特质量表

大多数特质心理学家认为，人们的特质可以得到精确的测量(Funder，1995)。因此，评估特质的方法应该是简单直接的。最通用的方式就是自我评估量表(Paulhus & Vazire，2007)。这些客观的人格测量问卷要求受测者直接报告他们的行为，受测者需要回答一系列问题，回答是或否，或者在一个从"同意"到"不同意"的 7 点计分量表上评分。

尽管从受测者的立场来看，用纸笔测验来测量人格特质既简单又直接，但是建构一个可靠又有效的特质量表非常不易。心理学家已创建了一系列评估测验的方法(Burisch，1984；Wiggins，1973)，但不是每一种方法都适用于所有情境。不过，大多数心理学家都同意采用建构法来检验结构效度(Loevinger，1957；Ozer，1999；Simms & Watson，2007；Wiggins，1973)。

建构法首先要对特质有一个清晰的概念界定，这个定义一般建立在一个较大的人格理论背景之上。例如，以尽责性为例，如果我们想要设计问卷以评估个体在尽责性上的差异，那么我们会使用卡特尔(Cattell，1965)特质理论中的定义。在卡特尔的 16 种根源特质中，尽责性被定义为一种普遍的倾向，它能够支配责任心，坚持不懈、无私的行为，并且能促使个体遵从所在文化中的责任要求(p.374)。一个有责任心的人是诚实的、明辨是非的，而且能够作出正确的选择，即使在无人监督的情况下，他们也不会撒谎、欺骗别人，会尊重他人的财产。一个没有责任心的人"在某种程度上是不知廉耻的，对于是非曲直没有明确的标准，只关心自己的事情，会撒谎，会采用欺骗手段，不尊重他人的财产"(p.63)。大多数人位于这两个极端之间。卡特尔强调说，"责任心不是简单的礼貌性和遵从性，而是《圣经》里圣徒体现的一种有点强烈的'绝对命令'(categorical imperative，使用的是康德的术语)"(p.94)：

>　　你通常能够控制自己的情绪吗？
>
>　　你会维护规则和履行社会义务，而且喜欢和大多数人保持一致吗？
>
>　　你是谨慎的、体贴的吗？从不会恶语伤人？

对于每一个项目，受测者都要作出"是"或"否"的回答。回答"是"表明有责任心，回答"否"表明无责任心。回答"是"加 1 分，把所有的得分加起来就是尽责性特质的总分。

同时,为了筛选出那些虚假作答者,如对所有问题都回答"是"或"否",研究者会在问卷中插入一些反向计分的题目,即在这些题目上回答"否"表示有责任心,回答"是"表示无责任心(Jackson,1971)。下面我们将给出一些反向计分的例子:

　　为达目的,你是否经常"抄近路"或"放宽规则"?

　　很少有人将你视为有责任心的、负责任的?

　　在编写这些项目时,我们的目标是创建一个能够涵盖尽责性所有内容的题库。因此,我们会先致力于找到大量的题目,实际上,一些测量理论家认为,将那些假设与你感兴趣的特质无关的项目纳入进来是很好的,换句话说,就是将那些看起来与尽责性特质无关的题目纳入进来,例如:

127

　　在别人看来你是一个占主导地位的人吗?

　　你很享受参加派对或那些能够和很多人相处的机会吗?

　　通过建构一个超出我们预期的特质领域大题库,会降低遗漏相关项目的风险,提高对目标特质界定的精准性。也就是说,最终确立目标特质究竟包含什么内容,不包含什么内容(Loevinger,1957;Wiggins,1973)。

　　测验编写的下一步,就是用这些题目对被试进行施测,通过检验测验结果,决定在最终的版本中保留哪些项目。在这一阶段,有很多统计程序可以被用来分析数据,例如,我们可能会进行项目分析(item analysis),项目分析就是通过计算项目得分与量表总分的相关程度来确定项目对量表的贡献有多大。那些对量表总分贡献很微弱的项目(例如,与总分相关低的项目)可以删掉。那些与目标概念无关的项目,即使它们与总分的相关很高也要删掉,此外,那些我们一开始认为与目标特质联系很紧密但与总分相关低的项目也要删掉。

　　我们也可以对这些数据进行因素分析,通过检验某一项目与其他项目的相关性来确定验证性因素。假设我们的量表最后保留 30 个项目。我们用这个量表测量 500 人,然后进行因素分析,决定哪些项目归属在哪一因子之下。通过因素分析我们可能会得到两个独立的因子,它们似乎反映了尽责性的两个不同的侧面。也许,我们有 10 个与道德相关的项目聚集在一起构成了第一个因子,而其他项目更多地反映了工作方面的尽责性,因此聚集在一起构成第二个独立的因子。实际上,我们可能会将整个量表分为两个独立的,但在理论上又相关的部分,它们分别代表着尽责性的不同方面:"道德责任心"和"工作责任心"。或者,我们可以认为这两个方面是彼此独立的。

　　建构测验的最后一步,是要检验特质测验对行为的预测程度。例如,我们可以设计这样一个实验,让被试在实验室中填写问卷,要求他们在负责任的、尽责的行为与竞争的、不负责任的行为间作出选择。随后,我们可以检验被试在问卷上的得分与他们日常生活中尽责行为的关系,例如做礼拜、慈善捐赠、参与团体活动等。或者我们还可以将被试的测验得分与其他人(朋友和周围的人)对他们的评价进行对比,与那些得分低的个体相比,在测验中得分高的个体更可能被朋友评价为有责任心的。

　　随着特质测量的发展,研究者不仅能够了解个体被量表测量的特质,而且能够了解没有被量表测量的一些方面。因为我们能够预期,个体在人格测量尽责性上的得分与其他尽责性量表上的得分是呈正相关的。测量相同特质的不同量表间的正相关关系构成聚合效度(convergent validity);这些量表测的是同一个特质(Campbell & Fiske, 1959)。而且,在尽责性这一量表上的得分不应该与那些明显无关的特质量表的得分相关。例如,我们认为尽责性这一特质与"支配性""外向性""聪慧性""友好性"等一系列特质是没有关系的。换句话说,高尽责性的人不一定是高支配性的。如果一个人在尽责性量表上的得分与支配性得分有着较高的正相关,我们就会怀疑这个量表实际上测量的不是纯粹的"尽责性"。因此,如果我们的量表与其他在概念上明显不同的特质量表不相关,那么说明这一量表具有较高的区分效度(discriminant validity)(Campbell & Fiske, 1959)。

好的测量的标准

　　人格特质量表的建构方向必须遵循整个人格心理学中最重要的思维逻辑——结构效度。就其最一般意义来说,结构效度(construct validity)是指一个量表在多大程度上测到它要测量的东西。但更重要的是,结构效度是一种科学的过程,是同时验证一个测验及该测验所测结构的过程。克龙巴赫和米尔(Cronbach & Meehl, 1955)引进结构效度的概念是为了解释人格心理学中一个普遍的、令人困扰的问题:你怎么评估那些测量抽象事物的量表是不是好量表? 虽然我们可以观察到友好的行为,但是我们没有办法观察到"友好性"本身。友好性特质是抽象的,我们没有办法直接看到、听到、触摸到、闻到或者尝到。同样地,其他的人格特质以及心理学中的许多概念也是如此,例如智商、偏见、宗教信仰、同一性。这些难以形容的抽象概念被称为构念(constructs),特质量表就是要测量这些构念。

　　结构效度的程序源于构念本身,它通常根植于一个较大的人格理论背景中。通过研究构念的理论意义,心理学家仔细地设计出这个构念的量表,然后观察这个量表自身产生的实证结果与理论的符合程度,这个实证结果是可以被观察的行为。例如,我可能会进行一个研究来检验我的假设:相比于得分低的人,在友好性量表上得分高的人在一个访谈中微笑得更多。理论假设认为,微笑是友好性的一个普遍指标。假如这一假设在研究中得到证实,我就可以为友好性量表的结构效度提供一些证据。如果该假设没有得到数据支持,我就会开始质疑量表的适当性,设想的友好性构念的适当性,以及进行的检验假设的研究的适当性。

　　用专门的人格量表得到的每一个研究结果,都可以促进这个量表测量的构念的语义网络(nomological network)的发展。语义网络是指,支持组成某个构念理论命题的验证性连锁系统。这些命题说明了量表的性能与行为(非测量得到,但可直接评估)的联系。某个专门的特质量表的结果会改变语义网络,这样就促进了这个特质产生新的命题,从而重新定义这个特质,并最终改变这个特质依据的理论。在人格研究中有许多这样的例子,一开始我们会使用某个专门的理论或者定义来测量某一个特质,但是随着时间的推移(尤其是很多年以后)和广泛的研究,新的实证性的研究结果改变了特质的意义和理论(McAdams & Pals,2007)。例如,早期人们一般将外向性定义为一种普遍的社会及人际导向的倾向性,但是后来使用自陈量表测量外向性的研究发现,外向性特质还与积极情感和奖励敏感性有着紧密的联系。因此,多年来随着心理学家对外向性结构效度的研究,外向性特质的意义也在发生改变。

　　由此可见,结构效度是指实证证据支持包含在某个构念语义网络中的命题的程度。构念及其测量如果产生了大量的实证证据以支持语义网络中丰富多样的命题,那么可以说其具有很好的结构效度。然而,结构效度不是一成不变的,每一个关于某种构念的研究及其测量最终都是与其语义网络紧密相连的,这样就会产生某些证据,支持或反对其结构效度。许多其他形式的效度都归属于结构效度(见表 4.5)。

129

表 4.5　人格测验中效度的形式

结构(construct)效度	指测验是否测量到其要测的内容,结构效度的研究能够促进量表所测的构念语义网络的发展,结构效度是最普遍、最宽泛的效度,其他形式的效度都可以视为结构效度的衍生物。
内容(content)效度	指项目对欲测量的内容或行为范围取样的适当程度,即测量内容的适当性和相符性。
聚合(convergent)效度	指一个测验是否与其他测量同一构念的测验相关。
效标(criterion)效度	指测验是否预测了外在行为,如果效标资料需要过一段时间才能被收集到,那么该类效标称为预测效度;如果效标资料与测验分数是同时被收集的,则属同时效度。
区分(discriminant)效度	指一个测验是否与无关测验有所区分。
表面(face)效度	从表面上看,测验是否测量了其应该测量的东西,即在既定条件下,受测者眼中测验的公正及恰当程度。

　　除了结构效度(还有其他形式的效度),信度(reliability)也是评价一个特质量表的主要指标。信度可被界定为,一个测验的测量结果在多大程度上反映了被测特质的真实水平。对自陈式特质量表来说,有两种信度尤其重要。一是重测信度(test-retest reliability),即一个测验跨时间的一致性与稳定性程度。如果人们在第一次测量中得分很高,那么几个月以后他们再一次进行同样的测量时也应该有很高的得分。同样地,第一次得分低的人在第二次测量时得分也应该低。一个可靠的特质量表,其重测信度在较短的一段时间里(一般为几个月)应该达到 0.80 以上。二是分半信度(split-half reliability),即把测验题目按照序号的奇数和偶数分成两部分,然后计算两部分项目分之

间的相关。如果一个测验内部是一致的,那么测验的每一个部分都会得到相匹配的结果,每一个测验项目都会对某个特质的同质性作出贡献。

除了效度和信度,人格心理学家还确立了许多其他评定量表的标准。效用(utility)也是一个经常用到的指标,它是指一个测验所能提供的实际信息可以优先用于某个专门的目的,其他量表则不能。布里施(Burisch,1984)认为经济性(economy)和沟通性(communicability)是应该考虑的因素,如果其他指标都一样,那么一个短测验肯定比一个长测验要好(经济性);如果测验的结果很容易被他人理解,那么相比于测验结果模棱两可的量表,我们肯定会优先选择前者。此外,很多人格心理学家认为特质测量应该不受社会称许性偏差(social desirability bias)的影响(Edwards,1957;Jackson & Messick,1958;Paulhus & Vazire,2007)。这意味着,一个好的特质量表不应该过多受到个人期望表现的符合社会赞许的正面形象的影响。确定社会称许性对某种特质测量影响程度的一种常用的方法就是,将其在量表上的得分与标准的社会称许量表得分关联起来。相关程度低,相关关系不显著就说明特质量表的得分不受社会称许性偏差的影响。然而,事实上,许多特质量表都包含着社会称许性偏差,这主要是因为许多特质量表都存在着一个潜在的评价维度。因此,人格心理学家基本上都适度地容许自陈量表中的社会称许性偏差。

特质量表

在人格研究以及临床工作中,心理学家有时候需要综合的人格问卷来评估多种不同的特质。问卷里面包含着许多特质量表,每一个量表下又有很多项目子集,构成了包含大量项目的题库。

在过去的 70 年间,明尼苏达多相人格调查表(Minnesota Multiphasic Personality Inventory,MMPI)是使用最广泛的颇具权威的人格问卷之一。明尼苏达多相人格调查表由心理学家哈撒韦(Starke Hathaway)和精神病理学家麦金利(J. C. McKinley)于20 世纪 30 年代编制,它将一系列冗长的精神访谈浓缩成一个纸笔测验。原始测验包含 550 个项目,例如,"我每隔几天都会做噩梦""有时,我想砸东西""我想当花店老板""我确信有人在谈论我",对于每一个项目,只需作出简单的"是"或"否"的回答。这些项目分属于 10 个不同的量表:疑病、抑郁、癔病、精神病态、男性化—女性化、妄想狂、精神衰弱、精神分裂、轻躁狂、社会内向。除此之外,还包含评估被试或病人撒谎、作假和粗心程度的量表。

明尼苏达多相人格调查表最初用于临床诊断。在这些不同量表上的得分能够帮助心理学家和精神病理学家区分不同类型的精神疾病患者。事实上,明尼苏达多相人格调查表是通过那些不同的诊断组,如精神分裂患者、躁狂—抑郁患者或焦虑症患者反复认可的项目组建的。建构明尼苏达多相人格调查表的方法被称作标准对照法

(criterion-key method)，也就是说，一个有效的抑郁特质量表不是源于某个抑郁理论，而是由那些在临床上被诊断为抑郁症的患者承认的项目组成。因此，如果已经被诊断为抑郁症的患者不断地在"我是芝加哥小熊队的粉丝"这个项目上回答"是"，那么这个项目就会被确认为诊断抑郁症量表的一部分，即使很难为这个结论找出令人信服的理论。标准对照法与前一章介绍的理论导向构造法十分不同。

　　虽然明尼苏达多相人格调查表是为诊断异常者而设计的，但是现在它也被用来评估正常人之间的个体差异，尽管成功率不高(Kunce & Anderson, 1984)。相对于其他量表来说，明尼苏达多相人格调查表作为一个临床诊断工具常常因其较低的信效度而遭到批评，而且实际上它的许多项目看起来都已经过时了。面对这些批评，心理学家对明尼苏达多相人格调查表进行了修订，更新了测验版本，明尼苏达多相人格调查表第二版(MMPI-2)包含 567 个项目，目前广泛运用于临床诊断。

专栏 4.B

131

自恋：过分自爱的人格特质

　　在古希腊传说中，美丽的男子那喀索斯(Narcissus)深深爱上了自己在水中的倒影，最后跳进水中被淹死。通过记者、心理学家和社会评论家等，我们会发现身边许多人有着和那喀索斯相似的命运。20 多年前，拉希(Christopher Lasch)就曾这样写道："美国社会中充斥着自恋文化。"(Lasch, 1979)"自我的一代"鼓励我们首先要爱自己，自己最重要，我们要探索、发展、完善、掌控自己，以至于我们大多数人都不懂得如何去爱他人，无法对他人作出承诺，不愿意追求那些与自身利益无关的事物，不愿意投身于传统意义上将个人与社会整合起来的社会机构和团体(Bellah et al., 1985; Putnam, 2000)。在当今媒体的眼中，自恋的年轻人或者中年人正痴迷于在健身俱乐部中塑造自己的身材，他们渴望发挥自己所有的潜能，成为与生俱来的购买者以获得奢侈品，盼望拥有异国经历。

　　许多著名的心理学家都认为自恋是我们这个时代的典型病，自恋人格障碍成为过去 20 年中最常见的、谈论最多的临床综合征之一。但是，在那些正常的人身上，自恋更多地被视为一种人格特质。拉斯金和霍尔(Raskin & Hall, 1979, 1981)建构了一个自恋人格量表(Narcissistic Personality Inventory, NPI)来测量自恋人格特质。自恋人格量表有 54 对项目，被试要在每一对项目中选择一个他同意的项目。下面是一些自恋项目的例子：

　　　　我希望成为被关注的中心。

　　　　我拥有影响他人的天赋。

　　　　我喜欢审视我的身体。

　　　　我认为我是一个特别的人。

每个人都喜欢听我的故事。

我坚持获得应有的尊重。

我永远不会满足,直到我得到一切我应得的。

自恋人格量表建构了四个自恋维度:剥削性/权欲(exploitiveness/entitlement)、优越感(superiority)、领导力(leadership)和自我沉迷(self-absorption)。四个维度中的第一个维度剥削性/权欲被认为与心理不适相关,包括焦虑、抑郁,以及对他人缺少同情心(Emmons,1984;Watson, Grisham, Trotter, & Biderman, 1984)。一般来说,男性在自恋四个维度上的得分明显高于女性。

拉斯金和肖(Raskin & Shaw, 1988)发现,自恋得分高的学生在即兴演讲中更倾向于使用第一人称(I, me, my)。埃蒙斯(Emmons, 1984)发现,自恋与支配欲、暴露癖和自尊呈正相关,而与顺从他人呈负相关。一些研究表明,相比于得分低的被试,自恋特质得分高的大学生在被侮辱后,表现出更多的敌意,并且更有可能产生攻击行为(Bushman & Baumeister, 1998;Rhodewalt & Morf, 1995, 1998)。自恋还与日常生活中的极端情绪波动和情绪体验强度有关(Emmons, 1987)。一项研究结果表明,表面的自恋下其实掩盖着内心深处的不安全感和脆弱性(Kernberg, 1980)。与大多数人相比,自恋的人对成功或失败的经验更为敏感,因为成功会使他们的自我得到很大的提升,他们会体验到强烈的快乐,但是紧接着的一个微小的挫折就可能会给他们带来毁灭性的忧愁和愤怒。

温克(Wink, 1991, 1992a, 1992b)在一项跨时间的女性观察研究中区分了三种类型的自恋。高度敏感性自恋者有一个隐性的(covert)自恋特质,他们具有较高水平的情绪易感性、敌意、抑郁。在温克的纵向研究中,43岁时敏感性得分较高的女性在她们20~30岁时普遍遭遇时运不济、缺乏资源的困境,而且在事业和家庭上缺少成功的经历。与此相反,固执的(willful)自恋者则表现出一种显性的自恋品质,从大学时期到中年,她们一直被描述为自信的、好大喜功的、爱出风头的。最后,自主的(autonomous)自恋者表现出一种健康的自恋模式。她们在43岁时会成为有创造力的、富有同情心的、个人主义成就导向的个体。经历过20多岁时的冲突,自主型的女性在她们中年时会体验到一种实质性的人格成长。研究表明高度敏感且固执,但是不具有自主性的自恋型人格与童年时期糟糕的亲子关系有关,特别是与母亲的关系。此外,固执型自恋人格与早期对固执型父亲的认同有关。

一项对3 000多名被试进行的网络调查结果显示自恋者以男性居多,随着年龄的增长自恋者人数逐渐减少,在美国和加拿大这样的个人主义社会中自恋的平均水平要高于某些集体主义社会(Foster, Campbell, & Twenge, 2003)。跨文化研究结果支持很多文化评论家的预测,在西方社会,特别是美国,个人主义思潮的传播会衍生出自恋主义倾向。

在《我这一代:今天的美国年轻人为什么更加自信、坚定、荣耀却也更加痛苦》(*Generation Me : Why Today's Young Americans Are More Confident , Assertive , Entitled-and More Miserable than Ever Before*)一书中,心理学家特文格(Twenge,2006)整理了一系列研究数据并得出结论,当代的美国大学生比之前的大学生更加自恋。特文格认为,美国的父母和老师为了建立孩子的自信心倾向于通过过分赞扬的方式来培养自恋主义。溺爱孩子的父母为了使孩子感到有价值、有自尊,可能会不经意地培养出自私的、没有能力关心他人的子孙后代。实际上,有研究表明,高度自恋的大学生在他人钦佩其才能时会倾向于想起他们的父母(Otway & Vignoles,2006)。同时,这个研究也表明冷酷、疏离与回忆起父母之间存在正相关关系。研究者是这样解释这个违反常理的结果的:

童年回忆(赞扬与冷酷)都对过分的自恋主义有着显著的预测作用,这正好可以解释成年自恋者性格上自大性与脆弱性的矛盾。表面上看来,潜在的自恋者从他的看顾者那里得到赞扬,但是这种赞扬伴随着冷酷和拒绝的隐含信息而不是温暖与接受,因此我们推测,赞扬——不分好坏的赞扬,可能是不真实的。这样的亲子互动会导致成人形成自恋人格,并伴有矛盾情绪和防御性的自我评价特征(Otway & Vignoles,2006,p.113)。

加利福尼亚心理调查表(California Psychological Inventory,CPI)是适用于正常人心理评估的人格特质量表,20 世纪 50 年代由高夫(Harrison Gough)编制。起初,这个量表对数以千计的个体施测,得到 462 个项目,这些项目可以被分为 20 个量表,测量支配性、自我接受、自我控制、独立成就等特质(见表 4.6)。与明尼苏达多相人格调查表相比,加利福尼亚心理调查表有着较高的信度,效度证据来源也很多,包括被试的特质得分与朋友和熟人对其评价之间的相关。然而,对加利福尼亚心理调查表最大的批评主要集中于它的不同量表之间有重叠,量表之间的相关系数高达 0.05,甚至更高。很显然,每一个量表测量的不是独立的、单一的特质(Thorndike,1959)。虽然如此,加利福尼亚心理调查表仍被许多专家视为较好的量表之一。

高夫认为,加利福尼亚心理调查表比较接近人们对人格通俗的理解(folk concepts)——人们在交往过程中自然形成的人格界定。例如,大多数文化都认为,社会责任的概念是指行为倾向于和组织的利益保持一致,而不是追求个人利益。在每一种文化中,个体的行为在多大程度上符合这一通俗的界定是存在差异的。加利福尼亚心理调查表中的"社会化"和"责任心"这两个量表正是为了评估这一重要的个体差异。大量

133

表 4.6　加利福尼亚心理调查表中的量表

量表名称	得分高代表的意义
1. 支配性	自信的,独断的,支配欲强,任务导向
2. 进取心	野心勃勃的,想要做一个成功者,独立性强
3. 社交性	善于交际,喜欢与他人交往,友好
4. 社交风度	自信的,自主性强,善于言辞,从容不迫
5. 自我接受	自我评价良好,认为自己是有天赋的人,拥有人格魅力
6. 独立性	自负的,离群索居的,机智的
7. 共情	独处时很自在,容易被他人接受,能理解他人的感受
8. 责任心	负责任的,讲道理的,对待职责很认真
9. 社会化	乐于接受一般的规章条例,认为遵守这些制度很容易
10. 自我控制	试图控制自己的情绪和脾气,对自己的自制力感到自豪
11. 好印象	想要给他人留下一个好印象,总是做那些能取悦他人的事
12. 同众性	适应能力强,认为自己是一个十分平常的普通人
13. 幸福感	感觉自己拥有良好的身心健康,对未来态度积极
14. 宽容性	对他人的信仰和价值观十分宽容,即使他人的价值观与自己的不同或完全相反
15. 顺从成就	有将工作做好的强烈愿望,喜欢在工作任务或要求清晰的环境中工作
16. 独立成就	有将工作做好的强烈愿望,喜欢在鼓励自由与个人创造性的环境中工作
17. 智力效率	能有效使用知识能力,可以坚持做完他人可能感到枯燥、厌烦或沮丧的工作
18. 心理感受性	比起人们在做什么,他们对人们为什么做某件事情更感兴趣,能很好地判断人们的感受,而且知道他人对事物的看法
19. 灵活性	处事灵活,喜欢变化和多样性,很容易对常规生活和经历感到厌烦
20. 女性化/男性化	在这个量表上,若一个人的得分朝向女性化这一端,那么表明他是有同情心的、乐于助人的、对批评敏感的,喜欢从个人角度对事情作出评价和解释;若他的得分朝向男性化这一端,则说明他是一个坚定的、行动力强的人,不轻易屈从于他人,不容易动感情

来源:*California Psychological Inventory*: *Administrator's Guide*(pp.6—7), by H. G. Gough, 1987, Palo Alto, CA: Consulting Psychologists Press.

的研究支持了这些量表的结构效度。例如,高夫和布拉德利(Cough & Bradley, 1992)使用加利福尼亚心理调查表测量了大批品行不良的犯罪的男性和女性,并且设置了控制组作为对照。品行不良的成年人罪犯在加利福尼亚心理调查表不同量表(如共情、顺从成就)[①]上的得分都显著低于控制组被试,而且在社会化和责任心这两个量表上的差异尤为显著。

　　有研究认为,加利福尼亚心理调查表揭示了三组通俗概念,第一组体现在自我确认和人际适应方面,它的一端意味着对生活卷入度高,是一个参与者,另一端则意味着离群索居、寻求隐私。第二组测量社会价值的内化程度,包括从接受社会规范到拒绝社会

---

　　① achievement via conformance, achievement via independence,分别意为通过顺从获得成就,通过独立获得成就,但通常译为顺从成就、独立成就。——译者注

规范。第三组被高夫称作自我整合(ego integration),它在自我否定,表现出不受欢迎的人际交往行为到自我实现,表现出优越的自我功能这一范围内变化。

　　前两组概念相互作用会产生四种明显的生活风格或者生活方式。Alphas 是在第一组和第二组上得分都很高的人,他们的人际交往卷入度高,而且尊重社会规则。Betas 是离群索居的人,其社会价值内化程度高(第一组概念得分低),但是仍然接受规则。Gammas 喜欢进行人际交往但对其中的规则和传统仍存有疑惑,他们参与人际交往但是会反抗规则、制度。Deltas 总是试图逃避人际交往,而且拒绝其价值观和规则。关于职业评估的研究表明,Alphas 最适合做领导者和管理者,Betas 最适合做领导者的副手,Gammas 寻求改变并擅长创造,Deltas 在那些独立创造的领域表现良好,如艺术、文学(受个人能力影响)和数学(Gough,1995)。第三组的自我整合可以调节这四种类型,例如,高度自我整合的 Alphas 会表现出令人印象深刻的领导能力,但是自我整合低的 Alphas 可能是独裁主义者和带有攻击性的人。高度自我整合的 Deltas 会是一个梦想家并对自己的许多方面都有先见之明,可能会有艺术成就。然而,整合度低的人可能会体验到不可调和的冲突,会产生爆发性的暴力反应或者心理功能失调。

　　另一个广受好评的量表是杰克逊(Douglas Jackson)在 20 世纪 60 年代编制的个性研究量表(Personality Research Form,PRF),这个测量工具包含许多结构和设计模式方面的优点,而这些正是明尼苏达多相人格调查表和加利福尼亚心理调查表缺少的。在建构和验证个性研究量表的过程中,杰克逊紧紧依照本章前面提到的方法。最终的测验包含 320 个是/否项目,20 个独立的量表,每一个量表都旨在测量一种基本的人格"需要",这些"需要"都取自默里(Murray,1938)描述的需要列表,它包含控制需要、归属需要、成就需要、进取需要和养育需要。相比于加利福尼亚心理调查表,个性研究量表的不同量表之间重叠较少,而且大量研究证实了这些量表对于个人态度、价值观和行为的预测效度。除此之外,保诺宁等人(Paunonen,Jackson,& Keinonen,1990)编制了一个非文字的、图画式的个性研究量表,它的每一个项目都由一幅代表相关需要的人

134

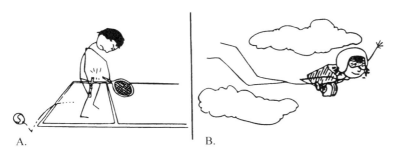

图 4.4　两个非文字的特征项目

　　在非文字版的个性研究量表中,项目 A 描绘了攻击行为,项目 B 展示了刺激寻求的行为。
　　来源:"The Structured Nonverbal Assessment of Personality," by S. V. Paunonen, D. N. Jackson, & M. Keinonen, 1990, *Journal of Personality*, 58, 485.

135　物线条画构成(见图 4.4)。每一个项目都会询问被试，自己的行为与画中人物行为的相似度。非文字版的个性研究量表适用于跨文化的人格研究，也可用于对不识字的人进行人格测量。

　　科斯塔和麦克雷(Costa & McCrae，1985，1992)编制了一个自陈量表来测量"大五"人格，即"大五"人格量表修订版(NEO-PI-R)。它由 240 个项目组成，用来评估神经质、外向性、开放性、随和性和尽责性这五个人格特质。在每一个项目上，被试要根据他对项目的同意程度在 5 点计分量表上作出选择。科斯塔和麦克雷将每种特质细分为六个附属特质(facets)。例如，构成外向性的六个附属特质为活动水平、自信、活跃、兴奋寻求、积极情绪、热心。每一个项目都对应一个专门的方面。例如，"当我做事情时，我是精力旺盛的"和"我的生活节奏很快"这样的项目对应的就是外向性中的活动水平。因此，每一个人在五个特质的六个方面上都会得到一个分数，这样一个人就会有三十个分数。

　　"大五"人格量表修订版显示出良好的重测信度和分半信度，而且与其他测量"大五"人格特质的量表具有显著的相关，这可以证明其聚合效度和结构效度较好。科斯塔和麦克雷还编制了同伴评价的"大五"人格量表修订版，在一些研究中，他们将自评的"大五"人格结果与配偶或者同伴评价的结果相比较。自我评价与配偶评价之间的一致性要高于自我评价与同伴评价之间的一致性，这可能是因为配偶比同伴更了解对方。

　　最后需要介绍的一个人格量表是多维人格量表(Multidimensional Personality Questionnaire，MPQ)，它由特勒根(Tellegen，1982)及其明尼苏达大学的同事共同编制(Patrick，Curtin，& Tellegen，2002；也见 Donnellen，Conger，& Burzette，2005)。多维人格量表总共给出十一个量表分数，包括幸福感、社会效能、成就、应激反应、社会亲密、异化、攻击性、控制(或冲动)、伤害回避(或危险寻求)、保守主义和专注。重要的是，这十一个量表可以通过因素分析归为三个大的因子：积极情感(positive emotionality)、消极情感(negative emotionality)和约束(constraint)。积极情感包括象征着幸福、良好的感觉、能动性、信心的自我归因，以及传统上与外向性有关的一系列描述语。消极情感本质上包含着各种消极倾向，从悲伤到焦虑再到内疚，而且与传统意义上测量神经质的项目联系紧密。第三个因子约束则涉及对破坏性情感和冲动的控制，它有助于积极的社会交往和心理成熟。约束与艾森克提出的精神质较低的一端十分相似，而且与"大五"人格中的尽责性和随和性因子呈正相关。

136　**人格特质和人格障碍**

　　在大多数情况下，人格理论和研究旨在描述和理解功能良好人群的心理变化，通常这些人群被涵盖在"正常"这个术语之下。通过自陈量表和评估量表测量的人格特质，例如外向性和尽责性，为描述心理个性倾向提供了人们期望的广泛的情感、认知和行为反应模式。然而,心理学家和精神病学家提到的人格障碍是指那些有问题的情感、认知和行为反应模式,这些模式通常不符合某一文化中人们普遍期望的正常表现。根据美国精神医学学会(American Psychiatric Association)的《精神障碍诊断与统计手册》,人格障碍(personality disorder)被定义为明显偏离了个体所在文化应有的持久的内心体验和行为类型,并且表现出不恰当的情绪、认知问题,缺乏冲动控制,在人际交往功能上长期存在缺陷。人格障碍通常被认为是长期的行为模式,而不是短期的对压力的应激反应。它不是由医疗条件和药物滥用引起的,而是一个人整体心理结构的一部分。虽然人格障碍不像精神分裂、双相障碍等精神疾病那么严重,但是它意味着个体有严重的、长期的心理问题,对个人适应社会有着很大的消极影响。

表 4.7　人格障碍

简单界定	
类群 A	
分裂样人格	极其孤立,无法享受社会关系
分裂型人格	社会行为笨拙,经常表现出奇怪的想法和行为
偏执型人格	疑心重,对人怀有敌意,对人际关系缺少信任
类群 B	
表演型人格	拥有炫耀的但十分肤浅的生活风格,以自我为中心
自恋型人格	自大狂,缺少同情心,需要被他人羡慕
反社会型人格	为人冷酷,具有攻击行为,病态的社会心态
边缘型人格	情绪不稳定,富有同情心,总是处于被抛弃的恐惧中
类群 C	
依赖型人格	顺从、被动型生活风格,需要被照顾
回避型人格	由于害怕批评或者暴露缺陷,表现出社会退缩
强迫型人格	严格遵守规则,注重细节,追求完美

注:虽然在面对压力时,尤其是在生活中一些艰难的时期,人们也会表现出类似人格障碍的症状和特征,但人格障碍本身是指长期地、极端地表现出这些临床症状,人格显著地、持久地偏离所在社会文化环境应有的范围,从而形成与众不同的行为模式。

主要的人格障碍有哪些呢? 它们与人格特质之间的关系又是怎样的呢? 在目前的概念之下,美国精神医学学会(American Psychiatric Association,2000)确定了十种不同的人格障碍(见表 4.7)。精神病学专家和心理健康学者倾向于将每一种人格障碍看作根据多重标准诊断出来的独立的整体或者类型,这些诊断标准在美国精神医学学会的《精神障碍诊断与统计手册(第 4 版)》(DSM-IV)修订版中都已列出。它将十种人格障碍分为三个类群,类群 A 包含三种具有古怪思维模式的综合征,例如分裂样人格、分裂型人格和偏执型人格。类群 B 包含四种具有不稳定的和冲动的社会行为的综合征,例如表演型人格、自恋型人格、反社会型人格和边缘型人格。类群 C 包含三种具有焦

137

虑情绪及人际交往特征的综合征，例如依赖型人格、回避型人格和强迫型人格。通过阅读表4.7中的例子，你可能会觉得，生活中有很多时候你会表现出这些症状。但是请记住：人格障碍是指长期地、极端地表现出这些临床症状。它们是一种慢性病而不是对生活中艰难时期的短暂反应。即使我们大多数人都出现过表4.7中描述的情绪、认知和行为问题，但值得庆幸的是，人格障碍还是罕见的。

最罕见的人格障碍（在美国人口中估计其患病率低于1%）之一是分裂样人格障碍，其特点是极端孤立。分裂样人格障碍者已脱离正常的社会关系，他们不太在意自己与其他人的关系，甚至是与家庭成员的关系，他们完全不受他人赞扬和批评的影响，似乎社会生活、两性关系不能给他们带来一点乐趣，他们情感冷漠、离群索居。总的来说，分裂样人格障碍者可能是天生的孤独者。

分裂型人格障碍（schizotypal personality disorder）和分裂样人格障碍有着同样的离群索居的人际交往风格，这种综合征的特点不是对人际关系完全没兴趣，而是有他人在场时会感到极不舒适，会表现出古怪的行为与想法。在他人的眼中，有着分裂型人格的人是十分古怪的，他们的说话方式很古怪，而且拒绝和他人有眼神接触，着装风格也十分奇怪。他们奇异的思维方式涉及对超感官知觉有执着的信念，并且相信有不明飞行物的存在。美国人口中约有3%的人患有分裂型人格障碍，最严重者可能会发展为精神分裂症。同时，一些分裂型人格障碍者也可能会发展出一些特殊才能或者创造力以使他们在某些方面获得成功。这里不得不提一些古怪的艺术家和作家，例如达利（Salvador Dali，超现实主义画家）、威廉斯（Tennessee Williams，美国剧作家）和品钦（Thomas Pynchon，美国后现代主义文学代表作家）。

类群A中的第三个成员是偏执型人格障碍。正如其名，偏执型人格障碍者不信任他人，容易怀疑他人。当然，有笑话这样说道，有时你不用变成偏执狂也会认为有人在与你作对。但是，偏执型人格障碍者在经过理智分析后仍对他人产生怀疑，并且这种怀疑常常是荒诞的、毫无根据的。偏执型人格障碍者固执地认为在他人周密的计划下一定暗藏着阴谋诡计。他们总是表现出充满敌意的行为，好斗，并且有着强烈的忌妒心。毫无疑问，偏执型人格障碍者不愿意相信他人，因此他们很难与他人建立亲密、信任和互惠的关系。

类群B包括表演型人格障碍，患者的特点是喜欢通过华丽的衣饰以及吸引异性的行为，展现出一种戏剧化的生活风格。他们以一种高度情绪化的方式与他人交往，更多展现的是自我中心和肤浅，而不是建立真正的人际关系。初见时，他们看起来很容易相处且让人感觉如沐春风，但是这种表演型的社交努力很快就会被证明是令人绝望的、肤浅的和短暂的。尽管性别角色的刻板印象表明，女性比男性更有可能会表现出这种症状，但事实证明其性别差异是相当小的。女性往往更频繁地展示这种行为，但没有过量，很多男性通过一种极度阳刚的大男子主义风格，以及过度吹嘘成就的行为表现出表演型人格障碍。

　　自恋型人格障碍包括自大、缺少同情心、需要过多的赞美等特点。自恋主义者会对最终的成就充满幻想。在自恋主义者心中,自己是最聪明的、最优秀的、最漂亮的。这种想法使他们的行为傲慢自大,并且为了达到自己的目的,他们会倾向于利用他人。我们可通过专栏 4.B 了解到,自恋特质在普通人身上并不少见,并且有研究表明,当下美国人的自恋倾向增强了。然而,心理健康专家保留了自恋型人格障碍这一类型,事实证明,不同于自恋特质,真正的自恋型人格障碍是罕见的(在美国人口中,其患病率估计低于 0.5％)。

　　可以说,最危险的人格障碍综合征就是反社会型人格障碍(antisocial personality disorder)。它有时也被称作"心理变态"或是"反社会",被诊断为反社会型人格障碍的人十分凶残、具有攻击性,并且极有可能从事像持枪抢劫、勒索、行凶、强奸这样的犯罪活动。监狱和拘留所里关着的囚犯大都被诊断为具有反社会型人格障碍,反社会型人格障碍者一点都不关心他人的情感,在撒谎、伤害他人或小动物、破坏他人财产或违规后也不会产生任何懊悔。这种人格障碍可能会伴随着各种各样的消极负面的结果,例如失业、离婚、滥用毒品、谋杀和自杀。反社会的倾向在青春期早期会突然出现,在 30 岁之后可能会有所平息。美国人口中反社会型人格障碍的患病率,男性为 3％,女性为 1％。相比于富人阶层和受过高等教育的人,社会阶层较低者的反社会型人格障碍患病率更高。

　　边缘型人格障碍者的生活可以用一个词来表达,即"不稳定"。他们在愤怒、暴躁、抑郁、焦虑、内疚、羞愧之间徘徊。他们喜欢抱怨,感到烦躁、无聊和空虚。边缘型人格障碍者有着不稳定且自相矛盾的自我形象。似乎从这一刻到下一刻他们的身份在不断地改变。许多专家认为,在边缘型人格障碍者的心中有着害怕被抛弃的恐惧感。突发的愤怒、自残行为、饮食失调、自杀企图,这些悲惨的事情在边缘型人格障碍者身上并不少见,他们做这些事情就是为了得到关注和爱。然而,当他人主动给予他们爱时,他们又会拒绝这种关心,贬低他们渴望得到关爱的人。

　　类群 C 中的依赖型人格障碍主要表现为高度顺从和被动型的人际交往风格。正如我们在第 2 章提到的,人类作为社会动物总是会依赖他人。但依赖型人格障碍是过度地、长期地需要他人的照顾,过分地依赖与顺从他人,没有自主性或独立性。依赖型人格障碍者不能自己作出决定,需要不断地寻求他人的照顾与支持。依赖型人格障碍多出现在女性身上。

　　回避型人格障碍者害怕被批评,并且在社会情境中总是觉得自己有很多不足。他们不愿意冒险,害怕失败,很少表达自己的意见,害怕他人不赞同自己的观点。甚至,他们总是预期他人会对自己作出最差的反应,包括批评、蔑视和拒绝。因此,回避型人格障碍者常常羞于参加各种社会交往,更多地选择待在家里,而不愿意去冒在公众场合出丑的危险,他们认为自己在公众场合中会表现得很差,没有吸引力,行为笨拙。

139 　　最后，强迫型人格障碍者则表现出一系列与控制、秩序、完美意向有关的适应不良，他们过分关心规则、细节。当然，规则对社会生活而言是必要的，但是他们似乎夸大了规则在社会生活中的作用，规则最终约束他们自己，使他们必须无条件地服从。强迫型人格障碍者通常过分关注规则、清单和日常生活的组织性计划，他们很难与他人建立可靠和具有建设性的关系，他们发现把任务委托给别人是很困难的，因为失去控制会让他们感到恐惧，并且他们很难摆脱一些事情和想法。他们可能会存钱或者将多数人通常选择扔掉的没有价值的物品留存起来，但是某些强迫综合征的特点可能会带来许多好处。例如，强迫型人格障碍者常常努力工作，他们常被其他人视为工作狂；他们也常具有组织性，可能在某些需要格外注意的细节上非常擅长。但是，他们在获取成果的同时也付出了巨大的代价，因为他们不能与他人正常交往，并且不会理解和欣赏人生的宏大蓝图。

　　正如表 4.7 所列出的，DSM-IV 将这十种障碍中的每一种都视为一个典型类型或综合征。十种障碍的每一种都展示了一种特殊的情感、认知和行为模式，例如，边缘型人格障碍包括厌烦或空虚、紧张性暴怒和性情暴躁、对被遗弃的恐惧、偏执或分裂的想法、不稳定的自我形象、和其他人的不稳定关系、自我伤害的行为（如节食和暴饮暴食）。为了获得边缘型人格障碍的诊断，一个人不必表现出 DSM-IV 列出的所有标准，但是只要出现上述一些或多数症状，便可确定为患有此种人格障碍。对于边缘型人格障碍，DSM-IV 列出九条标准，如果一个人身上出现五种或五种以上症状，便可被确诊。此外，对这一综合征的描述也显示这些症状在成年早期应该就会显现出来。相似地，每一种人格障碍都有其专门的诊断标准及规则，并且有特定的发展过程。

　　DSM-IV 提供的人格障碍诊断类型具有某种直觉上的吸引力。人们倾向于对人格进行分类，并且发现这一方法能够恰如其分地对心理个性进行有效描述。但是，正如我们在专栏 4.A 中看到的迈尔斯—布里格斯人格类型测验，类型学有时将心理现实过分简单化且分类中的推断也存在可疑性。类似地，许多心理学家也批判 DSM-IV 的分类逻辑，认为这些类型之间存在重叠，甚至有些个体拥有多种人格障碍类型的症状。许多心理学家认为 DSM-IV 应该被取代，或者至少应该补充一个能够考虑个体持续性功能差异的新系统。他们还特别建议，人格障碍结构系统应该建立在更为充分的理论背景上，并且应与揭示精神病理学的大量研究相结合。最近已有研究者开始将人格障碍和"大五"人格结构联系起来。

　　有这样一种特殊的观点，即人格障碍可以被视为正常人格特质的极端表现（Costa & Widiger, 2002；Miller, Lynam, Widiger, & Leukefeld, 2001；O'Connor & Dyce, 1998；Widiger, 1993）。例如，就"大五"人格而言，依赖型人格障碍可能综合了高神经质与高随和性的特点。依赖型人格障碍者会体验到与高神经质有关的焦虑与负性情绪，但是他们也同高随和性个体一样，希望获得温暖与亲密关系。简单来说，依赖型人
140

格障碍者是非常焦虑的，表现出异常顺从与依赖的人际交往风格。相反，反社会型人格障碍则是高神经质、高外向性、低随和性与低尽责性的结合。与依赖型人格障碍者相似，他们也常有很多负性情绪，但是他们会表现出与外向性有关的活力与开放，他们的随和性很低，拥有残酷、无情的本性。此外，反社会型人格障碍者没有责任心、好冲动，而且不尊重传统和常规。

有研究者(Trull，Widiger，Lynam，& Costa，2003)将人格障碍与特质结合起来进行了实证研究，主要关注边缘型人格障碍。研究者主要希望通过临床专家的评定来了解边缘型人格障碍者的特质(Lynam & Widiger，2001)。在研究中，要求那些广泛致力于边缘型人格障碍研究的临床医生对他们的患者进行五因素人格评定，包括神经质、外向性、随和性、尽责性、开放性。研究者可以通过众多专家的临床评估推断边缘型人格障碍的整体特质指数。虽然研究获得的人格评定相当复杂，但简单来说，边缘型人格障碍者似乎结合了低随和性、低尽责性和高神经质的特点。

特鲁尔等人(Trull et al.，2003)使用"大五"人格量表修订版(NEO-PI-R)和其他测量工具开展研究，被试包括大学生(他们中一些人患有边缘型人格障碍)以及存在心理问题的临床病人。此外，研究中所有被试都接受访谈以确定是否患有人格障碍。结果表明，正如临床专家预料的那样，被试在"大五"人格量表修订版上的分数与其他衡量边缘型人格障碍的标准(如其他问卷及访谈)存在相关。换言之，那些通过其他问卷以及访谈被确诊为边缘型人格障碍的人在"大五"人格量表修订版上的测量结果正如临床专家预料的那样。此外，边缘型人格障碍者在童年期都有遭受虐待的经历，许多临床医生认为这些早年受虐待的经历是造成成年期边缘型综合征的根源之一。

表 4.8　人格障碍与"大五"特质之间的假设关系　　141

人格障碍	神经质	外向性	随和性	尽责性	开放性
分裂样		低			低
分裂型	高	低			高
偏执型	高		低		
表演型	高	高	高		高
自恋型	高		低	高	高
反社会型	高	高	低	低	
边缘型	高		低	低	
依赖型	高		低		
回避型	高	低			
强迫型		高	低	高	低

来源：A Description of the DSM-III-R and DSM-IV Personality Disorders with the Five-factor Model of Personality，by T. A. Widiger，T. J. Trull，J. F. Clarkin，C. Sanderson，and P. T. Costa，Jr.(1994). In P. T. Costa，Jr. and T. A. Widiger(Eds.)，*Personality Disorders and the Five-Factor Model of Personality*，American Psychological Association Press，p.90.

表 4.8 是一批有影响力的人格心理学家提出的"大五"特质与人格障碍之间的假设关系（Widiger，Trull，Clarkin，Sanderson，& Costa，1994）。正如你看到的，十种人格障碍中有八种被假定与高神经质有关。不用为此感到惊讶，因为人格障碍经常涉及焦虑、恐惧和难过等负性情绪，而这些都是神经质的核心内容。假定没有涉及高神经质的两种障碍分别是分裂样和强迫型人格障碍。随和性特质在这个系统中是非常关键的指示器，表演型和依赖型人格障碍通常是与高随和性相联系的，而偏执型、自恋型、反社会型、边缘型人格障碍则伴随着低随和性。

将"大五"特质与人格障碍联系起来的一些理论和实证研究表明，异常心理与正常的人格机能运作可能有着本质的相似之处。通过一些研究，我们确实能看出人格障碍者在一些人格特质测量上会有极端的得分。然而，不管人格特质与人格障碍之间的关系是多么紧密，多么具体，将人格综合征替换为一些维度性的概念，还是存在着很大的争议。虽然许多临床医生很认可五因素模型和其他人格类型对精神病理学的预测，但他们并不准备将临床综合征概念替换成简单的特质组合，这主要源于综合征本身还包含了许多非特质的成分。例如，边缘型人格障碍的一个关键成分是害怕被抛弃，一些人相信，这与童年期的虐待有关。尽管高神经质能够普遍预测恐惧，但害怕被抛弃是非常特殊的一种情况，它可能与特殊的发展历程有关。

正如我们将要在随后的章节中看到的，人格特质侧重于揭示心理个性的广泛一致性，但人格综合征包含的内容可能不止这些。许多临床心理学家和致力于边缘型人格障碍研究的精神病理学家认为，边缘型人格障碍的特征不仅仅是高神经质、低随和性、低尽责性。与此相似，他们不太满意如表 4.8 中列出的将偏执型人格障碍简化为高神经质与低随和性的简单相加。许多普通人都具有高神经质、低随和性的特点，但这并不意味着他们就是偏执型人格障碍者。同样的道理，虽然研究者认为高开放性的个体有时想象力很丰富，以至于他们的想法被视为稀奇古怪的，但拥有奇异想法和行为的分裂型人格障碍不简单等同于高开放性。

总之，将人格障碍与一般人格特质研究联系起来，表明了正常和非正常人格功能之间存在着重要联系。在某种程度上，人格障碍可以被视为一般人格特质的极端形式，但又不仅仅如此，因为它还包括了特殊的恐惧与动机、独特的思维模式，以及特殊的发展历程。重新回顾第 1 章我们提到的内容，人格障碍可能包括人格特质（人格的第一层次）、个性化适应（第二层次）和内化的人生故事（第三层次）。特质为人格本身提供了一个完整的概况，同样它也描绘了人格障碍的轮廓。但是，复杂的综合征如边缘型人格障碍可能涉及除人格特质之外的其他重要的心理个性层面，在这本书的随后章节我们会予以详细讨论。

特质论之争

虽然奥尔波特通过特质这个核心概念创建了人格心理学，但早在 1937 年，他就意识到关于特质论可能会存在争议。20 世纪 30 年代的美国心理学界，占主导地位的行为主义者并不看重特质，甚至否定特质的存在。毕竟，特质是主观的，不存在于外部可观察的环境中。与行为不同，特质不能被直接观察到。进一步来说，一向秉持环境决定论的行为主义者对行为的差异源于个体机能而不是环境这种看法很怀疑。20 世纪 30 年代，心理学主要研究知觉和学习的基本过程，并且主要侧重于研究个体在这些心理过程中的共性，认为个体表现出来的差异是不重要的、随机的，这些变量对一个严肃的心理学研究者是没有任何意义的。

尽管特质论的倡导者奥尔波特、卡特尔和艾森克等人一直在不懈地努力，但在科学心理学界对特质概念实用性的质疑依然持续了几十年。20 世纪 50 年代，研究者开始关注特质测评中的测验风格（test-taking styles）（Christie & Lindauer，1963；Edwards，1957；Jackson & Messick，1958）。特质量表真的能够测出研究者想要测得的东西吗？还是仅仅评估了一个人在特质测验过程中的总体反应？这样的担心是有道理的，因为一些人总是试图让自己看起来不错，另一些人总是试图让自己看起来糟糕；一些人几乎会对所有的事情说"是的"或"同意"，另一些人则坚持对所有的事情说"不"。一部分怀疑论者认为特质量表用来测什么特质并不重要，因为测验的分数仅仅代表你的反应风格（response style）而不是特质本身。争议最终促使测验得到不断改进，研究者力图将反应偏差减到最小，并且研究者发现反应风格本身也是一种重要的特质。

对特质论最常见的一个批评就是特质如标签一般，体现出对人的刻板印象。受社会学和社会心理学标签理论的影响，20 世纪 60 年代一些研究者反对在心理功能的评估中使用"精神分裂症"和"强迫症"这样的诊断类别。在一个压迫的社会中，这样一个"精神病"的标签是对那些在生活中遭受过不幸的人的歧视。标签能够控制人，使人们固定在自己的位置上（Goffman，1961）。虽然人格特质不是精神病的标签，但是特质理论难免会和这些不好的影响联系起来。例如说某人"随和性特质程度较低"也可以视作一种标签，具体表现为当事人会被认为在谈论他人时总是持一种质疑的态度。许多人认为，特质只是经过粉饰的刻板印象（sugar-coated stereotypes）。特质并没有展现人们的多样性，而是把人们分成了不同的群体。有不少心理学研究者反驳这类批评（例如，Block，1981；Hogan，DeSoto，& Solano，1977；Johnson，1997；McCrae & Costa，1995；Wiggins，1973），但是对人格特质的这类批评在某些社会心理学领域（例如，

Zimbardo，2007)以及心理科学之外的领域仍然存在。

対人格特质最严厉的批评源自一本名为《人格和测评》(*Personality and Assessment*)的书。该书于 1968 年由人格心理学家米歇尔(Walter Mischel)所著。米歇尔在书中重提了人格测评中的一个难题，而这个难题早在 1937 年就被心理学家奥尔波特意识到了。这正是奥尔波特所说的"普遍性与特殊性"(generality versus specificity)的问题。从理念上讲，特质是指一般的行为倾向。特质论的一个关键假设是，人们确实在行为中显示出了一些跨情境和跨时间的一致性。相反，如果行为是情境性的，并不具有跨情境的一致性，那么特质的整个概念都将出现问题。米歇尔(Mischel，1968，1973，1977)对特质概念存在质疑，认为与跨情境的一致性相比，行为更多的是具体情境的体现，因此人格特质测量并不能很好地预测行为。如果特质不能用来预测行为，那么它们还有什么用处呢？

米歇尔的批评

在某种程度上，特质的概念隐含着行为具有跨情境的一致性。例如，我们认为一个外向的人在许多不同的场合都会表现得很外向，即表现出了各种情况下的一般趋势。米歇尔认为，行为并不是像特质论描述的那样，而是具有特定情境性。在行为主义和现代社会学习理论的传统中(第 3 章)，米歇尔坚持认为行为受特定情境的影响。在不同的情境中人们会以一致的方式行动即反映了潜在的人格特质这一观点，简直就是不可能的。

米歇尔的观点并非其首创。行为主义者早已在许多不同的场合中提出过相似的观点，如华生(Watson，1924)的理论。但是，米歇尔的理论具有相当大的冲击力，因为他提供了丰富的实验数据。通过回顾有关诚实、依赖、攻击性、刻板性(rigidity)以及对权威的态度的研究，米歇尔发现人格特质分数(通过人格测评获得)与一个具体情境中的实际行为之间的相关系数很小，一般不超过 0.30。而且，同一个人的同一种行为(例如诚实行为、友好行为、攻击行为)跨时间的一致性也很低。

一项对 8 000 多名学生的道德行为的经典研究(Hartshorne & May，1928)发现，一个课堂测试中的抄袭行为与另一种形式的作弊(如夸大自己的成绩)的相关系数只达到 0.29。米歇尔认为，本研究的启示是，关于道德行为，在不同的情况下个体差异是不一致的：在一个特定的测试中作弊的学生在另一个测试中并不一定作弊。如果我们希望预测不同学生在某一个特定的测试中作弊行为的差异，借助于"诚实性"这样一个概念是毫无用处的。正如斯金纳在《沃尔登第二》中所说的，没有所谓的诚实的或不诚实的孩子，只有在特定情境下呈现出的诚实的或不诚实的行为。

米歇尔(Mischel，1968，1973)指出令人不安的可能性，即人格特质仅存在于观察者的脑海中。同样的观点也已经被社会心理学家琼斯和尼斯比特(Jones & Nisbett，

1972)以及罗斯(Ross，1977)提出。他们提出基本归因偏差(fundamental attribution error)，即在对他人行为的原因作出解释时，人们往往有夸大特质而低估情境作用的一般倾向。根据这一观点，当要求人们解释为什么另一个人做了某件事情时，他们可能会诉诸一般人格特质，"兰迪用拳头攻击另一个篮球运动员是因为他具有攻击性"或"玛莎在数学考试中得了 100 分是因为她很聪明"。当要求解释自己的行为时，人们更多地考虑具体的情境，"我用拳头攻击另一个篮球运动员是因为我被激怒了"或"我数学考试得了 100 分是因为我学习很努力"。言外之意就是，特质心理学家在尝试预测和解释他人的行为时，同样存在着一些基本归因偏差。它不仅没有方便我们了解他人的人格，反而会导致一些错误。特质只存在于观察者的脑海中，而不存在于观察对象的人格中。

144

如果人格特质只存在于观察者的脑海中，而不存在于观察对象的人格中，那么特质或许更多地揭示了人们如何看待他人的行为而不是行为本身。在有关特质概念的众多尖锐的批评中，史威德(Shweder，1975)强调，尽管特质研究者用实验证明了不同特质之间存在联系(例如，支配性与攻击性之间存在联系)，但他们的研究结果只反映了语义构造上的相似度。例如，帕西尼和诺曼(Passini & Norman，1966)要求学生用一系列人格量表对陌生人进行人格评定。他们要求这些评价者基于自己的想象作出评定。因素分析结果表明，不同量表间具有结构性相关，这种相关与使用相同量表的其他研究(评价者对评价对象很熟悉，或者评价者直接观察被试的行为)得到的相关几乎是完全一样的。

史威德(Shweder，1975)对这一结果的解释是，我们对人格特质的评价很可能更多的是基于词汇(特质词汇)相似性，而不是基于我们对真实行为之间关联性的观察。例如，如果支配性和攻击性两个词汇具有意义的关联性，那么我们假设它们指代的行为也是相关的。这个观点认为，关于特质词汇之间如何组合，人们已经形成一套自己的假设，而当评价他人行为时，每个人都会使用自己的这套假设。因此，每个人都形成了自己的一套内隐人格理论(implicit personality theory)(Bruner & Tagiuri，1954)，即自己的关于特质之间关联的认识。有人认为，一旦人们形成了对他人的初始印象，就会使用自己的内隐人格理论来推断交往对象的其他人格特质(Berman & Kenny，1976)。因此，特质只是我们的认知捷径，而不是我们感知到的认知对象的真实特征。

总体上来说，米歇尔对人格特质以及整个人格心理学的批判(例如，Fiske，1974)引发了人格心理学中的个人与情境之争(person-situation debate)。特质论的辩护者(例如，Alker，1972；Block，1977；Hogan et al.，1977)认为：首先，米歇尔歪曲了许多特质学家的理论；其次，他以一种不公平的方式挑选了一些对他的观点有利的实证研究，并且忽略了许多支持个体行为跨情境一致性和内在人格一致性的研究。米歇尔理论的支持者(例如，Argyle & Little，1972；Shweder，1975)摆出更多的数据来支持他们情境主义的论断，他们经常采用社会心理学中有关情境对行为影响的研究作为自己的论据。

20 世纪 70 年代，情境主义学说似乎威胁到了特质概念，甚至对整个人格心理学产生了威胁。情境论主要有以下四个方面的观点：

1. 行为是特定情境的产物，不具有跨情境的一致性。

2. 某一情境中的个体差异主要源于测量误差而不是广泛的内在特质的差异。

3. 观察到的反应风格很可能与情境中刺激的呈现方式有关。

4. 实验是发现刺激与反应之间联系的最佳方式。（Krahe，1992，p.29）

145

也就是说，是情境而不是特质驱动和塑造人类的行为，这一点在严格控制的实验室实验中体现得最为明显。在同一情境中，观察到的人与人之间的行为差异是很小的、不显著的，也许这是观察者或者测量方式的偏差。在概念上强调外部环境（情境）的重要性，在方法上也偏好实验室实验，情境主义开始和行为主义的某些方面有很大联系，比如班杜拉和罗特的社会学习理论（第 3 章）以及实验社会心理学家的研究。

个人—情境之争似乎在 20 世纪 80 年代中期消失了（Krahe，1992；Maddi，1984；West，1983），许多研究者开始解决一些长期以来提倡解决的问题，形成了比较折中的交互作用论（interactionism）。著名心理学家勒温（Kurt Lewin）说过，行为是个体（特质）与环境交互作用的结果（Lewin，1935）。尽管这看起来很简单，甚至是很显而易见的，但是它远比想象的要复杂。关于如何解释这一问题依然存在着很大的争议。有很多方式可以用来研究在预测人类行为时，人与环境是如何交互作用的。米歇尔的批判和随后的个人—情境之争在人格心理学领域激发了大量的思考和研究，也塑造了一代人格心理学家的思想。这场争论在今天的人格科学中依然有很大的影响力。

聚合行为

米歇尔认为，特质不能预测行为，因为行为本身并不具有跨情境的一致性。这样一种观点无疑为特质理论带来了致命的挑战。爱泼斯坦（Seymour Epstein）通过一种古老而又非常熟悉的方式回应了情境主义的挑战，他与一批人格心理学家通过聚合（aggregation）证实了行为的跨情境一致性。

为了理解爱泼斯坦的观点，我们需要先回顾一下建构人格测验的程序。正如我们在本章之前的内容中介绍的，在建构人格测验时，首先要建立题目库；随后要通过许多不同的方式对题目库进行精简以形成具有良好信效度的测验；在测验中，每个题目都是有用的，它能够对准特质的不同方面，这样标准化（zeroing in）的过程是十分必要的，因为特质构念十分复杂，需要通过不同的方面来阐释，并不是某个单一的题项就能够完全阐释特质的复杂性。

回顾了这一点，接下来我们设想，研究者使用某一人格问卷对受测者进行人格评估，并试图求得人格特质得分与某一行为的相关性，而这一行为可能是由具体的实验条件诱发的。因此，爱泼斯坦认为，米歇尔之所以发现测验与行为之间没有一致性，问题不在于测验,因为测验本身是具有良好信度的,在建构测验时已使用了严格的聚合技术,问题的关键在于某个单一的行为是不可靠的,不具有代表性,而且可能存在误差。爱泼斯坦认为,米歇尔指出一个重要的问题,但误解了问题的真正原因。总的来说,虽然测验是有效的,单一的行为却是有缺陷的。爱泼斯坦坚信,当把不同情境下的行为汇聚在一起时,必能得出人格得分与不同情境下行为之间的一致性。也就是说,特质分数能够预测行为的跨时间与跨情境的一致性。

　　很多研究表明,爱泼斯坦的观点是正确的。图 4.5 列出的爱泼斯坦(Epstein,1979)的研究数据指出,从头痛、胃痛到社交行为,测量的信度会随着测量情境的增加而提高。因此,如果我们希望对一个人的血压、积极情绪、言语能力、食物消耗、微笑频率或者任何行为作出一个可靠的估计,那么我们最好在不同场合下进行观测。正如图 4.5 所示,跨时间的聚合程度越大,测量的信度就越高,我们就越接近稳定的、纯粹的、有代表性的行为估计。

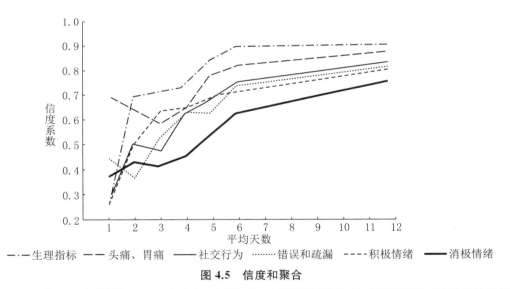

图 4.5　信度和聚合

　　对于许多不同的测量,当研究者收集和汇总更长时间的更多数据时,其信度(通过计算奇数天与偶数天之间得分的相关获得)会提高。(相关系数是通过计算奇数天的平均数与偶数天的平均数之间的相关获得的,标绘值采用分类变量之间的相关这一方法。)

　　来源:"The Stability of Behavior:1. On Predicting Most of the People Much of the Time," by S. Epstein, 1979, *Journal of Personality and Social Psychology*, 37, 1097—1126.

　　在一项引人瞩目的回溯研究中,研究者(Rushton, Brainerd, & Presley, 1983)在 12 个心理学研究领域阐明了聚合的有用性。尤其令人感兴趣的是他们对哈茨霍恩和梅(Hartshorne & May, 1928)的道德行为研究进行了探讨,这一研究曾被米歇尔(Mischel, 1968)引为自己情境主义观点的有力证据。拉什顿(J. Philippe Rushton)认为,这个研究一直被大家误解了,他认为如果将不同的测量情形下的行为汇聚在一起,

147 还是会发现儿童的道德行为具有相当高的一致性。虽然所有关于诚实行为的实验之间的平均相关系数只有 0.20，但是如果将测量按照有意义的组别聚合起来，并且与其他综合的行为测量、教师对孩子的评估，以及孩子的道德知识的得分关联起来，不同诚实行为测量之间的相关系数就会增大，通常它们之间的相关系数可以达到 0.50～0.60。例如，一系列有关抄袭的作弊研究与那些其他形式的作弊研究之间的相关系数为 0.52。同米歇尔的结论相反，通过聚合技术我们发现在哈茨霍恩和梅的研究中，儿童被试在作弊行为上表现出一致性。这表明，一些孩子的确比另一些孩子更加诚实，正如每一个小学教师知道的那样。

　　和任何有用的研究程序一样，聚合可以被正确地使用，也可以被错误地使用（Epstein，1986）。例如，如果仅仅将不同的行为实例简单地结合在一起，不一定会提高测量的信度。聚合在一起的项目必须在概念上或者经验上有紧密的联系。心理学家必须弄清楚他到底想从专门的研究中获得什么。因此，如果某个儿童对他妹妹的攻击行为是心理学家感兴趣的主题，那么研究者不应该将对不同目标的攻击行为（例如对他父亲的、母亲的、哥哥的，还有其宠物的攻击行为）聚合起来，而应该将其在不同场合中对妹妹的攻击行为聚合起来。同样，如果研究者想知道三种不同的情境是怎样对大学生的利他行为产生影响的，那么研究者不用将不同情境中的数据聚合在一起，而应该将不同大学生身上的数据聚合在一起，这样研究者就可以将大学生身上的个体差异抵消掉，从而更加清楚地了解情境对所有大学生的影响。

　　对聚合技术的批评集中于它只是回避了而不是解决了行为跨情境一致性的问题（Mischel & Peake，1982）。当研究者将不同情境中的行为聚合起来时，他们并未阐明某种特质是如何预测特定情境中的特定行为的。为了验证行为具有跨情境的一致性，他们会忽略许多与某些特定情境有关的精确性，而这种精确性来源于对情境本身的仔细分析。然而，最近有研究开始检验通过聚合技术，不同情境与不同特质能够成功被测量的程度。这些研究结果表明，在某种类型的情境之中聚合技术更适宜被使用。

　　例如，莫斯科维茨（Moskowitz，1990）在六个不同的实验室情境中检验支配性和友好性的行为表现——其中两个情境是与一个同性朋友互动，两个情境是与一个陌生男性互动，两个情境是与一个陌生女性互动。在实验中，观察者和被试自己对友好性和支配性行为进行评定。和其他聚合研究结果一样，被试自身的评定和观察者的评定在六个情境中聚合的一致性要高于任何单一的特定情境中的一致性。但是，研究也得出某一类情境中的一致性要高于其他情境中的一致性。尤其是在与朋友互动的情境中，友好性和支配性的自评与他评之间的一致性最高。其他四种陌生人情境则显示出了较低的一致性。莫斯科维茨认为，"效度会随着情境而变化"（p.1105）。将与亲密的朋友进行互动这样的情境聚合显示出较高的跨情境的一致性，将与陌生人进行互动这样的情境聚合则显示出较低的跨情境的一致性。在前面的例子中，行为是由特质塑造的，而在后面的例子中,情境的作用似乎更大。

交互作用论

继米歇尔对特质论给予批评之后,特质与情境之争等问题不断涌现,当代许多人格心理学家开始认同克拉厄(Krahe,1992)提出的交互作用论。该理论的核心思想主要涉及以下四个方面:

1. 行为是个人与情境之间多向的、不断交互作用或反馈的结果。
2. 在这个交互作用的过程中,个人是有目的的、主动的。
3. 在交互作用中的个人方面,认知和动机因素是行为的决定性因素。
4. 在情境方面,对个人而言情境的心理意义是行为的决定性因素。(pp.70—71)

个人与情境及其交互作用

我们可以从许多不同的角度去理解交互作用论(Ozer,1986),例如机械交互作用论(mechanistic interactionism)(Endler,1983),它来源于某种统计过程中出现的交互作用。在机械交互作用论中,一个人的特质构成了第一预测变量,情境构成了第二预测变量,而情境与特质之间的交互作用构成了第三预测变量。因变量或者预测的结果则是某种可测量的行为,在这样一个研究中,特质与情境的交互作用显著则表明:(1)在情境的某一特定水平下,特质与行为在统计上相关显著;(2)在特质的某一特定水平下,情境与行为在统计上相关显著。

许多人格和社会心理学的研究都隐含着对机械交互作用论模型的关注。一项关于利他主义的研究(Romer,Gruder,& Lizzadro,1986)就是一个很好的例子。研究者对参加心理学课程的大学生进行问卷调查以确定两种类型的大学生,这些大学生可能会表现出助人行为。在养育需求即需要关心照顾他人上得分高,但在求助需求即需要他人照顾上得分低的个体被称作纯粹的利他者(altruist)。还有一种类型的大学生,他们在养育需求和求助需求上得分都很高,我们将其助人行为称为有回报的给予(receptive giving)。在此研究中,利他行为被操作化定义为大学生自愿参加一个心理学实验以帮助实验者完成研究项目。实验者通过电话向大学生请求帮助。在无报酬情境中,大学生被告知实验者需要他的帮助,但是不会提供课程学分作为回报。在有报酬情境中,大学生面对同样的请求,但实验者承诺会给他一定的课程学分作为回报。

研究者认为,大学生的利他行为可能会受到人格与情境交互作用的影响。研究者假设,在无报酬情境中,纯粹的利他者因为求助需求较低会表现出更高水平的助人行为,而希望得到回报的助人者在有报酬情境中会表现出更高水平的助人行为。如图 4.6 所示,大学生同意提供帮助的百分比很好地揭示了个人与情境的交互作用,支持了原假设,即纯粹的利他者在无报酬情境中的助人行为比在有报酬情境中要多,希望得到回报的助人者则表现出相反的模式,在有报酬时显示出较高水平的助人行为。

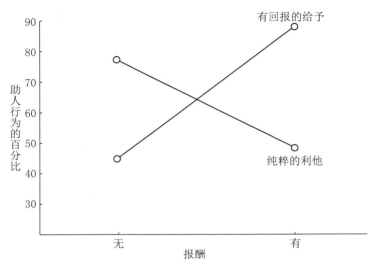

图 4.6　人格、报酬和助人行为

　　助人行为的百分比受到人格类型(纯粹的利他和有回报的给予)和情境条件(有报酬和无报酬)交互作用的影响。

　　来源:"A Person-Situation Approach to Altruistic Behavior," by D. Romer, C. L. Gruder, & T. Lizzadro, 1986, *Journal of Personality and Social Psychology*, *51*, 1006.

　　循环交互作用论

　　机械交互作用论从个人、情境以及它们的交互作用三个方面揭示了行为的变化。循环交互作用论(reciprocal interactionism)则构想了一个更为灵活和复杂的模型,在这个模型里面个人、情境和行为之间不断地、循环地相互影响(Endler,1983)。

　　当人格心理学家提及个人与环境的交互作用时,其实已经暗含循环交互作用论的某种形式。然而,设计一个研究来对这种动态的、循环的交互作用进行有效的测量是非常困难的(Ozer,1986)。不过,有研究者(Emmons,Diener,& Larsen,1986；Emmons & Diener,1986b)在此方面作了努力,他们建构了两个可供选择的循环交互作用模型。情境选择模型表明,人们根据某种人格特质和需要选择某种情境而避开其他情境。情境匹配模型表明,人们在与自身人格特征相匹配的情境中会体验到更多的积极影响和更少的消极影响。我们可以找到许多支持情境匹配模型的研究(Ickes,Snyder,& Garcia,1997)。有许多方面的证据都可以证明,人们倾向于将时间花在那些能够促进他们表达特质的情境中,并且他们对此十分享受。一项关于职业选择的研究表明,当工作环境与个人的人格特质以及性格相匹配时,个人的工作精力会更旺盛(Holland,1996)。相反,如果个人特质与工作环境之间缺少匹配性,个人就会产生不满情绪、不稳定的职业生涯路线,以及较低的业绩水平。

　　条件式特质

　　纵观这些年的个人与情境之争,直到现在,米歇尔还在继续对特质心理学提出尖锐的批评。与他 1968 年第一次提出的批评相比,现在的观点似乎给特质倾向留了一些余地。尽管如此,他仍然强调特质在情境反应中的变化性(Mischel & Shoda,1995,1998)。广泛的个性特征可以解释人们跨情境的行为,但人们在不同情境中的行为反应又不同,我们如何将这两方面相结合? 正如米歇尔等人(Mischel & Shoda,1998,p.229)所说,我们如何协调动态与特质的关系?

和 21 世纪的许多人格心理学家一样,米歇尔自诩为一个交互作用理论家,并以此来理解人类的行为。但是,米歇尔对交互作用的论述要比一般心理学家详细得多。尽管聚合研究验证了特质能够预测行为的跨情境一致性,但米歇尔将注意力转向第二种类型的一致性:变异一致性。米歇尔认为,从一个情境到另一个情境,个体会按照一致的方式改变其行为。但个体之间也是存在差异的。我们来举一个简单的例子,马修和朱莉都是十分随和的人,但在某些情境中他们都会被激怒,当老师或者父母向马修提出建议的时候,他会表现得十分有礼貌且乐于接受,但是如果他的朋友或者兄弟姐妹告诉他该怎么做,他会变得非常生气。恰恰相反,朱莉觉得她的母亲和老师建议她改善生活是非常令人厌烦的,但是如果她的朋友提出同样的建议,她会很乐于接受。从整体水平上看,马修和朱莉的易怒水平似乎看起来没有差异,但令他们生气的情境是不一样的。对马修来说,如果是同辈给他提建议,那么他会生气,但如果是权威人士给他提建议,那么他会很乐于接受。对于朱莉,如果权威人士给她提建议,那么她会生气,但是如果同辈给出建议,那么她会很感激。马修和朱莉都展现了不同的"如果……那么……"条件。

"如果……那么……"是一个条件句,如果某种条件被满足,那么某种特定的结果会发生。在马修和朱莉的例子中,如果某种特定的情境出现了(要么同辈提建议,要么权威人士提建议),那么某种特定的行为反应会被表达出来(要么很生气,要么很乐意)。米歇尔及其同事已经通过研究证明了"如果……那么……"关系中行为的一致性,他们认为这种条件和相互作用的一致性是极其重要的。在一项研究中,研究者收集了 84 个儿童(平均年龄为 10 岁)参加为期 6 周的夏令营的行为观察数据(Shoda,Mischel,& Wright,1994)。儿童的行为被煞费苦心地记录了下来,尤其是在每个小时的夏令营活动中,观察者会记录 5 种不同类型的情境出现的频率:(1)同伴嘲笑、挑衅或者威胁;(2)成人警告儿童;(3)成人通过闭门思过惩罚儿童;(4)同伴创造积极的社会接触;(5)成人在言语上赞扬儿童。在每一种情境中,观察者记录部分儿童身上 5 种不同行为出现的频率:(1)言语攻击;(2)身体攻击;(3)发牢骚或者表现出婴儿般的行为;(4)服从或者让步;(5)亲社会交谈。将这 5 种情境和 5 种行为反应结合起来就产生了 25 种不同的条件模型。例如,其中的一种模型为,如果成人警告儿童,那么儿童产生抱怨。另一种模型为,如果同伴进行积极的社会接触,那么儿童会产生言语攻击。因此,这种研究设计使得研究者可以详细地检验 25 种不同的交互作用,每一种都包含着一个"如果……那么……"条件。

第 17 号儿童剖面图的稳定性($r=0.96$)

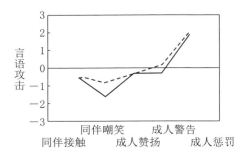

第 9 号儿童剖面图的稳定性($r=0.89$)

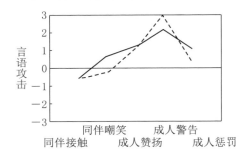

第 28 号儿童剖面图的稳定性($r=0.49$)

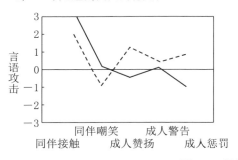

第 48 号儿童剖面图的稳定性($r=0.11$)

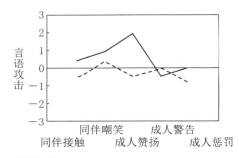

图 4.7   行为变异剖面图

4 个儿童在 5 种情境中言语攻击的变化。

注:两条线表示每个儿童在两个不同时间段处于每种心理情境中的剖面图,如时段一(实线)和时段二(虚线)所示。

来源:"Intra-individual stability in the organization and patterning of behavior: Incorporating psychological situations into the idiographic analysis of personality," by Y. Shoda, W. Mischel, & J. C. Wright, 1994, *Journal of Personality and Social Psychology*, *65*, 678.

夏令营研究中最有趣的研究结果是观察者得到的个体内剖面图(intraindividual profiles)。对于每一个儿童,研究者都可以得出许多不同的剖面图来展示其行为变化的一致性。图 4.7 给出了 4 个儿童的例子,剖面图中的实线表示在某段时间里(时段一)言语攻击行为在这 5 种情境中出现的相对频率。虚线表示在时段二同样的行为在这 5 种情境中出现的相对频率。正如你所看到的,4 个儿童中有 3 个儿童,其时段一的行为剖面图与时段二的行为剖面图吻合度很高。例如,在这两个时段里,17 号儿童在同伴嘲笑情境中表现出较低水平的言语攻击,在同伴接触、成人赞扬和成人警告的情境中表现出中等水平的言语攻击,在成人惩罚的情境中表现出较高水平的言语攻击。相反,在时段一和时段二,9 号儿童在成人警告的情境中表现出较高水平的言语攻击,在其他情境中则表现出中等水平的言语攻击。17 号儿童的两条线匹配得比 9 号儿童的更加紧密,这说明 17 号儿童的行为变异在某种程度上更加稳定或者具有一致性。48 号儿童在行为变异上显示出较低的一致性,在时段一,他的言语攻击水平在成人赞扬情

152

境中很高，但是在时段二，他的言语攻击水平在 5 种情境中都很温和。

在夏令营研究中，研究者证明了对大多数儿童来说，他们的行为表现出了相当高的"如果……那么……"的一致性，结合 84 个儿童的研究结果，他们还发现个体内剖面图中言语攻击水平和服从行为的一致性最高，而亲社会交谈的一致性最低。这表明儿童从时段一到时段二，其言语攻击和服从行为在这 5 种情境中保持了较高的一致性，而亲社会交谈在这 5 种情境中的一致性相对低一些。尽管如此，通过个体内剖面图仍然可以看出亲社会交谈具有显著的一致性。

夏令营研究可以被视为受人格交互作用论影响的最佳例子之一（也见 Zakriski，Wright，& Underwood，2005）。米歇尔及其同事为了协调个人特质与动态环境之间的关系，重新定义了个体差异维度。研究者关注的"特质"可以被视为变异中稳定的个体差异，它使得个体在不同情境中表现出相同类型的行为。行为变异上的个体差异为人们思考特质提供了新的思路，思考为何人们总是以一致性的方式与他人有所不同。并且，米歇尔的研究使越来越多的人对人格、社会和心理发展的规律以及跨时间、跨情境的可预测性感兴趣（Fleeson，2001）。带着这样的兴趣，布朗和莫斯科维茨（Brown & Moskowitz，1998）发现支配性、顺从性、随和性和爱争吵的行为存在周期性。总体来说，这 4 种行为在一周开始时倾向于上升，在周三或周四达到顶峰，随后在周末的时候陡然下降。而且，布朗和莫斯科维茨揭示了部分个体存在行为波动的周期，特别是外向性较高的个体，其社交活动从早到晚会递增，到了晚上外向的个体会和一大群人参加各种各样的社交活动。

结论

米歇尔（Mischel，1968）对特质论的批评在人格心理学界引发了长达 20 年的论战，心理学家的争论主要集中于：在对行为进行预测时，究竟应该考虑个体内部的人格倾向差异还是外部的情境差异。最初，米歇尔（Mischel，1968）对特质论提出了尖锐的批评，并强烈地要求人格心理学家将他们的关注点转向外部情境。这种观点提高了情境主义的地位，在 20 世纪 70 年代的大部分时间里这一观点一直占统治地位。特质论的支持者在 20 世纪 70—80 年代展开了一系列的反击。众多研究中最具说服力的是对攻击性的研究，该领域的研究结果表明，结构良好的人格测验的确可以预测个体行为跨时间、跨情境的一致性。当然，当我们在任何特定的情境中预测行为时，单独的特质可能只能解释很小一部分的行为变异。关注几种不同类别的情境，米歇尔及其同事的研究结果表明，个体对变化作出反应时仍然存在显著的一致性差异。在首次对特质论提出批评的 40 年后，米歇尔反过来同意一种有趣的特质思想，即在"如果……那么……"的限定条件下可以观察到个体差异。

个人与情境之争促使心理学家对特质和情境进行了反复思考（Funder & Colvin，

1991；Kenrick ＆ Funder，1988)。21 世纪的人格科学在研究思想与设计上似乎都比40 年前更加具有交互主义色彩。心理学家在人格和情境对行为的交互作用上似乎达成更多的一致。同时,对人格特质一般概念的讨论似乎比以往更加激烈。在接下来的两章中我们将要看到,人格心理学家在过去的 20 年采用了一种新的、有力的方式对特质测量和特质理论加以利用。聚合设计的使用为人格特质的预测功效作出了巨大贡献。心理学家在不断地探索特质在整个生命历程中的纵向稳定性,特质起源的遗传差异和环境影响,特质的精神生物学基础,以及特质分类未来可以发展的程度。对于这些问题,我将在接下来的两章中进行探讨。

本章小结

1. 人格特质是指人们在思想特征、情感和行为方面广泛的个体差异。心理学家将特质看作一种双极的线性维度,代表着一般的、总体的和稳定的人格倾向。人们可以在相关特质上进行比较。心理学家普遍不赞成机械性的特质观点,无论是将特质视为对行为产生影响的神经结构,还是认为特质仅仅是观察者在理解社会生活时产生的认知分类,人格心理学家都不太认同。

2. 在古代文献中,我们可以找到关于人格特质的描述。亚里士多德的学生提奥夫拉斯图斯通过他半幽默式的人物素描创立了最早的特质分类表。之后,古罗马时期医生盖伦提出了特质的体液说,这个学说描述了四种基本的人格类型,每一种人格类型都与某种体液联系在一起。后来,哲学家康德描述了多血质、黏液质、抑郁质、胆汁质的人格类型,艾森克的现代特质人格理论对其进行了重新塑造。对特质的科学研究始于 19世纪晚期,统计技术的发展,如相关系数和因素分析的使用,极大地推动了特质研究。

3. 在 20 世纪具有较大影响的两个特质理论家是奥尔波特和卡特尔。奥尔波特致力于规范整个人格心理学中的特质概念,他将特质定义为一种能够解释行为跨情境和跨时间一致性的神经生理结构。奥尔波特还区分了共同特质和个人特质,在共同特质上可以进行个体差异的比较,而个人特质是指某个人拥有的独特个性。奥尔波特的研究方法未免有些趋于文字化,于是卡特尔发展了一种严格的定量程序来进行特质研究。结合生活(L)资料、问卷(Q)资料和测验(T)资料,卡特尔区分了表面特质和根源特质。此后,他通过广泛的因素分析,得出 16 种基本的根源特质(可以通过卡特尔的 16PF 测量),他认为这 16 种根源特质可以最大程度地解释人格变异。特质心理学的另一个先锋人物是艾森克,他通过因素分析创立了一个十分具有影响力的人格理论,这个理论通过三个基本特质来解释人类的个性:外向性、神经质和精神质。而且,艾森克认为这三个特质中的每一个都与个体的神经生理差异有关。

4. 在奥尔波特和卡特尔研究的基础上，并且结合了艾森克的一些概念，现今很多人格心理学家认为，整个人格特质的概念可以被区分为五个一般的特质领域或特质分类，称作"大五"。根据被引用得最广泛的一种描述，这五种基本的人格特质为外向性、神经质、开放性、随和性和尽责性。

5. 大多数的人格特质都可以通过自陈量表测量。自陈特质量表的构造一般遵循着一个系统的程序，包括项目生成、项目分析、项目库评估，以及努力提高最终量表中的项目对外部行为的预测力。一个特质量表应该具有较好的重测信度和内部一致性信度（分半信度）。此外，一个量表的质量是由其结构效度决定的。测验的标准化是一个使量表有效，同时不断修正所要测得的构念的过程，它涉及建构一个清晰的语义网络。除了信度和结构效度，其他评价特质量表的指标还包括效用、经济性和沟通性。

154

6. 人格心理学家编制了很多综合的人格量表，可以同时测量许多特质的个体差异。最古老的综合人格量表是用于临床诊断的明尼苏达多相人格调查表（MMPI）。目前，用于特质研究的比较流行的、结构良好的量表有加利福尼亚心理调查表（CPI）、个性研究量表（PRF）、多维人格量表（MPQ）和"大五"人格量表修订版（NEO-PI-R）。NEO-PI-R 测量个体在"大五"人格特质中每一个特质上的差异，并且每一个特质下又有六个小的层面。

7. 虽然人格特质通常是指心理功能在一个相对正常范围内的个体差异，但是精神病学家和临床心理学家也会谈论人格障碍。人格障碍是指一种长期偏离正常模式的思维、情感、行为模式。美国精神医学学会列出 10 种人格障碍，例如偏执型、反社会型、边缘型和强迫型等。大多数临床医生将人格障碍看作离散的综合征或类型。然而，越来越多的人格心理学家赞同精神病理学的维度观，即把人格障碍视为一般特质的极端表现。例如，边缘型人格障碍可能会被看作高神经质、低随和性、低尽责性的结合。

8. 从奥尔波特时代开始，关于人格特质概念的争议不断。米歇尔在 20 世纪 60 年代晚期首先对特质概念提出质疑，特质概念假设人的行为存在某种程度的跨情境的一致性，米歇尔却认为相比于跨情境的一致性，行为更具特定情境性。同时他认为特质标签更多地存在于观察者的头脑中，而不是观察对象的人格中。米歇尔认为，特质分数不能预测一个人在某个特定情境中的行为。米歇尔的批评引发了人格心理学界的个人与情境之争，整个争论从 20 世纪 70 年代一直持续到 80 年代，并且最终塑造了当今人格心理学界的许多思想。

9. 为了对米歇尔的批评作出回应，研究者开始在特质研究中采用聚合方法。通过将跨情境和跨时间的行为分数联合或者聚合起来，研究者得到特质分数对行为预测更可靠的评估。聚合研究表明，特质分数可以解释行为趋势跨情境和跨时间大部分的变异。

10. 许多心理学家在预测行为时都试图区分特质和情境的交互作用。机械交互作用论将行为变异分解为由特质解释的部分,由情境解释的部分,以及由特质和情境的交互作用解释的部分。循环交互作用论采用一种更为灵活、复杂的模型,在这个模型中个人、情境和行为三者不断地相互影响。交互作用论的第三个方向关注行为变异跨情境的个体差异。根据这种研究方法,每个人的行为从一个情境到另一个情境的变化遵循着某种相对一致的模型。行为改变模型的个体差异可以被理解为"如果······那么······"关系中的特征差异。随着个人与情境之争的平息,很多研究者开始采用不同种类的交互作用论,心理学家对特质和情境在预测行为方面的关系有了一个更加清晰的认识。除此之外,人格特质概念本身似乎也从这场争论中发展为比之前更为全面和有用的概念。

第 5 章
五个基本特质在大脑和行为中的体现

E:外向性

社会行为和认知表现

感觉良好

N:神经质

■ 专栏 5.A　极限运动和感觉寻求特质

感觉糟糕的多种途径

压力及应对

■ 专栏 5.B　我们生活在一个焦虑的年代吗

大脑:外向性和神经质

艾森克和唤醒理论

行为趋向系统

行为抑制系统

左脑和右脑

O:开放性

与开放性相关的特质

权威主义人格

C 和 A:尽责性和随和性

工作

爱

生活

■ 专栏 5.C　艾森克的精神质:低尽责性、低随和性以及其他一些不好的方面

本章小结

在西北大学教书时,我的办公室与工商管理学院的研究生院在一幢楼里,我们系办公室和研讨室在大楼的一侧,而工商管理学院在另一侧。工商管理学院开了一家兼有餐厅和咖啡厅功能的店,同时也是一个自习室,我偶尔会到那边吃午饭、喝下午茶。小店就像一个热闹的蜂巢,在那里,学生们讨论、大笑、一起工作,大家都沉浸在繁忙和欢乐之中。我每次都会被那里特别的氛围触动,那里的学生与我了解的心理学院的研究生和工作人员在言行举止上都非常不同。首先,他们穿着漂亮高档的衣服;其次,那里的学生比我通常接触的研究生更有活力、更加外向,我并不是说大多数心理学和相关专业的研究生都是一群愁眉苦脸、不懂娱乐的人,但是那些工商管理学院的学生确实有些不同。随处可见由学生组成的小群体,他们热衷于谈天论地,时常开怀大笑,总是充满激情。他们那么爱笑,如果换成我,没准脸部肌肉都要拉伤了。一开始我觉得那个地方令人非常清新愉快,但过了一阵子,我开始觉得自己好像淹没在能量之海中。最终,我选择逃离,必须承认,我更喜欢待在图书馆。

这件趣闻并不能说明什么,它并不科学,而且可以有很多不同的解释。虽然我的印象是,工商管理学院的研究生比大多数心理学学生更外向、更有活力且更善于社交,但是必须承认,我从来没有在一个类似于那个自习室的环境中观察过心理学的学生。如果设立一个非常类似于自习室的情境,安排 100 个心理学的学生参与其中,他们可能也会表现出外向的行为模式,组织小组活动,进行生动的讨论并发出更多的欢笑。虽然我认为那不会发生,但我也可能是错的。当然,自习室那样的情境促进了外向行为的发生。正如在本书第 3 章,以及 20 世纪 70—80 年代关于个人与情境之争的背景下提出的,行为模式是情境因素和限制条件的函数。行为需要被放到它所处的社会背景中理解,在促进外向的、有活力的行为的环境中,更有可能产生外向的、有活力的行为。

为了方便论证,先假定我的猜想是正确的,即在相同的社会情境中,与心理学院的学生相比,工商管理学院的学生仍表现得更加外向、有活力。差异形成的原因可能是不同的社会化过程。具体来说,工商管理学院强调个案分析和团体企划,要求学生以团队或小组为单位解决案例问题。与之相对,心理学的训练更加个人化,虽然同学们以小组为单位工作,但大量的研究是独立完成的,比如阅读教材、文章和写论文,更多地要求学生发展他们自己独特的视角,这一点在心理学博士论文上得到了充分的体现。在着装问题上,社会化的观点似乎也很有说服力。工商管理学院的学生穿得更好是因为商业世界通常有这样的规范要求,这让他们看上去像年轻的经理或商务人士。另外,他们可能比心理学研究生更有钱,负担得起体面的衣服。(实际上,一些工商管理学院的学生是在商界取得成功之后才回到学校学习的。)

这些差异可能是环境、情境和社会化造成的,但也不能排除另外一种简单而且似乎有道理的可能性。简单地说,也许他们的特质就是不同的,工商管理学院的学生也许更偏向于外向一端,而心理学研究生更偏向于内向一端。这种可能性符合很多人的直观感受,即被商业、管理、市场营销吸引的个体都表现得非常外向,而且很乐意与其他人一起工作。与之相对,心理学研究生希望成为的科学家、学者和专家这些角色在某种程度上可能更内向。这种直觉当然有可能是错的,而且如果过于严肃地看待或者过于僵化地去解释,就可能导致刻板思维。但是,职业生涯心理学的研究为这种直觉提供了一些支持。研究表明,外向性与参加商业活动以及取得商业成功有关联(Eysenck,1973;Holland,1996)。那些外向、活泼、精力充沛、热情、温暖、合群和善于社交的人很可能会被需要这些特征的活动和角色吸引。

作为一个有点内向的人,我不再去工商管理学院的学生自习室,而是寻求一个更安静且对个人阅读和学习更有帮助的环境(Eysenck,1973)。当然,我很喜欢跟他人在一起,在聚会上通常我会度过一段很美妙的时光。但是,我认为我不会喜欢像商业经理和其他更多地以人际关系为导向的职业,这些职业需要高水平的团体合作和高强度的社会互动。我只是无法唤起那种必要的外向性。

E：外向性

从科学研究的角度来看，外向性向来是人格特质中的明星。比起其他任何特质，理论家们对外向性的兴趣更大，研究者们对其进行了更多的实证研究。我们对外向性的了解几乎多于人格心理学中任何其他的东西。

本章"大五"模型中，我把外向性（extraversion）放在最前面介绍，接着是神经质（neuroticism）、开放性（openness）、尽责性（conscientiousness）以及随和性（agreeableness）。与所有的"大五"维度一样，外向性的内容十分广泛，是一个具有两极的连续体，从高的一极（极度外向）到低的一极（极度内向）。人与人之间的差异主要是程度的不同，极少的人 100% 外向或 100% 内向，相反地，我们中的大多数人处于连续体的中间。尽管如此，为了方便表述，我有时还是会用"外向"和"内向"这两个术语来描述"在外向性上得分较高的个体"和"在外向性上得分较低的个体"。虽然特质是一个线性的连续体，并不是简单的非此即彼的类型，但是正如我们通过本章将要了解的那样，连续体上量的差异在个人心理特征的测量中还是非常重要的。最后，与其他四个因素一样，我们应该将外向性视为一个综合的人格因素，它由更加具体的且相互关联的小特质（如社交性、温暖和刺激寻求）组成。虽然这些小特质间有相似之处，但在外向性这个大家族中它们又有各自的特性。

社会行为和认知表现

正如在第 2 章中讲到的，人类是群居动物，本质上是社会人，因此个体在社会性上的差异非常重要。事实上，个体之间在人际交往方式上有很大的差异，也许正因为如此，在我们的语言中有很多描述这种差异的词汇，我们可能用"活泼的"和"爱交际的"来描述一些人，而用"害羞的""压抑的""孤独的""寡言的"和"安静的"来描述另一些人。外向性这个特质领域囊括了很多这样的词汇和描述。

现代首个有关外向性的理论强调了它的社会内涵。精神分析师荣格（Jung, 1936/1971）认为，外向的人倾向于将他们的心理能量投入外部世界，而内向的人倾向于将心理能量投入个人思想和幻想。虽然艾森克（Eysenck, 1952, 1967）倡导严格的实验室研究，反对荣格临床推断的研究方法，但是他也作了同样的区分。艾森克认为，外向者是外向的、活泼的、爱交际的，并且充满热情，但也有些冲动和不谨慎。相比较而言，内向者更安静、孤独，但也有更多的冥想、深思熟虑和更少的冒险，外向者比内向者有更强的社会支配性，他们在社交情境中显示出相当充沛的精力和热情。因此，我们会认为外向者比内向者有更多的朋友，但内向者可能会与少数人建立更深刻的友谊。

158

　　艾森克开发并验证了第一个用于评估外向性差异的量表。大量研究者通过使用艾森克编制的量表，探索了外向性与相应社会行为之间的关系。例如，有研究发现与内向者相比，外向者在与人打交道时说的内容更多，语速也更快(Carment，Miles，& Cervin，1965)，而且在与他人互动时会产生更多的眼神交流(Rutter，Morley，& Graham，1972)，甚至外向者在握手时也会更加用力(Chaplin，Phillips，Brown，Clanton，& Stein，2000)。外向的大学生会选择可以进行人际交往活动的地方学习(就像我前面描述的工商管理学院的自习室)，而内向的大学生会选择在安静的地方学习(Campbell & Hawley，1982)。内向者在某种程度上更倾向于独处(Diener，Sandvik，Pavot，& Fujita，1992)，外向者的赌博行为更多(Wilson，1978)。外向者比内向者有更多的性行为(Giese & Schmidt，1968)，外向者在性态度上比内向者更开放，他们有更高水平的性冲动，并且在性关系中更加放松和主动(Wilson & Nias，1975)。在职业领域，外向者会被那些需要直接与他人打交道的职业吸引且占有优势，例如销售、市场营销、人事工作以及教学(Diener et al.，1992；Wilson，1978)。相比之下，内向者更喜欢独处，他们与艺术家、科学家、数学家和工程师在兴趣上有许多相似之处(Bendig，1963)。

　　实验室研究同样探讨了外向性与不同形式的认知表现(cognitive performance)之间的关系。结果表明，外向者和内向者的认知表现在特定的任务或情境中各有优劣。例如，与内向者相比，外向者在需要注意分配、抗分心和抗干扰的任务上表现得更好(Eysenck，1982；Lieberman & Rosenthal，2001)。相比于内向者，外向的火车司机对铁路信号表现出更好的方向感(Singh，1989)，外向的邮局实习生在高要求的、加速的邮件编码任务中表现得更好(Matthews，Jones，& Chamberlain，1992)，而且外向的电视观众对电视新闻广播有更好的短时回忆。

　　相反，内向者在需要警觉和谨慎对待的细节任务上表现更好(Harkins & Geen，1975)。一些证据表明，内向者对词语有更好的长时记忆(Howarth & Eysenck，1968)，而且在唤醒水平很低的情况下表现更为优秀，如在长时间剥夺睡眠后(Matthews，1992)。在学习风格上内外向者也存在着某种程度的差异，如外向者更注重速度，不太关注准确性，而内向者更多地聚焦于准确性而不是速度。因此，研究者(Brebner & Cooper，1985)将外向者描述为"反应导向的"，而内向者是"检查导向的"。

感觉良好

　　大量研究发现，外向性与对生活的良好感受存在正相关。换句话说，在日常生活中，外向者比内向者有着更高水平的积极情感。有研究者(Costa & McCrae，1980a，1984)测量了大量成年被试的外向性和主观幸福感，其中主观幸福感的测量涉及积极情感(感觉良好)和消极情感(感觉糟糕)两个独立的成分，结果表明，无论是男性还是女性,外向性与感觉良好存在正相关,但是外向性与感觉糟糕相关不显著。换句话说,外向者比内向者报告了更多的积极情感,但是他们的消极情感不一定就更少。相似的结果已经在很多研究中得到证实(例如,Eid, Riemann, Angleitner, & Borkenau, 2003; Emmons & Diener, 1986a; Lucas & Fujita, 2000; Pavot, Diener, & Fujita, 1990; Watson, Clark, McIntyre, & Hamaker, 1992)。

为什么外向者比内向者报告了更多的积极情感? 一种解释是与内向者相比,外向者可能对惩罚的敏感性更低,而内向者似乎更关注某些社交场合中消极的、惩罚性的信息(Graziano, Feldesman, & Rahe, 1985)。研究者指出与外向者相比,内向者回忆出的积极信息更少,在社会情境中对他人的评价更为消极(Lishman, 1972),人际冲突更严重(Norman & Watson, 1976),并且他们常常预期自己会有更多的人际冲突(Cooper & Scalise, 1974)。

在面对惩罚和挫折时,外向者比内向者更有可能继续坚持下去。研究者(Pearce-McCall & Newman, 1986)以 50 名内向的和 50 名外向的男大学生为被试,在实验开始前,被试接受了两种预处理中的一种:第一种是奖励条件,被试参与一个问题解决任务,随后会得到奖励性反馈,即被告知因为表现良好而得到 2.5 美元的奖励;第二种是惩罚条件,被试参与同样的问题解决任务后,得到的是惩罚性反馈,即被告知因表现不佳,奖励从原来的 5 美元减少到 2.5 美元。事实上,被试接受的预处理条件是随机分配的,与实际表现无关。接受预处理之后,被试需要根据自己对接下来问题解决任务的预期进行下注。结果发现,与接受惩罚预处理的内向者相比,接受惩罚预处理的外向者对他们的成功下了更大的赌注,成功预期更高,并更有信心控制未来的情况。如图 5.1 所示,外向者和内向者在奖励预处理之后的行为并没有差异,但是在接受惩罚预处理之后有明显差异,外向者的赌注显著偏大。研究结果证实,与内向者相比,外向者对惩罚的关注更少。

在另一个问题解决实验中,研究者同样发现外向者可能不太关注惩罚性信息(Patterson, Kosson, & Newman, 1987)。他们发现,外向者往往还没来得及从错误中吸取经验就进入下一轮实验,从而不断地遭受惩罚。这些惩罚性刺激会促使外向者更迫切地寻求奖励,以至于行动更快、更冲动,而不去反思被惩罚的原因。因此,在一些情境中,外向者可能会因为想要快速地寻求解决问题的方法,而不断地在同样的问题上犯错、遭受惩罚(Nichols & Newman, 1986)。

与内向者相比,外向者的情绪管理能力更强。情绪管理是维持生活中积极情绪和消极情绪之间良好比例的能力(Larsen, 2000)。一个调节情绪的好方法就是尽可能长时间地保持积极情绪。与其他人相比,一些人更能体会积极的经验——快乐地享受经验并长久地保持下去,如品酒一般(Bryant, 2003)。有一些证据表明,外向者比内向者更能够仔细体会积极经验。例如,研究者在一个有趣的实验中发现,对于被诱发的积极情绪,外向者比内向者持续的时间更长(Hemenover,2003)。

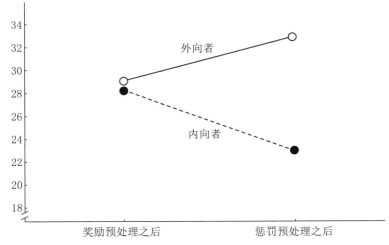

图 5.1　下注行为和内向/外向

　　内向者和外向者在接受奖励预处理之后下的赌注没有差异,但是在接受惩罚预处理之后,外向者下的赌注更大,而内向者下的赌注更小。

　　来源:"Expectation of Success Following Noncontingent Punishment in Introverts and Extraverts," by D. Pearce-McCall ＆ J. P. Newman, 1986, *Journal of Personality and Social Psychology*, *50*, 442.

　　一项研究(Lischetzke ＆ Eid,2006)以德国和瑞士的大学生为被试,探讨了外向性与情绪管理之间的关系。结果发现,外向性与维持积极情绪的能力呈正相关,但是与平复消极情绪的能力相关不显著,换句话说,虽然外向者能更好地维持积极情绪,但与内向者相比,他们并没有更好地处理消极情绪。在这项有趣的实验室研究中,研究者要求大学生被试观看一个 15 分钟的短片,这个短片是从奥斯卡获奖影片《美丽人生》(*Life Is Beautiful*)中剪辑出来的片段,它讲述了在第二次世界大战的集中营,一位父亲经常试图以滑稽的方式保护儿子远离周遭的不幸。《美丽人生》中幽默和不幸(那位父亲在影片最后被杀害)同时袭来,引发了观众强烈、复杂的情感反应。他们既被影片中的某些情景逗得开怀大笑,也会因某些情景而伤感。被试的积极情感和消极情感都被充分调动起来。在短片结束之后,与内向者相比,外向者感受到更多的积极情感,更少的消极情感。这项研究表明,在一个复杂的情感环境中,人们会感受到强烈的情感冲突,此时外向者能够使自己的情感保持在积极的一面。总之,外向者会通过保持积极情感、控制消极情感,来维持生活中的情感平衡,进而获得幸福和满足。

　　同时,研究发现,外向者之所以会有更多的积极情感可能还存在其他原因。一项研究(Barrett,1997)测量了 56 名学生的外向性,并要求被试连续 90 天每日三次(早晨、中午、晚上)报告他们的情感状态。结果与前人的研究一致,外向性与即时的积极情感呈正相关。实验的最后,要求被试回顾过去 90 天的情感状态并作出评估,结果发现回顾性的评估与他们当时经历的情感状态不完全匹配,但这种不匹配是有规律的,外向者在作回顾性评估时回忆的积极情感比 90 天实际经历的还要多。另一项研究(Mayo,1990)同样发现,外向的被试更倾向于回忆快乐的场景。外向者回顾的积极情感比当时实际产生的更多,这可能有助于外向者体验到积极和乐观的情感生活。

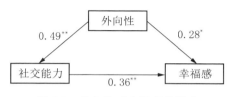

图 5.2　外向性对幸福感的影响

注:＊$p<0.05$;＊＊$p<0.01$。
来源:改编自"Happiness and Social Skills," by. M.Argyle & L.Lu, 1990, *Personality and Individual Differences*, 11, 1260.

　　除了更多地回忆出积极情感之外,社会活动的参与度也能够解释外向性与积极情感之间的关系。有研究(Brandstatter,1994)发现,外向者在社交场合中更加坚定、自信,这一点提高了他们的社交能力和社交活动的有效性,这种社交能力可能直接影响了他们的积极情感状态。另有研究(Argyle & Lu,1990)通过心理测量和路径分析,验证了相似的观点。路径分析能够找到不同变量之间的直接和间接效应。如图 5.2 所示,外向性与社交能力呈显著正相关(路径系数 0.49),而且社交能力与幸福感也呈显著正相关(路径系数 0.36)。这表明,外向性对社交能力有显著的直接效应,而且社交能力对幸福感也有显著的直接效应。因此可以说,外向性会通过影响社交能力进而影响幸福感。即使去掉这条路径,外向性仍然会直接影响幸福感(路径系数 0.28)。简单地说,外向性和幸福感之间的关联方式有两种:第一,高外向性的人有更多的社交技巧和更强的社交能力,这往往会产生更多的幸福感;第二,外向性直接影响幸福感。

　　外向性和积极情感之间的相关程度以及一致性到底如何? 对于这个问题,心理学家们有着不同的看法。一些人认为,外向性和积极情感高度一致,以至于外向性本身应改名为"积极情感"或"积极情绪"(Tellegen,1985;Watson & Tellegen,1985)。根据这一观点,积极情感构成了外向性的情感核心(Lucas,Diener,Grob,Suh,& Shao,2000;Watson & Clark,1997)。不同研究均发现,外向性和积极情感的相关系数为 0.20～0.50,且两个变量倾向于预测同类事情。例如,积极情感可以预测高水平的社交活动,比如更频繁的约会、参加更多的聚会,以及在饭局或酒会中展现更多的社交行为(Watson & Clark,1997)。

162

表 5.1 外向性分数与在不同愉快程度的社交和非社交事件中预期的愉快程度的分数之间的相关

社交事件	
愉快	0.34**
有点愉快	0.24*
有点不愉快	0.03
不愉快	—0.18
非社交事件	
愉快	0.31**
有点愉快	0.19
有点不愉快	0.01
不愉快	—0.10

注: * $p<0.05$; ** $p<0.01$。
来源:"Understanding Extraverts' Enjoyment of Social Situations: The Importance of Pleasantness," by R.E. Lucas & E.Diener, 2001, *Journal of Personality and Social Psychology*, 81, 347.

研究者(Lucas & Diener,2001)使用巧妙的设计支持了积极情感是外向性的情感核心这一观点。研究者以 87 名大学生为被试,测量了他们的外向性,并要求他们评估自己在 247 种不同的情境和活动中的愉快程度。在实验中,要求被试列出他们日常生活中的社交和非社交事件,并将这些事件划分成不同的等级:愉快、有点愉快、有点不愉快、不愉快。例如,一个愉快的社交事件可能是"我和最好的朋友打电话",一个不愉快的社交事件可能是"我跟男朋友/女朋友发生了激烈的争吵";一个愉快的非社交事件可能是"我在读一本有趣的书",一个不愉快的非社交事件可能是"我独自处理工作"。表5.1 呈现了主要的研究结果。与研究预期一致,外向性与愉快以及有点愉快的社交事件呈正相关。换句话说,与内向者相比,外向者在愉快的社交事件中,会报告出更高水平的幸福感。然而,表5.1 同样显示,在愉快的非社交事件中,外向者的幸福感水平也更高。也就是说,无论是在社交情境中还是非社交情境中,外向者都会报告出更多的积极感受。这些结果表明,外向者可能对日常生活中不同的积极体验更敏感,甚至是那些与社交无关的积极体验。

其他研究者认为,积极情感和外向性的确相关,但它们绝对不等同。科斯塔和麦克雷(Costa & McCrae,1992)仅仅将积极情感看作外向性六个小层面中的一个,其他研究者更是质疑外向性和积极情感之间的关联(Matthews & Deary,1998)。一些研究表明,外向性和积极情感的相关相当低(小于 0.20)。此外,在某些情境中,外向性与积极情感呈负相关。例如,布兰兹塔特(Brandstatter,1994)发现,在独处时外向者报告的积极情感的水平显著低于内向者。这种结果提醒我们,应该从互动的角度来看外向性。尽管在不同的时间和情境中,外向性一般被认为与积极情感相关,但生活中可能会有某种情境,会让你感觉外向性更糟而不是更好。

尽管研究结果并不完全一致,但研究中反复出现的趋势是,与内向者相比,外向者会报告更多的积极情感和更高水平的幸福感。外向性和感觉良好之间存在着某种内在联系,这种联系可能是人类本性中社会性的直接产物。正如第 2 章所说,人类总是生存于集体之中,在集体中超越他人以及与他人和谐相处均是人类为了更广泛地适应环境而产生的进化需求。人类天生就有归属的基本需求(Baumeister & Leary,1995)。无论是在进化适应性环境中还是在今天,人类生活的重中之重都是社会生活,因而也就不难理解,为什么对人类来说最有意义的经验往往都是各式各样的社会经验。由于人类从本质上来说是一种社会性动物,因而对社会性的奖励十分敏感。最后,此处我们谈到的外向性可以被看成一种指示器,它能体现作为敏感的社会性动物的人类在追寻社会性奖励上的个体差异。

N:神经质

　　在陀思妥耶夫斯基(Fyodor Dostoyevsky)的小说《卡拉马佐夫兄弟》(*Brothers Karamazov*)中,你很难找到一个不神经质的人。陀思妥耶夫斯基(Dostoyevsky,1881/1933)的故事里自始至终都是各种各样的狂热者和丑角,被恐惧、强迫和不安全感折磨的歇斯底里的女人和疯狂的男人。可以说,神经质构成了这部伟大的小说。尤其是德米特里这个角色,他是老卡拉马佐夫的大儿子,母亲死了,父亲酗酒,3 岁的德米特里由他们家忠实的仆人抚养长大,仆人无私地抚养德米特里,但是他长大后成为一个十分暴躁的年轻人。高中辍学之后,他在高加索地区服役,被提升过,但后来因为打架斗殴被降职,他过着疯狂的生活并陷入债务危机。从部队回归平民生活后,他不断从父亲那里索取财物,他认为那是父亲欠他的。当父亲被谋杀时,德米特里成了头号嫌疑犯。

专栏 5.A

极限运动和感觉寻求特质

　　在我的成长过程中,我父亲只在我身上坚持两件事情。第一,我必须是芝加哥小熊队的铁杆粉丝。结果是,从 1962 年开始,我必须背负为失败者加油的痛苦。第二,我不能骑摩托车。我认为这可能是因为我父亲的一个好朋友是在一场车祸中丧生的。现在,很多男孩和年轻人,甚至可能还有一些女性,都会认为我父亲的第二个要求很苛刻且不符合实际。但是说实话,我从未有过骑摩托车的欲望(尽管我在同伴的压力下骑过几次),我也不喜欢滑雪,讨厌游乐园的过山车,而且我绝对不会从飞机上跳伞。好吧,我承认自己是个胆小鬼。这些事情确实使我害怕(比如跳伞),我也不能理解其他人从这些运动中得到的兴奋感。电视上所有的极限运动和冒险活动的广告我都不理解。为什么会有人想去做这些事情?谢天谢地,人格心理学家朱克曼（Zuckerman，1978，1998）定义了一个与我的疑惑有关的特质。按照朱克曼的说法，我感觉寻求的水平非常低。

　　感觉寻求（sensation seeking）是"对多样的、新异的和复杂的感觉和体验的需要，以及为这些感觉和体验作出身体和社会上的冒险行为的意愿"（Zuckerman，1979，p.10）。感觉寻求包括四个相关因素：（1）兴奋感和冒险寻求（对身体上冒险的活动感兴趣）；（2）体验寻求（对艺术、旅行、与不同寻常的人会面、改变情绪的药物等新鲜体验的渴望）；（3）抑制解除（通过聚会、与不同人发生性行为、赌博来追求快乐）；（4）对无聊敏感（在无聊的环境中坐立不安，而且不喜欢乏味的人）。大量的研究支持了感觉寻求的结构效度（Roberti，2004）。例如，与得分低的个体相比，在感觉寻求量表上得分高的人，往往会有更多身体上的冒险，更多地使用毒品，有更多赌注更大的赌博行为，与更多人发生性关系，更喜欢复杂的艺术形式，为了有更多的刺激体验而违反社会习俗和法律。

　　朱克曼探索了感觉寻求的生物学基础（Zuckerman & Kuhlman，2000）。其中，最重要的似乎是单胺氧化酶（MAO）。单胺氧化酶通过破坏两个细胞突触间的神经递质来调节体内神经递质的水平，神经递质是细胞间传递神经冲动的中介。神经系统的有效运作依赖这种化学分解。单胺氧化酶在本质上对神经系统起阻碍或制动作用，分解神经递质并抑制神经传递。研究表明，高感觉寻求的个体血液中往往有更低水平的单胺氧化酶，因此朱克曼推论，在神经系统中，高感觉寻求者可能拥有更高水平的神经递质（尤其是多巴胺）。由于单胺氧化酶水平低，感觉寻求者神经系统的抑制更少，因此他们对自身行为、想法和情感的抑制也更少。像我这样的人——低感觉寻求的人可能会经常抑制冒险冲动，而对感觉寻求者来说，他们甚至在面临危险时，也能够勇往直前并享受快感。

　　德米特里自己承认，他受到了诅咒。从心理上说，诅咒表现为不断地纠缠于琐事——同时对他来说也是巨大的冲突，完全不能控制自己的情绪。5点时德米特里欢呼雀跃，但5点5分时他已经陷入绝望之渊。他被这些矛盾的情绪，以及人类注定要遭受这种痛苦的感觉折磨。"世界上的一切都是个谜。"德米特里悲叹。

　　但是，我不能解开这个谜，我绝对不可能解开它，绝对不可能！因为我是卡拉马佐夫家族中的一员。如果我要掉进深渊，那就索性头朝地，脚朝天，一直掉下去，我甚至会因为这样可耻的堕落而感到高兴，会把它当作光彩的事。而且在这样的耻辱中，我会忽然唱起赞美诗。尽管我是受诅咒的，尽管我下贱而卑劣，但让我也吻一吻上帝身上所穿衣服的衣角吧；尽管与此同时我追随着魔鬼，然而上帝呀，我到底也是你的孩子，我爱着你，也感受着欢乐，没有这种欢乐世界是不存在的。神秘的东西真是太多了！有许许多多的谜压在世人的头上。你尽量去试着解开这些谜吧，看你能不能出淤泥而不染。美啊！我最不忍看一个有时甚至心地善良、绝顶聪明的人，从圣母玛利亚的理想开始，而以索多玛城（罪恶之地）的理想告终。有些人心灵中具有索多玛城的理想，却又不放弃圣母玛利亚的理想，而且他们的心还为这一理想而燃烧，像还在天真无邪的年代里那么燃炽，这样的人更加可怕。不，是高深莫测，甚至太高深了，我宁愿他们狭隘一些。（Dostoyevsky，1881/1933，pp.79—80）

德米特里希望人类更简单一些，他希望人类不要经历如此广泛而又复杂的情绪状态，他希望人类灵魂中不要怀有如此矛盾的激情。作为虔诚的基督徒，他发现他的感官欲望势不可当，德米特里不理解为什么上帝把人设计成既有"索多玛城"的欲望又渴望成为"圣母玛利亚"。换句话说，男人或者女人怎么可以既邪恶又善良？人类是一个矛盾综合体——他们渴望相互矛盾的事情。然而，一些人似乎在某种程度上知道这种情况，而且或多或少能够应对这种情况，我们可以说，陀思妥耶夫斯基塑造的角色并不能很好地处理这种情况。像德米特里这样的人，生命中的大量时间都在痛苦中度过。而且不仅仅是德米特里，在文学作品与生活中，神经质可以说随处可见。这个世界上存在着各式各样的痛苦与不幸，但是可以确定，它们都会引发共同的消极情绪体验，比如恐惧、焦虑、悲伤、羞耻、愧疚和绝望。神经质问题就是消极情绪问题。我们觉得有多糟糕？当不好的感受不可避免降临到我们身上时，我们如何管理、调节、控制和应对？

感觉糟糕的多种途径

166

"大五"中第二个特质有很多名称，但最常见的命名是神经质。这个一般因素包含焦虑、抑郁、过度情绪化、紧张、喜怒无常、敌意、脆弱、自我意识以及疑病症，是一个从情绪稳定到不稳定的连续体。沃森和克拉克（Watson & Clark，1984）指出，神经质反映了个体在消极情绪上的差异，比如悲伤、生气、恐惧、焦虑、愧疚。因此，他们将这个维度称作"消极情绪"（negative affectivity）（Watson & Tellegen，1985）。高神经质者在生活的很多方面有痛苦和沮丧的倾向，他们长期焦虑、紧张、缺乏安全感，对自己评价很低。低神经质者普遍冷静、放松、坚韧、有安全感、对自我满意、不易情绪化。

大量的研究表明，神经质与情绪存在相关。在这些研究中，研究者往往采用自我报告的方式测量神经质，测量的项目如表 5.2 所示。神经质与消极情绪、更高的紧张水平、占优势的消极情绪体验存在一致的相关（Emmons & Diener，1986a；Matthews，Jones，& Chamberlain，1989；Thayer，1989；Watson & Clark，1992）。与低神经质者相比，高神经质者更加孤僻（Stokes，1985），对生活中人际关系的满意度更低（Atkinson & Violato，1994）。患有情绪障碍的临床病人，例如抑郁症患者和广泛性焦虑症患者，显示出了较高的神经质水平（Eysenck & Eysenck，1985）以及与消极情绪类似的特质（Clark，Watson，& Mineka，1994）。高神经质的大学生有更多的压力症状，也更恋家（Matthews & Deary，1998）。这些关于神经质的结果与在外向性上的研究结果恰好相反，关于外向性的研究表明，外向性与积极情绪状态存在相关。正如我们看到的，与内向者相比，外向者往往有更高水平的积极情绪，但是内向者和外向者在消极情绪上没有显著差异。与低神经质者相比，高神经质者有更多消极情绪，但高神经质者的积极情绪并不一定会变少，积极情绪和消极情绪似乎相互独立。因此，简单来讲，外向者比内向者的积极情绪水平更高；而高神经质者比低神经质者的消极情绪水平更高（Costa & McCrae，198Ca，1984；Emmons & Diener，1985；Meyer & Shack，1989；Watson & Clark，1984）。

表 5.2　测量神经质的问卷项目

---

1. 你有时会无缘无故感到开心或沮丧吗？
2. 当你想集中精力时，你会经常走神吗？
3. 你是否常常情绪化？
4. 你是否常常走神，甚至在你与别人交流的时候？
5. 你是否有时极其兴奋，而有时又非常疲惫？
6. 你是否非常容易受伤？
7. 你会突然感到战栗吗？
8. 你是否易怒？
9. 你是否为自卑所困扰？
10. 你是否失眠？

来源：*Eysenck on Extraversion*（pp.33，43—45），by H.J. Eysenck，1973，New York：John Wiley & Sons.

神经质的个体差异能预测大量重要的行为和态度倾向。例如，对男性而言，神经质与对糟糕的健康状况的抱怨有关（Costa & McCrae，1980b）。研究者（Larsen & Kasimatis，1991）追踪了 43 名本科生一个学期的日常生活，发现高神经质的学生往往有更多的疾病。还有研究（Ormel & Wohlfarth，1991）发现，与环境因素（如生活环境中的消极变化）相比，高神经质能更好地预测心理困扰。科斯塔和麦克雷（Costa & McCrae，1978）的研究发现，高神经质者更可能出现中年危机。在老年人中，高神经质以及随之而来的繁重的生活压力会导致生活质量的下降（Mroczek & Almeida，2004）。一项对 300 对已婚夫妇长达 50 年的纵向研究发现，丈夫和妻子的神经质水平是离婚的有力预测指标（Kelly & Conley，1987）。有研究证明，高神经质会增加患高危疾病的风险，例如心脏病（Smith，2006；Suls & Bunde，2005）。

为什么神经质与这么多消极事件如此密切相关呢？一项关于日常压力的研究（Bolger & Schilling，1991）有助于我们对这个问题进行深入了解。研究者招募了 339 名成年人，要求他们连续 42 天提供每日的压力事件和情绪报告。被试每天报告他们在 24 小时内感受到的 18 种情绪的强烈程度，情绪项目包括焦虑、抑郁和敌意，比如"不安""紧张""易怒""无价值感""生气"。另外，每个被试要报告，在一天中是否体验到以下九种压力中的任何一种，这些压力包括"超负荷工作""与配偶吵架""与孩子争吵""交通问题"等。在日常情绪报告之前,研究者使用了包含 11 个项目的神经质量表来测量被试的神经质水平。研究结果表明,平均而言,高神经质者比低神经质者在 42 天里有更多的痛苦。他们的痛苦来自三个方面。第一,与低神经质者相比,高神经质者往往报告出更多的日常压力。有人解释这可能是因为高神经质者抱怨得更多,或许他们确实太过敏感,倾向于过分关注大多数人都会忽视的小事。然而,结果显示,差异并不是因为高神经质者的高敏感性,他们配偶的报告印证了他们对压力事件的记录。其实,真正的原因是高神经质会使个体暴露在更多的日常压力事件中,尤其是人际冲突方面的压力事件。在九种压力中,高、低神经质者在"与配偶吵架"和"与孩子争吵"这两个方面的差异最大。

　　第二,与低神经质者相比,高神经质者不仅报告了更多的压力事件,而且在面对压力事件时,他们的消极情绪反应也更强烈。事实上,在解释神经质与痛苦之间的关系时,对压力事件的反应比压力事件本身更重要。高神经质者的这种反应是由无效的应对策略引起的,如自我责备和痴心妄想。在应对压力情境时,高神经质者不是采用建设性策略,而是采用自我挫败策略,这种策略并不能减轻他们在面对日常挫折时的焦虑、抑郁和敌意。

　　第三,高神经质者的痛苦与压力事件无关。研究者发现,神经质和痛苦之间关系的60%与高神经质者遭遇的不幸以及消极情绪反应无关。除了更多地暴露在压力情境中以及产生更消极的反应,高神经质者似乎对生活抱有普遍的消极态度,这种普遍的消极态度不受日常生活的影响,即使没有任何不幸发生,神经质也会导致消极情绪。

168

　　有研究者(Suls & Martin, 2005)描绘了一个神经质的级联(neurotic cascade)以揭示导致高神经质者较低生活质量的因素和机制。在神经质的级联中,五种不同的过程相互强化,造成消极情绪的形成和强烈释放。累积效应就像一个级联,一个负面因素推动了另一个负面因素,像多米诺骨牌一样引起一连串的反应,同时伴随着愤怒和力量的增加。很小的消极事件最终也会累积成一场消极情绪的雪崩。

　　神经质的级联中第一个因素是高反应性(hyperreactivity)(Suls & Martin, 2005)。与低神经质者相比,高神经质者对他们所处环境中惩罚和消极情绪的信号更加敏感。日常生活中无论是重大挫折还是小困难,他们的反应都十分强烈。第二个因素是差异性暴露(differential exposure)。高神经质者比低神经质者更频繁地经历消极事件,部分原因是他们对消极刺激更敏感。第三个因素是差异性评价(differential appraisal)。高神经质者透过一块黑暗的玻璃来看世界,尽管很多事件客观上并没有那么消极,但是他们会用消极的词汇来解释这些事件。第四个因素是情绪外溢(mood spillover)。特有的敏感性、差异性暴露,以及消极的解释模式使高神经质者经常体验到消极情绪,进而产生情绪外溢。也就是说,消极情绪会从生活的一个方面扩散到另一个方面,从第一天延续到第二天。高神经质者经常反复思考坏的事情,在脑海中一遍又一遍地想着消极事件,这使他们很难摆脱与这些事件相关的消极情绪(Nolen-Hoeksema,2000)。第五个因素是老问题之刺(sting of familiar problems)。当老问题再次出现时,高神经质者还是不能很好地应对,"老问题之刺"通过将个体带回那些从未解决的老问题和冲突之中,而引发一系列的消极后果。

研究表明,神经质与各种社会情境中的不恰当和令人尴尬的行为相关。实验采用2(神经质:高神经质 vs.低神经质)×2(隐私情境的设置:高隐私 vs.低隐私)的被试间实验设计(Chaikin,Derlega,Bayma,& Shaw,1975)。在低隐私条件下,被试与一位陌生人通电话,这位陌生人是一个事先受过训练的学生,谈论的话题是流于表面的、非隐私性的,比如房子或者公寓,家人怎么聚会,等等。在高隐私条件下,被试与一位陌生人通电话,这位陌生人同样是事先经过训练的学生,话题是高隐私性的,比如在婚姻中更喜欢的避孕方法,成年后哭泣的次数,性行为频率,以及看到父亲打母亲时的感受。每个被试都会获得一份话题清单,他们可以选择其中的一些进行讨论,这些话题有不同的隐私水平,因变量是被试在谈话中谈及隐私内容的数量。

图 5.3 呈现了这项研究的主要结果,低神经质者会根据实验条件的隐私水平调整他们谈话的隐私水平。换句话说,当对方透露隐私信息(高隐私条件)时,被试也会透露自己的隐私信息。当对方只是谈论轻松的、非隐私性的话题时,被试也会较少地谈到自己的隐私信息。对高神经质者来说,不管对方说什么,他们都不会太多地透露隐私信息。这表明,高神经质者很难根据情境要求调整他们的社会行为。高神经质者似乎不注意社交线索,或许是过分的自我关注使他们不能注意所处的环境。

169

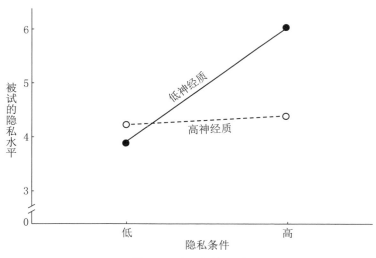

图 5.3   隐私和神经质

在低隐私条件下,高神经质和低神经质的个体显示出同等水平的隐私透露行为。但是,在高隐私条件下,与高神经质个体相比,低神经质个体显示出更高(且合适)水平的隐私透露行为。

来源:"Neuroticism and Disclosure Reciprocity," A. L. Chaikin, V. J. Derlega, B. Bayma, & J.Shaw,1975,*Journal of Consulting and Clinical Psychology*,43,16.

压力及应对

　　神经质是与各种压力症状存在最强且一致相关的一种特质。我们已经知道,神经质与消极情绪状态以及人际问题有关。尽管神经质本身似乎并不是引发严重疾病的风险因素,但高神经质与疾病以及各种躯体症状也存在一定关联(Wiebe & Smith, 1997)。神经质与压力的关系在日常生活的某些方面表现得很明显。例如,高神经质者往往更加粗心,在思考中会出现更多的逻辑错误(Matthews, Coyle, & Craig, 1990)。高神经质的汽车司机更有可能处于压力中,这些压力表现为生气、愤怒、焦虑和缺乏自信(Matthews, Dorn, & Glendon, 1991)。此外,性方面的问题也与神经质相关,例如性紧张、性愧疚和性抑制(Eysenck, 1976)。在某些类型的罪犯身上,其神经质水平往往会很高,例如那些社交能力不足(Eysenck, Rust, & Eysenck, 1977)以及滥用酒精或药物的人(Furnham, 1992)。另一项研究显示,当高神经质者经历不愉快的人际互动时,他们会喝更多的酒,甚至一个人喝闷酒(Mohr et al., 2001)。

专栏 5.B

我们生活在一个焦虑的年代吗

　　与过去相比,今天的生活更加忙碌和复杂。这个说法几乎成为现代西方社会的陈词滥调。很多美国中产阶级渴望过去的好时光,那时候生活简单,人们似乎更能享受生活。然而,过去的时光就一定是美好的吗? 当电视节目推崇传统家庭观念、小镇生活和乡村家庭的幸福时,另一些人则认为,20 世纪 50 年代,在女权运动还没有发生,公民权利还没有扩大的年代,也许只对白人男性是有益的。在一些社会批评家(例如,Myers, 2000;Putnam, 2000)和普通大众的眼中,50 年前美国人远没有现在焦虑。这是事实吗?

　　人格心理学家特文格(Jean M. Twenge)认为,确实如此。特文格(Twenge, 2000)检验了收集到的 1952—1993 年间儿童和大学生在人格特质量表上的神经质得分。一个令人印象深刻的分析是,在有关美国大学生的 170 项研究和美国小学生、高中生的 99 项研究中,特文格收集了被试在神经质量表上的平均分,这些研究结果分别呈现在 20 世纪 50—90 年代早期发表的心理学文献中。特文格发现,神经质水平随着时间的推移而稳步提高。60 年代学生在焦虑上的得分比 50 年代学生的得分高,70 年代的得分比 60 年代又高一些,以此类推,最高的平均分出现在 80 年代和 90 年代。特文格的结果是有说服力的。设想一下,80 年代美国儿童的平均焦虑水平比 50 年代精神病儿童的平均焦虑水平还要高! 数据表明,现今美国的年轻人比 30 年或 40 年前的年轻人有更高水平的焦虑。我们应该怎样解读这些结果呢? 一些怀疑者认为,这种趋势形成的原因是,与以前相比,现在的人更愿意报告自己的焦虑。现在的人的焦虑水平可能和过去一样,但是过去报告各种问题可能会被看作不适宜的社交行为。其他人则认为,特文格的结果是对当代美国生活的控诉。特文格认为,神经质及相关特质得分的升高可能标志着在过去 40 年中家庭和社区的解体,以及美国人体验到的威胁感的增加。有趣的是,经济指标似乎对这一趋势没有影响。特文格的数据显示,经济衰退或繁荣对这一趋势没有影响。总体来说,今天的美国远远比 50 年代的美国富裕,但是我们在生活中可能感受到更多的烦恼、担心和更少的安全感。

然而,这些相关的结果并没有直接回答一个基本问题:是神经质导致压力还是压力导致神经质?这两种可能性似乎都是合理的。高神经质者容易处于压力之中,这不难理解。反过来似乎也同样说得通,压力大可能使人更神经质。虽然两种可能性都获得了证据的支持,但第一种可能性获得的支持更多。例如,研究者(Ormel & Wohlfarth,1991)对 296 名荷兰成年人进行纵向研究,在研究开始时,研究者测量了被试的神经质水平(Time 0),6 年(Time 1)和 7 年(Time 2)后询问他们有关应激生活事件和心理痛苦方面的问题。应激生活事件可分为内源性事件和外源性事件。内源性事件是受个人自身行为强烈影响的事件,比如严重的婚姻不和;外源性事件起源于外界环境,比如事故和疾病。研究者发现,Time 1 的内源性事件和外源性事件对 Time 1 和 Time 2 的心理压力都会产生影响,换句话说,Time 1 的高应激事件,比如疾病和婚姻问题,与当时(Time 1)及随后一年(Time 2)高水平的心理痛苦都有联系。然而,Time 0 的神经质水平是 Time 1 和 Time 2 心理痛苦的更有力的预测指标。可以看到,神经质水平对 6 年和 7 年后的心理痛苦水平都有很强的预测能力,神经质还能预测内源性生活事件。在 Time 0 测得的高神经质者 6 年后体验到更多的内源性应激事件,进而产生更多的心理痛苦。

有研究者进行了一项类似的研究,两次测量之间相隔 4 年(Magnus,Diener,Fujita,& Pavot,1993)。他们发现,在首次测量后接下来的 4 年,高神经质的个体经历了更多的应激事件。然而,对神经质原始得分进行统计分析,结果显示,在 4 年的时间里,经历过的应激事件的数目并不能预测第二次测量时的神经质得分。简单地说,数据表明神经质往往会引起应激事件,但是应激事件并不会引起神经质。研究者为此提供了两个解释。第一,他们认为高神经质者往往以消极的方式应对很多事件。同样的事件,比如自己被一个讨厌的室友烦扰了一个学期,可能对低神经质者来说只是一个小麻烦,但是对于高神经质者可能是一个主要的压力源。第二,他们认为高神经质者有时会作茧自缚。实际上,他们在社交上的困难确实会引发负面事件,如失业、离婚以及其他的挫折。

虽然纵向研究检验了神经质与抑郁之间的因果关系,但研究结果是模棱两可的,部分原因是抑郁倾向是神经质的一个方面。一些研究者认为,神经质的增强可能被看作抑郁的一个特征或者结果。一次急性抑郁发作会留下持久性的情绪创伤,这些创伤可能会强化与神经质相关的焦虑和压力。然而,有研究表明,高神经质的人更容易经历重度抑郁发作(Bagby, Joffe, Parker, Kalemba, & Harkness, 1995)。在一项关于抑郁的历时 12 年的纵向研究(Surtees & Wainwright, 1996)中,研究者指出,基于在研究之初采用的许多临床的、人口统计学的,以及社会学的测量,抑郁症治疗效果不佳的最有力的预测指标之一就是神经质。

当应激事件发生时,高神经质的人应对情况如何呢? 一个简单的答案是"并不好"。研究表明,高神经质者一开始就以一种消极态度进入消极情境中,他们往往用更消极的词汇评价已经很消极的情境,而且倾向于认为自己只有比较少的资源和比较弱的支持系统来应对问题(Stokes & McKirnan, 1989)。高神经质者并没有采取行动计划来应对压力情境,而是采用情绪应激反应或者回避型的应对策略(Endler & Parker, 1990)。他们不去解决导致压力的问题,反而将注意力集中在舒缓恐惧和平复紧张情绪上,或者他们通过使用酒精、药物,甚至就躺在床上来逃避所有问题。

有研究者(Bolger, 1990)考察了医科学生如何应对医学院入学考试,考试十分紧张且时长为一整天,在医学院的录取成绩中占有很大比重。研究者追踪了 50 名医科学生参加医学院入学考试前三周的情况。高神经质者应对压力的方式是做白日梦,幻想自己能够逃脱考试,或者沉溺于没有好好学习的自责中。结果是,在整个为期三周的过程中,他们的焦虑水平持续升高。与之相比,低神经质者要么积极为入学考试作准备,从朋友那里寻求支持,要么安慰自己,情况并不像他们一开始想的那么糟糕。结果是,在这三周内,他们的焦虑水平并没有明显提升。因此,我们看到,焦虑水平与压力应对策略存在相关,一些应对策略可以更有效地管理压力。低神经质的学生比高神经质的学生能够更好地管理压力,但是你可能会问:学生在入学考试中的表现会不会有什么不同? 结果可能会令你感到惊讶。医学院入学考试结果显示,两组学生并没有差异。神经质本身与医学院入学考试的表现水平相关不显著。在这三周内,高神经质的学生遭受更多的压力,而且在应对压力时表现得更糟糕,但他们在入学考试中的表现与低神经质的学生一样。

大脑:外向性和神经质

今天,几乎所有的人格心理学家都认为,个体基本特质的差异反映了个体之间大脑功能的某种差异。如果像外向性和神经质这样的基本特质真的包含了心理个性的重要特征,那么很难想象它们在大脑中没有某种具体的表现。实际上,如果不在大脑中有所表现,特质又会在哪里显现出来呢? 然而,提出特质根植于大脑过程中这一观点是一回事,通过实证研究弄清楚这些过程是什么,以及它们如何运作又是另一回事。从 20 世纪 40 年代艾森克的开创性研究开始,科学家们已经找到基本特质与大脑功能之间的潜在关系,此类研究主要集中在外向性和神经质这两种基本特质上。研究过程经历了从大脑皮层唤醒的早期理论到大脑的生物化学研究,再到情感神经科学的最新发展。

艾森克和唤醒理论

从 20 世纪 40 年代开始,艾森克就提出,外向性源于内在的生理过程。艾森克借用了生理学家巴甫洛夫的概念,其关于经典条件反射的重要研究在本书第 3 章已有论述。在以狗为对象的研究中,巴甫洛夫考察了刺激强度增加与伴随而来的反应增强之间的关系。刺激强度从低水平开始逐渐增加,狗的反应也会相应地增强,最终会达到一个顶点,在这个点之后再增加刺激强度,反应便开始减弱,即当感受到的刺激强度过大时,狗的身体似乎会停止对其作出反应。狗开始对刺激作出抑制反应的刺激强度就是超限抑制阈限(threshold of transmarginal inhibition)。巴甫洛夫发现,不同的狗达到超限抑制阈限的快慢不同。那些被巴甫洛夫称作具有强型神经系统(a strong nervous system)的狗,通常是友善的、外向的,它们在接受较多的刺激后才会表现出反应的抑制;那些被他称作具有弱型神经系统(a weak nervous system)的狗,通常更淡漠,不那么友善,会更快地达到超限抑制阈限。简单地说,强型神经系统的狗在表现出厌烦,产生抑制之前,能够接受更多的刺激。相比之下,弱型神经系统的狗只能接受较少的刺激,而且在更低水平的外界刺激下更快地产生抑制。

这里有一个关键点:艾森克把外向者比作强型神经系统的狗,把内向者比作弱型神经系统的狗。他认为,环境中的刺激引起唤醒。一般来说,刺激强度越大,个体的唤醒水平越高。每一个个体都有一个最佳唤醒水平(Hebb, 1955),在这个唤醒水平上个体会产生最强的愉悦感和最佳的反应。这个点类似于狗的超限抑制阈限值。当唤醒水平超过最佳值,个体就会产生抑制反应。艾森克指出,外向者需要更多的刺激才能达到最佳唤醒水平。这看起来似乎是因为外向者的唤醒水平一般都很低,所以他们才对更强的刺激有着强烈的渴望,只有更强的刺激才能使他们的唤醒状态达到最佳水平。相比之下,内向者起初在低强度的刺激时就有了相当高的唤醒水平,因此不需要太多的刺激就会超过他们的超限抑制阈限值。

173

艾森克(Eysenck, 1967)认为,大脑网状激活系统(reticular activating system)的差异可能是个体在唤醒水平上存在差异的一个原因,而且造成个体外向性的差异。大脑网状激活系统是一个从脊髓延伸到丘脑的神经纤维网络,是大脑中相对原始的部分,没有参与思维以及其他高级皮层功能,不过它负责一般唤醒,调控觉醒以及注意的模式。艾森克认为,大脑网状激活系统对内向者和外向者的调控不同。在标准的外界刺激条件下,内向者一般比外向者的唤醒水平更高。内向者的大脑网状激活系统被设定在一个较高的水平上。在日常生活中,内向者和外向者都会寻求最佳唤醒水平,但是因为内向者在一开始就有了更高的唤醒水平,所以与外向者相比,他们的唤醒水平不能太高。因此,内向者的大脑皮层需要更多地抑制或者控制原始的、低级的脑中枢。其结果是,内向者比外向者显示出更多的克制或抑制行为。内向者往往避免提高唤醒水平,外向者则常常寻求唤醒水平的提高。

如果内向者的唤醒水平长期比外向者高,那么我们可以假设内向者更难平静下来。一些相关的药物研究支持了这个观点。精神药理学家用抑制剂药物(镇静剂)来降低内外向者的唤醒水平,结果发现,内向者比外向者更难镇静下来,需要更大剂量的苯巴比妥这类的药物(Wilson,1978)。镇静阈值可以通过一些现象被识别出来:脑电模式的改变,说话含混不清,丧失认知能力。一般而言,抑郁(内向神经症)的镇静阈值显著高于躁狂(外向神经症)的镇静阈值,同样有证据表明抑制剂药物(降低唤醒)使内向者在某些实验室任务中表现得更像外向者,而兴奋剂药物(提高唤醒)可能会使外向者表现得更像内向者(Wilson,1978)。

如果内向者的唤醒水平长期比外向者高,那么我们可以假设内向者对所有强度的刺激都更敏感。艾森克(Eysenck,1990)指出,与外向者相比,内向者对微弱刺激有更强的敏感性,并且有更低的痛觉阈值。在内向者和外向者对刺激敏感性的差异研究中,柠檬汁测验(lemon drop test)就是一个相当令人惊讶的例子。在测验中主试将四滴柠檬汁滴在被试的舌头上,使其持续 20 秒。因变量为在柠檬汁刺激条件下与自然条件下(没有滴柠檬汁的时候)唾液分泌的差异量。对柠檬汁的反应,极端外向者很少或者没有唾液的增多,而极端内向者几乎增加了 1 克唾液。换句话说,内向者对柠檬汁刺激的反应更强烈,这表明他们对刺激更敏感。在一个包含 50 名男性和 50 名女性的学生样本中,艾森克(Eysenck,1973)发现柠檬汁测验中唾液的增加与问卷测得的内向性之间的相关系数高达 0.71。通过回顾 9 个后续的柠檬汁测验,研究者发现可以很好地复制艾森克最初的结果,特别是当实验在早上进行时,在这段时间里,外向者与内向者皮层唤醒水平的差异达到最大值(Deary,Ramsay,Wilson,& Raid,1988)。

其他实验室情境研究也得到了相似的结果。魏森(Weisen,1965)发现,外向者喜欢响亮的爵士乐和明亮的灯光,而内向者可能会尽量避免这些刺激。吉恩(Geen,1984)发现,在一个学习任务中,与内向者相比,外向者会选择更高水平的噪声刺激,而且在强噪声下表现得更好,而内向者在低水平的噪声下表现得更好。霍姆斯(Holmes,1967)研究了内外向者的瞳孔反应。瞳孔反应是指当一个人暴露在明亮的光线下,眼睛的瞳孔会自动收缩以避开突然增加的刺激。这个反应是天生的。霍姆斯的研究发现,瞳孔收缩的速度可能是外向性的一个函数。当一束明亮的光照在眼睛上,内向者瞳孔收缩的速度显著快于外向者。相反,当他们暴露在黑暗的条件下,外向者的瞳孔比内向者放大得更快(放大瞳孔能让更多的光线进入)。也就是说,即使在自动化的瞳孔反应中,内外向者在避免或渴望高水平刺激上的差异依然存在。

很多关于唤醒和外向性的研究都支持了这样一个普遍的观点,即外向者和内向者偏好不同水平的刺激。外向者会寻求更高水平的刺激,可能这些高水平的刺激能使他们获得积极的体验,并达到其最佳的唤醒水平;内向者似乎偏好较低水平的刺激,可能这个刺激水平就已经能使他们达到最佳的唤醒状态。尽管研究的结果并不完全一致,但一些研究支持了这样的观点,即内外向者的唤醒能力不同(Matthews & Deary,1998;Stelmach,1990)。在低水平至中等水平的刺激上,与外向者相比,内向者会对感觉输入产生更强烈的生理反应。有些研究使用了脑电波模式(或 EEG 模式),结果发现,当内向者接收低水平的刺激时,他们的脑电波模式表明他们处于很强的注意状态和很高的唤醒水平。

艾森克理论中最基本的一个论断是,外向性与整体的、长期的唤醒水平之间的相关是以网状激活系统为中介因素的,但这一论断获得的支持相当少。已有上千项研究试图检验艾森克关于整体唤醒水平与外向性之间关系的观点(Geen,1997)。唤醒水平的测量方式包括脑电波反应、皮肤电活动(例如皮肤出了多少汗)、心率和功能性大脑扫描技术(Matthews & Deary,1998)。很多研究显示,内向者的唤醒水平并不是始终比外向者高。一些研究者提供的数据表明,如果在唤醒水平这个特征上存在差异,那么这个特征就更有可能与冲动特质(而不是外向性)相关。研究者(Anderson & Revelle,1994)考察了冲动性、当天的时间、咖啡因的消耗量以及唤醒水平变化率之间的微妙关系。其他研究者则反对将一般唤醒作为一个整体概念(Geen,1997;Zuckerman,1998)。一个核心的反对观点受到了许多研究的支持:一般唤醒涉及的多个指标——脑电活动、心率、皮肤电传导率,等等——彼此之间并不存在高相关。它们可能属于不同种类的唤醒,是不同唤醒的指标。此外,当大脑的某些部位被唤醒且处于活动状态时,另一些部位可能被抑制。艾森克认为,网状激活系统作为一般唤醒系统像一个水龙头一样控制神经兴奋的开关。经过多年研究,艾森克理论中的这一特别的观点似乎错了,或者至少是过于简单化了。

总之,艾森克的唤醒理论在过去 50 年里掀起了实证研究的热潮。虽然很多研究的结果不太一致,但我们仍然可以看到一些一般性的观点。第一,大量证据支持了在行为水平上,与内向者相比,外向者偏好更高水平的刺激。外向者会寻求多种刺激,尤其是社会性方面的刺激。第二,有一些证据似乎支持了这样的观点,即在某种情境中,一般是在低水平的刺激下,与外向者相比,内向者对刺激的增量更敏感。然而,这种差异受很多因素的影响,如一天中不同的时段。第三,在有关外向性与稳定的、类似特质的一般唤醒水平之间是否存在稳定联系的问题上(这是艾森克理论中的基本观点),不同的研究者得到相互矛盾的结果。内向者比外向者拥有更高的一般唤醒水平,这一观点似乎是不正确的。的确,一般唤醒的整体概念已经遭到质疑。与此相关,大脑网状激活系统是个体外向性差异的来源似乎也是难以令人信服的。大脑比艾森克认为的更加复杂。尽管如此,这些观点激发了50年来人格领域中最具创造力的一些研究,而且这种趋势将继续发展下去。

175

行为趋向系统

20世纪70年代,生物学流派中出现了一种与艾森克的观点相互竞争的特质理论。格雷(Gray,1970,1982,1987)基于最初在老鼠身上的实验,提出用强化敏感性理论(reinforcement sensitivity theory)来解释基本特质的心理生理学机制。艾森克认为,内外向的差异最终可归结为大脑唤醒水平的差异,格雷则把重点从皮层唤醒转向奖励和惩罚。格雷最初的理论聚焦于冲动性(impulsivity,他认为这是一个与外向性相似但不等同的特质)以及焦虑特质(接近但不等同于神经质)。简单地说,格雷认为,与低冲动性的个体相比,高冲动性个体的大脑对环境中的奖励机制格外敏感。相似的道理,高焦虑的个体在生理上对惩罚威胁特别敏感,尤其是那些通过经典条件反射和操作性条件反射事先学习过的威胁。近些年来,强化敏感性理论修订了自身的观点并更多地直接聚焦于外向性和神经质特质(Corr,2008;Gray & McNaughton,2000;Smillie,Pickering, & Jackson,2006)。

格雷及其同事的早期研究关注老鼠的奖励寻求行为与大脑神经递质的联系。神经递质是神经细胞中的一种化学物质,负责在突触间传递神经冲动,也就是把神经冲动从一个神经细胞传递到下一个神经细胞。多巴胺(dopamine)是一种特殊的、与奖励和快乐相关的神经递质。检测猴子大脑的研究已经表明,分泌多巴胺的细胞(多巴胺能神经细胞)在回应奖励以及与奖励相关的刺激时被激活(例如,Schultz,1998)。研究表明,动物在获得一定剂量的多巴胺时将会更努力工作,甚至比它们获得食物时工作更努力。可卡因和其他滥用的药物与神经系统中的多巴胺有着类似的功能,摄入它们也会带来快乐(同时,可卡因最终耗尽人体神经系统内自然水平的多巴胺,导致永不满足地渴望更多的药物)。多巴胺与奖励和快乐相联系,而且鉴于冲动性和外向性这些特质似乎与奖励寻求以及奖赏敏感性有关,因此格雷和其他一些人怀疑,基本的人格特质、多巴胺和奖励寻求可能通过大脑中的一个独立系统相互联系。

格雷(Gray,1982,1987)率先使用了"行为趋向系统"(behavioral approach system)这个术语,它是一个假设的系统,这个系统在大脑中负责促进目标导向行为以及获得积极的情绪奖励。格雷提出,行为趋向系统由大脑中的多种通路和结构组成,涉及神经递质多巴胺的释放以及由大脑边缘系统构成的某些区域的运作。对老鼠的研究表明,奖励与中脑边缘系统释放的多巴胺有关,它通过前脑内侧束到达大脑额叶的中心

（Zuckerman，1995）。在人类水平上，个体在中脑边缘系统多巴胺能通路以及相关结构上的差异能够解释奖励寻求行为的差异。一些人总是寻求奖励，当目标实现时，他们会收获积极情绪的奖励；另一些人则不那么热衷于奖励，显得更谨慎，因此他们可能更少地体验到实现目标的积极情绪奖励。

176

在强化敏感性理论的早期观点中，格雷把行为趋向系统与冲动性特质相联系。冲动行为是非抑制的、向前看的；冲动的人改变很快，有时会不假思索地朝向潜在的奖励性刺激。在艾森克的初始设想中，外向者同样被认为是冲动的。一些外向性概念表明，冲动性是外向性的一个组成元素。例如，有研究者（Sutton & Davidson，1997）认为，"行为趋向系统较强的个体（对奖励更敏感以及有更强的反应性）更有可能是外向的和冲动的"（p.204）。朱克曼（Zuckerman，1995）认为，行为趋向系统"可能包含一些基本特质，例如外向性、冲动性和感觉寻求"（p.329）。特勒根（Tellegen，1985）也提出了类似的观点，他认为外向性应被重新命名为"积极情绪"，与这个特质相关的行为可能直接由行为趋向系统产生。根据特勒根的观点，外向性（积极情绪）的差异代表了个体在由快乐、奖励产生的激励敏感性方面的差异。

格雷最新的理论把外向性/内向性视为与行为趋向系统关联最紧密的特质。有研究者（Smillie，Pickering，& Jackson，2006）认为，"与行为趋向系统的功能最为一致的不是冲动性，而是外向性"（p.328）。研究者试图找出人类多巴胺能活动与外向性之间的直接联系。有研究以在测量外向性的自我报告量表上得分较高和较低的个体为被试，并给每个被试一种能诱发多巴胺在大脑中活动的物质（Depue，Luciana，Arbisi，Collins，& Leon，1994）。结果显示，与内向者相比，外向者在接受刺激之后，有了更高水平的多巴胺能活动。换句话说，内向者和外向者在多巴胺能系统的反应性方面存在差异。大部分研究结果都与这一观点基本一致，即在面对奖励时，外向者的愉悦情绪和趋近行为的特征，可能与大脑中某个部位神经递质多巴胺活性的增强有关。有研究者（Depue & Collins，1999）回顾了神经递质和人格特质的研究推论，发现多巴胺受体效应与外向性之间有显著的相关，但与冲动性只有中等强度的相关（还可参见 Wacker，Chavanon，& Stemmler，2006）。

根据当前强化敏感性理论的观点，行为趋向系统包含各种涉及奖励寻求行为的大脑过程，这些行为包括追求食物和性、刺激寻求、社会奋斗，以及为了在团体中产生影响作出的努力。行为趋向系统涉及对奖励甚至是预期奖励的体验，对奖励的预期本身可能就是一种奖励。多巴胺似乎与预期的快乐有强烈的相关：当我们预期有一个非常积极的奖励到来时，我们会感受到希望。行为趋向系统同样支配失去或未能获得预期奖励的反应。有研究者（Carver，2004）已经证明，行为趋向系统可以预测没有得到预期奖励时的挫败感。换句话说，行为趋向系统涉及有关奖励的所有方面——预期奖励、享受奖励，以及没有得到奖励的失望感。当人们没有得到自认为应得的奖励时，他们经常会体验到愤怒。有研究者（Harmon-Jones，2003）发现，愤怒甚至是攻击都可能与行为趋向系统有关，即使愤怒是消极情绪，但它依然可以推动趋向积极奖励的行为，例如一个人会抨击阻碍其获得渴望的奖励的人。

当人们获得他们想要的或者应该获得的奖励时，他们会很高兴。行为趋向系统使人们朝向能够体验快乐的有利环境，这种体验涉及多种类型的社会经验。与处于连续体另一端的内向者相比，外向者似乎更多、更坚定地朝向这些有利环境。一些脑活动研究为这一观点提供了生物学证据。坎利（Turhan Canli）及其同事开展了一系列重要研究来评估不同外向性（以及神经质）水平的个体对积极刺激和消极刺激反应的差异，大脑反应通过功能性磁共振成像（functional magnetic resonance imaging，fMRI）来测量（Canli，2004；Canli，Sivers，Whitfield，Gotlib，& Gabrieli，2002；Canli et al.，2001）。功能性磁共振成像能够测量心理活动引起的大脑中血液流动的细微变化。科学家能够通过功能性磁共振成像确定当人们处于特殊的认知、情感和动机状态时，大脑中的哪些细胞和神经回路被激活。坎利及其同事通过向被试呈现使人快乐的图片（小狗、幸福的夫妻、冰激凌、落日，以及其他非常快乐的场景）以唤起被试的积极情绪，进而评估大脑对积极刺激的反应。研究者发现，与内向者相比，外向者在与情绪反应相关的15 个不同脑区上有更高的激活水平，包括对情绪反应尤其重要的前扣带回的皮层区域（相比而言，神经质与对消极刺激作出反应的大脑区域的激活有关）。以行为研究为参照，坎利的实验表明，在对能够带来积极情绪的事件作出反应时，外向者大脑中的情绪区域会被激活。

总之，个体在外向性上的差异可能与行为趋向系统的差异相联系。行为趋向系统由与多巴胺细胞以及通路有关的大脑区域和神经回路构成，它可以调节人们的需要、趋向、对奖励的反应，以及由这种奖励带来的积极情绪。当然，并不一定要成为外向者才能"拥有"行为趋向系统！行为趋向系统是人性的一部分（我们都有行为趋向系统），人格特质（比如外向性）只是反映了人类心理基本特征和功能的个体差异。外向者和内向者的行为趋向系统不同，其原因可能涉及基因和个人成长环境（见本书第 6 章）。构成外向性的特质，如社交能力、热情、积极情绪状态或许能引起行为趋向系统功能上的细微差别。

从广泛的进化角度来看，行为趋向系统通过激发有机体接近环境中必要的奖励，比如食物、性和社交，提高了生存和繁殖的成功率。很难想象，离开大脑中行为趋向系统强而有效的活动，人类还能够在进化适应性环境中"前进"和"进步"（见本书第 2 章）。同样很难想象，若不是为了积极情绪和社会奖励，人类生活会有这么多意义和目的——对于外向者、内向者，甚至所有人。有研究者证明了自我报告的积极情绪与体验人生意义之间有紧密的关联（King，Hicks，Krull，& Del Gaiso，2006）。然而，生活除了寻求奖励之外，还有更为重要的生存和繁殖的人生意义。事实上，如果我们只是追逐体验生活的快乐,那么很快我们会发现这样的生活本身就不现实。你当然可以从某件好事上得到很多快乐,但考虑到社会生活中的限制以及人类经常面对的诸多危险和威胁,不管在今天还是在进化适应性环境,肆无忌惮的行为趋向系统都是可怕的。雷维尔(Revelle,2008)认为,过度的行为趋向系统可能导致躁狂,或者不顾一切地去获得快乐。不过,幸好我们的大脑已经进化出独有的系统(进化的缘故和我们自己的理智),时而与行为趋向系统一致,时而又不一致,最终使我们获得平衡、适应的生活。如果你拥有一个系统来获取奖励,那么你同样需要一个谨慎的系统来避免威胁和惩罚,以便能生存下去并享受寻求到的奖励。现在我们来看第二个关键的系统。

行为抑制系统

　　如果说外向性展现了大脑系统(brain systems)中调控积极趋向行为的个体差异,那么神经质可能与另一个大脑系统相联系,这个系统与避免面对危险、冲突以及行为抑制相关联。与外向性一样,神经质的研究也始于艾森克。与外向性的唤醒理论类似,艾森克(Eysenck,1967)也为神经质的个体差异提出一个基于生物学的解释。艾森克认为,外向性与大脑的网状激活系统有关联,而他对神经质的推测是神经质与下丘脑以及边缘系统的活动有关联——大脑的这两个区域负责调节自主神经系统并涉及对某些情绪状态的体验。艾森克猜想,下丘脑和边缘系统激活阈值比较低的个体可能更容易经历情绪唤醒,对很多人来说可能没什么影响的事件或许会引起这些人强烈的情绪反应。这些个体的情绪波动较大,因此可能出现神经质倾向。相比之下,下丘脑和边缘系统激活阈值比较高的个体可能会更少地经历强烈的、长期的情绪波动,从而很少表现出与高神经质相关的特征。因此,艾森克认为,情绪稳定性在很大程度上是由生理因素决定的,而不受个体自身控制。虽然经验和学习确实会影响一个人神经质倾向的程度,但艾森克坚信,固有的大脑功能上的差异会使一些人朝着神经质的方向发展,另一些人则朝着情绪稳定的方向发展。然而,40多年的研究没能证实艾森克关于神经质的生物学假说。对于下丘脑、边缘系统与神经质的关联,心理生理学的研究并没有取得一致的结果(Geen,1997)。在艾森克的著作中,他也承认神经质与边缘系统的激活有关联的原始理论并没有得到实证研究的支持。

　　当艾森克提出有关神经质的理论时,许多人几乎不理解边缘系统是什么。当时,大脑的研究者认为,大脑中进化上的原始区域——杏仁核、隔膜、海马和前额叶皮层可以聚集成一个被称为边缘系统的统一整体(MacLean,1949)。研究者认为,边缘系统参与情绪的产生和调节。由于害怕、悲伤和快乐这些情绪反应在人类进化的早期阶段就出现了,因此假设这些情绪反应与大脑中相对原始的区域有关联可以说得通。同时,所有的情绪似乎都有一些共同特征(这些特征使它们不同于思考和推理这些"更高级"的心理过程),因此把这些区域聚集、联系在一起形成一个整合的大脑系统也是合理的。

边缘系统被认为是人类情绪的生理基础。目前,关于大脑的研究和观点主张,边缘系统的许多部分,如杏仁核、隔膜、海马以及前额叶皮层参与了包括记忆和其他认知过程在内的许多不同的功能。此外,情绪反应似乎也被大脑边缘系统以外的其他部位调节。尽管如此,最初被认为是边缘系统组成部分的杏仁核(amygdala),看起来的确参与了某种特定的情绪反应——恐惧情绪的体验和调节。

在拉丁文中,"amygdala"这个词是杏仁的意思。早期的解剖学家把位于前脑的一个很小的杏仁状区域命名为杏仁核。现在,脑研究者认为,在应对存在的或感知到的危险时,杏仁核的某些部位会激活相应的行为反应、自主反应和内分泌反应(LeDoux,1996)。当接收到一个让有机体感觉(甚至想象)有危险的刺激时,杏仁核就会调动很多不同的系统帮助有机体对抗任何可能的威胁。在面对威胁时,杏仁核可以调节运动系统,并诱发应激激素的分泌和血压的升高,也有可能会引发惊吓反应,在威胁面前不知所措。杏仁核主要参与恐惧情绪的调节,"很多实验室研究表明,杏仁核的病变几乎会干扰所有条件恐惧的测量,包括僵化行为、自动化反应、疼痛抑制、应激激素的释放以及反射增强"(LeDoux,1996,p.158)。杏仁核某些部位遭到破坏的动物和人类,可能无法拥有正常的恐惧反应,从而真正地对世界无所畏惧。

杏仁核在格雷(Gray,1987)的行为抑制系统(behavioral inhibition system)中起着重要的作用。在格雷强化敏感性理论的最初版本中,行为抑制系统能够调节对条件性厌恶刺激的反应。行为抑制系统使有机体免于接触环境中与过去惩罚经验相关联的某些刺激。惩罚性刺激对有机体而言是一种威胁,因此从面临潜在的危险到回避危险这一过程是以行为抑制系统为中介的。强化敏感性理论的最新版本强调行为抑制系统在应对生活中那些存在趋避冲突的危险情境时的作用(Corr,2002;Gray & McNaughton,2000;Smillie et al.,2006)。面对情境中的各种冲突,一个人必须先考察环境,然后决定如何行动。行为抑制系统能促进个体仔细地考察环境,权衡不同行为的利弊得失,避免情境中的潜在威胁,并且最终慎重、警觉地向前发展。

在面临冲突和潜在威胁时,行为抑制系统一旦被触发就可能引起强烈的警觉,最终促使个体要么从情境中退缩,要么采取更加谨慎的行为方式。因此,行为抑制系统在概念上与行为趋向系统形成了鲜明的对比。行为趋向系统推动个体追求自身渴望的会产生积极情绪奖励的刺激,行为抑制系统使个体在预期有消极情绪惩罚时背离目标。虽然我的行为趋向系统可能激发我自信地走进一间有好朋友的房间,去享受一个聚会,但是我的行为抑制系统可能使我站在一个与我自身格格不入的聚会的边缘位置,比如,在一个几乎没有熟人且在场的人看起来很可怕的聚会上。在第一种情境中,我的行为是自然的、不假思索的,我觉得很自在,准备开心一下。在第二种情境中,我感到焦虑和警惕,我小心地环顾房间,可能会找机会溜走。因此,行为抑制系统引发的情绪可能是害怕和焦虑。格雷(Gray,1987)最初提出,焦虑特质的个体差异对应着不同的行为抑制系统。在所有关于神经质概念的建构中,焦虑均被认为是神经质的重要组成部分,神经质本身有时也称作"消极情绪"(Watson & Tellegen,1985)。因此,很多研究者认为,神经质个体差异的生物学基础存在于行为抑制系统中。简单地说,不管什么原因,与低神经质者相比,高神经质者发展出了一种主导的和容易激活的行为抑制系统。类似于行为趋向系统,行为抑制系统也是一个假定的功能系统,而不是大脑中被清晰界定的区域。虽然杏仁核可能在行为抑制系统中起着重要的作用,但它只是许多不同的神经网络的一部分。现在,神经科学家相信,行为抑制系统的活动分布于大脑的很多区域,从比较低级、基本的区域,如下丘脑和杏仁核,上行经过海马、前扣带回和前额叶皮层(McNaughton & Corr,2004)。较低级的脑区调节单一的情绪反应,而高级的脑区调节认知活动。在很多社会情境中,行为抑制系统负责复杂的决策行为,这些行为一方面会涉及负面情绪,比如焦虑和悲伤;另一方面会涉及与这些情绪相关的思维模式,比如具体的期望和计划。

　　虽然每个人都有行为抑制系统,但是每个人的行为抑制系统都以略微不同的方式运作。神经质可能体现了一些较为重要的行为抑制系统功能差异。研究表明,高神经质者可能拥有过度活跃的行为抑制系统。坎利等人(Canli et al.,2001)发现,在面对消极刺激时,如看到生气的人、哭泣的人、蜘蛛、枪炮和墓地等图片,神经质与强烈的大脑活动存在关联。在另一项研究中,研究者使用功能性磁共振成像记录被试在一个恐惧学习任务中杏仁核和下丘脑的神经活动(Hooker,Verosky,Miyakawa,Knight,& D'Esposito,2008)。被试学习如何将特定的刺激与电脑上显示的恐惧反应联系起来,同时功能性磁共振成像会检测他们的大脑活动。研究者发现,神经质得分(由问卷测得)与杏仁核以及下丘脑特定部位的激活存在正相关。换句话说,在恐惧学习任务中,与低神经质者相比,高神经质者的杏仁核与下丘脑有更强的激活。面对诱发消极情绪(如恐惧与焦虑)的刺激时,强烈的大脑(杏仁核与海马)活动与高神经质之间的联系,揭示了个体在神经质上的差异与个体在行为抑制系统上的差异的联系。

　　很多研究大脑功能与人格特质关系的人会把行为抑制系统与消极情绪联系起来。传统的观点认为,在从觉察环境中潜在的惩罚刺激到回避惩罚刺激这一过程中,行为抑制系统起到了中介作用。预期惩罚以及惩罚本身与这些消极情绪相联系,比如恐惧、焦虑、羞愧,等等。此外,很多心理学家认为,神经质从理论上反映了行为抑制系统功能的差异,同时也是一种与大量的消极情绪相联系的特质。正如我们已经提到的,一些心理学家认为,神经质本身可以被命名为"消极情绪"或"消极情感"。然而,格雷最新修订的强化敏感性理论认为,行为抑制系统可能只与某些特定的消极情绪有关,而与其他的消极情绪无关(Gray & McNaughton,2000;Smillies et al.,2006)。修订过的强化敏感性理论特别区分了恐惧和焦虑。对很多物种而言,恐惧可能是对存在的捕食者的首要情绪反应,而焦虑可能是对预期存在的捕食者的首要情绪反应。研究者以老鼠和猫为研究对象,结果表明,对存在的捕食者的恐惧反应往往为一种药物(抗惊恐药物)所影响,而对预期存在的捕食者的焦虑反应往往为另一种药物(抗焦虑药物)所影响(Blanchard & Blanchard,1990)。这类研究指出恐惧和焦虑情绪在基本的生理和适应层面上的差异。

恐惧是面对环境中即时的、真实存在的威胁时产生的反应,是进化适应性的结果。如果一个人用刀威胁你或者一个野生动物准备攻击你,你会立即体验到巨大的恐惧。你会怎么做呢?恐惧情绪最普遍的行为反应包括僵住不动、逃跑或者与威胁对抗。这些对恐惧的各种本能反应与修订过的强化敏感性理论[即对抗—逃离—僵化系统(fight-flight-freeze system)]有着直接的联系(Corr,2008;Gray & McNaughton,2000;Smillies et al.,2006)。注意不要混淆了对抗—逃离—僵化系统与行为抑制系统,对抗—逃离—僵化系统由恐惧激发,是对紧急威胁作出行为反应的大脑控制中心。与之相比,行为抑制系统更关注焦虑。根据修订的强化敏感性理论,焦虑通常是一系列包含趋避冲突的复杂刺激的结果。具体来说,焦虑由人们在很多社会情境中感知到的冲突引起,这些情境可能包含威胁和不确定因素,同时也包含奖励。行为抑制系统进化到能够探测环境中的危险,衡量不同行为反应的成本和收益,然后激发慎重、警觉的行为。现代生活存在一系列不确定因素和潜在的威胁,复杂的情境促使人们作出选择和决策。一些理论家认为,现代生活给行为抑制系统带来了巨大的压力。在发达资本主义社会中,"我们被选择包围"(McNaughton & Corr,2004)。通常情况下,我们大多数人不用经常面临来自环境的、需要完全激发对抗—逃离—僵化系统的紧急威胁。不过,现代社会的日常生活更为复杂,它为我们呈现了大量的机会、选择,无数的潜在威胁以及巨大的不确定性,由此产生的焦虑要远多于恐惧。

修订过的强化敏感性理论在三个基本的大脑系统之间作了区分。在面对潜在的积极情绪回报的奖励时,行为趋向系统能够调节个体的积极趋向行为,行为趋向系统功能上的差异可能与外向性特质有关。对抗—逃离—僵化系统能够调节对环境中紧急威胁的应激反应,与之最相关的情绪是恐惧。行为抑制系统能够调节个体的防御行为,以及在面临潜在威胁时的警惕性,通常在情境中会涉及一种或多种冲突,与之最相关的情绪是焦虑,个体在行为抑制系统功能上的差异可能与神经质特质有关。这三个系统均可以被随时激活,并且可能相互作用,共同引发人的某些特定行为。人类社会生活始终充斥着很多机会和威胁,而进化为人类大脑设置了包括行为趋向系统、对抗—逃离—僵化系统和行为抑制系统在内的复杂系统,正是这些系统使得人类能够适应生活中的机会和威胁。

181

左脑和右脑

外向性和神经质似乎以复杂的方式与大脑系统相联系,如在人类进化过程中已经发展到可以解决基本的适应性问题的行为趋向系统和行为抑制系统。这些系统形成复杂的环路，从下丘脑和杏仁核上行通过海马、前扣带回和大脑前额叶皮层。一系列重要的研究为特质如何在大脑中表征这一问题提供了一个有趣的新视角，即大脑的单侧化，或者大脑左侧和右侧的机制。虽然人类大脑在结构上大致对称，但是越来越多的证据表明，某些大脑功能在左右两侧并不对称。如今，很多人在聊天时会谈论存在左脑型（通常意味着逻辑和分析）或右脑型（通常意味着直觉和综合）的人。虽然这些粗略的区分通常缺乏科学依据，但是左脑和右脑的一些差异已经得到了研究的验证。在人格心理学中，我们已经发现大脑的前额区可能存在不对称，比如左额叶的活动可能与积极情绪以及行为趋向系统相关，而右额叶的活动可能与消极情绪以及行为抑制系统相关（Davidson，1992，2004）。

　　大脑不对称性和人类情绪的研究范式通常是，先呈现不同种类的情绪诱发线索，然后记录大脑活动。有研究以微笑作为积极情绪的测量指标，结果显示，积极情绪与大脑左侧额叶区域的活动相关（Davidson，1992）。在实验室研究中，研究者通过放映电影片段（Davidson，Ekman，Saron，Senulis，& Friesen，1990），为成人提供货币奖励（Sobokta，Davidson，& Senulis，1992），以及给婴儿提供美味的食物（Fox & Davidson，1986）等来诱发积极情绪和趋近行为，与此同时，从被试头皮上的多个点监测他们的脑电活动。这些操纵系统地影响了大脑前部区域的脑电活动，但并没有影响大脑后部区域的脑电活动。令人愉快的电影片段、美味的食物，以及货币奖励都增强了前脑左侧区域的活动；而令人不愉快的电影片段、糟糕的食物，以及货币损失的威胁增强了前脑右侧区域的活动。这个结果与近期的研究结果一致，与右侧相比，大脑左侧额叶激活水平与自我报告的幸福感有更大的相关（Urry et al.，2004）。临床研究和实验室观察表明，左侧前额叶皮层可能是趋近行为和积极情绪的生物基础。临床报告表明，与其他脑区受损伤的病人相比，大脑左侧前额叶皮层附近部位受损伤的病人更有可能出现抑郁症状。这些脑区受损伤可能会造成趋近行为减少，当损伤结合负性生活事件，个体就会出现抑郁症状（Davidson，1993）。另外，有研究者（Harmon-Jones & Allen，1998）发现，有愤怒倾向的个体会表现出与行为趋向系统激活类似的脑电活动不对称性，研究者认为，即使愤怒是负面情绪，但是在面对刺激时，愤怒同样激活了趋近行为（见 Hewig，Hagemann，Seifert，Naumann，& Bartussek，2004）。

¹⁸²　　研究者认为，正如行为趋向系统可能与大脑左侧前额叶的活动有关，神经质以及行为抑制系统可能与大脑皮层右前区域的活动有关。有研究发现，在成人和婴儿被试中，唤起的消极、退缩情绪与大脑皮层右前区域的某些活动有关（Davidson，1992，2004）。研究者（Sutton & Davidson，1997）采用卡弗和怀特（Carver & White，1994）开发的问卷，测量了46名学生与行为趋向系统以及行为抑制系统相关的行为。与行为趋向系统相关的行为通常是与外向性以及积极情绪相关的行为，而与行为抑制系统相关的行为

通常是与神经质以及消极情绪相关的行为。研究者用行为趋向系统得分减去行为抑制系统得分,得出一个简单的行为抑制系统/行为趋向系统指数,这个指数可以评估行为抑制系统相关行为和行为趋向系统相关行为的相对强度。研究者在两种不同的情境中,采集所有学生的脑电图(EEG),研究结果表明,前额叶脑电图的不对称程度与行为抑制系统/行为趋向系统指数有很强的相关性。右前侧区域有较多脑电活动的学生在行为抑制系统/行为趋向系统维度上往往比较偏向行为抑制系统一端,而左前侧区域有较多脑电活动的学生往往比较偏向行为趋向系统一端,其他皮层区域的脑电活动与行为抑制系统/行为趋向系统指数无关。

　　大脑左侧和右侧的差异甚至在结构水平上都是显著的。一个研究团队用脑成像技术检测了 28 名健康被试特定前额叶脑区的厚度,同时考察了他们的外向性和神经质水平(Wright et al., 2006)。结果发现,外向性与右侧前额叶皮层特定区域的厚度呈负相关,而神经质与对应的左侧前额叶皮层区域的厚度呈负相关。换句话说,外向者(与内向者相比)似乎在右侧前额叶皮层抑制功能区域的脑细胞较少,表明与行为趋向系统活动相比,他们的行为抑制系统活动较少。相比之下,高神经质者(与情绪稳定的个体相比)似乎在左侧前额叶皮层激活/趋近功能区域的脑细胞较少,表明与行为抑制系统活动相比,他们的行为趋向系统活动较少。起初,这些结论有点让人迷惑,因为大多数研究都把外向性与左侧大脑皮层相联系,而把神经质与右侧大脑皮层相联系。然而,有研究者认为,外向性和神经质这些一般特质可能是大脑中行为趋向系统和行为抑制系统活动相互平衡的结果。更多的行为趋向系统活动可能与更少的行为抑制系统活动相关,而且可能使行为抑制区域皮层的厚度减小,正如有关外向性的研究所揭示的那样。

　　另有研究者认为,左脑和右脑之间的差别可能不仅体现在分别与行为趋向系统和行为抑制系统相联系的前额叶区域,而且包括大脑中更原始的部分,如杏仁核。有研究已经发现,杏仁核在恐惧调节、退缩,以及对消极刺激的反应中起着主要作用。然而,坎利及其同事认为,杏仁核同样对积极刺激和积极情绪有强烈的反应(Canli et al., 2002; Omura, Constable, & Canli, 2005)。和大脑一样,杏仁核也分为左右两侧。杏仁核左侧的某些区域对积极情绪线索有反应。例如,坎利等人(Canli et al., 2002)已经证明,杏仁核左侧的细胞对愉快的面部表情有强烈的反应,尤其是高外向性的个体。有研究者(Omura et al., 2005)发现,外向者(与内向者相比)有更多的灰质,这预示着他们左侧杏仁核的神经组织有更大的密度,而高神经质者(与低神经质者相比)在杏仁核的右侧区域有更多的灰质。

183

　　总之,情绪神经科学的研究已经开始建构一个迷人而又复杂的故事,讲述大脑中外向性和神经质这些基本特质是如何运作的。在这个活跃的研究领域中,新的信息正在快速地累积,一些试探性的论断已经形成。我们越来越肯定个体在外向性上的差异与大脑中一个广泛的功能系统(研究者称之为行为趋向系统)相关联,行为趋向系统能调节个体对社会生活中积极奖励的反应，这些积极奖励本身往往与积极情绪相关，比如快乐和兴奋。多巴胺似乎是一种关键的神经递质，涉及奖励寻求和以行为趋向系统为中介因素的行为。左侧额叶皮层的活动似乎同样与奖励寻求反应有关，我们把这些反应与外向性以及行为趋向系统联系在了一起。许多其他的大脑区域似乎也涉入其中，比如杏仁核左侧的区域。个体在神经质上的差异与大脑中另一个广泛的功能系统的活动有关，这个系统进化出调节对威胁和预期威胁的反应的功能，威胁和预期威胁本身与消极情绪相关。在这里，关键的负面情绪是恐惧和焦虑。一些研究者认为，恐惧情绪与对抗—逃离—僵化系统联系更为紧密，焦虑则是行为抑制系统的首要情绪特征，它支配面对潜在或想象的威胁时的防御和警惕行为。从消极情绪到退缩行为，右侧额叶皮层活动似乎涉及与行为抑制系统相关的大范围的抑制性表达。主流的研究观点大致承认杏仁核在与行为抑制系统相关的功能中的功用，尽管有一些研究者认为在应对诱发消极情绪的事件或刺激时，主要是杏仁核的右侧部分而非整体被激活。

O：开放性

"大五"人格的第三个特质与好奇心有关。卡特尔（Cattell，1943）最初构想的 16 种根源特质包括"智力"这一维度。在 16PF 的智力量表中，受测者会回答一系列要求他/她评估自己智力水平的打分项目。然而，这些自我评估与智商（IQ）测试的得分只有中等程度的相关。这个结果并不令人吃惊，包括卡特尔的量表在内的智力量表都有这样的问题。自评的智力与用智力测验测出来的智力显然是不一样的。尽管在很多人格心理学家看来，通过智力测验获得的智力脱离了人格研究的核心关切，但人们对自己是否聪明的描述看起来是一个很有意思的且与自我描述有关的人格特质。对英语语言中特质词进行因素分析的早期研究表明，智力的自我评估往往会与其他特质的评估结合起来，例如，对反省、想象、幻想、审美敏感性和复杂性偏好的评估。在诺曼（Norman，1963）早期的五因素模型中，他认为"文化"维度包括沉思、想象力、艺术才能、优雅。高分者被认为是智力上全面发展的、学识渊博的、有洞察力的；低分者则被认为是狭隘的、缺乏想象力的，甚至是粗鲁的、笨拙的。其他研究者考虑到这种特质与智力以及智力兴趣相关，因而将它命名为"探究智力"（inquiring intellect）（Fiske，1949）或"智性"（intellectance）（Digman，1990）。在这一章，我们将使用因科斯塔和麦克雷推动而普及的命名：开放性（openness，O）。

不管我们称它为文化、智性还是开放性，这个特质看起来是个很好的特质。很多经典的人格发展模型将成熟的个体描述为善于自省的，他们具有想象力、洞察力和广阔的人生观（例如，Erikson，1963；Fromm，1973；Loevinger，1976；Rogers，1951；Vail-

lant，1977；White，1975）。科学、艺术和宗教领域的开拓者往往富有想象力和创新精 184
神，他们的洞察力使他们在各自的领域产生巨大的影响。例如，加德纳（Gardner，
1993）集中探讨了弗洛伊德、毕加索、爱因斯坦、甘地、格雷厄姆、斯特拉温斯基和艾略特
的一生中创造力的发展。这七位人物的开放性水平都是很高的，不仅如此，高水平的开
放性也是他们在扮演创造家与普通人的双重角色时发展历程的结果，即随着时间的推
移，由于经验的不断积累，他们的开放性水平也逐步提高，并达到最终的高水平。

类似的结论还可以从政治家的传记和一些社会变革者中得出（Andrews，1991；
Colby ＆ Damon，1992）。例如，科尔比和戴蒙（Colby ＆ Damon，1992）追溯了苏联物
理学家和政治活动家萨哈罗夫（Andrei Sakharov）的智力和政治发展。20 世纪 40—50
年代，萨哈罗夫领导苏联努力研发氢弹。但是，随着时间的推移，萨哈罗夫越来越清醒
地认识到苏联的社会现实；同时，萨哈罗夫开始质疑发展武器的明智性，认为这一行为
的最终后果将是摧毁地球上的人类文明。萨哈罗夫是一个大胆无畏且具有革新精神的
科学家，在成年早期，他的才智和勇敢就充分展露在政治和社会生活领域。通过大量的
阅读、学习以及与同行的交流，萨哈罗夫把自己塑造成一个社会批评家和异议者。经历
中年的他更加成熟，对新经验越来越开放，科尔比和戴蒙将此描述为"对道德变革惊人
的开放性"和对他所处的世界中重要社会影响的"积极的接受能力"（p.13）。通过追寻
那些激进的理想，萨哈罗夫变得越来越有自信，同时为了使社会更加自由、公正，他不断
地扩展自己的视野。最终，他成为苏联最具影响力的异议者之一，一个不知疲倦的民主
和人权倡导者。作为革命知识分子的象征，萨哈罗夫对于更好的社会的愿景激励了全
人类。

但是，萨哈罗夫的人生故事并不会激励所有的人，有些人把萨哈罗夫看作一个危险
人物和不满现状者而非英雄。1950 年，卡斯特罗（Fidel Castro）在古巴领导了革命，他
把自己的社会主义理论付诸实践。卡斯特罗是一个大胆的、富有想象力的、标新立异的
和有深刻洞察力的年轻人。虽然我们或许会认为卡斯特罗与萨哈罗夫（或者斯特拉温
斯基）之间有很多差别，但我举这些例子，只是为了使我们更好地理解开放性。简单来
说，开放性引发了人们大量的矛盾情绪。虽然它与那么多好东西有关联，例如创造性和
心理成熟，但也有可能引发很多消极情绪。

我们对开放性的矛盾情绪在政治领域尤为明显。里根（Ronald Reagan）可以称得
上近几十年来较受美国人欢迎的总统之一。然而，即使是最崇拜里根的人也不会认为
他是高开放性的。实际上，里根在生活和政治中坚定地遵循少量的简单原则，正是这个
特征使得很多美国人对他非常钦佩。然而，里根的批评者认为这些特征无疑是消极的，
他们把他描述为死板的、头脑简单的，而且与复杂生活相脱离的人。相比之下，克林顿
（Bill Clinton）通常被认为是有创造力的、想象力丰富的、复杂的、有好奇心的和兴趣广
泛的人，甚至他的批评者也这么认为。但是，很多针对他的批评指出，他的高开放性似

乎使他付出一些代价。克林顿曾多次被批评太"华而不实"且缺乏道德和政治信念。在政治领域以及生活中更为普遍的情况是，一个人的"聪明勇敢"在另一个人眼里就是"武断鲁莽"，一个人的"思想开明"在另一个人眼里就是"缺乏信念"，一个人的"独立思想"在另一个人眼里就是"漠视他人观点"。与神经质不同，我们很难判断开放性到底是好还是坏。实际上，你对这个概念的评价可能部分取决于你自己的开放性程度。

与开放性相关的特质

　　麦克雷和科斯塔(McCrae & Costa，1997a)认为，开放性的本质是"与一个人意识的广度以及强度有关的内在经验和心理现象"(p.835)。开放性体现为个人意识经验的深度、广度和渗透性，以及扩展自己的经验以包含更丰富的感觉、知觉、想法和情绪的意愿。开放性可能会在不同的领域表现出来。在"大五"人格量表修订版中，麦克雷和科斯塔定义了开放性的六个不同方面：幻想、审美、情绪、行动、思想和价值观。因此，高开放性的人可能有丰富、复杂的幻想，可能会对生活中审美的方面尤其敏感，可能会体验更多的个人情绪，可能会在生活中参与更广泛的活动，可能持有很多不同甚至相互矛盾的观点，可能会表现出一套复杂而又与众不同的价值系统。总的来说，高开放性的人被自己和他人描述为非常具有原创性、想象力、创造力，他们是复杂的、好奇的、大胆的、独立的、善于分析的、非传统的、艺术的、自由的和有广泛兴趣的人。低开放性者则被描述为常规的、脚踏实地的、缺乏创造力的、朴实的、无好奇心的、无冒险精神的、顺从的、不善于分析的、非艺术的、传统的、保守的且兴趣狭窄的人。表 5.3 呈现了测量开放性的问卷项目。

表 5.3　测量开放性的问卷项目

1. 我喜欢沉浸在幻想或白日梦中，探索所有的可能性，任其发展。
2. 我有时会完全沉浸在正在听的音乐中。
3. 如果没有强烈的情绪，生活将会无聊乏味。
4. 我喜欢尝试新的进口食品。
5. 我觉得哲学性的争论很乏味。(反向计分)
6. 来自其他社会的人持有的对是非的不同观点，对他们来说可能是有效的。

　　来源：这些项目来自"大五"人格量表中的开放性量表。引自"Openness to Experience," by R.R. McCrae and P.T. Costa，Jr.，in R. Hogan and W.H. Jones(Eds.)，*Perspectives in Personality*(Vol.1, pp.145—172)，1985，Greenwich，CT：JAI Press.

　　在一项早期的针对开放性的调查中，麦克雷和科斯塔(McCrae & Costa，1980)让240 名 35～80 岁的成年人完成一系列特质量表以及补全句子。在句子补全测验中，被试阅读不完整的句子，如"一个好父亲……"和"规则是……"，并以任何他们喜欢的方式补全这些句子。表 5.4 提供了高开放性个体和低开放性个体是如何完成这个任务的例子。与在特质量表上开放性得分低的个体相比,得分高的个体在句子补全测验中提供了更为丰富和复杂的答案。他们的答案表现出更为不同的、充满幻想的生命力,更多心理上的洞察力,以及更为多样化的体验。低开放性的个体对权威和社会持有相当僵化的和传统的观念(规则是"用来遵守的"),而高开放性的个体往往排斥或者至少质疑这些刻板的看法,对规则、权威、家庭和性别角色有更灵活和个人化的理解(规则是"必要的,但公民的反抗行为是一种为进步而改变规则的方法")。研究表明,开放性与更复杂的、不遵守规则的,以及更个人化的世界观相关联。与这个特性一致的结果是,高开放性的学生显示出更低水平的种族偏见,而且倾向于拒绝简单的和贬损的种族偏见(Flynn,2005)。

表 5.4　开放性高分者与低分者在句子补全测验中的回答

低分者	
句子主干	**回答**
规则是	用来遵守的。 人们必须遵从的法律,其目的是保障所有人的最大利益。
我的主要问题	是经济问题。
当大家躲着我时	我会疑惑这是为什么。
如果我妈妈	给我一个命令,我将会执行。
一个丈夫有权	回到家并发现他的妻子很好看。
高分者	
句子主干	**回答**
规则是	可以灵活变化以适应现实世界的事物。 必要的,但公民的反抗行为是一种为进步而改变规则的方法。
我的主要问题	是有时太情绪化、太敏感。
当我被批评时	我会试图虚心接受,不防御戒备。然而,这并不总是有效。
一个好父亲	会了解孩子的焦虑。
一个人最糟糕的事情是	社会展现给我们的虚假形象。

来源:"Openness to Experience," by R.R. McCrae & P.T. Costa, Jr., 1980, *Journal of Personality and Social Psychology*, 39, 1186.

　　高开放性者被认为拥有广博的知识和高雅的审美趣味,然而这并不意味着他们必然是高智商的。麦克雷和科斯塔(McCrae & Costa, 1985b)认为,智力和开放性是非常不同的构念。为了证实开放性特质量表的区分效度,麦克雷和科斯塔对 253 名被试进行了测验,结果发现,标准成人智力测验的词汇得分与开放性得分的相关系数为 0.32。请注意,为了显示区分效度,研究者必须证明一个特定的特质量表与另一个特质量表测量的并不是同一个东西。在这项研究中,0.32 意味着虽然从统计上来说它们显著相关,但其相关的程度并不高,由此可见,智力(通过词汇测得)和开放性似乎测量的是人类功

能的不同方面。受教育程度与开放性同样存在正相关。在一个全国范围内近 10 000
名 35 岁以上的成人样本中,研究者发现受教育年限与开放性得分存在正相关(McCrae
& Costa,1997a)。人格维度的"文化"标签使我们对这样的结果并不惊讶。西方传统
的通识教育旨在使学生拥有广博的知识经验,鼓励学生对公认的价值观和假设持批判
态度。因此,有理由相信,通识教育会提升开放性。同时,开放性水平高的人更有可能
接受这样的教育,或者他们更多地认为这样的教育经历可以拓宽自己的视野。作为支
撑这一观点的证据,研究者已经证明具有高开放性,以及在大学期间开放性水平有提高
趋势的学生,往往觉得上大学是一个非常积极和有意义的经历(Harms,Roberts,&
Winter,2006)。

187

高开放性的人似乎喜欢挑战和变化。例如,在一项对 55 岁以下成年人职业改变的
研究中,64%的男性和 71%的女性(在某段特定的时间内更换工作)在开放性上得分高
于中间值(McCrae & Costa,1985a)。有研究者(Whitbourne,1986)采访了 34 名女性
和 23 名男性(平均年龄 41 岁),考察他们对工作和家庭变化的期待,这些变化可能包括
寻求不同的工作、在外地工作、再生一个孩子或者退休。问卷评估的开放性与年龄以及
对生活变化的期待均存在正相关。换句话说,年龄更大或者开放性得分更高的成年人
会期待将来的生活中有更多的变化。(然而,12 个月后对他们进行追踪研究,结果发现
开放性与实际发生的变化的数量并不存在显著相关。)

在开放性领域中有一个有趣的特质——沉浸(absorption)。沉浸一般被定义为,一
种"自身的情绪与认知状态易于随着情境的变化而变化"的倾向(Roche & McConkey,
1990,p.92)。沉浸这个概念从特勒根(Auke Tellegen)的研究中产生,他的研究旨在探
索为什么有些人特别容易被催眠而另一些人不易被催眠。特勒根和阿特金森
(Tellegen & Atkinson,1974)发现,容易被催眠的个体更开放,而且当他们把注意力全
部投入某事物时,更可能产生主观经验,使他们感知到的现实发生变化。为了评估这种
个体差异倾向,他们设计了特勒根沉浸量表(Tellegen Absorption Scale,TAS),后来
这个量表成为特勒根(Tellegen,1982)多维人格问卷的一部分。

沉浸与强烈而又生动的幻想生活有关。高沉浸者可能太过沉湎于想象的经历,以
至于忘记时间、空间和自我(Pekala,Wenger,& Levine,1985)。有研究表明,沉浸与
超心理学现象(parapsychological phenomena)呈正相关,比如灵魂出窍(out-of-body
experiences)和自然发生的意识改变状态。因素分析研究结果表明,沉浸与开放性的一
些方面紧密相关,这些方面引发审美敏感性、不寻常的知觉和联想、幻想和做梦、对现实
的非传统观点,以及对内在感觉的意识。由于沉浸特征可能存在于一个更为广泛的开
放性领域,因此研究者发现,开放性与轻度奇幻怪异的思维存在正相关(West,
Widiger,& Costa,1993),例如它与分裂型人格障碍有关(第 4 章)。高开放性的个体
同样更可能相信"深奥可疑的现象,例如占星术和幽灵的存在"(Epstein & Meier,

188

1989，p.351）。

有研究者（Dollinger & Clancy，1993）进行了一项有趣的研究,以探讨人格特质如何与艺术性的自我表达相关。201 名大学生先完成测量开放性以及其他特质的问卷,随后要求他们拍摄表达自身个性的照片。研究指导语如下：

> 请向我们展现你眼中的自己。具体来说,我们希望你自己拍摄或者让他人帮你拍摄 12 张能够说明你是谁的照片。你可以拍摄任何事物,只要它们能说明你是谁。你不需要对自己的摄影技术太在意。记住,照片应该说明你怎样看待自己。当你完成后,你得到的是一本由这 12 张照片组成的关于自己的书。（Dollinger & Clancy，1993，p.1066）

研究者收集了所有的照片书,并从许多不同的艺术的和心理的维度评估被试。高开放性的大学生的照片书往往被评为具有更高的艺术丰富性。高开放性的大学生的作品体现了对摄影任务的富有想象力和创造力的阐释,审美和艺术敏感性,以及大量自我表达的主题。相比之下,低开放性的大学生的作品往往被评估为非常具体、普通、乏味、缺乏想象力和无趣。对于其他特征,研究者发现,女性的低外向性和高神经质同样可以预测艺术丰富性。换句话说,与外向且情绪稳定的女性相比,内向且相对焦虑（神经质）的女性的摄影作品往往更有想象力和自我表达性。然而,这一效应在男性中并没有出现。最后,研究者也发现外向的大学生（男性和女性）比内向的大学生更有可能在他们的照片中表达人际关系的主题。

按照传统的观点,丰富的想象力和高水平的创造力伴随着某些代价。古希腊把富有创造力的天才说成"非凡的疯子",现在则流行这样的观念：极具创造力的人可能会被自我怀疑折磨且反复遭受严重抑郁。有研究者（Wolfenstein & Trull，1997）以 143 名大学生为研究对象,采用自我报告法测量开放性与抑郁之间的关系。大学生被分为三组：目前正遭受抑郁困扰组、曾经反复遭受严重抑郁困扰组和从来没有经历过严重抑郁发作组。研究者发现,那些正遭受抑郁困扰的大学生或者在自我报告测量中报告有高水平抑郁症状的大学生往往在开放性的两个方面（审美和情绪）上得分较高。换句话说,与在开放性的审美和情绪两个方面得分低的大学生相比,对艺术和美有较高鉴赏水平（开放性的审美方面）以及具有特别生动且强烈的情绪（开放性的情绪方面）的大学生更有可能患抑郁症。只从一项研究中就得到这样的结论,其证据显然不够充分,但这项研究还是为高开放性可能会同时带来正面和负面影响的论断提供了一些支持。

不同开放性程度的个体如何应对日常生活中不可避免的压力和挫折？麦克雷和科斯塔（McCrae & Costa，1997a）发现,开放性与理智化（intellectualization）防御机制的使用呈正相关,与否认防御机制的使用呈负相关。高开放性的个体更有可能努力为他们的问题辩解,并且将个人问题转化为更抽象的和非个人的合理问题。相比之下,低开放性的个体更有可能首先就否定问题的存在,或者使他们自己从压力源中分散注意力。

189 表 5.5　与外向性、神经质和开放性有关的应对策略

外向性(E)	
积极思维:	想到情境中好的和积极的方面
理性行动:	采取直接的行动以改变导致问题的环境
抑制:	避免作出快速的判断或草率的决定
替换:	在生活的其他方面获得满足
神经质(N)	
逃避现实的幻想:	把时间放在白日梦上以忘记麻烦
敌对反应:	变得易怒并把情绪发泄到别人身上
犹豫不决:	反复思考同一个问题,但没有真正作出决定
被动:	当他人等待时拖延或推迟
镇静:	通过镇静剂、酒精、冥想或者放松练习使自己镇静下来
自责:	责备自己,感到愧疚或者抱歉
痴心妄想:	希望这个问题会自动消失或者有帮助出现
退缩:	从别人那里退缩并试图自己解决问题
开放性(O)	
信念(与开放性呈负相关):	相信上帝、其他人或者某些组织
幽默:	在情境中发现幽默

来源:"Personality, Coping, and Coping Effectiveness in an Adult Sample," by R.R. McCrae & P.T. Costa, Jr., 1986, *Journal of Personality*, 54(2), 404—405.

　　麦克雷和科斯塔(McCrae & Costa, 1986)用两个成人大样本,一方面检验了开放性、外向性和神经质之间的关系,另一方面检验了这些特质与压力应对之间的关系。参与研究的男性和女性都报告了最近的一起压力事件。压力事件包括丧失(比如父亲或母亲去世)、威胁(比如一个家庭成员生病)以及挑战(比如婚姻)。被试完成一份调查问卷,内容包括回忆一起特别的压力事件,而且说明他们在处理这一事件时使用过哪些应对策略(coping strategies),研究者为被试提供了 27 个策略选项。

　　表 5.5 显示出外向性、神经质和开放性与特定应对策略的使用有显著相关。例如,神经质与以下应对策略有关:敌对反应、逃避现实的幻想、自责、镇静、退缩、痴心妄想、被动以及犹豫不决。事实上,在应对压力时,所有这些应对策略都被被试评估为极其无效。此外,外向性和开放性与很多有效的应对策略有关。外向性与理性行动(rational action)、积极思维、替换和抑制有关。高开放性者更可能通过幽默方式来应对压力,低开放性者则在很大程度上依赖信念。麦克雷和科斯塔(McCrae & Costa, 1986)认为,在压力情境中,人格特质通过人们对特定压力应对策略的偏好展现出来。虽然对一种应对策略的选择可能部分取决于压力事件的性质和其他的情境因素,但稳定的内部人格特质(比如外向性、神经质和开放性)同样起着重要的决定性作用。

权威主义人格

190

在"大五"人格中,开放性似乎是一个与政治信仰和态度直接相关的特质。在西方社会中,高开放性往往与温和偏自由的政治观点相关,低开放性往往与温和偏保守的政治观点相关(Jost,Glaser,Kruglanski,& Sulloway,2003;McCrae & Costa,1987,1997a)。在某种程度上,政治上的自由主义意味着挑战传统的权威,倡导重大的社会变革,这对高开放性者而言是具有吸引力的。同样地,在现代西方民主国家,保守派往往强调传统的社会习俗和权威系统,这可能会吸引低开放性者。因此,开放性如何影响个体的政治观点,是由其所处社会中的政治环境与传统观念共同决定的。在一种环境下被视为"保守的"观点在另一种环境下有可能被认为是"自由的"。尽管如此,高开放性往往与以下政治和社会信念相关:强调进步变革,对传统权威的怀疑,以及对矛盾的观点的容忍。相比之下,低开放性往往更适合以下这些政治和社会信念:强调稳定超过变革,对传统权威的遵守,以及对一致的或统一的观点的偏爱。

当提到人格特质与政治观点之间的关系时,在人格心理学发展史上,可以说最具影响力的就是权威主义人格的概念。20 世纪 30—40 年代,精神分析学家和社会评论家弗洛姆(Fromm,1941)指出,那个时代权威主义特征在西欧非常盛行,尤其是在德国的中低阶层之中。权威主义的男性和女性都企图拼命地逃避现代资本主义提供给他们的自由,他们努力使权威理想化,承诺对掌权者无保留地效忠,而且渴望从他们的下级那里得到同样的效忠。弗洛姆认为,权威主义特征能够在一定程度上说明为何希特勒对德国的统治是必然的。历史和经济状况促使德国人在思想上愿意被强大的权威支配。弗洛姆认为,这部分解释了明智的德国大众为何会团结在这样一个无情的暴君周围,顺从地默许了迫害、奴役和种族灭绝的纳粹计划。

继承了弗洛姆的一些观点,一群杰出的社会科学家在美国开展了一项考察权威主义的伟大研究,并将结论整合为一本具有里程碑意义的书——《权威主义人格》(*The Authoritarian Personality*)(Adorno,Frenkel-Brunswik,Levinson,& Sanford,1950)。研究者通过对美国成年人群体进行大范围的访谈,结果发现,有些人对犹太人、其他少数民族和宗教少数派存有偏见,研究者还开发了一个权威主义量表——加利福尼亚 F 量表(法西斯主义量表)。权威主义包括九类态度和特质,每类态度和特质在加利福尼亚 F 量表中都会有对应的项目。它们组成了一个连贯的人格障碍综合征。

1. 传统主义:严格遵守传统的中产阶级价值观;
2. 对权威的顺从:对权威不加批判的态度;
3. 权威主义攻击:往往警惕、谴责或者惩罚违反传统价值观的人;
4. 反内省:反对生活中富有想象力以及内省的一些方面,比如艺术、文学和心理学;

5. 迷信和刻板:神秘因素决定个人命运的信念,而且往往有刚性的、刻板的思维;

6. 力量和韧性:对支配与力量的过度关注;

7. 破坏性与愤世嫉俗:对人们怀有普遍的敌意;

8. 投射倾向:相信疯狂、危险的事情在世界上发生的倾向,无意识情感冲动的向外投射;

9. 性:对性行为夸张的关注。

《权威主义人格》的作者在很大程度上受到精神分析理论的影响,认为权威主义来源于一个复杂的家庭动力网络。实质上,高度专制的家庭环境为权威主义的发展播下了种子。在一个过于严苛的环境中,孩子压制了强烈的生理冲动,最终以一种防御的方式把这些冲动投射给其他人。感情疏远和高度惩罚性的父母不能为健康的身份认同提供合适的榜样,阻碍了孩子的自我发展,不能使超我(或者良心)完全整合到人格中。软弱的自我、对他人的过度依赖,以及潜在的男同性恋倾向可能进一步成为权威主义综合征的基础。

数以百计的关于权威主义人格的实证研究采用了最初的加利福尼亚 F 量表,以及在心理测量设计方面有很多改进的后续量表(Altemeyer,1981,1988,1996;Dillehay,1978;Winter,1996)。其中,很多研究表明,权威主义和大量的态度变量都有正相关关系,比如极其保守的政治价值观、反犹太主义、对外来者的不信任,以及对那些在社会中被视为"离经叛道者"的高惩罚性的态度。有研究(Duncan,Peterson,& Winter,1994)发现,权威主义的男性和女性都拥护传统的性别角色的观点,他们对女权主义和女权运动充满敌意。还有研究(Peterson,Doty,& Winter,1993)发现,权威主义者对艾滋病感染者、药物滥用者以及无家可归者持敌意和惩罚性态度。在荷兰学生中,权威主义在很大程度上能够预测种族优越感,权威主义者强烈支持荷兰政党驱逐移民工人的主张就证明了这一点(Meloen,Hagen-doorn,Raaijmakers,& Visser,1988)。权威主义与支持印度种姓制度(Hassan & Sarkar,1975),以及一些俄罗斯人对苏联政权的缅怀和对民主改革的不信任有关联(McFarland,Ageyev,& Abalakina-Paap,1992)。

权威主义者往往珍视他们自己组织的传统,而且非常不信任其他组织的传统(Duckitt,2006)。在北美大学生中,权威主义与支持在公立学校开展宗教教育相关(Altemeyer,1993)。然而,同样有研究显示,权威主义的北美学生反对在公立学校开展宗教教育。权威主义者往往高度尊重他们自己社会的传统权威,认为挑战权威是非常令人厌恶的。他们相当不能容忍那些不遵守权威、生活方式与观点相矛盾,以及质疑传统权威合法性的人。权威主义者极力提倡捍卫传统权威,尤其当他们知觉到权威受到威胁时(Doty,Peterson,& Winter,1991;Sales,1973)。因此,当我们看到美国的权威主义与强烈支持美国卷入越南战争(Izzett,1971)和海湾战争(Winter,1996)存在正相关时,也就不足为奇了。在海湾战争爆发前不久,高权威主义的美国学生支持美国作出强劲反应,甚至包括使用核武器。战争结束后,这些学生对美国的胜利有更多的自豪感,很少有权威主义者对战争导致大量伊拉克人死亡的事实感到懊悔。十几年之后,美国在 2003 年准备进攻伊拉克时,高权威主义的美国人依然非常支持即将发生的战争,这在很大程度上是因为他们将伊拉克视为美国的威胁。相比之下,低权威主义者往往认为伊拉克对美国的利益并没有太大威胁,而且他们往往反对布什政府的进攻计划(Mc-Farland,2005)。

192

　　权威主义人格是开放性这个特质连续体上低分端的一个表现。当然,并不是所有在开放性上得分低的人都会被归为权威主义者。但是,权威主义往往与开放性有较高的负相关,这意味着低开放性者往往非常可能在权威主义的测量上有较高的得分。特拉普内尔(Trapnell,1994)采用 722 个样本,结果发现,开放性与其他研究者(Altemeyer,1981)测量的右翼权威主义之间的相关系数是-0.57。在这么大的样本中这样的相关是非常明确的。尽管低开放性与权威主义并非一回事,但是它们有共变关系,而且有很多相似之处。与权威主义者一样,低开放性者会重视传统的规范,质疑复杂的、具有想象力的以及与人文精神不一致的表达——这些表达可能会威胁现状的安全性。低开放性与权威主义重叠的核心可能是无法容忍模糊。温特(Winter,1996)认为,"权威主义的重要组成部分实际上是一种认知风格——无法容忍模糊或者思维僵化"(p.218)。低开放性者对于人生问题更偏爱简单的解决方法和清晰的答案,他们认为太多的抽象性、复杂性和太多不同的观点阻碍了真理的获得。彼得森和莱恩(Peterson & Lane,2001)发现,权威主义倾向高的学生往往在人文艺术学科上得分较低,他们在理工类课程上的得分却并未受到影响,这一结论同样支持了上述观点。研究者认为,权威主义的学生很难处理文科课程中普遍存在的认知模糊,这些课程中经常会有观点和理论的冲突,而且要求学生在界定不清晰的概念的基础上理解一些困难的知识和人文问题。

　　因此,权威主义人格可能与低开放性特质有一些共同特征。不仅有实证研究结果显示,低开放性与权威主义有很强的相关,而且这两个概念的定义存在某种程度上的重叠。或许,两者最重要的共性就是无法容忍模糊。同时,权威主义的另一些特征似乎与开放性没有关联。例如,权威主义人格的传统定义包括如下特征:"权威主义攻击""力量和韧性""破坏性与愤世嫉俗"(Adorno et al.,1950)。这些特征似乎与"大五"特质中的其他特质领域相关。权威主义可能是一种混合物——低开放性与其他四种特质中的一种或多种特质结合在一起。"大五"人格中的随和性(A)很可能是这种混合物的组成成分,低随和性的描述包括"侵略性的""残忍的""意志坚定的"。至少,我们可以把权威主义人格视为低开放性与低随和性的结合。

C 和 A:尽责性和随和性

据说有一次,弗洛伊德被问到什么能够促进成年人的心理健康和成熟,他用德语很简单地回答爱和工作。几乎任何特质都会对我们的人际关系和工作产生影响,但是"大五"特质中的尽责性(C)和随和性(A)似乎分别与工作和爱关系尤为紧密。尽责性和随和性对工作起到直接的重要作用,其影响范围从家庭作业到工作表现,对爱也起到重要作用,其影响范围从朋友关系到恋爱关系再到对子女的养育。

"大五"特质领域的尽责性包含很多人格特征,这些特征的重点在于描述一个努力工作的、自律的、负责任的、可靠的、尽职的、有条理的,以及坚韧不拔的人是怎么样的。

193 把尽责性看作一个连续体,处于高分端的人可能被描述为很有条理的、高效的和可靠的(Goldberg,1990)。他们以一种系统的和有序的方式完成任务,分析问题具有逻辑性,为问题提供简明的答案,在工作和比赛中严格按照标准办事。你可以依赖有责任心的人。他们自律、勇于承担责任,在与别人打交道时可靠、负责,他们几乎不会在会议中迟到,不会缺课。高尽责性的人根据原则和目标仔细规划他们的生活,虽然他们有时似乎过度谨慎,但是他们能够作出艰难的决定,而且当事情不顺时也能坚持到底。他们是坚韧不拔的、稳重的、行事明了的、传统的和节俭的。低尽责性的人往往是没有条理的、随意的、低效的、粗心的、疏忽的和不可靠的。他们在一个情境中的行为很难被用来预测在另一个情境中的行为,他们的行为飘忽不定、反复无常,而且生活缺乏计划和目的。低尽责性的人可能是懒散的、优柔寡断的、糊涂的、浪费的和不切实际的,他们不会遵循严格的道德规范或工作标准。不过,在面对陈旧的社会习俗时,他们自发性的行为可能会使人眼前一亮,而他们长期不负责任和完全无法支持其他人会使他们的友谊和爱情遭遇危机。

高随和性的男性和女性都十分和蔼,但随和性不仅仅是和蔼。随和性还体现了爱、同理心、友好、合作和关心。的确,仅用随和性这个词概括该特质领域有点太单薄了,这个领域还包含诸如利他主义、慈爱以及人类品质中最令人欣赏的博爱方面的概念(Digman,1990;John & Srivastava,1999)。高随和性者常被描述为拥有温暖的人际关系的、有合作精神的、乐于助人的、有益的、耐心的、热忱的、有同理心的、善良的、善解人意的、礼貌的、自然的和真诚的(Goldberg,1990)。他们也被描述为非常诚实的、有道德的、无私的、爱好和平的人道主义者,为他们的朋友、家人和社会公益无私奉献。然而,在随和性连续体的另一端,低随和性者得到整个"大五"特质领域中最糟糕的评价。他们是敌对的、好战的、严厉的、冷漠的、善于操控的、虚伪的、轻蔑的、粗鲁的和残忍的。低尽责性的人可能是不可靠的,而低随和性的人是不值得信赖的和恶毒的,他们不顾别人的感受肆意地操纵别人，热衷于卷入争斗，伤害他人。

工作

　　尽责性的特质范围与工作领域有着广泛的联系。霍根等人（Hogan & Ones，1997）确立了尽责性的三个核心主题：控制、秩序和努力工作。麦克雷和科斯塔（McCrae & Costa，1997b）将尽责性领域划分为六个方面：能力、秩序、责任感、上进心、自律和深思熟虑。高尽责性者被描述为努力工作的、负责的、有条理的和高产的，拥有这些人格特质对于提升职业成就大有益处。当然，还有很多个人因素和环境因素都能预测职业成就。但是，不论什么样的工作情境，高尽责性都是一种优势。

　　在工作情境中的应用研究的结果强调了尽责性的重要性（Hogan，Hogan，& Roberts，1996；Hogan & Ones，1997）。巴里克和芒特（Barrick & Mount，1991）回顾了大量研究，在这些研究中研究者使用了各类从属于"大五"框架的特质量表，并通过得分预测不同工作情境中的职业成就状况。在"大五"人格特质中，尽责性对职业成就的预测在不同的机构、工作和情境中具有一致性。巴里克和芒特在对专业职位、警察、业务经理、销售人员以及技术和半技术工作人员的检验中发现，管理者对高尽责性员工的工作绩效和培训成效的评价更高。尽责性与工作评估之间的相关系数大约为 0.25。虽然这不是非常强的相关，但它们通常具有统计上的显著性，这也就意味着尽责性的测量在预测重要的职业结果上具有实用价值。此外，尽责性对工作自主性水平的提高也有很强的预测力。巴里克和芒特（Barrick & Mount，1993）的研究表明，随着工作自主性和责任水平的提高，尽责性的个体差异会成为工作表现的更为有力的预测指标。纵向研究表明，高尽责性可以预测多年以后的职业成就。在一个被试为精英女子学院毕业生的研究中，罗伯茨（Roberts，1994）发现在大学中测量的与尽责性相关的特质能够正向预测 20 年后的工资水平。

　　为什么尽责性与工作表现有如此一致的相关呢？这可能是多种因素共同作用的结果。首先，高尽责性的人会非常努力地工作。他们可能投入更长的时间和更大的努力来达到他们的工作目标。其次，他们可能更有条理、更高效。尽责性的很多不同特征都倾向于在环境中实施有条理的控制，从而能优先完成计划好的任务，并以此使生产率最大化。最后，高尽责性的人往往依照规则行事。他们相信并遵守社会普遍认可的和各种社会组织设定的准则和价值观，特别是学校、教会或者公司这样的组织。他们能够全身心地投入到工作、家庭、宗教和公民义务中（Lodi-Smith & Roberts，2007），他们把自己看作具有责任感的、坚持原则的和诚实的人。霍根等人（Hogan & Ones，1997）把服从和冲动控制看作尽责性特质的重要部分，组织心理学领域开发了大量的职业操守量表来评估员工的这类重要特质，职业操守测试中的很多项目都涉及"大五"人格的尽责性和（低）神经质方面。回顾该领域的研究，一项研究评估得到职业操守测试与在不同背景下的工作表现之间的平均相关系数为 0.41,这表明两者之间有显著相关(Ones,Viswesvaran,& Schmidt,1993)。

与低尽责性的人相比,高尽责性的人更遵守规则,这一点已经从很多方面得到证实。例如,罗伯茨和博格(Roberts & Bogg,2004)认为,与低尽责性的年轻女性相比,高尽责性者在成年早期和中期滥用酒精和药物的可能性更小。测量尽责性最有效的工具之一是加利福尼亚心理调查表中的社会化分量表(见本书第 4 章),最初它用于衡量个体在工作中失职与否。在编制社会化分量表时,高夫(Gough,1960)提出,从非常谨慎和尽责的一端到对社会规则和传统有敌意的一端,人们在这个社会化连续体上是正态分布的。大多数人处于连续体的中间,他们通常是顺从的,遵守许多但并非所有的社会规则。对加利福尼亚心理调查表中社会化分量表的数十年的研究表明,这是一个对与遵守规则相关的行为非常有价值的预测指标。与此相关,个人的可靠性(尽责性的另一个组成部分)与工作场所的不负责任行为存在负相关。低可靠性的人更经常误工,往往因为工作上的问题而被建议去接受咨询,而且更容易被解雇。相比之下,高可靠性的个体更多地受到管理者的称许(Hogan & Ones,1997)。低可靠性还与酒驾被逮捕者的血液酒精含量呈正相关(Hogan & Ones,1997)。阿瑟和格拉齐亚诺(Arthur & Graziano,1996)在对近 500 名年轻人进行的一项研究中发现,尽责性的整体水平与摩托车事故呈负相关。换句话说,与自评为低尽责性的人相比,自评为自律的、负责任的、可靠的和可信赖的司机发生车祸的可能性更小。

其至在我们学会开车之前,尽责性就为我们带来了很多重要的好处。学业成绩最好的预测指标可能是一个人整体的智力水平,它可以通过智力测验和其他能力测量得到评估。但是,除了智力水平以外,尽责性可能也对学业成绩起着重要的作用。迪格曼(Digman,1989)回顾了很多研究,并将尽责性重新命名为"成就意愿",认为这一人格维度可以解释很大一部分不能通过能力测量解释的学业成绩的变异。换句话说,智力并不是预测学业成绩的唯一指标(Gray & Watson,2002),尽责性同样很重要。格拉齐亚诺和沃德(Graziano & Ward,1992)用同样的方式检验了 91 名初中生的适应性,结果发现,班级教师对学生能否适应学业挑战的评价与学生自评的尽责性呈正相关。在控制了学术能力评估测试分数之后,尽责性可以正向预测大学生的平均绩点和学业成就(Conard,2006;Noftle & Robins,2007;Wagerman & Funder,2007)。其中的奥秘就在于,高尽责性的学生在学业上更加努力。

除了尽责性,有研究表明其他人格特质在特定职业中或特定条件下也能够预测职业成就。正如之前所描述的,外向性与某些商业领域的成功相关,比如销售和管理。一项研究表明,随和性与工作稳定性相关(Laursen,Pulkkinen,& Adams,2002)。在某些情境中,随和性也是工作成功的一个很好的预测指标。与低神经质一样,高随和性的客服人员往往受到客户的积极评价(Hogan,Hogan,& Roberts,1996)。当购买或者咨询商品时，顾客更喜欢与情绪稳定、友善的服务人员打交道。高随和性的员工在团队中也表现得很好（Barrick & Mount，1993），他们善于与其他员工合作并努力促使团队达成一致意见。但是，在管理者中，高随和性与创造性、自主性呈负相关，随和性有时会妨碍创新。非常善良、体贴且合作性高的个体在制定大胆的举措和执行独立的行动方案上更加困难一些。因而，如果从这一角度看，随和的个体可能就不是那么讨人喜欢了。

爱

随和的人比不随和的人更容易去爱他人。他们可能会是更好的伴侣，或者至少是更好的朋友、同事，以及更体贴的照料者。随和的人拥有的关于爱的价值观中包含真诚地恪守对别人的承诺，并且愿意与团体的规范保持一致。与高尽责性的人一样，他们按规则办事，在这种情况下，规则就是亲密、爱和人际承诺。你可以信任他们，他们不会背叛你，也不会刻意地反对你。迪格曼等人（Digman & Takemoto-Chock，1981）认为，"友好的顺从"（相对于"敌意的不顺从"）是随和性的标志。霍根（Hogan，1982）将此称为"社会受欢迎程度"。麦克雷和科斯塔（McCrae & Costa，1997b）列出随和性的六个方面：信任、坦率、利他、顺从、谦逊和温和。正如我们在第 2 章所描述的，人类进化出小群体聚居的生活方式，人与人之间的合作可能对个体和族群的生存都很关键。随和性还具有更深刻的进化意义：

> 如果我们认识到，99％的人类的进化发生在人类以 30 人左右为一个群体，以打猎或采集为生的社会中，如果我们认识到合作被视为这种群体中必要的属性，那么个体的随和性特别受关注也就不足为奇了。这很容易理解，不随和的与自私的表现可能会导致个体被社会团体排除在外。（Graziano & Eisenberg，1997，p.798）

随和性的一个重要组成部分就是格拉齐亚诺和艾森伯格（Graziano & Eisenberg，1997）所说的亲社会倾向。亲社会行为通常被定义为旨在使他人获益的自愿行为。具有高水平亲社会行为的个体通常可以用一些与随和性相关的词来描述，例如有同情心的、慷慨大方的、善良的、乐于助人的和体贴的。在发展心理学中，大量研究检验了家庭条件和学习经验对亲社会行为的影响。跨文化研究表明，在一些文化中，孩子普遍被要求协助长辈照料其他家庭成员，这些孩子会比没有这种要求的文化中的孩子表现出更多的亲社会行为（Whiting & Whiting，1975）。当孩子受到利他榜样的影响时，或者当他们接受关注他人利益是一种美德的教育时，他们更可能参与亲社会行为。一个重要的研究试图找到成年期利他人格的主要特征和决定因素。成人利他行为的一些很好的预测指标有同情心、社会责任、成熟的观点采择，以及高道德标准（Bierhoff，Klein，& Kramp，1991；Carlo，Eisenberg，Troyer，Switzer，& Speer，1991；Krueger，Hicks，

& McGue，2001；Oliner & Oliner，1988；Penner，Dovidio，Piliavin，& Schroeder，2005)。

在抚养孩子这个方面,我们可以预测,与低随和性的父母相比,高随和性的父母能够更有效地扮演好父母的角色。研究者(Belsky，Crnic，& Woodworth，1995)在孩子10个月大时测量了其父母的特质,然后在孩子15个月和20个月大时观察了父母和孩子在家里的互动方式。他们还在孩子15个月和20个月大之前测量了父母的暂时性情绪状态和日常困扰。研究结果表明,随和的父母在与孩子的互动中会出现高水平的积极情绪,并由此引发高水平的认知刺激和低水平的忽视与分离行为。随和性是母亲教养质量的一个非常重要的指标,神经质特质同样与教养质量有关。高水平的神经质会导致消极情绪和日常困扰的体验,这与母亲和孩子互动中的迟钝有关。研究者总结,"从孩子的角度来看,拥有随和的且情绪稳定的父母是更好的,因为他们与孩子的日常交往常常充满了乐趣"(Belsky，Crnic，& Woodworth，1995，p.926)。

在友谊方面,研究表明随和性与人际敏感性以及冲突的解决有关。与低随和性的青少年相比,高随和性的青少年会试图避免与他人的斗争和冲突,而且更少欺负他人或成为被欺负的对象(Jensen-Campbell et al.，2002)。面对冲突情境时,高随和性的个体会表现出旨在缓解冲突并与他人保持友好关系的行为策略(Jensen-Campbell & Graziano，2002)。同样地,随和性与为了保持跟他人的友好关系而调节自身强烈情感的努力相关(Tobin，Graziano，Vanman，& Tassinary，2000)。

研究者(Asendorpf & Wilpers，1998)尝试通过纵向设计揭示人格特质与社交质量之间的因果关系。他们追踪了132名德国学生的社会关系,从这些学生进入大学开始进行了为期18个月的调查。在18个月内的6种不同场合下,学生通过问卷评估了他们生活中那些重要人际关系的状态,包括浪漫关系、友谊和家庭关系。这些问卷测量的关系的特征包括与他人接触的数量、可得到社会支持的数量、关系中的冲突,以及是否坠入情网。另外,学生还参与了为期21天的日记强化练习。在这21天里,他们每晚都会通过填写一组标准的表格来记录他们参与的所有社会互动。为了评估学生的特质差异,研究者每隔6个月测量一次他们的"大五"人格水平。

因为该研究在很长一段时间内多次测量学生的特质和社会关系,所以研究者能够确定特质与社会关系能够相互预测的程度。结果表明,学生的特质在一段时间内是相对稳定的,社会关系却在很多重要的方面发生了改变。一般来说,人格特质能够影响社会关系,反过来则不成立。具体而言,外向性、尽责性和随和性特质会影响学生社会关系的数量和质量,而这些关系的重大变化不会对"大五"人格量表测量的任何特质产生影响。高外向性的个体会发展出较多的社会网络,在社会互动上花费更多的时间,而且感觉到自己从朋友那里得到更多的社会支持。此外,外向者比内向者在这18个月内更可能坠入爱河。高尽责性意味着更多地与家庭成员接触。研究者推测,与低尽责性的学生相比,高尽责性的学生可能会感觉与家庭的关系更加紧密并承担更多的家庭责任。随和性可以预测个体的冲突水平。与低随和性的学生相比,高随和性的学生在与异性的关系中会经历更少的冲突。随和的人经历人际压力时倾向于容忍,避免与他们爱的人发生严重冲突。他们不会惹怒伴侣,同时他们自己不容易被惹怒。在纷扰的爱的世界当中,高随和性的个体能够维持相对和谐、平静的状态。

生活

尽责性和随和性的好处可能不仅表现在工作和爱这两方面。科学研究同样表明,高水平的尽责性和随和性能够提高整体的生活质量,甚至延长寿命。麦克雷和科斯塔(McCrae & Costa,1991)的研究发现,自我报告测量的尽责性和随和性与心理幸福感呈正相关。一项研究调查了 429 个成人,结果显示,尽责性和随和性都与自我报告的积极情绪呈正相关,与自我报告的消极情绪呈负相关,并且与整体的幸福感呈正相关。麦克雷和科斯塔认为,高水平的尽责性和随和性会创造提升幸福感的生活情境。他们写道:

> 虽然人格特质可能直接影响对积极或消极情绪的体验,但是它们可能对幸福感也有间接影响——特定的人格特质有助于个体创造出可能提升或降低他们幸福感的各种情境。特别是与随和性、尽责性维度有关的特质常被视为提升幸福感的关键因素。随和的个体是温暖的、慷慨的和慈爱的,尽责的个体是高效的、能干的和勤奋的。由随和性促进的人际关系和由尽责性提升的成就可能有助于提高生活质量与生活满意度。这或许就是弗洛伊德所说的爱和工作是心理健康和幸福的关键。(p.228)

一项令人印象深刻的纵向研究以高智商的男性和女性为样本,考察了人格特质对个人寿命的影响。1921 年,推孟(Lewis Terman)及其同事开展了这项心理学史上著名的纵向研究。推孟选取住在加州的 1 500 多个孩子为样本,他们的平均年龄为 11 岁且在标准智力测验上的得分都非常高。这些非常聪明的男孩和女孩——之后被称为"Termites"(白蚁)——完成了很多不同的心理测验,此后研究者以 5 年到 10 年为间隔对他们进行了追踪调查。很多的"Termites"成为成功人士,他们之中不乏商人、医生、律师、教师、作家和科学家。总的来说,这个样本在生活方式以及职业团体的层面上,是相当具有代表性的。

到 1986 年,推孟的最初样本中大约三分之二的被试仍然活着,所有活着的人在这时已经至少 70 岁了。一组研究人员从大量数据中挑选出被试童年时期的人格特质、家庭压力、父母离异,以及成年时期的适应和健康行为等诸多指标(Friedman et al.,1993,1995),目标是用童年时期和成年时期的心理和社会因素来预测寿命。在分析中,研究者比较了 70 岁之前去世的和寿命超过 70 岁的"Termites"的数据。在另一个经常用于流行病学研究的程序中，研究者使用了统计学的生存分析技术，生存分析评估了一系列人格预测因子对长寿可能存在的效应。

198

--- 专栏 5.C ---

艾森克的精神质：低尽责性、低随和性以及其他一些不好的方面

艾森克认为，整个人格特质领域可以被清晰地分为外向性、神经质和精神质三大特质。其中，前两个特质对应"大五"框架中的外向性和神经质维度，精神质则是艾森克(Eysenck，1952)提出的对精神病表现易感性的人格维度。19世纪，现代精神医学的创立者就注意到，精神分裂症患者和其他精神病患者经常会表现出异常，比如怪异思维。那么，一些程度较为轻微的精神病症状是否会出现在正常人身上呢？艾森克认为是的，他还开发了问卷，用以评估人们在这些特征上的个体差异，如果被试强烈地表现出这些特征，他们就可能被认为是精神病患者。

精神质测量问卷中的题目一般涉及伤害他人的恶作剧、对动物和孩子的痛苦的冷漠、经历怪异的思维和感受、偏爱不寻常的事物或者反社会行为，以及掌控他人的行为和态度等方面。在精神质上得分高的人通常被描述为冲动的、冷漠的、不遵守规则的、有攻击性的、不人道的和缺乏责任感的。他们忽视法律、危险和其他人的感受，他们有着怪异的甚至是令人毛骨悚然的嗜好。对于社会问题，他们倾向于持有教条的或者极端的态度——在政治问题上经常站在极左或极右的一端。相比之下，低精神质的人被描述为合作的、有同情心的、心软的和传统的。与这些特点一致的是，研究表明高精神质的人往往有不满意的婚姻、不好的工作记录和低水平的工作满意度，他们不忠的概率更高，有更强的从事各种高危行为的愿望，以及对暴力的使用持赞同态度(Corr，2000)。强烈的反社会主题贯穿精神病的研究，表明反社会这个维度可能接近精神病和精神病患者的倾向。

精神病—精神变态(psychosis-psychopathy)的易感性在个体年龄较小时就能够被识别出来(Corr，2000)。在艾森克精神质量表(儿童版)上得分高的儿童更可能有学习和行为的困难以及反社会行为，他们往往不被老师喜欢，老师通常认为他们的行为是恶意的和具有破坏性的。实验研究表明，高精神质的人可能在刺激处理上有缺陷，他们无法抑制不重要的和无关的刺激。同样的刺激抑制问题也是某些精神分裂症的特征，比如有些精神分裂症患者报告反复出现幻觉。此外，有缺陷的刺激处理可能使个体不能很好地习得社会规范，这或许可以解释精神质特征中的低社会化(Caie，2006)。然而，这种无法抑制无关刺激的特征同样有积极的一面。一些高精神质的个体会建立特别丰富的和灵活的认知上的关联，实际上这可能会增强创造性。

精神质能否在"大五"人格中寻到容身之处？艾森克的精神质概念中很多内容可以在随和性和尽责性的低分端找到。与在尽责性和随和性上得分都比较低的人一样，高精神质个体是不可靠的、不遵守社会规则的、残忍的和具有侵略性的。相比之下，低精神质的人可能会更加随和与尽责。除了随和性与尽责性之外，艾森克构想的其他元素似乎也在"大五"人格中有所表现。强烈的攻击性元素可以在外向性和神经质的特征中找到。僵化的和极端的意识形态信仰可能在低开放性中有所反映。但是，精神质最怪异的和类似于精神病的痕迹很难在"大五"空间中找到它的位置。关于"大五"维度能在多大程度上涵盖变态心理学的内容的问题，人格心理学家和临床心理学家并没有达成一致意见。一些人认为，不同精神病理学的特征与正常人格领域有质的差异。另一些人认为，精神病理学与正常心理学之间的差异是量的而非质的，与精神病理学类型有关的行为模式只是人格维度极端得分的产物，它们可以被用来评估"正常"范围内人类功能的个体差异，正如我们在第 4 章所见。短时间内，这场争论也许并不能得到解决。然而，精神质特质的确很有意义，艾森克将它看作对精神病的易感性、精神病患者的低随和性和低尽责性，以及其他一些反社会倾向的综合性描述。

199

其中，对人类寿命预测力最强的因子是性别。已有的结果一再证明这一论断，研究者在推孟的样本中发现，与男性被试相比，女性被试往往寿命更长。压力的家族史同样与寿命有显著相关：压力越大，寿命越短。另一个很有影响力的因子是童年时期的人格特质。推孟尝试用童年时期评估的人格特质中的尽责性来预测男性和女性的寿命，结果发现，与没有责任心和社会责任感的同伴相比，有责任心和社会责任感的孩子寿命更长。对尽责性的生存分析结果如图 5.4 所示。这四条曲线显示高尽责性女性、低尽责性女性、高尽责性男性和低尽责性男性随年龄而变化的生存可能性。首先考虑女性，在推孟的样本中，童年时期在尽责性上得分高的女性有 82％的可能性至少活到 70 岁，而童年时期在尽责性上得分低的女性有 77％的可能性至少活到 70 岁。推孟样本中的高尽责性男性与低尽责性男性至少活到 70 岁的可能性分别是 73％和 67％。这种差异虽然听起来似乎不是很大，但在研究中也是相当引人注目的。研究者指出，童年时期尽责性对寿命的影响似乎与生物学中的危险因素，如高血压和高胆固醇的影响一样强烈。换句话说，高血压对寿命的消极影响大约与低尽责性对寿命的消极影响一样强烈。在这项研究中，童年时期的其他人格特质如社会性（外向性的一个方面）、自尊、情绪稳定性以及能量水平并不能预测寿命。

200

为什么尽责性与死亡率有相关关系？一个可能的原因是，高尽责性的个体可能有更健康的生活方式，他们更有可能参与那些能够提升健康的行为并尽可能避免损害健

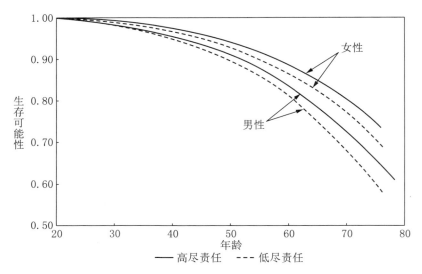

图 5.4   生存可能性和尽责性

从 20 岁到老年的生存可能性是性别(女性活得更长)和尽责性特质(高尽责性的人活得更长)的函数。

注:高尽责性即童年时期尽责性得分在分数分布最高的 25％以内,低尽责性即童年时期尽责性得分在分数分布最低的 25％以内。

康的行为(比如抽烟、对毒品和酒精的滥用,以及不健康的性行为)。在美国,对死亡率影响最大的是抽烟、饮食和身体活动水平、酒精滥用、枪击(包括凶杀和自杀)、风险性行为、危险驾驶和车祸,以及不正当的药物使用。高尽责性的个体往往会因控制冲动以及过有计划和目标的生活而遵循社会规则,个体在尽责性上的差异可能与这些行为指标直接相关。有研究者参与了一组非裔美国人报名参加的一个 HIV(艾滋病病毒)风险降低计划,发现高尽责性(且低神经质)的个体更可能使用安全套并避免在注射毒品时共用针头,这些都是与 HIV 传染有关的行为(Trobst，Herbst，Masters，& Costa，2002)。

研究者(Bogg & Roberts，2004)考察了健康心理学以及相关领域的很多文献,试图找到关注尽责性相关特质与健康之间关系的研究。研究者检索到 194 项符合要求的科学研究,其中包括很多没有出版的报告。元分析的方法能够使研究者对很多研究的不同结果作出总结,此研究结果表明,尽责性相关特质与危害健康的行为呈负相关且与对健康有益的行为呈正相关。表 5.6 列出他们考察的内容:一系列健康相关行为与尽责性之间的相关、研究的数量,以及这些研究中参与者的数量。尽管相关系数看起来似乎很小,但它们都在统计学上显著,这是非常引人注目的。正如你所见,尽责性与运动呈正相关,与损害健康的行为(比如酒精滥用、危险驾驶和尝试自杀)呈负相关。其中,尽责性与吸毒之间的负相关最显著。

表 5.6　尽责性相关特质与健康相关行为之间的跨研究平均相关系数

行　为	r（平均相关系数）	研究数量	N（样本量）
运　动	0.050	17	24 259
酒精滥用	−0.025	65	32 137
吸　毒	−0.028	44	36 573
不健康饮食	−0.013	14	6 356
危险驾驶	−0.025	21	10 171
风险性行为	−0.013	25	12 410
尝试自杀	−0.012	19	6 087
吸　烟	−0.014	46	46 725

注：r 是指各项研究的平均相关系数，N 是指各项研究的样本量。

来源："Conscientiousness and Health-Related Behaviors：A Meta-Analysis of the Leading Behavioral Contributors to Mortality"，by T. Bogg & B. W. Roberts，2004，*Psychological Bulletin*，*130*，908.

本章小结

1. 荣格和艾森克认为，在现代心理学理论中，外向性包含合群性、果断性、刺激寻求和积极情感。高外向性的人通常被描述为性格开朗的、好交际的和精力充沛的；高内向性（低外向性）的人一般被看作退缩的、安静的和内省的。可以说，在人格心理学中研究得最充分的特质就是外向性，实证研究证明，外向性与个体在社会行为、职业选择、学习和情感生活上的差异有关。近年来对外向性的研究表明，与内向的人相比，外向的人在生活中往往经历更多的积极情感事件，而且报告出更高水平的幸福感和生活满意度。这可能是因为外向者在社交关系中拥有更多技巧、信心，更果断，而且他们倾向于忽视或掩饰社会惩罚。实证研究一致支持外向性与积极情感之间的联系，一些心理学家认为外向性应该被重新命名为"积极情感"。

2. 艾森克开创了对神经质的理论探讨和研究。他把慢性焦虑、抑郁、过度情绪化、紧张、情绪低落、敌意、敏感、自我意识和疑病症的测量都聚合在这个一般因素中，神经质通常被描述为从情绪不稳定（高神经质）到情绪稳定（低神经质）的连续体。个体在神经质上的差异与很多不同的行为结果相联系，从人际交流模式到健康问题的报告。研究表明，与低神经质的个体相比，高神经质的个体体验到更多的消极情感。神经质与消极情感之间的联系如此一致，以致一些心理学家认为神经质应该被重新命名为"消极情感"。高神经质的人在他们的生活中体验到更多的压力，而且他们往往采取相对无效的应对策略来处理压力。

3. 艾森克认为,外向性的个体差异是先天的中枢神经系统差异的产物。更具体地说,他认为由于大脑网状激活系统功能不同,因此人们在唤醒水平和唤醒能力方面才有差异。他推论外向者的一般唤醒水平比较低,因此他们会寻求更多的刺激来提高唤醒以达到最佳水平。相比之下,内向者的一般唤醒水平较高,因此他们会更快达到最佳水平,从而似乎会在社交情境中表现出退缩。艾森克基于生物学的推论并没有得到充分证实,部分原因在于,心理学家质疑一般唤醒水平这个概念的效度。然而,一个新的研究方向指出,个体在外向性或积极情感上的差异,可能与大脑中的行为趋向系统有关。行为趋向系统被假定为在应对刺激时促进目标导向行为。神经递质多巴胺似乎主要涉及基于行为趋向系统的趋向经历和积极情感。

4. 艾森克认为,神经质个体差异的生物学根源是大脑边缘系统的差异,近年来的研究则认为差异的关键是行为抑制系统。行为抑制系统被假定用来对危险的信号、惩罚和极度新奇作出反应。行为抑制系统可能主要涉及处理趋向和回避之间的冲突。行为抑制系统的一个关键部位可能是位于前脑的一个很小的杏仁状区域(称作杏仁核),这个区域似乎涉及恐惧的产生和控制。

5. 行为趋向系统与行为抑制系统的区别,既反映在外向性与神经质的区别上,也可能体现在大脑的对称性上。最近的研究表明,激活大脑额叶左侧区域可能与行为趋向系统的功能有关。相比之下,激活右侧区域可能与回避行为和消极情感体验有关,这反映了行为抑制系统的活动。

6. 开放性特质包含很多与认知功能相关的维度,例如文化、智力和探究智力等。然而,智力本身一般并不被看作开放性的一部分,高开放性的人有许多与智力相关的兴趣,他们被描述为富有想象力的、好奇的、思维开阔的、有创造性的、大胆的、非传统的和复杂的。相比之下,低开放性的人通常被看作没有想象力的、务实的、脚踏实地的、兴趣狭窄的和相对简单的。开放性与教育水平呈正相关。已有实证研究证明,开放性与丰富的和复杂的情感生活,以及在应对生活挑战时具有灵活性相关。开放性同样与一些并不那么积极的事物有关,比如,神秘的信念、可疑的现象,以及形式温和的怪异思维。"大五"人格中唯一可以直接与政治态度相联系的特质维度就是开放性,高开放性的人往往在某种程度上持更自由的政治观点(强调渐进的变革、怀疑传统权威,以及对竞争持宽容的态度),低开放性的人往往可能更保守(强调稳定性、遵从权威,以及偏爱统一的或一致的观点)。

7. 权威主义作为极端的低开放性特质的一种表现,是一个有趣的人格特质集群。权威主义者僵化地坚持传统价值观、对权威没有批判态度、反对有想象力的生活及主观方面的力量和韧性,他们愤世嫉俗并谴责不遵循社会规则和宗教传统的人。研究表明,权威主义者往往公开表达对外群体的偏见,而且更强烈地支持以攻击行为应对威胁。尽管低开放性和权威主义并不是同一回事,但它们有很多共同点,其核心的共性就是不能容忍模糊。

8. 尽责性包含大量特质词汇,集中体现为努力工作的、自律的、负责的、可靠的、尽职的、有条理的和坚韧的。个体在尽责性上的差异是工作效率的预测因子,而且具有较高的一致性。在很多不同类型的职业群体中,尽责性得分高的员工被他们的主管和同事评价为更有能力的和更熟练的。相比之下,低尽责性与缺勤和被开除的可能性相关。一般而言,高尽责性的人比低尽责性的人更遵守规则,低尽责性与酒精滥用、犯罪以及危险驾驶有关。一项对智力水平较高的男性和女性的纵向研究表明,在儿童期显示出的与尽责性相关的特质可以预测寿命。与在儿童期被评定为低尽责性的人相比,被评定为高尽责性的人寿命更长。

9. 我们常说的"友好的顺从"以及"社会赞许性"等都属于随和性特质,它包含表达爱和同情、友谊、合作、关心、利他主义和慈爱。低随和性意味着对抗和敌意。研究表明,与低随和性的母亲相比,高随和性的母亲给孩子提供了更多的温暖和认知刺激。高随和性的大学生与异性有更少的摩擦和冲突。

10. 艾森克的精神质概念是指精神病和精神错乱的倾向。这个特质体现了非常低水平的随和性和尽责性,其他一些令人不安的特点,以及怪异的和非逻辑的思维模式。一般而言,"大五"特质框架和很多人格特质的研究以正常的个体差异为主。因此,精神质在人格心理学中并没有得到研究者的广泛关注。心理学家疑惑,精神病理学在多大程度上可以根据适用于正常人格特质维度的类别进行建构。

第6章

特质的连续性和可变性：基因、环境和时间的作用

　　你可能还没到参加第一次高中同学聚会的年纪，我也只去过一次。1982年，我回到印第安纳州的家里，参加高中同学10周年聚会（Gary Lew Wallace 高中，72级）。我记得500人的毕业班大概来了200人。从18岁到28岁这10年间，生活发生了许多变化，尤其对于那些毕业后就远离家乡的人。再次回到这个饱含青春期烦恼的地方，现在的我已经是一个受过良好教育、已婚、踌躇满志的成年人了。我觉得我变了，相信聚会上的很多同学也觉得自己有明显的改变。毕竟，我们都已经长大。高中毕业后，我们中的许多人去上大学了，有些人选择去参军或者到处游历，之后大多数人参加了工作，拥有了自己的家庭，有些人还开始了第二段（甚至第三段）婚姻。我们的生活环境显然发生了改变。

　　但是，我们真的改变了吗？作为人，我们真的和以前不同了吗？对于有些人，答案似乎是肯定的。比如，克伦威尔（化名），我几乎认不出她了。在我的记忆中，她是一个害羞且瘦弱的青春期女孩，疏于打扮，不受欢迎，常被当作笑柄。我很羞于承认初中时我曾散布谣言，说我以前的一个朋友喜欢上了她。当时的我想要以其人之道还治其人之身，以报复这个朋友对我的侮辱（不过我不记得他做过什么了）。我和克伦威尔在高

一的三角学课上还当过同桌，但记忆中我们从未说过话。在这次可以被称为"克伦威尔之复仇"的 10 周年聚会上，她大放异彩，成长为一位美丽的女士，并引得男士们围着她团团转，这场面就好像这些人都不知道这位姑娘 10 年前就是我们的同班同学。克伦威尔取得 MBA 学位，事业也已经相当成功。最令我目瞪口呆的是她的成熟、优雅和自信，我印象中的她的胆怯和害羞都不见了。现在，你可能会说，我只是在高中时代不了解她。也许真的是这样，她一直有成熟、优雅和自信的一面，只是我从未看到。但其他人同样没有看到，似乎在聚会上和我说话的每个人都为她的巨大改变感到震惊。

再让我们看一个反例罗伯特。他就是我散布的谣言中爱上克伦威尔的人。在被我捉弄之后，罗伯特和我再无来往并转向了更优秀的社交圈子。事实上，罗伯特始终是一个渴望向上爬的人，这也是我们的友谊比较短暂的原因之一。我记得在高中时，他就非常具有社交主导性，外向、天真和随意。他的社交主导性在那天晚上的聚会中展现得淋漓尽致，和以前一样，罗伯特是人们关注的焦点。在我看来，他和以前一样爱吹牛，爱引导话题，同学们也像以前一样关注他的意见。唯一改变的大概就是他现在渴望和克伦威尔搭讪。

除了克伦威尔发生了巨大的改变之外，高中同学 10 周年聚会给我留下的总体印象就是罗伯特相较于以前有过之而无不及。那次聚会对我来说是人格连续性非常有力的证据，使我不禁觉得人们和 10 年前多么相似。10 年过去了，但几乎每个人的社交方式一如当初，他们与其他人联系的模式，谈话的方式，甚至他们谈的事情都和当初一样。迈克尔仍然是最具幽默感的那一个，罗伯特仍然桀骜不驯，凯文仍然痴迷运动，芭芭拉依然舞步翩翩，基思看上去还是那么低落。

我观察到的克伦威尔的镇定自如、罗伯特的社交主导和基思的低落实际上都是他们人格特质的部分表现，高中时代以及 10 年后皆是如此。人的特质倾向会随时间的流逝而改变，还是会保持稳定？若天公作美，高中毕业 40 年后我们仍能相聚，当我再次见到罗伯特时，他还会是一个社交主导者吗？克伦威尔还会发生新的改变吗？迈克尔或芭芭拉高中毕业 40 年后又会是怎样的呢？人格特质的稳定性和可变性问题自然会引发一个与此相关的问题：人格特质到底是从哪里来的？它们不是凭空出现的。从某种意义上来说，特质会随着时间的推移而发展。但这些发展是由基因推动的，还是由环境推动的？这些当然都是人格心理学中最有趣的问题。人格心理学研究对有些问题的回答可能符合你的预期，但对另一些问题的回答我敢打赌会令你瞠目结舌。

特质的连续性

在日常谈话中，我们将某种特质归结到一个人身上就已经假设特质在一定程度上具有跨时间的连续性。例如，如果我告诉你我的侄子是一个非常随和的人，这就暗含他的高随和性会随着时间的推移保持稳定。尽管会偶尔波动，但我仍然觉得他是比较随和的。不过，这种稳定性能持续多久，从我的归类中不太能看出来。这是否意味着从现在开始的一周内他仍然是一个随和的人？是的，我是有这个意思。接下来的一年呢？也许吧。那 20 年后呢？这我就不知道了。他余生都将是一个相对随和的人吗？不，我并不能确定。

当人们在日常谈话中使用"特质"这一词语时，似乎都暗含一个假设，那就是个体的某一心理特质在一段时间内是稳定的。我的侄子是一个很随和的人，我预期他在一段时间内都很随和。目前尚不清楚一段时间到底是多长，但足够长到我用"很随和"一词来形容他。出于这个原因，心理学家预计人格特质量表在短时间内的重复施测能得到较高的重测信度（本书第 4 章）。也就是说，特质不会戏剧性地在一夜之间发生巨大的变化。如果改变了，那就不是特质了。因此，如果一个特质测验对同一个体在几天内或几周内测得的分数大相径庭，那么我们会认为这个测验缺乏重测信度，学界也不会接受这样的测验。但长期来看特质会发生怎样的变化？超过一段时间，从今年到明年，我们期待特质能有多大的连续性呢？从少年期到中年期特质会有多大变化？从童年期到老年期又会如何呢？

特质连续性的两种类型

在开始回答这些问题之前，我们需要区分一下两种截然不同的特质连续性。

第一种是绝对连续性（absolute continuity）。卡斯皮（Caspi，1998）将绝对连续性定义为"数量上的跨时间一致性"（p.346）。从绝对意义上来说，罗伯特在 1972 年和 1982 年分别有多强的社交主导性？如果说我们在 1972 年对罗伯特实施了一个非常有效的特质测验，当时他得了 27 分。然后，1982 年在完全相同的测验上，他再次得了 27 分。在这种情况下，我们可以说罗伯特这 10 年来的社交主导性特质具有绝对连续性。但在现实中绝对连续性的概念并不适用于个体水平，它通常适用于某种特质的群体均值水平（Caspi，1998）。例如，我们可能会收集 1972 年我所在的高中 18 岁毕业生社交主导性的平均得分，并将其与 10 年后这些人社交主导性的平均得分相比较。这一研究能够帮助我们回答如下问题：在这 10 年中，社交主导性这一特质的绝对连续性如何？如果在 18 岁和 28 岁时得到的平均分数非常接近，那么我们可以总结，这个群体作为一个整体，在社交主导性这一特质上展现出连续性。一般来说，人们 18 岁与 28 岁的社交主导性相差无几。

当人格心理学家考察某种有关人类发展的假设和预期时，绝对连续性问题就显得尤为重要。例如，一些发展理论认为，对很多人来说，青春期是一个充满困惑和焦虑的时期，但成年后这一状况会有所好转（Bios，1979）。就拿这次聚会来说，1972 年当我们还是高中生时，我们的焦虑或不安，甚至叛逆的得分可能要比 1982 年我们毕业 10 周年时高得多。我们的推测表明，在这个发展时期不存在绝对连续性，因为在这个发展时期人们一般都会发生变化，而且这些变化可以从跨时间的测验得分差异中被观测到。我不可能如此有先见之明，在 1972 年和 1982 年就分别对我的同学进行人格测验，但我获得的整体印象告诉我，即使很多特质都存在绝对连续性，但从整体上来看，有一些事情的确发生了改变。我的常识告诉我，28 岁的我们总体上都比高中时期对自己的生活和身份感到更加满意。如果有人做了这样的研究，我估计研究对象总体的社交焦虑水平从 18 岁到 28 岁略有下降，友好水平则可能略有上升。当然，我没有真的去做这个研究，所以永远不会知道结果。

差异连续性（differential continuity）是指"在样本内个体间差异的跨时间稳定性，而且个体会保持自身在群体中的相对位置"（Caspi，1998，p.345）。当我说罗伯特 28 岁时和他 18 岁时一样是社交主导型的人，我所说的就是差异连续性。我的意思就是，相比于同龄人，罗伯特具有很强的社会支配倾向。事实上，差异连续性就是个体相较于他人在特定人格维度中的相对位置。在罗伯特的例子中，假设有 100 名高中同学，1972 年罗伯特的社交主导性可能在其中排第二或者第三。10 年后我观察发现，与同龄人相比，他的社交主导性仍然处于这一维度的极端。但在这个例子中，社交主导性维度的差异连续性程度并不只是体现在罗伯特的位置上，也体现在其他人的位置上。为了表明这一特质具有较高的差异连续性，不仅罗伯特需要维持他的高分，其他人也需要跨时间地保持他们相对位置的稳定性。换句话说，如果社交主导性在 10 年间显示出较高的差异连续性，那么罗伯特将继续得到一个非常高的分数（比如 10 点量表的"10 分"），芭芭拉（在 1972 年得了"8 分"）将继续得到中等偏上的分数，而我将继续得到一个中等分数（比如"5 分"左右），基思（在 1972 年得了"2 分"）将继续保持在低分端。简单来说，在社交主导性特质上罗伯特、芭芭拉、我和基思 10 年后将相对"保持不变"，继续处于这一分布中的特定位置。

个体在某一特质维度上保持自身相对位置的程度可以用相关系数来表示（第 1 章）。这一相关系数可以通过同一个人先后两次在相同测验上的得分来计算，即第一次（1972 年，18 岁）和第二次（1982 年，28 岁）得分的相关系数。相关系数越高（即越趋近 1.00），表明差异连续性越高。例如，假设我们已经取得 100 名高中同学在 1972 年和 1982 年社交主导性的得分，那么我们可以计算出这两组数据之间的相关系数。如果我们这样做了，而且得到一个相关系数 0.80，这就为社交主导性特质具有高差异连续性提供了证据。高水平的相关系数（0.80）告诉我们，在这 10 年里，人们的特定特质能在人群中保持相对位置。因此，一个人 1972 年在此特质上的得分可以很好地预测 10 年后的得分。相反，如果我们在这项研究中得到的相关系数为 0.10，那么我们只能得出结论：我们的测量结果显示社交主导性这一人格特质不具有很高的差异连续性。低差异连续性意味着，个体在特定特质上的相对位置会随着时间的推移而发生无法预测的改变。因此，如果差异连续性较低，那么我们将很难通过一个人 18 岁时的社交主导性得分预测他 28 岁时的得分，因为个体在这个维度上的相对位置会随着时间发生明显的改变。在差异连续性较低的情况下，基思在 18 岁时的社交主导性得分可能很低，但我们不能据此预测他 10 年后的得分如何。虽然低差异连续性意味着人们在某维度上的相对位置随时间的变化而变化，然而它并不能告诉我们变化的方向，人们的得分可能会出现难以预测的波动。

值得注意的是，绝对连续性和差异连续性是完全不相关的。绝对连续性通常是指特定特质跨时间测量的平均分稳定性，而差异连续性是指得分的个体差异的稳定性。由于这两个指标是相互独立的，因此我们甚少能从一种连续性中得知另一种连续性的信息。对某种特质来说，具有较高的绝对连续性并不意味着一定有较高的差异连续性。以下通过四个简单的假设进行说明。

第一个假设是高绝对连续性和高差异连续性的结合。我们假设这种情况发生在前面提到的 10 周年聚会例子中的社交主导性特质上。我们可以说，这个群体 18 岁时在社交主导性上的平均得分与 28 岁时的平均得分相当接近（高绝对连续性），而且个体社交主导性的得分在群体中的相对位置从 18 岁到 28 岁也没有太大改变（高差异连续性）。

第二个假设是低绝对连续性和高差异连续性的结合。我们假设这种情况发生在聚会中的社交焦虑维度上。作为一个群体，假设从 18 岁到 28 岁，社交焦虑的平均分显著下降，但个人在群体中的相对位置保持稳定。在这个例子中，整个群体的焦虑水平随时间变化越来越低，也许就暗示群体中的人整体上变得更加成熟和稳重。但 18 岁时表现得最为焦虑的人在 28 岁时依然有着最高的焦虑水平，尽管他们的绝对分数有所下降。基思的社交焦虑得分在 1972 年是“10 分”，但在 1982 年变为“7 分”，有了大幅度下降。虽然几乎每个人的社交焦虑都有所改善（降低），但基思仍然是群体中社交焦虑水平最高的人。在这种情况下，低绝对连续性和高差异连续性相结合，整个分数分布可能朝着另外一个方向改变，但个人在分布中的相对位置可能没有太大变化。正如我们看到的，对有些特质来说这种情况是很常见的。

第三个假设是高绝对连续性和低差异连续性的结合。这虽然有点难以想象，但从原则上来讲是可能的。也就是某一特质或特性的群体均值具有跨时间的稳定性，但个体差异分布是不稳定的。假设以“对父母的温情”为主题。让我们想象一下，我的同学们分别在 1972 年和 1982 年完成 10 点计分量表，询问他们对父母的感情有多深。这两次平均得分高度接近，假设两次都在 7 分左右。此外，在这两次测查中，人们的分数分布并不集中。有些人对父母的感情很深，有些人则报告对父母的感觉是冷漠甚至愤怒。但是，在 1972 年对父母感情最深的人并不一定是 1982 年对父母感情最深的人。罗伯特在 1972 年非常认同他的父母，但由于此后父母离异，他对父母明显变得冷漠了。相比之下，芭芭拉在 1972 年与父母感情一般，但随着时间的推移对他们的感情越来越深。基思在两次测查中都对父母感情冷淡。克伦威尔在 1972 年对父母感情较深，但现在变得没那么深了。简单来说，你无法通过个体 1972 年在这一维度上的得分来预测其 1982 年的得分。群体的平均分并没有太大的改变，但人们在分数分布中的相对位置随机地发生了改变。

第四个假设是低绝对连续性和低差异连续性的结合。对于这种情况，我需要跳出人格领域来考察"个人收入"这一变量。作为一个群体，1982 年 28 岁时这些人挣的钱比他们 1972 年 18 岁时挣的钱要多得多。因此，个人收入的绝对连续性非常低。差异连续性也可能很低。18 岁时挣钱最多的人（假设在业余时间和暑假做兼职）不一定和 28 岁时挣钱最多的人是同一批人。克伦威尔高中时期并没有在外打工，所以她的个人收入是零。但在 28 岁时，凭借职业上的成功，她的收入比班上大部分人都要高很多。1972 年基思有一份收入丰厚的暑期工作，所以他每年的个人收入位于班级收入分布的顶端。但他后来在大学辍学了，自此一直从事一些低薪工作，因此在 1982 年他的收入当然要比克伦威尔以及班上大部分人的收入都低。本例中其他个案也会显示出，18 岁时的个人收入并不能预测 28 岁时的个人收入。从 1972 年年底到 1982 年，收入分布向高收入一端移动了许多（低绝对连续性），个人在分布中的相对位置也不同（低差异连续性）。

成年期的差异连续性

人们对各种心理品质的个体差异是否会保持跨时间的一致性特别感兴趣。关于这一主题的最有价值的研究考察了成年期人格特质的差异连续性，心理学家进行了一系列的纵向研究来探讨这个问题。在一个纵向研究中，研究者对一组样本进行了长期观察，并记录了他们心理变量的连续性及变化。人格特质的差异连续性通常用该特质在测验中先后两次（或数次）得分的相关来评估。正如"纵向"二字所预示的，这种研究需要大量的时间来完成。始于数十年前的众多纵向研究终于在 20 世纪 80 年代和 90 年代开花结果，取得了一系列关于特质差异连续性的重要研究成果（例如，Conley，1985a，1985b；Costa，McCrae，& Arenberg，1980；Finn，1986；Helson & Moane，1987；McCrae & Costa，1990；Schuerger，Zarrella，& Hotz，1989）。到今天为止，已收集到的研究结果测查了成年期近 50 年时间间隔的数据。这些研究得到什么样的结果呢？

纵向研究表明，成年期的人格特质具有相当高的差异连续性。例如，康利（Conley，1985a）分析了数百名成年人 50 年的纵向研究数据。在研究开始时，所有被试刚刚结婚，他们在 1935—1938 年、1954—1955 年和 1980—1981 年分别对自己和配偶在一系列人格特质维度上进行了等级评价。康利发现，配偶与被试自己在很多人格特质上的评价趋向一致，这支持了人格特质测验的评分者信度。例如，一个觉得自己有高度责任心的丈夫可能同样被妻子视为有高度责任心。在差异连续性方面,自评得分和配偶评分都表现出较强的跨时间一致性。"大五"人格中的外向性和神经质的等级评价也显示出较强的跨时间一致性。进一步支持差异连续性的证据是,某一特质第一次的自评得分可以预测第二次的配偶评分,以此类推。具体来说,特质评价的差异连续性表现在:(1)自评的跨时间连续性;(2)配偶评价的跨时间连续性;(3)用一种评价预测另一种评价的跨时间连续性。

211

表 6.1   成人样本中选定的特质量表的稳定性系数

因素/量表	来源	时间间隔	r
神经质			
NEO-PI	Costa & McCrae(1988b)	6 年	0.83
16 PF:紧张性	Costa & McCrae(1978)	10 年	0.67
ACL:适应性	Helson & Moane(1987)	16 年	0.66
神经质	Conley(1985a)	18 年	0.46
MMPI 因素	Finn(1986)	30 年	0.56
外向性			
NEO-PI	Costa & McCrae(1988b)	6 年	0.82
ACL:自信	Helson & Moane(1987)	16 年	0.60
社会外倾性	Conley(1985a)	18 年	0.57
社交性	Costa & McCrae(1992)	24 年	0.68
MMPI 因素	Finn(1986)	30 年	0.56
开放性			
NEO-PI	Costa & McCrae(1988b)	6 年	0.83
16 PF:幻想性	Costa & McCrae(1978)	10 年	0.54
沉思性	Costa & McCrae(1992)	24 年	0.66
学习兴趣	Finn(1986)	30 年	0.62
随和性			
NEO-PI	Costa & McCrae(1988b)	3 年	0.63
随和性	Conley(1985a)	18 年	0.46
友好性	Costa & McCrae(1992)	24 年	0.65
低犬儒主义	Finn(1986)	30 年	0.65
尽责性			
NEO-PI	Costa & McCrae(1988b)	3 年	0.79
16 PF:责任心	Costa & McCrae(1978)	10 年	0.48
ACL:耐力	Helson & Moane(1987)	16 年	0.67
冲动控制	Conley(1985a)	18 年	0.46

注:NEO-PI,"大五"人格量表;16PF,16 种人格因素问卷;ACL,形容词检核表;MMPI,明尼苏达多相人格调查表。
来源:"Set Like Plaster? Evidence for the Stability of Adult Personality", by P.T. Costa, Jr.& R. R. McCrae, *Can Personality Change?* (p.32), by T.F. Heatherton & J.L. Weinberger(Eds.), 1994, Washington, DC: APA Press.

在巴尔的摩老龄化纵向研究（Baltimore Longitudinal Study of Aging）中，研究者（Costa，McCrae，& Arenberg，1980）在两个不同的时间点测量了 460 名男性志愿者的一系列不同特质。第一次测试时，被试年龄为 17～85 岁。第一次和第二次（间隔6～12 年）测得的外向性分数的相关系数普遍高于 0.70，这揭示了真正的差异连续性。研究者在神经质特质上也发现了高稳定性。纵向研究的结果还检验了"大五"人格因素中的开放性、随和性和尽责性，表 6.1 显示了部分研究的结果。总体来说，"大五"人格具有跨越 3 年到 30 年的高差异连续性。第一次和第二次测量之间的相关系数因研究方法、时间间隔和测量工具的不同而不同。然而，从整个研究来看，你会发现许多相关系数为 0.65 左右。考虑到人格特质测验总是存在一些误差，因此我们可以认为它们之间具有很高的相关性。另外，个体在同一测验不同时间的两次施测当中不可能获得完全一致的分数（重测信度一般在 0.85 左右），因而记录到多年的纵向一致性系数为0.65，可以说这是相当具有说服力的数值。科斯塔和麦克雷（Costa & McCrae，1994）指出，如果一个测验具有很高的信度，那么长时间的相关会更加显著。

差异连续性的证据如此充分，这是否说明我们成年期的人格特质是固定不变的呢？总体来说，回答是否定的。尽管数据展现出令人印象深刻的稳定性，但特质得分并不是完全不变的。正如我们已经提到的，不稳定的原因之一就是测量工具本身的误差。但排除测量误差，人格特质仍然有一些变化和波动的空间。差异连续性是真实的，但不是绝对的。表 6.1 中纵向稳定性系数的变化区域显示，特质仍然会随着时间的推移而发生变化。从一次测量到下一次测量，人们在总体分布上的位置发生一定变化是可能且必要的。20 年后，罗伯特的社交主导性得分可能仍然处于一个很高的水平，但不一定处于最顶端，也不太可能（尽管不是完全不可能）排在最后。在成年时第一次测量的人格特质分数可以（但不是一定可以）预测同一特质第二次测量的得分。

差异连续性的一个影响因素是两次测量的时间间隔。时间间隔越长，差异连续性越低。简单来说，我们会预计某一特质间隔 20 年的差异连续性比间隔 5 年的差异连续性低。一组研究人员（Schuerger et al.，1989）分析了 89 项人格特质的纵向研究，并将焦点放在"大五"人格的外向性和神经质（焦虑）上。他们发现，重测相关系数随时间间隔的增加而降低（见图 6.1）。正如你所看到的，往往时间间隔越短（如 1 年）差异连续性越高（约 0.70），随着时间间隔变长（如 10 年以上）差异连续性逐渐降低，并趋于 0.50 的水平。研究人员还发现，外向性的差异连续性比神经质（焦虑）的差异连续性略高，也比其他特质的差异连续性的总体均值要高。

差异连续性的另一个影响因素是研究中被试的年龄。按常理来说，随着年龄的增长，人们的变化会越来越小。那么，我们是否可以假设，在相同的时间间隔内，年龄大的人比年龄小的人更可能表现出较高的差异连续性？例如，在同样间隔 5 年的测量中，青年特质的重测相关系数（20 岁第一次测量，然后在 25 岁时第二次测量）是否比中年人

212

(40 岁第一次测量,然后在 45 岁时第二次测量)低？有研究者(Roberts & DelVecchio,2000)在对一组人格特质的纵向研究一致性数据进行全面分析后探讨了这个问题。结果与一般预期相符,儿童特质研究中的一致性系数最低(平均 0.41 左右),青少年特质研究中的一致性系数有所上升(平均 0.55 左右),在成年期(50～70 岁)这一数值表现出平稳的状态(平均 0.70 左右)。结果表明,中年以后,随着人们年龄的增长,人格特质的差异连续性越来越高。在生命早期,分数分布有相当大的变化,个体也很难维持他们在分布中的位置。但是,随着人们进入成年期并最终进入中年后期,一致性系数不断升高,而且特质分数的分布会显示出更小的内部波动,以及更高的个体间连续性。

　　有研究者(Roberts & DelVecchio,2000)对儿童人格特质研究提出了质疑,分析结果表明,儿童期人格特质的差异连续性比成年期的差异连续性低。因为儿童的发展速度要比成人快得多,而且发展方式比成人多变。实际上,很多心理学家历来不愿意用成人特质的研究方法来研究儿童特质。的确,大多数人格特质的研究也都聚焦于成人。但是,儿童期的人格与成年期的人格有什么关联呢？成人特质是不是从可参考的、可能不太稳定的儿童特质发展而来？为了解决这些问题,我们必须考察气质这一现象,因为它在儿童早期,甚至婴儿期就是可观察的和可测量的。

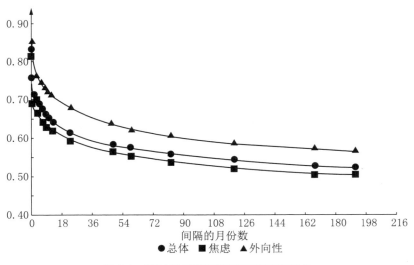

图 6.1　随时间间隔而发展的特质连续性

　　随着特质测量时间间隔的增加,重测相关系数降低。这表明,时间间隔越长差异连续性越低。然而,即使间隔 198 个月(16.5 年),人格特质的差异连续性总体来说还是相当高的(在 0.55～0.60 之间)。

　　来源:Factors That Influence the Temporal Stability of Personality by Questionnaire, by J. M. Schuerger, K. L. Zarrella, & A. S. Hotz, 1989, *Journal of Personality and Social Psychology*, *56*, 781.

童年早期：从气质到特质

　　我的一位教授曾说过，所有父母在他们第二个孩子出生之前都是环境论者。他们可能会认为，孩子的发展主要是他们为孩子提供的各种环境条件的结果。例如，家庭环境的温暖程度、日托质量，等等。直到他们看到与第一个孩子相比，第二个孩子是多么不同，甚至两个孩子在刚出生时就有很大的差异，父母才开始意识到孩子生来就是不同的。教授的话一半是幽默的表述，另一半则在阐述这样一个事实：当我们看到两个孩子生来就迥然不同时，人格功能的先天差异已经显而易见。生命早期就表现出来的基本行为风格的差异，往往被认为完全由生物因素决定，研究者们把这种差异视为气质的标志（Caspi，1998；Kagan，2000）。如奥尔波特（Allport，1961）所说：

214

> 气质是指个体的先天特征现象，包括一个人对情绪刺激的敏感性，平均反应速度和强度，通常的情绪状态及其波动情况和强度，这些现象的存在被认为独立于环境而主要源于遗传。（p.34）

　　气质维度可能代表最终人格特质的早期框架（Saucier & Simonds，2006，p.118；也见 Shiner，2006）。发展心理学家提出很多测量气质的方法和理论框架，以便理解他们测量的内容。最简单且最著名的理论之一是由研究者（Thomas，Chess，& Birch，1970）基于对婴儿母亲的采访提出的。他们区分出三种不同气质类型的婴儿。容易型婴儿（easy babies）：通常积极情绪较多，一般表现出低到中等强度的情绪反应，而且睡眠和饮食都很有规律。困难型婴儿（difficult babies）：通常消极情绪较多，情绪反应强烈，而且睡眠和饮食都不规律。迟缓型婴儿（slow-to-warm-up babies）：可被看作前两种类型的结合，通常表现出相对消极的情绪，而且情绪反应强度低，在刚开始面对新事物时他们持有回避的倾向，而后又会慢慢地接近这些事物。其后，研究人员提出了更细致的气质类型理论。例如，有研究者（Rothbart，1986）基于对一周岁以内婴儿的观察，列举出六个气质维度：活动水平、微笑和大笑、恐惧、悲伤阈限、易被安抚性以及发声活动。

　　卡根（Kagan，1989）所说的行为抑制（behavioral inhibition）这一维度近年来受到很多关注。极度抑制的儿童在面对新的事物和陌生人时表现得十分胆怯。卡根指出，大约 15％ 的儿童出生后第二年，在陌生的情境中会表现出害羞和情绪抑制（抑制型儿童），15％ 的儿童则具有较强的社交性和情绪自主性（非抑制型儿童）。2 岁时，抑制型儿童可能特别不愿意玩不熟悉的玩具。此后，在幼儿园里，他们可能会回避新的活动和陌生人群，在陌生情境中表现出胆怯。与非抑制型儿童相比，抑制型儿童在面临有点压力的社交情境时表现出更强烈的生理反应，比如瞳孔放大，心跳频率更高。此外，与非抑制型儿童相比，抑制型儿童上午血液中的皮质醇水平较高（表示高度兴奋），这种差异在害羞的和善于社交的恒河猴之间也会出现。卡根认为，非常害羞的和非常善于社交的儿童分别有两种不同的基因类型，基因类型的不同导致大脑边缘系统反应阈值的不同，因此引起不同的行为反应。抑制型儿童的反应阈值较低，他们在社交场合更容易被唤醒并表现出退缩。

卡根的抑制型气质生物理论容易让人联想到艾森克(本书第 5 章)的内向性人格特质。艾森克认为,一般而言内向是由过度唤醒引起的,内向者的退缩行为是为了降低唤醒水平。此外,研究表明,抑制型儿童更可能表现出大脑右前额叶神经系统的激活,而非抑制型儿童更容易表现出大脑左前额叶神经系统的激活(Kagan,1994)。正如我们在第 5 章所看到的,右前额叶活动与消极情绪(包括恐惧和抑郁)及行为抑制系统有关,而左前额叶活动与积极情绪(包括喜悦和幸福)及行为趋向系统有关。那么,是否可以假设:卡根所说的过度抑制型儿童长大后会变成内向、焦虑的成年人,而非抑制型儿童将成为外向的成年人呢? 卡根相信,抑制属性与成年人的内向性和神经质结合的特质之间的联系最终将被证实。他认为,每 100 个白人新生儿中约有 20 个在出生后不久就会表现出极度烦躁不安和兴奋。2 岁时,其中的 75%(也就是说 15 个)在遇见陌生人时,或被放到陌生的房间以及遇到不熟悉的物体时会表现出害羞、胆怯和恐惧的情绪;到青春期时,其中有 10 个人仍然是非常害羞的;到成年期时,你很可能会发现原来的 20 个婴儿中有 6 个或 7 个仍然是极其内向的。成年期以后,其中三分之二的人变得不再害羞,这在很大程度上是因为环境经验使他们变得更加外向。事实上,美国社会更青睐外向的、善于交际的人。然而,和成年后仍然内向的那六七个人一样,成年后并不像我们预期的那么内向的抑制型儿童仍然保留了卡根所说的害羞基因。当然,我们还需要进一步研究,才能评估卡根解释的效度。

另一种对人格发展有重要意义的气质维度是努力控制(effortful control)(Rothbart & Bates,1998)。一些儿童觉得很难控制自己的冲动,另一些儿童则能够在冲动行为将导致麻烦的情境中克制自己。努力控制指的是"儿童主动自发地克制优势反应,从而作出符合情境要求的反应的能力"(Li-Grinning,2007,p.208)。努力控制能力强的儿童能够克制当下的需求满足,而把注意力放在长远的目标达成和奖赏获得上。在学龄前期,他们比低努力控制的孩子更能听从教导以抵制糖果的诱惑,或听从指挥去玩一个并不太感兴趣的游戏。在学龄期,放学后他们可能想要看电视,但如果妈妈告诉他们,做完作业周末带他们去游乐场,那么他们能够抵制当前的诱惑而不看电视。研究表明,高水平的努力控制能较好地预测童年期良好的人际关系、更好的学习成绩,以及较少的问题行为(Li-Grinning,2007)。努力控制也可能是影响道德发展与巩固的重要因素(Kochanska & Aksan,2006)。能够控制自己的冲动为遵守规则、与他人相互尊重,以及与他人合作铺平了道路。

童年早期,女孩往往比男孩表现出更强的努力控制能力。另外,不同社会阶层的儿童也在努力控制上存在差异,贫困家庭的孩子往往比富裕家庭的孩子表现出更差的努力控制能力(Li-Grinning,2007)。儿童努力控制能力的整体水平随着时间的推移而逐渐提升。换句话说,年龄较大的儿童往往比年幼的儿童能更好地控制冲动,这种能力在

2~4岁会显著增强。努力控制能力的个体差异也显示出较高水平的纵向一致性。例如,有研究者(Li-Grinning,2007)测量了439名非裔和拉丁裔2~4岁儿童的延迟满足(delay of gratification,努力控制的一个成分),并在16个月之后再次进行测量。结果两次测量的延迟满足的整体相关系数为0.40,表明这个变量在16个月内具有很高水平的个体稳定性。只是如果时间再长一点,个体差异的稳定性如何就不得而知了。一些心理学家认为,努力控制的指标最终会进入正在不断扩大的成年人人格特质群中,并被归类到责任心维度之下(Caspi,Roberts,& Shiner,2005)。

　　迄今为止,很少有纵向研究测查童年早期气质变量与成年后的人格特质之间的关系。此外,一直以来,用于研究婴儿和儿童气质的方法和概念系统与用于研究成年人人格的方法和概念系统并不同。例如,许多研究婴儿的气质量表都是基于母亲的报告或对婴儿行为的观察。相反,成年人人格特质的研究往往倾向于使用自陈式评定量表。气质理论家提出许多不同的分类来组织气质维度,例如敏感度、积极情绪、活动水平、规律性、适应性、感觉阈值、注意力分散度、情绪强度,以及适用于儿童的其他维度(Caspi,1998;Rowe,1997)。特质研究者也提出许多不同的分类系统,正如我们在第4章看到的,近年来"大五"人格分类作为研究成人人格特质的综合框架得到相当大的支持。一些研究者声称,"大五"框架也可以被用来对童年期的机能维度进行分类,包括传统意义上被视为气质的一部分变量(Hampson,Andrews,Barckley,& Peterson,2006;Kohnstamm,Halverson,Mervielde,& Havill,1998)。但是,也有人质疑是否能够找到这么匹配的简单框架(Kagan,2000;Saarni,2006)。然而,一个里程碑式的研究开启了对儿童气质与成人人格之间关系的探讨(Caspi et al.,2003)。多年来,人格心理学家卡斯皮(Avshalom Caspi)及其同事一直在从事但尼丁(Dunedin)研究:一项大约有1 000名被试参加的纵向调查,这些被试都在1972年4月至1973年3月出生于新西兰的但尼丁。被试在3岁、5岁、7岁、9岁、11岁、13岁、15岁、18岁、21岁、26岁时分别接受了测试。3岁时,每个被试都要参加90分钟的发展测试,在此测试中心理学家对这些儿童在22种行为特征上的表现进行等级评定。这些等级评定在进行统计分组后产生了五种不同的气质类型。适应良好的儿童($n=405$)表现出较高的自控水平和自信水平,在面临新情境时并未表现出极度不安。低度控制的儿童($n=106$,其中62%是男孩)表现出冲动、不安分、消极、易分心,以及强烈的和不稳定的情绪反应。自信的儿童($n=281$)能很快适应测试情境,而且表现出友好、冲动和热情。抑制型儿童($n=80$,其中60%是女孩)表现出社交退缩、恐惧,而且容易因陌生主试的出现而不安。矜持型儿童($n=151$)表现出害羞,在测试过程中总有些不自在,但相比于抑制型儿童他们更少表现出害羞和谨慎。

　　这些女孩和男孩26岁时会是什么样子?研究者让这些被试在26岁时完成自陈式人格量表,又从他们的朋友和熟人那里收集到对他们的特质进行评定的得分。结果发现,一些特定人格维度的连续性令人印象深刻。预测力最强的是那些控制力差和抑制型的儿童。23 年过去了,控制力差的儿童长大后在消极情绪特质测量中仍得高分。与其他被试相比,他们更容易心烦意乱,更容易对小事反应过度,更多报告被虐待、被欺骗以及被背叛。他们也被他人描述为敌对的、不可靠的、紧张的或心胸狭窄的。在"大五"人格维度中,童年时期的控制力差也预示着成年早期的高神经质、低随和性与低尽责性。抑制型儿童长大后表现出过度控制和内敛的人格特质,并且他们在测量抑制性的特质量表中得分较高,在与积极情绪相关的特质测量中得分较低。在"大五"人格维度中,童年时期拥有抑制气质也预示着成年早期的低外向性(高内向性)。其余三种气质类型虽然没有对成年后的人格特质形成精确的预测,但仍然可观察到一定的连续性。例如,自信的儿童成年后往往变得有点外向,矜持型儿童往往朝着内向和低开放性的方向发展。

表 6.2 发展的精加工的六种机制:气质怎么发展成人格特质

学习过程	气质差异影响儿童学习的内容和方式,从而间接影响人格特质的形成。
环境启发	气质差异会引发环境的不同反应,这些不同的反应反过来又会强化气质差异。
环境解释	气质差异会影响儿童对环境信息的理解和加工,从而形成他们独有的环境经验。
社会比较	气质差异影响儿童如何将自己和他人相比较,以及如何将现在的自己和之前的自己相比较,这一过程塑造了他们正在发展中的自我概念。
环境选择	气质差异影响儿童怎样选择环境,不同的环境反过来又影响人格特质的发展。儿童一开始可能会选择与自己气质相符的环境,这又会强化他们原有的气质倾向。
环境操纵	一旦儿童建立牢固的自我概念,他们就会改变、完善或操纵他们的环境以匹配、巩固或精加工他们已有的气质倾向。

卡斯皮(Caspi,1998)将气质视为人格结构生理心理因素的核心。通过发展的精加工(developmental elaboration)过程,气质维度逐步发展为清晰的人格特质。发展的精加工是一个复杂的相互作用过程,这种相互作用塑造了个体的内在倾向,它也是外部环境长时间输入信息的结果。表 6.2 列举了六种发展的精加工机制。先天气质差异影响:(1)儿童如何学习;(2)儿童如何解释他们的环境;(3)环境中的其他人如何回应;(4)他们如何将自己与其他儿童相比较;(5)他们选择什么样的环境;(6)他们选择环境后如何操纵环境。他们诠释、选择和操纵心理和社会环境,这些环境反过来又会进一步影响他们的发展。婴儿期出现的气质倾向会逐渐获得能量和舞台,随着时间的推移在认知性和社会性上变得更加精致。卡斯皮认为,经过一个漫长而复杂的发展轨迹,某些先天的气质倾向得到加强和整合,成为成熟的人格特质。虽然但尼丁研究的结果记录了某些可预见的轨迹,但研究结果同样显示在长期的发展过程中存在大量的不可预测性和不连续性。先天的气质倾向可以为成年期人格特质的发展提供粗略的模板。但是,模板似乎是相当灵活的,可能随着环境信息的输入而发生实质性的改变。

218

特质的起源：基因和环境

基因完全一样的双胞胎——同卵双生子在很多方面都非常相似。不仅长相相似，他们的兴趣、喜好、风格和行为模式似乎都惊人地一致。相比之下，异卵双生子往往看起来不如同卵双生子那么相似，他们的行为模式似乎也不是很一致。同卵双生子由一个受精卵发育而来，具有相同的基因；而异卵双生子大约只有一半的基因相同。在 20 世纪 80 年代，美国明尼苏达大学的研究人员研究了约 350 对同卵双生子和异卵双生子，其中许多对双生子从婴儿时期就被分开抚养了（Bouchard，Lykken，McGue，Segal，& Tellegen，1990）。在大多数案例中，生父母放弃双生子的抚养权，两个婴儿分别由不同的家庭收养。因此，每对双生子中的一个在成长过程中都不认识自己的双胞胎兄弟姐妹。当研究人员为了实验研究把双生子集合起来时，他们发现分开抚养的同卵双生子有着惊人的相似之处：

> 当访谈其中一对同卵双生子中的一个时，我们发现他是一个有着许多奇闻逸事的健谈者，因此当访谈他的双生子兄弟时，我们问他是否也有许多有趣的见闻。"你怎么知道？"他身子向后一倾，惊讶地说道，"我给你讲一个"，然后就开始滔滔不绝地讲述。英国一对同卵双生子，一个月前他们才第一次相见，在单独访谈中他们都拒绝就争议性话题发表意见。在发现对方的存在之前，他们都很坚决地回避争论。另一对双生子尽管都被父母描述为内敛的、严肃的，但都会习惯性地笑出声，直到她们相见才知道也有人像自己一样开怀大笑。一对双生子分别报告，他们在政治选举投票中弃权，因为他们觉得自己所得的信息不足以使他们作出明智的选择。一对男性同卵双生子在成年后第一次团聚时，发现彼此都使用 Vadmecum 牌牙膏，Canoe 牌剃须乳液，Vitalis 牌护发素，Lucky Strike 牌香烟。见面后，他们在不同的城市邮寄交换了生日礼物，结果发现选择的礼物都是一样的。
>
> 同卵双生子中有两个爱狗人士，其中一个向我们展示了她养的狗，另一个则开设狗狗训练营。200 多个分开抚养的双生子中只有 2 个人害怕进入我们心理生理学实验室中的隔音屏蔽室，但他们分别表示如果门敞开一条缝则同意继续——他们是一对同卵双生子。在沙滩上时，有两位女士坚持背对着大海走进水里，而且只敢走到海水刚没过膝盖的地方。她们如此一致，不仅表现在恐惧倾向上，而且表现在恐惧的具体对象上。在双生子群体中有两个军械爱好者，两个喜欢戴七枚戒指的女性，两个能（正确）诊断布沙尔（其中一个研究者）的车的轮轴故障的男性，两个痴迷于计数的人，两个结过五次婚的人，两个志愿消防队队长，两个时装设计师，两个离开家时喜欢给妻子留下爱心小便条的男性……以上每种情况中的两

个人都是一对同卵双生子。(Lykken，McGue，Tellegen，& Bouchard，1992，pp.1565—1566)

219 　　这些例子只是巧合吗？研究者承认，他们观察到同卵双生子中有一些不可思议的相似之处确实存在侥幸、偶然，但观察到如此众多的细节上的相似之处表明这不仅仅是巧合。这些被分开抚养的同卵双生子从来没有在同一个家庭中生活过一天，他们分别在不同的街区长大，上不同的学校，有着不同的朋友，也从未见过面——他们怎么会如此相似呢？或许，我们对他们长得很像并不感到奇怪。我们大多数人都接受外貌在极大程度上是由遗传基因决定的这一观点，但对于人格特质人们似乎持有不同的意见。

　　这一章讲到这里，我们了解到，人格特质的个体差异在整个成年期都相当稳定，在成年早期就表现出稳定的差异连续性。我们了解到，婴儿期和童年期的气质差异往往很明显，并且很容易被父母、老师和其他团体成员识别，这些差异被假定反映了心理个性的生理基础。我们推测，童年早期的气质维度通过一系列长期的、复杂的个人与环境交互作用的精细加工，最终发展为成年期成熟的人格特质。我们的讨论也暗含人格特质的发展是由基因和环境共同作用决定的，但我们对此还没有详细展开。明尼苏达大学分开抚养的同卵双生子研究中的趣事有力地揭示了，个体的基因构成是决定人格特质维度的主要因素。这些趣事可信吗？对人格特质来说，天性比教养更重要吗？我们怎样才能从环境的影响中区分出基因的影响？人格特质到底源于何处？

双生子研究和收养研究的逻辑

　　首先来看一个简单的事实：如果没有基因和环境，你就没有人格，没有行为，没有生活。从根本上讲，我们的人格特质都是基因与环境交互作用的产物，如果没有个体生活的环境，基因就无法对行为起作用，同样如果没有构成个体的基因，环境也不能独自影响行为。基因与环境相互依赖，在人的一生中紧紧纠缠在一起。我们每个人都是基因与环境交互作用下不断进化的复杂产物。

　　尽管如此，我们必须正视这样一个事实：在一个给定的样本或群体中，我们去检验环境差异和基因差异对我们观察到的变异的相对影响，这种做法是具有科学合理性的。举一个例子，完全成熟的人(成年人)明显存在身高差异。一些人就是比另一些人高。这对于了解到底是基因还是环境带来的个体差异有意义吗？它确实有意义。我们可以理性地问，遗传和环境在决定人们身高的差异上相对贡献如何。请注意我是如何表述这个问题的。我并不是在讨论某个特定的个体是高还是矮，而是在讨论群体中的身高差异——为什么人的身高有区别。研究表明，在美国约90%的身高差异与基因差异有关，而只有10%左右的身高差异与营养水平、社会阶层等环境差异有关(Rowe，1999)。

220 有高基因的人往往比有矮基因的人能生出更高的孩子。个体间的营养差异只能解释很小一部分身高差异——最主要的原因是基因。美国人可以吃、吃、吃，可以做伸展运动，也可以尝试改善他们的姿态，但无论采取哪种措施，他们都不太可能比现在高很多。

　　现在，你需要理解关于身高的科学发现中的两个要点。第一个要点是，我们所说的90％的差异是指群体上的差异，它并不适用于任何特定的个人。一个人的身高90％来自基因，10％来自环境，这种说法是错误的。我们必须记住，这里解释的是群体的差异或变异，而不是任何个人的身高。在解释美国人的身高变异的变化范围时，我们可以说，90％的变异源于遗传变异：不同的人有不同的基因，不同的基因产生不同的身高。第二个要点是，我们得到的对身高的"变异解释率"（90％的基因差异，10％的环境差异）取决于研究之初的人口学特点。显然，严重营养不良会极大地阻碍人的成长，这说明某些特殊环境也可能产生重要的影响。例如，与全世界其他国家相比，一个国家民众的平均身高是这个国家经济状况和民众健康水平的重要指标（Clark，2007）。但是，幸好大多数现代社会出现严重营养不良和饥饿的概率非常低，所以群体中很少有人会遭遇这种情况。在一个很多人濒临饿死而另外很多人又拥有太多食物的社会环境中，环境因素当然对身高起到很重要的作用。在这样的背景下，我们可以预期基因和环境对人群中身高差异的相对贡献，基因差异的解释率低于90％，而环境差异的解释率要超过10％。这种群体估计完全取决于所选研究群体的人口学特点。

　　还是用身高作为例子，我现在向您介绍心理学中最难懂且最容易被人误解的概念之一——遗传率系数（heritability quotient）。遗传率系数能够反映群体中给定特质的变异归因于基因差异的比例。以美国成年人的身高为例，遗传率系数大约为90％。这个数字告诉我们，群体中我们观察到的身高变异有多少与个体间的基因差异相关。身高的例子无可争议，因为我们大多数人认识到，身高似乎具有家族性。这个例子无可争议还有另一个原因，虽然科学家们从来没有发现独立决定身高的基因编码，但是这丝毫不影响我们相信基因对身高具有强大的作用。基因是 DNA（脱氧核糖核酸）片段。在这些片段中，生化活性分子就像一个单词的字母排序一样排列起来。这些"字母"——基本上由胸腺嘧啶（thymine）、腺嘌呤（adenine）、胞嘧啶（cytosine）和鸟嘌呤（guanine）四种分子组成——组成基因编码，三个"字母"的不同顺序组合就编码成二十二种不同的氨基酸，这些氨基酸是人体所需蛋白质的基础。基因直接影响人体蛋白质的合成和其他基础生化事件。像身高这样复杂的现象则由许多不同基因共同决定。

　　我们现在从身高遗传率这种相对无争议的主题中抽离出来，转移到人格特质的遗传率上。我们已经知道，个体某种特定的人格特质是基因与环境交互作用的复杂产物。但和身高一样，我们可以考察基因差异和环境差异对群体中人格特质变异的相对解释率。和身高一样，我们必须记住，遗传率指的不是个体而是群体中的变异解释率，群体中的变异归因于群体内的许多因素。我们还必须记住，如果有一天我们能发现基因对特质的影响，那么这种关系将会是间接的、复杂的。正如没有哪个单一的基因能决定一个人的身高，同样没有哪个单一的基因与特定的人格特质相匹配。我们必须明白，对人与人之间的遗传差异的讨论,还是要放在物种有极大的遗传相似性的背景下理解。人类的基因是非常相似的,大约90%的基因完全一致。在讨论遗传率时,我们把重点放在剩下10%存在差异的基因上。

行为科学家估计人格特质遗传率时,使用的两种主要方法是双生子研究和收养研究。在双生子研究(twin study)中,常用的设计是先收集一个同卵双生子的样本和一个异卵双生子的样本,然后组织测量被试的特质和其他变量,接着分别计算双生子两个个体间的特质相关系数,最后比较同卵双生子和异卵双生子的相关系数。举个例子,假设我们组织测量了50对同卵双生子和50对异卵双生子的守时性(punctuality)特质,一共200个被试。在异卵双生子样本中,我们计算得到双生子之间守时性分数的相关系数为0.30。这意味着,双生子之间的守时性呈中等程度的正相关:双生子中一名成员很守时,另一名成员也有可能很守时。在同卵双生子中,我们得到的相关系数为0.50,显示了较高的正相关。虽然异卵双生子在这一特质上显示出中等程度的相关,但是同卵双生子的相关系数显示他们的相关程度更高。这是为什么呢?同卵双生子和异卵双生子都有同样的环境,但同卵双生子的基因完全相同,而异卵双生子的基因只有一半相同。简单来说,同卵双生子和异卵双生子之间最大的区别就是基因相似性的区别。如果同卵双生子在守时性方面比异卵双生子更相似,那么这种差异可以归因于他们的基因更相似,即守时性似乎是可遗传的。

上述例子中守时性的可遗传程度有多大?研究人员已经开发出一个简单的公式来估计双生子研究中的遗传率。该公式有一些假设,这些假设不一定在所有研究中都是成立的,但为了让公式能成功诠释遗传率,我们认定这些假设都是成立的。在双生子研究中粗略地估计遗传率,可以用同卵双生子的相关系数减去异卵双生子的相关系数,然后乘2,即:

$$h^2 = 2(r_{mz} - r_{dz})$$

这里的h^2就是遗传率系数,r_{mz}是同卵双生子各特质得分的相关系数,r_{dz}是异卵双生子各特质得分的相关系数。把守时性特质例子中的数据代入公式可得:

$$h^2 = 2(0.50 - 0.30)$$

这里遗传率的粗略估计为0.40。根据这一研究的逻辑,守时性这一人格特质在这个样本中大约有40%的变异可以归因于基因差异。因此,仍然有大约60%的变异暂时无法得到解释。

收养研究(adoption studies)有着相似的逻辑。在收养研究中,研究人员通常考察被收养的儿童与收养家庭的其他成员(主要是兄弟姐妹)之间的特质相似性。和异卵双生子一样,有血缘关系的兄弟姐妹之间共享50%的基因。相比之下,被收养的儿童与收养家庭的其他成员之间无血缘关系,因此共享基因为0。和双生子研究一样,研人员希望比较两个不同群体的特质分数之间的相关性：一个群体是有血缘关系的兄弟姐妹（有 50% 的共享基因），另一个群体则是无血缘关系的兄弟姐妹（共享基因为 0）。如果有血缘关系的兄弟姐妹在某一特质上的相关系数大于无血缘关系的兄弟姐妹，即可得到遗传率的证据。

收养研究也用另一些方法阐明天性和教养之间的关系。例如，研究者找到被收养儿童的亲生父母或亲兄弟姐妹并实施特质测量。在这种情况下，被收养儿童与血亲亲属之间特质的任何正相关都可以归因于基因影响，因为他们没有共享环境。同样，被收养儿童与收养家庭中的兄弟姐妹（无血缘关系）之间特质的任何正相关都揭示了共享环境的影响，因为他们没有共享基因。因此，如果我们发现被收养的兄弟姐妹之间的守时性特质分数存在显著正相关，那么我们能得出结论：在同一个家庭长大对他们守时性特质的相似性有着一定的影响。

双生子研究和收养研究都是自然实验，它们能帮助研究者估计样本内基因和环境对特质变异的相对解释力。双生子研究和收养研究的逻辑巩固了日益兴盛的行为遗传学（behavior genetics）研究。行为遗传学是一门根植于心理学、遗传学、生物学及相关领域的学科，它旨在探索基因和环境对人类行为变异的解释率的实证证据（Rowe，1997，1999）。近年来，越来越多的行为遗传学研究引入复杂的统计模型程序，使用来自不同类型家庭的数据来验证天性和教养的假设（Krueger，Johnson，& Kling，2007）。不过，双生子研究和收养研究依然是人格特质研究中有关遗传率的主要发现的基础。现在，我们有了基础知识，于是不禁要问：这些研究意味着什么？

特质的遗传率估计

研究表明，几乎所有能够被可靠测量的人格特质都至少具有中等程度的可遗传性。双生子研究为此提供了尤为引人注目的证据。一项在瑞典开展的大约有 13 000 对成年双生子参与的大型研究发现，外向性和神经质的遗传率略大于 50%（Floderus-Myrhed，Pedersen，& Rasmuson，1980）。另一些双生子研究通过一系列人格特质量表和调查也得到比较高的遗传率系数（0.30 ~ 0.60）（Loehlin & Nichols，1976；Rushton，Fulker，Neale，Nias，& Eysenck，1986）。明尼苏达大学的研究表明，在诸如领导能力/掌控能力、传统主义（遵守规则和尊重权威的倾向）、应激反应（类似于神经质）、专注力（全神贯注于感官经验的倾向）、疏离感、幸福感、伤害避免，以及攻击性特质上遗传率的估计值是较高的（大于 40%）（Tellegen et al.，1988）。

在人格行为遗传学研究的一篇权威综述中，研究者（Plomin，Chipuer，& Loehlin，1990）得出如下结论：

> 基因对人格（通过自陈方式获得）的影响几乎无处不在。这方面的证据大部分来自同卵双生子相关系数和异卵双生子相关系数之间的比较。平均而言，在不同

的人格维度上，同卵双生子的相关系数大约为 0.50，异卵双生子的相关系数大约为0.30。双生子的相关系数表明，基因对人格的影响不仅重要而且显著。遗传率大约为这两个相关系数的差的两倍，遗传变异解释的表型变异的比例为 40%。（p.226）

20 世纪 90 年代进行的研究直接检验了"大五"人格特质，进一步支持了上述结论。表 6.3 显示了，123 对同卵双生子和 127 对异卵双生子"大五"人格特质自陈式测量的组内相关系数（Jang，Livesley，& Vernon，1996）。正如你看到的，同卵双生子之间尽责性的相关系数最低（0.37），开放性的相关系数最高（0.58），而异卵双生子之间神经质的相关系数最低（0.18），尽责性的相关系数最高（0.27）。对于神经质、外向性和开放性特质，同卵双生子之间的相关系数比异卵双生子的两倍还高。基于这些相关系数和其他的统计数据，研究者得出结论："大五"人格特质的遗传率主要在 40% 到 50% 的范围内，其中开放性特质的遗传率最高。

其他有关"大五"人格特质的自陈式测量研究也得出相似的结果。研究者（Loehlin，McCrae，& Costa，1998）利用复杂的统计程序对一些自陈式人格特质等级数据进行了重新分析，这些数据收集于 1962 年，对象是当年上高中的 490 对同卵双生子以及 317 对异卵双生子，重新分析时研究者试图用这些数据来验证不同的理论模型。研究人员发现，"大五"人格特质的遗传率估计值为 51%～58%。他们得出结论："大五"人格特质维度具有很高且大致相当的遗传率。研究者（Jang，McCrae，Angleitner，Riemann，& Livesley，1998）分析了来自加拿大和德国的双生子数据，发现不只"大五"人格维度显示出相当高的遗传率，许多更小的特质或者构成"大五"人格特质的小维度也表现出一定的遗传性（见 Yamagata et al.，2006）。

表 6.3 "大五"人格特质的双生子相关系数

	同卵双生子	异卵双生子
神经质	0.41	0.18
外向性	0.55	0.23
开放性	0.58	0.21
随和性	0.41	0.26
尽责性	0.37	0.27

来源："Heritability of the Big Five Personality Dimensions: A Twin Study," by K.L. Jang, W.J. Livesley, & P.A. Vernon, 1996, *Journal of Personality*, 64, 584.

保守地讲，双生子研究一致表明，人格特质至少具有中等程度的遗传性。遗传率估计通常为 40%～50%，一些研究得出的遗传率更高（例如，Loehlin，Neiderhiser，& Reiss，2003）。然而，当你考虑到两个令人费解的发现时，这个简单的故事就变得有点复杂了。第一个令人费解的发现是，一些研究表明，同卵双生子之间特质的相关系数大于异卵双生子之间特质相关系数的两倍。事实上，在表 6.3 的数据中，开放性、外向性和神经质三大特质就是如此。另一个例子是，在四项大型的双生子研究中，共计 23 000余对双生子的外向性和神经质的数据表明，同卵双生子和异卵双生子相关系数的加权平均值分别为 0.51 和 0.18。就神经质而言，同卵双生子和异卵双生子的相关系数分别为 0.48 和 0.20（Loehlin，1989）。按照双生子研究的传统思维，由于同卵双生子有100% 的共享基因，异卵双生子有 50% 的共享基因，因此同卵双生子的相似性应该不会超过异卵双生子的两倍。换句话说，遗传变异具有附加性。第二个令人费解的发现是，收养研究的遗传率估计显著偏低。如果遗传是决定特质的主要因素，那么我们可以预测有血缘关系的兄弟姐妹（有 50% 的共享基因）应该明显比被收养的兄弟姐妹（共享基因为 0）更相似，但事实并非如此。大量的收养研究表明，两者的相关系数差异很小，遗传率估计值仅为 20% 左右（Loehlin，Willerman，& Horn，1987；Scarr，Webber，Weinberg，& Wittig，1981）。

　　让我们把这两个令人费解的发现换成简单易懂的句子：首先，对于某些特质（如外向性），同卵双生子之间的相似性比预期的更高（是异卵双生子相似性的两倍以上）。其次，收养研究表明，有血缘关系的兄弟姐妹之间的相似性比预期的要低（只比被收养的兄弟姐妹之间的相似性略高）。你的人格特质在人群中的相对位置，只与你的亲兄弟姐妹（包括异卵双生子）、父母、堂兄弟，或其他任何与你有血缘关系的人具有中等程度的相关，当然，除非你有一个与你是同卵双生子的兄弟姐妹，这种情况下，你们两个可能极其相似（Dunn & Plomin，1990）。当使用自陈式问卷测量人格特质时，为什么你可能会与你的同卵双生子兄弟姐妹非常相似，而与其他和你有共享基因的人如此大不相同呢？

　　一种可能的解释就是非附加性遗传变异（nonadditive genetic variance）。基因对特质的影响可能不是线性的、附加的，而是一种合并和交互型的结构模式，所有的构成要素都是必不可少的，"缺少或改变任何一个成分（如某个基因），都将使特质产生质变或很大程度的量变"（Lykken et al.，1992）。因此，如果两个人只有 50% 的共享基因（异卵双生子或有血缘关系的兄弟姐妹），那么他们之间的相似性可能低于拥有 100% 共享基因的两个人（同卵双生子）之间相似性的一半。由于基因对特质的影响不是附加性的，因此从某种意义上说，100% 大于 50% 的两倍。我和我的兄弟（非同卵双生子）在外向性这一特质上不太一致，因为我们不具有能使外向性相似的非附加性遗传基因结构（除非我们有 100% 的共享基因）。特质遗传有一个阈值，你的基因型要么和另一个人完全相同（同卵双生子），要么不同（其他任何人）。如果是第一种，那么数据表明你的特质评定可能会与你的同卵双生子中的另一个人十分相似。如果是第二种，尽管存在一定的相似性，但你很可能不会与你的家人特别相似（在特质层面上）。共享 50% 的基因并不能使你们很相似，从这个意义上说，50% 并不比 0 多多少。因此，有血缘关系的兄弟姐妹（非同卵双生子）之间的相似性并不比被收养的兄弟姐妹之间的相似性高多少。这可能是邓恩等人（Dunn & Plomin，1990）提出的"为什么兄弟姐妹之间如此不同"这个问题的一种答案。

人格特质的非附加性遗传效应的可能性正是一些心理学家称为突变（emergenesis）的一个例子。突变是指"基因结构或者源于遗传的基本特质结构突然发生的改变"（Lykken et al.，1992，p.1569）。这句话的意思是，基因的某些模式可能产生特定行为倾向，但这些基因片段不会单独产生这样的倾向，哪怕是以减弱的形式。行为倾向就是一种突然出现的模式。我们用打扑克作个类比。假设你的亲生父母各持六张牌，代表了他们的基因。所有这些牌来自同一副，因此你的父母的牌是彼此不同的——他们基因不同。你的母亲有一张 A，两张 K，一张 7，一张 5 和一张 4。你的父亲有一张 K，一张 J，一张 4，一张 7 和两张 6。为了组成你，他们每人随机贡献（复制）三张牌（他们基因的一半），组成一手新牌。你（这手新牌）得到了你母亲的两张 K，一张 7 和你父亲的一张 K，一张 7 和一张 4。你有什么？你有一手"完整的牌"——三张 K，两张 7 和一张 4。这手完整的牌很不错，而且（更重要）和你的父母的牌很不一样。他们每个人都有"一对"。我要指出的是（除了显示你已经从打扑克的角度击败了你的父母），你的这手牌的价值是由其独特结构决定的。从另外两手牌中组合而来的一手牌就不具备这种独特结构。这手完整的牌就是新结构的突变特性。因此，特定行为倾向就是特定基因结构产生的突变特性。基因型就像一手数百万张的牌，这些牌以一种复杂的方式结合起来产生奇妙多变的新模式。除了同卵双生子，每个人的基因型都是独一无二的。

共享环境

那环境呢？如果人格特质的遗传率为 40%～50%，那么还剩下超过 50%的特质变异无法得到解释。这就意味着，大约一半甚至一半以上的人格特质变异可以用环境效应来解释，比如童年抚养方式、家庭模式、学校、邻里环境，等等。对吗？不完全对。特质的环境效应问题比你想象的还要复杂，对很多人来说，这相当不可思议。

我们就从明尼苏达大学分开抚养和一起抚养的双生子研究数据开始（Tellegen et al.，1988）。表 6.4 列出一些同卵双生子自陈式人格特质测量的内部相关系数。第二列是 217 对一起抚养的同卵双生子的相关系数，他们在同一个家庭中长大。第三列是 44 对分开抚养的同卵双生子的相关系数，这 44 对中都有被收养的情况，因此同卵双生子中的一位在一个特定的家庭中长大，另一位在另一个家庭中长大。在大多数例子中，这些分开抚养的同卵双生子在童年时期都没有联系，在明尼苏达大学的研究中他们才得以团聚（在一些案例中是首次团聚）。因此，第一组同卵双生子是一起抚养的，他们共享童年环境。第二组是分开抚养的，不共享童年环境。

表 6.4　一起抚养和分开抚养的同卵双生子之间的相关系数

特　质	一起抚养的同卵双生子	分开抚养的同卵双生子
幸福感	0.58	0.48
社交能力	0.65	0.56
成　就	0.51	0.36
社交亲密	0.57	0.29
压力应对	0.52	0.61
疏离感	0.55	0.48
攻击性	0.43	0.46
控制感	0.41	0.50
伤害回避	0.55	0.49
传统主义	0.50	0.53
专注度	0.49	0.61
平均相关系数	**0.52**	**0.49**

来源:"Personality Similarity in Twins Reared Apart and Together", by A. Tellegen, D. J. Lykken, T.J. Bouchard, Jr., K.J. Wilcox, N.I. Segal, & S. Rich, 1988, *Journal of Personality and Social Psychology*, 54, 1035.

你怎么看表 6.4 中的相关? 首先,我们看到一起抚养的同卵双生子在诸如社交能力和压力应对等特质上的相关性,与我们在其他类似特质研究中预期的一致。列举的 11 项特质相关系数范围为 0.41~0.65,平均值为 0.52。这已经不是新闻。例如,这些相关系数与表 6.3 中"大五"人格的双生子研究所得的相关系数非常相似。其次,在表 6.4 中我们还应该注意,在许多情况下,分开抚养与一起抚养的同卵双生子的相关系数几乎一致,平均值为 0.49。这意味着什么? 基本上,分开抚养的同卵双生子与一起抚养的同卵双生子之间的相似度没有显著差异。难道一起抚养的同卵双生子经历的共享环境毫无意义吗? 鉴于人格特质的真实遗传率,我们不应该惊讶分开抚养的同卵双生子之间具有相似的特质。但难道不应该是一起抚养的同卵双生子比分开抚养的同卵双生子相似度更高吗? 仔细看表 6.4,唯一与这个预期一致的特质就是社交亲密,在这一特质上一起抚养的同卵双生子相关系数(0.57)显著高于分开抚养的同卵双生子相关系数(0.29)。除此之外,能够直接证明共享环境影响人格特质的证据很少。

　一般情况下,双生子研究和收养研究表明,在同一家庭长大对人格特质几乎没有影响,但也有一些例外(例如,Borkenau, Riemann, Angleitner, & Spinath, 2001;Reifman & Cleveland, 2007)。例如,有一些证据表明,某些对其他人表达亲密和爱的特质,比如在明尼苏达大学的研究中提出的社交亲密(social closeness)特质,会受到家庭环境的影响(Plomin, Chipuer, & Loehlin, 1990;Waller & Shaver, 1994)。然而,共享家庭环境对孤独特质毫无影响(Boomsma, Willemsen, Dolan, Hawkley, & Cacioppo, 2005)。青少年研究显示,宗教信仰也会受到共享环境的影响(Koenig & Bouchard,

2006)。此外,青少年犯罪似乎受到家庭环境的较大影响,虽然成年人犯罪并没有受到家庭环境同等程度的影响(Miles & Carey,1997)。虐待儿童和异常忽视也会对心理发展有害,这点在人格特质中表现明显。不过,幸好在现代社会这样的悲剧还是比较少见的。绝大多数儿童在可以提供基本照料的家庭中长大,即使这些家庭可能不够完美(Scarr,1997)。因此,在一般环境下,尚未有研究得出家庭环境显著影响人格特质的结论。

似乎大多数研究把兄弟姐妹(包括异卵双生子)之间人格特质的中等程度的正相关归因于他们拥有大约一半的共享基因。一旦你考虑到特质相似是因为基因相似,共享环境的影响似乎便微乎其微了。收养研究为此提供了更为清晰的证据。通常情况下,被收养的儿童与收养他们的家人之间不存在可预期的特质相似性,即使他们在这个家庭生活了很多年。例如,有研究(Eaves,Eysenck,& Martin,1989)发现,被收养的儿童与他们的生母(他们从未见过)之间外向性特质的相关系数为 0.21,而这些儿童与他们的养母(抚养他们长大的人)之间的相关系数基本为 0(−0.02)。

如果你觉得这些结果并不出乎预料,那么你一定看得不够仔细。这些研究表明,人们在成长过程中经历的家庭环境,对他们的人格特质影响很小或根本没有影响。不管你的父母有多关心你,多爱你,或者你的家人之间的冲突有多大,你就读的学校质量如何,你的邻里环境怎样,家人去什么样的教堂,成长过程中父母对纪律和勤奋如何强调,富有或贫困的程度如何——这些都不重要。研究表明,这些因素对你的孩子的特质也不重要。讲授了近 25 年的人格心理学,我的经验是,学生们(包括很多同事)根本不相信这些结果。家庭环境怎么会毫不重要? 这种说法完全违背了我们秉持的信念。

要无视上述研究结果并不容易。研究表明,大约一半的人格特质变异可以归因于遗传,也有少数例外,可以归因于家庭环境的变异很少。那么,还有大约一半的人格特质变异无法得到解释。基因和家庭环境都无法解释的那部分变异该如何理解呢? 有两个答案。第一,特质的测量存在误差,这就增加了无法解释的变异。即使是最可靠的外向性指标,也不能使同一个人隔天测量得到完全一样的分数。良好的人格测验的重测信度大约为 0.80~0.90——这样已经相当好了,但也并不完美。这些量表的精确性和可靠性与温度计是不能比的。因此,一些不能解释的特质变异可能只是单纯由测量误差造成的。心理学家估计,使用的测量工具的固有缺陷,在任何给定的样本的特质分数变异中的解释率高达 10%~20%。尽管如此,仍然有很多变异无法得到解释。

第二个答案涉及两种不同类型环境影响之间的主要区别。到现在为止,当我谈到环境对特质的影响时,我指的是行为遗传学家所说的共享环境(shared environment)的影响。共享环境的影响是指家庭成员之间相似的环境的影响。这包括不同家庭成员可能共享的各种各样的情况和经历,而且它们可能会使家庭成员之间的相似度提高。我们能想到的大多数家庭环境都符合共享环境这一概念,例如家庭冲突的次数、温馨程度、纪律等。共享环境还包括社会阶层、父母的受教育程度和其他影响家庭的社会结构变量。正如我们已经注意到的，共享家庭环境对人格特质的影响似乎微乎其微。相比之下，非共享环境（nonshared environment）的影响使得家庭成员彼此相异。现在，许多研究人员认为，非共享环境的影响可以解释人格特质其余的变异。但是，什么是非共享环境？它们是如何影响人格特质的呢？

非共享环境

　　如果你分别和我的妻子以及她的弟弟交谈，你根本不会想到他们是在同一个家庭中长大的。我的妻子常常想起一些温馨的家庭场景，以及她与兄弟姐妹之间的各种互动，然而她的弟弟多半记起的是紧张与冲突的情景。他们对过去相同生活场景的描述大相径庭，去加拿大落基山脉的家庭旅行就是其中一个例子。这使你不禁思考，这种社会现实是真的存在还是仅仅存在于观察者的想象之中。然而，他们的分歧也说明了非共享环境的概念。人们在相同的家庭环境中成长，这并不代表他们以相同的方式感受家庭生活。在家庭环境中确实存在一些因素，它们对家庭成员来说是完全不同的。出生顺序就是一个很好的例子。先出生和后出生的孩子在家庭系统中占有很不同的地位。第一个孩子最年长，往往被认为最强壮、最聪明。第二个孩子可能要通过竞争才能在家庭环境中有一个合适的位置，这也使得他们对家庭生活的体验很不同。在专栏 6.A 中可以看到，心理学家和其他人都对出生顺序这一影响人格特质的非共享环境因素表现出相当大的兴趣。

专栏 6.A

出生顺序：非共享环境的影响

　　在萨洛韦（Sulloway，1996）广为流传的书《天生反叛》（*Born to Rebel：Birth Order，Family Dynamics，and Creative Lives*）里，他为出生顺序作为非共享环境对人格的强大影响给出一个有说服力的案例，萨洛韦吸收了达尔文主义关于家庭动力的观点，认为孩子会争夺父母投入家庭的资源。由于先出生这个独有的优势，最大的孩子更可能对父母产生最大程度的认同，更容易服从传统权威的命令。相反，后出生的孩子必须重新进行自我定位，与占主导地位的先出生的孩子有所区别，这样他们才能争取分享到一点父母投入家庭的资源。因此，后出生的孩子更可能对权威采取叛逆或反抗的态度。这样的成长轨迹造成了一个有趣的结果：后出生的孩子对创新和变革持更开放的态度。从特质的角度来说，先出生的个体更具支配性（"大五"人格理论外向性的一个方面），可能有更高的尽责性，后出生的个体则会更具开放性。

萨洛韦通过调查历史记录找到支持其假设的有力论据。在一个研究中,他调查了19世纪的科学家通过发文的方式对达尔文进化论的反应。达尔文(作为一个后出生者)的学说可以被看作一场科学的革命,对当时大多数人认可的科学准则以及教会权威进行了批判。1859年,他出版了具有划时代意义的著作《物种起源》(*On the Origin of Species*),历史记录表明,在支持达尔文理论的科学家中,后出生者的数量是先出生者数量的4.4倍。在达尔文的学说发表之前的大概100年间,进化的观点在科学界引起争论,在持赞成观点的科学家中,后出生者的数量是先出生者数量的9.1倍。萨洛韦在对哥白尼、牛顿和弗洛伊德等人的学说发表后学界最初态度的调查中得出相似的结果。萨洛韦认为,后出生者迫切地想找到能挑战权威的观点,而且对创新持更开放的态度,更愿意接受激进的理论变革。先出生者则更加保守,更容易遵从权威标准,起初他们会抵制变革,但当变革修成正果时,他们最终也会妥协。一旦他们改变想法,他们就会努力争取新世界的统治地位。

萨洛韦的推断并不新奇。20世纪初,精神分析学派理论家阿德勒(在本书第11章将会介绍到)就表达并发扬了类似的论断。阿德勒预测第一个出生的人会相对保守,具有权力导向,第二个出生的人会更叛逆,更具竞争意识,更容易质疑权威。尽管有了阿德勒的理论和萨洛韦令人信服的历史实例,对人格特质和出生顺序的实证研究还没有得出很明确的结果(Falbo, 1997;Forer, 1977;Michalski & Shackelford, 2002;Sampson, 1962;Schooler, 1972)。这些研究趋向于在无关联个体样本中将出生顺序与特质测量关联起来。不过,一项设计精良且具有重要理论意义的研究尝试把个体放在其家庭内部来进行考察,这反倒为萨洛韦的观点提供了确凿的证据。先出生的人在成就和责任心量表上的得分要比他们的弟弟妹妹高,而后出生的人在叛逆性和随和性维度上表现更突出(Paulhus, Trapnell, & Chen, 1999)。

出生顺序也许会对人格产生一些可测量的影响,但这种影响也会受到一些人口学特征因素的干扰,比如性别、社会阶层、种族,以及其他纷繁复杂的、难以确定的变量。如果没有对每一个家庭进行深入研究,就难以弄清特定的出生顺序在特定家庭环境中的意义。出生于波士顿工人阶层一个完整的天主教家庭的长子,与出生于佛罗里达一个小而富有的离异家庭,其父母都没有宗教信仰,爱好旅游,平日跟母亲生活而周末跟父亲生活的长女的家庭生活经历有很大差异。

尽管如此,萨洛韦具有历史意义的假设,重新激发了心理学家对出生顺序的广泛兴趣,而且一些新的研究正在开展。很多普通人都在自己身上看到了类似的影响。父母也常常将孩子之间的差异归因于出生顺序。我发现,我的孩子们确实也存在这种倾向。在我的大女儿10岁的时候,我的一个朋友称赞她很听话,而我的小女儿生来就很叛逆。

罗（Rowe，1999）列出六种不同的非共享家庭环境因素。第一种是孕期损伤（peri-natal trauma），它是指胎儿在出生之前的永久性损伤。这类损伤在一开始就造成个体与其他家庭成员之间的差异。第二种是意外事件（accidental events），它的范围包括从生理损伤到在博览会上赢得彩券。意外事件的发生和幸运的突然降临也可能对人格产生影响，使孩子与其他家庭成员之间产生差异。第三种是家族排行（family constella-tion），它包括出生顺序以及兄弟姐妹之间的年龄差距。第四种是兄弟姐妹之间的交互作用（sibling mutual interaction），同一个家庭中的孩子与其兄弟姐妹之间随时间不同会产生各种复杂的交互作用方式，包括组成不同类型的小团体、竞争与合作、适应多种社会角色等。在有五个孩子的家庭中，第三个女儿可能与常常向她寻求帮助和征求意见的最小的女儿关系最为亲密。没能加入这个小团体的第二个女儿转而与家中唯一的男孩（大儿子）建立亲密关系。由此可见，这种非共享家庭模式可能对人格特质的发展产生不同的影响。第五种是不平等的父母对待方式（unequal parental treatment），这在很多家庭中普遍存在。母亲可能最偏爱你，父亲则常常与儿子一起踢球而忽略了女儿，诸如此类。最后一种因素是家庭外部的影响（influences outside the family），例如老师和同伴。尽管我们生活在同一个家庭中，去同一所学校念书，但我的兄弟和我结交了不同的朋友，遇到了不同的老师。这些独特的经历可能会对人格特质的发展产生独特的影响。

到目前为止，涉及理解非共享环境效应机制的理论很多，但是有说服力的数据极少。尽管有一些观点看起来很合理，例如父母有差异的教养方式（家庭内部因素）和同伴组织关系（家庭外部因素），但是到目前为止还没有直接得到研究的有力支持。关于非共享环境对个人特质的影响这一研究领域，在未来还有很大的发展空间。

如图 6.2 所示，邓恩等人（Dunn & Plomin，1990）估计非共享环境因素可以解释人格特质变异的 35%，基因解释 40%，测量误差解释 20%，共享环境只能解释 5%。从我们目前所知的来看，他们的估计很合理。值得注意的是，非共享环境的 35% 这个数值是通过排除法得出来的。运算逻辑如下：有充足的证据显示基因至少可以解释人格特质变异的 40%；我们几乎没有证据显示共享环境对人格特质的影响能超过 5%，或许事实上要比 5% 更低；我们有理由相信测量误差能解释 20% 的变异；把这些相加，还剩下35% 的变异无法解释。剩下的 35% 则一定是由非共享环境因素引起的，因为再没有什么其他因素了。因此，尽管我们有理由说人格特质可能受到非共享环境的影响，但这些环境因素具体是什么，以及它们是如何作用的，我们还没弄清楚。

基因如何塑造环境

当我们试图用基因和环境因素来解释人格特质变异时，我们基本上假设基因和环境是两个独立因素。表面上来看，这是正确的。基因是 DNA 片段，家庭、邻里和社会阶层等则属于环境因素。但是，从现实的角度来讲，将基因与环境割裂开来是错误的，因为在产生行为的过程中，基因与环境的作用交织在一起。只不过，这种共同作用并不完全对等，毕竟环境并不能轻易影响一个人的基因。不论一个拥有易怒气质的婴儿享受了多少愉悦经历，基因对易怒气质的(部分)作用无法改变。但行为可能发生改变，这个婴儿以后也许会成为一个不那么容易被激怒的人。经历甚至可能影响大脑的发育和功能。但是，基因本身仍然是无法被改变的。相反，基因似乎会影响环境。基因不仅能改变人们体验环境的方式，而且能影响人们对特定环境的选择。

230

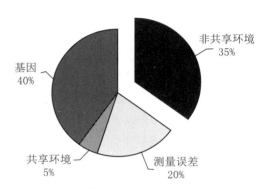

图6.2　各变量对人格特质变异的解释率

来源：*Separate Lives：Why Siblings Are So Different*（p.50），by J.Dunn & R.Plomin，1990，New York：Basic Books.

　　行为遗传学的一项关于基因如何限定环境的研究得到出乎意料的结果，这一研究表明，环境本身是可以遗传的。举个例子，在同一家庭成长的同卵双生子报告的环境相似度比在同一家庭成长的异卵双生子高。有研究者（Plomin & Bergman，1991）回顾了一系列使用不同方法得到的针对社会化环境的测量，发现这些测量结果与基因变异息息相关。我们通常认为环境就是"客观的外部存在"，是独立于观察者而存在的。而且，"环境"二字从字面上来看也跟DNA毫无关联。研究者通常通过人们的经验报告对外部存在的环境进行测量。例如，想得知一个青少年的父母有多热心和敏感，研究者通常会询问青少年的感受。然而，一个青少年如何报告他生活的环境，又会受到他的基因型的影响。人们也许会倾向于用固定的视角去看待他们的环境。卡斯皮（Caspi，1998，p.352）在书中指出，环境表现出来的稳定的、持久的特征也许就是人格特质的稳定性、持久性以及部分可遗传的个体差异性的反映。

　　研究者发现，基因差异对环境认知的影响随年龄逐渐增强。研究者（Elkins，McGue，& Iacono，1997）调查了11岁和17岁两个年龄组的同卵双生子和异卵双生子怎样描绘他们的家庭环境。在代际冲突、父母干涉、父母全力支持方面，同卵双生子比异卵双生子报告出更多的相似性。这一结果表明，正如研究中的这些男性青少年感知到的那样，家庭环境中的这些维度具有部分可遗传性。另外，17岁年龄组的家庭遗传

231

率显著高于 11 岁年龄组，特别是在父子关系方面。研究者认为，被试年龄越大，人格倾向对塑造他们如何感知自己所处的环境的影响力也越大。另外，个体年龄越大，对个人环境更具掌控力，更能改造环境以适应他们的基因型。随着儿童的成长，他们要承担起更多的生活责任，于是基因对他们环境的塑造作用也就越来越大。

基因对环境的影响可以追溯到生命的最初几个月，这种影响通过塑造环境表达出来。由于遗传基因的功效，婴儿也能微妙地塑造环境，这些环境反过来又制约着他们人格的发展，从而形成一个不断交互作用的循环。有研究者（Scarr & McCartney，1983）区分了三种遗传天赋或者基因型塑造环境，最终影响人格特质发展的方式。

第一种方式是唤起的影响（evocative influence）。人们依据儿童的基因型对其作出反应。相比于困难型婴儿，容易型婴儿能唤起父母更多样的照料方式。至少在美国很多中产阶级家庭中，开朗活泼的婴儿比忧郁或易怒的婴儿能引起更多的关注。甚至在婴儿气质水平方面，基因型也会隐约地影响外在环境，进而反作用于婴儿人格的发展。

第二种方式是被动的影响（passive influence）。儿童的亲生父母给儿童提供一种与他们自身基因型一致的环境，他们的基因型与儿童的基因型是相似的。举例来说，天生喜欢阅读和享受阅读的父母更喜欢给孩子买书，让孩子阅读更多的书籍，所以他们的孩子更喜欢阅读。双生子认知能力研究表明，阅读能力和阅读兴趣都受遗传的影响。因此，由于与亲生父母享有共同的基因型，孩子生活在与自己的基因型相对一致的环境中，尽管父母的基因型只是部分决定这些生活环境。

第三种方式是主动的影响（active influence）。它是指直接选择和寻找与基因型相匹配的环境。个体选择和塑造有利环境，这在很多研究和日常经验中是有迹可循的。一个社交型的男孩将在邻里之间广交朋友，这也造就一个对其发展有特定影响的环境。一个好动的女孩可能会参加垒球队。在某种程度上，社交技能和运动技能都是由一个人的基因型决定的，这些案例都说明基因型在环境选择中起到的作用。唤起的影响和被动的影响主要在婴幼儿时期和青少年早期发挥作用，麦卡特尼（McCartney，1983）认为，主动的影响方式在个体进入成年期之后，以及在整个成年期都会有所增强。

基因型对环境选择的主动的影响可以解释，为什么某些特质的遗传率会随年龄的增长而升高。例如，研究者已经证明成年期宗教信仰的遗传率高于青春期（Koenig & Bouchard，2006；Koenig，McGue，Krueger，& Bouchard，2005）。随着个体从青年期步入成年期，其宗教选择以及宗教热忱受到基因型的影响越来越大，共享家庭环境的影响则越来越弱。对于儿童和青少年，他们的某些行为，例如参加教堂活动，是与父母的有关模式高度一致的，这是一种共享环境。但是，随着孩子年龄的增长，他们能够自主选择恪守的宗教信仰。成年人不再只服从父母的控制，而是更遵从自身携带的基因型。有宗教遗传倾向的成年人可能会更多地去教堂，即便他们的父母很少这么做，而没有宗教遗传倾向的人可能会放弃宗教信仰。

232

基因与环境的交互作用：神经科学的新发现

有关特质的起源，研究者们已经获得一些初步的认识，如今摆在他们面前的困惑是，基于双生子研究和收养研究结果，基因一定会对特质的发展产生实质性影响（否则遗传率将接近 0），但我们无法得知是哪些基因在起作用，以及怎样起作用。至今，科学家还无法识别与特定特质相关联的单个基因（Munafo et al.，2003）。这是意料之中的事情。基因通过编码特异性蛋白质来构成人体的生理解剖结构，而从特异性蛋白综合体到在自陈式量表外向性维度上得高分的过程是漫长而复杂的。可以说，遗传对特质的影响是随机的、难以琢磨的，这种影响随着人们的发展以及所处的时间、空间的不同而发生变化。单个基因片段产生的影响可能很小，但是如果与其他相关基因共同作用，那么特定的特质倾向模式将最终显现出来并得以发展（Caspi et al.，2005）。

一项关于 5-羟色胺转运基因（5-HTTP）的研究显示基因如何牵涉人格发展的过程。5-羟色胺是一种神经递质，它与其他神经递质一样被释放到神经元突触间隙并发挥在神经通道中传递信息的作用。一旦 5-羟色胺被释放到神经元突触间隙并完成信息传导过程，一些负责清理工作的分子就会将 5-羟色胺带回最初释放它的神经细胞中，这个过程叫作再摄取（reputake）。再摄取清除了间隙中的递质，使新的信息传导得以发生。5-羟色胺转运基因是一种参与生产能将 5-羟色胺从细胞间隙清除的特异性蛋白质的基因。这个基因可能遗传自父母双方，每个人都拥有两个 5-羟色胺转运基因。这些基因具有不同的结构种类。一些比较长，一些比较短。个体可能获得两长、两短、一长一短三种基因型中的任意一种。重要的是，短等位基因比长等位基因显示出稍差的再摄取能力。

有关个体发展的研究表明，拥有至少一条 5-羟色胺转运基因短等位基因可能是导致焦虑和抑郁的危险因素。例如，有研究（Lesch et al.，1996）报告有一条或者两条短等位基因的个体比有两条长等位基因的个体在神经质维度上得分更高，在随和性维度上得分更低。研究者认为，低效率的 5-羟色胺再摄取可能会造成生活中的焦虑、压抑、难相处等问题。然而，并不是所有依照科学程序进行的重复实验都能得到这样的结果。一些研究表明，短等位基因与负面人格特质有直接联系，另一些研究却没有得到这样的结论。

卡斯皮等人（Caspi et al.，2003）的研究使得这个领域向前迈进了一大步，他们认为只有在消极环境信息输入时，5-羟色胺转运基因短等位基因才会导致高水平的抑郁，此观点得到研究数据的支持。在这个具有里程碑意义的研究中，卡斯皮等人在被试均为青年的一个大样本中考察了他们的基因型、生活史、抑郁症状。结果发现，33％的拥有至少一条短等位基因的青年至少报告了四个显示他们抑郁症状的高压力生活事件，但是只有 17％的拥有两条长等位基因的青年报告了相同数量的压力事件。这个结果说明了基因与环境的潜在交互作用。单独拥有某一种要素并不能预测抑郁症状，比如拥有短等位基因或者经历高压力生活事件，只有当我们考虑两者的交互作用时，预测作用才能成立。在拥有至少一条短等位基因和经历环境中高压力生活事件的综合作用下，个体患抑郁症的风险将大大提高。但这到底是怎样的一个过程至今还不清楚。一些研究者声称，生活压力与 5-羟色胺转运基因的相互作用使大脑的杏仁核极度兴奋，这可能是导致抑郁和焦虑的原因（Canli，2004；Canli et al.，2006）。正如我们在本书第 5 章提到的那样，特定的杏仁核区域与负面情绪体验、行为抑制等有关。

另一些研究也向我们展现了基因与环境的交互作用。考夫曼及其同事（Kaufman et al.，2004）报告，那些拥有至少一条 5-羟色胺转运基因短等位基因且受过父母虐待的儿童，在其父母认为自己生活压力很大的情况下，更有可能患上抑郁症。在研究中，儿童的基因表达是由两方面环境因素调控的：一是儿童被虐待的程度，二是他们的父母体验到的压力水平。研究者（Fox，Hane，& Pine，2007）在报告中指出，特定的 5-羟色胺转运基因变体与父母低水平的社会支持的交互作用，对 7 岁儿童的行为抑制有预测作用。这个研究又一次说明，单独依靠基因或者压力环境的作用是无法预测行为模式的。事实上，这两个因素的共同作用才会产生这种显著的行为效果。如果儿童拥有低再摄取能力的遗传倾向，而且他的母亲曾经历过低水平的社会支持，那么儿童倾向于极度腼腆并显示出压抑行为。福克斯及其同事指出，那些社会支持水平低的母亲压力更大，并且不能对儿童的需求给予足够的关心。他们还推断，低效率的 5-羟色胺再摄取是造成儿童消极情感倾向和过度腼腆的生物学原因之一。但是，如果没有极其压抑的环境作用，儿童则不可能有这样的消极情感倾向。如果缺乏社会支持的母亲通常处于烦躁和高压状态，那么她们就会给儿童营造一种消极的环境，使得儿童处于很大的生活压力之中，加上先天基因倾向的共同作用，儿童的行为抑制也就产生了。因此，对很多儿童来说，基因易感性和压力环境共同造成他们的过度腼腆和高水平的行为抑制。

在人格特质的形成过程中，环境起着调节基因表达的作用，这个观点在人格科学研究中受到越来越多的关注。许多不同的研究程序和理论观点都直接或者间接以这个观点为基础。青少年反社会行为的有关研究就是这样一个例子。

行为失调、青少年不良行为等诸如此类的行为模式与遗传有实质性的关联，这是一个已得到证实的科学事实。此外，一旦确定基因的效应，识别反社会行为之中剩下来的环境因素的变异就比较困难了。因为反社会行为的遗传率小于 100%，所以环境因素多少会有些影响。但是，环境因素具体是什么？它们如何发挥作用呢？在一个有关同卵双生子的纵向研究中，研究者发现了基因与环境交互作用的一个有趣的模式（Burt，McGue，Iacono，& Krueger，2006）。研究者关注环境因素中的亲子冲突，用表 6.5 中的项目对被试进行施测。在被试 11 岁时，他们被要求报告父母批评他们的频率，信任他们自己作出决定的程度，等等。研究者在 3 年后，即被试 14 岁的时候测量他们的反社会行为。结果不出意料，遗传的影响是深远的。如果同卵双生子中的一个在 14 岁时有高水平的攻击性和犯罪行为,那么另一个很可能有相同的行为模式。同样,如果其中一个有低水平的反社会行为,那么另一个也是这样。然而,双生子之间的反社会行为水平也存在差异,其中一些甚至存在相当大的差异(一个反社会行为水平很高,而另一个反社会行为水平很低),研究者发现 11 岁时的亲子冲突是这种差异的有力预测源。换句话说,14 岁时在反社会行为水平上表现出巨大差异的双生子中,11 岁时报告了高水平亲子冲突的个体在 14 岁时趋向于表现出高水平的反社会行为,反之,11 岁时报告了低水平亲子冲突的个体在 14 岁时则趋向于表现出低水平的反社会行为。这些研究表明,特定的基因型和特定的环境对特定的个体有不同作用,塑造了有差异的反社会行为。

234

表 6.5   亲子冲突测量项目

---

1. 父母经常批评我
2. 在我讲完话之前,父母经常打断我
3. 父母经常激怒我
4. 我和父母之间经常有误会
5. 比起父母我更尊敬别人
6. 父母经常伤害我的感情
7. 父母不相信我能独自作决定
8. 父母和我经常争吵
9. 我经常惹父母生气
10. 父母经常对我发脾气
11. 父母在盛怒的时候会打我
12. 我有时真的害怕父母

纵向研究表明,一部分 11 岁的被试在这些项目上的得分可以预测其 14 岁时反社会行为的水平。对在反社会行为上表现出极大差异的那些同卵双生子来说,11 岁时高水平的亲子冲突与 14 岁时高水平的反社会行为之间密切相关。这个研究发现,虽然遗传因素对反社会行为的影响很大,但在一些被试中,环境因素也是起作用的。

来源："Differential Parent-child Relationships and Adolescent Externalizing Symptoms：Cross-lagged Analyses within a Monozygotic Twin Differences Design," by S.A. Burt, M. McGue, W.G. Ia-cono,& R.F. Krueger, 2006, *Developmental Psychology*, *42*, 1291.

在我描述的这个研究中,很关键的一点是,基因与环境的交互作用只在特定的双生子身上表现出来。这意味着,个体可能沿着不同的发展轨迹形成特定的行为模式。简单来说,导致青少年行为失调或者使个体拥有外向性、开放性等人格特质的途径有很多种。对部分个体来说,亲子冲突与反社会行为的遗传倾向共同塑造了一个问题少年。对其他个体来说,高水平的反社会行为与亲子冲突之间并没有什么联系。

随着双生子和反社会行为的研究不断升温,在人格科学领域逐渐形成这样一个观点:不同的个体形成特质倾向的途径不同。例如,阿伦等人(Aron & Aron, 1997)提出,成年人可能沿着两种相当不同的途径发展为内向的或焦虑的人(也可见于 Aron,Aron,& Davies, 2005)。对一些人来说,发展轨迹是从早期的行为抑制、受遗传影响的气质倾向发展为胆怯的、消极易感性的特质。对另外一些人来说,消极的童年经验则

235

可能是主要的原因。简单来说，一些拥有高焦虑或胆怯特质的成年人可能是天生如此（或者有着如此发展的强烈的遗传倾向），然而其他人的类似倾向可能是由不愉快的童年经验和消极的环境影响造成的。虽然事实可能并不像研究者所说的那样简单，但这个得到广泛认可的观点还是很有说服力的：基因与环境共同作用从而塑造具体特质的方式是因人而异的。

对于我提到的这个内容，还可以参考一些发展心理学家所作的区分，他们描述了两种不同类型的孩子：蒲公英型孩子和兰花型孩子（Belsky，2000；Boyce & Ellis，2005）。蒲公英是一种极其顽强的植物（你也可以叫它野草），它几乎可以在任何环境状态下生存，这惹恼了想拥有美丽的绿色草坪的主人。因为想要彻底清除蒲公英是很难的，它们似乎不受任何威胁的影响。相反，兰花是世界上最娇弱的花种之一。它们需要精心的照料，适量的水、营养元素和阳光。它们对环境状况极其敏感。打一个不严格的比方，一些孩子就像蒲公英一样坚韧。他们依照基因的预设发展，而不受环境中偶然因素的影响。也就是说，他们在很大程度上遵循遗传规定的类型发展，因此环境对他们的影响很小。相反，一些孩子就像兰花一样易受环境影响。当环境适宜他们成长时，他们就茁壮成长，但是当身处逆境时，他们的发展就明显地受到威胁。基于这种状况，兰花型孩子占据了发展的好和坏两端。相比较而言，蒲公英型孩子不受所处环境的影响，因而占据中间地带，不是特别好或特别坏。

但请注意这只是一个类比，这个理论不是说兰花型孩子比蒲公英型孩子更美，而是说兰花型孩子具有对环境更敏感的遗传倾向，而蒲公英型孩子具有对环境更强的抵抗力，拥有更少受到环境中好的或不好的输入信息影响的遗传倾向。博伊斯和埃利斯（Boyce & Ellis，2005）用压力反应的概念阐明了这个观点。压力反应（stress reactivity）是指一种广泛而强烈的生理反应倾向，例如环境中存在威胁和挑战时，杏仁核会被高度激活，广泛分泌一种被称作皮质醇的压力激素。所有人在面对压力时都有类似的生理反应，但是一些人的压力反应更强烈、更持久。我们通常认为，高水平的压力反应是不好的，因为压力反应通常与消极的环境和恶劣的生活状况相关。然而，博伊斯和埃利斯指出这两者之间呈曲线关系，压力反应跟极端好的或极端坏的环境和结果联系在一起。他们认为，压力反应实质上是对环境的生物敏感性。高水平的生物敏感性能使人们提升对威胁和危险的警戒程度，以便在有威胁和危险的环境中通过提高对社会资源和支持的感受性来增强自身的适应能力（Boyce & Ellis，2005，p.272）。

与压力反应水平低的孩子相比较，压力反应水平高的兰花型孩子对环境的影响更具感受力。他们对威胁和危险更警觉，而且他们更容易受到强大的社会支持和丰富的环境资源的积极影响。然而，环境影响既可能是正面的，也可能是负面的。负面影响可能会对孩子造成实质性的伤害，好的环境则会使孩子受益匪浅。相反，压力反应水平低的孩子受到环境的影响很小，更可能按照遗传倾向的规定来发展他们的人格特质。

236

特质的可变性和复杂性

用特质来描述人格似乎失之偏颇，它表达出更多的稳定性和简单性，而忽视了人格的可变性和复杂性。从定义上来看，特质多少具有跨时间的稳定性，特质是稳定的而不像状态、心境、瞬间感觉等短暂性的概念。本章回顾了成年期特质得分存在差异连续性的证据。更进一步，特质遗传性的证据也支持了连续性的观点。众所周知，我们的基因是不会变的，因此如果人格特质部分由基因决定，那么不难看出，这部分人格特质在经历很长一段时间后可能不会发生太大的变化。在观念上，特质的结构是简单的。说到"简单"一词，我的意思是特质通过清晰的、直接的方式决定人们的非条件性行为倾向。在特定的环境中，决定特定行为反应的因素是复杂的，包括很多不同的特质。但是，在特质心理学中，我们可以从一系列的环境中，区分出离散的人格维度并测量其相应的行为表现。在不同的时空条件下，高度外向的人总是比高度内向的人更乐于卷入更多的交谈，接触更广泛的人群，参加各种社交活动。这样的解释直接而简单（而且基本属实）。

如果特质没有跨时间和跨情境的相对稳定性，不能随着时间和情境的变化而直接、简单、广泛地预测行为倾向，那么我不得不承认，这样很难建立可靠的人格心理学。我们对于人类天性的一般理解是人与人之间存在着明显的不同，这些不同可以用简单明了的词句和观点来表达，而且这些不同具有时间上的稳定性。大量的人格研究支持了这些论述。但是，事实远远不止这些。在本章余下的内容里，我将重点强调与前文相反的视角，关注人格特质的可变性和复杂性。下面三个一般性的观点是余下内容的核心。

（1）尽管有足够的证据证明差异连续性的存在，但人格特质仍然显示出时间上的可变性。

（2）特质以不同的模式组织起来，不同的模式随着时间以不同的方式变化。

（3）那些有可能发生剧烈变化的心理特征可能根本就不属于特质的范围。

可变性的不同含义

我们已经知道，连续性在人格特质的范畴内有不同的含义。同样，可变性也有不同的含义。其中一些含义与前面提及的连续性的含义存在对应关系。之前提到特质的绝对连续性的测量通常是取样本平均数。如果大四学生在表现型特质上的平均分接近他们三年前作为大学新生时所得的平均分，那么我们可以说此样本的表现型特质在这三年是绝对连续的。但如果大四学生的得分明显低于或者高于他们三年前的得分，我们就获得人格可变性的证据。在这个群体中,这些学生的某些特质会朝着一个特定的方向发展,这是我们通常想到的人格改变的方式。相反,差异连续性是指在特质测量中个体间差异的稳定性。我们已经看到,成年期特质的差异连续性的证据令人印象深刻。即便如此,我们仍然能够观察到一些变化,这是因为并非每个人都能长时间地在给定特质的分数分布上保持其相对位置不变。例如,一个历时 8 年的纵向研究(Roberts,Caspi, & Moffitt,2001)发现,尽管特质前后测的相关系数相对来说比较高,但在这段时间里很多被试的"大五"人格中至少有一个表现出显著的变化。桑迪可能在外向性方面有所提升,珍妮弗可能在尽责性方面有所下降,山姆可能在五个特质上得分稳定。总的来说,一些人在某些特质上的变化比另一些人更明显。

　　人格可变性的观点引发了其他一些相关问题。尽管变化的方向有好有坏,但是随着时间的流逝,人们通常努力往好的方向发展。心理治疗师和咨询师的工作就是推动这种变化,旨在帮助人们"适应""改变""增进心理健康""良好应对""恢复"等。这些与变化有关的术语展现了心理治疗和解决生活问题的过程,因而改变也就可以被看作一种心理治疗或解决问题的途径。对人格发展的了解让我们获得了一个相关概念的集合,它包含"成熟""充实""自我实现"等。这里我们讨论的是特定方向的变化,例如朝着更好、更高水平、更持久或者更具年龄适应性的方向变化,改变即成长。奥尔波特(Allport,1961)对人格发展的可能性持乐观态度,他认为以下五个标准标志着人格发展达到成熟。

　　(1) 在情绪上拥有安全感,以及在行为上符合社会规范以减少人际摩擦,获得社会赞许。

　　(2) 拥有努力使自身投入重大生活目标的能力,而不是只关注即时需要。

　　(3) 具有同情心以及与别人建立亲密关系的能力。

　　(4) 准确地评价自我以及他人。

　　(5) 建立基于个人经历的人生哲学。

　　同样,斯托丁格和凯斯勒(Staudinger & Kessler,2008)对成熟人格的定义包括对自我和世界深入而广泛的洞见,拥有管理情绪的能力,而且关心他人和世界。在第 9 章,我们还会看到另外一些发展理论家提出的有关人格发展的应然状态的独到见地。人类学家、社会学家以及其他许多研究者,都对不同人生阶段的人格变化进行过研究。研究者倾向于采纳两种不同的基本研究设计。在横断研究(cross-sectional studies)中,研究者同时搜集并比较两个或两个以上不同年龄组的数据。例如,比较 2005 年取样的20 岁、30 岁、40 岁三个年龄组的美国成年被试在开放性特质上的平均数差异。相反,在纵向研究(longitudinal studies)中,研究者对一个样本进行长期追踪研究,比较这个样本不同年龄阶段的差异。例如,在一个纵向研究中,研究者可以在 2005 年测得 20 岁美国成年人样本的开放性得分,然后在被试 30 岁(2015 年)和 40 岁(2025 年)的时候进行重新测量。

横断研究和纵向研究各有优点和缺点。为了达到研究目的,我们必须注意横断研究的一个重要局限性。由于横断研究在同一时间点上考察不同年龄组的差别,因此表现出的差别并不直接反映人格的变化和发展。在上述例子中,如果 40 岁年龄组在开放性上的得分比 20 岁年龄组低,我们没有理由推断这是由发展中的变化造成的。它可能仅仅是代群效应(cohort effect)的结果。代群效应是指,运用心理学研究方法以特殊历史群体为对象而得出的相关结论。在横断研究中,20 岁年龄组和 40 岁年龄组的被试出生于不同年代。20 岁年龄组出生于 1985 年,40 岁年龄组出生于 1965 年。这两个样本年龄不同,当然属于不同的群体,他们经历了不同的历史事件,代表了不同的历史年代。我们发现 40 岁年龄组被试在开放性上得分较低,应该承认两组的差异可能只是由过去不同的经历造成的,而不是本质上的发展变化。也就是说,并不是因为年龄的增长,你变得不那么开放。相反,可能是因为 20 世纪 90 年代因特网的出现对 20 岁年龄组的思想产生了深远影响,使他们对革新和改变持更开放的态度。但是,这并不意味着在测定人格变化时横断研究一无是处。要想得出人格随年龄而变化的清晰的结论,必须有纵向研究结果的补充。

成年期的特质可变性

一般来说,横断研究与纵向研究中的样本在成年期发展过程中不会显示出剧烈的人格改变。但是,仍然有证据显示"大五"人格各个特质都发生了系统的渐变。研究结果表明,从成年早期到成年中期,与外向性、神经质、开放性有关的特质水平逐渐下降,与随和性、尽责性有关的特质水平逐渐提高。举例来说,大学生在外向性、神经质和开放性项目上的得分比中年人高,而在随和性和尽责性上的得分比中年人低(Costa & McCrae,1994)。一项在德国、葡萄牙、意大利、克罗地亚和韩国选取成年人被试的大型横断研究得出了相似的结论:与成年中期的被试相比,大学年龄段的被试在外向性、神经质、开放性维度上得分较高,在随和性、尽责性维度上得分较低(McCrae et al.,1999)。图 6.3 展示了尽责性和开放性的数据。由图可知,18~21 岁、22~29 岁、30~49 岁、50 岁以上年龄组尽责性的得分随年龄而递增,开放性维度的得分随年龄而递减。另外一项规模更大的横断研究通过在网上发布人格问卷收集了许多被试的"大五"人格特质得分。总共有 135 515 名 21~60 岁的成年人参与了这项网络调查(Srivastava,John,Gosling,& Potter,2003)。研究结果表明,从成年早期到成年中期个体的随和性、尽责性项目的得分有所增长,同一时期女性在神经质上的得分则有所下降。

青春期后期和 20 岁左右是人格发展的关键期和动态期。对很多年轻人来说,这一人生阶段是在大学里度过的。研究者认为,年轻人在这个时期成熟得很快,在诸如冲动控制、情绪控制和社会责任感等作为成熟标志的特质上的提高特别明显。研究者（Donnellan，Conger，& Burzette，2007）采用多维人格量表（Patrick et al.，2002）简化版对同一个样本中的被试分别在 17 岁（高三学生）和 27 岁（10 年之后）进行了测量。研究发现，在 10 年里，被试的成就和自我控制能力明显提高，攻击性、离群性、压力反应水平则有所下降。当然，这些都是样本均值的变化：一些人的变化比另一些人大得多，而有些人的变化趋势与总体相反。研究者还在那些 17 岁时社会化水平和成熟度就已经较高的个体身上发现了一些有趣的现象：这些人 17 岁时在自我约束因素（与尽责性相似）上得分较高，在消极情绪因素（与神经质相似）上得分较低，而且这些现象在 10 年间没有太大的变化。研究者认为，这些结果意味着 17 岁时具备高水平控制性和低水平消极情绪的年轻人已经达到人格发展的成熟水平，因此更进一步的变化是不必要的。

239

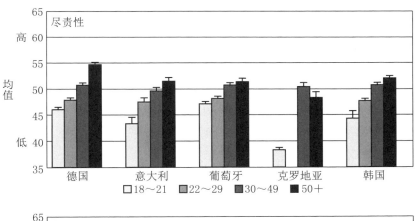

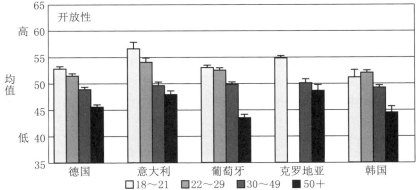

图 6.3　在五个国家中尽责性和开放性与年龄的相关

来源："Age Differences in Personality Across the Adult Lifespan：Parallels in Five Cultures," by R.R. McCrae，P.T. Costa，Jr.，M.P. de Lima，A.Simoes，F.Ostendorf，A.Angleitner，et al.，1999，*Developmental Psychology*，*35*，474（上图），472（下图）.

　　另外的一些纵向研究得出类似的结论。一项针对大学生进行的纵向追踪研究发现，消极情绪（与神经质相关）随年龄的增长而下降（Watson & Walker，1996）。另有研究表明，当被试进入成年中期后，社交性（与外向性相关）有所降低（Mortimer，Finch，& Kumka，1982）。研究发现，成就动机（与尽责性相关）随着年龄增长而上升（Jessor，1983）。有研究者（McGue，Bacon，& Lykken，1993）追踪研究了127对双胞胎，从这些双胞胎20岁开始到30岁的这10年间，外向性并未如研究者们预计的那样有所下降，但研究显示压力反应（与神经质相关）、吸收性（与开放性相关）和攻击性（显示随和性的降低）等方面有所下降，成就和控制（均与尽责性相关）方面则有所上升。一项对80名女性被试从27岁到43岁进行的追踪研究（Helson & Klohnen，1998）发现，她们的消极情绪有所下降，控制能力与积极情绪则有所提升。回顾类似的研究，有人（Aldwin & Levensen，1994）总结出，"看起来从成年早期进入成年中期，个体的神经质水平下降，体现能力的人格特质的水平升高"（p.194）。

　　随着年龄的增长，个体发展出更高水平的能力、自主性和责任感，这是在北美地区开展的纵向研究中的常见主题（Cartwright & Wink，1994；Morizot & Le Blanc，2003；Stewart & Vandewater，1993；Vaillant，1977）。其中，两个影响很大的研究分别是美国电话电报公司研究（AT&T Study）（Howard & Bray，1988）和密尔斯（Mills）学院纵向研究（Helson，1967；Helson & Wink，1992）。

　　美国电话电报公司的研究选取266名男性管理候选人作为被试样本，对他们进行了长达20年的追踪研究，从20世纪50年代后期开始，一直到20世纪70年代后期，被试从20多岁成长到40多岁。这些被试都在评估中心参与这项研究，在那里他们要进行行为模拟、面谈，并接受多种关于认知、人格、态度、人生传记的测量。这项研究的一个关键点是考察美国管理者的职业和个人发展状况。一个有趣的发现是，这些人在这20年里抱负水平显著下降。在管理生涯之初，他们对自己将在企业层级中所处的位置有着高水平的志向和略显不现实的期望。然而，仅仅8年时间，他们的抱负水平就出现显著的下降，而且他们对晋升的可能性有了更现实的想法，不过这些管理者仍然对工作有着强烈的兴趣并拥有做好工作的高水平动机。在这20年里，他们的自主性水平有了显著的提升。从20多岁成长到40多岁的过程中，被试展现出更高水平的自主性，并且能够专注于高效的工作。自主性的提升可能会使他们与同龄群体的交往不那么顺利，即随着年龄的增长，这些人在友善和移情（empathy）测验中的分数有所下降。研究者解释，年轻人从盲目的野心中解脱出来，转向有成效的自主，这是很多人从成年早期开始在工作领域中成熟起来，进入越来越重视责任的成年中期的表现。

　　密尔斯学院纵向研究始于美国西海岸一所小型女子精英学院——密尔斯学院，选取1958年或1960年毕业的140名女性作为被试。在这些学生大四的时候，她们接受了一系列标准人格测验，并在她们27岁、43岁、52岁时通过邮件与之取得联系。研究样本组是一个很特别的群体，因为她们在青年初期和中年期都经历了一些重大历史事件。在她们大学毕业之时，美国社会普遍期望她们放弃工作，优先考虑婚姻和家庭生活。20 世纪 60 年代和 70 年代早期兴起的女权运动激起了这些女性中很多人的雄心壮志，而且在很大程度上影响了她们看待工作与家庭关系的方式。大部分被试都在职业上取得了相当大的成就，其中一些甚至成功进入男性主导的领域。研究者追踪了这个群体的人格变化和连续性，而且通过测量其中一部分被试的配偶的人格，对研究结果进行了补充（Helson & Stewart，1994）。

通过对密尔斯学院的女性从毕业到 43 岁这一阶段的测量，赫尔森等人（Helson & Moane，1987）证明了她们在尽责性、自我控制和对他人的反应性方面有所提升。此外，从 43 岁到 52 岁，其他一些特质也发生了显著变化。例如，这些女性逐渐变得更加独立，思维更具自我批判性，她们的自信心和决断力也逐渐增强。在这个时间段内，被试通过运用理智、逻辑分析、忍耐未知等方式显著提高了自己应对生活事件的能力。研究结果表明，随着时间的推移，女性对其自我概念的满意度逐渐提高，并且更加确信她们的成就和承诺很好地反映了她们最基本的需求和抱负（Helson & Wink，1992）。在这些被试 61 岁时继续进行的追踪研究表明，她们在成年中后期人格特质保持相对稳定，积极情绪继续增加，消极情绪减少，情绪的复杂性则有所降低。

一些理论家指出，在成年早期和成年中期，男性和女性的人格特质发展轨迹有所不同。例如，古特曼（Gutmann，1987）推测年轻父母在家庭中扮演着传统的性别角色类型，男性在诸如支配和能力等能动性维度上得分高，而女性在诸如照料他人等共生性维度上得分高。但是，一旦男性和女性从传统的父母角色中摆脱出来（在他们 40 岁之后），女性的能动性有所提高，而男性的共生性有所提高。密尔斯学院的研究结果为古特曼的部分观点提供了一些数据支持。有研究（Wink & Helson，1993）比较了密尔斯学院研究中的女性被试及其丈夫，而且分别考察了他们为人父母早期阶段（27 岁）和后期阶段（52 岁）的生活状态。图 6.4 显示了一系列象征工具性能力的自我形容词报告。在能力项目上得分高意味着他们的行为是目标导向的、有组织的、细致深入的、实用的、高效的、思维清晰的、现实的、严谨的和自信的。从图中可以看出，女性 27 岁时在这个维度上的得分比她们的配偶低，但是在 52 岁时得分大致相同。在图中同样可以看到被试父母的平均得分，得分取样于 1961 年（在这些女性被试毕业后不久）。如图所示，1961 年被试父亲的平均能力得分要显著高于被试母亲。这些结果表明，性别角色的转变和历史性事件对人格特质的影响。这项研究中的被试在 27 岁时，某些方面的能力得分与她们的母亲相近，但是在 52 岁时与她们的父亲在相同年龄的得分相近。随着女性的能动性越来越被社会接受，以及她们一步一步从母亲的角色中解脱出来，这些因素共同鼓励处在中年期的女性树立自信心，使她们朝着更具能动性和目标导向的生活发展。

242

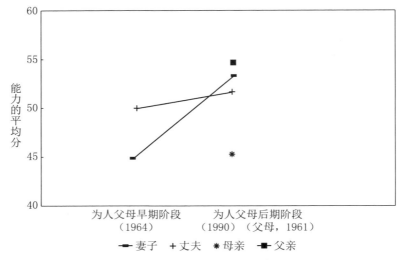

图 6.4　能力评分和成年期发展

通过形容词检核表测得的能力平均分在为人父母早期阶段到后期阶段，妻子的平均分相较于丈夫上升更快。图中也显示了妻子的父母的能力得分，妻子的能力水平更接近她们的父亲（相对高），而不是她们的母亲（相对低）。

来源："Personality Change in Adulthood," by R. Helson & A. J. Stewart, in *Can Personality Change*?（p.214），by T. F. Heatherton & J. L. Weinberer（Eds.），1994，Washington，DC：APA Press.

　　数据很全面的一项纵向研究是在人生过程中检验人格特质平均水平变化的元分析（Roberts，Walton，& Viechtbauer，2006）。通过元分析，研究者搜集并统计分析了许多不同研究中的结果。罗伯茨及其同事分析了 92 个考察不同人格特质的纵向研究。综合来看，这些研究中被试的年龄跨度为 10 岁到 70 岁。

　　图 6.5 展示了元分析的一些主要发现。总体来说，分析结果与本章的描述是相符的。在成年期，与尽责性和随和性相关的特质水平不断提高，与神经质（情绪稳定性）相关的特质水平不断下降。然而，元分析也给这些发展趋势增加了一些曲折。从图 6.5 可以看出，尽责性水平在 20～60 岁平稳上升，但随和性水平的上升就缓慢得多。随和性的平均得分在 50 岁之前缓慢增长（不显著）。50～60 岁期间，随和性的平均得分有一个急剧的增长，之后达到稳定。情绪稳定性在 40 岁之前快速提升，之后逐渐停止。元分析表明，10～30 岁期间，社会支配（外向性的一个成分）有很大增幅，社会活力（外向性的另一个成分）在 50 岁之后有所下降。开放性发展趋势呈这样一条曲线：20 岁之前上升，然后达到平稳，50 岁之后下降。

　　人格特质平均水平的变化研究掩盖了个体变化的特殊性。尽管在成年期人们的变化趋势是更富有责任心，但并不是每个人的发展都遵循同样的轨迹。就个体而言，有些人的变化比别人大，有些人朝着与一般趋势相反的方向发展（Mroczek，Almeida，Spiro，& Pafford，2006；Roberts & Pomerantz，2004）。研究者认为，随着时间的推

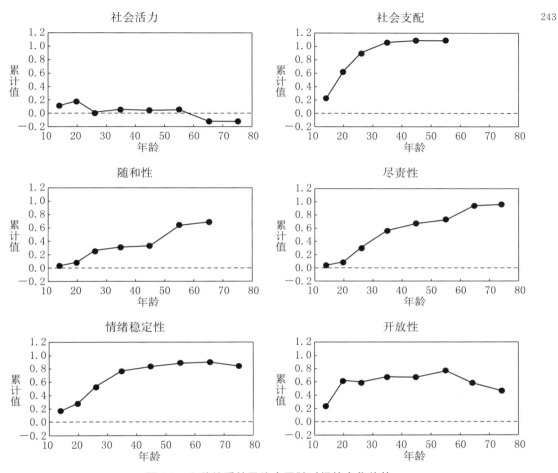

图 6.5 六种特质的平均水平随时间的变化趋势

图 6.5 显示 92 个不同纵向研究中人格发展的一般趋势,被试的年龄跨度为 10～70 岁,共测量了六种人格特质,Y 轴代表变化的标准单位。

来源:"Patterns of Mean-Level Change in Personality Traits across the Life Course: Meta-Analysis of Longitudinal Studies," by B.W. Roberts, K.E. Walton, & W. Viechtbauer, W., *Psychological Bulletin*, 132, 15.

移,人格特质的变化倾向于反映同伴关系以及家庭关系的变化(Neyer & Lehnart, 2007)。具体来说,在成年早期的重大人际关系变化(婚姻或者长期的浪漫承诺)中,伴随特质变化的是神经质水平的下降,自信心水平和尽责性水平的提高(Neyer & Lehnart, 2007)。某些人格特质的巨大变化也会成为问题的前兆。有研究(Mroczek & Spiro, 2007)发现,高水平的神经质和随时间而不断增强的神经质都对老年人的高死亡率有预测作用。研究者指出,逐渐上升的神经质水平反映了老年人生活质量的下降。研究表明,人格中的风险因素不仅反映在某个特质的平均得分上,而且反映在得分随时间的变化上。

244　　　　总的来说,关注成年期人格发展的纵向研究支持了人格特质的平均水平的显著变化,至少在中年后期如此。针对成年晚期的特质研究很少。纵然如此,已有的数据显示神经质水平在 70 岁之后仍持续下降(Allemand,Zimprich,& Hertzog,2007;Terracciano,McCrae,Brant,& Costa,2005)。很多证据显示,在成年期个体差异十分稳定的背景下,仍然可以观察到特质整体水平的提升。当男性和女性从成年早期过渡到成年中期,他们的自我满意度逐渐提高,自我批评、负面情绪和其他神经质成分逐渐减少。尽管他们在外向性上的得分降低,积极情绪成分却有所增加。同时,成年人在责任心、自信、自主等一些尽责性成分上有所提升,尤其是受到良好教育的女性的自信心显著增强。有一些证据显示,从成年早期到成年中期这个阶段,人们变得更加随和、和蔼。在年龄增长的过程中,他们的自我满意度提高,至少在中年后期,对他人的满意度也会提高。

不同时期的特质模式

　　多年以前,布洛克(Block,1971,1981,1993)及其同事设计出一种研究人格的实验程序,这种程序使生命全程中有关人格连续性和可变性的问题得以明晰。很多研究运用自我报告法评估个人特质,但布洛克推崇专家评定法,这些专家能够评定生命全程中整体的人格特质模式。布洛克在人格评定领域首创了加利福尼亚 Q 分类(California Q-sort)技术。Q 分类由 100 个关于人格的陈述(比如"是一个诚实的、可靠的、负责的人"或者"有广泛的兴趣""怀疑的、不轻易被影响的人")组成,由评定者从最具个人特征到最不具个人特征将这些陈述分为 9 组。

　　Q 分类技术受欢迎的一个原因是,这 100 个项目中的每一个项目都与它在个人特征上比较相似的项目被归为同一组。通过这一过程,研究者可以考察被试人格特质的组合模式。另外,通过比较同一被试在不同时间点的分类,研究者可以考察这些分类的纵向一致性。

　　在一项研究中,布洛克培训了 36 名心理学家,并让他们对 70 名男性和 76 名女性在四个不同的时间点实施 Q 分类程序。布洛克分别建立了四个不同的文件,来收集在四个时间点分别施测的不同结果,这四次施测分别在被试青少年早期(13~14 岁)、青少年后期(15~17 岁)、30 多岁和 40 多岁进行。在每个文件中,都有一个经过培训的心理学家为每个被试实施 Q 分类程序,以对被试的充分了解为依据,研究者将 100 个人格陈述划分到 9 个组别当中。

　　布洛克(Block,1981)认识到,人们之所以可以被分为不同的群体,是因为他们具有类似且稳定的人格特质的组合模式。每个群体代表一种人格类型,具体来说就是个体展现的涉及时代特征的特定的特质模式。举例来说,一个"晚熟"的男性在青少年时期是叛逆的和好斗的,但成年后,他们变得尽责和亲社会。另外一个例子是,作为"认知

决策者"的女性早期可能过度敏感，在大学毕业时没有安全感，但是她会随时间逐渐成
熟，成长为一个温和的、内省的和独立的成年人。其他男性类型包括布洛克所称的不稳
定的被控制者和控制欲过强者，其他女性类型包括过度压抑者和易受控制者。

　　布洛克认为，人格类型的基础是两个中心人格维度，它们组织了人类很多功能的不
同方面。第一个是自我控制（ego control）（Block & Block，1980）。自我控制是指一个
人能够控制自己冲动表达的程度。自我控制的一个极端是个体不能控制自身的愿望和
冲动，不能为了长期目标而延迟满足。这样的人对生命中的很多事情都很狂热，但是他
们的热情转瞬即逝。他们易分心、爱冒险，喜欢随性的生活而不是计划的生活。自我控
制的另一个极端是过度控制，这样的人非常顺从而且守规则，有着良好的生活规划，但
是行为压抑使他们远离发自内心的喜悦和创造力。总的来说，自我控制连续体上中等
程度的自我控制，是现代美国人适应生活并保持心理健康的最恰当的选择。

　　第二个是自我弹性（ego resiliency）。自我弹性是指调整特定自我控制水平（加强
或减弱），以适应特定环境要求的能力。与自我控制相反，自我弹性能力的一个特征是
越高越好。自我弹性能力高的人更机智变通，能适应一系列生活挑战。有研究（Funder
& Block，1989）考察青少年延迟满足以获得长期利益的能力，结果发现自我弹性、自我
控制、智力都能很好地预测延迟满足。在 Q 分类中得分高的青少年表现出高水平的自
我弹性和自我控制，同样，在 IQ 测量中得分高的人展现出较高的延迟满足能力。

　　举一个稍微不同的例子，哈恩（Haan，1981）分析了 136 个成年人的纵向研究数据，
其中一些来自布洛克（Block，1981）的研究，并总结了六大人格因素的发展趋势：认知
投入（语言流畅、智力、智慧倾向、成就导向），情感支配或控制（是高度不稳定和极端，还
是冷静和控制），开放或自闭（是自我觉知和具有洞察力，还是传统和专制），亲和或敌意
（是热心和负责，还是冷酷和怀疑），过度压抑或处于控制的异性恋（在性的表达上是抑
制的，还是非抑制的），以及自信。哈恩通过统计学分析发现，男性和女性在这六个维度
上的 Q 分类得分具有相对的跨时间稳定性，但女性更稳定。男性在这些维度上比女性
表现出更显著的变化，特别是在青少年后期和成年期。而且，随着时间的推移，男性和
女性都表现出更多的认知投入，更高的自我开放程度，而且更亲和，更自信。此外，性的
表达在青少年后期达到一定高度，在 30 岁时下降，但是到 40 岁时又上升到一个惊人的
高度。

　　结合布洛克和哈恩的研究以及其他一些关于人格结构的研究（包括"大五"人格特
质理论），约克和约翰（York & John，1992）创立了一种关于中年女性的人格类型学，也
就是他们所说的"四面夏娃"。约克和约翰认为，人格类型应该用原型来定义，而不是离
散的特质种类。同样，原型缺乏明确的界限，不同种类相互交叉。有些人与某种原型的
中心特质描述相符，有些人则处在两种原型的模糊边界上，他们作为一种综合体很难被
确切地归入某种类型之中。

245

246

约克和约翰分析了 103 名密尔斯学院的毕业生的纵向研究数据,其中包括 1981 年进行的后续追踪研究的数据,当时这些女性被试的年龄为 40～45 岁。约克和约翰运用反向因素分析(inverse factor analysis)的统计方法,因此在多种人格特征中相关联的是个体而不是变量。在此项研究中,这一研究程序提供了对这 103 名女性被试在四个因素上的有代表性的定量估计,这四个因素是个性、传统性、冲突性和自信。在这个以个体为中心而不是以变量为中心的分析过程中,每名女性被试的人格都可以通过这四个因素所占的比例来表示。一些女性可以被看作某种特定类型的典范:她们拥有单纯的个性,传统、自信,充满冲突。相比较而言,另外一些人表现出来的特征可能包括多个因素。例如,一名女性可能介于富有个性和传统性之间,另一名则可能表现出兼具三个因素的类型。

个性型女性拥有很大野心,热衷于人际关系而且很敏感。她们趋向于展示最高水平的自我弹性和最低水平的自我控制,这就意味着她们将无意识地、不加压抑地表达自己的冲动,她们很清楚应该什么时候恢复正常,什么时候释放自我。这种人最会变通,最擅长恰当地表达情感、需要和渴望。考虑到“大五”人格理论,她们倾向于在外向性、随和性、开放性上得高分。相反,传统型女性表现出高水平的自我控制,在“大五”人格理论中的尽责性上得分很高。传统型女性与个性型女性一样,随和性占人格特质的很大比例,但与个性型女性不同,传统型女性对当代女性恰当的社会角色有着保守的价值观。传统型女性被认为是乐于付出的和富有同情心的,她们通常比其他类型的女性更容易有内疚感。

冲突型女性一贯表现出低水平的自我弹性和高水平的神经质。她们比其他类型的女性对自己更不满,而且常常被描述为焦虑的、有敌意的、疏离的。自信型女性是这四种女性中情感最稳定的,虽然这种稳定意味着自恋和脱离人际关系。这种类型的女性自信、理智、高效和富有怀疑精神。她们有高水平的自我弹性、尽责性,以及低水平的神经质。她们很少感到内疚和疑惑。但是,在所有类型中她们是最少幻想和自省的。

总的来说,人格类型说将不同人格特质维度以类型的方式组织起来,展现了人格时间上的连续性和可变性。类型说之所以在人格心理学家中受欢迎,是因为它提供了一个更完整的、以个体为中心来理解人类行为和经验的方式,而不是通过测验获得单独的、离散的特质(Mumford, Stokes, & Owens, 1990；Ozer & Gjerde, 1989；Wink, 1996；Zeldow & Bennett, 1997)。进一步来说,布洛克研究中提倡的人格类型理论,既强调人格的复杂性和可变性,又为成年期的连续性和统一性提供了依据。

还有什么是可能改变的

通常,证明人格特质的连续性比证明人格特质有意义的、系统的变化更容易(Heatherton & Weinberger, 1994)。在本章,我们看到了特质差异连续性存在的重要证据,至少在成年期的大部分时间里这样的证据是充分的。当然,连续性并不是绝对的,随着时间的推移,人格特质的重测相关系数会略微降低。特质的个体差异在纵向研究中仍然异常稳定。特质稳定性部分源于特质的遗传属性,以及基因型在选择与其一致的生活环境中的稳定作用。我们可以肯定的是特质水平确实发生了变化,这在个人特质研究或者群体原型特质研究中已经得到证明。举例来说,在生命历程中,神经质水平缓慢下降,尽责性水平逐渐上升。在对被试从成年早期到中年期的追踪调查中,研究者发现人朝着更高水平的自主性,更热心,更具社会责任感的方向发展。

专栏 6.B

人生历程中的快乐

对很多人来说,快乐就是生活之本。我们试图做让自己感到开心的事,并避免做让自己感到不开心的事。当评估自己的生活状况时,我们首先会问自己:我真的快乐吗? 大多数人报告,他们的生活至少在一定程度上是快乐的。但是,谁是最快乐的人呢? 谁是最不快乐的人呢? 什么带来了快乐? 快乐是随时间而变化的吗?

快乐是考察人格连续性和可变性的一个很有趣的指标。心理学家通常使用专业术语"幸福感"来替代人们所说的快乐。幸福感由不同的成分组成,其中三个主要成分是积极情绪、消极情绪和生活满意度(Diener, 1984; Myers & Diener, 1995)。尽管幸福感本身不属于人格特质的范畴(这个观点仍有争议),但我们在本章得到的关于特质的结论大致都可以运用到幸福感领域。例如,有证据显示在人生历程中,幸福感也兼具连续性和可变性。

事实上,每个人都知道幸福感是不断变化的。当你在一项艰难的任务中意外获得高分,你可能感觉很好,幸福感飙升。当你喜欢的一个人告诉你他/她再也不想见到你,你的幸福感会坠入深渊。一些心理学家认为,每个人的幸福感都在一个定点上下浮动。不同个体的定点值不同,因此有些人倾向于比其他人更快乐,不过这种观点尚存在争论。有研究结果证明了定点理论,尽管幸福感会变动,但幸福感的个体差异在时间上表现出相当程度的连续性(Costa, McCrae, & Zonderman, 1987; Watson & Walker, 1996)。同时,也有惊人的证据显示幸福感本身是可遗传的。研究者(Lykken & Tellegen, 1996)在对 2 000 多对双生子的调查中发现,同卵双生子对幸福感的自我报告的相似度比异卵双生子高。10 年后对这些被试进行重测,研究者为每个被试估计了定点值,他们认为这些定点值是幸福感的稳定的组成部分(p.186),而且这一部分的遗传率高达 80%。

如果幸福感的个体差异主要由遗传差异造成,那么环境对我们的快乐程度是否有影响? 研究表明,虽然幸福感随生活中的成功或失败而变化,但是我们最终都要回到个人的定点。然而,这个一般规律也有例外。研究者在两个纵向调查中发现,离婚和长期失业对幸福感有强烈的、持久的影响(Lucas,2005；Lucas,Clark,Georgellis,& Deiner,2004)。时间并不能使所有人痊愈。尽管那些经历过离婚和失业的人最后能够重新获得他们曾经拥有的大部分快乐,但是即使过了很多年,他们也不能恢复到先前的快乐点。卢卡斯认为,生命中的一些挫折太过严重,以至于改变了个体的基本幸福点。

意想不到的是,种族、性别、社会阶层等宏观社会变量对幸福感的影响很小(Myers & Diener,1995)。在美国,不管是男性还是女性,欧裔美国人还是非裔美国人都有差不多的幸福感平均水平。有研究(Lykken & Tellegen,1996)发现,收入、教育与幸福感只呈中等程度的正相关,而且只能解释不到2%的幸福感变异。其他预测因素包括婚姻的持续性、强烈的宗教信仰,但是这些变量与人们的幸福感水平也只有极小的联系。研究者(Lykken & Tellegen,1996)得出一个令人意外的结论:幸福感主要由遗传和外部偶然事件共同决定。

如果幸福感的短暂变化是由运气决定的,而这些变化的中点是由遗传决定的,那么我们可以得出结论:幸福感(当前感觉到的和跨时间的幸福感平均水平)的个体差异从根本上说是一个随机事件。(Lykken & Tellegen,1996,p.189)

248是不是所有的幸福感水平都随生命历程而改变？我们已经得知尽管特质的个体差异是高度稳定的,但整个生命历程中特质总体水平的变化仍然是可以被观察到的。对于幸福感的变量,不同成人发展理论在这一主题上设置了不同的变量。一种观点是,当人们开始受到身体的较大限制,面临衰老之后的健康问题时,要忍受更多的失去,因此老年人的幸福感水平比年轻人低。相反,一些理论认为,老年人比年轻人更善于运用有选择地控制人际关系的方法来调节情感生活,这使得幸福感水平随年龄上升(Baltes & Baltes,1990；Carstensen,1995)。不同的研究在这个问题上结果各异。例如,在一个独特的横断研究中,研究者(Ingelhart,1990)比较了来自16个国家的年轻人、中年人、中老年人在幸福感水平单个项目上的自我报告。结果发现,一些国家(例如法国、日本)老年群体的幸福感水平下降,一些国家(例如英国、爱尔兰)则上升；一些国家(例如荷兰、加拿大)的人在中年期幸福感水平下降,另一些国家(例如美国、希腊)的人则在各个年龄段没有差别。

有研究者(Mroczek & Kolarz,1998)选取了2 727名25~74岁的美国人作为被试,完成了一项关于积极情绪和消极情绪的特别全面的研究。控制社会经济因素、人格、社会背景因素后,研究者证实了年龄与幸福感之间的系统关系。总的来说,研究发现随着年龄的增长,被试的积极情绪变多,消极情绪变少。然而,更详细的分析结果揭示,在这个大趋势下男性和女性的变化是不同的。在积极情绪方面,随着年龄的增长，男性和女性都呈现上升趋势，但是在外向性特质上得分高的男性被试在各个年龄段都报告了更高水平的积极情绪。在消极情绪方面，男性的得分随年龄降低，但女性的得分没有表现出与年龄相关的降低。更进一步的研究表明，男性的婚姻状况对幸福感有调节作用。这可能是因为，已婚男性的年龄与消极情绪之间存在显著的负相关，年龄越大的男性表现出越低水平的消极情绪。婚姻对男性的正向作用随年龄递增，婚姻能调整他们的情绪状态，使他们选择通过社交和工具性体验等方式将悲伤、愤怒和绝望降到最低。

　　随着年龄的增长，很多成年人感觉到特质以外其他方面的诸多变化（Levinson，1978；McAdams，1993；Roberts & Newton，1987）。人们常常会描述生活中的一些戏剧性的转折点，在研究者（Miller & C'deBaca，1994）看来，这是一系列的量子变化般的过程，通过这些转折点，人们觉得自己的确发生了变化。这些转折点通常是宗教信仰的改变、生活变动事件、个人觉醒、恢复和获得新生、优先性和目标的改变、同一性危机等诸如此类的事件。人们常常感到自己在不断攀登新的阶梯，经历个人旅行，参与个人充实提高计划，甚至重塑自己。心理治疗师和咨询师旨在帮助人们改变以更好地适应生活。从 12 步项目到心灵导师的一系列自助式指导产业，已经在北美和其他一些发达国家发展超过 50 年，它们存在的前提正是人们深信自己能够也确实会发生改变。通过广泛宣传人格改变的观点和心理健康专业人才的实质性努力来提高人格改变的质量，我们能否看到比本章所列的更多或者更直观的关于人格变化的实例？

　　对这个问题的一种回答是：不，一旦我们意识到改变是非常困难的，我们就不会期盼看到更多的变化。大量科学文献作品中关于试图运用心理疗法和心理教育以引导变化发生的尝试，结果都是一团糟，数以百计改变人们生活的尝试都失败了，而且数以千计的研究表明，尽管改变可以发生，但是这种改变也相当地来之不易且时常停滞不前。一些专家认为，人们觉得重大生活事件对人格变化有重要影响的想法可能是错的。研究者（Caspi & Moffitt，1993）认为，即使重大生活事件起作用，也是对已经开始发生的人格特质的变化起推动和巩固作用。一个外向的人在面对新的挑战或者遇到一个重大的生活转变时，可能会展现出外向性和社交倾向来应对生活中的这些变化，正如其一直展现出来的那样，只是可能在程度上更甚。在人们发生转变的时候，稳定的个体差异会对这种转变产生影响，使得转变也显示出独特的个人风格。那些可能改变一个人的重大事件对个体来说有着相互矛盾的影响，甚至可能使经历者更加执着于过往的自我认同与行为方式。

　　对这个问题的另一种回答是：当然，人们会变化，但特质不会发生那么大的变化。

重大的人格变化可能会发生,但是可能不会反映在个人特质的得分上(McAdams, 1992,1994)。像我之前在本章提到的,人格特质的概念被用来表达人格如何保持跨时间的稳定性,而不是人格如何变化。不同水平的纵向一致性假设建立在严格的特质定义上。人格倾向测量代表的是一个人的人格功能水平;我们期盼在这个水平上看到人格相当程度上的跨时间稳定性和连续性。当然,除了特质水平以外,还可能存在其他的指标,即可能存在能够更真实地描述人们相信自己随着时间的推移是如何改变的,以及自己实际上如何改变其他心理个性特征的表现形式的指标。心理治疗师和咨询师通常并不直接干涉来访者的人格特质,而是去处理一些特别的问题,有时这些问题会暗含着某种特质。同样,当人们想到生活中显著的人格变化时,通常不是以基本特质倾向来表达这些改变。他们可能会使用更加具体的语句而非特质来描述变化,只有考察了这些人完整的生活背景,我们才能理解这样的描述。

除了特质,人格的其他方面会不会随时间而改变?以下这些个体特征都有可能发生改变:需求和欲望、目标和动机、生活计划和项目、价值观和信念、应对策略和防御机制、兴趣类型、发展性关注、注意焦点、希望、愿望、恐惧、厌恶、对亲密关系的渴望、身份的确定性、未来的设想、对过去的理解。这些特征塑造了独特的人在特定时间点上独特的适应性。这些特征构成个人的心理独特性,但是没有一项能用特质来表示。人格心理学一直在寻求如何对心理独特性进行科学的描述,特质倾向(如外向性和尽责性)为人类独特性提供了至关重要的信息。很难想象没有特质的人格科学。但是,人格心理学远远不止特质本身,接下来我们将进一步介绍。

本章小结

1. 在人的生命历程中,人格特质变化的范围是什么?在哪个范围内特质保持不变?人格连续性和可变性有不同含义。对于连续性,有两种可区别的含义:(1)绝对连续性,或者特质表现出来的一致性,特别是在不同时间点对群体施测的估计平均值的稳定性;(2)差异连续性,个体在随时间变化的特质得分上的稳定差异。

2. 纵向研究表明,成年期的人格特质表现出显著的差异连续性。尽管过了 30 年,人格特质的个体差异仍然表现出相当程度的稳定性,特别是在"大五"人格维度中的外向性、神经质和开放性上。随着年龄的增长,稳定性也在提升。因此,成年中期比青少年期具有更高的差异连续性。

3. 虽然很少有研究考察童年期和成年期人格特征的直接纵向关系,但很多心理学家认为,童年期气质维度可能是成年期特质发展的核心。气质是指不同的基本行为风格,在生命早期可被观察到,受到生物基础显著且直接的影响。行为抑制和努力控制是气质引起广泛关注的两个方面。

4.卡斯皮曾经提到发展的精加工过程,童年期的气质维度逐渐发展成更具统一性的成年期人格特质。他证实了六种可行的机制:学习过程、环境启发、环境解释、社会比较、环境选择、环境操纵。

5.一般而言,人格特质是人类遗传物质与由其选择并限定的环境综合作用的产物。基因与环境对特质群体变异的影响可以通过双生子研究(同卵双生子和异卵双生子)和收养研究区分开来,收养研究中的儿童在与其没有血缘关系的家庭中长大。双生子研究和收养研究表明,人格特质的差异连续性部分受到遗传的影响。研究证据显示,在特定样本组中40%~50%的人格特质得分的变异可以由遗传变异来解释。包括"大五"人格在内的几乎所有人格特质测量都表现出中等或者较高的遗传率。

6.尽管遗传因素可以解释50%左右的特质得分的变异,但家庭教养方式、社会阶层,以及其他一些共同经历的共享环境的影响是极小的,在一些研究中接近0。行为遗传学家认为,与遗传差异性一样,非共享环境的影响可以解释很大部分的人格特质变异。共享环境使家庭成员相似,非共享环境则使家庭成员不同。非共享环境影响可能包括围产期创伤、意外事件、家庭成员类型(比如出生顺序)、与兄弟姐妹之间互动的模式、父母不同的抚养方式,以及家庭之外的影响,如同伴群体和老师的影响。

7.尽管研究可以区分基因和环境在解释特质变异时的相对影响,但遗传差异自身能影响环境。行为遗传学研究发现,对环境的自我报告本身就具有遗传性。遗传差异能塑造人们体验环境的方式,以及对环境的选择偏好。基因型能以三种方式塑造环境:唤起型,个体的遗传倾向能激活环境中的反应,并加强这种倾向;被动型,一个人的成长环境由与他有相似基因型的个体(例如亲生父母)创造,这个环境从一开始就与他的基因型在一定程度上相吻合;主动型,个体的基因型影响他对环境的选择、操纵和改造。神经病理学领域的研究已经证实,基因与环境微妙的交互作用塑造了人格特质。例如,特定形式的5-羟色胺转运基因与压力环境的结合可能会引发个体的抑郁。

8.在特质差异连续性的背景下,研究者也证明人格维度绝对水平上逐渐的和系统的变化。横断研究和纵向研究都表明,从青少年时期和青年早期到成年中后期,与"大五"人格的神经质因素相关的特质水平下降,与随和性和尽责性相关的特质水平升高。一些纵向研究证明,责任心、自主性、自信心从成年早期到成年中期呈上升态势,特别是受到良好教育的女性。随着年龄的增长,人们的自我满意度提高,至少在成年中期是这样的,而且对他人的满意度也会提高。

251

9.布洛克及其同事进行的纵向研究通过使用加利福尼亚Q分类法证实了随时间变化的人格连续性和可变性的模式。布洛克提出一种关于人格类型的分类学,每种类型都由随时间变化的不同特质群构成。这些特质群包括自我控制和自我弹性的人格维度。研究中用Q分类对女性被试施测,从而得出四种不同的人格类型:个性型、传统型、冲突型和自信型。

　　10. 人格特质的概念更倾向于表现时间上的人格连续性,而不是可变性。重大的人格变化可能发生在人格特质领域之外,例如,生活目标模式、任务、计划、价值观、应对策略、兴趣类型、对未来的期望、对过去经验的重构等方面的变化。人格特质提供了一种理解心理个性的不可或缺的出发点。但是,全面的、详细的解释需要考虑人格特征,而不一定是特质。我们可能认为,特质倾向在人格中是第一层次的。在接下来的各章,我们将重点阐述第二层次和第三层次的人格——个性化适应和整合的人生故事。

第三部分

填充细节：对人生任务的个性化适应

动机和目标：我们到底想要什么

我 5 岁的小女儿问我的工作是什么，我告诉她我是一位心理学教授。

"什么是心理学教授？"阿曼达问道。

"哦，给学生讲心理学。"我回答。

"什么是心理学？"她进一步问道。

"关于人类行为的科学，"我解释说，"我研究人们为什么作出某种行为。"

"哦，那么到底是为什么呢？"她眨着眼睛问道。

"亲爱的，我真的不知道为什么，也许这就是我做这方面研究的原因。"

"我知道为什么。"

"是吗？"

她带着同情和厌恶的表情看着我说："因为人们想做，这就是原因。"

她径直走出房间，内心一定在想为何她的父亲如此愚蠢。其实，阿曼达道出生活中的一个基本事实：人们做他们想做的事情。关于人类行为，即便是一个年仅 5 岁的小孩也似乎知道些什么。即使没有受过心理学研究的训练，阿曼达也已经形成自我关于人类动机的内隐观点。人们的内心拥有各种需求、渴望、目的和意图。人们按照内心需求行事，就会产生各种行为。从根本上来说，动机（motivation）这个词就是指运动（movement）。那么，是什么让人运动起来？又是什么激发并指导人的行为？与阿曼达的看法一样，2000多年前人类动机理论家也认为人们总是有所求，他们被激发去得到想要的（避免不想要的）。人们设立目标去获得那些想要的，然后按照这些目标行动。现在的观点进一步认为，人们内心的需求（need）直接诱发了人们想要（want）的（Lewin，1935；Murray，1938）。动机心理学家克林格扩展了阿曼达的这一人类动机的观点，借用达尔文理论的外壳，使其能解释动物行为。

> 虽然动物之间千差万别，但是从变形虫到人类，至少有一种行为准则是共通的，即几乎都要去寻找那些能保证我们生存和繁殖的东西，我们要识别它们、获取它们，并让这些东西为我们特定的器官所用。我们的形态、生理机能，以及行为系统的组织形式就是为了满足这些生存需要。换句话说，动物生来就要追求这些目标，而且被它们自己的目标追求塑造。目标追求在更宽泛意义上也包括动机，它们都是生命的有机组成部分。（Klinger，1987，p.337）

本章不局限于探讨与人格特质相关的主要个体行为差异，而是关注动机和目标这种第二层次的人格描述。在第4～6章，我们介绍了基本特质（dispositional traits，人格的第一层次），为大家提供一个了解心理个性的大致框架。现在，我们的任务就是用具体的内容来填充这个框架。首先，我们要抛开基本特质去了解各种使人的生活变得独特的个性化适应。个性化适应（characteristic adaptations）是心理个性中更加具体的、独特的方面，要基于特定的时间、地点和社会角色来认识。个性化适应构成了人格的第二层次，而且动机和目标隶属于它，因此人格的这些方面正好直接回应了阿曼达关于人类行为的一个基本事实：人们有所需求，并基于这些需求行动。

但是，人们到底想要什么？

精神分析的观点

20世纪最有影响力的心理学家当数弗洛伊德（Sigmund Freud），他创立了一个全新的心理学流派，即人们现在依然津津乐道的精神分析。基于大量的临床治疗经验，弗洛伊德及其追随者独辟蹊径，在科学心理学的主流之外提出精神分析学说。精神分析学说对人格心理学产生了颠覆性影响，更不必说对20世纪西方文化的全面渗透。人类学、政治学、文学、文艺评论、艺术和电影业都承认带有弗洛伊德学说的一些色彩并受其影响。不管精神分析学说是否有效，随着我们有意地提及压抑、被压抑的记忆、俄狄浦斯情结、弗洛伊德式口误，它已经逐渐成为人们日常用语的一部分。

弗洛伊德的动机理论是精神分析学说中有关人格的核心观点，该理论可以归于四个基本主张：（1）决定原则；（2）驱力原则；（3）冲突原则；（4）潜意识原则。首先，我们无法控制的力量决定了人类的一切行为和经验。弗洛伊德强调，我们无法主宰自身的命运，我们就像命运棋盘上的一颗棋子，任由他人摆布。其次，这些强大的力量存在于我们身上，而且绝大部分可以追溯至原始驱力（primitive drive）或本能，在它们当中，性本能和攻击本能最为重要。人们到底想要什么？弗洛伊德认为，人们想要获得性满足和适当宣泄攻击本能。再次，决定我们行为和经验的力量永远处于冲突状态，这就导致焦虑。人们无法在生活中避免这些冲突和焦虑——在原始冲动和社会制约之间存在的必然冲突，而且它们位于自我的深处。我们想要太多我们永远无法得到的东西，因此我们的命运注定是一场悲剧。最后，也是最受争议的地方，我们甚至不知道决定自身行为的力量到底是什么，是什么样的冲突使人陷入焦虑。换句话说，那些最重要的行为决定因素和我们生活中面临的冲突都在意识之外。我们体验冲突，感受焦虑，却根本不知道为什么会这样。

对弗洛伊德来说，性本能和攻击本能是人类动机的根本源泉，它们为人类的各种行为提供驱力和原始动力。如果仅从字面上理解弗洛伊德的观点，我们可以看到，他认为性本能和攻击本能成为心理活动（psychological life）最初的能量来源。由于受到 19 世纪能量机械论模型（models of energy mechanisms）的影响，弗洛伊德将人类的心灵设想成一个消耗能量的机器，并认为这些心灵能量（psychic energy）来源于生物本能：(1)性本能和其余的生本能（也叫"Eros"）；(2)攻击本能和其余的死本能（也叫"Thanatos"）(Freud，1920/1955)。生本能和死本能通常以间接的、复杂的方式表达出来。即便是 17 岁的男孩，也不能把他们所有的时间花在性幻想和性征服上，也不能四处寻找机会直接满足本能需要。现实世界中有太多限制，日常生活中有太多事情需要处理。因此，人脑中形成很多复杂的、约束性的观念，使得驱力不可能直接向行为转化。我们的本能故而只能在幻想和梦境中出现，或在日常生活中以非常隐晦和升华的方式表达出来。事实上，它们如此微妙以至于我们自己也无法注意到。当然，这恰恰是精神分析学说的要点。

潜意识

俄国作家陀思妥耶夫斯基在《地下室手记》中写道：

> 在每个人的回忆中，都有一些不可对人敞开的东西，只能告诉亲密的朋友。有些东西甚至连朋友也不能告诉，只可暗自隐藏在自己心底。最后，还有一些东西，人对自己都不敢承认，每个正派人士在这方面的蕴积都相当可观。(Dostoyevsky，1864/1960，p.35)

陀思妥耶夫斯基所说的每个正派人士"蕴积"的可怕东西，弗洛伊德将其称为潜意识。精神分析取向对人格的基本假设便是，我们所知所感的很多东西都在意识之外。我们的生活被潜意识层面的神秘力量驱使，它们被深深地埋在每天都清醒着的意识之下。我们几乎不可能知道自身行为的真正原因是什么，因为人类行为的首要决定因素与我们在日常意识经验中捕获到的东西相分离。弗洛伊德早年的临床案例使他相信，让他的病人深受折磨的神经症（neurotic symptoms）源于个体的冲突和幻想，它们实质上与性欲和攻击性有关，而且已经被压抑到意识层面之下（Breuer & Freud，1895）。例如，人们现在已经无法清晰地回忆出过去某种强烈的负性体验，但是这个事件仍然活跃在潜意识层面，并通过病症、焦虑和恐惧表现在意识层面。对于自己经受的痛苦，病人无从着手，因为原始事件已经无法被回忆起来。按照弗洛伊德的观点，意识层面的经验仅仅是人类生活中的冰山一角，冰山的绝大部分都沉没在海底，也就是说，人类生活中真正重要的东西绝大部分都掩藏在意识层面之下。

"我们是谁"存在于我们的意识之外，它属于一个阴暗的潜意识领域，这一观点并不是弗洛伊德首创。大约在弗洛伊德理论形成前 100 年，"行为由潜意识因素塑造和决定"这一观念就已经受到人们的关注（Ellenberger，1970）。例如，哲学家叔本华（Arthur Schopenhauer）和尼采（Friedrich Nietzsche）就强调意识之外的某些机能，最典型的就是与有意识的理性相对立的、情绪化的、非理性的冲动。

19 世纪浪漫派诗人华兹华斯（William Wordsworth）和济慈（John Keats）认为，人们的英勇行为、创造力来源于潜意识领域，尽管有时它们也是可知的。早在 1784 年，催眠术就已成为了解潜意识的方法，弗洛伊德的老师沙可（Jean Martin Charcot）使得这种方法有了神奇的效果。鲍迈斯特（Baumeister，1986）和盖伊（Gay，1986）认为，19 世纪欧洲的中产阶级普遍接受了这样一个观点，即人的内心世界对于意识是不可知的。鲍迈斯特甚至断言，维多利亚时期的男性过分担心向他人潜意识地揭露自己的内心世界。尽管你可能无法有意识地感知到自己内心深处的秘密，但是维多利亚时期的人们相信向他人揭露自己的潜意识这一危险经常存在，他们认为那些客观的观察者比他们更了解自己。

258

专栏 7.A

弗洛伊德及精神分析的诞生

弗洛伊德那个年代的世界和我们现在的世界有很大不同，当时还有国王、女王、皇帝。按照我们现在的标准来看，19 世纪的欧洲是一个高度贵族化和极度压抑的时代，是一个还未经历世界大战，还未体验核威胁的时代。那个时代的人也许从未想过女性竟然可以有选举投票权，也从未想过一位贫穷的非裔妇女的后代有一天竟然可以成为一位伟大的领袖、作家或者科学家。弗洛伊德出生在一个勤奋的犹太人家庭，而且是家中的长子，5 岁前他就梦想有一天自己能成为伟大的科学家。年轻的弗洛伊德渴望自己能征服人类的精神世界，就像拿破仑征服国家和民族那样，不断探索知识的新领域，成为其中的主宰和大师。根据童年经历和对母亲纯粹的爱恋,弗洛伊德在晚年写道:"一个男人如果能得到他的母亲毋庸置疑的宠爱,那么他将终生觉得自己是一个征服者,这种对成功的自信终将带来真正的成功。"(引自 Jones,1961,p.6)

　　弗洛伊德青年时代的英雄是 19 世纪早期的浪漫主义者,诸如征服者拿破仑、德国作家和哲学家歌德(Johann Wolfgang von Goethe)。浪漫主义思潮大概在 1790—1850 年兴起于欧洲,该思潮反对传统的强调理性、规则和共同利益的学说,开始崇尚充满活力和激情的个人生活(Cantor,1971;Russell,1945)。成年后,弗洛伊德建构了独出心裁的心理理论(revolutionary theory of the mind),这体现了对浪漫主义的继承。他吸收了浪漫主义认为的个体和社会注定长期处于冲突之中这一观点。歌德和诗人布莱克(William Blake)、拜伦(Lord Byron)等浪漫主义者认为社会本是压抑的,因为人们被要求行为符合规范以保证社会秩序。浪漫主义自身反对压抑,并试图通过对艺术或爱的热烈追求来找寻自由和超脱。浪漫主义教会了弗洛伊德关注内在自我的独特性以及随着时间不断成长的特性。对浪漫主义者来说,内在自我的成长实质上是一种道德责任(Jay,1984;Langbaum,1982)。在歌德最为著名的浪漫主义作品《浮士德》中,主人公在寻求自我满足的道路上越走越远,他为了能充分体验到内在的、独特的自我而不惜一切代价,甚至将自己的灵魂出卖给了恶魔。

　　关于精神分析和这个恶魔,一位学者写道:"去感受弗洛伊德就像再次品尝禁果。"(Brown,1959,pp.xi-xii)浪漫主义者高度赞美了人类天性中情感和非理性的一面。弗洛伊德同样认为,人类天生就是非理性的。但是,与那些浪漫主义者不一样的是,弗洛伊德从不为人类拥有这种非理性而欢欣鼓舞。弗洛伊德认识到,关于性和攻击的潜意识、非理性愿望是人类行为最基本的动因。人们为了更好地适应社会,为了生存下来,就需要将这些愿望用间接的、伪装的方式表达出来。尽管弗洛伊德对浪漫主义有所继承,但他更是一位理性的科学家,也是一名保守而正直的中产阶级知识分子,认可激情与性的自由。

　　1873 年,弗洛伊德进入维也纳大学学习自然科学。在那里他认识了杰出的心理学家布吕克(Ernst Brücke),并在布吕克的指导下工作了三年。在这段时间里,他深刻认识到所有的自然现象都需要从物理和化学的角度加以解释。从科学的观点来看,精神上的或者超自然的力量不能被用来解释现实世界。当时的科学家对各种机械动力着迷,并试图用机器来比喻他们的理论。他们认为,机器是通过能量来工作的复杂的机械系统。弗洛伊德提出的精神分析理论也作出类似的比喻,他将人的心理看成一台需要能量才能运作的机器。按照 19 世纪提出的能量守恒定律,能量来源于有着生理基础的本能,如性本能和攻击本能。弗洛伊德认为,人们

259

将源于本能的固有能量转化为其他形式的有用功,例如,将原始感觉或攻击性转化为人类的思想、情感、欲望和行为等。弗洛伊德从他的另一位老师沙可那里了解到心灵能量还可以通过另一种奇怪的方式表达出来。1885 年,弗洛伊德去巴黎参加沙可的讲座和催眠演示。沙可深入研究了歇斯底里症的症状和诱发原因。歇斯底里症是 19 世纪常见的一种症状比较怪异的心理疾病,会出现诸如四肢不遂、视觉障碍等症状,但并未发现歇斯底里症是由明显的器质性因素导致的。沙可用催眠术消除了某些歇斯底里症状,取得令人难以置信的成功。他告诉弗洛伊德,歇斯底里症是由患者独特的想法造成的,这些症状本身是其心灵能量的一种表现。

在维也纳,弗洛伊德作为一名内科医生和布罗伊尔(Joseph Breuer)一起工作,运用催眠术和其他心理技术治疗出现歇斯底里症状的神经症患者。后来,弗洛伊德和布罗伊尔意识到,虽然歇斯底里症状通过难以捉摸、千奇百怪的方式表现出来,但这并不意味着这些症状没有意义。它们依照患者内心的情感线索组织而成,而且这些情感引领着神经症患者的生活。这些症状正是由童年时期强烈的负性体验带来的未解决的冲突引起的。这些童年时期被压抑的、不能发泄的情感体验导致患者寻求神经症性的表达方式来减轻内心的不适,当然这种经历已不能被患者清楚地想起。在著名的安娜·O(Anna O)案例中,布罗伊尔发现谈话疗法能消除歇斯底里症状。在谈话疗法中,患者随意地谈论在白天出现的幻觉、幻想和症状等。这种交谈没有压抑那些尘封已久的导致神经症症状的情绪,反而把它们释放出来,让患者暂时从症状和痛苦中解脱出来。

精神分析理论是弗洛伊德在和布罗伊尔一起研究歇斯底里症背后的心理学原因时创立的。他们的研究成果反映在《歇斯底里症研究》(*Studies on Hysteria*)(1893—1895/1955)这本书中,在书中他们指出,歇斯底里症的发作主要受记忆中往事的影响。换句话说,歇斯底里症表现出的身体症状是由记忆中带有强烈情感的问题事件引起的。在和布罗伊尔出版这本专著时,弗洛伊德已经 40 岁左右。这两位医师/科学家对他们临床案例的解释存在一个重大的分歧——布罗伊尔反对弗洛伊德提出所有歇斯底里症状都与性有关,他们因此分道扬镳。弗洛伊德也由此进入他人生中最困难但最多产的一个时期,后来弗洛伊德称这一时期为"光荣独立"之后的"辉煌英雄时代"(Freud,1914/1957,p.22)。在这一时期,弗洛伊德开始对自身的思维、情感、幻想、梦境等进行深入的自我剖析,他后来的心理学观点便由此而来。在接下来的 10 年里,人们见证了弗洛伊德理论的成熟,包括对梦的解析、日常生活中的精神病理现象,以及性本能在人的成长过程中的作用和潜意识的活动等方面。

从约 1905 年到他辞世的 1939 年间,弗洛伊德俨然已成为精神分析运动的鼻祖。此外,他的文学天赋也获得肯定,他曾获得 1930 年的歌德文学奖。他完成 24

卷精神分析方面的著作,包括各类主题的论文、理论方面的专题文章、临床实践方面的内容,还包括论述宗教、文化、艺术等方面的文章。表7.1 呈现了弗洛伊德最重要的一些著作以及对它们的简介。弗洛伊德吸引了大批学者的追随,成立维也纳精神分析学会。该组织定期召开会议,出版学术期刊。1909 年,美国心理学家霍尔(G. Stanley Hall)邀请弗洛伊德前往位于美国马萨诸塞州伍斯特的克拉克大学进行一系列著名的演讲。随着精神分析运动的国际化,弗洛伊德的作品最终被翻译成英语和其他语言。到第二次世界大战前夕,弗洛伊德去世之时,他已成为全世界最著名的心理学家。最受瞩目的同时也饱受中伤,因为他的观点始终充满了争议性。

表 7.1　弗洛伊德主要作品介绍

260

时间	题 目	论 点
1895	《歇斯底里症研究》（与布罗伊尔合著）	神经症的症状由被压抑的记忆所致,这些记忆可以通过谈话疗法重新获得,神经症的困扰是对潜意识中那些通常与性有关的冲突的创造性解决。
1900	《梦的解析》	梦是愿望的表达,应该被理解为凝缩（condensation）、置换（displacement）、象征性（symbolism）表达等潜意识过程的特殊产物,任何一个梦都可以通过自由联想来发现显梦背后的潜在含义。
1901	《日常生活心理病理学》	与神经症症状和梦境一样,日常生活中出现的偶然事件和错误也有重要的心理意义,并可以追溯到人的潜意识冲突和本能冲动。
1905	《性学三论》	在经历了童年时代的口唇期、肛门期和性器期的发展之后,性本能才能达到成年期的成熟。在儿童期可以看到明显的性的行为,在性成熟之前表现出来的有关性的行为,与文明社会中被称为反常成人的行为是相似的。
1913	《图腾与禁忌》	儿童的俄狄浦斯情结包括占有异性父母、杀害同性父母的潜意识愿望。弗洛伊德推测政府、宗教组织等社会团体的出现都有其历史渊源,它们源于远古人类俄狄浦斯情结的爆发,即部落中的元老被年轻的领袖推翻、杀害和吞噬,而篡位的年轻领袖为了缓解内心的谴责,又重新制定一套法律和规则来禁止性行为和攻击行为。
1920	《超越唯乐原则》	生本能和死本能是人类所有行为和经验的两种潜在的本能冲动,前者直接的表现是性欲,后者是人的攻击性。
1923	《自我与本我》	人类的心理结构可以分为三层:本我,存储着潜意识冲动和愿望,它按照快乐原则起作用;自我,服务于自我,引导本我的能量以合乎现实要求的方式释放,它按照现实原则起作用;超我,是对父母强加于自身的道德力量的内在表征。
1930	《文明及其缺憾》	个体与社会之间存在永恒的冲突,因为个体的行为受性本能和攻击本能的驱动,社会则建立在对这两者的压抑之上。这样,人们总是不可避免地感到焦虑、痛苦和神经质。

注:不存在弗洛伊德原著的替代品。弗洛伊德美妙的作品的确是他作为理论家的力量的一部分。斯特雷奇(James Strachey)对德文原著的权威翻译完美地再现了弗洛伊德精妙绝伦的语言表达。但不幸的是,相对于内容丰富的原著,很多关于弗洛伊德的二手资料的语言表达显得过于枯燥。

弗洛伊德在人类功能的地形学模型（topographical model）中区分了心理的意识（conscious）、前意识（preconscious）和潜意识（unconscious）三个领域。意识领域包括一个人当下所能觉知的一切。人们通常能够用语言表达这种意识到的经验，并以合乎逻辑的方式思考它们。前意识领域包括那些个体当下无法觉知的，但是可以被人们提取进入意识领域的信息。因此，我们可以把前意识视为与我们日常记忆相对应的东西。我现在虽然不能立刻想起我女儿自行车的颜色，但是只要我将自己的注意集中在这个问题上，那我很快就能回忆起自行车的颜色是什么，也就是把前意识层面的东西提取到意识层面。前意识是一个巨大的信息库，包括那些可由我们支配的重要或琐碎的信息。

相反，存在于潜意识领域的内容是无法被轻易提取的，里面都是那些被人们主动压抑了的经验。从某种程度来说，潜意识存储的是与冲突、痛苦、恐惧、内疚等相关的观念、意向、冲动和情感。因此，潜意识领域的内容是无法被觉知的。按照这种心灵的板块构造，如果内容与意识层面内起主导作用的自我保护面具发生冲突，那么它们就会被投入潜意识的深渊。很多时候，人们没有勇气去了解关于自我的事实。因此，我们就真的无法有意识地了解它们。然而，人的潜意识深深地影响了我们的行为和经验，尽管我们并不知道自己受到它的影响。被压抑的潜意识往往通过伪装或象征的形式表达出来，如既可能通过神经症症状表达，也可能通过梦境、幻想、娱乐、艺术、作品或者其他有意义的人际互动来间接满足潜意识的本能冲动。

压抑和压抑者

认知科学的研究已经得出结论，大量日常的精神生活是在意识觉察之外进行的。人们往往在自己没有意识到的情况下就对事物进行了感知、学习和记忆（Kihlstrom，1990；Schacter，1996）。这些潜意识认知操作是人类对信息进行内隐加工的表现，而且我们对他人以及社会情境的思考和感受似乎在很大程度上受潜意识与自动化心理过程的驱动。思维在进化的过程中已经可以将高度熟悉的和常规化的信息转化成不需要意识努力的自动化形式，通过这种方式，意识和外显思维便能够集中于当前正在处理的问题（Bargh，1997）。一些科学证据记录了人类思维以内隐的、自动的和潜意识的模式工作的许多方式，在某种程度上，这些证据支持了弗洛伊德的观点，即精神生活很大程度上是位于意识之外的（Westen，1998）。

在戴克斯特赫伊斯（Dijksterhuis，2004）和诺格伦（Nordgren，2006）的研究中，他们给学生呈现了某城市大量不同公寓的信息，然后让他们选择自己更愿意住在哪个公寓中。其中有一套公寓明显优于其他公寓，但是信息呈现的快速以及决策时间的短暂使得学生无法准确作出判断。在信息呈现完毕后，让一组学生对不同的公寓信息思考三分钟然后作出决定，另一组学生则完成三分钟的分心任务以确保他们三分钟之内没有考虑公寓的利弊问题，然后让他们直接作出决定。出人意料的是，相比于能对各种选择进行有意权衡和思考的学生，第二组学生作出了更好的选择，选择较优公寓的次数更多。研究者得出结论：第二组被试是依靠他们在完成三分钟的分心任务中产生的潜意识思维作出判断的。戴克斯特赫伊斯还根据其他一些实验结果得出这样的结论：当需要加工大量信息时，通过潜意识思维的方式进行判断比有意识的思维更加高效、准确。这一论点与大量证据一致，即人们不理会有意识的思维而全凭直觉作出的判断反而更有洞见，更能得到令人满意的结论。

　　层出不穷的证据表明，人们经常利用的潜意识思维十分有效，在某些情况下甚至比有意识思维作出的判断更胜一筹，这与弗洛伊德对心理是如何运转的理解大体一致。但是，弗洛伊德主要关注存储在潜意识领域的难以接近的思想、情感、欲望和记忆，因为它们威胁个人的幸福。这些思想、情感、欲望和记忆被人主动地拒绝和压抑了。根据精神分析的观点，压抑是日常生活中无法回避的事实。"压抑的本质仅仅是拒绝让某些事情进入意识。"弗洛伊德写道（Freud，1915/1957，p.105）。人们为了让自己免于精神上的伤害，压抑了某些心理过程以及与这些心理过程相关的威胁性内容。每个人都有压抑的行为，但有的人是否压抑得比其他人多一些呢？一些精神分析取向的研究者认为，在压抑上表现出的个体差异构成一个重要的人格特点。有研究（Weinberger，Schwartz，& Davidson，1979）描述了压抑者的特点，他们在意识层面很少体验到焦虑并在生活中高度使用防御策略。研究者可以通过自陈式问卷的得分鉴别出使用特定压抑应对策略的个体，包括两个纸笔测验的问卷：其一用来测量焦虑水平（Taylor，1953），其二用来测量社会赞许性（Crowne & Marlowe，1964），即个体在多大程度上按照社会接受的、过度美化的方式描述自己。在一个实验中，让被试接触包含性、攻击内容的动词短语，相对于低焦虑—低防御性个体和高焦虑—高防御性个体，压抑者报告的主观不适更低一些。然而，同时测得的生理指标表明，压抑者的生理唤醒水平显著高于低焦虑—低防御性被试和高焦虑—高防御性被试。尽管压抑者口头报告与性和攻击相关的内容并没有让他们感到焦虑，然而身体的反应"出卖"了他们。从精神分析的视角来看，压抑者并没有在意识层面上将这些与驱力相关的信息看成一种威胁，但是他们在生理水平上的高度唤醒表明，这些威胁反而在内隐的层面被知觉到了。

　　戴维斯（Penelope Davis）开展了一系列有趣的实验，探讨压抑者如何回忆他们生活中的情绪体验。在一项研究中，他让女性大学生被试回忆童年经历的六种个人体验：一般记忆、快乐、悲伤、愤怒、恐惧和惊奇（Davis & Schwartz，1987）。如图 7.1 所示，压抑者（低焦虑、高防御性）回忆起的负性记忆显著少于低焦虑个体（低焦虑、低防御性）和高焦虑个体（高焦虑、低防御性）。该结论与精神分析的假设一致，即压抑使人们难以触及负性记忆。然而，结果也表明，压抑者报告的正性记忆也相对较少，这可能说明压抑会导致提取多种情绪记忆时的普遍失败。

262

263

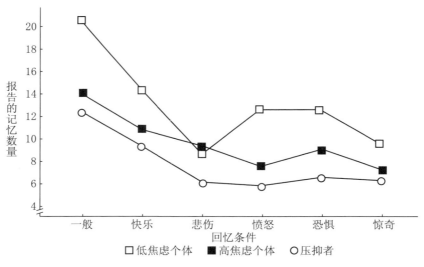

图 7.1　回忆起的记忆的平均数

相比于低焦虑个体和高焦虑个体,压抑者回忆起的悲伤、愤怒、恐惧记忆较少。

来源:"Repression and the Inaccessibility of Affective Memories," by P. J. Davis & G. E. Schwartz, 1987, *Journal of Personality and Social Psychology*, *52*, 158.

　　戴维斯的另一项研究(Davis, 1987)发现,相比于其他个体,压抑者只能回忆起较少的与自己的快乐、悲伤、愤怒、内疚和自我意识体验有关的童年经验。这种对童年经验回忆的抑制在恐惧和自我意识方面表现得尤为明显。然而,戴维斯的研究还发现,压抑者能报告出更多的与他人的快乐、悲伤、愤怒、恐惧有关的记忆。这个发现表明,压抑者不是记忆能力不如非压抑者。实际上,压抑者报告出更多与他人情绪体验相关的记忆。但是,他们无法唤醒那些与自身强烈情绪体验有关的事件,尤其当这些事件包含由恐惧和自我意识引起的痛苦状态时。当注意以评价性尤其是威胁性的方式聚焦自我时,恐惧和自我意识便产生了。究竟是什么原因导致这一类经验成为最适合压抑这台"磨粉机"碾磨的"谷物"? 原因是这些经验更直接地以负面评价的方式威胁个体,而不仅仅是悲伤、愤怒等负性情绪体验。压抑可在自我评价领域发挥重要作用。我们总是倾向于压抑那些与自己有关的负性评价体验。

　　为什么对有些人来说回忆并准确表达与负面情绪有关的记忆如此困难? 是什么导致压抑者与他人之间的差异? 研究者(Hansen & Hansen, 1988)探索了用以描述有情绪色彩,尤其是不愉快记忆的难以接触的压抑结构体系的机制所在。他们认为,压抑者负性情绪体验的"联结网络"的复杂性要比其他人低很多,而且表现出更大的离散性。对压抑者来说,负性回忆通常结构简单,而且这些记忆通常和其他记忆剥离开来,孤立于与自传体记忆相关的主要联结网络中。压抑者和非压抑者以不同的方式组织他们的情节记忆(episodic memories)。压抑者简化了负性记忆,只强调其中的一种主要感受,这样就可以避免让这种记忆与包含其他感受的自传体记忆联系起来。相反,非压抑者则用更复杂的方式描述他们的负性记忆,强调在同一记忆中出现的各种不同的情绪状态,并将这种负性记忆与自传体记忆中各种相关的线索联系起来。

另一项研究结果(Hansen & Hansen, 1988)为这种解释提供了证据。这项研究招募了 433 名大学生被试,要求他们回忆、描述、评价过去经历的让人感到愤怒、尴尬、悲伤或恐惧的事件。执行回忆任务时,研究者让被试尽量详细描述当时的情境,尽量生动描述在当时那种情境下自己的感受(愤怒、尴尬、悲伤、恐惧)。在纸上描述完自己的情绪体验之后,研究者要求被试按照十种情绪维度(愤怒、尴尬、悲伤、恐惧、焦虑、厌恶、羞愧、沮丧、惊讶、快乐)评价自己当时的感受。结果显示,任何一种负性记忆都会同时引发各种不同的情绪反应。例如,当要求被试回忆悲伤的记忆时,他们评价这些记忆中的感受十分悲伤,同时在沮丧、愤怒、恐惧这些维度上的评价也很高。然而,悲伤的记忆似乎不会引发羞愧和尴尬的感受。对令人悲伤的记忆来说,研究者认为悲伤是主导情绪,但是其他非主导情绪如沮丧、愤怒和恐惧也会在这种记忆中被识别出来。同样,回忆令人感到尴尬的事件时,尴尬是主导情绪,同时包含羞愧这种非主导情绪。这样,每一种情绪记忆都指定了相对应的主导情绪和一系列非主导情绪。

压抑者与其他个体的差异体现在非主导情绪上,而不是主导情绪上。对于任何消极的事件,压抑者和非压抑者都报告了同等强度的主导情绪,例如在对令人尴尬的记忆事件的评价上,两者有着类似的尴尬体验。但是,与非压抑者相比,压抑者在评价与给定事件相关的非主导情绪的强度时,给出的评分更低。例如,在尴尬的记忆中,压抑者比非压抑者产生更少的羞愧情绪;在悲伤的记忆中,压抑者比非压抑者产生更少的沮丧情绪。其他类似的记忆也有同样的结果。压抑者"提纯"了他们的记忆,强调与记忆相关的主导情绪反应,而不是将它与一些有关联但非主导性的情绪联系起来,隔离了消极体验与任何其他记忆的关联,避免这种消极体验扩散到其他记忆中。研究者(Hansen & Hansen, 1988)写道:"压抑在根本上是压抑者记忆结构简单的现象,他们记忆中的情绪有着更简略、更离散的特点,他们的记忆也借用具有这些特点的情绪来表征。"(p.816)为了自我免受威胁,个体通过压抑的方式使得消极记忆无法彼此关联。

一项有关压抑的研究(Myers & Brewin, 1994)表明,虽然压抑者报告了童年期更少的消极记忆,但是他们能回忆起父母表现出的冷漠和忽视。换句话说,压抑者可能刻意让自己意识不到消极情绪体验的存在,但是无法严格管理这些情绪,因此它们还是会潜移默化地影响压抑者对自己生活的解释,只不过是以一种更加普遍、抽象和威胁性较小的方式表达出来。有研究者通过研究日记发现,压抑者不仅回忆较少的不愉快情绪,而且在他们的日常生活中似乎体验不到十分强烈的消极情绪(Cutler, Larsen, & Bunce, 1996)。还有研究者认为,压抑者相当擅长将注意力从自己希望忽视的对象上转移(Bonanno, Davis, Singer, & Schwartz, 1991),但这种转移需要付出代价。采用压抑的应对策略会带来很多健康隐患，例如哮喘、癌症、高血压和免疫功能发育不全等（Schwartz，1990；Weinberger，1990）。

然而，压抑并非一无是处。系列研究表明，在承受巨大应激事件时，采用压抑的应对策略可以让个体拥有更强的抗逆力（resilience，亦译"心理弹性"）（Bonanno，2004；Coifman，Bonanno，Ray，& Gross，2007）。很多心理学家用"抗逆力"这个概念表示克服人生中的困难、障碍并在逆境中成长的能力。在人们要面对的各种应激事件中，失去亲人恐怕是最难以应对的，例如配偶或孩子去世。在一项纵向研究中，研究者让有丧亲之痛的配偶和家长谈论他们的经历。在谈话的过程中，研究者记录他们的皮肤电，将其作为唤醒水平的一个心理测量指标。谈话结束后，参与者报告他们在谈话过程中体验到的负性情绪。研究者推断，那些在丧亲之痛的谈话中报告了较少的负性情绪体验，同时表现出较高水平的自动化生理反应的个体，采用了某种压抑的应对策略。这样，压抑者体验到的意识层面的悲痛就相对少一些，但是高水平的生理唤醒又预示着潜意识层面的紧张。

18个月以后，研究者再次与这些参与者取得联系，在随后的追踪研究中，他们要完成健康和心理症状的问卷调查以及心理咨询面谈，同时要接受朋友对其整体机能的评定。研究者将自我报告和生理指标测得的应激差异作为压抑应对的指标，将其与从自我报告、朋友评估和心理咨询面谈中得到的心理适应性指标相关联，发现在18个月前的研究中采取压抑策略的丧亲者，在18个月后表现出更好的心理健康水平和心理适应性。相反，不压抑的人在自我评价、他人评价和精神病症状这些指标上都显示出更差的心理健康水平和心理适应性。博南诺（Bonanno，2004）强调，压抑有时是人们应对创伤性事件的最好方法。在面临强烈应激的情况下，无视这些痛苦也许是一个明智的选择。博南诺建议，与其有意识地去处理灾难性生活事件带来的消极情感体验，还不如麻木一点，不去体会这些情感。在某些时候，压抑策略的确能保护人们免受切肤之痛，使其有能力度过最困难的人生阶段，最终让时间治愈伤害。

总之，在对压抑者的研究中，研究者已经发现一些重要的个体差异变量，它们似乎印证了弗洛伊德关于压抑的基本概念。某些人似乎更多地使用压抑作为一种应对策略，这种人与其他人之间的差异表现在个体的日常信息加工、自传体记忆，甚至是身体健康等可观测的结果上。然而，关于压抑的研究始终有个悬而未决的问题，即压抑对每个人来说到底有多常见、多重要。虽然弗洛伊德早就认为压抑是普遍存在的心理现象，但是关于压抑者的研究则表明，人们在多大程度上利用压抑处理焦虑和应激存在巨大差异。

自我防御

弗洛伊德（Freud，1923/1961）创建的最后一个重要理论是他提出的一套关于人的心理如何组织的整合模型（见图 7.2）。弗洛伊德认为，人的心理（mind）可以分为本我、自我和超我三个相互独立的结构，这三者都为不同的目的而存在。成年期导致焦虑的主要冲突通常源于这三种心理动力无法调和，因此解决这种冲突的方法便是让这三者达成共识，使它们彼此之间，以及与外界能以一种相对和谐的方式共存，即使这种和谐是短暂的。

266

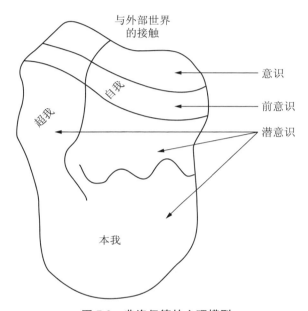

图 7.2　弗洛伊德的心理模型

本我、自我、超我是弗洛伊德的心理模型中的三个主要结构。

　　在弗洛伊德的心理模型中，最原始的结构是本我（id，又译"伊底"），它完全处于潜意识层面，是人类原始性欲和攻击欲以及由此衍生出的愿望、幻想和偏好的发源地。本我就如一个秩序混乱同时沸腾着的大熔炉，为精神生活提供了本能能量。本我不知道任何禁忌，也不遵守逻辑和道德约束，它与外面真实的世界完全隔绝，而且将永远隔绝。本我的活动完全依照快乐原则（pleasure principle）。快乐源自对紧张的缓解，这种缓解通过对冲动的即刻满足来实现。此外，本我也是初级加工（primary process）思维背后的驱动力。初级加工思维是不精确的、随意的和非理性的，它们常常与梦联系在一起，并受到性本能和攻击本能的推动。

　　如果人的心理都处于本我层面，那么必然很快会遇到棘手的麻烦。虽然本我通过幻想式愿望的达成来获得满足，但是机体不能仅仅依靠愿望和幻想长期运作。因此，第二个心理结构从婴幼儿时期就显现出来，即自我（ego）。自我借用了来自本我的本能能量，自我就像本我的仆人一样，需要不知疲倦地处理本我的盲目需求和外界环境的限制之间的关系。自我遵循现实原则（reality principle），即平衡内外要求，通过理性思维进行自我保护以及确保个体的安全。现实原则使得个体有能力推迟本能需要的直接满足，直到合适的对象和环境条件出现时才满足本能。自我有能力权衡外界需求，在外界需求与自我需求或冲动之间作出平衡，通过对本我原始能量的最佳利用进而产生行为和经验模式。为了完成这一任务，自我采用有意识的、深思熟虑的次级加工（secondary process）思维，它是一种通过理性和现实来解决问题的思维方式。

本我完全处于潜意识层面，自我则一部分处于意识层面。当一个人面对生活的挑战时，如果通过理性和自我反思的方式作出决定，那么他使用了自我中意识层面的力量。但是，我们不能忽略自我中还有很重要的部分隐藏在潜意识中。自我通过防御机制（defense mechanism）处理日常生活中大量不可避免的冲突。防御机制是自我通过歪曲事实以缓解焦虑的一种潜意识的应对策略。举个投射的防御机制的例子，一个人潜意识地将自己的特点归到他人身上，而这些存在于他身上的特点会给他带来难以承受的焦虑。因此，一个男子对自己身上的男子气在潜意识中有强烈的不确定感时，他会比其他人更多地谴责同性恋者。这并不是有意识的伪装，而是自我微妙的潜意识的防御策略，这种策略通过一定程度地歪曲客观事实以使个体避免焦虑。表 7.2 描述了自我常常使用的一些防御机制。

267

表 7.2　自我防御机制举例

名称	定　义	简要例子
压抑 （repression）	主动将所有危险冲动排除在意识之外。	一个老迈的父亲将自己对强壮有力的运动员儿子的敌意排除在意识之外，无法意识到这种敌意的存在。
投射 （projection）	将自己无法接受的令人困扰的想法和冲动归到他人身上，认为那是别人的想法而不是自己的。	一个人对自身异性恋的性向充满疑虑，却经常谴责同性恋者。
反向作用 （reaction formation）	内心难以接受的观念或情感以相反的态度、行为表现出来。	一个人感受到自身控制他人的、攻击性的欲望的威胁，反而认为自己是一个服从的、被动的，并按照这种观点行事的人。
合理化 （rationalization）	用一种似乎合乎理性的理由或借口来解释那些伤害个人自尊的事情或行为。	一个妻子用丈夫不幸的成长经历和充满诱惑的环境来解释他一而再、再而三的出轨行为。
退行 （regression）	行为模式退回到更早、更原始的阶段，以回避痛苦、威胁和焦虑。	当面临威胁和抉择时，一位母亲不经意间就用儿语和女儿对话。
移置 （displacement）	将冲动从一个有威胁的对象转移到一个没有威胁的对象上。	由于老板对自己降职，丈夫回家后便和妻子争吵以发泄不满。
升华 （sublimation）	将不为社会所接受的冲动转化成为社会所接受甚至尊崇的行为。	一位外科医生将攻击性的能量转化为有建设性的医疗工作，一位艺术家用力比多去创造艺术作品。

　　超我（superego）在童年晚期开始出现，它是通过对父母的认同而内化的早期社会规范和价值标准。超我如同一个内化了的权威形象，就像父母一样反复告诫个人该做什么和不该做什么。超我通常是严苛的、不灵活的，总是要求人们放弃或者压抑本我的需求。尽管本我呼喊着："是的，现在就去吧！"超我也会严厉地回应说："不，绝对不可以！"虽然超我与本我之间存在相互对立的观点，但是它们之间也有一些共同的特点。例如，它们都是苛刻的、不灵活的，对外部世界的要求和限制是盲目的。只有自我采取次级加工思维，按照现实原则运作。

　　随着超我逐渐形成，自我将面对第三个监督者以及另一种重要的冲突来源。冲突的三种主要来源包括：第一，现实世界的客观危险带来了现实性焦虑；第二，本我给自我带来的神经性焦虑，即可能无法控制本能冲动的释放而带来的焦虑；第三，超我带来的道德焦虑，将内疚的感觉上升到道德越轨，或者后悔无法达到理想状态。在这个心理模型中，自我是一个孤独的理性代言人，存在于各种不能相互妥协且苛刻的力量因素之间。自我从本我中获得能量，又像孩子对父母的感激那般服从于超我，同时面临着几乎无法满足的现实需要，因此自我受到三重围攻，偶尔无法调和这三者的关系时就会导致神经症。弗洛伊德对人类幸福的可能性常常抱有绝望的态度也就可以理解了。

　　然而，弗洛伊德之后的精神分析取向理论家，从安娜·弗洛伊德（Anna Freud，1950）开始，包括哈特曼（Hartmann，1939）、埃里克森（Erikson，1950）和怀特（White，1959，1963a），他们对自我的潜力就乐观得多。根据这些自我心理学家（ego psychologists）的观点，自我分别通过学习、记忆、知觉和综合的功能促进对生活的健康适应。自我不是一个无助的防御者，而是整合各部分的主人，正因为组织经验，有机体才成为社会中有效的一员。进一步讲，自我拥有强大的武器来应对焦虑，其中就包括大量的防御机制（Cramer，1991，2002；A. Freud，1946；Schafer，1968；Vaillant，1977）。关于防御机制如何工作的主题引发人格心理学（Paulhus，Fridhandler，& Hayes，1997）和社会心理学（Baumeister，Dale，& Sommer，1998）的大量实证研究。这些研究表明，人们确实在不断地运用防御策略来处理生活中的焦虑和压力。

　　关于防御机制，精神分析学家有一个基本一致的观点，即有些防御机制相对原始和不成熟（如否认），有些防御机制则相对复杂和成熟（如升华）（Anthony，1970；A. Freud，1946）。关于自我防御机制的发展，最有影响力的实证研究是克拉默（Phebe Cramer）等人开展的（Cramer，1991，2002；Cramer & Brilliant，2001）。克拉默验证了这样的假设：不成熟的防御机制在早年就出现了，个体对它们的使用逐渐减少，成熟的防御机制则相对形成较晚。克拉默的研究主要关注三种防御机制。其中最原始的是否认（denial），即彻底否认诱发焦虑事件的存在。比如，一个孩子去看医生时一再坚持说自己不怕打针，一个刚刚失去丈夫的寡妇声称自己一点都不悲痛。精神分析学家认为，不同年龄阶段的人都会使用否认的防御策略，年轻人使用的频率要更高一些。成年人一般只会在面临巨大烦恼和焦虑的时候才会使用该策略。比否认更成熟的是投射（projection），使用该防御机制时，人们将自己内心不被接受的状态和特点归到别人身上。比如，一个青春期的女孩怀疑她内心的宗教信仰（她认为这种怀疑是有罪的），她可能会去谴责别人是有罪的；一个商人感到自己的婚姻不安全（他可能担心自己的婚外情被妻子发现），则会猜测他的很多同事都有婚外情。在使用投射时，人们往往对孰好孰坏已经有一个内化了的标准，在此基础上将坏的部分投射到外面。因此，投射策略的使用必须等到童年中期意识（弗洛伊德所指的超我）发展出来。克拉默认为，最为成熟的防御机制是认同（identification），即人们形成对重要他人的持久的心理表征，将模仿重要他人的行为特点作为应对方式。认同需要个体清楚地区别自我与他人，而且对各类人之间的差异有深入的理解，因此只有在青春期后才能成为有效的应对策略，并且该策略会保持一生（Bios，1979）。

在一项研究中，克拉默分析了 320 个孩子所写的或者所说的创造性故事，这 320 个孩子分别代表了四个年龄阶段：幼儿期（4～7 岁）、童年期（8～11 岁）、青少年早期（9～10 年级）、青少年晚期（11～12 年级）。研究中要求被试观看两幅特定的图片，并根据这些图片编一个有想象力的故事，然后分析故事的防御机制。如图 7.3 所示，在年龄最小的儿童中关于否认的主题占绝对优势，在其他三个组别中则少有与否认相关的主题。此外，投射和认同策略在低龄儿童中使用得较少，但随着年龄的增长，故事中与投射和认同有关的主题显著增多。类似的年龄趋势在一项纵向研究中得到验证（Cramer，2007）。这些发现支持了精神分析的假设，即三种防御机制的成熟水平是不一样的，否认的策略在年幼的儿童中占主导，而投射和认同在大龄儿童和青少年中更为突出。

269

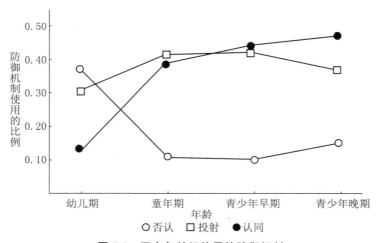

图 7.3 四个年龄组使用的防御机制

从幼儿期到童年期和青少年早期，再到青少年晚期，否认这种初级防御机制的得分不断下降，投射和认同这种更加成熟的防御机制的得分则不断上升。

来源："The Development of Defense Mechanisms," by P. Cramer, 1987, *Journal of Personality*, *55*, 607.

在面对巨大压力的情况下,防御机制的作用尤为明显。多林格和克拉默(Dollinger & Cramer,1990)描述了目睹创伤性事件的孩子使用自我防御机制的一个特殊案例。来自伊利诺伊州两个乡村小镇的青春期前的男孩正在踢足球联赛,突然暴风雨来临迫使比赛暂停,这些孩子撤回到父母的小汽车里等待暴风雨过去。在比赛重新开始后不久,一道闪电划过天际击中了球场,击倒了场上所有人以及场外绝大多数孩子和家长。一个孩子直接被闪电击中,此后他的意识一直未恢复,并在事故发生后一个星期死去。

临床心理学家和咨询师定期与这些目睹了灾难事件的孩子及其家长会谈。在治疗的过程中,这些专家收集了一些心理学测量指标。其中,最有用的指标是不安等级(upset rating),专家们用不安等级来度量孩子们整体的精神痛苦程度。事实证明,这种不安等级与家长报告的孩子的睡眠障碍、抱怨的不存在的身体病痛,以及孩子自我报告的恐惧(如,害怕打雷、死去、身体被击穿、分离焦虑)高度相关。此外,在情绪不安评价上得分较高的孩子,更倾向于避免在未来两年的时间内参加足球比赛。

在该研究中,研究者还搜集了孩子们对画有闪电的图片联想出来的故事内容。分析了 27 个 10~13 岁孩子的故事内容后,多林格和克拉默(Dollinger & Cramer,1990)发现,这群孩子使用的否认防御策略显著多于没有经历过该事件的孩子,这种差异很可能是严重的创伤事件造成的。精神分析理论认为,初级防御策略更多应用于个人生活中最为紧张的时间点。另外,研究还发现,年龄较小的孩子比年龄大些的孩子更多使用初级防御策略,这与先前的研究结论一致。然而,最有趣的是防御机制与不安情绪之间的关系。情绪不安水平最低的孩子所写的故事呈现出最高水平的投射作用。研究者指出,投射是最适合该阶段男孩的防御策略,对他们而言否认是相对初级的策略,认同则更成熟一些。因此,当面对"闪电事故"的再现带来的焦虑、恐惧和悲伤时,投射似乎成为帮助这些青春期前的男孩处理不安情绪的最合适的防御机制。较少使用投射策略的男孩表现出较高的情绪不安水平。对绝大多数参与研究的孩子来说,否认和认同并不是应对不安最有效的策略,只有投射水平与不安水平有显著负相关。因此,也可以这样推测,否认在比这个样本更年轻的儿童群体中是最有效的防御策略,认同则对成年人最有用。这个案例的研究强调了精神分析发展假说,即适合年龄阶段的防御机制才能最有效地帮助人们避免和处理焦虑等情绪。

成年人在使用相应的防御策略时也存在巨大差异,有的成年人喜欢使用和儿童一样的较为幼稚的策略,如否认;有的成年人则喜欢使用较为成熟的、复杂的策略来处理焦虑和应激,如认同、升华和幽默。瓦利恩特(Vaillant,1971,1977)探讨了典型防御风格与成年人整体适应水平的关系。瓦利恩特研究了一群高学历的平均接受过 25 年以上教育的小样本男性被试,发现使用成熟的防御策略与整体适应指数(包括身体健康水平、事业的上升程度和婚姻享受感)呈正相关。瓦利恩特和德雷克(Vaillant & Drake,1985)研究了大样本男性工人阶层被试,发现成熟的防御策略的使用能预测更高水平的

270

人际亲密度以及有意义、高产的工作。克拉默（Cramer，2002）调查了 91 个年轻人，结果表明，初级防御策略的使用与高焦虑水平相关。此外，在男性中，投射与多疑的、过度警觉的人际交往方式有关。

总而言之，关于人类动机的精神分析的观点认为，我们的行为、思想、情感被潜意识的欲望激活和指引，而这些欲望来源于原始的性本能和攻击本能。人们自身的欲望相互冲突，同时与内在的道德标准和外部的环境限制相互冲突，正是这种冲突导致人们的焦虑。从精神分析的观点来看，人格的个性化适应是指个体表达性驱力与攻击驱力，以及处理动机冲突的独特方式。压抑者将容易引起过度焦虑的刺激转移，随后他们更少地回忆起负性情绪事件。人们使用不同的防御机制，根据特定的方式来处理焦虑和内在冲突。实证研究表明，儿童和成人都会使用防御机制来规避焦虑和应对应激事件。与弗洛伊德和自我心理学家的观点一致，防御机制也可能按照一定的发展层级组织起来，从儿童使用的初级防御机制到成年人使用的成熟的防御机制。年龄大一些的孩子使用的防御机制比幼童更加成熟，但只有与年龄相匹配的防御机制才是最有效的。对成年人来说，成熟的防御机制的使用与较高的社会适应性和职业成就相关。

人本主义的观点

20 世纪中叶，美国心理学家的精神分析学派与行为主义学派竞争心理学的领导地位。事实上，20 世纪心理学界最有名的两个名字可能就是弗洛伊德和斯金纳。尽管精神分析学派和行为主义的理论有诸多不同之处，但两者有一点是相同的，即都认为人类的行为被一种自身难以控制的力量驱动。弗洛伊德认为，人类的行为是对性本能和攻击本能这两种潜意识力量的回应，不同的是，行为主义者认为特定的生理冲动如饥渴（Hull，1943）或环境的强化（Skinner，1938）是行为的基本动因，这些在本书第 3 章有所描述。然而，这两种传统都既不关注有意识的思考和理性，也不关注更高级的、宏伟的个人抱负。在对精神分析和行为主义提出的机制论和决定论作出回应的过程中，有一群心理学家慢慢成长起来，最终形成美国心理学界的第三大思潮。在 20 世纪的 50 年代、60 年代和 70 年代，人本主义的心理学家为美国心理学界带来一种更乐观的、自我决定的理论视角。罗杰斯（Carl Rogers）和马斯洛（Abraham Maslow）等人本主义心理学家认为，人类的行为被更高级的目的驱动，由此可以将人类与其他动物区别开来。人本主义认为，人最高级的动力是追求自我实现和完善。

罗杰斯的观点

1902 年，罗杰斯出生在伊利诺伊州奥克帕克（Oak Park）一个有着宗教背景和良好经济保障的家庭。在获得历史学位之后,他考入纽约联合神学院。不久,罗杰斯转向临床心理学,并在 1931 年获得博士学位。在去俄亥俄州立大学之前,罗杰斯在一个儿童指导中心做了一名心理学工作者,之后在芝加哥大学咨询中心工作。正是 20 世纪 50 年代在芝加哥,罗杰斯出版了他的主要著作《当事人中心治疗:实践、运用和理论》(*Client-Centered Therapy*: *Its Current Practice*, *Implications*, *and Theory*)(Rogers,1951)。此后,他的观点在心理学理论和实践领域逐渐成为主要势力。罗杰斯提出的人本主义观点,与当时精神分析取向的治疗以及流行的行为主义方法,如行为矫正,形成鲜明对比。罗杰斯在当事人中心治疗(client-centered therapy)中强调治疗师的温暖、真诚、共情、接纳、角色扮演、尊重等特点,在今天这已经成为咨询师、社会工作者、教师、幼师以及其他众多助人行业治疗和教育方法的核心。罗杰斯对临床实践和教育领域有极其深远的影响。

　　罗杰斯提出一套简洁而优雅的人格和动机理论。根据罗杰斯的观点,只有站在一个人的现象场(phenomenal field)上才能理解这一个体。现象场是指个人生活经验的全貌以及他对客观现实的主观理解,是一个人的整体参照框架。要想了解一个人的现象场,心理学家必须仔细聆听来访者对自身经验的主观报告,最终达到对来访者的共情。罗杰斯强调行为的根源位于现象场中。对人产生影响的潜意识冲突、生理需要、环境影响以及其他作用因素,只有通过现象场的作用才会变得有意义。 272

　　人类的行为和经验都被生命的基本追求指引。罗杰斯(Rogers,1951,p.487)写道:"有机体有基本的趋向和追求——实现、维持和增强有机体的生命体验。"人与生俱来有发展、维持和提升其各方面能力的趋势。所有的冲动、欲望、需要、目标、价值和动机,也许都可以被囊括在有机体增强这把"大伞"之下。所有人生活的基本使命就是要发挥其内在最大的潜能,成为所能成为的最好的人。这样,在整个生命过程中,个人发展得更加与众不同,更加独立,并承担更大的社会责任。人们有意识、有目的地选择,并发生改变。人要清楚地觉察这些选择,如此才能不断地趋近或达到自我实现。

　　有能力充分实现自身潜能的人被称为机能健全的人(fully functioning person)。对机能健全的人来说,他们的自我已经有很大的包容性,能包含大部分现象场。因此,他们能充分意识到生活的不同方面,而且有能力将经验中不一致的地方整合到一起,最终享受拥有丰富情绪体验和自我发现的人生。他们是能反思、自然、灵活、适应性强、自信、值得信赖、有创造力和自力更生的人。机能健全的人按照机体评价过程(organismic valuing process)运作。也就是说,如果个体的体验与机体自我实现的基本趋向一致就会有满足感,人们会去追求和维持这种感觉。不能达到个人提升和满足的、与自我实现背道而驰的经验就会被尽量减少和避免。所有人都有被积极关注的需要,或者被其他人爱和接纳的需要。机能健全的人似乎能体验到更多无条件积极关注(unconditional positive regard),换句话说就是被他人用一种不带批评性的、始终如一的方式关爱和接纳。人们希望自己作为一种特别的存在被无条件关爱，这种关爱方式在古希腊和基督教中被称为神之爱(agape)。他人的关注可以促进个体自爱，每个人都需要他人和自我的积极关注。

然而，生活中的爱和接纳往往是有条件的：我们得到表扬、奖励、喜欢、尊敬和祝福是因为我们的所作所为和所思所想。这种来自他人的有条件的积极关注，让我们慢慢理解价值条件(conditions of worth)的含义。于是，我们开始相信有些行为是值得的，另一些则是不值的。一个小男孩因为在学校表现好而被老师表扬，他很可能将此内化为价值条件，并成为自我结构中的一个积极部分。一个人的重要他人为其提供了积极关注，同时重要他人也会要求这个人接受一些自我意象，这些自我意象最终形成这个人自己的自我意象。

自我中有一些方面在他人看来是无价值的，甚至最终会被否认、歪曲，因为这些方面无法带来积极关注，反而是惩罚的先兆。比如一个女孩喜欢剧烈运动，但她的父母和同龄人可能会批评她和男孩们踢足球。他们对她的关注是有条件的，看她是否恪守女性角色应有的行为模式。这会迫使这个女孩修正自己的角色形象，否认自己喜欢剧烈运动这一特点。这种有意的否认隐藏了她内心真实的想法，最终会导致其内在的冲突和不安。

与弗洛伊德一样，罗杰斯认为，人们面临的很多重要冲突大都来自生活的潜意识层面。不同的是，罗杰斯认为这种潜意识的冲突来源于自我和自身对价值条件的理解之间的冲突，而不是来自本能力量和超我要求之间的冲突。关于人们能否过没有冲突的生活，能否战胜这些价值条件，学会无条件地接受自己的问题，罗杰斯比弗洛伊德乐观得多。罗杰斯认为，如果我们能成为机能健全的人，那我们将不再对自己强加价值条件，能够完全接纳个人经验，并认为它是好的、有意义的。

马斯洛的存在心理学

1908年，马斯洛(Abraham Maslow)出生在纽约布鲁克林，其父母是从俄罗斯移民过来的犹太夫妇。与罗杰斯的情况相反，马斯洛成长在一个社交和经济上都贫乏的家庭，因此他从小就备感孤独和不愉快。1934年，马斯洛在哈洛(Harry Harlow)的指导下获得威斯康星大学的博士学位，完成关于猴子性行为的博士论文。起初，马斯洛是一个执着的行为主义者，但是与孩子相处的切身经验让他明白用这种机械的方式对待人并不合适。在第二次世界大战之初，马斯洛经历了一场意义深远的个人转变，最终形成他在心理学上的人本主义观点。马斯洛在他的个人报告中指出，他曾经目睹可怜又贫苦的百姓在珍珠港遭到轰炸后游行示威，争取对战争的支持。在马斯洛的眼中，这些游行示威只是进一步突出了战争的无用和悲剧。泪水淌过马斯洛的双颊，他立下一个誓言：人类有能力取得更伟大的成就，而不是仇恨和毁灭。为证明这一点，他决定去研究心理最健康的人（the psychologically healthiest）。1951 年，马斯洛成为布兰迪斯大学（Brandeis University）的一名教授，那时他作为人本主义人格理论的提出者而闻名世界。

马斯洛和罗杰斯都认为，人类会努力实现自身的内在潜能，他们把人类这种基本的奋斗动力叫作自我实现（self-actualization）。而马斯洛（Maslow，1954，1968）又指出，在自我实现的需要之下还有四种其他需要，这就组成需要层次（need hierarchy）（如图 7.4 所示）。位于需要层次底部的是生理需要（physiological needs），比如对食物、水和睡眠的需要。在此之上的是安全需要（safety needs），比如结构秩序的需要、安全的需要、避免痛苦的需要、被保护的需要等。第三层是归属与爱的需要（belongingness and love needs）。人们渴望被他人接受和关爱，形成彼此和睦、友爱和亲密的团体。然后是尊重的需要（esteem needs），是指尊重自我和被他人尊重的需要，即渴望被自己和他人认为是一个有能力的、有用的人。最后才是自我实现的需要，它激励个体充分发挥自身的潜能，超越低层次的需要。

274

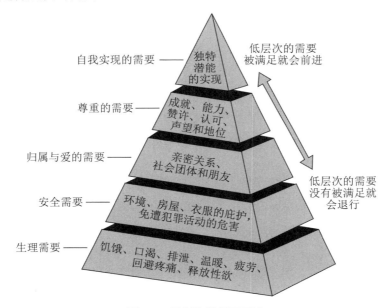

图 7.4　马斯洛的需要层次

在马斯洛的需要层次理论中有一点很关键，即如果低层次的需要没有得到满足，那么高层次的需要通常也不能得到满足。比如，一个处于饥饿状态的人不可能按照归属的需要行事，除非他能获得充足的食物（生理需要）和安全的环境（安全需要）。一个孤独的女人在安全与归属需要没有得到满足时，不可能先去追求尊重的需要。自我实现的需要位于需要层次的最顶端。马斯洛说，只有充分实现低层次的、更基本的需要，我们才能期待人们充分发挥内在潜能。

虽然很多人格理论都来自临床医生对神经症患者和其他心理疾病患者的治疗经验,但马斯洛提出的与众不同的观点让人耳目一新。尽管马斯洛也是一名临床咨询师,但其动机理论的提出建立在他对人群中那些心理最健康、最成熟且达到自我实现的个体的理解之上。通过与朋友、来访者会谈,阅读自传,展开结构化的研究,马斯洛描绘了自我实现者(self-actualizer)的人格肖像。表7.3罗列了马斯洛认为的自我实现者共有的特点。

275

表7.3　自我实现者的特点

对事实有深刻的洞察力
对自我、他人和世界有更大的包容性
思想、言行上有更强的自发性
需要更多独处时间,强调个人隐私
以更新奇的眼光欣赏周围环境,有更丰富的情感反应
有更强的自主性,反对墨守成规
经常有高峰体验
对世界有更多认同
具有深厚的人际关系
具有民主性
有更高的创造水平

来源：*Toward a Psychology of Being* (2nd ed., p.26), by A. H. Maslow, 1968, New York: D. Van Nostrand.

自我实现者最重要的特点是对高峰体验(peak experience)的追求。高峰体验是指,体验到极大的快乐、狂喜、超越的时刻。简而言之,自我实现者比常人有更多的高峰体验。

事实上,每个人都可以有高峰体验。马斯洛对他的朋友和学生进行抽样,通过他们对下述问题的回答来调查他们的高峰体验：

> 我希望你描述你所有生活经历中最奇妙的体验,比如最幸福的、最入迷的、最欢乐的时刻,这些时刻可能是你正爱上某人,或者来源于你听到的音乐,抑或被一本书或者美术作品触动,也可能来源于一些创造性的瞬间。首先罗列出这些时刻,然后尽量详尽地告诉我你在这些尖峰时刻是如何体会和感受的,这种感受和平常其他时刻的感受有什么不同,此时的你又是如何成为一个不同的人。(Maslow, 1968, p.71)

马斯洛深入分析问题的答案,结果表明,高峰体验者对世界的觉知和理解立足于存在认知(being cognition, B-cognition)。在存在认知中,这种"体验或者对象往往被看作一个整体,一个完整的单元,与其他可能的功效、私利和目的毫无干系"(Maslow, 1968, p.74),"所有注意力都集中在被知觉的对象上"(p.74),"而且这种觉知相对来说

是超越自我的、自我遗忘的、无我的"(p.79)。有时，"时间和空间也被扭曲了"(p.80)，因为此时的人们已经失去了对时间流逝和空间存在的主观感受。当然，最重要的一点是，存在认知将意识组成一个整体：

> 在一些报告中，尤其在神秘体验、宗教体验或者哲学体验中，有提到世界被看成一个整体。此时的世界被看成一个单独的、丰富的、生动的实体。在其他高峰体验中，它们主要来自爱的体验、美的体验，世界的一小部分在某一时刻被知觉为整个世界。这两种情况下的知觉是一体的。也许关于一幅画、一个人或一种理论的存在认知就包含存在的所有特征（比如存在价值），这是因为在知觉时仿佛将它看成现在所存在的一切。(Maslow，1968，p.88)

内部动机和自我决定理论

我们如此看重高峰体验是因为它为我们提供了十分强烈的积极体验，而且能够让我们完全融入生活所能提供的最棒的体验中。这种体验如此美妙，以至于人们提出动机无用论，也就是说似乎不需要刻意去解释为什么人们想要感到狂喜、有激情、有活力，或者其他由马斯洛提出的伴随着存在认知而出现的最奇妙的时刻。显然，所有人都想有这些感受和体验。对我来说，几乎无法想象会有人说自己对这种极致的快乐毫无兴趣。换句话说，高峰体验是一种能进行自我强化的体验。我们珍视它很可能是因为这种体验本身，它不一定能帮助我们达到什么目标，但这种美好的体验本身就是目标。换言之，这种积极的体验可能是内部激发的，不需要外部动机和刺激。事实上，提供奖励可能带来矛盾的结果，它可能会剥夺体验自身的价值。

关于内部动机(intrinsic motivation)的研究表明，对有内在乐趣的行为进行奖赏和激励不但不能强化这种行为，反而削弱了这种行为。关于内部动机的研究始于 20 世纪 70 年代，通过观察一些特定情境，研究者发现物质奖励竟然导致绩效的下降(Deci，1975；Lepper & Greene，1978)。传统的强化理论，如斯金纳的行为主义观点（参阅本书第 3 章）告诉我们，当人们的行为得到奖励时，该行为就会被习得。然而，有研究发现，在某些特定的情况下外部的奖励会造成损失。外部的奖励也许会削弱相应行为带来的内在价值感，降低了人们"想做什么就做什么"的自由感。

基于以上这些考虑，德西(Deci，1971)做了一些简单的实验，要求参加实验的大学生解决一系列有趣的数学谜题。在实验组，学生被告知如果在一定时间内解决谜题，将得到每题 1 美元的奖励。控制组的学生则没有得到任何关于金钱奖励的信息。解答谜题时间过去后，所有学生可以自主选择活动，他们可以在提供的活动中自由选择做什么。在这个阶段，研究者通过单向玻璃观察学生的行为。德西发现，实验组学生在自由选择阶段玩字谜游戏的时间显著少于控制组学生，而且实验组学生对数学谜题的趣味性评价并不如控制组学生那么积极。

　　这种差别意味着什么呢？德西(Deci，1971)推断，因表现优异而接受外部奖励的学生，其内部动机被削弱了。奖励削弱了学生对谜题的兴趣。一旦行为表现没有得到应有的奖励，他们就觉得没有必要继续玩解答谜题的游戏了。一些类似研究也得出相似的结果。有研究发现，当孩子的美术作品得到外部奖励时，其内部动机就会减弱(Lepper，Greene，& Nisbett，1973)。孩子因使用一些令人十分满意的美术素材而被给予奖励后，比起那些没有得到奖励的孩子，他们在以后的美术作品中使用同一素材的动机减弱了。玩字谜游戏时，相比于没有时间限制的情况，如果有时间限制，大学生的内部动机就会减弱(Amabile，Dejong，& Lepper，1976)。截止时间这种外部因素就如同外部奖励，将人们知觉到的行为原因从任务本身的内在特点转化成一些外部因素。当人们意识到自己做某事的动机由外部因素激发之时，他们对这件事情的兴趣就消失了。

　　然而，奖励并不总是对内部动机起削弱作用(Eisenberger & Cameron，1996；Rawsthorne & Elliot，1999)。外部奖励会带来损失，前提是任务本身能够激发内在兴趣。在完成一些烦琐的日常任务时，给予奖励反而可能增强人们对任务的兴趣，并促使人们表现得更好(Calder & Staw，1975)。并不是所有场合的所有奖励都如出一辙。因绩效、表现等得到的金钱、分数或其他类似的物质奖励确实会削弱内部动机，然而口头表扬、鼓励等社会强化物很可能提高内部动机。此外，外部奖励能否削弱内部动机还取决于奖励的到底是行为的哪一方面。对努力(很用功)的奖励和对能力(做得好)的奖励给人的感觉是不一样的。

　　在理论发展过程中，德西(Edward Deci)和瑞安(Richard Ryan)整合已有的关于内部动机的研究，形成一个大的理论框架，即我们现在所说的自我决定理论(self-determination theory)(Deci & Ryan，1980，1985，1991；Ryan，1991，1995)。按照他们的观点，内部动机是"有机体本能活动的能量基础"(Deci & Ryan，1991，p.244)。人类一出生就会遇见各种各样的挑战，而这些挑战促进人类的自我发展。对于由内部动机激发的行为，人们认为"这才是真正意义上的自主选择，想做什么就做什么，完全没有强制感和压迫感"(p.253)，正如人们自发地做某件事，似乎他们天生就觉得这件事情是有趣的和令人愉快的。做这件事情自发地来自一个主体，是自我决定的(p.253)。因此，由内部动机激发的行为是自我决定的行为。相反，非自我决定的行为被认为是受控的或无动机的。当人们为了满足一些内在或者外在力量的要求时，受控行为就会发生。尽管受控行为也可能有一定的意图，但行为者还是觉得这并不是他真心想要去做的事情。无动机行为则是毫无意图的，而且没有组织性，因为人们无法调节自己的这种行为。例如，在截稿日期即将来临的压力下，某报刊的一个记者可能会茫然不知所措地在自己的办公室里不断徘徊，她无法让自己步入正轨去做该做的事情，她觉得自己不可能在给定的时间内完成任务，因此她的行为变得随意和无动机。

即将提出自我决定理论时,德西和瑞安写道:

> 按照我们的观点,人类的中心特点是有一种活跃的能动性和综合性的倾向,我们将其归为自我的一种功能。一出生,人类就开始积极发展自己的能力和兴趣。他们寻找最理想的挑战,尝试着去掌控和整合新的体验。换句话说,他们正处在一个发展的过程中,这恰恰是他们内在的本性,这种发展过程的特点是趋向于更加精细和全面。(Deci & Ryan,1991,pp.238—239)

每个婴儿都被赋予了一个原始的自我,它是人格的核心,包含惊人的发展潜力。正如德西和瑞安(Deci & Ryan,1991)所言,"生命的特点就是不断超越自我",即不断超越自我原有的界限,不断成长,学会掌控周围的事物,去适应别的事物、人、思想和环境,将不是自我的部分变成自我的部分。随着婴儿不断掌握和综合不同的经验,自我变得更加具有包容性(囊括更多的事物)和整合性(将关于自我的内容组织成有意义的系统)。自我决定的行为不断促进自我的发展;随着自我的发展,人们越来越多的行为成为自我决定的行为。一个扩大的自我带来行为上更深层次的自我卷入。人们感觉到自己成了行为的主人,行为的受控感和无动机性减弱,行为成为自我的一部分并受到自我的指导。

德西和瑞安提出,自我决定的行为来源于三种基本需要(又见:Sheldon,Elliot,Kim,& Kasser,2001)。第一种,胜任的需要(the need for competence),指一个人努力控制事情的结果,体验一种掌控感,以及有效应对环境的感觉。第二种,自主的需要(the need for autonomy),包括免于外界压力的需要,以及渴望在与世界互动的过程中拥有主动性而不是充当棋子。第三种,关系的需要(the need for relatedness),包括关心他人,感受到他人的真诚和支持,以及对社会生活拥有较高的满意度和更深的卷入感。这三种基本需要产生自我决定的行为,而自我决定的行为又促进有机体的发展,即德西和瑞安所指的机体整合(organismic integration)。机体整合包括两个方面:自我的统一以及与社会秩序的整合。自我决定的行为不断帮助人们以一种紧密结合的、统一的方式感受他们内在的生命状态,帮助人们形成更加一致的、有意义的人际交往模式。

谢尔登和卡塞尔(Sheldon & Kasser,1995)区分了自我决定中机体整合的概念和另一个更普遍的概念——人格一致性(personality congruence)。人格一致性是指,一个人的目标与其他目标之间一致性的程度,相互之间没有冲突。例如,一个成功的企业家变得富有的目标和环球旅行的目标是一致的,因为变得富有使他有能力支付高昂的旅行费用。这两个目标之间的关系就说明了人格一致性,但是不足以说明机体整合的含义。机体整合关注个人的目标在多大程度上是自我决定的,以及与机体需要一致。在企业家的例子中,变得富有只是一个外部目标而不是内部目标。外部目标包括经济上的成功、社会的认可和身体的吸引力等。当目标与自主的需要、胜任的需要和关系的需要有关时,机体整合得以加强。谢尔登和卡塞尔发现,在机体整合测量中得分高的学

278

生,倾向于报告更多积极的日常情绪,更富有活力,更多地沉浸于有意义的日常活动中。还有研究显示,当人们追求有助于满足三种基本需要的目标,而且在达成该目标方面有显著进步时,他们会感受到更高水平的心理健康、适应性、自我实现和心理幸福感(Reis,Sheldon,Gable,Roscoe,& Ryan,2000;Sheldon & Elliot,1999;Sheldon & Kasser,1998)。

自我决定理论认为,如果树立能满足机体需要的目标,则会有积极的情绪和行为;反之,如果追求无法促进机体整合的外部目标,则会有低水平的心理幸福感。卡塞尔和瑞安(Kasser & Ryan,1996)认为,"美国梦"追求的其实是经济上的成功和物质上的满足,而这些都是外部目标,几乎无法促进自主的需要、胜任的需要和关系的需要的满足。卡塞尔和瑞安对大学生和成人样本进行研究,结果发现,对经济成功、外表吸引力和社会认同等外部目标的看重,与较低的效能感、生命活力、自我实现程度以及更多的身体症状相关。相反,对自我接纳、友好关系、集体感和身体健康等内部目标的看重,与较高的效能感、幸福感,以及低水平的焦虑相关。按照卡塞尔和瑞安的观点,传统的"美国梦"也有负面影响。美国社会对物质财富的迷恋,可能会影响人们对能够促进机体整合的内部目标的追求。尽管美国人变得更加富有,过上更加舒适的生活,但是他们正在失去那些最能给他们带来深层快乐和意义感的目标。

自我发展是个体与社会环境之间复杂辩证关系的产物。德西和瑞安认为,社会环境既为自我决定的行为提供了机会,又赋予了约束。其中,社会环境有三个作用显得尤为重要。第一,社会环境提供自主支持(autonomy support)。也就是说,社会环境鼓励行为选择和创新,而妨碍选择的环境限定了个体的行为。大量研究表明,如果家长或者社会组织能够提供充分的自主支持,那么孩子的心理适应和心理健康水平将会提高(Ryan & Deci,2006;Soenens et al.,2007)。第二,社会环境提供行为框架。高度结构化的环境提供了明确的指引,告诉人们什么样的行为会产生什么样的结果,为行动者提供了行为好坏的清晰反馈。第三,社会环境提供人际卷入(interpersonal involvement)。卷入是指重要他人(如家长、老师、朋友、配偶)在多大程度上对彼此的关系有兴趣,乐于为此投入时间和精力。总之,能够提供高水平的自主支持、适度的行为框架,以及有他人卷入的社会环境,对鼓励自我决定的行为和机体整合大有裨益。

总的来说,内部动机激发的行为是有趣的、令人愉悦的,包括既适合个人又具有挑战性的任务和活动,而且在没有外部奖励的情况下,个人也会表现出这些行为。这些行为都叫自我决定的行为,它们服务于胜任、自主和关系三大基本需要。当环境提供自主支持、合适的行为框架,包含关心行为主体且愿意为行为主体投入时间和精力的重要他人时,自我决定的行为就会丰富起来。自我决定的行为通过个体内在的统一以及与社会秩序的整合而促进机体整合。德西和瑞安紧紧追随罗杰斯和马斯洛的人本主义观点,认为自我决定最终使人们体验到真实的自我,因此人们才拥有真正的人生。

动机的多元观

精神分析认为,性本能和攻击本能是人类行为的基本动因。人本主义则认为,人是努力寻求自我决定和自我实现的有机体。当然,其他动机观认为人类的行为被不同因素激发。一群人可能被某一类目标和诱因激发,另一群人或许被另一类目标和诱因激发。约翰的行为可能被高成就需要激发,萨拉愿意奉献她的一生去帮助他人,布赖恩想要进入人类学研究院;玛丽亚则被亲和动机和权力动机之间的冲突牵制,处在深深的焦虑之中;玛丽亚的兄弟米格尔可能从未体验过这种冲突,因为他的人生目标只是赚钱。不同的观点折射出这样一种思想,即人类的行为和经验可以简化为更少的几种驱力和需要。但是,众所周知,具体到动机和目标时,人与人之间存在差异。

默里的需要理论

关于人类动机的差异研究,最有代表性的是默里(Henry Murray)的需要理论。默里在人格心理学中是一个具有里程碑意义的人物,他对人生传记研究的贡献将在本书第 12 章中谈到,这里着重讲默里(Murray,1938)关于需要的理论。我们需要在时间背景下去理解生命的意义,人们同时生活在对过去的反思和对未来的期待中。在每天的生活中,我们会将逝去的记忆和对未来的期待结合起来。

人类的生活是有方向的,这种定向性随着时间的流逝而突显出来。一些行为在当前的场景中可能并没有什么意义,但是如果考虑到个体过去经历的事情,它们也许就成了一系列有目的的行为。不同时间的结合为生命提供了特有的意义和目的。是什么力量在组织人们的生活和支配人们的时间?默里认为,这种力量存在于有机体内部和有机体所处的环境之中。有机体内部存在基本的心理需要,环境中存在各种情境的限制和表达需要的机会,即默里所指的压力(press)。在较长的时间里,某一特定的需要和相应的压力不断相互作用,于是产生默里称之为主题(thema)的东西。因此,人类的动机应该被理解为需要和压力相互作用产生主题的过程。

默里将需要定义为:

> 存在于人类大脑中代表某种力量(这种力量的物理化学成分未知)的构念(是一个假设的概念)。这种力量以一定的方式组织人的知觉、统觉(对知觉的解释)、智力(思考)、意动(奋斗)和行动,从令人不满意的现状向某个方向转换。(Murray,1938,pp.123—124)

因此,需要是大脑动力的一种表现,它为人们的知觉、思维、感受和奋斗提供能量、指引、抉择,并进行组织。通过它的运作,人们可以从一个令人不满意的情境向另一个令人满意的情境转变。最后要提及的是,默里关于需要的观点与弗洛伊德的观点有相似之处,都遵循紧张减轻(tension-reduction)的原则。对特定需要的紧张随时间不断增强,最终通过满足需要的行为或者想法得以缓解。然而,默里与弗洛伊德的不同之处在于他对人类需要进行了分类。原发性需要(viscerogenic needs)是指生理的需求和渴望,比如对空气、睡眠和感觉的需要。与人格关系更加密切的是心因性需要,比如对自主、成就、亲和、支配、游戏以及秩序等的需要。默里提出 20 种对人类行为有重要影响的基本需要。表 7.4 呈现了默里需要分类中的一些心因性需要。

表 7.4　默里提出的一些心因性需要

需　要	定　义
成　就	完成困难的事情;掌握、操纵或组织客观对象、人或者观念;尽可能快且独立地完成某事;克服困难并获得更高的标准;让自己变得有专长;与他人竞争并超越他人;成功展示个人的天赋以提升自尊。
亲　和	与其他伙伴(必须是相似或者喜欢的人)开展更加紧密和愉快的合作并发展互利关系;取悦情感关注对象,赢得其喜爱;对朋友保持忠诚。
攻　击	激烈地反抗敌对方面;喜欢打架;会报复他人;攻击、伤害或者杀戮他人;强烈地反对或者惩罚他人。
自　主	想获得自由,摆脱限制,冲破束缚;反对强迫和约束;避免专横的权威人士规定或安排的活动;按照内心的冲动独立、自由地行事;不依附,不担责;反对传统习俗。
支　配	控制个人环境;通过建议、诱导、说服或者命令来影响或指导他人的行动;劝阻、限制或禁止(他人的行为)。
表　现	给他人留下印象;让自己成为瞩目的焦点;引起他人的兴奋、惊讶、着迷、愉悦和震惊;对他人使用阴谋诡计,嘲弄、怂恿他人。
规避伤害	避免痛苦、身体受伤、疾病和死亡;逃脱危险的情境;采取预防措施。
助　人	同情并满足无助者的需要,比如弱小的婴孩或者其他任何人,他们可能很脆弱、有残疾、筋疲力尽、没有经验、虚弱、失败、蒙羞、孤独、沮丧、有疾病或者精神失常;救人于危难之中;喂养、帮助、支持、慰藉、保护、护理、治愈他人。
秩　序	使事物井然有序;力图做到整洁、安排合理、平衡和精确。
游　戏	不为别的,仅仅是为了寻找乐趣;喜欢笑,也喜欢开玩笑;追求释放压力的享受;参加游戏、运动、跳舞、饮酒和玩牌等活动。
感　觉	寻找和享受感官上的印象。
性	发展性关系;寻求性满足。
求　助	在他人的热心帮助下满足个人的需要;能够得到护理、支持、供养、围绕、保护、爱、建议、指引、原谅和慰藉等;与一个愿意奉献的保护者保持紧密关系;一直拥有支持者。
理　解	思考或回答一些一般性问题;对理论感兴趣;去推断、构想、分析和概括。

来源:*Explorations in Personality*(pp.152—226),by H. A. Murray,1938,New York:Oxford University Press.

　　人类的行为可能同时受到几种不同的原发性和心因性需要的影响,但是有些需要又比其他需要作用更大,占主导地位。更强烈的或者更迫切的需要有时压制了不那么强烈的需要,当一个人的支配需要占主导地位时,就会促使他采取马基雅维利式的行为,而这就违背了他的亲和需要。当然,也有不同需要共同作用的时候,它们共同作用可以达到相同的行为目标,和朋友一起玩垒球就能同时满足亲和、支配和游戏的需要。不同需要之间还有辅助关系(subsidiation),辅助需要为其他需要服务。比如,一个人表现出攻击性(代表攻击需要的满足)是为了避免痛苦(规避伤害的需要)。在这个例子中,攻击需要服务于避免痛苦的需要,因为表现出攻击性是为了保障自身安全。

需要也能与先天性(气质性)特质相互作用。一般而言,人们达成目标的方式部分由个人特质决定,比如外向性。但是,目标本身更多由需要决定。因此,特质和需要在人格中分别起到不同的作用。需要帮助人们制定目标,而特质反映人们的行为方式,这样才能达成目标(McClelland,1981;Winter,John,Stewart,Klohnen,& Duncan,1998)。在某种意义上,需要反映了人们行为的原因,而特质告诉我们人们如何行动。

"需要"这个概念代表了人自身的决定行为的重要因素,"压力"这个概念则代表了来自环境的决定行为的重要因素。压力指环境中可能促进和阻碍需要表达的一种倾向。默里(Murray,1938,p.121)指出:"来自某客体的压力会对主体产生有利或者有害的影响,这种力量以这样或那样的方式影响主体的幸福感。""客体"也许是一个人或者人际互动中的某些特征。默里区分了 α 压力和 β 压力。α 压力由环境中存在的特征构成,它或者存在于现实中,或者通过客观的问题反映出来。β 压力则是个人对环境中的这些特征产生的主观印象。因此,β 压力更多是一种(对 α 压力的)解释。

需要和压力的相互作用揭示人类行为的全部动力,它们产生了主题。想象这样一个例子。一个大学生无法在陶艺课上表达他对秩序的需要,因为在课堂上他被迫去处理那些湿软的、难以控制的材料。刚开始,无秩序的操作给他带来了强烈的焦虑感,但很快这种焦虑感被"不用担心,你没有必要保持整洁"的态度所平复。通过这样一个过程就形成一个主题。主题就是需要和压力相互作用的整个模式。在这些无法掌控的压力下,这个大学生由于无法表达对秩序的需要而感到焦虑。但是,压力最终会得到缓解。娱乐消遣需要的唤醒可能是焦虑得以缓解的原因。可见,一个主题有时可以包括多种需要和压力。

主题统觉测验和图片故事练习

默里(Murray,1938)开发了多种人格测量的方法,其中使用最普遍、影响最广的是主题统觉测验(Thematic Apperception Test,TAT)(Morgan & Murray,1935;Murray,1943)。在主题统觉测验中,给受测者呈现模棱两可的图片,要求他们根据图片以口头或者书面的形式编造一个故事。主题统觉测验是一种投射测验,假设人们会将自身的需要、愿望和冲突等投射到图片上。模棱两可的图片线索仅仅是诱发受测者构建叙事反应(编造故事)的刺激物(Lindzey,1959)。在默里看来,这种叙事故事揭露了人格部分隐藏的主题,尤其是那些与基本需要、冲突和情结相关的内容。

默里(Murray,1943)对阐释主题统觉测验中讲述的故事提供了简略的指导。第一,心理学家需要识别故事的主人公,通常是主要的或最像故事讲述者的人物。第二,心理学家能够识别不同的动机、倾向和情感,应当将注意力放在能够预示心理需要的故事内容上。比如在一个故事中,主人公克服重重困难成功完成任务,这个故事可能反映了强烈的成就需要;在另一个故事中,主人公可能寻求与他人建立友谊,反映了联结动机。第三,心理学家需要注意主人公所处的环境中能够影响个人或者为表达需要提供机会的推动力。默里相信,主题统觉测验的故事不仅能够揭示内在需要,而且能让我们了解一个人对这个世界的感知。第四,故事的结局在一定程度上反映了讲述者在多大程度上相信自身的需要能够在生活中得到满足。因此,默里建议主题统觉测验的使用者应当记下不快乐结局和快乐结局的比例。第五,应该归类整理故事中周期性出现的特定需要和特定环境的组合(即默里所指的压力)。一种组合就相当于一个简单的主题。第六,兴趣点和情绪会在故事内容中出现。心理学家要有能力获得故事讲述者对某一类特定人群(如权威人物、年长的女性、孩子),或者社会环境的某些方面(如政治、宗教)的情感信息。不管心理学家如何解释主题统觉测验的结果,默里强调“通过分析故事而得出的结论应该只被当成一种线索,需要用其他方法验证其可行性,而不是完全将其当作被证明了的事实”(Murray,1943,p.14)。

对临床心理学家来说,主题统觉测验仍然是一个普遍的测量工具(Rossini & Moretti,1997)。在临床工作中,来访者与咨询师坐在一起,对呈现的一系列图片进行叙事。在具体研究中,实验者在测量程序方面作出很大变动以达到标准化的程度,方便集体施测。在具体操作中,研究者并没有使用默里的原始图片,而是更多地选取了致力于评定人格结构的当下的线索。被试成组地完成测验,集体观看屏幕上出现的图片,然后对着图片在电脑上写下叙事性的故事。通常,被试要在5分钟内针对一张图片写完一个故事,一共有5～6张图片,这样一共需要大概半个小时的时间。接着,根据严格设计的、有效的得分系统分析故事内容,每个得分系统对应特定的人格结构。这种程序虽然基于原始主题统觉测验的基本原理,但现在很多心理学家使用的研究程序已经不同于默里临床形式的研究程序,因此它们有了新的名字。心理学家将这种在研究中使用的类似于主题统觉测验程序的方法叫作图片故事练习(Picture Story Exercise,PSE)(Pang & Schultheiss,2005;Schultheiss & Pang,2007)。

图片故事练习最大的用处在于揭示基本需要或者动机,其中关于成就动机、权力动机和亲密动机的研究很多。为了更清楚地认识这三种动机,我们将更加关注人格心理学家麦克莱兰(David McClelland)关于动机的研究。麦克莱兰重新建构了默里关于需要的概念,定义了动机的含义。他将动机定义为反复出现的偏好,或者对存在某特性的经验的追求意愿,它在情境中激发、指引、选择人们的行为。成就动机(achievement motive）是指需要做得更好的经验特性，权力动机（power motive）是指产生影响作用的特性，亲密动机（intimacy motive）是指与他人亲近的感觉特性。麦克莱兰（McClelland，1980）认为，动机存在于人的意识之外，因此无法通过自我报告进行准确测量。只能通过图片故事练习选取个体每天出现的大量虚构的想法进行分析，发现核心主题，从而揭示个体的潜意识动机。

成就动机

麦克莱兰和阿特金森（John Atkinson）是使用图片故事练习测量成就动机个体差异的先驱（Atkinson，1958；Atkinson & Birch，1978；McClelland，Atkinson，Clark，& Lowell，1953）。他们最重要的革新是，提出并验证了一套客观、有效、定量的体系来计算图片故事练习中的成就动机。在他们最初的研究中，麦克莱兰和阿特金森要求参加实验的大学生在不同的实验条件下写简短的故事。在一种条件下，先要求被试完成一系列认知任务（如补全单词），然后告诉他们在任务中的表现代表他们的智力水平和领导能力。研究者假设，这种指导语能暂时唤起被试的成就动机，而这种动机能够投射到接下来的图片故事练习中。在另一种中性条件下，研究者对被试施测相同任务，但是告知他们测验任务是刚开发的，其有效性不确定。研究者假设，这一组被试成就动机的唤醒程度不如第一组被试。

麦克莱兰及其同事对比了不同被试组之间出现的稳定的差异。与中性组被试相比，唤醒组被试更多写到主人公如何努力做得更好。接下来，通过比较和提炼不同研究，形成图片故事练习内容的评分系统。这个评分系统包含一些特定的主题，这些主题由成就动机唤醒条件和中性条件的故事区分，包含故事主人公关于任务表现的行为、态度和感受等。

虽然成就动机的评分系统是通过对比不同实验组被试的叙事内容得出来的，但是它对组内个体差异的辨别也有很好的效果，被证明是有效的。在一个典型的个体差异的研究中，首先在中性条件下通过图片故事练习对大量被试集体施测，然后按照麦克莱兰和阿特金森开发的系统对故事内容进行评分。动机的得分从高到低形成一个正态分布。可以假设，每个人自然状态下的成就动机水平可以通过在中性条件下和低唤醒条件下创作的故事表达出来。

大量证据表明，图片故事练习中成就动机得分高的个体与得分低的个体在行为上有显著差异，说明图片故事练习有良好的结构效度。成就动机得分高的个体更能在中等难度的任务中表现出高绩效水平，而且希望及时得到成功或失败的反馈；他们在很多任务中表现出坚持性和高效性，有时候也会采取捷径甚至作弊的方式以得到最好的结果；他们表现出较高水平的自我控制，而且以长远的眼光看待问题；他们在不断的自我挑战中成长；他们好像永远无法得到满足；他们拥有创新意识，不断追求改变和创新

（Atkinson，1957；Atkinson & Raynor，1978；Crockett，1962；Feather，1961；Fodor & Carver，2000；Heckhausen，1967；McClelland，1961，1985；Mischel，1961；Mischel & Gilligan，1964；Schultheiss & Pang，2007；Spangler，1992；Winter & Carlson，1988；Zurbriggen & Sturman，2002）。表 7.5 总结了这方面的一些研究发现。

284

表 7.5　与高成就动机相关的若干表现

有强烈的抱负，愿意冒中等程度的风险

偏好个人职责能够影响结果的环境

倾向于将成功归为自身的因素，而将失败归因于他人或者情境

为了以高效、快捷的方式达到理想目标而不惜作弊或违反规则

喜欢旅行

会自我控制、压抑、延迟满足

喜欢低调的颜色和正式的着装风格

作长远的考虑

向上的社会流动和受教育程度高

从事创业活动和发明

商业上的成功

成长在父母要求严格的家庭环境中

婴儿时期定时喂食和严格的如厕训练

注：很多成就动机的研究仅仅关注男性。虽然有一些研究探讨了与女性成就动机相关的结果变量，其结果与对男性的研究基本一致，但是在一些领域（如企业家精神和冒险行为）中对女性的研究仍是空白。

年轻人中高成就动机者倾向于从事商业活动。例如，有研究发现，高成就动机的男大学生在一年后倾向于从事商业领域的活动（McClelland，1965）。也有研究表明，高成就动机与能在商业领域获取成功的一些指标有关（Andrews，1967；Jenkins，1987；Langens，2001；McClelland & Boyatzis，1982；McClelland & Franz，1992；Tekiner，1980）。麦克莱兰认为，商业行为和成就动机高度匹配，因为从商需要人们冒中等程度的风险，要高度注意盈利和亏损的信息反馈，还要对产品不断创新，提供更好的服务。这些企业家精神恰好与高成就动机个体的态度和行为高度吻合（McClelland，1985）。

麦克莱兰关于成就动机的一个更加有趣的应用是对社会和历史差异的分析。麦克莱兰（McClelland，1961）认为，不同社会和历史时期成就动机的总体水平是不同的。有的社会积极倡导成就的价值和创业精神，有的社会则不鼓励这样做。某个特定社会对成就动机的关注程度也随时间而发展变化。这种社会和历史差异与经济发展状况相对应，最终将影响整个国家、地区和人民的生活状况。

人格心理学家如何测量成就动机在不同社会中的差异？麦克莱兰使用的程序实际上与个体测量的程序相同：对不同虚构故事中的成就主题进行编码。选择社会文化中有代表性的民间故事、神话、课本甚至是流行文学作品中的一些段落，它们能够被当成

故事进行编码,这样就能评估这个社会特定历史时期成就动机的总体水平。麦克莱兰
假定,这些叙事性的表述反映了文化中广泛流行的基本假设和价值观。

在《成就社会》这本书中,麦克莱兰(McClelland,1961)报告了一个研究。他收集
了 23 个国家或地区在 1920—1929 年出版的小学一年级和四年级的课本,并对选段中
与成就动机相关的主题进行编码。结果发现,在 20 世纪 20 年代儿童读者阅读到的成
就动机的主题数与经济增长指标呈正相关,即使将自然资源等因素考虑在内也会出现
同样的结果。换句话说,1929—1950 年有显著经济增长的国家或地区,在 20 世纪 20
年代更加强调儿童读者的成就动机,相比之下其他国家或地区的课本中体现成就动机
的主题就较少。为孩子提供的社会读物反映了主流的文化价值观,它们通过学校教育、
幼儿培训等社会化过程灌输到孩子身上。成就动机的社会化鼓励孩子变得有掌控感和
独立意识,而且懂得规划未来、适度冒险、注重效率,以及学会逐步成长。麦克莱兰认
为,这种训练可能提高了这些孩子的成就动机,使他们在成年时期形成对创业精神的偏
好,最终带来巨大的经济增长。

发明创造的增长率也是测量社会经济的有效指标,图 7.5 呈现了在过去的 140 年
里,儿童读物中成就动机主题的数量与注册专利数之间的关系(de Charms & Moeller,

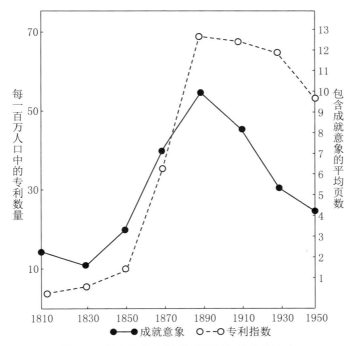

图 7.5　儿童读物中的成就意象和社会生产力

儿童读物中成就意象增加时,美国的专利数量也随之增加;成就意象减少时,专利数量也随之减
少。这是美国 1810—1950 年的数据。

来源:"Values Expressed in American Children's Readers:1800—1950," by R. de Charms &
G. H. Moeller,1962,*Journal of Abnormal and Social Psychology*,64,139.

1962)。1810—1950 年,美国注册专利数的变动情况几乎与儿童读物中成就意象的变动一致。此外,1550—1800 年,英国流行文学中成就意象与英国煤炭的进口量呈现相同的变化趋势。成就动机与经济增长的这种关系在非西方的、尚无文字的社会中同样存在。在 39 个尚无文字的部落中,传说中有较多成就内容的部落中有 75％的部落至少拥有一些全职企业家,这与传说中只有少量成就内容的部落中只有 38％的部落至少拥有一些全职企业家形成鲜明的对比。

286

权力动机

权力动机是指,反复出现的对他人施加影响的偏好。权力动机水平高的人会千方百计地使用权力,而且感到自己比他人更强大、更能掌控局势、更有影响力。与成就动机一样,这种反复出现的权力动机以可预见的方式激发、选择并引导人们的行为。同时,可以通过对图片故事练习作客观的内容分析以测量权力动机的个体差异。

根据麦克莱兰等人开发的程序,温特(David Winter)比较了人们在权力唤醒条件下和中性条件下所写的故事,从中提取出权力动机的编码系统。图片故事练习中典型的权力主题包括故事中的人物努力对他人施加影响,既包含通过积极的手段(如劝说)施加影响,也包含通过消极的手段(如攻击)施加影响。写出的故事中包含较多权力主题的个体被视为拥有较高水平的权力动机。许多研究证实了图片故事练习权力动机编码系统的结构效度。有趣的是,实证证据为高权力动机的个体勾画出两幅截然不同的图景(见表 7.6)。一方面,权力动机常常与攻击性的和剥削性的人际关系以及(男性)性

287

表 7.6　与高权力动机相关的若干表现

担任选举产生的职位
偏爱根据预定的计划,以及对他人积极的认可或消极的制裁来指引他人行为的职业(例如主管、教师、心理学家)
事业成功的女性多从事与权力有关的职业,而不是注重人际关系的职业
在团体中很活跃,有推动力和影响力
有效的组织领导者
积累了大量财富,购买豪车,拥有大额度的信用卡
为了获得曝光度而冒险
在友谊关系中主观、专断,强调自我炫耀和帮助他人
参与辩论
给报社写信
有某种程度的消极自我形象
行为上有冲动和攻击的倾向性(仅限于男性)
早熟以及混乱的性关系(仅限于男性)
不稳定的亲密关系
在家庭环境中相对纵容孩子的性行为和攻击行为

方面的不检点相联系;另一方面,权力动机又与参加自发性的组织,努力为群体和社会作出建设性的贡献,以及创造性地解决问题相联系。看起来权力动机可以表现为破坏性(不成熟)和建设性(成熟)两种模式。

由于权力动机高的人渴望对他人施加影响,因此一些研究者探讨了施加影响的具体方式。福多尔和史密斯(Fodor & Smith,1982)调查了权力动机高的学生在群体决策时如何引导他人。调查包含 40 个小组,每组 5 个学生在一起讨论某公司是否应推广一款新型微波炉的商业案例。每组任命一个领导者。基于之前的图片故事练习,一半的领导者在权力动机上得分极高,另一半得分极低。此外,小组中一半人有机会因表现突出而赢得集体奖励(高群体凝聚力),另一半则没有奖励(低群体凝聚力)。每个小组的成员都拿到一份信息清单,可以在讨论中与小组成员分享。

福多尔和史密斯(Fodor & Smith,1982)在实验中测量了三个主要的因变量:(1)讨论中每个人与小组成员分享的信息清单上信息的数量;(2)提出的推广微波炉的替代方案的数量;(3)小组表现出的道德关怀水平,其得分取决于小组讨论的微波辐射对人体健康可能带来的负面影响,以及各种营销策略的伦理问题等。与领导者权力动机较低的小组相比,领导者权力动机较高的小组倾向于分享较少的信息,提出较少的替代方案,表现出较低的道德关怀(见表 7.7)。同时,群体凝聚力对结果并无影响。这表明,权力动机较高的领导者助长了社会心理学家所说的群体思维——一种责任分散、忽视长期后果、由单个强势领导掌控的匆忙的决策过程。有研究发现,无论是在真实的谈判中,还是在假想的谈判情境中,权力动机高的个体比权力动机低的个体更不容易退让、妥协(Langner & Winter,2001)。

大量研究表明,长期扮演领导角色的人或者上升到有很大影响力位置的人,倾向于在权力动机上得高分。这方面最有趣的一系列研究大概就是温特对美国总统的研究了。温特从成就动机、权力动机和亲密动机方面分析了几乎所有美国总统的就职演讲,最早的可以追溯到华盛顿(George Washington)。温特认为,尽管有演讲稿撰写人以及各种社会历史力量和社会历史事件的影响,但是这些重要演说中包含的动机意象(motivational imagery)仍然能够部分反映总统自己的人格特征。在权力动机上得分尤其高的总统包括罗斯福(Franklin D. Roosevelt)、杜鲁门(Harry Truman)、肯尼迪(John F. Kennedy)和里根(Ronald Reagan)。温特(Winter,1987)将动机得分与历史学家和政治学家从各个角度对这些总统作出的评分计算相关。权力动机与"总统的伟大性"存在正相关($r=0.40$),与作出历史性决定的个数存在正相关($r=0.51$)。换句话说,那些被政治学家评为尤其强势的、有影响力的总统,与在就职演讲中表现出高权力动机的总统往往是同一批人。除此之外,权力动机高的总统更容易将美国引向战争。搜检 20 世纪以来国际危机中的谈判记录和媒体报道,温特(Winter,2007)指出与权力动机相符的政治修辞常常与战争有关。

表 7.7　在群体决策中提出的事实和建议的平均数以及道德关怀评定等级的均值

| | 群体凝聚力 | | | | | |
| | 低 | | | 高 | | |
小组领导者的权力水平	事实	建议	道德关怀	事实	建议	道德关怀
低权力	17.50	4.80	1.70	16.30	1.40	1.40
高权力	14.20	4.00	0.90	14.80	3.20	1.10

来源:"The Power Motive as an Influence on Group Decision Making," by E. M. Fodor & T. Smith, 1982, *Journal of Personality and Social Psychology*, *42*, 183.

　　权力动机高的人,他们的私人生活如何呢? 一些研究表明,高权力动机的男性在与女性的浪漫关系中困难重重(Stewart & Rubin, 1976)。与此同时,受过良好教育的高权力动机的女性通常会嫁给成功的男性(Winter, McClelland, & Stewart, 1981)。有研究者(Veroff, 1982)进一步指出,在女性中,权力动机与婚姻满意度呈正相关。高权力动机的女性往往有幸福的婚姻,而高权力动机的男性离婚率较高(McClelland, Davis, Kalin, & Wanner, 1972),以及婚姻满意度较低(Veroff & Feld, 1970)。高权力动机的男性在与异性的浪漫关系中表现出明显的不满意感和不稳定感,其根源可能在于高权力动机的男性潜在地惧怕女性以及她们可能施加的控制。斯莱文(Slavin, 1972)指出,与低权力动机的男性相比,高权力动机的男性在幻想时会更多地表达出与"女性邪恶"相关的主题。这些主题包括女性通过身体接触伤害男性,女性剥削男性,女性拒绝男性,女性在关系中不忠诚,以及女性战胜男性。在这一方面,温特和斯图尔特(Winter & Stewart, 1978)报告称,当要求被试画女性的画像时,高权力动机的男性常画出惊悚的、古怪的速写,而且带有夸张的性别特征。

　　在健康领域,麦克莱兰及其同事提出权力动机与疾病易感性之间可能存在关联(McClelland, 1979; McClelland, Alexander, & Marks, 1982; McClelland, Davidson, Floor, & Saron, 1980; McClelland & Jemmott, 1980; McClelland, Ross, & Patel, 1985)。然而,事实表明两者的关系特别复杂。麦克莱兰(McClelland, 1979)认为,当人的权力需要受到抑制、挑战或阻挠时,强烈的权力需要会增强人对各种疾病的易感性。表现出以下特征的个体拥有更高水平的疾病易感性:(1)高权力动机;(2)低亲密动机;(3)高自我控制(常称为活动抑制,表示一种抑制、阻断自己权力表达的倾向);(4)与权力相关的高水平的压力(Jemmott, 1987)。

　　有证据表明,高权力动机的人在施加影响时遭遇障碍或挫折,更容易出现交感神经系统的激活(Fodor, 1984, 1985)。如果权力动机与交感神经系统的激活相联系,那么我们可以预计权力动机与血压升高之间的关系。在三个不同的男性样本中,麦克莱兰(McClelland, 1979)发现,在一个纵向追踪的样本中,在权力动机和自我控制上得分高于平均值的男性中有 61% 的男性在 20 年后显示舒张压升高，而在这一指标上得分低于平均值的男性中只有 23% 的男性显示舒张压升高（在被试 30～40 岁时取值）。

虽然证据较为零散，但它们都表明高权力动机可能与身体免疫系统的损耗存在一定程度的相关。如果这是事实，那么可以预计高权力动机间接与疾病抵抗力的减弱有关。麦克莱兰等人（McClelland & Jemmot，1980）对 95 名学生施测图片故事练习，并获取他们的健康状况与生活焦虑的自陈指标。他们对参与者提出的生活压力进行分类，将其分为权力/成就事件、归属/亲密事件或其他事件。权力/成就事件的例子包括与雇主的纠纷、严重的学业失败，以及参与一个重要的运动赛事。研究结果表明，与其他学生相比，拥有相对高水平的权力动机、活动抑制（自我控制），以及在过去一年中面临高于平均值的权力/成就压力的学生，报告在过去的六个月中身体疾病更多。除此之外，他们报告的疾病更加严重。因此，高度控制的、高度权力指向的人可能将挫折埋藏在心里，以致损害了内在的生理平衡。结果可能是频繁感冒、流感发作，以及出现其他疾病，在权力压力过大时更是如此。

在综合权力动机、健康和人类生理学的研究后，研究者（Schultheiss，2007；Schultheiss，Campbell，& McClelland，1999；Schultheiss & Rohde，2002）提出一个整合的权力动机的神经科学模型。舒尔特海斯（Oliver C.Schultheiss）指出，权力动机较高者倾向于对竞争性的情境反应强烈，在这些情境中他们的支配性受到挑战。高权力动机的个体在权力唤醒或支配性受到挑战时，他们唾液和尿液中出现的交感儿茶酚胺物质，如肾上腺素和去甲肾上腺素（及其代谢物）的水平将升高，同时血压以及肌肉紧张度也将升高。除此之外，在高权力动机的男性中，支配性受到挑战会导致睾酮水平上升。然而，当高权力动机的男性在支配性对抗中遭遇失败时，他们的压力激素皮质醇可能会上升，随后睾酮水平下降。与此类似，研究表明当支配倾向高的男性和女性发现他们处于低地位的情境时，他们会体验到极大的压力，睾酮水平也会降低（Josephs，Sellers，Newman，& Mehta，2006）。

高权力动机的人会被支配性的情境吸引。久而久之，支配性以及对支配地位的挑战成为高权力动机个体日常生活心理生态的中心。随着遭遇越来越多的对支配地位的挑战，他们不断体验到交感神经系统的唤醒。虽然这些唤醒本身并不消耗能量，但在支配性的情境下反复体验到压力和失败可能会导致皮质醇和其他压力激素长期维持在高水平，这些激素与受损的免疫功能有关。换句话说，只要支配性不受到挑战，高权力动机的人就不会体验到压力，就可以享受健康。当支配性反复受到挑战时，尤其是这些挑战最后带来失败时，高权力动机的人就会体验到高水平的权力压力，导致皮质醇等压力激素被反复激活，最终损害免疫功能，影响健康。从生理学角度来看，高权力动机是高风险/高回报的。权力动机能达到的目标状态令人感到满足，但是反复受挫又要付出很大代价。

亲密动机

我们对成就和权力的渴望激发我们用有效且有影响力的方式去控制，甚至操纵环境。与此同时，我们也渴望与他人建立亲近而温暖的关系，这把我们引向一个不同的方向，使我们过上拥有亲密人际互动的私人生活(Bakan，1966)。对一些人来说，对亲密关系的渴望甚至比对成功、名誉、卓越的渴望更强烈。正如小说家福斯特(E. M. Forster)所说："正是私人生活为无穷提供了一面镜子；个人交往，仅此一点，就能暗示超出我们日常视野的个性。"

虽然大多数人都渴望与他人建立亲密关系、拥有亲密互动，但是有些人似乎明显比他人更加在乎这些亲密的体验。亲密动机是一种反复出现的，对温暖的亲密关系以及与他人交流互动的偏好(McAdams，1980，1982b)。与成就动机和权力动机一样，亲密动机的个体差异也能够通过对图片故事作内容分析进行测量。通过比较个体在诱发友好或关爱行为条件下以及中性条件下所写的故事，可以获得编码系统(McAdams，1980)。

研究结果支持通过图片故事练习测量的亲密动机的构想效度。与在亲密动机上得分低的人相比，得分高的人在一天中花费更多的时间思考与他人关系的问题(Mc-Adams & Constantian，1983)。亲密动机高的人在一天中会有更多的友好交流，而且与亲密动机低的人相比，他们在交谈时有更多的欢笑和眼神交流(McAdams & Constantian，1983；McAdams，Jackson，& Kitshnit，1984)。亲密动机高的人更加看重亲密的、一对一的互动而不是喧闹的群体活动。当面对一个大的群体时，他们能够促进群体和谐，增进凝聚力，将群体活动视为所有人都应参与的活动，而不是由一两个人主导的活动(McAdams & Powers，1981)。因此，亲密动机高的人常被亲人或朋友评价为"真诚的""自然的""有爱心的""不支配的""不自我中心的"(McAdams，1980)。

研究者(McAdams，Healy，& Krause，1984)一方面调查了亲密动机与权力动机的关系，另一方面调查了友谊的模式。在这项研究中，105 名大学生完成图片故事练习，随后测量他们的亲密动机和权力动机，接着让他们详细描述过去 2 周出现的 10 个友谊情境(friendship episode)。所谓友谊情境，是指至少持续 15～20 分钟的朋友之间的互动。对于每一个友谊情境，大学生提供的信息包括有多少朋友参与、活动是什么、朋友之间谈了什么话题、自己在其中扮演什么角色、有哪些情绪体验。

表 7.8 显示了这项研究的结果。亲密动机高的大学生倾向于报告与单个朋友的一对一的互动(成对的谈话)，而不是群体互动(涉及五个或更多人的友谊情境)，而且情境中的对话会表露个人信息(自我表露)。因此，与朋友在一起时，亲密动机高的大学生比亲密动机低的大学生更可能与朋友谈及自己的恐惧、希望、感受、幻想，以及其他高度私密的话题。此外，权力动机与大规模的群体互动、专断的友谊举动相联系，如制定计划、发起谈话或帮助他人。总的来说，亲密动机与共生性友谊风格相联系，强调与他人

待在一起、分享秘密,而权力动机与能动性友谊风格相联系,强调做事、帮助他人(Mc-Adams,1984a,1988a)。还有研究发现,与亲密动机低的学生相比,亲密动机高的学生在一周内参与了大量的双向互动(dyadic interaction),而且在与亲密朋友的互动中自我表露程度更高,体验到更多积极情绪(Craig, Koestner, & Zuroff,1994)。亲密动机高的个体似乎对关爱、共情的线索更加敏感。因此,那些冷酷无情、蔑视他人的人一般在亲密动机上得分极低(Smith,1985)。

表 7.8 大学生动机与友谊模式之间的关系

友谊的测量指标[①]	动 机	
	亲密动机	权力动机
双向关系(两个朋友)	0.20*	−0.23*
大群体(五个人及以上)	−0.10	0.21*
倾听的角色	0.43***	−0.15
独断的角色	−0.04	0.43***
自我表露程度	0.49***	−0.16

注:被试的总数量为105(70名女性和35名男性)。
① 这些指标基于被试对过去2周发生的10个与友谊相关的情境的描述得到。
* $p<0.05$; *** $p<0.001$.
来源:"Social Motives and Patterns of Friendship," by D.P. McAdams, S. Healy, & S. Krause, 1984, *Journal of Personality and Social Psychology*, 47, 834.

如此多的心理学家、小说家和诗人告诉我们,与他人的亲密关系是幸福和快乐的关键。因此,我们有理由认为高亲密动机会带来健康、幸福和整体的生活满意度。有一些研究直接考察了这个问题。在一项研究中,麦克亚当斯和瓦利恩特(McAdams & Vaillant,1982)发现,哈佛大学的男研究生30岁时的亲密动机可以显著预测这些人17年后的总体心理适应(psychological adjustment)程度。与亲密动机得分低的人相比,亲密动机得分高的人在中年期报告了更高的婚姻满意度、职业满意度和收入水平。

在另一项研究中,麦克亚当斯和布赖恩特(McAdams & Bryant,1987)采用图片故事练习对1 200多名美国成年被试施测,并开展结构化访谈(Veroff, Douvan, & Kulka,1981)。研究者发现,虽然亲密动机为男性和女性均带来益处,但对两者的益处并不完全一样。高亲密动机的女性比低亲密动机的女性更愉快、更满足;高亲密动机的男性并不必然比低亲密动机的男性更愉快、更满足,但是他们确实报告了较少的压力和不确定性。

有研究者(Zeldow, Daugherty, & McAdams,1988)考察了图片故事练习测量的社会动机与医学院学生适应状况之间的关系。结果显示,亲密动机高、权力动机低的学生表现出最高水平的幸福感(well-being)。同时,亲密动机和权力动机都高的学生在医学院的头几年更抑郁、更神经质、更持有宿命论的观点,并且更加容易自我怀疑,这种模式在男性和女性中均差异显著。研究者认为，医学院的严格使得那些希望与他人建立亲密关系，同时保持权力感的学生很难满足其相互冲突的愿望。然而，两年后，当这些学生进入实习期（clerkship）时，高亲密动机—高权力动机模式的负面效应就不再明显了。有较新的研究表明，与亲密动机得分较低的医学院学生相比，亲密动机得分高的学生更可能选择儿科作为研究方向（Zeldow & Daugherty，1991）。

研究者在亲密动机上发现了重要的性别差异。研究者分析了主要由美国大学本科生所写的数千个故事，发现女性在亲密动机上得分高于男性（McAdams，Lester，Brand，McNamara，& Lensky，1988；Pang & Schultheiss，2005；Smith，1985）。这种差异虽然较小但相对一致，而且与美国社会广泛认同的观点一致，即女性比男性更倾向于关注人际关系（Bakan，1966；Gilligan，1982；Lewis，1985）。甚至在四年级和六年级的学生中，女孩也比男孩在亲密动机上得分高（McAdams & Losoff，1984）。有趣的是，在整体水平上却没有发现成就动机和权力动机的性别差异（Stewart & Chester，1982）。

归属动机（affiliation motive）与亲密动机相似，也能够通过图片故事练习测量（Atkinson，Heyns，& Veroff，1954；Boyatzis，1973）。归属动机源自默里（Murray，1938）最初的心因性需要，指建立、维持或恢复与他人积极情感关系的需要。图片故事练习中积极努力改善或恢复与他人关系的人倾向于在归属主题上获得高分。麦克莱兰（McClelland，1975）综合归属动机、成就动机和权力动机的分数，绘制出一个与行为和态度相联系的有趣的动机剖面图（motivational profiles）。归属动机往往与亲密动机呈正相关。两者的不同之处体现在，亲密动机强调处于温暖与亲密的关系中，而归属动机强调做事情，努力建立关系。

近年来，研究者将注意力集中在亲密动机与归属动机的生理基础上。出于研究目的，这两个紧密联系的动机可以被视为一个东西。研究者发现，服用避孕药（包含类固醇激素黄体酮）的女性比没有服用避孕药的女性在亲密/归属动机上得分更高（Shultheiss，Wirth，& Stanton，2004）。研究者观察到，黄体酮的变化反映了卵巢催产素的变化，催产素是与灵长类动物的依恋行为（本书第 2 章）和亲密纽带的形成紧密联系的一种激素。依恋行为的进化功能是在危险中获得保护。众所周知，人类和许多其他灵长类动物常常在威胁条件下参与高度归属性的行为。这有可能是，建立依恋行为或者通过和他人紧密联系来保护自己免受伤害的神经回路和激素与亲密/归属动机有关。

内隐动机和自我归因动机

采用图片故事练习测量成就动机、权力动机和亲密动机的个体差异建立在一个关键的假设上（关于这个假设，默里和麦克莱兰赞同弗洛伊德的观点）：人们并未意识到自己的动机。如果动机可以被意识觉察，心理学家就不需要使用主题统觉测验和图片故事练习等投射测验来分析叙述中的动机主题。取而代之的是，人们可以简单地在自陈式问卷上报告其动机强度，就像测量人格特质的问卷（本书第 4 章）。目前，已有大量自陈式问卷被开发出来，以测量类似于成就动机的心理构念（Jackson，1974）。但是，用自陈式问卷测得的分数与用图片故事练习测得的分数极少存在显著相关。例如，用问卷测量成就动机与用麦克莱兰的图片故事练习测量成就动机不存在显著相关（Entwisle，1972；Klinger，1966；Niitamo，1999）。在权力动机和亲密动机中也发现类似的缺少一致性的现象（King，1995；McClelland，1985；Schultheiss & Brunstein，2001）。为什么会这样？如果两种测量针对同一个对象——如对成就动机的两种测量——它们难道不应该高度相关吗？

麦克莱兰及其同事认为，两种测量所测的并不是同一对象（Koestner，Weinberger，& McClelland，1991；McClelland，1980；McClelland，Koestner，& Weinberger，1989；Schultheiss & Brunstein，1999；Schultheiss & Pang，2007）。通过自陈式问卷测量的成就动机不同于通过图片故事练习测量的成就动机。成就倾向问卷是应答式测量（respondent measure），被试作出的回答在一定程度上受到限制。例如，在自陈式问卷中，要求被试在每道题下面标注"正确""错误"，或在李克特式（Likert-type）量表上进行评分。相反，图片故事练习是一种操作性测量（operant measure）。在操作性测量中，被试能够产生自己独特的回答。图片故事练习中模棱两可的图片线索为被试各种类型的开放式的、叙述性的回答提供了刺激材料。

因此，应答式的问卷测量针对人们对成就倾向的有意识的评估，是麦克莱兰所说的自我归因动机。与此相反，操作性的图片故事练习对人们自发的叙述进行采样，展现出意识层面之下的内隐动机。外显的自我归因动机实际上是人格特质。通过应答式问卷测量，人们有意识地评估其总体上重视成就目标的程度，从功能上看是"大五"人格维度中尽责性的一个方面（本书第 5 章）。与此类似，对亲密倾向的自陈式测量很可能是随和性的一个方面。这些测量能够预测行为的整体趋势。但是，麦克莱兰及其同事认为，它们预测的趋势与内隐动机的个体差异非常不同。这是因为，对自我归因动机的应答式测量针对一个人意识中的自我形象，这些自陈式问卷可以预测人们在明确要求行为与动机相符的情境中的所作所为。例如，在成就的自我归因上得分高的个体应该在高度结构化的社会情境中表现良好，在这些情境中他们被期待表现良好，行为举止与积极进取的自我形象保持一致。与此相反，对内隐动机的操作性测量针对无意识思维中自然发生的趋势，反映了人们更深层的、难以意识到的渴望。因此，在图片故事练习中成就动机得分高的个体更可能表现出长期的自发性的成就行为。简单来说，在自我归因成就动机上得分高的人寻求社会诱因——被（他人）视为高成就的人，而在内隐成就动机（以图片故事练习测量为基础）上得分高的人寻求行动诱因，他们享受获得成就（即工作出色）本身。换言之，自我归因动机与外部奖励相联系（"我因为受到他人的强化而看重成就"），而内隐动机从内部进行激励（"我看重成就是因为我享受成就本身"）
（Koestner & McClelland，1990）。表 7.9 总结了这些区别。

　　研究综述支持了麦克莱兰所作的关于自我归因动机和内隐动机的区分（Schultheiss
& Pang，2007；Spangler，1992；Winter et al.，1998）。例如，斯潘格勒（Spangler，
1992）总结了 105 篇关于成就动机的研究文献，他发现在所有研究中，以图片故事练习
为基础的（内隐的）成就动机测量在最优的情况下也只能在一定程度上预测成就行为。
然而，当斯潘格勒将研究的测量情境分为社会诱因和行动诱因时，麦克莱兰预测的结果
就出现了。将社会情境诱发的成就行为作为因变量时，以图片故事练习为基础的成就
动机测验并不是有效的预测因子，自我归因的成就动机却能够预测成就行为。与此相
反，如果将自然发生的成就行为（低社会诱因、高行动诱因）作为因变量，那么通过图片
故事练习测量的成就动机能够有效预测绩效，自我归因的成就动机则不能有效预测。

294

表 7.9　自我归因动机和内隐动机

	自我归因动机	内隐动机
定义	对特定目标状态是有意识的，对自我有明确的意象。	反复出现的，对特定目标状态存在潜意识的渴望。
测量	应答式：问卷、等级评定及其他要求被试对有限的刺激情境进行迫选的测量方式。	操作性：要求被试对开放性的、模棱两可的刺激作出自发反应。
诱因	社会诱因：该动机要求个体与特定的社会规范以及人们对特定情境下的行为期待保持一致。	行动诱因（activity）：该动机与自然发生的行为有关，以自身的价值判断为标准。
人格水平	水平1：自我归因动机与特质倾向相似，可以类比于"大五"人格维度描述的某些特点。	水平2：内隐动机不像人格特质，而更像人格的个性化适应，与特质相比它更依赖于情境，更具偶然性，也更加不稳定。

　　图片故事练习测量内隐动机的一个争议是其自身的信度问题。本书第 4 章引入特
质测量中重测信度和内部一致性信度的问题，同样的心理测量学指标也被应用于图片
故事练习测量，即便图片故事练习的拥护者有时辩称这样的应用并不完全恰当（Atkin-
son，Bongort，& Price，1977；Reuman，Alwin，& Veroff，1984）。图片故事练习的
批评者认为，该测量的重测信度和内部一致性信度均很低。虽然这些争议的细节已经
超出本书的范围，但是图片故事练习测量人类动机确有两点不足。第一，虽然它能揭示
图片故事隐含的人格特征，但是同等条件下图片故事练习的信度低于结构良好的典型
的人格问卷。在最优条件下，图片故事练习关于动机的重测信度（$r \approx 0.55$）仍然低于结
构良好的自陈式特质测量（$r \approx 0.85$）（Lundy，1985；Winter & Stewart，1977）。极具
讽刺意味的是，该局限直接源于图片故事练习的一个主要优势——该测量方法卓越的
敏感性（sensitivity）。相比于大多数测量人格特质的问卷，图片故事练习会使个体对情
境因素更加敏感，基于图片故事练习的人格测量实际上反映了许多额外的、无关的事

物,例如被试测量时的心境。在不影响核心敏感性的前提下,没有办法使图片故事练习摆脱信度问题。

　　第二,通过图片故事练习测得的成就动机、权力动机和亲密动机可能不及人格特质稳定,例如外向性和神经质,它们大多通过问卷测得。正如第 6 章提到的,某些基本的人格特质表现出明显的跨时间的稳定性(longitudinal consistency)。例如,一个在 16 岁时高度外向的人可能在 60 岁时同样相对外向。某些特质如此稳定可能是因为假定的生理或遗传基础,正如外向性的情况。动机似乎并不像某些基本特质那样具有跨时间的稳定性,尽管没有现存的可比较的图片故事练习资料来证明这一点。此外,当前并无证据表明动机有明确的遗传基础。

　　随着时间推移,动机可能比基本特质变化程度更大,这反映了动机(作为个性化适应,是人格的第二层次)和特质(人格的第一层次)之间的一个基本区别:动机与目标及欲望有关,而特质是指基本行为风格。这样一个假设似乎是合理的:基本的人格风格在生命早期阶段建立,其部分受到生物气质(biological temperament)影响并作为一套稳定的基本特质(第一层次)被带入成年期,欲望和目标(第二层次)在人的生命全程中则可能发生显著变化。动机得分显示个体在其生命特定阶段关注的主要目标领域。例如,一个人可能在大学才体验到高亲密和高成就需要,但这些需要可能随后多少有些消退,在三四十岁时被高权力动机取代。动机不如特质稳定,但又比短暂的心境和状态更持久,它反映了特定个体在人生特定阶段主要的主题性目标、欲望和执念(preoccupations)。

个人目标

　　所有动机概念都处在时间背景之中。动机被定义为渴望和期待的目标状态,而这些目标状态存在于未来。如果我们说你的权力动机很高,那么意味着你不断渴望权力,渴望对世界产生影响,你将明确描述未来的具体目标,通过这些目标,你希望有机会体验到权力。如果我们说你的外向性水平很高,那么我们不会描述任何有关你不断渴望什么,未来的目标是什么的问题。外向性本身并不是一个动机概念。为了理解外向性,你不需要谈论目标或未来。我并不是说权力动机概念比外向性更重要。我只是简单地指出两者不同,在类型上存在差异。这两个概念对于理解人格同等重要,只不过它们重要的原因有所差异。特质(如外向性)勾勒出心理个性的大致轮廓,这是人格第一层次关注的。当我们聚焦于一段时间里人类行为的目标导向时,动机把我们带到人格第二层次,即个性化适应的层次。

　　成就动机、权力动机和亲密动机超出特质的范围,补充了心理个性的某些细节。但是,当心理学家考察人们在生活中提出并追求的个体化目标,以及把这些目标转化成不同的行为方式时,会注意到更多细节和特异性。与动机一样,个体化目标指向人们在生活中渴望的东西,只不过它更为具体。玛利亚可能渴望权力,表现出高水平的内隐权力

295

动机,但是她的权力动机可能通过某些目标表达出来。她现阶段的目标是:(a)被法学院录取;(b)赢得毕业班班长选举。但是,在个人关系或运动领域,她并没有设定有关权力体验的目标。如果我们知道玛利亚有高水平的权力动机,那么我们肯定知道一些有关她的重要信息。但是,如果我们想了解更多细节,那么需要探索她目前的各种个人关注、目标、计划和任务——个体化目标揭示玛利亚为何从事她正在做的事情。

人格心理学家使用许多不同的术语来描述个人目标(Cantor & Zirkel,1990;Freund & Baltes,2000)。例如,埃蒙斯(Emmons,1986,1992)将个人奋斗(personal strivings)定义为"个人正试图达成的、反复出现的、有特色的目标"。典型的个人奋斗是个体每天的关注点和目标,人们围绕这些关注点和目标组织自己的行为。它们的范围从具体的目标如"我正在努力减肥"到抽象的目标如"我正在努力寻找生活的意义"。

296 埃蒙斯(Emmons,1999)认为,他的研究中经常出现的各种个人奋斗,能恰当地归于成就动机、权力动机和亲密动机这三种动机范畴之下的不到一半。其他常见的动机范畴包括对个人成长与健康的追求、对自我表达(self-presentation)的追求、对独立的追求、对回避的追求、对精神(spirituality)的追求、对繁殖(generativity)的追求(帮助下一代)。埃蒙斯(Emmons,1999)发现,对亲密和繁殖的追求与心理幸福(psychological well-being)相关联。换句话说,与那些较少追求亲密关系和繁殖的人相比,对亲密关系和繁殖有更多追求的人感到更愉快,对自己的生活更满意。相反,权力追求(power strivings)和回避追求(avoidance strivings)倾向于与低水平的心理健康以及高水平的焦虑相关联。精神追求(spiritual strivings)倾向于与低水平的生活目标冲突以及人格全面整合(overall integration of the personality)相关联。埃蒙斯坚持认为,精神追求对许多人而言是生命意义的强有力载体。

类似于个人奋斗,个人计划(personal projects)同样提供了一幅日常心理社会生态图景。利特尔(Little,1989,1998,1999)将个人计划设想为一系列为达成特定个人目标而组合起来的活动。与埃蒙斯一样,利特尔强调计划的广泛性,范围从琐碎的追求到对宏大主题的痴迷。特质可能会影响计划追求。有研究发现,与在开放性特质上得分低的人相比,在开放性特质上得分高的人更倾向于提出更具多样性的计划(Little, Lecci,& Watkinson,1992)。高神经质与在目标追求中体验到较多焦虑有关(Little, 1999)。神经质还与追求包含回避成分的计划和目标有关(Elliot,Sheldon,& Church,1997)。换句话说,高神经质的人比低神经质的人更容易追求类似于"避免与母亲打交道""远离讨厌的人""避开焦虑"的目标。他们试图避开消极的最终状态(end states),而不是追求积极的最终状态。此外,回避目标看上去在某些文化群体中更加常见。例如,有研究者(Elliot,Chirkov,Kim,& Sheldon,2001)发现,亚裔美国人比非亚裔美国人更多地接受了回避目标,同时来自韩国和俄罗斯的人比美国人更多地接受了回避目标。

个人目标会随着时间推移而发生改变，它们反映了人生中重要的发展趋势（Freund & Riegider，2006；Roberts，O'Donnell，& Robins，2004）。有研究发现，在青年人中与教育、亲密关系、友谊和事业相关的目标尤其突出，年龄较大的成年人则更加关注与健康、退休、休闲和理解当今事务等有关的目标（Freund & Riediger，2006）。成年早期的目标常聚焦于拓展自我，获得新信息，成年晚期的目标则可能更多聚焦于现有关系的情感质量（Carstensen，1995；Helson，Soto，& Cate，2006）。人们对待生活中多个目标的方式似乎也随着年龄而发生变化。青年人似乎更能忍受较严重的生活目标冲突，但是中年人和老年人在管理目标时会用各种方法减少冲突。调和目标与环境制约之间的冲突时，青年人更可能采取初级控制策略（primary control strategies）（Wrosch，Heckhausen，& Lachman，2006），即积极尝试改变环境使之与目标追求相匹配。相反，中年人和老年人更可能采用次级控制策略（secondary control strategies），即改变自己以适应环境的制约。成年人似乎更倾向于以现实的、慎重的方式追求目标，因为他们能够意识到自己的局限，会将资源分配给少数最重要的目标（Ogilvie，Rose，& Heppen，2001；Riediger & Freund，2006）。

当你思考生活过得是好还是坏，或者自己对当前的生活状态是否满意时，你可能对自己的目标状态进行某种外显的或内隐的评估。你对设定的目标是否满意？你在达成重要目标上是否取得进展？你的目标是否与其他目标冲突？研究个人奋斗或个人计划等目标概念的心理学家对目标与心理健康的关系很感兴趣（例如，Pomerantz，Saxon，& Oishi，2000）。他们发现，目标导向的、有目的的行为与人们对生活质量的评价紧密联系。例如，大量研究发现，当人们感到在达成生活中最重要的目标上取得巨大进展时，他们会报告较高水平的生活满意度和情感幸福（emotional well-being）（Pervin，1989，1996）。有研究发现，参与指向短期目标的、愉悦的中等难度项目的个体更幸福，对生活更满意，参与指向长期目标的、不愉悦的高难度项目的个体往往在幸福感和生活满意度上得分较低（Palys & Little，1983）。除此之外，相对幸福的参与者表示，自己参与由朋友、家人和熟人组成的支持网络的分享。

在考察个人计划和幸福感（well-being）之间的关系时，利特尔通常要求研究参与者在五个维度上评价其个人计划：(1)意义性（meaningfulness）（计划有多大价值，我享受该计划的程度，该计划对自我认同感有多大贡献）；(2)可控性（manageability）（计划的难易程度，我对该计划有多大控制力，我需要花多长时间才能完成该计划）；(3)支持（其他人在多大程度上支持该计划，我的计划在多大程度上能被他人发现）；(4)效能感（efficacy）（我的计划进展如何，我完成该计划的能力如何）；(5)压力（关于该计划我的焦虑或抑郁程度如何，我在多大程度上担心该计划）。利特尔发现，在建构和实践个人计划时，我们需要在意义性和可控性上达成平衡。在某些案例中，长期的、抽象的计划如"使我成为更好的人"，被证明可能非常有意义，但很难有效管理。短期的、具体的计划如

"为我的配偶做一顿美餐"可能易于控制，但无法提高生活的意义水平。因而，我们面临的挑战在于，组织的个体目标行为既要宏大又要足够具体，以使目标行为不仅有意义，而且易于控制。目标行为永远在人际情境（interpersonal context）中达成。个人计划需要不断与生活中的重要他人进行协商和磨合，而且它处在家庭、社区、行业甚至整个社会给予的机遇和限制之中。在复杂的社会背景下，找到有效的方法与他人交流个人计划至关重要。如果其他人准备协助你达成这些目标，并设法将自己的目标与你的目标相结合，那么他们需要清晰地了解你的目标。

埃蒙斯考察了不同个人目标彼此发生冲突的情况。例如，你追求"改善与母亲的关系"，但这可能会与"获得独立"相冲突。埃蒙斯（Emmons，1986）测量了40名本科生的个人奋斗指标，这些学生在随后三周报告自己每天的情绪和想法。结果发现，积极情绪体验与个体高度重视的、取得重大进展的追求相关联；消极情绪体验则与矛盾的、存在较大冲突的追求相关联。在一个类似的研究中，埃蒙斯和金（Emmons & King，1988）发现，目标之间的冲突和矛盾与较高水平的消极情绪、抑郁、神经质和身心疾病抱怨（psychosomatic complaints）有关，与较多的生病次数、校园健康中心来访次数有关。在考察目标与行为之间的关系时，研究者发现，当出现目标冲突时，人们经常无法行动，需要花费过多的时间思考冲突本身。有研究发现，当一个人追求的某些目标干扰生活中的其他重要目标时，就会导致较低的心理幸福水平（Riediger & Freund，2004）。总之，目标之间的冲突会导致健康状况变差，幸福感水平下降，抑郁和焦虑水平升高，以及倾向于强迫性地思考目标之间的冲突，而不是采取行动。

298　　有研究（Brunstein，Schultheiss，& Grassmann，1998）考察图片故事练习测量的一般动机，并将它们与个人目标、心理健康联系起来。在最初的测试环节，研究者对一群德国大学生施测，然后让他们列出两个能动性目标（指向成就或权力）和两个共生性目标（与亲密或归属相关）。对于每一个目标，学生需要评价最近自己在达成目标上取得多大进展。在两周的时间里，每名学生每隔一段时间完成一系列心境量表（mood checklist），以测量其心理健康水平。研究者根据麦克莱兰及其同事开发的图片故事练习进行评分，将成就动机与权力动机归为能动性（自我中心的）动机，将亲密与归属动机归为共生性（他人定向的）动机。为了得到一个单独的能动性—共生性动机分数，研究者直接将能动性得分（成就动机加上权力动机）减去共生性得分（亲密动机加上归属动机）。由此，得分越高，表明一个人总体上动机越偏向能动性。反之，则越偏向共生性。

该研究的结果显示，动机分数和目标进展在预测健康时存在交互作用。简而言之，高能动性动机的学生（与归属和亲密动机相比，在图片故事练习中表现出高权力动机和成就动机）在能动性目标上取得进展时，表现出更高的心理健康水平（由心境量表测得）。高共生性动机的学生（与权力动机和成就动机相比，在图片故事练习中表现出高归属和亲密动机）在共生性目标上取得进展时，表现出更高的心理健康水平。这里的关键在于，追求与动机相符的目标时，健康受到进展与结果的影响。当你在目标上取得不错的进展并获得很好的支持，而且这些目标又与你的整体动机倾向一致时，你可能体会到积极情绪和满足感。总体说来，在目标追求上取得进展对所有人来说都是好事。有些目标比其他目标对健康的影响更大，因此最重要的是那些备受珍视的、与个体在生活中最渴望拥有的体验一致的目标。

　　总而言之，人格心理学家和普通大众都发现个人目标是心理个性极其重要的一个方面。它不仅关系人们的主观幸福感，而且影响一般意义上的目标和信念。与特质或更为一般性的人格倾向不同，个人目标相对来说更容易发生改变。个人目标更容易改变、修正、发展，而且容易受到环境的影响。许多不同流派的心理治疗师都致力于帮助来访者达成目标，将目标转变为现实，从环境中获得达成目标的支持，朝着既有意义又易于控制的目标迈进，将目标整合到自身的人格特质、动机倾向以及面临的机遇与挑战中。当人们努力生活时，他们会努力使自己变得更好，并开始重新评价自己的个人目标。

本章小结

　　1. 如果说基本特质构成人格的第一层次，那么动机和目标则处在第二层次重要的个性化适应中。动机关注激发和指导人们行为的内在力量与因素，包括最重要的以及反复出现的人类欲求、需要和愿望。

　　2. 早在 100 多年前，弗洛伊德的精神分析的观点就认为，人类行为最终取决于潜意识的性和攻击的内驱力，以及形成于日常生活中的复杂的内心冲突。潜意识过程会压抑危险的冲动、想法和感受。虽然压抑这种防御机制具有普遍性，但是研究发现有些人比其他人更多地使用压抑策略。压抑者报告出更低的意识层面的焦虑水平，但是他们采取高度防御的措施。有研究表明，压抑者报告的过去生活中的负性记忆较少，并且能够将记忆中带有消极情绪的场景彼此区别开来。

　　3. 弗洛伊德的结构模型将人格分为本我、自我、超我三个部分。本我遵循快乐原则，自我遵循现实原则，超我遵循道德原则。自我处于冲动的本我、严苛的超我和外界环境要求的三重夹击下，努力寻找办法解决动机性的冲突，降低焦虑水平。防御机制是自我用来缓解焦虑的潜意识策略，但是在这个过程中可能扭曲现实。关于防御机制的大量研究支持精神分析的一个观点，即不同年龄阶段采用的防御机制不同。随着时间的推移，个体从采用最不成熟的防御机制发展到采用最为成熟的防御机制。在儿童身上，使用和年龄相符的防御策略与有效应对压力事件呈正相关；对成年人来说，要达到更好的心理适应，就需要使用更加成熟的防御策略。

4. 人本主义的动机观更强调意识层面的经验和自我实现的倾向。罗杰斯提出具有影响力的人格和心理治疗理论,认为自我实现的动机涵盖一切动机性力量。罗杰斯鼓励心理学家通过共情、无条件积极关注探索人类的意识经验。与罗杰斯一样,马斯洛发展了强调自我实现动机的人格的人本主义理论。马斯洛认为,自我实现的倾向建立在生理需要、安全需要、归属与爱的需要,以及尊重的需要这些更加基本的需要之上。高度自我实现的个体崇尚人本主义的价值,有更多高峰体验。

5. 另一个人本主义的观点认为,内部动机激发的行为更加看重行为本身,而不是行为过后的奖赏。关于内部动机的研究表明,物质奖励有时候会削弱人们从事该活动的兴趣。基于内部动机的研究,德西和瑞安提出自我决定理论,指出人类天生就被赋予迎接新挑战的动机,这会促进机体整合。自我决定的、由内部动机激发的行为通常符合人类自主、胜任和关系的基本需要。自我决定理论促进了人们对满足三大基本需要的、自我决定的行为如何促进成长和提高主观幸福感的研究,而追求物质财富、声望和外部奖励的行为会削弱斗志,阻碍有机体成长。

6. 人类动机多元化的观点认为,存在很多不同的动机或需要。其中,默里的动机理论最有影响力,他提出大概20种心理需要的分类。他认为,正是这些需要激发和指引个体的行为。默里开发了主题统觉测验以测量个体的心理需要和动机。在主题统觉测验中,被试根据提供的图片线索,叙述或者书写出虚构的故事。图片故事练习根据不同主题的内隐(潜意识)动机倾向对故事进行编码,它主要关注成就动机、权力动机和亲密动机。

7. 成就动机是指反复出现的将事情做好、做成功的偏好和意愿。在图片故事练习中,成就动机得分高的人拥有高效的目标导向行为,表现出高水平的成就愿望、中等水平的冒险性、高水平的自我控制和延迟满足,以及一系列能促进事业成功的行为和态度。一个社会对成就动机的鼓励程度可以通过对这个社会某个时期的民间故事、儿童读物、流行文学作品中与成就相关的主题进行编码而测得,在图片故事练习中这些主题被当成故事来分析。麦克莱兰研究发现,某个社会的成就动机与经济发展有关。

8. 权力动机是指反复出现的影响他人和感受到自身影响力的偏好和意愿。在图片故事练习中,权力动机得分高的人既表现出攻击性,又具有领导力。在小团体中,他们表现出很高的积极性和强大的行动力,不断积累自己的声望,而且逐渐身居要职,或者处在指挥他人行动的职位上。对男性来说,权力动机还与不稳定的浪漫关系相关。在生理健康方面,有研究发现,个体在权力动机很强但受到压抑的情况下会对疾病产生易感性,尤其在个体体验到较大的权力压力时。

9. 亲密动机是指人们想要获得温暖和亲近感,以及与他人沟通互动的倾向。在图片故事练习中,亲密动机得分高的个体有更多的自我表露,更愿意与朋友亲近。在别人眼中这些人是友爱的和敏锐的,在交流中表现友好,有更多的眼神交流和微笑。亲密动机与心理健康呈正相关。成就动机和权力动机没有明显的性别差异，但是女性的亲密动机显著高于男性。

10. 对成就、权力和亲密的内隐动机的研究检验了一般目标状态（general goal states），当前的研究则关注更加具体的个人目标，也称为个人奋斗或者个人计划。有研究发现，个人目标与心理健康水平紧密相关。当人们在追求个人目标的过程中不断取得进步时（尤其是这种目标与其人格中总体的动机倾向一致时），他们会感到非常快乐。追求亲密关系的目标以及为他人作出贡献的目标与积极情绪相关联，回避的目标以及追求个人权力的目标则与消极情绪相关联。目标冲突和矛盾会削弱生活满意度。受目标指引的行为经常涉及意义性与可控性之间的平衡。最有意义的和最复杂的目标常常最难达成，因此人们面临的挑战在于，依照目标的要求组织有目的的行为，这些目标大小适宜，既有意义又可管理。

第8章
自我与他人：人格的社会认知方面

我们生活在一个由电脑主宰的信息时代。曾几何时，电脑这种看着有点令人害怕的巨大机器仅仅在大学、军事机构、政府机构和重要的研究机构才有。今天，很多美国家庭拥有不止一台个人电脑，你车子的引擎、厨房的工具和你小妹妹的玩具中都可能包含计算机系统，心理学家在研究中也会使用电脑来收集和分析数据。不过，电脑对心理学（也可能对社会）最大的影响之一是，它给我们提供了人类生活的隐喻。我们不仅使用电脑，而且在很多方面与电脑相像，甚至在发明电脑之前我们就与它有着极大的相似。

我们像电脑一样从环境中摄入、加工、存储和检索信息。我们通过感官接收信息，但是与任何一台性能完好的电脑一样，我们并不是以简单被动的方式接收所有信息输入。我们要对信息进行加工，我们操纵它并依据人脑中的复杂"软件"来利用信息。这个活动的最终结果就是人类行为，人类为了行为去加工信息。我们的观念、印象、推断、判断和记忆最终影响我们的行为。

人格的社会认知取向（social-cognitive approaches to personality）包含这样一个假设：人是一个在社会环境中运行的复杂的信息加工系统（Cervone et al.，2001；Kihlstrom & Hastie，1997）。人类生活中最重要的信息输入是我们对其他人的知觉和印象，它们既塑造我们对自我的知觉和印象，又受到自我知觉和印象的塑造。人格的社会认知取向关注人们怎样形成和使用对自己、他人和社会的心理表征，以及这些心理表征怎样影响社会行为。人们形成控制自身将来行为的印象、概念、信念、价值、计划和预期，而自身的行为又会影响这些心理表征的实质。简单来说，认知影响社会行为，社会行为也影响认知。

人们形成的自我表征和社会建构各不相同，因此心理个性的实质是人们创造的社会认知表征。就像动机和目标（第 7 章），人格的社会认知适应（social-cognitive adaptations）使我们能够越过宽泛的基本特质，解释人类生活的情境性和偶然性（Bandura，1999；Cervone & Shoda，1999a，1999b；Mischel，1999）。如果说特质提供了心理个性的粗略概要，那么人们建构的关于自我和社会行为的心理表征（包括独特的自我概念、信念、价值等）能填补许多细节。

本章从社会认知取向来探讨人格的个性化适应。首先，从凯利（Kelly，1955）的个人建构理论开始，该理论可以说是第一个社会认知理论。尽管凯利的理论出现在计算机时代之前，但他关于人是主动的社会环境解读者的观点促使很多社会认知概念随之出现。随后，探讨认知风格，即人们对客观世界信息加工方式的个体差异。最后，描述当代人格心理学中的一些社会认知观点，包括社会智力、自我图式、自我引导、解释风格，以及（回到第 2 章探讨的主题）对我们所爱之人的心理表征。

个人建构心理学

凯利（George Kelly）曾经作为学校老师、航空工程师和临床心理学家默默无闻地工作过，直到他在 1955 年写作并出版两卷本的《个人建构心理学》（*The Psychology of Personal Constructs*）。这本书在人格心理学界引起轩然大波。它提出一个关于个人的大胆的原创理论，这个理论几乎与当时经典的人格理论，例如由弗洛伊德、荣格、罗杰斯、马斯洛、默里、奥尔波特、艾森克、卡特尔以及行为主义者提出的理论毫无共通之处。凯利提出的很多不同寻常的术语后来变成人格心理学标准词典的组成部分，例如个人建构（personal construct）、合宜范围（range of convenience）、固定角色疗法（fixed-role therapy）和角色建构库测试（Rep Test）。凯利似乎在一夜之间成为人格心理学领域的名人。不幸的是，这本书是他唯一出版的全面阐述其理论的著作。过早去世使他无法进一步发展和完善该理论。尽管如此，关于人类本质和心理个性的问题，凯利依然给我们留下一系列具有启发性的观点。从这些观点来看，人类仿佛是好奇的科学家，想要去预测、控制和解释这个世界。

凯利的理论

就像我们在第 7 章所看到的,很多人格理论倾向于将动机置于中心位置。人们为什么做出那样的行为? 是什么使行为持续? 是哪种动机、需要、驱力、渴望等因素选择了人类的行为并为它提供动力? 在一个令人震惊的脱离人格心理学常规思路的实践中,凯利(Kelly,1955)宣称人类动机根本就不是个问题。他认为,探索人类行为的潜在原因是徒劳的。我们不需要用行为趋近和回避系统(第 5 章),性本能和攻击本能(弗洛伊德),强化的原理(行为主义者),需要和动机(默里、麦克莱兰),以及目标、努力或者自我实现的需要(罗杰斯、马斯洛)来解释是什么激发人们的行为。人是活着的,人因为活着所以这样行动,就这么简单。

当然,也没这么简单。凯利抛弃动机的概念是有局限性的,因为他的理论本身就暗含动机的一个基本原理(Hogan,1976;Shotter,1970):人们希望预测将要发生在自己身上的事情。个体行为的驱力源于想要了解世界究竟为他们准备了什么。简单来说,人就像科学家,力图预测和控制事物。

> 人类,包括我们每天都能见到的人,都在寻求预测和控制环境,这一过程在最近几个世纪是如此明显。科学家的渴望在本质上就是所有人的渴望。(Kelly,1955,p.43)

表 8.1 呈现了凯利《个人建构心理学》中的假定和推论。凯利的人类生活模型是带有常识色彩的科学。就像我们在第 1 章看到的,科学探索的第一步就是对经验进行分类。当观察者通过归类努力形成对世界的第一印象时,科学就开始了。如果科学家想要了解事物,那么必须对詹姆斯(William James)称之为"繁盛和杂乱疑惑"的人类主观经验进行排序、分类,把它们归为不同的种类。通过这些原始的分类可以建立综合性的理论,从这些理论中可以继续推导出具体的假设,而假设可以通过实验和其他系统程序得到验证。

凯利认为,我们每个人通过形成个人建构来对世界进行分类。个人建构是指,我们解释一些事物如何相似而另一些事物如何不同的特有方式。每一种建构都有两极(bipolar)(表 8.1 中的二分法推论),用以区分两种事物如何相似(处在同一极)又与第三种事物(处在相反的一极)有怎样的不同。例如,依据个人建构我将朋友区分为"严肃的/有趣的"。格兰特和杰克相对比较严肃,迪安则与他们不同,他相对比较有趣。事实上,这三个人之间既有相似之处又有不同之处。不管我关于朋友的经验如何模糊、混乱和复杂,一定程度上我仍然使用这种经验(建构)来预测我与他们的互动。这些建构帮助我预测和控制人际世界。通过与这些朋友过去在一起的经历(经验建构),我可以知道,当我和杰克或格兰特在一起的时候,我们一般会严肃地谈论专业问题或者当前时事;和迪安在一起则不会严肃地谈论任何事,和他严肃地谈话要花费很多额外的努力。

表 8.1　凯利的基本假定和 11 个推论

基本假定（fundamental postulate）	从心理学角度看，一个人的行为由他预测事件的方式引导。
建构推论（construction corollary）	一个人通过对类似事件的解释来预测某一事件的发生。
个人推论（individuality corollary）	人们对事件的建构有差异。
组织推论（organization corollary）	为了能方便地预测各种事件，每个人都逐渐形成一个包含各种有序联系的独特的建构系统。
二分法推论（dichotomy corollary）	一个人的建构系统包含有限的二分建构。
选择推论（choice corollary）	一个人为了界定和扩展自己的系统，会为自己选择两极建构中他认为可能性较大的一极。
范围推论（range corollary）	一个建构仅仅适用于对有限事件的预测。
经验推论（experience corollary）	当一个人不断理解重复的事件时，他的建构系统也会变化。
调节推论（modulation corollary）	一个人建构系统的变动空间受其合宜范围内建构通透性的限制。
分裂推论（fragmentation corollary）	一个人可以持续使用一些逻辑上相互矛盾的建构子系统。
共同性推论（communality corollary）	两个人的经验建构相似到什么程度，他们的心理过程也相似到什么程度。
社会性推论（sociality corollary）	一个人能在多大程度上理解另一个人的建构过程，他就能在涉及这个人的社会过程中发挥多大作用。

来源：*The Psychology of Personal Constructs*，by G. Kelly，1955，New York：W.W. Norton.

我们可以通过建构系统理解个人。每个人都会发展出自己的建构系统，这个系统包含大量有层次的构念（组织推论）。这就意味着在一个建构系统中，有一些建构是高层级的，其他的一些则是低层级的（隶属于高层级的建构）。因此，低层级的建构如"帮助/不帮助"可能隶属于高层级的建构"友好/不友好"。每个人的建构系统都是唯一的，这意味着每个人都以自己独特的方式区分主观经验，通过他/她的眼睛看世界才能了解其建构系统（社会性推论）。

在一个人的建构系统中，不同的建构有不同的适用范围（范围推论）。例如，"友好/不友好"这个建构有很广泛的适用范围，它很可能引导一个人预测大量情境中的事件。相反，"自由/保守"这个建构对很多人来说可能适用范围很窄。对大多数人来说，相比于"自由/保守"，在与他人的互动中"友好/不友好"是一个更加突出的决定性的维度。当然，就不同的人而言，各维度的适用范围存在明显的个体差异。例如，一个对政治事件特别敏感的政坛女性可能在很多情境下都会用到"自由/保守"这个建构，她可能过度关注环境中信息背后的政治含义，因此她判断人的首要维度之一可能就是他们的政治派别。在一个鸡尾酒会上，她被引荐给一名穿着三件套西装的中年男性，他看起来像是银行家，头发整洁，戴着昂贵的手表。她很快就会私下告诉自己，"他应该是个政治保守主义者，我打赌他肯定经常投票给共和党"。当然，她的推测很可能是错误的。也许这名男性的真实身份是活跃的美国公民自由联盟律师，而且他经常给自由党的候选人投票。这个女性不需要执着于她最初的假设,建构更像是有待检验的假设而不是既定的事实。但是,这个假设为她的互动提供了一个重要的开始,引导她预期接下来会发生什么或不会发生什么。预期引导行为和经验。在凯利的基本假定中,"一个人的行为由他预测事件的方式引导"(Kelly,1955,p.46)。

个人建构不仅在适用范围上彼此不同,而且在其他方面有所差异。一些建构是高通透性的,其他建构则不是(调节推论)。一个高通透性的建构允许修正,也允许引进一些新元素。拥有特别容易修正的建构系统的人,在他人看来是一个开放的人。相反,如果一个人面对新信息和扩大的经验时不能修正自己的建构,那么这个人很可能被他人看作一个相对古板和不灵活的人。然而,彻底的通透性也不全是好的。如果一个建构的通透性非常高,以至于在每一个相关事情发生后都会改变,那么它就不能很好地预测事件。个体心中不同的建构彼此矛盾时问题也会出现。当个体心中的建构互不相容时(分裂的),他很难对世界形成一致的认识,也难以用灵活的方式预测事件(分裂推论)。

凯利的个人建构理论为理解人格心理学中大量传统概念提供了一个有趣的视角。例如,对于潜意识这个概念,凯利认为没有必要假定有一个神秘的潜意识领域来存储被压抑的愿望和冲突。在凯利的认知观点中,潜意识仅仅是那些无法用言语表达的、潜藏着的或者悬浮着的建构。对于某些建构,我们不能赋予它们名字,因此我们可能意识不到它们的存在。一些建构潜藏在建构系统之下或悬浮在建构系统之上,因为它们不能融入建构系统。因此,一个高度分裂的建构系统可能包含人们没有意识到的隐藏着的建构,而这些没有被意识到的建构仍然引导着人们的经验和行为。

凯利认为,焦虑就是"我们意识到自己面对的事件处于自己的建构系统适用范围之外"(Kelly,1955,p.482)。换句话说,当我们面对无法解释的事件,并且我们的建构系统没有为这些事件作准备时,我们就体验到焦虑。总之,焦虑是对未知事件的恐惧——对那些难以理解的、模糊的、混乱的困惑的恐惧。内疚是一个人对自己明显偏离核心角色框架的感知(p.502)。核心角色框架(core role structure)是指一个人在与重要他人的关系中,如与父母的关系中关于自己是谁的建构,这个建构深处于个人的一般建构系统之中。从本质上来说,内疚源于自己没有按照个人建构系统中一个特别有价值的层面来生活。

探索个人建构:角色建构库测试

即使不考虑正式的假设和推论,凯利的个人建构理论还是有一个特别吸引人的地方,那就是常识性的特点,它与大多数人的日常生活经验很相符。感受凯利理论最好的途径之一就是参加角色建构库测试(Role Construct Repertory Test,Rep Test),这是凯利为了探索人们生活中的个人建构而设计的人格测评程序。角色建构库测试是一个非常灵活的程序,适用于临床工作和研究工作,施测过程也很简单。

角色建构库测试要求个体比较在自己生活中扮演重要角色的人物。凯利将角色定义为，对特定人物在人们生活中应当做什么的理解或期待。因此，母亲这个角色包含人们对母亲在各种情境下应该如何表现的理解。角色建构库测试的第一步是要编纂一个角色名称表，即请个体想象出现在自己生活中的 15 种不同角色。表 8.2 列出 15 种角色，要求个体在每一种角色下填写符合这个描述的人名，名字不能重复。如果角色中出现重复的名字，就替换成第二适合这个描述的人名。

表 8.2　角色名称表

---

1. 你的母亲或者在你生命中扮演母亲角色的人。
2. 你的父亲或者在你生命中扮演父亲角色的人。
3. 与你年龄最相仿的兄弟，如果没有那就是最像兄弟的人。
4. 与你年龄最相仿的姐妹，如果没有那就是最像姐妹的人。
5. 你喜欢的一个老师或者你喜欢的某学科的老师。
6. 你不喜欢的一个老师或者你不喜欢的某学科的老师。
7. 与你现在的爱人或者恋人在一起之前的那个伴侣。
8. 你的爱人或者现在最亲近的恋人。
9. 近期给你比较大压力的雇主或者上级领导。
10. 一个曾经比较亲近，但最近因为某些不好解释的原因而不喜欢你的人（拒绝你的人）。
11. 在过去 6 个月你接触的人中，你最想进一步了解的人（你想了解的人）。
12. 你最希望帮助或者令你感到最愧疚的一个人（令你感到遗憾的人）。
13. 你认识的最聪明的人。
14. 你认识的最成功的人。
15. 你认识的最有趣的人。

列举完 15 个你生命中很重要的人，你可以用与他们互动时的个人建构方式对其加以区分和比较。表 8.3 列出 15 个系列，每个系列包含 3 个数字，代表你前面已经列出的角色名称。例如，14 是指"你认识的最成功的人"。对每个系列的 3 个数字，想一想前两个数字代表的人有什么相似之处，同时与第三个人如何不同。在"相似"下面写下一个单词或者短语来表示这两个人如何相似，然后在"不同"下面写下一个单词或者短语来表示前两个人与第三个人如何不同。例如，第一个系列呈现的数字是"9，11，14"（分别是"雇主或者上级领导""你想了解的人"和"成功人士"）。你在脑海中想到，雇主或者上级领导与你想了解的人同样好相处，而他们都与看上去难以相处的成功人士不同。你可能在"相似"下面写下"好相处"，在"不同"下面写下"咄咄逼人"。

15 对"相似"和"不同"中的每一对都代表了一个建构。在这一点上，对反应的分析可能有很多不同途径。你也许希望能够仔细看看自己如何描述生活中某些重要的对比角色，例如前任和现任男（女）朋友之间的对比，或者你希望了解自己所有建构的整体风格。不同的建构是怎样相互联系的呢？对有些建构来说，另一些建构是更高级还是更低级呢？你是否使用很多不同的建构？你是否倾向于一直使用某种建构？如果你倾向于使用对比的描述(如以"诚实/不诚实"这样成对的方式出现的建构)或其他变式，那么你可能会得出结论，这在你的生活中是一种特别活跃和有意义的建构。

表 8.3　由"相似"和"不同"代表的个人建构

	相似	不同
1. 9, 11, 14	_____	_____
2. 10, 12, 13	_____	_____
3. 2, 5, 12	_____	_____
4. 1, 4, 8	_____	_____
5. 7, 8, 12	_____	_____
6. 3, 13, 6	_____	_____
7. 1, 2, 9	_____	_____
8. 3, 4, 10	_____	_____
9. 6, 7, 10	_____	_____
10. 5, 11, 14	_____	_____
11. 1, 7, 8	_____	_____
12. 2, 7, 8	_____	_____
13. 3, 6, 9	_____	_____
14. 4, 5, 10	_____	_____
15. 11, 12, 14	_____	_____

来源：*The Psychology of Personal Constructs*，by G. Kelly，1955，New York：W. W. Norton.

人格研究中为了量化角色建构库测试的结果，研究者开发了一些程序，有研究通过角色建构库测试揭示认知复杂性(cognitive complexity)的个体差异(Crockett，1965)。使用不同种类建构的人被认为具有更高水平的认知复杂性，他们倾向于用高度不同的方式看待这个世界，而使用较少种类建构的人被视为拥有更简单、更为整体的建构系统。

有研究考察了朋友和熟人之间建构的相似性(Duck，1973，1979)。研究者在大学生中开展各种形式的角色建构库测试，考察他们同伴交往和友谊形成的模式。总的来说，拥有相似建构系统的大学生倾向于成为亲密的朋友，并会保持更长时间的友谊。例如，杜克和斯潘塞(Duck & Spencer，1972)在学年初对大一女生实施个人建构测试。所有参与研究的女生都被分配到同一栋宿舍楼，尽管在研究之初他们互不相识，但是那些共享相似建构的女生在这一学年里更有可能成为朋友。在另一项研究中，与自我报告的个人特质的相似性相比，建构的相似性能更好地预测友谊(Duck & Craig，1978)。换句话说，人们成为朋友并不是因为他们行为方式相似(例如他们都是外向的或者成就取向的)，而是感觉彼此看待世界的方式相同。人们总是寻找与自己的主观经验相匹配的人，人们在他人的价值中寻找对自身价值的肯定。在处理与生命中重要他人的关系时，共享同一种意义可能比做同样的事情更重要。

凯利走在他们那个时代的前列（Walker & Winter，2007）。20 世纪 50 年代，凯利预测心理学将偏离极端行为主义者的行为研究而转向重视认知、意识经验和个人价值的发展方向（Neimeyer，2001）。在过去的 50 年里，个人建构理论在临床心理学、环境心理学、人类学和犯罪学中有了很大的发展（Walker & Winter，2007）。一项特别有影响力的研究考察了精神疾病如何影响个人建构，例如由患有精神分裂症或创伤后应激障碍的人表达出来的建构系统（例如，Bannister，1962；Winter，1992）。对于人格心理学，凯利提供了一个颇富新意又睿智合理的视角来理解整体的人。通过想象人是日常生活中的科学家，关注人们怎样区分、预测和控制世界。凯利指出社会认知适应在人格中的重要性，以及日常行为中自我和他人心理表征的作用。

认知风格与人格

凯利认为，人就像科学家，当预测外部事件以及作出反应时，会对经验进行分类并检验自己的假设。简单来说，人们为了预测和适应社会生活的挑战会不断加工外部信息。凯利的个人推论强调，人们建构事件的方式不同。其实，早在这之前的几个世纪，人们就意识到信息加工风格的个体差异。对人们思考方式差异的觉察可以追溯到古代神话。例如，荷马史诗中奥德修斯微妙复杂的思考方式与阿喀琉斯简单直率的认知形成鲜明的对比。认知风格（cognitive style）是指人们"独特的、偏爱的信息加工模式"（Sternberg & Grigorenko，1997，p.700）。原则上，认知风格与认知能力不是一回事。认知能力是指智力测验中测量的语言、数字和空间能力，它衡量一个人在认知任务上表现得怎么样；认知风格关注一个人加工信息的方式。因此，认知风格存在于传统上与人格相联系的成分和与智力以及认知相联系的成分之间。

心理学家研究了很多不同种类的认知风格，当然研究原因也不尽相同。最近几年，为了提高学校教学质量，教育心理学家对区分学生不同的学习方式特别感兴趣（Sternberg & Grigorenko，1997）。认知风格体现在"大五"人格分类中开放性这一特质维度（本书第 5 章）。有研究发现，开放性得分高的人倾向于用一种更加微妙的、分化的和抽象的方式加工信息，而得分低的人更少发现事物的区别，倾向于具体的和界定清晰的分类。确实，许多人格构念都以某种方式与信息加工相关联，心理学家一直对特质、动机的个体差异与知觉、思维方式之间的关系非常感兴趣。人格科学中的某些概念引人注目，一方面是因为它们明显关注信息加工的特定风格，另一方面源于一些心理学家对这些概念所作的系统研究。有两种认知风格的维度受到人格心理学家的关注：场独立—场依存和整合复杂度。

场独立—场依存

20 世纪 40 年代,阿施(Solomon Asch)和威特金(Herman A. Witkin)开始研究人们如何判断物体是垂直于地面还是倾斜的。在实验中,被试坐在一个定制的倾斜房间里的倾斜的椅子上,要求他们调整自己的椅子直到感觉自己坐在垂直的位子上,即客观上垂直于地面(Witkin,1950)。这个任务具有欺骗性,因为倾斜的房间提供了与身体内部的垂直线索相矛盾的视觉信息。一些人将椅子调整到与(倾斜的)房间垂直,另一些人则忽略了房间的倾斜度而依据自己身体内部的线索调整椅子。以房间为参照标准进行调整的人表现出问题解决的场依存(field-dependent)风格,他们对垂直的知觉和判断依赖于"场"或环境。忽略"场"而根据内部线索作出知觉和判断的人表现出场独立(field-independent)风格。

50 年来,威特金及其同事已经认识到,场独立—场依存是一种隐藏在很多重要的人格差异之下的广泛而普遍的认知风格(Bertini,Pizzamiglio,& Wapner,1986;Goodenough,1978;Lewis,1985;Witkin,Goodenough,& Oltmann,1979)。这个维度有两极。处于高度场独立这一极的人用一种分析和区分的方式加工信息,他们依靠内部参考框架,用一种高度自主的方式加工信息。在另一极,即高度场依存的人利用环境中可用的外部参考框架加工信息,他们倾向于依据外部环境的信息来确立知觉。根据具体情况,每一极都有优点和缺点,因此不能绝对地说一极好于另一极。大多数人都处在场独立—场依存这一连续体的某个点上。

场独立的人擅长将信息从所处的背景中提取出来。在这方面一个很好的例子是鉴别隐蔽的图形,例如镶嵌图形测验(Embedded Figures Test)(Witkin,1950)。在图 8.1 中,要求在 B 图中找到 A 图所示的正方形(答案就是 C 图中的阴影部分)。正如你所看到的,很难将 B 图中正方形的几个部分想象为同属于一个形状(正方形)。相反,这个正

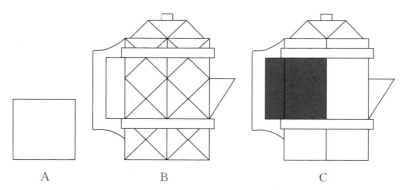

A   B   C

图 8.1　镶嵌正方形

在 B 图中找到 A 图形,答案见 C 中阴影部分。

来源:"Field Independence," by D. R. Goodenough, in H. London & J. E. Exner (Eds.), *Dimensions of Personality* (p.175),1978,New York:John Wiley & Sons.

方形的右边很容易被视为咖啡壶的一部分，而左边则被视为背景的一部分。为了找到这个隐蔽的正方形，很有必要重新组织知觉到的场。场独立的人常常重组知觉到的场，因此他们在镶嵌图形测验中表现得更好。

　　表 8.4 列出很多与场独立和场依存相关的行为。一般来说，场独立与更高水平的知觉和认知重组相关。与场依存的人相比，场独立的人更倾向于根据内在的计划、规则和目标重新组织环境中的信息，以一种高度区分的方式看待非社会世界的信息。在一个研究中，要求 32 个场依存和 32 个场独立的女大学生在各种不同的情况下完成一系列拼词游戏（Frank & Noble，1985）。结果显示，场独立的学生比场依存的学生在玩拼词游戏时能更快地解决问题，而且认为任务更简单。场独立的学生很容易对一个非组

表 8.4　场独立—场依存领域主要的研究发现

场独立的相关研究

在识别杂乱无章的图形时准确性更高

在需要按照非常规的方式使用普通的物件或工具的任务中，问题解决能力更强

面对复杂问题时倾向于采用假设检验的方法

体验到更多的罪恶感而非羞耻感

倾向于用消极词汇描述他人

童年时喜欢单独游戏

倾向于涉足数学和科学领域，例如物理、建筑和工程；或者健康领域，例如医学和牙科；或者一些实践性领域，例如木工、种植或机械

社会化模式强调独立自主

在狩猎社会占据统治地位

与总体学业成就无关

场依存的相关研究

倾向于依赖他人的指导

对人际关系的微妙之处更敏感

更多的眼神接触

对人名和相貌有更好的记忆力

认识更多的人，也被更多的人认识

更强的自我表露倾向

体验到更多的羞耻感而非罪恶感

倾向于用相对积极的词汇描述他人

童年时喜欢社会性游戏

从事与人道主义有关的职业，例如社工、牧师和康复顾问；或者涉足某些教育领域、社会科学领域以及商业领域

社会化模式强调服从和依赖权威

在农业社会占据统治地位

来源：Goodenough（1978），Singer（1984），Witkin et al.（1979）.

织化的场进行重组。场独立的人能够将无关信息分离出来,而把注意力集中在复杂学习情境中的中心任务或刺激上(Messick,1994;Richardson & Turner,2000)。例如,在一个提供基于超媒体指示的复杂的网络学习环境中,八年级的场独立的学生比同龄的场依存的学生学习效率更高(Weller,Repman,Lan,& Rooze,1995)。场独立的警察在复杂的犯罪情境中能够作出更加准确的判断。在一个模拟犯罪场景中,场独立的警察更能摆脱无关场景和声音的干扰,能更准确地决定何时开枪(Vrij,van der Steen,& Koppelaar,1995)。

就像凯利的科学家模型,场独立的人在接触这个世界时表现得像一个假设检测者:系统区分原因和结果,根据这个世界的每个部分作出分析。场独立的人容易被吸引到需要认知重组和客观分析信息的职业之中,例如科学、数学、管理和机械等领域。相反,场依存的人在加工关于世界的信息时更加全面和直觉化。他们倾向于进行较少的认知重组,从背景环境中接收信息,而不是利用内在的计划和原则加工信息。有趣的是,场依存的人倾向于对与人道主义和社会福利有关的职业感兴趣,例如牧师、社会工作、教育、社会科学、销售和广告等(Goodenough,1978)。

认知风格对人际功能有明显影响。大量研究发现,场依存的人比场独立的人对社会背景信息更加敏感。场依存的人对人际线索和社会信息给予更多关注,他们倾向于花更多时间关注人而不是无生命的物体,而且与人交谈时会有更多眼神接触。场依存的人也更喜欢与他人有身体接触。例如,在一个研究中,要求被试与主试就几个话题进行交谈,在此过程中,测量记录被试与主试之间的身体距离(Justice,1969)。结果表明,场依存的人比场独立的人站得离主试更近一些。在另一个关于人际距离的研究中,相比于相距 2 英寸,当场依存者的座位与他们的谈话对象相距 5 英寸时有更多的谈话

311　障碍。相反,人际距离对场独立的人影响较小(Greene,1973)。

一般来说,女性的测试分数倾向于场依存这一端,男性的分数则倾向于场独立这一端。虽然这种性别差异不是很大,但是各个研究的结果相对一致。从孩童到成年人,人们逐渐向场独立发展。因此,儿童一般比成人拥有更高的场依存性。同时,小学时场独立性的个体差异是成人时期个体差异的预测指标。因此,一个在 10 岁时就比小伙伴更加场独立的小男孩在 20 年以后依然会如此。此外,某些社会化训练可能与认知风格的差异有关。一般来说,研究证据支持一个常识性的结论,即在儿童的社会化过程中,鼓励他们脱离父母的控制会促使他们朝着场独立的方向发展。相反,组织和控制严密的家庭环境会鼓励场依存性。总体来看,场独立的人会报告他们的父母更加开放,场依存的人则会报告他们的家庭很重视父母的权威。

312　关于场独立和场依存最有趣的发现来自跨文化的研究。威特金和贝里(Witkin & Berry,1975)提供的证据显示,狩猎和采集部落倾向于是场独立的,而农业社会则是场依存的。狩猎和采集是从一个地理场景移动到下一个地理场景,对于这种迁移的生活

方式,场独立可能更具适应性。威特金和贝里(Witkin & Berry,1975)写道:

> 由于生态环境因素,人们必须依靠狩猎和采集获取生活必需品。这种经济生活方式要求人们具有从周围背景中分离出关键信息从而定位的能力,而且有能力整合这些信息碎片以形成对自身位置的灵活的认知,只有这样才能安全地回到家。(p.16)

相反,农业社会的人们则更加习惯定居。由于农业社会的生产周期长,因此人们建立起一套精细的社会交往系统。相比于个人自主行动,遵守群体规范可能对群体生存更有价值。

整合复杂度

场独立和场依存的个体差异体现出知觉世界风格的差异,人格心理学家研究的另一种认知风格关注人们推理和解释世界的差异。整合复杂度(integrative complexity)是指人们用区分和整合的方式推理事物的程度(Suedfeld,Tetlock,& Streufert,1992)。高整合复杂度的人在解释和理解智力或社会问题时,会较多地进行概念上的区分,而且能够看见事物之间的联系。相反,低整合复杂度的人看见的区别较少,而且倾向于以一种整体的方式理解世界。

整合复杂度的个体差异可以通过书面材料的内容分析来测量(Baker-Brown et al.,1992)。例如,依据一个人对某段经历的记载,一段演讲或者日记,一篇论文,一场辩论,或者一封写给朋友的信,都可以评定其整合复杂度。有研究者对某篇文章中的片段进行等级评定,以考察材料中区分和整合的程度。只依靠简单解释和单一判断而写的段落得分相对较低,而包含很多不同的观点,而且结合不同的解释和思考的文字在整合复杂度上得分较高。虽然人们整合复杂度的特征水平不同,但是人们也可能会依据不同的情境表现出不同水平的整合复杂度。例如,当一个女大学生给男朋友写信时,她可能表现出相当低的整合复杂度。但是,当她创作一篇解释 19 世纪欧洲经济变迁的历史论文时,她表现出的整合复杂度可能很高。

关于整合复杂度最有创意的一些研究是泰特洛克(Philip Tetlock)开展的关于政治推理的研究,以及聚德费尔德(Peter Suedfeld)开展的关于文学信件的研究。在一项特别有趣的研究中,泰特洛克(Tetlock,1981b)选取了 20 世纪美国总统入职前后的演讲进行分析。结果发现,这些人在参加竞选时整合复杂度一般都很低,但是一旦被选上,整合复杂度就会明显提高。泰特洛克对这种现象的解释是,总统候选人为了竞选成功,倾向于使用一种简单的非黑即白的方式来陈述事情,一旦被选上,他们就会采用更加复杂的推理方式。有趣的是,当他们进行第二任期的竞选时,言辞的整合复杂度水平会再次下降,因为他们再次用简化事件的方式来拉选票。

通过编码最高法院的裁决(Tetlock,Bernzweig,& Gallant,1985)、美国议员的政

治修辞(Tetlock,1981a;Tetlock,Hannum,& Micheletti,1984),以及英国下议院议

313　员的辩论(Tetlock,1984),泰特洛克将政治意识形态和整合复杂度之间的联系整理成一个引人注目的案例。自由派的政治人物(主要是美国参议院自由派的民主党人士和英国下议院温和的社会主义者),倾向于比保守派的政治人物在演讲中表现出更高水平的整合复杂度。相反,持激进的自由观点(如英国下议院激进的社会主义者)或极端保守观点的政治人物会表现出低整合复杂度。图 8.2 呈现了英国下议院的数据。

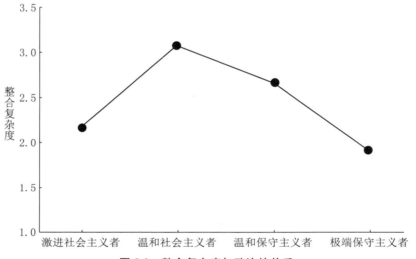

图 8.2　整合复杂度与政治的关系

从政治演讲来看,英国下议院持温和自由主义的政治家具有最高水平的整合复杂度。

来源:"Cognitive Style and Political Belief System in the British House of Commons," by P. E. Tetlock,1984,*Journal of Personality and Social Psychology*,46,370.

　　泰特洛克根据价值多元化观点解释了他的发现。他认为,自由(freedom)和平等(equality)是西方政治修辞中非常重视的两个基本价值观。保守主义者重视自由胜过平等,激进的自由主义者重视平等胜过自由,温和的自由主义者对自由和平等同等重视。因此,一个温和的自由主义者可能会为了调和对自由和平等的重视程度——两个经常冲突的价值观,而形成一种更复杂的政治意识形态。美国或英国传统的保守主义政治家可能会反对为了福利而提高税收,因为这些人的信念是,民众应该自由支配自己辛辛苦苦挣来的钱,而自由主义者可能发现这个问题较难解答,因为他们认为平等与自由一样重要。根据平等的价值观,税收应该为贫苦的人提供支持,然而自由意味着低税收和放任的资本主义。因此,自由主义者可能会作出更多的考虑,在关于税收和社会福利项目等议题的政治说辞中发现更多的灰暗面。根据泰特洛克的观点,自由主义者更

314　加复杂和具有内在冲突性。可是,在保守主义者看来,自由主义者似乎是"软弱无力的"

或"害怕表明立场"。

聚德费尔德采用一种不同寻常的方式来研究整合复杂度（Porter & Suedfeld，1981；Suedfeld，1985）。有研究（Porter & Suedfeld，1981）分析了 19 世纪和 20 世纪五位出色的英国小说家的个人信件，这五位小说家分别是狄更斯（Charles Dickens）、艾略特（George Eliot）、梅瑞狄斯（George Meredith）、本涅特（Arnold Bennett）和伍尔夫（Virginia Woolf）。小说家的生命每五年被划分为一个阶段，研究者从每一阶段的个人信件中随机抽取 10～20 个段落来分析。每个段落以 7 点计分，表示整合复杂度从低到高。表 8.5 提供了逐段分析的两个例子，一个在整合复杂度上得分相对较低，另一个得分相对较高。

表 8.5　用于整合复杂度研究的杰出小说家的信件原稿

在整合复杂度上得分低的段落（2 分）

今天晚上我读完了《第一原则》。我想再也不会有书能像这本书一样让我感到如此钦佩。如果世上真有所谓的最伟大著作，我想这本书就是的。我读过的书中没有哪一本书能达到它的十分之一，而且它是以纯粹诚实的辩论力量达到此效果的。里面没有以才华、智慧、天赋，甚至是口才作为装饰，不管是第一部分还是第二部分的内容都具有同样的效果。当然，书中还是有错误的，但它仍然是人类思想最伟大的成就。这就是我所想的。而且在英国，斯宾塞还没有得到承认。作为一位真正意义上的哲学家——而不是一位发现者或者科学家——仅仅是一位哲学家，他是人类智慧发展史上的巨人。我这样说不是因为我阅读了所有其他著作，而是因为我难以想象有人能创作出像《第一原则》一样伟大的著作。（注意在这一段，作者就一个绝对的规则和声明作了精细的说明，其他可能的观点则很少被讨论。）

在整合复杂度上得分高的段落（6 分）

教授说你根本不与德国人来往，对此我感到苦恼。我确信你不会低估德国年轻人的优秀品质，但是也有可能。如果是这样，而且有更多原因的话，这将是一个遗憾。如果年轻的时候你不在周围培养朋友，你在以后的回忆中就不会有快乐之处。此外，德国人对你来说是主人，你至少欠他们一份客人应有的感激之情。我十分敬重他们良好的道德修养，虽然他们现在怠慢我们，但是那终将过去。我知道他们有能力建立友谊，我也知道英国人的友谊不会持续太久这一定律。看看你的周围，试着与你的德国同伴接触。想一想你是否正在顺从你那爱交英国朋友的放纵偏好。在你回到这里之后你将看透后者的友谊。（这段文字同时展示了各种可供选择的操作方案，而且思考了它们之间的关系。）

来源："Integrative Complexity in the Correspondence of Literary Figures：Effects of Personal and Societal Stress," by C. A. Porter & P. Suedfeld，1981，*Journal of Personality and Social Psychology*，*40*，325—326.

波特和聚德费尔德（Porter & Suedfeld，1981）将整合复杂度得分与大量历史事件以及小说家生命中的个人变迁作了相关分析。结果发现，整合复杂度得分在战争时期有所下降，而在内乱时期有所上升。战争对文学信件有简化效应。在国家卷入国际斗争期间，小说家倾向于以一种相对未分化的方式阐述问题，没有思考大量复杂的观点。波特和聚德费尔德推测，战争对环境中的信息流动有一种抑制效应，内乱（例如主要的政治变革）则会激发更灵活的和整合的见解。

考虑到个人发展，波特和聚德费尔德（Porter & Suedfeld，1981）发现，整合复杂度在个人生病期间会下降，而与其他的压力事件没有关系。整合复杂度随着年龄的增长而上升,在死亡来临之前有所下降。有一个发现特别耐人寻味,毕生发展心理学的研究发现,人们在死之前认知功能会经历一个显著的下降,叫作濒死骤降体验(terminal drop)。聚德费尔德和彼德拉伊塔(Suedfeld & Piedrahita,1984)研究了 18 个杰出人物在生命最后 10 年信件的整合复杂度。研究结果支持濒死骤降体验假设:因慢性疾病而死亡的人在死亡前 5 年,其整合复杂度的分数会显著下降,而突然死亡的人在死亡之前的那一年,其整合复杂度的分数也会突然下降。

总之,研究显示高水平的整合复杂度与作出更明智的和高度平衡的决策有关,与高度开放性、面对复杂问题时对模棱两可的容忍程度有关,也与认知的自我导向有关。然而,高水平的整合复杂度有时候也会有一定的消极影响。整合复杂度得分高的人有时候会发现,很难基于坚定的道德原则作出明确的抉择。例如,在美国内战前关于奴隶制的争论之中,拥有折中观点的温和派领袖和政治人物一般在整合复杂度上得分很高,这是对他们的公共演讲进行编码后得出的结果。相反,强烈认为应该废除奴隶制的人整合复杂度得分比较低,得分较低的还有强烈捍卫奴隶制的领导者和政治人物。从中我们可以看到,现在看来是正确的道德选择——废除奴隶制,当时却被在演讲中整合复杂度得分相对较低的领导者强烈推行和明确表达(有趣的是,他们的主要反对者——主张保留奴隶制的领导者,同样得分很低)。整合复杂度高的领导者在争论中则处于道德上的折中立场。例如,他们认为仍然可以在南方保留奴隶制,但是奴隶制不能推行到美国新的地区。在这一历史事件中,高水平的整合复杂度似乎混淆了人们的道德观念(Tetlock,Armor,& Peterson,1994)。

除此之外,有研究者探索了商业管理专业的毕业生之间的交往(Tetlock,Armor,& Peterson,1994)。结果显示,在整合复杂度上得分高的学生被同伴评价为更具有创造性,但就像预期的那样,他们也被认为更讨厌、更自恋、更缺乏责任感。在整合复杂度上得分低的学生被评价为简单的、顺从的和讲规矩的,而且与整合复杂度得分高的学生相比,他们被认为更温暖、更慷慨、自我控制力更强。在一些情境下,整合复杂度高的人似乎存在人际交往方面的缺陷。

社会认知理论与个人

现代人格心理学中的社会认知取向把人看作或多或少具有理性与计划性的认识主体。个体在社会环境中搜寻信息并将其储存起来,以便在广泛的社会情境中规范自己的行为并制定计划和目标(Cantor & Kihlstrom,1989;Cantor & Zirkel,1990;Cervone & Shoda,1999b;Higgins,1999;Kihlstrom & Hastie,1997;Markus & Wurf,1987;Shoda,1999)。这些研究取向显示,人们特别擅长使用可以提高自身预测和控制世界能力的方式来构建社会情境。人们经常从社会信息储存库中提取重要的、对社会经验进行分类的个人建构。在对人类能动性的强调中，在对主动的自我组织者的刻画中，社会认知理论也重视人格心理学中人本主义取向的一些核心主题，特别是德西和瑞安的自我决定理论(本书第7章)。这些理论提供了一个关于人类本性的乐观的观点：作为人，我们拥有潜在的理性与效能；我们在社会互动中是聪明的和有计划的；我们为了达到目标而采取的策略是灵活的；我们的行为是对情境要求的反应，但同时是受自己组织的和有条理的。

专栏 8.A

316

宗教价值观与人格

美国是西方工业化世界中最有宗教信仰的国家之一(Sherkat & Ellison,1999)。对很多美国人来说，宗教价值观对他们的自我概念和世界观产生了很重要的影响。例如，宗教价值观和信念是人格中个性化适应的绝佳例子——在心理个性上，它们是比基本特质更具体、更情境化的个体差异变量(类似于动机、目标和人格的社会认知方面)。

在20世纪的大部分时间里，心理学家忽视或者低估了宗教在人格和心理健康方面所起的作用。但是，在过去的10～15年里，很多研究者最终将注意力转移到宗教和宗教价值观上。他们开展了许多医学、心理学和社会学方面的研究和调查，测量了与宗教有关的不同方面，例如宗教信仰、教堂礼拜、宗教活动(祈祷、静修)，以及应对压力和灾难的宗教方法。结果发现，在美国人中，宗教信仰和对宗教活动的参与度与生理和心理健康呈正相关(Dillon & Wink,2004；Emmons & Paloutzian,2003；George,Ellison,& Larson,2002；Seybold & Hill,2001)。宗教卷入甚至与低死亡率相联系(McCullough,Hoyt,Larson,Koenig,& Thoresen,2000)。

宗教卷入与很多生理健康指标呈正相关。例如，相比于没有参与宗教活动的人，经常参与宗教活动的人生活方式更健康且活得更长。他们更少使用烟草和非法药物，表现出更低水平的酒精滥用，血压和胆固醇水平更低。宗教卷入与心脏病、肝硬化、肺气肿、中风、肾衰竭和癌症死亡率呈负相关。从外科指标来看，有宗教信仰的人倾向于表现出较少的健康问题和较低的压力水平。在心理健康方面，宗教卷入与自尊、生活满意度以及整体的心理功能呈正相关。宗教卷入能预测低水平的压抑和较少的违法犯罪行为甚至离婚。对婚姻幸福程度的一个很有力的预测因子就是夫妻双方的宗教活动参与度。宗教的积极作用在非裔美国人和美国社会的边缘群体中特别明显。

宗教的好处可能体现在很多方面。在美国,教堂和清真寺为人们提供了一个可以在其中共享价值观、目标和在困难时期互相帮助的亲密社区。人们在宗教活动中发展亲密友谊,加入很多非正式的互助组织,与大量可能在各种情况下帮助自己的人建立联系。神父、牧师、传教士和其他宗教人物可能提供咨询和建议,就像一个遇到困难的人可能会从社会服务机构和其他社区资源中心获得帮助。宗教卷入加强了社会支持,提升了个人的社会资本——一个人可以用来应对很多不同生活挑战的社会关系网。高水平的社会支持和社会资本本身就是健康和幸福很好的预测因子。

强烈的宗教价值观为人们提供了关于生活的深层次问题的答案,提供了安全感和面对灾难时的希望。一些研究者推测,有宗教信仰的人特别享有的安全感和乐观主义,可能发挥了镇静的生理效应。有机体交感神经系统的持续激活(与高水平的恐惧和焦虑相联系)与疾病和减寿相联系。宗教卷入可能有助于降低因交感神经系统反复过量激活而产生的持续的压力,并且能够减少有机体主要器官的损伤。

当人们表达出如心理学家帕尔加门特(Pargament, 2002)所说的内在的宗教价值观和积极的宗教应对时,宗教的积极作用尤为明显。内在的宗教价值观来自内心,它反映出人们的宗教选择,这种选择是经过深思熟虑作出的。相反,外在的宗教信仰可能会让人感觉是被迫的或被控制的,而且是由内疚感、对拒绝和排斥的恐惧以及社会一致性驱动才作出的选择。发自内心地信仰宗教的人比由外界所迫而信仰宗教的人表现出更高水平的幸福感、社交能力、智力的灵活性和更低水平的压抑、焦虑及社会功能障碍。在生命中的困难时期,内部驱动的人经常使用一些积极的应对策略,例如向上帝祈祷帮助,向神职人员和教会成员寻求帮助,以及在灾难中寻求保佑。

帕尔加门特表示,某些特别严格的宗教形式同时表现出一些消极的和积极的相关结果。各种研究都表明,持有严格的宗教激进观点的信徒更倾向于是心胸狭窄的、权威主义的和怀有偏见的,倾向于对持其他信仰的人不信任,而且对外群体的人存有偏见,如对同性恋者。同时,严格的宗教信仰也与积极的特征有关,如乐观主义、宗教和精神的幸福以及婚姻满意度。帕尔加门特(Pargament, 2002, p. 172)写道:"严格的宗教信仰和实践系统为个人提供了明确的是非感,清晰的生活准则,与志趣相投的信徒的亲密联系,一个独特的身份,而且最重要的是,他们的生活受到上帝的认可和支持的信念,这些都是强有力的优势。"同时,这些优势需要付出一些社会代价,如不能容忍持不同信仰的人。

社会智力

坎托(Nancy Cantor)和基尔斯特伦(John Kihlstrom)认为,社会智力(social intelli-gence)是理解人格一致性的关键要素(Cantor & Kihlstrom,1985,1987,1989)。每个人都有属于自己的技能、能力和知识以应对不同的社会情境。这种"合法的个体内变量,特别是跨情境的变量,就是我们所说的智力特点"(Cantor & Kihlstrom,1985,p.16)。坎托和基尔斯特伦写道:"与本能及反射行为相比,智力行为是灵活的而不是僵化刻板的,是有区别性的而不是不加判定的,是有选择的而不是必定的。"(p.16)这表明人们的社会智力是不同的,一些人比另一些人拥有更高水平的社会智力。但更重要的是,人们以不同的方式利用社会智力,以解释和解决生活中的任务和问题。

坎托和基尔斯特伦认为,社会互动过程中免不了要解决问题。这个世界给我们每个人提出了一系列需要社会智力参与的问题。我们必须理解自己面对的问题,而且要努力掌控它,至少应对它。对于每一个社会情境,我们要问如下问题:"我想得到什么?""我的行为可能会产生什么后果?""我怎样才能得到我想要的?"在解决这一社会问题(情境)时,我们会从社会智力库中抽取大量的信息,它们是"储存在记忆中的系统化的知识",而且是"构成人格结构的基础"(p.18)。

社会智力包含三种不同的组织化的知识:概念、情节和规则。概念和情节可以归为陈述性知识,可以把它们理解为存储在信息库中的东西。概念是抽象的和分类的,例如"你是谁"和"你一般期望发生什么"这类概念。它属于坎托和基尔斯特伦所说的陈述语义性知识(declarative-semantic knowledge)的层次。情节则是信息库中更加具体和特定的东西,例如你生活中某一个特定的场景记忆。它们组成陈述情节性知识(declara-tive-episodic knowledge)。这两种形式的陈述性知识的区别是认知心理学中的基本区别。很多认知心理学家相信,大脑以不同的方式加工这两种陈述性知识(Klein,Loftus,& Kihlstrom,1996)。

因此,关于你自己的概念,如"一个诚实的人"(陈述语义性)和你生活中诚实表现的某个情节(陈述情节性)的记忆属于不同的知识类型,并且涉及不同的大脑加工过程。与概念和情节不同,规则属于坎托和基尔斯特伦定义的程序性知识(procedural knowl-edge)。概念和情节就像大脑储存库中储存着的东西,而规则是决定怎样使用这些东西的程序或者过程。

在组成陈述语义性知识的概念中,最重要的是关于自己、他人和社会互动的概念,所有在社会经历中累积的这些概念构成了你的生活。每个人都累积了很多关于自己是谁,其他人是什么样的,在社会互动中应该期待什么的概念。关于自我的概念可能是陈述语义性知识中最重要的部分,本章后面的内容会谈到更多与自我概念有关的内容,包括自我图式、自我复杂性、可能自我和自我引导。鲍德温(Baldwin,1992)的关系图式(relational schema)就位于不同的关于他人的概念之中,而这些关于他人的概念存储

318

在陈述语义性知识之中。关系图式是人们经历的重要人际关系的心理表征。鲍德温的观点与第 2 章中亲密关系的"工作模式"这一概念非常相似。在社会生活的过程中，我们期待与某个人有某种类型的互动。因此，你与母亲的关系图式（工作模式）可能包括她经常在你不是特别认真的时候训斥你，而你与最好朋友互动的关系图式可能涉及很多快乐的时光，以及熬夜到很晚谈论你的问题的时光。关系图式引导和塑造我们在社会关系中的期望和反应，反过来，社会关系也会影响我们的关系图式。作为陈述语义性知识或者一般的社会智力，关系图式如同"航行于社会世界所需的认知地图"（Fehr，Baldwin，Collins，Patterson，& Benditt，1999，p.301）。本章最后还会介绍依恋关系的心理表征。

我们关于自我和他人的陈述语义性知识使得我们对个人属性的期望可能随着时间而改变，例如"聪明"和"诚实"这些属性。雷切尔可能理所当然地认为，这些属性在一定程度上对任何人来说都是固定的。换句话说，雷切尔认为，一个人有多聪明或多诚实是不会或不可能随时间而改变的。一个聪明的人将总是聪明的，而一个不聪明的人也不会随时间的发展变得聪明。相反，凯蒂认为这些属性是随着时间而变化的，人们可以通过经验和训练而变得聪明。她相信，不是很诚实的人可以通过正确的社会经历而变得诚实。显然，雷切尔和凯蒂对个人属性的本质有截然不同的观点。根据德韦克（Dweck，1996；Dweck，Chiu，& Hong，1995）的理论，雷切尔对个人属性持实体观（entity theory），即属性是不随时间而改变的固定实体。相反，凯蒂持增长观（incremental theory），即属性是可塑造的，而且可以随时间逐渐改变。德韦克的研究显示，持实体观的人倾向于用稳定的特质解释自己或他人的行为（"我在测试中失败是因为我愚蠢""他偷面包是因为他不诚实"），持增长观的人则较少关注宽泛的特质，而是关注影响行为的实时的和情境的力量（"我在测试中失败是因为我在学习中用错了方法""他偷面包是因为他走投无路"）。德韦克强调，实体观可能会低估一个人的努力，尤其是当这个人面对失败的时候。持实体观的人面对失败时会感到非常无助，因为他们相信自己无法改变导致自己失败的稳定的特质。相反，像凯蒂这样持增长观的人会以一种更加积极的方式面对挫折，而且会更加努力地应对他们面对的挑战。这样做的动力就是他们内在的信念，即人们（包括他们自己）是可以改变、发展和成长的。

关于自己和他人的智力，人们脑中的增长观和实体观是一类更宽泛的朴素理论（lay theories），人们依靠这些理论理解自己、他人和社会（Molden & Dweck，2006）。朴素理论是我们关于人类的各种属性在何种程度上是稳定的（基于实体）或可变的（基于增量）的内隐假设。换句话说，实体观和增长观的基本区别不限于智力范畴，而是延伸到人们怎样思考自我和社会的本质的问题。一个人可以认为自己的人格趋向是稳定的实体或可塑的特征。以害羞为例，马克和勒妮可能都认为自己是特别害羞的人。他们都知道在面对别人时自己经常感到不舒服，尤其当那些人都是陌生人时，同时他们都不情愿去寻求社会交往。但是，马克在头脑中对害羞持内隐的实体观，勒妮对害羞则持内隐的增长观。因此，马克相信自己过去和将来一直都是害羞的，并且他对此无能为力。相反，勒妮觉得要努力克服自己的羞涩，并且她相信通过努力，她人格中这个特定的方面在某种特定条件下能够以某种方式而改变。在一系列实验中，比尔（Beer，2002）指出，像勒妮这样对害羞持增长观的人喜欢投入一些相对有挑战性的社交活动，他们相信这些活动可能会帮助自己发展一些新的社交技能，尽管这些社会互动可能会比较困难。相反，像马克这样持实体观的人一般会选择在安逸的而不是挑战他们社交技能的情境中与他人互动。

朴素理论也会影响人们对他人的知觉。以刻板印象为例，持实体观的人在考虑某些种族的、部落的以及性别方面的刻板印象时，倾向于知觉和注意环境中强化刻板印象的信息，持增长观的人则倾向于知觉和注意可能推翻原始印象的信息（Molden & Dweck，2006）。例如，如果达里尔相信女性天生就比男性更脆弱、依赖性更强（而且女性这种固有的趋势像一个稳定的实体），那么他可能会知觉和注意生活中女性以一种软弱的和依赖的方式做事的例子，而忽略女性以一种强势的和独立的方式做事的例子。相反，迈克尔可能对女性有同样的刻板印象，但是一旦他的观点被增长观而非实体观引导时，他可能会比达里尔更加注意与他原始假设相反的信息。反刻板印象的信息可能对迈克尔更有效。此外，迈克尔更可能在面对挑战刻板印象的信息时改变自己的刻板印象。对于达里尔，实体观将使他永远看不见挑战他的刻板印象的信息，因为达里尔相信他的刻板印象是一个实体。

根据莫尔登和德韦克（Molden & Dweck，2006）的观点，同一个人对生活的不同领域可能持有不同的朴素理论。例如，当考虑到我的智力和动手操作能力时我可能持实体观（我不能修理任何东西；过去不能，将来也不能），但是考虑到我对社交技能的理解和我的宗教信仰时我又持增长观。有研究者发现，人们看待情绪也有朴素理论，而且不管一个人对情绪持实体观还是增长观，他的观点都对怎样控制自己的情绪和处理情绪变化有很大影响（Tamir，John，Srivastava，& Gross，2007）。人们对自己与他人的关系也有朴素理论（Finkel，Burnette，& Scissors，2007；Knee，Patrick，& Lonsbary，2003）。持实体观的人认为关系要么是命中注定的，要么不是；面对爱情关系时倾向于认为他们面对的任何问题都是内部冲突的迹象，于是他们努力避免关系中的冲突。相反，对爱情关系持增长观的人认为关系都是通过建立形成的，可以随着时间而改变，他们倾向于认为关系中的问题是成长的机会，而且在处理关系中的冲突时倾向于采用积极的、提升的策略。

朴素理论是坎托和基尔斯特伦（Cantor & Kihlstrom，1985）所说的陈述语义性知识很好的例子，是我们认为人是什么样的和社会是怎样运行的内隐概念。从广义上看，作为人格的社会认知方面，朴素理论对人怎样为每天的生活赋予意义和怎样为了未来

320

而计划现在的生活有强烈的影响。根据莫尔登和德韦克(Molden & Dweck，2006)的观点，朴素理论与未来的联系一般通过目标来实现。当人们对生活的某个领域持增长观时，他们倾向于为自己设定目标，旨在改变或发展与这一观念相关的特定领域。相反，当人们持实体观时，他们会去避免那些挑战自己固有观念的情境和信息。对一个持实体观的人来说，我就是我(你就是你)。对一个持增长观的人来说，我总是(你也是)会有变化。

　　如果像朴素理论所描述的那样，陈述语义性知识说的是人们持有的关于自己和社会生活的引导性概念，那么程序性知识涉及理解自我和社会认知的特定过程。程序性知识包括各种"使我们形成对他人的印象，作出归因、编码和修正社会记忆，以及预测社会行为"的能力、策略和规则(Cantor & Kihlstrom，1985，p.20)。当参与社会智力行为时，人们会依据很多规则和策略来行动，很多规则都是人们没有意识到的。其中，特别有趣的是因果归因(causal attributions)——人们怎样看待事件的原因。韦纳(Weiner，1979，1990)提出了一个广为人知的理解因果关系的理论，并将这一理论用于对失败和成功的解释。解释一个人在特定任务中为什么会成功或失败时，我们经常运用四个基本归因维度中的一个或多个维度：能力、努力、任务难度和运气。例如，为什么玛丽亚在美国文学期终考试中得了一个很低的分数。她的考试失败可以依据能力来解释：玛丽亚很不擅长写作。或者可以依据努力程度来解释：玛丽亚没有在考试上花很多时间，她不够努力。能力和努力都是内部归因。这意味着玛丽亚失败的原因在于玛丽亚的内部：她较差的能力或较少的努力。相反，我们可以依据任务难度来解释玛丽亚的失败：试卷太难或者太模糊；可能教授对大家的期待太高或者没有给学生足够的时间完成试卷。或者我们可能说玛丽亚只是运气不太好：在玛丽亚考试的这一周，她的男朋友与她分手了，或者她妈妈打电话告诉她没有足够的钱支付下一学期的学费。由于她的坏运气，玛丽亚分心了并且没有像她平时那样完成考试。任务难度和运气都是外部归因，它们来源于外部环境而不是玛丽亚自身。这四种原因也可以依据稳定性这个维度来分类。能力和任务难度是稳定的因素，努力和运气是不稳定的因素。玛丽亚的运气下次可能会改变，或者她下次可能会更加努力。

　　一般来说，在解释生活中的成功时人们倾向于作出内部的和稳定的归因。如果玛丽亚在考试中得到一个"A"，那么她可能归因于自己良好的写作能力。相反，在解释失败时人们倾向于作出不稳定的归因——没有更加努力，或者运气不好。失败后，不稳定的归因有其益处，因为不稳定意味着将来事情可能会有所改变。因此，用不稳定的原因如努力和运气解释失败有助于保护一个人的自尊。下次事情就会变得更好，我还是挺好的。人们的归因模式有着显著不同。正如本章最后会提到的，一些实证证据表明，长期抑郁的人对成功和失败的归因方式与常规方式不同，他们倾向于依据不稳定的因素对自己的成功进行归因(例如"我很幸运")，依据内部的和稳定的因素对自己的失败进行归因（例如"我失败了是因为我很蠢"）。

自我图式

　　图式（schema）是人格社会认知取向中的一个核心概念。任何一个抽象的知识结构都可以被看作图式。菲斯克和泰勒（Fiske & Taylor，1984）写道，图式是"代表一个人对特定的概念或概念领域一般知识的认知结构"（p.13）。理解图式的方式有很多。可以把它视为我们知觉、组织或者理解信息的"过滤器"或者"模型"，类似于凯利的"个人建构"这个概念。奈塞尔（Neisser，1976）写道，图式就像电脑编程语言中的"格式"，它允许程序有效地处理某类信息而忽视其他信息。一个人的图式超越信息是因为：(a)当信息过多时人们可以有效地简化信息；(b)当信息丢失时人们会填补信息。

　　每个人都利用大量图式以理解世界。人格的社会认知取向认为，人类的适应是通过社会信息的图式化过程完成的。另外，图式也适用于自我。个体形成有关自我的观点，这是一个或一系列自我图式（self-schema），它们组织和加工与自我有关的信息并引导行为。自我图式和其他所有图式一样，简化接收到的信息，填补信息丢失的空白。例如，如果一个年轻男性自我图式中很重要的一部分是他对女性来说很有吸引力这个观点，那么他有可能在社会环境中选择性接收强化这一观点的信息，而且忽略或者不去加工与这一观点无关的信息。看到教室里坐在他旁边的女性脸上困惑的表情，他可能会假设：她正在想他，而且想知道他是否会约她出去。自我图式也与其他图式有所不同。它一般：(a)比其他图式更大、更复杂；(b)各个部分之间的关系和连接网络更加多样；(c)在日常信息加工中更活跃；(d)与情绪联系紧密（Markus & Sentis，1982）。一个人的自我图式包含大量复杂的情绪信息，对我们每个人来说，它可能是你最熟悉的和最常用到的图式。

　　自我图式并不包含一个人的所有信息，而是强调关于自我的最重要的信息。我们倾向于将能定义自我的东西放在自我图式的中心位置，例如我们的名字、外貌中有代表性的方面、重要的人际关系，以及知觉到的特质、动机、价值观和目标，它们最能够代表我们。图 8.3 呈现了一个假设的自我图式的一部分。很多概念可能与自我图式相关联，因为我们经历的绝大多数事情都是以自我为参照的。在图 8.3 中，自我与食物和母校相关联。其他概念与自我无关，例如梯子和大猩猩，它们并没有与自我概念相关联。自我与其他概念和结构反复接触，可能会使自我与它们之间的联结更强、更明确。自我与其他概念之间可能存在一些重合的地方，例如当一个人慢跑时，他会认为自己拥有许多与其他慢跑者相同的特征。

　　关于自我图式的一个主要发现就是，人们在加工与自我图式相关的信息时特别有效率（Lewicki，1984；Markus，1977，1983；Markus & Smith，1981）。在一个经典的实验中，马库斯（Markus，1977）考察了自我图式中独立—依赖这个维度。根据研究

322

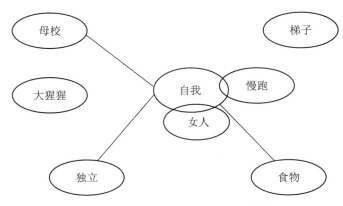

图 8.3　一个假设的自我图式的一部分

来源:"The Influence of Self-Schema on the Perception of Others," by H. Markus & J. Smith, in N. Cantor and J. F. Kihlstrom (Eds.), *Personality*, *Cognition*, *and Social Interaction* (p.244), 1981, Hillsdale, NJ: Lawrence Erlbaum.

第一阶段大学生的自我介绍,马库斯把他们分成高独立图式的、高依赖图式的、无图式的。3~4 周后,学生参加了一个实验,在实验中显示屏上会依次呈现形容词。这些形容词要么与自我图式相关(与独立或依赖相关),要么与自我图式无关(与创造性这个维度相关)。学生的任务是根据形容词的描述是否符合自己,在标有"我"与"非我"的两个键中按键选择。

对于持有依赖自我图式的学生,相比于与自我图式不一致的词(独立含义的形容词)以及与自我图式无关的词,他们对依赖含义形容词的反应时更短。马库斯总结,依赖的自我图式习惯于认为自己是遵守规则的、有责任感的,因此能更快作出这样的判断。独立的自我图式表现出相似的结果,对独立含义的形容词反应时更短。对不属于以上两种图式的人来说,他们对独立或依赖含义形容词的反应时没有差别。他们没有在独立或依赖方面定义自己,或者他们的行为在这两方面的表现是相等的。他们显然没有用独立—依赖这一维度指导加工关于自我的信息。

其他相似的研究表明,重视某个领域自我图式的人能够容易地:(a)衡量新信息与这个特定领域的相关之处;(b)相对轻松和肯定地作出这个领域的判断和决策;(c)依据过去提取的信息和其他的行为证据解释这一特定领域;(d)预测这个领域将来的趋势;(e)抵制与这个图式相矛盾的信息(Markus & Smith, 1981)。

马库斯(Markus, 1983)假设,当个体开始在某一特定行为领域体验到个人责任时,自我图式就会出现。马库斯写道,"自我图式意味着在一个特定的行为领域提出个人声明""就像一个人说'我能控制我在这一领域的行为'(或者'我想控制我在这一领域的行为')'在这一领域,我既是行为的原因,也是行为的结果')"。随着自我图式的发展,个体会越来越关心他在这一特定领域的行为,而且会努力控制行为的原因和结果。

323

　　不同个体发展出的自我图式是不同的。自我图式内容上的差异（自我图式中包含的与自我相关的内容）几乎是无限的，没有以完全相同的方式看待自己的两个人。自我图式结构上的差异也可以被观察到。例如，一些人表现出高度清晰而复杂的自我图式，而另一些人以简单的方式看待自己（Linville，1987），这种人格差异叫作自我复杂性（self-complexity）。有些人的自我有很多不同的方面。自我图式的每一方面可能都与一个人在生活中扮演的角色有关，但是不同的角色之间可能没有联系。因此，可能他们在自我图式的某个领域经历了失败和麻烦，而在其他领域仍然未受伤害。在这种情况下，自我复杂性高的人能成功区分自我图式的很多不同方面，这样某一方面对其他方面影响很小。相反，自我复杂性低的人自我图式的分化也较低。对自我复杂性低的人来说，生活中某一方面的不良感受将会蔓延到生活的其他方面，一个领域的失败带来的痛苦可能很快蔓延到整个自我图式中（Dixon & Baumeister，1991；Linville，1987；Rafaeli-Mor & Steinberg，2002）。

可能自我：我可能是什么样的，我本来可以是什么样的

　　正如被"我们是谁"的观念引导，我们很大一部分行为可能由对"我们可能是谁"的思考引导。一个年轻人为了成为奥运游泳冠军训练多年。一个作家努力创作一部作品，希望它成为"伟大的美国小说"。一对夫妇为了不陷入贫困省吃俭用。在每个例子中，人们努力变成某种人，或避免变成某种人。在数不清的例子中，人们依据马库斯等人（Markus & Nurius，1986）所说的可能自我（possible selves）来行动。可能自我"代表着人们关于他们可能变成什么样，他们希望变成什么样，和他们害怕变成什么样的观念"。它是"希望、恐惧、目标和威胁的认知部分，而且提供了与自我相关的具体形式、意义、组织和动力的方向"（Markus & Nurius，1986，p.954）。

　　马库斯等人（Markus & Nurius，1986）认为，自我图式是现在自我、过去自我，以及与将来自我相联系的可能自我的大量集合。在将来，我们希望成为的可能自我是"成功的自我、有创造性的自我、丰富的自我、苗条的自我或被爱慕的自我"；此外，令人惧怕的可能自我是"孤独的自我、压抑的自我、没有能力的自我、酗酒的自我、没有工作的自我或流浪的自我"（Markus & Nurius，1986，p.954）。

　　每一个可能自我都是一个包含丰富细节的个人建构。因此，如果可怕的可能自我之中有一个是"没有工作的自我"，那么我很可能会清晰地、痛苦地描绘出我失业后的样子。我可能会想象我失去了供养家庭的能力，不得不卖掉房子，靠食品救济券勉强维持生存，居住在城市最差街区中的一栋要价高却面积小的公寓里，很长时间没有事情做，去申请觉得屈才的工作，在父母面前感到羞愧，讨厌有好工作的同伴，逐渐陷入绝望和无助之中。尽管很多人害怕失业，但这个失业自我是人格的一部分。如果这是我的整个自我概念中一个重要的可能自我，那么我可能做很多事来避免它成为现实。

马库斯等人(Markus & Nurius,1986)把可能自我视为自我理解中动机与认知的重要联结。他们认为,人们被强烈的内在需要、渴望和意向驱动。但是,这些驱动力只有转化为与自我相关的形式才会在人格功能中发挥作用。因此,我对失业的害怕可能会转化为一种强大的动机力量(本书第7章)并与我过去的某种恐惧相结合。在这种意义上,可能自我首先是作为未来行为的诱因而运作的,它是要成为的或者要避免的自我。

可能自我还具有自我评估的功能。可能自我为一个人评估自己的生活过得是好还是坏提供了一个参考框架。因此,可能自我是决定个人事件意义的强有力的结构。例如,一个想成为医生的大三学生,如果她的平均成绩很低,那么她会依据可能自我对自己的现状作出很差的评价。她的男朋友最珍视的可能自我是成为一个专业运动员,那么当他被招募进入一个专业团队时,他会对自己未来的前程感到很满意。即便是很低的学业平均成绩也对他的自我评价没有影响,因为那与他主要的可能自我没有联系。

可能自我不仅包括一个人认为他将来会成为什么样的人,而且包括他认为他本来可以成为什么样的人。一个人本来可以成为什么样的人代表着金及其同事所说的失去的可能自我(King & Hicks,2006,2007)。在一系列复杂的研究中,金让一些在生活中经历过重大改变的人想象,如果改变没有发生,生活将会是怎样的。在一项研究中,针对患有唐氏综合征的婴儿,让他们的母亲谈一谈她们现在对孩子的期望,以及如果孩子没有患这种认知障碍,她们的期望又是怎样的(King,Scollon,Ramsey,& Williams,2000)。在另一项研究中,金及其同事让那些经历过很长时间婚姻生活而后又离婚的女性谈一谈她们现在的计划和对未来的期望,以及如果她们的婚姻还在继续她们的计划和期望又是什么(King & Raspin,2004)。金和史密斯(King & Smith,2004)以相似的研究方式让同性恋的学生谈论如果他们的性取向是传统的异性恋,那么他们对未来的计划是什么。在这三项研究中,被试都被要求回答如果事情不是现在这样子,那么他们如今的生活本应该是怎样的。

在金关于失去的可能自我的研究中,一个最主要的发现是,现在的幸福取决于人们多大程度上能抛开他们失去的可能自我,为了未来而将精力投入当下的目标(King & Hicks,2006,2007)。沉浸在幻想中("如果婚姻仍然存在,事情会怎么样")的离异女性,与已放下幻想,认清自己已离婚而关注未来生活的女性相比,会表现出更低水平的幸福感。同样,在自己的孩子患有唐氏综合征的母亲中,与即使孩子身患此种障碍但仍然对孩子的未来抱有乐观憧憬的母亲相比,不能为自己的孩子描绘出一个清晰而积极的未来的母亲,以及坚持幻想自己的孩子将会变得正常的母亲,都报告了较低水平的幸福感和生活满意度。

此外,上述研究还发现,当人们不考虑失去的可能自我,而是关注现在的可能自我时会更加幸福,但是这一趋势与心理成熟度无关。与此相反,金发现表现出高心理成熟度的女性(通过一个自我发展概念的测验测得,本书第 9 章将有介绍)能够特别清晰和细节化地描绘她们失去的可能自我。在离婚这项研究中,特别成熟的女性能够就"如果没有离婚,自己的生活会是怎样的"这个话题作出特别丰富和细致的陈述。她们失去的可能自我包含丰富的关于她们本应该有的希望和梦想的细节,她们了解因曾经失去对幸福时光的憧憬而带来的巨大痛苦。请看以下三篇由心理成熟度高的女性写的关于失去的可能自我的记录:第一篇是离婚不久的女性所写,第二篇是孩子患有唐氏综合征的母亲所写,第三篇是想象如果自己是异性恋者事情将会怎样的女同性恋者所写。

> 我想我得了一个近乎荒诞的快乐"空巢"综合征。我们(前夫和我)都不喜欢旅游但都喜欢运动。我觉得我们都会去锻炼,一起去看很多节目,等等。我想象着我们的婚纱照将被更多家庭生活照取代,我们将会一起照看孙子。生活将会是平静的、轻松的和甜蜜的。(King & Raspin,2004,p.616)

> 在我有儿子之前,我们都考虑在加州找份工作。我希望金发的儿子在沙滩上玩,做一个电影明星或模特。我想我的儿子会和他的朋友在附近骑自行车、踢足球、打棒球,轻松地和邻居的孩子一起玩所有男孩子的运动游戏。我想所有的成长阶段都会是轻松的。(King & Hicks,2006,p.130)

> 我是一个快乐直爽的女人:我在大学毕业之后的 5 年里独立地生活着,游览了祖国和欧洲的大部分地方。这些年里,我曾经挣扎过但日子还好。我感觉自己完全是个坚强的、独立的女人,事情都进展得很好,直到我遇见他。他世故、强壮、聪明,而且是我见过的最有幽默感的人。当然,他也很帅,有钱但不炫耀。我们很快相爱了,而且过着如同富有的吉卜赛人一般的生活,环游世界直到找到一个完美的地方定居并建立我们的家庭,等等。我们的孩子成长在一个没有闲言碎语的环境中。(King & Hicks,2006,p.130)

这样的记录表明了对于可能情况的强烈感受。心理成熟度高的个体能够虚构出高度细节化的关于失去的可能自我的描述。另外,金及其同事发现,这样做的趋势(描绘出一个关于事情本来应该如何的详尽的、连贯的故事)往往会促进一段时间之后心理成熟度的升高。追踪研究发现,对失去的可能自我进行细节化描述的个体,在两年后表现出自我的显著发展。他们不仅在刚开始很成熟,而且随着时间发展变得愈发成熟。

326

金对可能自我的研究得出的核心观点是,好的生活包含幸福感和心理成熟度。在研究中,最幸福和最成熟的人能够将自己的精力投入现在的可能自我之中,同时能够描绘出关于失去的可能自我的细节化的、丰富的画面。他们不允许自己停滞在过去。他们对生活丰富的理解并不会阻止他们对未来进行深入考虑和大量投入。失去的自我已经失去,我们必须放手,但是我们不应该完全遗忘。最幸福和最成熟的人对失去的可能自我有着清晰的和细致入微的感觉,在生活中他们也会朝着新的可能自我继续前行。

自我的差异性

希金斯(Higgins，1987)认为，自我认知包括三个主要领域：现实自我(actual self)、理想自我(ideal self)和应该自我(ought self)。现实自我包括人们(你自己和其他人)认为你实际拥有的属性的表征。理想自我包括人们(你自己和其他人)希望你拥有的属性的表征，即希望、愿望的表征。应该自我包括人们(你自己和其他人)认为你应该拥有的属性的表征，即职责、义务和责任的表征。另外，三个领域中的任何一个既可以基于自己的立场出发，也可以基于重要他人的立场出发，例如父母、配偶和朋友。因此，现实的/自己的自我包括人们相信自己真正拥有的个性特点。现实的/他人的自我包括人们认为重要他人相信自己真正拥有的特点。与此类似，希金斯区分了理想的/自己的自我和理想的/他人的自我，以及应该的/自己的自我和应该的/他人的自我。

根据希金斯(Higgins，1987)的自我差异理论(self-discrepancy theory)，当各种不同领域或不同立场的自我不一致时，问题就出现了。其中，有两种差异尤其突出，而且每一种都会引发相应的情绪反应。现实的/自己的自我与理想(不论是自己的还是他人的)自我之间的差异会引发与沮丧相关的情绪，例如伤心、失望和羞耻。在这种情况下，人们相信他们没有办法实现自己或者重要他人设定的希望或梦想。当我在棒球方面的表现没有达到父亲(或自己)的期望时，我感到沮丧和气馁。现实和理想之间出现了巨大的差异。现实的/自己的自我与应该(不论是自己的还是他人的)自我之间的差异会引发与焦躁相关的情绪，例如愤怒、焦虑、内疚。在这种情况下，人们相信自己没有达到(自己或他人设定的)好的、有责任心的或负责任的行为标准。焦躁情绪源于自己应该做却没做从而被(自己或他人)惩罚的经历。

大量研究支持了希金斯关于自我差异与负性情绪体验之间存在联系的观点(Higgins，1987)。在大多数研究中，学生列举了大量特质和属性，用以描述希金斯定义的各种自我概念。研究者对不同自我领域中的特质进行了匹配与不匹配的编码。例如，一个人可能把现实的/自己的自我描述为进取的、诚实的、严肃的、友好的和急脾气的，
327
而把应该的/自己的自我描述为诚实的、友好的、易相处的、宽容的和助人的。在这个例子中，我们可以确定两个很明确的匹配(两列属性中都包含诚实的和友好的)以及一个很明确的不匹配(急脾气的和易相处的似乎有差异)。不匹配的个数越多，相应的负性情绪反应就越大。希金斯强调，差异和负性情绪之间的关联在自我领域中最强，因为人们一般觉得这个领域与生活最相关。

在一项研究中，希金斯测量了大学生的自我描述，一个月后又测量了抑郁(与沮丧相关的情绪)和焦虑(与焦躁相关的情绪)，研究结果见图8.4。正如研究者所预测的，现实自我与应该自我的差异预测了焦虑(而不是抑郁)，现实自我与理想自我的差异预测了抑郁(而不是焦虑)。感觉没有达到理想自我的学生报告了高水平的悲伤和沮丧，感觉没有达到应该自我的学生报告了高水平的害怕和焦虑。

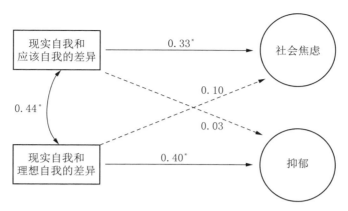

图 8.4　自我指导与负性情绪

现实自我和应该自我的差异与焦虑相关，现实自我和理想自我的差异与抑郁相关。
注：箭头上的数字代表相关系数，数值越大代表相关程度越高。
* $p < 0.01$.

　　理想自我和应该自我可以称为自我指导（self-guides），因为它们为人们提供了可供追求的、与当下生活状况进行对比的标准和目标。希金斯（Higgins，1997）认为，这两种自我指导代表社会行为的两种不同的动机定向。促进定向（promotion focus）与强烈的理想自我指导、对积极结果的感知、社会行为的趋近策略有关；预防定向（prevention focus）则与强烈的应该自我指导、对消极结果的感知、社会行为的回避策略有关。希金斯的促进定向与预防定向的区别使我们想起人格特质中行为趋向系统与行为抑制系统的区别，与第 5 章描述的动机和学习心理学家研究的趋向目标与回避目标的区别也有异曲同工之妙（例如，Lewin，1935；Maslow，1954；Miller & Dollard，1941）。

　　奥格尔维（Ogilvie，1987）的研究检验了自我概念的各种差异。希金斯关注现实自我与其他积极自我（理想自我和应该自我）差异的程度，而奥格尔维关注现实自我与人们不喜欢的自我相似的程度。不喜欢的自我包括人们害怕的、厌恶的、讨厌的、希望避免的属性。奥格尔维表示，我们与不喜欢的自我的联系可能比与理想自我和应该自我的联系更加紧密。不喜欢的自我很可能根植于我们曾感觉到羞辱、绝望、害怕、愤怒的经验。理想自我和应该自我则更加虚幻，它们是我们为之努力却并未实现的抽象事物。

　　奥格尔维（Ogilvie，1987）获得学生现实自我、理想自我和不喜欢的自我的特点，通过复杂的统计程序将这三种自我置于一个假设的空间，并测量它们的差异以及学生的生活满意度。结果表明，理想自我和现实自我的差异与生活满意度呈负相关。换句话说，理想自我与现实自我的差异越大，生活满意度就越低。人们不喜欢的自我和现实自我的差异与生活满意度呈正相关。换句话说，不喜欢的自我与现实自我差异越大，生活满意度就越高。更重要的是，第二个结果比第一个结果更加显著，也就是说相比于理想自我与现实自我的差异，不喜欢的自我与现实自我的差异是生活满意度更有力的预测

328

因素。奥格尔维的发现既直接又有趣：如果我们想得到幸福，那么避免成为我们害怕成为的人比努力成为我们希望成为的人更有效。

对不喜欢的自我的研究使我们思考生活中最害怕和最想避免的东西。奥格尔维的一项研究通过让人们仔细考虑他们不喜欢的自我产生的效果，表明人们是怎样感到不舒服的（Ogilvie，Cohen，& Solomon，2008）。在第一种实验条件下，研究者让学生写一小段文字描述"最糟糕时你是怎样的"；在第二种实验条件下，研究者让学生写一小段文字描述死亡的感觉；在第三种实验条件下，研究者让学生写一小段文字描述最好的可能自我；在第四种实验条件下，研究者让学生描述他们大学考试的经历。最后，四组学生完成一个测量任务，考查学生对死亡的关心程度。正如研究者所预料的，相比于描述最好的可能自我的学生和描述大学考试经历的学生，描述死亡的感觉的学生在随后的研究中表现出对死亡更多的关心。描述不喜欢的自我的学生在随后的研究中同样明显表现出对死亡的关心。简单写下几个关于最坏的可能自我的句子就足够激发对死亡的思考。我们不喜欢的自我在脑海中具有如此负性的心理效价，以至于当我们思考它们时就自然想到死亡。

图式、归因和解释风格：以抑郁为例

人格的社会认知取向的研究能够帮助我们理解抑郁现象。在过去的几十年里，出现了大量对抑郁者日常信息加工方式的科学研究。很多研究者探讨过这个主题，也提出大量理论。尽管这些理论在许多重要方面彼此不同，甚至有科学研究并不支持这些理论，但是有一个普遍的观点贯穿所有有关人类抑郁的认知取向的研究：抑郁者以一种特殊的、功能不良的方式知觉、理解和解释世界和自己。抑郁的认知理论并不否认其他非认知因素可能对抑郁有所影响，特别是使人具有抑郁易感性的生物因素。但是，抑郁的认知理论认为，抑郁体验的核心因素是抑郁性的认知——抑郁的想法、信念、价值、归因和图式。一些理论认为，抑郁性的认知导致悲伤和绝望的情绪反应；另一些理论则认为，抑郁性的认知是抑郁本身的结果。

心理治疗师贝克（Aaron Beck）是首批提出抑郁认知理论的心理学者之一（Beck，1967，1976）。贝克观察到抑郁者总是对自己有一种负性的认识，对未来很悲观，而且倾向于以负性的方式解读正在发生的事情。负性的解读导致悲伤和绝望的感觉。抑郁者沉浸在一种恶性循环之中，负性的思考导致负性的情绪，负性的情绪反过来又会导致负性的思考。因此，抑郁者倾向于通过抑郁的图式（depressive schemas）看待这个世界，而抑郁的图式往往会通过接收负性的信息来扭曲现实。例如，与非抑郁者相比，抑郁者在记忆任务中倾向于回想起更消极的和不愉快的形容词（例如暗淡、忧郁和无助）（Derry & Kuiper，1981；McDowall，1984）。他们很难从故事中回忆起积极的主题（Breslow，Kocis，& Belkin，1981），比起愉快的记忆，抑郁者能够更快速地回忆起不

愉快的记忆（Lloyd & Lishman，1975），他们倾向于记住失败而忘记成功（Johnson，Petzel，Hartney，& Morgan，1983）。在描述自传体记忆时，相比于非抑郁的学生，抑郁的学生倾向于回忆起更多的消极情节、更少的积极情节（McAdams，Lensky，Daple，& Allen，1988）。

受贝克图式理论的启发，大量关于抑郁的认知研究都假设抑郁消极地扭曲了现实。英格拉姆（Ingram，1984）认为，抑郁者即使正在经历生活中的积极事件，也很难唤起积极的自我图式。在一项实验室研究中，抑郁的和非抑郁的大学生在接受大量选择测试之后，得到要么积极（成功条件）要么消极（失败条件）的反馈（这些反馈与真实成绩并无关联，但是学生当时确实以为成绩与测试相关联）（Ingram，Smith，& Brehm，1983）。在呈现每个形容词之后，学生必须根据听到的词汇选择以下四个问题中的一个回答"是"或"否"：

1. 这个形容词是由男性发音的吗？（结构性问题）
2. 这个形容词的韵脚是_____？（音素问题）
3. 这个形容词与哪个词的意义相似？（语义问题）
4. 这个词描述你合适吗？（与自我有关的问题）

根据英格拉姆（Ingram，1984）的研究，这四个不同的问题能唤起不同水平的信息加工。与自我有关的问题能唤起最深层水平的加工，因为它要求个体判断这个形容词与自己人格的匹配度；唤起最浅层水平加工的是结构性问题和音素问题，因为它们仅仅要求个体判断声音。

在听完词汇和回答问题之后，要求每个学生尽可能回忆起所有词汇。研究结果见表 8.6。非抑郁的学生在成功条件下比在失败条件下回忆起更多积极的与自我有关的词汇。抑郁的学生在两种条件下回忆起的积极的与自我有关的词汇没有显著差异。研究者认为，成功作为反馈结果激活了非抑郁学生的积极自我图式，促进了回忆任务，使他们对与自我有关的积极形容词更敏感。因此，他们在成功条件下回忆出大量关于自我的积极形容词。然而，成功作为反馈结果对激活抑郁学生的积极自我图式没有效果，他们在两种条件下回忆出的与自我有关的积极词汇都很少。

表 8.6　回忆与自我相关的词汇的分数

330

	成功	失败
抑郁组	3.04	3.33
非抑郁组	5.13	3.06

来源："Depression and Information Processing：Self-Schemata and the Encoding of Self-Reference Information," by R. E. Ingram, T. W. Smith, & S. S. Brehm, 1983, *Journal of Personality and Social Psychology*, 45, 417.

关于抑郁的一个很有影响力的认知取向是修订的习得性无助理论(reformulated learned-helplessness theory)。在早期的动物实验研究中,研究者(Seligman,1975;Seligman & Maier,1967)发现,实验中的狗在面对一个无法控制的厌恶刺激时(例如随机的电击),最终变得无助,甚至在明显有机会避免电击时也不去做。与此类似,塞利格曼推测,人们对生活中无法控制的负性事件的屈服最终会导致无助并演化为长期抑郁。塞利格曼和艾布拉姆森(Abramson,Seligman, & Teasdale,1978;Abramson et al.,2002;Peterson & Seligman,1984)在对习得性无助的修订中,将无助和抑郁与认知归因或者解释风格(explanatory style)联系起来。他们认为,抑郁的人时常产生无助感,而且倾向于从自身寻找事情的原因。

根据修订的习得性无助理论,抑郁者倾向于以内在的、普遍的和稳定的原因解释生活中的负性事件。例如,他们可能将一场考试中的低分归因于自己的愚蠢——我总是很愚蠢(愚蠢对人来说是内在的因素而不是外在的情境特征),我在很多事情上都很愚蠢(普遍的)和我一直都很愚蠢(稳定的)。此外,抑郁者倾向于以外在的、具体的和不稳定的原因来解释生活中的积极事件。因此,他们会认为自己在考试中获得高分是因为好运气。得高分也许是因为正好碰上了这一知识领域简单的试卷(外在的),并且这种情况将来不太可能发生(不稳定的)。从本质上来说,抑郁者的解释风格通过表明负性事件是由广泛的和不可控的力量造成的以加剧负性事件的严重程度,与此同时,通过表明积极事件是不太可能再次出现的和侥幸的以最大限度地削弱积极事件的重要性。

修订的习得性无助理论在人格心理学和临床心理学中引发了大量思考和研究。大量研究显示,抑郁者倾向于将失败归因于内在的、普遍的和稳定的因素,而且很可能将失败与自己没有价值这一想法联结起来(Abramson et al.,2002;Coyne & Gotlib,1983;Peterson & Seligman,1984;Peterson,Villanova, & Raps,1985;Robins,1988)。然而,一些研究者对归因模式引起或导致抑郁的观点表示怀疑,这些研究者认为,考察这种因果关系应该采用纵向研究,以便能在较长时间内观察认知与抑郁症状之间的关系。科克伦和哈门(Cochran & Hammen,1985)在对大学生和抑郁门诊病人进行2个月的纵向研究后,反对将抑郁性的认知(解释)风格看作抑郁产生的原因。研究者总结其研究结果后得出,"根据因果关系的方向,数据显示是抑郁影响认知风格,而不是认知风格导致抑郁"(Cochran & Hammen,1985,p.1562)。但是,其他一些纵向研究发现,抑郁的认知风格可以预测(先于并导致)抑郁症状随时间的积累而增加,也能预测随后的抑郁发作(Alloy et al.,2000;Haeffel et al.,2003;Hankin,Abramson,Miller, & Haeffel,2004)。

研究者(Hankin,Fraley, & Abela,2005)招募大学生开展了一个为期35天的深入研究,在研究中学生每天要在日记中记录他们的抑郁症状和对日常负性事件的认知解释。在研究之初,学生完成抑郁倾向、解释风格和其他变量的测量。最初的抑郁性解释风格预测了整个阶段高水平的抑郁症状。研究同样发现，学生解释日常负性事件的方式存在中等的、类似于特质的一致性。换句话说，学生倾向于以相似的风格解释每天的事件：一些人总是倾向于将负性事件归因于内在的、稳定的和普遍的原因，另一些人则总是倾向于较少使用抑郁性的解释风格。但是，人们的解释风格也会随时间有所变化。重要的是，解释风格的变化对随后抑郁症状的改变有预测作用。在 35 天的时间里，抑郁性解释风格增加的学生在接下来的日子里会有更多抑郁症状，抑郁性解释风格减少的学生则恰好与之相反。这个研究为修订的习得性无助模型的有效性提供了强有力的证据。研究发现，解释风格本身是相对稳定的，而它短时间内的变化能够预测随后抑郁症状的变化。

一个人独特的解释风格是程序性知识的重要特征，同时构成一个人的社会智力。毫无疑问，解释风格不仅与抑郁现象有关，而且与广泛的行为结果有关。研究者探讨了解释风格在学业成就、工作表现、运动成就、身体健康和长寿方面的重要作用。

塞利格曼和舒尔曼(Seligman & Schulman，1986)对人寿保险的销售人员开展了长达一年的研究。研究之初，测量了这些销售人员的解释风格。相比于积极解释风格的销售人员，一开始就表现出消极解释风格的销售人员这一整年卖出的保险较少。消极解释风格的销售人员更有可能放弃这个工作。研究者(Seligman，Nolen-Hoeksema，Thornton，& Thornton，1990)运用同样的方法研究了大学的游泳队员，发现赛季开始时消极的解释风格能够预测整个赛季较差的游泳表现。

有研究者(Peterson，Seligman，& Vaillant，1988)对哈佛大学 1938 年和 1940 年的毕业生进行了长达 50 年的研究。1946 年，当他们快 30 岁时，99 个参加过第二次世界大战的人回答了一些与他们战争时期艰难经历有关的开放性问题。研究者对这些陈述性记录进行解释风格方面的计分，然后将这些分数与被试接下来阶段性的医疗检查结果作对比，结果表明，解释风格对健康是一个显著的预测变量。相比于表现出消极解释风格的人，在其陈述(接近 30 岁时写下的)中表现出积极解释风格的人在他们 40 岁、50 岁、60 多岁时身体健康水平更高。

专栏 8.B

美德的积极心理学：以感恩为例

对很多学生来说，他们对心理学的兴趣首先源自精神病理学。他们会很诧异人类行为竟可以变得如此异常、失调、荒诞。治疗师、心理咨询师和很多研究者对此表现出同样的好奇心。心理学研究者花费了很多资源和精力试图理解人类的精神病理学，本章所说的抑郁的社会认知取向就是一个典型的例子。然而，一些心理学家认为，心理学对人类行为和经历中有问题的一面可能关注过多，心理学家应该多关注人类行为中积极的一面。在花费 30 年时间研究抑郁后，塞利格曼(Martin

Seligman)决定考察抑郁的另一面——人类生活中的积极心理学(positive psychology)。20世纪90年代后期,塞利格曼在美国参与发起了积极心理学运动(Seligman & Csikszentmihalyi,2000;Snyder & Lopez,2002)。这个运动旨在利用科学的方法去理解行为和经验中美好、优秀、善良和美德的一面,并采用多种方式将其展示出来。

对今天的心理健康专业而言,美国精神医学学会的《精神障碍诊断与统计手册》(*Diagnostic and Statistical Manual of Mental Disorders*,DSM)对300多种精神障碍提供了详细的分类系统。简单来说,DSM列出今天心理疾病所有可能的表现方式。这样的分类系统是否也适用于人类行为好的一面呢?彼得森和塞利格曼(Peterson & Seligman,2004)将积极心理学中很多不同的主题整理到一起,编制成一本《性格优势与美德》(*Character strengths and virtues*)手册,作为DSM的一个积极方面的对应。在搜集历史资料和进行科学研究之后,彼得森和塞利格曼列举了人类生活中的24种性格优势和美德,并将其分为六大类:(1)智慧和知识;(2)勇气;(3)人性;(4)公正;(5)节制;(6)超越。就像DSM,这样的分类似乎也是一个"大杂烩",它包含的某些心理个性可以直接对应"大五"人格特质,例如开放(开放性或者O维度;本书第5章)、坚持(尽责性或者C维度的一个方面)和热心(随和性或者A维度的一个方面)。其他一些例子则类似于人格心理学家或本书所说的个性化适应。例如,谦虚、公正、感激和宽恕等美德是具体的和高度情境化的心理个性,与广泛的人格特质有所不同。动机、目标(本书第7章)和个人建构、图式、可能自我(本章),以及人们在谦虚、公正、感激和宽恕上表现出的个体差异,都存在于具体的时间、位置和社会角色中。

埃蒙斯(Robert Emmons)和麦卡洛(Michael McCullough)把研究的关注点放在感恩这一品质上(Emmons & McCullough,2004;McCullough,Emmons,& Tsang,2002)。埃蒙斯和麦卡洛设计了一个自陈式量表测量感恩的个体差异,结果发现感恩的人觉得生活中有许多需要感恩的事。他们感恩愉快的事,感恩友谊和那些使他们得到幸福和满足的机会。他们将生活中收获的美好东西视为礼物,而不是他们取得的成就或应该获得的奖励。研究显示,一直表现出感恩的人比较少感恩的人更加快乐。在美国样本中感恩与宗教信仰和灵性(spirituality)呈正相关,与对物质财富的重视程度呈负相关。

感恩的人更有可能帮助别人并参与亲社会行为。在一系列实验中,相比于其他实验条件下的被试,处于诱发感恩实验条件下的被试更有可能对处于困境中的陌生人提供帮助,甚至当帮助行为特别困难时也是如此(Bartlett & DeSteno,2006)。这样的实验表明,感恩是一种高度易变和偶然的心理体验。一些人在个性上可能比其他人更容易感恩，但是某一特定的情境也可能会诱发所有人的感恩，或者压制人们的感恩倾向。人们可以学会感恩，例如人们教孩子说"请"和"谢谢"，牧师、神父和教士在他们的仪式中有感恩的祈祷，而且经常鼓励信徒对生活采取更加感恩的态度。世界上主要的宗教都把感恩定义为人类的一个核心美德，怎样去感恩，感恩谁，感恩什么——这些是《圣经》中很多伟大故事的永恒主题（McAdams & Bauer，2004）。就像《创世记》中记载的，世界上的第一例谋杀直接源于感恩中存在的问题。亚当和夏娃的两个孩子选择了不同的方式表达他们对上帝的感恩，亚伯（Abel）将头生的羊当作给上帝的献祭，而该隐（Cain）拿土地里的出产作为供物。上帝不喜欢该隐的供物，该隐由此产生忌妒，杀死了他的亲兄弟亚伯。

在现代生活中，感恩是积极的社会交往所需的基本美德。麦卡洛等人（McCullough & Tsang，2004，p.123）把感恩描述为"美德之父"。他们认为，感恩是表达其他美德的基础，例如宽恕、利他、谦虚、友好、感激和敬畏。另外，他们认为感恩是道德情感的一部分。它可以作为道德的"晴雨表"，提供对某个情境的道德重要性的解读，同时标志着个体对受惠于他人的道德行为的感知。感恩使人以一种感激的和亲社会的方式对他人作出回应，同时也作为一种奖励，继续鼓励社会中的道德行为。甚至可能是进化使人们在某种社会情境下心怀感恩，而这一结果最终使个人（和群体）的利益得到维护。

感恩和人类其他一系列复杂的适应性一起构成人们彼此之间愉快和互惠的交换行为。然而，毫无疑问由于遗传和环境的差异，人们感恩倾向的程度不同，同样的唤起感恩的场景对人们所起的作用也不一样。积极心理学运动促使很多研究者探索人们在感恩和人类其他积极属性方面的差异。在科学和日常生活中，深入了解一个人意味着既要了解他的缺点也要洞悉他过人的力量、能力和美德。

一项纵向研究表明，解释风格能预测人的寿命。有研究者（Peterson，Seligman，Yurko，Martin，& Friedman，1998）对被试1936年和1940年在推孟智力天才纵向研究中填写的开放性问卷进行解释风格的编码（见本书第5章），这个开放性问卷要求被试写下他们在生活中经历的失望、失败和糟糕的人际关系，并且描述他们最严重的个人缺点。解释风格的普遍性方面——将负性事件归因于普遍的原因，预测了1991年的死亡率。换句话说，相比于使用积极解释风格的人，在成年早期就以普遍性的观点解释负性事件的个体更可能死得早。解释风格尤其能预测男性过早的死亡，对事故性和暴力性的死亡也有很好的预测力。研究者认为，将负性事件归因于普遍性的原因是某种形式的认知灾难化。普遍性的解释包含对负性事件灾难化的倾向，人们会推测负性事件将会在各种情境中出现,而且倾向于将小小的不幸夸大为潜在的灾难。这种解释风格是危险的且会一直持续下去,因为它会导致较差的问题解决、社交疏远,以及危险的决策。如果你认为每一件坏事都会演化成潜在的灾难,那么你将会把这个世界看作令人害怕的不可信的地方,一个无序的和不理性的地方,因为你所有的努力都可能在某个时刻被强大的和不可控制的力量一扫而空。如果你认为灾难不可避免地会发生,那么你甚至可能会采用"谁在乎"或"有什么稀奇的"这样的态度对待生命("我做什么根本不重要")。

对他人的心理表征:成人期的依恋

人格中的社会认知适应包含广泛的认知分类,以及帮助我们理解个人经验并引导我们行为的其他心理表征。个人建构、可能自我、个性化的归因风格等都是我们理解自己和世界的解释模板。在这些最重要的社会认知结构中,有一种是个人对亲密关系的心理表征。回溯至弗洛伊德,很多心理学家和非专业人员认为,婴儿与看顾者之间最早的爱的联结——我们在第2章通过依恋关系探讨过(Bowlby,1969)——为后来整个生命历程中的爱和亲密人际关系提供了内在模式(Mikulincer & Shaver,2007)。人格中最有影响力的社会认知适应也许就是一个人拥有的、存在于人们早期经历中的、关于爱的感觉以及爱意味着什么的心理表征。

依恋理论(Bowlby,1969;Mikulincer & Shaver,2007)描述了两个人的一种情感关系,在这种关系中一个人为另一个人提供支持、保护和安全。这种依恋最明显的例子就是,成熟的看顾者与相对没有防御能力的婴儿之间的爱。但是,这种依恋的动力也可能在其他很多关系中显现出来(Ainsworth,1989;Bowlby,1980)。心理学家将依恋理论发展到成年期。这个主题的研究一般有两种途径:第一种途径,研究者研究成人的依恋历史和故事,然后将其与成人的行为(特别是抚养模式)联系起来(Main,1991)。第二种途径,研究者设计问卷来测量依恋风格的个体差异,然后检验依恋风格是怎样在恋爱关系和其他重要领域中起作用的(Hazan & Shaver,1987)。

梅因(Mary Main)及其同事(George,Kaplan,& Main,1985;Main,1991;Main,Kaplan,& Cassidy,1985)开发了成人依恋访谈(Adult Attachment Interview,AAI),在访谈中被试根据自己在孩童时期对父母和其他看顾者的依恋回答一些开放性问题(也见 Roisman,Fraley,& Belsky,2007;Roisman et al.,2007)。每个人选择五个最符合孩童时期与父母依恋关系的形容词,然后描述孩童时期的一个特殊场景以阐述每个形容词。接下来,被试要描述孩童时期什么样的事情会让自己感到烦恼,与父母中哪一个关系更亲密,孩童时期是否曾感到被拒绝,父母为什么会有那样的行为方式,与父母的关系怎样随着时间而变化,以及早期经历可能怎样影响现在的生活。基于这一访谈,可以把成人划分为四种依恋类型:安全/自主型依恋(secure/autonomous attachments)、忽视型依恋(dismissing attachments)、沉浸于过去的关系中的沉浸型依恋(preoccupied by past attachments)，以及没有解决好过去创伤性事件的未解决型依恋(unresolved attachments)。研究表明，在孩童时期属于安全/自主型依恋的母亲倾向于培养出安全型依恋的孩子(B 型儿童)，忽视型的父母倾向于培养出回避型的孩子(A 型儿童)，沉浸型的父母倾向于培养出拒绝型的孩子(C 型儿童)，孩童时期经历过创伤性事件例如虐待的未解决型依恋的母亲倾向于培养出混乱型的孩子(D 型儿童)。在一项纵向研究中，研究者测量了怀孕妇女的成人依恋类型，然后当她们的孩子1 岁时对孩子实施陌生情境的实验观察(本书第 2 章)(Fonagy，Steele，& Steele，1991)。与梅因的研究结果相似，怀孕妇女的成人依恋类型与她们孩子 1 岁时的依恋类型一致(见表 8.7)。

表 8.7　成人依恋访谈与婴儿依恋类型的关系

成人依恋访谈	婴儿依恋类型
安全/自主	安全(B 型婴儿)
忽视	回避(A 型婴儿)
沉浸于过去	拒绝(C 型婴儿)
未解决	混乱(D 型婴儿)

梅因(Main，1991)指出，安全/自主型依恋的父母倾向于培养出安全型依恋的孩子，这些孩子长大后能够发展出安全的成人依恋类型。安全/自主型依恋的父母"很容易关注到孩子的问题，在一般的叙事或谈话中很少突然离开，在他们的反应中很容易表现出自己的原则或理念，合作并诚实地作出自己的评判"(p.142)。他们对过去的回顾有一个基本特点，即能轻松地对自己的童年作出连贯一致的叙述。无论是描述童年中积极的还是消极的事情，安全/自主型依恋的父母都能前后一致和肯定地描述一个故事。与此形成强烈的对比，忽视型和沉浸型依恋的父母倾向于"对过去的描述相对不一致，表现出逻辑和事实上的矛盾，不能停留在回顾的主题上，具有作为亲子关系的描述者与真实的自传情节提供者的矛盾，明显不能回忆起早期经历，措辞异常和篡改话题，口误，对谈话背景不适当地采用隐喻或修辞，不能专注于回顾"(Main，1991，p.143)。忽视型依恋的父母通常容易被识别，因为他们不记得很多早期经历，经常用含混的词赞美自己的父母却不能为自己的话提供行为上的证据。沉浸型依恋的父母倾向于提供大段杂乱的关于孩童时期的描述，而且这些描述彼此矛盾。未解决型依恋的父母倾向于提供相对一致的孩童时期的描述，但是当说到失去等与依恋相关的事件时，他们就会陷入神奇和怪异的思维模式之中。"在这些陈述中，他们可能会相信死亡或其他创伤在冥冥之中存在因果联系，或者微妙地表达出相信某一个已逝的依恋对象依然活着。"(Main，1991，p.145)总之，这些描述缺乏合理性。在看似合理的外表下，它们其实与

孩童时期未解决的创伤的非理性加工有关。

336　　　一项调查回顾了使用成人依恋访谈的 33 个研究,样本量超过 2 000 个成人,包括来自不同国家的母亲、父亲和青少年(vanIJzendoorn & Bakermans-Kranenburg,1996)。每个研究中的被试都被划分到梅因提出的前三种成人依恋类型之中,然后依据他们在第四个类型(未解决型)上的表现进行排序。被试在前三种依恋类型上的分布如下:58%属于自主/安全型,24%属于忽视型,18%属于沉浸型。另外,这些被试中有19%的人显示出没有解决好生命中的某些失去或创伤的迹象。分数的分布没有明显的性别差异。社会经济地位较低的母亲比社会经济地位较高的母亲更可能出现忽视型依恋并拥有未解决的创伤经历。安全/自主型依恋的男性和女性更容易成为配偶,存在未解决的创伤经历的人也更容易成为配偶。另外,经受过各种精神疾病的人显然更可能分属不安全型依恋(忽视型、沉浸型和未解决型)。

　　使用成人依恋访谈的研究表明,孩童时期的依恋模式可能会影响成人期的抚养行为。哈赞和谢弗(Hazan & Shaver,1987,1990)率先将研究引入另一个发展方向,认为依恋模式可能影响成人在爱情中的互动方式。借鉴安斯沃思最初对 B 型儿童、A 型儿童、C 型儿童的区分,哈赞和谢弗定义了成人爱情的三种依恋模式(见表 8.8)。安全型依恋的成人在靠近他人、依靠他人和被他人依靠上都相对容易。他们不太担心跟别人靠得太近,将最重要的爱情经历描述为幸福的、友好的、充满信任的,通常能够接受和支持另一半,并忽视对方的缺点。回避型依恋的成人(接近安斯沃思的 A 型儿童)报告与他人太亲密时会感到不舒服,而且很难完全相信他人。他们的特点是害怕亲密、情绪忽高忽低和过多忌妒。焦虑/矛盾型依恋的成人(接近安斯沃思的 C 型儿童)声称他们想投入与他人的关系之中,但这种愿望有时会把人吓跑。他们担心父母不爱自己并最终抛弃自己,在爱情中体会到极度的迷恋,渴望完全与对方融合,体验到情绪的起伏、极度的性吸引和忌妒。

表 8.8　依恋类型

　　下面哪一段话能最好地描述你对亲密他人的感觉? 在最适合你的那段话前面做上记号:
　　____我发现靠近他人是相对容易的,我对依靠他人和被他人依靠都感到舒服。我很少担心被抛弃或其他人离我太近。[**安全型**]
　　____与他人太亲密总让我感到有点不舒服,我发现我很难完全信任他人,很难允许自己依靠他人。他人靠近我时我经常感到紧张,爱人总想我对他更亲密,但这会让我很不舒服。[**回避型**]
　　____我发现其他人不愿与我建立我希望的那种亲密关系。我经常担心我的爱人不是真的爱我或不想与我在一起了。我想完全投入与另一个人的关系之中,这样强烈的愿望有时会吓跑其他人。[**矛盾型**]

　　来源:"Romantic Love Conceptualized as an Attachment Process," by C. Hazan and P. Shaver,*Journal of Personality and Social Psychology*,*52*,515.

通过一系列关于个人对爱情一般看法的简单自陈问卷，研究者（Hazan & Shaver，
1987）发现60％的被试属于安全型依恋，其他人则分别属于回避型或焦虑/矛盾型（拒
绝型）依恋。这与婴儿研究中安全型和不安全型依恋的比例大致相当。另外，很多研究
显示，一个人总体的依恋类型能够预测爱情关系中的行为。例如，辛普森（Simpson，
1990）发现，在恋爱的大学生中，安全型依恋与相互依靠、承诺、信任和满意度相关。还
有研究发现，安全型依恋的学生比焦虑型与回避型依恋的学生表现出更高水平的自我
表露（Mikulincer & Nachson，1991）。拥有安全型依恋模式的配偶（即双方都在心理
上依赖对方）能够以更有建设性的方式处理情绪上的冲突，而且能够更好地适应婚姻
（Kobak & Hazan，1991）。

研究者（Simpson，Rholes，& Phillips，1996）录下了正在约会的情侣的视频，他
们正试着解决彼此关系中的主要问题。研究发现，焦虑型的被试在与约会对象讨论
完主要问题之后倾向于以一种特别消极的方式看待对方。他们发现试着解决关系中
的问题会令他们感到非常有压力，他们总是通过贬低对方来应对这种压力。在另外
一项研究中，研究者（Simpson，Rholes，& Neligan，1992）录下了坐在休息室里的约
会的人们，他们知道自己正在等待参加一个会使人紧张的活动。研究者编码了身体
接触、支持性的评论、努力寻求或给予情感支持等行为。结果发现，与安全型依恋的
被试相比，回避型依恋的被试倾向于表现出更少的帮助和支持行为。在一些紧张的时
刻，与回避型依恋的被试相比，安全型依恋的被试能够更加积极有效地为爱人提供安
慰、鼓励和支持。

对婴儿和成人来说，提供支持是安全型依恋的关键功能。安全型依恋的婴儿
在环境中体验到更多安全支持，安全型依恋的成人能为处于危险中的他人提供支持，
而且能为处于压力中的自己寻求支持。有研究者（Mikulincer，Florian，& Weller，
1993）通过分析依恋类型与1991年海湾战争中以色列人对伊拉克导弹袭击的反应方
式之间的关系，来研究战争压力。研究者对战后140名以色列学生进行了为期2周
的访谈，根据依恋类型（安全型、回避型和焦虑型）和居住地区（危险地区和较少危险
地区）把他们划分为不同的类型。战争时居住在危险地区（遭受导弹直接威胁的地
区）的学生中，相比于回避型依恋和焦虑型依恋的学生，安全型依恋的学生倾向于更
多地寻求帮助以应对灾难。另外，居住在危险地区的焦虑型依恋的学生报告了最高
水平的战后心理压力，面对战争回避型依恋的学生报告了最高水平的敌意和身体
症状。

研究还显示，依恋类型能够预测日常社会行为。有研究者（Tidwell，Reis，&
Shaver，1996）让125名大学生在一星期内写下每天的行为日记。在日记中，学生记录
自己与朋友、老师、家庭成员、熟人、恋人等的社会交往。结果表明，与回避型依恋和安
全型依恋的学生相比，焦虑型依恋的学生报告了日常互动中，特别是与异性的互动中更

低水平的亲密、愉悦和积极情绪,以及更高水平的消极情绪。回避型依恋的个体倾向于以降低情感亲密的方式与他人互动。与回避型依恋和安全型依恋的个体相比,焦虑型依恋的个体在日常社会交往中有更广泛的情绪体验,他们在与他人交往时容易出现情绪起伏。总之,回避型依恋的个体在他人在场时体验到的快乐和幸福更少,可能正因为如此,他们倾向于与他人保持距离。焦虑/矛盾型依恋个体的经历中掺杂着各种消极和积极的人际体验,也许这造成他们混合的或者冲突的依恋模式。安全型依恋的个体在日常社会生活中与他人有着最高水平的积极互动和最低水平的消极互动。一项相似的研究(Davilla & Sargent,2003)发现,与安全型依恋的学生相比,非安全型依恋的学生在日常生活中更容易体会到人际交往的缺失。

在人际关系领域之外,依恋类型似乎与人们理解自己的方式有关,它关系到人们怎样理解自己的过去、现在和未来的生活。与回避型依恋和焦虑型依恋的人相比,安全型依恋的人倾向于为自己构造一个更复杂、更一致的自我形象,安全型依恋和回避型依恋的人比焦虑型依恋的人对自己以及自己的生活有着更为积极的看法(Mikulincer,1995)。安全型依恋的人比回避型和焦虑型依恋的人更愿意将自己描述为好奇的、有探索性的,而且他们对观念的开放性和好奇心有更为积极的评价(Mikulincer,1997)。焦虑/矛盾型依恋和回避型依恋都与低水平的自尊和高水平的抑郁相关(Roberts,Gotlib,& Kassel,1996)。

在一个很重要的理论综述中,研究者(Mikulincer & Shaver,2007)综合了过去20年间依恋研究领域中很多不同的发现和观点,发展出一个整合的成人依恋模型。在回顾鲍尔比和安斯沃思(本书第2章)工作的基础上,研究者指出,当个体从婴儿期、童年期进入青年期、成年期,依恋不再是单纯地寻找亲近的人,而是更多地表现为一种心理表征或工作模型,即人们对自己生活中最重要的关系的建构。就像婴儿和抚育者,情侣们都希望在身体上彼此更为亲近。但是,情侣之间最主要的动力——生活中其他重要的人际关系同样如此——存在于他们彼此心中。我的爱人怎样看待我?我对他是什么感觉?当我需要的时候,我能依靠这些与我亲近的人吗?我最终会遭遇背叛吗?我能真正信任我亲密的朋友吗?

依恋的心理表征储存在长时联想记忆之中(Mikulincer & Shaver,2007),包括一些自传式的、片段式的记忆(与某个依恋对象互动的具体时刻)的表征,关于自我以及朋友的信念和态度,依恋关系和互动的一般陈述性知识(例如,认为电影中浪漫的爱情在现实生活中不存在的信念),以及怎样在亲密关系中调节自己的情绪和做出有效行为的程序性知识(Mikulincer & Shaver,2007,p.23)。构成依恋工作模式的片段、信念、态度和策略可能在广泛的人际情境中都有作用,但它们在某些危险的情境中会显得特别重要,例如当成人感知到他们面临分离、失去、生活中新的障碍和挑战,或者自尊受到威胁的时候。在这些困难的时刻,人们会向依恋对象寻求(包括字面上和比喻意义上的)

保护、支持和鼓励。同时，他人对我们需求的反应方式会影响我们怎样成功地应对威胁和挑战。研究者（Mikulincer & Shaver，2007）补充说，我们对依恋关系的心理表征是随着时间建立起来的，它对我们怎样适应环境有着强烈的影响，即使在我们还没有明确的依恋对象时同样如此。换句话说，即使我们只能依靠自己应对挑战，我们内在的依恋工作模式还是会帮助我们应对压力和调节情绪。

根据米库林塞和谢弗（Mikulincer & Shaver，2007）的观点，成年期的依恋关系——不仅表现在现实的行为中，而且表现在我们心中对依恋的内在表征上——重现了很多可观察的存在于抚育者和婴儿纽带之中的动力。图 8.5 展示了成人依恋模型三个阶段或模块的动力。

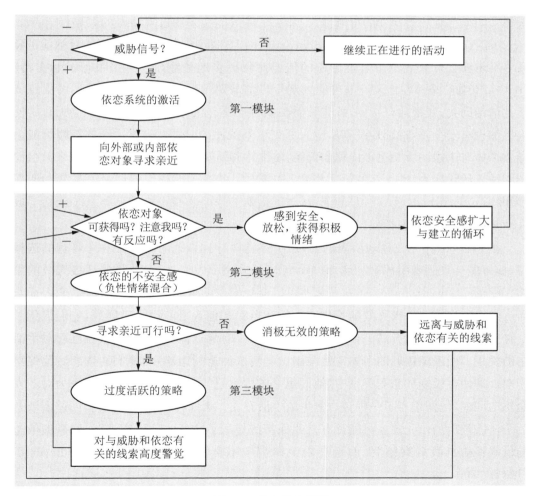

图 8.5　成人依恋模型

来源：*Attachment in Adulthood*（p.31），by M. Mikulincer & P. Shaver，2007，New York：Guilford Press.

340　　　　依恋动力(attachment dynamics)来源于威胁信号。正如第一模块所展示的,如果没有威胁,个体就会继续正在进行的活动。但是,一旦感觉到压力,依恋系统就会自动启动,面临压力的个体就会通过与生活中的依恋对象亲密接触或者激活内在的心理表征以寻求可能的帮助。这样,当个体面对危险时,会向他人寻求帮助,同时会回忆起曾经得到帮助和安慰的经历。在第二模块,个体判断能否从依恋对象或依恋的心理表征处获得安慰,如果答案是肯定的,那么个体会产生安全、放松、积极的情绪,这反过来强化了个体对世界的安全感。依恋理论家倾向于将积极的依恋经历(如建立和拓展健康的、适应的自我)与成人期的安全依恋相联系(Fredrickson,2001)。

　　　然而,安全和慰藉并不是唾手可得的,不安全的个体需要决定做什么以及如何应对威胁。正如图 8.5 中第三模块所展示的,基于对他人帮助的可得性的感知,个体有两个选择。如果感觉获得帮助的可能性大,那么个体可能会采用过度活跃的策略(hyperactivating strategies)(Mikulincer & Shaver,2007),"过度活跃的策略主要的目标就是要求一个不那么可靠或没有足够回应的依恋对象更多地关注自己并提供保护和支持"(p.40)。因此,个体在他人面前可能表现得特别需要帮助和特别依赖。传达的信息就是:"请帮助我,我很需要帮助,我非常需要你的照顾。"过度活跃的策略可能会无意中使人更加没有安全感,特别是没有从他人那里得到关注的时候。过度活跃的策略可能会导致个体对未来的威胁更加谨慎和警惕,使个体容易知觉到更多威胁,这反过来又会使依恋系统活跃起来(图 8.5 的第一模块)并再次启动这一循环。根据米库林塞和谢弗(Mikulincer & Shaver,2007)的观点,过度活跃的策略和接下来的循环系统概括了成人期焦虑/矛盾的依恋类型。

　　　正如图 8.5 中第三模块所表示的,当个体觉得寻找亲近对象不是一个可行的选择时,他可能会采用米库林塞和谢弗(Mikulincer & Shaver,2007)所说的消极无效的策略(deactivating strategies)。这些策略可以避免潜在的依恋对象以及激活依恋表征给自己带来的伤害。消极无效的策略使人们在自我和他人之间设立了屏障,它们强化了一种自力更生的生活方式。传达的信息是:"我没有那么需要你,我可以自己面对生活中的挑战。"回避型依恋的个体常常采用这类消极回避的策略,与他们的依恋对象保持距离。即使在长期的恋爱关系中,他们也会觉得自己不能完全依赖别人。作为对不安

341　全感的回应,他们培养了一种自力更生的生活方式。米库林塞和谢弗认为,回避型依恋的个体表现出的自我独立可能具有自我保护的作用。大量实证研究表明,回避型依恋与低水平的自我洞察相关,而且会给个体带来不真实的自我膨胀感(Mikulincer & Shaver,2007)。

　　　现在很清楚,成年期的依恋类型说明了我们是如何看待自己的,同时表明了我们关于他人的心理表征。安全型依恋使我们认为自己能够自如地与他人交往,相信当我们需要时别人会爱我们,会帮助我们,同时我们也会这样对待别人。这种关于自我和他人

的内隐知识会表现在许多事情上，甚至会显现在我们的梦中。下面的梦来自一个安全型依恋的女性：

> 我坐在小学的图书馆里读书，而且这似乎很自然，尽管我已经离开那里很多年了。我与我的朋友和老师说着话，这地方还与以前一样（低矮的天花板，放满了书的书架，都是我小时候读的那些书）。校长进来责骂我们，说我们是野蛮的孩子。一开始我想我们可能太吵闹了应该被斥责，但是我很快告诉他，尽管我们有很多不好的行为，但我们不应该被如此对待，他忽视了我们很多好的品质。尽管我是个小女孩，但我还是有足够的自尊和自豪告诉他，是他错了。因此，我站起来告诉他我不野蛮，我来这里是为了看我喜欢的书。然后，他道歉了。我很自豪。那时候我的妈妈出现了，她拥抱了我，说我很棒，她为我骄傲（我不知道妈妈怎么到那儿的）。然后她带我去了好玩的地方，我也不知道是哪里。我只记得我们有很多欢笑，还买了些好玩的东西——可能是在购物街。（Mikulincer & Shaver，2007，p.151）

回到婴儿期的依恋动力，梦的主人公面临着一个威胁——学校校长的严厉批评。但是，她站起来勇敢面对批评，享有一个自主和有效的自我心理表征。这标志着她的自我感觉建立在安全型依恋之上，主人公的母亲出现在场景中拥抱了她，把她带出去度过了愉快的一天。这个梦表示安全型依恋不是依附和依赖。相反，安全型依恋会让主人公自由地以一种坚定和友善的方式行事，如为遭到不公正惩罚的孩子站出来。根据米库林塞和谢弗（Mikulincer & Shaver，2007）的观点，安全型依恋的个体最终会认同依恋对象，内化从他人那里体验到的帮助和安慰。因此，安全型依恋也会使一个人变成他人的安全基地。有研究表明，相比于回避型依恋和焦虑型依恋的个体，安全型依恋的个体倾向于更多地表现出同情，更加重视他人，以及参与更高水平的利他行为（Mikulincer & Shaver，2005，2007）。

下面是一个焦虑/矛盾型依恋的年轻人报告的梦：

> 我正在与朋友争论谁来教那门课程。争论的时候我开始向城市跑去，途中还看见一家银行被抢劫了。突然我意识到我就是抢劫银行的人！我正在与自己辩论是否应该闯进银行，然后我决定闯进去。我进入银行并吼道："把钱给我！"出纳员弯腰到柜台取了钱给我，我就跑了。跑出银行，我朝天开了三枪，然后将武器包进棉被里沿着街跑。跑的时候我突然意识到我做了什么以及我是一个多坏的人："也许我朝天开枪的时候伤到了什么人。"我与自己争论该往哪儿跑，突然我发现钱不见了。我想："我为什么就不能做一次对的事情呢？"我想哭。突然警察赶到将我关进了监狱。我说："把我抓走吧，也许我进了监狱最好，没有人真正关心我。"我对我所做的事感到羞耻。突然我的爸爸出现并斥责我："你怎么敢做这么愚蠢的事情呢！你就应该进监狱！"虽然很伤人但是我知道他说的话很对。（Mikulincer & Shaver，2007，p.154）

342 这个梦的含义很明显，它充满了焦虑和自我诅咒。作为依恋对象，父亲是惩罚性的、冷酷的。他对梦的主人公有一个很消极的印象，他为自己的儿子感到羞耻，认为儿子没有价值。主人公将父亲的看法内化成自己的观点：我没有价值，我一直在做错事。这个梦的形象和情节反映了米库林塞和谢弗（Mikulincer & Shaver，2007）所说的焦虑型依恋的心理动力。焦虑型依恋的个体非常想得到保护、支持、关心以及依恋对象的肯定，但是依恋对象不能提供这些东西，或者以一种不一致的、不可靠的方式提供这些东西，于是个体就变得越来越没有安全感，觉得这个世界变得越来越危险。焦虑型依恋妨碍了自主的、功能健全的自我的建立。焦虑型依恋的个体注定要通过过度活跃的策略与他人交往，最终在心里强化了软弱、依赖和失败的自我表征。

最后，让我们看一看一个回避型依恋的年轻女孩的梦：

> 我在家，听见我妈妈在打电话。突然，我意识到她是在跟某个人谈论对我的安排，而我想自己安排这些事。我被激怒了，而且要她别多管闲事："我不需要那些，我在家需要更多的隐私和私人空间。"我告诉她，她并不懂我，应该让我一个人待着。我强大到可以只靠我自己，并为我自己作决定。我跑到另外一个房间以躲避她，突然我发现自己在某个军队里。我在一个木质营房中环顾四周，突然很多穿制服的人进来了。其中一个人生气地看着我，不明白我为什么没向他敬礼。我根本不知道他是谁，我想他很怨恨我没有向他敬礼。他继续跟我谈论很多事，大概都是关于我的生活的事情。我叫他闭嘴，因为那全是废话。我对他所说的感到生气，于是我离开了房间。我摸到我头发上缠着很多金属丝，我开始把它们从我的头发上拉下来，但是它们越来越多。（Mikulincer & Shaver，2007，p.155）

这个梦的主人公反复地因他人打扰自己的生活而烦恼。她想要自己待着。她从一个房间跑到另一个房间以逃离她的母亲，当军官坚持要跟她讲话时她逃离了营房，她头发上缠着的金属丝象征她的桀骜。据此，回避型依恋的人根本就不相信依恋对象会为他们提供保护、关心、支持和鼓励。他们广泛采用消极的策略与他人保持距离。长此以往，他们建立了关于自我的心理表征，而这种自我表征反映了他们对他人的感知。他人的心理表征和自我的心理表征最终共享一个核心特点：他们不为我，我也不为他们。不管怎样，我不需要他们。

本章小结

1. 人格心理学的社会认知取向关注人们在加工关于自己、他人和社会行为的信息时形成的心理表征。社会认知适应是人们独特的个人建构、认知风格、信念、期望、归因、自我概念，以及人们在迎合社会生活需求的过程中形成的偏好。与个人目标一起，社会认知适应有助于规范社会行为。就像动机和目标,社会认知适应超越了一般的人格特质,指出心理个性某些偶然的和情境性的细节。

2. 凯利在 20 世纪 50 年代发展起来的个人建构理论预示了很多当代社会认知理论的中心主题。凯利认为,人像科学家一样,寻求分类、理解自己周围的环境以便预测和控制它。依据凯利的理论,人们基于自己对社会事件的观点发展个人建构,而这些建构会指导接下来的社会行为。一个人的个人建构解释了事物之间如何相似,而又与其他事物如何不同。个人建构在渗透性和适用范围这两个维度上是不同的。每个人的建构系统在内容和组织上各不相同。

3. 认知风格是指人们独特的、偏爱的信息加工方式。研究得较为充分的一种认知风格是场独立—场依存。高度场独立的人以一种分析和区分的方式加工知觉到的信息,而高度场依存的人以一种更加整体和情境化的方式加工知觉到的信息。场独立和场依存的个体差异与认知、社会行为结果有着广泛的联系。

4. 另一个得到较多研究的认知风格是整合复杂度。场独立和场依存关注对刺激的知觉,整合复杂度则关注推理的风格。整合复杂度高的个体会以一种高度区分的方式推测一件事情,建构许多区别和差异,考虑很多观点。相反,整合复杂度低的个体看见较少的区别和差异,倾向于依靠极少量宽泛的原则和类别。整合复杂度在年龄和情境上会有一个循环升降的过程。整合复杂度的个体差异可以测量。整合复杂度高的个体倾向于为复杂的议题作更明智和更平衡的评估,而且更为开放和有容忍度,表现出更多认知上的自我引导,但是与整合复杂度低的人相比,他们在面临道德原则的决断时可能会遇到更多困难。

5. 人格的社会认知观点认为,人是有计划性的,而且或多或少是自己的有效代言人,能以灵活的方式应对广泛的社会情境。一个人的社会效用在很大程度上由坎托和基尔斯特伦所说的社会智力决定。社会智力包括人们用以解决日常生活中社会问题的个性化的概念、情节和规则。

6. 也许陈述语义性社会知识最重要的部分就是自我图式,或者说是关于自我的知识结构。每个人都建构了自我概念(自我图式),以加工与自我有关的信息和引导行为。人们以高效的形式加工与自我图式有关的信息。现在的社会认知观点倾向于重视自我图式的多样化。人们可能有很多不同的自我形象,包括可能自我。可能自我代表一个人关于他可能是什么样的和他害怕会是什么样的想法。可能自我是认知工具,承载着人们最重要的动机、渴望、希望、梦想和恐惧。关于生活中"我本来可以是什么样的"可能自我的研究表明,幸福感、积极情绪与人们放下曾经失去的可能自我相关。同时,心理成熟度与能接受失去的可能自我相关,心理成熟度也预示着人们能够生动地想象当事情以不同的方式发生时,生活本可能是什么样的。

7. 自我认识可以进一步分为现实自我、理想自我和应该自我。理想自我包括一个人非常想拥有的品质，应该自我则包括一个人相信他应该拥有的品质。理想自我与关注生活质量的提升，对积极结果的敏感性，以及社会交往中的趋近策略有关。应该自我与关注预防，对消极结果的敏感性，以及社会交往中的回避策略有关。人们经常体验到不同自我的差异。现实自我和理想自我的差异与抑郁相关，现实自我和应该自我的差异与焦虑相关。

8. 社会认知取向对于理解抑郁非常有用。一些研究关注抑郁的图式，其他研究则考察了抑郁者在理解生活中的积极事件和消极事件时采用的归因和解释风格。研究显示，抑郁与悲观的解释风格相关，抑郁者将负性事件归因于内部的、稳定的和普遍的因素。这种对负性事件的归因方式可能会导致自责、无助和绝望。悲观的解释风格还与较差的学业表现、工作表现、运动表现、身体健康甚至死亡相关。

9. 社会认知适应包括人们拥有的在他们生命中很重要的价值观和美德。对美国人而言，宗教价值观有着特别的心理意义。在美国人中，强烈的宗教信仰和价值观以及宗教活动的参与程度与身体和心理健康相关。积极心理学运动激发了关于人类美德和性格优势的研究。一项研究列举了 24 种美德和性格优势，并将其划分成智慧和知识、勇气、人性、公正、节制和超越六大类型。其中，研究得最多的美德是感恩。一些心理学家将感恩视为所有美德之父，认为对生活感恩、谦和的态度打开了通向其他积极经历的大门。研究显示，感恩与心理幸福感和亲社会行为呈正相关。

10. 人格的社会认知适应中最有力、对情绪影响最大的是人们对依恋对象的心理表征。基于抚育者和婴儿之间依恋的研究(第 2 章)，心理学家提出相关的方法和理论以测量成人依恋类型的个体差异。安全型依恋的人形成关于自己和所爱之人的心理表征，在面对威胁时这些表征强调安全、自主和舒适等核心特征。安全型的依恋风格与自我一致性、亲密关系中的互惠，以及对世界的同情心呈正相关。对比而言，焦虑/矛盾型的依恋风格与过度活跃的策略相关，例如对他人的依赖和依附，这主要是为了亲近他人。但是，这种策略经常增加他们对世界的不安全感，让他们对威胁和危险更加敏感。回避型依恋的人为了与他人保持距离常采用消极的策略。回避型的依恋与一种浅层的、防御性的自我依赖有关。依恋类型的研究表明，人们对他人最重要的心理表征与对自己最重要的心理表征类似。

发展阶段及其任务

　　路德(Martin Luther)在 20 多岁的时候成为一名天主教修道士。有一天,他突然摔倒在地,接着就像公牛一般咆哮。据三位目睹整件事情经过的人说,年轻的路德在阅读了《新约》(*New Testament*)中一篇关于耶稣治愈了一个哑巴的故事后,像被魔鬼附体一样开始尖叫,人们听到路德大声叫嚷:"我不! 我不!"在那段时间,他对宗教产生了深刻怀疑,他的叫喊是一种绝望的否定:"我不是这样的,我什么都不是,我不知道我是谁!"

　　情感爆发时,路德正在位于德国埃尔福特(Erfurt)的一个修道院中唱诗,此时大约是 1507 年。按照心理学的解释,年轻的路德在那个时期经历的最基本的困惑就是自我同一性(Erikson,1958,1959;McAdams,1985a)。事实上,年轻的路德无法形成一个完整且有说服力的答案来回答两个有关同一性的基本问题:"我是谁?"和"我如何适应成人的世界?"然而,路德很快就在解决自己的同一性问题上取得了实质性的进展。1512 年,他想出了一个理想的解决方案。直到 1517 年,他致力于将此方案转变为激进的公众行动。到了 1522 年,他在宗教领域有了一定的地位,还是一位政治名人,他成为西方文明史上最有影响力的人物之一。路德是如何做到这些的呢？他的奋斗经历对我们当下的人格研究有什么启示？

路德的同一性危机

　　路德被认为是一场大规模宗教和文化运动——宗教改革的发起人。宗教改革通过切断欧洲与罗马天主教会的联系，最终形成不同的基督教新教派别，如路德宗（Luther-ans）、循道宗（Methodists）、长老宗（Presbyterians）和浸礼宗（Baptists）。据称，他通过向德国提供有关《圣经》的最早权威翻译，将神圣的基督教著作传播到普通民众当中。他还是一位作家和伟大的传教士，他利用基督教音乐传统创作了一些鼓舞人心的赞美诗。在宗教之外的其他领域，路德被视为德国历史上一个不朽的政治人物和革命英雄。当然，在路德摔倒那时，这一切都是无法预料的。1507 年，路德还过着中规中矩的修道士生活——将自己奉献给天主教会，尊重罗马教皇的权威。然而，那个事件让路德获得一个新的身份，这个身份给他指明了生命的意义。

　　将人格理论用于分析一个成年人整个生命历程的最引人深思的一个尝试是，埃里克森（Erikson，1958）对路德同一性形成过程的心理传记分析——《青年路德》（*Young Man Luther*）。埃里克森从路德在唱诗班的那段经历开始，指出在这个至关重要的生活事件中，路德表现出一个年轻人在"我是谁"和"我如何适应成人世界"这两个问题上的惊恐和混乱。路德感到极度恐惧和困惑，他开始否定自己已经形成的观念，即他是谁，以及他应该怎样适应成人世界。唱诗班上的那次经历，是路德同一性斗争中最糟糕的时刻——他感觉自己切断了与所有能够为自己提供生命意义的事物之间的联系。在路德的传记中，还有两个关键事件对他产生了重大影响。

　　第一件事发生在 1505 年的夏天。那个时候，路德遵循父亲为他规划的职业生涯道路。他的父亲是一名中产阶级的铜矿商和早期资本家，他希望自己的儿子能够成为一名律师。1501 年进入大学后，路德似乎注定要完成父亲的愿望。直到有一天夜晚，路德顶着暴风雨朝学校方向走去，突然一道闪电击中他附近的地面，他产生了痉挛的症状。在弄清楚状况之前，他大声呼喊道："圣安妮，救我……我想要成为一个修道士！"安全回到埃尔福特之后，他进了修道院，与此同时，他告诉朋友和父亲暴风雨中的经历使他加入天主教会。

　　从准律师转变为修道士后，路德比其他修道士祈祷得更多。他日日夜夜反复思考经文中每个字的含义，并拒绝让自己享受舒适的生活以苦其心志。埃里克森认为，路德最初对天主教的过分狂热以及成为天主教最虔诚的修道士的想法，只为一种深层次的怀疑和内心的矛盾状态提供一层伪装：

　　从精神病学层面上讲,如果一个年轻人和路德一样情绪郁积,而且避免反对能满足他很多需求的环境,在这种情况下,个体的叛逆本性将被逐渐发展起来的充满矛盾情绪的强迫状态削弱。因此,他的自我怀疑理所当然地表现在对自己过分遵循秩序要求的深入观察上;他对权威的怀疑表现为理智而详细地审查权威著作。这种行为在一段时间内会让魔鬼处在他的位置上。(Erikson,1958,p.137)

　　谁是那个魔鬼?他的"位置"又在哪里?作为 21 世纪的读者,我们大多数人很难理解文字的力量是如何让路德相信魔鬼出现在他的生命中。在埃尔福特的修道院,路德每天都在与魔鬼作斗争,魔鬼似乎能够看见他,逃离他,反抗他,与他争论,甚至恐吓他。虽然很多人与路德有相同的想法,即人们可以看到魔鬼,能够在日常生活中体验与魔鬼有关的经历,仿佛魔鬼就像一个有血有肉的人,但是很少有人像路德一样完全沉迷于同魔鬼的斗争。对路德来讲,魔鬼是"古老而邪恶的敌人"。在与魔鬼的激烈斗争中,对上帝的信仰是我们"坚固的堡垒"和"剑与盾的胜利"。战斗的口号被改编成音乐出现在路德最著名的诗中:

> 我们的上帝是一座坚固的堡垒,
>
> 他有精良的武器,
>
> 有善战的部队。
>
> 他能帮助我们击退一切
>
> 现正折磨着我们的苦难。
>
> 那祖祖辈辈穷凶极恶的世敌,
>
> 他真以为自己机关算尽,
>
> 欺诈勒索,残暴无情,
>
> 他真以为自己力量强大。
>
> 世间无人能与他较劲。

　　从心理学的角度来看,路德将魔鬼投射到其他人身上。他终其一生都把自己的敌人假想成魔鬼,应对敌人的方式与他日常生活中应对"古老而邪恶的敌人"如出一辙。最好的例子就是,天主教教皇(及其代表的教会)成为路德生命中魔鬼的化身。

　　路德在埃尔福特修道院目睹了腐败的教会政策之后,便在心里种下了对教皇和教会不满的种子。他最为不满的是教会出售赎罪券的行为,教徒可以通过支付金钱给教会为死去的亲人赎买生前犯下的罪孽。售卖赎罪券的行为成为整个宗教改革的导火索,路德认为它不仅代表了教会自身的堕落腐败,而且表明教会将救赎当作一种商品,可以任意买卖。

　　那次在唱诗班上发作之后,路德宣布放弃修道士的身份,转而将罗马教会视为敌人而不是救世主,他不断摸索另一种自我形象,希望建立一种新的身份。根据路德自己的说法,他精神上的质疑和重塑一直持续到 1512 年,他在威滕伯格塔(Wittenberg tower)

得到真理的启示。在那里,他突然对《罗马书》1 章 17 节最后一句话的意思产生了新的理解:"因信称义。"

与天主教正统说法中描绘的与世隔绝的上帝形象不同,路德设想了一个全新的上帝形象,其对普通大众来说更容易接触。路德重新解读原有文献,认为救赎应当通过信仰来达成,而不是通过做慈善或者出售赎罪券。上帝不应该被视为一种遥远的力量来审判日常生活中人们的各种事迹,进而看谁有资格升入天堂。相反,人们可以直接与上帝相通,而无须通过教会设立的各种机构。只要接受耶稣、信仰耶稣就能获得救赎。对路德来讲,这种新的宗教见解巩固了他的同一性。

表 9.1 总结了路德的生命历程。这些事件及其发展标志着路德在欧洲作为宗教领袖的崛起,以及他在宗教改革中影响力不断增大。在成长的岁月里,路德一直在寻求自己的同一性。他不断改变和发展自身对于"我是谁"和"我如何适应这个世界"的理解。许多有关同一性的关键事件发生在他的青春期晚期和成年早期。埃里克森认为,在这个关键时期,很多人都会面临同一性问题。相比之下,小学阶段的儿童一般不会为"我是谁"和"我如何适应这个世界"而担心。通常,六七十岁的人也不会关心上述问题。因此,埃里克森提出的同一性概念是一种典型的发展性适应。它是人格的一个方面,涉及特定发展阶段中重要生活问题的解决。

对心理个性的理解不能脱离发展的背景。在分析路德的个性时,我们会谈论到他高度的尽责性和神经质。在基本特质层面(第 4～6 章),路德一直都很勤奋和坚强,他经受着强烈的情感和情绪波动,他可能很固执,似乎在开放性的两个极端之间摇摆不定,时而豁达,倡导变革,时而又变得专制和执着于正统。在动机水平上,路德在青春期和成年早期趋近于高成就动机,中年时期逐渐转向高权力动机。根据社会认知适应理论的解释,他有一个相对简单的建构系统,这个系统要么由上帝支配,要么由魔鬼支配,两者对支配权的竞争一直存在。事实上,魔鬼可能代表了路德的一个可能自我,尽管是最不受欢迎的一个。他的解释风格强调外部的、稳定的和普遍的力量:他相信上帝和魔鬼是俗世事件的根本原因。通过本书前几章有关人格概念的介绍,我们可以更好地了解路德。埃里克森认为,路德的人格中最重要的部分就是他通过自我挣扎建立起同一性,但这个关键部分一直被排除在外,直到我们开始从生命全程发展的视角审视他的一生。

本章呈现了当今人格心理学中具有综合性和影响力的两个人格发展理论。一个是埃里克森的心理社会发展理论,他列出个体从出生到死亡的八个阶段,个体在每个阶段面临的最重要的心理社会问题和心理发展任务。对人格心理学学生来说,成年早期的同一性尤为重要。随后还有两个阶段——建立亲密关系阶段和繁殖阶段。这三个阶段占据了个体一生中的大部分时间——从成年早期到老年期。在人们应对同一性问题的各种方式中,亲密和繁殖行为被认为是众多心理个性中最有趣的和最具社交性的。

表 9.1　路德生命中的主要事件

1483 年	出生在德国东部艾斯莱本（Eisleben）一个严厉的、虔诚的矿工家庭。
1501 年	成为当时德国最好的大学埃尔福特大学的一名学生。
1505 年	一月，从埃尔福特毕业；五月，遵循父亲的意愿成为一名律师；七月，雷雨事件让他向圣安妮发誓要成为一名修道士；他在家人不知情的情况下，进入埃尔福特当地的奥古斯丁修道院当了一名修道士。
1507 年	成为一名神父，在 23 岁的时候举行了第一次弥撒；接着陷入严重的怀疑之中，这可能引发了在唱诗班那次发作。
1512 年	28 岁获得神学博士学位，在威滕伯格大学举办了第一次讲座，主要是关于圣经旧约中的诗篇；阐述了必要的新教教义，即人需要靠信仰来救赎，不是靠做善事；尽管他提出一种革命性的观点，但他仍然认为自己是正统的天主教徒。
1517 年	通过批判售卖赎罪券的行为使自己成为一名实干的改革者；10 月 31 日，他将自己"阐述赎罪券的真相"的《九十五条论纲》钉在威滕伯格城堡大教堂的门上，这件事被看作宗教改革的起点。
1518 年	路德受到许多异教徒的指控；他写信给教皇为自己的观点辩护。
1520 年	教皇公开谴责路德和他的追随者，给他们 60 天的时间收回异端观点；路德公开烧毁定罪的公文；撰写大量有关宗教改革的文章。
1521 年	教皇将路德逐出教会；路德躲藏起来。
1522 年	由于得到越来越多的支持，路德不再躲藏并在威滕伯格恢复活动；出版德文版的《新约》，继续从事有争议的写作；创作了大量赞美诗；路德的行为激励了激进的布道者和德国的政治运动。
1525 年	在最初对农民要求废除农奴制表达同情之后，路德转而站在领主和贵族一边，呼吁消灭农民的"杀戮大军"；路德与一位曾是修女的女子结婚。
1526 年	第一个儿子出生；之后又有了两个儿子和两个女儿。
1526—1546 年	在这段时间里，路德十分活跃；创作赞美诗，翻译《旧约》，印发了很多小册子，与其他改革者争论，周游各地；成为"宗教改革运动之父"。
1546 年	在艾斯莱本逝世。

来源：*Luther*，by J.Osborne，1961，New York：Criterion Books.

另一个是自我发展理论，这是洛文杰（Jane Loevinger）提出的一种具有影响力的发展模型。在洛文杰看来，自我是个体理解经验的独特方式。埃里克森强调心理发展的情感和社会方面，洛文杰则更关注认知和理解方面。就像第 8 章提到的观点，洛文杰探讨的是人们如何理解自己以及自己所处的世界。但是，与第 8 章提到的观点不同，洛文杰阐述了从婴儿期到成年期的意义寻求过程。

人的生命处在一段时间之中。在任何一个既定的时间点，相应的发展问题和理解世界的方式成为一个人此刻最需要关心的事物，正如路德还是一个年轻人的时候面对的同一性问题。埃里克森和洛文杰为我们提供了两个非常有影响力的理论框架，以理解这些发展适应性问题。

埃里克森的心理社会发展理论

埃里克森（Erik Erikson）于1902年出生在德国法兰克福，父母都是丹麦人。他的父亲在埃里克森出生之前就抛弃了这个家庭，母亲是犹太人，在父亲走后又嫁给了一位儿科医生。埃里克森是犹太人和斯堪的纳维亚人的后裔，身材高大，金发碧眼。他在犹太人同伴眼里并不很像犹太人，但是非犹太裔的朋友也不完全接纳他。因此，埃里克森从小就形成一种局外人的自我形象，他一直想弄清楚在他所处的环境中，他和其他人到底有哪些相同和不同的地方（Friedman，1999）。

作为一名普通学生，埃里克森没有获得任何学士学位。他的继父希望他能成为一名医生，20岁左右的时候埃里克森一直在欧洲游历，并在一所艺术学校学习了一段时间的儿童肖像画。"我是一个艺术家，"他后来写道，"在欧洲，这是对那些拥有才华却又无处可去的年轻人的一种委婉调侃。"（Erikson，1964，p.20）在这个非常艰难的时期，埃里克森经历了同一性危机，这使他感到过度焦虑，甚至偶尔会觉得恐慌。年轻艺术家身上的主要问题是，他们通常不愿受到纪律和规则的约束（Erikson，1975）。1927年，他搬到维也纳，接受了一所规模很小的学校的教学职位，这所学校是为弗洛伊德的病人和朋友的孩子而建。他受到包括伯林厄姆（Dorothy Burlingham）和安娜·弗洛伊德在内的一群精神分析学家的热烈欢迎，最终由安娜·弗洛伊德对他开展精神分析治疗和相关培训。1933年，埃里克森移民美国，定居在波士顿，在那里他作为一名儿童心理学家与默里一起临时在哈佛大学心理诊所工作。1939年，他成为一名美国公民，正式采用埃里克森这个姓氏，这是一件具有象征意义的事，它标志着埃里克森最终对自己身份的确认。

童年时期的发展阶段

弗洛伊德对埃里克森产生了很大影响。弗洛伊德认为，人类行为和经验背后的最终力量就是性驱力和攻击本能。弗洛伊德（Freud，1905/1953）提出个体发展模型，描述了个体从出生到青春期整个性驱力的发展过程。弗洛伊德使用力比多（libido）来指代一种源于性驱力的能量。他提出力比多发展的五个阶段，在每个发展阶段，力比多通过身体的某个特定区域释放出来，这些区域被称作性感区（erogenous-zone）。例如，在第一个阶段，力比多通过口唇释放，婴儿通过吮吸母亲的乳头或其他口唇活动体验感官快乐。在弗洛伊德看来，婴儿吮吸的意义远远不止吸收营养这么简单。吮吸具有心理学上的意义，它使得婴儿和照料者之间形成一种联系，同时会对婴儿和照料者之间的关系产生影响。

埃里克森接受了弗洛伊德的性心理阶段理论,而且将其转换为一种心理社会任务的发展模型。埃里克森(Erikson,1959,1963,1968,1982)确定了个体发展的八个阶段及其相应的心理社会任务。前五个阶段是从出生到青春期,基本与弗洛伊德划分的五个心理性欲阶段一致。在后三个阶段中,埃里克森将人的发展扩展到成年期和老年期。对于这八个阶段,埃里克森强调,在不同阶段的发展任务中,人际—社会—文化—历史的环境被赋予了不同的意义。

埃里克森认为,每一个发展阶段包含对立的两极,一极是积极特征,另一极是消极特征。这种对立会引发心理冲突。在每个阶段,个体自身的变化和整个社会环境的变化结合起来,产生一种界定这个阶段的核心冲突。埃里克森认为,在特定发展阶段必须解决好相应的冲突才能顺利进入下一个发展阶段,但有时候这些冲突不一定能够得到解决。从某种意义上说,在每个阶段个体都会产生一个独特的问题,这是典型的"问", 最终的"回答"则决定于个体的行为。尽管这个问题可能并不是个体有意识造成的,但在这一阶段,个体的整体行为模式似乎都在回答这一特定的问题。表 9.2 列出这些发展阶段及其相对应的问题和特征。

351

表 9.2　埃里克森生命发展的八个阶段

阶段(年龄)	性心理阶段(弗洛伊德)	心理危机	中心问题	相关美德
1. 婴儿期	口唇期	信任 vs.不信任	如何获得安全感?	希望
2. 幼儿期	肛门期	自主 vs.羞怯与怀疑	如何获得独立?	意志
3. 学龄初期	性器期	主动 vs.内疚	如何变得有力量?	目的
4. 学龄期	潜伏期	勤奋 vs.自卑	如何变得更好?	能力
5. 青少年期	生殖期	同一性 vs.角色混乱	如何适应成人世界? 我是谁?	忠诚
6. 成年早期		亲密 vs.孤独	如何去爱?	爱
7. 成年中期		繁殖 vs.停滞	如何设计一份"礼物"?	关心
8. 成年晚期		自我整合 vs.绝望	如何接受生命的"礼物"("生活的礼物")?	智慧

弗洛伊德认为,心理性欲发展是从吮吸开始的:

> 吮吸母亲的乳头是整个性性生活的起点,是以后性生活满意度的无可比拟的原型,而且这一行为常常在需要的时候都能够得到满足。吮吸使得个体将母亲的乳房当作性本能的第一个对象。关于它对以后每个选择的重要意义,以及它的转变和替换对性生活最隐秘部分的深远影响,我无法给出确切答案。(Freud,1916/1961,p.314)

我们从这段引文中可以看到弗洛伊德对于母婴之间建立联结的一些观点。在生命的第一年,婴儿通过吮吸乳头(或奶瓶)获取营养和快感。吮吸缓解了由饥饿引发的紧张状态,这种紧张状态的缓解会使个体感觉良好。母亲通常是让个体体验到这些良好感觉的来源,因为母亲能为婴儿提供食物和快感。母亲成为婴儿的第一个爱恋对象。从力比多的口唇体验中,个体形成对理想的性体验的持久印象,即一种快乐,而作为成年人的我们,这种快乐只有在最亲密的关系中才能有幸再次体验。

婴儿在口唇期完全依赖于照料者满足自身的基本生理需求。当由需要引发的紧张状态得到持续和定期的满足时,婴儿会认为周围的环境是相对可预测的和舒适的,这为日后个体健康的性心理发展奠定了基础。埃里克森同意弗洛伊德的观点,认为在生命的第一年力比多主要集中在口唇部位,通过吮吸母亲的乳头或奶瓶得到满足,这也是个体整个性生活的起点。然而,通过口唇活动释放的力比多只是个体生命历程第一年中一系列广泛的、多维发展的人际关系中的一部分。这些关系可能使婴儿体验到基本信任和安全感,或者体验到不信任和不安全感。最重要的是,吮吸在母亲和婴儿之间形成一种联结。不管怎样,这种爱的联结能够潜在地让婴儿在出生第一年里感受到信任和安全感,婴儿会感觉世界是安全的,周围环境是可预测的,生活是值得信赖的。但是,婴儿也会不可避免地体验到不信任和不安全感。只有两方面平衡,个体才能健康发展。

在弗洛伊德的心理性欲模型中,力比多发展的第二个阶段是肛门期(anal stage)。在生命的第二年和第三年,性能量主要通过保持和排泄释放。(粪便的)滞留与排放,包括周期性的张力积聚和释放,重复产生身体体验和性享受。随着儿童括约肌的成熟,他们能够自如地决定在何时、何地释放。因此,成功的如厕训练表明在一定程度上能够控制性本能,即力比多能量的释放受到社会规范的制约。能控制自己的肛肠确实算得上自我的一个伟大成就,表明个体体验到自主感和控制感,这两种感觉在后续阶段的个人成功中可能还会体验到。

埃里克森重新解释了第二个阶段的主要特征——自主对羞怯与怀疑(autonomy versus shame and doubt)。埃里克森同意弗洛伊德的观点,认为力比多的释放通过肛门活动实现,如排泄。然而,在埃里克森看来,2～3岁的儿童很难体验到一定程度的自主、自由、独立和自我掌控,也很难避免体验到耻辱、羞愧、怀疑和对自我满足的威胁。因此,如厕训练很重要,与其说它是力比多的一种发泄方式,不如把它看作自我控制的实现。在生命的第二年和第三年,个体在运动、语言和探索性游戏方面有重大的发展,这为个体获得某种程度上的独立提供了前所未有的机遇。儿童生活的环境为他们力图控制自我和获取一定的独立性提供支持。正如埃里克森所说,"儿童希望通过自己的双脚站立起来,环境必须使儿童满足这个愿望",这样可以避免儿童产生一种认为自己幼稚和愚蠢的感觉,我们称之为羞耻感。因此,生命第二个阶段的主题就是独立、自主、自我控制和避免羞耻感。

然而,对4岁左右的儿童来说,仅仅体验到自主和独立是不够的。弗洛伊德认为,3～5岁的儿童进入性心理发展的第三个阶段——性器期(phallic stage)。此时,力比多主要集中在生殖器区域。儿童对自己的性器官产生兴趣,同时变得对成年人的性行为感到好奇。在性器期,儿童可能会开始手淫。力比多的宣泄方式通过潜意识中对父母的性和攻击愿望来反映。儿童可能会无意识地对父母中的一人产生性体验,对另外一人则产生敌意(弗洛伊德认为就是这样),弗洛伊德将这种动力描述为俄狄浦斯情结(Oedipus complex),在古希腊神话中,一个年轻人无意中杀死了自己的父亲然后娶了自己的母亲。(我们在第11章将会看到,俄狄浦斯的故事是精神分析学派用来解释人生故事的核心概念。)

弗洛伊德有关俄狄浦斯情结的思想受到关注的同时也遭受很多批评和挑战,但它的影响力一直在扩大。在埃里克森的理论模型中,处于第三个发展阶段的儿童关注的核心是权力。主动与内疚是学龄前儿童最基本的心理社会问题。在这个时期,儿童开始主动地在日常生活中努力尝试掌控、划分和征服世界。当他们无意识地将他人或者环境作为攻击对象并试图攻击时,就会体验到内疚。

专栏 9.A

早期客体关系

埃里克森在他的人格发展模型中拓展了弗洛伊德有关性心理发展阶段的基本概念,使个体的发展过程涵盖社会和文化的影响。弗洛伊德认为,婴儿通过吮吸母亲的乳头来释放口唇期的力比多;埃里克森认为,吮吸行为有助于建立一种长期的依恋关系和一种潜意识的观念,即世界是值得信赖的。和埃里克森(Erikson,1963)一样,20世纪50~70年代,其他精神分析流派的心理学家提出不同的发展模型,这些模型在本质上都与弗洛伊德的观点有所不同(Fairbairn,1952;Guntrip,1971;Kohut,1971;Mahler,Pine,& Bergman,1975;Winnicott,1965)。然而,埃里克森将精神分析的思想向外扩展与社会和文化方面相结合,其他理论家则更关注个体内部,主要是个体生命最初三年的客体关系。

按照精神分析的传统,客体关系(object relations)是指人际关系。这个术语源自弗洛伊德最早的观点,即他人会变成我们性驱力的对象或目标。如果我说我的妻子是我力比多的对象,那么意味着我的性能量会指向她。简单来讲,就是我和她之间有很强的情感联结。客体关系理论家十分关注人际关系,他们对这种与他人之间深层次的卷入关系如何反映在潜意识的幻想中特别感兴趣,尤其是婴儿和幼儿的潜意识生活。正如本书第2章讨论的依恋理论,客体关系理论家认为,我们会内化生命第一年的亲密关系,而且这种内化的客体关系对长期的人格发展起着至关重要的作用。

马勒(Mahler,1968;Mahler et al.,1975)提出一个很有影响力的客体关系理论,该理论强调分离—个体化(separation-individuation)过程。根据马勒的理论,婴儿最初处于一种自我封闭和遗忘的状态，在三个月左右的时候开始感受到与他人的融合或共生关系，之后逐渐将自我从这个共生关系中分离出来。这种将自我与他人或者客体分离的过程大约出现在婴儿五六个月大的时候。在第一个分离—个体化阶段（婴儿 5～9 个月的时候），身体意象的分化开始出现，婴儿开始明白自己的身体独立于其他客体。随着移动能力和手部动作的发展，婴儿能够通过与他人（例如母亲或者其他照料者）的目光接触或者声音交流，来确信尽管母亲或者其他照料者已经不再和自己是一个完美的统一体，但他们依然存在。

第二个阶段又称练习阶段（婴儿 10～14 个月的时候），婴儿的运动能力开始发展，这使他们能够更加轻松地探索周围环境。母亲或者其他主要照料者会促进婴儿的探索，当母亲不在场时，婴儿可能会显示出有节制的行为，抑制自己的探索行为转而关注自己的内部世界，想象母亲的形象（母亲的形象在婴儿的脑海里出现）。第三个阶段为修复（rapprochement）阶段（婴儿 14～24 个月的时候），儿童与母亲分离的意识逐渐增强，同时可能会产生一种心理冲突从而使自己处于紧张状态，即渴望与母亲在一起又渴望与母亲分离。如果儿童顺利度过这个困难时期，就能够形成对自我和他人的稳定认知，获得马勒所说的情感对象的恒常性。

在客体关系理论中，比较有影响力的还有科胡特（Kohut，1971，1977，1984；Wolf，1982）的自我心理学（self psychology）。科胡特认为，人格的核心是双极自我（bipolar self）。这两极分别是：(1)对力量和成功的渴求；(2)理想化的目标和价值观。科胡特把两极之间的联结称为"张力弧"（tension arc），即人的基本潜能。从某种意义上讲，个体的行为在自身潜能和能力的限制下由渴求驱使同时受到理想化的目标和价值观的指引。双极自我是儿童在早期生活中与环境中重要的自我客体（self-objects）产生交互作用而形成的。在某种程度上，自我客体是人们生活的中心，我们会感受到它是我们自身的一部分。双极自我通过与自我客体之间的关系逐渐发展。

354 在大多数情况下，生命头两年最突出的自我客体就是母亲。科胡特把母亲视为最原始的镜像自我客体（mirroring self-object）。随着自我的发展，母亲最主要的作用是反射孩子的光彩。这意味着，母亲必须承认和欣赏孩子的力量、活力、健康和独特性，必须鼓励孩子发展主动性和力量。这种镜像关系的建立、巩固会明确儿童双极自我中对成功的渴求。在随后的发展阶段，母亲或父亲可能会成为儿童理想化的自我客体。儿童对理想化的自我客体的欣赏和认同是自身获取力量和关心的源泉。这种理想化关系会建立、巩固双极自我中的第二极，即理想化的目标和价值观。

> 早期客体关系中健康的镜像化和理想化为日后健康的、自主的双极自我的发展奠定了基础。科胡特认为,镜像化和理想化经常会出现问题。其中,最常见的问题就是病态自恋(pathological narcissism)。科胡特认为,极端自恋者表现出过多的自我关注和对他人的漠视,这是因为他们生命早期的客体关系没能成功为他们提供一种自我价值感。

埃里克森认为,在儿童发展的第三个阶段,即发挥主动性和寻求权力的阶段,性别差异会表现出来。男孩倾向于采取一种更具侵略性的行为模式,包括“通过身体攻击侵犯他人,通过具有攻击性的谈话干涉他人的想法,通过剧烈的活动侵入其他空间,通过好奇心侵入一些未知的领域”(Erikson,1963,p.87)。女孩则往往采取一种更具包容性的行为模式,即“取笑、要求和理解”(p.88)。然而,无论是男孩还是女孩,用埃里克森的术语来讲,“都在竭力地追求”。尽管行为方式可能不同,但是他们在这个发展阶段都强烈渴望成为自己世界的国王或王后,成为全能的和最重要的人,成为一切的中心。

在小学毕业时期,儿童会进入第四个发展阶段——潜伏期(latency)。弗洛伊德认为,潜伏期的力比多极少会以一种公开的方式释放出来。此时,力比多主要通过游戏、功课和同伴关系释放。小学是社会化程度不断加深的阶段,儿童可以在这一时期内化各种价值观、规范、规则和社会技能。在埃里克森看来,小学儿童已经进入一个非常重要的阶段,他们将要不断面对勤奋和自卑的挑战。一些内部变化,如俄狄浦斯情结的解决,可以帮助引导这个阶段儿童的顺利发展,学校教育开始走进他们的生活。

从六七岁开始,大多数文化背景下的儿童将接受一些家庭之外的系统教育,这种学校教育是为了使儿童能更熟练地使用工具和学习成年期的角色(Erikson,1963)。这些工具涵盖了社会日常生活的基本器具,能够促进儿童的身心发展,进而推动科技、政治、经济、教育和宗教系统的进步。成年期角色则包括特定结构化的活动,即成年人作为社会成员而从事的或多或少带有技能的工作,例如老师、父母、猎人、牧师和医生,等等。尽管儿童以前已经接触到这些工具和角色,但现阶段才是他们系统、规范学习的时期。

因此,在埃里克森理论的第四个阶段儿童应该学习他所处文化的阅读、写作、算术等技能。儿童应该学习基本技能,成为一个对社会有用的人,同时还要学习一些工作场合的行为方式和社交礼节。埃里克森(Erikson,1963)写道,“在这个阶段,广泛的社会化变得更加重要,这种变化源于承认儿童能够理解经济和技术中有意义的角色”(p.260)。小学儿童正在学习如何成为一个好员工、好公民,以及具有良好道德的社会成员。

由于这种学习适用于物质和道德、经济和伦理等多个方面,因此我们可以将这个阶段的核心问题描述为“如何成为好孩子”(How can I be good)。在这个可塑性很强的发展阶段，教堂和学校是最具影响力的地方，它们能够帮助儿童学习如何成为一个好男孩或好女孩。虽然我们知道在拼写测验中获得 A 和讲真话都会被称赞"很棒"，但这两种"很棒"有细微差别（Nucci，1981），这也是埃里克森理论中儿童第四个发展阶段的主题。

同一性问题

对埃里克森而言，人生早期阶段不过是青春期晚期和成年早期的一个前奏。青春期晚期和成年早期被当今社会学家称为成年初期（emerging adulthood）（Arnett，2000）。在这个时期，人们面临的同一性问题是：我是谁？ 童年期的四个阶段会给个体留下独特的资源、障碍、优点和缺点，它们会在个体身上显现出来。在这个意义上，过去（早期阶段）在一定程度上决定了未来（后期发展）。在某种程度上，反过来说也是对的。青少年和成年早期的人现在回过头去看自己的童年，可以认定童年意味着什么。这种认定发生在童年期之后，从某种意义上讲，后期发展（紧跟童年期之后）在一定程度上决定了早期发展（童年期）。我们不能改变已经发生的事实，但是我们可以改变对这些事实的看法。这种新的解读成为自我同一性的一部分，并对其产生影响。在解决同一性问题时，为了弄清楚我们如何发展成现在的自己以及我们将来又会怎样，我们必须回顾过去才能得出一个合理的解释。埃里克森在《青年路德》中写道：

> 无论是回顾过去还是展望未来，成年人会以一种连续的视角看待自己的生活。通过接受"我是谁"（通常基于经济状况、出生顺序，以及在社会结构中的地位），成人能够选择性一步一步重建自己的过去。在这个意义上，我们确实可以在心理上选择我们的父母、我们的家族史，以及我们的国王、英雄和神话的历史。吸收外部理念并将它们转化为自己的东西，使我们能够成为自己内心的掌控者和创造者。（Erikson，1958，pp.111—112）

青春期和成年早期

在弗洛伊德的性心理发展理论中，青春期标志着力比多最后一个阶段（生殖期）的开始，同时也是发展的结束。男孩青春期的生理变化表现为阴茎和睾丸的继续发育，女孩青春期的生理变化则表现为乳房的发育和月经的出现，男孩和女孩在体毛和声音方面也会发生变化。青春期的生理变化和与之关联的明显的性需求意味着力比多转变的结束。埃里克森认为，青春期既是结束，也是转变。青春期标志着童年期的结束，发展过程中有关信任、自主性、主动性和勤奋的主题也随之结束。这表示个体发展到一个新的阶段，这个阶段会对心理发展产生十分重要的影响。在埃里克森看来，青春期的生理问题以及一些其他的发展问题，引导个体进入自我同一性对同一性混乱的心理社会发展阶段。

为什么我们在青春期首先就会遇到同一性问题？ 这个问题的答案多种多样，但一般而言可以分为三类：身体层面、认知层面和社会层面。首先，作为青少年，我们发现自己不知不觉拥有了和成年人一样的身体，对此我们感到既兴奋又恐惧，这与我们以前了解的有本质上的不同。你可能从你的经历中回想起，达到生理成熟并不是简单长大。第一性征和第二性征的出现以及青少年在青春期对性的渴望告诉我们，不管生理上还是身体上，他们都和以往的自己不同。青春期是整个青少年阶段的一个重要转折点，此时在青少年的思想中童年期已经成为一段历史。换句话说，青春期身体上的变化使青少年意识到："我和过去不同，我不再是一个小孩；我和从前一样，但是我又不太确定我变成什么样子。"

　　其次，认知的发展在同一性中起到十分关键的作用。发展心理学家皮亚杰（Inhelder & Piaget，1958）认为，青少年时期很多人都进入认知发展的形式思维阶段（formal operations）。根据皮亚杰的理论，在这个阶段个体能够通过高度抽象的方式思考自己和世界。在形式思维阶段，个体拥有依据语言和逻辑假设进行推理的能力。皮亚杰认为，在青春期之前我们是无法做到这点的。因此，10 岁的时候虽然我们能够准确地对世界进行分类，但仅限于理解世界是什么而无法理解抽象的世界。一个 10 岁的美国儿童能流利地背出美国 50 个州首府的名称，你应该不会感到惊讶。然而，如果你问他：假如只有 10 个州，那么这些州的首府会是怎样？他很可能难以回答。这个儿童可能会认为这个命题本身就十分荒唐，因为美国实际就是有 50 个州。同时，他会发现设计一个系统的方案来确定这个假设中提到的问题十分困难。10 岁的儿童只会尊重具体的事实：事实就是一切。对具有形式思维能力的青春期个体和成年人而言，事实则被理解为一种可能性。

　　对于"我是谁"和"我如何适应成人世界"的自我提问，形式思维的出现促进了这类问题的解决。青少年可能会看到当下的现实并回想过去的情况，将它们与一些有关过去和未来的可能性假设进行对比。对自我和世界的这种内省和抽象的定向可能会激发一种假想：一种理想的家庭、宗教、社会和生活（Elkind，1981）。青少年开始严肃地思考另一种生活或其他生命系统的可能性，这种思考激励他们以一种新的或者先前从未意识到的方式体验这个世界，而且质疑童年期学到的现在看来已经"过时"的东西。此外，青少年会观察自己的行为并开始思考，当通过大量不同的和冲突的方式接触世界时，它们之间最基础的联系是什么。"在我扮演的所有不同角色背后，是不是有一个最真实的自己存在？"而这样一种认知不可能发生在 10 岁儿童身上。

　　在早期经验中，儿童会有很多不同的自我，但他们不会因为这些不同自我之间的不一致而产生困扰。我们和父母在一起的时候是一个样子，和朋友在一起的时候是一个样子，在自己的梦想世界中又是另一个样子。童年期思维的有限性允许这些相互矛盾的自我存在。过去、现在和未来的各种不同自我之间的同一性是一种抽象的思考，儿童难以企及。随着青春期形式思维的出现，整体性、一致性和整合性变成内省的现实问题。青春期理想主义的核心是理想自我。考尔菲尔德（Holden Caulfield）的幻想就是一个十分典型的例子（考尔菲尔德是小说《麦田的守望者》中的一个年轻英雄）。他受到很多年轻人的喜爱，在小说里他讨厌那些虚伪和善变的面孔。当然，这种批判似乎也指向成长中矛盾的自己。因此，整体性在青春期晚期是一种理想，这一目标可能在此阶段之后才能实现。（Breger，1974，pp.330—331）

青少年生理和认知上的变化并没有完全揭示同一性问题。最后，社会因素对于同一性同样重要。比较个体在社会交往中的所做、所想和所感，会发现他们在童年期和成年期会有很大转变。埃里克森（Erikson，1959）写道："青春期同一性的形成具有十分重要的意义，个体会在成长过程中逐步履行作为一个成人的职责，获取成人的地位，以别人对待自己的方式对待别人。"（p.111）总而言之，西方社会期望青少年和成年早期的个体能够把握职业方面、意识形态方面，以及人际交往方面的各种机会，决定自己想要的成年生活。这就是说，社会和青少年自身都在为同一性的发展作准备，直到个体成为一位真正的成年人。就像埃里克森描述的那样：

> 这个时期可以被看作心理社会性延缓期，在此期间，个体自由体验不同角色，在社会中找到适合自己的位置，这个位置有明确的定义，而且个体会认为这个位置是为他单独设计的，只有他最符合这个位置的要求。找到自己的位置有助于提高个体的自信水平和社会同一性，这种社会同一性将个体童年期和未来的发展联系起来，从而整合个体的自我概念和对自己的认知。（Erikson，1959，p.111）

因此，这里面有一种张力（tension），这种张力存在于社会为个体规划的合适的职业与个体期望的职业之间。个体在建构适应社会角色和社会期望的同一性的过程中，不应该盲目遵循家庭或社会的要求。在某种意义上，这与当初路德决定成为一名修道士一样。但是，我们最后看到，路德最终超越在修道院成为一名修道士的愿望，通过不断探索和发展为自己创造出一个独特的身份。路德没有也不可能完全遵循社会对他的要求和期待。埃里克森认为，即使在剧烈变化的时期，同一性也是由社会和个人共同创造的。青少年或成年人既不是社会历史环境的牺牲品，也不是其主人。相反，在同一性发展的过程中，自我与社会之间应该存在一种动态张力。

同一性状态

理解同一性的一种方法就是，关注青春期和成年早期的个体如何回答"我是谁""我如何适应成人世界"。根据这种方法，我们会发现同一性形成过程包括两个相关的步骤。在第一个步骤中，年轻人会摆脱童年期的信念和观点，形成有关自我和世界的假设，而且开始寻找替代品。此时，他们可能会挑战父母、学校、教堂，以及其他权威机构或人物提出的观点。他们可能会质疑自己的过去，而且开始幻想如果早些时候没有发生某件事情，现在的生活会不会有所不同。例如，如果自己出生在一个不同的家庭，处于不同的社会阶层,生活在不同的民族、不同的社会,以及不同的历史时期,那么自己的生活又会发生怎样的变化呢? 形式思维使个体的想法发生转变,从是什么转变为可能会怎样,这种转变使个体开始尝试不同的信仰、价值观、意识形态、行为和生活方式,寻求各种各样的方法以适应生活。这种探索在同一性形成的第二个步骤停止,此时个体会承担不同角色的义务,这也表明年轻人如何看待自己适应成人世界。在第二个步骤中,探索阶段的问题和怀疑得到解决,同一性不再是紧迫的问题。

马西娅等人(Marcia, 1966, 1980; Marcia, Waterman, Matteson, Archer, & Orlofsky, 1993)开发了一种半结构式访谈,这种访谈关注探索和承诺,适用于埃里克森提出的同一性的两个核心方面:(1)职业,即个体在社会中能胜任的工作;(2)意识形态,即个体最基本的信仰和价值观,特别是宗教和政治方面的。基于个体在访谈中的反应,心理学家将他们分为四种不同的同一性状态(identity statuses),详见表 9.3。有研究者开发了调查问卷以评估同一性状态(Adams & Marshall, 1996; Schwarz, 2001)。每种状态都可以被视为个体在其生命当前阶段拥有的同一性的特定发展位置。随着时间的推移,个体会从一种状态发展成另一种状态(Bourne, 1978; Waterman, 1982)。马西娅的方案在过去 30 年里激发学者开展了大量研究,这些研究大多数是和在校大学生共同完成的,这个年纪的人最容易出现各种形式的同一性问题。

表 9.3　四种同一性状态

状态	过程	
	探索、危机、问题	承诺、决心
同一性实现	有	有
同一性延缓	有	无
同一性早闭	无	有
同一性混乱	无	无

根据埃里克森的理论,四种状态中发展最为充分的就是同一性实现(identity achievement)。同一性实现者经过一段时间的探索,有了清晰的职业目标和意识形态目标,并能为之奋斗。他们通过了埃里克森提出的第五个心理社会发展阶段的挑战,准备进入第六个阶段。同一性实现者努力内化这些目标,依靠自身的技能和能力应对日常生活中的挑战。不同于其他状态的个体费尽心思争取父母的关爱,同一性实现者会以一种平衡的方式理解父母,尽管有时候他们之间也存在一些小矛盾(Jordan, 1971; Josselson, 1973)。

有研究表明,同一性实现者比其他状态的个体更有学术倾向。克罗斯和艾伦(Cross & Allen, 1970)研究发现,同一性实现者在大学课程中获得的分数更高。马西娅和弗里德曼(Marcia & Friedman, 1970)发现,在女性中,同一性实现者会选择更难的专业。奥洛夫斯基（Orlofsky，1978）发现，同一性实现者在成就动机测验中得分很高。其他一些研究发现，同一性实现者会使用一种自主的和具有原则性的方式作出决策，尤其是面临道德决策的时候，他们往往不会完全遵从同伴压力和社会准则的要求（Adams，Ryan，Hoffman，Dobson，& Nielson，1984；Toder & Marcia，1973）。同一性实现者倾向于基于自己的正义原则和社会契约作出道德决策，而不是根据社会的传统法律和利己主义的需要（Podd，1972）。

第二种同一性状态是同一性延缓（identity moratorium）。处于延缓期的个体正在探索同一性问题，但是并没有作出任何承诺。你可能会说，他们还不知道自己是谁，而且对于这一状态他们自己也很清楚。对现在和未来的不确定性可能会引发全面的同一性危机，正如路德一样。然而，目前处于延缓期的个体在不久的将来可能会成为一名同一性实现者，因为他们逐步从焦虑时期的探索转向作出稳定的承诺。因此，与同一性实现者一样，处于延缓期的大学生通常也被视作相对成熟的，很多以同一性实现者为被试的研究结果同样适用于延缓期的个体。例如，相比于其他同一性状态的个体，同一性实现者和处于延缓期的个体都能创造出丰富的和个性化的自我概念（Dollinger & Dollinger，1997）。有研究表明，相比于其他同一性状态的个体，同一性实现者和延缓期的个体都倾向于采用更为成熟的防御机制应对压力（Cramer，2004），而且以更具参与性的方式和探索性风格处理周围信息（Berzonsky，1994）。

延缓期的个体与父母之间存在一种矛盾的情感。在延缓期，个体会试图与家庭保持更大的心理距离，拒绝带有旧标识的根深蒂固的价值观和信仰，将父母或其他权威人士视作暂时的消极身份认同（negative identities）（Erikson，1959）。这些消极的身份认同表明，年轻人不想成为他们那样的人。因此，在青少年努力探索什么值得信任和如何像成年人一样生活的过程中，父母可能会被想象成敌人的角色。这并不让人感到惊讶，延缓期的个体刚步入成年期时，经常会对父母持有矛盾的情感、激烈的言辞（Josselson，1973；Marcia，1980），以及较高水平的总体焦虑（Marcia，1967；Oshman & Manosevitz，1974）。此外，延缓期的个体在刚成年的时候经常被描述成非常友好的、可爱的、敏感的和具有洞察力的（Josselson，1973；Marcia，1980）。

在埃里克森看来，处于第三种状态即同一性早闭状态的个体已经错过同一性挑战的经历。在早闭状态，年轻人未能探索，而是完全遵循童年期毫无争议的立场。处于早闭状态的年轻人作出了最安全的选择，即遵循童年期的角色、信仰和期望，而不是作出具有不确定性的、质疑过去经历和权威人物的冒险的选择。在考虑职业问题的时候，他们选择完全遵循权威人物的建议，或者按照权威人物的要求去做（Berzonsky，1994）。个体身上那些在童年期形成的意识形态、信仰和价值观在进入成年早期的时候被完整地保留下来，他们不会对此有任何质疑，也不会作出任何改变。因此，当个体说他们与父母非常亲近时（特别是父子之间），我们一点都不会感到奇怪。他们在描述自己家庭的时候认为家庭充满了真挚的情感和爱(Donovan，1975)。

早闭状态似乎是四种同一性状态中的"最佳表现"(Marcia，1980)。处于这种状态的大学生往往会努力学习,按时作息,表现得更愉快。良好的品行可能建立在相对传统的和符合习俗的价值观要求之上,这些观念大多源自权威人物或机构,比如父母和教会。事实上,有许多研究表明,与处于其他状态的个体相比,早闭个体在看待世界的时候更多地采用一种权威主义的视角(Marcia，1966，1967；Marcia & Friedman，1970；Schenkel & Marcia，1972)。正如我们在第5章看到的,权威主义是一系列态度和特质的集合,这些态度和特质集中表现为对权威、传统价值观和严格对错标准的服从和尊崇。早闭个体在面对道德困境问题时会表现出强硬和权威的反应,倾向于遵从权威的命令,哪怕权威人士要求他们做的事情是错误的(Podd，1972)。在其他人格变量方面,早闭个体在自主与焦虑维度上的得分都比较低,他们倾向于表现出不切实际的高水平抱负(Marcia，1966，1967；Orlofsky，Marcia，& Lesser，1973)。

马西娅提到的第四种同一性状态是同一性混乱(identity diffusion)。与早闭状态类似,同一性混乱的个体并没有进入探索阶段,也没有作出任何承诺。处于这一状态的年轻人仿佛置身于混沌之中,他们既没有强烈地忠于自己的过去,也没有对未来作出任何明确的承诺。为数不多的有关同一性混乱的研究发现,同一性混乱的个体最为显著的特征就是言语退缩(word withdrawal)。多诺万(Donovan，1975)发现,同一性混乱的个体往往会产生一种不适应感和社会孤立感。他们和父母之间的关系比较冷淡,甚至还有一些误解,他们在建立一种新的关系时会极其谨慎。乔塞尔森(Josselson，1973)指出,幻想和退缩是同一性混乱的女性最爱使用的应对策略。根据现有的为数不多的证据,马西娅(Marcia，1980)认为同一性混乱的个体"似乎很少整合过去,对于未来也没有多少规划;他们只关心现在"(p.176)。

乔塞尔森(Josselson，1996)对30名女性开展了一项纵向研究,她们都是高校毕业生,通过访谈,乔塞尔森根据马西娅的同一性状态理论对她们进行归类。研究发现,从大学到中年同一性具有一定的稳定性和可变性。乔塞尔森将大学时同一性实现的女性称为实现者(pathmakers),在步入30多岁和40多岁的时候"她们对自己生活和选择的基本意义有一种坚定的信念"(p.101)。对实现者而言,"自我怀疑(self-doubt)也是可以存在的。她们意识到可以作出其他选择,虽然之前作出的选择已经带来一些痛苦或者走进死胡同,但是她们有能力自我恢复并再次作出选择,她们希望下次能够带着更深刻的理解和更强的洞察力作出选择"(p.101)。处于延缓期的女大学生在30多岁和40多岁的时候仍然充当探索者的角色。与实现者相比,延缓期的个体经历了更多的自我怀疑和自我批评,她们报告了更生动的情绪和更强的灵性。尽管如此,但正如乔塞尔森所说,大多数探索者迟早有一天会找到自我,像实现者一样拥有职业、意识形态和人际关系承诺。

同一性早闭者（乔塞尔森所说的守护者，guardians）和同一性混乱者（也称流浪者，drifters）在大学时期有明显的成长和发展。与其他群体相比，早闭者虽然更加僵化和注重道德，但会以坚定的原则为基础建立新的有趣的自我概念。直到步入中年，大多数早闭者才发现"她们早些时候掩藏的内在的东西。她们在学习遵循权威的过程中变得沉默"（Josselson，1996，p.70）。同一性混乱的大学生的生活历程表现出"多样性和复杂性"（p.168），但是她们中的大部分人步入中年后，在围绕承诺和目标来组织自己的生活方面已经取得相当大的进步。大多数同一性混乱的个体都表示对过去的经历感到十分后悔，这可能是因为她们刚进大学第一次面临同一性问题时没有把握机会。尽管如此，她们也会积极探索各种选择，在三四十岁的时候开始调整自己的生活。乔塞尔森认为，她们生活的核心主题是"通过成长获取更多的意识和控制"（p.168）。为了弥补过去浪费的时间，处于同一性混乱状态的女性，与她们大学时期的同学一样，正面临着中年生活的同一性挑战。

同一性和亲密

埃里克森的发展阶段模型表明，一旦成年人试图回答"我是谁"这个问题，他们在心理上已经开始准备进入第六个阶段，即亲密对孤独阶段（intimacy versus isolation stage）。很多人都通过与他人的亲密关系来认识自己，这两个阶段的发展顺序在很多人的生活中可能正好是反过来的。在很多人身上，亲密关系问题出现在同一性问题之前。有人认为，在美国社会中，女性的生活体现了亲密关系和同一性问题的整合，而女性的同一性问题往往和她的亲密关系有着十分复杂的联系。成人自我（adult self）的建立和亲密关系的发展很难完全区分开来。然而，埃里克森青睐一种理想化的顺序，他认为一个人可能无法与他人形成真正的亲密关系，直到他首次在同一性问题上取得重大突破。

大部分人格研究结果都证实了埃里克森的这个观点，即同一性问题的解决和亲密关系的质量之间确实存在联系。依据马西娅对同一性状态的分类，奥洛夫斯基等人（Orlofsky et al.，1973）提出亲密状态（intimacy status）的类似分类。研究人员设计了一种半结构式访谈，以考察个体在生活中亲密关系的质量。根据被试对约会、交友和人际承诺等问题的回答显示出的特点，他们会被划分为不同的亲密状态。以亲密行为的多少为标准，共划分了亲密、前亲密、刻板和孤独四种状态（见表9.4）。

有研究发现，同一性状态和亲密状态两种测量方式存在中等程度的正相关。奥洛夫斯基等人（Orlofsky et al.，1973）发现，男性大学生中，处于相对成熟状态的同一性实现者和延缓期个体，也倾向于处于一种更加亲密的状态（亲密状态和前亲密状态）。特施等人（Tesch & Whitbourne，1982）选取20岁左右的48名男性和44名女性，研究同一性和亲密行为之间的关系。被试的同一性状态和亲密状态通过访谈的方式测量。研究者增加了第五种亲密状态，称为合并（merger），在这一特定的关系中一方处于领导和

表 9.4　大学生的四种亲密状态

亲　　密	处于该状态的个体致力于发展互助的人际关系,他们拥有一些可以探讨私人问题的亲密朋友。他们沉浸于一段忠诚的爱情,这种两性关系使双方感到满意。他们能够在情感关系中表达愤怒和关爱。这种状态的个体通常会显示出对他人的兴趣。
前亲密	处于该状态的个体有约会行为,但没有忠诚的爱情关系。他们意识到自己有可能与他人建立相对亲密的关系。他们会有亲密的朋友,会看重他人的诚实、开放性、责任心,而且重视他人的亲近。他们对承诺和爱情的态度比较矛盾。
刻　　板	处于该状态的个体分布范围很广,包括从还没有超越肤浅恋爱关系的适度压抑的和不成熟的个体到花花公子或追求享乐的个体。一般来讲,他们会有一些朋友,然而这种关系缺乏必要的深度。他们可能会定期约会,但总的来说不是很投入。
孤　　独	处于该状态的个体缺乏持久的人际关系。虽然他们可能有几个交往不太频繁的朋友,但是他们很少参加社会活动,也很少约会。对亲密接触的焦虑促使他们退缩进而陷入孤独。他们比较焦虑和不成熟,缺乏自信和社交技巧。不过,他们也会呈现出自己的喜怒哀乐。

来源:"Ego Identity Status and the Intimacy versus Isolation Crisis of Young Adulthood," by J.L. Orlofsky, J.E.Marcia, & I.M.Lesser, 1973, *Journal of Personality and Social Psychology*, 27, 211—219.

支配的地位。研究结果如表 9.5 所示。成功解决同一性问题(同一性实现)的男性和女性表现出更高水平的亲密行为(亲密状态),同一性问题没有得到较好解决(同一性混乱)的男性和女性往往在亲密水平的测量中得分较低(前亲密状态、刻板、孤独)。

表 9.5　成年早期的同一性状态和亲密状态关系研究

	同一性			
亲密	实现	延缓	早闭	混乱
男性				
亲　密	8	2	0	2
合　并	2	3	0	0
前亲密	4	1	0	4
刻　板	0	2	0	1
孤　独	0	0	0	3
女性				
亲　密	7	4	0	1
合　并	0	2	0	1
前亲密	3	1	3	1
刻　板	1	0	0	3
孤　独	0	0	0	0

注:表中数字表示被试人数(频数)。
来源:"Intimacy and Identity Status in Young Adults," by S.A.Tesch & S.K.Whitbourne, 1982, *Journal of Personality and Social Psychology*, 43, 1049.

有学者(Kahn，Zimmerman，Csikszentmihalyi，& Getzels，1985)研究了年轻人同一性问题解决的程度与他们18年后对自己婚姻生活质量的评估之间的关系。结果显示，成年早期同一性问题解决的程度可以预测中年时期婚姻关系的确立情况(针对男性)和稳定性(针对女性)。同一性问题解决得比较好的年轻男性更有可能结婚，相反，同一性问题没有得到很好解决的男性则更多处于单身状态。与同一性水平较低的女性相比，同一性水平较高的女性在婚姻生活中经历离婚和分居的可能性更小。

繁殖和成年期发展

363

埃里克森心理社会发展八阶段模型中的最后两个阶段大致对应成年中期和成年晚期。成年中期人们开始关心下一代，并考虑给他们留下一笔财富。成年晚期人们开始回顾自己的一生，并开始接受"生活一直是美好的"这一观念。

繁殖对停滞是埃里克森理论的第七个阶段。繁殖的标准就是抚养子女。埃里克森认为，通过成为好的、称职的父母，成人被别人需要的需求得到满足，并直接促进下一代的发展。除此之外，还有很多其他获得繁殖的方式，例如职业生涯、创造性活动、团体活动(少年棒球联合会、慈善捐赠和教会活动)等都能获得繁殖感。在所有这些行为当中，成年人的繁殖行为主要是"对生活和工作这种超越自我的方面进行物质投资"(Kotre，1984，p.10)。处于繁殖阶段的成年人会要求自己致力于一些非同寻常的活动，他们会投入大量时间和创造力到一种能够"一直延续"的活动当中。研究者(Kotre，1984)确定了成年人获得繁殖的四种不同途径：生殖、养育、技术发展和文化创造。这四个方面通过各种关怀行为联系起来(见表9.6)。埃里克森(Erikson，1969)在对圣雄甘地的心理传记研究中写道：

> 一个成熟的中年男子，在自己生命的不同阶段，不仅应该下定决心该关心什么不该关心什么，而且应该坚定自己将来关心什么和自己能关心什么的信念。他的底线是不能无所作为，必须尽其所能，身体力行。(p.255)

繁殖模型

除了埃里克森之外，还有很多理论家探讨过成年人生命过程中繁殖的作用(例如，Browning，1975；Cohler，Hostetler，& Boxer，1998；Gutmann，1987；Kotre，1984，1999；Neugarten，1968；Peterson & Stewart，1990；Snarey，1993；Stewart & Vandewater，1998；Vaillant & Milofsky，1980)。对于繁殖有大量不同的描述，有人将它描述成一种繁殖自我的生物性驱力，有人则认为它既可以是一种需要他人照顾和被他人需要的本能，也可以是一种哲学上的超越和象征性不朽，成年期心理健康和成熟的发展性标志，还可以是一种富有成效的社会生产力。它被认为与行为(抚养孩子)、动

364

机、价值观(护其善，促其更善)和世界观(拥有长远的视角和广阔的胸襟)有关。

表 9.6 繁殖的四种类型

类型	描 述
生殖	当父母,生育子女,抚养后代
	繁殖对象:婴儿
养育	养育和管教子女,让他们进入传统家庭生活
	繁殖对象:儿童
技术发展	把技能(一种文化的载体)传授给继承者,这也被视为一种符号系统的隐性传递,因为技能嵌入其中。
	繁殖对象:徒弟、技术
文化创造	创造、更新和保存一种符号系统(一种文化的精髓),并将它明确地传递给继承者
	繁殖对象:信徒、文化

来源:*Outliving the Self:Generativity and the Interpretation of Lives*(p.12),by J.Kotre,1984,Baltimore:Johns Hopkins University Press.

为了创建一个整合框架以指导繁殖研究,我和同事开发了一个繁殖模型,这个模型能把一些最好的概念汇集起来,使用特定的方法测量繁殖的不同维度(McAdams,2001a;McAdams & de St. Aubin,1992;McAdams,Hart,& Maruna,1998;McAdams & Logan,2004)。该模型显示,繁殖具有七个心理特征,所有这些心理特征聚焦有利于下一代的个人目标和社会目标。要理解这个模型,应该将繁殖当作存在于个人和个人所处世界当中的一种东西。它既是环境的一种特性,也是人的一种特性。繁殖是连接人和社会的桥梁,它只有在心理情境下才会"发生",只有当个体内部的某些确定变量和个体所处的社会结合起来,才有可能产生下一代。

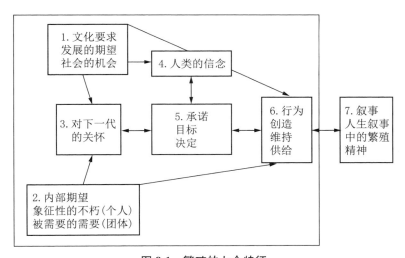

图 9.1 繁殖的七个特征

来源:"A Theory of Generativity and Its Assessment Through Self-report,Behavioral Acts,and Narrative Themes in Autobiography," by D.P.MacAdams & E.de St. Aubin,1992,*Journal of Personality and Social Psychology*,*62*,1005.

　　图 9.1 为繁殖模型。从最左边开始,方框 1 和方框 2 是繁殖的最终动机来源。文化
要求(cultural demand)是指,所有人类文化都要求成年人繁殖下一代,这些要求被内隐
地编码在对适龄行为的社会期望之中。在美国社会,我们不会指望 10 岁儿童为下一代
提供简单的照料,我们通常也不会指望他们能够思考自己死后的遗产分配问题。但是,
进入青年期和成年中期,我们会越来越清楚地意识到自己的角色和自己作为供给者承
担的责任。繁殖作为心理社会问题出现在成年期是因为,社会需要成年人通过扮演父
母、老师、教练、领导者、组织者(Browning,1975)和传道者(keepers of the
meaning)(Vaillant & Milofsky,1980)等不同角色为下一代负责。当成年人步入 30
岁或 40 岁的时候,没有能力或不愿意为下一代在家庭或工作方面作出贡献和承担责任
的个体,通常被认为不合时宜(off time),以及与预期的社会时钟(social clock)不一致
(Neugarten & Hagestad,1976；Rossi,2001)。

　　但是,繁殖并不仅仅按照社会要求的那样发生。许多理论家认为,繁殖的活力除了
根源于文化要求,还深深根植于人们的内部期望(inner desire)。有两个得到认可的、对
比鲜明的内部期望。第一个是象征性的不朽(symbolic immortality)。科特(Kotre,
1984)和贝克尔(Becker,1973)认为,成年人希望通过建构遗产(constructing legacies)
这种象征性的方式来对抗死亡,得以继续"存活"。在繁殖中,成年人通过自己的形象创
造、促进、养育或产生某事或某人,以此作为自我的延伸。个人的繁殖性遗产可能是微
不足道的。繁殖性遗产可以是一大笔钱、一家公司,可以是创作一首歌、描绘一幅画,可
以是领导的一个团体,进行的一次探索,甚至是建立的一个国家。在理想情况下,个人
的繁殖性遗产会比自我存在得更久,这样一来成熟的成年人最终可以根据他们死后留
下的东西来定义自己。在成年中期及以后,埃里克森写道,"我就是那些存活下来的我"
(I am what survives me)(Erikson,1968,p.141)。第二个内部期望是被需要的需要
(need to be needed)。它是指希望养育他人,即希望自己对那些有需要的人来说是有用
的。对不朽的期望代表了权力和自我延伸(self-expansion),被需要的需要则揭示了繁
殖的温柔和爱的一面。繁殖最吸引人的一面是它充满争议性的本质——它既推崇自我
的无限延伸,又主张屈服于自我。从深层次上讲,最典型的繁殖是在同一时间内,既期
望不朽(自我的无限延伸),又期望将自己完全奉献给他人(被需要的需要)。

　　文化要求和内部期望共同促进了成年期个体对下一代的有意识的关怀(concern)。
因此,为下一代作出贡献的发展预期,与对不朽和养育的内部期望共同促进了人们对下
一代发展的关怀程度。与此同时,成年人还发展出一种关于人类的信念(belief in the
species)(Van de Water & McAdams,1989)。这是基本的美德和人生价值中最基础和
最普通的一种信念,尤其当它作为一种对未来的设想时。即使面对人类的破坏性和掠
夺性,关于人类的这种信念通过世代的传承,使得人们对改善生活和发展充满希望。关
于人类的信念能帮助成年人将他们对下一代的关怀转化为繁殖承诺(generative com-

mitment），即承担繁殖下一代，为繁殖行为作出目标确立和意志努力的决策。当缺乏这种信念的时候，成年人会发现很好地履行繁殖承诺很困难，因为这个时候个人作出的繁殖努力很可能没有什么用处。也许有人会说：如果世界最后将走向灾难性的毁灭，而且你几乎对此无能为力，那么为什么还要求自己繁殖下一代呢？

繁殖承诺作为文化要求、内部期望、关怀和信念的产物，会指导个体产生繁殖下一代的行为。繁殖行为包括三种松散的相关形式：（a）创造（creating）；（b）维持（maintaining）；（c）供给（offering）。首先，繁殖行为既包括生育子女、做某件事、制定决策，还包括创造、生成、发现美好的事物或行为。其次，繁殖行为包括传递美好的事物——保留、保存、维持、培养、培育所有被认为有价值的行为，例如抚养子女、保存良好传统、保护环境、制定规则（在学校、家里或教堂），这些行为使每一代之间形成联系，并且确保跨时间的连续性（Browning，1975；Erikson，1982）。最后，繁殖行为还包括将创造出来的某些事物保留下来，当作一份礼物无私地传给下一代，并且允许这份礼物具有自主和自由的权利（Becker，1973；McAdams，1985c）。例如，一个真正获得繁殖感的父亲，既是自我延伸的创造者，又是自我奉献的赠予人。从生物学和社会层面上讲，父亲依据自己的形象创造了一个孩子，他不断促进孩子的发展，渴望在孩子身上培养好的和可取的品质。但是，他最终必须将自主权赋予孩子自己，在合适的时间放手，让孩子发展自己的同一性，能够自己作出决定和承诺，最终创造出属于自己的繁殖物，这些使孩子不仅是一个"创造物"，同时逐渐发展为一个"创造者"。

有研究考察了繁殖行为、繁殖承诺和关怀之间的关系，以及它们在成年人生命历程不同时期的性质。为了评估成年人对下一代有意识关怀的个体差异，麦克亚当斯等人（McAdams & de St.Aubin，1992）开发并检验了罗耀拉繁殖量表（Loyola Generativity Scale，LGS），该自陈量表具有 20 个项目。评估时，他们采用一个行为检测表，要求受测者写出在此之前的两个月里作出的与众不同的行为，这些行为中的大部分都具有繁殖性。例如，教某人一项技能、给年轻人树立一个榜样和进行一项社区服务。评估繁殖承诺时，让个体描述 10 个与自身相关的个人奋斗（Emmons，1986；本书第 7 章）或当前目标，然后对这些有关繁殖性主题的描述进行编码（McAdams，de St.Aubin，& Logan，1993）。结果表明，繁殖关怀和繁殖行为之间存在显著正相关。换句话说，在罗耀拉繁殖量表中对下一代表现出更多关怀的人，报告繁殖行为的数量也更多。关怀与繁殖行为、繁殖承诺的数量也存在正相关。

麦克亚当斯及其同事（McAdams et al.，1993）对一个包含 152 名成年人的团体样本进行了繁殖测量，他们按年龄将被试分成三组：成年早期（22～27 岁）、成年中期（37～42 岁）、成年晚期（67～72 岁）。控制了不同组别被试的受教育程度和收入差异之后，研究结果表明，繁殖测量存在显著的年龄/组群效应。总的来说，成年中期被试比成年早期和成年晚期被试得分更高（如表 9.7 所示）。按照埃里克森的观点，繁殖是成年

367 中期十分突出的发展主题，研究者发现，与 20 多岁处于成年早期和 70 岁左右处于成年晚期的被试相比，37～42 岁被试的繁殖关怀和繁殖行为更多。（其他研究也表明繁殖得分在成年中期会上升；参考 Rossi，2001。）

表 9.7　不同年龄段的三个繁殖特征的平均分

	22～27 岁	37～42 岁	67～72 岁
繁殖关怀	40.14(7.28)	41.82(6.95)	38.26(9.59)
繁殖承诺	1.62(1.43)	3.28(1.78)	3.39(2.19)
繁殖行为	26.63(8.64)	31.55(10.25)	28.16(11.74)

注：括号内的数字是标准差。
来源："Generativity among Young, Midlife, and Older Adults," by D. P. McAdams, E. de St. Aubin, & R. L. Logan, 1993, *Psychology and Aging*, 8, 225.

　　并不是所有的繁殖测量都表现出这种与年龄相关的模式。例如，在表 9.7 中繁殖承诺这个维度上，成年晚期个体的得分和成年中期个体的得分一样高。与此相反，成年早期个体在这个维度上的得分明显较低。22～27 岁的年轻人在报告自己每天干些什么事情（个人奋斗）的时候很少提及有关繁殖目标的行为，例如关心他人或者为他人作出创造性的贡献。与此同时，三位年龄分别为 26 岁、40 岁和 68 岁的女性被试也作出相应的报告。26 岁年轻的女性被试报告，她常常试着"让自己的工作更加有趣""对他人更开放""知道在生活中自己想要什么""想要成为一个善良的人""享受生活""避免令人不安的局面""活在当下""受人喜爱""让生活充满乐趣和激情"以及"让自己在他人眼里充满自信和有把握"，她的努力使得她被周围环境接纳，自己也能天天感受到幸福快乐。尽管她"想要成为一个善良的人"，但是这里面没有包含繁殖的内容。与此相反，40 岁成年中期女性在描述的十件个人奋斗事件中有四件与繁殖相关。她试着"成为年轻人的榜样""向孩子传递自己年轻时的经验，帮助他克服种种困难""为自己的母亲提供力所能及的帮助"以及"帮助那些需要帮助的人"。68 岁的女性被试报告，她试图"劝慰那些在裁员中失去工作的人""帮助女儿照顾患病的孩子""在非营利性组织中担任志愿者""帮助候选人参加选举"以及"如果有必要的话，为亲人或朋友提供经济上的援助"。

　　繁殖模型的最后一个特征是繁殖叙事。随着时间的推移，成年人会按照自己对人生叙事的理解弄清楚繁殖模型中其他六个方面的含义，如文化要求、内部期望、对下一代的关怀、关于人类的信念、繁殖承诺和繁殖行为。因此，成年人有意识或无意识地通过叙事为自己和他人创作繁殖剧本（generativity script）。繁殖剧本是个人内心的故事，成年人通过有意识的努力，使它符合自己的个人经历，符合当下自己所处的社会环境，在某种程度上，符合整个社会包含的历史。在个人的人生故事背景下（第 10 章会详尽阐述），繁殖剧本为成年人提供了一个可预期的故事结局。当成年人想象自己的人生故事将如何结束时，他们会繁殖新生儿，提出新想法和创造新事物以象征性地延续自己

368

的生命。虽然繁殖可能在成年早期就开始受到大量关注,但是正如社会时钟显示的那样,似乎到中年时期繁殖这一话题才变得格外突出,人们才开始真正地建构故事结尾,并能够明白自己的人生故事将会如何收尾。当然,从字面上来讲,大多数成年中期的个体距离生命的尽头还有很长一段岁月。但是,他们会担心目前所处的中间位置会主导他们人生的结局,与此同时,这种担心会激励他们按照一个理想的结局来重新思考生命中过去和当下的意义。

繁殖的个体差异

20 世纪 90 年代,许多研究者开始测量繁殖各个方面的个体差异,并且将这些差异与大量行为结果相关联。正如之前提到的,我和同事开发了一系列纸笔测验以评估繁殖关怀、繁殖承诺和繁殖行为。表 9.8 呈现了罗耀拉繁殖量表和繁殖行为检测表(Generative Behavior Checklist)中的部分题目。其他研究者采用各种不同的方法,例如对案例数据进行临床评估(Snarey,1993;Vaillant & Milofsky,1980),半结构化访谈行为分类(Bradley & Marcia,1998),繁殖属性的自我评估(Ochse & Plug,1986;Ryff & Heincke,1983;Whitbourne,Zuschlag,Elliot,& Waterman,1992),Q 分类的人格描述(Himsel,Hart,Diamond,& McAdams,1997;Peterson & Klohnen,1995),

表 9.8 从两个繁殖量表中挑选出来的部分题目

罗耀拉繁殖量表:繁殖关怀
对于下面的每一个描述,请根据你的实际情况作出判断。如果你从来没有这样的想法请选"0",有时候会有这样的想法请选"1",经常有这样的想法请选"2",总是这么想请选"3"。
1. 我试图把通过自己的经验得来的知识传授给其他人。
2. 我已经做过一些事或者创造出一些东西对其他人产生影响。
3. 我想教其他人一些重要的技巧。
4. 如果我不能拥有自己的子女,我会选择收养别人的孩子。
5. 我有责任改善我所在社区的环境。
6. 我觉得在我去世之后我的贡献依然会存在。

繁殖行为检测表:繁殖行为
请考虑在过去 2 个月的时间里,你出现下列行为的频率。对于每一项描述,如果你没有做过请选"0",如果有过一次该行为请选"1",如果这种行为超过一次请选"2"。
1. 给儿童讲故事
2. 教某人一项技能
3. 献血
4. 参加社区会议
5. 制作一件艺术品或手工艺品
6. 进行慈善捐款
7. 担任一个团体的领导

来源:"A Theory of Generativity and Its Assessment Through Self-report, Behavioral Acts, and Narrative Themes in Autobiography," by D. P. McAdams & E. de St. Aubin, 1992, *Journal of Personality and Social Psychology*, *62*, 1003—1015.

看图说故事的内容分析(Peterson & Stewart，1996)，生活目标评估(McAdams, Ruet-zel，& Foley，1986)，日记和其他自传文本的内容分析(Epsin, Stewart，& Gomez，1990；Peterson & Stewart，1990)。这些研究表明，繁殖的个体差异会对个体的教养行为、社会参与和心理健康产生重要影响。

成年人并不是必须通过为人父母来获取高繁殖性(Erikson，1963，1969)。但是，与繁殖性较低的成年人相比，具有高繁殖性的成年人会展现出不同的育儿方式。彼得森等人 (Peterson & Klohnen，1995)发现，与繁殖性(得分)较低的母亲相比，繁殖性高的女性在养育方式上会投入更多精力，作出更多承诺，她们的"关怀范围更大"(p.20)。在另外两项研究中，研究者发现，成年人的繁殖性与权威型教养方式存在关联(Peter-son, Smirles，& Wentworth，1997；Pratt, Danso, Arnold, Norris，& Filyer，2001)。本书第3章提到，权威型教养方式强调一种以儿童为中心的高标准和高纪律的关怀方式来养育子女。权威型父母虽然给自己的孩子提供大量条理性要求和指导，但是在家庭决策中也会给子女很大程度的发言权。在美国开展的大量研究表明，权威型教养方式被认为与儿童很多方面的积极结果存在一致性，例如高水平道德发展和高水平自尊。

在一项针对公立学校和私立学校儿童的大规模调查研究中，纳卡加瓦(Nakagawa，1991)发现，与在罗耀拉繁殖量表上得分较低的父母相比，得分较高的父母更愿意辅导孩子完成家庭作业，更多出席学校的有关活动，更了解孩子在校期间的表现。在一个包含非裔美国人和白人的样本中，研究者发现，高水平的繁殖性与成年人跟孩子之间的沟通交流以及对孩子的信任存在关联，教养方式被看作向下一代传递价值观和智慧的一个机会(Hart, McAdams, Hirsch，& Bauer，2001)。彼得森(Peterson，2006) 研究了父母的繁殖性与子女人格特征之间的关系。当父母具有较高的繁殖性时，他们的子女在大学时期尽责性和随和性的得分较高，在日常生活中有更多积极情感，更多参与政治和宗教活动。彼得森认为，对于健康的生活方式和社会参与，高繁殖性的父母具有强大的榜样作用。

如果家庭教养方式是一种私密的和固定范围内的繁殖表达，那么同事之间、教堂中、社区里的社会参与活动则为一种更具公众性的繁殖表达提供了机会。因此，和预期一样，高繁殖性的成年人会在公众事务或宗教事务上表现出更强的参与意愿。哈特及其同事(Hart et al.，2001)研究了非裔美国人和白人中的35～65 岁的成年人，结果发现，高繁殖性与更广泛的朋友关系网、团体中更多的社会支持，以及更高水平的社会关系满意度存在关联。此外，繁殖性还与去教堂做礼拜的次数、参与教会活动存在正相关(也见 Dillon & Wink，2004；Rossi，2001)。不仅如此，与繁殖测量中得分较低的被试相比，得分较高的被试更可能参与近期的美国总统选举，更可能支持某一个政党或竞选活动的候选人，更可能就某个社会问题写信给政府官员。科尔和斯图尔特(Cole &

Stewart，1996)发现，非裔美国人和白人中成年中期女性自身的繁殖关怀与团体意识、政治效能感存在高度相关,这表明具有高繁殖关怀的个体倾向于对自己所处的团体表现出强烈的依恋和归属感,倾向于将自己看作政治进程中一个具有效能的个体。彼得森及其同事(Peterson et al.，1997)认为,繁殖与对政治问题的兴趣存在正相关。彼得森等人(Peterson & Klohnen，1995)发现,高繁殖性的女性具有更多的亲社会人格特征。有研究者在全国范围内调查了 3 000 多名成年中期被试,结果显示,在工作、家庭和社区,即使在统计上控制了年龄和其他人口学变量,繁殖仍然是预测关怀他人或为他人奉献的最佳心理指标(Rossi，2001)。

370

埃里克森相信,繁殖对于社会和个人都是有利的。我们可以在社会体系的完善、个人与亲和的文化传统,或者激进的社会变革中发现繁殖的好处。同时,繁殖也会使个体自身获得好处。埃里克森认为,繁殖是成年期个体心理成熟和心理健康的标志。

有实证研究支持埃里克森的观点。瓦利恩特(Vaillant，1977)和斯纳里(Snarey，1993)的纵向调查表明,繁殖评估与个体面临压力时成熟应对策略的使用,以及通过临床研究获得的心理适应的总体评估存在正相关。大量采用罗耀拉繁殖量表和繁殖行为检测表的研究发现,测量结果与个体自我报告的生活满意度、幸福感、自尊以及生活一致性(sense of coherence in life)水平存在中等程度的正相关,与抑郁存在负相关(de St. Aubin & McAdams，1995；McAdams et al.，1998)。有研究者发现,成年中期个体的繁殖性与积极情绪、生活满意度和工作满意度存在正相关(Ackerman，Zuroff，& Moscowitz，2000)。成年早期,繁殖性与家庭生活的积极感受存在联系。成年中期,自我报告的繁殖关怀水平与"大五"人格特质中的神经质存在负相关(de St.Aubin & McAdams，1995；Peterson et al.，1997；Van Hiel，Mervielde，& de Fruyt，2006),与健康老龄化指数存在正相关(Peterson & Duncan，2007)。在一项对拉德克利夫学院(Radcliffe College)和密歇根大学(University of Michigan)女毕业生的纵向研究中,斯图尔特和奥斯特罗韦(Stewart & Ostrove，1998)发现,在众多变量中,只有成年中期角色质量和繁殖性是成年中期之后幸福感的重要预测因子。韦斯特迈耶(Westermeyer，2004)发现,繁殖性与成功的婚姻、积极的工作投入、整体心理健康水平,以及成年生活中良好的同伴关系存在正相关。

在一项以美国成年人为被试的全国范围的研究中,凯斯和里夫(Keyes & Ryff，1998)提供了大量证据,表明繁殖与心理幸福感(psychological well-being)存在关联。研究者发现,几乎所有有关繁殖的测量都能显著预测心理健康状况和社会幸福感的整体水平。向年轻人提供情感支持会使他们感受到更多的社会责任,更关心下一代,将自己视作一种繁殖资源,拥有更多繁殖性的个人特征,这些都与高水平的心理健康状况以及社会幸福感存在关联。有人对此作出结论,在成年期,"繁殖行为、繁殖性社会义务和繁殖性自我界定,是心理健康的主要组成部分"(Keyes & Ryff，1998，p.249)。

整合

参照埃里克森的理论模型，生命发展最后一个阶段关注的心理社会主题是自我整合对绝望。埃里克森认为，在老年期，繁殖不再是关注的重点，个体变得喜欢回顾过去，进而选择接受或者拒绝自己的生活。为了获得整合，人们必须学会优雅地接受自己的生活，包括所有优点和缺点，"必须这样做，没有其他选择"（Erikson，1963，p.268）。

埃里克森认为，整合是指一个人回顾自己的一生，面对过去的批评和评论时，以一种自我欣赏的方式看待自己经历过的生活。巴特勒（Butler，1975）同意埃里克森的这种看法，认为许多老年人回顾自己的一生，就是为了给人生做个"清算"（settle accounts）。自我整合似乎需要从自己的生活出发，经过一段特定的历程才能获得。在生活中寻求整合的老年人，走出了从青春期开始就不断构筑和重建的生活——以一种自我欣赏的方式远离了同一性。此时是时候回顾过往的生活，不要以为还可以再次修订它，应该接受自己的生活，享受它，品味它（McAdams，1993）。埃里克森认为，伴随对过往生活的接受会出现一种崭新的智慧，这将是人类生命历程中最后的美德。相反，当个体无法接受自己的生活时，他将经历极度的绝望。

自我整合与绝望很可能是埃里克森所有观点中最为神秘的两个概念，也是人们一生中面临的最后一个挑战，自我整合与绝望阶段是一个最令人关注的未解之谜。很多美国人在65～70岁的时候就已经退休。对某些人（不是大多数人）来讲，退休后可以被视作后繁殖时期。虽然很多七八十岁的人会通过成为祖父母和为下一代作贡献以继续获得繁殖性，但其他人（有钱而且身体健康）则摆脱了对繁殖的追求，致力于休闲娱乐。那么，这时候自我整合又意味着什么呢？我们如何才能理解生命过程中后繁殖时期的心理意义？它是否应该被视为回到童年？它是对努力工作的奖励，还是一种逃避？在此之前老年人是如何理解他们人生故事中这个部分的呢？

人格理论和研究一般很难解决这些棘手的问题。一些美国人在后繁殖时期会以符合自己心理需求的方式尽可能享受健康带来的好处，我们并不是很清楚这些心理需求是什么。在某种程度上，后繁殖时期人们不必急着寻求自我整合，甚至可以被认为逃避用整合叙事的方式看待自己的生命（参见本书第10章）。具有讽刺意味的是，对一些成年人来讲，顺利过渡意味着超越时间上的意义，而且能够及时明白自己生活的含义。换句话讲，退休之后的后繁殖时期可能使他们挣脱了时间的束缚。某些宗教和神秘传统中提到的永恒时刻是指当人们获得真正的智慧和启迪时的一种体验。受到启发的人不再努力地按照自我和世界统一的观念来理解起点、中间点和终点这些所谓的重要的人生分界线。人仅仅存在于当下，在一眨眼的瞬间就能拥抱一切。这也许是埃里克森想要传达的自我整合的部分含义，也是我们必须等到人生最后一段时间，自我整合才会出现的原因。

洛文杰的自我发展理论

洛文杰(Jane Loevinger)是 20 世纪最杰出和最具影响力的心理学家之一。她于 1918 年出生于明尼苏达州的圣保罗,在五个子女中排行第三。她的父亲是一名律师,后来被任命为美国地方法院的法官。她的母亲是一位极具天赋的业余钢琴家,还是一名学校教师。洛文杰是一个很有天赋的学生,她比同年级的孩子提前高中毕业,而且在 20 岁的时候就获得明尼苏达大学的心理测量学硕士学位。她渴望成为一名心理学家,但是这条路的前景十分严峻,因为 1938 年是经济大萧条时期,而且洛文杰是一名女性,还是一名犹太人:

> 心理学系主任艾略特(R. M. Elliot)的一席话更是增添了这段时光的惨淡意味:他告诉我,他们最好的研究生是犹太女性,但是对博士毕业生而言,唯一的工作就是去明尼苏达乡村的宗教学校。一般的学校不会雇用一名犹太人或一名女性。他体贴地指出,他不想看到我在一家杂货店担任店员,建议我嫁给一位心理学家。这样的话在前途不太明朗的时候,至少还有先生优雅的微笑。(Loevinger,2002,p.197)

洛文杰没有因此感到气馁,她申请了加利福尼亚大学伯克利分校的心理学博士课程并被顺利接受,在那里她做过一段时间埃里克森的助手。洛文杰并没有嫁给一名心理学家,而是爱上了韦斯曼(Samuel Weissman),一位著名的化学家,曾参与曼哈顿计划(Manhattan Project)。在加利福尼亚大学伯克利分校,洛文杰积累了丰富的统计和测量知识,同时培养自己对精神分析、人格理论和发展心理学的兴趣。第二次世界大战结束后,她跟随丈夫来到圣路易斯的华盛顿大学,韦斯曼在那里担任化学系教授。洛文杰没能在圣路易斯获得一个教学职位,所以她将部分时间花在研究各种项目和抚养两个孩子上。她对母亲的角色问题和女性心理学特别感兴趣:"我和朋友们(其中两位有严重的产后抑郁)的个人经历加深了我的一种印象,即心理学中的大部分研究都使用男性被试,现在是时候关注女性了。"(Loevinger,2002,pp.202—203)

洛文杰利用她在心理测量学方面的专业知识,开发了用于评估女性对家庭生活态度的自我报告问卷。她发表了一篇有关自陈式人格测量的结构效度的论文,在该领域具有里程碑式的意义(Loevinger,1957)。为了获得更多有关生活态度和适应的发展维度,洛文杰及其同事开发了一种句子完成测验(sentence-completion test),开启了一个有关自我发展方向的研究项目。最终,圣路易斯华盛顿大学心理学系授予洛文杰一个学术职务。1994 年,圣路易斯华盛顿大学授予洛文杰荣誉学位,这是学术界最高荣誉之一。那时,洛文杰因为她开发的句子完成测验和有关自我发展的理论已经在国际上

372

享有盛誉。她还获得美国心理学会颁发的终身成就奖。洛文杰于 2008 年逝世,享年 89 岁。

　　洛文杰(Loevinger,1976)有关自我发展的理论是对埃里克森心理发展理论的补充。和埃里克森一样,洛文杰提出一个很宽泛的理论来帮助我们理解整个人生的意义(Loevinger,2002;Manners ＆ Durkin,2001;Westenberg,Blasi,＆ Cohn,1998)。洛文杰提出的概念在精神分析的传统中也能找到。例如,埃里克森经常被视为自我心理学家(ego psychologist),自我同一性(ego identity)是他的核心概念之一。洛文杰同样很关注自我的发展。这两个理论的区别在于,它们试图解释人类经验的不同方面。埃里克森的理论模型通过指出人们从出生到死亡过程中需要面临的一系列发展任务,为人的生命全程描绘出一张发展日程表。埃里克森关注我们在生命的特定阶段应该做些什么,例如在婴儿期,我们会有信任或不信任的表达;在青春期晚期,我们开始寻求同一性。相比之下,洛文杰的理论主要关注结构而不是内容。结构是指事物如何被组织起来或设计出来。洛文杰感兴趣的是,在整个生命历程当中,我们如何理解和综合个人经验。简单来讲,埃里克森告诉我们生活包含哪些内容,洛文杰则使我们明白我们如何组织这些内容。

自我的阶段

　　在洛文杰(Loevinger,1976)看来,自我就是"努力掌握、整合、理解经验"(p.5)。这个过程通常是,我们将自己的经验综合或是放到一块,作为自己所独有的。自我的根本作用——自我的意义,或"我"作为自己经验的解释者——随着生命进程的推移发生了明显改变。洛文杰的自我发展模型描述了自我随着时间而发生的变化。

373　　洛文杰的模型建立在她所说的人格心理学认知发展范式(cognitive development paradigm)基础之上(Loevinger,1987)。作为皮亚杰发生认识论的一个缩影,这种广泛使用的心理学取向将每个人都看作一个积极的知识寻求者,他们会以一种适当且复杂的方式建构经验。发展被视作一种分阶段的前进。在后面的发展阶段到来之前,必须掌握早期的发展阶段。每一个阶段都必须建立在前一阶段的基础之上。从一个阶段发展到下一个阶段,是内外部力量共同作用的结果。较高的发展阶段会"优于"较低的发展阶段,它能为更不同、更整合,以及涵盖更广泛的世界提供解释框架。这些概念和认知发展理论的基本概念在一些著作中都得到详尽阐述,如皮亚杰的著作(例如,Inhelder ＆ Piaget,1958;Piaget,1970)、科尔伯格(Kohlberg,1969,1981)有关道德发展的重要著作、佩里(Perry,1970)的智力和道德发展理论、塞尔曼(Selman,1980)有关人际理解的著作。此外,鲍德温(Baldwin,1897)、沃纳(Werner,1957),以及其他许多发展心理学的教科书也有所论述。

表 9.9   洛文杰的自我发展阶段

阶段			典型表现	
标签	命名	冲动控制	人际关系模式	有意识的关注
I-2	冲动	冲动的	自我中心的、依赖的	身体感觉
Delta	自我保护	机会主义的	好指使人的、谨慎的	"麻烦"、控制
I-3	循规蹈矩	遵守规则的	合作的、忠诚的	外表、行为
I-3/4	尽责/循规蹈矩	允许有例外	有益的、自知的	情感、问题、调节
I-4	尽责	自我评价标准 自我批评的	热情的、负责的	动机、特质、成就
I-4/5	个人主义	宽容的	相互的	个性、发展、角色
I-5	自主	应对冲突	互相依赖的	自我实现、心理上的 因果关系
I-6	整合		尊重个体差异的	同一性、整体性

注：第一阶段(I-1)属于非言语期,因此不容易测量。
来源：*Paradigms of Personality* (p.226), by J. Loevinger, 1987, New York: W. H. Freeman.

　　洛文杰的自我发展阶段如表 9.9 所示。每个阶段都有一个特定的名称(例如,冲动阶段)和一个标签(如"I-2")。所有阶段合起来提供了一个整体的框架,人们利用这个框架来理解世界。这个框架可以用于理解很多具体领域。表 9.9 指出三个领域：冲动控制、人际关系模式和有意识的关注。一般来讲,当一个人从低级阶段向高级阶段发展时,自我会变得不那么冲动,而是具有更灵活的能动性,能够根据一些行为的内化标准来行事。在人际关系问题上,人会从利己主义取向发展为相对自主和相互依存的取向。随着个体不断发展成熟,人们对于身体和外表的关注逐渐减少,更多地开始关心内部生活感受和思想,同时将目标和计划不断内化。随着进一步发展,人们开始拥有更加复杂的认知系统,参考更为复杂的框架来理解这个世界。简单的绝对化思维逐渐发展成一种更加精细的分析思维,这种思维能够包容带有歧义和矛盾的观点。

　　洛文杰的自我模型是一种发展类型学说。每个人都能按照发展的顺序经历这些阶段,但是在各自的最终发展水平上会有所差别。换句话说,人们可能到达一个特定的阶段之后就不再继续向前发展,不同的人会在不同的阶段停滞。在某个特定的群体中,个体差异可以按照不同的发展阶段来理解。一个处于自我发展循规蹈矩(conformist)阶段(I-3)的成年人与一个处于自主阶段(I-5)的成年人分属于不同类型。自我的发展在成年早期之后会逐渐减慢(Lee & Snarey,1988),但这并不是说处于循规蹈矩阶段的成年人永远都赶不上已经发展到自主阶段的成年人。洛文杰的自我模型对发展阶段的理解,完全不同于埃里克森提出的正常人类发展应该经历所有心理发展阶段这一观点。

婴儿期

　　在后面我们将看到,洛文杰开发了一个句子完成测验来测量个体的自我发展。由于婴儿和年幼的儿童不能完成这种测验，因此洛文杰的评估方法不能测量早期自我发展。洛文杰认为，自我发展的第一个阶段是前言语阶段（preverbal stage），但是她的理论并没有阐述有关这个阶段的内容。其他许多理论家把注意力集中在人生最初的几年，他们的工作有助于将洛文杰的阶段理论置于一个大的背景中。

大多数自我理论都认为，婴儿生来没有自我的主体感知，即没有一种主观的"我"这个概念。例如，奥尔波特（Allport，1955）认为，在生命的第一年个体会基于身体经验发展出一种自我意识。沙利文（Sullivan，1953）在其精神病学的人际交往理论中坚称，在生命的最初几年为了应对由照料者带来的焦虑体验，个体会发展出一种基本的自我系统。依据弗洛伊德的观点（本书第7章），从本我中分化出自我是为了应对外部世界的要求。此外，婴儿逐渐理解自己和母亲彼此独立，他们开始意识到母亲不能满足自己的每一个需求。马勒（本章专栏9.A）认为，自我源于人际关系，经历了一个循序渐进的分离—个体化过程。一般来说，各种不同的理论都认同发展心理学家哈特（Susan Harter）的观点，她写道：

> 婴儿的首要任务就是自我感觉的发展。因此，婴儿必须意识到自己是作为一个积极能动的个体而存在的，是行为的源头和控制者，在整个世界中独立于其他人和物体。一旦这种存在主义的自我与他人区分开来，婴儿就必须学会识别这些特定的功能、特点和类别，它们共同定义了自我。婴儿能够意识到的自我表征将会逐渐发展起来。（Harter，1983，p.279）

婴儿首先发展出一种"我"的感觉，即他们会意识到自己是一个具有主观能动性的个体，进而开始形成一种自我概念（self-concept）。发展心理学概述了这种观点，例如刘易斯（Michael Lewis）和布鲁克斯-冈恩（Jeanne Brooks-Gunn）的视觉自我认知（visual self-recognition）研究（Amsterdam，1972；Bertenthal & Fischer，1978；Lewis，1990；Lewis & Brooks-Gunn，1979）。这些研究调查了婴儿在镜前的行为或者观看与自己有关的录像和照片时的表现。刘易斯和布鲁克斯-冈恩（Lewis & Brooks-Gunn，1979）研究了5～24个月大的婴儿，考察了不同的方面，例如注意力、情绪表达、游戏、用镜子来定位物体、指出自己和标记自己。

375 　　研究表明，5～8个月大的婴儿在镜子面前有一系列的自我指向（self-directed）行为。例如，他们会对着镜子中的自己微笑，仔细观察自己的身体。然而，他们并没有意识到自己身体的显著特征，也不能将自己与他人区别开来。尚未有证据表明，这些婴儿知道在镜子中看到的其实是他们自己。9～12个月大的婴儿开始明白镜子的反射特性，他们会利用镜子的反射原理伸手抓取身边的物体。12～15个月大的婴儿会建立最初级的自我意识，成为一个独立的能动个体，他们能够利用镜子的反射原理定位空间中的人或物体。当一个人或物体出现在镜子中的时候，婴儿会把手伸向现实中的人或物体，而不是镜子中的成像。在观看录像的时候，婴儿能够将自己和他人的动作区分开来。

此时,婴儿已经确立最基本的"我"的意识,同时为建立最初级的自我概念作好了准备。这从 15~18 个月大的婴儿的镜像研究中能够发现。在其中一项研究当中,母亲用口红在婴儿的鼻子上点一个红点,婴儿照镜子的时候能够轻易发现这个点。不到 15 个月大的婴儿虽然会看到这个红点,但没有意识到这个点是在自己的脸上。他们会指着镜子中的这个点,但不会直接指向自己的鼻子。在 15~18 个月大的婴儿中,大部分都会伸手去摸自己鼻子上的红点,这表明他们已经将自己的影像内化,能够意识到镜子中的人就是自己,而且明白鼻子上的记号表明他们的脸上发生了一些变化。在 18~24 个月,婴儿的自我概念、语言和复杂的自我识别行为都会继续发展(Howe,2004)。

童年期

在大量有关儿童自我发展的理论中,一个重要的主题就是童年期是从以自我为中心到以社会为中心的转变过程。一般而言,年幼儿童对世界的理解是简单的、具体的、单维的和以自我为中心的。然而,当年满 9 岁或 10 岁的儿童解释世界时,他们的自我已经变成一种越来越复杂的、社会化的结构。

洛文杰(Loevinger,1976)认为,年幼儿童的自我处于冲动阶段(I-2 阶段),这个年纪的儿童以冲动的方式来表达自我。一般来讲,冲动阶段的儿童是以自我为中心的,世界被看作一个用来满足他们各种需要的实体,儿童在人际交往中既有要求又有依赖。科尔伯格(Kohlberg,1969)认为,这个时候儿童的道德是简单的,即前习俗道德,儿童仅仅通过哪些行为应该受到奖励,而哪些行为应该受到惩罚来理解品行良好的概念。

冲动阶段使用的参照系在结构上十分简单。儿童对一个人是好人还是坏人的分类是一种整体的价值判断,而不是道德判断本身。好和坏可能介于"对我很好"和"对我很小气"或"干净"和"肮脏"之间。虽然在这一时期情感体验可能非常强烈,但儿童对这些体验的语言描述是整体的和未经修饰的。冲动的个人取向主要指向现在而不是过去和将来。洛文杰认为,长期处于这个阶段的儿童,在他人眼里可能是"无法控制的"或"无药可救的"(Loevinger,1976,p.16)。

个体会逐渐从冲动阶段发展到自我保护(客我)阶段。在洛文杰看来,处于自我保护阶段的个体"十分崇尚社会规则,在大部分时间里,他们知道如何运用自身的优势来应对各种规则"(Loevinger,1987,p.227)。在这个阶段,自我处于一个短暂的享乐主义时期,争取让需要得到满足。美好的生活就是简单、幸福的生活,友谊和金钱一样重要。处于这个阶段的青少年或成年人在与他人交往的过程中,会表现出一些投机取巧或欺骗行为。就像洛文杰(Loevinger,1976)说的那样,"对这样一个人而言,生活就是一场零和博弈,一个人得到就意味着另一个人失去"(p.17)。

在童年晚期和青少年早期,许多人不再以自我为中心,而是开始考虑所在群体的利益。这标志着个体的发展进入洛文杰所说的第三个阶段,即循规蹈矩(I-3)阶段。道德发展达到科尔伯格(Kohlberg,1969)所说的习俗水平,即严格遵守社会群体甚至整个

376

社会的条例和规范。同时,人们也被自己所属的群体重新定义。处于循规蹈矩阶段的个体十分重视合作和友善,忠诚于所在的群体。

沙利文(Sullivan,1953)认为,处于循规蹈矩阶段的儿童或青少年迫于人际亲密的需要,会超越自我系统的安全策略,以一种协作和亲密的方式与他人建立联系,与他人的人际和谐、亲密、分享和认同成为自己最珍视的目标。个体试图找到一个和自己十分相似的密友(Chum)(Sullivan,1953),密友的利益和自身的利益一样,处于首要地位。通过与密友的亲密体验,个体能确认自己与另一个人有很多相同之处。

青春期

如果说自我在童年晚期和青少年早期的发展方向与他人一致,那么从青春期进入成年早期,自我会逐渐朝相反的方向发展。许多关于自我和同一性的理论表明,青春期的一个重要标志就是追求个性和独特性(Bios,1979;Erikson,1968)。在洛文杰的自我发展模型中,循规蹈矩阶段会进一步发展到更高的阶段,该阶段强调人们不再受到社会习俗的约束。在西方社会,青春期被看作通往成年生活的一种仪式(Conger & Petersen,1984;Lapsley & Rice,1988)。在追求个性的过程中,青少年会努力整合自我的各个方面。戴蒙和哈特(Damon & Hart,1982)指出:

> 几乎所有研究者都发现,伴随着发展,青少年会越来越多地使用心理和社会关系概念来描述客体"我"(me),更加相信主体"我"(I)的能动性和意志力,这种趋势使得自我的各个部分被整合为一个具有内在一致性的建构系统。(p.885)

跟我们之前看到的一样,对自我各个不同方面的整合就是埃里克森所说的同一性。要想形成同一性,青少年和成年早期的个体必须对两个问题给出令人满意的答案,即"我是谁"和"我如何适应成人世界"。寻求同一性就是寻求人生的整合与意义。为了体验到生命的完满和意义,个体必须建构起一种新的自我形象——新的客体"我",这样一来就将自我纳入事业和爱情当中,与此同时也有了一个表达自己独特天赋、性情和爱好的机会。因此,青春期和成年早期的自我意识会对同一性产生决定性的影响。

依据洛文杰的理论,青少年会迎来尽责/循规蹈矩(I-3/4)阶段,此时他们会意识到不可能达到所在团体的所有标准。随着自我意识的增强,以及能够对一种情境作出多种可能的考虑,个体的传统思维开始慢慢被打破,个体会变得越来越关注自己的内心体验。在随后的自我发展的尽责(I-4)阶段,青少年和成年人已经不再使用传统的标准,转而使用自己的内部标准。尽责阶段的重要内容包括:长期的自我价值目标和理想、自我批评的分化,以及责任感。我们通常按照内部因素来理解人的行为,例如特质和动机。每个人都会经历丰富的、不同的内心体验。

成年期

在实现潜能的过程中,成年人的自我会发展出一个十分复杂的框架来感知世界。洛文杰自我发展模型中的最高阶段就是成年人自我的整合。尽管如此,洛文杰认为大多数成年人自我的发展远远低于其本该有的最高水平。有关洛文杰自我发展模型的研究表明,许多美国成年人都处于尽责/循规蹈矩这一过渡阶段,很少有人达到自我发展模型的最高阶段。有关成年人自我的研究一致表明,由于主观和客观条件的限制,许多人都不能实现全部自我潜能。大多数人自我发展到某个阶段就会停滞,此时个体自我整合的过程会变成一种应付日常生活惯例的过程,但这种过程不会促使个体的自我得到进一步发展。

接下来,让我们探讨洛文杰提出的一个理想的、没有阻碍的情境。在自我发展的个人主义(I-4/5)阶段,自我会变得对他人的个性更加宽容,同时更能理解个性和情感依赖之间的冲突。尽管个体还没有意识到冲突是人类社会的一个内在部分,但处于这一阶段的个体已经表现出对互相矛盾的事物的接纳能力,这是认知复杂化的一个标志。这时,个体已经能够区分内在现实和外部表现、心理和生理反应、过程和结果。这种心理上的因果关系和发展不会出现在尽责阶段及其之前的阶段,当人们处于个人主义阶段时它会自然而然出现(Loevinger,1976,p.23)。

在自我发展的自主(I-5)阶段,个体拥有充足的能力来应对个人主义阶段产生的冲突。处于这一阶段的个体表现出高度的认知复杂性和对模糊性的容忍。当个体意识到情感依赖必不可少的时候,就会尊重他人的自主性。自我实现(self-fulfillment)在某种程度上取代个人成就(personal achievement)成为人们关注的核心。处于这一阶段的个体会生动而真诚地表达自己的感受,包括感官体验、刻骨铭心的忧伤、生命悖论中固有的幽默。个体会形成广泛和抽象的社会理想,学会作出合理的决策(科尔伯格的后习俗水平),这种水平在青少年和成年人中比较罕见。

更为少见的是达到整合(I-6)阶段的个体。这是最难达到的一个阶段。一般来讲,整合阶段包括自主阶段的大多数特点,但又额外增加了珍视个性和同一性巩固两个元素(Loevinger,1976,p.26)。在自我发展的自主和整合阶段,个体会超越早期阶段,将现实视为复杂的、多方面的。反之,如果个体在早期阶段处于优势位置,那么更有可能达到自我发展的最高阶段。那些已经获得马斯洛所说的自我实现的人(第 7 章),可能就是达到自我发展整合阶段的个体。

西方大多数自我发展理论都过分强调独立、自主和自给自足,这招致很多批评(Broughton & Zahaykevich,1988;Josselson,1988)。我们可以从洛文杰和其他研究者提出的自我发展理论中看到包容、联系和互依等内容,这与埃里克森的亲密、繁殖和整合等概念不谋而合。哈特(Harter,1983)认为,成年人自我的最高水平可能涉及"自己的终身同一性与他人以及文化价值观之间的协调,进而形成一个有意义的整体"(p.317)。

与马斯洛等人的人本主义理论类似的东方文化概念表明,个体最终必须实现自我超越,同宇宙融为一体,例如达到"无我"的境界。某些形式的佛教会敦促人们消除一种存在独立自我的"错觉"。启蒙运动等待个体放弃对自我的追寻,意识到必须融入一个更大的整体。其他宗教传统中也有同样的理念。例如,基督教中恩典(grace)的概念,它与西方积极的、能动的自我概念截然不同。根据这种由路德等人发展和完善的神学观点,基督教的救赎是不能被意志支配的。相反,个体必须将自己交付给基督的爱和救赎的力量。

测量自我发展

洛文杰的自我发展模型对人格心理学产生了很大影响。研究者能够通过一种标准化句子完成测验——华盛顿大学自我发展句子完成测验(Washington University Sentence Completion Test for Ego Development,WUSCTED),来测量自我发展阶段(Loevinger & Wessler,1970)。该测验由一系列只有主干的句子组成,比如"我最欣赏自己的……"和"有时她会担心……"被试需要补充句子,使它变得完整。依据精心设计的评分手册,被试的每个反应都会被归入不同发展阶段,从冲动(I-2)阶段到整合(I-6)阶

表 9.10　女性对句子主干为"我(是)……"的典型反应

阶　　段	典型反应
(I-2) 冲动	一个好女孩 总是善良的和有礼貌的 一个漂亮的小孩;被告知必须做个好孩子,所以我照做了
(Delta) 自我保护	容易受伤的、难看的、好管闲事的、不圆滑的 疯狂的、恋爱中的 对自私的人感到失望
(I-3) 循规蹈矩	一个学生 很幸运有一个这么好的老公 快乐、心情好、原谅自己的愚蠢行为
(I-3/4) 尽责/循规蹈矩	大多数时间都感到满足 担心我的恋情 希望有一个成功的未来
(I-4) 尽责	是幸运的,因为我热爱生命 没有超过别人 让妈妈为我感到担心,对此我很抱歉
(I-4/5) 个人主义	认为我和大家一样,是个复杂的人 一名女性、一个妻子、一个学生、一个有个性的人 希望每个人都有更积极的状态
(I-5) 自主	内向的人,很害羞,我希望自己变得外向和善于交际 想象我会热爱身边的一切,虽然这太不现实 作为一名女性,我将要创造生命
(I-6) 整合	虽然意识到人性存在弱点和缺点,但我相信人们可以通过自己的努力弥补这些不足

来源:*Measuring Ego Development 2. Scoring Manual for Women and Girls* (pp.275—286),by J. Loevinger,R.Wessler,& C.Redmore,1970,San Francisco:Jossey-Bass.

段（Hy & Loevinger，1996；Loevinger，Wessler，& Redmore，1970；Redmore，Lo-
evinger，& Tamashiro，1978）。被试的得分被制作成表格，然后依据公式算出最后的
自我阶段得分。华盛顿大学自我发展句子完成测验是一个十分有用的工具，它能解释
青少年和成年人自我发展的个体差异。由于该测验依靠被试的口头表达进行，因此所
有被试都必须具备读写能力。

表 9.10 列出自我发展测验中的一些得分标准，特别是与自我有关的句子，比如"我
（是）……"。洛文杰的自我发展测验分数与智力测验分数存在中等程度的相关，相关系
数为 0.20~0.35（Cohn & Westenberg，2004），但自我发展水平并不等同于智力水平。
该测验有良好的重测信度和内部一致性（Redmore & Waldman，1975）。按照评分手
册培训的评分员，在对被试完成的句子进行评分时，也表现出良好的评分者信度。

大量研究证实洛文杰自我发展模型及其测量（通过华盛顿大学自我发展句子完成
测验进行）的结构效度（Hauser，1976；Hogansen & Lanning，2001；Lee & Snarey，
1988；Loevinger，1979，1983，1984，1987；Manners & Durkin，2001；Westenberg et
al.，1998）。对不同年龄组被试的横向研究表明，一般来讲，成年人得分会略微高于青
少年，青少年晚期得分会高于青春期，这项研究结果支持了洛文杰的假设（Loevinger，
1984）。在初中和高中阶段，女生的得分会略高于男生，但到了大学阶段，男生会赶上来
（Loevinger et al.，1985）。在成年之后，男性和女性会表现出旗鼓相当的总体自我发展
水平（Cohn，1991）。总的来讲，美国 16~26 岁青年的自我发展大多处于 I-3/4 阶段，
即尽责/循规蹈矩阶段（Holt，1980）。

从科尔伯格的道德发展阶段模型来看，自我发展与道德发展存在正相关（Lee &
Snarey，1988）。在人格特质方面，麦克雷和科斯塔（McCrae & Costa，1980）发现，自
我发展与外向性和神经质之间没有关联，但与开放性之间存在关联。自我发展处于较
高阶段（后循规蹈矩阶段）的个体往往在开放性上得分较高，这反映出个体对不同观点
的开放性和包容性，以及审美和智力活动上的偏好。一项关于"大五"特质的研究表明，
女性的自我发展与开放性之间存在密切联系，但在男性中自我发展则与尽责性联系最
为紧密（Einstein & Lanning，1998）。还有研究表明，自我发展水平与随和性之间存在
关联（Kurtz & Tiegreen，2005）。一项研究（Rootes，Moras，& Gordon，1980）对 60
名女大学生的成熟度进行调查，让她们完成华盛顿大学自我发展句子完成测验，然后请
她们评估其他人在职业、婚姻、生育和社区参与上潜在的适合程度。结果发现，被试的
自我发展水平与同辈群体评价中的职业和社区参与两个方面存在相关，与另外两个更
倾向于人际定向的方面（婚姻和生育）无关。

自我发展与青少年中明尼苏达多相人格调查表的异常行为指数（Gold，1980），以
及市中心女性犯罪行为之间存在负相关（Frank & Quinlain，1976）。不过，总的来讲，
自我发展与心理健康和幸福感之间并不总是存在一致的关系。与自我发展处于较低阶

段的人相比,即使是自我发展水平很高的人,也会或多或少遭受心理疾病的困扰。不同自我发展水平的个体会表现出不同形式的心理疾病。例如,诺姆(Noam,1998)认为,自我发展水平较高的个体可能会遭受更多内在心理疾病的困扰(比如抑郁),自我发展水平较低的个体则更容易表现出外显的行为问题(比如反社会行为)。

社会从众倾向会在自我发展的循规蹈矩阶段和尽责/循规蹈矩阶段达到顶峰,之后开始降低(Hoppe,1972)。罗斯纳夫斯基(Rosznafszky,1981)发现,从理论上讲,人格发展以及特质的个体差异与特定的自我发展阶段存在关联。护士、治疗师和患者运用Q分类技术,评定91名住院男性退伍军人的人格。结果发现,人格评定与自我发展阶段之间存在密切关联。冲动(I-2)阶段的退伍军人思维混乱、社会化程度较低,自我意识十分有限。循规蹈矩(I-3)阶段和尽责/循规蹈矩(I-3/4)阶段的退伍军人十分重视规则的意义,能够理解社会习俗,正确看待物质财富和人的外貌特征,他们的人格特质高度稳定。处于更高自我发展阶段的退伍军人,对自己的人格特质和行为背后的动机有深刻理解,而且关注人际沟通。

约翰(Oliver John)及其在加利福尼亚大学伯克利分校的同事认为,洛文杰的自我发展模型很好地反映出人格特征的三个方面(John,Pals,& Westenberg,1998;Pals & John,1998)。第6章描述了不同的人格类型学说,例如布洛克(Block,1971)曾试图通过特质的一致性来解释心理个性。约克和约翰(York & John,1992)使用Q分类技术和因素分析法在中年女性被试身上得出四种不同的人格类型。冲突型、传统型和个性化类型是诸多人格类型学说中的三种。从特质理论方面来讲,冲突型的女性会表现出高水平的神经质和低水平的自我韧性,通常会被描述为焦虑的、充满敌意的和冷漠的。传统型的女性具有高水平的尽责性和自我控制能力,她们坚持传统价值观,具有很高的内疚水平。个性化类型的女性通常被认为具有高水平的自我适应能力和开放性,她们的个人抱负和亲和力都很强。

约翰等人(John et al.,1998)认为,冲突型人格反映了个体自我发展的水平较低,传统型人格代表了自我发展的中间水平,个性化类型人格则是自我发展最高水平的体现。约翰等人在1958年和1960年以密尔斯学院的女大学生为被试进行了相关研究,约克和约翰(York & John,1992)采用同一批被试又进行研究,第6章有大量关于这方面的纵向研究报告。在这些女性被试43岁的时候,有研究者按照约克和约翰提出的人格类型对她们进行分类。此外,这些女性被试都完成华盛顿大学自我发展句子完成测验,该测验主要用于测量其自我发展所处的阶段。这批受过高等教育的女性被试的自我得分高于普通成年人。尽管如此,被试的得分还是分布在冲动(I-2)阶段和整合(I-6)阶段之间。研究者将被试的自我得分划分为三个区块。低分组包括冲动(I-2)阶段和自我保护阶段,中间组包括循规蹈矩(I-3)阶段、尽责/循规蹈矩(I-3/4)阶段和尽责(I-4)阶段,高分组则包括个人主义(I-4/5)阶段、自主(I-5)阶段和整合(I-6)阶段。研究者预测,冲突型女性被试的自我发展得分处于低分组,传统型女性被试的自我发展得分处于中间组,个性化类型女性被试的自我发展得分则处于高分组。

结果支持了研究者的假设(见图 9.2)。所有处于自我发展的冲动(I-2)阶段和自我保护阶段的女性被试都被归为人格评定中的冲突型。中间组包括三种类型的女性被试,但传统型占绝大多数。事实上,所有处于循规蹈矩(I-3)阶段的女性被试都被划分为传统型。在自我发展的高分组,个性化类型的女性所占比例最大,但依然包含冲突型的女性被试。总之,约翰等人(John et al.,1998)的研究发现,自我发展阶段与人格特质的独立评定存在一些有趣的联系。心理学家将自我发展水平最高的女性被试归为个性化类型,这类女性通常被认为是思想开明的、内省的,具有一定抗压能力。自我发展水平处于中间组的女性被试倾向于依据传统文化规范行事,这类女性被认为是传统的、尽职尽责的。自我发展水平最低的女性被试被认为是冲突型的,她们通常会表现出较强的防御性,矛盾情绪较多,对自我高度不满。

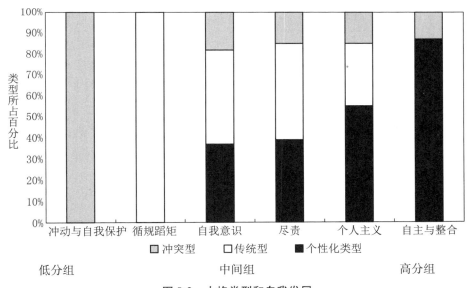

381

图 9.2　人格类型和自我发展

注:图 9.2 显示三种人格类型(冲突型、传统型和个性化类型)在六个自我发展阶段的分布,冲突型处在最低阶段,传统型处在中间阶段,个性化类型处在最高阶段。

来源:"Personality Prototypes and Ego Development: Conceptual Similarities and Relations in Adult Women," by O. P. John, J. L. Pals, & P. M. Westenberg, 1998, *Journal of Personality and Social Psychology*, *74*, 1102.

结论

本章提到两种主要的人格发展理论,它们之间既存在差异,又能够互相补充,共同描述了人一生中心理发展的过程。洛文杰的自我发展模型为我们描绘了进化意义上的主观自我：在童年期，它是原始的、以自我为中心的；在中间区域，个体处于一种社会适应阶段；最后自我会发展到自主和整合的最高阶段。洛文杰的理论关注，随着时间的变化，人们如何理解自己的主观体验，如何理解自己付出努力而形成的建构。埃里克森的心理发展理论较少关注自我如何发展，更多关注自我发展的内容，个体在从出生到死亡的自我发展过程中会遇到哪些任务和挑战。埃里克森认为，我们在生命的每个阶段都要面对一种特有的心理社会困境(psychosocial dilemma)，它以一种对比的方式呈现，例如信任与不信任(婴儿期)或繁殖与停滞(成年中期)。埃里克森认为，如果一个人活得足够久，他将经历八个心理社会阶段。相比之下，洛文杰的模型则认为，大多数人的自我发展不会达到最高阶段。洛文杰的模型类似于马斯洛的需要层次理论(本书第 7 章)，较高阶段建立在较低阶段的基础之上，我们中的大多数人都无法达到最高阶段。在埃里克森的理论中，各个阶段之间是一种非常松散的关系，早期阶段心理社会困境的成功解除能够促进日后的发展，但随后的阶段并不一定处于更高层次，它们只是在时间上靠后。你不用去攀爬埃里克森的阶段模型，随着时间的推移，你会自动达到相应的发展阶段。

洛文杰和埃里克森提醒我们这样一个事实：心理发展在时间上是连续的。如果我们想全方位地了解某个人，那么必须充分利用那些在发展中被锚定的个性结构。"繁殖"和"自我发展的循规蹈矩阶段"等概念，离开了发展时间的背景会让人难以理解。与人格特质(第 4～6 章)不同，这类概念需要一个发展框架以便理解其含义。除此之外，发展的适应性表明，处于不同发展阶段的个体可以根据不同的理论概念来理解。例如，一名 45 岁女性的人格特质对我们来说可能十分模糊，但如果我们了解这一年龄段的个体面对的心理社会困境是繁殖与停滞，我们就会有一定程度的了解。同样，一名 21 岁男性的人格特质中可能不会有繁殖的概念，他更专注于同一性或者亲密行为的问题。从这个意义上讲，发展结构因人而异，需要结合一定的背景信息。人格特质理论则与之形成鲜明对比，例如外向性和神经质，它们对于 45 岁的女性和 21 岁的男性同样适用。人格特质更少强调因人而异，也不需要特定的背景信息，在解释个体行为时，强调跨情境的一致性。我们需要利用两种不同的观点，这样才能完整理解心理个性的发展。特质(本书第 4～6 章)为心理个性提供了最具概括性的描述。个性化适应，如动机和目标(本书第 7 章)、社会认知(本书第 8 章)、心理发展阶段及其任务(本书第 9 章)则不断补充各种信息，使人的心理个性变得更翔实。

本章小结

1. 埃里克森分析了 16 世纪宗教改革者路德的心理传记之后，提出在心理个性研究中需要考虑发展适应。埃里克森认为，同一性危机会持续很长一段时间，路德在刚成年的时候就体验到同一性危机,从 1505 年他决定成为一名修道士开始,直到 1517 年他将《九十五条论纲》钉在威滕伯格教堂的门上,接着他在欧洲开始了宗教改革。埃里克森提出的同一性概念是一个典型的发展适应,它指向一个特定的心理社会问题,这个问题在个体一生中的特定时期是心理个性的核心。动机和目标(本书第 7 章)、社会认知(本书第 8 章)、心理发展阶段及其任务(本书第 9 章)等都超越了人格特质(本书第 4~6章),为我们更详细地描绘了心理个性。

2. 埃里克森提出一个很有影响力的心理社会发展阶段理论。该理论认为心理发展包括八个阶段,每个阶段都有一个很关键的心理社会困境需要解决。埃里克森的理论模型建立在弗洛伊德心理性欲发展模型的基础之上,但又有所超越。埃里克森的理论强调社会环境和人际关系的作用,而且将发展过程扩展到生命全程,从出生直到死亡。埃里克森认为,每个阶段都要从不完全相同但又互相联系的三个方面(身体、自我、家庭与文化)加以理解。

3. 埃里克森理论模型的前四个阶段标志着童年期的发展。第一个阶段个体要解决的心理社会困境是信任与不信任,婴儿通过与照料者形成依恋关系以建立安全感。第二个阶段个体要解决的心理社会困境是自主与羞怯/怀疑,儿童开始发展出自主的感觉。第三个阶段类似于弗洛伊德的性器期,处于该阶段的儿童会体验到权力和性的冲突。儿童在第三个阶段变得急于获得成功,正如埃里克森所说,这一时期的儿童以自我为中心,努力让世界符合自己的期望。第四个阶段个体要解决的心理社会困境是勤奋与自卑,这一阶段的儿童会接触更广泛的社会化内容,主要表现在学校学习过程中。前四个阶段的核心是,使个体学会利用工具以及适应重要的社会角色。

4. 个体在青春期会进入埃里克森提出的第五个阶段,这一阶段的核心问题是同一性与角色混乱。随着性特征的发展和形式运算思维的出现,以及在这一时期出现的文化期望,个体首先面临的心理社会问题是"我是谁?""我如何适应成人世界?"同一性问题是指,个体需要在多样化和矛盾的现代成人生活中寻求统一和意义。为了巩固自己的同一性,年轻人必须从事某一职业以及形成一种个人意识形态。有研究在成年早期的个体身上发现四种不同类型的同一性状态:同一性实现(有探索,有承诺)、同一性延缓(有探索,无承诺)、同一性早闭(无探索,有承诺)和同一性混乱(无探索,无承诺)。

5. 在埃里克森的模型中,如果个体成功解决同一性问题,那么能够以最好的状态去面对第六个阶段——亲密与孤独阶段。在这一阶段,成年早期的个体会寻求与他人的长期关系,婚姻或长期浪漫承诺就是这种长期关系的缩影。在解决亲密问题之后,个体进入繁殖与停滞阶段。繁殖是指为了自己后代的幸福,个体会留下一些遗产(物质的和精神的)。繁殖的原型是生育子女,繁殖也可以被理解为教育、辅导他人,从事志愿服务工作,以及广泛参与社会活动等行为。

6. 有关繁殖的理论和实证研究区分了繁殖概念的不同特征。有模型认为,繁殖始于对象征性不朽(能动性)和养育行为(共生性)的渴望,它们可以通过有关男性和女性在中年期应该如何行事的文化要求和内部期望得到增强。文化要求和内部期望共同促进了成年期个体对下一代的关怀,这使得繁殖承诺和目标落实到行动上。繁殖行为采取的方式可能是创造新事物或者新生命,以及作出能够为后代带来益处的行为,包括向他人提供支持。人格研究十分关注繁殖的个体差异,有研究表明,在纸笔测验中繁殖性得分较高的成年人往往在为人父母时会以一种有效的方式将热情和纪律结合起来,这样的个体通常会较多参与社会活动和宗教活动,并拥有较高的心理健康水平。在经历繁殖与停滞之后,埃里克森理论中的最后一个阶段是自我整合与绝望,这一阶段是个体面对老龄化和能否优雅地接受自己过去生活的一种挑战。

7. 埃里克森的理论关注发展任务的内容,洛文杰的自我发展理论则关注自我的结构及其随时间的发展。自我是个体自主合成的"主体我",它可以用于适应和理解世界。自我发展会历经不同的阶段,从最原始的、以自我为中心的认知方式发展为更加复杂的、差别化的和整合的结构。

8. 虽然新生儿可能没有主观的自我意识,但他们的自我会在生命最初的两年发展出来。有关自我识别行为的研究表明,婴儿会在 18 个月大的时候发展出一种活跃的、因果关系的自我。在这段时间里,自我处于一种前言语阶段。一旦这个阶段得到确认,个体的发展就进入洛文杰的阶段模型。因此,第一个可测量的自我发展阶段就是冲动(I-2)阶段。

9. 在经历了童年期和青春期,到达成年期时,自我意识会由冲动阶段向社会化程度更高的阶段发展。在自我发展的循规蹈矩(I-3)阶段,自我对世界的解释从合群的立场出发,与此同时还会积极寻求社会认可和赞同。在自我发展的尽责/循规蹈矩(I-3/4)阶段和尽责(I-4)阶段,个体不再完全遵照习俗和规范行事,而是根据自己的标准和群体规范来指导行为。在自我发展的更高阶段,如自主(I-5)阶段和整合(I-6)阶段,个体的主观自我变得高度分化,在解释一些经验的时候也会产生细微的差别。处于高级自我发展阶段的个体会表现出如下特点,例如更关注自我实现,而且当个性与互相依赖产生冲突时,个体能够及时解决这些冲突。

10. 采用洛文杰等人共同开发的句子完成测验,我们可以评估自我发展阶段的个体差异。该测验应用于大量研究。研究结果表明,在青春期,女性被试自我发展的得分略高于男性被试,但这种性别差异会在被试成年之后消失。

第四部分

建构生活：我们的人生故事

人生剧本和人生故事

在遇刺前一两年,马丁·路德·金(Martin Luther King)曾为了公民权利到美国中
西部的一座小城市与民间领袖和宗教领袖谈话,并召集了许多白人和非裔公民。约翰
逊(Jerome Johnson)当时被指派担任马丁·路德·金的保镖,他是一名 30 多岁的黑人
警察。年轻时的约翰逊雄心勃勃,高中时他是学校的橄榄球明星,后来还在美国空军服
过役。约翰逊曾梦想成为一名警察局长,但不幸的是,他所在的城市从来没有黑人晋升
为队长,更别提被任命为局长了。约翰逊的同事劝他放弃选拔考试,他的朋友告诉他应
该懂得知足,于是约翰逊决定放弃梦想,甚至打算辞掉警察局的工作。

之后马丁·路德·金来到镇上,这使约翰逊的生活发生了翻天覆地的变化。在 30
多年后的一次访谈中,约翰逊描述了当时的情景:

> 我人生中的转折点要追溯至我刚才提到想要放弃选拔考试的那段时间,因为
> 我觉得一个黑人想要成为警察局长是不可能的事,所以我甚至打算离开警察局。
> 之前我也提到过,大学时我退出篮球队,而后又强烈地想要离开警察局,之所以会
> 这样选择,是因为我目睹了太多发生在弱势种族身上的不公平。也正是那时我被
> 安排给马丁·路德·金当保镖。我记得,他大概在这里待了两三天,于是我与他有
> 了共处的机会。……最后一天他要离开了,当时他正站在旅馆前,等着司机送他去

机场。我们开始聊天,我告诉他自己对现实很失望,因为黑人从没有晋升的机会。我告诉他也许是时候离开警察局了,因为这样的局面不会有丝毫改变。他只是简短地说了几句话,他说"永远不要放弃",随后我们的谈话结束了,我也曾考虑过坚持,但是当他告诉我"要有信心""永不放弃""永远不要停止对梦想的追求"时,我仔细品味了这几句话,开始真正决定继续走下去。然后一切都变了……他把要走出门外的我又拉了回来。(McAdams & Bowman,2001,pp.3—4)

约翰逊最终参加了考试并被提拔为队长。接下来的几年,他在警察局不断得到提升,最终实现了自己的梦想,成为美国中西部第一位非裔警察局长。做了一段时间的局长后,他提前退休了。现在,约翰逊多数时间都陪伴在妻子和孩子身边。他计划写一本讲述自己警察生涯的书,并希望早日当上祖父。他也经常和黑人青年们一起做志愿者工作。

我们注意到约翰逊生活中的场景转折,这一生活场景开始是无望的,但伴随着马丁·路德·金的出现发生了戏剧性的转变,简要来说,就是消极的情景最终演变成积极的结局。约翰逊在退休后讲述,他的一生都充满了救赎情景(redemptive scenes),不好的事情演变成幸运的结局。他生于 20 世纪 30 年代的大萧条时期:"我是一个生于大萧条时期的孩子,"约翰逊开始讲述,"所以在那样一个缺衣短食的年代,我经历了许多苦难。我仍然清楚地记得我们是如何克服所有困难的,我时常饥肠辘辘,我还记得圣诞树下没有礼物的圣诞节。"(McAdams & Bowman,2001,p.6)无论如何,生活逐渐好转,当约翰逊再次遇到苦难时,他也会常常想起那段彼此扶持的日子。人们虽然贫困、饥饿,却互帮互助、相亲相爱:

> 我想我长大的地方才是真正的社区。虽然那时我们都很年轻,都身处困苦,我身边的人们也同样如此,但大家总是相互帮助。如果我们没有足够的食物,那么其他人会热心地给我们一些,同样,如果我父亲带回来一些东西,那么我们也会与其他人分享自己的食物。这样就形成一个富有责任心的团体,我想这个团体一直深深地影响着我,使我学会帮助他人,与他人相互扶持。(McAdams & Bowman,2001,pp.6—7)

约翰逊在学校是个很聪明的学生,也是优秀的运动员。20 世纪 50 年代,在那个白人学生居多的高中学校,他非常擅长橄榄球和篮球。高三那年,他被选为橄榄球队长。约翰逊结识了很多白人朋友。他深刻地记得自己遇到许多好老师,尤其是橄榄球教练,总是努力争取让更多黑人学生加入橄榄球队。但和他的黑人同胞一样,约翰逊也是种族歧视的受害者。有一次,他母亲去观看他的篮球比赛,对方球员却嘲笑约翰逊,比赛之后母亲哭着跑回了家。还有一次,在年度重大比赛之前,学校领导不允许约翰逊这位橄榄球队长与"同学会女王"(homecoming queen)一起主持赛前动员会。原因很简单,因为他是黑人,而"同学会女王"是白人。一位美丽的白人女子和一名强壮的黑人男子一起站在舞台上,这在 20 世纪 50 年代的美国小城市,在那些白人教师、学生和家长看来实在太不和谐了。40 年后,当约翰逊再次回想起当时的场景,他仍然感到内心隐隐作痛。

但约翰逊坚持不懈,并最终取得成功。很多次,约翰逊的人生都出现柳暗花明的转机。他承认,"高中时的环境确实很艰难,但正是这些困难磨炼了我的意志"(McAdams & Bowman,2001,p.8)。在大学及空军服役期间,约翰逊也遇到类似挫折,但他从来没有放弃对生活的希望。退役后,约翰逊找了很多工作,却屡屡受挫,直到他进入警察局,情况才有所好转。那时,20 多岁的约翰逊开始憧憬自己的未来。他希望结婚,拥有美满的家庭,并通过自己的努力成为警察局长,他想象自己将会去社区做义工,成为顾家的好丈夫、可靠的公民、正直的黑人中产阶级代表、一名领导者。当要求他描述自己人生故事中的高潮时,约翰逊详细讲述了自己如何辛勤工作,努力成为警察局长,以及在这条道路上他如何与同事保持良好的工作关系,如何精心计划着警察局的未来。在约翰逊的故事中,他是一名充满希望的主角人物,他一直努力工作,克服困难,达成自己的目标。约翰逊在空闲时会看关于奴隶生活和黑人历史的书籍,约翰逊说道,"他们经历、克服的事情,我想我也正在经历"(McAdams & Bowman,2001,p.9)。童年时,约翰逊最喜欢听祖父讲那些战胜逆境的故事。

我们该怎样描述约翰逊的人格? 通过合适的测量工具,我们必然可以评价他的基本特质。事实上,约翰逊的自陈式问卷调查表明,他在尽责性和随和性上得分很高,具有中等程度的开放性和外向性,低神经质。正如我们在第 4~6 章中所看到的,这些特质归因提供了一个人重要的基本特质的轮廓。为了补充一些细节,我们可能需要进入第二个层次的人格描述,以详细说明约翰逊生活中的个性化适应(本书第 7~9 章)。他似乎是一个具有强烈成就动机的人,并对未来有着明确的目标,希望当上祖父,退休后打算继续在社区做义工(本书第 7 章)。就凯利的认知理论而言,约翰逊在"努力工作/懒惰"和"帮助他人/自我放纵"两个维度的一极上已经建构强大的个人构念,他的自我图式可以恰当地解释这些反复出现在他身上的重要的社会认知特点(本书第 8 章)。从发展适应来看,约翰逊似乎处在埃里克森描绘的人格发展的第七个阶段——繁殖与停滞期,事实上,他似乎是一个非常渴望繁殖感的男人,而在洛文杰提出的发展模型中(本书第 9 章),约翰逊大概处在尽责/循规蹈矩阶段,这一阶段是美国成年人最常见的自我发展阶段。

基本特质和个性化适应很好地概括和补充了约翰逊人格特征的一些重要方面。但是,当我们听到约翰逊讲述他遇到马丁·路德·金先生的事情,他在贫困的经济大萧条时期长大的经历,还有在社会中不断提升自己成为警察局长的过程,我们能感觉到,用特质归因以及动机、社会认知和发展适应的理论来解释他的人生似乎还是遗漏了些什么。也许我们已经(通过特质)理解了约翰逊生活中行为的一致性,明晰了他的主要动

389

机和目标，知道了他如何以自己独特的方式建构自我和社会行为，以及他目前面临的发展任务是什么，但我们仍会觉得这幅图画中缺了点东西，那就是约翰逊的整个人生对他而言意味着什么。在现代社会，许多人认为自己及他人的生命应该被赋予某些核心意义、完整的统一性和目的性（Taylor，1989）。正如我们在第 3 章所讲到的，文化的现代性提高了人们建构自我或同一性的责任意识，这些赋予生活某种整体性的意义。虽然特质、动机、价值观、发展阶段等可能已经暗示人们生活的重要意义，但人格心理学家提出的这些概念无法为整体生活的意义和目的提供全面的解释。这些概念缺乏整合性，未能将个体生命的许多方面整合成一个有意义的整体。

在现代社会，是什么赋予人们生命意义和目的？许多学者认为，现代生活之所以有意义，就在于人们符合或表现了饱含文化意蕴的故事（Bruner，1990；Cohler，1982；Josselson，1995；Maclntyre，1984；McAdams，1985b，1990，2008；McLean，Pasupathi，& Pals，2007；Polkinghorne，1988）。社会学家吉登斯（Giddens，1991）写道，在现代社会，"一个人的身份不在于他的行为，也不在于他人对他的反应（尽管这些也很重要），而在于一个人特定的叙事能力"（p.54）。约翰逊讲述了一个人生故事，在这个故事里悲惨的事件总是演变成好的结局。从大萧条时期至 20 世纪 90 年代末，故事中展现了一段冲破重重阻碍的旅程，特别是由种族和阶级歧视带来的阻碍。故事中的关键事件是与一位著名历史人物的相遇。约翰逊的人生故事属于他自己，但与大多数美国人建构的人生故事相似，它有一些典型的西方叙事特征，包括背景、主要角色（主角和反派人物）、主要情节和次要情节（情节受到故事中各种问题或冲突的推动）、关键场景（高潮、低谷、转折），以及预想的结局（对未来的希冀）。和其他人一样，约翰逊致力于建构自己的人生故事。为了详细描绘约翰逊的心理个性，我们必须对他的故事有所了解。正如我们将在本章后面所看到的，约翰逊的故事代表了一类特定的人生叙事，这类叙事经常由高生产力的美国成年人建构，我们将其称为"救赎自我"（redemptive self）（McAdams，2006）。

本章聚焦人生故事。我们将要看到的人生故事"不仅仅客观讲述了过去发生的事情"。尽管人生故事（应该）立足于现实，但它们仍然是富有想象力和创造力的作品，我们整个成年期都在不断构造、重建这件作品。换句话说，我们通过编一个故事来创造人生，这个故事最终也成为我们自身的一部分（Habermas & Bluck，2000）。一个人内化的和不断变化的人生故事——我们称之为一个人的叙事同一性（narrative identity）——与其基本特质和个性化适应一样，是人格的重要组成部分（McAdams，1995，1996b；McAdams & Pals，2006；Singer，2004）。尽管人生故事与基本特质、个性化适应对于了解一个人同样重要，但它的确提供了不同类型的心理个性信息。简单地说，特质（人格的第一层次）勾勒出人格倾向性的轮廓，揭示了行为跨情境一致性的趋势；个性化适应（人格的第二层次）填充了人格的细节，给出了具体的动机、社会认知和发展问题;人生故事(人格的第三层次)告诉我们随着时间的推移,一个人如何看待自己的人生历程,他生命的意义和目的又是什么。人格的这三个层次都很重要。为了尽可能全面地揭示人的心理个性,人格心理学家需要研究人的基本特质、个性化适应,以及整合的人生故事。

故事的意义

叙事的大脑

人类天生会讲故事。在许多民间传说、神话、史诗、历史、舞台剧、电影,甚至在晚间新闻里,我们所称的"故事"似乎充斥在所有这些已知的人类文化之中(Mink,1978;Sarbin,1986)。故事仿佛是一个天然的包装箱,里面囊括各类信息。讲故事也是向他人表达自己的一种基本方式(Coles,1989;Howard,1989;Linde,1990;Vitz,1990)。回想你最后一次向他人解释对自己至关重要的事情,讲故事可能是比较好的方式;或者回想一次特别亲密的交谈,讲述的故事类型和故事被接受的方式可能是影响谈话的重要因素。事实上,人与人之间的日常交谈就是不同形式的讲故事。一些学者甚至认为,我们生来注定要讲故事。这也正是我们与动物和计算机的区别之一。

想象一下我们的祖先,当一天结束,白昼逝去黑夜来临之际,狩猎归来,抑或结束了照顾年幼者或保卫部落的工作,此刻他们坐在一起开始总结这一整天。夜幕降临,他们开始讲述这一整天发生的故事,通过为过去的时光赋予意义来消磨时间。他们述说着一天的经历,互相开玩笑或是劝慰、开导对方,有时只是为了保持清醒。小说家福斯特(Forster,1954)指出:"从原始人头骨的形状可知原始人在听故事。他们头发蓬乱,围坐在篝火旁,已然在与长毛象和强壮犀牛的搏斗中感到疲劳,却因故事的悬念而保持清醒,接下来会发生什么事情?"

夜幕时分讲述的故事为人类创造了共同的历史,将他们联合在共同的时间和事件中,使他们成为一部不断展开的人生戏剧当中的演员、讲述者和听众。在讲述中,这部人生戏剧比真实事件更加丰富。故事并不像秘书对会议所做的记录,仅仅准确地报告会议中特定时刻发生的事情。故事中关于事实的部分较少,而关于意义的部分较多。在主观讲述和润饰过去的过程中,过去被建构着——历史得以形成。人们对历史正误的判断并不仅仅依据经验的事实,通常还会依据叙述的可信度和一致性。在生活中有一种叙事的真实,它似乎与逻辑、科学和实证无关(Spence,1982)。这是一个"好故事"的真实。在一位作家眼中,这是我们古老的祖先相当熟悉的一种真实的形式:

> 直到某人讲述一个故事之前,世上没有人知道事实是什么。这事实不在电闪雷鸣或者野兽嚎叫的时刻,而是在人们随后讲述的故事里,故事已经成为人类生活

的一部分。在黑夜的森林里，我们的祖先在讲述搏杀故事时感到自豪，他们甚至会用动作、舞蹈演绎这些故事。故事进入部落生活，使得部落开始了解自身。在这样的一天中，我们与野兽搏斗并最终获得胜利，此刻我们正讲述这个故事。那些经过很多修饰的故事也是真实的，因为事实不仅包含发生了什么，而且包含我们事发当时的和现在的感受。（Rouse，1978，p.99）

391
　　当代认知神经科学研究表明，人脑被设计成以叙述的方式解释人类经验。达马西奥（Damasio，1999，p.30）指出："意识始于大脑获得能量之时，我需要指出，这是一种简单的能量，它是指大脑以无言的方式诉说故事，诉说有机体不断流逝的人生。"在这里，达马西奥将人的意识视为心理上的叙述者。意识中包含大量对生活经验的叙述，这些持续的叙述慢慢流过人们的脑海。起初，这种叙述不需要以语言的形式，最终语言的发展肯定会影响意识的质量。尽管大脑可能包含许多不同模块，每个模块执行特定的功能，但凭借大脑通过故事来解释和建构个人经验的能力，这些多样性得以整合。有一篇名为《自动的大脑，解释的心灵》（*Automatic Brains，Interpretive Minds*）的文章（Roser & Gazzaniga，2004，p.56）写道："人生叙事的建构属于意识的最高水平，这种叙事使大脑的神经活动变得有意义，并可以成为统合自我意识的基础。"

　　布鲁纳（Bruner，1986，1990）认为，人类已经进化到以故事的形式讲述个人经验的阶段，人类通常以两种不同的方式认识世界。第一种是思维的范型模式（paradigmatic mode）。这种思维模式试图通过严谨的推理分析、逻辑证明和经验观察来理解经验。我们希望用逻辑理论来安排世界的秩序，并帮助我们预测和控制现实。在思维的范型模式下，我们探索着事物之间的因果关系。当我们了解汽车引擎的工作原理，或两个氢原子和一个氧原子如何形成一个水分子时，我们便成功地使用了自身逻辑和因果推理的天赋。大多数教育培训都在强化这种思维的范型模式，优秀的逻辑学家和科学家都会接受严格的范型思维训练。

　　与此相反，第二种是思维的叙事模式（narrative mode）。它以故事的形式展开，讲述时间序列下"人类意图的变迁"（Bruner，1986）。故事中的事件并不是以物理或逻辑原因来解释的，通常也不会牵扯到汽车引擎或化学分子，而是涉及人类的欲望、需求和目标。在叙事模式中，事件通过主角在生命的长河中努力奋斗而得以诠释。要想讲述一个好故事，在可信的叙事中，故事必须包含行为动机和有意义的结局，即有完整的开端、过程和结尾。因此，对于这周末朋友的反常行为，我会通过自己对他的了解来解释，在解释的过程中我会结合他的生活目标和未能达成目标的原因，如三年前与妻子婚姻破裂。若要了解一个人及其行为，你一定要知道我即将讲述的故事。同样，要弄清是什么驱使约翰逊在他的城市中排除万难，成为第一名非裔警察局长，你必须了解他的故事，从大萧条时期到与马丁·路德·金的见面，再到目前对退休生活的打算，我们必须理解他对自身意图的故事性描述。

优秀的小说家都是善用叙事思维模式的大师。用布鲁纳的话说,他们精通"只能意
会不能言传"(mean more than they can say)的故事(Cordes,1986)。对不同的读者而
言,一个好故事蕴含许多不同的含义,它能引发读者产生许多遐想。我们通常都会有这
样的经历:看完一场电影、戏剧或者读完一本小说,我们喜欢与朋友交流自己的感悟,但
我们会发现,对于同样的故事,我们竟会有如此不同的理解。这也正是故事有趣、有价
值的原因所在。它激发了我们不同的想法和观点,带着这些大不相同的想法和观点,我
们随即可以展开热烈的讨论和争辩。

相比之下,善用范型模式的大师力求做到"有什么说什么"(say no more than they
mean)(Bruner,in Cordes,1986)。优秀的科学家或逻辑学家的工作强调清晰和精确。
科学与逻辑的解释不允许有猜想的成分,不鼓励多样化的意见,否则会因含糊其词或模
棱两可而受到指责,因此对单一客观的真相不应产生太多不同的、有争议的解释。范型
模式有其影响力和精准性,相比于叙事模式是一种异常谦虚的思维形式。尽管范型模
式尽可能以理性和清晰的方式揭示世界运行的规律,但是它通常不能理解人的需求、目
标和社会行为。

治愈和整合

故事吸引我们的原因有很多。它使我们感到赏心悦目,让我们欢笑和哭泣,抑或留
有悬念,直到结局我们才恍然大悟。故事可以指导人生,通过故事我们学会如何工作和
生活;在故事里,我们领略了形形色色的人、情境和思想(Coles,1989)。故事还有道德
寓意。《伊索寓言》和《圣经》中的比喻,都是一些简单又深刻的故事,它们讲述了善恶行
径,引导我们明辨是非。除了娱乐和启示的功能,故事还能够整合生活的方方面面,并
治愈生活中的创伤和苦痛。一些学者和科学家认为,整合(integration)和治愈
(healing)是故事与故事讲述的两大心理功能。当我们感到支离破碎时,故事让我们团
结;当我们心碎时,故事治愈我们;当我们难过时,故事抚慰我们。故事帮我们应对压
力,甚至推动我们走向心理的完善和成熟。

精神分析学家贝特尔海姆(Bettelheim,1977)曾指出童话故事具有的心理力量。
贝特尔海姆认为,像《杰克与魔豆》《灰姑娘》这样的故事能够帮助儿童走出内心冲突和
危机。当一个 4 岁的女孩听到灰姑娘的故事时,她会不自觉地认同女主角灰姑娘的遭
遇、悲伤,以及最终迎来的幸福。同样,男孩会认同杰克这样的男性英雄,面对来势汹汹
的巨人他最终以智取胜,获得财富和智慧。这些故事的主角和听众一样,都是一群天真
烂漫的孩子,故事中主角的所思所虑也许使现实生活中孩子的内心产生共鸣,使他们同
呼吸、共命运般走到一起。在贝特尔海姆看来,那些娓娓道来的童话故事,能缓慢而稳
步地促进孩子的心理成长和适应。童话故事鼓励孩子饱含信心和希望以面对世界。灰
姑娘和杰克从此过着幸福快乐的生活,邪恶的姐姐和食人魔最终都受到惩罚。即使整

个故事看上去充满惊恐的场景,但结局总归是圆满的。

作为成年人,我们同样会强烈地认同故事中的主人公,我们和他一起经历他的生活,在这个过程中,我们变得更加快乐,懂得适应生活并获得智慧。库什纳(Kushner, 1981)在《好人遇到灾难》(*When Bad Things Happen to Good People*)一书中,讲述了许多充满痛苦和心碎的真实故事,故事人物的原型就是生活中他熟识的甚至深爱的人,这本书对很多人来说是一种极大的安慰。一位不幸流产的好朋友告诉我,库什纳的书帮助她和家人战胜悲痛,他们与作者产生强烈的共鸣,因为作者也是因儿子夭折有感而发才撰写此书。听到与他们密切相关的故事,我的朋友得以度过生活中的痛苦时期。库什纳感慨道,其实这些故事也帮助了他自己,通过整理和思考遇到的悲伤和痛苦的故事,他已经能够将自己破碎的生活拼凑完整。

从许多自传中我们可以了解到,简单地创作或者演绎自己的故事便是一段治愈和成长的经历。一部好的自传能够以故事的形式展现人生,其中包含背景、人物、主题、图像,通过叙事人们可以重塑自我,追忆自己一生的时光。西方历史上最有名的自传之一是奥古斯丁(Christian Saint Augustine)写下的《忏悔录》。这本书反映了作者的心路历程,展现了他从破碎和混乱的内心世界逐渐走出来的经历。通过讲述故事,奥古斯丁能够以一个统合的视角来看待自己及其所处的位置,并预想未来的方向和目标(Jay, 1984)。

许多人尝试像奥古斯丁一样撰写自己的故事,并取得不同效果。写自传的原因有很多,但大部分人是希望找到某种个人整合,把生活的碎片拼接成一个有意义的整体。人们可能觉得是时候进行这种整合性的工作了,在一切即将结束的时候回头看自己走过的路,这似乎是人之常情。或者像奥古斯丁一样,觉得自己迫切需要找到一个故事,作为一种救赎或解决生活危机的方案。

小说家罗思(Roth, 1988)在一本名为《事实》(*The Facts*)的简短自传中写道,伴随多年的混乱和烦扰,他正在寻求治愈自己生活的方法。对他而言,谱写人生故事的过程,就是从复杂的过去中抽离出自己如何成为一名小说家的事实。罗思将这一过程视为拂去他作为一名高产的小说家创作的一层层故事,最后抵达真相的核心——透过一层层表面的叙述,我们能看到被掩盖的使人深信不疑的简单故事。这样的创作任务似乎有点难以掌控,也没有固定的套路。正如罗思在该书开头和结尾与朱克曼(Nathan Zuckerman)的对话所说的那样(朱克曼是罗思一系列小说中虚构的英雄形象),朱克曼告诉罗思,他把故事从小说中去掉是愚蠢的,因为故事和其他任何东西一样也是罗思的一部分。朱克曼似乎在暗示,虽然自己不完全是罗思,却是罗思部分形象的化身。朱克曼似乎在说,"如果没有我,你(罗思)将会是多么无聊、肤浅,正如那些失去了想象力的艺术家"。朱克曼说道:"你真正无情的自我揭露和真实的自我对抗,都是通过我这一人物媒介展开的。"(Roth, 1988, pp.184—185)

也许至少在某一点上,罗思确实会同意朱克曼的观点。你能否猜到为何罗思给自传选定了一些最普通的标题,例如一些章节标题为"不学无术的大学生""我梦想的女孩"和"我的家庭"? 他是否想告诉读者,当把罗思和他虚构的人物形象(如朱克曼)分离时,留下的只是陈词滥调? 他是否想说,如果失去想象力,我们的生活将变得单调、乏味、破碎且不完整? 他是否在说,事实还远远不够? 罗思的自传仿佛在讽刺、自嘲,因为这位叙事作家开始怀疑他创作的故事的有效性。然而,整个过程似乎富有启发性和娱乐性,读者能够从罗思身上学到一些重要的东西。读者也能感觉到,罗思已经有一定的自我发现,同时正在朝着自我整合的目标迈进。

　　故事的治愈力已经成为某些特定的心理治疗形式的主题,其明确的治疗目标就是要整合我们的生活。举例而言,某些精神分析学家认为,建构一个连贯、协调的人生故事是治疗的主要目标。根据这一观点,通过调整连续的叙述,咨询师和来访者能够一起建构出更加丰富和有生气的人生故事(Schafer,1981)。马库斯(Marcus,1977)指出,"理想情况下,人生应当是连贯、协调的故事,故事包含的所有细节和事情都能够在恰当的关系中得到解释"(p.413)。相反,"有问题的人生,其故事是不连贯的或者尚未拥有一个完整的叙事自我",咨询师和来访者需要一起建构一个治愈性的叙事自我(Borden,1992)。许多心理问题和情感上的痛苦都源于我们无法通过故事使生活变得有意义。咨询师能够帮助我们重构和修改有关自我的叙述(White & Epston,1990),这个过程可能会带来成功的转变,正如我们看到的奥古斯丁的例子。治疗开始阶段可能是缓慢的,效果不那么明显,正如罗思在治愈自我的探索中所经历的那样。

　　研究者试图揭示人生故事对心理健康究竟有多大的积极作用,其中最有影响力的是彭尼贝克(Pennebaker,1988,1989a,1992,1997;Pennebaker,Mehl, & Niederhoffer,2003)及其同事开展的一系列研究,他们的研究揭示叙事对个人创伤的有益影响。研究的指导语如下:

　　　　当你坐在大门紧闭的实验室中,我希望你能写下一生中最难熬或最痛苦的经历。不要担心语法、拼写或句子结构的错误。我只希望你能够写下内心深处的想法和感受。你可以大胆地、随心所欲地去写,无论你写下什么,它都应该是对你产生深刻影响的记忆。最好是你还没有跟其他人详细谈过的事情。最为关键的是,在写作过程中,你终于可以释放自己,触摸内心深处的情感和思想。需要提醒你,很多人觉得这个研究令人十分不安。在研究过程中很多人都哭了,研究结束后他们仍然感觉有些悲伤或沮丧。(Pennebaker,1989a,p.215)

研究中大多数受访者是在校大学生,以下是一些有代表性的内容:

　　　　一名女性几个星期以来一直很忧虑,因为一名忌妒她的女性雇了两名歹徒对她进行身体和心理上的骚扰。

　　　　一名男性在读高中时,他的继父多次殴打他。在企图用继父的枪自杀失败后,继父还经常用此事羞辱他。

394

一名女性在盛怒之下,当着母亲的面指责父亲对婚姻不忠。很显然,母亲之前对这一切一无所知,这导致父母的分居和离婚,之后她一直背负着罪恶感。

一名女性在她 10 岁的某天,父母要求她整理自己的房间,因为那晚祖母要来家中拜访。可是女孩没有整理。那天晚上,祖母因为女孩的一个玩具而滑倒,并摔伤了髋部。一周后,祖母不幸死在了手术台上。

一名男性在他 9 岁时,他的父亲平静地告诉他,父母将要离婚了,因为男孩的出生扰乱了他们平静的生活。(Pennebaker,1989a,p.218)

395　　多达四分之一的被试在自我表露的过程中哭了,许多人在讲述完内心的故事后会感到沮丧。然而,被试认为这样倾诉创伤经历的过程特别有价值,98%的人回答会再次参与实验。更重要的是,以文字的形式记录这些创伤事件有益于长期健康。例如,彭尼贝克和比尔(Pennebaker & Beall,1986)调查了 46 名健康的大学生,要求一部分大学生连续四天写下令他们感到最痛苦或最有压力的体验,另一部分大学生则只需写下无关紧要的话题。书写创伤体验的被试分为三组,第一组书写创伤事实,而非他们的创伤感受(事实创伤组),第二组书写自己的创伤感受,而非创伤事实(情绪创伤组),第三组书写自己的创伤感受和创伤事实(创伤组合组)。6 个月的追踪调查显示,对创伤事实和创伤感受都进行表露的被试,健康水平比其他组被试更高,在此期间到访健康中心的次数最少(如图 10.1 所示)。研究者认为,如果个体有机会表露过去生活中的创伤经历,包括创伤事实以及创伤感受,那么个体的健康水平会有所提升。

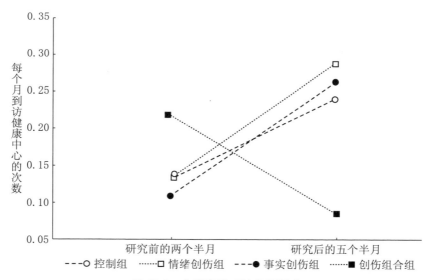

图 10.1　自我表露对健康的影响

相比于只书写创伤事实,或只书写创伤感受,或只书写无关紧要的话题的被试,对创伤事实和创伤感受都进行表露的被试到访健康中心的次数更少(生病的次数也更少)。

来源:"Confronting a Traumatic Event:Toward an Understanding of Inhibition and Disease," by J.W. Pennebaker & S.K. Beall,1986,*Journal of Abnormal Psychology*,95,274—281.

396

　　这些研究结果表明,表露负性事件可以改善健康,减少不必要的创伤观念。彭尼贝克等人(Pennebaker & O'Heeron,1984)调查了配偶死于交通事故或自杀的人。结果发现,在配偶死后的一年内,一直沉溺于痛苦之中的个体会出现更多健康问题。相反,愿意向他人倾诉心声的个体出现不一样的情况:(a)较少有不必要的反省和强迫性思考;(b)在接下来的一年里出现较少的健康问题。格林伯格和斯通(Greenberg & Stone,1992)发现,在就诊时,与写下轻微创伤经历或者无关紧要话题的学生相比,写下严重创伤经历的学生的来访率有显著下降。弗朗西斯和彭尼贝克(Francis & Pennebaker,1992)发现,与对照组相比,连续四周每周都记录一次创伤经历的被试,工作的出勤率更高,且肝脏酶(liver enzyme)功能得到改善。在获得每位被试的血液样本后,研究者(Pennebaker,Kiecolt-Glaser, & Glaser,1988)发现,相比于写下琐碎事件的被试,连续四天记录创伤经历的被试的免疫系统功能有所改善。

　　为什么表露创伤事件有利于身心健康呢? 彭尼贝克(Pennebaker,1988)认为,压抑创伤事件会给个体带来过度的生理负担,例如心率、皮肤电、血压都会升高。长此以往,生理反应的累积将导致与压力有关的疾病,如感染、溃疡等。此外,一个人越试图压抑某种观念和情感,脑海中就越容易出现这些被抑制的东西,这种压抑会导致高焦虑和过度的生理唤醒(Wegner,Schneider,Carter, & White,1987)。通过倾诉和有意识地面对与创伤事件有关的观念和情感,事件得以整合或重组。对创伤事件的表露能使个体"将问题抛之脑后""结束这一篇章",这将会弱化生理唤醒,减少困扰,以及降低未来抑制类似事件的可能性。

　　为什么表露创伤事件能弱化生理唤醒和强迫性思维? 彭尼贝克(Pennebaker,1992)认为有两个重要的影响因素:(1)消极情绪的表达程度;(2)创伤事件被重构为良好故事的程度。彭尼贝克(Pennebaker,1992)采用计算机内容编码方案分析创伤事件的叙述表达,结果发现,与其他被试相比,表露创伤事件后健康水平提升最明显的被试在叙述中使用了更多消极情绪词、更少积极情绪词。另外,健康水平得到提升的被试,他们故事的组织水平更高,更乐观,更乐于接受现实。事实上,健康水平没有得到提升的被试,他们的故事会越来越糟糕。随着时间的推移,他们所写的故事逐步土崩瓦解。彭尼贝克总结说:"消极情绪的表露和明确、清晰的故事建构,都对健康有重要作用。"(Pennebaker,1992,p.5)随着时间的推移,一个逐渐呈现在人们面前的好故事,是写作和某些形式的治疗希望得到的结果,它的出现会给健康带来益处。

情感和故事:汤姆金斯的剧本理论

　　汤姆金斯(Silvan Tomkins)认为,故事和讲故事在人类生活中的核心作用是人格广阔视角的典型特征之一。汤姆金斯曾经是戏剧大学的一名本科生,后来作为一名剧作家进入心理学领域。正是通过戏剧性的叙事,汤姆金斯第一次产生了后来推动他一生事业发展的问题——人到底想要什么? (Tomkins, 1981, p.306) 为了寻找答案,汤姆金斯于 1930 年进入心理学研究生院,但他发现心理学未能充分解决动机问题,或者说未能直接回答"人到底想要什么"这一问题,于是一年后他失望地离开。随后,他转向哲学以研究逻辑和价值理论,并获得博士学位。但最终,汤姆金斯还是回到心理学领域,与默里一起在哈佛大学心理诊所工作。汤姆金斯早期的工作受到默里的影响,他出版了一本主题统觉测验的书 (Tomkins, 1947),并开发了新的投射测验——汤姆金斯图片排列测验 (Tomkins & Miner, 1957)。

虽然汤姆金斯最初接受了默里的理念,即认为心因性需要是人类动机的主要因素,但他很快不赞成这一理论,转而强调情绪或人类情感。正如汤姆金斯所说,自己在生活中的两个重要发现直接促使他确信情感才是人类行为的主要动力,而不是驱力(弗洛伊德)或需求(默里)。

第一个发现是在 20 世纪 40 年代末,那时汤姆金斯震惊地发现,虽然兴奋、喜悦和愤怒等情绪独立于饥饿和性欲等驱力,但通过为它们提供动力,情感能够增强驱力。在汤姆金斯看来,性欲本身并不是一种强烈的行为动力,在它被兴奋的情绪放大后,才得以激发人的性行为。汤姆金斯的第二个发现是在他成为父亲时:

> 第二个重要发现是在 1955 年我儿子出生的时候,那时我正在休假。在他出生后不久,我每天都会观察他好几个小时。令我感到震惊的是他巨大的哭泣声。它不仅包括非常响亮的哭喊和面部肌肉反应,全身上下的血液涌上面部,而且伴随着全身运动。这是一种强烈的全身反应,而且似乎以面部为中心。弗洛伊德曾说,出生时的哭泣以焦虑为原型,但我的儿子似乎没有焦虑。那么,这种面部反应是什么意思呢? 我将其理解为苦恼的标志。在他出生后的几个月,我观察到他脸上的兴奋,他吃力地努嘴,试着牙牙学语。他会连续尝试几分钟,然后放弃,显然很疲惫、沮丧。当我注意到他微笑着回应他的母亲和我时,便再一次意识到精神分析理论(以及当前其他人格理论)没有关注这种享受和兴奋的区别。 (Tomkins, 1981, p.309)

在与心理学家伊扎德 (Carroll Izard) 和埃克曼 (Paul Ekman) 的合作中,汤姆金斯阐述了一个关于人类情感的理论,该理论认为人类的每种情感都源于人类的生理构造和进化历程 (Ekman, 1972; Izard, 1977; Tomkins, 1962, 1963; Tomkins & Izard, 1965)。由于每种情感都与特定的面部肌肉运动有关,因此面部被认为是情感表达的器官。后来,汤姆金斯将场景和剧本的概念纳入自己的理论体系,为人格提供了编剧和叙事的方式,这使人回忆起他当初以一个剧作家的身份进入心理学领域 (Carlson, 1981; Tomkins, 1979, 1987)。

情感

我在印第安纳州的炼钢厂工作时,结识了一位名叫蒂尼的朋友。我当时是一名大学生,在那里做暑期工。蒂尼40岁左右,结婚后有三个孩子,他连小学都没毕业。蒂尼的梦想是成为一名煤矿工人,但我想不出有什么比当煤矿工人更糟糕的了。我讨厌炼钢厂的工作,对此感到疲倦和气馁,但蒂尼并不介意这个工作,他经常试着让我振奋起来。我不明白为什么我们喜欢对方,毕竟我们几乎没有什么共同之处。我记得我们谈了很多,有一次谈话让我印象尤为深刻。当时我们聊到女性和婚姻,蒂尼神秘兮兮地说,"情感是一切"。蒂尼以自己的方式发现了汤姆金斯人格理论的核心要义。就像汤姆金斯所说的那样:

> 情感的主要功能是通过类比和放大使人感到一种关怀······若没有情感放大,则没有任何东西是重要的;若有情感放大,则任何东西都可以是重要的。(Tomkins, 1981, p.322)

根据汤姆金斯的观点,自然选择使人类更加偏爱这种高度分化和细化的情感系统。 398

> 人类被赋予了与生俱来的情感反应,正是这些反应使得人们更想生存并抵抗死亡,更想有性的体验,更愿意经历新奇并尽量避免无聊,更期盼与人交流和亲密相处,而不愿意感到羞愧。(Tomkins, 1962, p.27)

汤姆金斯区分了十种基本情绪,包括兴趣/兴奋、愉悦、惊奇、沮丧、愤怒、厌恶、恐惧/焦虑、悲伤、羞愧和内疚。前两种情绪是积极的;惊奇既可能是积极的,也可能是消极的;余下的七种情绪是消极的。在一般情况下,人们寻求积极情绪体验的最大化,并最大限度地减少消极情绪体验。

每种基本情绪又可以被区分为一系列不同水平。首先,每种情绪都与其他情绪有着质的区别。例如,惊奇的表现(伴随意外事件的发生,唤醒水平会骤然提高)与羞愧、愉悦或悲伤的表现非常不同。其次,每种情绪都对应特定的面部表情。正如100多年前达尔文(Darwin, 1872/1965)所认为的那样,人类已经进化出特定的面部表情来表达特定的情绪:愉悦时微笑,惊奇和兴奋时眼部上扬、头部前倾;悲伤时嘴角下垂,下巴肌肉松弛;厌恶时收紧鼻下肌肉并皱起鼻子;愤怒时咬紧牙关、满面通红;恐惧时瞪大双眼。这些面部表情会将面部感觉反馈给大脑,一些心理学家认为,这种反馈本身有助于个体的情绪体验,尤其是在婴儿期。从某种意义上说,愉悦是将微笑这一感官信息传递给大脑后产生的情绪体验。此外,当他人观察到个体的微笑、皱眉或嘲笑时,面部表情也将社会信息传递给了观察者。

因此,特定的面部表情被认为是基本情绪的自然表达途径。这一主张有许多证据。跨文化研究表明,来自不同社会的人一致认为面部表情能够反映情绪。例如,研究(Izard, 1971, 1977; Ekman, Friesen, & Ellsworth, 1972)表明,来自12个不同国家的被试在选择能够代表基本表情的照片时,表现出惊人的一致性。墨西哥人、巴西人、德国人、日本人、美国人和某些尚无文字的部落成员对不同面部表情的意义表现出一致的看法。即使面部表情没有明显变化,某种确定的情绪的出现仍然可以通过面部和大脑的活动来观测。在一项研究中,研究者要求被试想象愉快和不愉快的场面,同时监测他们面部肌肉电脉冲的变化(Schwartz,Fair,Greenberg,Freedman,& Klerman,1974),结果表明,面部的电活动与已有研究发现的不同情绪的肌肉运动一致。例如,在感到愉悦时,即使没有出现面部表情,表现微笑的面部肌肉的电活动也会增强。

从生物学意义上说,虽然基本情绪对应特定的面部表情,但不同文化建立了不同的情绪表达规则,这些规则决定了特定情境下通过面部表情表达特定情绪的适宜性(Ekman,1972,1992)。例如,在美国社会,人们普遍认为,悲伤时女性哭泣比男性哭泣更为恰当。一些社会主张,遇到不同情境时要充分表达自己的情绪;另一些社会则更加慎重,而且可能极力反对公开表达自己强烈的情绪。

此外,可以按照发展历程区分不同的情绪。伊扎德(Izard,1978,p.390)曾声称,"情绪伴随着婴儿开始对周围环境的适应而出现"。哭通常是新生儿表达痛苦的信号,这一基本情绪表明生活中有些事情出错,婴儿的看顾者在遇到哭的刺激时会被激发去解决问题。愉悦可能源于早期的社交性微笑,以及与看顾者面对面的互动——通常会在婴儿2个月大时出现。正如第2章所讲的,看顾者与婴儿的早期互动形成婴儿的依恋以及婴儿生命中最早的亲密关系。

兴趣/兴奋的情绪可以追溯到婴儿3~4个月大的时候,即婴儿开始进入发展心理学家皮亚杰(Piaget,1970)所说的"使有趣的事情持续下去"的阶段。兴趣/兴奋的功能是集中精力,保持关注,并鼓励探索活动。兴趣受到新奇和变化的激发,并成为婴幼儿首次与世界的客体进行互动的基础。恐惧和悲伤可能出现在生命第一年的下半程,特别是在面对新奇、分离和损失时。8个月大的婴儿和父母分开时会害怕陌生人,这种情况很普遍。羞愧和内疚情绪的出现一般是在婴儿出生第二年自我意识得到进一步发展之后,此时婴儿已经开始初步整合自我意识。

汤姆金斯认为,特定的情感与特定的信仰和价值观有关。一个人的哲学、政治和宗教价值观可能建立在情感的基础上。在对个人意识形态的研究中,奥宾(Aubin,1996,1999)检验了汤姆金斯的假设。汤姆金斯区分了两种不同的生命意识形态:规范主义(normativism)和人文主义(humanism)。就本质而言,规范主义在政治上较为保守,它认为人类天生有缺陷或者是邪恶的,因此需要通过强大的规则和明确定义的计划来维持秩序。人文主义则相对自由,认为人类本质上是好的或者善良的,自我表达与爱是人类基本的价值。汤姆金斯认为,规范主义者更可能强调兴奋和愤怒在个人经历中的作用,人文主义者则更可能强调愉悦和恐惧的影响。通过编码人们在自传体叙事中回忆的情绪,奥宾支持汤姆金斯的部分观点。在规范主义量表上得分高的成年人往往倾向于回忆与愤怒有关的负面情绪,在人文主义量表上得分高的成年人往往倾向于回忆与恐惧和痛苦有关的负面情绪。尽管许多人认为自己的信仰体系是完全理性的和客观的,汤姆金斯的理论和奥宾的研究却表明,个体的倾向性感受还是会部分影响其善恶标准和是非观念。

场景和剧本

400

基本概念

如果情感是生活的最大动力,那么场景和剧本是重要的组织者。汤姆金斯将人视为剧作家,从生命初期开始就在组织自己的个人戏剧。戏剧的基本组成部分是场景(scene),也就是生命中特殊经历或特殊事件的记忆,其中至少包含一种情感和一个情感对象。每一个场景都是一个"有组织的整体,包括人物、地点、时间、行动和感受"(Carlson,1981,p.502)。因此,我们可以将自己的人生看作从出生到现在的一系列连贯的场景。一些特定的场景会多次出现,因此形成一些典型的场景组或场景族。剧本使我们能够理解不同场景之间的关系。一个剧本就是一整套规则,能够用于解释、创造、扩充彼此有关联的场景族(Carlson,1988)。人们按照自己特有的剧本来组织生活中的许多场景。

任何一个特定场景在个体生活中的短期重要性很可能取决于场景内的情感。因此,当回想过去时,你可能由于在某个事件中体验到强烈的情感而对该事件记忆深刻。例如,与朋友一起打排球可能给你带来极大的快乐,与母亲的争吵可能勾起你愤怒的情绪,或者与吸引你的人聊天使你感到兴奋——每个场景能够脱颖而出就在于它有自己的特殊性或重要性。一个场景在整个人生戏剧或叙事中的长期重要性则很可能取决于心理放大(psychological magnification)——把相关场景联结成一个有意义的模式的过程。要将场景联结成有意义的模式,我们就必须认识到不同场景之间的异同。例如,与母亲的争吵可能会使你想起与教授的争吵。在这两个案例中,起初心平气和的交流逐步演化为观点上的分歧。这两件事非常相似。心理放大正是通过建构这种类比,即发觉不同经验间的相似性而发挥作用。当人们在生活中建构类比时,很可能会感受到"事情又变成这样",类似的场景反复上演。汤姆金斯认为,消极情绪经常通过形成类比得到心理放大。因此,在对生活中许多恐惧或悲伤的场景赋予意义的过程中,你很可能会察觉这些场景在本质上相似。

相比之下,当你专注于各种生活场景的差异时,你便在通过心理放大的方式来建构差异。汤姆金斯认为,在积极情绪场景的放大过程中,人们更可能感受到场景之间的差异。因此,在建构许多喜悦的经历时,你很可能会围绕一个稳定的核心去关注不同场景之间的差异。试想欢乐的家庭聚会。去年夏天与家人团聚,两年前的感恩节,你的母亲带着刚出生的妹妹从医院回家的那天,都可能是人生故事中喜悦的场景。虽然各种场景在某些方面相似,但你很可能会放大它们之间的差异。因此,家人团聚可能具有某种特殊性：你与很久不见的叔叔进行了一次很棒的对话；感恩节晚餐的亮点可能是你姐姐宣布她与男友的结婚计划；你第一眼看到刚出生的小妹妹的场景之所以难忘，是因为见到她的那一刻你油然而生的柔情和爱。

　　众多原因使我们相信，人生故事中积极情绪和消极情绪的场景带来了不同的挑战，并实现了不同的功能（Pals，2006；Wood & Conway，2006）。在一般层面上，许多人格理论会将积极情绪与大脑的行为趋向系统联系起来，它能够引导追求奖励的行为（本书第5章）。与此相反，消极情绪与应对威胁或回避不确定性的行为有关，并受到行为抑制系统的引导。泰勒（Taylor，1991）在动员最小化理论（mobilization-minimization theory）中强调了正性事件和负性事件的非对称效应。泰勒认为，负性事件会引起强烈、快速的生理、认知、情感和社会反应，有机体会动员资源以应对和减小负性事件的不利影响。相比于正性事件，负性事件一般会产生更多认知活动，并需要更多因果推理。在人生故事层面，负性事件似乎需要一个解释。叙事者需要为发生的负性事件建构意义，解释它为什么发生或者为什么以后不会再发生，而且要探索负性事件对未来故事发展的影响。

　　许多研究人员和临床医生认为，对负性事件的认知过程能够提升幸福感和健康水平。正如我们已经看到的，彭尼贝克的研究表明，写下（也可能是仔细考虑）生活中的负性事件会对幸福感和健康水平产生积极影响。回顾和分析正性事件能否产生同样的效果，仍然是一个悬而未决的问题（Burton & King，2004），但至少有研究表明，大量加工正性事件可能会导致幸福感降低（Lyubomirsky，Sousa，& Dickerhoof，2006）。我们最好只体味正性生活场景，去感受积极情绪而不要试图为之建构认知意义（Burton & King，2004）。然而，负性场景似乎需要更多故事来讲述。近些年来，叙事研究考察了：在人生故事中，人们如何处理负性场景？讲述有关个人痛苦和不幸的故事会产生哪些心理结果？

　　叙述负性场景的方式有很多。也许最常见的一种是以某种方式去贬损（discount）场景以及产生的消极情感，最极端的例子就是在压抑、否认和分离的情况下贬损。有些故事实在太糟糕，以致根本无法简单叙述它们，既无法叙述给别人听，在很多情况下也无法叙述给自己听。弗里曼（Freeman，1993）认为，生活中某些创伤性的、特别可耻的场景无法被纳入一个人的自我理解，因为叙述者（或许听众也一样）缺乏使故事变得有意义的认知结构、经验类别或对世界的设想。一个不那么极端的例子是泰勒（Taylor，1983）提出的积极幻想（positive illusions），即人们可能会忽略生活事件的消极影响，并夸大其潜在的积极意义。"我可能生病了，但我不像朋友的妻子病得那样严重。""上帝正在考验我的决心，我将迎接挑战。"有研究（Bonnano，2004）表明，当遇到极端不幸时，很多人几乎没有产生焦虑、混乱，这令人惊讶。研究者认为，人们在面对逆境时往往会有很好的心理弹性（resilience）。当生活中发生不幸时，人们往往会将其抛之脑后并继续前行,而不会反复思考不幸的遭遇。

然而,在许多情况下,人们无法贬损或选择不去贬损负性生活场景。相反,他们试图为自己正在经历或曾经历的痛苦建构意义。帕尔斯(Pals,2006)认为,理想情况下对负性场景的自传式推理涉及两个步骤。第一步,叙述者深入探讨负性场景,仔细体会体验到的感觉是怎样的,它为什么会发生,它可能会导致什么,以及负性场景对自我的整体认识产生了怎样的作用。第二步,叙述者开始承诺积极解决事件。人们必须为负性场景找到一个圆满的结局,或者至少是一个令人满意的结局。这两个步骤——加工负性事件和找到一个令人满意的结局很重要。很多人会略过第一步,然而忽略或贬损负性场景往往会导致一个肤浅的人生故事。浑浑噩噩的生活可能缺乏深度和意义。与帕尔斯(Pals,2006)的研究结果一致,大量研究表明,详细探讨负性生活场景有助于心理成熟(例如,Bauer & McAdams,2004;King & Hicks,2006;McLean & Pratt,2006),为负性场景建构一个积极的结局与幸福感有关(例如,Bauer,McAdams,& Sa-kaeda,2005;King & Hicks,2006)。

剧本类型

心理学家已经对人类基本情绪的有限数量达成共识。由于人类生活中出现的场景和剧本的数量很庞大,因此尚未有人能够明确列出场景和剧本的清单。不过,汤姆金斯认为,在人类生活中至少有两种类型的剧本尤为重要,并能有效组织人们的人生叙事。它们是承诺剧本和核心剧本(Carlson,1988;Tomkins,1987)。

在承诺剧本(commitment script)中,人们会为自己设立一个人生目标或计划,这个目标或计划很可能会带来强烈的积极情感。承诺剧本涉及对改善过程(improving things)的长期投入。对于理想的人生和完美的社会,人们有着美好的愿景,为了实现这一愿景,人们奋斗一生。汤姆金斯认为,承诺剧本源自一个非常积极的早期场景或一系列童年期的场景。这些场景的出现是为了展现一个美好的理想,即未来可能是怎样的——伊甸园为未来提供了有关天堂的憧憬,这一追求成为个体一生的任务。

在承诺剧本中,人们围绕一个明确且无可争议的目标来组织场景(如表 10.1 所示)。因此,在承诺剧本中不会出现不同目标间的重大冲突或单一目标下令人烦恼的心理冲突。事实上,以承诺剧本来组织自己人生的人都在朝着单一目标迈进,坚定不移地希望抵达自己心中期盼的天堂,正如约翰逊(本章开头的例子)将警察局长作为自己的梦想一样。即使面对巨大的障碍和反复的消极情感体验,他们也会坚定不移地朝着目标继续奋斗,并深信:“厄运终究会过去。”(Carlson,1988)

与承诺剧本形成鲜明对比的是核心剧本(nuclear script),该剧本通常标志着个体对人生目标感到矛盾和迷惑。核心剧本总会涉及复杂的趋避冲突。拥有核心剧本的人难以避免地会被其人生叙事中冲突的场景弄得颠来倒去,结果便形成悲剧式的人生叙事。

表 10.1 承诺剧本和核心剧本

	剧本类型	
剧本特征	**承诺剧本**	**核心剧本**
积极情感与消极情感之比	积极情感多于消极情感	消极情感多于积极情感
社会化情感	强烈的、有益的	强烈的、矛盾的
理想场景的明确程度	清楚的、唯一的	迷惑的、多个的
场景放大的方式	变异	类比
顺序	"不好的都会过去"	"好事都变成坏事"

来源："Exemplary Lives: The Uses of Psychobiography for Theory Development," by R. Carlson, 1988, *Journal of Personality*, 56, 111.

核心剧本始于一个核心场景,即一个起初积极但后来变得不幸的童年场景。作为一个积极的场景,它可能包含他人在场时的兴奋和愉悦体验,尤其是在能够提供激励、指导、帮助、支持、舒适或者安慰的人面前。之后,场景伴随着恐吓、侮辱、混乱的出现而产生不幸(Tomkins, 1987, p.199)。因此,开始时的兴奋和愉悦变成恐惧、恶心、羞愧或伤心。起初,人们建构核心剧本是为了试着改变不幸的结局,以使它重新成为积极的场景。然而,这样的尝试只能获得部分成功,因为人们似乎注定要通过后来的类比而不断重复体验核心场景。

卡尔森(Carlson, 1981)描述了一个核心场景,该场景源自 37 岁的大学教授贾妮的童年记忆:

> 4 岁的贾妮在玩耍时听到了母亲的呼救声。她跑进大厅,发现母亲从一个临时搭建的阁楼梯子上摔了下来,躺在杂乱的箱子中间。母亲叫她打电话给父亲。父亲到达后便把母亲扶了起来,并搀扶她走到客厅,贾妮在他们附近徘徊。贾妮听到父亲说:"亲爱的,快坐下。"于是,她赶快坐到指定的沙发上。父亲却生气地大叫"快让开",并推开贾妮,让母亲躺下。贾妮在困惑中退到一边,并深感惭愧。(p.504)

事情的结果是,贾妮的母亲在秋天怀孕,而摔跤这件事导致她流产。此外,当贾妮的父亲说"亲爱的,快坐下"时,他可能在对母亲说这句话,但 4 岁的贾妮误以为是对自己说的。

卡尔森(Carlson, 1981)指出这个场景中的五个关键特征:(1)事情由好变坏;(2)诱惑和背叛;(3)空间方位的迷失;(4)愤怒、羞愧的情感;(5)退缩和压抑。在贾妮后来的生活场景中,每一个特征都反复出现过,这一点充分表明剧本中核心场景的重要性。在贾妮对过去的记忆中,在贾妮的梦中、幻想中和人际关系中,核心场景通过形成类比产生心理放大的作用。例如,她在成年后经常体验到空间方位的迷失,这与她在核心场景中父亲推开她时的方向迷失一致。此外,在她报告的 30 个梦境中,每一个梦境都有反复移动位置的特征。作为最初场景中的支配性情感,羞愧时常出现在贾妮的梦境和生活中。退缩和压抑在她的自传资料中也表现得非常明显,这说明尽管在许多生活领域她都很出色,但一到关键时刻,尤其是需要她作出艰难抉择的时刻,她常常僵住。在擅长的体育运动,尤其是竞技运动和比赛中,贾妮的这种表现也非常明显。

卡尔森认为,贾妮的童年时期至少有另外两个场景可能被视为核心场景,进而形成核心剧本。然而,对贾妮案例的分析不是为了说明这些场景如何引发后来的事件。卡尔森并不主张贾妮今天的压抑由沙发事件造成,而是主张沙发事件是一个核心场景,因为它组织了贾妮人生故事的叙述方式,为许多不同的经历赋予了意义,并成为她人生故事中其他场景的一个模板或模式。作为自己人生故事的剧作家和讲述者,每个人都在为自己的人生寻求一种叙事秩序,从而将以往纷繁复杂的事件融入一个连贯而有意义的人生故事。在贾妮的人生故事中,一个主要的"暗流"便是关于好事如何演变成迷惑、退缩和羞愧的核心剧本。

叙事同一性

第 9 章介绍了埃里克森的同一性概念。根据埃里克森的理论,在青春期和成年早期,人们开始面临一个心理挑战,即建构一个可以为生活提供统一性、目的性和意义的自我。人们开始思考:"我是谁?""我应该如何适应成人世界?"埃里克森认为,当我们着手去解决这些问题时,便开始建构那些被称为完形(configuration)的东西,包括"先天禀赋、特殊的力比多需求、重要身份、有效的防御、成功的升华,以及连续的角色"(Erikson,1959,p.116)。这些同一性完形(identity configuration)的作用是将所有"认同与力比多的变化、由天赋发展出来的才能,以及在社会角色中获得的各种机会整合在一起"。同一性完形的形成能够使人确信,"过去形成的内在一致性和连续性与一个人对于他人的意义的一致性和连续性相匹配"(Erikson,1963,p.261)。因此,同一性完形可以整合很多不同的事物,或者将它们组织成有意义的模式。它将各种技能、价值观、目标和角色凝聚成一个整体,使个人对自己的信念与外部社会环境保持一致,联系了记忆中的过去、正在经历的现在,以及预期中的未来。

这种同一性的独特完形可能是什么样的? 在我自己的理论中,我认为埃里克森所说的同一性完形首先应该被视为一个整合的人生故事,个体在青春期晚期和成年早期便开始这种建构(McAdams,1984b,1985b,1985c,1987,1993,1997a,2001b,2006,2008)。现在,越来越多的人格心理学家、社会心理学家、认知心理学家、发展心理学家和临床心理学家根据人们在社会生活中建构的故事来描述同一性(Angus & McLeod,2004;Conway & Holmes,2004;Fivush & Haden,2003;Hammack,2008;McLean et al.,2007;Pratt & Friese,2004;Schachter,2004;Singer,2004)。与辛格(Singer,

2004)以及其他人一致,我们将使用叙事同一性来指代内化的、不断发展的叙事自我,个体会自觉或不自觉地将自我的许多不同方面结合起来。在某种程度上,叙事同一性为个体的生活提供了统一性、目的性和意义。

人生故事的发展

进入青春期后,人们首先认识到自己生活在现代社会中,生活需要有目的和意义。与儿童不同,青少年已经拥有认知能力和社会心理动机,他们能够将自己的人生视为一段不断展开的叙事,而且他们能够在其中有所作为。皮亚杰(Piaget,1970)认为,青少年已经具有抽象形式思维。生活的统一性和目的便是一个抽象且十分有意义的问题。当运用形式思维展开设想,重估个人历史,探索新的可能时,我们便开始像历史学家和先知一样,寻求以叙事的方式理解我们的人生。我们的第一次尝试可能会显得天真、充满幻想。在查看青少年的日志和私人通信之后,埃尔金德(Elkind,1981)为个人寓言的建构找到证据。在自我虚构的故事中,青少年感觉在这个世界上自己是独一无二的,注定要实施伟大的善举或重大的恶行,而且永远被他人误解。对一些青少年来说,个人寓言可以作为一个不断展开的同一性叙事的"草案",在未来的岁月里,故事将变得更加现实、合理。进入成年早期,人们会使用本体论策略(ontological strategies)来解释自己的人生发展过程(Hankiss,1981)。例如,在一个动态的本体论策略中,一个年轻人会讲述积极的过去如何带来当前积极的生活。与此相反,补偿的策略则会讲述不幸的过去如何演化成不错的现在,例如众所周知的"白手起家"的故事,这样的故事在美国历史上备受推崇(见表10.2)。

表 10.2　六位学者对故事与人类生活关系的不同看法

来　源	概　念	描　述
弗赖(Northrop Frye) 文学学者(Frye,1957)	神话原型	存在四种基本的故事形式,它们反映了人类存在的四个阶段和季节。喜剧故事突出了出生和春天;浪漫故事描绘了青年、成年早期的激情、冒险和夏天;悲剧故事预示了成年后期的衰退、临近死亡的心境和秋天;讽刺故事则描绘了死亡和冬天。
埃尔斯布里 (Lawrence Elsbree) 文学学者(Elsbree,1982)	通用的情节	故事中存在五种基本情节,每一种情节都反映了一项基本的人类奋斗:(1)建立一个家庭;(2)打一场战役;(3)开启一次旅程;(4)忍受痛苦;(5)追求完善或圆满。
萨特(Jean-Paul Sartre) 哲学家(Sartre,1965)	小　说	自我的基本形式是一个回顾性的故事或真实的小说,它能够在混乱的经验中创建秩序。现代男女都需要通过创造自己的神话来寻求真理和意义。理论上,个人自身的真实小说应该反映其在自己的历史时期面临的核心事实或困境。
麦金太尔 (Alasdair MacIntyre) 哲学家 (MacIntyre,1984)	道　德	在人类生活中,"有益"必须在叙事背景下才能被他人理解。对个人有益的事物有助于其人生故事的完成。同样,对人类有益的事物也是所有人生故事的共同特征。

（续表）

来　源	概　念	描　　　述
埃尔金德 （David Elkind） 发展心理学家 （Elkind，1981）	个人寓言	在青春期早期，个体可能会建构一个有关自我的虚幻故事，在故事里青少年感觉自己在这个世界上是独一无二的，注定要实施伟大的善举或重大的恶行，而且永远被他人误解。埃尔金德将个人寓言视作一种相对正常的现象，且部分是个体形式运算思维发展的结果。同一性叙事理论认为，个人寓言可以作为一个不断展开的同一性叙事的"草案"，在未来的岁月里，故事将变得更加现实、合理。
汉基斯 （Agnes Hankiss） 社会学家 （Hankiss，1981）	本体论策略	在成年早期，人们试图通过神话式地重组过去和评估现在来解释他们如何成为自己（本体论），而且依据的策略有：(1)王朝策略（dynastic strategy）（好的过去，好的现在）；(2)对立策略（antithetical strategy）（好的过去，不好的现在）；(3)补偿策略（compensatory strategy）（不好的过去，好的现在）；(4)自我宽恕策略（self-absolutory strategy）（不好的过去，不好的现在）。

来源：*Power*，*Intimacy*，*and the Life Story*：*Personological Inquiries into Identity*，by Dan P. McAdams，Guilford Press，1985.

专栏 10.A

巴厘岛的时间与故事

哲学家里克尔（Ricoeur，1984）写道："当时间以叙事的方式被组织起来时，它才成为人类自己的时间；当叙事捕捉到飞逝的时间的存在时，它才变得有意义。"（p.3）里克尔指出，人类倾向于以故事的方式来理解时间，因此故事使时间富有意义。当我们理解自己在一段时间内的行为时，我们便看到故事中自己做的事情的意义。我们看到引起反应的行为、达成的目标、面临的障碍、不断被现实挫败的意图、推向高潮的张力和让位于结局的高潮。我们在昨天经历前进和改变走到今天，明天又会再次积聚张力。

然而，想象一下存在这样一个社会，人的行为并不处于我们理解的时间之中。人类学家格尔茨（Geertz，1973）描述了巴厘岛的社会。巴厘岛位于印度尼西亚爪哇岛的东边，当地居民的文化在很多方面与我们完全不同。在格尔茨的描述中，有三个十分明显而有趣的差异，即时间、行为和身份上的差异。

第一，巴厘岛人的生活遵循一个复杂且不规则的日历，这个日历既不向前推进也没有固定周期。在巴厘岛，日期由假期来规定，今天的日期是指自上次假期结束距离下次假期到来的时间。假期不规则地落在由重叠周期决定的日期上。正如格尔茨（Geertz，1973）所说："周期是无止境的、非锚定的、无法解释的，而且毫无意义，没有高潮。它们不积累、不建构，也不消耗。它们不告诉你现在是什么时候，但会告诉你今天属于什么日子。"(p.393)对巴厘岛人而言,时间是"准点的,而不是持续的"。他们说的日期并不像我们理解的那样,他们仅仅知道今天是什么日子。就像今天是"天堂日",明天是"棒球日"。从今天开始正好一"周"后("周"是我们的标准,巴厘岛人不说"周"),他们可能会有"棉花糖日"。他们也不知道"天堂日"或"棉花糖日"什么时候会再次到来,尽管这会在未来某时再次发生。在此系统中,每一天都像离散的时刻,它与时间序列中的其他日子毫无关联。

第二,行为本身似乎也是断裂的,而不是持续的。格尔茨认为,巴厘岛人似乎在时间之外行动和交往。每一时刻都是离散的。行动似乎不会出现我们预想的高潮与结局。格尔茨(Geertz,1973)指出,没有高潮是巴厘岛人社会行为的显著特征。"事实上,巴厘岛从未建构过社会活动,也不需要明确的结局。争吵出现后会立即消失,有时它们也会持续,但从来没有激化。问题并不尖锐,它们被搁置和忽视,人们希望事情顺其自然,最好能自己消失。每天的生活都是简单的、自给自足的。生活环境也很单一,事情要么发生要么没发生,意图要么实现要么没实现,任务要么完成要么没完成。"(p.403)

格尔茨认为,在巴厘岛,社会生活似乎没有以故事的方式被建构。每一个时刻都是离散的,处于时间之外,而不是由一系列情节构成的连续的片段。社会活动一个接着一个,但它们没有往某个终点前进,也没有朝向某种结局聚拢。时间和生命是断裂的,没有被故事化。

第三,正如巴厘岛的时间和行为一样,个人身份也有其特征。格尔茨指出,巴厘岛人会竭尽全力抑制彼此的个性,这样每个人都可以被看作刻板的同代人。这一点在取名上就可以看出来。巴厘岛上的成人没有独特的名字,相反他们会根据自己的后代而被命名。因此,我可能会被称为"露丝的父亲"。露丝长大了,有一个孩子叫保罗,她将不再被称为"露丝",而是"保罗的母亲"。那时,我的名字将成为"保罗的外祖父"(这也可能是露丝继父的名字)。这种命名将人带到此时此刻,并使其脱离任何有意义的时间段。因为保罗是我们共同的后代,所以露丝和我的身份便被联系起来。保罗代表着此时此刻。在某种意义上,他是最重要的,他定义了我和女儿的身份。格尔茨说道,这样的社会存在一个重要的目的——将时间瓦解成离散的当下,并模糊人与人之间的区别。

在巴厘岛,我们差不多都是一样的。尽管世事变迁,现实仍是相同的。没有高潮,没有紧张的关系,没有结局。巴厘岛人的生活不符合西方人听到的和讲述的故事。事实上,它似乎违背了我们对故事的理解。格尔茨有趣的叙述提醒我们,我们看待时间和故事的方式并不是唯一的。然而,在鲜明的对比中,格尔茨的描述也勾勒出一个真实的现状:我们大多数人都将时间视为故事,用故事来理解时间。我们当中或许很少有人会希望同巴厘岛人长久地交换生活环境。由于来自重视个人身份和线性时间的文化中,因此我们在一个不重视个人身份和线性时间的社会中可能会感到极为不适。我们可能会承认,巴厘岛人的文化对他们自己而言是有价值的,或许它能很好地发挥作用,使人们感到相当快乐、满足。格尔茨并未在这些问题上将巴厘岛人与我们进行比较。但是,巴厘岛人在我们眼中如此陌生,原因在于他们不像我们那样用时间和人生叙事来建构生活。同时,他们也不像我们那样十分珍视自己生命历程的独特性。若将故事从我们身上挪开,那么我们每个人都会被迫过着刻板的同代人生活,从时间中抽离,没有自我。

哈伯马斯和布卢克(Habermas & Bluck, 2000)认为,直至青春期,人们才能有效利用人生故事图式(life story schemas)来组织自己的生活。人生故事图式是一种心理结构或模式,它以故事的形式描述生活,并使个体产生叙事同一性。哈伯马斯和布卢克的研究表明,要想建构一个连贯的人生故事,人们至少要运用四种不同的心智技能(见表 10.3)。第一,也是最基础的,人们必须能够为生活中的某个事件建构一个目标导向的小故事。哈伯马斯和布卢克称之为时间一致性(temporal coherence),因为它表明人们可以叙述随着时间推移而发生的一系列行动。大多数孩子在上幼儿园时就可以做到这一点,而且随着年龄的增长会做得更好。第二,人们必须能够使自己的自传式理解符合社会对生命历程的期望,哈伯马斯和布卢克称之为传记一致性(biographical coherence)。到了青春期早期,大多数人都清楚意识到社会对生命历程的期望,例如,年轻时要上学,然后离开家,结婚生子,60~70 岁时退休,且较少有人活过 90 岁,等等。不同的文化为生命历程提供了不同的预期,一个十几岁的青少年罪犯可能预计自己活不到30 岁,他的叙事同一性反映了他对自身所在团体的预期。

表 10.3　人生叙事同一性的四种形式

时间一致性	通过讲述一个故事来解释目标导向的生活情节。
传记一致性	生命历程中对生活情节和事件的文化期望。
因果一致性	将多个人生场景联结起来,成为一个可提供因果解释的有意义序列。
主题一致性	从场景的叙述序列中获得一个有关自我的整合性主题或原则。

来源:Getting a Life: The Emergence of the Life Story in Adolescence, by T. Habermas & S. Bluck, 2000, *Psychological Bulletin*, *126*, 748—769.

第三,因果一致性在青春期中期开始出现,此时人们能够将生活中的多个事件联系到一个单一的因果叙事中。例如,一个 15 岁的女孩,也许可以通过讲述与男友关系的开始、发展、恶化来解释当前沮丧的心情。通过将一系列事件纳入一个因果序列中,她能够以叙事的方式解释自己目前感到绝望的原因。第四,当进入并度过青春期晚期时,人们会越来越接近主题一致性，能够基于个人事件的叙述序列找到自己的一般主题或原则。因此，人生故事图式包括一种对于时间一致性、传记一致性、因果一致性和主题一致性的内隐理解，每一方面都适用于个人生活。一旦人们有了这样的理解，就可以运用它发展自己的叙事同一性。

因此，在青春期晚期和成年早期我们开始建构叙事同一性，即自我定义的人生故事。但是，我们不会从头建构我们的故事。而且，即使在成年早期之后，我们也不会停止建构人生故事。人生故事的起源可追溯至婴儿期，建构人生故事的过程一直持续到成年中期及以后（Cohler，1982；McAdams，1990，1993）。在婴儿期和儿童期，我们会无意识地为将要建构的故事搜集"材料"。我们搜集的各种"材料"，即我们拥有的许多经历、我们遇到的人、我们面临的挑战，最终可能会影响故事的性质。例如，在建构的故事中，安全型依恋的儿童在以后的生活中形成了一种信任和乐观的叙事基调（McAdams，1993）。

发展心理学家一直在追踪幼儿身上叙事理解和故事讲述的演变。对许多幼儿来讲，2 岁标志着自传式自我（autobiographical self）的出现（Howe & Courage，1997）。在生命的第二年和第三年，幼儿开始讲述有关自身经历的简单故事，并将其中一些故事作为情节知识存储到自传体记忆中。伴随着学龄前的发展和经历，自传式自我变得更加复杂、有效。在进入幼儿园之前，大部分儿童已经发展出简单的心理理论（theory of mind），即关于他人（以及自己）的心智如何运作的一系列假设（Wellman，1993）。例如，儿童开始理解他人的需要和愿望，并会依照这些需要和愿望采取行动；开始理解人们对世界拥有特定的信念，自己也会依照这些信念采取行动。就故事而言，儿童的心理理论告诉他们，为了在这个世界上实现目标，人们要依照自己的愿望和信念采取行动。目标导向的行动是故事的核心。

因此，5 岁时儿童通常已经知道故事是什么和应该包括什么。他们知道，故事包含一些有目标、有理想的人物，这些人物会依照自身的愿望和信念采取行动。这些行动通常会引起故事中其他人物的反应，故事情节也在不断被推向高潮和结局。他们知道，故事该以某种方式结束，在结局中情节得以明了。儿童努力讲一些简单的故事，然而当故事不符合期望时，他们可能会感到失望、困惑。当一个故事没有以被期望的方式建构时，儿童可能会寻求改变这个故事，或以自己的方式记忆它，从而使它符合自己的预期（Mandler，1984）。

自传体记忆和人生故事的叙述在社会环境中得以发展。一旦儿童能够通过语言谈论个人经验，父母通常就会鼓励他们这么做（Fivush & Nelson，2004）。在早期，父母可能就开始通过让儿童记起最近发生的事件，如今天早上的早餐或者昨天去看了医生，以鼓励他们回忆和讲述过去。通过帮助儿童建构故事，以及鼓励儿童以故事的方式谈论每天发生的事件，父母为儿童开展个人叙事提供了发展心理学家所说的支架（scaffolding)。当儿童建立自我意识时,父母和他人为儿童提供的支架包括语言支持和心理支持。在学前期即将结束时,即使没有成人提供的支架,儿童也开始对过去的经验作出相对一致的解释。此外,亲子交谈方式的差异会对个人叙事的发展产生重要影响。例如,当母亲一直让孩子参与精细的对话模式,并让孩子思考和阐述他们的个人经历时,孩子将会发展出更丰富的自传体记忆,而且能够详细讲述自己的故事。相反,母亲的对话风格越是限制的,孩子的个人叙事就越不详细(Reese & Farrant,2003)。

当度过小学阶段时,个体开始根据自己对好故事的内隐理解讲述自己的亲身经历。个体收集了许多不同种类的经验,将这些经验转化成故事的形式,并在自传体记忆中将这些故事以情节编码的方式保存下来。进入青春期后,个体希望理解自己是谁,此时个体已经有丰富的经验,它们作为最重要的"材料"形成个体的同一性,它们是个体人生故事的传记资料。个体可以利用这些资源做很多事情,并创造很多可能性。但是,如同生活本身,同一性永远无法完全超越现有的资源。

文化与叙事

个体的人生故事是一种社会心理结构(McAdams,1996b)。这意味着,虽然故事由个人建构,但故事建构(叙事同一性形成)的可能性由文化决定。的确,在某种意义上,个人和文化共同创造了同一性(McAdams,2006)。不同类型的故事在相应的文化背景下才能得到恰当的理解。例如,路德遭受折磨的叙述(本书第 9 章)对现代人来说非常奇怪,但若结合 16 世纪德国的历史文化便不难理解(Erikson,1958)。印第安村庄的一位村民可以解释,今天早上心情平静是因为昨晚吃了某些食物(Shweder & Much,1987)。这在同村人看来不足为奇,但对于同时代的波士顿人则很难理解。此外,在当代美国社会,不同群体面临的叙事机遇和限制也不同,尤其是不同性别、种族和阶层的群体(本书第 3 章)。埃尔布兰(Heilbrun,1988)指出:"在传统上,很多女性都被从叙事、文本、情节或榜样中剥离出来,因为这一点,她们可能会认为外部权力超越并控制了她们的命运。"(p.17)许多非裔美国人的生活经历并没有被纳入大多数美国白人重视的人生叙事模式中(Boyd-Franklin,1989)。因此,人生故事反映了社会中广泛存在的性别、阶层、经济、政治和文化力量,个人生活也根植于社会(Franz & Stewart,1994;Gregg,2006;Rosenwald & Ochberg,1992)。

当人们向他人讲述故事,聆听他人的故事,并对这些叙述性交流作出反应和思考时,他们也在积累自己的叙述性理解。也许,出于不同的原因,人们会按照杂乱无章的顺序和不同的规则将不同的故事讲述给不同的听众,并期待着各式各样的反应。诚然,日常生活中讲述的许多故事都与叙事同一性没有多大关联。例如,有时人们讲述个人故事只是为了好玩、消遣,为了打发无聊的时间,为了传播流言、八卦,为了说服、哄骗他人,或是为了巩固社会关系,以及出于许多其他原因(Alea & Bluck,2003;McLean &

Thome,2006),但是一些讲述对自我叙事的建构可能具有长期影响。即便可以预测一个在心理上十分重要的故事讲述会在何时何地上演,这种预测也和预测一个人在何时何地会学到一课,或对自己的人生故事有一个新的见解一样困难。

410 　　人们会以不同的方式向不同的听众讲述自己的故事,而且可能会交替采用不同的叙述模式。麦克莱恩(McLean,2005)发现,青少年会向自己的父母倾诉自我定义的记忆,但是长大后他们倾向于向同辈倾诉。青少年和年轻人往往以一种幽默的方式讲述自己的故事,这样既可以解释,还能够娱乐(McLean & Thorne,2006)。他们时常穿梭于戏剧性和沉思性的故事叙述方式中。在戏剧性方式中,故事讲述者经常使用非言语信号,运用生动的语气,并试图在讲述中重新演绎原始事件。在沉思性方式中,故事讲述者很少会具体描述发生了什么事,而是将重点放在这一事件背后的意义以及这一事件使人产生的领悟上。沉思性方式能够更有效地交流信息,尤其是解释性信息。戏剧性方式则会展现一个生动、有趣的故事。

　　人生故事是在一个复杂的文化背景中讲述和建构的。宗教、政治传统、性别结构、社会阶层,以及盛行的信仰和价值体系对讲述故事的方式和故事的价值都有很大影响(Hammack,2006,2008;McAdams,2006)。近些年,心理学家已经注意到在东亚文化和北美文化下,个体在自传体记忆和自我建构方面存在巨大差异。例如,与中国、日本、韩国的成人相比,北美成人通常很小的时候就拥有了记忆,且拥有更长、更具体的童年记忆(Leichtman,Wang,& Pillemer,2003)。此外,一些研究也注意到,与东亚人相比,北美人的记忆更加以自我为中心(例如,Wang,2001)。这种差异正好与以下观点一致:东方社会注重互依自我而西方社会注重独立自我(本书第3章)。从很小的时候,西方人就被鼓励思考个人的成绩并讲述自己的故事。相反,在一个倡导互依自我的集体主义文化中,儿童多被鼓励去倾听而不是诉说,并建构以他人和社会为先的自我叙述。

　　有研究者(Wang & Conway,2004)要求中年欧裔美国人和中国人报告20个自传体记忆,结果发现美国被试报告了更多有关个人经历和一次性事件的记忆,他们更加注重自己在事件中的角色和感受。与此相反,中国被试更加倾向于报告有关社会和历史事件的记忆,他们在故事中更加注重社会互动和重要他人。与美国被试相比,中国被试更加倾向于利用过去的事件来传递道德信息。研究者认为,个人叙事和人生故事能够同时发挥自我表现和自我管理的功能。欧裔美国人可能会优先考虑自我表现功能,将个人叙事视为清晰表达自我的广度、深度和独特性的媒介。与之相比,中国人可能会优先考虑自我管理功能,将个人叙事视为良好社会行为的向导。儒家传统和价值观非常尊重历史和过去。个人被鼓励去学习自己过去的经验和他人的经验,包括祖先的经验。从儒家的观点看,生命最高的目标就是仁——包括人与人相互友爱、帮助、同情等。推行仁义的一种方法就是仔细反省个人过去所犯的错误,另一种方法则是反思历史事件以找准自己在社会中的适当位置。因此,毫无疑问,接受儒家道德观的个人叙事需要利用个人和历史事件找到生活的方向。

心理建构在文化中形成,人生故事以经验主义事实为基础,同时它们又超越了事实。以我自己的生活事实为例:我生于 1954 年 2 月 7 日。这一事实可以通过我的出生证明得到证实。因此,我的人生故事包括出生日期这一简单的事实。另一个事实为我是一个早产儿,我出生时的重量不足,但这一事实显得有些模糊。在我成长的道路上,我的父亲常常告诉我,医生曾经说我因严重早产,只有 50% 存活的概率。考虑到过往 50 年我对父亲的了解,我现在认为他编造了这一"事实",或许他没有。无论如何,那段与医生的对话已经成为我人生故事的一部分,即使它从没发生过。也就是说,在我的成长过程中,我总是将自己视为一个幸运儿——出生时 50% 的概率抛硬币得到正面朝上的结果,我活下来了。更重要的是,我认为自己可能会夭折的这一早期认知总是让我对自己和所爱之人的死亡,以及整个人类生命的脆弱变得十分敏感。我还相信,对自己过去的这一认知使我成为一个相对谨慎而不愿意冒大的风险的人,或者可能我只是用这一事实来使我的谨慎行为合理化。近几年,医生的谈话在我的个人领悟中不断凸显,既然我很幸运地活了下来,那么我要非常小心谨慎,而且去做一些值得做的事情,以此作为之前被幸运之神眷顾的一种回报。现在,你了解到我会怀疑那段和医生的对话是否发生过,但我已经围绕那段对话建构了我一部分的人生故事。我富有想象力地以独特的方式借用某些特定的事实和可能性编造了一个富有意义的故事。因此,人生故事既不是完全真实的,也不是完全虚构的,而是介于两者之间。

让我们回到约翰逊的故事,这位非裔美国警察局长与马丁·路德·金有一次重要的相遇。那次相遇真的说服约翰逊坚持下去并参加警察局的选拔考试吗?我们如何得知呢?或许即使没有那次相遇,约翰逊也会去参加选拔考试。或许他无论如何也能成为警察局长。尽管我非常确信约翰逊没有编造与马丁·路德·金的重要相遇,但我们如何得知那段对话完全如约翰逊所说的那样?马丁·路德·金真的说过"永远不要停止对梦想的追求"吗?那重要吗?重要的是经过约翰逊的重新建构,如今他将这一事件视为自己人生故事最重要的转折点,这一重新建构的场景是约翰逊自定义叙述中的一个核心元素。如果你想理解约翰逊是谁,以及他如何解释自己的人生,那么你必须知道他对这次简短相遇的描述——这一发生在 20 世纪 60 年代中期的,与马丁·路德·金的相遇。

故事主题和情节

心理学家如何获取个体人生故事的信息呢?人生故事典型的获取方式为结构化访谈或开放式问卷调查(McAdams, 2008)。表 10.4 给出一个我曾使用的标准的人生故事访谈提纲,它是采访约翰逊时的访谈草稿。在这次访谈中,我要求受访者将自己的人生想象为一本有许多章节的书,进而识别每一章,并概述每一章的内容。接着,受访者要描述人生故事中极其重要的或者具有决定性的八个关键场景或情节。这些场景或情节包括一个高峰体验事件、一个低谷体验事件,以及一个人生故事转折点。对于每个场景或情节,受访者都需要详细、准确地描述发生了什么、有哪些人物、自己的所思所想,以及这一事件对自己的整个人生故事意味着什么。随后,受访者还需要描述他们面临的主要生活挑战;故事中的重要他人,包括积极的和消极的角色;故事的未来章节,包括未来的目标和梦想;基本宗教、伦理、政治价值观及其形成过程。在访谈的末尾,受访者需要回顾整个人生故事并找出一个中心主题或要旨。访谈通常需要 2 个小时。访谈过程会用录音设备记录下来,随后逐字逐句转录成文字,以便后续作各种分析时使用。

表 10.4　人生故事访谈

1. 人生章节	受访者将他们的人生分成几个主要章节,并描述每一章节的大致内容。
2. 八个关键场景或情节	受访者需要描述八个场景或情节中各自发生了什么,谁参与其中,自己的感想,以及这一场景或情节对自己的意义。这八个关键场景或情节是: a. 高峰 b. 低谷 c. 转折点 d. 最早的记忆 e. 童年期的重要事件 f. 青春期的重要事件 g. 成年期的重要事件 h. 其他重要事件
3. 人生挑战	受访者需要识别和描述人生中面临的最大挑战,这一挑战是如何发展的,受访者采取了何种措施来迎接挑战。
4. 重要人物	受访者需要尽可能详细地描述在人生故事中产生最积极影响的一个人物和产生最消极影响的一个人物。
5. 对未来的打算	受访者需要描述故事将如何发展,接下来即将发生什么事,未来的章节是什么样的(包括未来的主要目标、梦想以及恐惧)。
6. 个人思想意识	一系列关于基本价值观、宗教信仰、政治信念等的问题,以及这些价值观是如何形成的。
7. 人生主题	受访者在其人生故事中找出一个单一的、整合性的主题。

来源:*The Stories We Live By*:*Personal Myths and the Making of the Self*,by D.P. McAdams,1993,New York:William Morrow.

　　分析人生故事的方法有很多。近些年,研究者对找出人生故事的主题线索(thematic lines)尤其感兴趣。主题线索是指人生故事中的人物一直想要得到或渴望的东西(McAdams,1985c)。在许多故事中,人物角色总是试图得到某种形式的力量或爱,或两者都想得到。一般来说,主题线索常常反映出巴坎(Bakan,1966)所称的能动性和共生性。正如我们在本书第 3 章所看到的,巴坎将能动性和共生性界定为所有生命形式的两种基本形态。能动性是指个体努力去扩展、维护、完善和保护自我,将自我同他人分离开来,并控制自我所处的环境。从人格特质的角度来看(本书第 4～6 章),能动性既反映了支配性和外向性,也反映了成就动机和权力动机(本书第 7 章)。共生性则体现了个体想要与他人融合,与他人建立爱、亲密、友情和沟通等各种联结所作的努力。从特质的角度来看,共生性既反映了随和性和抚育的人格特质,也反映了亲和动机和交往动机。个体的人生故事可以在能动性和共生性这两种主题线索的强度和显著性方面进行比较。在一个强调能动性主题的人生故事中,人物会为了权力、成就、独立和控制等目标而不断奋斗。在一个强调共生性主题的人生故事中,人物会为了友情、爱、亲密和沟通而不断努力。有些人生故事在能动性和共生性这两个主题上都显示出较高水平,有些人生故事则在这两方面都显示出较低水平。

研究者通过多种方式编码人生故事中的能动性和共生性主题。我和同事一起开发并验证了一套系统,该系统将能动性和共生性分为四个主题(McAdams,Hoffman,Mansfield,& Day,1996),每一个主题又可以通过人生故事中关键片段的叙事来表现,例如,人生故事的高潮和转折点。对于能动性这一主题,人生故事片段可分为自我掌控、地位/胜利、成就/责任、赋权四个主题;对于共生性这一主题,人生故事片段可以分为爱/友谊、对话、关怀/帮助、统一/归属四个主题(如表 10.5 所示)。

表 10.5 重要自传情节中的能动性和共生性主题

413

能动性	
自我掌控	故事主角努力掌握、控制、拓展和完善自我。通过有效和有力的行为,故事主角能够增强自我,使自己变得更加强大、更加明智、更加有影响力。
地位/胜利	故事主角通过获得认可或赢得比赛和竞争,从而在同伴中拥有较高的地位或声望。
成就/责任	故事主角成功完成某些任务、工作、目标或履行某些重要职责。
赋权	故事主角通过依附比自己更强大的人或物,从而使自身得以提升、拓展、拥有力量、受人尊重或更加完善。
共生性	
爱/友谊	故事主角体验到对他人的爱和友谊的增强。
对话	故事主角体验到与另一个人或一群人之间的互惠的沟通或对话。
关怀/帮助	故事主角给予他人关怀、援助、抚育、支持、资助等,提高他人在身体、物质、社交或情感上的福祉。
统一/归属	故事主角体验到与一群人、一个社区,甚至全人类的一体感、统一感、和谐感和归属感。

来源:"Themes of Agency and Communion in Significant Autobiographical Scenes," by D. P. McAdams, B. J. Hoffman, E. D. Mansfield,& R. Day,1996,*Journal of Personality*,64,339—377.

有研究者指出,人生故事中的能动性和共生性主题与个体的动机倾向密切相关。例如,人生故事中充满能动性主题的人,往往在权力动机和成就动机上得分较高,而且倾向于叙述有关取得成功和自我感到强大的事件(McAdams,1982a,1984a;Mc-

Adams et al.，1996)。人生故事中充满共生性主题的人,往往在亲密动机上得分较高,而且倾向于叙述有关与他人建立良好亲密关系的事件。沃克(Woike，1995；Woike，Gershkovich，Piorkowski，& Polo，1999)的一系列研究表明,能动性和共生性主题与三种动机有关联。通过要求个体描述自己最难忘的人生经历,沃克发现,充满能动性主题的人生故事与权力动机和成就动机有关,充满共生性主题的人生故事与亲密动机有关。此外,沃克证明了动机(人格的第二层次)不仅与人生故事的内容(人格的第三层次)有关,而且与故事的讲述者叙述难忘经历时表现出来的认知风格有关。拥有较强权力动机或成就动机的人,在描述有关能动性的事件时倾向于采用分析性和区分性的方式,而且他们在人生故事中感受到更多的差异、分离和对立。相反,拥有较强亲密动机的人,在描述有关共生性的事件时倾向于采用综合性和整合性的方式,而且在他们人生故事的不同元素中可以找到更多的相似性、关联性和一致性。

414   能动性和共生性体现了个人自传体记忆中的内容主题,区分和整合则更多反映了叙事的结构和风格。从结构方面来看,人生故事在叙事复杂性上变化多样。高度复杂的故事包含许多不同的理念和情节,而且这些元素之间的联系错综复杂。相比之下,简单的故事包含较少的情节,而且这些元素之间的联系较为单一。这并不是说,复杂的故事就一定比简单的故事更好或更坏,它们仅仅是不同而已。举例来说,我们可以将狄更斯或陀思妥耶夫斯基创作的经典小说(如《大卫·科波菲尔》或《卡拉马佐夫兄弟》)中的大量人物和复杂情节,与菲茨杰拉德的《了不起的盖茨比》以及海明威的《老人与海》的简朴典雅进行对比。以上四部都是经典小说,前两部要比后两部在结构上更为复杂,但这并没有影响它们整体上的文学价值。

处于人格第一层次(基本特质)和第二层次(个性化适应)的某些人格变量可能与人生故事中的叙事复杂性有关。例如,一项对学生和中年人的人生叙事记录的研究表明,高开放性的人倾向于建构更复杂的自传体记忆(McAdams et al.，2004；也见 Raggatt，2006b)。有研究表明,洛文杰的自我发展概念同样与人生故事的复杂性有关。一项包含 50 个人生故事的研究发现,与自我发展水平较低的个体相比,自我发展水平较高的个体的人生故事包含更多不同的情节(McAdams，1985c)。赫尔森和罗伯茨(Helson & Roberts，1994)发现,自我发展水平较高的中年人更愿意讲述人生中的消极故事,以此展现他们在逆境中作出的重大改变。复杂的故事体现了人物角色身上发生诸多转变。一项探索大学生信仰发展的研究发现,自我发展水平较高的学生更加喜欢描述转变、成长的故事,在故事里他们经历过重要的宗教疑惑和不确定性,而且正朝着一个全新的、更为个人化的宗教观发展(McAdams，Booth，& Selvik，1981)。相比之下,自我发展水平相当低的学生倾向于否认他们经历过信仰危机,他们也会描述人生中的疑惑期,但后来他们又会否认这一疑惑而回到最初的信仰。因此,自我发展水平较低的学生倾向于建构一个稳定的、一致的故事。此外,他们还倾向于强调集体标准和他人信仰的作用,这与洛文杰提出的循规蹈矩阶段一致。以下两段文字描述了个体的宗教信仰危机。第一段文字来自一位自我发展水平较高的女性,第二段文字来自一位自我发展水平较低的男性。你能从这两段文字中看出何种差别?

　　一位自我发展水平较高的大学生(自主阶段,I-5):我认为大多数严重的问题是从道德问题中演化出来的——朋友的堕胎,工作场所中的作弊,等等。对和错不再有明确的界限,即使它们曾经有过。这些问题也许一一得到解决,但新的更大的问题又出现了。我认为,从纯粹意义上来讲,一个人对邪恶的认识会随着年龄的增长和经历的丰富而增加。在去德国的旅途中,我在达豪集中营的火炉旁驻足,不禁问道上帝怎能让这样的悲剧发生。这一问题仍未得到解决,但也不曾从我心中离去。我感到欣慰的是,终于有机会像抱怨工作一样抱怨上帝。(McAdams,1985c, p.221)

　　一位自我发展水平较低的大学生(循规蹈矩阶段,I-3):我一直追寻什么是真实。读大学时,我之前关于《圣经》、上帝的本质,以及个人信仰和经验的预想都遭到怀疑、威胁。《圣经》被认为是一本没有权威的书。上帝更像是一个概念、理想,而不是朋友。我的宗教体验在他人看来只是一种主观的情绪体验。我反复祈祷,并阅读大量书籍。在我内心始终有一种声音,它告诉我:耶稣真实存在,上帝是活着的,《圣经》就是他的话语。对他人生活的洞悉是我重新接受这一最初想法的主要原因。我观察人们的生活,并从中鉴别他们的善行——谁真正关心、爱护他人。随后,我观察他们信仰什么、倾听什么。这些观察确实满足了我的内在追求。但是,这样近乎学术性的观察似乎缺少生命的活力。也许它看上去有趣、符合逻辑,但我未曾在自己的生命中找到自己一直追寻的东西。(McAdams,1985c,pp.222—223)

415

研究者通常会将焦点放在人生故事的一两个关键情节上,而不是去考察整个人生故事(Thorne,Cutting,& Skaw,1998)。研究者(Pillemer,1998)考察了个体对人生重要事件的回忆。这些事件包括生活中的某一场景或时刻,这些场景或时刻会因其丰富的感觉意象和重要的细节而呼之欲出。研究者强调了四种可被清晰回忆的事件:(1)初始事件,标志着故事情节的起点;(2)转折点,突出了一个情节到另一个情节的重要变化;(3)锚定事件,代表了一个给定情节的稳定性和连续性;(4)相似事件,展现了一种活动模式,这一模式也会出现在与人生故事类似的事件族群中。

辛格(Singer,1995;Singer & Salovey,1993)提出自定义记忆(self-defining memories)这一概念。自定义记忆是指在塑造自我的过程中,对个体具有特殊影响的生活记忆。自定义记忆是"生动的、充满感情的、重复的、与其他类似记忆紧密关联的,并与个人生活中某个重要的、未解决的主题或者持久关注的问题有关"(Singer & Salovey,1993,p.13)。莫菲特和辛格(Moffitt & Singer,1994)收集了大学生的自定义记忆和自我奋斗的叙事报告(本书第 7 章),结果发现,更多回忆努力取得成就的学生在自定义记忆中体验到较多积极情感。此外,更多报告努力避免不良结果的学生在自定义记忆中体验到较少积极情感。布拉戈夫和辛格(Blagov & Singer,2004)发现,对具有中高水平自我约束力且适应良好的学生而言,他们的自定义记忆具有丰富的个人意义,对更加压抑或更有防御性的学生而言,他们的自定义记忆则过于普通且缺乏感人的细节。辛格(Singer,1997)还研究了有酒瘾、沉溺于毒品的男性,他们自定义记忆的典型特征是缺乏积极的能动性和共生性主题。辛格认为,要想摆脱成瘾行为,则需重建一个人生故事,故事中要包括能动性和共生性主题,以及重塑富含希望和承诺的自定义记忆。

麦克莱恩和索恩(McLean & Thorne,2003)按照分离、亲密、冲突的主题,以及学到经验和获得洞察力的程度对大学生的自定义记忆进行编码,并按照与父母有关还是与同龄人有关进一步区分自定义记忆。结果发现,被试倾向于把许多分离和亲密的主题与父母联系起来。父母离异似乎是许多被试人生故事中的一个强力催化剂,父母离异代表着一个分离的主题,但当被试讲述自己试图为悲伤的父母提供安慰时,它似乎又阐明了一个亲密的主题。在自定义记忆中,与父母的冲突要比与同龄人的冲突更多。但是,冲突的主题经常被认为能够促进成长、增长见识。其他研究表明,展示成长和洞察力的自定义记忆与幸福感以及较高水平的心理成熟有关(Bauer & McAdams,2004)。

接受过心理治疗的人可能将治疗本身视为一个自定义生活事件。治疗结束后很多年,他们会回首这些对自己产生深远影响的经历。对一些人来说,他们的心理治疗故事416 可能会成为叙事同一性中的重要篇章。在一系列研究中,阿德勒和麦克亚当斯(Adler & McAdams,2007)要求接受过心理治疗的病人讲述他们的治疗经历。被试讲述了最初导致自己寻求治疗的问题、接受治疗的决定、两次重要的治疗谈话或场景,以及治疗如何结束。同时,研究者测量了被试目前的幸福感和心理成熟水平。在现阶段幸福感和心理成熟水平较高的被试,倾向于建构一些非常一致的治疗叙述,包括他们如何与症状、问题作斗争,且最终取得胜利。有趣的是,他们的叙述倾向于淡化治疗师在自己康复过程中的作用。研究者指出,治疗成功的被试通过把治疗结果回忆成自己辛苦得来的胜利,以保护和维持自己的心理健康。被试认为,在这场与心理问题的“战斗”中,他们的成功大部分应归功于自己而不是治疗师。当为人生中出现的困难,以及如何克服这些困难提供一个清晰连贯的解释时,这种关于治疗的故事加强了个人的能动性。

人生叙事研究者考察了在人际条件和社会条件的作用下,自定义记忆与其他自传体场景的建构和交流。在一组有趣的研究(Pasupathi,2001;Pasupathi & Rich,2005)中,研究者为好朋友安排了交流任务,要求他们向对方讲述人生中的重要事件。倾听者被随机分配到两种不同的条件下。在一种条件下,倾听者聚精会神地倾听朋友讲述的内容。在另一种条件下,倾听者在倾听朋友讲述的内容的同时,还要完成一项分心任务(这一任务是在头脑中记住朋友说过多少次以“th”开头的单词)。研究要求倾听者不能将实验目的告知自己的朋友,而只需简单扮演倾听角色即可。结果显示,当倾听者在交谈中看起来注意力不集中时,讲述者会感觉到些许烦躁甚至沮丧。相比于交谈时朋友私下数着以"th"开头的单词的讲述者,被朋友认真倾听的讲述者会更加认为谈话是愉快的、有益的。几周后发生的事情更加有趣,当讲述者回到实验室回忆当初的谈话内容时,相比于被朋友认真倾听的讲述者,没有被朋友认真倾听的讲述者更难回忆起他们讲述的个人故事。谈话的质量影响了随后的自传体记忆。最终的结论是,当倾听者没有专注于我们人生中有意义的故事时,我们便倾向于从脑海中抹去那些故事。

　　幸运的是,对许多人来说,倾听者往往会认真聆听他们的故事,尤其是分享生命中特别重要的故事时。索恩(Thorne,2000;Thorne & McLean,2003)考察了人们为创伤和其他高度情绪化事件寻找耐心的听众的行为。结果发现,大量被试在高度个人化的经历发生后不久便会讲述这一经历,包括自定义记忆。这种与他人分享故事的情况非常普遍,索恩用亲密记忆(intimate memories)这一术语来描述个体一生中最为突出且自定义的情节。倾听者在人生故事的讲述中扮演重要角色。与治疗师和咨询顾问一样,好的倾听者能在叙述者讲述痛苦或悲惨的故事时提供同情和鼓励。分享故事也能增进朋友间的温暖和亲密。此外,索恩认为,每次新的讲述都能使个体越来越清晰地阐明自定义记忆的意义和本质。倾听者帮助我们发现故事的意义,久而久之,他们也会微妙地塑造和改变我们的故事。

故事类型

　　自亚里士多德起,学者们就推测大量故事可以被简化为有限的几种类型。亚里士多德区分了四种神话原型,或者说四种基本的故事形式:喜剧、悲剧、浪漫剧和讽刺剧。有研究者为人生故事的四类型说提供了案例支持(Crewe,1997;McAdams,1985c;K. Murray,1989)。还有研究者(Gergen & Gergen,1993)则从主人公的发展状态出发,将人生故事划分为稳定的、前进的和倒退的三种。在稳定的故事中,主人公几乎没有任何发展和改变;在前进的故事中,随着时间的推移,主人公一直在成长;在倒退的故事中,主人公会持续倒退或者失去发展的基础。和其他学者类似,格根认同坎贝尔(Joseph Campbell)的看法:将英雄神话视为西方文化中建立同一性的普遍的故事模式(尤其是对男性而言)。在许多文化的经典故事和传奇中,英雄神话是充满分离、启蒙和回归的故事。故事的梗概如下:有一天,一位英雄突然从现实世界进入一个超自然的神秘之地,并遇到强大的敌对势力,但英雄取得胜利,最终英雄从神秘之地回归,给他的子民带来福祉(Campbell,1949,p.30)。

　　坎贝尔的英雄神话是一个典型的线性叙事:故事中的主人公在不断向前迈进,而且会继续成长、发展和进步。研究者(Gergen & Gergen,1993)认为,这种线性结构特别适用于男性人生故事的建构,女性的人生故事则较少呈现线性结构。相反,女性的人生故事会出现复杂的、矛盾的情节，并会伴随迂回或循环的状况以及矛盾的情感。此外，女性的人生故事可能比男性的人生故事更加具体化，而且与她们对自己身体的理解和体验有着密切的联系。其他学者认为，对心理学家来说，女性的故事和那些在经济、文化上处于弱势地位的群体的故事一样，是一个很大的谜题，在父权制社会中，她们的故事常常是那么平凡和微不足道(Heilbrun，1988；Stewart，1994)。

当一些研究者试着发展一般故事类型的分类标准时，其他研究者似乎朝着相反的方向发展，即从特殊的案例中识别故事模式，也就是说，"产生"(work)故事(Mishler，1992；Ochberg，1988)或"养育"(parenting)故事(Pratt et al.，2001)。例如，当听到父母讲述自己为何抛弃孩子时，莫德尔(Modell，1992)从中发现了故事的共同主题和叙述策略。有研究(Walkover，1992)发现，即将为人父母的夫妻，总是会精心构想关于抚养孩子的美好故事，他们对即将拥有孩子充满了浪漫化或理想化的幻想，这也显示出他们对完美化的童年存在一种内隐(但不合理的)信念。从以色列士兵拒绝参加不道德侵略的故事中，林(Linn，1997)发现了共同的叙事类型。格雷格(Gregg，1996)则在现代摩洛哥年轻人身上找到一种混合的叙事模式，这一模式掺杂了现代气息和传统宗教信仰。在美国成年人建构的人生故事中，林德(Linde，1990)发现，许多人通常会借用大众心理学中的图像或主题来理解和叙述自己的生活。马鲁纳(Maruna，1997，2001)研究了有犯罪前科的人写的自传，结果发现，这些自传存在共同的人生叙事模式，即传记作者总会强调自己如何走向犯罪而后又如何从罪恶中解脱。在这种改邪归正的叙事中，早期被动、受害的场景最终引发犯罪，主人公一直在人生的低谷徘徊。直到他再次经历能动性或共生性，通常是挚友或心上人的出现，这个一直存在的梦魇才最终被打破。在人生故事的最后章节，主人公通过繁殖性的努力回馈社会以巩固其重新做人的过程，例如，他会努力帮助其他犯罪分子和即将走向犯罪的人发展出他们自己改过自新的故事。

在一项深度访谈中，研究者比较了 40 名高繁殖性和 30 名低繁殖性的中年人的人生故事，而且这两组受访者在其他人口学信息上类似(McAdams，Diamond，de St. Aubin，& Mansfield，1997)。研究者根据受访者在有偿工作或志愿活动中表现出的繁殖性，以及在繁殖性测验上的得分，鉴别出 40 名高繁殖性和 30 名低繁殖性的成年人。相比于低繁殖性的成年人，高繁殖性的成年人的人生故事更接近汤姆金斯(Tomkins，1987)所说的承诺剧本。表 10.6 总结出五种故事主题：(1)早期优势；(2)他人的苦难；(3)坚定的道德信念；(4)救赎过程；(5)亲社会的未来。尽管每个人的人生故事都是独特的，但总体来讲，相比于低繁殖性的个体，高繁殖性的个体在这五个主题上的水平更高。随后的研究在高繁殖性的美国成年人讲述的人生故事中识别出许多关于承诺剧本的例子。这种故事的核心是从苦难走向超越，因此我将此类故事称为救赎自我(redemptive self)(McAdams，2006)。

表 10.6　救赎自我:高繁殖性的美国成年人人生故事中的五个主题

1. 早期优势	当他们还是孩子时,故事的主人公在家中或同龄人中享有优待或与众不同的地位。从幼年起,主人公就感到自己很特别。
2. 他人的苦难	故事的开头,主人公目睹了他人的苦难和不幸,并对他人表示同情和怜悯。主人公关怀的对象包括生病的、垂死的、伤残的、饱受精神折磨的、贫穷的,或者任何需要关心和照顾的特殊群体。
3. 坚定的道德信念	进入青春期后,主人公会形成更加清晰一致的、统领生活的信仰,这一信仰比较稳定并持续一生。个人信仰一旦形成,主人公将不再经历思想上的困惑、不确定和危机。
4. 救赎过程	不愉快的生活事件演化成好的、积极的事件,不幸的场景终将迎来柳暗花明的结局。
5. 亲社会的未来	在展望未来的故事章节中,主人公开始为自己设定造福社会的目标。

来源:"Stories of Commitment: The Psychosocial Construction of Generative Lives," by D.P. McAdams, A. Diamond, E. de St. Aubin, & E. Mansfield, 1997, *Journal of Personality and Social Psychology*, 72, 678—694.

在救赎自我的故事中,主人公在孩提时代就感觉自己拥有独特的优势,与身边人的不幸和苦难形成鲜明对比。从幼年起,主人公就以积极的眼光看待自己,认为自己是独特的。也许我是母亲最喜爱的孩子;也许我拥有特殊的才华;尽管家境贫寒,但邻里都十分友好、彼此帮助。在救赎自我的故事里,主人公感觉自己仿佛是一切不幸中的幸运者。相比于低繁殖性个体,高繁殖性个体更倾向于回忆早年间他们目睹的苦难,以及由此产生的怜悯之情。他们感到这个世界需要爱和关怀(因为有人在享福,有人却在受苦),进入青春期后,主人公会建立更加清晰的、持久的信仰,这一信仰会继续引领他们的人生故事(坚定的道德信念)。伴随着早期优势和坚定的信仰,主人公也开始面临不幸、失望甚至人生悲剧,但因为努力、机遇或者外部因素,最终不幸的遭遇演变成好的结局。约翰逊遇到马丁·路德·金便是典型的例子。因此,尽管厄运时有发生,却能够转危为安、化险为夷。放眼未来,主人公开始为自己设定造福他人的目标,尤其是有利于下一代的目标,并打算为整个社会作贡献。

最初的承诺剧本研究只关注中产阶级白人,但在接下来的定性研究中,我们考察了35名非裔美国中年人的人生故事,他们当中一半人在繁殖性测验上得分较高,另一半得分则非常低(McAdams & Bowman, 2001)。该分析证实了我们在最初的研究中观测到的差异,即与繁殖性低的非裔美国人相比,繁殖性高的非裔美国人如约翰逊,更倾向于通过建构承诺剧本来给人生赋予意义。此外,我们在非裔美国人的人生故事中还发现了在白人身上不太常见的主题。例如,无论对于高繁殖性还是低繁殖性的个体,非裔美国人的叙事报告中都会较早出现明显的危险、威胁,故事里有善恶分明的好人和坏人,而且在应对危险或坏人时,宗教和家族会发挥重要作用。不过,对白人和非裔美国人的研究共同表明,对旨在造福下一代的现代人来说,救赎自我无疑是特别有力的。救赎自我的故事体现了谈论和思考人生的一种方式,即积极投身于充满关爱、同情和责任的社会生活。毫无疑问,很多人生故事都涉及高繁殖性,但在当代美国社会,救赎自我可以被看作尤其值得效仿的人生故事(McAdams,2006)。

其他一些研究表明,救赎的主题经常出现在充满道德承诺的人生故事中(Andrews,1991;Colby & Damon,1992)。沃克和弗里梅(Walker & Frimer,2007)采访了 50 名成年人,这些人因为英勇的行为或人道主义精神获得加拿大政府的奖励。其中,一半人(n=25)因为英勇的救人行为而赢得社会声誉,另一半人(n=25)则因终身奉献于人道主义事业而受到嘉许。将这 50 名道德模范的人生故事,与控制组的 50 名成年人的人生故事进行对比。结果发现,与控制组相比,道德模范的人生故事中出现更多救赎场景。特别是终身奉献于人道主义事业的 25 名受访者,他们故事中的救赎场景更加普遍。

救赎的人生故事促进了个体的繁殖性。这些故事教导高繁殖性的个体,他们曾经的生活充满祝福和优势,现在该如何回馈社会,对每个人来说,繁殖都是一项艰难的、充满挫折的工作,对此每位父母和社区工作者都深有体会。倘若个体在建构叙事同一性时,能够认识到短暂的苦难终将迎来好的结局,他就更能够坚信眼下无私的付出会在下一代身上得到回报。救赎自我鼓励高繁殖性的个体为自己设立远大的人生目标。

与此同时,救赎自我与美国的文化和传统相吻合,高繁殖性的美国成年人都倾向于叙述这种类型的人生故事。在《救赎自我:美国人的人生故事》(*The Redemptive Self: Stories Americans Live By*)一书中,高繁殖性的美国人讲述的人生故事的主题不仅涵盖心理学领域关心的术语,而且涉及美国文化史中备受关注的思想,如 17 世纪清教徒的精神追求,18 世纪富兰克林(Benjamin Franklin)自传中的思想,19 世纪白手起家的故事,以及近代的自我奋斗和企业家精神(McAdams,2006)。可以说,在过去的 300 年里,从清教徒的精神追求发展到温弗里的脱口秀,救赎自我已发展出许多不同的形式,美国人正在讲述他们逐渐走向解放、复苏、自我实现的救赎传奇。尽管世界并没有如同期望中的那样被拯救,但故事中的英雄在危难的时刻对这个世界产生积极影响。这些故事弥漫在形形色色的演讲、脱口秀、心理治疗、布道会和毕业致辞中。致力于为下一代创造美好生活的高繁殖性的美国人,仿佛是典型的美国式人生故事的讲解员。

在当今美国社会,救赎自我可能是一类非常适用于高繁殖性个体的人生故事。但这并不意味着在其他社会,同类型的故事与繁殖性也存在关联。不同社会可能会鼓励不同类型的故事。在日本、法国或南非,高繁殖性个体的人生故事又会是怎样的呢? 在秘鲁或印度乡间,高繁殖性个体的人生故事又将如何呢? 不同的文化为建构叙事同一性提供了不同的线索、图像、角色和主题(Hammack,2008;McAdams,2006),反映了不同社会中完全不同的规范、期望和传统。鉴别不同社会中主流的人生叙事模式,并将其与繁殖性、心理健康等重要的心理学要素联系起来,这对未来人格心理学研究而言将是一个充满希望的发展领域。

　　对高繁殖性的美国人而言,人生故事中最典型的特征就是救赎过程。在一个救赎过程中,不幸的场景会迎来好的或积极的结局,一切都会化险为夷、转危为安。救赎主题广泛存在于神话和民间故事中,而且已成为世界上主要宗教的核心思想(James,1902/1958;Miller & C'deBaca,1994;von Franz,1980)。救赎过程深藏着一种盼望,即盼望一切恐惧、损失、悲伤、内疚和其他类似的经历都能够迎来欢乐、兴奋、愉悦的结局。与救赎过程形成强烈反差的是玷污过程(contamination sequence),即故事中好的、积极的场景演变成不幸的结局。在玷污过程中,最初好的、积极的场景会被随之而来的事物污染和破坏。玷污过程表明,幸福的时光总是短暂的,一切美好过后,噩梦必然接踵而至。因此,有关救赎过程的故事充满了希望和承诺,有关玷污过程的故事则展示了无助、绝望和挥之不去的悲伤。在故事中,救赎过程和玷污过程会以不同的形式呈现。我们从近期的人生叙事研究中摘取了一些典型例子(如表 10.7 所示)。

表 10.7　救赎过程和玷污过程的几个例子

421

救赎过程

父亲去世→家人在情感上变得更加亲密

童年的孤寂→主人公蜕变成坚强的大人物

严重的压抑→主人公逐渐恢复并感到精神愉悦

痛苦的分娩→漂亮婴儿的诞生

离婚→主人公与儿子的关系更好了

被解雇→主人公开始全面看待自己

毒品、遗弃→主人公到另一个地方隐姓埋名,过上有序的生活

一段糟糕的教学经历→主人公去了新的学校并获得成功的体验

同事严厉的批评→主人公变成更好的员工

交通事故→突然感觉它是一个不错的经历

玷污过程

美妙的婚姻→配偶说她想离婚

主人公为毕业自豪→父亲却评价站在台上的她显得有些胖

为第一个儿子的出生感到兴奋→主人公得知孩子有严重的疾病

主人公嫁给了她心爱的男人→他有了婚外情

主人公得到他梦寐以求的升职机会→新的职位给他带来一系列挫折和麻烦

主人公做了一个飞机模型,自豪地将它带到学校→班上的同学弄坏了这架飞机模型

期待班级旅行→主人公被路途中目睹的贫困吓到了

为新房子高兴→装修的费用如同噩梦

婚前性爱非常和谐→婚后妻子却对此了无兴趣

在公园快乐地玩耍→年幼的主人公受伤了,并与父母走散

主人公收到一份礼物→礼物被偷了

　　注:前后情节之间的"→"符号表示"导致""紧接着"或"引起"。

　　来源:"Narrating Life's Turning Points: Redemption and Contamination," by D.P. McAdams & P.J. Bowman, in *Turns in the Road: Narrative Studies of Lives in Transition* (pp.3—34), by D.P. McAdams, R.Josselson, and A. Lieblich (Eds.), 2001, Washington, DC: APA Books.

我们已经了解到,人生叙事的救赎过程与成年人繁殖性的个体差异有关。那么,救赎过程和玷污过程是否还与其他心理机能有关呢? 例如,我们可能会期望在人生叙事中,与较少出现救赎过程的个体相比,救赎过程占主导地位的个体的生活满意度、健康水平更高。与此同时,我们可能会假定,玷污过程与幸福感呈负相关。为了检验这些假设,我和同事收集了两组样本的人生叙事材料以及他们在幸福感量表上的得分(McAdams, Reynolds, Lewis, Patten, & Bowman, 2001)。第一组样本包括 74 名 35~65 岁的中年人,在人生故事的访谈中,要求每个被试描述 8 个关键的人生片段,包括高峰、低谷和转折。第二组样本包括 125 名大学生,要求每个被试完成一个开放式问卷,问卷要求他们详细描述 10 个关键的人生片段,同样包括高潮、低谷和转折。随后,我们编码所有救赎过程。由于大学生被试只叙述了极少的玷污过程,因此我们只编码了中年人叙述的玷污过程。最后,我们计算了救赎过程和玷污过程得分与幸福感之间的相关系数。

表 10.8 呈现了部分中年人被试的研究结果。从表中我们可以看到,人生故事中的救赎过程得分与生活满意度、自尊和生活一致感呈正相关,与抑郁呈负相关。与此相反,玷污过程得分与幸福感呈负相关,与抑郁呈正相关(也见 Adler, Kissel, & McAdams, 2006)。大学生样本中的救赎过程也显示出类似的结果。总之,与救赎过程较少的个体相比,救赎过程较多的个体对生活更加满意,自尊水平和生活一致感更高,且抑郁水平更低。与此相反,与人生故事中只有较少玷污过程的个体相比,人生故事中出现较多玷污过程的个体,即人生故事中好事遭受破坏或毁灭的个体,报告出更高水平的抑郁,更低水平的生活满意度、自尊和生活一致感。

表 10.8　74 名中年人救赎过程、玷污过程与幸福感的相关系数

幸福感	救赎	玷污
生活满意度	0.37 **	−0.40 ***
自　　尊	0.28 **	−0.56 ***
生活一致感	0.33 **	−0.46 ***
抑　　郁	−0.32 **	0.49 ***

注:* $p<0.05$；** $p<0.01$；*** $p<0.001$.
来源:"When Bad Things Turn Good and Good Things Turn Bad: Sequences of Redemption and Contamination in Life Narrative, and Their Relation to Psychosocial Adaption in Midlife Adults and in Students," by D.P. McAdams, J. Reynolds, M. Lewis, A. Patten, & P.J. Bowman, 2001, *Personality and Social Psychology Bulletin*, 27, 208—230.

为何人生故事中的救赎过程能够预示幸福,玷污过程却预示抑郁呢? 原因至少有两方面。一方面,救赎过程和玷污过程是客观过去的真实写照。对快乐的人而言,尽管生活中发生了许多不幸,但随之而来的是好的结果,因此他们可以享受过去的记忆,因而也更快乐。另一方面的原因则与记忆的选择性、人生故事的建构性有关。救赎过程和玷污过程反映了人们在理解和叙述自己的过去时作出的内隐选择。这种选择不仅涉及将要叙述的场景,而且包括怎样叙述这一场景,如何阐述它的因果联系,以及个体从中得出怎样的结论。在救赎场景中,个体叙述了不幸之事如何演变成好的结局。在很多情况下,特定生活事件可能会产生不同的结果。但叙述救赎过程的个体会为故事精心勾勒一个积极的结局,正如约翰逊在故事中反复做的那样。与此相反,叙述玷污过程的个体常常在积极场景中发现不幸的结局,而且他们似乎非常习惯于以这种方式建构自己的故事。在这两种过程中,也许结局真的发生了,但也有可能同时出现其他结果,只不过叙述者没有选择它们加以表达。

　　因此,自定义记忆叙事风格的个体差异不仅反映了个体客观经历的差异,而且反映了个体理解人生故事方式的差异。个体的叙事风格不仅是社会心理适应的原因,而且可以被视为社会心理适应的结果。进一步来说,抑郁、低繁殖性的个体更倾向于以玷污的方式讲述故事,而且这一倾向可能会经由玷污过程加剧抑郁状态,并弱化为下一代付出的动力。相反,生活满意度较高且感到自己正作出重要贡献的个体,倾向于以救赎的方式讲述人生故事,这反过来也会增强他们的繁殖性和幸福感。

何谓好故事

　　绝大多数时间里,人们总是在有意或无意地建构自己的人生故事。这项工作有时显得如此迅速、狂热,有时又处于探索、停滞的阶段。当人生面临重大转折时,身份的改变也会悄然而至,例如结婚或婚姻破裂、拥有第一个孩子、换工作、搬家、失去父母或配偶、进入更年期、退休。人生也会出现一些重要的分水岭,如 40 岁生日、小儿子的婚礼、父母的离世、退休、长出第一缕白发。在这些阶段,人们开始回想自己曾经走过的岁月,可能会给人生故事添上新的场景、角色,不同于以往,人们开始对未来有了新的期待。因为有了新的期待,故事的结局、整体的叙事基调可能大不一样了。然而,在其他时候,成年人经历着相对稳定的同一性。在这些稳定的阶段,故事的发展总是缓慢和细微的。尽管人们也会调整故事的主题或对结局有一些不一样的理解,但其主要的同一性可能没有改变。

　　因此,人生故事既不是安静、平稳的旅程,也不是充满变化的过山车游戏。这一发展过程既有平顺,也有坎坷;既有安静,也有喧嚣。每次重大的变化都可能迎来较长的平静期。当然,每个生命在这一方面都是不同的,因而每个人生故事都有着独特的发展轨迹。

　　尽管如此,步入中年之后,人生故事也会出现特定的发展趋势。就某种意义而言,中年期的叙事同一性会朝着好的方向发展(McAdams,1993,1996a;Rosenwald & Ochberg,1992;White & Epston,1990)。好故事包括六个标准:(1)一致性;(2)开放性;(3)可信性;(4)区分性;(5)协调性;(6)繁殖性的整合(generative integration)。好故事会在上述六个标准上得分较高,而且在追寻人生目的和统一的过程中,好故事能够展现出较高的成熟度。

　　一致性(coherence)是指故事通顺、连贯的程度。故事人物的行为在故事背景下是否有意义？他们行为的动机是否符合一般情况？连续发生的事件之间是否有因果关系？故事的不同部分是否彼此矛盾？缺乏一致性的故事会让听故事的人感到困惑,无法理解故事的发展过程。但有些故事过于连贯、一致,每个部分都紧凑无误地衔接起来,以至于看上去显得不真实。故事没必要天衣无缝,也没必要为寻求人生的目的和统一而要求事事完美和一致。事实上,好的人生故事需要表现出对改变的开放性和对模糊状况的容忍性,这样的故事才能够使个体拥有一个有着多种选择和可能性的未来。人生故事是灵活的、有弹性的,当我们发生改变时,它们也必须能够改变和发展。然而,开放性也是人生故事中一个很难评判的标准,因为开放性是有风险的,过于开放可能意味着承诺和决心的缺失。

424

专栏 10.B

叙事同一性何时成为一个问题

　　对身处工业化时代的西方中产阶级来说,叙事同一性俨然已成为一个现代问题。在传统农耕社会,或者说在历史早期,建构人生故事似乎不是什么关键问题。儿子长大后会继承父业,女儿会学着像母亲那样相夫教子,在一定的社会体系中,同一性便以这种方式传递给年轻一代。在这样的背景下,年轻人会从公认的权威那里接受思想和职业,他们可以自主探索和选择的空间很小,安守现状是无法抗拒的事实。

　　即使对西方上层社会的知识分子来说,独立自我也是一个比较新的概念。在《同一性：文化变迁与自我奋斗》(*Identity：Cultural Change and the Struggle for Self*)一书中,心理学家鲍迈斯特(Baumeister, 1986)提出这样的问题：在西方文明史中,同一性何时成为关注的焦点？西方人何时感受到同一性危机？鲍迈斯特认为,可以从以下两个问题中发现同一性探索和危机的踪迹。第一个问题是连续性。随着时间的推移,人们开始怀疑或担心自己的本质是否已发生变化："我还是3年前的我吗?""10年后的我还会是现在这个样子吗?"第二个问题是区分性。在这一情形中,人们会思考,表面上看来大家如此相似,但我与他人有何不同呢？鲍迈斯特认为,对存在同一性危机的个体来说,他们总是过分沉浸在对这些问题的思索当中。

　　鲍迈斯特推断,在19世纪之前,同一性并未成为西方社会的主流问题,尽管当时许多发展趋势已预示它的出现。在中世纪的欧洲,社会被血统、性别、家族、阶级的色彩笼罩,一个人能够被赋予的身份也由这些外在条件所决定。但那时,个人主义的帷幕逐渐拉开,如在教会仪式中,基督教开始强调独立判断和个人参与。宗教改革打破了欧洲意识形态的一致性,很多上层人士的宗教信仰出现变化。此时,资本主义的兴起开辟了一个自由经济的时代,并为阶级流动创造了条件。因此,在 17 世纪和 18 世纪,许多人一方面面临着宗教信仰的选择(信从罗马教廷还是成为一名新教徒),另一方面则享受着由资本主义市场的繁荣带来的物质生活。在 19 世纪之前,其他方面的发展也为同一性问题的凸显创造了条件,包括普遍增强的个人主义态度、对隐私的强调,以及人们逐渐认识到私人自我与公共自我的区别。

18 世纪末期,欧洲社会进入浪漫主义时期,此时教会组织和国家机构都发生重大变革。教会的权力和影响力日益减弱,法国大革命的爆发也使欧洲人开始质疑长期存在的政治体制的合法性。这一时期的人们逐渐转向用创造、激情和修养来塑造自我同一性。如果自我不是上帝决定的,那么对它的建构便是自己的事了。浪漫主义者对个人与社会的关系也变得越来越不满,这种不满最终促发 19 世纪的乌托邦运动和无政府主义的兴起。总之,19 世纪以后,欧洲人开始认为社会已丧失基本真理和终极价值。人们将个人意识形态作为同一性的基础。

到了 20 世纪,当人们面临更多职业和思想的选择时,同一性问题便更加突出。此外,许多社会评论家感叹:与以往年代相比,当下的成年人似乎在逐渐远离权威,不再信任权威(Lasch, 1979; Lifton, 1979; Sartre, 1965)。在 19 世纪的浪漫主义文学中,故事主角一直在努力挣脱社会的束缚。在 20 世纪的许多文学作品中,故事中的人物忍受着不堪重负甚至无助的生活,同一性问题的困扰更加突出。

我是谁?我如何适应成人世界?随着工业革命的到来、城市的扩张、传统宗教势力的衰落、资本主义的兴起、工作疏离感的增强、科学对生命理解的去神秘化、潜意识探索、两次世界大战、原子弹的爆炸、互联网的出现,同一性探索与危机这两大问题似乎比以往任何时代都显得更加迫切。正如文学评论家朗鲍姆(Langbaum, 1982)所说,同一性可能是"我们这个时代的灵魂问题"(p.352)。

425

第三个标准是可信性(credibility)。一个好的、成熟的、适应的人生故事无法容忍对事实的重大歪曲。叙事同一性并不是空想。人们会切实建构自己的同一性,而不会像写诗或科幻小说那样,虚构自己的人生故事。好故事应该以事实为依据,这些事实能够被读者发现、找到。尽管叙事同一性是通过个体的想象创造出来的,但它仍然以我们生活的这个真实世界为依据。

好故事中充满了丰富的人物、情节和主题。读者仿佛进入一个多样化的世界,在这个多样化的世界里,生动形象的人物角色随着时间以引人入胜的方式发展,随着故事逐渐进入高潮、结局,他们的行动构成了扣人心弦的情节。换言之,好故事是富有区分性的。同样,人生故事也会朝着区分性的方向发展。当人们拥有更多经验并越来越成熟时,他们的叙事同一性会更加多元化、个性化,人生故事会愈加丰富、深刻和复杂。然而,在个体人生故事区分性不断提高的同时,人们也开始寻找人生故事中矛盾力量的协调以及多重自我的和谐。好故事会产生棘手的问题和动态化的矛盾,但它也提供了解决问题的方式以确保自我的和谐与统一。协调性是建构人生故事最具挑战性的任务,尤其是在中年期及以后。

好故事的第六个标准是繁殖性的整合。为了充分理解这一标准,我们必须记住,人生故事讲述的是一个真实的人的生活,它不同于我们在某些杂志上读到的故事,它把一个生活在具体历史时期、具体社会的人的具体生活以故事的形式展现出来。与虚构的好故事相比,人生故事在更大程度上追求连贯性和协调性。由于人们生活在社会和道德情境中,因此人生故事也是在社会和道德情境中建构起来的(Booth,1988)。在成熟的同一性中,个体是有生产能力的、对社会有所贡献的成员,能够承担工作和家庭责任,有能力抚育和指导下一代,并能对整个人类的生存、提高和进步作出或多或少的贡献。对人生统一性和目的性的追求,不仅应该使建构故事的人受益,而且应该使整个社会受益。

426

本章小结

1. 人格特质为描述心理个性提供了一个基本轮廓,个性化适应填充了其中的细节,人格的叙事取向则直接提出这样一个问题:人生究竟意味着什么?尤其是对还活着的人而言,它意味着什么?不同于特质、动机、计划等,人生故事展现了个体生活的全部意义和目的。因此,为了给心理个性提供一个完整的描述,人格心理学家必须深入研究个体的人生故事。

2. 人类天生就会讲故事,故事广泛存在于人类已知的所有文化中。思维的叙事模式强调人们建构人生故事的意图,范型模式则希望解释事件之间的因果联系。故事有特定的、可识别的结构和功能,如背景、人物,以及组织化的行动序列。

3. 故事既有娱乐和解释的功能,也有整合和治愈的功能。自传体作品的一个主要心理功能是将一个人生活中的不同方面衔接起来,从而建构一个能展现人生目的性和统一性的故事。许多形式的心理治疗都会或隐晦或明确地要求来访者为自己的人生建构一个故事。研究还表明,表露创伤事件可以提升健康水平和幸福感。彭尼贝克的研究显示,表露个人创伤事件可以促进创伤疗愈、预防疾病,以及提升身体健康。

4. 汤姆金斯的剧本理论将叙事角色作为心理特征的中心。该理论把人类各种情感的动机功能置于首要位置。情感能够激发并引导人类行为,随着时间的推移,行为组成了场景和剧本。

5. 汤姆金斯将人看作剧作家,他们通过将一系列充满情感的场景组织成人生剧本从而形成自定义戏剧——汤姆金斯称这个过程为心理放大。积极情感场景通过各种变化而放大,人们把场景之间的差异视为主题变奏。消极情感场景则通过类比而放大,人们会强调不同负性事件之间的相似和重复之处。场景可以被组织成多种剧本。汤姆金斯提出两种重要的剧本类型:承诺剧本和核心剧本。前者包括明确的理想场景和需要克服的障碍;后者涉及矛盾和困惑的场景,以及好事演变成不幸结局的玷污过程。

6. 麦克亚当斯的叙事取向聚焦于埃里克森的同一性概念。根据这一观点,同一性是指人们从青春期后期和成年早期开始建构的人生故事。作为一个内化的和不断发展的叙事自我,人生故事能够整合不同角色,在人生故事中,人们可以建构过去、体验现在和预期未来。故事是自我统一与整合的表征,能够呈现人生的统一性和目的性。叙事同一性的发展会经过许多不同的阶段,最初的形式是 2 岁时产生的自传式自我。文化为同一性提供了叙事资源,而且人生故事会受到性别、社会结构、经济基础和意识形态的影响。

7. 有研究检验了人生故事场景或情节中的能动性和共生性主题。研究表明,自定义情节(如人生故事的高峰和转折)反映的主题趋势与故事之外的人格变量有关,如社会动机和自我发展水平。权力动机和成就动机得分高的人倾向于建构强调能动性的生活事件,亲密动机得分高的人则倾向于建构强调共生性的生活事件。此外,自我发展水平与人生故事的叙事复杂性有关。

8. 自定义记忆是生动的、充满情感的、重复性的记忆,涉及人生故事中悬而未决的主题或问题。研究表明,在与朋友重复讲述人生故事的过程中,自定义记忆和其他重要的自传式场景往往会得到复述、改进。人际交流的质量也会影响初始场景被回顾和叙述的方式。

9. 有研究试图描述不同类型的人生故事。基于高繁殖性的美国中年人的研究,救赎自我被确定为一种通用的人生故事——一个终身承诺的故事。在这样的故事中,主角(a)享有早期的福祉或优势;(b)早年就对他人的苦难十分敏感;(c)受到一个明确且令人信服的个人信仰的指导,这种信仰随时间的推移保持相对稳定;(d)不好的场景演变成好的结局的救赎过程;(e)设定造福社会的未来目标。救赎自我可能反映了独特的美国文化理想。对中年人和学生来说,建构一个充满救赎过程的人生故事与较高水平的心理幸福感有关。

10. 相比于其他故事,有些人生故事可能更好或更具适应性。理论上,伴随着生命的发展和成熟,人生故事应该越来越具有一致性、开放性、可信性、区分性、协调性和繁殖性的整合。

第 11 章

故事的含义：从弗洛伊德至今

人们常常喜欢讲述自己的故事，但这些故事该如何解释呢？你最好的朋友告诉你他家中骇人听闻的秘密。你母亲说，直至你出生，她的生活才不再悲惨。你的发型师得知你正在学习人格心理学，便告诉你几天前她做的梦，梦里她坐在一把剪刀上飞越了珠穆朗玛峰，她向你询问这个梦究竟是什么意思。在面试中，你会说："我从小就对这一领域感兴趣……"你会反思：为何自己会说这些，这样表达的意图又是什么？

在人生叙事研究、临床工作和其他应用领域，心理学家经常听到或读到一些人生故事。他们偶尔会遇到较为成熟的人生故事，如人生故事的访谈或自传。但多数情况下，他们听到或读到的人生故事是片段式的，如一次梦境、一段早年的记忆、与父母或离异配偶之间的故事，抑或近期发生的重要事件，等等。与所有人一样，心理学家发现自己需要通过某种方式理解这些故事。他们通常会根据常识来推测什么情况下会发生什么，而这些常识和假设大多来自过去的经验和训练。有时，心理学家会使用客观的内容分析系统对叙事进行编码、量化，如本书第 10 章介绍的一些方法。但是，大多数方法（通常是不正规的、随意编码的）都假定我们可以直接透过生活文本了解其蕴藏的意义，也就是多数情况下，人们所言即所思。如果我们用心去听，表现出同理心，并作出严谨、客观的解释，那么我们能够发现一些东西，能够从一个人讲述的故事中了解这个人。

但是，解释故事并非易事。故事中隐藏的含义常常很复杂。人们在讲故事时，不仅会欺骗他人，有时甚至会欺骗自己。自欺欺人在日常生活中太常见了，也许是因为它具有适应性。即使没有欺骗，我们在讲述故事时是否真正了解自己全部的想法呢？在听故事时，如果讲述者自己都一知半解，那么我们能否明白他要表达的意思呢？

这一章的内容是如何解释人生故事这一难题。追溯至 100 多年前弗洛伊德的《梦的解析》(1900/1953)，心理学家曾对解释的问题感到困扰。弗洛伊德认为，许多人生故事（包括梦境）都具有欺骗性。如果你认为自己了解它的含义，那么可以说你是在欺骗自己。荣格和阿德勒早年都曾追随弗洛伊德，后来均与之决裂，发展自己的人格理论，形成自己的解释风格。荣格认为，故事中充满了象征和神话；阿德勒则关注叙事的开端和结局，其理论的核心概念是生活风格。20 世纪后几十年，许多理论家为解读人生故事提供了更加有趣的视角，如后现代主义和女性主义观点，它们开始试图从文化、社会结构和社会环境因素中找到解释的关键点。

本章将介绍人格心理学家用以解读人生故事的诸多理论，并重点阐述这些理论的复杂性和解释中的矛盾。与伟大的诗歌、小说一样，人生故事也蕴含深刻的含义。在某种意义上，正如弗洛伊德和后现代主义理论家所说，人生故事就是文学产物，因而对它的解释将是一种文学成就。本章将介绍很多不同的理论，但是它们有一个共同点，无论是弗洛伊德还是当代女性主义者都同意，"人生故事并不完全如所见的那样"，这也正好说明为何解释人生故事很难，却又如此有趣。

弗洛伊德学派的解释

弗洛伊德认为，和心理学中其他重要的分析对象一样，人生和人生故事的意义都隐藏在潜意识之中。人类行为与经验通常由我们难以掌控且无法意识到的力量决定，其中最重要的就是性与攻击本能（本书第 7 章）。在人类生活中，性与攻击本能的表达方式相当广泛，最常见的方式就是幼儿的幻想，他们在幻想中会对父母一方产生潜意识性欲，而对另一方产生敌意。这就是所谓的俄狄浦斯情结（Oedipus complex）。俄狄浦斯情结不仅是学龄前儿童面临的潜意识问题，而且是弗洛伊德学派解释人生故事的基本框架。弗洛伊德认为，毫不夸张地说，俄狄浦斯情结是所有（人生）故事之母（和父）。为了理解弗洛伊德对故事的解释，你必须先了解俄狄浦斯的故事。

俄狄浦斯的故事

　　西方文化中有一个著名的悲剧作品——《俄狄浦斯王》（*Sophocles's Oedipus Rex*）。故事主人公是俄狄浦斯王，他是一位正处于生命全盛期的才华横溢的勇士。戏剧开端，他已经统治忒拜（Thebes）多年。开场中饥荒和瘟疫导致的绝望席卷了整个忒拜，一群人聚集在宫殿前乞求国王的帮助。他们相信俄狄浦斯必定会创造奇迹，因为很久以前他解开了一个伟大的谜题，将忒拜城从斯芬克司（Sphinx）之谜中解救出来。斯芬克司是一个狮身人面的怪物，它曾坐在忒拜城外的一块石头上，询问路人谜语，所有猜不中者都会被它吃掉，这个谜语是：什么动物早上用四条腿走路，中午用两条腿走路，晚上用三条腿走路？聪明的俄狄浦斯是第一个想出答案的人：谜语中所说的动物是人（当他还是一个孩子时用四肢爬行，成年时直立行走，老年时拄着一根拐杖）。听到回答后，斯芬克司便自杀了。忒拜城的民众都很感激俄狄浦斯，让他做了忒拜的国王，还让他与刚成为寡妇的王后成婚。

　　当俄狄浦斯得知有人将会给这座城市带来更大的诅咒和灾难时，他发誓要找出这个恶人，拯救忒拜城。一位盲人先知提瑞西阿斯（Tiresias）告诉俄狄浦斯有关恶人的真相：恶人就是他自己。但事实远非如此，俄狄浦斯在毫不知情的情况下杀死了自己的父亲（前国王拉伊奥斯），并娶了自己的母亲（王后约卡斯塔）。弑父和乱伦都是不可饶恕的罪行，现在忒拜需要为此接受上帝的诅咒。听到提瑞西阿斯说出真相后，俄狄浦斯既怀疑又愤怒。

> 告诉你吧：你刚才大声威胁，
> 通令要捉拿的，
> 杀害拉伊奥斯的凶手就在这里；
> 表面看来，他是个侨民，
> 一转眼就会发现他是个土生的忒拜人，
> 再也不能享受他的好运了。
> 他将从明眼人变成瞎子，
> 从富翁变成乞丐，
> 到外邦去，用手杖探着路前进。
> 他将成为和他同住的儿女的父兄，
> 他生母的儿子和丈夫，
> 他父亲的凶手和共同播种的人。

(O'Brien & Dukore，1969，p.21)①

俄狄浦斯、约卡斯塔和忒拜城的所有百姓都意识到先知提瑞西阿斯所言属实。神谕早就预言了弑父娶母的命运。忒拜的国王和王后——拉伊奥斯和约卡斯塔，很久以前就让人在婴儿的双足踵部钉上铁钉，命一仆人将他弃于荒山，任其自然死亡。这个仆人却把婴儿送给了一个牧羊人收养，牧羊人将其送给邻国的国王和王后，他们给婴儿取名为"俄狄浦斯"（意指"肿胀的脚"），并将他视如己出，他们没有把真实身世告诉他。青年时期，俄狄浦斯去了德尔斐（Delphi），并得知他将会弑父娶母。为了摆脱神的诅咒，他逃跑了。结果遇到斯芬克司，解答了谜语，成功当上忒拜的国王。作为一个冲动鲁莽的剑士，他还杀死了与他狭路相逢的人，其中就有国王拉伊奥斯。

俄狄浦斯为其罪行付出了惨痛的代价。当约卡斯塔最终发现丈夫是自己的儿子时，她自缢身亡了，而羞愧的俄狄浦斯用母亲的胸针刺瞎了自己的双眼。此时，他虽然像提瑞西阿斯一样双目失明，却知道了真相。戏剧的结尾，俄狄浦斯流浪到一个荒岛上。在之后的戏剧《安提戈涅》（*Antigone*）和《俄狄浦斯在科罗诺斯》（*Oedipus at Colonnus*）中，俄狄浦斯作为一名圣贤回归，他的建议得到大家的高度重视。总之，《俄狄浦斯王》讲述了一位强壮聪明的年轻人成为国王，最后却因一个无法言喻的罪行失去王位并双目失明。然而，王位的丧失给他带来智慧，最终他知道真相，成为像先知提瑞西阿斯一样的盲人圣贤。俄狄浦斯犯下的罪行是他未能意识到的，他既不知道所杀之人是自己的父亲，也不知道娶的是自己的母亲，换言之，这些都是潜意识所为。

俄狄浦斯情结同样存在于儿童身上。在潜意识中，处于性器期（大约 3～5 岁）的男孩像俄狄浦斯一样，想要占有自己的母亲。在选择对象的过程中，他们希望以强有力的、性的方式将力比多倾注在一个人身上。弗洛伊德声称，这是一种模糊的、无法形容的神秘体验，即男孩试图用性爱的方式表达他们对幻想中的女性的爱恋，而最初的幻想对象是自己的母亲。但是，有一种模糊的、无法形容的潜意识威胁阻碍着他，即担心父亲阉割自己。弗洛伊德所说的阉割焦虑（castration anxiety）表面上可能是指害怕阴茎被割掉，但在深层次上象征儿童担心自己像俄狄浦斯一样，失去权力（和他的恋爱对象）。因此，男孩在潜意识中想杀死父亲，弗洛伊德对自己潜意识的分析也证实了这一倾向。

俄狄浦斯情结具有正常的解决模式，即男孩最终会认同他幻想中的入侵者，并寻求以其他方式拥有母亲。对男孩而言，从选择对象到认同这一潜意识转变，既意味着重大失败，又象征着重大胜利。正如俄狄浦斯不再是国王。在潜意识水平上，处于俄狄浦斯情结期的男孩明白他此时比较弱小，而且比他想象的更脆弱。力量的丧失也是某种阉

---

① 埃斯库罗斯，等.*古希腊戏剧选*.北京：人民文学出版社，1998.

433

割,正如希腊神话中的俄狄浦斯刺瞎自己。无所不能的感觉消失了,取而代之的是明确而痛苦的局限感。然而,从健康人格发展的角度来看,战胜俄狄浦斯情结最终是件好事。正如知道真相却失明了的俄狄浦斯,经历过俄狄浦斯情结的男孩最终会获得智慧、变得成熟。在俄狄浦斯情结期的最后阶段,对父亲的认同(也在一定程度上认同母亲)使男孩获得对生活的基本道德感,这便涉及弗洛伊德所说的超我概念。如果没有超我,男孩将会是一个残忍的"暴君",也许他很聪明,能解答谜语,但不幸的是他无力应对道德社会中更具挑战性的任务。

解决俄狄浦斯情结是一种普遍趋势,这一趋势的原型是文明社会中的人需要压抑自身的某种本能需求,或将本能需求限定在社会制度允许的范围内。关于此,弗洛伊德最有代表性且颇具争议的解释是《图腾与禁忌》(Freud,1913/1958),它推测性地解释了人类的史前期(Hogan,1976)。在《图腾与禁忌》中,弗洛伊德继承了达尔文(Charles Darwin)的观点,认为在很久以前,人们生活在原始的游牧部落,每个部落都由一位专制的父亲领导。毫无节制的父亲为了享受性的愉悦,独占了部落里的所有女性,拒绝与其他年轻男子(他的儿子们)分享。弗洛伊德推测,年轻男子们最终聚集反抗,杀死了专制的父亲,随后又在图腾祭祀中吞食了父亲的肉,由此宣告这种社会形式的结束。年轻男子们通过吞食父亲的肉象征性地完成对父亲的认同。为了巩固自己的权力,新的首领们建立了友好的部落,并对性自由尤其是乱伦设立了严格的禁忌。从第一个社会组织对性本能的严格限制发展出更详细的限制结构,如通过法律和规范来约束男性的性本能。

那么,女孩呢? 弗洛伊德试图将俄狄浦斯理论运用到女孩的潜意识生活之中,但最终他不得不承认结果有些不尽如人意。年轻女孩的潜意识困境始于对母亲的爱,这种爱掺杂着对象选择和认同。然而,当女孩了解到她和母亲都没有阴茎时,这意味着一种力量的缺失,她开始对迷人的母亲感到失望。女孩开始因这个既定的"缺陷"而责备母亲,产生弗洛伊德所说的阴茎忌妒(penis envy)。于是,女孩将部分潜意识情感转移到强壮的父亲身上。最终,女孩通过对父亲的喜欢及对母亲的认同解决了自己的俄狄浦斯情结。

男孩则通过认同要阉割自己的父亲来解决俄狄浦斯情结,弗洛伊德认为,从某种意义上来讲,女孩已经被"阉割"了,因为她没有阴茎。因此,女孩不害怕阉割。正因为缺少这种恐惧,女孩可能觉得通过认同来解决俄狄浦斯情结没多大必要。弗洛伊德认为,对大多数女孩而言,俄狄浦斯情结将会持续很长一段时间或者只能得到部分解决(Freud,1933/1964)。总而言之,超我是俄狄浦斯情结的产物,因此女性的超我比男性的超我更脆弱、更具有依赖性。这种解释可能暗示女性的道德敏感性不如男性。另一种解释是,女性的超我没那么武断和严厉,这使她们能自由地作出道德决定。在弗洛伊德充满家长权威的世界里,他更倾向于第一种解释。

对于女性的俄狄浦斯情结，弗洛伊德的观点充满争议，特别是在这些观点刚公之于 434
众时。许多人认为，将男性的性模式应用到女性身上是不明智的，女孩的俄狄浦斯情
结源于她们特有的性成熟过程。汤普森（Clara Thompson）是继弗洛伊德之后另一位
颇具影响力的精神分析学者，他认为女性表面上是忌妒男性的阴茎，实际上她们是希
望拥有同等的社会地位。如果存在对阴茎的渴望，那么它其实是一种对权力和特权
的渴望。在男性主导的社会，这些权力和特权通常只被赋予男性（Thompson，
1942）。其他精神分析学家如霍妮（Karen Horney）认为，俄狄浦斯情结是社会文化的
产物而不是本能，无论对男性还是女性而言，俄狄浦斯情结的发展都受到社会期望、机
遇和制度的影响。

我们简单回顾了男孩和女孩的俄狄浦斯情结。弗洛伊德认为，真实的情况可能会
因人而异。例如，无论是男孩还是女孩，他们早期的对象选择可能会同时指向父母双
方。因此，对父母双方的认同才能解决俄狄浦斯情结（Freud，1923/1961）。一个家庭
特殊的环境确实会影响俄狄浦斯情结，但弗洛伊德同样重视生理的作用。他认为，准确
地说俄狄浦斯情结是潜意识中生理和经验相互作用的产物。

本章的主题是解释人生故事，为了更深入地理解这一主题，需要补充一个观点。弗
洛伊德认为，所有儿童在学前期都会经历诸如俄狄浦斯情结的事情，这一观点无疑是错
误的。实际上，至今尚无科学研究能够支持这一观点。它看上去更像是弗洛伊德偶然
发现的一个描述性脚本，这一脚本可能适用于某些人，但并不适用于所有人或任何年龄
阶段的人。俄狄浦斯的故事具有深远的寓意，它讲述主人公如何挣扎着实现对爱和权
力的渴望，如何在追寻的过程中常常感到失望，如何为了群体的和谐放弃自己最渴望的
东西，一个人如何对另一个人既爱又恨，男性如何争夺心爱的女性，年轻一代如何反抗
权威，反叛者如何最终成为当权者。这些都是普遍的人生叙事主题。

俄狄浦斯动力的实例：三岛由纪夫之死

弗洛伊德的俄狄浦斯情结概念已成为精神分析传统中最丰富的解释来源之一。虽
然俄狄浦斯情结普遍适用于所有儿童这一观点是错误的，但仍然可以认为俄狄浦斯动
力确实存在于一些人身上。我在大学时，开始对三岛由纪夫（Yukio Mishima）的作品
和生活着迷，他是一名日本小说家，在 1970 年自杀了。我想弄清楚这个在社会上如此
成功的男人，为何会在 46 岁时将刺刀插入自己的腹部。我相信，弗洛伊德的俄狄浦斯
情结理论可以揭示谜底。

自杀的那个早晨，三岛由纪夫起得很早，他缓慢而又仔细地刮了胡子，洗了澡，然后
穿上军队制服，系上那条新买的白色棉腰布。他将最后一部小说的最后章节放到大厅
的桌子上，信封上注明邮寄给他的出版商，他们本打算在当天晚些时候寄些样稿过来。
走到门前，三岛由纪夫与四个学生汇合，然后他们一行五人驱车来到东京的一个军事基 435

地。按照几周前安排好的计划，三岛由纪夫等五人用刺刀击退军队，将一名将军扣押为人质，强迫他们暂时停战，并要求步兵团的近千名成员中午之前在总部聚集，听三岛由纪夫发表演讲。演讲不时被恶意打断。随后，三岛由纪夫一行五人回到后面的小屋，就像几周前计划的那样，上演了日本切腹自杀的仪式。在切腹自杀时，他发出最后的欢呼，然后将武士刀深深插入自己的腹部，刀口从腹部左边横跨到右边。其中一位学生砍下了他的头。三岛由纪夫曾在他的多部作品和想象中勾勒过这个血淋淋的场面。

在1970年11月25日自杀的那天，三岛由纪夫正处在人生的高峰期。对大多数认识他的人而言，他是如此健康、成功、富有、幸福。在100多部关于他的书评中，三岛由纪夫被称为当代日本最伟大的小说家。他不仅是小说家，而且是编剧、运动员、电影演员、私人军队的创建者、有家室的人、环游世界的旅行者。甚至曾有一个传记作家称他为"当代日本的达·芬奇"(Leonardo da Vinci)(Scott-Stokes，1974)。

从三岛由纪夫众多广为流传的生活事迹中，我们简要回顾七件事，这些事迹来自他的自传(Mishima，1958，1970)以及一些英文传记(Scott-Stokes，1974；Nathan，1974)。

1. 三岛由纪夫出生50天时(1925年)，祖母就将襁褓中的他夺去，并将他和婴儿床安置在楼下暗无天日的房间里，三岛由纪夫一直在那里生活了12年。最初的几年里，他的母亲还能在哺乳时见到自己的儿子。之后的童年期，母亲只能偷偷地见他。大部分时间里，祖母会严格控制他早年的生活环境。三岛由纪夫只被允许和三个经过严格挑选的堂姐妹玩耍。孩童时代的大部分时间，他都在照顾祖母，帮祖母擦拭眉毛，按摩后背和髋部，给她递药，并带她上厕所。

2. 从4岁开始，三岛由纪夫开始痴迷英雄的奇异想象，这些想象预示他最终的自杀，正如他所说的，这些奇异想象"终其一生都在折磨他、恐吓他"(Mishima，1958，p.8)。其中一个想象是他在看到一个英俊的年轻工人背着一筐动物粪便时产生的。4岁的三岛由纪夫由此迷上了"粪便男"，并产生了一种掺杂着兴奋、渴望、悲伤的复杂情感。在三岛由纪夫的想象中，"粪便男"是与死亡相关联的悲剧英雄形象。正如腐烂的事物一样，粪便象征着死亡。

3. 三岛由纪夫的英雄幻想充满了对同性恋的渴望。他对"粪便男"的爱慕在随后的想象中不断上演，在那些想象中他感受到来自健壮的年轻男子的性吸引。三岛由纪夫死的那天，陪同他的学生中就有一个被认为是他的同性爱人。

4. 虽然没有确凿的证据，但在大多数人眼里，三岛由纪夫和杉山瑶子(Yoko Sugiyama)13年的婚姻似乎很幸福。在很多公众场合，他们看上去很恩爱。他经常带瑶子出席聚会，在聚会中会征求她的意见，并重视她的反馈，这种重视常常让其他男性作家感到难以想象。他们养育了两个孩子。

5. 20 世纪 50 年代后期，三岛由纪夫开始在创作中表达他的不满。尽管有人批评他的作品，但他开始将写作视为对现实的一种懦弱的逃避。他将"说"和"做"进行了对比，认为"说"具有腐蚀性，而生活中的英雄主义来自强壮、健美、纯粹的肢体动作。

6. 为了使自己的身体变得强壮且健美，三岛由纪夫从 30 岁开始进行严格的举重训练，一直坚持到死去的那一周。也正是在 30 来岁时，三岛由纪夫由一个虚弱的少年成功转变为符合他自己想象的强壮英雄。在三岛由纪夫怪异的想法中，举重和死亡有着千丝万缕的联系。举重蕴含着"无休止的运动，无休止的暴力死亡，无休止地从冰冷的世界中逃脱——直到现在，我再也无法忍受生活在没有神秘色彩的世界中"(Mishima，1970，p.76)。举重训练中"无休止的暴力死亡"使他逐渐走向最后的光辉，并如愿成为一名悲剧英雄。

> 我对死亡怀有一种浪漫的冲动，然而我需要一个极其古典的身体作为媒介，在这种浪漫的、高贵的死亡中，充满力量的悲剧框架及健壮的肌肉不可或缺。任何虚弱的、松弛的肉体死亡对我来说都极其荒谬。(Mishima，1970，pp.27—28)

7. 20 世纪 60 年代，三岛由纪夫创建了一支私人军队，称为盾会(Shield Society)，这支军队声称要保存日本传统的武士道精神并保卫天皇。这支军队的大部分成员都是大学生，包括目睹 1970 年 11 月切腹自杀事件的四名大学生。

三岛由纪夫的自杀行为在心理学上意味着什么？我认为，三岛由纪夫的自杀部分源于他对"拥有"和"存在"两者根本的、致命的混淆(McAdams，1985a)。在弗洛伊德的理论中，这是俄狄浦斯情结在对象选择(object choice)和认同(identification)之间的混淆。按照弗洛伊德的说法，人们在潜意识中希望以一种强有力(性)的方式占有他人(对象选择)或者成为那样的人(认同)。一方面，对象选择是指人们在潜意识中强烈地希望占有某人，而且这个人是自己唯一的性伴侣。弗洛伊德认为，这是学前期的男孩与自己的母亲(或生活中类似母亲的形象)，以及学前期的女孩与自己的父亲(或生活中类似父亲的形象)之间的俄狄浦斯情结。另一方面，认同则涉及成为某人的渴望，吸取某人所有的特点并在潜意识中变得与某人相似。渴望成为某人有时也掺杂着对此人强烈的恐惧或憎恶，精神分析学家将这种情况称为认同侵略者(identification with the aggressor)。弗洛伊德认为，认同是俄狄浦斯情结的一种基本潜意识形式，通过这一形式学前期的男孩会认同自己的父亲(或类似父亲角色的人)，学前期的女孩会认同自己的母亲(或类似母亲角色的人)。

对象选择与认同以极其有趣的方式相互联系。弗洛伊德认为，在某种意义上，对象选择在潜意识中占有一定优势，而认同通常出现在对象选择失败之后，这在俄狄浦斯情结中很常见。也就是说，我们首先想要占有某人，但当我们不能占有他时，我们就希望自己变成他。弗洛伊德认为，这也正是为什么爱人去世之后，人们会拥有爱人身上的品质。爱人去世之后，对象选择已不可能，人们开始认同离开的那个人。在梦里、在想象和神话中，认同他人象征着吃掉此人——字面上是"吸收"失去的人。

由于一系列复杂的原因，包括在祖母的病房里生活了 12 年，三岛由纪夫从未在潜意识水平上进行过对象选择和认同。他并没有发展出俄狄浦斯情结，没有对母亲的性投射和对父亲的认同，而是将对象选择和认同投射到同一形象（"粪便男"这一悲剧英雄）之上。因此，可以从悲剧英雄随着时间的演变来理解三岛由纪夫的故事，他一直渴望拥有和成为那个悲剧英雄。在《假面的告白》（*Confessions of a Mask*）一书中，三岛由纪夫（Mishima，1958）追溯了悲剧英雄是如何不断变化的，从他孩童和少年时期幻想中的"粪便男"到圣女贞德（Joan of Arc）的画像，再到基督教殉道者圣塞巴斯蒂安（Sebastian），最后到他现实生活中第一个恋慕对象——魁梧的少年奥米（Omi）。

14 岁时，三岛由纪夫爱上一个他希望成为的男孩。奥米是"粪便男"的现实化身。此外，现实中奥米拥有一切，而三岛由纪夫什么都不是。奥米强而有力，是班上受人尊敬的运动员，而少年时期的三岛由纪夫体弱多病。奥米似乎是个心思单纯的少年，专以锻炼身体为乐。相比之下，三岛由纪夫经常陷入沉思、想象，在三岛由纪夫眼里，奥米似乎流露出真实的自信、成熟和伴有性吸引、死亡、英雄主义的魅力，而三岛由纪夫是需要保护的、幼稚的。

然而，有一天三岛由纪夫对奥米的爱恋戛然而止，那天当他在操场上观看到奥米在双杠上完美的动作时，他感到一阵忌妒。那一刻，他意识到自己想成为奥米那样的人与想要拥有奥米的念头同样强烈。三岛由纪夫被自己体弱多病的事实激怒，这迫使他放弃自己的对象选择，正如弗洛伊德所说，放弃对象选择加快三岛由纪夫变成奥米这一悲剧英雄的进程。在幻想中吃掉某人象征着认同某人。目睹操场上这一幕后不久，三岛由纪夫做了一个惊人的梦，在梦里他吃掉了盘子里的裸体男孩，这象征着失去奥米以及随后对他的认同。

长大后，三岛由纪夫试图通过严格的举重锻炼变得和奥米一样强壮。软弱松弛的肉变成肌肉，三岛由纪夫成功将自己塑造成 4 岁时就已迷恋的悲剧英雄。他的俄狄浦斯爱恋对象不再局限于内部幻想或外部世界。他变成奥米和"粪便男"那样的人，他无意中变成自己喜欢的人。因此，如果要变成（认同）奥米，那么必须拥有自己（对象选择）。这一潜意识动力导致的一个结果就是加剧三岛由纪夫生命晚期的自恋：他自私的行为表明他已经完全爱上自己。另一个结果就是他的自杀。

对三岛由纪夫而言，切腹自杀行为一直有着深刻的性含义。从 4 岁开始，三岛由纪夫就对浪漫死亡有着无限憧憬，而且他的小说和故事中充满死亡和杀戮的画面。对三岛由纪夫而言，切腹自杀意味着与自己的性结合。这一行为象征他完美实现成为和拥有奥米的渴望。将刺刀插入自己的腹部，三岛由纪夫象征性地变成爱与被爱者。在死去的那一刻，他得以成为俄狄浦斯梦中的悲剧英雄，同时在致命的性结合中，他拥有那个悲剧英雄。

杜拉的个案

　　弗洛伊德认为，通常来讲，虽然很少有人了解自己生活的意义，但偶尔他们也可以在潜意识或梦中略窥一二。然而，即便如此，也很少有人能够为他们窥见的东西赋予意义，除非他们接受了精神分析的训练。这一观点的例证主要来自临床案例研究（见表 11.1），弗洛伊德开创了调查和解释的精神分析模式，主要用以揭示隐藏和伪装的信息。从精神分析的角度出发，解释就是透过表面深入探索私人意象的神秘境界。精神分析的解释力求揭示秘密、解开谜底并探究伪装的信息。精神分析传统的解释格言为：不要相信你看到的，表面信息具有欺骗性，真相掩藏在字里行间且不易察觉。接下来了解弗洛伊德著名的个案研究，以便全面考察弗洛伊德解释故事的特殊方法。

438

表 11.1　精神分析历史上四个著名的个案研究

1. 安娜·O（Anna O.）	从 1880 年到 1882 年，布洛伊尔（Josef Breuer）一直在治疗这名年轻的歇斯底里症患者，她的症状包括四肢麻痹、视力混乱、双重人格。1881 年父亲去世之后，她的症状更加严重了。布洛伊尔发明了谈话疗法，通过谈论与病症有关的白日梦和幻想，安娜·O 得到解脱。谈话使导致神经症症状的情感得以释放。然而，治疗也带来一个问题，在经历了幻想怀孕和歇斯底里的分娩后，安娜·O 在潜意识中认为布洛伊尔和她共同生育了一个孩子。
2. 爱米夫人（Frau Emmy von N.）	1889 年，弗洛伊德运用布洛伊尔首创的谈话疗法治疗爱米夫人。病人患有面部抽搐和言语障碍。弗洛伊德试图通过催眠的方法来追溯每个症状的根源。尽管这一方法最初获得一些成功，但随后病人的症状日益严重，甚至开始绝食。弗洛伊德继而意识到，她的每个症状都由多种因素导致：每个显性症状都包含多种情感威胁。比如，绝食由许多潜意识集合而成，包括厌恶进食动作，厌恶冷肉和脂肪，害怕由于共享食物而患病，以及反感用餐时的吐痰行为。
3. 小汉斯（Little Hans）	5 岁的小汉斯对马有一种强烈的恐惧。尽管弗洛伊德只见过小汉斯一次，但可以根据小汉斯父亲的来信对他的症状提供精神分析的解释。弗洛伊德认为，小汉斯正处在俄狄浦斯情结期。小汉斯迷恋自己的阴茎，称它为"瘙痒的东西"。他喜欢触摸自己的阴茎，并希望自己的母亲也触摸它。母亲警告他不许再这样做，并以割掉他的阴茎来威胁他。小汉斯对马的恐惧实际上是一种阉割焦虑。马代表他的父亲，父亲是小汉斯喜爱的人同时也是阉割焦虑的源头。
4. 鼠人（The Rat Man）	这个 29 岁的男人患有严重的妄想症。他总是痛苦地想到老鼠在咬他女友的背部。类似地，他还幻想过老鼠寄生在自己父亲的肛门上。这一想象来源于与如厕训练以及性有关的早期童年经验。童年时期，他在父亲坟墓旁边曾看见过一只老鼠，并想象老鼠吞噬了尸体。此外，他生活中的另一件事成为神经症的导火索：军队长官告诉他，对因犯的一种惩罚是将他们活埋，随后老鼠会来咬他们的背。弗洛伊德认为，妄想症能够使他暂时摆脱现实，不用完成学业以及与正经的女孩结婚，而是继续与心爱的情妇交往。

来源：*Studies on Hysteria*, by J.Breuer & S.Freud, in Vol.2 of *The Standard Edition of the Complete Psychological Works of Sigmund Freud*, by J.Strachey (Ed.), 1893—1898, London: Hogarth Press; "Analysis of a Phobia in a Five-Year-Old Boy," by S.Freud, in Vol.10 of *The Standard Edition*, 1909/1955, London: Hogarth Press; "Notes Upon a Case of Obsessional Neurosis," by S.Freud, in *Three Case Histories* (pp.15—102), by S.Freud, 1909/1963, New York: Collier Books.

　　1900 年 10 月 14 日,弗洛伊德告诉他的好朋友弗里斯(Wilhelm Fliess),他正在进行一项具有历史意义的个案研究。"这是一个美好的时刻,"他写道,"我有了一个新患者,一个 18 岁的女孩,我正试着用自己的解锁工具打开她内心的宝藏。"(Freud,1954,p.325)三个月后,个案治疗结束了。女孩中止了治疗,当弗洛伊德试图打开她内心的宝藏时,治疗突然宣告结束。然而,在"宝库之门"关闭之前,弗洛伊德设法逃脱并获取了一些珍贵的"珠宝"。次年 1 月,弗洛伊德记录了这次短暂却令人振奋的远征,即一个歇斯底里案例的分析片段(Freud,1905/1963)。他把这个 18 岁的女孩叫作杜拉。

439

专栏 11.A

俄狄浦斯情结的另一种解释:乔多罗的性别理论

　　精神分析学家乔多罗(Chodorow,1978)从女性主义的角度重新阐释了俄狄浦斯情结,以期解释当代西方社会中人格和育儿角色的性别差异。乔多罗以一个鲜明的跨文化事实展开她的论点:女人即母亲。从生物学意义上讲,妇女孕育了儿童;从社会学意义上讲,几乎在所有人类社会中,妇女都承担了照顾婴儿的主要责任,相比于男性,女性倾注了更多时间在婴儿与儿童身上,并与孩子维持基本的情感联系(p.3)。虽然进入 20 世纪以来,美国和西欧国家中越来越多的女性开始承担工作,但育儿仍然是她们的本分。事实上,大多数保姆、日托人员、护士、教师都是女性,而且大多数孩子的童年时光都在女性的陪伴下度过。研究充分表明,即使在双职工家庭,父亲可能比传统家庭的男性承担了更多的照料工作,但母亲做的仍然更多,尤其是当孩子特别小的时候(例如,Biernat & Wortman,1991)。

　　乔多罗(Chodorow,1978)致力于研究在一个男性主导但父亲缺席(母亲负责育儿)的家庭中,男孩和女孩不同的成长经历(p.40)。她认为,大约三四岁时,儿童已经发展出自己是女孩还是男孩的基本意识,这源于母亲对男孩和女孩不同的养育方式。即使在前俄狄浦斯情结期,母亲对女孩的养育也更加具有"开放性和连续性"(p.109)。相比于儿子,她们更多地认同女儿。母亲和女儿之间更亲密、融合、彼此统一。随着时间的推移,母亲和女儿之间的情感越来越丰富,也越来越复杂,发展成一种依赖、附属与共生的关系。相比之下,母亲养育儿子的方式会有所不同(p.110)。母亲意识到要培养儿子的独立、自制。虽然母亲可能将儿子视若珍宝,非常爱自己的儿子,但她们清楚地知道:儿子是一个男人,他不像我,他长大后会是不同的、独立的个体。

　　在弗洛伊德的职业生涯中,他越来越意识到男孩和女孩在前俄狄浦斯情结期的不同。弗洛伊德观察到,在前俄狄浦斯情结期,女孩对母亲的依恋比男孩对母亲的依恋时间要长,而且女孩和母亲的关系更紧张、更矛盾。然而,弗洛伊德描述,女孩的俄狄浦斯情结和男孩的差不多。根据弗洛伊德的观点,当女孩了解到父亲拥有她梦寐以求的阴茎时，处于恋母期的女孩便将对母亲的爱转移到父亲身上。乔多罗也承认，女孩可能会对母亲失望，或将她看作自己的对手，女孩可能会与自己的父亲发展出一种新的依恋关系。但是，女孩和父亲的依恋不会影响女孩与母亲的长期关系：

> 对女孩而言，既不存在单一的俄狄浦斯情结模式和俄狄浦斯情结的快速解决，也不存在绝对的"对象转换"。精神分析的描述明确指出，女孩对父亲的依恋并没有损害或代替她对母亲的依恋。没有一个女孩会放弃她在早期与母亲发展起来的稳定的依恋关系。相反，这两种依恋关系会在女孩身上协同存在，它们均建立在前俄狄浦斯情结期与母亲强烈而又排他的依赖关系之上。(Chodorow, 1978, p.127)

因此，一个女孩的俄狄浦斯情结是多层次的、复杂的，它没有简单的解决方案，女孩的基本性别认同是在与母亲丰富、细腻的关系中发展起来的。女性在关系中实现自我定义，然而对男孩来说，性别认同是一个更大的难题，是一个迫切需要解答的谜题。虽然男孩会认同父亲，但是不太可能与父亲建立亲密的关系，男性要外出工作，赚钱养家。女孩与母亲则可以很自然地发展出亲密关系。在某种意义上，男孩必须弄清楚怎样凭自己的力量通过反抗成为一个真正的男人。乔多罗认为，在反抗女性世界的过程中，男孩逐渐成长为一个真正的男人。他知道男性和女性不一样，但是还不太清楚如何不一样。男孩需要预估自己在世界中所属的大致位置，然后将自己置于预估的位置。男性正是从分离和预估中获得自我定义，相比之下，女性从关系中发展自我定义。

俄狄浦斯情结期截然不同的经历会带来怎样的结果？乔多罗（Chodorow, 1978）认为，女孩更加能够从童年经历中获得"对他人需要和情感的共情"，女孩逐渐认为自己不像男孩那样独立，因而一直与他人保持稳定的关系（p.167）。女孩总是有意或无意地感受到自己处在亲密的网络之中（Gilligan, 1982）。相比之下，男孩则必须将自己从这一网络中分离出来，通过分离、反抗和个性化来确定男性的基本特征。

另外，在家中的不同经历也为女孩和男孩的性别化创造了条件。母女关系强化了女儿的养育能力和想要成为母亲的愿望，这就是乔多罗所说的代代相传的"母性"。相比之下，父母在养育儿子时，限制和压抑了儿子的养育能力和需求，为他将来参与没有人情味的、非家庭的工作和公共生活作最初的准备。

尽管迷人、聪慧、口齿伶俐、生活富足，杜拉却很少感到幸福。她受到一些病症的困扰，弗洛伊德认为是歇斯底里症，症状包括周期性呼吸困难、频发性头痛、头晕、伴随失声的紧张性咳嗽。尽管这些都是生理症状，但无从找到它们的生理原因。另外，杜拉经常感到抑郁、烦躁,常常与自己的父母争吵,而且在最近一次偶然的场合她向别人暗示自杀的念头,在留下的字条中杜拉坦露自己再也无法忍受这样的生活。由于病情不断恶化,杜拉的父亲坚持要她去弗洛伊德那里接受治疗。在混乱的青少年期,杜拉已经看过很多医生,因此她十分怀疑弗洛伊德能否帮助自己。在接下来 3 个月的治疗期,她定期与弗洛伊德见面,其间多次对弗洛伊德的解释和建议提出抗议。任性的病人与固执的分析师产生争执。当弗洛伊德即将找出病源时,杜拉突然放弃治疗并剥夺他解释的权利。弗洛伊德(Freud,1905/1963,p.131)对此感到震惊且受伤:"她的结束太出乎意料了,就好像当我正要信心满满地结束这次治疗时,她突然将这些希望都变成泡影——对她而言,这是理所当然的报复。"

杜拉完全有理由报复上一代的人,毫无疑问弗洛伊德也是其中一员。她不知不觉卷入一个充满欺骗和不忠的关系网,这个关系网中有她的父亲、母亲及同辈的 K 先生和 K 夫人。杜拉的父亲是一位富有的实业家,和 K 夫人保持了多年的情人关系。我们完全有理由相信,K 先生知道这件事,并希望将朋友的女儿(十几岁的杜拉)作为自己"损失"妻子的交换,因此他默许杜拉已被"移交"给自己,作为他容忍自己妻子和杜拉父亲关系的补偿。K 先生对杜拉极其友好,频繁地送她小礼物,常常陪她散步。在杜拉父亲生病的那些年,K 夫人悉心照料,在此期间,杜拉也像保姆一样照顾 K 夫人的孩子,还和父亲的情妇成为好朋友,她经常和 K 夫人谈论一些亲密的话题,包括性。而另一个人,杜拉的母亲,这位婚姻不幸又在女儿那里屡屡受挫的女人,只能以家务琐事来打发时间。这四个大人都试图隐瞒真相,不让杜拉知道自己纠结而又可怜的命运。然而,杜拉已渐渐察觉父亲和 K 夫人之间的关系,并怀疑自己深爱的父亲已默许 K 先生对自己的兴趣,甚至怀疑父亲坚持让她接受治疗的部分原因是希望弗洛伊德能够说服自己。当杜拉的父亲得知弗洛伊德并没有帮他撒谎而是一步步揭开真相时,他对治疗失去了兴趣,而且年底当女儿停止治疗时,他也没有反对。

两次创伤性事件

在与弗洛伊德谈话的过程中,杜拉讲到 K 先生曾两次要求与她发生性关系。两年前,当他们参观完高山湖泊返回度假屋时,K 先生向杜拉表白了,毫无疑问,他还暗示想要与这个 16 岁的小女孩发生关系。杜拉当时给了他一记耳光。杜拉既害怕又感到羞辱,将 K 先生的企图告诉了母亲,母亲又转述给父亲,她的父亲便质问 K 先生,但 K 先生当场否认,并反驳说妻子曾告诉自己杜拉患有幻想症,毫无疑问这件事是杜拉幻想出来的。杜拉的父亲相信了 K 先生的话。杜拉 14 岁时,K 先生在公司突然拥抱并亲吻了杜拉。"一阵强烈的厌恶感涌上心头。"(Freud,1905/1963,p.43)杜拉挣脱了他的怀抱,跑到街上。他们两人后来都未提及此事(直到杜拉在治疗中告诉弗洛伊德),杜拉像往常一样对 K 先生很友好,定期和他散步,接受他的小礼物,照顾他的孩子。直到两年后小湖边的那一幕,杜拉开始对 K 先生产生极端的厌恶。

弗洛伊德认为，这两件事是导致杜拉产生歇斯底里症的关键。所有症状都有内在的含义，神经症实质上是潜意识恐惧、欲望、冲突的象征性表达。为了将杜拉的症状和这两件事联系起来，弗洛伊德要求杜拉对过去的事进行自由联想。在精神分析疗法中，自由联想是要求病人自由回应刺激，并向治疗师大声报告自己产生的想法。弗洛伊德认为，在自由联想中，潜意识可以上升到意识层面，接受过训练的治疗师可以解释这些事件并赋予其心理学意义。

基于杜拉对两次创伤性事件的联想，弗洛伊德对她的症状有了初步了解，并作出部分解释，尤其是她为何会频繁地咳嗽。K 先生是个英俊的男人，很明显年少时杜拉曾迷恋过他。弗洛伊德认为，通过逆反情绪的神经过程，杜拉用厌恶掩盖了兴奋，即杜拉掩盖了这种既兴奋又害怕的情绪（性兴奋），取而代之的是不会感到害怕的不愉悦情绪（厌恶）。另外，弗洛伊德（Freud，1905/1963）认为，"虽然厌恶是一种神经症症状，却是性生活中常见的情感表达"（p.47），尤其是当女性受到男性生殖器的刺激时，这种厌恶感会使她们产生尿意（或便意）。此外，这种性唤醒会从身体的较低区域（杜拉的生殖器）转移到上身部位（胸部和唇部）。在湖边小屋事件之后，杜拉的确偶尔会产生幻觉，感受到 K 先生拥抱带来的压力。弗洛伊德猜测，那天当 K 先生拥抱她时，他已处于性兴奋，杜拉的下体透过层层衣服感受到 K 先生阴茎勃起的压力：

> 据我了解的症状发展过程，以及结合其他病人的一些症状，那些令人费解的场景——如她不愿从那些与女性谈笑风生的男士身旁走过——已在我的脑海中浮现。我认为，在男性的热情拥抱下，她不仅感受到嘴唇的亲吻，而且有男性生殖器触碰的压力。她厌恶这种感觉，因此迫切希望将这段记忆忘却、压抑，而且用胸闷来掩盖这一记忆，我们可以再次发现性兴奋由身体的较低区域转移到上身部位。此外，她的抑制行为源于真实的回忆场景。她不喜欢从任何一位她认为处于性兴奋状态的男士身边走过，因为她尽力避免那种厌恶的感觉再次从她心头闪现。（Freud，1905/1963，pp.45—46）

正如本书第 9 章所描述的，弗洛伊德认为，嘴唇是第一性感区域。对婴儿而言，性欲集中在口唇区，因此吮吸母亲的乳头就是"整个性生活的开端，是随后性满足的原型"（Freud，1916/1961，p.341）。对杜拉而言，随着年龄的增长，嘴唇具有重要的感官意义。弗洛伊德认为，与大多数同龄人相比，杜拉在童年期可能接受过度的口腔刺激。她一直有吮吸拇指的习惯，在童年早期和中期，她不断从吮吸中获得快乐。杜拉的记忆中有一个关键性的事件：她心满意足地坐在地板上，一边吮吸拇指一边使劲拉哥哥的耳朵。基于杜拉的自由联想，弗洛伊德猜测她幻想过父亲和 K 夫人口交的场面。事实上，杜拉确实认为自己的父亲阳痿，因此他和 K 夫人通过口交来获得性高潮。（在照顾 K 夫妇的孩子期间，她通过阅读了解到这种性行为。）源于对父亲和 K 夫人的性幻想，以及她的想象和吮吸经验，杜拉产生歇斯底里的口腔症状：持续的咳嗽。当杜拉"默认"

442

弗洛伊德的解释后，不久她的咳嗽就消失了（Freud，1905/1963，p.65）。

　　珠宝盒之梦

　　在治疗期间，杜拉告诉弗洛伊德她又做了一个梦，这个梦与她前几次做的梦几乎一模一样。在弗洛伊德看来，作为"通往潜意识的捷径"，频繁出现的梦是蕴含丰富内容的心理数据，因此他投入大量时间、精力来解释这个梦。以下是杜拉描述的梦：

> 房子着火了。父亲站在我的床边将我喊醒。我迅速穿上衣服。母亲想要去抢救她的珠宝盒，但父亲说："我不会让自己和两个孩子为了抢救你的珠宝盒而丧命。"我们慌慌张张地跑下楼，刚到外面就醒了。（Freud，1905/1963，p.81）

　　杜拉说她第一次做这个梦是在两年前，在湖边 K 先生要求与她发生性关系后，连续三个晚上她都在做这个梦。现在它又回来了，唤醒了她对同一件事情的记忆。这个梦意味着什么呢？为了弄清楚，弗洛伊德让杜拉自由联想梦的每一部分，让她的心自由回应每一个元素和符号，大声报告自己的意识流，以及在这个过程中产生的情绪。弗洛伊德将她的梦境和现实联系起来，并进行推测，试图将这一梦境和杜拉的症状理解成潜意识的象征表达（见图 11.1）。

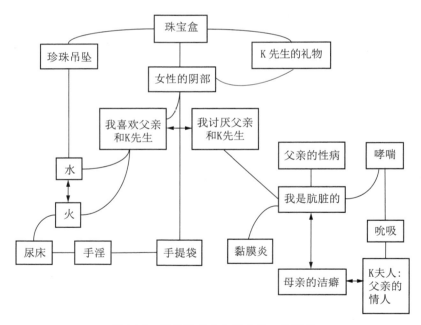

图 11.1　杜拉珠宝盒之梦中的一些联系

杜拉个案中梦的意象、行为症状，以及其他元素之间的联系在本文和弗洛伊德的分析（Freud，1905/1963）中得到解释。连线表示联系；箭头表示对立。

　　杜拉的第一个联想是最近父亲和母亲的争吵。她无法理解，为什么梦境提示她父母因为是否要锁上哥哥卧室的门而发生争执。最近，杜拉的母亲想在晚上锁好门，但是

父亲反对,他认为"晚上可能会有什么事情发生,我们需要随时离开房间"(Freud,
1905/1963,p.82)。弗洛伊德猜测,可能是因为失火的事,杜拉表示赞同。随后,杜拉
想起两年前在湖边,当时他们一家和 K 夫妇都住在一个小木屋里,父亲担心小木屋容
易着火。这是她第一次做这个梦,当然,这也是 K 先生向她表白的时间。梦中的火成
了这些事件的自然产物。

　　杜拉记得中午时她和 K 先生一起回到小木屋,并决定在卧室的沙发上休息一会
儿。躺下不久,她突然惊醒了,看到 K 先生正站在她的床边(正如梦中父亲在床边喊醒
她)。她厉声抗议,但 K 先生辩解"他只是回自己的房间恰巧路过"(Freud,1905/1963,
p.84)。随后,待在小木屋的日子里,杜拉决定和 K 先生保持距离,于是她锁上了卧室的
门。但不久后,K 先生把钥匙偷走了。从那以后,她总是在卧室里快速穿上衣服,就像
在梦里所做的那样,她害怕 K 先生会在某个时刻突然闯进卧室。这个梦从某一方面解
决了她和 K 先生之间的问题。在梦里,父亲把她从大火中救了出来,并带她迅速离开
未上锁的卧室,因此杜拉才得以逃脱。这象征着父亲将她从 K 先生"激烈"的性侵犯中
解救了出来。

　　弗洛伊德认为,梦中性的意义凸显在珠宝盒这一物件之中。梦中的这一特殊物件
使她回想起父母的一次争吵。杜拉的母亲曾想买一对珍珠耳环,但父亲坚持让她买
手镯。杜拉记得 K 先生也曾送给她一个首饰盒。弗洛伊德指出,"珠宝盒"一词
(Schmuckkstchen,德语)用作俚语时指代女性的阴部,杜拉很快反驳道:"我就知道你
会这么说。"(Freud,1905/1963,p.87)

　　梦中提到 K 先生试图将杜拉的珠宝盒占为己有,也就是说,他想与杜拉发生性关
系。对此,杜拉很矛盾:(a)逃避他的企图;(b)屈服并献出自己的珠宝盒——她的童贞,
她的生殖器,她的爱,将这些作为礼物送给他。在梦中,她的父亲成为救星,弗洛伊德认
为,父亲是杜拉爱恋的对象,这也符合年幼女孩的俄狄浦斯情结。梦中父亲的形象同时
代表了父亲和 K 先生——他们让她既喜欢又恐惧,偶尔还会怀有一点恨意。母亲的形
象则同时代表了母亲和 K 夫人——在某种程度上,她们是杜拉既厌恶又希望成为的
人。尽管母亲拒绝了父亲的礼物,但杜拉还是欣然接受了父亲送的手镯(象征接受父亲
的爱),而且非常乐意将自己的珠宝盒送给父亲。所有这些都深藏在潜意识中。然而在
意识水平上,杜拉知道她的母亲没能带给父亲性满足。同样,K 夫人也没能带给她的丈
夫性满足。潜意识中,杜拉相信她可以比这些男人的妻子做得更好。

　　杜拉的梦似乎是年轻女孩俄狄浦斯情结的一种表现。使事情变得复杂的是,梦中
还出现 K 先生,父亲和 K 先生都是她潜意识中性幻想的对象。然而,随着弗洛伊德对
梦的深入了解,事情变得更加复杂,梦中一些非常特殊的含义似乎与杜拉的神经症有
关。在自由联想中,杜拉由火联想到水,即联想的画面中出现母亲的珍珠吊坠。弗洛伊
德告诉杜拉,民间有一个古老的说法:玩火柴(火)的小孩会尿炕(水)(杜拉声称自己没

有听过这个说法)。父亲害怕"晚上恐怕会有不好的事情发生,所以要求不锁门便于逃跑"(杜拉梦中的第一个场景),这可能暗示火和尿床。杜拉承认,直到童年期,哥哥和自己还在尿床。她记得七八岁时,父母还因她尿床的问题带她去看医生。在梦里,父亲有时会在半夜叫醒她,带她去厕所,这样她就不会再尿床了。尿床问题消失不久后,杜拉出现了第一个神经症症状:周期性呼吸困难,即哮喘(Freud,1905/1963,p.90)。

445

尿床是梦中一个很重要的联想,因为弗洛伊德觉得尿床和手淫①有关。尽管弗洛伊德认为自己有充分的证据,但杜拉并不承认自己童年时有手淫问题。一次治疗期间,他们讨论完自慰话题后,杜拉一直在玩弄腰部的小手提袋(一个小钱包夹),"她一直玩着,打开,伸进一只手指,又关上它,如此反复"(Freud,1905/1963,p.94)。弗洛伊德认为,这个潜意识动作实际象征着手淫,那个手提袋就是女性的阴道。

基于这些情况,弗洛伊德推测,杜拉在七八岁时频繁地手淫,同时常常尿床。另外,由于这些行为她充满了负罪感。在杜拉看来,凡是与性有关的行为都是肮脏的。事实上,当杜拉得知父亲在婚前因放荡的性行为而感染上性病后,所有的性行为在她眼里都十分肮脏。弗洛伊德猜想,在杜拉看来,母亲的洁癖是因为害怕被丈夫传染性病。尽管弗洛伊德和其他人都很清楚她父亲的病,但他还是很惊讶杜拉竟然也如此了解。根据杜拉的联想,弗洛伊德得出结论,杜拉觉得父亲要为自己的病负责。潜意识里她认为,自己会感染上性病是因为她的父亲患有此病。弗洛伊德指出,虽然医学无法证实杜拉的假设,但杜拉坚持认为这一传染是真实的,她的复发性黏膜炎就是证据,杜拉对此感到既羞耻又恶心。在潜意识里,杜拉将黏膜炎视为她心理上的"证据",由于这一证据,她得以将很多问题归咎于父亲的过错。父亲不仅将肮脏的性病传染给 K 夫人,而且传染给了她。在杜拉的潜意识里,所有与性有关的行为都是肮脏的,并令她恶心。这也正是为何在杜拉 14 岁那年,当 K 先生在办公室吻她时,她不仅没有感到兴奋反倒觉得恶心。

杜拉的许多症状揭露了她的潜意识信念:(a)她是父亲的女儿;(b)她和父亲一样,有病且很肮脏;(c)这都是性导致的。在俄狄浦斯情结的影响下,她被性吸引并不自觉地对父亲和 K 先生产生爱恋,而性病成为这种潜意识性关系的象征,而且她所有的神经症症状都具有性含义。我们可以看出,根据弗洛伊德的理解,咳嗽象征着口交及希望与自己的父亲乱伦。在弗洛伊德看来,杜拉周期性呼吸困难也是性欲的表现。杜拉的父亲患有周期性呼吸困难,医生警告他不要给自己施加太多压力。因此,杜拉类似的症状再次表明她是父亲的女儿,她的问题不在于自己,而是父亲的罪过。此外,弗洛伊德认为,杜拉呼吸困难可能源于她七八岁时听到父母性交时发出沉重的呼吸。她第一次

---

① 现代医学研究已证明,童年遗尿和手淫没有必然联系。然而,1901 年医疗机构的许多人员都认为手淫是许多疾病和健康问题的根源。弗洛伊德似乎坚持认为,慢性尿床问题由儿童过度手淫导致(Sulloway,1979)。

出现呼吸困难是在父亲带她爬山的旅行中。随后，当父亲外出旅行时，杜拉就会呼吸困难。根据弗洛伊德的说法，杜拉通过模仿父亲的行为来认同她失去的爱人。当然，杜拉模仿父亲的症状完全是一种潜意识的行为。

杜拉的再访

在终止治疗 15 个月后，杜拉再次来到弗洛伊德的办公室，告诉弗洛伊德她撞见父亲和 K 夫人的事，还有 K 先生依然对她有不轨行为。尽管杜拉仍然受到歇斯底里症的困扰，但这次简短的交谈之后并没有进行深入治疗。一年后她结婚了，并生了个儿子，也是她唯一的孩子。1922 年发生了一件奇怪的事，杜拉拜访了另一位心理医生多伊奇（Felix Deutsch）。她声称自己就是杜拉个案中的那个病人。据记载（Deutsch，1957），杜拉的神经症一直没好。在与弗洛伊德最后一次会面之后的 20 年里，咳嗽和哮喘仍然困扰着她。婚后她总是怀疑丈夫、儿子、朋友要迫害和欺骗她。在多伊奇眼里，她的丈夫对"杜拉的偏执行为感到麻木、备受煎熬"（p.57）。事实上，多伊奇的一个同事曾说杜拉是他见过的"最令人头疼的歇斯底里症病人之一"。从这些描述中我们可以看出，杜拉生活得很不幸福，而且她使身边的人同样不幸（Deutsch，1957；Rogow，1978）。1945 年，63 岁的杜拉因结肠癌死于纽约。

早在 1901 年，弗洛伊德就意识到他对杜拉的治疗既是一次巨大的成功，又是一次巨大的失败。从心理治疗的角度来讲，对于杜拉根深蒂固的神经症症状，弗洛伊德无法为其提供满意的治疗方案，这部分是由于杜拉抵触弗洛伊德的解释。当弗洛伊德觉得自己即将揭示神经症的原因时，杜拉突然中断了治疗。此外，弗洛伊德承认，在治疗杜拉的过程中，有些情况他意识得太晚了。例如，弗洛伊德似乎低估了移情与反移情的作用。后来，弗洛伊德逐渐意识到杜拉将她对父亲和 K 先生的情感潜意识地转移到治疗关系中，她在潜意识中将弗洛伊德看作自己的父亲/爱人/敌人。此外，弗洛伊德也在不知不觉中有类似的行为——将他对年轻神经症女性的看法潜意识地投射到杜拉身上。

受到那个时代性别偏见的影响，弗洛伊德对杜拉似乎很霸道（Kahane，1985；Moi，1981）。他很快忽视她清白无罪的抗议。作为被困在一场阴谋中的无辜女性，弗洛伊德没有对杜拉的处境表示出一点点同情（Bios，1972；Rieff，1959）。年轻的杜拉不愿意像父母和 K 夫人那样活在谎言里，她无法接受他们对自己的欺骗，以及他们彼此的不忠诚。也许杜拉不仅仅是为了幼稚的报复，甚至不仅仅为了爱和接纳，她可能还在寻求埃里克森（Erikson，1964）所说的忠诚——人与人之间坦诚相待。

因此，尽管杜拉的案例揭示治疗技术的不足，以及维多利亚时代根深蒂固的性别偏见，但就精神分析学派的解释而言，弗洛伊德的分析可谓一次成功的尝试。从文学角度来看，这一案例引发了一个新的写作流派（Marcus，1977；Rieff，1959；Steele，1982）。与 20 世纪的普鲁斯特（Marcel Proust）、詹姆斯（Henry James）、乔伊丝（James Joyce）的小说，以及易卜生（Henrik Ibsen）的戏剧相比，杜拉的案例采用了多个分析视角而不是按照年代顺序展开,而且运用了多种现代文学艺术形式。在对杜拉的描述中,弗洛伊德采用了多种不同的写作方式(时间报告、理论旁白、戏剧性倒叙、对读者的告诫)。

解释的原则

文本与条约

精神分析的解释倾向于强调文本的隐喻。对弗洛伊德而言,人类的行为像一个文本。文学著作中蕴藏着丰富的内涵,一部伟大的诗歌或小说有许多含义,有些含义甚至连作者都未曾意识到。因此,一部杰出的作品如梅尔维尔(Herman Melville)的《白鲸》(*Moby Dick*),或者乔伊丝的《尤利西斯》(*Ulysses*)都有丰富的内涵,事实上许多文学评论家一生都在探寻不同的"真相"。在外国文学课上,你可能也会做类似的事情。比如,当你评论霍桑(Nathaniel Hawthorne)的《红字》(*The Scarlet Letter*)时,你会意识到自己的解释也许有效,但没有哪一种解释称得上完美。弗洛伊德认为,人类的行为和经验同样如此。不存在完全正确的解释,也不存在唯一的答案。人类的行为蕴藏多层含义,并可以从不同层面进行解释。在杜拉的梦里,珠宝盒并不仅仅象征女性的阴道。这只是其中的一种解释——也许对弗洛伊德来说比较重要,但不是唯一的解释,更不能说这种解释比其他解释更好。弗洛伊德认为,我们每个人都像一个小说家,不知不觉地建构自己的文学作品,如我们的梦、症状以及与他人的关系,这些都拥有多层面的解释。因此,精神分析师应精通在多个文本上进行解释(Bakan,1958)。

政治条约也是一种有用的隐喻。条约是冲突双方最终相互妥协的结果。两国在战争中决定停止敌对行动,因此拟定一个条约,旨在维持和平。一个好的条约能顾及所有冲突方的利益。弗洛伊德认为,我们的行为和经历同样如此。我们大多数的行为、言语和经历都是内心冲突相互妥协的产物。从压抑在内心深处的、与性和攻击有关的欲望演化为意识层面的好恶,这些内在的力量会以多样化的形式呈现。在任何特定的时刻,潜意识中的千万种声音争相扑向我们,我们的行为和经历会尽量满足这些声音。杜拉深爱着她的父亲,但同时痛恨父亲让她变得病弱、污秽。她将对父亲的憎恶公然转移到K先生身上,如此她便可以继续爱自己的父亲,同时也为憎恶K先生找到正当理由。因此,杜拉给K先生的一记耳光以及对他行为的厌恶消除了杜拉潜意识中的很多欲望,最终她内心的渴望和欲望之战达成和平条约。

显梦与隐梦

精神分析学家区分了行为和经验的显意和隐意。显意处于意识层面且能够被观察到;而隐意隐藏在潜意识中,需要进一步揭示。现实中,显意如同文本一样有多个层面的含义,这些不同的含义构成复杂的行为。在珠宝盒之梦中,显意就是杜拉实际的梦和弗洛伊德为我们描述的那些东西。任何行为和经验的外显内容相对来说都比较直观、明确。表面上看来,杜拉的梦似乎很简单,就是一个包含火、珠宝盒的简短场景。然而,

447

这个梦包含隐藏的力量、冲突、冲动、愿望及其他因素,这些都是梦的潜意识内涵。弗洛伊德认为,梦的显意是个很简单的故事;而它的隐意可以写成一部书。隐意永远大于显意,而且许多隐藏的东西需要我们进一步去发现。弗洛伊德认为,梦的外显内容主要由潜在的内涵决定。弗洛伊德使用多因素决定(overdetermination)这个概念来说明,所有行为都由不同的、潜意识的、相互冲突的因素引起。杜拉梦境的外显内容不过是潜意识冰山的一角。

图 11.2 揭示显梦和隐梦的关系。从显梦到隐梦的过程就是弗洛伊德(Freud,1900/1953)所说的梦的解析(dream analysis)。从杜拉的梦中我们可以看出,梦的解析包括做梦者对梦的内容进行自由联想。精神分析学家要认真倾听,以区分梦的类型和主题。杜拉梦中的第一次联想似乎是父母关于是否锁上卧室门的争吵。联想产生了许多潜在的图像和意义,有火、水、手淫、珠宝和性。在梦的解析中,做梦者和治疗师会将梦分解成不同部分,并试图发现它的潜在机制。

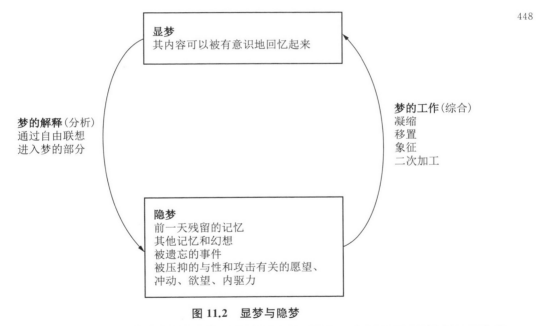

图 11.2 显梦与隐梦

梦的解析的过程即从显梦到隐梦的过程。从隐梦到显梦的过程是做梦者做梦时完成的,这个过程称为"梦的工作"。

与梦的解析相反的过程,即从潜在的含义到外显的内容,做梦者已经在梦中完成。这个自发的、潜意识的过程就是弗洛伊德所说的梦的工作(dream work)。弗洛伊德认为,每个做梦者会收集各种不同的潜意识元素来全面展现自己的梦。我们会用手中的材料编织自己的梦。因此,梦是一种高创造性的行为,每个做梦者都像一个诗人,从一个图像、思想、经验和文字的巨大仓库中书写出巧妙的诗句。里克尔说:"梦说明了我们想要的东西并不像我们所说的那样,在梦里表象与内在含义有着千丝万缕的联系,正是这些联系使得每个做梦者成为诗人。"(Ricoeur,1970,p.15)

梦的工作是"扭曲"内隐含义(Ricoeur,1970)。它试图在伪装、诱骗及协商中得到一个满意的和解,从而将冗杂的潜意识材料转化成清晰、明朗的故事。在故事中,通过潜意识过程,书写文本,签订条约,梦也得以产生。因此,故事的显意充满欺骗性,其内在的真相并非如我们所见。杜拉有关火的梦,事实上是一个关于性、仇恨、疾病、污秽、背叛以及儿童遗尿的潜意识故事。我们不必接受弗洛伊德对杜拉梦的特殊解释,但是应当接纳精神分析的基本假设:梦的意义远远超出我们的想象,而且这些意义都经过伪装。

梦工作时会用什么方法来伪装其含义呢?弗洛伊德认为方法有很多种,但是他只详细介绍了四种经常运用的策略。凝缩(condensation),即几种隐意以一种象征出现。在杜拉的梦中,站在她床边的父亲是现实的父亲、K 先生,以及生活中其他让她既爱又恨的权威人物的缩影。梦可以通过凝缩以极少的事物表现出丰富的内涵。移置(displacement)是重点的转移,即把压抑的欲望替换成不重要的观念,正如一个人将自己强烈的情感从特定对象转移到替代者身上。因此,杜拉将对父亲的厌恶和憎恨转移到K 先生身上,当 K 先生出现时,杜拉就会感到强烈的厌恶和憎恨。象征(symbolism),通过象征可以将梦中常见而又隐蔽的含义转化成具体的形象。根据弗洛伊德的观点,在潜意识水平上,可以装东西的箱型物体如杜拉的手提袋和她母亲的珠宝盒,象征着女性的生殖器。精神分析学家对弗洛伊德提到的许多象征物进行了分类,它们常出现在梦、神话、传说和文学作品中(Grinstein,1983;Hall,1953),而且其中的大多数都与性有关。二次加工(secondary revision)是指,做梦者会不自觉地将梦中粗糙的部分加以润饰,填补梦的空白,将含糊不清的部分清晰化,将梦整理成包括背景、人物、情节的统一的、连贯的故事。经过二次加工,便形成显梦。

症状与日常生活

梦的解析是精神分析学派常用的治疗方式。神经症症状、艺术形式,以及某些日常口误,如同梦一样包含显意和隐意。为理解这些现象,精神分析学家必须结合显意与联想,正如弗洛伊德结合了杜拉的联想与梦。症状的形成、艺术的表达,以及日常错误/口误的产生也与梦的工作十分相似,它们都通过凝缩、移置、象征来隐藏行为的真正含义,最终形成类似的文本与条约。图 11.3 展示精神分析学家解释某一现象的过程(从显意到隐意),这一过程类似于梦的解析。人们建构某一现象的过程(从隐意到显意)与梦的工作十分类似。

杜拉的神经症症状由多种复杂的潜意识动力导致,由此一些内部冲突转化成身体上的不适,典型的例子就是她的咳嗽。弗洛伊德揭示杜拉这一明显症状的原因,认为在不同的层面,这一症状的含义不同:

我们将导致杜拉咳嗽和声音嘶哑的多种因素综合在一起。首先,我们假定在她的喉咙处确实存在一个刺激,正如沙粒在牡蛎中形成珍珠。这个刺激的位置并不固定,而是游移在身体中很大一部分区域,杜拉将其视为性感区。随后,该刺激会用于释放力比多能量。刺激物会演化成第一个心理伪装物,模仿父亲的症状,形成对"黏膜炎"的解释。此外,这些症状也能够解释她与 K 先生的关系,如她对 K 先生离去的惋惜以及想成为他的好妻子的愿望。当她将一部分欲望再次转移到父亲身上时,症状获得最后的意义,杜拉通过认同 K 夫人象征性地完成与父亲的性交。但是,我认为这一系列过程绝对不完整。(Freud,1905/1963,pp.101—102)

450

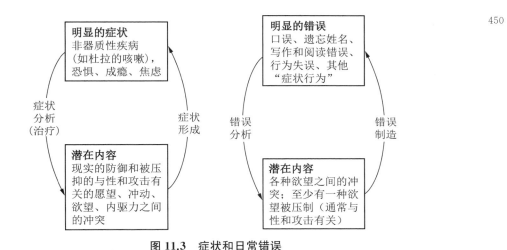

图 11.3 症状和日常错误

就如梦一样,弗洛伊德坚持认为心理症状和日常生活中的错误都与显意和隐意相关。

所有神经症,如恐惧症、强迫症、冲动和焦虑等,都可以被解释为具有多种伪装意义的超文本或条约。因此,像杜拉这样的神经症患者,创造性地形成自己的症状,然而这些症状背后的深刻含义往往他们自己都未曾意识到。这种创造性并不局限于神经症。弗洛伊德认为,我们许多日常行为同样存在创造性。我们不断创建文本、达成条约,并以出乎意料的方式展现这些"杰作"。在《日常生活心理病理学》(*The Psychopathology of Everyday Life*)一书中(Freud,1901/1960),弗洛伊德列举了许多例子。诸如口误、遗忘姓名、阅读和写作中的错误,以及简单的行为失误,它们和梦、神经症症状一样,都可以被理解成潜意识冲突的结果。其中一些例子来自弗洛伊德的亲身经历,如在火车上聊天时他竟想不起一位著名艺术家的名字。在杜拉的个案中,她的手提袋"症状"也是日常生活中精神分析的典型例子。弗洛伊德宣称,大量行为可以在精神分析的框架下得到解释,因为我们每个人都会不自觉地泄露心底的秘密:

451

人类的眼睛能看,耳朵能听,这些使人相信没有人可以隐藏秘密。即使一个人保持沉默,但他的手指还会"说话",甚至毛孔也会泄露信息。因此,要想知道一个

人内心深处的秘密总是有办法的。(Freud,1905/1963,p.96)

我们以什么方式签订潜意识条约和创建多因素决定的文本?方式有很多,弗洛伊德说道:在我们的玩笑中、艺术中、宗教信仰中,以及与他人的关系中,等等。精神分析视角下的人类生活是一幅欺骗性的画像。事实上,我们的所有行为都是有意义的,但我们总是不自觉地欺骗自己和他人,因此我们和他人都无从得知这些行为的意义所在。欺骗性促使我们不自觉地编织复杂的文本和条约。精神分析的解释就是试图揭露隐藏的真相。

荣格的理论:神话与象征

集体潜意识

对弗洛伊德而言,每个人心中的秘密都埋藏在潜意识之中,这些秘密大都与性和攻击有关。但是,每个人的生活经历不同,因此潜意识也千差万别。不过,在精神分析的传统思想中出现一股强大的势力,它侧重强调人类潜意识生活的共同特征。荣格是弗洛伊德的早期追随者,而后因观点的分歧,最终创立自己的理论体系。在人类动机问题上,荣格打破弗洛伊德对性本能和攻击本能的关注,认为人类动机受到大量潜意识力量和因素的驱动,例如关于统一、死亡、双性化、智慧、天真无邪、性以及攻击的内在冲动和意象。荣格认为,所有这些都是人类共同进化的产物(Stevens,1983),我们一些看似古怪的日常行为均源于集体潜意识(collective unconscious)。集体潜意识是人类进化遗存的储藏室。它是我们继承的种族记忆,是人类生来就具有的东西,通常埋藏在难以接近的心灵深处。在荣格看来,集体潜意识是人的本性,是物种进化的结果,我们生来就具有集体潜意识,它也是我们人类在生命旅途上一直携带的东西:

> 原型能够促使个体按照既定的方式去行动,如被照顾、探索环境、与同伴玩耍、进入青少年期、崭露头角、在社会中占据一席之地、求偶、结婚、养育子女、采集、狩猎、战斗、参加宗教仪式、承担社会责任、面对死亡。(Stevens,1983,p.40)

集体潜意识的主要内容是原型(archetypes),它塑造了人类适应世界的普遍模式。

452 原型通过继承而获得,但它也是人类经验的灵活模板。原型并不是意象或行为本身,而是我们建构普遍意象与行为序列的先天倾向(Jung,1936/1969)。

表11.2列出荣格提出的一些重要原型,包括母亲、智慧长者、魔法师和英雄。荣格认为,这些原型普遍存在于神话、梦境和一些象征符号中。例如,母亲的原型广泛出现在故事、传说、艺术作品、习俗和奇幻之中。在整个人类历史中,母亲明确的行为方式使人们形成关于母亲是谁以及她会做什么的模板,这一模板成为人类集体潜意识的原型。因此,在婴儿期,人的潜意识中就存在母亲是谁的原型,即拥有如何与母亲互动以及如

何理解母亲的先天倾向。当然，婴儿对母亲的知觉也会受到实际交往经验的影响，但内部的潜意识原型会限制这些经验，塑造人们理解经验的方式。母亲的原型在思维和形象上不仅指代母亲，而且可以指代岳母（或婆婆）、祖母、继母，以及其他任何与母性有关的形象。

表 11.2　荣格提出的部分原型

原　型	定　义	投射符号
母　亲	照顾和生育的化身，体现在真实的母亲、祖母、配偶和其他抚育者身上；同时具有积极（温暖、支持）和消极（拒绝、威胁）的特征	古代神话中的大地之母、圣母玛利亚、母校、教堂、仙女、女巫、龙
上帝之子（Child-God）	纯真和希望的化身，代表未来和成长的潜力，常拥有神秘、非凡的力量	圣婴、精灵、小矮人、年轻的莫扎特、神童
英　雄	经典作品中的主角和神话英雄；他们可能出身卑微，却奇迹般地拥有惊人的力量，因战胜邪恶而一举成名，但最终走向壮烈牺牲	俄狄浦斯、亚瑟王、阿喀琉斯、林肯、马丁·路德·金
魔法师	英雄原型的早期形式，擅用狡诈的言语，喜欢恶作剧，拥有魔法	赫耳墨斯、《圣经》中的魔鬼
智慧长者	成熟与智慧的化身，能预知未来	晚年的俄狄浦斯、提瑞西阿斯、先知、圣雄甘地
阿尼玛	隐藏在男性心中的女性意象	男性心中理想的、充满魅力的女性形象，如埃及艳后、特洛伊之城的海伦、圣母玛利亚、蒙娜丽莎、母亲、女性朋友、媒人、女巫
阿尼姆斯	隐藏在女性心中的男性意象	女性崇拜的男性形象，如奥德修斯、唐璜；抑或花花公子、猎人、政治家、导师、海盗、强奸犯、歹徒
阴　影	不被接受的、动物性的冲动和欲望，人格中黑暗的部分	撒旦、魔鬼、外星人、敌人、野兽、希特勒、墨索里尼
人格面具	能够被社会接受的或展现在他人面前的形象。人格面具这一原型并不源于集体潜意识，而属于个人创造。但是，个人的人格面具建立在潜意识模式之上，通过潜意识模式，个体能够清楚知道"一个好演员应该戴怎样的面具，以及如何在社会中更好扮演角色"。人格面具掩饰或隐藏了真正的自我	男演员和女演员

　　集体潜意识中三个重要的原型分别是阿尼玛（anima）、阿尼姆斯（animus）和阴影（shadow）。所有男性心中都存在一个被称为阿尼玛的女性原型。基于对女性的长期认识，男性的人格之中深藏着女性的一面。类似地，所有女性心中都存在一个被称为阿尼姆斯的男性原型。阿尼玛和阿尼姆斯的原型约束了男女之间的互动，每一方都会通过内在的原型——这一潜意识的过滤器来认识对方。阴影则包含许多不被接受的、遭到社会谴责的欲望和冲动，这些都是我们在生物进化过程中遗留下来的产物。它是我

们大多数人不愿意承认的人格中黑暗的一部分,经常以恶魔等形象出现在神话故事中。并且,荣格认为,正是阴影原型产生基督教教义中所说的原罪。

正如俄狄浦斯故事对于弗洛伊德理论的作用,原型概念也为荣格解释人生故事提供了基本框架。每个原型就是人生故事中的一个人物,荣格倾向于在不同的人生故事主题中探索原型模式。弗洛伊德对俄狄浦斯的痴迷促使他偏向于寻求人生故事中的悲剧,相比之下,荣格更喜欢冒险和英雄式探索的故事。

个体化与英雄式探索

在弗洛伊德看来,人类生命的开端是彼此依赖的阶段,即弗洛伊德所说的口唇期。随着自我的扩张与力量的增强,个体逐渐朝着独立、自主的阶段发展。早期发展的顶峰是俄狄浦斯情结的出现,这一情结的解决标志着个体获得生命中最重要的社会经验。解决了俄狄浦斯情结的儿童,开始意识到自己的局限,同时发展了社会生活的道德意识。在性成熟与生殖期到来之前,儿童还会掌握许多重要的社会经验。在青少年期和成年期,人格的良好发展能够促使个体有效运用自我防御机制应对焦虑,解决本我、超我和现实力量之间的冲突。在社会中,发展成熟的成年人能够有效应对日常生活中的焦虑,懂得如何去爱他人,如何富有成效地工作。

对一些读者来说,发展中的故事是好故事,但事实并非如此。成年期的人格发展又是怎样的呢? 当我们进入生殖期,是否会面临一些有趣的变化和发展机会呢? 大多数精神分析学家忽略了这种可能性,而假定人格发展最重要的因素均源自童年期。但是,荣格提出截然不同的观点。他将弗洛伊德的潜意识扩展为集体潜意识概念,并用宏大的视角看待人格发展,重视成年期的重大转变。与弗洛伊德观点不同,荣格认为人格发展贯穿于人的一生。弗洛伊德认为,人格的独特性源于童年早期经验,而荣格认为个体一生中人格都可能发生重大转变,在童年早期,人格的不同成分形成一个个独立的实体。在这一阶段,心理能量用于学习谈话、行走,以及其他生存必需的技能。在生命早期,性并不是一个突出的主题,但进入青春期和成年期之后,它开始转变成一种重要的动力。在成年早期,人们开始将精力集中在学习、事业、婚姻、养育孩子、融入社区生活等方面。理想情况下,年轻人应该精力充沛、活泼开朗,而且热衷于各种社会活动。

然而,在 40 岁左右,个体会经历重大转变,开始逐渐失去对外部世界的热情,转向探索内在自我。荣格认为,中年期是人生发展最重要的阶段。中年期后人们逐渐淡化了对物质主义、性和繁殖的追求,开始重视精神和文化价值。此外,这个时期的成年人可能会经历价值观、理想和人际关系的重大转变。在个体的后半生,宗教的影响尤为突出,成年人开始寻求精神和谐及自我的充分发展。荣格认为,人类发展的目标是自我的充分发展。荣格用个体化(individuation)的概念指代自我发展的过程。个体化是动态的、复杂的、持续一生的过程,通过这一过程,个体能够将人格中各种对立的力量融合成

一个整体。因此，个体化涉及人格所有方面的充分发展，包括意识的、潜意识的，而且这
些不同方面最终融合成一个整体。

　　一个人之所以充满吸引力，主要因为他的个体化特征。自我的发展如同一场英雄
式探索，它是我们每个人都能够且应该经历的自我发现之旅。如同古希腊的奥德修斯
去探索未知的土地，与凶猛的野兽作斗争，每天向神祈求，我们每个人都会去探索隐藏
于内心深处的黑暗力量，并与之斗争。到了晚年，个体化最终迎来完整与圆满。成熟的
自我将精神世界中各种对立的力量调和为统一的整体，这种统一的古老象征就是曼陀
罗（mandala，曼陀罗是梵语，意指"圆满"）。在各种神话、宗教仪式、梦境和幻想中，荣格
发现许多曼陀罗似的图形。荣格认为，曼陀罗象征着人们通过一生的个体化探索，最终
实现自我的统一与整合。

一组梦的解释

　　在第一次世界大战之前，荣格与弗洛伊德产生了分歧。虽然同其他精神分析学
家一样，荣格热衷于探索个体的潜意识过程和灵魂的内在奥秘，但他更加重视灵性而
不是性，并认为个体化过程贯穿一生，在很多关键的理念上，荣格和弗洛伊德产生严
重分歧。虽然他们都认为梦境与症状背后有着潜意识含义，但弗洛伊德更倾向于将
梦视为性和攻击本能的表达，而荣格将梦视为追求人格平衡、展现普遍神话、预期未
来的过程。

　　是什么使得人类如此迷人和独特？在荣格看来，这得益于符号的使用。一个符号
可能是"一个术语、一个名字，甚至可能是一幅常见的画作，但它们除了拥有传统的、直
接的含义之外，可能还暗藏着某种模糊的、未知的内涵"（Jung, von Franz, Henderson,
Jacobi, & Jaffe, 1964，p.20）。当我们无法完全理解某种概念或现象时，符号的作用就
尤为突出。这也正是大部分宗教喜欢使用符号或图像的原因之一。个体在梦境中也会
潜意识地、自发地产生一些符号，心理学家在解释梦境中的符号时需要格外谨慎，以免
被做梦者的自由联想误导。荣格认为，我们应该密切注意显梦的形式和内容，弗洛伊德
则不相信显梦，而着重探索梦境深处的意义。荣格认为，梦的联想确实很重要，但对梦
的解释还应回到梦本身，因为梦中会出现很多重要的符号。

　　弗洛伊德认为，梦能够掩藏很多潜在的欲望，荣格则认为通过梦，人们可以寻求自
我的平衡与和谐。例如，荣格的一位男性患者报告了一个梦，在梦中，他温柔而又迷人
的妻子变成一个醉酒的、凌乱不堪的女巫。荣格认为，他的梦与妻子并无实际关联，而
是展示了他人格深处的女性形象——阿尼玛。虽然公众场合下，他举止绅士、儒雅，但
内心的阿尼玛原型是尖酸的、令人厌恶的。有趣的是，荣格认为梦并不是为了促使这个
男人改变或变得更好，相反，这个梦是为了督促他面对现实，承认和整合已经存在的东
西，这样自我才更加平衡和全面：

在中世纪,早在生理学家表明我们每个人体内既有雄性激素又有雌性激素之前,就有一种说法,"每个男性体内都有一个女性"。男性体内的女性元素被称为"阿尼玛"。(在上述个案中)该男子心中的"女性"似乎与现实中的女性没太大关系,且无论是其他人,还是他自己都对这一内隐形象相当陌生。也就是说,尽管一个人表面上看起来很正常,但很有可能在他人面前(甚至在自己面前)隐藏了"他心中女性的凄惨状况"。

这个案例中的男性,他心中的女性形象就不那么完美。梦里的声音告诉他:"在某些方面,你简直像个堕落的女人。"这个梦给了他沉重的打击。(当然,这个例子不足以表明潜意识都与道德禁令有关。这个梦并没有要求该男子"做得更好",而是希望他平衡意识中的内容,以继续维持完美的绅士形象。)(Jung et al., 1964, p.31)

在杜拉的个案中,我们看到弗洛伊德根据杜拉对梦的联想,追溯她青少年期和童年期的冲突。在弗洛伊德看来,珠宝盒之梦与她早年的手淫、尿床和潜意识中对男性的渴望和恐惧有关,这个梦根植于早年她和父亲的经历。与之相反,荣格对梦的解析侧重于还未发生的事——未来的事。荣格认为,"有时梦可以预示不久之后将要发生的事情",人们常常未曾意识到危险正在一点一点进入意识层面(Jung et al., 1964, p.50)。例如,一位疯狂的登山爱好者梦想越过高山而到达一片旷野(荣格认为,这是他向往放荡生活的表现)。在荣格看来,梦预示着这位登山爱好者正走向灾难,当务之急他应该管理好自己的私生活,停止危险的登山活动。然而,他并未听从警告。六个月后,他从山上坠落死亡。

荣格对梦的解释倾向于从中发现原型主题和普遍神话。荣格对一位精神科医生女儿的分析,更能够说明这一点(Jung et al., 1964, p.50)。这位 8 岁的小女孩在笔记本上记下了一系列的梦。每个梦都如同童话故事一般,对梦境的记述也都以"很久以前……"这样的表述展开。尽管这些梦听起来都非常孩子气,但充满了很多离奇的画面,这让她的父亲心生疑惑。最终他把笔记本交给了荣格。荣格记录了其中 12 个梦:

1."恶魔",一个多角的蛇形怪兽,它杀死并吞噬了其他动物。神从四个角落降临,实际上是四个分离的神,使所有动物获得重生。

2.在通往天堂的路上,异教徒在此跳舞庆祝;而在到达地狱的路途中,天使在那里行善。

3.一群小动物使做梦者甚为恐慌。在梦中,动物变得巨大无比,其中一只还咬死了小女孩。

4.小老鼠从蠕虫一步步进化为蛇、鱼、人类。老鼠就这样演变成人类。这展示人类进化的四个阶段。

5. 透过放大镜观察一滴水，小女孩看到水滴充满树的纹理。这描绘了世界的起源。 457

6. 一个坏小子手里抓了团泥巴，往每个过路的人身上丢去。渐渐地，所有路人都变坏了。

7. 一个醉酒的女人掉进了水里，当她从水里出来时便清醒了。

8. 在美国，人们都在蚂蚁堆上翻滚，并被蚂蚁攻击。小女孩在一片慌乱中坠入河里。

9. 月球上有个沙漠，小女孩在沙漠中渐渐下沉，到达地狱。

10. 在梦里，小女孩看见一个发光的球体。她触摸球体时，就会有蒸汽散发出来。随后，一名男子进来将她杀了。

11. 小女孩梦到自己处于病危之中。从她的皮肤里突然飞出许多鸟儿，将她的身体完全覆盖。

12. 成群的蚁虫遮蔽了太阳、月亮和所有星星。唯一遗落的一颗星落在了小女孩的身上。（Jung et al.，1964，p.70）

这些梦境与古老的神话、经典故事惊人相似，而小女孩从未听闻这些神话和故事。荣格认为，一些梦境演绎了基督教和犹太教中的经典场景。例如，第一个梦再现了早期基督教神父们的殷切盼望，他们相信万物的结局近了，一切都会恢复到神起初创造的美好。但是，小女孩显然没有接触过宗教信仰，甚至她的父亲对梦境中涉及的宗教故事也所知甚少。其他一些梦境与《圣经》中的故事也十分相似，如创造天地、洪水泛滥和英雄的追寻。第一个梦境中出现四个角落，"四"这一元素在许多宗教和哲学中都有特殊寓意，如 18 世纪的赫尔墨斯哲学（Hermetic philosophy）。有角的蛇在 16 世纪拉丁炼金术中被称为四角蛇（quadricornutus serpens），它是水星的象征和基督教三位一体的对抗者（antagonist）。

荣格熟知很多古老的神话和著作，但小女孩对此所知甚少。他认为，梦中的想象来源于集体潜意识，在集体潜意识中存储着大量图像、符号，这些图像、符号都深深刻上了历史文明的烙印。小女孩的梦正是由一些原型发展而来，而不是受到性和攻击本能的驱动，这些原型同样塑造了古代神话以及与创世、死亡、重生等有关的民间传说。为何小女孩会做如此奇特的梦？这些梦与死亡、毁灭又有怎样的联系呢？一年后，小女孩死于传染病。奇怪的梦是否预示了这件事呢？这听起来似乎有些让人难以置信，但荣格坚持认为这是有可能的，他坚信梦有时能够预示未来。尽管对于这个奇怪的案例荣格并没有得到确切的结论，但他写道：

> 这些梦揭露了生命和死亡新的、极其可怕的一面。我们更容易在回首往昔的老年人（而不是充满希冀的孩童）身上看到死亡的影子。这使我想起古罗马的一句谚语："生命只是一场短暂的梦，而不是欣欣向荣的春天。"正如诗人所说，孩子的生

活就像一个青春流逝的誓言。死亡的未知为生活和梦境蒙上了一层预想的阴影。甚至基督教的祭坛,一方面代表坟墓,另一方面代表复活之地——死亡由此转化为永生。(Jung et al.,1964,p.75)

阿德勒:开端与结局

在阿德勒(Alfred Adler)这位享誉盛名且极易受到误解的人格心理学家看来,解释人生故事十分重要。在叙事研究以及人生故事盛行于心理学、社会科学领域之前,阿德勒就相当青睐以故事的形式研究人生历程。作为弗洛伊德早期的追随者,阿德勒经常与弗洛伊德以及其他精神分析学家聚在一起进行学术讨论。但这样的讨论只会给阿德勒的个体心理学带来误导,因为个体心理学的观点与弗洛伊德以及传统精神分析的观点大相径庭,如阿德勒很少使用潜意识这一概念,在他看来人类生活并非受到性本能的驱动。此外,尽管心理冲突是大多数精神分析理论的核心概念,但阿德勒的理论很少提到心理冲突。他认为,应该更加灵活地看待心理叙事在人类生活中的作用。

个体心理学

1870 年,阿德勒出生在维也纳的一个中产阶级家庭。他在家中排行第二,成年后他才发现,童年期的自己一直活在哥哥的光环之下。他还有一个弟弟、三个妹妹。出生顺序和兄弟姐妹之争几乎是阿德勒人格发展理论的核心主题,并且他认为,家中的老二通常需要对抗权威才能获得长子拥有的地位。(本书第 1 章阐述人格研究的相关设计时已对此有所提及,并在本书第 6 章将出生顺序作为人格的非共享环境。)1895 年,阿德勒在维也纳大学获得医学博士学位,不久后,他开办了一家私人诊所。1897 年,他娶了罗莎(Raissa Epstein),他在一次政治会议上结识了这位满怀社会主义热情的女孩。尽管阿德勒不是一名军事活动家,但他一生都坚持社会主义政治理念。与弗洛伊德和荣格不同,阿德勒特别拥护工人阶级,在 20 世纪 20—30 年代,他曾为欧洲国家与美国的工人阶级做了多次演讲。

1902 年,阿德勒结识了弗洛伊德,并迅速活跃在精神分析界。1910 年,他当选为维也纳精神分析学会的第一任主席,仅在一年之后,由于一系列分歧,阿德勒最终与弗洛伊德分道扬镳。早在 1908 年,阿德勒就反对弗洛伊德将性本能视为人类生活的中心,他更加强调攻击这一基本动机。有趣的是,十二年后,弗洛伊德在修订其动机理论时接受了阿德勒的这一观点,即认为人类的基本动机包括生本能和死本能。然而,在阿德勒那个时代,脱离正统的精神分析是不受欢迎的。阿德勒组建了个体心理学(individual psychology)研究小组。最终,他吸引了一大批来自世界各地的追随者。第一次世界大战期间,阿德勒应征服役,在奥地利军队的一所医院工作。战争结束后,他在维也纳建立了第一个儿童指导中心。20 世纪 30 年代早期,阿德勒定居纽约,在那里他继续从事精神分析的工作,并开展了大量关于个体心理学的演讲。

与弗洛伊德和荣格相比,阿德勒提出的人格理论更侧重强调意识和社会因素在人格中的作用。与社会学习理论类似,阿德勒认为人格会受到社会学习的影响。与认知取向类似,个体心理学也认为人们普遍能意识到自己行为的原因,并能够根据生活的目标和计划作出合理的决定。与罗杰斯和马斯洛的人本主义理论类似,个体心理学同样为发展、向上的人类勾勒出充满希望的前景,在整个人生过程中,人们在不断掌控环境、创造自我。

早期记忆

人类对事物的开端尤为感兴趣。我们想知道事情如何开始,事物来自哪里,以及特定事件或现象的起源是什么。我们通常认为,只要了解事件的开端,我们便能完全理解它。进化论和科学家的大爆炸理论都充分体现了人们对开端的好奇。事实上,在《圣经》第一卷书《创世记》中,开篇即"起初,神创造天地"。这句经文对基督教徒和犹太教徒而言,几乎是万有之上的诠释。

当我们谈及自己和他人的生活时,也会陷入对开端的沉思。从孩提时代开始,我们就对自己来自何方,以及自己的"根"在哪里异常好奇。因此,阿德勒特别强调早期记忆的重要意义。人们最初几年的记忆为当下及未来的身份提供了线索(Adler,1927,1931)。阿德勒认为,早期记忆揭示一个人生活风格的主题,即一个人对生活独特的适应方式,包括个人的目标以及实现这些目标的途径。阿德勒认为,每个生命都有特定的生活风格,而且其主要特征来源于早期的家庭关系。

在阿德勒看来,早期记忆为随后的人生故事奠定了整体基调。关于此,有很多例子(Adler,1927,1931)。在阿德勒的一个案例中,一名男性的早期记忆场景是母亲将他抱在怀里,随即母亲又将他丢在一边,去抱弟弟了。成年后,他一直担心别人会比自己更受喜爱,同时极端不信任自己的未婚妻。另一名充满恐惧、沮丧的男子,早期记忆场景中出现坠落的婴儿车。一名整日疑心重重,感到他人总是反对自己的女性回忆,直至她的妹妹能与她结伴同行,父母才答应让她去上学。一名焦虑症患者的回忆中出现这样的画面:他坐在窗边,望着窗外的建筑工,母亲在一旁安静地补袜子。阿德勒认为,这表明他小时候是一个娇生惯养的孩子,大部分时间里都只需要坐在一旁观望,而不需要参与任何事情。这名男性当下的处境完全符合阿德勒的猜想。每当他从事新的工作时,内心都会异常焦虑。在一次职业指导中,阿德勒建议他去找一份与观察有关的工作,他听从了阿德勒的建议,并最终成为一名出色的艺术品经销商。

多年之后，其他心理学家逐渐重视早期记忆在人格中的重要作用，而且许多研究支持阿德勒的观点：早期记忆能够预示人格的发展趋势（Kihlstrom & Harackiewicz，1982）。有研究者（Orlofsky & Frank，1986）结合早期记忆和马西娅的同一性状态（见第9章有关描述），发现与同一性早闭和同一性混乱的大学生相比，同一性实现和同一性延缓的大学生在其早期记忆中会展现出更加成熟的发展主题。

有研究者（Bruhn & Schiffman，1982）分析了200多名大学生的早期记忆，研究中要求每位被试描述早期记忆，随后填写一份控制感问卷。研究者从以下三个维度对被试的早期记忆进行编码：（a）掌控；（b）惩罚；（c）人际障碍。结果发现，控制感水平较高的个体，他们的早期记忆展现出如下特点：（a）对外界环境的主动性；（b）惩罚与行为存在一致性；（c）认为人际障碍由自身引起。相反，控制感水平较低的个体，他们的早期记忆展现出如下特点：（a）对外界环境的被动性；（b）惩罚与行为没有必然联系；（c）认为自己是人际障碍的受害者。表11.3列举了这方面的一些例子。对控制感水平较高的学生而言，他们的早期记忆充满了对过去的掌控感。另一些学生的早期记忆则是全然不同的故事：他们被世界掌控，深感无能为力。

表11.3　控制感的早期记忆

内容维度	高控制感的例子	低控制感的例子
掌控	我在玩洋娃娃，教它们写字。事实上，我自己也不会拼写，只是随意在纸上写下一些字母，然后拿给母亲看。经过多次尝试，我竟然写出了"家"这个单词，这也是我会写的第一个单词。	我安静地坐在母亲旁边，看着她熨那件我最喜欢的衣服，我记得这件衣服只穿过一两次。
惩罚	我打算在土豆上抹点番茄汁，这时父亲突然斥责道：即使不喜欢也要把它全部吃掉。结果我便将一整瓶番茄汁都倒在土豆上，直到全部吃完才离开餐桌。	为了向父母证明我已经是个大男孩，我一个人跑去逛超市，回到家时，父母却责怪我擅自离家出走。
人际障碍	一天，一个木匠来我家修理浴室，结果我不小心将他和母亲反锁在里面。一个小时后，邻居才将他们解救出来。	我和一个大男孩摔跤，他将我扑倒在地，并坐在我身上。我感到非常受挫。

注：控制感通过自陈量表测得。
来源："Predictors of Locus of Control Stance from the Earliest Childhood Memory," by A. R. Bruhn & H. Schiffman，1982，*Journal of Personality Assessment*，46，389—390.

虚构目的论

在早期理论中，阿德勒认为，人类行为的主要动机是希望变得富有攻击性。后来，他用权力意志（will to power，又译"强力意志"）概念代替了这一观点。在阿德勒看来，个体在适应世界的过程中希望自己是强有力的，以避免产生卑微、低劣的体验。然而，生活中很多孩子会因为身体的缺陷和异常而不断产生自卑感，阿德勒称之为器官劣势

(organ inferiorities)。尽管这一劣势对人格发展产生了负面影响，但很多人会通过后
天的努力来弥补自身的缺陷。例如，一名口吃的儿童经过数年苦练，最终成为一名杰出
的演说家。或者如我们在三岛由纪夫的例子中看到的，身体羸弱的他坚持锻炼，最终成
为一个健壮的男子。

最终，阿德勒放弃权力意志的概念，提出一种更为普遍的动机倾向，即追求优越
(striving for superiority)。他认为，追求优越是推动个体行为向上的普遍的、内在的
驱力：

> 在每一种心理现象背后，我都清晰地看见追求优越的影子。而且，它几乎与身
> 体发育同步。它是使一切生活问题得以解决的根源，同时决定我们应对问题的方
> 式。我们的一切机能都要遵从它的指引。无论方向正确与否，这些机能始终推动
> 人类去战胜，去获得安全，去提高。由负到正的动力从未结束。由下至上的推进也
> 从未止息。无论哲学家和心理学家怎样梦想着——自我保护、快乐、平等，这些其
> 实都间接表达了追求优越的愿望。(Adler，1930，p.398)

通过这段话，我们可以看出阿德勒将追求优越视为普遍性的动力。它涵盖了个体
对优越、完美、实现、完整的追求。阿德勒还重新定义了器官劣势，认为它可以指代出现
在生活各个领域的不完整、不完美。他还用社会兴趣(social interest)补充了追求优越
这一概念，社会兴趣是指个体对整个人类的内在亲密感。在阿德勒看来，适应良好的个
体不仅会追求优越，而且会努力融入生存环境，对身边的人表达出爱与亲和。人们在社
会兴趣上会表现出显著的个体差异。有研究者(Crandall，1980，1984)编制了社会兴
趣问卷，而且通过研究支持了阿德勒的观点：与社会兴趣水平低的个体相比，社会兴趣
水平较高的个体会表现出更强的心理适应，并报告出更少的生活压力。

尽管每个人都在追求实现、完整，但人们的方式和结局不尽相同。动机理论也提到
行为会受到追求优越的驱动，但阿德勒的理论更加强调未来憧憬对行为的引导和塑造
作用。阿德勒理论中的一个重要主题是，人们更容易受到未来憧憬的激励，而不是受到
过去的限制：

> 个体心理学坚持认为，对任何心理现象的解释，目的论的作用不可或缺。起
> 因、力量、本能、冲动等都不能成为解释原则。最终的目的能够诠释行为。直到经
> 验、损伤、性发展机制等成为最终目标的一部分时，才能用于解释行为。(Adler，
> 1930，p.400)

阿德勒认为，人们倾向于通过最终的目的来理解生活，组织自身的行为和经验。早
期经验、创伤本身并不能成为行为的决定因素。与埃里克森相似，阿德勒认为人们会根
据最终的目的重新加工早期经验。每个人最终的目的都是关于未来的愿景。它们是想
象的产物，而不是经验的事实。阿德勒认为，无论是好还是坏，人类行为和经验始终受
到虚构目的论(fictional finalism)的引导。我们每个人对未来的憧憬，成为我们生活的

462 方向和目标。尽管一些目标终究无法实现，但它们确实是我们人生至高的追求，并成为行为的最终解释。而且，阿德勒指出，不切实际的虚构目的可能是神经症的根源。每个人对未来的憧憬各不相同，最合适的虚构目的能够整合现实与未来，能够促进人们追求优越、完整和实现。

总之，阿德勒的理论展示人生的一种心理叙事模式，这一模式融合了过去、现在和未来，并拥有开端、过程和结局。随着生活的变迁和时间的流逝，人们努力寻求叙事的统一性和目的性。

生活文本

在心理学家出现之前，人类就开始通过故事来讲述生活中的苦难和希望。诗人、作家和电影制片人也会借助故事的创作来探索生命的意义，甚至我们每个人（包括孩子）都会通过编故事、听故事、讲故事来了解自己和他人。弗洛伊德、荣格和阿德勒认为，对故事的解释能够挖掘人性深处的奥秘。这三位 20 世纪上半叶的心理学家为故事的解读提供了三种不同的视角，但是他们都认为人生如故事般深藏着复杂的、需要不断去揭示的含义。

在过去的 20 多年里，心理学家开始再度探索故事（McAdams，2008）。越来越多的发展心理学家开始研究儿童对故事的喜爱，以及他们在谈话时使用故事的方式（Fivush & Haden，2003）。教育心理学家则强调故事在教育中的重要作用，尤其是价值观和道德教育（Tappan，1990；Vitz，1990）。社会和人格心理学家探索了成人的叙事类型，这些叙事类型常被人们用以解决个人问题，解释生活中的困惑和难题（Leith & Baumeister，1998）。毕生发展理论家强调叙事在理解成人生活中的重要作用（Birren，Kenyon，Ruth，Shroots，& Svendson，1996；Whitbourne，1985）。有研究者（Cohler，1982，1990；Hammack，2006）认为，成人发展历程既不是一系列有序的阶段，也不是稳定人格特质的表达，而是伴随文化、历史的变迁而不断发展的叙事自我。进入 21 世纪，三位最具影响力的叙事心理学家分别是萨宾（Theodore Sarbin）、波尔金霍恩（Donald Polkinghorne）和布鲁纳（Jerome Bruner）。萨宾（Sarbin，1986）认为，叙事可以被看作当代心理学的基本隐喻（root metaphor）。根据佩珀（Pepper，1942）的观点，隐喻是理解世界时产生的基本比喻。在西方文明中，主要的隐喻便是机器。我们可以用各种机器，如钟表、发电机、电脑、内燃机，等等，来比喻人类的心理和行为过程（Sarbin，1986，p.6）。萨宾认为，叙事是心理学的开放性隐喻，因为只有叙事才能揭露人类的本质。不同于机器，人是天生的故事讲述者。叙事能够深入解读社会和历史背景下人类的生活。波尔金霍恩认为，人学（human sciences，与人类行为有关的科学）的中心就是叙事知识：

> 人类生活中充满了各种类型的故事，包括我们讲述的、听到的、梦到的故事。这些故事交织在一起就形成一段情景性的、如梦如幻的个人独白。我们沉浸在故事之中，评判过去行为的意义，预测未来的结果，仿佛置身于一些未完故事的十字路口。我们用故事中的情节解释自己的行为，除此之外，似乎再没有更好的解释了。(Polkinghorn，1988，p.160)

463

正如本书第 10 章讲述的，布鲁纳认为，思维的范型模式能够探寻物理科学中的因果关系，而思维的叙事模式特别适用于分析人类的意愿和行为。布鲁纳（Bruner，1990）还表示，人类故事能够解释偏离社会期望的事件。"故事的功能就是达到一种有益的状态，这一状态能够减少或帮助我们理解某些偏离标准文化模式的现象。"(pp. 49—50) 类似地，蔡菲（Chafe，1990）认为，当一个特别的事件或现象难以解释时，人们就会用故事的方式加以阐述(p.83)。与往常一样，我早晨醒来，刷牙、看报、开车上班，我肯定不会为所做的这些事编写一个故事。因为这些真的没什么值得一提，这些日常习惯被布鲁纳称为标准文化模式(canonical cultural pattern)。但若是哪天我醒来在放报纸的台阶上发现一个躺在竹篮子里的婴儿，这时故事便发生了，因为事件偏离了预期的模式。这个婴儿来自哪里？又是谁把他放在我家的台阶上？我现在该怎么办？当我抱着婴儿冲进房间，呼唤楼上的妻子，并打电话给警察时，我就已经开始用故事来解释这一出乎意料的状况。

如果我们把这一观点引入人格心理学领域，那么我们可以认为每个人的生活都类似于一个需要解释的事件或现象，因为每个人的生活或多或少都偏离了布鲁纳所说的标准文化模式。换言之，每个人都是独特的。这种独特必须得到解释，而且最好是通过故事得到解释。故事本身也需要解释，因为它们的意思并不总是清晰的，特别是包含不同内容，用不同声音讲述的故事。

赫尔曼斯的对话自我

赫尔曼斯（Hermans，1988，1991，1992，1996；Hermans et al.，1992；Oles & Hermans，2005）的对话自我理论(dialogical self theory)认为，自我好像一部"多声部小说"，不止一个作者，而是有许多不同作者表达不同观点。人生如此复杂，因而只有不同声音融合在一起才能勾勒出丰富的经验世界。

在赫尔曼斯的理论中，最核心的概念之一就是评价(valuation)。评价是指个人在考虑其生活情境时认为重要的一切事物(Hermans，1988，p.792)。评价可能包括一生中最爱的和最厌恶的人、烦扰的梦、困难的问题、珍惜的机会、对过去重要事件的记忆、未来的计划和目标，等等。每一种评价都是个人生活的一个意义单元，都有积极的、消极的或矛盾的情感特征。通过自我反省，人们将评价组织成具有时空情境的叙事。

赫尔曼斯认为,可以基于两个基本的动机系统解释个人评价。他继承了巴坎(Bakan,1966)的能动性与共生性概念,区分了S动机(能动性)和O动机(共生性)。其中,S动机是指追求超越、扩展、权力、控制的动机,倾向于自我奋斗。O动机则是他人定向的,是指渴望与他人接触、一致和亲密的动机。赫尔曼斯还根据积极情感和消极情感对评价进行了分类。不同的人可以在S动机、O动机、积极情感、消极情感四个维度的不同水平上进行比较。

赫尔曼斯开发了自我对质法(self-confrontation method)来收集和评定各种评价。在这一方法中,研究对象不再只是研究客体(object),而成为研究的共同调查者(co-investigator)(Hermans & Bonarius,1991)。也就是说,研究者将整个研究看作自己和研究对象合作的一项事业,通过双方的对话和访谈获得研究资料。赫尔曼斯相信,当人们开始理解自己的生活时,就会成为真正的专家。因此,研究者通过提出一系列问题来引导访谈,能够得到有关研究对象的最重要的评价(如表11.4所示)。

表11.4 自我对质法中用来引出评价的一些问题

过去:

——是否有些东西曾经对你的生活特别重要或有意义,而且时至今日仍然很重要?

——是否有这样一个人、一次经历或一个情境曾经对你的生活产生了极大影响,而且时至今日仍然在影响你的生活?

现在:

——是否有些东西现在对你而言特别重要,或给你的生活带来了重大影响?

——是否有一个人或一个情境对你产生明显的影响?

未来:

——你是否预见到某些东西对你未来的人生特别重要,或有重大影响?

——你是否认为有一个人或一个情境将会对你未来的人生产生重大影响?

——在你未来的生活中是否有一个特别重要的目标?

来源:"The Person as Co-investigator in Self-Research:Valuation Theory," by H. J. M. Hermans,1991,*European Journal of Personality*,5,222.

在自我对质法中,研究者首先会要求每位被试列出20~40个具体的个人评价。接着,被试需要对每个评价进行6点计分的等级评定,共有16道题目,分别考察S动机("自尊""力量""自信""自豪")、O动机("关怀""爱""温柔""亲密")、积极情感("快乐""幸福""愉悦""平和")和消极情感("担心""不幸""沮丧""失望")。对每一个个人评价,研究者都要计算出它在S(S动机)、O(O动机)、P(积极情感)、N(消极情感)这四个维度上的分数。其他一些重要指标,如"S-O"能够表明在某一特定的评价上哪一种动机更强,而"P-N"能够鉴别是积极情感还是消极情感起主导作用。

在通则研究(nomothetic research)方面,赫尔曼斯探讨了如何根据特定的评价模式来区分特定的人群。例如,赫尔曼斯(Hermans,1992)调查了一群有趣的来访者,他们的个人评价中充满了"不幸福的自尊"(unhappy self-esteem)。尽管大量研究表明，幸福与自尊呈正相关，但这群来访者在 S 动机和消极情感上的得分均很高。赫尔曼斯等人(Hermans & Van Glist，1991)调查了另一组来访者，他们的个人评价与古老的那喀索斯(Narcissus)的故事甚为相似(见专栏 4.B)。当我们想到自恋人格和那喀索斯的故事时，很容易联想到自我中心的人——或者说高 S 动机的个体。那喀索斯这一神话人物的核心特征是高 S 动机、低 O 动机、低积极情感和高消极情感。因此，与那喀索斯相似的来访者，他们并不是拥有过于强烈的自我奋斗的动机，而是常常在亲密关系上遭受挫折。

赫尔曼斯认为，检验评价仿佛是一扇通往对话自我的窗户(Hermans et al.，1992)。主体自我"I"——故事的讲述者，会从一个"I"的位置移动至另一个"I"的位置，即同一个人生故事会拥有多个作者，多个不同的"I"。西方人比较熟知个人主义、理性主义，他们倾向于将"I"视为理性的、独立的思想者和认识者。正如笛卡儿的格言："我思故我在。"但是，赫尔曼斯反对这一主流观念，而支持多重的对话自我。作为自身人生故事的作者，"I"会从一个位置移动至另一个位置，以理解自我的不同观点。不同的"I"彼此在进行对话。赫尔曼斯等人(Hermans et al.，1992)写道：

> 自我如同风景，拥有多维视角。我们可以这样简单描述：随着时空的变幻，"I"会从一个位置移动至另一个位置。同时，另一个"I"也会辗转于不同位置。每一个位置上的"I"会发出不同的声音，因此他们便展开了彼此间的对话。这些不同的"I"如同一个个角色。一旦角色出现在故事中，他便开始演绎自己的生活，承担一定的叙事任务。每个角色都会从自己的角度出发，讲述一些经历。这些不同的声音、角色相互交换自己世界的信息，最终形成一个复杂的叙事自我。(pp.28—29)

乍一看，这个概念似乎不太容易理解。我们通常会认为"I"是独特的，而且创造了我的人生故事。我们也许会承认故事有多个角色，但认为这些角色都由唯一的"I"创造。赫尔曼斯认为，"I"并不是所有故事的主人，故事也不止一个作者，而是由处在不同位置上的"I"共同讲述的。每个位置上的"I"都会有自己的声音，受到俄国文学评论家巴赫金(Bakhtin，1973)的启发，赫尔曼斯认为，自我如同一部"多声部小说"，不同的作者会在其中发出不同的声音，而每一种声音都代表了它自己统一的世界。

> 陀思妥耶夫斯基的小说中不止一个作者，而是有许多不同的作者或者思想者自由表达不同的声音(如小说中的人物拉斯柯尔尼科夫、米什金、斯塔夫罗金、伊万和大审判官)。这些人物不只是作者创作的艺术形象，而且同作者一样，有着自己独立的意识。在巴赫金看来，作者笔下一个个鲜活的人物并不是处在一个统合的客观世界中，而是处在多元的视角和世界之中。在多声部的乐曲中，不同声音或乐器处于不同位置，它们会在对话中同意或反对另一方。(Hermans et al.，1992，p.27)

466   赫尔曼斯的对话自我理论对心理学研究和心理治疗产生了深远影响(例如,Oles & Hermans,2005)。结合这一理论,澳大利亚心理学家拉加特(Raggatt,2000,2006a,2006b)开创了人格网络疗法(personality web protocol)。在这一疗法中,研究者通过收集个体生活中关注的核心问题,即拉加特所说的依附点(attachments),来探究对话自我中的不同声音。拉加特区分了四种不同的依附点:重要他人、重要客体、重要事件和重要身体特征。首先,研究对象需要分别报告对自己生活产生积极影响和消极影响的人,并简单描述与他们交往过程中发生的故事。其次,研究对象需要列举出生活中的积极客体和消极客体,如个人纪念品或其他物品,并阐明这些客体的意义。再次,研究会探索个体遇到的积极生活事件和消极生活事件(拉加特将其称为人生故事中的"高峰"与"低谷"),以及身体特征上的优势和缺陷。讨论完这些依附点之后,研究对象需要评定每一种依附点与其他依附点的密切程度。最后,拉加特采用多元统计的方法分析他们的评定分数,并将不同的依附点分配到不同的集群中。拉加特认为,人格网络中的每个集群构成一个独特的对话自我。

      例如,拉加特(Raggatt,2006a)在一名 37 岁的同性恋者身上发现了四种不同的叙事声音,他曾两次竞选澳大利亚同性恋权力机构的职务。他的对话自我的第一种声音被拉加特称为"羞愧的自我"。这一特别的声音反映在很多负性生活事件上:足球比赛结束后遭到父亲的否定,因与一名长官有同性恋关系而被迫退伍,被逐出教会,总感觉自己的脸是"歪的"。对话自我发出的第二种更加坚定的声音为"我是活动家",他在竞选公职、参加纽约同性恋运动、拥有精心装置的房子等方面获得成就感、自豪感,尽管脸是"歪的",却拥有强壮有力的体魄。拉加特认为,"羞愧的自我"和"活动家"如同两种力量相当的声音,在该同性恋者的生活中不断对话。另外两种声音分别是"男子气概"和"疯狂的自我",在拉加特看来,这两种声音都与该同性恋者生活中的男子气有关。前者展示了对力量和侵略性的渴求,后者则与同性恋主题、记忆、图像有关。拉加特认为,这四种不同声音在该同性恋者的生活中交织着,每一种声音都与重要的人物、客体、事件和身体特征有关。拉加特开创的人格网络疗法可以用来分析任何人,因为几乎所有人身上都有不同声音在对话。

      总之,个人通过将自己的评价组织到人生叙事中,从而使自己的生活富有意义。人生故事并不是由一个作者创造的,而是多个不同作者的产物——赫尔曼斯认为"I"从一个位置移动至另一个位置,如同一个人流连于路途的风景,欣赏不同的景色。随着时间的流逝,某些位置上的"I"和某种观点的重要性更加凸显。最终,人生故事由多个不同的作者和不同位置上的"I"共同创造。正如"多声部小说"中不同的角色展示了各自独特而又鲜明的观点,不同的作者也会反对和质疑另一方。人不是单一的、理性的自我,而是被赋予多个不同的叙事自我,他们彼此间展开对话。

音乐与故事：格雷格的理论

　　格雷格（Gregg，1991，1995，2006）对叙事提出另一个强调自我多样性的观点。与赫尔曼斯类似，格雷格认为自我是通过许多不同的声音表达出来的。对任何一个人而言，不同声音的融合似乎会产生令人心烦意乱的嘈杂声，一个人展现的不同自我似乎并不存在什么模式、秩序和组织。然而，通过深入探究个体的人生故事，格雷格深信混乱的噪声之下存在着一种类似赋格曲的音乐，它结构复杂、意义深远，可以将少数几个主旋律以无穷变奏的形式表现出来。

　　音乐是格雷格理论中的基本隐喻。人生故事就像一首赋格曲。音乐作品中两个最为重要的要素就是和声（音乐的横向思维）与旋律（音乐的纵向思维）。和声是两个或两个以上不同的音按照一定的法则同时发声而构成的音响组合。旋律又称曲调，它表现为演奏的一连串音符序列。形成和声与旋律的基础是音阶结构，例如我们熟悉的由八度音程中的全音符和半音符组成的全音阶。（如果你不太理解，就唱"do，re，mi，fa，so，la，si，do"。从第一个"do"到第二个"do"就是一个八度音程。）在格雷格看来，人格就好比一首赋格曲，它是一种对位化的形式音乐，由几个独立声部组成，先通过一个声部奏出主题（主旋律），其他声部此起彼伏，犹如问答。每个声部都以不同的方式将主旋律表达出来，一个声部的呈现速度可能是另一个声部的两倍，或者改变主旋律的节奏，或者颠倒主旋律。因此，每个声部既彼此相同又存在差异，一方面它们都表现了主旋律，另一方面以各自不同的方式演绎主旋律。格雷格对人格的看法也是如此，在多个自我的声部中，能够找到这种潜在的差异中的一致。

　　与赫尔曼斯和麦克亚当斯的观点相似，格雷格认为人生的两大主题是权力与爱，或巴坎所说的能动性与共生性。人们通常会将这些主题投射到具体的图像和对象之上。如格雷格（Gregg，1991）记载的莎伦（Sharon）的案例，这名年轻女性的生活能够通过豆腐和垃圾食品这两个对象诠释。1979 年，当格雷格采访莎伦时，她已与一位合伙人在美国中西部创办了一家企业，该企业主要生产和销售豆腐和其他健康食品。对莎伦而言，豆腐不仅是一种健康食品，而且象征着新时代的思想，如节食、营养、运动、健康、简单生活和社会革新，这样一种思想为她的生活赋予了一致性。作为一名企业家，她是如此自主、健康、富有成就，而且她一直为提高员工及消费者的生活水平而努力。此外，豆腐还象征着与新时代思想有关的个人习惯和承诺。除了吃素之外，她还学习太极拳，练习瑜伽冥想，参加各种自我实现工作坊，尝试服用草药，积极参与反对核能源及促进平等的社会活动。

　　与此相反，垃圾食品笼罩着莎伦的过去，她在威斯康星州的一个大家庭里长大，她的母亲是位肥胖的女人，喜欢吃肉、乳制品、糖果、垃圾食品。在莎伦看来，吃大量垃圾食品，变胖，生很多小孩，过于频繁地开车，无休止地消费，越来越慵懒，过早衰亡，这些都是不健康的生活方式。因此，垃圾食品已成为莎伦叙事的主题，也是她厌恶的生活方

468　式。她不想变胖，更觉得自己还没有为组建家庭作好准备。最近，她打算生个孩子。然而，变胖的恐惧使她立刻打消了这个念头，因为这会威胁到她的健康和新时代思想（new age ideology）。一方面，垃圾食品和豆腐彼此对立；另一方面，它们又是如此相似：

　　从理论的角度分析：莎伦用日常饮食表达了她对爱和抚育的渴望。同时，她通过区分营养、健康的食品和经过化学品处理的垃圾食品来区分这两种渴望。因此，豆腐与垃圾食品之间仿佛跨越了一个八度：豆腐比冰激凌高八度，而冰激凌比豆腐低八度。高音和低音也富有道德、存在主义和政治的意义，它们分别寓指升华和回归。也就是说，豆腐和冰激凌承载着她人生故事中的关键要素：努力成为自主的抚育者，避免自我放任和纵容。两者在差异中也享有一致。它们在很多属性上类似（如外观、质地、口感的类似使得它们能够相互取代）。对莎伦来说，它们的象征意义（抚育、安全和爱）也类似。但是，它们也拥有截然相反的属性（如取材、加工、包装和特殊的制备技术），因此它们可能有对立的寓意（如自然的与人工的，健康的与有害的，勤勉的与懒惰的）。用逻辑表示：B＝A且C＝A，但B≠C。这些符号的结构模糊性使得莎伦能够通过食物追求对抚育的渴望——以更为成熟和自主的形式，而非幼稚和依赖的形式。（Gregg，1991，p.89）

　　最终，豆腐和垃圾食品有着怎样的区别和联系呢？它们仿佛跨越了一个"八度"。两者都可以代表"do"的发音，只不过豆腐是高音的"do"，它的道德意义赋予了它高音。豆腐与新时代思想密切相关，而在这些思想中莎伦发现了真、善、美。如果我们希望世界成为美、幸福、健康的属地，那么我们应该过着"豆腐般的生活"。与慵懒、浪费的生活方式相关联的垃圾食品则是低音的"do"，它代表假、恶、丑。然而，从另一方面来讲，豆腐和垃圾食品都是好的，都意味着爱和抚育。垃圾食品象征着舒适、温暖的母爱。豆腐则是新时代的成熟之爱，是平等个体之间的爱。

　　豆腐和垃圾食品的道德意义源自莎伦所处的文化。她对这些符号的独特理解与她的成长经历有关，20世纪50—60年代，她在威斯康星州的一个小镇上长大。70年代，她就读于威斯康星大学。在大学里，她接触了形形色色的生活方式，也正是在此期间，她形成自己的新时代思想。格雷格理论的一个核心思想是，个人意义充满了社会、政治、经济和文化的烙印。与社会学家涂尔干（Emile Durkheim）类似，格雷格认为社会组织为特定的社会成员提供了一般性的思维模式。社会组织不一定是温和的、鼓励健康发展与自我实现的。相反，社会组织中存在阶层和压迫，如阶层、种族、性别的不平等。正如赋格曲中存在不同声部，人生故事也充满了差异中的一致，它在某种程度上反映并维持了社会秩序。格雷格（Gregg，1991）说道：

　　我坚信在叙事之外存在这样一个现实，即社会和政治不平等的现实。每个人都置身其中，而且在这一不平等的现实中建构自我，努力追求权力和人格尊严，在这一过程中个体会拒绝将公平和尊严赋予其他群体。我认为，这一现实不仅是叙事的原因，而且处于叙事的核心位置，例如处于莎伦对新时代饮食的追求中……（p.199）

总之，格雷格的理论将自我视为不同声部的融合，各个声部此起彼伏，直至曲终。各个声部都会演奏出一定的主题，这些主题既彼此相同又存在差异。在音乐作品中，声音既能够表达紧张和冲突，也能够表达秩序和决心。声音和主题通常能够通过图像诠释，正如豆腐和垃圾食品已成为莎伦的叙事主题。声音和主题既表达了个人意义，也饱含文化意蕴。个人意义隐藏在文化背景之中，它能够反映世界的宏观秩序。

后现代主义自我

进入 20 世纪 90 年代后，社会学家开始探讨在后现代社会人们如何理解自我（例如，Angus & McLeod，2004；Davies & Harre，1990；Denzin，1989；Gergen，1991；Holstein & Gubrium，2000；McAdams，1997a；Sampson，1985，1988，1989a，1989b；Shotter & Gergen，1989）。20 世纪 70 年代以来，在西方后现代主义的思想已广泛渗透到艺术、建筑、文学、媒体、社会机构和人类意识之中。也许我们很难用只言片语来概括后现代主义的精髓，因为在不同领域，它有不同含义。但一般来讲，它的核心是质疑和批评宏大的系统、普遍的真理，以及传统的做法（Harvey，1990）。一般来说，后现代主义的态度是去"拥抱"，或至少是"处理"模糊性和多样性，即拒绝一切普遍的论调。在后现代的世界里，没有最终的普遍真相。相反，它充满了不同版本、描述和叙事等。所有文本都从特定角度被主观建构。随着时间的推移，文本也在不断变化。没有什么是一成不变的。在一个个零星的、凌乱的变化瞬间，后现代主义徜徉着、吞噬着，如同它可以容纳一切（Harvey，1990）。我们会为后现代主义的开放、包容、活力而欢呼，但与此同时，我们发现后现代主义拒绝相信任何长久的事物，拒绝将任何事物视为持久的真、善和价值，这样的拒绝使人感到沮丧甚至惊恐，因为人类似乎想要信仰某种持久的东西。

在思索后现代主义自我时，叙事变得格外有吸引力。生活犹如文本，随着时间的流逝，它被不断书写、改动。但文本又是什么呢？它们无非是文字、图像、符号或任何其他的象征物。文本本身并没有"实质的"内容，也没有"真的"或"好的"含义。在某些方面，后现代主义与 20 世纪 70—80 年代颇具影响力的文学运动——解构主义（deconstructionism）不谋而合（Derrida，1972）。解构主义认为，文本并没有内在的、稳定的意义。语言是不确定的。每个字的含义都模糊不清，它只有在特定的表达或书写中，与其他字一起使用时，才会产生特定的含义。

如果生活犹如文本，那么生活也没有固有的意义（Denzin，1989）。如果人们认为自己了解自己，而且懂得生活的意义，那么他错了，正如读者在读完一篇小说或短故事

469

后，总是误以为自己找到文章的核心思想。这些错误可想而知，因为人们总以为故事和文本是"有中心的"。因此，作者和读者都在猜想、洞悉文本的真正意义（Denzin，1989，p.45）。解构主义则认为，这些理解实在是太荒谬了。解构主义式的理解应直面文本的矛盾和冲突，并敢于批判自以为是或自以为有明确观点的作者，要让他们知道自己已经自相矛盾，文本中存在一些他们未曾意识到的错误。在呈现后现代主题时，对文本解构主义式的解释讽刺性地将文本视为"语言游戏"（Harre，1989）。

如果生活犹如文本，那么人们在对话中通过共享文本能够建构自我。也就是说，在特定的社会情境下，通过对话、言语、符号，人们逐渐形成自己的身份。有研究者（Shotter & Gergen，1989）认为，"人们创建身份的主要媒介不仅是语言的，而且是文本的，在很大程度上个体会将身份的获得归于对话——与他人的对话"。在某种意义上，每次对话都给个体带来新的表达自我的机会。随着时间的推移，这些对话便形成一幅完整的拼图。

后现代主义自我的中心问题是统合，因为所有文本都是不确定的，没有哪种单一的生活能完全说明一件事，能展现有组织的模式和身份。在《饱和的自我》（*The Saturated Self*）一书中，格根（Kenneth Gergen）更加有力地表达了这一观点：

> 后现代主义最大的特点就是对现实的诠释出现多种不同的声音，每一种声音都合理地表达了真和善。随着这些声音不断扩张，那些曾被视为恰当的、公正的、为人所熟知的事物彻底颠覆。在后现代的世界里，我们逐渐意识到这个世界上的客体远少于由此衍生的观点。因此，诸如情感和推理的过程不再是个体真实而重要的本质，相反，在多元化的视角下我们认为它们是虚假的，是概念化的产物。在后现代的世界里，个体不断被建构和重建。可以说，这是一个什么都可以协商的世界。每个现实都会遭到质疑、讽刺，并最终被其他现实取代。没有能够屹立不倒的中心。（Gergen，1991，p.7）

受到后现代主义的启发，桑普森（Sampson，1989a，1989b）认为心理学需要从新的角度来理解人。后现代生活充满不确定性，而且技术的发展、经济的全球化已将世界紧密相连，因此我们不应该再将人视为个体。事实上，在许多文化中，将人视为个体的观点已失去意义。格尔茨（Geertz，1979）写道："西方文化倾向于将人定义为一个界限清晰的、独特的、拥有完整动机和认知系统的整体。无论这一观点多么根深蒂固，在世界文化背景下依然显得相当奇怪。"（p.229）桑普森认为，在西方文化中将人作为独立个体的观念兴起于 16 世纪，并最终在 20 世纪走向衰落。

在桑普森看来，人是某一特定社会团体中不同力量、不同声音的"交汇点"（location），并与世界范围内的其他社会团体密切联系。也许我们很难从字面上理解桑普森的观点，当然他并不是要否认个体在生理上的差异。我们的身体属性确实不同。在心理上我认为属于我的东西（我拥有的）却未必是我的，桑普森说道："人是特定资产的监护者,却未必是拥有者。"(Sampson,1989a,p.919)自我是"构成的"(constitutive),"人类能够在社会中找到自己的身份和位置"(p.918)。自我的故事并不存在于个体内部等待着被讲述。相反,个体仿佛处于故事之中,这些故事环绕着他,定义了他的人生。自我不仅存在于人们的脑海之中,而且挣扎在后现代的漩涡里。

尽管后现代主义的思想对一切人生故事的解释都持有怀疑的态度,但它仍与本章和第 10 章的一些观点颇为相似。人生故事依据背景、场景、人物、情节、主题而被书写和建构。在社会背景下,随着时间的推移,人们会通过故事展现自己为目标、愿望而不断奋斗的过程(Barresi & Juckes,1997)。人生故事是个体精心创作的心理作品,而文化为这些作品赋予了意义。我们的故事不仅表达了我们是谁,而且反映了我们生活的世界。

女性主义的观点

近些年来,叙事学家开始对女性的生活尤为感兴趣。西方传记学者以前只关注在政治、军事、科学、艺术、宗教或经济等领域取得卓越成就的白人男性。他们的故事是社会历来最珍视的故事,也是最适合讲述和解释的故事。然而,到了 20 世纪末期,学者、作家、电影制作人纷纷开始将目光转向女性、其他人种、弱势群体,并努力去探索和呈现一度被忽略的人生故事(Bateson,1990;Franz & Stewart,1994;Josselson & Lieblich,1993;Josselson,Lieblich,& McAdams,2003;Rosenwald & Ochberg,1992)。正是在这一过程中,人格心理学家逐渐发现用以研究中产阶级白人男性的方法和框架并不一定适合所有人。

今天,许多心理学家倡导从女性的角度来研究行为,解释人类生活。所有女性主义视角(feminist perspectives)都倾向于将性别视为解释过程的中心,而且尤为注重女性的行为和生活。当然,在心理学中存在许多不同的女性主义取向(Riger,1992,2000)。譬如,一些女性主义取向认为,男性和女性对世界的认识和体验存在本质差别,因此在解释女性的经验和行为时,应该寻找适合女性的概念和范畴。其他女性主义取向则反对这一观点,认为社会和文化因素(尤其是权力和地位)导致重要的性别差异。许多女性主义学者认为,由于女性在社会生活中处于从属地位,因此她们有其自身的独特性,如独特的适应和生存策略。还有一些观点则更加强调男性和女性的相似之处,认为人们观察到的差异无外乎是性别偏见或歧视之类的东西。

然而,有一点可以肯定。在对待性别、权力和社会结构的问题上,当下从事人生故事研究的心理学家比弗洛伊德、荣格和阿德勒更敏感。毫无疑问,心理学家在解释女性生活时面临的问题,与解释男性生活时面临的问题既相似又有所区别。人格心理学家斯图尔特(Stewart,1994)认为,解释女性的人生故事需要一系列策略,当然在实际运用时,这些策略可能很难驾驭。通过总结自己的人生叙事研究工作,她强调了七种特别有效的女性主义策略。

第一,留心被遗漏的东西。传统的分类如工作和家庭并不能完全概括女性的所有经验。她们的一些特殊经历,如亲密的同性友谊、家庭政治,常被传记作家和心理学家忽略,但这些未知的领域可能正是理解女性生活的关键(p.18)。

第二,心理学家应该经常分析自己在理解和研究过程中的角色和位置。尽管科学常被视为客观的,但实质上,无论对男性还是女性的人生叙事研究,都是主观的、对话式的。研究者的性别、社会地位、历史经验会使其与研究对象形成一种特定的内隐关系。毫无疑问,这种关系会影响研究者的解释。

第三,斯图尔特(Stewart,1994)要求心理学家在社会制约框架内考虑女性的能动性。我们都是文化媒介的产物,但一些传记作家和心理学家过快地解释女性的生活,未能考虑社会力量制约的作用。这些解释衍生了刻板印象,即把女性视为被动的受害者。即使在最压抑的环境里,人类的能动性也是一股强大的、不可忽视的力量。斯图尔特写道:"在相对无能为力的环境里,与其他所有处于从属地位的人一样,女性一直在作出选择和反抗压迫。"(p.21)

第四,斯图尔特(Stewart,1994)认为心理学家在解读女性的生活时,应将性别作为分析工具。除了性别角色和刻板印象之外,随着文化和历史的变迁,性别概念的含义也在发生改变。因此,"在研究女性的生活时,我们应不断地探究她们自身对性别的理解,以及这一理解与文化中人们对性别的理解之间的一致性和矛盾"(p.24)。

第五,心理学家必须明确性别如何定义权力关系,以及权力关系如何被性别化。一些女性心理学家认为,尽管性别看上去只与生物学因素有关(由于性征与繁衍的区别,男性和女性在生理结构上有着明显不同),但性别不仅有性与繁殖这一层含义,而且意味着社会权力。很多时候,社会权力使得男性和女性拥有不同的特征和经验。"许多女性特有的经验,即与男性化或女性化有关的经验,以及与地位从属有关的经验,都能通过社会权力来理解。"(p.26)

第六,考虑社会地位的影响。斯图尔特指出,20世纪60—70年代,许多中产阶级白人女性认为,她们经历的妇女解放运动和同时代非裔女性的经历是一样的。然而,很多非裔学者认为,这一想法是错误的。白人女性至少有一定的工作和社会参与的机会,但非裔女性在此方面遭受诸多障碍,而且她们面临种族和阶层的问题。若未能考虑种族和阶层的深远影响,那么研究者无法完全理解女性的经验。

第七,斯图尔特提醒研究者,不能把从男性身上得到的结论和定律不加选择地运用到对女性心理的解释中。她建议,女性传记作家要避免追求完美、统一和连贯的自我。普遍的观念认为,人们应该努力获得完美、统一和连贯的自我,但这通常只被赋予男性,简单来说,这是属于拥有优越的经济条件的男性的人生故事。斯图尔特认为,研究者在解读女性的人生故事时,应保持开放的态度,因为与男性相比,她们的人生故事更加不确定,容易依情境而定。尽管我们不希望看到这样的差异,但不应该不理智地将文化理想投射到女性身上，这种文化理想也许更适合诠释 20 世纪后半叶欧美上层、中上层人士的生活。

斯图尔特的最后一个主题展现了后现代主义在解读人生故事时的多元性。为理解生活的意义，人们一生都在建构和讲述故事。故事帮助人们发现生活的统一性和目的，故事也表达了可变性和多样性。因此，任何一个好的解释都必须在连贯性和复杂性之间取得平衡。人类生活既不是整齐的也不是随机的。人生故事呈现了心理个性的一致和统一，而且能够帮助人们理解事物如何被完整地融合成连贯的模式。但有时，人生故事不能被简单地诠释，它也有多样、不稳定、矛盾甚至混乱的一面。从弗洛伊德到当代的女性主义，对人生故事的解释可以说是心理学领域最迷人的存在，但同时面临着最为严峻的挑战。人生故事意味着什么呢？对于这个问题也许永远没有完整的答案，但仍然有很多值得我们去学习和了解的东西。浑浑噩噩的生活可能依然值得去过，但它因缺乏努力而显得苍白。和我们所有人一样，人格心理学家确实发现，探索人生故事的意义是一种难以抗拒的挑战。

473

本章小结

1. 我们应该如何解释人们讲述的故事呢？在过去的 100 多年里，人格心理学家一直为此问题感到困扰。本章介绍了解释人生故事的诸多理论，包括 20 世纪上半叶的精神分析理论，以及当代的对话自我、后现代主义自我和女性主义的观点。尽管彼此各异，但它们都认为，人生故事并不是完全如我们所见。

2. 弗洛伊德理论中最典型的故事就是俄狄浦斯神话。弗洛伊德认为，从 4 岁开始，儿童会经历一场与性和权力有关的潜意识戏剧，即俄狄浦斯情结。在俄狄浦斯情结期，儿童从对象选择逐步过渡到对父母一方的认同，这也为超我的发展创造了条件。弗洛伊德认为，俄狄浦斯情结是童年期重大的社会化事件，它限制了儿童的权力欲望，巩固了人类社会生存必需的道德意识。弗洛伊德认为，所有儿童都会经历俄狄浦斯情结。尽管这一观点是错误的，但临床医生和传记作家发现，俄狄浦斯情结确实能够解释一些人的人生故事，如我们看到的三岛由纪夫的例子。

3. 我们发现，很难将俄狄浦斯情结这一概念直接运用到女孩或女性身上。批评家对弗洛伊德这一方面的许多观点提出质疑，尤其是关于阴茎忌妒的解释。乔多罗从社会性别角度出发，重新诠释了俄狄浦斯情结。她认为，在俄狄浦斯情结期及随后的阶段，女孩在关系中建立自我身份，男孩则通过反对母亲获得发展，因此女性和男性产生了不同的发展路径，而且这一差异代代相传，因为所有女孩和男孩的主要看顾者几乎都是女性。

4. 一般来说,弗洛伊德在解释人生和人生故事时,旨在探寻日常生活背后隐藏的含义。弗洛伊德展示了梦、口误、症状、人类行为和经验如何被看成由多种因素决定的条约和文本。条约是不同冲突力量彼此妥协的结果(对梦境来说,就是愿望的表达);文本则必须在许多不同的层次上被解释,而且没有最终意义。在杜拉的案例中,弗洛伊德对其症状(频发性的咳嗽)和梦境(珠宝盒之梦)都进行了精神分析的解释。症状、梦境,以及所有人类经验,都根据相同原则建构,如凝缩和移置。通过这一过程,大量潜意识冲突、因素和成分最终形成外显的内容,但它内在的含义被隐藏了。

5. 作为弗洛伊德早期的追随者,荣格最终发展了与之对立的精神分析理论,在分析心理学中强调集体潜意识的重要性。荣格认为,集体潜意识是人类进化的储藏室,存储着大量原型,为人类生活提供了普遍的模式。荣格理论中常见的原型包括阿尼玛(男性潜意识中的女性形象)、阿尼姆斯(女性潜意识中的男性形象)和阴影(不被社会接受的、人性中黑暗的部分)。每个原型都可以作为人生故事中的一个特定角色。在对梦境和幻想的解释中,荣格强调普遍的主题和心理个性化(psychological individuation)的英雄式探索。荣格将梦境视为寻求人格平衡的途径,以及展现普遍神话的通道,并且梦境能够预示未来。

6. 阿德勒的人格理论注重人类生活的时间特征。在阿德勒看来,个体的生命历程仿佛一个个故事。在阿德勒的个体心理学中,早期记忆被视为生活的缩影,为个体的发展设定了独特的生活风格。早期记忆建构了人生故事的开端,虚构的情节或假想的目标为人生故事提供了方向和目的。故事的主题包括追求优越和社会兴趣。

7. 20世纪80—90年代,人格心理学家赫尔曼斯开创了对话自我理论。他认为,人生故事的基本单元是评价,个人评价可以在S动机、O动机、积极情感和消极情感四个维度上进行比较。通过对话或交流,个人评价被组织成具有时空情境的叙事。自我并不是只有一个作者,而是由不同声音融合而成的"多声部小说"。

8. 与赫尔曼斯类似,格雷格强调从叙事的角度解读人生,重视自我的多样性和对话。不同的是,格雷格理论的基本隐喻是音乐。人格就像一首赋格曲,不同声部表达了不同旋律和主题。值得注意的是,在人生故事中,能够反映个人发展趋势的图像在本质上既相似又不同,仿佛跨越一个八度的音符。

9. 近年来,一些作家开始运用叙事思维来思考后现代主义自我的问题和可能性。一些人认为,当代自我被解构为一个稍纵即逝的故事漩涡,在不断变化的生活中和特定文化背景下变动着、流逝着。后现代主义质疑任何整合的、统一的解释。然而,所有理论都有一个共同点,即认为人类的生活不断被书写,人生故事不仅表达了我们是谁,而且反映了我们生活的世界。

10. 近年来,心理学家和传记作家将目光投向了女性、有色人种、弱势群体的人生故事。女性主义的解读视角倾向于将性别视为解释过程的中心。斯图尔特认为,心理学家在解读女性的人生故事时会面临独特的挑战。针对女性的叙事研究，斯图尔特概括了七种策略：第一，留心被遗漏的东西；第二，心理学家应该经常分析自己在理解和研究过程中的角色和位置；第三，心理学家要在社会制约框架内考虑女性的能动性；第四，心理学家在解读女性的生活时，应将性别作为分析工具；第五，心理学家必须明确性别如何定义权力关系，以及权力关系如何被性别化；第六，考虑社会地位的影响；第七，研究者不能把从男性身上得到的结论和定律不加选择地运用到对女性心理的解释中。

第 12 章

书写人生故事：传记与生命历程

即使你曾见过格罗佩（Grope），也可能对他没太大印象。他是一个黑头发的、有点不太整洁的矮个子年轻男子，20 世纪 30 年代就读于哈佛大学。除了就读于一所名校之外，他似乎再普通不过，安静、冷淡、平凡。根据他自己的描述，他是一个"大水坑里的小青蛙"，一个"非常好的孩子"。格罗佩很害羞，言语不多，说起话来柔声细语。他没有参加任何校外俱乐部或组织。平日里他没有和女生约会过，也不怎么花时间学习。对于一些社交活动他也没多大兴趣，大多数时间里他总是在睡觉、娱乐、幻想，或者与一群朋友玩桥牌（Murray，1955/1981，p.544）。你可能会认为他很懒，但格罗佩没什么大问题：他没有患精神病，也没干过违法乱纪的事。通过了解他的人生故事，我们可能会对他的梦想（他渴望飞翔）感到惊讶。

伊卡洛斯：一个古老的故事

在伊卡洛斯这个古老的故事里，一个年轻的男孩插上翅膀，飞向太阳。当他越飞越高时，太阳的热量熔化了翅膀上的蜡，之后他坠入大海。这是一个关于热的太阳和冷的海洋，以及炽热的雄心最终被水浇灭的故事，一个关于飞翔和坠落的故事。从本质上说，伊卡洛斯的故事正是格罗佩的故事。在一个著名的个案研究中，默里（Murray，

1955/1981)通过一名年轻男孩人生先起后落的古老的希腊神话故事,解释了格罗佩的生活与人格。默里认为,格罗佩的内心潜藏着伊卡洛斯情结(Icarus complex)。

20世纪30—40年代,默里及其同事在哈佛心理诊所进行了一系列访谈、测试和实验,格罗佩是众多被试中的一员(Murray, 1938)。作为被试,格罗佩需要接受三次访谈,每次访谈的时间是一个小时,在此之前他还需要写一个详细的自传。另外,格罗佩完成了一系列问卷、量表和开放式测验,如主题统觉测验,在主题统觉测验中被试需要根据呈现的图片讲故事(见本书第7章)。

以下是格罗佩自传中的部分内容:格罗佩的父母都接受过大学教育,他们家有三个孩子,格罗佩是长子。格罗佩最早的记忆是他把晚饭倒在地上,以此作为对母亲的报复。直到十一岁时,格罗佩还在尿床和尿裤子。六年级时,他认为自己是班上最好的学生和运动员。七年级时,他的体重开始下降,在这一年他没长高,经常感冒,精神不振。高中时,格罗佩的身体开始慢慢恢复,高二时他被选为财务委员,而且负责学生自治会和学生年鉴工作。在毕业的那一年,他被同学戏称为"最爱开玩笑的人"。然而,在哈佛念大学的日子标志着他又一次回到平庸,他就像"大水坑里的小青蛙"。第一次访谈时,格罗佩认为自己已处于行为与情感的临界状态:"我只是在等待时机,等待某一天我的'灵魂'被点燃,这内在的火焰将使我飞跃并登上成功的阶梯。"(Murray, 1955/1981, p.543)一旦他的灵魂被"点燃",他就开始飞跃,格罗佩将获得他理想生活的终极价值——金钱、权力、荣誉和名声。

默里向我们讲了格罗佩最喜欢讲述的故事:

> 他经常幻想和一群追随者一起待在太平洋的一个荒岛上,在那里他们发现永不枯竭的水源和充足的食物,随即在岛上建立了新文明,他自己便是国王和立法者。他经常幻想飞行到高处,然后开始优雅地翱翔,并轻轻地着地。同时,他对不那么天马行空的幻想同样满怀热情:他想成为一个职业拳击手、一个演员、一个将军、一个百万富翁、一个发明家、一个精神病学专家和一个教师。"和孩子们一起工作,带着幽默感教他们,让他们认为你是个'好人',这会多么有趣啊。"他曾想象自己是著名的踢踏舞者、歌手、喜剧演员。他被舞台吸引,尝试进入戏剧学校。他迫切地打算应征空军特种部队,成为一名飞行员。尽管在他看来,两次世界大战是罪恶的,但他希望在15年内再发生一次战争,从而摧毁大部分文明。可能发生在他身上的最糟糕的两件事是(a)在战争中受伤,(b)失去自信。最后他写道:"如果我可以根据内心的想法来重新建构这个世界,那么我会建立一个世界政府,并成为一个独裁者,一个好的独裁者。"他将作为一个领导者或艺术家,发明家或探险家而流传后世,这将是他最引以为豪的事情。(Murray, 1955/1981, pp.542—543)

伊卡洛斯的故事展现了格罗佩过去和现在的形象,格罗佩的幻想剧本预示未来他可能成为什么样的人以及做些什么。过去生活中一些重要的场景将成为他人生故事的转折点，使得他将金钱、名声和荣誉作为人生的终极价值。根据格罗佩的自传、梦、幻想，以及在主题统觉测验中的回答，默里描述了格罗佩生活中重复出现的主题(如表 12.1 所示)，这些重复出现的主题便形成伊卡洛斯情结。

478

表 12.1　格罗佩案例中的伊卡洛斯情结(摘自默里的原稿)

尿道性兴奋

简言之，即通过尿道来体验性兴奋。根据弗洛伊德及其同事的界定，尿道性兴奋(urethral erotism)通常会伴随着烈火、"燃烧"的雄心、出风头和好奇心。回想一下格罗佩的说法："火是来自外太空的橘黄色气体。"甚至直到今天，当点燃废篮子里的纸屑，看着它熊熊燃烧时，他还是会"感到强烈的兴奋"。在他的投射测验中，会持续出现火的形象。此外，持续性遗尿和尿道性兴奋(梦到排尿时伴随着射精)之间存在关联，我们和其他研究者在许多类型的人格中都发现了这一联系。(Murray，1955/1981，p.548)

上升

上升(ascensionism)是一种克服重力的愿望，如直立、长高、踮脚跳舞、在水面上行走、在空中跳跃旋转、攀爬、升高、飞翔、慢慢从高处飘落下来然后安全降落，当然还有死而复生和升入天堂的意思。上升也有情感和意识的形式，例如巨大的热情、自信心的迅速提升、思想的畅游、狂喜、精神的膨胀、心醉神迷的体验、诗意的和宗教的体验——这些情感和意识的上升也可能通过身体的上升来表达。(Murray，1955/1981，p.548)

焦点式自恋

焦点式自恋(cynosural narcissism)这个词(比表现欲更恰当)能够恰当地形容渴望得到他人的注目和崇拜，希望像天空中的星星一样吸引所有人的眼球，让人为之心醉。(Murray，1955/1981，p.549)

坠落/降下

坠落(falling)是指事物(通常是指一个人的身体或声望、地位，但也可能是粪便、尿液或任何能被投注的物体)突然或者意外落下。降下(precipitation)则意味着一种有意识或潜意识的悲惨降落：S 从高处掉下来或者跳下来(自杀)，或者他把别人推下悬崖，把东西扔下去，故意在地板上撒尿、排便。(Murray，1955/1981，p.551)

渴望不朽

毫无疑问，每个自恋者都渴望自己永远存在。在此方面，格罗佩是个典型的例子，他把永生(我可能活到 500 岁)作为自己的七个愿望之一。(Murray，1955/1981，p.553)

贬低和奴役妇女，双性恋

格罗佩轻蔑地谈论自己的母亲，平时他也经常嘲笑女性。他从未有过爱的体验。但是，正如他在投射测验中所表达的，虽然女性不是必需的，但也很重要，她们是他获得荣耀的动力：女性(a)看他一眼就会变得狂热，被激发出疯狂的性欲；(b)会颂扬他的功绩；(c)能够给他生孩子；(d)为他的死而痛哭。也许他希望拥有的人既要有女性气质，也要有男性气质。他在三维测验(Tri-Dimensional Test)中讲述的故事更能说明这一点：一个国王在全国下令，谁能创造出世间最美的事物，他就将半个王位赏给那个人。最后一个参赛者(故事中的英雄)上前说："我创造了另一个自己。"于是国王说："那是世间最美的事物，因为你是这世上最美的。你愿意做我的王后吗？"国王立这个英雄为他的男性王后，并赏给他半个王位。(Murray，1955/1981，p.554)

来源："American Icarus"，by H. A. Murray, in E. S. Shneidman(Ed.)，*Endeavors in Psychology: Selections from the Personology of Henry A. Murray*(pp.535—556)，1955/1981，New York: Harper & Row.

伊卡洛斯情结的第一个主题是尿道性兴奋，意思是"热"的性和"湿"的尿道的主题统合。尿道性兴奋意指"火的炽热、'燃烧'的雄心、表现欲和好奇心"（Murray，1955/1981，p.548）。默里指出格罗佩童年时的幻想，他幻想婴儿是尿液进入母亲的直肠而产生的，而且在格罗佩的想象中火十分重要，他一生都对火感兴趣（格罗佩在 6 岁时还幻想过"火是来自外太空的橘黄色气体"），而且他一直都有遗尿问题（尿床）。

默里认为，在格罗佩的个案中，尿道性兴奋与第二个主题上升有某种关联。上升的主题包括多种幻想，如想象自己翱翔于天空并降落在保姆的臀部上（一个重要的梦），火箭一般穿越太空后落在火星上，登上成功的阶梯，以及获得非常大的威望和影响力。在格罗佩对一幅主题统觉测验图片（这幅图片中有被积雪覆盖的牲口棚和在天空中飞翔的马）展开的故事描述中，我们能够看到尿道性兴奋主题：

> 一位老隐士来到树林里，建了一个农场。隐居的他以种植谷物为生，30 年后，他厌倦了这种枯燥乏味的生活，决定重新进入充满竞争的世界，他计划着卖掉谷物，积累一些财产。然而，辛勤耕耘多年的他种不出颗粒饱满的谷子。他需要更多肥料，可是他压根没钱买肥料，他已经没有办法了。于是，一天晚上他决定向神求助。奇迹就这样发生了，第二天神马飞过这片农场并给所有谷物施肥（假定是撒尿）。不仅如此，牲口棚里的母牛生了小牛（神马让它受孕？尿道性兴奋），这些正是他一直梦想得到的。他沉浸在幸福之中，感到生活是值得的。因此，这幅图片表达的是幸福的感受。（Murray，1955/1981，p.549）

伊卡洛斯情结的第三个主题是焦点式自恋，即希望得到他人的注目和崇拜。格罗佩将自己想象成独裁者、演员、职业拳击手、发明家。这些都是灿烂、耀眼的大明星。在一项绘画测验（Draw-A-Family）中，他画的自己是父母的两倍大，面对一张空白的主题统觉测验图片，他想象一名巨大的裸体男性被一群崇拜他的民众包围。这名男性是"全希腊最完美的身体……一种感觉……一幅绝妙的画作"（Murray，1955/1981，p.550）。

第四个主题坠落/降下与前三个主题在上升和下降的循环上拥有默里认为的不同水平的关联，这些主题都出现在格罗佩的早期记忆、梦和主题统觉测验中，如格罗佩在七年级以及在哈佛大学读书期间从杰出"坠落"到平庸，上升的事物总要降下来，而且是突然间降下来。（确实，在格罗佩最早的记忆中，他的晚餐突然掉到地上。）面对一幅主题统觉测验图片，格罗佩讲述了一个悲伤的故事，故事中的六个人最后都死了，其中有四个人掉进水里。冰冷的海水不仅浇灭了伊卡洛斯飞翔的梦想，而且浇灭了同龄人的雄心壮志。火与水，太阳与海的意象，唤起了尿道性兴奋。

为什么默里会由一个普通大学生的幻想联想到伊卡洛斯的故事呢？描述格罗佩的伊卡洛斯情结又有什么意义呢？可能有人猜测默里是用格罗佩的个案作为一个切入点，以此更加深入地了解飞翔幻想这一更为普遍的主题。的确，这样的探索也反映在人格心理学家奥格尔维（Ogilvie，2004）的书中。在《幻想飞行》（*Fantasies of Flight*）一书中,奥格尔维探究了很多人生命中飞翔故事和梦想背后的动力因素,包括书中的人物巴雷(James Barre)先生的故事。但是,在格罗佩的个案中,默里似乎更关注飞翔和坠落的故事,并用它解释格罗佩的人生。默里选择伊卡洛斯的故事是因为,只有故事才能整合格罗佩生活的多个方面。正如我们在第 10 章看到的,故事能够整合人生。我们根据内在的、不断发展的自我,建构属于自己的人生故事。整合的人生故事包含我们特有的同一性。在格罗佩的个案中,默里和格罗佩一样都在说故事。伊卡洛斯的故事可以帮助默里理解格罗佩的人生故事。同时,它也使默里以一种简练的、富于情感的方式理解格罗佩的一些幻想、梦境、对主题统觉测验图片的丰富想象、价值观、抱负、对过去的记忆,以及当前作为同一性尚未形成的大学生所体验到的不满。简而言之,伊卡洛斯情结就是默里讲述的关于格罗佩的人生故事。默里发现,为了表达格罗佩个性中的重要方面,他必须讲故事。

我们并不认为(也不应该认为)人格心理学家是讲故事的人。就像其他行为科学家一样,人格心理学家比较侧重运用本书第 10 章提到的思维的范型模式(Bruner,1990)。这意味着人格心理学家需要收集可靠的、有效的数据,检验假设,进行精确的测量,并试图揭示心理个性的因果关系。本书每章都介绍了思维的范型模式研究取向下的方法和理论。正如我们在第 10 章和第 11 章中看到的,每个致力于研究人生故事的心理学家在使用思维的范型模式时,都会将人生叙事进行分类、测量、系统化。此外,人格研究的形式也包括思维的叙事模式(Bruner,1990)。然而,这并不意味着人格心理学家都会偶尔写写小说和短故事(尽管并无法律规定他们不能写),它是指从心理学的视角进行传记研究(biographical studies)(Elms,1994)。由于故事能够及时有效地传达人类生活的含义,因而人格心理学家有时会通过发现、关联或建构整合的故事来解释个体的生活。在格罗佩的个案中,默里通过伊卡洛斯的故事揭示格罗佩各方面的心理个性,如果用其他方式,效果可能会大打折扣。

第 10 章和第 11 章关注人们通过建构故事来理解自己的人生,而本章关注心理学家用以理解研究对象的故事,介绍人格心理学家运用整合的故事来理解人类生活的不同方法。在某种意义上,本书第 10 章和第 11 章的人生故事可以被看作第一人称描述(first-person accounts)——人们建构故事来理解自己。在本章,故事是第三人称描述(third-person accounts)——心理学家建构故事来理解他人。这些第三人称描述会用到第一人称描述。例如,为了形成伊卡洛斯解释(第三人称),默里运用格罗佩描绘的生活(第一人称)作为故事的资料。关于人格研究中对故事的运用,有研究者(Barresi & Juckes,1997)写道,"研究者使用第一人称叙事作为原始材料,用第三人称叙事来描述和解释人生,经验的暂时性使得人类不得不主动为经验赋予秩序、方向和目的。正因为人生是以一种类似故事的方式通过经验来建构的,所以人生研究也应该采用叙事的形式"(p.693)。

　　20 世纪 30 年代，默里在哈佛心理诊所创立了如今人格心理学中为人所熟知的人格学传统（personological tradition）。人格学传统重视深入研究传记、神话、叙事和个案。无论在默里所处的时代还是现在，个案研究在人格心理学中一直备受争议。首先我仔细探究了人格心理学中对个案研究的评论和辩驳，随后考察同样备受争议的心理传记法。心理传记通常会用宽泛的人格理论来解释个体（通常是名人）的人生历程。通过心理传记研究能发展出成年人生命历程的理论，例如莱文森（Daniel Levinson）对成年人生活"四季"的研究。最后，我重新考虑了社会情境和社会训练的影响，并运用人生历程观来理解其影响。人生历程观把我们带回人类动力与心理个性这一问题上，这也正是人格心理学从一开始就存在的原因。

人格学与人生研究

默里与哈佛心理诊所

　　1927 年，哈佛大学聘用一位拥有生物化学博士学位、名不见经传的医生作为哈佛心理诊所（Harvard psychological clinic）杰出心理学家普林斯（Morton Prince）的助手。尽管 34 岁的默里已开始在医学研究中崭露头角，但他实际上并未受过正规的心理学训练，仅仅在 15 年前上过一门本科课程。1893 年，默里出生于纽约一个非常富有的家庭，在 23 岁时他四处游历、学习。只可惜，他没能发现一个令自己感兴趣的学术课题，直到 1923 年他读了荣格的《心理类型》（Psychological Types）一书，不久之后，他与荣格一起度过了一个假日。默里后来写道，荣格促进了他同一性问题的解决（Murray，1967，p.291）。"我们聊了几个小时，一起乘船而下，在他浮士德式寓所的壁炉前一起抽烟，一个月内，矛盾的问题解决了，而后我决定钻研心理学。"（Murray，1940，p.153）同时，在默里的生活中，其他许多因素似乎共同推动他往心理学的方向发展，包括他阅读了浪漫主义作家陀思妥耶夫斯基和梅尔维尔的作品，还有他和摩根（Christiana Morgan）日益深厚的关系，摩根和默里都对人格有着浓厚的兴趣（Anderson，1988；Murray，1940，1967；Robinson，1992）。在默里受聘于哈佛心理诊所两年后，普林斯去世了。默里接替他的职位。

　　哈佛心理诊所建立之初，普林斯把它用作本科生学习变态心理学的场所，而且直接提供临床演示（Robinson，1992；White，1981）。普林斯在歇斯底里、多重人格和潜意识心理过程等方面的研究都非常出色，他常常给学生讲一些有趣的案例，这让学生感到十分生动。他甚至会把病人带到教室，病人会在课堂上直接展示令人惊讶的症状和异能。在今天这种方法听起来可能是一种很好的教学模式，但当时哈佛大学心理学系（Psychology Department at Harvard University）并不鼓励普林斯的真人演示，而且不

481

理解普林斯对非科学问题的狂热。因此，校方建议将诊所建在远离正规心理学实验室的地方，以免人们对心理学产生误解。当默里进入诊所当助手时，普林斯的活动已开展得有声有色。哈佛心理诊所既有歇斯底里症和催眠方面的课程，也有实验课程。一位在此学习过的学生怀特（White，1981）后来回忆，如果普林斯更长寿一些，哈佛心理诊所可能会因为对人类异常心理的研究而赢得一些名望。然而，默里接管哈佛心理诊所之后一切都变了。

> 在普林斯去世前一年和后一年，我是该诊所的一名研究生，接下来的三年我去了别的地方教书。当我回来时，诊所完全变了样。每个人都在谈论需要、变量和一种叫作主题统觉的神秘过程。陌生人在这里进进出出，他们既不是教职员工、病人，也不是学生，而是参与实验的被试。看来，这里已经大变样了。
>
> 当我从最初的疑惑中走出来之后，我了解到在我离开诊所期间，这里的研究者作出了一些重大改变。首先，他们认为当不了解被试时实验结果会很难解释，因而他们决定所有实验都采用同一批被试，如此每个研究者便都能够结合他人的研究结论理解自己的研究发现。其次，他们决定通过访谈和测验的方式进行个案研究，以便更多地了解被试，研究结果的解释也更加丰富。最后，为了充分解释人格当中重要的东西，他们决定共同讨论研究内容，提出一些共同的研究变量，并严格控制研究的观察过程。（White，1981，p.5）

默里将人视为探究的中心。如果人是中心，那么研究者必须熟悉不同情境下的人。每个人都需要深度访谈，并完成各种测试。不同研究者要从不同角度理解这个人。不同研究者会定期见面互相交流，并综合对某个人的研究结果。因此，不同研究者组成默里所称的诊断委员会（diagnostic council）。诊断委员会把对同一个被试的不同观点综合起来。为了使不同研究者能够互相交流，默里为人格过程提出一种新的系统命名法（nomenclature），这为描述人格提供了一种语言，直至今天依然有很大的影响力。

20世纪30年代，默里在哈佛心理诊所领导了一场不寻常的学术合作，他把来自学院派心理学、精神分析、人类学、生物学和其他学科的学者聚集在一起进行人格研究。第二次世界大战前后，在哈佛心理诊所工作过的著名学者有怀特（Robert White）、麦金农（Donald MacKinnon）、弗兰克（Jerome Frank）、罗森茨魏希（Saul Rosenzweig）、桑福德（R. Nevitt Sanford）、贝克（Samuel Beck）、史密斯（M. Brewster Smith）、埃里克森（Erik Erikson）、莱文森（Daniel Levinson）、布鲁纳（Jerome Bruner）和汤姆金斯（Silvan Tomkins）。哈佛心理诊所开始对正常大学生进行集中的、跨学科的长期研究，研究的总体目标是综合理解整体的人。在20世纪30年代美国主流心理学看来，默里的工作显得不同寻常。当时，美国心理学流行采用严格的、还原主义的方法，以及行为科学的模式。当美国心理学热衷于对老鼠和鸽子进行实验研究时，默里尝试研究自然情境中真实的人。当美国心理学关注简单的学习规律时，默里热衷于研究人类的动机，特别是它的复杂性和潜意识性。当美国心理学怀疑精神分析、荣格心理学和任何有违正统的观点时,默里邀请各个领域的学者,甚至有些来自人文学科,一起在诊所参与学术讨论。

默里喜欢在文学作品和神话故事中寻找理解人格的灵感。他对梅尔维尔的小说和短故事特别感兴趣,并在 1951 年发表了对梅尔维尔《白鲸》的评论(Murray,1951a)。借鉴弗洛伊德的理论观点,默里认为亚哈(Ahab)船长与强大的白鲸之间是一种本我与超我的冲突,亚哈代表了魔鬼和邪恶的力量,按照心理学的说法就是原始的本我的力量。莫比·迪克——巨大的抹香鲸则是强大的超我的化身。

默里将在哈佛心理诊所的早期作品汇集成《人格探索》(*Explorations in Personality*)一书(Murray,1938)。书中记载了对 50 名大学生的深入研究,默里及其同事憧憬着建立一门新学科,默里将其称为人格学(personology)。默里设想,人格学是对个体心理的跨学科探索,研究特别重视吸收神话、民俗、传记和人类想象力的内容。其他研究取向的心理学家注重研究人类有机体的具体过程和功能,而人格学家通过更为综合的角度,审视个体对世界独特适应的整体模式。人格学家热衷于寻找重复出现的主题,以期描绘出整体的人。尽管在特定行为和情境层面,质性研究的精确度和预测力稍有逊色,但在整体的人的层面能够获得理论上的一致性。

人格学系统必须从观察人开始。当你观察一个人时你看到了什么? 默里描述他所看到的:

> 并不是说,我仅仅看到一个穿着西装的美国人,他像迷宫中的老鼠一样进出办公室,仿佛只是由反射、习惯、陈规旧习和口号组成的食肉动物,会严格遵守组织纪律,并对组织忠诚。换句话说,我并不是只看到一个机器人,我看到的是有意识或潜意识的、有力的、主观的生命流动:从遥远的过去传来的声音在走廊里时时低吟,大量幻想伴随着过去的记忆,以及当前互相斗争的情结和故事,还有那些充满希望的暗示和理想。对一个神经病学家来说,这样的观点是荒谬的、陈旧的、不切实际的,但事实上它们比简单的反射弧以及神经突触更接近真实的内在生活。人格世界里应该充满形形色色的人物,如演说家、孩子、政客、共产主义者、孤立主义者、战争贩子、中立者、贪污者、游说家、恺撒、马基雅维利、保守主义者和革命家。心理学家只在自己身上是了解不到这些的,他的心因为封闭而看不到变化的图像和感觉,因此心理学家应该和参与精神分析的研究对象成为朋友和家人。(Murray,1940,pp.160—161)

这段文字包含很多比喻。其中一个是将人格视为"家庭"或者"国会"——在这里有一群身份不同且经常互相竞争的人,就像戏剧中有各种不同的角色。默里建议,若要"认识你自己",就必须了解自身内在的各种角色,区分它们不同的身份及其相互交流的方式。因此,在格罗佩的人生故事中,虽然他主要的角色是伊卡洛斯,但毫无疑问还有

很多其他角色,因为人格是特别复杂的、多方面的。根据埃尔姆斯(Elms,1987)的观

483　点,默里将人格想象为"流动的砾岩",它"持续地变换,缺乏一个稳定的核心","多种独特成分的组合只能短暂统治,随后会被新的统治者废黜"(Elms,1987,pp.3—4)。换句话说,在人生故事中内部角色会随着时间的流逝而变化。在一段时间内,某一角色占据舞台的中心,但最终会被新的角色取代。

在默里的理论体系中,一个重要的观点是人类生活是时间沉淀的产物。人类是"受时间约束的有机体"。一个人不仅生活在此刻,而且他会结合自己对过去和未来的看法,对当前环境中的刺激作出反应。时间是人的定义性特征。默里指出:"有机体由从出生至死亡的过程中产生的一系列复杂的活动组成。"(Murray,1938,p.39)因此,对人格学来讲,个体的生命历程应该有较长的分析单元。虽然在某个特定的时刻考察个体的生活是可行的,但这种做法只能从总体中窥测部分。因此,"一个有机体的历史同样是有机体"。什么是历史呢? 一个有机体如何成为历史呢? 历史是关于过去如何产生现在,并塑造未来的一种叙事重构。历史是根据随后发生的事件对过去作出的一致解释,它讲述了之前事件的变化如何引发随后的事件。时间,故事,人。人类是具有时间特性的、讲故事的生物,人的生命处于特定时间段,而这些具有时间特性的故事——过去的、现在的、未来的——都是人格学家要解释的内容。

默里将人类行为中最小的时间单元称作行动(proceeding)。行动是单独的行为片段,它是从当下复杂的生活中抽离出来的。我们可以把它看作个人与情境交互的单一实例,长期的交互便会形成"一套重要的行为模式"(Murray,1951b,p.269)。在某个时刻,人们可能不止做一件事,而是卷入多个行动,我们一般将其称为多任务。例如,我可能一边和妈妈打电话,一边在名片簿中寻找一个同事的地址。我同时卷入两个行动。默里认为,每个行动都是独特的,一个人的独特性正是源于行动在一段时间内产生的累积效应。

> 每个行动都会留下一些痕迹,例如一个新的事实,一个新的想法,一些新的评价,对某个人更加依恋,技巧的略微提高,希望的重生或意志的消沉。因此,通过逐渐积累的变化,人在一天天改变,尽管有时我们也会发生突然的改变。我们熟悉的伙伴在不断改变,甚至每次看到他都不太一样,总之,我们都处在变化之中。每个行动在某些方面都是独特的。(Murray & Kluckhohn,1953,p.10)

当你谈论一段时间内重复的行动时,你就产生了默里所说的持续期(durance)。持续期涉及的范围比较广,包括短的场景(去祖母家拜访)和人生故事中的"章节"(3～5岁时和祖母一起生活的经历)。一个30岁的股票经纪人,他可能会将生活划分为四个

484　持续期:童年,大学岁月,20多岁有了第一份工作且独立生活,最近4年在一家大公司工作且结婚。在这个个案中,换工作和结婚大约发生在同一时期,标志着从生活的第三篇章过渡到第四篇章。较长的持续期由默里所说的序列(serials)组成。序列是指在某

个特殊的生活领域中相对较长的且有组织的行动系列，例如友情、婚姻、事业等。因此，每个序列又构成重要的生活事件。序列之间也可能会互相影响，例如一个人的婚姻问题可能会影响事业的发展。

人类是受时间约束的有机体，带着对过去和未来的看法进行当下的行动。当审视生命中各种各样的序列时，我们会就未来的目标和计划评估自己当前的幸福和进步。我和女朋友的关系进展如何？为了进入法学院，我是否需要多修一些政治学课程？在去佛罗里达旅行前我是否需要减肥？在特定的序列领域，我们会形成特定的程序以实现未来的目标，默里将其称作序列程序（serial programs）。序列程序是针对未来（几个月乃至几年）而制定的子目标，这些子目标的实现能够保证个体朝向某种预期的状态发展。序列程序明确了我们奋斗的方向和目标，而且序列程序通常与基本的心理需要有关。

如果人类生活的方向是明确的，那么人类的行为可以被看作特定时间内有组织的行动、持续期、序列，以及以时间组织的序列程序。正如我们在第 7 章看到的，默里认为心理需要组织人类生活。需要与环境压力相互作用产生了特征模式。重复出现的需要与压力的交互作用就是所谓的主题（thema）。有些人的生活完全被某种特征模式占据，这种特征模式被称作单元主题（unity-thema）。单元主题是由相关需要和外在压力构成的有组织的模式，它能够为个体的生活赋予意义。童年的单元主题是人生故事的中心组织模式。伊卡洛斯情结可以被描述为格罗佩人生故事的一个单元主题，尽管默里更喜欢把它叫作"情结"。单元主题能够将遥远的过去、现在和预期的未来联系起来：

> 单元主题由相互关联或者冲突的支配性需要混合而成，这些需要与个体童年时在某个或某些特定情境中受到的压力有关，这些情境要么是令人愉快的，要么是创伤性的。主题可能代表了主要的童年经验或者在这一经验之后形成的反应。但是，无论它的本质以及起源是什么，在后来的生活中人们总是以各种形式重复这一主题。（Murray，1938，pp.604—605）

人格学传统

第二次世界大战中断了哈佛心理诊所的研究和理论建构，因为很多研究者，包括默里都卷入战争。默里在战略服务办公室（Office of Strategic Services）领导人格评估项目，为了选出最适合的人员，默里及其同事开展了一系列测试和评估活动来测量不同的能力、特质、兴趣、观点和个人特征，这些测试被认为能够预测一个人在发生危机情况下的表现。在默里和战略服务办公室评估员所写的《人的测评》（*Assessment of Men*）一书中，评估规则部分源于默里在哈佛心理诊所发展出的人格学原则：

> 评估要多形式化，也就是说要考察身处不同情境的整体的人。研究需要用到标准的智力和理解力测试，个人履历表和访谈，小组讨论（有些是无领导小组），体力和忍耐力测试，压力测试，辩论测试，甚至会间接评估候选者的心理需求及酒精

485

耐受性。这里的员工会用六点计分量表对候选者的十一个方面打分(如完成任务的动机、能量、兴趣、实用智力、情绪稳定性，等等)。最终会在员工会议上简要描述候选者的人格特征，并作出推荐。简言之，哈佛心理诊所拥有独创性的程序、非正式的社会情境、全体人员的投入、诊断委员会，以及修订版的人生叙事。(Robinson，1992，p.282)

战争结束之后，默里的人格学继续采用跨学科的研究方法，有时也叫作生命研究。这一研究流派最多产的代言人是怀特(White，1948，1952，1963a，1972，1981，1987)。在《生命研究》(*The Study of Lives*)、《前进中的生命》(*Lives in Progress*)和《生命的事业》(*The Enterprise of Living*)等书中，怀特通过分析和概括对正常成年人的研究，阐明了人格学的价值。另一个对生命研究有重要贡献的学者是麦金农(MacKinnon，1962，1963，1965)，他主管加利福尼亚大学伯克利分校的人格评估与研究学会，并开展了一系列关于个体创造性的研究。

20 世纪 30 年代，默里对人格学的独特构想似乎背离了 20 世纪 50—70 年代美国主流的学院派心理学。生命研究需要"多面"的方法，通过这种方法才能够获取不同方面的信息以建构情境中的人类生活。然而，第二次世界大战后美国学院派心理学变得越来越专门化，心理学家很少会采用多元的视角。类似地，第二次世界大战后人格心理学家也更多关注特定概念的发展和测量，如特殊的人格特质。心理学系和研究基金部门也倾向于支持量化的、结构化的研究，而不是默里、怀特和其他生命研究者倡导的质化的、以人为中心的研究。然而，在过去的几十年里，人格心理学和邻近的领域逐渐融合，这预示着生命研究即将迎来复兴。其中，一个标志性事件是 1979 年默里在拉德克利夫学院(Radcliffe College)建立的默里研究中心；另一个标志性事件是 20 世纪 80 年代初人格学会(Society for Personology)的建立，这是一个专门致力于默里人格学研究的组织。

人格学的原则是什么？在收集默里的作品时，有研究者(Shneidman，1981)总结了六项一般性原则。

1. 人格学(人格学家也)被不同力量影响。为了对个体行为作出最简单、一致的解释，不同人格流派会努力排除其他与之竞争的解释，但默里鼓励多种解释，他认为生命由相互冲突的力量和因素形成。默里挑战了心理学家传统的研究取向，认为应该从多个不同的角度考察人，并同时考虑生物、社会、文化和历史的作用。这种综合的研究视角充分体现在怀特(White，1952，1966，1975)对黑尔(Hartley Hale)、基德(Joseph Kidd)和金斯利(Joyce Kingsley)这三个美国成年人的调查中。在这些发展中的人身上，怀特发现了生物驱力和本能、社会动机、天赋、学习模式、性心理和社会心理阶段、价值和信念、家庭动力、社会结构、宗教和文化的影响。此外，默里和怀特同样看重偶然事件和运气在人类生活中的作用。在默里的一生中，正是一次在船上和一位乘客的偶遇

使他喜欢上梅尔维尔的作品，激起他对心理学的好奇心，最终走向人格学。有如此多因 486
素需要考虑，也难怪有时生命难以理解，行为难以预测。

2. 人格学是复杂的、毕生的、永不止息的事业。正如我们所看到的，默里的方法最
重要的特征是强调人类生命的时间属性。有机体的历史就是有机体本身。用怀特
（White，1952，1972）的话来讲，生命是"不断发展的"，生活是不断展开的"计划"。如
果人格学家试图对生命作出最后的描述，那么他很可能会受挫，因为人格一生都在持续
被建构和重构。在默里看来，任何特定时间内的人格研究都过分关注稳定不变的特质，
无法揭示生命的动态特征。

3. 人格学重视对心理生活（意识和潜意识过程，包括创造性）的近距离观察。有关
这一点，默里与精神分析学家和认知心理学家有着相似之处。同弗洛伊德和荣格一样，
默里希望探索人类的潜意识。同凯利一样，默里认为人类的意识过程同样应该得到关
注。对默里来说，人类天生就充满创造力。但是，某些人确实要比其他人更富有创造
力。他们拥有独特的人格或者非凡的品质，正如梅尔维尔的小说展现了他非凡的天赋。
在非同寻常的创造过程中，意识与潜意识之间的界限有时会变得模糊。某些创造性的
想法或者计划似乎是突然产生的，仿佛海水从大鲸鱼口中喷涌而出。一个人不能完全
控制创造的冲动。"在心灵深处，创造力可能源源不断，也可能一点也没有。"（Murray，
1959/1981，p.322）一个人可能会坚持自己的创造渴望，尽管这意味着他可能会像梅尔
维尔一样牺牲沿途的幸福和快乐（Murray，1959/1981；Robinson，1992）。

4. 人格学既需要跨学科的方法，也需要特别的研究策略和技术。从哈佛心理诊所
的早期研究，到战略服务办公室的评估项目，再到今天对传记和叙事方法的兴趣，追随
默里的心理学家似乎不太信服传统的人格评估方法，例如自陈问卷和等级量表。他们
主张采用多种不同的方法来评估人格，特别是允许被试自由想象的方法。默里的《人格
探索》（*Explorations in Personality*）一书（Murray，1938）介绍了 20 多种新的人格评
估方法，包括主题统觉测验、音乐幻想、想象力、对沮丧的反应、有关失败的记忆以及自
传等。怀特对生命的分析包括访谈、自传、主题统觉测验、智力测验、人格问卷等。默里
建议，诊断委员会应该综合多方面的资料。不同研究者在综合多方面的资料，并进行讨
论后，才能得出对个案一致的解释。

5. 人格学不仅探索特殊的人类情结，而且研究生动的、历史的、虚构的、神话的人
物。正如我们在格罗佩个案中看到的，默里倾向于用古老的神话故事来解释当代生活。
这些文学和神话中的人物已成为人格学研究的一部分。默里（Murray，1962）通过详细 487
说明"撒旦的人格和行为"，描述了一种自恋人格综合征。麦克莱兰（McClelland，
1963）用"丑角情结"（harlequin complex）说明以往有些女性对死亡怀有的奇怪的迷
恋——将死亡看作魅惑者。凯尼斯顿（Keniston，1963）从梅尔维尔《白鲸》中的人物以
实玛利（Ishmael）那里获得灵感，展现了 20 世纪 60 年代早期年轻人的疏离感。"一个

典型的有疏离感的年轻人会远离他人、习俗，反对美国社会中大多数同龄人共有的信念和生活方式；就像《圣经》中的以实玛利因为自己的过去，以及梅尔维尔书中的以实玛利因为自己的脾气，而被迫生活在社会的边缘地带。"(Keniston，1963，p.42)舒尔茨(Schultz，1966)描述了作家身上的俄耳甫斯情结(Orpheus complex)，这些作家就像古希腊的俄耳甫斯，被迫通过写作度过艰难的丧失经历。默里、麦克莱兰、凯尼斯顿、舒尔茨以及其他生命研究者随处可以发现人类生命意义的线索，而且一些最丰富的资源不是来自科学，而是来自宗教、神话和文学作品。

6. 人格学的关注面很广，从实际问题到人类价值，甚至包括亟待解决的全球性问题。默里广泛关注心理学领域内和心理学领域外的问题。第二次世界大战之后，他越来越坚信人类若要在原子核时代生存，就必须废除专制的宗教体系，建立一个世界性的民主政府，并对人文哲学(humanistic philosophy)、客观科学都要有包容的态度(Murray，1960/1981)。尽管默里的追随者并未公开表明他们的政治观点，但生命研究通常会将人格置于复杂的社会和文化背景中，这也间接考察了国内、国际事件和社会政策的影响。

默里的人文主义倾向也反映在个案研究中人格的发展模式上。怀特(White，1975)通过考察美国个案研究，总结了人格的五种一般发展趋势，根据怀特的观点，健康的人格发展包括：

1. 自我同一性的稳定。随着时间的推移，人们对自己是谁以及如何融入成人世界的认识会越来越清晰、一致。

2. 摆脱个人关系的影响。童年的创伤和冲突经验可能会对以后的人际关系产生负面影响，但健康的发展需要个体摆脱过去的负面影响，并与他人形成积极、合作的亲密关系。

3. 兴趣的深化。儿童和青少年会对很多领域产生短期的、表面的兴趣，但进入成年期后，个体会将兴趣集中在比较重要的生活领域，并发展自身的能力。

4. 价值的人性化。伴随着道德的发展，个体的道德推理逐渐从简单、权威主义、自我中心发展到更加复杂化，更能包容不同的观点。

5. 关怀的扩展。当人变得成熟后，会对他人有更多情感投入，而且会培养对孩子、朋友、恋人、配偶、偶然结识的人，以及世界同胞的关心和责任。

488　科学与个案

自从默里的《人格探索》出版后，生命研究就因主要研究个案而一直饱受争议。尽管很多人格心理学家承认整体的人是最理想的人格研究对象，但很少有人像默里、怀特及其追随者那样长时间探索人格(White，1981，p.3)，而且他们认为，为了长时间探索人格，研究者必须通过个案研究对个人生活进行长期考察。正如我们在第 1 章看到的，个案研究系统呈现了"单独单元生活的信息"(Runyan，1982，p.127)。在人格心理学中，单独单元(single unit)即个体的生活。个案研究已广泛运用于心理学的众多分支，从神经科学到社会心理学。在人类学、社会学和政治学学科中，个案研究也得到广泛运用。人类学中"单独单元"是指某一特殊的文化或亚文化，社会学家则关注特定的群体或组织，政治学家会研究某个政治制度或事件。以上例子展示了科学家会综合多方面的数据，深入研究真实情境下某种特定现象。

回到弗洛伊德那个时期，人格心理学家进行个案研究的用途有很多(McAdams & West，1997)。在弗洛伊德著名的临床个案中，如对杜拉的分析(本书第 11 章)揭示了个体内心的冲突与神经症之间的关系。弗洛伊德绝大多数个案研究都是为自己的理论作例证，正如他用杜拉的例子证实口唇期固着和俄狄浦斯情结的观点。奥尔波特(All-port，1942)曾批判弗洛伊德和其他精神分析学家为了证实一般理论而忽视个人特性。奥尔波特认为，心理学家若能够更多地关注个案中那些不寻常的方面，也许就可以发现人格的新东西并形成新理论。个案研究的另一应用是比较，心理学家会比较不同的心理结构，例如通过个案研究比较外向性和亲密动机。心理学家也可以比较不同理论对个案的适用性。多年来，人格心理学的大学课程通常介绍两种宏大的人格理论，即弗洛伊德和罗杰斯的理论，并比较它们在个案研究中的运用。怀特(White，1952)的许多个案研究也比较了这两大理论。纳斯比和里德(Nasby & Read，1997)对一位全球航行者进行了充分的个案研究，研究中利用心理测试和个人资料比较了"大五"人格模型(本书第 5 章)和同一性人生故事模型(本书第 10 章)。

然而，批评者认为个案研究得到的结果太主观，过于关注生命的特殊规律，没有太多科学用处。毕竟，科学应该总结出一般规律和理论，这些规律和理论能够应用于不同人身上，而不是某个个案。具体来说，对个案研究的批评集中在五个方面：(1)信度；(2)内部一致性；(3)解释的真实性；(4)外部效度；(5)生命研究中发现和验证的问题。

批评者认为个案分析不可靠，不能相信个案的研究结果。不同的观察者对同一批个案数据可能会有不同的解释。在精神分析个案中，这个问题特别明显，例如在杜拉的个案中，推理的跳跃性就很大。从事个案研究的心理学家经常分析一些复杂的定性数据，这些数据很难量化。个案研究者会面临三个主要的难题：(1)需要对个体的重要方面进行深度推理和解释；(2)有大量很难处理的定性数据；(3)缺乏将定性数据进行量化的明确规则。因此，个案研究得出的结果可能是一个高度主观的解释，而对于这一解释，另一个同样采用定性分析的研究者可能并不赞同。

人格研究中，不只有个案研究会出现信度低的问题。一般而言，所有定性资料都存在信度问题，比如访谈、梦境报告、故事和其他开放式的回答，它们都很难量化。原则上，个案研究不仅有定性数据(Runyan，1982)，而且会使用各种各样的数据收集和解释方法,包括问卷、量表、梦境报告、访谈。默里提倡将定量和定性方法结合使用。此外,可以通过严格的计分规则和内容分析系统,将定性数据转化成定量数据(例如,Smith,1992)。访谈可以被录音,然后通过客观的内容分析来提高评分的信度。将特定的计分规则运用于定性数据后,能够提高数据的信度,使人格学家更加信赖得到的结果和解释。然而,对定性数据进行量化需要付出代价,重要信息可能因无法转换成定量数据而丢失。

判断个案研究的好坏主要看心理学家对个案的解释能否说得通。分析是否存在矛盾?是否与已知的发现一致?是否有内在一致性(internally coherent)?在使用内在一致性标准评价个案研究时也会出现问题,因为个案可能同时存在多种有说服力的解释,且每一种解释看上去都有内在一致性。正如坎贝尔(D.T. Campbell,1975)和其他研究者指出,人类似乎有一种神奇的能力,能从任何事物中看出内在的意义,即使该事物起初并没有所谓的意义。因此,事实发生之后,心理学家可能很容易就想出前后一致的解释。坎贝尔告诫社会学家要意识到这些"事后诸葛亮"(post hoc)的解释,不过他也补充道也许没有办法完全避开这个问题。坎贝尔认为,对于人类行为和经验中的某些问题,个案研究可能是"唯一的了解路径——尽管这样的了解可能是杂乱的、易错的、有偏见的"(p.179)。因此,人格学家要用批判的眼光来评估他们对个案研究的解释。

人格学家通常会采用模式匹配计划(pattern-matching plan)(Bromley,1986;D.T. Campbell,1975;Runyan,1982),以解释个案的内在一致性。人格学家会带着明确的理论预期分析个案数据,并在数据中寻求一种能够讲得通的、有心理学意义的概念模式(conceptual pattern),例如伊卡洛斯模式。概念模式就像一个小的理论,能够作出一些预测,并通过个案中的其他数据评估作出的预测。理想情况下,人格学家应该接纳反对意见,客观检视不同的解释。实际上,对于同一个个案,人格学家应该邀请不同的研究者对其进行分析、解释。就像法官或陪审团评估双方律师给出的证据,科学团队也应互相评估彼此不同的解释,并作出最终的决定(Bromley,1986;D. T. Campbell,1975)。

对于生命研究,什么才是正确的解释呢?尽管很多人可能会说真理就是与个案的客观事实完全一致,但一些生命研究者主张,除了事实性真实,还可以根据叙事性真实(narrative truth)的标准来评估个案研究(Habermas,1971;Schafer,1981;Spence,1982)。一位研究者写道:

490

> 叙事性真实是用以考察经验是否令我们满意的标准,通常是看不同部分在整合时是否具有一致性、闭合性。例如,当我们说某个故事是好故事,某种解释特别有说服力,或者某个谜题的答案很正确时,这些都是叙事性真实。一旦某种解释获得叙事性真实,它就变得与其他真相一样真实。(Spence,1982,p.31)

根据这一观点，寻求个案真实意义的心理学家必须运用诠释学（hermeneutics）——一种解释文本的艺术和科学（Ricoeur，1970；Schafer，1981；Steele，1982）。很多个世纪以来，诠释学仅局限于理解和解释神学典籍。然而在过去的 150 年里，一些社会科学家如狄尔泰（Dilthey，1900/1976）和斯特恩（引自 Allport，1968）已经将诠释学引入心理学和社会学，并认为人类生命和社会就像涵盖很多意义的经书。对狄尔泰来说，诠释学需要研究者与文本（既可以是经书也可指某个人）对话，以破译文本中的许多符号和标记。通过与文本高度主观的对话，意义和真理得以显现出来。

因此，谢弗（Schafer，1981）和斯彭斯（Spence，1982）认为，文本和个案的解释者通常会努力获得叙事性真实。他们会依据"好故事"标准来评估自己的解释。一个好故事：(a)具有内在一致性；(b)有贯穿于前后事件的逻辑主线；(c)具有闭合或融合之感；(d)具有审美愉悦性（Spence，1982）。然而，叙事性真实充其量只是评判人类生命解释的一种标准。像前面描述的那样，对个案的解释与科学理论的建构很相似。与理论一样，对个案研究的解释会由一些解释事实的观点组成。原则上，尽管科学家并不完全同意哪一个理论最好，但是他们确实会认为某些理论比其他理论更好，科学家评价理论的依据是：(a)综合性；(b)简约性；(c)一致性；(d)可检验性；(e)实证效度；(f)实用性；(g)生成性（见本书第 1 章）。同样地，在判断个案解释"好的程度"（而不是真实程度）时，我们最好也依据这些标准。因此，一个好的解释可能：(a)综合考虑了多方面的个案信息；(b)简单、直截了当；(c)具有内在一致性；(d)提出有关人类行为的假设，而且这些假设具有可检验性；(e)与以往实证研究的结论一致；(f)是有用的；(g)能引发新的观点。

即使人格学家对某个个案提出非常富有启发性的解释，单个个案对普通大众又有何启示呢？单个个案能否代表除自身以外的样本或群体呢？这便涉及外部效度（external validity）问题，由于这一问题，一些心理学家不再使用个案研究。他们认为，实验和大规模的相关研究是更有说服力的研究方法，科学家可以借助这些方法从大规模人群中抽取不同的被试，并对其进行比较，而"比较是科学的本质"（Carlsmith，Ellsworth，& Aronson，1976，p.39）。根据这一观点，单个个案之所以外部效度低，是因为它采用更加局限的方式来研究不同个体的行为和经验。人们一般认为，包含不同个体的样本要比单独的个体更能够代表总体。

针对以上这些批评，一些心理学家建议研究者可以比较多个个案，逐步建立某个研究领域的代表性样本。布罗姆利（Bromley，1986）认为，人格学家最终要对多个个案进行分组和归类，区分各个个案不同于其他个案的关键特征。通过这一方法，某个个案就成为代表某一现象多个特点的原型。研究者可以将其他个案与原型进行对比，从而确定其特征与"理想"个案或"纯粹"个案特征的匹配程度。

有些个案研究的支持者承认,单个个案研究并不能代表群体,但是他们反驳道,个案也不一定要有代表性。首先,在人格心理学中很少有实验研究或相关研究能够真正得到完全具有代表性的样本。正如我们在本书第 1 章看到的,科学家应该努力获得最能揭示问题的样本。然而,他们的样本充分代表了某一特别稳定的群体——这一假设本身可能就建立在,单个研究能够得出关于所有人和所有时代的真理这一错误的认识之上(Gergen,1973)。

其次,外部效度不仅受到被试的影响,而且受到情境和主题的影响(Brunswik,1956;Dukes,1965)。尽管个案研究只选取一个被试,但它选取被试生活中不同的情境和主题。相反,实验研究或者相关研究虽然调查了很多被试,但很可能只调查了少数几个情境和人类部分功能。

再次,在对个案进行推广时,依据的是个案分析的精确程度,而不是个案的典型程度。科学家会将解释良好的个案推广到同类个案中,这一做法非常合理(Mitchell,1983)。在个案研究中,"个案本身能够定义群体"(Bromley,1986,p.288)。例如,格罗佩可能是伊卡洛斯情结的一个典范——其他人身上可能也存在这一主题。心理学家可以通过分析整个案例群,将格罗佩与其他案例进行对比,来确定格罗佩作为"原型"案例的典型程度。

无论某个特殊个案的外部效度怎样,相比于其他利用大样本的研究方法,个案研究的总体优势是公认的。"个案研究使研究者获得真实生活事件中整体的、有意义的特征。"(Yin,1984,p.14)一个好的个案研究能洞察个体的经验,澄清起初可能令人费解的地方;一个好的个案研究能够有效描绘个体的社会和历史环境。当个案研究读起来非常生动,并能唤起读者的共鸣时,它还可以增强人们对个案的共情和共感(Runyan,1982;参见表 12.2)。

表 12.2　个案研究的六条标准

1. 研究者必须如实报告被试的生活和环境,而且必须在细节上很准确。
2. 研究者必须明确陈述个案研究的目的。
3. 个案研究要建立评估目标达成程度的标准。
4. 如果对被试而言,调查内容有着很深的情感意义,那么研究者必须经过严格训练,以期与被试建立并维持长期的、亲密的关系。
5. 必须根据被试所处的特定历史背景、社会情境和他所生活的符号世界来理解被试。
6. 撰写个案报告时要使用通俗易懂的语言,客观又不失故事的趣味性。研究者可以在写作中运用共情、发挥想象力,以及适当考虑高标准的证据和论证。

来源:*The Case-Study Method in Psychology and Related Disciplines*(pp.24—25),by D. B. Bromley,1986;New York:John Wiley & Sons.

最后,本书第 1 章区分了两种不同的科学研究方法。在发现情境(context of discovery)中,科学家提出观点、理论和有关某一现象的多种假设。在论证情境(context of justification)中,科学家验证提出的观点、理论和假设。这两种科学研究方法有时会结合使用,因为随着时间的推移,在某个科学研究领域,有些观点会不断被提炼、检验、重新提炼。那么,个案研究适合哪种情境呢?我们可以通过个案来获得理论吗?我们可以通过个案来检验理论吗?是两者都不行,还是两者都行?

个案研究可以用于推翻某个假设,该假设认为某种现象永远是对的(Dukes,1965)。例如,如果科学家宣称 B 事件总紧随 A 事件发生,然而在某个个案中 B 事件没有紧随 A 事件发生,这就证明这个假设是错的。不幸的是,在人格心理学中很少会有普遍的结论,个案研究很少用于论证情境。因此,人们一般认为个案研究在论证情境中几乎没什么用,至少在检验一般假设时如此。尤其在论证一般因果关系时,个案研究远远不如实验研究。然而,相比于实验研究、相关研究和其他研究模式,个案研究更适用于科学发现。正如前面所强调的,发现情境在科学调查中是一个无拘无束的领域。观点、假设和理论可以通过多种方法获得,而人格心理学家认为最有成效的方法就是个案研究。默里和怀特传统的生命研究是产生观点、假设和理论的宝库,随后则可以通过科学方法予以检验。

传记、叙事与人生

我们如何充分理解个体的生命过程?什么是最有效的媒介,可以让我们看到个体生命随时间的演变,从而发现整个生命内容?很多致力于生命研究的人格学家,包括埃里克森、默里和怀特都认为,心理学意义上的传记(biography)很可能是理解人类生命最好的方式。埃里克森因其撰写的马丁·路德(Erikson,1958)、圣雄甘地(Erikson,1969)和萧伯纳(George Bernard Shaw)(Erikson,1959)的心理传记而广为人知。然而,大部分人格心理学家并未将自己视为传记作家(Elms,1988)。在传记语境中,个体可以得到最好的解读,这一主张直观看来很有吸引力,但传记研究在人格心理学中一直备受争议(Anderson,1981;Runyan,1982,1990)。批评者认为,同个案研究一样,对明确、严格的科学研究来讲,传记研究太难控制、太主观,单个个案的传记同样缺乏信度和外部效度。传记研究的支持者反驳说,这些批评家眼中的科学过于狭窄,好的传记研究非常富有启发性,如果人格学家抛弃传记研究,本质上就是逃避研究整体的人。在过去的二十多年里,人格心理学家和社会学家对传记和自传的兴趣越来越浓厚,接纳程度也逐渐提高(Bertaux,1981;McAdams,2008;McAdams & Ochberg,1988;Moraitis & Pollack,1987;Runyan,1990;Schultz,2005;Wiggins,2003)。

───── 专栏 12.A ─────

研究历史名人

在心理学家和社会科学家开展的大量研究中,被试通常都是和你我一样的普通人。例如,研究者调查了 100 名大学生,以考察某种人格特质(如尽责性)与课外活动参与度之间的相关。为了达到研究目的,该研究假设被试本质上是可以替换的。当然,我们很清楚每个人在很多方面都是独特的。但是,出于共同规律研究的目的和统计分析的要求,我们将每个个体看作一样的,旨在考察一个样本的整体倾向。但有时,心理学家也会研究不同寻常的人。例如,贝多芬(Ludwig van Beethoven)、凯瑟琳大帝(Catherine the Great)、普雷斯利(Elvis Presley)、莎士比亚(William Shakespeare)等人。他们已成为历史上的名人,灿烂夺目、卓尔不群。

心理学家西摩顿(Simonton,1976,1994)一生致力于研究他所称的"重要样本"。除了大学生和商人,他还将古典作曲家、诺贝尔奖获得者、美国总统,甚至著名心理学家作为研究对象。当然,这些人中的绝大多数都已去世。但正如我们在埃里克森对马丁·路德的分析(本书第 9 章)中看到的,我们可以通过研究知名历史人物了解很多关于人格的东西。尽管我们可能无法访问他们或者对他们实施标准测试,但他们留下来的日记、回忆录、作品对人格心理学家来说非常有价值。正如我们在本书第 7 章中看到的,温特(David Winter)通过分析美国总统的就职演说来考察成就、权力和亲密动机。在本书第 11 章中,我讲述了自己如何研究三岛由纪夫的小说和自传作品,从而对他的自杀行为作出精神分析的解释。此外,历史学家和其他专家对历史上知名人物的成功(和失败)的公开记录和历史评论,也可以作为重要的心理学研究资料。

西摩顿将对知名人物的研究划分为四种类型。第一种是最古老的研究,即我们所说的历史测量研究。在这些研究中,研究者从历史资料中摘录大量信息,并作出评估。例如,在 300 名天才的早期心理特质研究中,研究者基于 300 名智慧超群的历史人物的档案记录,评估他们的思维能力和人格倾向(Cox,1926)。历史测量研究可以用于检验假设。例如,西摩顿(Simonton,1989)评估了 172 名古典作曲家的作品,以鉴赏旋律的原创性和其他音乐属性。他发现,这些作曲家生涯晚期的作品通常没有早期作品原创性高,也没有那么复杂,但特别动人、流行。这些"最后的作品"似乎发出了强有力的、优雅的音乐心声,它们会流芳后世并让人难以忘怀。

第二种是心理测量研究。研究者会在重要人物健在时直接测量,如调查和访谈。研究者继承并发展了默里在第二次世界大战期间开创的方法,在加利福尼亚大学伯克利分校对一些著名的建筑师、作家、科学家进行心理测量。研究选取了在科学或艺术领域有卓越贡献的人,旨在探索创造力发展与人格的关系(例如,Barron,1969;Dudek & Hall,1984)。

　　第三种是心理传记研究。心理传记研究始于弗洛伊德对达·芬奇的开创性研究。它与历史测量研究、心理测量研究有着本质区别（Elms，1994）。历史测量研究和心理测量研究是典型的量化和基于共同规律的研究，但心理传记研究更多是对单个具体案例进行的长期质性研究。而且，心理传记研究通常会使用大的理论框架，最常使用的是弗洛伊德流派的理论或者心理动力理论。这种基于理论框架而进行的心理传记研究广泛运用于对政治人物的分析中，如对希特勒（Adolf Hitler）、T. W. 威尔逊（Thomas Woodrow Wilson）和尼克松（Richard M. Nixon）的分析。

　　第四种是比较研究。与心理传记研究一样，比较研究强调对知名人物进行定性的、间接的评价，但比较研究会同时考察多个不同的案例。例如，加德纳（Howard Gardner）所写的《创造性思维》（*Creating Minds*）一书（1993），在这本书中他调查了 20 世纪上半叶 7 名富有创造力的男性和女性的生活和作品。他们属于 7 个不同的领域，相应代表了 7 种不同类型的创造力：心理学界的弗洛伊德、物理学界的爱因斯坦（Albert Einstein）、文学界的艾略特（T. S. Eliot）、艺术界的毕加索（Pablo Picasso）、音乐界的斯特拉文斯基（Igor Stravinsky）、舞蹈界的格雷厄姆（Martha Graham），以及有着创造性社会领导力的圣雄甘地。透过这 7 个案例，加德纳观察到在他们充满创造力的一生中存在着有趣的共同点，例如存在 10 年的学徒期，在这段时间内他们掌握了学科规则，为了坚持不懈地投入创造性工作而淡化人际关系。加德纳也指出他们之间的差异，不仅存在人格差异，而且在不同创造性事业类型中存在心理和结构差异。

　　世界各地的图书馆和档案室中收藏了很多有价值的资料。对知名人物的研究不仅可以揭示人类的共性，而且能够说明令人惊讶的差异以及独特的个性模式。

心理传记

　　20 世纪以前，文学传记作者很少运用心理学的概念来解释作品中的人物。在罗马帝国时期，普鲁塔克（Plutarch，46—120）以伯里克利（Pericles，雅典政治家）和恺撒（Gaius Julius Caesar）这样著名的人物为题材撰写了《希腊罗马名人传》（*Lives of the Noble Greeks and Romans*）。本质上讲，普鲁塔克以历史为背景，塑造了一系列生动的人物形象。中世纪的基督教学者撰写了许多歌颂先知的圣徒传（hagiographies）。这些有关伟大基督徒的颂章主要是歌颂神灵，引导民众归向神灵。这些传记似乎都有固定的套路：故事的高潮都是圣徒在一群"不信上帝的人"面前接受审判，然后宣判，最后依

494
495

法处决——反映了耶稣基督的审判和受难的故事。然而，这些故事并不是对人格的深层探索，而是起着道德和精神榜样的作用。

17世纪以后，传记开始呈现更为复杂的形式。传记作家沃尔顿(Izaak Walton)描写了教会牧师的生活，奥布里(John Aubrey)关注普通大众，这时传记作家也开始将自己视为文学艺术家(Gittings，1978)。因此，作为艺术家，他们会努力创作更有趣、更富有艺术感的故事。其中，具有艺术性、启发性的代表作之一有博斯韦尔(James Boswell)于1791年出版的《塞缪尔·约翰逊传》(*The Life of Samuel Johnson*)一书。书中，博斯韦尔记述了约翰逊博士(1709—1784)，这位一直活跃在欧洲上层社会中的杰出作家、批评家和词典编纂家。相比于这位知名人物，年轻的博斯韦尔爱造谣、酗酒，起初他因玩弄女性而不是他的文学才能而出名。22岁时，博斯韦尔和约翰逊(那时54岁)成为莫逆之交，随后他们一起旅行多年。

博斯韦尔的传记勾勒出约翰逊真实的人物形象，从约翰逊和当时杰出人物的机智对话，到他长期的抑郁，传记展示了约翰逊生活的各个方面。尽管博斯韦尔非常崇拜约翰逊，但他创作不是为了颂扬约翰逊，而是试图探索约翰逊人格中的不同方面，追溯这位文坛巨擘一生的足迹。传记作者与传记主人公之间的关系很微妙，确实，约翰逊对博斯韦尔而言是父亲般的人物，也是最好的朋友，但他们的关系是矛盾的、多层次的。在传记描述中，博斯韦尔仿佛扮演了批评家、崇拜者、观察员、分析家，以及约翰逊生活的重要参与者等众多角色。

1910年，弗洛伊德写了《达·芬奇与他的童年记忆》(*Leonardo da Vinci and a Memory of His Childhood*)一书，这本书被认为是第一本心理传记。弗洛伊德的很多解释都是基于他对达·芬奇童年记忆的分析，在达·芬奇的记忆中，"当我还在摇篮里时，一只秃鹫向我飞过来，用它的尾巴撬开我的嘴并用尾巴多次撞击我的嘴唇"(Freud，1916/1947，pp.33—34)。弗洛伊德从备受争议的推理中猜测，这个特别的幻想象征同性恋和婴儿期依恋。一方面，秃鹫的尾巴象征生殖器，暗示了同性恋的口交行为；另一方面，秃鹫代表母亲，弗洛伊德在埃及神话中为这个说法找到间接证据。在这里，尾巴是乳房，这个幻想表达了达·芬奇渴望退化到口唇期，回到母亲安全的怀抱中。

为了保护对母亲独有的爱，达·芬奇放弃了性行为，并将自己的生命奉献于科学和艺术。他在科学和艺术中未完全耗尽的一部分力比多转化为对男孩的爱，因为男孩不会给他对母亲强烈的爱带来任何威胁。因此，同性恋为他对母亲的爱提供了保护。在达·芬奇成年早期，严格的性压抑使他的创作难以持续。不管天赋如何，他总是难以完成自己的艺术设计，于是创作了很多他感到不太满意的"未完成作品"。弗洛伊德认为，50岁的时候，达·芬奇遇见并最终画了著名的蒙娜丽莎(Mona Lisa)，这使他重新体验到母爱，由此达·芬奇获得新生。

心理传记可以被定义为,"系统运用心理学(尤其是人格)理论把个人生活转化成连贯而富有启发性的故事"(McAdams,1988b,p.2)。心理传记通常描述著名、神秘而典型的人物。大部分心理传记的内容都要比弗洛伊德对达·芬奇的简洁叙述更为全面。很多心理传记将记述对象的一生作为研究主题,并致力于辨别、发现或阐明整个人生的中心故事——一个依据心理学理论而建构的故事。

表 12.3 对心理传记常见的批评

497

关键期谬误	一些心理传记作者过分强调早年关键期的影响,例如 1 岁或者俄狄浦斯期,忽视成长后期的发展。
大事主义	试图通过一到两个关键事件或者创伤性事件来解释生活,这是不太恰当的方式。虽然有些事件明显要比其他事件重要,但整个生命必须被视为一个复杂的且受诸多因素影响的整体。
证据不足	一些心理传记的解释依赖有限的或者错误的证据。心理传记的作者必须综合多种不同的资料,检查、核实历史和传记的来源。
忽视社会和历史因素	很多心理传记没有认真考虑个体生活复杂的社会和历史背景。个体的生活会受到文化的影响,传记作者如果不理解文化就无法理解生活。
起点论	很多传记作者试图将一个人的一切都追溯到童年。考虑到人格发展的连续性和一致性依然是人格与发展心理学中有争议的问题,传记作者过于强调童年事件对成年生活的决定作用,这是有风险的。
过分病理化	好的心理传记不应该将个体的一生简化成一种特定的精神疾病综合征或者神经官能症。传记作者既要从缺点也要从优点角度评估个体的一生。
重 构	精神分析取向的传记作者从已知的成年期来重构未知或未经证实的童年事件。例如,传记作者可能假定一个有肛门期固着和强迫症的成年人可能在幼年时经历了严格的如厕训练。对故事的重构通常缺少来自童年期的事实根据。

来源:"Psychobiographical Methodology: The Case of William James," by J. W. Anderson, in L. Wheeler(Ed.), *Review of Personality and Social Psychology* (Vol. 2, pp.245—272), 1981, Beverly Hills, CA: Sage; *Uncovering Lives: The Uneasy Alliance of Biography and Psychology*, by A. C. Elms, 1994, New York: Oxford University Press; and *Life Histories and Psychobiography: Explorations in Theory and Method*, by W. M. Runyan, 1982, New York: Oxford University Press.

在达·芬奇的个案中,弗洛伊德依据的理论是精神分析。然而,心理传记不需要引入一个严格的精神分析框架(Runyan,1982)。很多心理传记运用了荣格、埃里克森的理论以及人格的客体关系理论(例如,de St. Aubin,1998)。心理传记也会依据社会学习理论(Mountjoy & Sundberg,1981)、人本主义心理学(Rogers,1980)、存在主义心理学(Sartre,1981)、麦克莱兰的动机理论(Winter & Carlson,1988)和汤姆金斯的剧本理论等理论视角。而且,即使一些传记作者不是心理学家,他们也会自由地借鉴人格理论。其中,有些作者的做法很天真或者说不恰当,而另外一些作者技巧娴熟且带来启发,如埃德尔(Leon Edel)所写关于美国作家詹姆斯(Henry James)的传记(Edel,1985)。表 12.3 列举了对心理传记常见的批评。

自从弗洛伊德研究了达·芬奇，很多心理传记不断涌现，从而增进了人们对特定生命的理解(Elms，1994；Schultz，2005)。但是，要写出好的传记很困难。抱有最美好愿景的传记作者常常会遇到其他研究者不会遇到的限制和障碍。例如，他们研究的主人公通常已经去世，因此不能进行访谈、测试或者直接观察。用于分析的资料多种多样——包括关于研究对象未经证实的传闻、个人信件、作品，以及被公开的私人生活。从学术角度来看，最令人好奇的资料(如个人的幻想、反省或者梦境)可能是最不可信且难以解释的。的确，传记作者会面对大量资料。对于这些资料，要怎样选择？得来的资料又该如何解释？

亚历山大(Alexander，1988)提出九条原则以筛选心理传记资料，通过这些原则，传记作者可以明确哪些资料值得深入考虑，哪些暂时不用理会。亚历山大认为，可以通过以下原则评估心理传记资料：首要原则、频率原则、独特原则、抗拒原则、强调原则、省略原则、错误/歪曲原则、孤立原则和残缺原则(如表12.4所示)。每一条原则都可以被视为传记作者创造人生故事时的规则，它们指明了叙事中的重要线索。首要原则是指心理传记中最早出现的资料；频率原则是指最常出现的资料；独特原则是指独特而有趣的事件，对个体有着特殊的影响；抗拒原则主要是指被拒绝的资料；强调原则是指被强调的资料；省略原则是指故事中缺失的却又暗藏真相的内容；错误/歪曲原则是指故事中逻辑不通的内容，传记作者需要将其理清楚；孤立原则是指各个单独的、读起来似乎不连贯的资料；残缺原则是指故事有些地方似乎还没完结，传记作者要试图明白其内在的原因。心理传记作者必须对资料线索特别敏感，这些资料可能暗示人生故事如何被发现、创造和叙述(Edel，1984；McAdams，1988a)。

虽然亚历山大提出的九条原则能够帮助传记作者筛选出重要的资料，但是传记作者仍需运用心理学的理论将资料组织成富有启发性、条理清晰的故事。在运用心理学理论时，要注重灵活性。许多心理传记只是将生活历史资料生硬地套入某种理论范畴之中，似乎为了证明一个特定生命的每一方面都与现存的理论完美匹配。还有一些人则没有条理、老套地运用理论，毫无缘由地将个体的生命与埃里克森的八个心理发展阶段或者默里的二十种心理需要进行匹配。他们没有从特定的社会、文化和历史背景来理解个体的人生，而是将复杂的行为和经验还原到如厕训练或单一的创伤性事件等早期问题上。此类心理传记相当枯燥乏味。更糟的是，他们还会缩减理论，使得个体的人生成为滑稽的漫画。在比较成熟的心理传记中，资料和理论应当具有同等的地位，就像两个人在进行一场生动的谈话。它们相互影响，并尊重对方的完整性。因此，有技巧的心理传记作者会以一种微妙的方式运用理论，让复杂的、矛盾的东西产生意义，并了解什么时候要从理论中抽身，让具体而独特的人类生命自己说话。

表 12.4　提取心理传记资料的九条原则

首要原则	心理传记中最早出现的资料。"在民间传说、风俗习惯和其他许多领域，人们历来认为最早出现的东西最为重要。在心理学领域，弗洛伊德、阿德勒和他们的很多追随者都强调早期经验对人格发展的重要性。将最早的资料作为'基石'，随后的结构才能建筑其上。"
频率原则	心理传记中最常出现的资料。"在很多情况下，重复出现的资料特别重要，频率信息有助于发现心理传记的动态连续性。"
独特原则	心理传记中特别的、古怪的资料。"一个学生在心理传记中回忆起他小学的一次意外：一天放学后，他发现母亲吊死在卧室里。对该事件的描述只有寥寥几笔，只提到自己不久后被送到公立学校。这个例子的独特性不仅源于事件本身，而且源于传记人物对这一事件的反应。"
抗拒原则	心理传记中被拒绝或转向反面的资料。"例如，想象在一次治疗访谈中，当提起一个关于父亲的梦时，来访者紧接着说，'我们还是聊些别的吧，谈论父亲不会让我疯狂，而是会产生一种无助感'。"
强调原则	心理传记中被强调的资料。传记作者应该注意到心理传记中哪些资料被过分强调，哪些资料强调不足。"当读者或听众开始疑惑那些看似平常的事情不断被强调时，过分强调的资料就出现了。下面是一个依据强调原则筛选出的例子，'我无法忽略这个事实：这个人是本地人，而我只是一个问路的游客，他为确保我能够明白怎样找到路煞费苦心。从那一刻起，我非常喜欢这次旅行'，这可能是因为遇到困难时出现了意想不到的友好。"
省略原则	心理传记中被省略的资料。"在一个典型的例子中，被试描述了他因对同胞兄弟的敌意行为而被母亲责怪和惩罚。在讲述的过程中，他能够清楚记得自己因母亲的行为而产生的情绪反应，却不记得他是否对同胞兄弟产生了敌意。这些被省略的内容显示出被试想要逃避可能的负面结果，这点应该重点研究。"
错误/歪曲原则	心理传记中错误的或被歪曲的资料。"在书写当中，被试偶尔会出现一些笔误，例如，'我家人的个子都很高，父亲 6 英尺 5 英寸，哥哥 6 英尺 4 英寸，母亲 9 英尺 5 英寸，而我最矮，只有 5 英尺 8 英寸'。这不仅是对家人身高的客观描述，而且似乎强调了母亲（描述母亲的身高时，产生了笔误）的重要地位，以及相比之下自己的渺小。这些信息很可能预示着被试对家庭结构的看法。"
孤立原则	心理传记中单独的或不适合的资料。"我记得通过运用在观看比赛影片时学到的内容，我们在一场高校橄榄球赛中如何从对手那里争取得分。哦，天呐！在来这里之前，我有没有熄灭壁炉的火呢？影片出现四分卫……"
残缺原则	心理传记中未完成的资料。"'整个大学期间我都在与约翰约会。一开始，我们只是普通朋友，但是经过一段时间的相处，我们发现彼此有共同的兴趣且欣赏同样的人。在大四的时候，我们一起计划着未来。结婚虽然不是近在眼前的事，却是我们未来的目标。三年后，我嫁给了珀金斯（Fred Perkins），他是我最近结识的，随后我们一直住在匹兹堡。'显然，在对恋爱和婚姻的描述中，似乎少了一些片段。"

来源："Personality, Psychological Assessment, and Psychobiography," by I. E. Alexander, 1988, *Journal of Personality*, 56, 269—278.

500

专栏 12.B

凡·高为什么割掉自己的耳朵

1888 年 12 月 23 日的晚上,35 岁的凡·高(Vincent Willem van Gogh, 1853—1890)割下了自己左耳的下半部分,并把它带到一个妓院,在那里他要求见一个叫作拉谢尔(Rachel)的妓女。他把耳朵交给她,并要求她"小心收藏"。

凡·高在其短暂而坎坷的一生中创作了许多杰出的印象主义作品,并因此享有盛名。这位荷兰艺术家形成一种独特的绘画模式,即运用粗犷的笔墨和醒目的颜色描绘让人难以忘怀的场景,这是一种甚至连外行人都能立即辨认出来的模式。当数以百万计的艺术爱好者欣赏他的画作时,心理学家和传记作者却对他的一生感到疑惑。他的割耳朵事件引起人们的注意。我们不禁会想:凡·高为什么会割掉自己的耳朵?

心理学家鲁尼恩(Runyan, 1981, 1982)研究了凡·高的心理传记,并确认了至少十三种不同的心理学解释。以下是其中比较有趣的解释:

1. 他因无法与艺术家高更(Paul Gauguin)建立伙伴关系而困扰,并因此将攻击的矛头指向自己。

2. 他因对高更产生同性恋情而内心挣扎。耳朵是男性生殖器的象征(荷兰俚语阴茎"lul",类似于"耳朵"一词的发音"lei"),而割耳朵行动象征着自我阉割。

3. 他是在模仿阿尔勒(Arles,法国东南部城市)的旅行中令他印象深刻的斗牛士。当斗牛士赢得比赛时,会获得公牛的耳朵作为奖励,并将奖品展示给众人,然后随意挑选一位女士,将耳朵交给她。

4. 他受到关于开膛手杰克(Jack)的大量新闻报道的影响,杰克肢解妓女的身体,有时候还会切掉她们的耳朵。当然,在凡·高身上,虐待演变成自虐,他把矛头指向自己。

5. 他正在重演《新约》中的一个场景,彼得(Simon Peter)割掉了马勒古(Malchus)的耳朵,马勒古是大祭司的一个仆人,来抓耶稣,凡·高当时可能一直在思考这件事,并试图把它画出来。

6. 他出现幻听,在患精神病期间割掉自己的耳朵,让自己在喧闹中静下来。

我们怎么看待这些不同且矛盾的解释呢? 它们都是对的抑或都是错的? 一些解释比另外一些解释更好吗?

鲁尼恩认为,可以根据清晰的标准对心理传记的不同解释进行理性比较和评估,例如:(1)它们在逻辑上是否讲得通;(2)在解释事件的多个方面时,是否具有综合性;(3)是否具有可证伪性;(4)是否与大量相关证据一致;(5)是否与一般人类功能的知识一致;(6)相比于其他解释,是否具有可靠性(Runyan, 1982, p.47)。

501

鲁尼恩认为，任何事件都不是只有一个适合的解释。事件确实会受到不同层面因素的影响，这些不同层面的因素引发了特定情境中的特定反应。

仔细权衡对凡·高行为的各种解释，鲁尼恩赞成那些强调他的弟弟提奥的作用的解释。当凡·高了解到提奥将要结婚，他的第一个孩子也即将出生时，割耳朵事件便发生了。所有这些事都增强了凡·高对失去弟弟照顾和经济支持的恐惧。在过去，凡·高对于被抛弃已表现出自虐倾向。1881 年，他拜访了表姐凯(Kee Voss)的父母，凯是他喜欢的人。当他得知凯为了躲着他，故意不在家时，他将手猛然放到灯的火焰上并发誓会一直放在那里直到她回来。在某种程度上，凡·高割掉自己的耳朵，可能是害怕被弟弟抛弃而作出的反应。

但是，为什么他会用这种方式伤害自己呢？为什么是耳朵？为什么他把耳朵交给一个妓女呢？有关开膛手杰克的解释似乎过于牵强，因为没有证据显示凡·高熟悉或者对这一犯罪事件有印象。有关象征性阉割的解释，鲁尼恩也未发现充足的证据支持。凡·高对斗牛士的印象确实很深刻。彼得割掉马勒古耳朵这一幕，凡·高确实深思过。也许后面两种解释有一定的真实性，但也不是十分确定。当缺乏直接的证据时，难免会出现一些有争议的解释。

成年期的"四季"

自从默里在心理学中建立人格学传统后，社会学家对收集不同行业人士的人生故事特别感兴趣，他们期望揭露并解释少年犯罪和一般犯罪这样的社会问题(例如，Shaw，1930)。社会学家多拉德(Dollard，1935)认为，人生故事能够反映社会现实和文化环境。社会学家持之以恒的精神和开创性的研究方法激励了比勒(Charlotte Buhler)和弗伦克尔(Else Frenkel)，他们收集并分析了 20 世纪 30 年代近 400 位欧洲男性和女性所写的自传，这些自传的主人公来自不同的种族、阶层和行业。此外，分析的内容包括信件、日记和其他私人文件。所有资料的内容分析"揭示了每个人的一生都会经历不同的发展阶段"(Frenkel，1936，p.2)。比勒和弗伦克尔建构了成人发展五阶段模型，该模型包括 40 岁左右的"中年危机"。这些研究者倾向于关注所有生命的一般原则，而不是个体生命的独特性，他们关注成人传记的三个方面：(1)重要的外部事件(如经济和政治变化、战争)；(2)个体对这些事件的内部反应(如思想、感觉、希望)；(3)生命中特殊的成就和具有创造性的贡献。以下是其中一些有趣的发现：

1. 在生命的前半阶段，个人的主观经验会受到身体需要和短期愿望的强烈影响，后半阶段则关注对内在责任的投入，内在责任是"一个人对自己的定位或者来自社会的定位，抑或来自宗教或科学的价值模式"(Frenkel，1936，p.15)。神经官能症患者可能会脱离普遍的社会价值。

2. 在人生的后半阶段，个体会淡化对性生活的追求，而将主要精力放在工作和抚养孩子上(p.20)。

3. 青少年晚期和 40 岁左右会经历孤独和白日梦的高峰期。后一阶段这种状况的出现是因为个体会暂时审视过去，而且一些人会在这一阶段表现出对文学的浓厚兴趣。

4. 在青少年晚期，个体开始寻求生命的意义。

20 世纪 30 年代，由比勒和弗伦克尔领导的人生故事研究揭开了对成年生活的叙事研究，这在 20 世纪 70—80 年代变得更加盛行。心理学家通过搜集第一人称的描述，从而形成对成人发展阶段的第三人称叙事。比勒和弗伦克尔开始清楚地阐述成人生命阶段：在青少年期，个体开始寻求生命的意义(正如埃里克森后来阐述的)，在 40 岁左右——我们称作中年危机阶段，人们会经历自我审视和质疑。

在美国社会，人们普遍使用可预测的阶段、"四季"，以及不断变化的自我来讨论成年期发展。虽然这种叙述成人生命的方式在埃里克森(本书第 9 章)和荣格(本书第 11 章)的理论观点中阐述得非常清楚，但在 20 世纪 70—80 年代，古尔德(Gould，1980)、莱文森(Levinson，1978)、瓦利恩特(Vaillant，1977)等理论家和希伊(Gail Sheehy)的畅销书《旅程》(*Passages*)使得这种叙述方式更加流行。

莱文森(Levinson，1978，1981)部分基于对 40 名美国男性的访谈，系统阐述了男性生命阶段模型。莱文森及其同事访问了 35～45 岁的男性，他们的职业包括：生物学教授、小说家、经济领导者，以及工厂里的钟点工。每人接受 6～10 次访谈，每次访谈1～2 小时。访谈对象要讲述自己的人生故事，主要从青少年期开始讲起。尽管访谈的内容并不是严格标准化的问题，但他们还是会受到研究者的引导：

1. 访谈涵盖了不同的生活领域，例如家庭出身、教育、工作、恋爱关系、婚姻和儿女、休闲、身体健康和疾病、种族、宗教、政治、亲属。

2. 在每个领域，一定要按顺序回顾成年期，并注意其中的主要事件、面临的选择、转折点，以及相对稳定时期的特点。

3. 必须得到各领域的"解释"。例如，工作与家庭生活通常密切相关。

4. 随着一系列访谈的进行，研究者会对人生故事的"各篇章"产生一定的理解：在军队服役 3 年，4～5 年的暂时谋生期，开始建立家庭以及在一个新城市定居、工作的岁月。理解每一"篇章"的总体特征及其变化非常重要。这里需要重点注意许多生活领域之间的模式——融合、矛盾、缺口和破碎。

5. 一生中，很多人会存在某些特定时期，一般会持续几个月到几年，形成令人激动的"高峰"或"低谷"阶段。这些时期标志着某个生命阶段的结束以及另一生命阶段的开始。

6. 研究者的兴趣在于了解个体怎样看待自己的一生，以及一生中各个不同阶段和时期的相互关系……过去是现在的一部分。传记作者要将它们表达出来。同样地，个体制定的计划以及对未来的模糊设想塑造现在，也被现在塑造。未来也是现在的一部分。这些都需要传记作者去探索（Levinson，1981，pp.61—62）。

　　莱文森模型的中心概念是个体的生命结构（life structure），它是指"个体在某一时期的生活模式"（Levinson，1978，p.99）。生命结构是人格理论中包容性较强的概念，包括个体的社会文化世界（阶层、宗教、家庭，以及所处的政治体制和历史时期）；对世界的参与（与重要他人和组织的关系以及扮演的角色）；自我的不同方面，随着时间的推移，它们既可能保持稳定也可能发生改变。莱文森将成人发展看作生命结构的变化。从青少年到中年，生命结构经历过相对平静的时期，也经历过重大转变期。

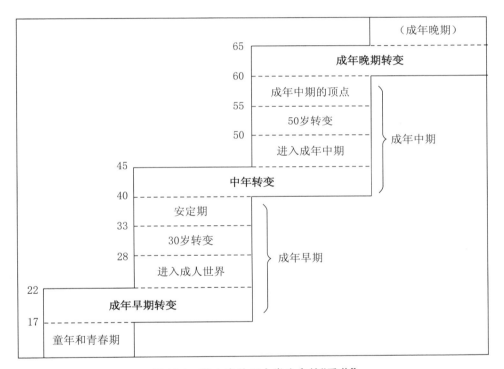

图 12.1　莱文森关于人类生命的"季节"

来源：*The Seasons of a Man's Life*（p.57），by D. J. Levinson，1978，New York：Alfred A. Knopf.

　　莱文森（Levinson，1978）模型的第一个阶段称作成年早期转变（17～22 岁），大致相当于埃里克森的自我同一性和角色混乱冲突的青少年晚期与成年早期（见图 12.1）。这时，年轻人离开家去上大学，去参军，第一次参加工作，参与其他一些生活情境，在这些情境中他们开始经济独立，并获得更多自主权。接下来，他们开始进入成人世界（22～28 岁），很多年轻人开始探索成年人的角色和职责，并在广阔的世界中承担责任。在即将跨入 30 岁时，一个人可能会形成对未来的梦想。这些梦想包括工作上的成功和

504　威望、令人满意的家庭生活、与朋友和同伴建立关系，以及其他许多与自我、家庭、重要他人有关的希望和目标。根据莱文森的观点，20多岁时，个体发展的一个重要方面是建立指导关系。指导者通常是比较有经验的年长者，他们能够带领年轻人应对20多岁时的困难和挑战。在职场中，指导者普遍存在，而且非常重要，例如一个学生或者年轻教师到大学里开始他的学术生涯，指导者便是他学术道路上的领路人。通过言传身教，指导者会引导他在高等教育的世界里找到自己的路，教会他怎样教学、怎样做好研究、怎样获取资助，以及怎样与同事相处，等等。

30岁时，一些人可能会经历重要的转变期，他们认为需要重新思考或巩固20多岁时的探索性承诺。紧随30岁转变的是安定期。在安定期，个体尽力在这个世界上找到合适的位置，计划职业发展，同时拥有安定的家庭生活。莱文森（Levinson，1978）认为，在安定期，人们通常都在辛勤地"迈向目标""筑巢"，积极投入秩序、稳定、安全和控制当中。在这一时期人们经常会产生对未来的梦想，这些梦想将激励他们继续前行。

由于强调秩序和控制，30多岁的安定期使人联想到埃里克森心理社会发展的第二个阶段：儿童的自主对羞怯与怀疑。与儿童一样，30多岁的成年人作为一个独立、自主的行动者寻求控制自我和环境。对儿童而言，下一个阶段是俄狄浦斯期，即弗洛伊德所说的个体成长的普遍悲剧，先变成胜利的国王，而后又从权力的巅峰跌落下来，随后进入埃里克森的第三个阶段：主动对内疚。莱文森生命结构的一个阶段——"成为你自己"（becoming one's own man，BOOM）也有俄狄浦斯的特征：

　　"成为你自己"常出现在30多岁的中后期，我们研究样本的年龄大多在35～39岁，它预示着成年早期的结束和下一阶段的开始。这一阶段的关键要素是，人们感觉到，无论他至今实现了什么，他都没有完全成为自己。他感到自己过多受到权威他人或群体的影响和限制。例如，作家开始意识到他过多受到出版社的限制或者对一些批评太敏感。由于上司的支持和鼓励而被提拔的管理者开始发现，上司控制太多，他已经没有耐心去等待好的时机，于是他开始自己作决定并发展自己的事业。没有编制的大学教师想象着一旦有了编制，他将脱离各种限制，实现从毕业后就一直拥有的梦想。（Levinson，Darrow，Klein，Levinson，& McKee，1974，pp.250—251）

"成为你自己"之后是中年转变。在这个阶段（40～45岁），莱文森研究中80％的访谈对象都开始质疑自己的人生方向。他们的生命结构开始出现问题，很多人开始质疑自己曾经珍视的目标是否有价值，制定的计划是否有效。对很多人来讲，中年转变预示着"成为你自己"的结束。婚姻满意度、工作成就感和外在追求的愉悦感开始变得不那么重要。稳定的家庭和合适的职位开始慢慢动摇，困惑和绝望在这一时期非常普遍，人们总感觉生活无外乎是一场虚空和梦境。

中年转变可能是人一生中最痛苦的阶段。在莱文森的样本中一些人在这个阶段变得"愤世嫉俗，与人疏远，不再相信任何事物"(Levinson，1978，p.108)。然而，也有很多人会从这个转变中获益，找到新的人生价值。从新的生命结构中获益的人，会找到在家庭、工作和友谊上获得满足的新机会。因此，中年转变将为人生后半阶段带来新的生命结构——建立新的计划和目标，它们能够使个体生命中很多领域的潜能最大化，特别是亲密关系和繁衍领域的潜能。

有研究者(Roberts & Newton，1987)开展了四项生命过程研究，所有研究均采用莱文森的方法。研究调查了 39 名女性的传记(她们的年龄为 31～53 岁，大部分来自中产阶级，有工作)，旨在考察她们的人生历程与莱文森提出的概念的吻合程度。这些概念包括：(a)梦想；(b)指导者；(c)30 岁转变；(d)中年转变。研究者得出结论，这些女性经历了莱文森为男性建构的相同的发展阶段。同时，研究也发现了一些重要的性别差异。第一，女性的梦想比男性的更加复杂，拥有更多冲突，她们的内心存在家庭生活与职业成就之间的冲突。第二，与男性相比，女性不太容易拥有满意的指导关系。第三，与男性相比，女性不太强调中年转变的重要性。相反，她们更看重 30 岁转变，这一阶段是加速的且常常十分戏剧化的人格改变期。对 30 岁还没有结婚或建立家庭的女性来说，这样的转变似乎特别真实，他们开始有种紧迫感。有些人开始担心此时怀孕和生孩子似乎太晚。她们开始对自己 20 多岁时的承诺提出质疑，并形成一种新的生命结构，实现对 30 岁来说比较有价值的梦想。因此，女性的 30 岁转变似乎有点类似于男性的中年转变。在这两个阶段他们都迫切要求重新审视生命结构，因为他们感觉到"时间快没了"。

在今天看来，将成人生命过程视为连续的发展阶段，这一观点是有争议的。除了一些深入的传记研究(如莱文森的研究)，其他研究者并未发现所谓的中年转变。例如，有研究者(Costa & McCrae，1980a)编制了反映莱文森所说的中年转变阶段压力的中年危机量表，并使用这一量表测量 33～70 岁的男性样本，结果并未发现年龄差异。罗西(Rossi，1980)和其他人认为，成年期生命历程这一概念涵盖的一系列阶段并不能很好地解释工薪阶层以及女性的生活。莱文森的各个阶段也许可以描述 20 世纪 60—70 年代步入中年的中上层职业的美国白人男性，但这些阶段并不适用于所有人。

一项对 101 名 40～50 岁女性的长期研究(Helson & Wink，1992)支持莱文森的观点。研究者发现，40 岁左右确实存在重要的发展变化，这一阶段与中年转变类似，在此之后安全感、自信和决断力有所提升。有研究者(Mercer，Nichols，& Doyle，1989)调查女性的生活资料，结果既有与莱文森观点一致的地方，也有与其不一致的地方。总之，在他们的研究中，女性"在中年经历的发展阶段要比莱文森描述的更加不规则"。然而，中年危机确实会在 40 岁左右到来。研究者将 40 岁称作女性的"解放期"：

对很多女性来说,40 岁的"解放期"是形成新的生活梦想的时机。对过早进入婚姻或同一性闭合期的女性来说,这就是她们专注于自身的时期。在此之前,她们总是在为丈夫和孩子操劳。(Mercer,Nichols,& Doyle,1989,p.182)

因此,对研究中的很多女性来说,中年转变标志着"属于自己的时间"已经到来(p.182)。

生命历程

与默里一样,莱文森力图找到人类生命的时间特性。他运用第一人称的叙事(自传访谈),建构第三人称的发展故事,故事讲述了 20 世纪 60—70 年代美国男性从青少年晚期到中年期的发展过程。故事中有相对平静的时期(如安定期),也会出现转变和骚动的时期(如中年转变)。故事背景是第二次世界大战后的美国。主人公是来自中产阶级、受过良好教育的白人男性,重要角色有指导者和激励他们奋发向上的女性。最精彩的部分是"成为你自己",而低潮期是中年转变的到来。情节随着梦想的发展而不断向前推进,主题是直面改变的挑战。

故事中最有趣的情节是中年转变。在当代美国社会,中年期大致是从 40 岁到 65 岁。这一阶段也会出现身体机能的变化,如丧失生育能力。但对大部分人来说,中年是社会性定义,基于大部分美国人对个体生命历程的设想(Cohler,1982;Lachman,2001)。根据社会时钟(social clock)(Neugarten,1968)的概念,中年处在个体生命的进程中。社会时钟是一套与年龄相适应的期望,它为个体评估自己生命的"准时"程度设定了标准(Cohler & Boxer,1984)。20 多岁大学毕业,20～30 岁养家,40 多岁孩子离开家独立生活,50～60 岁父母离世,65 岁或者 70 岁退休,这些人生转变在当代美国中产阶层社会中被认为是"准时"的。很多美国人期望能顺顺利利走到 70～80 多岁。中年这段时间属于成年早期和退休之间的过渡阶段。

当个体进入中年期,他开始意识到生命已过半。这样一种认识可能会导致对死亡的关注增加(Marshall,1975;Sill,1980)或者"死亡人格化"(personalization of death)(Neugarten & Datan,1974)。父母或朋友离世,以及与孩子分离让个体丧失身边的人;行动和生殖能力衰弱让个体丧失活力;成年生活中难以避免的失望经历让个体丧失希望和抱负。中年期这一切丧失经历格外凸显(Jacques,1965;Kernberg,1980;Levinson,1981)。

心理学家观察大量中年人的行为和态度倾向,发现在一定程度上,中年期的个体更加关注死亡,会更多提到往事(Livson & Peskin,1980;Lowenthal,Thurnher,Chiriboga,& Associates,1975),他们开始关注内在的思想、感受,对建立新的人际关系和事务性往来的兴趣会减弱(Neugarten,1979)。荣格认为,直到中年期男性才能接受被压抑的女性特质(阿尼玛),而女性才开始表达内心的男性特质(阿尼姆斯),正如我们在

第 11 章所了解的,随着抚养下一代的结束,古特曼(Gutmann,1987)认为,女性在生活上可能变得越来越有主见和行动力,她们不再像年轻时那样依赖他人和自卑,中年男性则可能会丢掉成年早期的力量感、攻击性,而变得消极、沉思。

在一篇著名的文章中,雅克(Jacques,1965)提出,中年可能预示着创造性的改变。雅克收集了 310 位具有非凡才华的画家、作曲家、诗人、作家和雕刻家的自传资料和艺术品,例如莫扎特、米开朗琪罗、巴赫、高更、拉斐尔和莎士比亚。结果发现,在中年以前,艺术家的创作过程是快速而富有激情的,作品热情奔放,倾向于表达高度的乐观和理想主义,充满了纯粹的愿望和浪漫的主题。然而在 40 岁以后,艺术家开始更成熟、更老练地创作更加精练的作品。随着中年期对死亡的关注增加,年轻时的理想主义转变为充满更多沉思的悲观主义,他们逐渐认识到并接受人性中的善良也夹杂着恨与破坏(Jacques,1965,p.505)。中年之后,艺术家在创作中开始使用一种更加哲学化、严肃的语言,正如雅克所说,艺术创作是艺术家与死亡的对话。

尽管男性和女性可能在中年时达到生命的全盛期,但是与生命的开端相比,中年期生命的结束仿佛近在眼前。因此,中年男性和女性会特别关注结局。在当下的美国社会,40～50 岁的男性和女性开始迫切地、仔细地思考怎样为自己的人生故事建构一个理想的结局。尽管从表面看来,个体离生命的结束可能还很远,但一旦步入中年个体就会更多地思考结局,这深深影响了人们对人生故事的建构。

大部分发展心理学家一致认为,个体在中年期会出现重要的转变。但是,就转变发生的时间及其是否属于中年危机这一问题并没有达成共识。莱文森对一般人生故事的写作非常具有影响力,但这只是一种成人发展的故事,人类特性的研究需要为更多故事留下空间。因此,基于生命历程视角的理论家和研究者在解释人生故事时,倾向于挖掘其中的多样性和不可预测性。科勒等人(Cohler et al.,1998)描述了以下观点:

> 相比于阶段理论,发展过程理论可能显得不那么有序,而且对发展过程理论的理解不能脱离大的社会和历史发展趋势,以及生命阶段中的特殊事件。在当代社会,成年阶段面临的发展任务很普遍,如工作、建立亲密关系、抚养下一代,以及应对有限的生命,没有哪一个简单的清单能够完全覆盖所有的发展轨迹抑或囊括所有的发展任务和社会角色。(p.266)

基于生命历程观撰写人生故事,是对成年发展的一种细微而具体的审视。本书第 3 章将个体生命置于整个社会文化和历史情境中予以考察,探索了在不同文化和历史时期个体发展轨迹的多样性(Bronfenbrenner,1994;Dannefer,1984;Elder,1995)。人生故事会受到经济、文化、社会变动、历史事件以及机遇的影响。同时,个体在发展过程中也发挥了自身的能动性,人们会在复杂多变的社会环境中积极建构自己的人生故事。因此,在个体的心理社会发展上,生命历程观综合考虑:(a)社会性定时和机遇；(b)社会角色和关系；(c)个体的能动性和差异性。

社会性定时(social timing)是指"在特定社会或社会情境中，社会角色的发生时间、持续时间、发生顺序，以及与年龄有关的预期和信念"(Elder，1995，p.14)。一个特定社会事件或角色是否"准时"，对个体生活和幸福有着十分重要的影响。有研究者(Cohler & Boxer，1984)认为，积极的精神面貌和对生活的满意度源于按时完成预期的角色转换或生命改变。及时完成角色转换的个体，其人生叙事连贯、有序。相反，"不准时"会给人生叙事带来挑战。

社会性定时与社会角色(social rcles)的顺序和模式有关。角色会强烈影响完成发展任务的方式。研究者(MacDermid，Fanz，& DeReus，1998)认为，埃里克森的繁殖性概念不应被视为人生叙事的某个阶段或篇章，而应被视为角色的动态组织，每个角色都带有特定的故事情节。繁殖性会出现在人生的各种角色中，如工作角色、婚姻角色、父母角色、公民角色以及在宗教组织中的角色，某一角色繁殖性的强度和质量不能预测另一角色繁殖性的强度和质量。此外，在特定的人生阶段，繁殖性可能会受到社会时钟、"准时"和"不准时"事件，以及其他因素的影响，并且会在各个角色中转移，有时这种转移甚至不可预测。另外，爱与家庭关系、友谊，以及其他人际纽带会强烈影响个体的繁殖性。生命历程理论家提出关联生命(linked lives)(Elder，1995)和社会护航(social convoys)(Kahan & Antonucci，1981)的概念。这些概念强调个体的发展是互相依赖的。个体的人生和建构的故事与重要他人的人生和故事密切相关。随着时间的流逝，个体与家人、朋友、同事一起走过人生——如同一个护航队在历史的风景线中航行，从一个篇章抵达下一个篇章。

社会性定时、社会角色和社会关系塑造人生故事，但人们并不是被动受到这些因素的影响。作为能动的个体，人们会在社会情境中积极建构自己的生活，获取生活经验，并将其内化为自己的一部分。确实，人们经常会不遵循社会时钟，违背传统的社会规范和角色，并用自己的术语来定义生活。最令人惊讶的是，每个人的定义方式有很大不同。

这正是心理个性如此有吸引力的原因之一。从根本上说，我们是如此相似，都源于人类的天性和进化。我们也都会受到文化的影响，并与家庭、社会、历史紧密联系在一起。然而，我们又是如此不同，以至于在讲述人生故事时，似乎总要表达自己是多么与众不同。由于人与人之间有着本质的区别，他们生命的开端和发展轨迹都不一样，因此心理学家常常带着困惑来研究人格。由于个体差异非常复杂，个体在很多方面存在不同，因此我们必须综合书中提到的基本特质、个性化适应和人生故事来思考心理个性。我们不能将个体差异简化到一两个简单的属性上，也不能将其总结成四五种不同的特质，因为它们是变化的、多样的。在我看来，这也正是人格心理学的美妙之处。

本章小结

1. 古老的伊卡洛斯故事——年轻的伊卡洛斯飞得很高，太阳的热量熔化了翅膀上的蜡，他坠入大海——为默里著名的案例提供了理论原型。案例记载了一名普通大学生的人生故事，部分基于这名大学生讲述的故事，默里用伊卡洛斯情结解释了他的人生。伊卡洛斯情结涉及的主题有尿道性兴奋、上升、坠落/降下、焦点式自恋。心理学家努力通过个体的第一人称描述来建构第三人称叙事，默里的个案研究就是典型的例子。

2. 20 世纪 30 年代，默里建立了人格学传统，他在哈佛心理诊所召集了各个领域的学者，组成跨领域的研究团队。人格学传统强调对传记、神话、叙事以及个案的深入研究。

3. 默里人格学的一个核心观点是，人类是受时间约束的有机体。默里认为，有机体的历史即有机体本身，因而他特别强调传记研究。在时间框架下进行人生研究时，人格学家可以先从单个的行动着手，随后研究持续期（一系列重复的行动）、序列（特定生活领域较长时间的行动序列），以及序列程序（以未来为目标导向的行动序列）。内部需要与外部环境压力塑造了人生的方向，两者相互作用形成主题。需要、压力和主题特征模式组成单元主题，这是人生故事的中心模式。

4. 在人格学传统中，一个重要的人物是怀特，他倡导对个案进行深入研究。怀特的个案研究揭示人格发展的重要趋势。他描述了人格的五种一般发展趋势：(1) 自我同一性的稳定；(2) 摆脱个人关系的影响；(3) 兴趣的深化；(4) 价值的人性化；(5) 关怀的扩展。

5. 尽管在默里之前，个案研究曾用于人格理论的例证，为人格理论的发展提供新的资料，抑或用于比较不同概念和理论之间的差异。但是，个案研究一直备受争议。批评者认为，这种方法太主观、不可靠以及没有科学价值。在评估个案研究时，我们需要考虑它的信度、内部一致性、解释的真实性和外部效度，并发现它与论证之间的根本区别。经过深入思考，关于个案研究的优缺点，大部分学者认为，个案研究的价值毋庸置疑，包括产生新的观点、假设和理论。

6. 心理传记法系统运用心理学理论，将个体的生活转化为首尾连贯的、富有启发性的故事。继弗洛伊德对达·芬奇展开个案研究之后，很多心理传记作者开始运用心理动力理论对名人的生活建构理论解释。尽管很多批评者反对心理传记法，但近年来它在方法和理论上的发展有目共睹，已形成心理传记研究的评价标准。

7. 为了帮助心理传记作者筛选搜集到的大量资料，亚历山大提出九条原则评估资料对于叙事解释的有效性，这九条原则分别为首要原则、频率原则、独特原则、抗拒原则、强调原则、省略原则、错误/歪曲原则、孤立原则和残缺原则。

8. 莱文森和其他人生阶段理论家描绘了成年期的一般性故事，即"人生四季"。通过对美国中产阶级男性的访谈，莱文森建构了从青春期到中年期的发展模型。生命结构是指个体在某一时期的生活模式。在生命结构发展过程中，特别重要的是人生梦想和指导关系。在莱文森看来，成人生活故事中特别有戏剧性的篇章是中年转变，在这一阶段个体需要重新审视对人生的承诺以及最重要的事情。虽然很多生命历程研究者一致认为，生命结构的重要改变可能发生在中年期，但他们就中年危机是否存在清晰的阶段还没有达成共识。有些研究者尝试将莱文森的模型推广到女性身上，但得到的结论并不一致。

9. 针对成年期人生阶段模型，生命历程观倾向于强调社会性定时、社会角色、社会关系，以及人类能动性和个体性的影响。生命历程观认为，成人发展会受到历史、文化和社会的影响。根据生命历程观，人生故事会受到经济背景、文化规范、社会变动、历史事件和机遇的影响。同时，个体在人生发展中也会发挥能动性，在复杂而变化的社会情境中建构自己的生活。

10. 在强调人类的能动性和个体性这一点上，生命历程观既使我们看到人格心理学的重要性，也使我们看到人格心理学家为心理个性提出科学、可靠的解释而付出的努力。

参考文献

A

Abramson, L. Y., Alloy, L. B., Hankin, B. L., Haeffel, G. J., MacCoon, D., & Gibb, B. E. (2002). Cognitive vulnerability-stress models of depression in a self-regulatory and psychobiological context. In I. H. Gotlib & C. Hammen (Eds.), *Handbook of depression* (pp. 268–294). New York: Guilford Press.

Abramson, L. Y., Seligman, M. E. P., & Teasdale, J. P. (1978). Learned helplessness in humans: Critique and reformulation. *Journal of Abnormal Psychology, 87*, 49–74.

Ackerman, S., Zuroff, D., & Moscowitz, D. S. (2000). Generativity in midlife and young adults: Links to agency, communion, and well-being. *International Journal of Aging and Human Development, 50*, 17–41.

Adams, G. R., & Marshall, S. K. (1996). A developmental social psychology of identity: Understanding the person-in-context. *Journal of Adolescence, 19*, 429–442.

Adams, G. R., Ryan, J. H., Hoffman, J. J., Dobson, W. R., & Nielson, E. C. (1984). Ego identity status, conformity behavior, and personality in later adolescence. *Journal of Personality and Social Psychology, 47*, 1091–1104.

Adler, A. (1927). *The practice and theory of individual psychology.* New York: Harcourt Brace World.

Adler, A. (1930). Individual psychology. In C. Murchison (Ed.), *Psychologies of 1930.* Worcester, MA: Clark University Press.

Adler, A. (1931). *What life should mean to you.* Boston: Little, Brown.

Adler, J. M., Kissel, E., & McAdams, D. P. (2006). Emerging from the CAVE: Attributional style and the narrative study of identity in midlife adults. *Cognitive Therapy and Research, 30*, 39–51.

Adler, J. M., & McAdams, D. P. (2007). Telling stories about therapy: Ego development, well-being, and the therapeutic relationship. In R. Josselson, A. Lieblich, & D. P. McAdams (Eds.), *The meaning of others: Narrative studies of relationships* (pp. 213–236). Washington, DC: American Psychological Association Press.

Adorno, T. W., Frenkel-Brunswik, E., Levinson, D. J., & Sanford, R. N. (1950). *The authoritarian personality.* New York: Harper & Brothers.

Ainsworth, M. D. S. (1967). *Infancy in Uganda: Infant care and the growth of love.* Baltimore: Johns Hopkins University Press.

Ainsworth, M. D. S. (1969). Object relations, dependency, and attachment: A theoretical review of the infant–mother relationship. *Child Development, 40*, 969–1025.

Ainsworth, M. D. S. (1989). Attachments beyond infancy. *American Psychologist, 44*, 709–716.

Ainsworth, M. D. S., Blehar, M. C., Waters, E., & Wall, T. (1978). *Patterns of attachment.* Hillsdale, NJ: Erlbaum.

Ainsworth, M. D. S., & Bowlby, J. (1991). An ethological approach to personality development. *American Psychologist, 46*, 333–341.

Akbar, N. (1991). The evolution of human psychology for African Americans. In R. L. Jones (Ed.), *Black psychology* (3rd ed., pp. 99–124). Berkeley, CA: Cobb & Henry.

Aldwin, C. M., & Levensen, M. R. (1994). Aging and personality assessment. In P. M. Lawton & J. A. Teresi (Eds.), *Annual review of gerontology and geriatrics* (Vol. 14, pp. 182–209). New York: Springer.

Alea, N., & Bluck, S. (2003). Why are you telling me that? A conceptual model of the social function of autobiographical memory. *Memory, 11*, 165–178.

Alexander, I. E. (1988). Personality, psychological assessment, and psychobiography. *Journal of Personality, 56*, 265–294.

Alker, H. A. (1972). Is personality situationally specific or intrapsychically consistent? *Journal of Personality, 40*, 1–16.

Allemand, M., Zimprich, D., & Hertzog, C. (2007). Cross-sectional age differences and longitudinal age changes of personality in middle adulthood and old age. *Journal of Personality, 75*, 323–358.

Allick, J., & Realo, A. (1997). Emotional experience and its relation to the Five-factor model in Estonian. *Journal of Personality, 65*, 625–647.

Alloy, L. B., Abramson, L. Y., Hogan, M. E., Whitehouse, W. G., Rose, D. T., Robinson, M. S., et al. (2000). The Temple–Wisconsin Cognitive Vulnerability to Depression project: Lifetime history of Axis I psychopathology in individuals at high and low cognitive risk for depression. *Journal of Abnormal Psychology, 109*, 403–418.

Allport, G. W., & Postman, L. (1947). *The psychology of rumor.* New York: Holt.

Allport, G. W. (1937). *Personality: A psychological interpretation*. New York: Holt, Rinehart & Winston.

Allport, G. W. (1942). *The use of personal documents in psychological science*. New York: Social Science Research Council.

Allport, G. W. (1950). *The individual and his religion*. New York: Macmillan.

Allport, G. W. (1954). *The nature of prejudice*. Cambridge, MA: Addison-Wesley.

Allport, G. W. (1955). *Becoming: Basic considerations for a psychology of personality*. New Haven, CT: Yale University Press.

Allport, G. W. (1961). *Pattern and growth in personality*. New York: Holt, Rinehart & Winston.

Allport, G. W. (1965). *Letters from Jenny*. New York: Harcourt, Brace & World.

Allport, G. W. (1968). *The person in psychology: Selected essays*. Boston: Beacon Press.

Allport, G. W., Bruner, J. S., & Jandorf, E. M. (1941). Personality under social catastrophe: Ninety-five life histories of the Nazi revolution. *Character and Personality, 10,* 1–22.

Allport, G. W., & Odbert, H. S. (1936). Trait-names, a psychological study. *Psychological Monographs, 47*(1, Whole No. 211).

Allport, G. W., & Vernon, P. E. (1933). *Studies in expressive movement*. New York: Macmillan.

Altemeyer, B. (1981). *Right-wing authoritarianism*. Winnepeg: University of Manitoba Press.

Altemeyer, B. (1988). *Enemies of freedom: Understanding right-wing authoritarianism*. San Francisco: Jossey-Bass.

Altemeyer, B. (1993). *Authoritarianism in American legislators*. Address at the annual meeting of the International Society of Political Psychology, Cambridge, MA.

Altemeyer, R. A. (1996). *The authoritarian specter*. Cambridge, MA: Harvard University Press.

Amabile, T. M., DeJong, W., & Lepper, M. R. (1976). Effects of externally imposed deadlines on subsequent intrinsic motivation. *Journal of Personality and Social Psychology, 34,* 92–98.

American Psychiatric Association (2000). *Diagnostic and statistical manual of mental disorders: DSM-IV-TR*. Washington, DC: Author.

Amsterdam, B. K. (1972). Mirror self-image reactions before age two. *Developmental Psychology, 5,* 297–305.

Anderson, C. A., & Bushman, B. J. (2002). The effects of media violence on society. *Science, 295,* 2377–2378.

Anderson, C. A., Carnagey, N. L., & Eubanks, J. (2003). Exposure to violent media: The effects of songs with violent lyrics on aggressive thoughts and feelings. *Journal of Personality and Social Psychology, 84,* 960–971.

Anderson, J. W. (1981). Psychobiographical methodology: The case of William James. In L. Wheeler (Ed.), *Review of personality and social psychology* (Vol. 2, pp. 245–272). Beverly Hills, CA: Sage.

Anderson, J. W. (1988). Henry A. Murray's early career: A psychobiographical exploration. *Journal of Personality, 56,* 139–171.

Anderson, K. J., & Revelle, W. (1994). Impulsivity and time of day: Is rate of change in arousal a function of impulsivity? *Journal of Personality and Social Psychology, 67,* 334–344.

Anderson, L. R., & Blanchard, P. N. (1982). Sex differences in task and social-emotional behavior. *Basic and Applied Social Psychology, 3,* 109–139.

Anderson, W. (1970). *Theophrastus: The character sketches*. Kent, OH: Kent State University Press.

Andrews, J. D. W. (1967). The achievement motive in two types of organizations. *Journal of Personality and Social Psychology, 6,* 163–168.

Andrews, M. (1991). *Lifetimes of commitment: Aging, politics, psychology*. Cambridge, UK: Cambridge University Press.

Angelou, M. (1970). *I know why the caged bird sings*. New York: Random House.

Angleitner, A., & Ostendorf, F. (1994). Temperament and the big five factors of personality. In C. F. Halverson, Jr., G. A. Kohnstamm, & R. P. Martin (Eds.), *The developing structure of temperament and personality from infancy to adulthood* (pp. 69–90). Hillsdale, NJ: Erlbaum.

Angus, L. E., & McLeod, J. (Eds.). (2004). *Handbook of narrative and psychotherapy*. London: Sage.

Anthony, E. J. (1970). The behavior disorders of childhood. In P. H. Mussen (Ed.), *Carmichael's handbook of child psychology* (Vol. 1, pp. 667–764). New York: Wiley.

Archer, J. (1988). The sociobiology of bereavement: A reply to Littlefield and Rushton. *Journal of Personality and Social Psychology, 55,* 272–278.

Arend, R., Gove, F. L., & Sroufe, L. A. (1979). Continuity of individual adaptation from infancy to kindergarten: A predictive study of egoresiliency and curiosity in preschoolers. *Child Development, 50,* 950–959.

Argyle, M., & Little, B. R. (1972). Do personality traits apply to social behavior? *Journal for the Theory of Social Behavior, 2,* 1–35.

Argyle, M., & Lu, L. (1990). Happiness and social skills. *Personality and Individual Differences, 11,* 1255–1262.

Arnett, J. J. (2000). Emerging adulthood: A theory of development from the late teens through the twenties. *American Psychologist, 55,* 469–480.

Aron, E. N., & Aron, A. (1997). Sensory-processing sensitivity and its relation to introversion and emotionality. *Journal of Personality and Social Psychology, 73,* 345–368.

Aron, E. N., Aron, A., & Davies, K. M. (2005). Adult shyness: The interaction of temperamental sensitivity and an adverse childhood environment. *Personality and Social Psychology Bulletin, 31,* 181–197.

Arthur, W., Jr., & Graziano, W. G. (1996). The five-factor model, conscientiousness, and driving accident involvement. *Journal of Personality, 64,* 593–618.

Asendorpf, J. B., & Wilpers, S. (1998). Personality effects on social relationships. *Journal of Personality and Social Psychology, 74,* 1531–1544.

Ashton, M. C., & Lee, K. (2007). Empirical, theoretical, and practical advantages of the HEXACO model of personality structure. *Personality and Social Psychology Review, 11,* 150–166.

Ashton, M. C., Lee, K., Perguini, M., Szarota, P., de Vries, R. E., Di Blas, L., et al. (2004). A six-factor structure of personalitydescriptive adjectives: Solutions from psycholexical studies in seven languages. *Journal of Personality and Social Psychology, 86,* 356–366.

Atkinson, J. W. (1957). Motivational determinants of risk-taking behavior. *Psychological Review, 64,* 359–372.

Atkinson, J. W. (Ed.). (1958). *Motives in fantasy, action, and society.* Princeton, NJ: Van Nostrand.

Atkinson, J. W., & Birch, D. (1978). *An Introduction to motivation* (2nd ed.). New York: Van Nostrand.

Atkinson, J. W., Bongort, K., & Price, L. H. (1977). Explorations using computer simulation to comprehend TAT measurement of motivation. *Motivation and Emotion, 1,* 1–27.

Atkinson, J. W., Heyns, R. W., & Veroff, J. (1954). The effect of experimental arousal of the affiliation motive on thematic apperception. *Journal of Abnormal and Social Psychology, 49,* 405–410.

Atkinson, J. W., & Raynor, J. O. (Eds.). (1978). *Motivation and achievement* (2nd ed.). Washington, DC: Winston.

Atkinson, M., & Violato, C. (1994). Neuroticism and coping with anger: The transitational consistency of coping responses. *Personality and Individual Differences, 17,* 769–782.

B

Bagby, R. M., Joffe, R. T., Parker, J. D. A., Kalemba, V., & Harkness, K. L. (1995). Major depression and the five-factor model of personality. *Journal of Personality Disorders, 9,* 224–234.

Bailey, J. M., Gaulin, S., Agyei, Y., & Gladue, B. A. (1994). Effects of gender and sexual orientation on evolutionarily relevant aspects of human mating psychology. *Journal of Personality and Social Psychology, 66,* 1081–1093.

Bakan, D. (1958). *Sigmund Freud and the Jewish mystical tradition.* New York: Van Nostrand.

Bakan, D. (1966). *The duality of human existence: Isolation and communion in Western man.* Boston: Beacon Press.

Bakan, D. (1971). *Slaughter of the innocents.* Boston: Beacon Press.

Baker-Brown, G., Ballard, E. J., Bluck, S., de Vries, B., Suedfeld, P., & Tetlock, P. E. (1992). The conceptual/integrative complexity scoring manual. In C. P. Smith (Ed.), *Motivation and personality: Handbook of thematic content analysis* (pp. 401–418). New York: Cambridge University Press.

Bakhtin, M. M. (1973). *Problems of Dostoyevsky's poetic* (Transl. By R. W. Rotsel, Trans.). Ann Arbor, MI: Ardis. (Original work published 1929)

Baldwin, J. M. (1897). *Mental development in the child and the race.* New York: Macmillan.

Baldwin, M. W. (1992). Relational schemas and the processing of social information. *Psychological Bulletin, 112,* 461–484.

Ball, D. W. (1972). The definition of situation: Some theoretical and mythological consequences of taking W. I. Thomas seriously. *Journal for the Theory of Social Behaviour, 2,* 61–82.

Baltes, P. B., & Baltes, M. M. (1990). Psychological perspectives on successful aging: The model of selective optimization with compensation. In P. B. Baltes & M. M. Baltes (Eds.), *Successful aging: Perspectives from the behavioral sciences* (pp. 1–34). Cambridge, UK: Cambridge University Press.

Bandura, A. (1965). Influence of models' reinforcement contingencies on the acquisitions of imitative responses. *Journal of Personality and social Psychology, 1,* 589–595.

Bandura, A. (1971). *Social learning theory.* Morristown, NJ: General Learning Press.

Bandura, A. (1977). *Social learning theory* (2nd ed.). Englewood Cliffs, NJ: Prentice-Hall.

Bandura, A. (1989). Human agency in social cognitive theory. *American Psychologist, 44,* 1175–1184.

Bandura, A. (1999). Social cognitive theory of personality. In L. Pervin & O. John (Eds.), *Handbook of personality: Theory and research* (2nd ed., pp. 154–196). New York: Guilford Press.

Bandura, A., Ross, D., & Ross, S. A. (1961). Transmission of aggression through imitation of aggressive models. *Journal of Abnormal and Social Psychology, 63,* 575–582.

Bandura, A., Ross, D., & Ross, S. A. (1963). Imitation of film-mediated aggressive models. *Journal of Abnormal and Social Psychology, 66,* 3–11.

Bandura, A., & Schunk, D. H. (1981). Cultivating competence, self-efficacy, and intrinsic interest through proximal self-motivation. *Journal of Personality and Social Psychology, 41,* 586–598.

Bannister, D. (1962). The nature and measurement of schizophrenic thought disorder. *Journal of Mental Sciences, 108,* 825–842.

Barenbaum, N. B. (1997). The case(s) of Gordon Allport. *Journal of Personality, 65,* 743–755.

Barenbaum, N. B., & Winter, D. G. (2003). Personality. In I. B. Weiner (Ed.), *Handbook of psychology: Vol. 1. History of psychology* (pp. 177–203). New York: Wiley.

Barnett, P. A., & Gotlib, I. H. (1988). Psychosocial functioning and depression: Distinguishing among antecedent, concomitant, and consequences. *Psychological Bulletin, 104,* 97–126.

Barresi, J., & Juckes, T. J. (1997). Personology and the narrative interpretation of lives. *Journal of Personality, 65,* 693–719.

Barrett, L., Dunbar, R., & Lycett, D. (2002). *Human evolutionary psychology*. Princeton, NJ: Princeton University Press.

Barrett, L. F. (1997). The relationships among momentary emotion experiences, personality descriptions, and retrospective ratings of emotion. *Personality and Social Psychology Bulletin, 23*, 1100–1110.

Barrick, M. R., & Mount, M. K. (1991). The Big Five personality dimensions and job performance: A meta-analysis. *Personnel Psychology, 44*, 1–26.

Barrick, M. R., & Mount, M. K. (1993). Autonomy as a moderator of the relationship between the Big Five personality dimensions and job performance. *Journal of Applied Psychology, 78*, 111–118.

Barron, F. (1969). *Creative person and creative process*. New York: Holt, Rinehart & Winston.

Bateson, M. C. (1990). *Composing a life*. New York: Plume.

Bartlett, M. Y., & DeSteno, D. (2006). Gratitude and prosocial behavior: Helping when it costs you. *Psychological Science, 17*, 319–325.

Bauer, J. J., & McAdams, D. P. (2004). Personal growth in adults' stories of life transitions. *Journal of Personality, 72*, 573–602.

Bauer, J. J., McAdams, D. P., & Sakaeda, A. (2005). Interpreting the good life: Growth memories in the lives of mature, happy people. *Journal of Personality and Social Psychology, 88*, 203–217.

Baumeister, R. F. (1986). *Identity: Cultural change and the struggle for self*. New York: Oxford University Press.

Baumeister, R. F., Dale, K., & Sommer, K. L. (1998). Freudian defense mechanisms and empirical findings in modern social psychology: Reaction formation, projection, displacement, undoing, isolation, sublimation, and denial. *Journal of Personality, 66*, 1081–1124.

Baumeister, R. F., & Leary, M. R. (1995). The need to belong: Desire for interpersonal attachment as a fundamental human motivation. *Psychological Bulletin, 117*, 497–529.

Baumgarten, F. (1933). Die Charaktereigenschaften. [The character traits.] In *Beitrge zur Charakter und Persnlichkeitsforschung* (Whole No. 1). Bern: A Francke.

Baumrind, D. (1971). Current patterns of parental authority. *Developmental Psychology Monograph, 4*(1, Pt. 2).

Beck, A. T. (1967). *Depression: Clinical, experimental, and theoretical aspects*. New York: Hoeber.

Beck, A. T. (1976). *Cognitive therapy and the emotional disorders*. New York: International Universities Press.

Becker, E. (1973). *The denial of death*. New York: The Free Press.

Becker, S. W., & Eagly, A. H. (2004). The heroism of women and men. *American Psychologist, 59*, 163–178.

Beer, J. S. (2002). Implicit self-theories of shyness. *Journal of Personality and Social Psychology, 83*, 1009–1024.

Bellah, R. N., Madsen, K., Sullivan, W. M., Sandler, A., & Tipton, S. M. (1985). *Habits of the heart*. Berkeley: University of California Press.

Belsky, J. (2000). Conditional and alternative reproductive strategies: Individual differences in susceptibility to rearing experiences. In J. L. Rodgers, D. C. Rowe, & W. B. Miller (Eds.), *Genetic influences on human fertility and sexuality: Theoretical and empirical contributions from the biological and behavioral sciences* (pp. 127–145). Boston: Kluwer Academic.

Belsky, J., Crnic, K., & Woodworth, S. (1995). Personality and parenting: Exploring the mediating role of transient mood and daily hassles. *Journal of Personality, 63*, 905–929.

Bendig, A. W. (1963). The relation of temperament traits of social extraversion and emotionality to vocational interests. *Journal of General Psychology, 69*, 311–318.

Benedict, R. (1934). *Patterns of culture*. Boston: Houghton Miflin.

Benet-Martínez, V., & Haritatos, J. (2005). Bicultural identity integration (BII): Components and psychosocial antecedents. *Journal of Personality, 73*, 1015–1050.

Benet-Martínez, V., Leu, J., Lee, F., & Morris, M. (2002). Negotiating biculturalism: Cultural frame-switching in biculturals with oppositional versus compatible cultural identities. *Journal of Cross-Cultural Psychology, 35*, 492–516.

Berkowitz, J., & Powers, P. C. (1979). Effects of timing and justification of witnessing aggression on the observer's punitiveness. *Journal of Research in Personality, 13*, 71–80.

Berman, J. S., & Kenny, D. A. (1976). Correlational bias in observer ratings. *Journal of Personality and Social Psychology, 34*, 263–273.

Bernstein, B. A. (1970). A sociolinguistic approach to socialization: With some reference to educability. In F. Williams (Ed.), *Language and poverty: Perspectives on a theme*. Chicago: Markham.

Bertaux, D. (Ed.). (1981). *Biography and society: The life history approach in the social sciences*. Beverly Hills, CA: Sage.

Bertenthal, B. I., & Fischer, K. W. (1978). Development of self-recognition in the infant. *Developmental Psychology, 14*, 44–50.

Bertini, M., Pizzamiglio, L., & Wapner, S. (Eds.). (1986). *Field dependence in psychological theory, research, and application*. Hillsdale, NJ: Erlbaum.

Berzonsky, M. D. (1994). Self-identity: The relationship between process and content. *Journal of Research in Personality, 28*, 453–460.

Bettelheim, B. (1977). *The uses of enchantment: The meaning and importance of fairy tales*. New York: Vintage Books.

Bierhoff, H. W., Klein, R., & Kramp, P. (1991). Evidence for the altruistic personality from data on accident research. *Journal of Personality, 59*, 263–280.

Biernat, M., & Wortman, C. B. (1991). Sharing of home responsibilities between professionally employed women and their husbands. *Journal of Personality and Social Psychology, 60,* 844–860.

Birren, J., Kenyon, G., Ruth, J. E., Shroots, J. J. F., & Svendson, J. (Eds.) (1996). *Aging and biography: Explorations in adult development.* New York: Springer.

Blagov, P. S., & Singer, J. A. (2004). Four dimensions of self-defining memories (specificity, meaning, content, and affect) and their relationships to self-restraint, distress, and repressive defensiveness. *Journal of Personality, 72,* 481–511.

Blanchard, R. J., & Blanchard, D. C. (1990). Anti-predator defense as models of animal fear and anxiety. In P. F. Brain, S. Parmigiani, & G. Andrews (Eds.), *Fear and defence* (pp. 89–108). London: Harwood.

Block, J. (1965). *The challenge of response sets: Unconfounding meaning, acquiescence, and social desirability in the MMPI.* New York: Appleton-Century-Crofts.

Block, J. (1971). *Lives through time.* Berkeley, CA: Bancroft Books.

Block, J. (1977). Advancing the psychology of personality: Paradigmatic shift or improving the quality of research? In D. Magnusson & N. S. Endler (Eds.), *Personality at the crossroads: Current issues in interactional psychology.* Hillsdale, NJ: Erlbaum.

Block, J. (1981). Some enduring and consequential structures of personality. In A. I. Rabin, J. Arnoff, A. M. Barclay, & R. A. Zucker (Eds.), *Further explorations in personality* (pp. 27–43). New York: Wiley.

Block, J. (1993). Studying personality the long way. In D. C. Funder, R. D. Parke, C. Tomlinson-Keasey & K. Widaman (Eds.), *Studying lives through time: Personality and development* (pp. 9–41). Washington, DC: American Psychological Association Press.

Block, J. (1995). A contrarian view of the five-factor approach to personality description. *Psychological Bulletin, 117,* 187–215.

Block, J. H., & Block, J. (1980). The role of ego control and ego resiliency in the organization of behavior. In W. A. Collins (Ed.), *Development of cognition, affect, and social relations* (pp. 39–101). Hillsdale, NJ: Erlbaum.

Bloom, A. (1987). *The closing of the American mind: How education has failed democracy and impoverished the souls of today's students.* New York: Simon & Schuster.

Bloom, P. (2005, December). Is God an accident? *Atlantic Monthly,* pp. 105–112.

Blos, P. (1972). The epigenesis of the adult neurosis. In *The psychoanalytic study of the child* (Vol. 27). New York: Quadrangle.

Blos, P. (1979). *The adolescent passage.* New York: International Universities Press.

Bogg, T., & Roberts, B. W. (2004). Conscientiousness and health-related behavior: A meta-analysis of the leading behavioral contributors to mortality. *Psychological Bulletin, 130,* 887–919.

Bolger, N. (1990). Coping as a personality process: A prospective study. *Journal of Personality and Social Psychology, 59,* 525–537.

Bolger, N., & Schilling, E. A. (1991). Personality and the problems of everyday life: The role of neuroticism in exposure and reactivity to daily stressors. *Journal of Personality, 59,* 355–386.

Bonanno, G. A. (2004). Loss, trauma, and human resilience: Have we underestimated the human capacity to thrive after extremely aversive events? *American Psychologist, 59,* 20–28.

Bonanno, G. A., Davis, P. J., Singer, J. L., & Schwartz, G. E. (1991). The repressor personality and avoidant information processing: A dichotic listening study. *Journal of Research in Personality, 25,* 386–401.

Boomsma, D. I., Willemsen, G., Dolan, C. V., Hawkley, L. C., & Cacioppo, J. T. (2005). Genetic and environmental contributions to loneliness in adults: The Netherlands Twin Register Study. *Behavior Genetics, 35,* 745–752.

Booth, W. C. (1988). *The company we keep: An ethics of fiction.* Berkeley: University of California Press.

Borden, W. (1992). Narrative perspectives in psychosocial intervention following adverse life events. *Social Work, 37*(2), 135–141.

Borkenau, P., Riemann, R., Angleitner, A., & Spinath, F. M. (2001). Genetic and environmental influences on observed personality: Evidence from the German Observational Study of Adult Twins. *Journal of Personality and Social Psychology, 80,* 655–668.

Bouchard, T. J., Jr., Lykken, D. T., McGue, M., Segal, N. L. & Tellegen, A. (1990). Sources of human psychological differences: The Minnesota Study of Twins Reared Apart. *Science, 250,* 223–228.

Bourne, E. (1978). The state of research on ego identity: A review and appraisal (Part 1). *Journal of Youth and Adolescence, 7,* 223–255.

Bowlby, J. (1969). *Attachment and loss. Vol. 1. Attachment.* New York: Basic Books.

Bowlby, J. (1973). *Attachment and loss. Vol. 2. Separation.* New York: Basic Books.

Bowlby, J. (1980). *Attachment and loss. Vol. 3. Loss.* New York: Basic Books.

Bowlby, J. (1988). *A secure base.* New York: Basic Books.

Bowman, P. J. (1989). Research perspectives on black men: Role strain and adaptation across the adult life cycle. In R. L. Jones (Ed.), *Black adult development and aging* (pp. 117–150). Berkeley, CA: Cobb & Henry.

Bowman, P. J. (1990). Coping with provider role strain: Adaptive cultural resources among black husband-fathers. *Journal of Black Psychology, 16,* 1–21.

Boyatzis, R. E. (1973). Affiliation motivation. In D. C. McClelland & R. S. Steele (Eds.), *Human motivation: A book of readings* (pp. 252–276). Morristown, NJ: General Learning Press.

Boyce, W. T., & Ellis, B. J. (2005). Biological sensitivity to context: I.

An evolutionary–developmental theory of the origins and functions of stress reactivity. *Development and Psychopathology, 17,* 271–301.

Boyd-Franklin, N. (1989). *Black families in therapy: A multisystems approach.* New York: Guilford Press.

Boyer, P. (2002). *Religion explained: The evolutionary origins of religious thought.* New York: Basic Books.

Bradley, C. L., & Marcia, J. E. (1998). Generativity-stagnation: A five-category model. *Journal of Personality, 66,* 39–64.

Brandstatter, H. (1994). Well-being and motivated person–environment fit: A time-sampling study of emotions. *European Journal of Personality, 8,* 75–94.

Brebner, J., & Cooper C. (1985). A proposed unified model of extraversion. In J. T. Spence & C. E. Izard (Eds.), *Motivation, emotion, and personality.* Amsterdam: North-Holland.

Breger, L. (1974). *From instinct to identity: The development of personality.* Englewood Cliffs, NJ: Prentice-Hall.

Breslow, R., Kocis, J., & Belkin, B. (1981). Contribution of the depressive perspective to memory function in depression. *American Journal of Psychiatry, 183,* 227–230.

Breuer, J., & Freud, S. (1893–1898). Studies on hysteria. In J. Strachey (Ed.), *The standard edition of the complete psychological works of Sigmund Freud* (Vol. 2). London: Hogarth Press.

Brewer, M. B., & Caporael, L. R. (1990). Selfish genes versus selfish people: Sociobiology as origin myth. *Motivation and Emotion, 14,* 237–243.

Brody, L. (1999). *Gender, emotion, and the family.* Cambridge, MA: Harvard University Press.

Bromley, D. B. (1986). *The case-study method in psychology and related disciplines.* New York: Wiley.

Bronfenbrenner, U. (1979). *The ecology of human development.* Cambridge, MA: Harvard University Press.

Bronfenbrenner, U. (1994). Ecological models of human development. In

T. Husten & T. N. Postlewaite (Eds.), *International encyclopedia of education* (2nd ed.). New York: Elsevier Science.

Brotman, B. (2007, June 14). Senn graduation truly a world party. *Chicago Tribune,* pp. 1, 22–24.

Broughton, J. M., & Zahaykevich, M. K. (1988). Ego and ideology: A critical review of Loevinger's theory. In D. K. Lapsley & F. C. Power (Eds.), *Self, ego, and identity: Integrative approaches* (pp. 179–208). New York: Springer-Verlag.

Brown, K. W., & Moskowitz, D. S. (1998). Dynamic stability of behavior: The rhythms of our interpersonal lives. *Journal of Personality, 66,* 105–134.

Brown, N. O. (1959). *Life against death.* New York: Random House.

Browning, D. S. (1975). *Generative man: Psychoanalytic perspectives.* New York: Dell.

Bruhn, A. R., & Schiffman, H. (1982). Prediction of locus of control from the earliest childhood memory. *Journal of Personality Assessment, 46,* 380–390.

Bruner, J. S. (1986). *Actual minds, possible worlds.* Cambridge, MA: Harvard University Press.

Bruner, J. S. (1990). *Acts of meaning.* Cambridge, MA: Harvard University Press.

Brunstein, J. C., Schultheiss, O. C., & Grassmann, R. (1998). Personal goals and emotional well-being: The moderating role of motive dispositions. *Journal of Personality and Social Psychology, 75,* 494–508.

Brunswik, E. (1956). *Perception and the representative design of psychological experiments.* Berkeley: University of California Press.

Bryant, F. B. (2003). Savoring beliefs inventory (SBI): A scale for measuring beliefs about savoring. *Journal of Mental Health, 12,* 175–196.

Bühler, C. (1933). *Der menschliche lebenslauf als psychologisches problem.* Leipzig: Hirzel Verlag.

Burisch, M. (1984). Approaches to personality inventory construction: A comparison of merits. *American Psychologist, 39,* 214–227.

Burt, S. A., McGue, M., Iacono, W. G., & Krueger, R. F. (2006). Differential parent–child relationships and adolescent externalizing symptoms: Cross-lagged analyses within a monozygotic differences design. *Developmental Psychology, 42,* 1289–1298.

Burton, C. M., & King, L. A. (2004). The health benefits of writing about intensely positive experiences. *Journal of Research in Personality, 38,* 150–163.

Bushman, B. J., & Baumeister, R. F. (1998). Threatened egotism, narcissism, self-esteem, and direct and displaced aggression: Does self-love or self-hate lead to violence. *Journal of Personality and Social Psychology, 75,* 219–229.

Buss, A. H. (1986). Social rewards and personality. *Journal of Personality and Social Psychology, 44,* 553–563.

Buss, D. M. (1988). The evolution of human intrasexual competition: Tactics of mate attraction. *Journal of Personality and Social Psychology, 54,* 616–628.

Buss, D. M. (1989a). Conflict between the sexes: Strategic interference and the evocation of anger and upset. *Journal of Personality and Social Psychology, 56,* 735–747.

Buss, D. M. (1989b). Sex differences in human mate preference: Evolutionary hypotheses tested in 37 cultures. *Brain and Behavior Sciences, 12,* 1–49.

Buss, D. M. (1991). Evolutionary personality psychology. In M. R. Rosenzweig & L. W. Porter (Eds.), *Annual review of psychology* (pp. 459–491). Palo Alto, CA: Annual Reviews.

Buss, D. M. (1995). Evolutionary psychology: A new paradigm for psychological science. *Psychological Inquiry, 6,* 1–30.

Buss, D. M. (1997). Evolutionary foundations of personality. In R. Hogan, J. Johnson, & S. Briggs (Eds.), *Handbook of personality psychology* (pp. 317–344). San Diego, CA: Academic Press.

Buss, D. M., & Barnes, M. (1986). Preferences in human mate selection.

Journal of Personality and Social Psychology, 50, 559–570.

Buss, D. M., & Cantor, N. (1989). Introduction. In D. M. Buss & N. Cantor (Eds.), *Personality psychology: Recent trends and emerging directions* (pp. 1–12). New York: Springer-Verlag.

Buss, D. M., & Craik, K. H. (1983). Act prediction and the conceptual analysis of personality scales: Indices of act density, bipolarity, and extensity. *Journal of Personality and Social Psychology, 45*, 1081–1095.

Buss, D. M., & Craik, K. H. (1984). Acts, dispositions, and personality. In B. A. Maher & W. B. Maher (Eds.), *Progress in experimental personality research* (Vol. 13, pp. 241–301). Orlando, FL: Academic Press.

Butler, R. N. (1975). *Why survive: Being old in America.* New York: Harper & Row.

Byrne, D., & Kelly, K. (1981). *An introduction to personality* (3rd ed.). Englewood Cliffs, NJ: Prentice-Hall.

C

Calder, B. J., & Staw, B. M. (1975). The interaction of intrinsic and extrinsic motivation: Some methodological notes. *Journal of Personality and Social Psychology, 31*, 76–80.

Cale, E. M. (2006). A quantitative review of the relations between the "Big 3" higher order personality dimensions and antisocial behavior. *Journal of Research in Personality, 40*, 250–284.

Campbell, D. T. (1975). "Degrees of freedom" and the case study. *Comparative Political Studies, 8*, 178–193.

Campbell, D. T., & Fiske, D. W. (1959). Convergent and discriminant validity by the multitrait–multimethod matrix. *Psychological Bulletin, 56*, 81–105.

Campbell, J. (1949). *The hero with a thousand faces.* New York: Bollingen Foundation.

Campbell, J. B., & Hawley, C. W. (1982). Study habits and Eysenck's theory of introversion–extraversion. *Journal of Research in Personality, 16*, 139–146.

Canli, T. (2004). Functional brain mapping of extraversion and neuroticism: Learning from individual differences in emotion processing. *Journal of Personality, 72*, 1104–1132.

Canli, T., Qiu, M., Omura, K., Congdon, E., Haas, B. W., Amin, Z., et al. (2006). Neural correlates of epigenesis. *Proceedings of the National Academy of Sciences, 103*, 16033–16038.

Canli, T., Sivers, H., Whitfield, S. L., Gotlib, I. H., & Gabrieli, J. D. E. (2002). Amygdala response to happy faces as a function of extraversion. *Science, 296*, 2191.

Canli, T., Zhao, Z., Desmond, J. E., Kang, E., Gross, J., & Gabriele, J. D. E. (2001). An fMRI study of personality influences on brain reactivity to emotional stimuli. *Behavioral Neuroscience, 115*, 33–42.

Cantor, N., & Kihlstrom, J. F. (1985). Social intelligence: The cognitive basis of personality. In P. Shaver (Ed.), *Self, situations, and social behavior* (pp. 15–34). Beverly Hills, CA: Sage.

Cantor, N., & Kihlstrom, J. F. (1987). *Personality and social intelligence.* Englewood Cliffs, NJ: Prentice-Hall.

Cantor, N., & Kihlstrom, J. F. (1989). Social intelligence and cognitive assessments of personality. In R. S. Wyer, Jr., & T. K. Srull (Eds.), *Advances in social cognition: Vol. II. Social intelligence and cognitive assessments of personality* (pp. 1–59). Hillsdale, NJ: Erlbaum.

Cantor, N., Mischel, W., & Schwartz, J. C. (1982). A prototype analysis of psychological situations. *Cognitive Psychology, 14*, 45–77.

Cantor, N., & Zirkel, S. (1990). Personality, cognition, and purposive behavior. In L. Pervin (Ed.), *Handbook of personality theory and research* (pp. 135–164). New York: Guilford Press.

Cantor, N. F. (1971). *Western civilization, its genesis and destiny: The modern heritage. From 1500 to the present.* Glenview, IL: Scott, Foresman.

Carlo, G., Eisenberg, N., Troyer, D., Switzer, G., & Speer, A. L. (1991). The altruistic personality: In what contexts is it apparent? *Journal of Personality and Social Psychology, 61*, 450–458.

Carlsmith, J. M., Ellsworth, P. C. & Aronson, E. (1976). *Methods of research in social psychology.* Reading, MA: Addison-Wesley.

Carlson, R. (1971). Where is the person in personality research? *Psychological Bulletin, 75*, 203–219.

Carlson, R. (1981). Studies in script theory: I. Adult analogs of a childhood nuclear scene. *Journal of Personality and Social Psychology, 40*, 501–510.

Carlson, R. (1984). What's social about social psychology? Where's the person in personality research? *Journal of Personality and Social Psychology, 47*, 1304–1309.

Carlson, R. (1988). Exemplary lives: The uses of psychobiography for theory development. *Journal of Personality, 56*, 105–138.

Carlson, E. A., Sroufe, L. A., & Egeland, B. (2004). The construction of experience: A longitudinal study of representation and behavior. *Child Development, 75*, 66–83.

Carlson, V., Cicchetti, D., Barnett, D., & Braunwald, K. (1989), Disorganized/disoriented attachment behaviors in maltreated infants. *Developmental Psychology, 25*, 525–531.

Carment, D. W., Miles, G. D., & Cervin, V. B. (1965). Persuasiveness and persuasability as related to intelligence and extraversion. *British Journal of Social and Clinical Psychology, 4*, 1–7.

Carstensen, L. L. (1995). Evidence for a life-span theory of socioemotional selectivity. *Current Directions in Psychological Science, 4*, 151–155.

Carter, C. S. (1998). Neuroendocrine perspectives on social attachment and love. *Psychoneuroendocrinology, 23*, 779–818.

Cartwright, L. K., & Wink, P. (1994). Personality change in women physicians from medical student years to mid-40s. *Psychology of Women Quarterly, 18*, 291–308.

Carver, C. S., & White, T. L. (1994). Behavioral inhibition, behavioral activation, and affective responses to impending reward and punishment: The BIS/BAS scales. *Journal of Personality and Social Psychology, 67*, 319–333.

Carver, C. S. (2004). Negative affects deriving from the behavioral approach system. *Emotion, 3*, 3–22.

Caspi, A. (1998). Personality development across the life course. In W. Damon (Ed.), *Handbook of child psychology: Vol. 3. Social, emotional, and personality development* (5th ed., pp. 311–388). New York: Wiley.

Caspi, A., Harrington, H. L., Milne, B., Amell, J. W., Theodore, R. F., & Moffitt, T. E. (2003). Children's behavioral styles at age 3 are linked to their adult personality traits at age 26. *Journal of Personality, 71*, 495–513.

Caspi, A., & Moffitt, T. E. (1993). When do individual differences matter?: A paradoxical theory of personality coherence. *Psychological Inquiry, 4*, 247–271.

Caspi, A., Roberts, B. W., & Shiner, R. L. (2005). Personality development: Stability and change. In S. T. Fiske & D. Schacter (Eds.), *Annual review of psychology* (Vol. 56, pp. 453–484). Palo Alto, CA: Annual Reviews.

Caspi, A., Sugden, K., Moffitt, T. E., Taylor, A., Craig, I. W., & Harrington, H. J. (2003). Influence of life stress on depression: Moderation by a polymorphism in the 5-HTT gene. *Science, 301*, 386–389.

Cattell, R. B. (1943). The description of personality: Basic traits resolved into clusters. *Journal of Abnormal and Social Psychology, 38*, 476–506.

Cattell, R. B. (1947). Confirmation and clarification of the primary personality factors. *Psychometrika, 12*, 197–220.

Cattell, R. B. (1950). *Personality: A systematic, theoretical, and factual study.* New York: McGraw-Hill.

Cattell, R. B. (1957). *Personality and motivation structure and measurement.* Yonkers-on-Hudson, NY: World Book.

Cattell, R. B. (1965). *The scientific analysis of personality.* Baltimore: Penguin.

Cattell, R. B. (1990). Advances in Cattellian personality theory. In L. A. Pervin (Ed.), *Handbook of personality: Theory and research* (pp. 101–110). New York: Guilford Press.

Carter, C. S. (1998). Neuroendocrine perspectives on social attachment and love. *Psychoneuroendocrinology, 23*, 779–818.

Cervone, D., Shadel, W. G., & Jencius, S. (2001). Social-cognitive theory of personality assessment. *Personality and Social Psychology Review, 5*, 33–51.

Cervone, D., & Shoda, Y. (1999a). Beyond traits in the study of personality coherence. *Current Directions in Psychological Science, 8*, 27–32.

Cervone, D., & Shoda, Y. (1999b). Social-cognitive theories and the coherence of personality. In D. Cervone & Y. Shoda (Eds.), *The coherence of personality: Social-cognitive bases of consistency, variability, and organization* (pp. 3–33). New York: Guilford Press.

Chafe, W. (1990). Some things that narratives tell us about the mind. In B. K. Britton & A. D. Pellegrini (Eds.), *Narrative thought and narrative language* (pp. 79–98). Hillsdale, NJ: Erlbaum.

Chaikin, A. L., Derlega, V. J., Bayma, B., & Shaw, J. (1975). Neuroticism and disclosure reciprocity. *Journal of Clinical and Consulting Psychology, 43*, 13–19.

Chaplin, W. F., Phillips, J. B., Brown, J. D., Clanton, N. R., & Stein, J. L. (2000). Handshaking, gender, personality, and first impressions. *Journal of Personality and Social Psychology, 79*, 110–117.

Chodorow, N. (1978). *The reproduction of mothering: Psychoanalysis and the sociology of gender.* Berkeley: University of California Press.

Christie, R., & Lindauer, F. (1963). Personality structure. In *Annual review of psychology* (Vol. 14, pp. 201–230). Palo Alto, CA: Annual Reviews.

Church, A. T. (2000). Culture and personality: Toward an integrated cultural trait psychology. *Journal of Personality, 68*, 651–703.

Church, A. T., & Katigbak, M. S. (1989). Internal, external, and self-report structure of personality in a non-Western culture: An investigation of cross-language and cross-cultural generalizability. *Journal of Personality and Social Psychology, 57*, 857–872.

Church, A. T., Reyes, J. A. S., Katigbak, M. S., & Grimm, S. D. (1997). Filipino personality structure and the Big Five model: A lexical approach. *Journal of Personality, 65*, 477–528.

Clark, G. (2007). *A farewell to alms: A brief economic history of the world.* Princeton, NJ: Princeton University Press.

Clark, L. A., Watson, D., & Mineka, S. (1994). Temperament, personality, and the mood and anxiety disorders. *Journal of Abnormal Psychology, 103*, 103–116.

Cloninger, C. R. (1987). A systematic method for clinical description and classification of personality variants. *Archives of General Psychiatry, 44*, 573–588.

Cochran, S. D., & Hammen, C. L. (1985). Perceptions of stressful life events and depression: A test of attributional models. *Journal of Personality and Social Psychology, 48*, 1562–1571.

Cohler, B. J. (1982). Personal narrative and the life course. In P. Baltes & O. G. Brim, Jr. (Eds.), *Life span development and behavior* (Vol. 4, pp. 205–241). New York: Academic Press.

Cohler, B. J. (1990). *The life-story and the study of resilience and response to adversity.* New England Symposium on Narrative Studies, Clark University.

Cohler, B. J., & Boxer, A. M. (1984). Personal adjustment, well-being, and life events. In C. Z. Malatesta & C. E. Izard (Eds.), *Emotion in adult development* (pp. 85–100). Beverly Hills, CA: Sage.

Cohler, B. J., Hostetler, A. J., & Boxer, A. (1998). Generativity, social context, and lived experience: Narratives of gay men in middle adulthood. In D. P. McAdams and E. de St. Aubin (Eds.), *Generativity and adult development: How and why we care for the next generation* (pp. 265–309). Washington, DC: APA Press.

Cohn, L. D. (1991). Sex differences in the course of personality development: A meta-analysis. *Psychological Bulletin*, 109, 252–266.

Cohn, L. D., & Westenberg, P. M. (2004). Intelligence and maturity: Meta-analytic evidence for the incremental and discriminant validity of Loevinger's measure of ego development. *Journal of Personality and Social Psychology*, 86, 760–772.

Colby, A., & Damon, W. (1992). *Some do care: Contemporary lives of moral commitment*. New York: The Free Press.

Coifman, K. G., Bonanno, G. A., Ray, R. D., & Gross, J. J. (2007). Does repressive coping promote resilience? Affective-autonomic response discrepancy during bereavement. *Journal of Personality and Social Psychology*, 92, 745–758.

Cole, E. R., & Stewart, A. J. (1996). Meanings of political participation among black and white women: Political identity and social responsibility. *Journal of Personality and Social Psychology, 71*, 130–140.

Cole, J. (1970). Culture: Negro, black, and nigger. *Black Scholar, 1*, 341–350.

Coles, R. (1989). *The call of stories: Teaching and the moral imagination*. Boston: Houghton Mifflin.

Comer, R. J. (1995). *Abnormal psychology* (5th ed.). New York: W. H. Freeman.

Conard, M. A. (2006). Aptitude is not enough: How personality and behavior predict academic performance. *Journal of Research in Personality, 40*, 339–346.

Conger, J. J., & Petersen, A. C. (1984). *Adolescence and youth: Psychological development in a changing world* (3rd ed.). New York: Harper & Row.

Conley, J. J. (1985a). A personality theory of adulthood and aging. In R. Hogan & W. H. Jones (Eds.), *Perspectives in personality* (Vol. 1, pp. 81–116). Greenwich, CT: JAI Press.

Conley, J. J. (1985b). Longitudinal stability of personality traits: A multitrait-multimethod–multioccasion analysis. *Journal of Personality and Social Psychology, 49*, 1266–1282.

Conway, M. A., & Holmes, A. (2004). Psychosocial stages and the accessibility of autobiographical memories across the life cycle. *Journal of Personality, 72*, 461–480.

Cooper, J., & Scalise, C. J. (1974). Dissonance produced by deviations from life-styles: The interaction of Jungian typology and conformity. *Journal of Personality and Social Psychology, 29*, 566–571.

Cordes, C. (1986). Narrative thought neglected. *APA Monitor*.

Corr, P. J. (Ed.). (in press). *The reinforcement sensitivity theory of personality*. Cambridge, UK: Cambridge University Press.

Costa, P. T., Jr., & McCrae, R. R. (1978). Objective personality assessments. In M. Storandt, I. C. Siegler, & M. F. Elias (Eds.), *The clinical psychology of aging* (pp. 119–143). New York: Plenum Press.

Costa, P. T., Jr., & McCrae, R. R. (1980a). Influence of extraversion and neuroticism on subjective well-being: Happy and unhappy people. *Journal of Personality and Social Psychology, 38*, 668–678.

Costa, P. T., Jr., & McCrae, R. R. (1980b). Somatic complaints in males as a function of age and neuroticism: A longitudinal analysis. *Journal of Behavioral Medicine, 3*, 245–257.

Costa, P. T., Jr., & McCrae, R. R. (1984). Personality as a lifelong determinant of well-being. In C. Z. Malatesta & C. E. Izard (Eds.), *Emotion in adult development* (pp. 141–158). Beverly Hills, CA: Sage.

Costa, P. T., Jr., & McCrae, R. R. (1985). *The NEO Personality Inventory*. Odessa, FL: Psychological Assessment Resources.

Costa, P. T., Jr., & McCrae, R. R. (1992). *The NEO-PI-R: Professional manual*. Odessa, FL: Psychological Assessment Resources.

Costa, P. T., Jr., & McCrae, R. R. (1994). Set like plaster?: Evidence for the stability of adult personality. In T. F. Heatherton & J. L. Weinberger (Eds.), *Can personality change?* (pp. 21–40). Washington, DC: APA Press.

Costa, P. T., McCrae, R. R. & Arenberg, P. (1980). Enduring dispositions in adult males. *Journal of Personality and Social Psychology, 38*, 793–800.

Costa, P. T., Jr., McCrae, R. R., & Zonderman, A. B. (1987). Environmental and dispositional influences on well-being: Longitudinal followup of an American national sample. *British Journal of Psychology, 78*, 299–306.

Costa, P. T., Jr., & Widiger, T. A. (Eds.). (2002). *Personality disorders and the five-factor model of personality*. Washington, DC: American Psychological Association Press.

Cox, C. (1926). *The early mental traits of three hundred geniuses*. Stanford, CA: Stanford University Press.

Coyne, J. C., & Gotlib, I. H. (1983). The role of cognition in depression: A critical appraisal. *Psychological Bulletin, 94*, 472–505.

Cozolino, L. (2006). *The neuroscience of human relationships: Attachment and the developing social brain*. New York: Wiley.

Craig, J-A., Koestner, R., & Zuroff, D. C. (1994). Implicit and self-attributed intimacy motivation. *Journal of Social and Personal Relationships, 11*, 491–507.

Cramer, P. (1991). *The development of defense mechanisms*. New York: Springer-Verlag.

Cramer, P. (2002). Defense mechanisms, behavior, and affect in young adulthood. *Journal of Personality, 70*, 103–126.

Cramer, P. (2004). Identity change in adulthood: The contribution of defense mechanisms and life experiences. *Journal of Research in Personality*, 38, 280–316,

Cramer, P. (2007). Longitudinal study of defense mechanisms: Late childhood to late adolescence. *Journal of Personality*, 75, 1–23.

Cramer, P., & Brilliant, M. A. (2001). Defense use and defense understanding in children. *Journal of Personality*, 69, 297–322.

Crandall, J. E. (1980). Adler's concept of social interest: Theory, measurement and implications for adjustment. *Journal of Personality and Social Psychology*, 39, 481–495.

Crandall, J. E. (1984). Social interest as a moderator of life stress. *Journal of Personality and Social Psychology*, 47, 164–174.

Crewe, N. M. (1997). Life stories of people with long-term spinal cord injury. *Rehabilitation Counseling Bulletin*, 41, 26–42.

Crockett, H. J., Jr. (1962). The achievement motive and differential occupational mobility in the United States. *American Sociological Review*, 27, 191–204.

Crockett, W. H. (1965). Cognitive complexity and impression formation. In B. A. Maher (Ed.), *Progress in experimental personality research* (Vol. 1, pp. 47–90). New York: Academic Press.

Cronbach, L. J., & Meehl, P. E. (1955). Construct validity in psychological tests. *Psychological Bulletin*, 52, 281–302.

Cross, H., & Allen, J. (1970). Ego identity status, adjustment, and academic achievement. *Journal of Consulting and Clinical Psychology*, 34, 288.

Crowne, D. P., & Marlowe, D. (1964). *The approval motive: Studies in evaluative dependence*. New York: Wiley.

Cunningham, M. R. (1981). Sociobiology as a supplementary paradigm for social psychological research. In L. Wheeler (Ed.), *Review of personality and social psychology* (Vol. 2, pp. 69–106). Beverly Hills, CA: Sage.

Cushman, P. (1990). Why the self is empty: Toward a historically situated psychology. *American Psychologist*, 45, 599–611.

Cutler, S. S., Larsen, R. J., & Bunce, S. C. (1996). Repressive coping style and the experience and recall of emotion: A naturalistic study of daily affect. *Journal of Personality*, 65, 379–405.

D

Daly, M., & Wilson, M. (1988). *Homicide*. New York: Aldine de Gruyter.

Damasio, A. (1999). *The feeling of what happens: Body and emotion in the making of consciousness*. Orlando, FL: Harcourt.

Damon, W., & Hart, D. (1982). The development of self-understanding from infancy through adolescence. *Child Development*, 53, 841–864.

Dannefer, D. (1984). Adult development and social theory: A paradigmatic reappraisal. *American Sociological Review*, 49, 100–116.

Darwin, C. (1859). *On the origin of the species by means of natural selection*. New York: Appleton.

Darwin, C. (1872/1965). *The expression of the emotions in man and animals*. Chicago: University of Chicago Press.

Davidson, R. J. (1992). Emotion and affective style: Hemispheric substrates. *Psychological Science*, 3, 39–43.

Davidson, R. J. (1993). Cerebral asymmetry and emotion: Conceptual and methodological conundrums. *Cognition and Emotion*, 7, 115–138.

Davidson, R. J. (2004). What does the prefrontal cortex "do" in affect: Perspectives on frontal EEG asymmetry research. *Biological Psychology*, 67, 219–234.

Davidson, R. J., Ekman, P., Saron, C. D., Senulis, J. A., Friesen, W. V. (1990). Approach-withdrawal and cerebral asymmetry: Emotional expression and brain physiology. *Journal of Personality and Social Psychology*, 58, 330–341.

Davies, B., & Harre, R. (1990). Positioning: The discursive production of selves. *Journal for the Theory of Social Behavior*, 20, 43–63.

Davilla, J., & Sargent, E. (2003). The meaning of life (events) predicts changes in attachment security. *Personality and Social Psychology Bulletin*, 29, 1383–1395.

Davis, P. J. (1987). Repression and the inaccessibility of affective memories. *Journal of Personality and Social Psychology*, 53, 585–593.

Davis, P. J., & Schwartz, G. E. (1987). Repression and the inaccessibility of affective memories. *Journal of Personality and Social Psychology*, 52, 155–162.

Dawkins, R. (1976). *The selfish gene*. New York: Oxford University Press.

De Charms, R., & Moeller, G. H. (1962). Values expressed in American children's readers: 1800–1950. *Journal of Abnormal and Social Psychology*, 64, 136–142.

Deary, I. J., Ramsay, H., Wilson, J. A., & Raid, M. (1988). Stimulated salivation: Correlations with personality and time of day effects. *Personality and Individual Differences*, 9, 903–909.

Deci, E. L. (1975). *Intrinsic motivation*. New York: Plenum.

Deci, E. L. (1971). Effects of externally mediated rewards on intrinsic motivation. *Journal of Personality and Social Psychology*, 18, 105–115.

Deci, E. L., & Ryan, R. M. (1980). The empirical exploration of intrinsic motivational processes. In L. Berkowitz (Ed.), *Advances in experimental social psychology* (Vol. 13, pp. 39–80). New York: Academic Press.

Deci, E. L., & Ryan, R. M. (1985). *Intrinsic motivation and self-determination in human behavior*. New York: Plenum Press.

Deci, E. L., & Ryan, R. M. (1991). A motivational approach to self: Integration in personality. In R. Diestbier and R. M. Ryan (Eds.), *Nebraska Symposium on Motivation: 1990* (pp. 237–288). Lincoln: University of Nebraska Press.

Dentan, R. N. (1968). *The Semai: A non-violent people of Malaysia*. New York: Holt, Reinhart & Winston.

Denzin, N. K. (1989). *Interpretive biography*. Newbury Park, CA: Sage.

Depue, R. A., & Collins, P. F. (1999). Neurobiology of the structure of personality: Dopamine, facilitation of incentive motivation, and extraversion. *Behavioral and Brain Sciences, 22*, 491–569.

Depue, R. A., Luciana, M., Arbisi, P., Collins, P., & Leon, A. (1994). Dopamine and the structure of personality: Relationship of agonist-induced dopamine activity to positive emotionality. *Journal of Personality and Social Psychology, 67*, 485–498.

Derrida, J. (1972). *Positions*. Chicago: University of Chicago Press.

Derry, P. A., & Kuiper, N. A. (1981). Schematic processing and self-reference in clinical depression. *Journal of Abnormal Psychology, 90*, 286–297.

de St. Aubin, E. (1996). Personal ideology polarity: Its emotional foundation and its manifestation in individual value systems, religiosity, political orientation, and assumptions concerning human nature. *Journal of Personality and Social Psychology, 71*, 152–165.

de St. Aubin, E. (1998). Truth against the world: A psychobiographical exploration of generativity in the life of Frank Lloyd Wright. In D. P. McAdams & E. de St. Aubin (Eds.), *Generativity and adult development: How and why we care for the next generation* (pp. 391–428). Washington, DC: APA Press.

de St. Aubin, E. (1999). Personal ideology: The intersection of personality and religious beliefs. *Journal of Personality, 67*, 1105–1139.

de St. Aubin, E., & McAdams, D. P. (1995). The relations of generative concern and generative action to personality traits, satisfaction/happiness with life, and ego development. *Journal of Adult Development, 2*, 99–112.

Deutsch, F. A. (1957). A footnote to Freud's "Fragment of an analysis of a case of hysteria." *Psychoanalytic Quarterly, 26*, 155–162.

deWaal, F. (1996). *Good natured: The origins of right and wrong in humans and other animals*. Cambridge, MA: Harvard University Press.

DeYoung, C. G. (2006). Higher-order factors of the Big Five in a multi-informant sample. *Journal of Personality and Social Psychology, 91*, 1138–1151.

Diener, E. (1984). Subjective well-being. *Psychological Bulletin, 95*, 542–575.

Diener, E., Sandvik, E., Pavot, W., & Fujita, F. (1992). Extraversion and subjective well-being in a U.S. probability sample. *Journal of Research in Personality, 26*, 205–215.

Digman, J. M. (1989). Five robust trait dimensions: Development, stability, and utility. *Journal of Personality, 57*, 195–214.

Digman, J. M. (1990). Personality structure: Emergence of the five-factor model. In M. R. Rosenzweig & L. W. Porter (Eds.), *Annual review of psychology* (Vol. 41, pp. 417–440). Palo Alto, CA: Annual Reviews.

Digman, J. M. (1997). Higher-order factors of the Big Five. *Journal of Personality and Social Psychology, 73*, 1246–1256.

Digman, J. M., & Takemoto-Chock, N. K. (1981). Factors in the natural language of personality: Reanalysis, comparison, and interpretation of six major studies. *Multivariate Behavioral Research, 16*, 149–170.

Dijksterhuis, A. (2004). Think different: The merits of unconscious thought in preference development and decision making. *Journal of Personality and Social Psychology, 87*, 586–598.

Dijksterhuis, A., & Nordgren, L. F. (2006). A theory of unconscious thought. *Perspectives on Psychological Science, 2*, 95–109.

Dillehay, R. C. (1978). Authoritarianism. In H. London & J. E. Exner (Eds.), *Dimensions of personality* (pp. 85–128). New York: Wiley.

Dillon, M., & Wink, P. (2004). American religion, generativity, and the therapeutic culture. In E. de St. Aubin, D. P. McAdams, & T. C. Kim (Eds.), *The generative society* (pp. 153–174). Washington, DC: APA Books.

Dilthey, W. (1900/1976). The development of hermeneutics. In H. P. Rickman (Ed.), *W. Dilthey: Selected writings*. Cambridge, UK: Cambridge University Press.

Dixon, T. M., & Baumeister, R. F. (1991). Escaping the self: The moderating effect of self-complexity. *Personality and Social Psychology Bulletin, 17*, 363–368.

Dixon, V. J. (1976). World views and research methodology. In L. King, V. J. Dixon, & W. Nobles (Eds.), *African philosophy: Assumptions and paradigms for research on black persons*. Los Angeles: Fanon Center Publication.

Doi, L. T. (1962). Amae: A key concept for understanding Japanese personality structure. In R. J. Smith & R. K. Beardsley (Eds.), *Japanese culture: Its development and characteristics* (pp. 132–139). Chicago: Aldine.

Dollard, J. (1935). *Criteria for the life history*. New Haven, CT: Yale University Press.

Dollinger, S. J., & Clancy, S. M. (1993). Identity, self, and personality: II. Glimpses through the autophotographic eye. *Journal of Personality and Social Psychology, 64*, 1064–1071.

Dollinger, S. J., & Cramer, P. (1990). Children's defensive responses and emotional upset following a disaster: A projective assessment. *Journal of Personality Assessment, 54*, 116–127.

Dollinger, S. J., & Dollinger, S. M. C. (1997). Individuality and identity exploration: An autophotographic study. *Journal of Research in Personality, 31*, 337–354.

Donley, R. E., & Winter, D. G. (1970). Measuring the motives of public officials at a distance: An exploratory study of American presidents. *Behavioral Science, 15*, 227–236.

Donnellan, M. B., Conger, R. D., & Burzette, B. G. (2005). Criterion-related validity, self-other agreement, and longitudinal analyses of the Iowa personality questionnaire: A short alternative to the MPQ. *Journal of Research in Personality, 39*, 458–485.

Donnellan, M. B., Conger, R. D., & Burzette, B. G. (2007). Personality development from late adolescence to young adulthood: Differential stability, normative maturity, and evidence for the maturity–stability hypothesis. *Journal of Personality, 75,* 237–263.

Donnellan, M. B., Trzesniewski, K. H., & Robins, R. W. (2006). Personality and self-esteem development in adolescence. In D. K. Mroczek & T. D. Little (Eds.), *Handbook of personality development* (pp. 285–310). Mahwah, NJ: Erlbaum.

Donovan, J. M. (1975). Identity status and interpersonal style. *Journal of Youth and Adolescence, 4,* 37–55.

Dostoyevsky, F. (1881/1933). *The brothers Karamazov.* New York: Heritage Press.

Dostoyevsky, F. (1864/1960). *Notes from underground* and *The grand inquisitor* (Ralph E. Matlaw, Trans.). New York: Dutton.

Doty, R. M., Peterson, B. E., & Winter, D. G. (1991). Threat and authoritarianism in the United States, 1978–1987. *Journal of Personality and Social Psychology, 61,* 629–640.

Duck, S. W. (1973). *Personal relationships and personal constructs: A study of friendship formation.* London: Wiley.

Duck, S. W. (1979). The personal and interpersonal in construct theory: Social and individual aspects of relationships. In P. Stringer & D. Bannister (Eds.), *Constructs of sociality and individuality* (pp. 279–297). London: Academic Press.

Duck, S. W., & Craig, G. (1978). Personality similarity and the development of friendship: A longitudinal study. *British Journal of Social and Clinical Psychology, 17,* 237–242.

Duck, S. W., & Spencer, C. (1972). Personal constructs, and friendship formation. *Journal of Personality and Social Psychology, 23,* 40–45.

Duckitt, J. (2006). Differential effects of right wing authoritarianism and social dominance orientation on outgroup attitudes and their mediation by threat from and competitiveness to outgroups. *Personality and Social Psychology Bulletin, 32,* 684–696.

Dudek, S. Z., & Hall, W. B. (1984). Some test correlates of high level creativity in architects. *Journal of Personality Assessment, 48,* 351–359.

Duke, M. P. (1986). Personality science: A proposal. *Journal of Personality and Social Psychology, 50,* 382–385.

Dukes, W. F. (1965). *N* = 1. *Psychological Bulletin, 64,* 74–79.

Duncan, L. E., & Agronick, G. S. (1995). The intersection of life stage and social events: Personality and life outcomes. *Journal of Personality and Social Psychology, 69,* 558–568.

Duncan, L. E., Peterson, B. E., & Winter, D. G. (1994). *Authoritarianism and gender roles: Toward a psychological analysis of hegemonic relationships.* Unpublished manuscript, University of Michigan.

Dunn, J., & Plomin, R. (1990). *Separate lives: Why siblings are so different.* New York: Basic Books.

Dweck, C. S. (1996). Capturing the dynamic nature of personality. *Journal of Research in Personality, 30,* 348–362.

Dweck, C. S., Chiu, C., & Hong, Y. (1995). Implicit theories and their role in judgments and reactions: A world from two perspectives. *Psychological Inquiry, 6,* 267–285.

Dworkin, R. H. & Goldfinger, S. H. (1985). Processing bias: Individual differences in the cognition of situations. *Journal of Personality, 53,* 480–501.

E

Eagly, A. H. (1987). *Sex differences in social behavior: A social role interpretation.* Hillsdale, NJ: Erlbaum.

Eagly, A. H., & Crowley, M. (1986). Gender and helping behavior: A meta-analytic review of the social psychological literature. *Psychological Bulletin, 100,* 283–308.

Eagly, A. H., & Johnson, B. T. (1990). Gender and leadership style: A meta-analysis. *Psychological Bulletin, 108,* 233–256.

Eagly, A. H., & Steffen, V. J. (1986). Gender and aggressive behavior: A meta-analytic review of the social psychological literature. *Psychological Bulletin, 100,* 309–330.

Eagly, A. H., & Wood, W. (1991). Explaining sex differences in social behavior: A meta-analytic perspective. *Personality and Social Psychology Bulletin, 17,* 306–315.

Eagly, A. H., & Wood, W. (1999). The origins of sex differences in human behavior: Evolved mechanisms versus social roles. *American Psychologist, 54,* 408–423.

Eaves, L. J., Eysenck, H. J., & Martin, N. J. (1989). *Genes, culture, and personality.* London: Academic Press.

Edel, L. (1984). *Writing lives: Principia biographica.* New York: W. W. Norton.

Edel, L. (1985). *Henry James: A life.* New York: Harper & Row.

Edwards, A. L. (1957). *The Edwards Personal Preference Schedule.* New York: The Psychological Corporation.

Egeland, B., & Farber, E. A. (1984). Infant–mother attachment: Factors related to its development and change over time. *Child Development, 57,* 753–771.

Einstein, D., & Lanning, K. (1998). Shame, guilt, ego development, and the five-factor model of personality. *Journal of Personality, 66,* 555–582.

Egeland, B., & Sroufe, L. A. (1981). Attachment and early maltreatment. *Child Development, 52,* 44–52.

Eid, M., Riemann, R., Angleitner, A., & Borkenau, P. (2003). Sociability and positive emotionality: Genetic and environmental contributions to the covariation between different facets of extraversion. *Journal of Personality, 71,* 319–346.

Eisenberg, N., & Lennon, R. (1983). Sex differences in empathy and related capacities. *Psychological Bulletin, 94,* 100–131.

Eisenberger, R., & Cameron, J. (1996). Detrimental effects of reward: Reality or myth? *American Psychologist, 51,* 1153–1166.

Ekman, P. (1972). Universal and cultural differences in facial expression of emotion. In J. R. Cole (Ed.), *Nebraska Symposium on Motivation* (Vol. 26). Lincoln: University of Nebraska Press.

Ekman, P. (1992). Facial expressions of emotion: New findings, new questions. *Psychological Science, 3,* 34–38.

Ekman, P., Friesen, W. V., & Ellsworth, P. C. (1972). *Emotion in the human face: Guidelines for research and an integration of findings.* New York: Pergamon.

Elder, G. H., Jr. (1995). The life course paradigm: Social change and individual development. In P. Moen, G. H. Elder, Jr., & K. Luscher (Eds.), *Examining lives in context: Perspectives on the ecology of human development* (pp. 101–139). Washington, DC: American Psychological Association Press.

Elkind, D. (1981). *Children and adolescents* (3rd ed.). New York: Oxford University Press.

Elkins, I. J., McGue, M., & Iacono, W. (1997). Genetic and environmental influences on parent–son relationships: Evidence for increasing genetic influence during adolescence. *Developmental Psychology, 33,* 351–363.

Ellenberger, H. (1970). *The discovery of the unconscious.* New York: Basic Books.

Elliot, A. J., Chirkov, V. I., Kim, Y., & Sheldon, K. M. (2001). A cross-cultural analysis of avoidance (relative to approach) personal goals. *Psychological Science, 12,* 505–510.

Elliot, A. J., Sheldon, K. M., & Church, M. A. (1997). Avoidance personal goals and subjective well-being. *Personality and Social Psychology Bulletin, 23,* 915–927.

Elms, A. (2007). Case studies and psychobiography. In R. W. Robins, R. C. Fraley, & R. F. Krueger (Eds.), *Handbook of research methods in personality psychology* (pp. 97–113). New York: Guilford Press.

Elms, A. C. (1987). The personalities of Henry A. Murray. In R. Hogan & W. H. Jones (Eds.), *Perspectives in personality* (Vol. 2, pp. 1–14). Greenwich, CT: JAI Press.

Elms, A. C. (1988). Freud as Leonardo: Why the first psychobiography went wrong. *Journal of Personality, 56,* 19–40.

Elms, A. C. (1994). *Uncovering lives: The uneasy alliance of biography and psychology.* New York: Oxford University Press.

Elsbree, L. (1982). *The rituals of life: Patterns in narratives.* Port Washington, NY: Kennikat Press.

Emmons, R. A. (1984). Factor analysis and construct validity of the Narcissistic Personality Inventory. *Journal of Personality Assessment, 48,* 291–300.

Emmons, R. A. (1986). Personal strivings: An approach to personality and subjective well-being. *Journal of Personality and Social Psychology, 51,* 1058–1068.

Emmons, R. A. (1987). Narcissism: Theory and measurement. *Journal of Personality and Social Psychology, 52,* 11–17.

Emmons, R. A. (1992). Abstract versus concrete goals: Personal striving level, physical illness, and psychological well-being. *Journal of Personality and Social Psychology, 62,* 292–300.

Emmons, R. A. (1999). *The psychology of ultimate concerns: Motivation and spirituality in personality.* New York: Guilford Press.

Emmons, R. A., & Diener, E. (1985). Personality correlates of subjective well-being. *Personality and Social Psychology Bulletin, 11,* 89–97.

Emmons, R. A., & Diener, E. (1986a). Influence of impulsivity and sociability on subjective well-being. *Journal of Personality and Social Psychology, 50,* 1211–1215.

Emmons, R. A., & Diener, E. (1986b). An interactional approach to the study of personality and emotion. *Journal of Personality, 54,* 371–384.

Emmons, R. A., Diener, E., & Larsen, R. J. (1986). Choice and avoidance of everyday situations and affect congruence: Two models of reciprocal interactionism. *Journal of Personality and Social Psychology, 51,* 815–826.

Emmons, R. A., & King, L. A. (1988). Conflict among personal strivings: Immediate and long-term implications for psychological and physical well-being. *Journal of Personality and Social Psychology, 54,* 1040–1048.

Emmons, R. A., & McCullough, M. E. (Eds.). (2004). *The psychology of gratitude.* New York: Oxford University Press.

Emmons, R. A., & Paloutzian, R. F. (2003). The psychology of religion. *Annual Review of Psychology, 54,* 377–402.

Emmons, R. A., & McCullough, M. E. (Eds.). (2004). *The psychology of gratitude.* New York: Oxford University Press.

Endler, N., & Parker, J. (1990). Multidimensional assessment of coping: A critical review. *Journal of Personality and Social Psychology, 58,* 844–854.

Entwisle, D. R. (1972). To dispel fantasies about fantasy-based measures of achievement motivation. *Psychological Bulletin, 77,* 377–391.

Epsin, O., Stewart, A. J., & Gomez, C. A. (1990). Letters from V: Adolescent personality development in sociohistorical context. *Journal of Personality, 58,* 347–364.

Epstein, S. (1973). The self-concept revisited: Or a theory of a theory. *American Psychologist, 28,* 404–416.

Epstein, S. (1979). The stability of behavior: 1. On predicting most of the people much of the time. *Journal of Personality and Social Psychology, 37,* 1097–1126.

Epstein, S. (1986). Does aggregation produce spuriously high estimates of behavior stability? *Journal of Personality and Social Psychology, 50,* 1199–1210.

Epstein, S., & Meier, P. (1989). Constructive thinking: A broad coping variable with specific components. *Journal of Personality and Social Psychology, 57,* 332–350.

Erikson, E. H. (1950). *Childhood and society.* New York: Norton.

Erikson, E. H. (1958). *Young man Luther: A study in psychoanalysis and history.* New York: W. W. Norton.

Erikson, E. H. (1959). Identity and the life cycle: Selected paper. *Psychological Issues, 1*(1), 5–165.

Erikson, E. H. (1963). *Childhood and society* (2nd ed.). New York: W. W. Norton.

Erikson, E. H. (1964). *Insight and responsibility.* New York: W. W. Norton.

Erikson, E. H. (1968). *Identity: Youth and crisis.* New York: W. W. Norton.

Erikson, E. H. (1969). *Gandhi's truth: On the origins of militant nonviolence.* New York: W. W. Norton.

Erikson, E. H. (1975). *Life history and the historical moment.* New York: W. W. Norton.

Erikson, E. H. (1982). *The life cycle completed: A review.* New York: W. W. Norton.

Eron, L. D. (1982). Parent–child interaction, television, violence, and aggression of children. *American Psychologist, 37,* 197–211.

Eron, L. D. (1987). The development of aggressive behavior from the perspective of a developing behaviorism. *American Psychologist, 42,* 435–442.

Evans, G. W. (2004). The environment of childhood poverty. *American Psychologist, 59,* 77–92.

Eysenck, H. J. (1952). *The scientific study of personality.* London: Routledge & Kegan Paul.

Eysenck, H. J. (1967). *The biological basis of personality.* Springfield, IL: Thomas.

Eysenck, H. J. (1973). *Eysenck on extraversion.* New York: Wiley.

Eysenck, H. J. (1976). *Sex and personality.* London: Open Books.

Eysenck, H. J. (1990). Biological dimensions of personality. In L. Pervin (Ed.), *Handbook of personality: Theory and*

research (pp. 244–276). New York: Guilford Press.

Eysenck, H. J., & Eysenck, S. B. G. (1964). *Manual of the Eysenck Personality Inventory.* London: University of London Press.

Eysenck, H. J., & Eysenck, M. W. (1985). *Personality and individual differences: A natural science approach.* New York: Plenum Press.

Eysenck, H. J., & Wilson, G. D. (1976). *Know your personality.* New York: Penguin.

Eysenck, M. W. (1982). *Attention and arousal: Cognition and performance.* New York: Springer.

Eysenck, S. B. G., Rust, J., & Eysenck, H. J. (1977). Personality and the classification of adult offenders. *British Journal of Criminology, 17,* 169–179.

F

Fagles, R. (Trans.). (1990). Homer's *The Iliad.* New York: Penguin.

Fairbairn, W. R. D. (1952). *Psychoanalytic studies of the personality: The object relation theory of personality.* London: Routledge & Kegan Paul.

Falbo, T. (1997). To rebel or not to rebel? Is this the birth order question? *Contemporary Psychology, 42,* 938–939.

Feather, N. T. (1961). The relationship of persistence at a task to expectation of success and achievement related motives. *Journal of Abnormal and Social Psychology, 63,* 552–561.

Fehr, B., Baldwin, M., Collins, L., Patterson, S, & Benditt, R. (1999). Anger in close relationships: An interpersonal script analysis. *Personality and Social Psychology Bulletin, 25,* 299–312.

Finkel, E. J., Burnette, J. L., & Scissors, L. E. (2007). Vengefully ever after: Destiny beliefs, state attachment anxiety, and forgiveness. *Journal of Personality and Social Psychology, 92,* 871–886.

Finn, S. E. (1986). Stability of personality self-ratings over 30 years: Evidence for an age/cohort interaction. *Journal of Personality and Social Psychology, 50,* 813–818.

Fiske, D. W. (1949). Consistency of the factorial structures of personality ratings from different sources. *Journal of Abnormal and Social Psychology, 44,* 329–344.

Fiske, D. W. (1974). The limits of the conventional science of personality. *Journal of Personality, 42,* 1–11.

Fiske, S. T., & Taylor, S. E. (1984). *Social cognition.* Reading, MA: Addison-Wesley.

Fivush, R., & Haden, C. (Eds.). (2003). *Autobiographical memory and the construction of a narrative self: Developmental and cultural perspectives.* Mahwah, NJ: Erlbaum.

Fivush, R., & Nelson, K. (2004). Culture and language in the emergence of autobiographical memory. *Psychological Science, 15,* 573–577.

Fleeson, W. (2001). Toward a structure- and process-integrated view of personality: Traits as density distributions of states. *Journal of Personality and Social Psychology, 80,* 1011–1027.

Floderus-Myrhed, B., Pedersen, N., & Rasmuson, I. (1980). Assessment of heritability for personality, based on a short form of the Eysenck Personality Inventory: A study of 12,898 twin pairs. *Behavior Genetics, 10,* 153–162.

Flynn, F. J. (2005). Having an open mind: The impact of openness to experience on interracial attitudes and impression formation. *Journal of Personality and Social Psychology, 88,* 816–826.

Fodor, E. M. (1984). The power motive and reactivity to power stresses. *Journal of Personality and Social Psychology, 47,* 853–859.

Fodor, E. M. (1985). The power motive, group conflict, and physiological arousal. *Journal of Personality and Social Psychology, 49,* 1408–1415.

Fodor, E. M., & Carver, R. A. (2000). Achievement and power motives, performance feedback, and creativity. *Journal of Research in Personality, 34,* 380–396.

Fodor, E. M., & Smith, T. (1982). The power motive as an influence on group decision making. *Journal of Personality and Social Psychology, 42*, 178–185.

Fodor, J. (1983). *The modularity of mind.* Cambridge, MA: MIT Press.

Fonagy, P., Steele, H., & Steele, M. (1991). Maternal representations of attachment during pregnancy predict the organization of infant–mother attachment at one year of age. *Child Development, 62*, 891–905.

Forer, L. K. (1977). Bibliography of birth order literature in the '70s. *Journal of Individual Psychology, 33*, 122–141.

Forgas, J. P. (1978). Social episodes and social structure in an academic setting: The social environment of an intact group. *Journal of Experimental Social Psychology, 14*, 434–448.

Forgas, J. P. (1983). Episode cognition and personality: A multidimensional analysis. *Journal of Personality, 51*, 34–48.

Forster, E. M. (1910). *Howards end.* Hammondsworth, CR: Penguin.

Forster, E. M. (1954). *Aspects of the novel.* San Diego, CA: Harcourt Brace Jovanovich.

Foster, J. D., Campbell, W. K., & Twenge, J. M. (2003). Individual differences in narcissism: Inflated self-views across the lifespan and around the world. *Journal of Research in Personality, 37*, 469–485.

Fox, N. A., & Davidson, R. J. (1986). Taste-elicited changes in facial signs of emotion and asymmetry of brain electrical activity in human newborns. *Neuropsychologia, 24*, 417–422.

Fox, N. A., Hane, A. A., & Pine, D. S. (2007). Plasticity for affective neurocircuitry: How the environment affects gene expression. *Current Directions in Psychological Science, 16*, 1–5.

Fraley, R. C. (2002). Attachment stability from infancy to adulthood: Meta-analysis and dynamic modeling of developmental mechanisms. *Personality and Social Psychology Review, 6*, 123–151.

Francis, M. E., & Pennebaker, J. W. (1992). Putting stress into words: The impact of writing on physiological,

absentee, and self-reported emotional well-being measures. *American Journal of Health Promotion, 6*, 280–287.

Frank, B. M., & Noble, J. P. (1985). Field independence-dependence and cognitive restructuring. *Journal of Personality and Social Psychology, 47*, 1129–1135.

Frank, S., & Quinlain, D. (1976). Ego developmental aspects of female delinquency. *Journal of Abnormal Psychology, 85*, 505–510.

Franz, C., & Stewart, A. (Eds.). (1994). *Women creating lives: Identities, resilience, and resistance.* Boulder, CO: Westview Press.

Fredrickson, B. L. (2001). The role of positive emotions in positive psychology: The broaden-and-build theory of positive emotions. *American Psychologist, 56*, 218–226.

Freeman, M. (1993). *Rewriting the self: History, memory, narrative.* London: Routledge.

Frenkel, E. (1936). Studies in biographical psychology. *Character and Personality, 5*, 1–35.

Freud, A. (1946). *The ego and the mechanisms of defense.* New York: International Universities Press.

Freud, S. (1900/1953). The interpretation of dreams. In Vols. 4 and 5 of *The standard edition of the complete psychological works of Sigmund Freud.* London: Hogarth Press.

Freud, S. (1901/1960). The psychopathology of everyday life. In Vol. 6 of *The standard edition.* London: Hogarth Press.

Freud, S. (1905/1953). Three essays on the theory of sexuality. In Vol. 7 of *The standard edition.* London: Hogarth Press.

Freud, S. (1905/1960). Jokes and their relation to the unconscious. In Vol. 8 of *The standard edition.* London: Hogarth Press.

Freud, S. (1905/1963). *Dora: An analysis of a case of hysteria.* (With an Introduction by P. Rieff). New York: Macmillan.

Freud, S. (1909/1955). Analysis of a phobia in a five-year-old boy. In Vol. 10 of *The standard edition.* London: Hogarth Press.

Freud, S. (1909/1963). Notes upon a case of obsessional neurosis. In S. Freud, *Three case histories* (pp. 15–102). New York: Collier Books.

Freud, S. (1910/1957). Five lectures on psychoanalysis. In Vol. 11 of *The standard edition.* London: Hogarth Press.

Freud, S. (1913/1958). Totem and taboo. In Vol. 13 of *The standard edition.* London: Hogarth Press.

Freud, S. (1914/1957). On narcissism: An introduction. In Vol. 14 of *The standard edition.* London: Hogarth Press.

Freud, S. (1915/1957). Repression. In Vol. 14 of *The standard edition.* London: Hogarth Press.

Freud, S. (1916/1947). *Leonardo da Vinci: A study in psychosexuality* (A. A. Brill, Trans.). New York: Vintage Books.

Freud, S. (1916/1961). Introductory lectures on psychoanalysis. In Vols. 15 and 16 of *The standard edition.* London: Hogarth Press.

Freud, S. (1917/1957). Mourning and melancholia. In Vol. 14 of *The standard edition.* London: Hogarth Press.

Freud, S. (1920/1955). Beyond the pleasure principle. In Vol. 18 of *The standard edition.* London: Hogarth Press.

Freud, S. (1921/1955). Group psychology and the analysis of the ego. In Vol. 18 of *The standard edition.* London: Hogarth Press.

Freud, S. (1923/1961). The ego and the id. In Vol. 19 of *The standard edition.* London: Hogarth Press.

Freud, S. (1927/1961). The future of an illusion. In Vol. 22 of *The standard edition.* London: Hogarth Press.

Freud, S. (1930/1961). Civilization and its discontents. In Vol. 21 of *The standard edition.* London: Hogarth Press.

Freud, S. (1933/1964). New introductory lectures. In Vol. 21 of *The standard edition.* London: Hogarth Press.

Freud, S. (1954). *The origins of psychoanalysis: Letters to Wilhelm Fliess, drafts and notes, 1897–1902* (M. Bonaparte,

A Freud, & E. Kris, Eds.). New York: Basic Books.

Freund, A. M., & Baltes, P. B. (2000). The orchestration of selection, optimization, and compensation: An action-theoretical conceptualization of a theory of developmental regulation. In W. J. Perrig & A. Grob (Eds.), *Control of human behavior, mental processes, and consciousness* (pp. 35–58). Mahwah, NJ: Erlbaum.

Freund, A. M., & Riediger, M. (2006). Goals as building blocks of personality and development in adulthood. In D. K. Mroczek & T. D. Little (Eds.), *Handbook of personality development* (pp. 353–372). Mahwah, NJ: Erlbaum.

Friedman, H. S., Tucker, J. S., Schwartz, J. E., Tomlinson-Keasy, C., Martin, L. R., Wingard, D. L., et al. (1995). Psychosocial and behavioral predictors of longevity: The aging and death of the "Termites." *American Psychologist, 50,* 69–78.

Friedman, H. S., Tucker, J. S., Tomlinson-Keasy, C., Schwartz, J. E., Wingard, D. L., & Criqui, M. H. (1993). Does childhood personality predict longevity? *Journal of Personality and Social Psychology, 65,* 176–185.

Friedman, L. (1999). *Identity's architect: A biography of Erik H. Erikson.* New York: Pantheon.

Fromm, E. (1941). *Escape from freedom.* New York: Farrar & Rinehart.

Fromm, E. (1973). *The anatomy of human destructiveness.* New York: Holt, Rinehart & Winston.

Frye, N. (1957). *Anatomy of criticism.* Princeton, NJ: Princeton University Press.

Funder, D. C. (1995). On the accuracy of personality judgment: A realistic approach. *Psychological Review, 102,* 652–670.

Funder, D. C., & Block, J. (1989). The role of ego-control, ego-resiliency, and IQ in delay of gratification in adolescence. *Journal of Personality and Social Psychology, 57,* 1041–1050.

Funder, D. C., & Colvin, C. R. (1991). Explorations in behavioral consistency: Properties of persons, situations, and behaviors. *Journal of Personality and Social Psychology, 60,* 773–794.

Furnham, A. (1992). *Personality at work: The role of individual differences in the workplace.* London: Routledge.

G

Galton, F. (1894). Measurement of character. *Fortnightly Review, 36,* 179–185.

Gangestad, S. W. (1989). The evolutionary history of genetic variation: An emerging issue in the behavioral genetic study of personality. In D. M. Buss & N. Cantor (Eds.), *Personality psychology: Recent trends and emerging directions* (pp. 320–332). New York: Springer-Verlag.

Gangestad, S. W., & Simpson, J. A. (1990). Toward an evolutionary history of female sociosexual variation. *Journal of Personality, 58,* 69–96.

Gangestad, S. W., Simpson, J. A., DiGeronimo, K., & Biek, M. (1992). Differential accuracy in person perception across traits: Examination of a functional hypothesis. *Journal of Personality and Social Psychology, 62,* 688–698.

Gardner, H. (1993). *Creating minds.* New York: Basic Books.

Garnett, A. C. (1928). *Instinct and personality.* New York: Dodd, Mead & Company.

Gay, P. (1984). *The bourgeois experience: Victoria to Freud: Vol. 1. The education of the senses.* New York: Oxford University Press.

Gay, P. (1986). *The bourgeois experience: Victoria to Freud: Vol. 2. The tender passion.* New York: Oxford University Press.

Geen, R. A. (1984). Preferred stimulation levels in introverts and extraverts: Effects on arousal and performance. *Journal of Personality and Social Psychology, 46,* 1303–1312.

Geen, R. C. (1997). Psychophysiological approaches to personality. In R. Hogan, J. A. Johnson, & S. Briggs (Eds.), *Handbook of personality psychology* (pp. 387–414). San Diego, CA: Academic Press.

George, C., Kaplan, N., & Main, M. (1985). *An adult attachment interview: Interview protocol.* Unpublished manuscript, University of California at Berkeley.

George, L. K., Ellison, C. G., & Larson, D. B. (2002). Explaining the relationships between religious involvement and health. *Psychological Inquiry, 13,* 190–200.

Gergen, K. J. (1973). Social psychology as history. *Journal of Personality and Social Psychology, 20,* 209–320.

Gergen, K. J. (1982). *Toward transformation in social knowledge.* New York: Springer-Verlag.

Gergen, K. J. (1991). *The saturated self: Dilemmas of identity in contemporary life.* New York: Basic Books.

Gergen, K. J., & Gergen, M. M. (1986). Narrative form and the construction of psychological science. In T. R. Sarbin (Ed.), *Narrative psychology* (pp. 22–44). New York: Praeger.

Gergen, M. M., & Gergen, K. J. (1993). Narratives of the gendered body in popular autobiography. In R. Josselson & A. Lieblich (Eds.), *The narrative study of lives* (Vol. 1, pp. 191–218). Thousand Oaks, CA: Sage.

Giddens, A. (1991). *Modernity and self-identity: Self and society in the late modern age.* Stanford, CA: Stanford University Press.

Giese, H., & Schmidt, S. (1968). *Student sexuality.* Hamburg: Rowohlt.

Gilligan, C. A. (1982). *In a different voice: Psychological theory and women's development.* Cambridge, MA: Harvard University Press.

Gittings, R. (1978). *The nature of biography.* Seattle: University of Washington Press.

Gjerde, P. (2004). Culture, power, and experience: Toward a person-centered cultural psychology. *Human Development, 47,* 138–157.

Glaser, B. G., & Strauss, A. L. (1967). *The discovery of grounded theory*. Chicago: Aldine.

Goffman, E. (1959). *The presentation of self in everyday life*. Garden City, NY: Doubleday.

Goffman, E. (1961). *Asylums: Essays on the social situation of mental patients and other inmates*. Chicago: Aldine.

Gold, S. N. (1980). Relations between level of ego development and adjustment patterns in adolescents. *Journal of Personality Assessment, 44*, 630–638.

Goldberg, L. R. (1990). An alternative "description of personality": The Big-Five factor structure. *Journal of Personality and Social Psychology, 59*, 1216–1229.

Goldberg, L. R. (1993). The structure of phenotypic personality traits. *American Psychologist, 48*, 26–34.

Goodenough, D. R. (1978). Field dependence. In H. London & J. E. Exner (Eds.), *Dimensions of personality* (pp. 165–216). New York: Wiley.

Goodstein, L. (2001, November 26). As attacks' impact recedes, a return to religion as usual. *New York Times*, pp. A1, B6.

Gosling, S. D., Rentfrow, P. J., & Swann, W. B., Jr. (2003). A very brief measures of the Big-Five personality domains. *Journal of Research in Personality, 37*, 504–528.

Gough, H. G. (1960). Theory and measurement of socialization. *Journal of Consulting Psychology, 24*, 23–30.

Gough, H. G. (1987). *California Psychological Inventory: Administrator's guide*. Palo Alto, CA: Consulting Psychologists Press.

Gough, H. G. (1995). Career assessment and the California Psychological Inventory. *Journal of Career Assessment, 3*, 101–122.

Gould, R. L. (1980). Transformations during early and middle adult years. In N. J. Smelser & E. H. Erikson (Eds.), *Themes of work and love in adulthood* (pp. 213–237). Cambridge, MA: Harvard University Press.

Gray, E. K., & Watson, D. (2002). General and specific traits of personality and their relation to sleep and academic performance. *Journal of Personality, 70*, 177–206.

Gray, J. A. (1970). The psychophysiological basis of introversion–extraversion. *Behaviour Research and Therapy, 8*, 249–266.

Gray, J. A. (1982). *The neuropsychology of anxiety: An enquiry into the functions of the septo-hippocampal system*. New York: Oxford University Press.

Gray, J. A. (1987). Perspectives on anxiety and impulsivity: A commentary. *Journal of Research in Personality, 21*, 493–509.

Gray, J. A., & McNaughton, N. (2000). *The neuropsychology of anxiety*. Oxford, UK: Oxford University Press.

Graziano, W. G., & Eisenberg, N. (1997). Agreeableness: A dimension of personality. In R. Hogan, J. A. Johnson, & S. Briggs (Eds.), *Handbook of personality psychology* (pp. 795–824). San Diego, CA: Academic Press.

Graziano, W. G., Feldesman, A. B., & Rahe, D. F. (1985). Extraversion, social cognition, and the salience of aversiveness in social encounters. *Journal of Personality and Social Psychology, 49*, 971–980.

Graziano, W. G., & Ward, D. (1992). Probing the Big Five in adolescence: Personality and adjustment during a developmental transition. *Journal of Personality, 60*, 425–439.

Greenberg, M. A., & Stone, A. A. (1992). Writing about disclosed versus undisclosed traumas: Immediate and long-term effects on mood and health. *Journal of Personality and Social Psychology, 63*, 75–84.

Greene, L. R. (1973). *Effects of field independence, physical proximity, and evaluative feedback on affective reactions and compliance in a dyadic interaction*. Unpublished doctoral dissertation, Yale University.

Greenfield, P. M., Keller, H., Fuligni, A., & Maynard, A. (2003). Cultural pathways through universal development. In S. T. Fiske, D. L. Schacter, and C. Zahn-Waxler (Eds.), *Annual Review of Psychology, 54*, 461–490. Palo Alto, CA: Annual Reviews.

Gregg, G. S. (1991). *Self-representation: Life narrative studies in identity and ideology*. New York: Greenwood Press.

Gregg. G. (1995). Multiple identities and the integration of personality. *Journal of Personality, 63*, 617–641.

Gregg. G. (1996). Themes of authority in life-histories of young Moroccans. In S. Miller & R. Bourgia (Eds.), *Representations of power in Morocco*. Cambridge, MA: Harvard University Press.

Gregg. G. S. (2006). The raw and the bland: A structural model of narrative identity. In D. P. McAdams, R. Josselson, & A. Lieblich (Eds.), *Identity and story: Creating self in narrative* (pp. 89–108). Washington, DC: American Psychological Association Press.

Grinstein, A. (1983). *Freud's rules of dream interpretation*. New York: International Universities Press.

Griskevicius, V., Cialdini, R. B., & Kenrick, D. T. (2006). Peacocks, Picasso, and parental investment: The effects of romantic motives on creativity. *Journal of Personality and Social Psychology, 91*, 63–76.

Guilford, J. P., (1959). *Personality*. New York: McGraw-Hill.

Gunter, B., & Furnham, A. (1986). Sex and personality differences in recall of violent and non-violent shows from three presentation modalities. *Personality and Individual Differences, 6*, 829–838.

Guntrip, H. (1971). *Psychoanalytic theory, therapy, and the self*. New York: Basic Books.

Gurtman, M. B. (1991). Evaluating the interpersonalness of personality scales. *Personality and Social Psychology Bulletin, 17*, 670–677.

Gurtman, M. B. (1992). Construct validity of interpersonal personality measures: the interpersonal circumplex as a nomological net. *Journal of Personality and Social Psychology, 63*, 105–118.

Gutmann, D. (1987). *Reclaimed powers: Toward a new psychology of men and women in later life*. New York: Basic Books.

H

Haan, N. (1981). Common dimensions of personality development: Early adolescence to middle life. In D. H. Eichorn, J. A. Clausen, N. Haan, M. P. Honzik, & P. H. Mussen (Eds.), *Present and past in middle life* (pp. 117–151). New York: Academic Press.

Habermas, J. (1971). *Knowledge and human interests*. Boston: Beacon.

Habermas, T., & Bluck, S. (2000). Getting a life: The emergence of the life story in adolescence. *Psychological Bulletin, 126*, 748–769.

Haeffel, G. J., Abramson, L. Y., Voetz, Z. R., Metalsky, G. I., Halberstadt, L., Dykman, B. M., et al. (2003). Cognitive vulnerability to depression and lifetime history of Axis I psychopathology: A comparison of negative cognitive styles (CSQ) and dysfunctional attitudes (DAS). *Journal of Cognitive Psychotherapy, 17*, 3–22.

Hall, C. S. (1953). *The meaning of dreams*. New York: Harper & Row.

Hall, C. S., & Lindzey, G. (1957). *Theories of personality*. New York: Wiley.

Hall, J. A. (1984). *Nonverbal sex differences: Communication accuracy and expressive style*. Baltimore: John Hopkins University Press.

Hall, M. H. (1968). A conversation with Abraham H. Maslow. *Psychology Today, 2*(92), 35–37, 54–57.

Hamilton, W. D. (1964). The genetical evolution of social behaviour. *Journal of Theoretical Biology, 7*, 1–52.

Hammack, P. L. (2006). Identity, conflict, and coexistence: Life stories of Israeli and Palestinian adolescents. *Journal of Adolescent Research, 21*, 323–369.

Hammack, P. L. (2008). Narrative and the cultural psychology of identity. *Personality and Social Psychology Review, 12*, 222–247.

Hampson, R. (2007, January 4). New York City cheers death-defying rescuer. *USA Today*, p. A1.

Hampson, S. E. (1988). *The construction of personality* (2nd ed.). London: Routledge.

Hampson, S. E., Andrews, J. A., Barckley, M., & Peterson, M. (2006). Trait stability and continuity in childhood: Relating sociability and hostility to the five-factor model of personality. *Journal of Research in Personality, 41*, 507–523.

Hankin, B. L., Abramson, L. Y., Miller, N., & Haeffel, G. J. (2004). Cognitive vulnerability–stress theories of depression: Examining affective specificity in the prediction of depression versus anxiety in three prospective studies. *Cognitive Therapy and Research, 28*, 309–345.

Hankin, B. L., Fraley, R. C., & Abela, J. R. Z. (2005). Daily depression and cognitions about stress: Evidence for a traitlike depressogenic cognitive style and the prediction of depressive symptoms in a prospective daily diary study. *Journal of Personality and Social Psychology, 88*, 673–685.

Hankiss, A. (1981). On the mythological rearranging of one's life history. In D. Bertaux (Ed.), *Biography and society: The life history approach in the social sciences* (pp. 203–209). Beverly Hills, CA: Sage.

Hansen, R. D., & Hansen, C. H. (1988). Repression of emotionally tagged memories: The architecture of less complex emotions. *Journal of Personality and Social Psychology, 55*, 811–818.

Hanson, N. R. (1972). *Patterns of discovery: An inquiry into the conceptual foundations of science*. Cambridge, UK: Cambridge University Press.

Hardy, C. L., & Van Vugt, M. (2006). Nice guys finish first: The competitive altruism hypothesis. *Personality and Social Psychology Bulletin, 32*, 1402–1413.

Harkins, S. G., & Geen, R. G. (1975). Discriminability and criterion differences between extraverts and introverts during vigilance. *Journal of Research in Personality, 9*, 335–340.

Harmon-Jones, E. (2003). Anger and the behavioral approach system. *Personality and Individual Differences, 35*, 995–1005.

Harmon-Jones, E., & Allen, J. J. B. (1998). Anger and frontal brain activity: EEG asymmetry consistent with approach motivation despite negative affective valence. *Journal of Personality and Social Psychology, 74*, 1310–1316.

Harms, P. D., Roberts, R. W., & Winter, D. G. (2006). Becoming the Harvard man: Person–environment fit, personality development, and academic success. *Personality and Social Psychology Bulletin, 32*, 851–865.

Harre, R. (1989). Language games and the texts of identity. In J. Shotter & K. J. Gergen (Eds.), *Texts of identity* (pp. 20–35). London: Sage.

Harre, R., & Gillett, G. (1994). *The discursive mind*. London: Sage.

Harris, J. R. (1995). Where is the child's environment?: A group socialization theory of development. *Psychological Bulletin, 102*, 458–489.

Hart, H. M., McAdams, D. P., Hirsch, B. J., & Bauer, J. (2001). Generativity and social involvement among African Americans and white adults. *Journal of Research in Personality, 35*, 208–230.

Harter, S. (1983). Developmental perspectives on the self-system. In P. H. Mussen (Ed.), *Handbook of child psychology: Vol. 4. Socialization, personality, and social development* (4th ed., pp. 275–386). New York: Wiley.

Hartmann, H. (1939). *Ego psychology and the problem of adaptation*. New York: International Universities Press.

Hartshorne, H., & May, M. A. (1928). *Studies in the nature of character: Vol. 1. Studies in deceit*. New York: Macmillan.

Harvey, D. (1990). *The condition of postmodernity: An enquiry into the origins of cultural change*. Cambridge, UK: Basil Blackwell.

Hassan, M. K., & Sarkar, S. N. (1975). Attitudes toward caste system as related to certain personality and sociological factors. *Indian Journal of Psychology, 50,* 313–319.

Hauser, S. T. (1976). Loevinger's model and measure of ego development: A critical review. *Psychological Bulletin, 80,* 928–955.

Hazan, C., & Shaver, P. (1987). Romantic love conceptualized as an attachment process. *Journal of Personality and Social Psychology, 52,* 511–524.

Hazan, C., & Shaver, P. (1990). Love and work: An attachment-theoretical perspective. *Journal of Personality and Social Psychology, 59,* 270–280.

Hazen, N. L., & Durrett, M. E. (1982). Relationship of security of attachment to exploration and cognitive mapping abilities in 2-year-olds. *Development Psychology, 18,* 751–759.

Heatherton, T. F., & Weinberger, J. L. (Eds.). (1994). *Can personality change?* Washington, DC: APA Press.

Hebb, D. O. (1955). Drives and the C. N. S. (Conceptual Nervous System). *Psychological Review, 62,* 243–254.

Heckhausen, H. (1967). *The anatomy of achievement motivation.* New York: Academic Press.

Heilbrun, C. G. (1988). *Writing a woman's life.* New York: Norton.

Helson, R. (1967). Personality characteristics and developmental history of creative college women. *Genetic Psychology Monographs, 76,* 205–256.

Helson, R., & Klohnen, E. C. (1998). Affective coloring of personality from young adulthood to midlife. *Personality and Social Psychology Bulletin, 24,* 241–252.

Helson, R., & Moane, G. (1987). Personality change in women from college to midlife. *Journal of Personality and Social Psychology, 53,* 176–186.

Helson, R., & Roberts, B. W. (1994). Ego development and personality change in adulthood. *Journal of Personality and Social Psychology, 66,* 911–920.

Helson, R., & Soto, C. J. (2005). Up and down in middle age: Monotonic and nonmonotonic changes in roles, status, and personality. *Journal of Personality and Social Psychology, 89,* 194–204.

Helson, R., Soto, C. J., & Cate, R. A. (2006). From young adulthood through the middle ages. In D. K. Mroczek & T. D. Little (Eds.), *Handbook of personality development* (pp. 337–352). Mahwah, NJ: Erlbaum.

Helson, R., & Stewart, A. J. (1994). Personality change in adulthood. In T. F. Heatherton & J. L. Weinberer (Eds.), *Can personality change?* (pp. 201–225). Washington, DC: APA Press.

Helson, R., & Wink, P. (1992). Personality change in women from early 40s to the early 50s. *Psychology and Aging, 7,* 46–55.

Hemenover, S. H. (2003). Individual differences in rate of affect change: Studies in affective chronometry. *Journal of Personality and Social Psychology, 85,* 121–131.

Hermans, H. J. M. (1988). On the integration of nomothetic and idiographic research methods in the study of personal meaning. *Journal of Personality, 56,* 785–812.

Hermans, H. J. M. (1991). The person as co-investigator in self-research: Valuation theory. *European Journal of Personality, 5,* 217–234.

Hermans, H. J. M. (1992a). Telling and retelling one's self-narrative: A contextual approach to life-span development. *Human Development, 35,* 361–375.

Hermans, H. J. M. (1992b). Unhappy self-esteem: A meaningful exception to the rule. *Journal of Psychology, 126,* 555–570.

Hermans, H. J. M. (1996). Voicing the self: From information processing to dialogical interchange. *Psychological Bulletin, 119,* 31–50.

Hermans, H. J. M., & Bonarius, H. (1991). The person as co-investigator in personality research. *European Journal of Personality, 5,* 199–216.

Hermans, H. J. M., Kempen, H. J. G., & van Loon, R. J. P. (1992). The dialogical self: Beyond individualism and rationalism. *American Psychologist, 47,* 23–33.

Hermans, H. J. M., & van Gilst, W. (1991). Self-narrative and collective myth: An analysis of the Narcissus story. *Canadian Journal of Behavioural Science, 23,* 423–440.

Hess, R. D., & Shipman, V. C. (1965). Early experience and the socialization of cognitive modes in children. *Child Development, 34,* 869–886.

Hewig, J., Hagemann, D., Seifert, J., Naumann, E., & Bartussek, D. (2004). On the selective relation of frontal cortical asymmetry and anger-out versus anger-control. *Journal of Personality and Social Psychology, 87,* 926–939.

Higgins, E. T. (1987). Self-discrepancy: A theory relating self and affect. *Psychological Review, 94,* 319–340.

Higgins, E. T. (1997). Beyond pleasure and pain. *American Psychologist, 52,* 1280–1300.

Higgins, E. T. (1999). Persons and situations: Unique explanatory principles or variability in general principles? In D. Cervone & Y. Shoda (Eds.), *The coherence of personality: Social-cognitive bases of consistency, variability, and organization* (pp. 61–93). New York: Guilford Press.

Himsel, A. J., Hart, H. M., Diamond, A., & McAdams, D. P. (1997). Personality characteristics of highly generative adults as assessed in Q-Sort ratings of life stories. *Journal of Adult Development, 4,* 149–161.

Hoffman, M. L. (1981). Is altruism part of human nature? *Journal of Personality and Social Psychology, 40,* 121–137.

Hogan, R. (1976). *Personality theory: The personological tradition.* Englewood Cliffs, NJ: Prentice-Hall.

Hogan, R. (1982). A socioanalytic theory of personality. In M. Page (Ed.), *Nebraska Symposium on Motivation* (pp. 55–89). Lincoln: University of Nebraska Press.

Hogan, R. (1986). *Hogan Personality Inventory manual.* Minneapolis, MN: National Computer Systems.

Hogan, R. (1987). Personality psychology: Back to basics. In J. Aronoff, A. I. Rabin, & R. A. Zucker (Eds.), *The emergence of personality* (pp. 79–104). New York: Springer.

Hogan, R., DeSoto, C. B., & Solano, C. (1977). Traits, tests, and personality research. *American Psychologist, 32,* 255–264.

Hogan, R., Hogan, J., & Roberts, B. W. (1996). Personality measurement and employment decisions. *American Psychologist, 51,* 469–477.

Hogan, R., Johnson, J., & Briggs, S. (Eds.). (1997). *Handbook of personality psychology.* San Diego, CA: Academic Press.

Hogan, R., Jones, W. H., & Cheek, J. M. (1985). Socioanalytic theory: An alternative to armadillo psychology. In B. R. Schlenker (Ed.), *The self and social life* (pp. 175–198). New York: McGraw-Hill.

Hogan, J., & Ones, D. S. (1997). Conscientiousness and integrity at work. In R. Hogan, J. A. Johnson, & S. Briggs (Eds.), *Handbook of personality psychology* (pp. 849–870). San Diego, CA: Academic Press.

Hogansen, J., & Lanning, K. (2001). Five factors in sentence completion test categories: Toward rapprochement between trait and maturational approaches to personality. *Journal of Research in Personality, 35,* 449–462.

Holland, D. (1997). Selves as cultured: As told by an anthropologist who lacks a soul. In R. D. Ashmore & L. Jussim (Eds.), *Self and identity: Fundamental issues* (pp. 160–190). New York: Oxford University Press.

Holland, J. L. (1996). Exploring careers with a typology: What we have learned and some new directions. *American Psychologist, 51,* 397–406.

Holmes, D. S. (1967). Pupillary response, conditioning, and personality. *Journal*

of *Personality and Social Psychology, 5,* 98–103.

Holstein, J. A., & Gubrium, J. F. (2000). *The self we live by: Narrative identity in a postmodern world.* New York: Oxford University Press.

Holt, R. R. (1962). Individuality and generalization in the psychology of personality: An evaluation. *Journal of Personality, 30,* 377–402.

Holt, R. R. (1980). Loevinger's measure of ego development: Reliability and national norms for male and female short forms. *Journal of Personality and Social Psychology, 39,* 909–920.

Honig, R. M. (2007, March 4). Darwin's God. *New York Times Magazine,* pp. 36–43, 58, 62, 77–78, 85.

Hooker, C. I., Verosky, S. C., Miyakawa, A., Knight, R. T., & D'Esposito, M. (2008). *Neuroticism correlates with amygdala activity during observational fear learning.* Manscript under review.

Hoppe, C. (1972). *Ego development and conformity behavior.* Unpublished doctoral dissertation, Washington University in St. Louis.

Horney, K. (1939). *New ways in psychoanalysis.* New York: Norton.

Horowitz, L. M., Wilson, K. R., Turan, B., Zolotsev, P., Constantino, M. J., & Henderson, L. (2006). How interpersonal motives clarify the meaning of interpersonal behavior: A revised circumplex model. *Personality and Social Psychology Review, 10,* 67–86.

Howard, G. S. (1989). *A tale of two stories: Excursions into a narrative psychology.* Notre Dame, IN: University of Notre Dame Press.

Howard, A., & Bray, D. (1988). *Managerial lives in transition: Advancing age and changing times.* New York: Guilford Press.

Howarth, E., & Eysenck, H. J. (1968). Extraversion, arousal, and paired-associate recall. *Journal of Experimental Research in Personality, 3,* 114–116.

Howe, M. L. (2004). Early memory, early self, and the emergence of autobiographical memory. In D. R. Beike, J. M.

Lampinen, & D. A. Behrend (Eds.), *The self and memory* (pp. 45–73). New York: Psychology Press.

Howe, M. L., & Courage, M. L. (1997). The emergence and early development of autobiographical memory. *Psychological Review, 104,* 499–523.

Huesmann, L. R., & Miller, L. S. (1994). Long-term effects of repeated exposure to media violence in childhood. In L. R. Huesmann (Ed.), *Aggressive behavior: Current perspectives* (pp. 153–186). New York: Plenum Press.

Hull, C. (1943). *Principles of behavior.* New York: Appleton-Century-Crofts.

Hy, L. X., & Loevinger, J. (1996). *Measuring ego development* (2nd ed.). Mahwah, NJ: Erlbaum.

I

Iannotti, R. J., Cummings, E. M., Pierrehumbert, B., Milano, M. J., & Zahn-Waxler, C. (1992). Parental influences on prosocial behavior and empathy in early childhood. In J. M. A. M. Janssens & J. R. M. Gerris (Eds.), *Child rearing: Influence on prosocial and moral development* (pp. 77–100). Amsterdam: Swets & Zeitlinger.

Ickes, W., Snyder, M., & Garcia, S. (1997). Personality influences on the choice of situations. In R. Hogan, J. A. Johnson, & S. Briggs (Eds.), *Handbook of personality psychology* (pp. 165–195). San Diego, CA: Academic Press.

Ingelhart, R. (1990). *Cultural shift in advanced industrial societies.* Princeton, NJ: Princeton University Press.

Ingram, R. E. (1984). Toward an information processing analysis of depression. *Cognitive Therapy and Research, 8,* 443–478.

Ingram, R. E., Smith, T. W., & Brehm, S. S. (1983). Depression and information processing: Self-schemata and the encoding of self-referent information. *Journal of Personality and Social Psychology, 45,* 412–420.

Inhelder, B., & Piaget, J. (1958). *The growth of logical thinking from childhood to adolescence*. New York: Basic Books.

Inkeles, A. (1960). Industrial man: The relation of status to experience, perception, and value. *American Journal of Sociology, 66*, 1–31.

Inkeles, A., & Smith, D. (1974). *Becoming modern: Individual change in six developing countries*. Cambridge, MA: Harvard University Press.

Irons, W. (2001). Religion as a hard-to-fake sign of commitment. In R. M. Nesse (Ed.), *Evolution and the capacity for commitment* (pp. 292–309). New York: Russell Sage Foundation.

Izard, C. E. (1971). *The face of emotion*. New York: Appleton-Century-Crofts.

Izard, C. E. (1977). *Human emotions*. New York: Plenum Press.

Izard, C. E. (1978). On the ontogenesis of emotions and emotion–cognition relationships in infancy. In M. Lewis & L. A. Rosenblum (Eds.), *The development of affect* (pp. 389–413). New York: Plenum Press.

Izzett, R. R. (1971). Authoritarianism and attitudes toward the Vietnam war as reflected in behavioral and self-report measures. *Journal of Personality and Social Psychology, 17*, 145–148.

J

Jackson, D. N. (1971). The dynamics of structured personality tasks. *Psychological Review, 78*, 229–248.

Jackson, D. N. (1974). *The Personality Research Form*. Port Huron, MI: Research Psychologists Press.

Jackson, D. N., & Messick, S. (1958). Content and style in personality assessment. *Psychological Bulletin, 55*, 243–252.

Jacques, E. (1965). Death and the midlife crisis. *International Journal of Psychoanalysis, 46*, 502–514.

James, W. (1892/1963). *Psychology*. Greenwich, CT: Fawcett.

James, W. (1902/1958). *The varieties of religious experience*. New York: New American Library of World Literature.

Jang, K. L., Livesley, W. J., & Vernon, P. A. (1996). Heritability of the Big Five personality dimensions: A twin study. *Journal of Personality, 64*, 577–591.

Jang, K. L., McCrae, R. R., Angleitner, A., Riemann, R., & Livesley, W. J. (1998). Heritability of facet-level traits in a cross-cultural twin sample: Support for a hierarchical model of personality. *Journal of Personality and Social Psychology, 74*, 1556–1565.

Janoff-Bulman, R., & Brickman, P. (1980). Expectations and what people learn from failure. In N. T. Feather (Ed.), *Expectancy, incentive, and failure*. Hillsdale, NJ: Erlbaum.

Jay. P. (1984). *Being in the text: Self-representation from Wordworth to Roland Barthes*. Ithaca, NY: Cornell University Press.

Jemmott, J. B., III. (1987). Social motives and susceptibility to disease: Stalking individual differences in health risks. *Journal of Personality, 55*, 267–298.

Jenkins, S. R. (1987). Need for achievement and women's careers over 14 years: Evidence for occupational structure effects. *Journal of Personality and Social Psychology, 53*, 922–932.

Jensen-Campbell, L. A., Adams, R., Perry, D. G., Workman, K. A., Furdella, J. Q., & Egan, S. K. (2002). Agreeableness, extraversion, and peer relations in early adolescence: Winning friends and deflecting aggression. *Journal of Research in Personality, 36*, 224–251.

Jensen-Campbell, L. A., & Graziano, W. G. (2001). Agreeableness as a moderator of interpersonal conflict. *Journal of Personality, 69*, 323–362.

Jensen-Campbell, L. A., Graziano, W. G., & West, S. G. (1995). Dominance, prosocial orientation, and female preferences: Do nice guys really finish last? *Journal of Personality and Social Psychology, 68*, 427–440.

John, O. P., Pals, J. L., & Westenberg, P. M. (1998). Personality prototypes and ego development: Conceptual similarities and relations in adult women. *Journal of Personality and Social Psychology, 74*, 1093–1108.

John, O. P., & Srivastava, S. (1999). The Big Five trait taxonomy: History, measurement, and theoretical perspectives. In L. Pervin & O. P. John (Eds.), *Handbook of personality: Theory and research* (2nd ed., pp. 102–138). New York: Guilford Press.

Johnson, J. A. (1997). Units of analysis for the description and explanation of personality. In R. Hogan, J. A. Johnson, & S. Briggs (Eds.), *Handbook of personality psychology* (pp. 73–93). San Diego, CA: Academic Press.

Johnson, J. E., Petzel, T. P., Hartney, L. M., & Morgan, L. M. (1983). Recall and importance ratings of completed and uncompleted tasks as a function of depression. *Cognitive Therapy and Research, 7*, 51–56.

Jones, E. (1961). *The life and work of Sigmund Freud*. New York: Basic Books.

Jones, E. E., & Nisbett, R. E. (1972). The actor and the observer: Divergent perceptions of the causes of behavior. In E. E. Jones, D. E. Kanouse, H. H. Kelley, R. E. Nisbett, S. Valins, & B. Weiner (Eds.), *Attribution: Perceiving the causes of behavior* (pp. 79–94). Morristown, NJ: General Learning Press.

Jones, J. M. (1983). The concept of race in social psychology: From color to culture. In L. Wheeler & P. Shaver (Eds.), *Review of personality and social psychology* (Vol. 4, pp. 117–150). Beverly Hills, CA: Sage.

Jones, W. H., Couch, L., & Scott, S. (1997). Trust and betrayal: The psychology of getting along and getting ahead. In R. Hogan, J. Johnson, & S. Briggs (Eds.), *Handbook of personality psychology* (pp. 465–482). San Diego, CA: Academic Press.

Jordan, D. (1971). *Parental antecedents and personality characteristics of ego identity statuses*. Unpublished doctoral dissertation, State University of New York at Binghampton.

Josephs, R. A., Sellers, J. G., Newman, M. L., & Mehta, P. H. (2006). The mismatch effect: When testosterone and status are at odds. *Journal of*

Personality and Social Psychology, 90, 999–1013.

Josselson, R. L. (1973). Psychodynamic aspects of identity formation in college women. *Journal of Youth and Adolescence, 2,* 3–52.

Josselson, R. L. (1988). The embedded self: I and Thou revisited. In D. K. Lapsley & F. C. Power (Eds.), *Self, ego, and identity: Integrative approaches* (pp. 91–106). New York: Springer-Verlag.

Josselson, R. (1995). Narrative and psychological understanding. *Psychiatry, 58,* 330–343.

Josselson, R. (1996). *Revising herself: The story of women's identity from college to midlife.* New York: Oxford University Press.

Josselson, R., & Lieblich, A. (Eds.). (1993). *The narrative study of lives* (Vol. 1). Thousand Oaks, CA: Sage.

Josselson, R., Lieblich, A., & McAdams, D. P. (Eds.). (2003). *Up close and personal: The teaching and learning of narrative research.* Washington, DC: APA Books.

Jost, J. T., Glaser, J., Kruglanski, A. W., & Sulloway, F. J. (2003). Political conservatism as motivated social cognition. *Psychological Bulletin, 129,* 339–375.

Judson, H. F. (1980). The rage to know. *Atlantic Monthly.*

Jung, C. G. (1923/1971). Psychological types. In H. Read, M. Fundham, G. Adler, and W. McGuire (Eds.), *The collected works of C. G. Jung* (Vol. 6, pp. 1–495). Princeton, NJ: Princeton University Press.

Jung, C. G. (1936/1969). The archetypes and the collective unconscious. In H. Read et al. (Eds.), *The collected works of C. G. Jung* (Vol. 9, pp.). Princeton, NJ: Princeton University Press.

Jung, C. G. (1936/1971). Psychological typology. In H. Read et al., (Eds.), *The collected works of C. G. Jung* (Vol. 6, pp. 542–555). Princeton, NJ: Princeton University Press.

Jung, C. G. (1961). *Memories, dreams, reflections.* New York: Vintage.

Jung, C. G., von Franz, M.-L., Henderson, J. L., Jacobi, J., & Jaffe, A. (1964). *Man and his symbols.* Garden City, NY: Doubleday.

Justice, M. T. (1969). *Field dependency, intimacy of topic and interpersonal distance.* Unpublished doctoral dissertation, University of Florida.

K

Kagan, J. (1984). *The nature of the child.* New York: Basic Books.

Kagan, J. (1989). Temperamental contributions to social behavior. *American Psychologist, 44,* 668–674.

Kagan, J. (1994). *Galen's prophecy.* New York: Basic Books.

Kagan, J. (2000). Temperament. In A. Kazdin (Ed.), *Encyclopedia of psychology.* New York: Oxford University Press.

Kahane, C. (1985). Introduction: Why Dora now? In C. Bernheimer & C. Kahane (Eds.), *In Dora's case: Freud-hysteria-feminism* (pp. 19–31). New York: Columbia University Press.

Kahn, S., Zimmerman, G., Csikszentmihalyi, M., & Getzels, J. W. (1985). Relations between identity in young adulthood and intimacy at midlife. *Journal of Personality and Social Psychology, 49,* 1316–1322.

Kahn, R., & Antonucci, T. (1981). Convoys of social support: A life-course approach. In S. Kiesler, J. Morgan, & V. Oppenheimer (Eds.), *Aging: Social change* (pp. 383–405). New York: Academic Press.

Kashima, Y., Yumaguchi, S., Kim, U., Choi, S-C., Gelfand, M. J., & Yuki, M. (1995). Culture, gender, and self: A perspective from individualism-collectivism research. *Journal of Personality and Social Psychology, 69,* 925–937.

Kasser, T., & Ryan, R. M. (1996). Further examining the American dream: Differential correlates of intrinsic and extrinsic goals. *Personality and Social Psychology Bulletin, 22,* 280–287.

Kaufman, J., Yang, B., Douglas-Palomberi, H., Houshyar, S., Lipschitz, D., Krystal, J. H., et al. (2004).

Social supports and serotonin transporter gene moderate depression in maltreated children. *Proceedings of the National Academy of Sciences, 101,* 17316–17321.

Kelly, E. L., & Conley, J. J. (1987). Personality and compatibility: A prospective analysis of marital stability and marital satisfaction. *Journal of Personality and Social Psychology, 52,* 27–40.

Kelly, G. (1955). *The psychology of personal constructs.* New York: W. W. Norton.

Keniston, K. (1963). Inburn: An American Ishmael. In R. W. White (Ed.), *The study of lives* (pp. 40–70). New York: Holt, Rinehart & Winston.

Kenrick, D. T. (1989). A biosocial perspective on mates and traits: Reuniting personality and social psychology. In D. M. Buss & N. Cantor (Eds.), *Personality psychology: Recent trends and emerging directions* (pp. 308–319). New York: Springer-Verlag.

Kenrick, D. T., & Funder, D. C. (1988). Profiting from controversy: Lessons from the person-situation debate. *American Psychologist, 43,* 23–34.

Kenrick, D. T., Keefe, R. C., Bryan, A., Barr, A., & Brown, S. (1995). Age preferences and mate choice among homosexuals and heterosexuals: A case for modular psychological mechanisms. *Journal of Personality and Social Psychology, 69,* 1166–1172.

Kernberg, O. (1980). *International world and external reality.* New York: Jason Aronson.

Keyes, C. L. M., & Ryff, C. D. (1998). Generativity in adult lives: Social structural contours and quality of life consequences. In D. P. McAdams & E. de St. Aubin (Eds.), *Generativity and adult development: How and why we care for the next generation* (pp. 227–263). Washington, DC: APA Press.

Kiesler, D. J. (1982). The 1982 interpersonal circle: A taxonomy of complementarity in human transactions. *Psychological Review, 90,* 185–214.

Kihlstrom, J. F. (1990). The psychological unconscious. In L. Pervin (Ed.), *Handbook of personality: Theory and research* (pp. 445–464). New York: Guilford Press.

Kihlstrom, J. F., & Harackiewicz, J. M. (1982). The earliest recollection: A new survey. *Journal of Personality, 50,* 134–148.

Kihlstrom, J. F., & Hastie, R. (1997). Mental representations of persons and personality. In R. Hogan, J. Johnson, & S. Briggs (Ed.), *Handbook of personality psychology* (pp. 711–735). San Diego, CA: Academic Press.

King, L. A. (1995). Wishes, motives, goals, and personal memories: Relation of measures of human motivation. *Journal of Personality, 63,* 985–1007.

King, L. A., & Hicks, J. A. (2006). Narrating the self in the past and future: Implications for maturity. *Research in Human Development, 3,* 121–138.

King, L. A., & Hicks, J. A. (2007). Whatever happened to "what might have been"? *American Psychologist, 62,* 625–636.

King, L. A., Hicks, J. A., Krull, J. L., & Del Gaiso, A. K. (2006). Positive affect and the experience of meaning in life. *Journal of Personality and Social Psychology, 90,* 179–196.

King, L. A., & Raspin, C. (2004). Lost and found possible selves, subjective well-being, and ego development in divorced women. *Journal of Personality, 77,* 602–632.

King, L. A., Scollon, C. K., Ramsey, C., & Williams, T. (2000). Stories of life transition: Subjective well-being and ego development in parents of children with Down Syndrome. *Journal of Research in Personality, 34,* 509–536.

King, L. A., & Smith, N. G. (2004). Gay and straight possible selves: Goals, identity, subjective well-being, and personality development. *Journal of Personality, 72,* 967–994.

Kirkpatrick, L. A. (1999). Toward an evolutionary psychology of religion and spirituality. *Journal of Personality, 67,* 921–952.

Kirkpatrick, L. A. (2005). *Attachment, evolution, and the psychology of religion.* New York: Guilford Press.

Kitayama, S., Mesquita, B., & Karasawa, M. (2006). Cultural affordances and emotional experience: Socially engaging and disengaging emotions in Japan and the United States. *Journal of Personality and Social Psychology, 91,* 890–903.

Klages, L. (1926/1932). *The science of character.* London: Allen & Unwin.

Klein, S. B., Loftus, J., & Kihlstrom, J. F. (1996). Self-knowledge of an amnesic patient: Toward a neuropsychology of personality and social psychology. *Journal of Experimental Psychology: General, 125,* 250–260.

Klinger, E. (1966). Fantasy need achievement as a motivational construct. *Psychological Bulletin, 66,* 291–308.

Klinger, E. (1987). Current concerns and disengagement from incentives. In F. Halisch & J. Kuhl (Eds.), *Motivation, intention, and volition* (pp. 337–347). Berlin: Springer-Verlag.

Knee, C. R., Patrick, H., & Lonsbary, C. (2003). Implicit theories of relationships: Orientations toward evaluation and cultivation. *Personality and Social Psychology Review, 7,* 41–55.

Kobak, R. R., & Hazan, C. (1991). Attachment in marriage: Effects of security and accuracy of working models. *Journal of Personality and Social Psychology, 60,* 861–869.

Kochanska, G., & Aksan, N. (2006). Children's conscience and self-regulation. *Journal of Personality, 74,* 1587–1617.

Koenig, L. B., & Bouchard, T. J., Jr. (2006). Genetic and environmental influences on the Traditional Moral Values Triad—Authoritarianism, Conservatism, and Religiousness—as assessed by quantitative behavior genetic methods. In P. McNamara (Ed.), *Where God and science meet: How brain and evolutionary studies alter our understanding of religion* (pp. 31–60). Westport, CT: Praeger.

Koenig, L. B., McGue, M., Krueger, T. F., & Bouchard, T. J., Jr. (2005). Genetic and environmental influences on religiousness: Findings for retrospective and current religiousness ratings. *Journal of Personality, 73,* 471–488.

Koestner, R., & McClelland, D. C. (1990). Perspectives on competence motivation. In L. Pervin (Ed.), *Handbook of personality: Theory and research* (pp. 527–548). New York: Guilford Press.

Koestner, R., Weinberger, J., & McClelland, D. C. (1991). Task-intrinsic and social-extrinsic sources of arousal for motives assessed in fantasy and self-report. *Journal of Personality, 59,* 57–82.

Kohlberg, L. (1969). Stage and sequence: The cognitive-developmental approach to socialization. In D. A. Goslin (Ed.), *Handbook of socialization theory and research* (pp. 347–480). Skokie, IL: Rand McNally.

Kohlberg, L. (1981). *The philosophy of moral development: Moral stages and the idea of justice* (Vol. 1). *Essays on moral development.* New York: Harper & Row.

Kohn, M. L. (1969). *Class and conformity: A study in values.* Homewood, IL: Dorsey Press.

Kohn, M. L., Naoi, A., Schoenbach, C., Schooler, C., & Slomczynski, K. M. (1990). Position in the class structure and psychological functioning in the United States, Japan, and Poland. *American Journal of Sociology, 95,* 964–1008.

Kohn, M. L., & Schooler, C. (1969). Class, occupation, and orientation. *American Sociological Review, 34,* 659–678.

Kohn, M. L., & Schooler, C. (1973). Occupational experience and psychological functioning: An assessment of reciprocal effects. *American Sociological Review, 38,* 97–118.

Kohnstamm, G. A., Halverson, C. F., Jr., Mervielde, I., & Havill, V. L. (1998). *Parental descriptions of child personality: Developmental antecedents of the Big Five?* Mahweah, NJ: Erlbaum.

Kohut, H. (1971). *The analysis of the self.* New York: International Universities Press.

Kohut, H. (1977). *The restoration of the self.* New York: International Universities Press.

Kohut, H. (1984). *How does analysis cure?* Chicago: University of Chicago Press.

Konner, M. (1983). *The tangled wing: Biological constraints on the human spirit.* New York: Harper & Row.

Kotre, J. (1984). *Outliving the self: Generativity and the interpretation of lives.* Baltimore: Johns Hopkins University Press.

Kotre, J. (1999). *Making it count: How to generate a legacy that gives meaning to your life.* New York: The Free Press.

Krahe, B. (1992). *Personality and social psychology: Toward a synthesis.* London: Sage.

Kretschmer, E. (1921). *Korperbau und charakter.* Berlin: Springer.

Krueger, R. F., Johnson, W., & Kling, K. C. (2006). Behavior genetics and personality development. In D. K. Mroczek & T. D. Little (Eds.), *Handbook of personality development* (pp. 81–108). Mahwah, NJ: Erlbaum.

Krueger, R. G., Hicks, B. M., & McGue, M. (2001). Altruism and antisocial behavior: Independent tendencies, unique personality correlates, distinct etiologies. *Psychological Science, 12,* 397–402.

Kunce, J. T., & Anderson, W. P. (1984). Perspectives on uses of the MMPI in nonpsychiatric settings. In P. McReynolds & G. J. Chelune (Eds.), *Advances in psychological assessment* (Vol. 6, pp. 41–76). San Francisco: Jossey-Bass.

Kurtz, J. E., & Tiegreen, S. B. (2005). Matters of conscience and conscientiousness: The place of ego development in the five-factor model. *Journal of Personality Assessment, 85,* 312–317.

Kushner, H. (1981). *When bad things happen to good people.* New York: Avon.

L

Labov, W. (1972). *Language in the inner city.* Philadelphia: University of Pennsylvania Press.

Lachman, M. E. (1986). Locus of control in aging research: A case for multidimensional and domain specific assessment. *Psychology and Aging, 1,* 34–40.

Lachman, M. E. (Ed.). (2001). *Handbook of midlife development.* New York: Wiley.

LaFreniere, P. J., & Sroufe, L. A. (1985). Profiles of peer competence in the preschool: Interrelations between measures, influence of social ecology, and relation to attachment history. *Developmental Psychology, 21,* 56–69.

Langbaum, R. (1982). *The mysteries of identity: A theme in modern literature.* Chicago: University of Chicago Press.

Langens, T. A. (2001). Predicting behavior change in Indian businessmen from a combination of need for achievement and self-discrepancy. *Journal of Research in Personality, 35,* 339–352.

Lapsley, D. K., & Rice, K. (1988). The "new look" at the imaginary audience and personal fable: Toward a general model of adolescent ego development. In D. K. Lapsley & F. C. Power (Eds.), *Self, ego, and identity: Integrative approaches* (pp. 109–129). New York: Springer-Verlag.

Larsen, R. J. (2000). Toward a science of mood regulation. *Psychological Inquiry, 11,* 129–141.

Larsen, R. J., & Kasimatis, M. (1991). Day-to-day symptoms: Individual differences in the occurrence, duration, and emotional concomitants of minor daily illness. *Journal of Personality, 59,* 387–423.

Lasch, C. (1979). *The culture of narcissism: American life in an age of diminishing expectations.* New York: W. W. Norton.

Laursen, B., Pulkkinen, L., & Adams, R. (2002). The antecedents and correlates of agreeableness in adulthood. *Developmental Psychology, 38,* 591–603.

Leary, T. (1957). *Interpersonal diagnosis of personality.* New York: Ronald Press.

Le Boeuf, B. J., & Reiter, J. (1988). Lifetime reproductive success in northern elephant seals. In T. H. Clutton-Brock (Ed.), *Reproductive success* (pp. 344–362). Chicago: University of Chicago Press.

LeDoux, J. (1996). *The emotional brain: The mysterious underpinnings of emotional life.* New York: Touchstone Books.

Lee, L., & Snarey, J. (1988). *The relationship between ego and moral development: A theoretical review and empirical analysis.* In D. K. Lapsley & F. C. Power (Eds.), *Self, ego, and identity: Integrative approaches* (pp. 151–178). New York: Springer-Verlag.

Lefcourt, H. M., Martin, R. A., Fick, C. M., & Saleh, W. E. (1985). Locus of control for affiliation and behavior in social interactions. *Journal of Personality and Social Psychology, 48,* 577–759.

Leichtman, M. D., Wang, Q., & Pillemer, D. B. (2003). Cultural variations in interdependence: Lessons from Korea, China, India, and the United States. In R. Fivush & C. A. Haden (Eds.), *Autobiographical memory and the construction of a narrative self* (pp. 73–97). Mahwah, NJ: Erlbaum.

Leith, K. P., & Baumeister, R. F. (1998). Empathy, shame, guilt, and narratives of interpersonal conflicts: Guilt-prone people are better at perspective taking. *Journal of Personality, 66,* 1–37.

Lepper, M. R., & Greene, D. (1978). *The hidden costs of reward: New perspectives on the psychology of human motivation.* New York: Halsted.

Lepper, M. R., Greene, D. & Nisbett, R. E. (1973). Undermining children's intrinsic interest with extrinsic rewards: A test of the "overjustification" hypothesis. *Journal of Personality and Social Psychology, 28,* 129–137.

Lesch, K. P., Bengel, D., Heils, A., Sabol, S. Z., Greenberg, B. D., & Petri, S. (1996). Association of anxiety-related traits with a polymorphism in the serotonin transporter gene regulatory region. *Science, 274,* 1527–1531.

LeVine, R. A. (1982). *Culture, behavior, and personality* (2nd ed.). New York: Aldine.

LeVine, R. A. (2001). Culture and personality studies, 1918–1960: Myth and history. *Journal of Personality, 69*, 803–818.

Levinson, D. J. (1978). *The seasons of a man's life.* New York: Alfred A. Knopf.

Levinson, D. J. (1981). Explorations in biography: Evolution of the individual life structure in adulthood. In A. I. Rabin, J. Aronoff, A. M. Barclay, & R. A. Zucker (Eds.). *Further explorations in personality* (pp. 44–79). New York: Wiley.

Levinson, D. J., Darrow, C. M., Klein, E. B., Levinson, M. H., & McKee, B. (1974). The psychosocial development of men in early adulthood and the mid-life transition. In D. Ricks, A. Thomas, & M. Roff (Eds.), *Life history research in psychopathology* (Vol. 3). Minneapolis: University of Minnesota Press.

Lewin, K. (1935). *A dynamic theory of personality.* New York: McGraw-Hill.

Lewis, H. B. (1985). Depression vs. paranoia: Why are there sex differences in mental illness? *Journal of Personality, 53*, 150–178.

Lewis, M. (1990). Self-knowledge and social development in early life. In L. Pervin (Ed.), *Handbook of personality. Theory and research* (pp. 277–300). New York: Guilford Press.

Lewis, M., & Brooks-Gunn, J. (1979). *Social cognition and the acquisition of self.* New York: Plenum Press.

Li-Grinning, C. P. (2007). Effortful control among low-income preschoolers in three cities: Stability, change, and individual differences. *Developmental Psychology, 43*, 208–221.

Lieberman, M. D., & Rosenthal, R. (2001). Why introverts can't always tell who likes them: Multitasking and nonverbal decoding. *Journal of Personality and Social Psychology, 80*, 294–310.

Lifton, R. J. (1979). *The broken connection: On death and the continuity of life.* New York: Simon & Schuster.

Linde, C. (1990). *Life-stories: The creation of coherence* Monograph No. IRL90–0001. Palo Alto, CA: Institute for Research on Learning.

Lindzey, G. (1959). On the classification of projective techniques. *Psychological Bulletin, 56*, 158–168.

Linn, R. (1997). Soldiers' narratives of selective moral resistance: A separate position or the connected self? In A. Lieblich & R. Josselson (Eds.), *The narrative study of lives* (Vol. 5, pp. 94–112). Thousand Oaks, CA: Sage.

Linville, P. W. (1987). Self-complexity as a cognitive buffer against stress-related illness and depression. *Journal of Personality and Social Psychology, 52*, 663–676.

Lischetzke, T., & Eid, M. (2006). Why extraverts are happier than introverts: The role of mood regulation. *Journal of Personality, 74*, 1127–1161.

Lishman, W. A. (1972). Selective factors in memory. Part I: Age, sex, and personality attributes. *Psychological Medicine, 2*, 121–138.

Little, B. R. (1989). Personal projects analysis: Trivial pursuits, magnificent obsessions, and the search for coherence. In D. M. Buss & N. Cantor (Eds.), *Personality psychology: Recent trends and emerging directions* (pp. 15–31). New York: Springer-Verlag.

Little, B. R. (1998). Personal project pursuit: Dimensions and dynamics of personal meaning. In P. T. P. Wong & P. S. Fry (Eds.), *The human quest for meaning: Handbook for research and clinical applications* (pp. 193–212). Mahwah, NJ: Erlbaum.

Little, B. R. (1999). Personality and motivation: Personal action and the conative evolution. In L. A. Pervin & O. John (Eds.), *Handbook of personality: Theory and research* (2nd ed., pp. 501–524). New York: Guilford Press.

Little, B. R., Lecci, L., & Watkinson, R. (1992). Personality and personal projects: Linking Big Five and PAC units of analysis. *Journal of Personality, 60*, 501–525.

Livson, N., & Peskin, H. (1980). Perspectives on adolescence from longitudinal research. In J. Adelson (Ed.), *Handbook of adolescent psychology* (pp. 47–98). New York: Wiley.

Lloyd, G. G., & Lishman. W. A. (1975). Effect of depression on the speed of recall of pleasant and unpleasant experiences. *Psychological Medicine, 5*, 173–180.

Lodi-Smith, J., & Roberts, B. W. (2007). Social investment and personality: A meta-analysis of the relationship of personality traits to investment in work, family, religion, and volunteerism. *Personality and Social Psychology Review, 11*, 68–86.

Loehlin, J. C. (1989). Partitioning environmental and genetic contributions to behavioral develoment. *American Psychologist, 44*, 1285–1292.

Loehlin, J. C., McCrae, R. R., & Costa, P. T., Jr. (1998). Heritabilities of common and measure-specific components of the Big Five personality factors. *Journal of Research in Personality, 32*, 431–453.

Loehlin, J. C., Neiderhiser, J. M., & Reiss, D. (2003). The behavior genetics of personality and the NEAD Study. *Journal of Research in Personality, 37*, 373–387.

Loehlin, J. C., & Nichols, R. C. (1976). *Heredity, environment, and personality: A study of 850 sets of twins.* Austin: Texas University Press.

Loehlin, J. C., Willerman, L., & Horn, J. M. (1987). Personality resemblance in adoptive families: A 10-year followup. *Journal of Personality and Social Psychology, 53*, 961–969.

Loevinger, J. (1957). Objective tests as instruments of psychological theory. *Psychological Reports, 3*, 635–694.

Loevinger, J. (1976). *Ego development.* San Francisco: Jossey-Bass.

Loevinger, J. (1979). Construct validity of the sentence-completion test of ego development. *Applied Psychological Measurement, 3*, 281–311.

Loevinger, J. (1983). On ego development and the structure of personality. *Developmental Review, 3*, 339–350.

Loevinger, J. (1984). On the self and predicting behavior. In R. A. Zucker,

J. Aronoff, & A. I. Rabin (Eds.), *Personality and the prediction of behavior* (pp. 43–68). New York: Academic Press.

Loevinger, J. (1987). *Paradigms of personality*. New York: W. H. Freeman.

Loevinger, J. (2002). Confessions of an iconoclast: At home on the fringe. *Journal of Personality Assessment, 78,* 195–208.

Loevinger, J., & Wessler, R. (1970). *Measuring ego development 1. Construction and use of a sentence-completion test.* San Francisco: Jossey-Bass.

Loevinger, J., Wessler, R., & Redmore, C. (1970). *Measuring ego development 2. Scoring manual for women and girls.* San Francisco: Jossey-Bass.

Lohr, J. M., & Staats, W. W. (1973). Attitude conditioning in Sino-Tibetan languages. *Journal of Personality and Social Psychology, 26,* 196–200.

Lorenz, K. (1969). *On aggression.* New York: Harcourt, Brace & World.

Lowenthal, M. F., Thurnher, M., Chiriboga, D., & Associates. (1975). *Four stages of life: A comparative study of men and women facing transitions.* San Francisco: Jossey-Bass.

Lucas, R. E. (2005). Time does not heal all wounds: A longitudinal study of reaction and adaptation to divorce. *Psychological Science, 16,* 945–950.

Lucas, R. E., Clark, A. E., Georgellis, Y., & Diener, E. (2004). Unemployment alters the set point for life satisfaction. *Psychological Science, 15,* 8–13.

Lucas, R. E., & Diener, E. (2001). Understanding extraverts' enjoyment of social situations: The importance of pleasantness. *Journal of Personality and Social Psychology, 81,* 343–356.

Lucas, R. E., Diener, E., Grob, A., Suh, E. M., & Shao, L. (2000). Cross-cultural evidence for the fundamental features of extraversion. *Journal of Personality and Social Psychology, 79,* 452–468.

Lucas, R. E., & Fujita, F. (2000). Factors influencing the relation between extraversion and pleasant affect.

Journal of Personality and Social Psychology, 79, 1039–1056.

Lundy, A. (1985). The reliability of the Thematic Apperception Test. *Journal of Personality Assessment, 49,* 141–145.

Lutkenhaus, P., Grossmann, K. E., & Grossmann, K. (1985). Infant-mother attachment at twelve months and style of interaction with stranger at age three years. *Child Development, 56,* 1538–1542.

Lykken, D. T., McGue, M., Tellegen, A., & Bouchard, Jr., T. J. (1992). Emergenesis: Genetic traits that may not run in families. *American Psychologist, 47,* 1565–1577.

Lykken, D., & Tellegen, A. (1996). Happiness is a stochastic phenomenon. *Psychological Science, 7,* 186–189.

Lynam, D. R., & Widiger, T. A. (2001). Using the five-factor model to represent the *DSM-IV* personality disorders: An expert consensus approach. *Journal of Abnormal Psychology, 110,* 401–412.

Lyons-Ruth, K. (1996). Attachment relationships among children with aggressive behavior problems: The role of disorganized early attachment patterns. *Journal of Consulting and Clinical Psychology, 64,* 64–73.

Lyons-Ruth, K., Connell, D. B., Zoll, D., & Stahl, J. (1987). Infants at social risk: Relations among infant maltreatment, maternal behavior, and infant attachment behavior. *Developmental Psychology, 23,* 223–232.

Lyubomirsky, S., Sousa, L., & Dickerhoof, R. (2006). The costs and benefits of writing, talking, and thinking about life's triumphs and defeats. *Journal of Personality and Social Psychology, 90,* 692–708.

M

Maccoby, E. E., & Jacklin, C. N. (1974). *The psychology of sex differences.* Stanford, CA: Stanford University Press.

Maccoby, E. E., & Martin, J. A. (1983). Socialization in the context of the family: Parent–child interaction. In P. H.

Mussen (Ed.), *Handbook of child psychology* (4th ed., Vol. 4, pp. 1–102). New York: Wiley.

MacDermid, S. M., Franz, C. E., & DeReus, L. A. (1998). Generativity: At the crossroads of social roles and personality. In D. P. McAdams & E. de St. Aubin (Eds.), *Generativity and adult development: How and why we care for the next generation* (pp. 181–226). Washington, DC: APA Press.

MacIntyre, A. (1984). *After virtue.* Notre Dame, IN: University of Notre Dame Press.

MacKinnon, D. W. (1962). The nature and nurture of creative talent. *American Psychologist, 17,* 484–495.

MacKinnon, D. W. (1963). Creativity and images of the self. In R. W. White (Ed.), *The study of lives* (pp. 250–279). New York: Prentice-Hall.

MacKinnon, D. W. (1965). Personality and the realization of creative potential. *American Psychologist, 20,* 273–281.

MacLean, P. D. (1949). Psychosomatic disease and the visceral brain: Recent developments bearing on the Papez theory of emotion. *Psychosomatic Medicine, 11,* 338–353.

Maddi, S. R. (1984). Personology for the 1980s. In R. A. Zucker, J. Aronoff, & A. I. Rabin (Eds.), *Personality and the prediction of behavior* (pp. 7–41). New York: Academic Press.

Magnus, K., Diener, E., Fujita, F., & Pavot, W. (1993). Extraversion and neuroticism as predictors of object life events: A longitudinal analysis. *Journal of Personality and Social Psychology, 65,* 1046–1053.

Magnusson, D. (1971). An analysis of situational dimensions. *Perceptual and Motor Skills, 32,* 851–867.

Mahler, M. S. (1968). *On human symbiosis and the vicissitudes of individuation: Infantile psychosis.* New York: International Universities.

Mahler, M. S., Pine, F., & Bergman, A. (1975). *The psychological birth of the human infant.* New York: Basic Books.

Main, M. (1981). Avoidance in the service of attachment: A working paper. In K. Immelmann, G. Barlow, L. Petrinovich, & M. Main (Eds.), *Behavioral development: The Bielefeld interdisciplinary project*. New York: Cambridge University Press.

Main, M. (1983). Exploration, play, and cognitive functioning related to mother infant attachment. *Infant Behavior and Development, 6,* 167–174.

Main, M. (1991). Metacognitive knowledge, metacognitive monitoring, and singular (coherent) vs. multiple (incoherent) model of attachment. In C. M. Parkes, J. Stevenson-Hinde, & P. Marris (Eds.), *Attachment across the life cycle* (pp. 127–159). London: Tavistock/Routledge.

Main, M. (1999). Epilogue. Attachment theory: Eighteen points with suggestions for future studies. In J. Cassidy & P. R. Shaver (Eds.), *Handbook of attachment: Theory, research, and clinical applications* (pp. 845–888). New York: Guilford Press.

Main, M., Kaplan, N., & Cassidy, J. (1985). Security in infancy, childhood, and adulthood: A move to the level of representation. *Monographs of the Society for Research in Child Development, 50*(1 & 2), 66–104.

Mandler, J. M. (1984). *Stories, scripts, and scenes: Aspects of schema theory*. Hillsdale, NJ: Lawrence Erlbaum.

Manners, J., & Durkin, K. (2001). A critical review of the validity of ego development theory and its measurement. *Journal of Personality Assessment, 77,* 541–567.

Mannheim, K. (1952). The problem of generations. In *Essays on the sociology of knowledge*. New York: Oxford University Press. (Original work published 1928)

Manning, M. M., & Wright, T. L. (1983). Self-efficacy expectancies and the persistence of pain control in childbirth. *Journal of Personality and Social Psychology, 45,* 421–431.

Marcia, J. E. (1966). Development and validation of ego identity status. *Journal of Personality and Social Psychology, 3,* 551–558.

Marcia, J. E. (1967). Ego identity status: Relationships to change in selfesteem, "general maladjustment," and authoritarianism. *Journal of Personality, 35,* 119–133.

Marcia, J. E. (1980). Identity in adolescence. In J. Adelson (Ed.), *Handbook of adolescent psychology* (pp. 159–187). New York: Wiley.

Marcia, J. E., & Friedman, M. L. (1970). Ego identity status in college women. *Journal of Personality, 38,* 249–263.

Marcia, J. E., Waterman, A. S., Matteson, D. R., Archer, S. L., & Orlofsky, J. L. (1993). *Ego identity: A handbook for psychosocial research*. New York: Springer-Verlag.

Marcus, S. (1977). Freud and Dora: Story, history, case history. In T. Shapiro (Ed.), *Psychoanalysis and contemporary science* (pp. 389–442). New York: International Universities Press.

Markus, H. (1977). Self-schemata and processing information about the self. *Journal of Personality and Social Psychology, 35,* 63–78.

Markus, H. (1983). Self-knowledge: An expanded view. *Journal of Personality, 51,* 543–565.

Markus, H. R., & Kitayama, S. (1991). Culture and the self: Implications for cognition, emotion, and motivation. *Psychological Review, 98,* 224–253.

Markus, H. R., Kitayama, S., & Heiman, R. J. (1998). Culture and "basic" psychological principles. In E. T. Higgins & A. W. Kruglanski (Eds.), *Social psychology: Handbook of basic principles* (pp. 857–913). New York: Guilford Press.

Markus, H., & Nurius, P. (1986). Possible selves. *American Psychologist, 41,* 954–969.

Markus, H., & Sentis, K. (1982). The self in social information processing. In J. Suls (Ed.), *Psychological perspectives on the self* (Vol. 1, pp. 41–70). Hillsdale, NJ: Erlbaum.

Markus, H., & Smith, J. (1981). The influence of self-schema on the perception of others. In N. Cantor & J. F. Kihlstrom (Eds.), *Personality, cognition, and social interaction* (pp. 233–262). Hillsdale, NJ: Erlbaum.

Markus, H. R., & Wurf, E. (1987). The dynamic self-concept: A social psychological perspective. In M. R. Rosenzweig & L. W. Porter (Eds.), *Annual review of psychology* (Vol. 38, pp. 299–337). Palo Alto, CA: Annual Reviews.

Marshall, V. (1975). Age and awareness of finitude in developmental gerontology. *Omega, 6,* 113–129.

Maruna, S. (1997). Going straight: Desistance from crime and life narratives of reform. In R. Josselson & A. Lieblich (Eds.), *The narrative study of lives* (Vol. 5, pp. 59–93). Thousand Oaks, CA: Sage.

Maruna, S. (2001). *Making good: How ex-convicts reform and rebuild their lives*. Washington, DC: APA Books.

Maslow, A. H. (1954). *Motivation and personality*. New York: Harper & Row.

Maslow, A. H. (1968). *Toward a psychology of being* (2nd ed.). New York: D. Van Nostrand.

Masuda, T., & Nisbett, R. E. (2001). Attending holistically versus analytically: Comparing the context sensitivity of Japanese and Americans. *Journal of Personality and Social Psychology, 81,* 922–934.

Matas, L., Arend, R., & Sroufe, L. A. (1978). Continuity of adaptation in the second year: The relationship between quality of attachment and later competence. *Child Development, 49,* 547–556.

Matthews, G. (1992). Extraversion. In A. P. Smith & D. P. Jones (Eds.), *Handbook of human performance: Vol. 3. State and trait*. London: Academic Press.

Matthews, G., Coyle, K., & Craig, A. (1990). Multiple factors of cognitive failure and their relationships with stress vulnerability. *Journal of Psychopathology and Behavioral Assessment*, 12, 49–64.

Matthews, G., & Deary, I. (1998). *Personality traits*. Cambridge, UK: Cambridge University Press.

Matthews, G., Dorn, L., & Glendon, A. I. (1991). Personality correlates of driver stress. *Personality and Individual Differences*, 12, 535–549.

Matthews, G., Jones, D. M., & Chamberlain, A. G. (1989). Interactive effects of extraversion and arousal on attention task performance: Multiple resources or encoding processes? *Journal of Personality and Social Psychology*, 56, 629–639.

Matthews, G., Jones, D. M., & Chamberlain, A. G. (1992). Predictors of individual differences in mail coding skills, and their variation with ability level. *Journal of Applied Psychology*, 77, 406–418.

Mayo, P. R. (1990). A further study of the personality-congruent recall effect. *Personality and Individual Differences*, 10, 247–252.

McAdams, D. P. (1980). A thematic coding system for the intimacy motive. *Journal of Research in Personality*, 14, 413–432.

McAdams, D. P. (1982a). Experiences of intimacy and power: Relationships between social motives and autobiographical memory. *Journal of Personality and Social Psychology*, 42, 292–302.

McAdams, D. P. (1982b). Intimacy motivation. In A. J. Stewart (Ed.), *Motivation and society* (pp. 133–171). San Francisco: Jossey-Bass.

McAdams, D. P. (1984a). Human motives and personal relationships. In V. Derlega (Ed.), *Communication, intimacy, and close relationships* (pp. 41–70). New York: Academic Press.

McAdams, D. P. (1984b). Love, power, and images of the self. In C. Z. Malatesta & C. E. Izard (Eds.), *Emotion in adult development* (pp. 159–174). Beverly Hills, CA: Sage.

McAdams, D. P. (1985a). Fantasy and reality in the death of Yukio Mishima. *Biography: An Interdisciplinary Quarterly*, 8, 292–317.

McAdams, D. P. (1985b). The "imago": A key narrative component of identity. In P. Shaver (Ed.), *Review of personality and social psychology* (Vol. 6, pp. 115–141). Beverly Hills, CA: Sage.

McAdams, D. P. (1985c). *Power, intimacy, and the life story: Personological inquiries into identity*. New York: Guilford Press.

McAdams, D. P. (1987). A life-story model of identity. In R. Hogan & W. H. Jones (Eds.), *Perspectives in personality* (Vol. 2, pp. 15–50). Greenwich, CT: JAI Press.

McAdams, D. P. (1988). Biography, narrative, and lives: An introduction. *Journal of Personality*, 56, 1–18.

McAdams, D. P. (1990). Unity and purpose in human lives: The emergence of identity as a life story. In A. I. Rabin, R. A. Zucker, R. A. Emmons, and S. Frank (Eds.), *Studying persons and lives* (pp. 148–200). New York: Springer.

McAdams, D. P. (1992). The five-factor model in personality: A critical appraisal. *Journal of Personality*, 60, 329–361.

McAdams, D. P. (1993). *The stories we live by: Personal myths and the making of the self*. New York: William Morrow.

McAdams, D. P. (1994). Can personality change?: Levels of stability and growth in personality across the life span. In T. F. Heatherton & J. L. Weinberger (Eds.), *Can personality change?* (pp. 229–314). Washington, DC: APA Press.

McAdams, D. P. (1995). What do we know when we know a person? *Journal of Personality*, 63, 365–396.

McAdams, D. P. (1996a). Narrating the self in adulthood. In J. Birren, G. Kenyon, J. E. Ruth, J. J. F. Shroots, & J. Svendson (Eds.), *Aging and biography: Explorations in adult development* (pp. 131–148). New York: Springer.

McAdams, D. P. (1996b). Personality, modernity, and the storied self: A contemporary framework for studying persons. *Psychological Inquiry*, 7, 295–321.

McAdams, D. P. (1997a). The case for unity in the (post)modern self: A modest proposal. In R. Ashmore & L. Jussim (Eds.), *Self and identity: Fundamental issues* (pp. 46–78). New York: Oxford University Press.

McAdams, D. P. (1997b). A conceptual history of personality psychology. In R. Hogan, J. Johnson, & S. Briggs (Eds.), *Handbook of personality psychology* (pp. 3–39). San Diego, CA: Academic Press.

McAdams, D. P. (2001a). Generativity in midlife. In M. E. Lachman (Ed.), *Handbook of midlife development* (pp. 395–443). New York: Wiley.

McAdams, D. P. (2001b). The psychology of life stories. *Review of General Psychology*, 5, 100–122.

McAdams, D. P. (2006). *The redemptive self: Stories Americans live by*. New York: Oxford University Press.

McAdams, D. P. (2008). Personal narratives and the life story. In O. P. John, R. W. Robins, & L. Pervin (Eds.), *Handbook of personality: Theory and research* (3rd ed., pp. 241–261) New York: Guilford Press.

McAdams, D. P., Anyidoho, N. A., Brown, C., Huang, Y. T., Kaplan, B., & Machado, M. A. (2004). Traits and stories: Links between dispositional and narrative features of personality. *Journal of Personality*, 72, 761–784.

McAdams, D. P., & Bauer, J. J. (2004). Gratitude in modern life: Its manifestations and development. In R. A. Emmons & M. E. McCullough (Eds.), *The psychology of gratitude* (pp. 81–99). New York: Oxford University Press.

McAdams, D. P., Booth, L., & Selvik, R. (1981). Religious identity among students at a private college: Social motives, ego stage, and development. *Merrill–Palmer Quarterly*, 27, 219–239.

McAdams, D. P., & Bowman, P. J. (2001). Narrating life's turning points: Redemption and contamination. In D. P. McAdams, R. Josselson, & A. Lieblich (Eds.), *Turns in the road: Narrative studies of lives in transition* (pp. 3–34). Washington, DC: APA Books.

McAdams, D. P., & Bryant, F. (1987). Intimacy motivation and subjective mental health in a nationwide sample. *Journal of Personality*, 55, 395–413.

McAdams, D. P., & Constantian, C. A. (1983). Intimacy and affiliation motives in daily living: An experience sampling analysis. *Journal of Personality and Social Psychology*, 45, 851–861.

McAdams, D. P., & de St. Aubin, E. (1992). A theory of generativity and its assessment through self-report, behavioral acts, and narrative themes in autobiography. *Journal of Personality and Social Psychology*, 62, 1003–1015.

McAdams, D. P., de St. Aubin, E., & Logan, R. L. (1993). Generativity among young, midlife, and older adults. *Psychology and Aging*, 8, 221–230.

McAdams, D. P., Diamond, A., de St. Aubin, E., & Mansfield, E. (1997). Stories of commitment: The psychosocial construction of generative lives. *Journal of Personality and Social Psychology*, 72, 678–694.

McAdams, D. P., Hart, H. M., & Maruna, S. (1998). The anatomy of generativity. In D. P. McAdams & E. de St. Aubin (Eds.), *Generativity and adult development: How and why we care for the next generation* (pp. 7–43). Washington, DC: APA Press.

McAdams, D. P., Healy, S., & Krause, S. (1984). Social motives and patterns of friendship. *Journal of Personality and Social Psychology*, 47, 828–838.

McAdams, D. P., Hoffman, B. J., Mansfield, E. D., & Day, R. (1996). Themes of agency and communion in significant autobiographical scenes. *Journal of Personality*, 64, 339–377.

McAdams, D. P., Jackson, R. J., & Kirshnit, C. (1984). Looking, laughing, and smiling in dyads as a function of intimacy motivation and reciprocity. *Journal of Personality*, 52, 261–273.

McAdams, D. P., Lensky, D. B., Daple, S. A., & Allen, J. (1988). Depression and the organization of autobiographical memory. *Journal of Social and Clinical Psychology*, 7, 332–349.

McAdams, D. P., Lester, R., Brand, P., McNamara, W., & Lensky, D. B. (1988). Sex and the TAT: Are women more intimate than men? Do men fear intimacy? *Journal of Personality Assessment*, 52, 397–409.

McAdams, D. P., & Logan, R. L. (2004). What is generativity? In E. de St. Aubin, D. P. McAdams, & T. C. Kim (Eds.), *The generative society* (pp. 15–31). Washington, DC: APA Books.

McAdams, D. P., & Losoff, M. (1984). Friendship motivation in fourth and sixth graders: A thematic analysis. *Journal of Social and Personal Relationships*, 1, 11–27.

McAdams, D. P., & Ochberg, R. L. (Eds.). (1988). *Psychobiography and life narratives*. Durham, NC: Duke University Press.

McAdams, D. P., & Pals, J. L. (2006). A new Big Five: Fundamental principles for an integrative science of personality. *American Psychologist*, 61, 204–217.

McAdams, D. P., & Pals, J. L. (2007). The role of theory in personality research. In R. W. Robins, R. C. Fraley, & R. F. Krueger (Eds.), *Handbook of research methods in personality psychology* (pp. 3–20). New York: Guilford Press.

McAdams, D. P., & Powers, J. (1981). Themes of intimacy in behavior and thought. *Journal of Personality and Social Psychology*, 40, 573–587.

McAdams, D. P., Reynolds, J., Lewis, M., Patten, A., & Bowman, P. J. (2001). When bad things turn good and good things turn bad: Sequences of redemption and contamination in life narrative, and their relation to psychosocial adaptation in midlife adults and in students. *Personality and Social Psychology Bulletin*, 27, 208–230.

McAdams, D. P., Rothman, S., & Lichter, S. R. (1982). Motivational profiles: A study of former political radicals and politically moderate adults. *Personality and Social Psychology Bulletin*, 8, 593–603.

McAdams, D. P., Ruetzel, K., & Foley, J. M. (1986). Complexity and generativity at mid-life: Relations among social motives, ego development, and adults' plans for the future. *Journal of Personality and Social Psychology*, 50, 800–807.

McAdams, D. P., & Vaillant, G. E. (1982). Intimacy motivation and psychosocial adjustment: A longitudinal study. *Journal of Personality Assessment*, 46, 586–593.

McAdams, D. P., & West, S. (1997). Introduction: Personality psychology and the case study. *Journal of Personality*, 65, 757–783.

McAndrew, F. T. (2002). New evolutionary perspectives on altruism: Multi-level-selection and costly-signaling theories. *Current Directions in Psychological Science*, 11, 79–82.

McClelland, D. C. (1951). *Personality*. New York: Holt, Rinehart & Winston.

McClelland, D. C. (1961). *The achieving society*. New York: D. Van Nostrand.

McClelland, D. C. (1963). The Harlequin complex. In R. W. White (Ed.), *The study of lives* (pp. 94–119). New York: Holt, Rinehart & Winston.

McClelland, D. C. (1975). *Power: The inner experience*. New York: Irvington.

McClelland, D. C. (1979). Inhibited power motivation and high blood pressure in men. *Journal of Abnormal Psychology*, 88, 182–190.

McClelland, D. C. (1980). Motive dispositions: The merits of operant and respondent measures. In L. Wheeler (Ed.), *Review of personality and social psychology* (Vol. 1, pp. 10–41). Beverly Hills, CA: Sage.

McClelland, D. C. (1981). Is personality consistent? In A. I. Rabin, J. Aronoff, A. M. Barclay, & R. A. Zucker

(Eds.), *Further explorations in personality* (pp. 87–113). New York: Wiley.

McClelland, D. C. (1985). *Human motivation*. Glenview, IL: Scott, Foresman.

McClelland, D. C., Alexander, C., & Marks, E. (1982). The need for power, stress, immune function, and illness among male prisoners. *Journal of Abnormal Psychology*, 91, 61–70.

McClelland, D. C., Atkinson, J. W., Clark, R. A., & Lowell, E. L. (1953). *The achievement motive*. New York: Appleton-Century-Crofts.

McClelland, D. C., & Boyatzis, R. E. (1982). The leadership motive pattern and long term success in management. *Journal of Applied Psychology*, 67, 737–743.

McClelland, D. C., & Burnham, D. H. (1976 March-April). Power is the great motivator. *Harvard Business Review*, pp. 100–110, 159–166.

McClelland, D. C., Davidson, R. J., Floor, E., & Saron, C. (1980). Stressed power motivation, sympathetic activation, immune function, and illness. *Journal of Human Stress*, 6(2), 11–19.

McClelland, D. C., Davis, W. N., Kalin, R., & Wanner, E. (1972). *The drinking man: Alcohol and human motivation*. New York: The Free Press.

McClelland, D. C., & Franz, C. E. (1992). Motivational and other sources of work accomplishments in midlife: A longitudinal study. *Journal of Personality*, 60, 679–707.

McClelland, D. C., & Jemmott, J. B., III. (1980). Power motivation, stress, and physical illness. *Journal of Human Stress*, 6(4), 6–15.

McClelland, D. C., Koestner, R., & Weinberger, J. (1989). How do self-attributed and implicit motives differ? *Psychological Review*, 96, 690–702.

McClelland, D. C., Ross, G., & Patel, V. (1985). The effect of an academic examination on salivary norepinephrine and immunoglobulin levels. *Journal of Human Stress*, 11(2), 52–59.

McCrae, R. R., & Costa, P. T., Jr. (1980). Openness to experience and ego level in Loevinger's Sentence Completion Test: Dispositional contributions to developmental models of personality. *Journal of Personality and Social Psychology*, 39, 1179–1190.

McCrae, R. R., & Costa, P. T. Jr. (1985a). Openness to experience. In R. Hogan & W. H. Jones (Ed.), *Perspectives in personality* (Vol. 1, pp. 145–172). Greenwich, CT: JAI Press.

McCrae, R. R., & Costa, P. T., Jr. (1985b). Updating Norman's "adequate taxonomy": Intelligence and personality dimensions in natural language and in questionnaires. *Journal of Personality and Social Psychology*, 49, 710–721.

McCrae, R. R., & Costa, P. T., Jr. (1986). Personality, coping, and coping effectiveness in an adult sample. *Journal of Personality*, 54, 385–405.

McCrae, R. R., & Costa, P. T., Jr. (1987). Validation of the five-factor model of personality across instruments and observers. *Journal of Personality and Social Psychology*, 52, 81–90.

McCrae, R. R., & Costa, P. T., Jr. (1990). *Personality in adulthood*. New York: Guilford Press.

McCrae, R. R., & Costa, P. T., Jr. (1991). Adding *Liebe und Arbeit*: The full five-factor model and well-being. *Personality and Social Psychology Bulletin*, 17, 227–232.

McCrae, R. R., & Costa, P. T., Jr. (1995). Trait explanations in personality psychology. *European Journal of Personality*, 9, 231–252.

McCrae, R. R., & Costa, P. T., Jr. (1996). Toward a new generation of personality theories: Theoretical contexts for the five-factor model. In J. Wiggins (Ed.), *The five-factor model of personality: Theoretical perspectives* (pp. 51–87). New York: Guilford Press.

McCrae, R. R., & Costa, P. T., Jr. (1997a). Conceptions and correlates of openness to experience. In R. Hogan, J. Johnson, & S. Briggs (Eds.), *Handbook of personality psychology* (pp. 825–847). San Diego, CA: Academic Press.

McCrae, R. R., & Costa, P. T., Jr. (1997b). Personality trait structure as a human universal. *American Psychologist*, 52, 509–516.

McCrae, R. R., Costa, P. T., Jr., de Lima, M. P., Simoes, A., Ostendorf, F., Angleitner, A., et al. (1999). Age differences in personality across the adult lifespan: Parallels in five cultures. *Developmental Psychology*, 35, 466–477.

McCrae, R. R., Terracciano, A., & 78 Members of the Personality Profiles of Cultures Project. (2005). Universal features of personality traits from the observer's perspective: Data from 50 cultures. *Journal of Personality and Social Psychology*, 88, 547–561.

McCullough, M. E., Emmons, R. A., & Tsang, J. (2002). The grateful disposition: A conceptual and empirical topography. *Journal of Personality and Social Psychology*, 82, 112–127.

McCullough, M. E., Hoyt, W. T., Larson, D. B., Koenig, H. G., & Thoresen, C. (2000). Religious involvement and mortality: A meta-analytic review. *Health Psychology*, 19, 211–222.

McCullough, M. E., & Tsang, J. (2004). Parent of the virtues?: The prosocial contours of gratitude. In R. A. Emmons & M. E. McCullough (Eds.), *The psychology of gratitude* (pp. 123–141). New York: Oxford University Press.

McDowall, J. (1984). Recall of pleasant and unpleasant words in depressed subjects. *Journal of Abnormal Psychology*, 93, 401–407.

McFarland, S. G. (2005). On the eve of the war: Authoritarianism, social dominance, and American students' attitudes toward attacking Iraq. *Personality and Social Psychology Bulletin*, 31, 360–367.

McFarland, S. G., Ageyev, V. S., & Abalakina-Papp, M. A. (1992). Authoritarianism in the former Soviet Union. *Journal of Personality and Social Psychology*, 63, 1004–1010.

McGue, M., Bacon, S., & Lykken, D. T. (1993). Personality stability and change in early adulthood: A behavioral genetic analysis. *Developmental Psychology, 29*, 96–109.

McLean, K. C. (2005). Late adolescent identity development: Narrative meaning making and memory telling. *Developmental Psychology, 41*, 683–691.

McLean, K. C., Pasupathi, M., & Pals, J. L. (2007). Selves creating stories creating selves: A process model of self-development. *Personality and Social Psychology Review, 11*, 262–278.

McLean, K. C., & Pratt, M. (2006). Life's little (and big) lessons: Identity statuses and meaning-making in turning point narratives of emerging adults. *Developmental Psychology, 42*, 714–722.

McLean, K. C., & Thorne, A. (2003). Late adolescents' self-defining memories about relationships. *Developmental Psychology, 39*, 635–645.

McLean, K. C., & Thorne, A. (2006). Identity light: Entertainment stories as a vehicle for self-development. In D. P. McAdams, R. Josselson, & A. Lieblich (Eds.), *Identity and story: Creating self in narrative* (pp. 111–127). Washington, DC: American Psychological Association Press.

McNaughton, N., & Corr, P. J. (in press). The neuropsychology of fear and anxiety: A foundation for reinforcement sensitivity theory. In P. J. Corr (Ed.), *The reinforcement sensitivity theory of personality*. Cambridge, UK: Cambridge University Press.

Mead, G. H. (1934). *Mind, self, and society*. Chicago: University of Chicago Press.

Meehl, P. E. (1954). *Clinical versus statistical prediction: A theoretical analysis and a review of the evidence*. Minneapolis: University of Minnesota Press.

Meloen, J. D., Hagendoorn, L., Raaijmakers, Q., & Visser, L. (1988). Authoritarianism and the revival of political racism: Reassessments in the Netherlands of the reliability and validity of the concept of authoritarianism by Adorno et al. *Political Psychology, 9*, 413–429.

Mercer, R. T., Nichols, E. G., & Doyle, G. C. (1989). *Transitions in a woman's life: Major life events in developmental context*. New York: Springer.

Messick, S. (1994). The matter of style: Manifestations of personality in cognition, learning, and teaching. *Educational Psychologist, 29*, 121–136.

Meyer, G. J., & Shack, J. R. (1989). Structural convergence of mood and personality: Evidence for old and new directions. *Journal of Personality and Social Psychology, 57*, 691–706.

Michalski, R. L., & Shackelford, T. K. (2002). An attempted replication of the relationship between birth order and personality. *Journal of Research in Personality, 36*, 182–188.

Mikulincer, M. (1995). Attachment style and the mental representation of the self. *Journal of Personality and Social Psychology, 69*, 1203–1215.

Mikulincer, M. (1997). Adult attachment style and information processing: Individual differences in curiosity and cognitive closure. *Journal of Personality and Social Psychology, 72*, 1217–1230.

Mikulincer, M., Florian, V., & Weller, A. (1993). Attachment styles, coping strategies, and posttraumatic psychological distress: The impact of the Gulf War in Israel. *Journal of Personality and Social Psychology, 64*, 817–826.

Mikulincer, M., & Nachson, O. (1991). Attachment styles and patterns of self-disclosure. *Journal of Personality and Social Psychology, 61*, 321–331.

Mikulincer, M., & Shaver, P. R. (2005). Attachment security, compassion, and altruism. *Current Directions in Psychological Science, 14*, 34–38.

Mikulincer, M., & Shaver, P. R. (2007). *Attachment in adulthood: Structure, dynamics, and change*. New York: Guilford Press.

Miles, D. R., & Carey, G. (1997). Genetic and environmental architecture of human aggression. *Journal of Personality and Social Psychology, 72*, 207–217.

Miller, J. D., Lynam, D. R., Widiger, T. A., & Leukefeld, C. (2001). Personality disorders as extreme variants of common personality dimensions: Can the five-factor model adequately represent psychopathy? *Journal of Personality, 69*, 253–276.

Miller, J. G. (1984). Culture and the development of everyday social explanation. *Journal of Personality and Social Psychology, 46*, 961–978.

Miller, N. E., & Dollard, J. (1941). *Social learning and imitation*. New Haven, CT: Yale University Press.

Miller, P. C., Lefcourt, H. M., Holmes, J. G., Ware, E. E., & Saleh, W. E. (1986). Marital locus of control and marital problem solving. *Journal of Personality and Social Psychology, 51*, 161–169.

Miller, W. R., & C'deBaca, J. (1994). Quantum change: Toward a psychology of transformation. In T. H. Heatherton & J. L. Weinberger (Eds.), *Can personality change?* (pp. 253–280). Washington, DC: APA Press.

Millon, T. (Ed.). (1973). *Theories of psychopathology and personality* (2nd ed.). Philadelphia: W. B. Saunders.

Mills, C. W. (1959). *The sociological imagination*. New York: Oxford University Press.

Mink, L. O. (1978). Narrative form as a cognitive instrument. In R. H. Canary & H. Kozicki (Eds.), *Literary form and historical understanding* (pp. 129–149). Madison: University of Wisconsin Press.

Minuchin, S. (1974). *Families and family therapy*. Cambridge, MA: Harvard University Press.

Mischel, W. (1961). Delay of gratification, need for achievement, and acquiescence in another culture. *Journal of Abnormal and Social Psychology, 62*, 543–552.

Mischel, W. (1968). *Personality and assessment*. New York: Wiley.

Mischel, W. (1973). Toward a cognitive social learning reconceptualization of personality. *Psychological Review, 80*, 252–283.

Mischel, W. (1977). On the future of personality measurement. *American Psychologist, 32*, 246–254.

Mischel, W. (1979). On the interface of cognition and personality: Beyond the person-situation debate. *American Psychologist, 34*, 740–754.

Mischel, W. (1986). *Introduction to personality* (4th ed.). New York: Holt, Rinehart & Winston.

Mischel, W. (1999). Personality coherence and dispositions in a cognitive affective personality system (CAPS) approach. In D. Cervone & Y. Shoda (Eds.), *The coherence of personality: Social-cognitive bases of consistency, variability, and organization* (pp. 61–93). New York: Guilford Press.

Mischel, W., & Gilligan, C. (1964). Delay of gratification, motivation for the prohibited gratification, and response to temptation. *Journal of Abnormal and Social Psychology, 69*, 411–417.

Mischel, W., & Peake, P. K. (1982). Beyond déjà vu in the search for cross-situational consistency. *Psychological Review, 89*, 730–755.

Mischel, W., & Shoda, Y. (1995). A cognitive-affective system theory of personality: Reconceptualizing situations, dispositions, dynamics, and invariance in personality structure. *Psychological Review, 102*, 246–268.

Mischel, W., & Shoda, Y. (1998). Reconciling processing dynamics and personality dispositions. In J. T. Spence, J. M. Darley, & D. J. Foss (Eds.), *Annual review of psychology* (pp. 229–258). Palo Alto, CA: Annual Reviews.

Mishima, Y. (1958). *Confessions of a mask*. New York: New Directions Books.

Mishima, Y. (1970). *Sun and steel*. New York: Grove Press.

Mishler, E. (1992). Work, identity, and narrative: An artist-craftsman's story. In G. C. Rosenwald & R. L. Ochberg (Eds.), *Storied lives: The cultural politics of self-understanding* (pp. 21–40). New Haven, CT: Yale University Press.

Mitchell, J. C. (1983). Case and situation analysis. *Sociological Review, 31*, 187–211.

Miyamoto, Y., Nisbett, R. E., & Masuda, T. (2006). Culture and the physical environment: Holistic versus analytic perceptual affordances. *Psychological Science, 17*, 113–119.

Modell, J. (1992). How do you introduce yourself as a childless mother?: Birthparent interpretations of parenthood. In G. C. Rosenwald & R. L. Ochberg (Eds.), *Storied lives: The cultural politics of self-understanding* (pp. 76–94). New Haven, CT: Yale University Press.

Moen, P., Elder, G. H., Jr., & Luscher, K. (Eds.). (1995). *Examining lives in context: Perspectives on the ecology of human development*. Washington, DC: American Psychological Association Press.

Moffitt, K. H., & Singer, J. A. (1994). Continuity in the life story: Selfdefining memories, affect, and approach/avoidance personal strivings. *Journal of Personality, 62*, 21–43.

Mohr, C. D., Armeli, S., Tennen, H., Carney, M. A., Affleck, G., & Hromi, A. (2001). Daily interpersonal experiences, context, and alcohol consumption: Crying in your beer and toasting good times. *Journal of Personality and Social Psychology, 80*, 489–500.

Moi, T. (1981). Representation of patriarchy: Sexuality and epistemology in Freud's Dora. *Feminist Review, 9*, 60–73.

Molden, D. C., & Dweck, C. S. (2006). Finding "meaning" in psychology: A lay theories approach to self-regulation, social perception, and social development. *American Psychologist, 61*, 192–203.

Moos, R. H. (1973). Conceptualizations of human environments. *American Psychologist, 28*, 652–665.

Moos, R. H. (1974). Systems for the assessment and classifications of human environments: An overview. In R. H. Moos & P. M. Insel (Eds.), *Issues in social ecology* (pp. 5–28). Palo Alto, CA: National Press Books.

Moos, R. H. (1976). *The human context: Environmental determinants of behavior*. New York: Wiley.

Moraitis, G., & Pollack, G. H. (Eds.). (1987). *Psychoanalytic studies of biography*. Madison, CT: International Universities Press.

Morgan, C. D., & Murray, H. A. (1935). A method for investigating fantasies: The Thematic Apperception Test. *Archives of Neurology and Psychiatry, 34*, 289–306.

Morizot, J., & Le Blanc, M. (2003). Continuity and change in personality traits from adolescence to midlife: A 25-year longitudinal study comparing representative and adjudicated men. *Journal of Personality, 71*, 705–755.

Mortimer, J. T., Finch, M. D., & Kumka, D. (1982). Persistence and change in development: The multidimensional self-concept. In P. B. Baltes & O. G. Brim, Jr. (Eds.), *Life span development and behavior* (Vol. 4, pp. 264–315). New York: Academic Press.

Moskowitz, D. S. (1990). Convergence of self-reports and independent observers: Dominance and friendliness. *Journal of Personality and Social Psychology, 58*, 1096–1106.

Moss, E., Cyr, C., & Dubois-Comtois, K. (2004). Attachment at early school age and developmental risk: Examining family contexts and behavior problems of controlling-caregiving, controlling-punitive, and a behaviorally disorganized children. *Developmental Psychology, 40*, 519–532.

Mountjoy, P. J., & Sundberg, M. L. (1981). Ben Franklin the protobehaviorist I: Self-management of behavior. *Psychological Record, 31*, 13–24.

Mroczek, D. K., & Almeida, D. M. (2004). The effect of daily stress, personality, and age on daily negative affect. *Journal of Personality, 72*, 355–378.

Mroczek, D. K., Almeida, D. M., Spiro, A., & Pafford, C. (2006). Modeling intraindividual stability and change in personality. In D. K. Mroczek &

T. Little (Eds.), *The handbook of personality development* (pp. 163–180). Mahwah, NJ: Erlbaum.

Mroczek, D. K., & Kolarz, C. M. (1998). The effect of age on positive and negative affect: A developmental perspective on happiness. *Journal of Personality and Social Psychology, 75,* 1333–1349.

Mroczek, D. K., & Little, T. (Eds.). (2006). *The handbook of personality development.* Mahwah, NJ: Erlbaum.

Mroczek, D. K., & Spiro, A. (2007). Personality change influences mortality in older men. *Psychological Science, 18,* 371–376.

Mumford, M., Stokes, G. S., & Owens, W. A. (1990). *Patterns of life history: The ecology of human individuality.* Hillsdale, NJ: Erlbaum.

Munafo, M. R., Clark, T. G., Moore, L. R., Payne, E., Walton, R., & Flint, J. (2003). Genetic polymorphisms and personality in healthy adults: A systematic review and meta-analysis. *Molecular Psychiatry, 8,* 471–484.

Murray, H. A. (1938). *Explorations in personality.* New York: Oxford University Press.

Murray, H. A. (1938/2008). *Explorations in personality: 70th anniversary edition, with a Foreword by Dan P. McAdams.* New York: Oxford University Press.

Murray, H. A. (1940). What should psychologists do about psychoanalysis? *Journal of Abnormal and Social Psychology, 35,* 150–175.

Murray, H. A. (1943). *The Thematic Apperception Test: Manual.* Cambridge, MA: Harvard University Press.

Murray, H. A. (1951a). In nomine diaboli. *New England Quarterly, 24,* 435–452.

Murray, H. A. (1951b). Some basic psychological assumptions and conceptions. *Dialectica, 5,* 266–292.

Murray, H. A. (1955/1981). American Icarus. In E. S. Shneidman (Ed.), *Endeavors in psychology: Selections from the personology of Henry A. Murray* (pp. 535–556). New York: Harper & Row.

Murray, H. A. (1959/1981). Vicissitudes of creativity. In E. S. Schneidman (Ed.), *Endeavors in psychology: Selections from the personology of Henry A. Murray* (pp. 312–330). New York: Random House.

Murray, H. A. (1960/1981). Two versions of man. In E. Shneidman (Ed.), *Endeavors in psychology: Selections from the personology of Henry A. Murray* (pp. 581–604). New York: Harper & Row.

Murray, H. A. (1962). The personality and career of Satan. *Journal of Social Issues, 28,* 36–54.

Murray, H. A. (1967). The case of Murr. In E. G. Boring & G. Lindzey (Eds.), *A history of psychology in autobiography* (Vol. 5, pp. 285–310). New York: Appleton-Century-Crofts.

Murray, H. A., & Kluckhohn, C. (1953). Outline of a conception of personality. In C. Kluckhohn, H. A. Murray, & D. Schneider (Eds.), *Personality in nature, society, and culture* (2nd ed., pp. 3–52). New York: Knopf.

Murray, H. A. with staff. (1948). *Assessment of men.* New York: Rinehart & Co.

Murray, K. (1989). The construction of identity in the narratives of romance and comedy. In J. Shotter & K. J. Gergen (Eds.), *Texts of identity* (pp. 176–205). London: Sage.

Muslin, H., & Gill, M. (1978). Transference in the Dora case. *Journal of the American Psychoanalytic Association, 26,* 311–328.

Myers, D. (2000). *The American paradox: Spiritual hunger in an age of plenty.* New Haven, CT: Yale University Press.

Myers, D. G., & Diener, E. (1995). Who is happy? *Psychological Science, 6,* 10–19.

Myers, I. (1962). *The Myers–Briggs Type Indicator.* Princeton, NJ: Educational Testing Service.

Myers, I., McCauley, M. H., Quenk, N. L., & Hammer, A. L. (1998). *Manual: A guide to the development and use of the Myers–Briggs Type Indicator.* Palo Alto, CA: Consulting Psychologists Press.

Myers, L. B., & Brewin, C. R. (1994). Recall of early experience and the repressive coping style. *Journal of Abnormal Psychology, 103,* 288–292.

N

Nakagawa, K. (1991). *Explorations into the correlates of public school reform and parental involvement.* Unpublished doctoral dissertation, Human Development and Social Policy, Northwestern University, Evanston, IL.

Narayanan, L., Mensa, S., & Levine, E. L. (1995). Personality structure: A culture-specific examination of the five-factor model. *Journal of Personality Assessment, 64,* 51–62.

Nasby, W., & Read, N. (1997). The life voyage of a solo circumnavigator: Integrating theoretical and methodological perspectives. Introduction. *Journal of Personality, 65,* 787–794.

Nathan, J. (1974). *Mishima: A biography.* Boston: Little, Brown.

Neimeyer, R. A. (2001). (Ed.). *Meaning reconstruction and the experience of loss.* Washington, DC: American Psychological Association Press.

Neisser, U. (1976). *Cognition and reality: Principles and implications of cognitive psychology.* San Francisco: W. H. Freeman.

Neugarten, B. L. (Ed.). (1968). *Middle age and aging.* Chicago: University of Chicago Press.

Neugarten, B. L. (1979). Time, age, and the life cycle. *American Journal of Psychiatry, 136,* 887–894.

Neugarten, B. L., & Datan, N. (1974). The middle years. In S. Arieti (Ed.), *American handbook of psychiatry* (Vol. 1). New York: Basic Books.

Neugarten, B. L., & Hagestad, G. O. (1976). Aging and the life course. In R. H. Binstock & E. Shanas (Eds.), *Handbook of aging and the social sciences* (pp. 35–57). New York: Van Nostrand Reinhold.

Neyer, F. J., & Lehnart, W. (2007). Relationships matter in personality development: Evidence from an 8-year longitudinal study across young adulthood. *Journal of Personality, 75,* 535–568.

NICHD Early Child Care Research Network. (2001). Child-care and family predictors of preschool attachment and stability from infancy. *Developmental Psychology, 37,* 847–862.

Nichols, S. L., & Newman, J. P. (1986). Effects of punishment on response latency in extraverts. *Journal of Personality and Social Psychology, 50,* 624–630.

Nicholson, I. (2002). *Inventing personality: Gordon Allport and the science of selfhood.* Washington, DC: APA Books.

Niitamo, P. (1999). *"Surface" and "depth" in human personality: Relations between explicit and implicit motives.* Helsinki: Finnish Institute of Occupational Health.

Nisbett, R. E. (2003). *The geography of thought: How Asians and Westerners think differently... and why.* New York: Free Press.

Noam, G. (1998). Solving the ego development–mental health riddle. In P. M. Westenberg, A. Blasi, & L. D. Cohn (Eds.), *Personality development: Theoretical, empirical, and clinical investigations of Loevinger's conception of ego development* (pp. 271–295). Mahwah, NJ: Erlbaum.

Noftle, E. E., & Robins, R. W. (2007). Personality predictors of academic outcomes: Big Five correlates of GPA and SAT scores. *Journal of Personality and Social Psychology, 93,* 116–130.

Nolen-Hoeksema, S. (2000). The role of rumination in depressive disorders and mixed anxiety/depressive symptoms. *Journal of Abnormal Psychology, 109,* 504–511.

Nolen-Hoeksema, S., Girgus, J. S., & Seligman, M. E. P. (1986). Learned helplessness in children: A longitudinal study of depression, achievement, and explanatory style. *Journal of Personality and Social Psychology, 51,* 435–442.

Norman, R. M. G., & Watson, L. D. (1976). Extraversion and reactions to cognitive inconsistency. *Journal of Research in Personality, 10,* 446–456.

Norman, W. T. (1963). Toward an adequate taxonomy of personality attributes: Replicated factor structure in peer nomination personality ratings. *Journal of Abnormal and Social Psychology, 66,* 574–583.

Nucci, L. (1981). Conceptions of personal issues: A domain distinct from moral or societal concepts. *Child Development, 52,* 114–121.

O

O'Brien, R., & Dukore, B. F. (1969). *Tragedy: Ten major plays* (Sophocles' *Oedipus Rex*). New York: Bantam Books.

O'Connor, B. P., & Dyce, J. A. (1998). A test of models of personality disorder configurations. *Journal of Abnormal Psychology, 107,* 3–16.

Ochberg, R. L. (1988). Life stories and the psychosocial construction of careers. *Journal of Personality, 56,* 173–204.

Ochse, R., & Plug, C. (1986). Crosscultural investigations of the validity of Erikson's theory of personality development. *Journal of Personality and Social Psychology, 50,* 1240–1252.

Ogilvie, D. M. (1987). The undesired self: A neglected variable in personality research. *Journal of Personality and Social Psychology, 52,* 379–385.

Ogilvie, D. M. (2004). *Fantasies of flight.* New York: Oxford University Press.

Ogilvie, D. M., Cohen, F., & Solomon, S. (2008). The undesired self: Deadly connotations. *Journal of Research in Personality, 42,* 564–576.

Ogilvie, D. M., Rose, K. M., & Heppen, J. B. (2001). A comparison of personal project motives in three age groups. *Basic and Applied Social Psychology, 23,* 207–215.

Oles, P. K., & Hermans, H. J. M. (Eds.). (2005). *The dialogical self: Theory and research.* Lublin, Poland: Wydawnictwo.

Oliner, S. P., & Oliner, P. M. (1988). *The altruistic personality: Rescuers of Jews in Nazi Europe.* New York: The Free Press.

Omura, K., Constable, R. T., & Canli, T. (2005). Amygdala gray matter concentration is associated with extraversion and neuroticism. *Cognitive Neuroscience and Neuropsychology, 16,* 1905–1908.

Ones, D. S., Viswesvaran, C., & Schmidt, F. L. (1993). Comprehensive meta-analysis of integrity test validation: Findings and implications for personnel selection and theories of job performance. *Journal of Applied Psychology, 78,* 679–703.

Ontai, L., & Thompson, R. A. (2002). Patterns of attachment and maternal discourse effects on children's emotional understanding from 3 to 5 years of age. *Social Development, 11,* 433–450.

Orlofsky, J. L. (1978). Identity formation, achievements, and fear of success in college men and women. *Journal of Youth and Adolescence, 7,* 49–62.

Orlofsky, J. L., & Frank, M. (1986). Personality structure as viewed through early memories and identity status in college men and women. *Journal of Personality and Social Psychology, 50,* 580–586.

Orlofsky, J. L., Marcia, J. E., & Lesser, I. M. (1973). Ego identity status and the intimacy versus isolation crisis of young adulthood. *Journal of Personality and Social Psychology, 27,* 211–219.

Ormel, J., & Wohlfarth, T. (1991). How neuroticism, long-term difficulties, and life situation changes influence psychological distress: A longitudinal model. *Journal of Personality and Social Psychology, 60,* 744–755.

Osborne, J. (1961). *Luther.* New York: Criterion Books.

Oshman, H., & Manosevitz, M. (1974). The impact of the identity crisis on the adjustment of late adolescent males. *Journal of Youth and Adolescence, 3,* 107–216.

Otway, L. J., & Vignoles, V. L. (2006). Narcissism and childhood recollections: A quantitative test of psychoanalytic predictions. *Personality and Social Psychology Bulletin, 32,* 104–116.

Oyserman, D., Coon, H. M., & Kemmelmeier, M. (2002). Rethinking individualism and collectivism: Evaluation of theoretical assumptions and meta-analysis. *Psychological Bulletin, 128,* 3–72.

Ozer, D. J. (1986). *Consistency in personality: A methodological framework.* New York: Springer-Verlag.

Ozer, D. J. (1999). Four principles in personality assessment. In L. Pervin & O. P. John (Eds.), *Handbook of personality: Theory and research* (2nd ed., pp. 671–686). New York: Guilford Press.

Ozer, D. J., & Benet-Martínez, V. (2006). Personality and the prediction of consequential outcomes. In S. T. Fiske, A. E. Kazdin, and D. L. Schacter (Eds.) *Annual review of psychology* (Vol. 57, pp. 401–421). Palo Alto, CA: Annual Reviews, Inc.

Ozer, D. J., & Gjerde, P. F. (1989). Patterns of personality consistency and change from childhood through adolescence. *Journal of Personality, 57,* 483–507.

Ozer, E. M., & Bandura, A. (1990). Mechanisms governing empowering effects: A self-efficacy analysis. *Journal of Personality and Social Psychology, 58,* 472–486.

P

Pals, J. L. (2006). Narrative identity processing of difficult life events: Pathways to personality development and positive self-transformation in adulthood. *Journal of Personality, 74,* 1079–1109.

Pals, J. L., & John, O. P. (1998). How are dimensions of adult personality related to ego development?: An application of the typological approach. In P. M. Westenberg, A. Blasi, & L. Cohn (Eds.), *Personality development: Theoretical, empirical, and clinical investigations of Jane Loevinger's conception of ego development* (pp. 113–132). Hillsdale, NJ: Erlbaum.

Palys, T. S., & Little, B. R. (1983). Perceived life satisfaction and the organization of personal project systems. *Journal of Personality and Social Psychology, 44,* 1221–1230.

Pang, J. S., & Schultheiss, O. C. (2005). Assessing implicit motives in U. S. college students: Effects of picture type and position, gender and ethnicity, and cross-cultural comparisons. *Journal of Personality Assessment, 85,* 280–294.

Panksepp, J. (1998). *Affective neuroscience.* London: Oxford University Press.

Pargament, K. I. (2002). The bitter and the sweet: An evaluation of the costs and benefits of religiousness. *Psychological Inquiry, 13,* 168–181.

Parke, R. D., & Walters, R. H. (1967). Some factors influencing the efficacy of punishment training for inducing response inhibitions. *Monographs of the Society for Research in Child Development, 32*(1, Serial No. 109).

Passini, F. T., & Norman, W. T. (1966). A universal conception of personality structure? *Journal of Personality and Social Psychology, 4,* 44–49.

Pasupathi, M. (2001). The social construction of the personal past and its implications for adult development. *Psychological Bulletin, 127,* 651–672.

Pasupathi, M. (2006). Silk from sows' ears: Collaborative construction of everyday selves in everyday stories. In D. P. McAdams, R. Josselson, & A. Lieblich (Eds.), *Identity and story: Creating self in narrative* (pp. 129–150). Washington, DC: American Psychological Association Press.

Pasupathi, M., & Rich, B. (2005). Inattentive listening undermines self-verification in personal storytelling. *Journal of Personality, 73,* 1051–1085.

Patrick, C. J., Curtin, J. J., & Tellegen, A. (2002). Development and validation of a brief form of the Multidimensional Personality Questionnaire. *Psychological Assessment, 14,* 150–163.

Patterson, C. M., Kosson, D. J., & Newman, J. P. (1987). Reaction to punishment, reflectivity, and passive avoidance learning in extraverts.

Journal of Personality and Social Psychology, 52, 565–575.

Paulhus, D. L., Fridhandler, B., & Hayes, S. (1997). Psychological defense: Contemporary theory and research. In R. Hogan, J. Johnson, & S. Briggs (Eds.), *Handbook of personality psychology* (pp. 543–579). San Diego, CA: Academic Press.

Paulhus, D. L., Trapnell, P. D., & Chen, D. (1999). Birth order effects on personality and achievement within families. *Psychological Science, 10,* 482–488.

Paulhus, D. L., & Vizare, S. (2007). The self-report method. In R. W. Robins, R. C. Fraley, & R. F. Krueger (Eds.), *Handbook of research methods in personality psychology* (pp. 224–239). New York: Guilford Press.

Paunonen, S. V., & Jackson, D. N. (2000). What is beyond the Big Five? Plenty! *Journal of Personality, 68,* 821–835.

Paunonen, S. V., Jackson, D. N., & Keinonen, M. (1990). The structured nonverbal assessment of personality. *Journal of Personality, 58,* 481–502.

Pavot, W., Diener, E., & Fujita, F. (1990). Extraversion and happiness. *Personality and Individual Differences, 11,* 1299–1306.

Pearce-McCall, D., & Newman, J. P. (1986). Expectation of success following noncontingent punishment in introverts and extraverts. *Journal of Personality and Social Psychology, 50,* 439–446.

Pederson, D. R., Moran, G., Sitko, C., Campbell, K., Ghesquire, K., & Acton, H. (1990). Maternal sensitivity and the security of infant–mother attachment: A Q-sort study. *Child Development, 61,* 1974–1983.

Pekala, R. J., Wenger, C. F., & Levine, R. L. (1985). Individual differences in phenomenological experience: States of consciousness as a function of absorption. *Journal of Personality and Social Psychology, 48,* 125–132.

Pennebaker, J. W. (1988). Confiding traumatic experiences and health. In S. Fisher & J. Reason (Eds.), *Handbook of life stress, cognition, and health* (pp. 669–682). New York: Wiley.

Pennebaker, J. W. (1989a). Confession, inhibition, and disease. In L. Berkowitz (Ed.), *Advances in experimental social psychology* (Vol. 22, pp. 211–244). New York: Academic Press.

Pennebaker, J. W. (1992, August). *Putting stress into words: Health, linguistic, and therapeutic implications.* Paper presented at the American Psychological Association Convention, Washington, DC.

Pennebaker, J. W. (1997). Writing about emotional experiences as a therapeutic process. *Psychological Science, 8,* 162–166.

Pennebaker, J. W., & Beall, S. K. (1986). Confronting a traumatic event: Toward an understanding of inhibition and disease. *Journal of Abnormal Psychology, 95,* 274–281.

Pennebaker, J. W., Kiecolt-Glaser, J. K., & Glaser, R. (1988). Disclosure of traumas and immune function: Health implications for psychotherapy. *Journal of Consulting and Clinical Psychology, 56,* 239–245.

Pennebaker, J., Mehl, M. R., & Niederhoffer, K. G. (2003). Psychological aspects of natural language use: Our words, our selves. *Annual Review of Psychology, 54,* 547–577.

Pennebaker, J. W., & O'Heeron, R. C. (1984). Confiding in others and illness rate among spouses of suicide and accidental death victims. *Journal of Abnormal Psychology, 93,* 473–476.

Penner, L. A., Dovidio, J. F., Piliavin, J. A., & Schroeder, D. A. (2005). Prosocial behavior: Multilevel perspectives. In S. T. Fiske, A. E. Kazdin, & D. L. Schacter (Eds.), *Annual review of psychology* (Vol. 56, pp. 365–392). Palo Alto, CA: Annual Reviews.

Pepper, S. (1942). *World hypotheses.* Berkeley: University of California Press.

Perry, W. C. (1970). *Forms of intellectual and ethical development in the college years.* New York: Holt, Rinehart & Winston.

Pervin, L. A. (Ed.). (1989). *Goal concepts in personality and social psychology.* Hillsdale, NJ: Erlbaum.

Pervin, L. (Ed.). (1990). *Handbook of personality theory and research.* New York: Guilford Press.

Pervin, L. (1996). *The science of personality.* New York: Wiley.

Peterson, B. E. (2006). Generativity and successful parenting: An analysis of young adult outcomes. *Journal of Personality, 74,* 847–869.

Peterson, B. E., Doty, R. M., & Winter, D. G. (1993). Authoritarianism and attitudes toward contemporary social issues. *Personality and Social Psychology Bulletin, 19,* 174–184.

Peterson, B. E., & Duncan, L. E. (2007). Midlife women's generativity and authoritarianism: Marriage, motherhood, and 10 years of aging. *Psychology and Aging, 22,* 411–419.

Peterson, B. E., & Klohnen, E. C. (1995). Realization of generativity in two samples of women at midlife. *Psychology and Aging, 10,* 20–29.

Peterson, B. E., & Lane, M. D. (2001). Implications of authoritarianism for young adulthood: Longitudinal analysis of college experiences and future goals. *Personality and Social Psychology Bulletin, 27,* 678–689.

Peterson, B. E., Smirles, K. A., & Wentworth, P. A. (1997). Generativity and authoritarianism: Implications for personality, political involvement, and parenting. *Journal of Personality and Social Psychology, 72,* 1202–1216.

Peterson, B. E., & Stewart, A. J. (1990). Using personal and fictional documents to assess psychosocial development: The case study of Vera Brittain's generativity. *Psychology and Aging, 5,* 400–411.

Peterson, B. E., & Stewart, A. J. (1996). Antecedents and contexts of generativity motivation at midlife. *Psychology and Aging, 11,* 21–33.

Peterson, C., & Seligman, M. E. P. (2004). *Character strengths and virtues: A handbook and classification.* New York: Oxford University Press.

Peterson, C., & Seligman, M. E. P. (1984). Causal explanations as a risk factor for depression: Theory and evidence. *Psychological Review, 91,* 347–374.

Peterson, C., Seligman, M. E. P., & Vaillant, G. E. (1988). Pessimistic explanatory style is a risk factor for physical illness: A thirty-five year longitudinal study. *Journal of Personality and Social Psychology, 55,* 23–27.

Peterson, C., Seligman, M. E. P., Yurko, K. H., Martin, L. R., & Friedman, H. S. (1998). Catastrophizing and untimely death. *Psychological Science, 9,* 127–130.

Peterson, C., Villanova, P., & Raps, C. S. (1985). Depression and attributions: Factors responsible for inconsistent results in the published literature. *Journal of Abnormal Psychology, 94,* 165–168.

Petty, R. E., & Cacioppo, J. T. (1981). *Attitudes and persuasion: Classical and contemporary approaches.* Dubuque, IA: Wm. C. Brown.

Phares, E. J. (1978). Locus of control. In H. London & J. E. Exner, Jr. (Eds.), *Dimensions of personality* (pp. 263–304). New York: Wiley.

Phelps, E. A. (2006). Emotion and cognition: Insights from studies of the human amygdala. In S. T. Fiske, A. E. Kazdin, and D. L. Schacter (Eds.), *Annual review of psychology.* (Vol. 57, pp. 27–54).

Piaget, J. (1970). *Genetic epistemology.* New York: Columbia University Press.

Pillemer, D. B. (1998). *Momentous events, vivid memories.* Cambridge, MA: Harvard University Press.

Pinker, S. (1997). *How the mind works.* New York: Norton.

Pittenger, D. J. (1993). The utility of the Myers–Briggs Type Indicator. *Review of Educational Research, 63,* 467–488.

Plomin, R., & Bergman, C. S. (1991). The nature of nurture: Genetic influences on "environmental" measures. *Behavioral and Brain Sciences, 14,* 373–386.

Plomin, R., Chipuer, H. M., & Loehlin, J. C. (1990). Behavioral genetics and personality. In L. Pervin (Ed.), *Handbook of personality: Theory and research* (pp. 225–243). New York: Guilford Press.

Podd, M. H. (1972). Ego identity status and morality: The relationships between two developmental constructs. *Developmental Psychology, 6,* 497–507.

Polkinghorne, D. (1988). *Narrative knowing and the human sciences.* Albany: State University of New York Press.

Pomerantz, E. M., Saxon, J. L., & Oishi, S. (2000). The psychological tradeoffs of goal investment. *Journal of Personality and Social Psychology, 79,* 617–630.

Popper, K. (1959). *The logic of scientific discovery.* New York: Basic Books.

Porter, C. A., & Suedfeld, P. (1981). Integrative complexity in the correspondence of literary figures: Effects of personal and societal stress. *Journal of Personality and Social Psychology, 40,* 321–330.

Posada, G., Jacobs, A., Carbonell, O., Alzate, G., Bustermante, M., & Arenas, A. (1999). Maternal care and attachment security in ordinary and emergency contexts. *Developmental Psychology, 35,* 1379–1388.

Pratt, M. W., Danso, H. A., Arnold, M. L., Norris, J. E., & Filyer, R. (2001). Adult generativity and the socialization of adolescents: Relations to mothers' and fathers' parenting beliefs, styles, and practices. *Journal of Personality, 69,* 89–120.

Pratt, M. W., & Friese, B. (Eds.). (2004). *Family stories and the life course: Across time and generations.* Mahwah, NJ: Erlbaum.

Putnam, R. D. (2000). *Bowling alone: The collapse and revival of American community.* New York: Simon & Schuster.

R

Rafaeli-Mor, E., & Steinberg, J. (2002). Self-complexity and well-being: A review and research synthesis. *Personality and Social Psychology Review, 6,* 31–58.

Raggatt, P. T. F. (2000) Mapping the dialogical self: Toward a rationale and method of assessment. *European Journal of Personality, 14,* 65–90.

Raggatt, P. T. F. (2006a). Multiplicity and conflict in the dialogical self: A life-narrative approach. In D. P. McAdams, R. Josselson, & A. Lieblich (Eds.), *Identity and story: Creating self in narrative* (pp. 15–35). Washington, DC: American Psychological Association Press.

Raggatt, P. T. F. (2006b). Putting the five-factor model into context: Evidence linking Big Five traits to narrative identity. *Journal of Personality, 74,* 1321–1348

Ramirez-Esparza, N., Gosling, S. D., Benet-Martínez, V., Potter, J. P., & Pennebaker, J. W. (2006). Do bilinguals have two personalities?: A special case of cultural frame switching. *Journal of Research in Personality, 40,* 99–120.

Raskin, R. N., & Hall, C. J. (1979). A narcissistic personality inventory. *Psychological Reports, 45,* 590.

Raskin, R. N., & Hall, C. J. (1981). The Narcissistic Personality Inventory: Alternate form reliability and further evidence of construct validity. *Journal of Personality Assessment, 45,* 159–162.

Raskin, R. N., & Shaw, R. (1988). Narcissism and the use of personal pronouns. *Journal of Personality, 56,* 393–404.

Rawsthorne, L. J., & Elliot, A. J. (1999). Achievement goals and intrinsic motivation: A meta-analytic review. *Personality and Social Psychology Review, 3,* 326–344.

Redmore, C., Loevinger, J., & Tamashiro, R. (1978). *Measuring ego development: Scoring manual for men and boys.* Unpublished manuscript.

Redmore, C., & Waldman, K. (1975). Reliability of a sentence completion measure of ego development. *Journal of Personality Assessment, 39,* 236–243.

Reese, E., & Farrant, K. (2003). Social origins of reminiscing. In R. Fivush & C. R. Haden (Eds.), *Autobiographical memory and the construction of a narrative self* (pp. 29–48). Mahwah, NJ: Erlbaum.

Reichenbach, H. (1938). *Experience and prediction.* Chicago: University of Chicago Press.

Reifman, A., & Cleveland, H. H. (2007). *Shared environment: A quantitative review.* Paper presented at the annual meeting of the Society for Research in Child Development, Boston.

Reis, H. T., Sheldon, K. M., Gable, S. L., Roscoe, J., & Ryan, R. M. (2000). Daily well-being: The role of autonomy, competence, and relatedness. *Personality and Social Psychology, 26,* 419–435.

Reise, S. P., & Wright, T. M. (1996). Brief report: Personality traits, cluster B personality disorders, and sociosexuality. *Journal of Research in Personality, 30,* 128–136.

Rescorla, R. A. (1988). Pavlovian conditioning: It's not what you think it is. *American Psychologist, 43,* 151–160.

Reuman, D. A., Alwin, D. F., & Veroff, J. (1984). Assessing the validity of the achievement motive in the presence of random measurement error. *Journal of Personality and Social Psychology, 47,* 1347–1362.

Revelle, W. (1995). Personality processes. In L. W. Porter & M. R. Rosenzweig (Eds.), *Annual review of psychology* (Vol. 46, pp. 295–328). Palo Alto, CA: Annual Reviews.

Revelle, W. (2008). The contribution of reinforcement sensitivity theory to personality theory. In P. Corr (Ed.), *The reinforcement sensitivity theory of personality.* Cambridge, UK: Cambridge University Press.

Rhodewalt, F., & Morf, C. C. (1995). Self and interpersonal correlates of the Narcissistic Personality Inventory: A review and new findings. *Journal of Research in Personality, 29,* 1–23.

Rhodewalt, F., & Morf, C. C. (1998). On self-aggrandizement and anger: A temporal analysis of narcissism and affective reactions to success and failure. *Journal of Personality and Social Psychology, 74,* 672–685.

Richardson, J. A., & Turner, T. E. (2000). Field dependence revisited I: Intelligence. *Educational Psychology, 20*, 255–270.

Ricoeur, P. (1970). *Freud and philosophy: An essay on interpretation.* New Haven, CT: Yale University Press.

Ricoeur, P. (1984). *Time and narrative* (Vol. 1) (K. McGlaughlin & D. Pellauer, Trans.). Chicago: University of Chicago Press.

Rieff, P. (1959). *Freud: The mind of a moralist.* Chicago: University of Chicago Press.

Riediger, M., & Freund, A. M. (2004). Interference and facilitation among personal goals: Differential associations with subjective well-being and goal pursuit. *Personality and Social Psychology Bulletin, 30*, 1511–1523.

Riediger, M., & Freund, A. M. (2006). Focusing and restricting: Two aspects of motivational selectivity in adulthood. *Psychology and Aging, 21*, 173–185.

Riger, S. (1992). Epistemological debates, feminist voices: Science, social values, and the study of women. *American Psychologist, 47*, 730–740.

Riger, S. (2000). *Transforming psychology: Gender in theory and practice.* New York: Oxford University Press.

Roberti, J. W. (2004). A review of behavioral and biological correlates of sensation seeking. *Journal of Research in Personality, 38*, 256–279.

Roberts, B. W. (1994). *A longitudinal study of the reciprocal relation between women's personality and occupational experience.* Unpublished doctoral dissertation, University of California at Berkeley.

Roberts, B. W., & Bogg, T. (2004). A longitudinal study of the relationships between conscientousness and the social-environmental factors and substance-use behaviors that influence health. *Journal of Personality, 72*, 325–353.

Roberts, B. W., Caspi, A., & Moffitt, T. (2001). The kids are alright: Growth and stability in personality development from adolescence to adulthood.

Journal of Personality and Social Psychology, 81, 670–683.

Roberts, B. W., & DelVecchio, W. (2000). The rank-order consistency of personality from childhood to old age: A quantitative review of longitudinal studies. *Psychological Bulletin, 126*, 3–25.

Roberts, B. W., & Hogan, R. T. (Eds.). (2001). *Personality psychology in the workplace.* Washington, DC: American Psychological Association Press.

Roberts, B. W., O'Donnell, M., & Robins, R. W. (2004). Goal and personality trait development in emerging adulthood. *Journal of Personality and Social Psychology, 87*, 541–550.

Roberts, B. W., & Pomerantz, E. M. (2004). On traits, situations, and their integration: A developmental perspective. *Personality and Social Psychology Review, 8*, 402–416.

Roberts, B. W., Walton, K. E., & Viechtbauer, W. (2006). Patterns of mean-level change in personality traits across the life course: A meta-analysis of longitudinal studies. *Psychological Bulletin, 132*, 1–25.

Roberts, J. E., Gotlib, I. H., & Kassel, J. D. (1996). Adult attachment security and symptoms of depression: The mediating role of dysfunctional attitudes and low self-esteem. *Journal of Personality and Social Psychology, 70*, 310–320.

Roberts, P., & Newton, P. M. (1987). Levinsonian studies of women's adult development. *Psychology and Aging, 2*, 154–163.

Robins, C. J. (1988). Attributions and depression: Why is the literature so inconsistent? *Journal of Personality and Social Psychology, 54*, 880–889.

Robins, R. W., Fraley, R. C., & Krueger, R. F. (Eds.). (2007). *Handbook of research methods in personality psychology.* New York: Guilford Press.

Robinson, D. N. (1981). *An intellectual history of psychology.* New York: Macmillan.

Robinson, F. G. (1992). *Love's story told: A life of Henry A. Murray.* Cambridge, MA: Harvard University Press.

Roche, S. M., & McConkey, K. M. (1990). Absorption: Nature, assessment, and correlates. *Journal of Personality and Social Psychology, 59*, 91–101.

Rogers, C. R. (1942). *Counseling and psychotherapy: Newer concepts in practice.* Boston: Houghton.

Rogers, C. R. (1951). *Client-centered therapy.* Boston: Houghton-Mifflin.

Rogers, C. R. (1959). A theory of therapy, personality, and interpersonal relationships, as developed in the client-centered framework. In S. Koch (Ed.), *Psychology: A study of a science* (Vol. 3). New York: McGraw-Hill.

Rogers, C. R. (1980). Ellen West and loneliness. In C. R. Rogers, *A way of being.* Boston: Houghton-Mifflin.

Rogler, L. H. (2002). Historical generations and psychology: The case of the Great Depression and World War II. *American Psychologist, 57*, 1013–1023.

Rogow, A. A. (1978). A further footnote to Freud's "Fragment of an analysis of a case of hysteria." *Journal of the American Psychoanalytic Association, 28*, 331–356.

Roisman, G. I., Fraley, R. C., & Belsky, J. (2007). A taxometric study of the Adult Attachment Interview. *Developmental Psychology, 43*, 675–686.

Roisman, G. E., Holland, A., Fortuna, K., Fraley, R. C., Clausell, E., & Clarke, A. (2007). The Adult Attachment Interview and self-reports of attachment style: An empirical rapprochement. *Journal of Personality and Social Psychology, 92*, 678–697.

Romer, D., Gruder, C. L., & Lizzadro, T. (1986). A person-situation approach to altruistic behavior. *Journal of Personality and Social Psychology, 51*, 1001–1012.

Rootes, M. D., Moras, K., & Gordon, R. (1980). Ego development and sociometrically evaluated maturity: An investigation of the validity of the Washington University Sentence-Completion Test of Ego Development. *Journal of Personality Assessment, 44*, 613–620.

Rosenwald, G. C., & Ochberg, R. L. (Eds.). (1992). *Storied lives: The cultural politics of self-understanding*. New Haven, CT: Yale University Press.

Roser, M., & Gazzaniga, M. S. (2004). Automatic brains–interpretive minds. *Current Directions in Psychological Science*, *13*, 56–59.

Ross, L. D. (1977). The intuitive psychologist and his shortcomings: Distortions in the attribution process. In L. Berkowitz (Ed.), *Advances in experimental social psychology* (Vol. 10). New York: Academic Press.

Rossi, A. S. (1980). Life-span theories and women's lives. *Signs*, *6*(1), 4–32.

Rossi, A. S. (Ed.). (2001). *Caring and doing for others*. Chicago: University of Chicago Press.

Rossini, E. D., & Moretti, R. J. (1997). Thematic Apperception Test (TAT) interpretation: Practice recommendations from a survey of clinical psychology doctoral programs accredited by the American Psychological Association. *Professional Psychology: Research and Practice*, *28*, 393–398.

Rosznafszky, J. (1981). The relationship of level of ego development to Q-sort personality ratings. *Journal of Personality and Social Psychology*, *41*, 99–120.

Roth, P. (1988). *The facts: A novelist's autobiography*. London: Penguin.

Rothbart, M. K. (1986). Longitudinal observation of infant temperament. *Developmental Psychology*, *22*, 356–365.

Rothbart, M. K., & Bates, J. E. (1998). Temperament. In N. Eisenberg (Ed.) & W. Damon (Series Ed.), *Handbook of child psychology: Vol. 3. Social, emotional, and personality development* (5th Ed., pp. 105–176). New York: Wiley.

Rotter, J. B. (1954). *Social learning and clinical psychology*. Englewood Cliffs, NJ: Prentice-Hall.

Rotter, J. B. (1966). Generalized expectancies for internal versus external control of reinforcement. *Psychological Monographs*, *80*(1, Whole No. 609).

Rotter, J. B. (1972). *Applications of a social learning theory of personality*. New York: Holt.

Rotter, J. B. (1975). Some problems and misconceptions related to the construct of internal versus external reinforcement. *Journal of Consulting and Clinical Psychology*, *43*, 56–67.

Rouse, J. (1978). *The completed gesture: Myth, character, and education*. NJ: Skyline Books.

Rowe, D. C. (1997). Genetics, temperament, and personality. In R. Hogan, J. Johnson, & S. Briggs (Eds.), *Handbook of personality psychology* (pp. 367–386). San Diego, CA: Academic Press.

Rowe, D. C. (1999). Heredity. In V. J. Derlega, B. A. Winstead, & W. H. Jones (Eds.), *Personality: Contemporary theory and research* (2nd ed., pp. 66–100). Chicago: Nelson-Hall.

Runyan, W. M. (1981). Why did Van Gogh cut off his ear?: The problem of alternative explanations in psychobiography. *Journal of Personality and Social Psychology*, *40*, 1070–1077.

Runyan, W. M. (1982). *Life histories and psychobiography: Explorations in theory and method*. New York: Oxford University Press.

Runyan, W. M. (1990). Individual lives and the structure of personality psychology. In A. I. Rabin, R. A. Zucker, R. A. Emmons, & Frank (Ed.), *Studying persons and lives* (pp. 10–40). New York: Springer.

Rushton, J. P., Brainerd, C. J., & Presley, M. (1983). Behavioral development and construct validity: The principle of aggregation. *Psychological Bulletin*, *94*, 18–38.

Rushton, J. P., Fulker, D. W., Neale, M. C., Nias, D. K., & Eysenck, H. J. (1986). Altruism and aggression: The heritability of individual differences. *Journal of Personality and Social Psychology*, *50*, 1192–1198.

Russell, B. (1945). *A history of Western philosophy*. New York: Simon & Schuster.

Rutter, D. R., Morley, I. E., & Graham, J. C. (1972). Visual interaction in a group of introverts and extraverts. *European Journal of Social Psychology*, *2*, 371–384.

Ryan, R. M. (1991). The nature of the self in autonomy and relatedness. In J. Strauss & G. R. Goethals (Eds.), *The self: Interdisciplinary approaches* (pp. 208–238). New York: Springer-Verlag.

Ryan, R. M. (1995). Psychological needs and the facilitation of integrative processes. *Journal of Personality*, *63*, 397–427.

Ryan, R. M., & Deci, E. L. (2006). Self-regulation and the problem of human autonomy: Does psychology need choice, self-determination, and will? *Journal of Personality*, *74*, 1557–1585.

Ryff, C. D., & Heincke, S. G. (1983). Subjective organization of personality in adulthood and aging. *Journal of Personality and Social Psychology*, *44*, 807–816.

S

Saarni, C. (2006). Emotion regulation and personality: Development in childhood. In D. K. Mroczek & T. D. Little (Eds.), *Handbook of personality development* (pp. 245–262). Mahwah, NJ: Erlbaum.

Sales, S. M. (1973). Threat as a factor in authoritarianism: An analysis of archival data. *Journal of Personality and Social Psychology*, *28*, 44–57.

Sampson, E. E. (1962). Birth order, need achievement, and conformity. *Journal of Abnormal and Social Psychology*, *64*, 155–159.

Sampson, E. E. (1985). The decentralization of identity: Toward a revised concept of personal and social order. *American Psychologist*, *40*, 1203–1211.

Sampson, E. E. (1988). The debate on individualism: Indigenous psychologies of the individual and their role in personal and societal functioning. *American Psychologist*, *43*, 15–22.

Sampson, E. E. (1989a). The challenge of social change for psychology: Globalization and psychology's theory of the person. *American Psychologist, 44,* 914–921.

Sampson, E. E. (1989b). The deconstruction of the self. In J. Shotter & K. J. Gergen (Eds.), *Texts of identity* (pp. 1–19). London: Sage.

Sarbin, T. R. (1986). The narrative as a root metaphor for psychology. In T. R. Sarbin (Ed.), *Narrative psychology: The storied nature of human conduct* (pp. 3–21). New York: Praeger.

Sartre, J.-P. (1965). *Essays in existentialism.* Secaucus, NJ: The Citadel Press.

Sartre, J.-P. (1981). *The family idiot: Gustave Flaubert, 1821–1857* (Vol. 1) (C. Cosman, Trans.). Chicago: University of Chicago Press.

Saucier, G., & Simonds, J. (2006). The structure of personality and temperament. In D. K. Mroczek & T. D. Little (Eds.), *Handbook of personality development* (pp. 109–128). Mahwah, NJ: Erlbaum.

Sawyer, J. (1966). Measurement and prediction, clinical and statistical. *Psychological Bulletin, 66,* 178–200.

Scarr, S. (1997). Why child care has little impact on most children's development. *New Directions in Psychological Science, 6,* 143–148.

Scarr, J., Webber, P. L., Weinberg, R. A., & Wittig, M. A. (1981). Personality resemblance among adolescents and their parents in biologically related and adoptive families. *Journal of Personality and Social Psychology, 40,* 885–898.

Scarr, S., & McCartney, K. (1983). How people make their own environments: A theory of genotype environment effects. *Child Development, 54,* 424–435.

Schachter, E. (2004). Identity configurations: A new perspective on identity formation in contemporary society. *Journal of Personality, 72,* 167–199.

Schacter, D. (1996). *Searching for memory.* New York: Basic Books.

Schafer, R. (1968). *Aspects of internalization.* New York: International Universities Press.

Schafer, R. (1981). Narration in the psychoanalytic dialogue. In W. J. J. Mitchell (Ed.), *On narrative* (pp. 25–49). Chicago: University of Chicago Press.

Schenkel, S., & Marcia, J. E. (1972). Attitudes toward premarital intercouse in determining ego identity status in college women. *Journal of Personality, 40,* 472–482.

Schneider, B. H., Atkinson, L., & Radif, C. (2001). Child–parent attachment and children's peer relations: A quantitative review. *Developmental Psychology, 37,* 86–100.

Schooler, C. (1972). Birth order effects: Not here, not now! *Psychological Bulletin, 78,* 161–175.

Schuerger, J. M., Zarrella, K. L., & Hotz, A. S. (1989). Factors that influence the temporal stability of personality by questionnaire. *Journal of Personality and Social Psychology, 56,* 777–783.

Schultheiss, O. C. (2007). A biobehavioral model of implicit power motivation arousal, reward, and frustration. In E. Harmon-Jones & P. Winkielman (Eds.), *Fundamentals of social neuroscience.* New York: Guilford Press.

Schultheiss, O. C., & Brunstein, J. C. (1999). Goal imagery: Bridging the gap between implicit motives and explicit goals. *Journal of Personality, 67,* 1–37.

Schultheiss, O. C., Campbell, K. L., & McClelland, D. C. (1999). Implicit power motivation moderates men's testosterone responses to imagined and real dominance success. *Hormones and Behavior, 36,* 234–241.

Schultheiss, O. C., Dargel, A., & Rohde, W. (2002). Implicit motives and sexual motivation and behavior. *Journal of Research in Personality, 37,* 224–230.

Schultheiss, O. C., Dargel, A., & Rohde, W. (2003). Implicit motives and gonadal steroid hormones: Effects of menstrual cycle phase, oral contraceptive use, and relationship status. *Hormones and Behavior, 43,* 293–301.

Schultheiss, O. C., & Pang, J. S. (2007). Measuring implicit motives. In R. W. Robins, R. C. Fraley, & R. F. Krueger (Eds.), *Handbook of research methods in personality psychology* (pp. 322–344). New York: Guilford Press.

Schultheiss, O. C., & Rohde, W. (2002). Implicit power motivation predicts men's testosterone changes and implicit learning in a contest situation. *Hormones and Behavior, 41,* 195–202.

Schultheiss, O. C., Wirth, M. M., & Stanton, S. (2004). Effects of affiliation and power motivation arousal on salivary progesterone and testosterone. *Hormones and Behavior, 46,* 592–599.

Schultz, W. (1998). Predictive reward signal of dopamine neurons. *Journal of Neurophysiology, 80,* 1–27.

Schultz, W. T. (1996). An "Orpheus Complex" in two writers-of-loss. *Biography: An Interdisciplinary Quarterly, 19,* 371–393.

Schultz, W. T. (Ed.). (2005). *The handbook of psychobiography.* New York: Oxford University Press.

Schutte, N. S., Kenrick, D. T., & Sadalla, E. K. (1985). The search for predictable settings: Situational prototypes, constraint, and behavioral variation. *Journal of Personality and Social Psychology, 49,* 121–128.

Schwartz, G. E. (1990). Psychobiology of repression and health: A systems approach. In J. L. Singer (Ed.), *Repression and dissociation: Implications for personality theory, psychopathology, and health* (pp. 405–434). Chicago: University of Chicago Press.

Schwartz, G. E., Fair, P. L., Greenberg, P. S., Freedman, M., & Klerman, J. L. (1974). Facial electromyography in the assessment of emotion. *Psychophysiology, 11,* 237.

Schwartz, S. J. (2001). The evolution of Eriksonian and neo-Eriksonian identity theory and research: A review and integration. *Identity: An International Journal of Theory and Research, 1,* 7–58.

Scott-Stokes, H. (1974). *The life and death of Yukio Mishima*. New York: Farrar, Straus & Giroux.

Seligman, M. E. P. (1975). *Helplessness: On depression, development, and death*. San Francisco: W. H. Freeman.

Seligman, M. E. P., & Csikszentmihlyi, M. (2000). Positive psychology: An introduction. *American Psychologist*, *55*, 5–14.

Seligman, M. E. P., & Maier, S. F. (1967). Failure to escape traumatic shock. *Journal of Experimental Psychology*, *74*, 1–9.

Seligman, M. E. P., Nolen-Hoeksema, S., Thornton, N., & Thornton, K. M. (1990). Explanatory styles as a mechanism of disappointing athletic performance. *Psychological Science*, *1*, 143–146.

Seligman, M. E. P., & Schulman, P. (1986). Explanatory style as a predictor of productivity and quitting among life insurance sales agents. *Journal of Personality and Social Psychology*, *50*, 832–838.

Selman, R. L. (1980). *The growth of interpersonal understanding*. New York: Academic Press.

Sen, S., Burmeister, M., & Ghosh, D. (2004). Meta-analysis of the association between a serotonin transporter promoter polymorphism (*5-HTTLPR*) and anxiety-related personality traits. *American Journal of Medical Genetics, Part B, Neuropsychiatric Genetics*, *127B*, 85–89.

Shaw, C. (1930). *The jackroller: A delinquent boy's own story*. Chicago: Univrsity of Chicago Press.

Sheehy, G. (1976). *Passages: Predictable crises of adult life*. New York: E. P. Dutton.

Sheldon, K. M. (2004). *Optimal human being: An integrated multi-level perspective*. Mahwah, NJ: Erlbaum.

Sheldon, K. M., & Elliot, A. J. (1999). Goal striving, need satisfaction, and longitudinal well-being: The self-concordance model. *Journal of Personality and Social Psychology*, *76*, 482–497.

Sheldon, K. M., Elliot, A. J., Kim, Y., & Kasser, T. (2001). What is satisfying about satisfying events?: Testing 10 candidate psychological needs. *Journal of Personality and Social Psychology*, *80*, 325–339.

Sheldon, K. M., & Kasser, T. (1995). Coherence and congruence: Two aspects of personality integration. *Journal of Personality and Social Psychology*, *68*, 531–543.

Sheldon, K. M., & Kasser, T. (1998). Pursuing personal goals: Skills enable progress, but not all progress is beneficial. *Personality and Social Psychology Bulletin*, *24*, 1319–1331.

Sheldon, W. H. (1940). *The varieties of human physique: An introduction to constitutional psychology*. New York: Harper.

Sherkat, D. E., & Ellison, C. G. (1999). Recent developments and current controversies in the sociology of religion. *Annual Review of Sociology*, *25*, 363–394.

Shiner, R. L. (2006). Temperament and personality in childhood. In D. K. Mroczek & T. D. Little (Eds.), *Handbook of personality development* (pp. 213–230). Mahwah, NJ: Erlbaum.

Shmitt, D. P., & 118 Members of the International Sexuality Description Project. (2003). University sex differences in the desire for sexual variety: Tests from 52 nations, 6 continents, and 13 islands. *Journal of Personality and Social Psychology*, *85*, 85–104.

Shneidman, E. S. (Ed.). (1981). *Endeavors in psychology: Selections from the personology of Henry A. Murray*. New York: Harper & Row.

Shoda, Y. (1999). Behavioral expressions of a personality system: Generation and perception of behavioral signatures. In D. Cervone & Y. Shoda (Eds.), *Personality coherence: Social-cognitive bases of consistency, variability, and organization* (pp. 155–181). New York: Guilford Press.

Shoda, Y., Mischel, W., & Wright, J. C. (1994). Intraindividual stability in the organization and patterning of behavior: Incorporating psychological situations into the idiographical analysis of personality. *Journal of Personality and Social Psychology*, *65*, 674–687.

Shotter, J. (1970). Men, and man-makers: George Kelly and the psychology of personal constructs. In D. Bannister (Ed.), *Perspectives in personal construct theory*. New York: Academic Press.

Shotter, J., & Gergen, K. J. (1989). Preface and Introduction. In J. Shotter & K. J. Gergen (Eds.), *Texts of identity* (pp. ix–xi). London: Sage.

Shweder, R. A. (1975). How relevant is an individual difference theory of personality? *Journal of Personality*, *43*, 455–484.

Shweder, R. A., & Much, N. C. (1987). Determinants of meaning: Discourse and moral socialization. In W. M. Kurtines & J. L. Gerwirtz (Eds.), *Moral development through social interaction* (pp. 197–244). New York: Wiley.

Shweder, R. A., & Sullivan, M. A. (1993). Cultural psychology: Who needs it? *Annual Review of Psychology*, *44*, 497–523.

Sill, J. (1980). Disengagement reconsidered: Awareness of finitude. *Gerontologist*, *20*, 457–462.

Simms, L. J., & Watson, D. (2007). The construct validation approach to personality scale construction. In R. W. Robins, R. C. Fraley, & R. F. Krueger (Eds.), *Handbook of research methods in personality psychology* (pp. 240–258). New York: Guilford Press.

Simonton, D. K. (1976). Biographical determinants of achieved eminence: A multivariate approach to the Cox data. *Journal of Personality and Social Psychology*, *33*, 218–226.

Simonton, D. K. (1989). The swan-song phenomenon: Last-works effects for 172 classical composers. *Psychology and Aging*, *4*, 42–47.

Simonton, D. K. (1994). *Greatness: Who makes history and why*. New York: Guilford Press.

Simpson, J. A. (1990). Influence of attachment styles on romantic relationships. *Journal of Personality and Social Psychology*, 59, 971–980.

Simpson, J. A., Collins, W. A., Tran, S. S., & Haydon, K. C. (2007). Attachment and the experience and expression of emotions in romantic relationships: A developmental perspective. *Journal of Personality and Social Psychology*, 92, 355–367.

Simpson, J. A., & Gangestad, S. W. (1991). Individual differences in sociosexuality: Evidence for convergent and discriminant validity. *Journal of Personality and Social Psychology*, 60, 870–883.

Simpson, J. A., & Gangestad, S. W. (1992). Sociosexuality and romantic partner choice. *Journal of Personality*, 60, 31–51.

Simpson, J. A., Gangestad, S. W., & Biek, M. (1993). Personality and nonverbal social behavior: An ethological perspective on relationship initiation. *Journal of Experimental Social Psychology*, 29, 434–461.

Simpson, J. A., Gangestad, S. W., Christensen, P. N., & Leck, K. (1999). Fluctuating asymmetry, sociosexuality, and intrasexual competitive tactics. *Journal of Personality and Social Psychology*, 76, 159–172.

Simpson, J. A., Rholes, W. S., & Neligan, J. S. (1992). Support seeking and support giving within couples in an anxiety-provoking situation: The role of attachment styles. *Journal of Personality and Social Psychology*, 62, 434–446.

Simpson, J. A., Rholes, W. S., & Phillips, D. (1996). Conflict in close relationships: An attachment perspective. *Journal of Personality and Social Psychology*, 71, 899–914.

Singer, J. A. (1995). Seeing one's self: Locating narrative memory in a framework of personality. *Journal of Personality*, 63, 429–457.

Singer, J. A. (1997). *Message in a bottle: Stories of men and addiction*. New York: The Free Press.

Singer, J. A. (2004). Narrative identity and meaning-making across the adult lifespan: An introduction. *Journal of Personality*, 72, 437–459.

Singer, J. A. (2005). *Personality and psychotherapy: Treating the whole person*. New York: Guilford Press.

Singer, J. A., & Salovey, P. (1993). *The remembered self: Emotion and memory in personality*. New York: The Free Press.

Singer, J. L. (1984). *The human personality*. San Diego, CA: Harcourt Brace Jovanovich.

Singh, I. L. (1989). Personality correlates and perceptual detectability of locomotive drivers. *Personality and Individual Differences*, 10, 1049–1054.

Skinner, B. F. (1938). *Behavior of organisms*. New York: Appleton-Century-Crofts.

Skinner, B. F. (1948/1962). *Walden two*. New York: Macmillan.

Skinner, B. F. (1971). *Beyond freedom and dignity*. New York: Alfred A. Knopf.

Skinner, B. F. (1979). *The shaping of a behaviorist*. New York: Alfred A. Knopf.

Slade, A. (1987). Quality of attachment and early symbolic play. *Developmental Psychology*, 23, 78–85.

Slavin, M. O. (1972). *The theme of feminine evil: The image of women in male fantasy and its effects on attitudes and behavior*. Unpublished doctoral dissertation, Harvard University.

Smillie, L. D., Pickering, A. D., & Jackson, C. J. (2006). The new reinforcement sensitivity theory: Implications for personality measurement. *Personality and Social Psychology Review*, 10, 320–335.

Smith, C. P. (Ed.). (1992). *Motivation and personality: Handbook of thematic content analysis*. New York: Cambridge University Press.

Smith, M. B. (2005). "Personality and social psychology": Retrospections and aspirations. *Personality and Social Psychology Review*, 9, 334–340.

Smith, R. J. (1985). The concept and measurement of social psychopathy. *Journal of Research in Personality*, 19, 219–231.

Smith, T. W. (2006). Personality as risk and resilience in physical health. *Current Directions in Psychological Science*, 15, 227–231.

Snarey, J. (1993). *How fathers care for the next generation: A four-decade study*. Cambridge, MA: Harvard University Press.

Snyder, C. R., & Lopez, S. J. (Eds.). (2002). *Handbook of positive psychology*. New York: Oxford University Press.

Sobotka, S. S., Davidson, R. J., & Senulis, J. A. (1992). Anterior brain electrical asymmetries in response to reward and punishment. *Electroencephalography and Clinical Neurophysiology*, 83, 236–247.

Soenens, B., Vansteenkiste, M., Lens, W., Beyers, W., Luyckx, K., Goosens, L., et al. (2007). Conceptualizing parental autonomy support: Adolescent perceptions of promotion of independence versus promotion of volitional functioning. *Developmental Psychology*, 43, 633–646.

Spangler, W. D. (1992). Validity of questionnaire and TAT measures of need for achievement: Two meta-analyses. *Psychological Bulletin*, 112, 140–154.

Spence, D. P. (1982). *Narrative truth and historical truth: Meaning and interpretation in psychoanalysis*. New York: Norton.

Spence, J. T. (1985). Gender identity and its implications for concepts of masculinity and femininity. In T. B. Sonderegger (Ed.), *Nebraska Symposium on Motivation*. Lincoln: University of Nebraska Press.

Sprecher, S., Sullivan, Q., & Hatfield, E. (1994). Mate selection preferences: Gender differences examined in a national sample. *Journal of Personality and Social Psychology*, 66, 1074–1080.

Srivastava, S., John, O. P., Gosling, S. D., & Potter, J. (2003). Development of personality in early and middle adulthood: Set like plaster or persistent change? *Developmental Psychology*, 84, 1041–1053.

Sroufe, L. A. (1983). Infant–caregiver attachment and patterns of adaptation in the preschool: The roots of maladaption and competence. In M. Perlmutter (Ed.), *Minnesota Symposium on Child Psychology* (Vol. 16, pp. 41–83). Minneapolis: University of Minnesota Press.

Sroufe, L. A. (1985). Attachment classification from the perspective of infant–caregiver relationships and infant temperament. *Child Development, 56*, 1–14.

Sroufe, L. A., & Waters, E. (1977). Attachment as an organizational construct. *Child Development, 48*, 1184–1199.

Staudinger, U., & Kessler, E. M. (2008). Adjustment and growth: Two trajectories of positive personality development across adulthood. In M. C. Smith & T. G. Reio, Jr. (Eds.), *The handbook of research on adult development and learning*. Mahwah, NJ: Erlbaum.

Steele, R. S. (1982). *Freud and Jung: Conflicts of interpretation*. London: Routledge & Kegan Paul.

Steinberg, L., Darling, N. E., & Fletcher, A. C. (1995). Authoritative parenting and adolescent adjustment: An ecological journey. In P. Moen, G. H. Elder, Jr., & K. Luscher (Eds.), *Examining lives in context: Perspectives on the ecology of human development* (pp. 423–466). Washington, DC: American Psychological Association Press.

Stelmach, R. M. (1990). Biological bases of extraversion: Psychophysiological evidence. *Journal of Personality, 58*, 293–311.

Stelmack, R. M., & Stalikas, A. (1991). Galen and the humour theory of temperament. *Personality and Individual Differences, 16*, 543–560.

Sternberg, R. J., & Grigorenko, E. L. (1997). Are cognitive styles still in style? *American Psychologist, 52*, 700–712.

Stevens, A. (1983). *Archetypes*. New York: Quill.

Stewart, A. J. (1994). Toward a feminist strategy for studying women's lives. In C. Franz & A. J. Stewart (Eds.), *Women creating lives: Identities, resilience, resistance* (pp. 11–35). Boulder, CO: Westview Press.

Stewart, A. J., & Chester, N. L. (1982). Sex differences in human social motives. In A. J. Stewart (Ed.), *Motivation and society* (pp. 172–218). San Francisco: Jossey-Bass.

Stewart, A. J., & Healy, M. J., Jr. (1989). Linking individual development and social changes. *American Psychologist, 44*, 30–42.

Stewart, A. J., & Ostrove, J. M. (1998). Women's personality in middle age: Gender, history, and midcourse corrections. *American Psychologist, 53*, 1185–1194.

Stewart, A. J., & Rubin, Z. (1976). Power motivation in the dating couple. *Journal of Personality and Social Psychology, 34*, 305–309.

Stewart, A. J., & Vandewater, E. A. (1998). The course of generativity. In D. P. McAdams & E. de St. Aubin (Eds.), *Generativity and adulthood: How and why we care for the next generation* (pp. 75–100). Washington, DC: APA Press.

Stier, D. S., & Hall, J. A. (1984). Gender differences in touch: An empirical and theoretical review. *Journal of Personality and Social Psychology, 47*, 440–459.

Stokes, J. P. (1985). The relation of social network and individual difference variables to loneliness. *Journal of Personality and Social Psychology, 48*, 981–990.

Stokes, J. P., & McKirnan, D. J. (1989). Affect and the social environment: The role of social support in depression and anxiety. In P. C. Kendall & D. Watson (Eds.), *Anxiety and depression: Distinctions and overlapping features*. New York: Academic Press.

Suedfeld, P. (1985). APA Presidential addresses: The relation of integrative complexity to historical, professional, and personal factors. *Journal of Personality and Social Psychology, 49*, 1643–1651.

Suedfeld, P., & Piedrahita, L. E. (1984). Intimations of mortality: Integrative simplification as a precursor of death. *Journal of Personality and Social Psychology, 47*, 848–852.

Suedfeld, P., Tetlock, P. E., & Streufert, S. (1992). Conceptual/integrative complexity. In C. P. Smith (Ed.), *Motivation and personality: Handbook of thematic content analysis* (pp. 376–382). New York: Cambridge University Press.

Sullivan, H. S. (1953). *The interpersonal theory of psychiatry*. New York: W. W. Norton.

Sulloway, F. J. (1979). *Freud: Biologist of the mind*. New York: Basic Books.

Sulloway, F. J. (1996). *Born to rebel: Birth order, family dynamics, and creative lives*. New York: Pantheon.

Suls, J., & Bunde, J. (2005). Anger, anxiety, and depression as risk factors for cardiovascular disease: The problems and implications of overlapping affective dimensions. *Psychological Bulletin, 131*, 260–300.

Suls, J., & Martin, R. (2005). The daily life of the garden-variety neurotic: Reactivity, stressor exposure, mood spillover, and maladaptive coping. *Journal of Personality, 73*, 1485–1509.

Surtees, P. G., & Wainwright, N. W. J. (1996). Fragile states of mind: Neuroticism, vulnerability and the long-term outcome of depression. *British Journal of Psychiatry, 169*, 338–347.

Sutton, S. K., & Davidson, R. J. (1997). Prefrontal brain asymmetry: A biological substrate of the behavioral approach and behavioral inhibition systems. *Psychological Science, 8*, 204–210.

T

Tamir, M., John, O. P., Srivastava, S., & Gross, J. J. (2007). Implicit theories of emotion: Affective and social outcomes across a major life transition. *Journal of Personality and Social Psychology, 92*, 731–744.

Tappan, M. (1990). Hermeneutics and moral development: Implementing narrative representation of moral experience. *Developmental Review, 10*, 239–265.

Taylor, C. (1989). *Sources of the self: The making of the modern identity.* Cambridge, MA: Harvard University Press.

Taylor, J. (1953). A personality scale of manifest anxiety. *Journal of Abnormal and Social Psychology, 48,* 285–290.

Taylor, S. E. (1983). Adjustment to threatening events: A theory of cognitive adaptation. *American Psychologist, 38,* 624–630.

Taylor, S. E. (1991). Asymmetrical effects of positive and negative events: The mobilization-minimization hypothesis. *Psychological Bulletin, 110,* 67–85.

Taylor, S. E. (2006). Tend and befriend: Biobehavioral bases of affiliation under stress. *Current Directions in Psychological Science, 15,* 273–277.

Taylor, S. E., Gonzaga, G., Klein, K. C., Hu, P., Greendale, G. A., & Seeman, S. E. (2006). Relation of oxytocin to psychological and biological stress responses in older women. *Psychosomatic Medicine, 68,* 238–245.

Tekiner, A. C. (1980). Need achievement and international differences in income growth: 1950–1960. *Economic Development and Cultural Change,* 293–320.

Tellegen, A. (1982). *Brief manual for the Differential Personality Questionnaire.* Unpublished manuscript, University of Minnesota.

Tellegen, A. (1985). Structures of mood and personality and their relevance to assessing anxiety, with an emphasis on self-report. In A. H. Tuma & J. D. Masser (Eds.), *Anxiety and the anxiety disorders* (pp. 681–716). Hillsdale, NJ: Erlbaum.

Tellegen, A., & Atkinson, G. (1974). Openness to absorbing and self-altering experiences ("absorption"), a trait related to hypnotic susceptibility. *Journal of Abnormal Psychology, 83,* 268–277.

Tellegen, A., Lykken, D. J., Bouchard, T. J., Jr., Wilcox, K. J., Segal, N. L., & Rich, S. (1988). Personality similarity in twins reared apart and together. *Journal of Personality and Social Psychology, 54,* 1031–1039.

Terracciano, A., McCrae, R. R., Brant, L. J., & Costa, P. T., Jr. (2005). Hierarchical linear modeling analysis of the NEO-PI-R scales in the Baltimore Longitudinal Study of Aging. *Psychology and Aging, 20,* 493–506.

Tesch, S. A., & Whitbourne, S. K. (1982). Intimacy and identity status in young adults. *Journal of Personality and Social Psychology, 43,* 1041–1051.

Tetlock, P. E. (1981a). Personality and isolationism: Content analysis of senatorial speeches. *Journal of Personality and Social Psychology, 41,* 737–743.

Tetlock, P. E. (1981b). Pre- to post-election shifts in presidential rhetoric: Impression management or cognitive adjustment? *Journal of Personality and Social Psychology, 41,* 207–212.

Tetlock, P. E. (1984). Cognitive style and political belief systems in the British House of Commons. *Journal of Personality and Social Psychology, 46,* 365–375.

Tetlock, P. E., Armor, D., & Peterson, R. S. (1994). The slavery debate in antebellum America: Cognitive style, value conflict, and the limits of compromise. *Journal of Personality and Social Psychology, 66,* 115–126.

Tetlock, P. E., Bernzweig, J., & Gallant, J. L. (1985). Supreme Court decision making: Cognitive style as a predictor of ideological consistency of voting. *Journal of Personality and Social Psychology, 48,* 1227–1239.

Tetlock, P. E., Hannum, K., & Micheletti, P. (1984). Stability and change in the complexity of senatorial rhetoric: Testing the cognitive versus rhetorical style hypotheses. *Journal of Personality and Social Psychology, 46,* 979–990.

Tetlock, P. E., Peterson, R. S., & Berry, J. M. (1993). Flattering and unflattering personality portraits of integratively simple and complex managers. *Journal of Personality and Social Psychology, 64,* 500–511.

Thayer, R. E. (1989). *The biopsychology of mood and arousal.* Oxford, UK: Oxford University Press.

Thomas, A., Chess, S., & Birch, H. G. (1970). The origin of personality. *Scientific American, 223,* 102–109.

Thompson, C. (1942). Cultural pressures in the psychology of women. *Psychiatry, 5,* 311–339.

Thorndike, R. L. (1959). Review of the California Psychological Inventory. In O. K. Buros (Ed.), *Fifth mental measurements yearbook.* Highland Park, NJ: Gryphon Press.

Thorne, A. (2000). Personal memory telling and personality development. *Personality and Social Psychology Review, 4,* 45–56.

Thorne, A., Cutting, L., & Skaw, D. (1998). Young adults' relationship memories and the life story: Examples or essential landmarks? *Narrative Inquiry, 8,* 1–32.

Thorne, A., & Gough, H. (1991). *Portraits of type: An MBTI research compendium.* Palo Alto, CA: Consulting Psychologists Press.

Thorne, A., & McLean, K. C. (2003). Telling traumatic events in adolescence: A study of master narrative positioning. In R. Fivush & C. Haden (Eds.), *Autobiographical memory and the construction of a narrative self* (pp. 169–185). Mahwah, NJ: Erlbaum.

Tidwell, M-C. O., Reis, H. T., & Shaver, P. R. (1996). Attachment, attractiveness, and social interaction: A dairy study. *Journal of Personality and Social Psychology, 71,* 729–745.

Tobin, R. M., Graziano, W. G., Vanman, E. J., & Tassinary, L. G. (2000). Personality, emotional experience, and efforts to control emotions. *Journal of Personality and Social Psychology, 79,* 656–669.

Toder, N., & Marcia, J. E. (1973). Ego identity status and response to conformity pressure in college women. *Journal of Personality and Social Psychology, 26,* 287–294.

Tolman, E. C. (1948). Cognitive maps in rats and men. *Psychological Review, 55,* 189–208.

Tomkins, S. S. (1947). *The Thematic Apperception Test*. New York: Grune & Stratton.

Tomkins, S. S. (1962). *Affect, imagery, consciousness* (Vol. 1). New York: Springer.

Tomkins, S. S. (1963). *Affect, imagery, consciousness* (Vol. 2). New York: Springer.

Tomkins, S. S. (1979). Script theory. In H. E. Howe, Jr., & R. A. Dienstbier (Eds.), *Nebraska symposium on motivation* (Vol. 26, pp. 201–236). Lincoln: University of Nebraska Press.

Tomkins, S. S. (1981). The quest for primary motives: Biography and autobiography of an idea. *Journal of Personality and Social Psychology, 41*, 306–329.

Tomkins, S. S. (1987). Script theory. In J. Aronoff, A. I. Rabin, & R. A. Zucker (Eds.), *The emergence of personality* (pp. 147–216). New York: Springer.

Tomkins, S. S., & Izard, C. E. (1965). *Affects, cognition, and personality*. New York: Springer.

Tomkins, S. S., & Miner, J. R. (1957). *The Tomkins–Horn picture arrangement test*. New York: Springer.

Tooby, J., & Cosmides, L. (1992). The psychological foundations of culture. In J. H. Barkow, L. Cosmides, & J. Tooby (Eds.), *The adapted mind: Evolutionary psychology and the generation of culture* (pp. 19–136). New York: Oxford University Press.

Trapnell, P. D. (1994). Openness versus intellect: A lexical left turn. *European Journal of Personality, 8*, 273–290.

Trapnell, P. D., & Wiggins, J. S. (1990). Extension of the Interpersonal Adjective Scales to include the Big Five dimensions of personality. *Journal of Personality and Social Psychology, 59*, 781–790.

Triandis, H. C. (1997). Cross-cultural perspectives on personality. In R. Hogan, J. Johnson, & S. Briggs (Eds.), *Handbook of personality psychology* (pp. 439–464). San Diego, CA: Academic Press.

Triandis, H. C., & Gelfand, M. J. (1998). Converging measurement of horizontal and vertical individualism and collectivism. *Journal of Personality and Social Psychology, 74*, 118–128.

Triandis, H. C., & Suh, E. M. (2002). Cultural influences on personality. *Annual Review of Psychology, 53*, 133–160.

Trivers, R. (1972). Parental investment and sexual selection. In B. Campbell (Ed.), *Sexual selection and the descent of man: 1871–1971* (pp. 136–179). Chicago: Aldine.

Trivers, R. L. (1971). The evolution of reciprocal altruism. *Quarterly Review of Biology, 46*, 35–57.

Trobst, K. K., Herbst, J. H., Masters, III, H. L., & Costa, P. T., Jr. (2002). Personality pathways to unsafe sex: Personality, condom use, and HIV risk behaviors. *Journal of Research in Personality, 36*, 117–133.

Trull, T. J., Widiger, T. A., Lynam, D. R., & Costa, P. T., Jr. (2003). Borderline personality disorder from the perspective of general personality functioning. *Journal of Abnormal Psychology, 112*, 193–202.

Tsai, J. L., Knutson, B., & Fung, H. H. (2006). Cultural variation in affect valuation. *Journal of Personality and Social Psychology, 90*, 288–307.

Tupes, E. C., & Christal, R. (1961). *Recurrent personality factors based on trait ratings* (Tech. Rep. No. ASDTR-61–97). Lackland Air Force Base, TX: U.S. Air Force.

Twenge, J. M. (2000). The age of anxiety?: Birth cohort changes in anxiety and neuroticism, 1952–1993. *Journal of Personality and Social Psychology, 79*, 1007–1021.

Twenge, J. M. (2006). *Generation me: Why today's young Americans are more confident, assertive, entitled—and more miserable than ever before*. New York: The Free Press.

U

Uleman, J. S. (1966). *A new TAT measure of the need for power*. Unpublished doctoral dissertation, Harvard University.

Urry, H. L., Nitschke, J. B., Dolski, I., Jackson, D. C., Dalton, K. M., Mueller, C. J., et al. (2004). Making a life worth living: Neural correlates of well-being. *Psychological Science, 15*, 367–372.

V

Vaillant, G. E. (1971). Theoretical hierachy of adaptive ego mechanisms. *Archives of General Psychiatry, 24*, 107–118.

Vaillant, G. E. (1977). *Adaptation to life*. Boston: Little, Brown.

Vaillant, G. E., & Drake, R. E. (1985). Maturity of ego defense in relation to DSM III Axis II personality disorder. *Archives of General Psychiatry, 42*, 597–601.

Vaillant, G. E., & Milofsky, E. (1980). The natural history of male psychological health: IX. Empirical evidence for Erikson's model of the life cycle. *American Journal of Psychiatry, 137*, 1349–1359.

Van de Water, D., & McAdams, D. P. (1989). Generativity and Erikson's "belief in the species." *Journal of Research in Personality, 23*, 435–449.

van Hiel, A., Mervielde, I., & de Fruyt, F. (2006). Stagnation and generativity: Structure, validity, and differential relationships with adaptive and maladaptive personality. *Journal of Personality, 74*, 543–573.

vanIJzendoorn, M. H., Schuengel, C., & Bakermans-Kranenburg, M. J. (1999). Disorganized attachment in early childhood: Metanalysis of precursors, concomitants, and sequelae. *Development and Psychopathology, 11*, 225–249.

vanIJzendoorn, M. H., Vereijken, C. M. J. L., Bakermans-Kranenburg, M. J., & Riksen-Warlraven, J. M. (2004). Assessing attachment security with the attachment Q-sort: Meta-analytic evidence for the validity of the observer AQS. *Child Development, 75*, 1188–1213.

vanlJzendoorn, M. H., & Bakermans-Kranenburg, M. J. (1996). Attachment representations in mothers, fathers, adolescents, and clinical groups: A meta-analytic search for normative data. *Journal of Consulting and Clinical Psychology*, *64*, 8–21.

Veroff, J. (1957). Development and validation of a projective measure of power motivation. *Journal of Abnormal and Social Psychology*, *54*, 1–8.

Veroff, J. (1982). Assertive motivation: Achievement versus power. In A. J. Stewart (Ed.), *Motivation and society* (pp. 99–132). San Francisco: Jossey-Bass.

Veroff, J., Douvan, E., & Kulka, R. (1981). *The inner American*. New York: Basic Books.

Veroff, J., & Feld, S. C. (1970). *Marriage and work in America*. New York: Van Nostrand Reinhold.

Vitz, P. C. (1990). The use of stories in moral development: New psychological reasons for an old education method. *American Psychologist*, *45*, 709–720.

Vondra, J. I., Shaw, D. S., Swearingen, L., Cohen, M., & Owens, E. B. (2001). Attachment stability and emotional and behavioral regulation from infancy to preschool age. *Development and Psychopathology*, *13*, 13–33.

von Franz, M. (1980). *The psychological meaning of redemption motifs in fairy tales*. Toronto: Inner City Books.

Vrij, A., van der Steen, J., & Koppelaar, L. (1995). The effects of street noise and field independence on police officers' shooting behavior. *Journal of Applied Social Psychology*, *25*, 1714–1725.

W

Wacker, J., Chavanon, M. L., & Stemmler, G. (2006). Investigating the dopaminergic basis of extraversion in humans: A multilevel approach. *Journal of Personality and Social Psychology*, *91*, 171–187.

Wade, N. (2006, December 11). Lactose tolerance in East Africa points to recent evolution. *New York Times*, p. A-15.

Wagerman, S. A., & Funder, D. C. (2007). Acquaintance reports of personality and academic achievement: A case for conscientiousness. *Journal of Research in Personality*, *41*, 221–229.

Walker, B. M., & Winter, D. A. (2007). The elaboration of personal construct psychology. In S. T. Fiske, A. E. Kazdin, and D. L. Schacter (Eds.) *Annual Review of Psychology* (vol. 58, pp. 453–477).

Walker, D. F., Tokar, D. M., & Fischer, A. R. (2000). What are eight popular masculinity-related instruments measuring? *Psychology of Men and Masculinity*, *1*, 98–108.

Walker, L. J., & Frimer, J. A. (2007). Moral personality of brave and caring exemplars. *Journal of Personality and Social Psychology*, *93*, 845–860.

Walkover, B. C. (1992). The family as an overwrought object of desire. In G. C. Rosenwald & R. L. Ochberg (Eds.), *Storied lives: The cultural politics of self-understanding* (pp. 178–191). New Haven, CT: Yale University Press.

Waller, N. G., & Shaver, P. R. (1994). The importance of nongenetic influences on romantic love styles: A twin-family study. *Psychological Science*, *5*, 268–274.

Wallston, K. A., & Wallston, B. S. (1981). Health locus of control scales. In H. M. Lefcourt (Ed.), *Research with the locus of control construct: Assessment methods* (Vol. 1, pp. 189–243). New York: Academic Press.

Wang, Q. (2001). Culture effects on adults' earliest recollections and self-descriptions: Implications for the relation between memory and the self. *Journal of Personality and Social Psychology*, *81*, 220–233.

Wang, Q., & Conway, M. A. (2004). The stories we keep: Autobiographical memory in American and Chinese middle-aged adults. *Journal of Personality*, *72*, 911–938.

Waterman, A. S. (1982). Identity development from adolescence to adulthood: An extension of theory and a review of research. *Developmental Psychology*, *18*, 341–358.

Watson, D., & Clark, L. A. (1984). Negative affectivity: The disposition to experience aversive emotional states. *Psychological Bulletin*, *96*, 465–490.

Watson, D., & Clark, L. A. (1992). Affects separable and inseparable: On the hierarchical arrangement of the negative affects. *Journal of Personality and Social Psychology*, *62*, 489–505.

Watson, D., & Clark, L. A. (1997). Extraversion and its positive emotional core. In R. Hogan, J. Johnson, & S. Briggs (Eds.), *Handbook of personality psychology* (pp. 767–793). San Diego, CA: Academic Press.

Watson, D., Clark, L. A., McIntyre, C. W., & Hamaker, S. (1992). Affect, personality, and social activity. *Journal of Personality and Social Psychology*, *63*, 1011–1025.

Watson, D., & Tellegen, A. (1985). Toward a consensual structure of mood. *Psychological Bulletin*, *98*, 219–235.

Watson, D., & Walker, L. M. (1996). The long-term stability and predictive validity of trait measures of affect. *Journal of Personality and Social Psychology*, *70*, 567–577.

Watson, J. B. (1924). *Behaviorism*. Chicago: University of Chicago Press.

Watson, J. B., & Raynor, R. (1920). Conditional emotional reactions. *Journal of Experimental Psychology*, *3*, 1–14.

Watson, P. J., Grisham, S. O., Trotter, M. V., & Biderman, M. D. (1984). Narcissism and empathy: Validity evidence for the Narcissistic Personality Inventory. *Journal of Personality Assessment*, *48*, 301–305.

Weinberger, D. A. (1990). The construct validity of the repressive coping style. In J. L. Singer (Ed.), *Repression and dissociation: Implications for personality: Theory, psychopathology, and health* (pp. 337–386). Chicago: University of Chicago Press.

Weinberger, D. A., Schwartz, G. E., & Davidson, R. J. (1979). Low-anxious, high-anxious, and repressive coping styles: Psychometric patterns and behavioral and physiological responses to stress. *Journal of Abnormal Psychology, 88,* 369–380.

Weiner, B. (1979). A theory of motivation for some classroom experiences. *Journal of Educational Psychology, 71,* 3–25.

Weiner, B. (1990). Attribution in personality psychology. In L. Pervin (Ed.), *Handbook of personality: Theory and research* (pp. 465–485). New York: Guilford Press.

Weisen, A. (1965). *Differential reinforcing effects of onset and offset of stimulation on the operant behavior of normals, neurotics, and psychopaths.* Unpublished doctoral dissertation, University of Florida.

Weller, H. G., Repman, J., Lan, W., & Rooze, G. (1995). Improving the effectiveness of learning through hypermedia-based instruction: The importance of learner characteristics. *Computers in Human Behavior, 11,* 451–465.

Wellman, H. M. (1993). Early understanding of mind: The normal case. In S. Baron-Cohen, H. Tager-Flusberg, & D. J. Cohen (Eds.), *Understanding other minds: Perspectives from autism* (pp. 10–39). New York: Oxford University Press.

Werner, H. (1957). The concept of development from a comparative and an organismic point of view. In D. Harris (Ed.), *The concept of development.* Minneapolis: University of Minnesota Press.

West, K. Y., Widiger, T. A., & Costa, P. T., Jr. (1993). *The placement of cognitive and perceptual aberrations within the five-factor model of personality.* Unpublished manuscript, University of Kentucky, Lexington.

West, S. G. (1983). Personality and prediction: An introduction. *Journal of Personality, 51,* 275–285.

Westen, D. (1998). Unconscious thought, feeling, and motivation: The end of a century-long debate. In R. F. Bornstein & J. F. Masling (Eds.), *Empirical perspectives on the psychoanalytic unconscious* (pp. 1–43). Washington, DC: APA Press.

Westenberg, P. M., Blasi, A., & Cohn, L. D. (Eds.). (1998). *Personality development: Theoretical, empirical, and clinical investigations of Loevinger's conception of ego development.* Mahwah, NJ: Erlbaum.

Westermeyer, J. F. (2004). Predictors and characteristics of Erikson's life cycle model among men: A 32-year longitudinal study. *International Journal of Aging and Human Development, 58,* 29–48.

Whitbourne, S. K. (1985). The psychological construction of the life span. In J. E. Birren & K. W. Schaie (Eds.), *Handbook of the psychology of aging* (2nd ed., pp. 594–618). New York: Van Nostrand Reinhold.

Whitbourne, S. K. (1986). Openness to experience, identity flexibility, and life changes in adults. *Journal of Personality and Social Psychology, 50,* 163–168.

Whitbourne, S. K., Zuschlag, M. K., Elliot, L. B., & Waterman, A. S. (1992). Psychological development in adulthood: A 22-year sequential study. *Journal of Personality and Social Psychology, 63,* 260–271.

White, J. L., & Parham, T. A. (1990). *The psychology of blacks: An African-American perspective.* Englewood Cliffs, NJ: Prentice-Hall.

White, M., & Epston, D. (1990). *Narrative means to therapeutic ends.* New York: Norton.

White, R. W. (1948). *The abnormal personality.* New York: Ronald Press.

White, R. W. (1952). *Lives in progress.* New York: Holt, Rinehart & Winston.

White, R. W. (1959). Motivation reconsidered: The concept of competence. *Psychological Review, 66,* 297–333.

White, R. W. (1963). Sense of interpersonal competence: Two case studies and some reflections on origins. In R. W. White (Ed.), *The study of lives* (pp. 72–93). New York: Prentice-Hall.

White, R. W. (1966). *Lives in progress* (2nd ed.). New York: Holt, Rinehart & Winston.

White, R. W. (1972). *The enterprise of living: A view of personal growth.* New York: Holt, Rinehart & Winston.

White, R. W. (1975). *Lives in progress* (3rd ed.). New York: Holt, Rinehart & Winston.

White, R. W. (1981). Exploring personality the long way: The study of lives. In A. I. Rabin, J. Aronoff, A. M. Barclay, & R. A. Zucker (Eds.), *Further explorations in personality* (pp. 3–19). New York: Wiley.

White, R. W. (1987). *Seeking the shape of personality: A memoir.* Marlborough, NH: Homstead Press.

Whiting, B. B., & Whiting, J. W. M. (1975). *Children of six cultures.* Cambridge, MA: Harvard University Press.

Widiger, T. A. (1993). The *DSM-III-R* categorical personality disorder diagnoses: A critique and alternative. *Psychological Inquiry, 4,* 75–90.

Widiger, T. A., Trull, T. J., Clarkin, J. F., Sanderson, C., & Costa, P. T., Jr. (1994). A description of the *DSM-III-R* and *DSM-IV* personality disorders with the five-factor model of personality. In P. T. Costa, Jr. & T. A. Widiger (Eds.), *Personality disorders and the five-factor model of personality* (pp. 41–65). Washington, DC: American Psychological Association Press.

Wiebe, D. J., & Smith, T. W. (1997). Personality and health: Progress and problems in psychosomatics. In R. Hogan, J. A. Johnson, & S. Briggs (Eds.), *Handbook of personality psychology* (pp. 891–918). San Diego, CA: Academic Press.

Wiedenfeld, S. A., O'Leary, A., Bandura, A., Brown, S., Levine, S., & Raska, K. (1990). Impact of perceived self-efficacy in coping with stressors on components of the immune system. *Journal of Personality and Social Psychology, 59,* 1082–1094.

Wiggins, J. S. (1973). *Personality and prediction: Principles of personality assessment.* Reading, MA: Addison-Wesley.

Wiggins, J. S. (1979). A psychological taxonomy of trait descriptive terms: The interpersonal domain. *Journal of Personality and Social Psychology, 37,* 395–412.

Wiggins, J. S. (1982). Circumplex models of interpersonal behavior in clinical psychology. In P. C. Kendell & J. N. Butcher (Eds.), *Handbook of research methods in clinical psychology* (pp. 183–221). New York: Wiley.

Wiggins, J. S. (1992). Have model, will travel. *Journal of Personality, 60,* 527–532.

Wiggins, J. S. (Ed.). (1996). *The five-factor model of personality: Theoretical perspectives.* New York: Guilford Press.

Wiggins, J. S. (2003). *Paradigms of personality assessment.* New York: Guilford Press.

Wiggins, J. S., & Broughton, R. (1985). The interpersonal circle: A structural model for the integration of personality research. In R. Hogan & W. H. Jones (Eds.), *Perspectives in personality psychology* (Vol. 1, pp. 1–47). Greenwich, CT: JAI Press.

Wiggins, J. S., & Trapnell, P. D. (1996). A dyadic-interactional perspective on the five-factor model. In J. S. Wiggins (Ed.), *The five-factor model of personality: Theoretical perspectives* (pp. 88–162). New York: Guilford Press.

Wiggins, J. S., & Trapnell, P. D. (1997). Personality structure: The return of the Big Five. In R. Hogan, J. Johnson & S. Briggs (Eds.), *Handbook of personality psychology* (pp. 737–766). San Diego, CA: Academic Press.

Wilson, D. S. (2002). *Darwin's cathedral: Evolution, religion, and the nature of society.* Chicago: University of Chicago Press.

Wilson, E. O. (1978). *On human nature.* Cambridge, MA: Harvard University Press.

Wilson, G. D. (1978). Introversion-extroversion. In H. London & J. E. Exner, Jr. (Eds.), *Dimensions of personality* (pp. 217–261). New York: Wiley.

Wilson, G. D., & Nias, D. K. B. (1975). Sexual types. *New Behavior, 2,* 330–332.

Wink, P. (1991). Two faces of narcissism. *Journal of Personality and Social Psychology, 61,* 590–597.

Wink, P. (1992a). Three types of narcissism in women from college to midlife. *Journal of Personality, 60,* 7–30.

Wink, P. (1992b). Three narcissism scales for the California Q-set. *Journal of Personality Assessment, 58,* 51–66.

Wink, P. (1996). Transition from the early 40s to the early 50s in self-directed women. *Journal of Personality, 64,* 49–69.

Wink, P., & Helson, R. (1993). Personality change in women and their partners. *Journal of Personality and Social Psychology, 65,* 597–605.

Winnicott, D. W. (1965). *The natural processes and the facilitating environment.* New York: International Universities Press.

Winter, D. A. (1992). *Personal construct psychology in clinical practice: Theory, research, applications.* London: Routledge.

Winter, D. G. (1973). *The power motive.* New York: The Free Press.

Winter, D. G. (1987). Leader appeal, leader performance, and the motive profiles of leaders and followers: A study of American Presidents and elections. *Journal of Personality and Social Psychology, 52,* 196–202.

Winter, D. G. (1996). *Personality: Analysis and interpretation of lives.* New York: McGraw-Hill.

Winter, D. G. (2007). The role of motivation, responsibility, and integrative complexity in crisis escalation: Comparative studies of war and peace crises. *Journal of Personality and Social Psychology, 92,* 920–937.

Winter, D. G., & Carlson, L. A. (1988). Using motive scores in the psychobiographical study of an individual: The case of Richard Nixon. *Journal of Personality, 56,* 75–103.

Winter, D. G., John, O. P., Stewart, A. J., Klohnen, E. C., & Duncan, L. E. (1998). Traits and motives: Toward an integration of two traditions in personality research. *Psychological Review, 105,* 230–250.

Winter, D. G., McClelland, D. C., & Stewart, A. J. (1981). *A new case for the liberal arts: Assessing institutional goals and student development.* San Francisco: Jossey-Bass.

Winter, D. G., & Stewart, A. J. (1977). Power motive reliability as a function of retest instructions. *Journal of Consulting and Clinical Psychology, 45,* 436–440.

Winter, D. G., & Stewart, A. J. (1978). The power motive. In H. London & J. E. Exner (Eds.), *Dimensions of personality* (pp. 391–447). New York: Wiley.

Witkin, H. A. (1950). Individual differences in ease of perception of embedded figures. *Journal of Personality, 19,* 1–15.

Witkin, H. A., & Berry, J. (1975). Psychological differentiation in cross-cultural perspective. *Journal of Cross-Cultural Psychology, 6,* 4–87.

Witkin, H. A., Goodenough, D. R., & Oltmann, P. K. (1979). Psychological differentiation: Current status. *Journal of Personality and Social Psychology, 37,* 1127–1145.

Woike, B. A. (1995). Most-memorable experiences: Evidence for a link between implicit and explicit motives and social cognitive processes in everyday life. *Journal of Personality and Social Psychology, 68,* 1081–1091.

Woike, B. A., Gershkovich, I., Piorkowski, R., & Polo, M. (1999). The role of motives in the content and structure of autobiographical memory. *Journal of Personality and Social Psychology, 76,* 600–612.

Wolf, E. S. (1982). Comments on Heinz Kohut's conceptualization of a bipolar self. In B. Lee (Ed.), *Psychosocial theories of the self* (pp. 23–42). New York: Plenum Press.

Wolfenstein, M., & Trull, T. J. (1997). Depression and openness to experience. *Journal of Personality Assessment, 69,* 614–632.

Wood, W. J., & Conway, M. (2006). Subjective impact, meaning making, and current and recalled emotions for self-defining memories. *Journal of Personality*, *74*, 811–845.

Wright, C. I., Williams, D., Feczko, E., Barrett, L. F., Dickerson, B. C., Schwartz, C. E., et al. (2006). Neuroanatomical correlates of extraversion and neuroticism. *Cerebral Cortex*.

Wright, R. (1994). *The moral animal*. New York: Pantheon.

Wrosch, C., Heckhausen, J., & Lachman, M. E. (2006). Goal management across adulthood and old age: The adaptive value of primary and secondary control. In D. K. Mroczek & T. D. Little (Eds.), *Handbook of personality development* (pp. 399–422). Mahwah, NJ: Erlbaum.

Wynne-Edwards, V. C. (1963/1978). Intergroup selection in the evolution of social systems. In T. H. Clutton-Brock & P. H. Harvey (Eds.), *Readings in sociobiology* (pp. 10–19). San Francisco: Freeman.

Y

Yamagata, S., Suzuki, A., Ando, J., Ono, Y., Kijima, N., Yoshimura, K., et al. (2006). Is the genetic structure of human personality universal?: A cross-cultural twin study from North America, Europe, and Asia. *Journal of Personality and Social Psychology*, *90*, 987–998.

Yik, M. S. M., & Bond, M. H. (1993). Exploring the dimensions of Chinese person perception with indigenous and imported constructs: Creating a culturally balanced scale. *International Journal of Psychology*, *28*, 75–95.

Yin, R. K. (1984). *Case study research: Design and methods*. Beverly Hills, CA: Sage.

York, K. L., & John, O. P. (1992). The four faces of Eve: A typological analysis of women's personality at midlife. *Journal of Personality and Social Psychology*, *63*, 494–508.

Z

Zakriski, A. L., Wright, J. C., & Underwood, M. K. (2005). Gender similarities and differences in children's social behavior: Finding personality in contextualized patterns of adaptation. *Journal of Personality and Social Psychology*, *88*, 844–855.

Zeldow, P. B., & Bennett, E. (1997). Stability of a Q-sort model of optimal mental health. *Journal of Personality Assessment*, *69*, 314–323.

Zeldow, P. B., & Daughterty, S. R. (1991). Personality profile and specialty choices of students from two medical school classes. *Academic Medicine*, *66*, 283–287.

Zeldow, P. B., Daugherty, S. R., & McAdams, D. P. (1988). Intimacy, power, and psychological well-being in medical students. *Journal of Nervous and Mental Disease*, *176*, 182–187.

Zimbardo, P. (2007). *The Lucifer effect: Understanding how good people turn evil*. New York: Random House.

Zimbardo, P. G., & Leippe, M. R. (1991). *The psychology of attitude change and social influence*. New York: McGraw-Hill.

Zuckerman, M. (1978). Sensation seeking. In H. London & J. E. Exner (Eds.), *Dimensions of personality* (pp. 487–560). New York: Wiley.

Zuckerman, M. (1979). *Sensation seeking: Beyond the optimal level of arousal*. Hillsdale, NJ: Erlbaum.

Zuckerman, M. (1995). Good and bad humours: Biochemical bases of personality and its disorders. *Psychological Science*, *6*, 325–332.

Zuckerman, M. (1998). Psychobiological theories of personality. In D. F. Barone, M. Hersen, & V. B. Van Hasselt (Eds.), *Advanced personality* (pp. 123–154). New York: Plenum Press.

Zuckerman, M. (2005). *Psychobiology of personality* (2nd ed.). New York: Cambridge University Press.

Zuckerman, M., & Kuhlman, D. M. (2000). Personality and risk-taking: Common biosocial factors. *Journal of Personality*, *68*, 999–1029.

Zukav, G. (1979). *The dancing Wu Li masters: An overview of the new physics*. New York: William Morrow.

Zurbriggen, E. L. (2000). Social motives and cognitive power–sex associations: Predictors of aggressive sexual behavior. *Journal of Personality and Social Psychology*, *78*, 559–581.

Zurbriggen, E. L., & Sturman, T. S. (2002). Linking motives and emotions: A test of McClelland's hypotheses. *Personality and Social Psychology Bulletin*, *28*, 521–535.

Zuroff, D. C. (1986). Was Gordon Allport a trait theorist? *Journal of Personality and Social Psychology*, *51*, 993–1000.

索 引*

---

* 本索引中，索引主题之后的数字为页边码，提示可在本页边码中检索相关内容。——译者注

图书在版编目（CIP）数据

人格心理学：人的科学导论：第五版 / (美) 丹·
P. 麦克亚当斯 (Dan P. McAdams) 著；郭永玉等译. —
上海：上海教育出版社，2024.8
上教心理学教材系列
ISBN 978-7-5720-0738-5

Ⅰ. ①人… Ⅱ. ①丹… ②郭… Ⅲ. ①人格心理学 –
教材 Ⅳ. ①B848

中国版本图书馆CIP数据核字(2021)第096709号

责任编辑　徐凤娇　谢冬华
封面设计　郑　艺

上教心理学教材系列
人格心理学：人的科学导论（第五版）
[美] 麦克亚当斯(Dan P. McAdams)　著
郭永玉　主译

出版发行　上海教育出版社有限公司
官　　网　www.seph.com.cn
地　　址　上海市闵行区号景路159弄C座
邮　　编　201101
印　　刷　上海叶大印务发展有限公司
开　　本　787×1092　1/16　印张38.75　插页1
字　　数　775 千字
版　　次　2024年9月第1版
印　　次　2024年9月第1次印刷
书　　号　ISBN 978-7-5720-0738-5/B·0022
定　　价　148.00 元

如发现质量问题，读者可向本社调换　电话：021-64373213